高等学校电子信息类系列教材

信号与系统

（第五版）

陈生潭　李学武　高建宁　编著

西安电子科技大学出版社

内 容 简 介

本书是2014年《信号与系统(第四版)》的修订本。该书全面系统地论述了信号与系统的基本理论和分析方法，主要内容包括信号与系统的基本概念，连续信号与系统的时域、频域和S域分析，离散信号与系统的时域、频域和Z域分析，系统的状态空间分析及MATLAB在信号与系统分析中的应用。

本书可作为高等学校电子电气、通信工程、人工智能、信息科学、计算机科学、遥感、测控及自动化等专业“信号与系统”课程的教材，也可供相关专业科技工作人员参考。

图书在版编目(CIP)数据

信号与系统/陈生潭，李学武，高建宁编著. —5版. —西安：西安电子科技大学出版社，2022.8(2023.11重印)
ISBN 978-7-5606-6456-9

Ⅰ. ①信…　Ⅱ. ①陈…　②李…　③高…　Ⅲ. ①信号系统　Ⅳ. ①TN911.6

中国版本图书馆CIP数据核字(2022)第065378号

责任编辑　马晓娟　高　樱
出版发行　西安电子科技大学出版社(西安市太白南路2号)
电　　话　(029)88202421　88201467　　邮　　编　710071
网　　址　www.xduph.com　　电子邮箱　xdupfxb001@163.com
经　　销　新华书店
印刷单位　咸阳华盛印务有限责任公司
版　　次　2022年8月第5版　2023年11月第3次印刷
开　　本　787毫米×1092毫米　1/16　印张29.5
字　　数　706千字
印　　数　6001～9000册
定　　价　69.00元
ISBN 978-7-5606-6456-9/TN
XDUP　6758005-3

前　　言

“信号与系统”是电子电气、通信工程、人工智能、信息科学、计算机科学、遥感、测控、自动化等专业的一门技术基础课程，其主要任务是研究确定信号通过线性系统传输和处理的基本原理、方法和应用。学习该门课程，可为学生学习后续课程和今后工作提供必要的理论基础，逐步培养学生良好的学习习惯和科学的思维方法，训练和提高学生应用系统观点、方法解决客观世界实际问题的能力。

关于本书的编写理念和风格特点，有以下几点说明：

(1) 教材服务于课程教学，其重要性不言而喻。编写本教材时，我们力求践行如下理念：在课程教学大纲指导下，深入研究课程的理论核心，切实把握教材的品质灵魂；知识体系架构和内容演绎体现思维认知规律和教学法原则；倡导服务意识，提高教材对课程教学的服务水平。

(2) 强调“信号与系统”课程的理论核心是确定信号的分解特性和线性系统的线性特性。在信号分析方面，指出所谓的卷积或卷积和运算 $f(\cdot)=f(\cdot)*\delta(\cdot)$，还有傅里叶变换、拉普拉斯变换和Z变换等运算，在本质上都是将一般信号分解为不同基本信号的线性组合而已，从而揭开了这些抽象数学工具的神秘面纱，还原其物理含义上简单、实质性的本来面目。在系统分析方面，强调线性特性是线性系统的本质特性，指出在一般信号激励下，系统零状态响应是激励信号中各基本信号单元分别作用时相应响应的叠加。综合上述两方面结论，为全书讨论信号、系统分析问题奠定坚实的理论基础。

(3) 全书知识体系，按先“连续”信号与系统分析，后“离散”信号与系统分析，先“输入输出描述”，后“状态空间描述”的顺序安排；对于连续或离散系统，都是采用先“时域”，后“变换域”分析的方式架构。其中主体内容，“连续信号与系统”的时域、频域和S域分析(第2、3、4章)与“离散信号与系统”的时域、频域和Z域分析(第5、6、7章)互为并行对应关系。并且在每一章中，均采用同一观点、同一格式推导出各自相应的系统分析方法。第8章为系统的状态空间分析，强调应用状态空间模型，一方面与第2～7章中的输入输出模型相对应，另一方面也使读者更容易理解和掌握状态变量选择方法、状态空间方程的本质含义以及系统状态空间分析的具体步骤。诸如此类，采用这种“类比”方式阐述相关概念、知识点和结论，既体现了理论上相对独立、内容上相互并行的特点，又遵循了先易后难、循序渐进的教学法原则。实践表明，这样处理有利于增强学生对“新知识”的理解和掌握，以及对“旧知识”的回顾和深化认识，课程教学效果反映良好。

(4) 鉴于当前“信号与系统”课程要求和内容相对稳定，本次修订继续遵循“保持优势，强化特色，精益求精，力求更好”的思路，除删去“随机信号通过线性系统分析”一章外，仅对旧版教材部分内容进行修编和调整(比如进一步突出重点、释疑难点、强化知识点之间的逻辑关联等)。新版教材保留“离散信号与系统的频域分析”(第6章)，以供没有开设“数字信号处理”课程的专业选用；保留自学内容“MATLAB在信号与系统分析中的应用”(第

9章），为工科学生了解和熟悉该科技应用软件提供方便。此外，书中其他几章也编有少量选学内容(节前标有符号“＊”)，教师均可根据教学需要灵活选用。

(5) 与本书相关的教学辅助资源有：《〈信号与系统(第四版)〉习题详解》，陈生潭主编，西安电子科技大学出版社，2014；《信号与系统》电子教案，陈生谭主编，网址为 http://www.xduph.com；《〈信号与系统〉学习指导》，陈生潭等编，西安电子科技大学出版社，2004；《“信号与系统”远程教育网络课程》，郭宝龙、陈生潭等编，高等教育出版社，2006。

本书是西安电子科技大学国家电工电子教学基地规划教材。参加本次修订工作的有陈生潭(第1、2、4、5、7、8章)、李学武(第3、6章)、高建宁(第9章)。全书由陈生潭统稿。

本书自1990年出版以来，历经多次修订，先后30余次重印发行。值此第五版出版之际，特别感谢西安电子科技大学出版社的大力支持以及高樱、马晓娟等相关人员做的大量细致且专业性的工作。特别感谢国内兄弟院校长期以来选用本书作为“信号与系统”课程教材的老师和同学们，是您们的厚爱、支持和鼓励，给了我们不断前行的信心和力量。同时，编写过程还参阅了国内外大量著作、文献和资料，在此也向相关作者表示诚挚的谢意。

限于作者水平，对于书中存在的缺点和不足之处，欢迎读者批评指正。

陈生潭
于西安电子科技大学
2022年元旦

目　录

第 1 章　信号与系统的基本概念

1.0 引　　言

人们常常把来自外界的各种报道统称为**消息**(Message)。消息内容丰富，形式多样(如语言、文字、图像、数据等)，可以涉及物质和精神世界的各个领域。随着科学技术的不断进步，消息可以通过电话、电视、互联网等多种媒体实现快速发布和广泛传播。

为了有效地描述、加工和利用消息，常常需要将消息转换成便于传输、保存和处理的信号。**信号**(Signal)是携带消息的载体，一般表现为随时间或空间变化的某种物理量。根据物理量的不同特性，可对信号进行具体分类。例如，钟楼的报时钟声是声信号，交通路口的控制灯光是光信号，电子电路中的电流、电压是电信号，等等。在各种信号中，电信号是一种最便于传输、控制与处理的信号。而且，许多非电信号(如温度、压力、流量等)往往可以通过适当的传感器转换成电信号。因此，研究电信号具有重要意义。在本书中，若无特殊说明，所谓“信号”一词均指电信号。

在实际应用中，还常常使用**信息**(Information)一词，它在信息论中有严格定义。一般通俗地理解，是特指消息中有意义的内容。人们关注、重视和加工处理消息的目的是为了更好地了解和利用其中的信息。在本书中对信息、消息两词未加严格区分。

系统(System)是指由若干相互间有联系的事物组合而成并且具有特定功能的整体。组成系统的事物可以是电子、机械、控制等方面的物理实体，也可以是社会、经济、管理等方面的非物理实体。前一类系统称为物理系统，后一类系统称为非物理系统。

系统的基本作用是对输入信号进行加工和处理，将其转换成需要的输出信号，如图1.0－1所示，图中的方框表示系统。输入信号常称为**激励**，输出信号常称为**响应**。激励代表外界对系统的作用。响应是激励和系统共同作用的结果。

图 1.0－1　激励、系统与响应

一般来说，一个实用系统都是由若干个子系统组成的，每个子系统完成相对独立的一部分功能，通过所有子系统的共同作用来完成系统的整体功能。下面介绍两个系统。

一个是无线电广播系统，其框图组成如图 1.0－2 所示，图中每个方框表示一个子系统。系统工作时，首先将要传送的广播节目(语音、声响、音乐等)经话筒(转换器Ⅰ)转换为音频信号。然后在发射机的调制器中，用音频信号去改变另一个高频正弦信号的幅度、相位或频率(这一过程称为调制，相应的方法分别称为幅度、相位或频率调制)，得到便于在空间进行远距离传输的高频调制信号，由天线以电磁波的形式发射出去。接收天线接收到在空间传播的电磁波后，经过接收机中解调器的处理，从高频调制信号中恢复出音频信号。最后，将音频信号送至扬声器(转换器Ⅱ)，接收者便听到了由广播电台播送的各种节目。

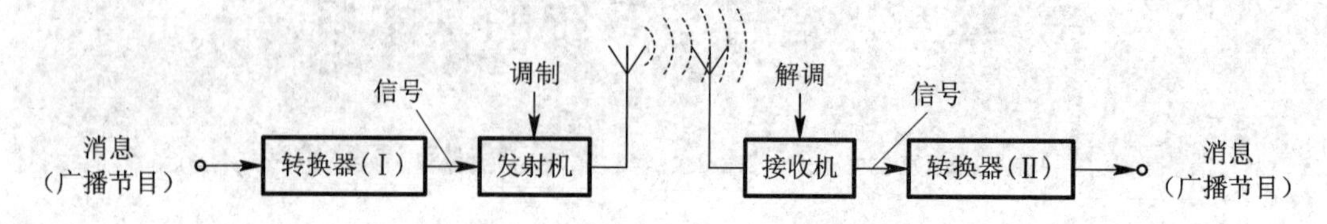

图 1.0-2　无线电广播系统的组成

另一个是移动通信终端智能手机(Smartphone)的硬件系统，其组成如图 1.0-3 所示。由图可见，该手机的硬件系统采用主、从双处理器架构设计，在功能上由通信系统、应用系统和电源系统三部分组成。

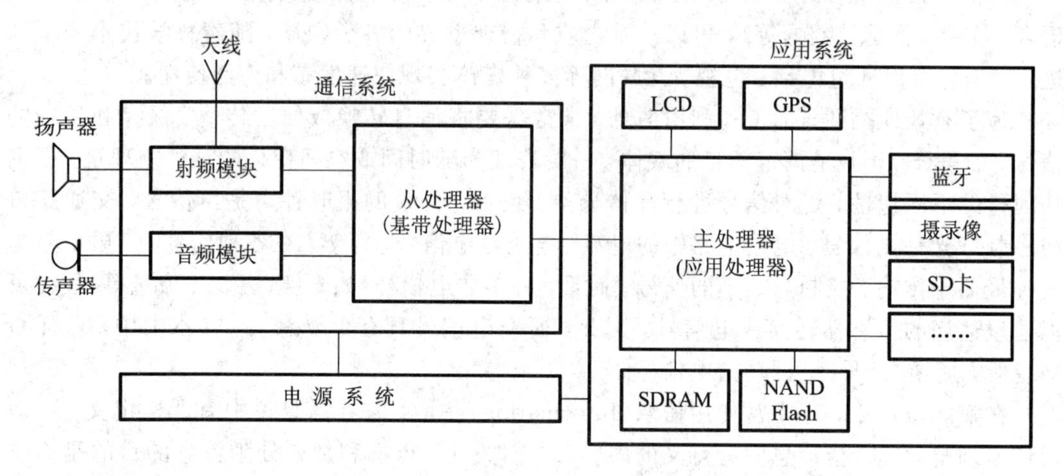

图 1.0-3　智能手机硬件架构示意图

主处理器也称应用处理器，拥有独立的操作系统和运行空间，负责整个手机的操作控制，安装、运行和卸载第三方提供的软件，以实现各种应用功能。从处理器也称基带处理器，负责语音信号处理、信道编解码和无线 Modem 的时序控制。主、从处理器之间通过串口进行通信。

在硬件功能方面，通信系统部分完成手机射频信号的接收、发射以及音频信号处理，实现通话、短信等基本通信功能。应用系统部分负责智能服务应用，通过运行应用软件，实现摄录像、导航、图书馆、音视频播放、手机银行、手机钱包、健康管理等丰富多彩的应用功能。电源系统为手机正常运行提供能量。

自然，智能手机作为一个智能化设备，除硬件系统外，还需设计软件系统，并且两者相互配合，组成一个有机整体，才能有条不紊地协调运行，以满足各项技术指标的设计要求。

目前，相对于传统手机而言，智能手机以其功能强大、服务周全和操作便捷的特点，受到人们的青睐和欢迎。

“信号与系统”课程的主要内容包括信号分析和系统分析。**信号分析**部分讨论信号的描述、特性、运算和变换；**系统分析**部分研究系统模型、系统描述以及给定系统在激励作用下产生的响应。信号与系统分析的概念和方法是继续深入研究信号处理、信号设计和系统综合的基础，同样也是进一步学习通信工程、自动控制、信息工程、人工智能、电子工程、信号检测等专业知识的重要理论基础。

1.1　信号的描述和分类

1.1.1　信号的描述

信号是消息的表现形式，通常体现为随若干变量而变化的某种物理量。在数学上，信号可以描述为一个或多个独立变量的函数。例如，在电子系统中，电压、电流、电荷或磁通等电磁信号可以理解为是时间 t 的函数；在气象观测中，由探空气球携带仪器测量得到的温度、气压等数据信号，可看成是随海拔高度 h 变化的函数；在图像处理系统中，描述黑白图像像素灰度变化情况的图像信号，可以表示为平面坐标位置(x, y)的函数；等等。

如果信号是单个独立变量的函数，称这种信号为**一维信号**。一般情况下，信号为 n 个独立变量的函数时，就称为 ***n* 维信号**。本书只讨论一维信号。并且，为了方便起见，一般都将信号的自变量设为时间 t 或序号 k。

与函数一样，一个确定的信号除用解析式描述外，还可用图形、测量数据或统计数据描述。通常，将信号的图形表示称为**波形**或**波形图**。

1.1.2　信号的分类

根据信号的不同函数关系和是否具有随机特性，对常用信号可按下面四种方式分类。

1. 确定信号与随机信号

任一由确定时间函数描述的信号，称为**确定信号**或**规则信号**。对于这种信号，给定某一时刻后，就能确定其相应的信号值。

如果信号是时间的随机函数，事先将无法预知它的变化规律，这种信号称为**不确定信号**或**随机信号**。通常，实际系统工作时，总会受到来自系统内部或周围环境的各种噪声和干扰的影响。如图 1.1－1 所示，噪声信号 $n(t)$或干扰信号 $\eta(t)$都是不能用解析式表示的，不仅不同时刻的信号值互不相关，而且任一时刻信号的方向和幅值都是随机的，因此，它们都是随机信号。研究随机信号要用到概率统计的方法。严格地说，由于噪声和干扰的影响，任一实际系统的输出都不可能是确定信号。尽管如此，研究确定信号仍是十分重要的，因为它不仅广泛应用于系统分析设计中，同时也是进一步研究随机信号的基础。

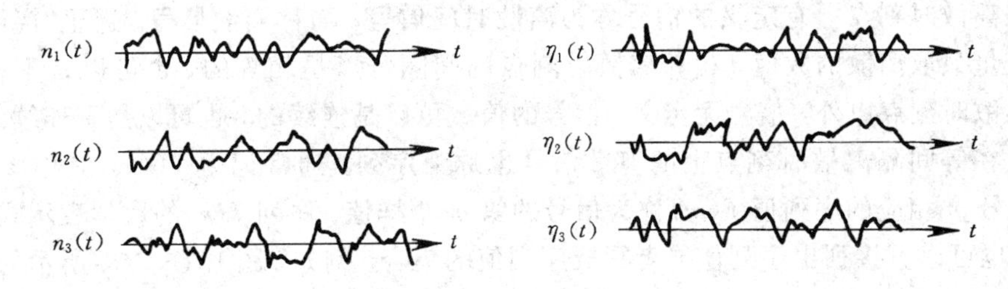

图 1.1－1　噪声和干扰信号

本书主要讨论确定信号及确定信号通过线性系统的概念、理论、分析方法和应用。

2. 连续信号与离散信号

一个信号，如果在某个时间区间内除有限个间断点外都有定义，就称该信号在此区间内为**连续时间信号**，简称**连续信号**。这里“连续”一词是指在定义域内（除有限个间断点外）信号变量是连续可变的。至于信号的取值，在值域内可以是连续的，也可以是跳变的。图1.1－2(a)是正弦信号，其表达式为

$$f_1(t)=A\sin(\pi t) \tag{1.1-1}$$

式中，A 是常数。其自变量 t 在定义域$(-\infty, \infty)$内连续变化，信号在值域$[-A, A]$上连续取值。为了简便起见，当信号自变量的定义域为$(-\infty, \infty)$时，可省略不写。也就是说，凡没有标明自变量区间时，均默认其定义域为$(-\infty, \infty)$。

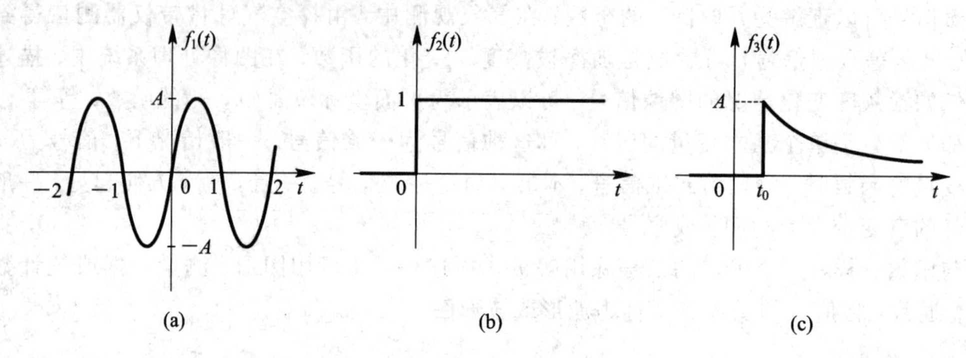

图 1.1－2　连续信号

图 1.1－2(b)是单位阶跃信号，通常记为 $\varepsilon(t)$，其表达式为

$$f_2(t)=\varepsilon(t)=\begin{cases}1 & t>0\\ 0 & t<0\end{cases} \tag{1.1-2}$$

信号在 $t<0$ 和 $t>0$ 时分别取值 0 和 1。在间断点 $t=0$ 处，信号值呈现由 0 到 1 的跃变。

图 1.1－2(c)表示一个延时的单边指数信号，其表达式为

$$f_3(t)=\begin{cases}A\mathrm{e}^{-\alpha(t-t_0)} & t>t_0\\ 0 & t<t_0\end{cases} \tag{1.1-3}$$

式中，A 是常数，$\alpha>0$。信号变量 t 在定义域内连续变化，信号 $f_3(t)$在 $t<t_0$ 时为 0，$t>t_0$ 时按指数规律衰减，其信号值在值域$[0, A)$上连续取值。注意，$f_3(t)$在间断点 $t=t_0$ 处，信号值由 0 跃变至 A。

由于信号值在变量间断点处发生跃变，这是一个物理过程，因此在工程上，对于第一类间断点处的信号值一般不作定义。

仅在离散时刻点上有定义的信号称为**离散时间信号**，简称**离散信号**。这里“离散”一词表示自变量只取离散的数值，相邻离散时刻点的间隔可以是相等的，也可以是不相等的。在这些离散时刻点以外，信号无定义。信号的值域可以是连续的，也可以是不连续的。

定义在等间隔离散时刻点上的离散信号也称为**序列**，通常记为 $f(k)$，其中 k 称为**序号**。与序号 m 相应的序列值 $f(m)$称为信号的**第 m 个样值**。序列 $f(k)$的数学表示式可以写成闭式，也可以直接列出序列值或者写成序列值的集合。例如，图 1.1－3(a)所示的正弦序列可表示为

$$f_1(k)=A\sin\left(\frac{\pi}{4}k\right) \tag{1.1-4}$$

随 k 的变化，序列值在值域$[-A, A]$上连续取值。对于图 1.1－3(b)所示的序列则可表示为

$$f_2(k)=\begin{cases}2 & k=-1,0\\1 & k=1\\-1 & k=2\\0 & \text{其他}\ k\end{cases} \tag{1.1－5}$$

或者

$$f_2(k)=\{\cdots,0,2,\underset{\substack{\uparrow\\k=0}}{2},1,-1,0,\cdots\}$$

式中，箭头指明 $k=0$ 的位置。同理，图 1.1－3(c)信号可表示为

$$f_3(k)=\{\cdots,0,\underset{\substack{\uparrow\\k=0}}{A},A,A,A,0,\cdots\}$$

该序列值域只取 0、A 两个数值。

在工程应用中，常常把幅值可连续取值的连续信号称为**模拟信号**[如图 1.1－2(a)]，把幅值可连续取值的离散信号称为**抽样信号**[如图 1.1－3(a)]，而把幅值只能取某些规定数值的离散信号称为**数字信号**[如图 1.1－3(c)]。

为方便起见，有时将信号 $f(t)$或 $f(k)$的自变量省略，简记为 $f(\cdot)$，表示信号变量允许取连续变量或者离散变量，即用 $f(\cdot)$统一表示连续信号和离散信号。

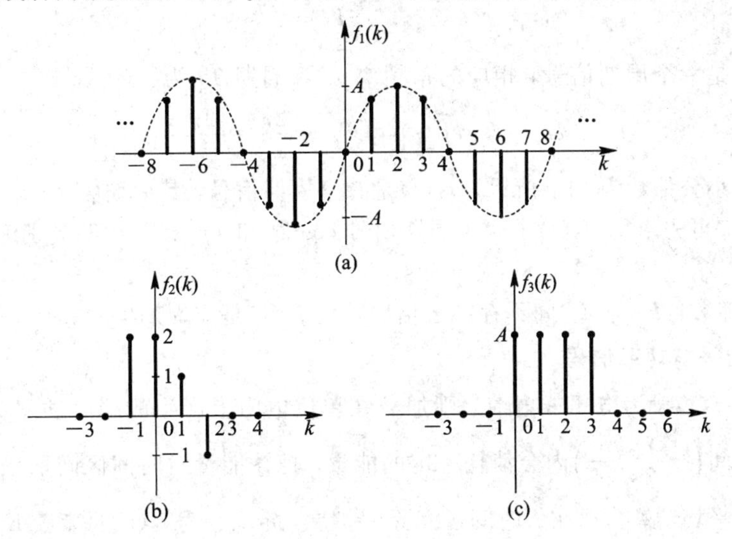

图 1.1－3 离散信号

3. 周期信号与非周期信号

一个连续信号 $f(t)$，若对所有 t 均有

$$f(t)=f(t+mT)\qquad m=0,\pm1,\pm2,\cdots \tag{1.1－6}$$

则称 $f(t)$为**连续周期信号**，满足上式的最小 T 值称为 $f(t)$的**周期**。

一个离散信号 $f(k)$，若对所有 k 均有

$$f(k)=f(k+mN)\qquad m=0,\pm1,\pm2,\cdots \tag{1.1－7}$$

就称 $f(k)$为**离散周期信号**或**周期序列**。满足式(1.1－7)的最小 N 值称为 $f(k)$的**周期**。

图 1.1－4 给出了两个周期信号的例子。

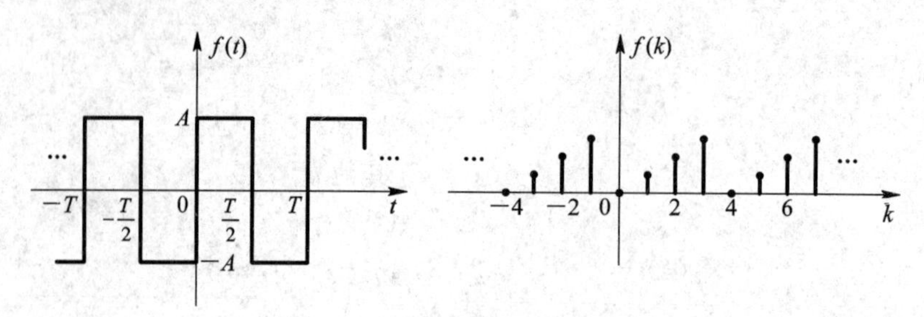

图 1.1－4　周期信号

不满足式(1.1－6)或式(1.1－7)的信号称为**非周期信号**。非周期信号的幅值在时间上不具有周而复始变化的特性。

例 1.1－1　试判断下列信号是否为周期信号。若是，确定其周期。

(1) $f_1(t)=\sin 2t+\cos 3t$

(2) $f_2(t)=\cos 2t+\sin \pi t$

解　我们知道，如果两个周期信号 $x(t)$ 和 $y(t)$ 的周期具有公倍数，则它们的和信号

$$f(t)=x(t)+y(t)$$

仍然是一个周期信号，其周期是 $x(t)$ 和 $y(t)$ 周期的最小公倍数。

(1) 因为 $\sin 2t$ 是一个周期信号，其角频率 ω_1 和周期 T_1 为

$$\omega_1=2\ \mathrm{rad/s},\quad T_1=\frac{2\pi}{\omega_1}=\pi\ \mathrm{s}$$

信号 $\cos 3t$ 也是一个周期信号，相应的角频率 ω_2 和周期 T_2 为

$$\omega_2=3\ \mathrm{rad/s},\quad T_2=\frac{2\pi}{\omega_2}=\frac{2\pi}{3}\ \mathrm{s}$$

T_1 与 T_2 的最小公倍数为 2π，所以，$f_1(t)$ 是一个周期信号，其周期为 2π s。

(2) 同理，可先求得 $f_2(t)$ 中两个周期信号 $\cos 2t$ 和 $\sin \pi t$ 的周期分别为

$$T_1=\pi\ \mathrm{s},\qquad T_2=2\ \mathrm{s}$$

这里 T_1 为无理数，T_1 与 T_2 间不存在公倍数，故 $f_2(t)$ 是非周期信号。

4. 能量信号与功率信号

若将信号 $f(t)$ 设为电压或电流，则加载在单位电阻上产生的瞬时功率为 $|f(t)|^2$，在一定的时间区间 $\left(-\frac{\tau}{2},\frac{\tau}{2}\right)$ 内会消耗一定的能量。把该能量对时间区间取平均，即得信号在此区间内的平均功率。现在将时间区间无限扩展，定义**信号 $f(t)$ 的能量** E 为

$$E\xlongequal{\mathrm{def}}\lim_{\tau\to\infty}\int_{-\frac{\tau}{2}}^{\frac{\tau}{2}}|f(t)|^2\,\mathrm{d}t=\int_{-\infty}^{\infty}|f(t)|^2\,\mathrm{d}t \tag{1.1-8}$$

①

信号 $f(t)$ 的平均功率 P 为

$$P\xlongequal{\mathrm{def}}\lim_{\tau\to\infty}\frac{1}{\tau}\int_{-\frac{\tau}{2}}^{\frac{\tau}{2}}|f(t)|^2\,\mathrm{d}t \tag{1.1-9}$$

如果信号能量为非零有限值，就称为**能量有限信号**，简称**能量信号**；如果信号的平均

---

①　式中符号“$\xlongequal{\mathrm{def}}$”读作“定义为”。

功率为非零有限值，就称为**功率有限信号**，简称**功率信号**。对于能量信号，由于能量有限，在无穷大时间区间内的平均功率一定为零，故只能从能量观点去考察；而对于功率信号，在无穷大时间区间上存在有限值功率，意味着信号具有无穷大的能量，因而只能从功率观点出发去研究。

容易验证，单边指数信号 $e^{-t}\varepsilon(t)$ 和时限信号(在有限时间区间内为非零有限值，在此区间外则均为零)都是能量信号。直流信号和周期信号都是功率信号。而斜升信号 t 和双边指数信号 e^{-t}，因其能量和平均功率都不是有限值，故既不是能量信号，也不是功率信号。

类似地，离散序列 $f(k)$ 的能量 E 和功率 P 分别定义为

$$E \xlongequal{\text{def}} \lim_{N\to\infty}\sum_{k=-N}^{N} |f(k)|^2 = \sum_{k=-\infty}^{\infty} |f(k)|^2 \tag{1.1-10}$$

$$P \xlongequal{\text{def}} \lim_{N\to\infty}\frac{1}{2N+1}\sum_{k=-N}^{N} |f(k)|^2 \tag{1.1-11}$$

1.2　信号的基本特性

信号的基本特性包括时间特性、频率特性、能量特性和信息特性。

确定信号是一个确定的时间函数，它的解析式或波形都集中体现了信号的时间特性。例如，信号持续时间的长短、变化速率的快慢，信号幅值的大小以及随时间改变呈现出来的变化规律等。

在一定条件下，一个复杂信号可以分解成众多不同频率的正弦分量的线性组合，其中每个分量都具有各自的振幅和相位。按照频率高低表示各正弦分量振幅和相位大小的图形称为**信号的频谱**。研究表明，信号正弦分量的振幅随频率增高而逐渐减小。因此，信号的能量主要集中在低频分量上，把集中主要能量的一定频率范围称为**信号的频带宽度**。频谱是信号在频率域的一种表示形式，它集中体现了信号的频率特性，包括信号的频带宽度和各正弦分量振幅、相位随频率的分布情况，等等。

任何信号通过系统时都伴随着一定能量或功率的传输，表明信号具有能量或功率特性。前面在时间域上定义了信号的能量和功率，实际上信号的能量和功率也可以在频率域定义。它们随频率分布的关系称为信号的**能量谱**和**功率谱**。利用能量谱可以定义非周期信号的近似持续时间和频带宽度。此外，实际系统工作时，噪声的存在总会对有用信号产生干扰，为了保证信号的有效传输，一般要求有用信号的功率电平大于噪声的功率电平。

与确定信号不同，随机信号是不规则信号。但是，它仍然具有某些可以预期的统计规律，这些规律可以用一些统计特征如均值、方差、相关函数和协方差函数等予以描述。

无论是确定信号还是随机信号都有一个共同的特性，即信号可以携带或者含有一定的信息。人们利用各种系统对信号进行传输、处理和加工的目的是获取其中有用的信息。这些有用的信息往往体现在信号某些属性或参数的变化之中。例如，在电报传输系统中，持续时间长短不一的脉冲序列信号代表不同的电报数码，分组数码表示不同的报文信息。又如，手机天线接收的射频信号中，就包含了众多用户所需的数据、文字、声响和图像等的音视频信息。

本书着重讨论确定信号的时间特性和频率特性。

1.3 信号的基本运算

信号的基本运算包括信号的相加和相乘，信号波形的翻转、平移和展缩，连续信号的微分(导数)和积分以及离散信号的差分和迭分等。

1.3.1 相加和相乘

两个信号相加，其**和信号**在任意时刻的信号值等于两信号在该时刻的信号值之和。

两个信号相乘，其**积信号**在任意时刻的信号值等于两信号在该时刻的信号值之积。

设两个连续信号 $f_1(t)$和 $f_2(t)$，则其和信号 $s(t)$与积信号 $p(t)$可表示为

$$s(t)=f_1(t)+f_2(t) \tag{1.3-1}$$

$$p(t)=f_1(t)\cdot f_2(t) \tag{1.3-2}$$

同样，若有两个离散信号 $f_1(k)$和 $f_2(k)$，则其和信号 $s(k)$与积信号 $p(k)$可表示为

$$s(k)=f_1(k)+f_2(k) \tag{1.3-3}$$

$$p(k)=f_1(k)\cdot f_2(k) \tag{1.3-4}$$

作为两个例子，图 1.3-1 和图 1.3-2 中分别给出了一对连续信号和一对离散信号以及与它们相应的和信号与积信号波形。

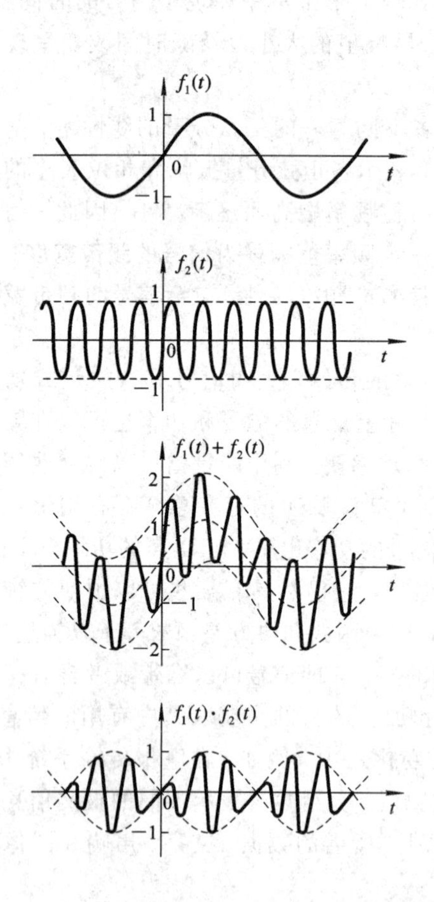

图 1.3-1　连续信号的相加和相乘

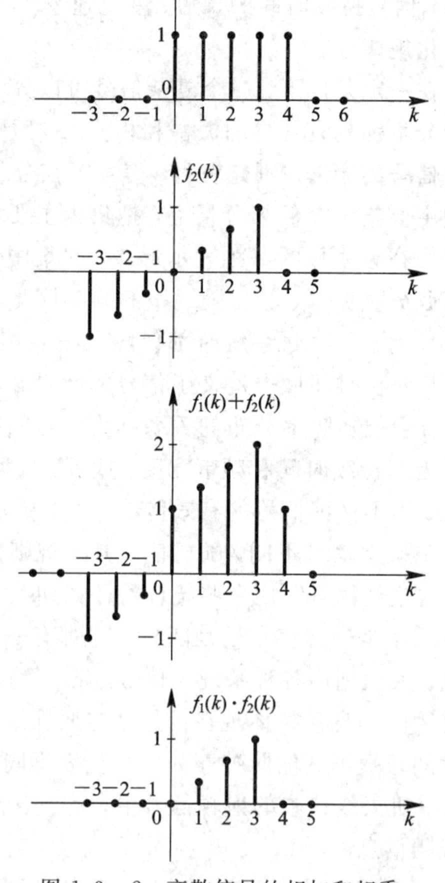

图 1.3-2　离散信号的相加和相乘

1.3.2　翻转、平移和展缩

将信号 $f(t)$(或 $f(k)$)的自变量 t(或 k)换成 $-t$(或 $-k$)，得到另一个信号 $f(-t)$(或 $f(-k)$)，称这种变换为**信号的翻转**。它的几何意义是将自变量轴“倒置”，取其原信号自变量轴的负方向作为变换后信号自变量轴的正方向。或者按照习惯，自变量轴不“倒置”时，可将 $f(t)$ 或 $f(k)$ 的波形绕纵坐标轴翻转 180°，即为 $f(-t)$ 或 $f(-k)$ 的波形，如图 1.3-3 所示。

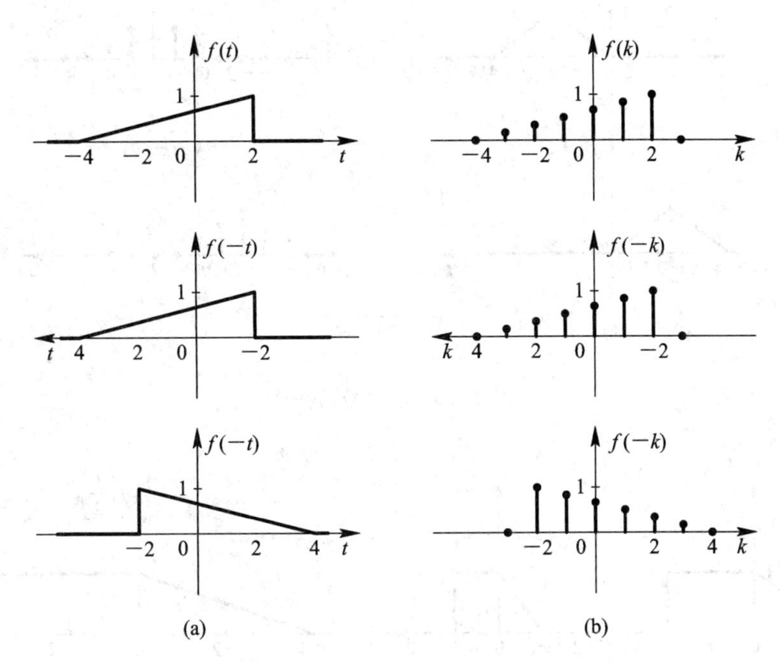

图 1.3-3　信号的翻转
(a) $f(t)$的翻转；(b) $f(k)$的翻转

将连续信号 $f(t)$的自变量 t 换成 $t \pm t_0$(t_0 为正常数)，得到另一个信号 $f(t \pm t_0)$，称这种变换为**信号的平移**。信号 $f(t-t_0)$的波形可通过将 $f(t)$波形沿 t 轴正方向平移(右移)t_0 单位来确定，而 $f(t+t_0)$的波形可通过将 $f(t)$波形沿 t 轴负方向平移(左移)t_0 单位来确定，如图 1.3-4(a)所示。

对于离散信号也有类似情形。设 k_0 为正整数，其 $f(k-k_0)$表示将 $f(k)$波形沿 k 轴正方向平移(右移)k_0 个单位；$f(k+k_0)$表示将 $f(k)$波形沿 k 轴负方向平移(左移)k_0 个单位，如图 1.3-4(b)所示。

如果将信号 $f(t)$的自变量 t 换成 at，a 为正数，并且保持 t 轴尺度不变，那么，当 $a>1$ 时，$f(at)$表示将 $f(t)$波形以坐标原点为中心，沿 t 轴压缩为原来的 $1/a$；当 $0<a<1$ 时，$f(at)$表示将 $f(t)$波形沿 t 轴展宽 $1/a$ 倍。图 1.3-5 中分别给出了 $a=2$ 和 $a=1/2$ 时 $f(t)$ **波形的展缩**情况。

应该注意，如果 $f(t)$是分段定义信号，则在列写 $f(at)$表达式时，应将原 $f(t)$及定义域区间表达式中的所有 t 均改换为 at。图 1.3-5 中信号 $f(t)$、$f(2t)$和 $f(t/2)$的表达式为

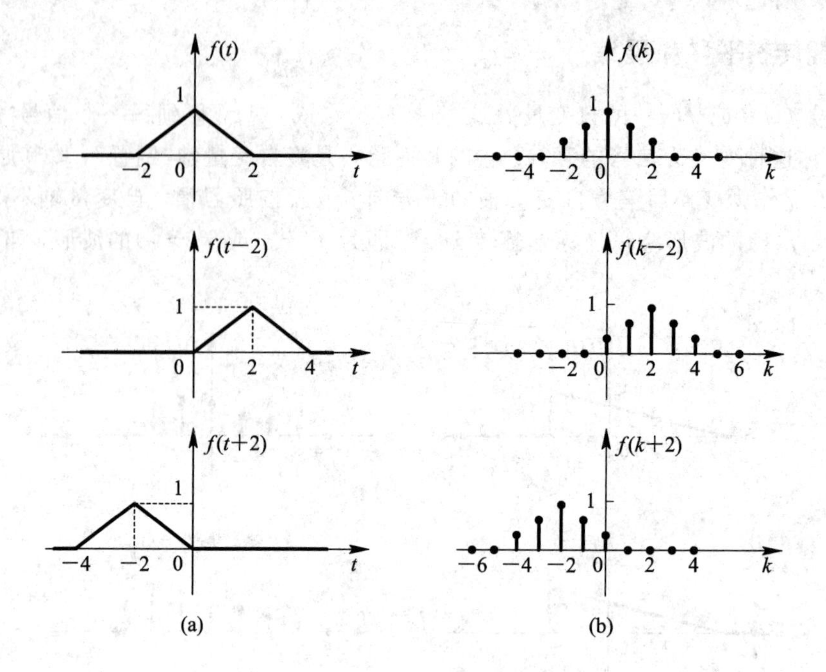

图 1.3－4 信号的平移

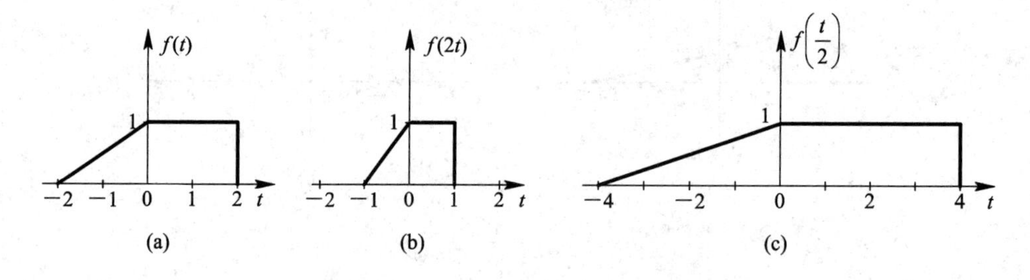

图 1.3－5 连续信号的波形展缩

$$
f(t)=\begin{cases}\dfrac{1}{2}t+1 & -2<t\leqslant 0\\ 1 & 0<t<2\\ 0 & t\leqslant -2,\ t>2\end{cases}
$$

$$
f(2t)=\begin{cases}\dfrac{1}{2}(2t)+1 & -2<2t\leqslant 0\\ 1 & 0<2t<2\\ 0 & 2t\leqslant -2,\ 2t>2\end{cases}
$$

$$
=\begin{cases}t+1 & -1<t\leqslant 0\\ 1 & 0<t<1\\ 0 & t\leqslant -1,\ t>1\end{cases}
$$

$$f\left(\frac{t}{2}\right)=\begin{cases}\frac{1}{2}\left(\frac{t}{2}\right)+1 & -2<\frac{t}{2}\leqslant 0\\ 1 & 0<\frac{t}{2}<2\\ 0 & \frac{t}{2}\leqslant -2,\ \frac{t}{2}>2\end{cases}$$

$$=\begin{cases}\frac{t}{4}+1 & -4<t\leqslant 0\\ 1 & 0<t<4\\ 0 & t\leqslant -4,\ t>4\end{cases}$$

对于离散信号，由于 $f(ak)$仅在 ak 为整数时才有意义，进行 k 轴尺度变换或 $f(k)$波形展缩时可能会使部分信号丢失，因此一般不作波形展缩变换。

例 1.3-1 已知信号 $f(t)$的波形如图 1.3-6(a)所示，试画出 $f(1-2t)$的波形。

解 一般来说，在 t 轴尺度保持不变的情况下，信号 $f(at+b)(a\neq 0)$的波形可以通过对信号 $f(t)$波形的平移、翻转和展缩变换得到。根据 $f(t)$波形变换操作顺序不同，可用多种方法画出 $f(1-2t)$的波形。

(1) 按"翻转—展缩—平移"顺序。首先将 $f(t)$的波形进行翻转得到如图 1.3-6(b)所示的 $f(-t)$波形。然后，以坐标原点为中心，将 $f(-t)$波形沿 t 轴压缩 1/2，得到 $f(-2t)$波形，如图 1.3-6(c)所示。由于 $f(1-2t)$可以改写为 $f\left(-2\left(t-\frac{1}{2}\right)\right)$，所以只要将 $f(-2t)$ 沿 t 轴右移 1/2 个单位，即可得到 $f(1-2t)$波形，如图 13-6(d)所示。信号的波形变换过程如图1.3-6 所示。

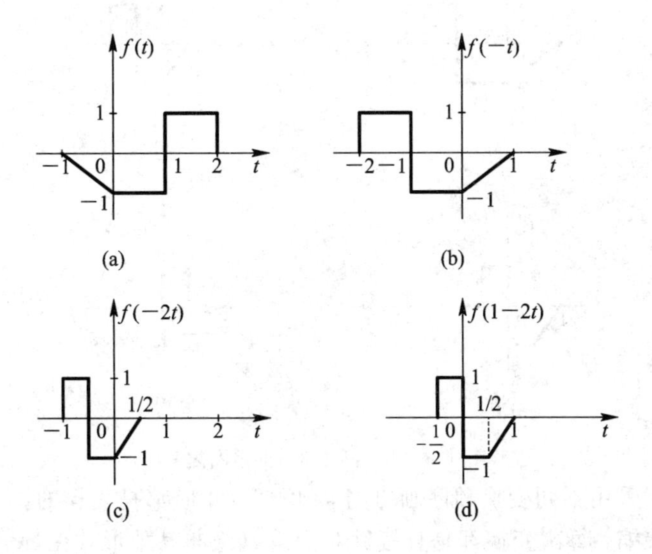

图 1.3-6 例 1.3-1 用图之一

(2) 按"平移—翻转—展缩"顺序。先将 $f(t)$沿 t 轴左移一个单位得到 $f(t+1)$波形。再将该波形绕纵轴翻转 180°，得到 $f(-t+1)$波形。最后，将 $f(-t+1)$波形压缩 1/2 得到 $f(1-2t)$ 波形。信号波形的变换过程如图 1.3-7 所示。

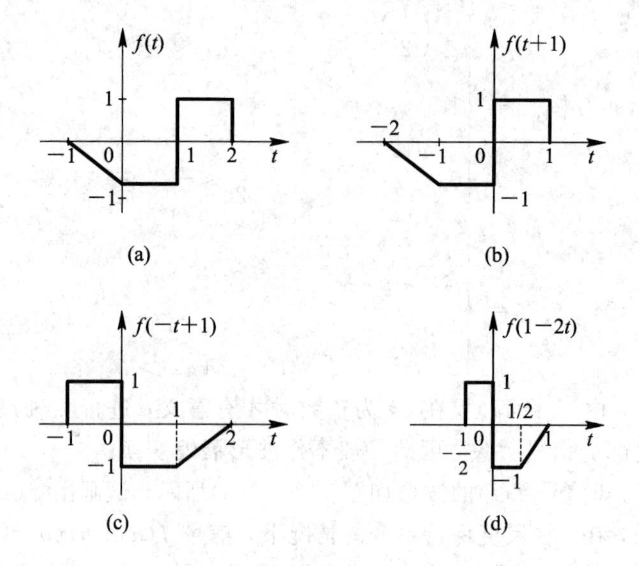

图 1.3－7　例 1.3－1 用图之二

(3) 按“展缩－平移－翻转”顺序。先以坐标原点为中心，将 $f(t)$的波形沿 t 轴压缩 1/2，得到 $f(2t)$的波形。再将 $f(2t)$的波形沿 t 轴左移 1/2 个单位，得到信号 $f\left(2\left(t+\frac{1}{2}\right)\right)=f(2t+1)$的波形。最后，进行“翻转”操作，得到 $f(1-2t)$的波形。信号波形的变换过程如图 1.3－8 所示。

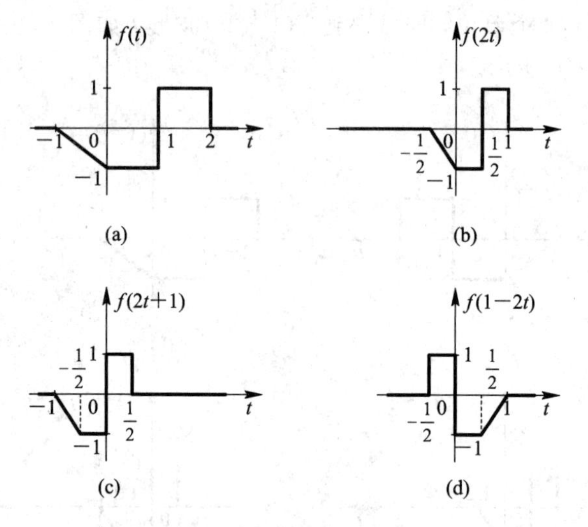

图 1.3－8　例 1.3－1 用图之三

本例题表明，采用不同变换顺序画出的 $f(1-2t)$波形都是一样的。但是应该注意，无论翻转、平移或展缩，每次变换都是直接针对变量 t(绝非其他形式变量)来进行的。

1.3.3　信号的导数和积分

连续时间信号 $f(t)$的导数

$$y(t)=f^{(1)}(t)=\frac{\mathrm{d}}{\mathrm{d}t}f(t)$$

产生另一个连续时间信号，它表示信号 $f(t)$ 的变化率随变量 t 的变化情况。使用时应注意，在常规意义下，函数在间断点处的导数是不存在的。例如，在图 1.3－9 中，函数 $f_1(t)$ 在 $t=1$ 处有第一类间断点，函数 $f_2(t)$ 和 $f_3(t)$ 在 $t=0$ 处有第二类间断点。这些函数在相应间断点处的导数均不存在。

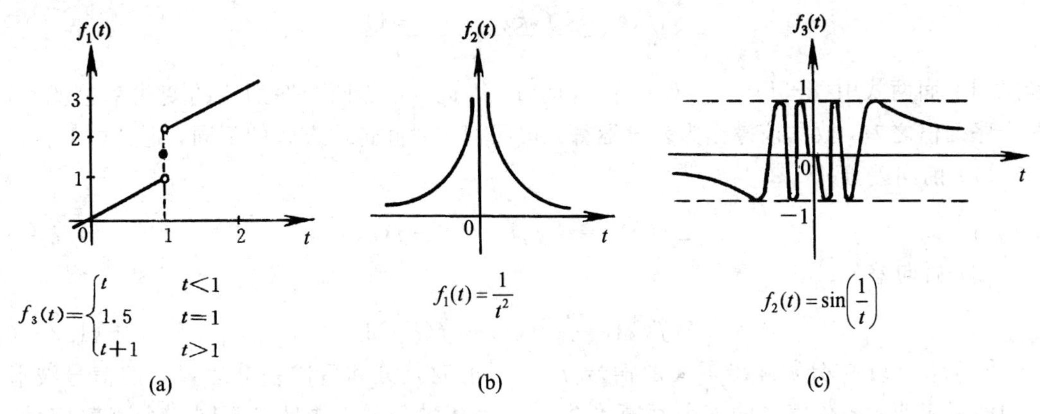

图 1.3－9　函数的间断点

连续时间信号 $f(t)$ 的**积分**

$$y(t)=f^{(-1)}(t)=\int_{-\infty}^{t}f(x)\mathrm{d}x$$

产生另一个连续时间信号，其任意时刻 t 的信号值为 $f(t)$ 波形在 $(-\infty, t)$ 区间上所包含的净面积。

图 1.3－10 中给出信号 $f(t)$ 的微分和积分信号的波形。

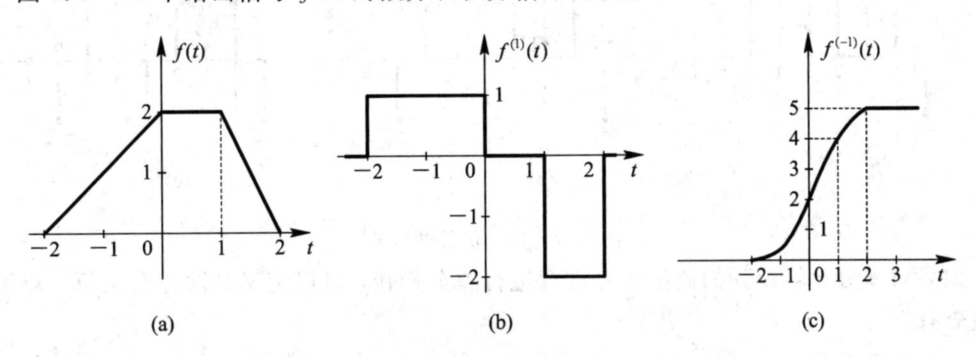

图 1.3－10　信号的微分和积分

(a) 信号 $f(t)$；(b) 信号的微分；(c) 信号的积分

1.3.4　信号的差分和迭分

为了反映离散信号序列值随序号 k 变化的快慢程度以及体现某序号之前序列值的累加效果，我们仿照连续信号的微分和积分运算，定义离散信号的差分和迭分运算。

1. 差分运算

按照连续时间信号的导数定义

$$\frac{\mathrm{d}f(t)}{\mathrm{d}t}=\lim_{\Delta t\to 0}\frac{\Delta f(t)}{\Delta t}$$

对于离散信号，可用两个相邻序列值的差值代替 $\Delta f(t)$，用相应离散时间之差代替 Δt，并称这两个差值之比为离散信号的变化率。根据相邻离散时间选取方式的不同，离散信号变化率有如下两种表示形式：

$$\frac{\Delta f(k)}{\Delta k}=\frac{f(k+1)-f(k)}{(k+1)-k}$$

$$\frac{\Delta f(k)}{\Delta k}=\frac{f(k)-f(k-1)}{k-(k-1)}$$

考虑到上面两式中$(k+1)-k=k-(k-1)=1$，因此，相邻两个序列值的变化率也就是这两个序列值之差，故称该操作为**差分运算**。按照相邻时间选取方式的不同，定义如下：

(1) 前向差分：

$$\Delta f(k)\overset{\text{def}}{=\!=}f(k+1)-f(k) \qquad (1.3-5)$$

(2) 后向差分：

$$\nabla f(k)\overset{\text{def}}{=\!=}f(k)-f(k-1) \qquad (1.3-6)$$

图 1.3-11 中分别画出了离散信号 $f(k)$经前向差分和后向差分运算后的信号波形。图中波形表明，离散信号的差分运算产生另一个离散信号，并且对于同一个离散信号而言，其前向差分信号沿 k 轴右移一个单位，即为该信号的后向差分信号。所以，两者并没有实质上的差别，本书一般采用后向差分表示离散信号的差分运算。

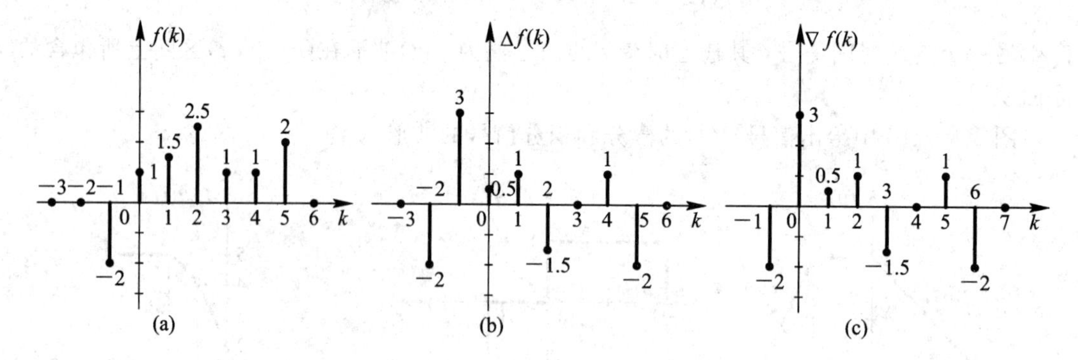

图 1.3-11 信号的差分

如果对差分运算得到的离散信号继续进行差分操作，可以定义高阶差分运算。对于前向差分有

一阶前向差分

$$\Delta f(k)=f(k+1)-f(k)$$

二阶前向差分

$$\begin{aligned}\Delta^2 f(k)&=\Delta[\Delta f(k)]=\Delta[f(k+1)-f(k)]\\&=\Delta f(k+1)-\Delta f(k)\\&=[f(k+2)-f(k+1)]-[f(k+1)-f(k)]\\&=f(k+2)-2f(k+1)+f(k)\end{aligned}$$

一般 m 阶前向差分可表示为

$$\begin{aligned}\Delta^m f(k)&=\Delta^{m-1}f(k+1)-\Delta^{m-1}f(k)\\&=f(k+m)+b_{m-1}f(k+m-1)+\cdots+b_0 f(k)\end{aligned} \qquad (1.3-7)$$

同理，对于各阶后向差分可表示为

$$
\begin{cases}
\nabla f(k) = f(k) - f(k-1) \\
\nabla^2 f(k) = \nabla[\nabla f(k)] = \nabla[f(k) - f(k-1)] \\
\qquad = \nabla f(k) - \nabla f(k-1) \\
\qquad = f(k) - 2f(k-1) + f(k-2) \\
\nabla^m f(k) = \nabla^{m-1} f(k) - \nabla^{m-1} f(k-1) \\
\qquad = f(k) + a_1 f(k-1) + a_2 f(k-2) + \cdots + a_m f(k-m)
\end{cases}
\tag{1.3-8}
$$

2. 迭分运算

仿照连续时间信号积分运算的定义

$$
y(t) = \int_{-\infty}^{t} f(x)\,\mathrm{d}x = \lim_{\Delta\tau \to 0} \sum_{\tau=-\infty}^{t} f(\tau + \Delta\tau)\Delta\tau
$$

在离散信号中，最小间隔 $\Delta\tau$ 就是一个单位时间，即 $\Delta\tau=1$，可定义离散积分的运算为

$$
y(k) = \sum_{n=-\infty}^{k} f(n) \tag{1.3-9}
$$

表明离散积分实际上就是对 $f(k)$ 的累加计算，故称离散积分为**迭分运算**。

如图 1.3-12(a)所示的离散信号 $f(k)$，经迭分运算后得到一个新的离散信号 $y(k)$，如图 1.3-12(b)所示。

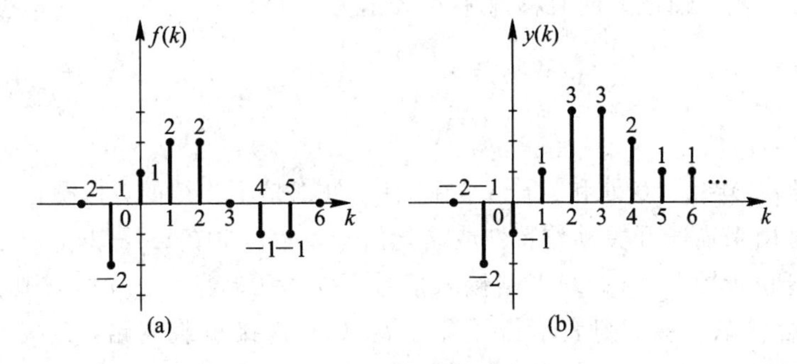

图 1.3-12　离散信号的迭分

1.4　几个重要信号

阶跃信号和冲激信号是描述一类特定物理现象的数学模型，它们在信号与系统分析中具有重要意义。本节先从直观的函数序列出发定义阶跃信号 $\varepsilon(t)$ 和冲激信号 $\delta(t)$；然后，引入广义函数概念，给出 $\varepsilon(t)$、$\delta(t)$ 的广义函数定义，并讨论冲激函数的基本性质；最后，介绍阶跃序列和冲激序列。

1.4.1　连续时间阶跃信号

我们采用求函数序列极限的方法定义阶跃信号。设图 1.4-1(a)所示函数

$$
\varepsilon_\Delta(t) = \begin{cases} 0 & t < 0 \\ \dfrac{1}{\Delta} t & 0 < t < \Delta \\ 1 & t > \Delta \end{cases} \tag{1.4-1}
$$

该函数在 $t<0$ 时为零，$t>\Delta$ 时为 1。在区间 $(0, \Delta)$ 内线段斜率为 $1/\Delta$。

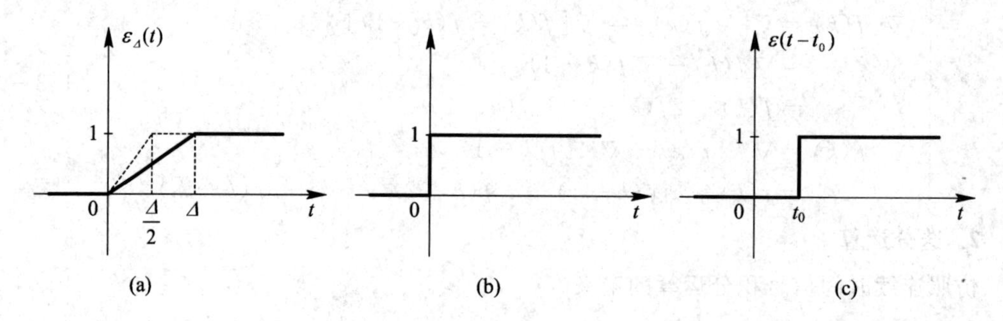

图 1.4-1　阶跃信号

随 Δ 减小，区间 $(0, \Delta)$ 变窄，在此范围内线段斜率变大。当 $\Delta\to 0$ 时，函数 $\varepsilon_\Delta(t)$ 在 $t=0$ 处由零跃变到 1，其斜率为无限大，定义此函数为**连续时间单位阶跃信号**，简称**单位阶跃信号或 ε 函数**，用 $\varepsilon(t)$ 表示，即

$$\varepsilon(t) \xlongequal{\text{def}} \lim_{\Delta\to 0}\varepsilon_\Delta(t) = \begin{cases} 0 & t<0 \\ 1 & t>0 \end{cases} \tag{1.4-2}$$

其波形如图 1.4-1(b)所示。

单位阶跃信号沿 t 轴正方向时移 t_0 后可表示为

$$\varepsilon(t-t_0) = \begin{cases} 0 & t<t_0 \\ 1 & t>t_0 \end{cases} \tag{1.4-3}$$

波形如图 1.4-1(c)所示。

注意：信号 $\varepsilon(t)$ 在 $t=0$ 处和 $\varepsilon(t-t_0)$ 在 $t=t_0$ 处都是不连续的，且没有定义。

阶跃信号可用来描述开关动作特性或简化信号表示。如图 1.4-2(a)所示的开关 S，若 $t<0$ 时处于打开位置"1"，则负载电路接入信号 $f(t)=0$；若 $t=0$ 时，S 切换到闭合位置"2"，并维持闭合状态不变，则表示信号源在 $t\geqslant 0$ 时连接负载电路，其接入信号 $f(t)=f_s(t)$。引入阶跃信号，可统一将接入信号表示为 $f(t)=f_s(t)\varepsilon(t)$。对于图 1.4-2(b)所示的分段定义信号：

$$f(t) = \begin{cases} \dfrac{1}{3}(t+2) & -2<t<1 \\ -\dfrac{1}{2}(t-1) & 1<t<3 \\ 0 & t<-2,\ t>3 \end{cases}$$

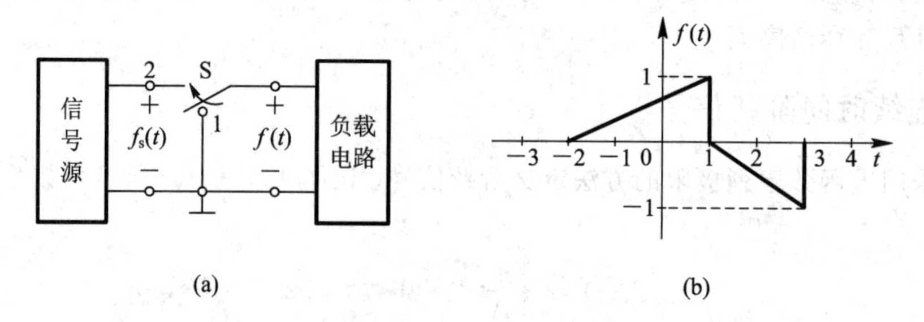

图 1.4-2　阶跃信号应用

可应用时移阶跃信号表示为

$$f(t)=\frac{1}{3}(t+2)[\varepsilon(t+2)-\varepsilon(t-1)]-\frac{1}{2}(t-1)[\varepsilon(t-1)-\varepsilon(t-3)]$$

1.4.2　连续时间冲激信号

与阶跃信号类似，可以采用求函数序列极限的方法定义冲激信号。

对式(1.4-1)求导数，得到一个宽度为Δ，幅度为$1/\Delta$，其面积为1的矩形脉冲，记为$p_\Delta(t)$，即

$$p_\Delta(t)=\frac{\mathrm{d}}{\mathrm{d}t}\varepsilon_\Delta(t)=\begin{cases}\dfrac{1}{\Delta} & 0<t<\Delta\\ 0 & t<0,\ t>\Delta\end{cases}\tag{1.4-4}$$

显然，当Δ减小时，矩形脉冲的宽度减小而幅度增大，但其面积仍保持为1，如图1.4-3(a)中虚线所示。当$\Delta\to 0$时，矩形脉冲的宽度趋于零，幅度趋于无限大，而其面积仍等于1。这样，就得到一个$t=0$时，具有单位面积的脉冲"冲激"，而$t\neq 0$时均为零的信号。我们将此信号定义为**连续时间单位冲激信号**，简称**单位冲激信号**或δ**函数**，用$\delta(t)$表示，即

$$\delta(t)\xlongequal{\text{def}}\lim_{\Delta\to 0}p_\Delta(t)\tag{1.4-5}$$

$\delta(t)$的图形如图1.4-3(b)所示，箭头旁括号中的1表示矩形脉冲的面积，称为δ函数的**冲激强度**。图1.4-3(c)表示一个强度为A，时间上延迟t_0的冲激信号。

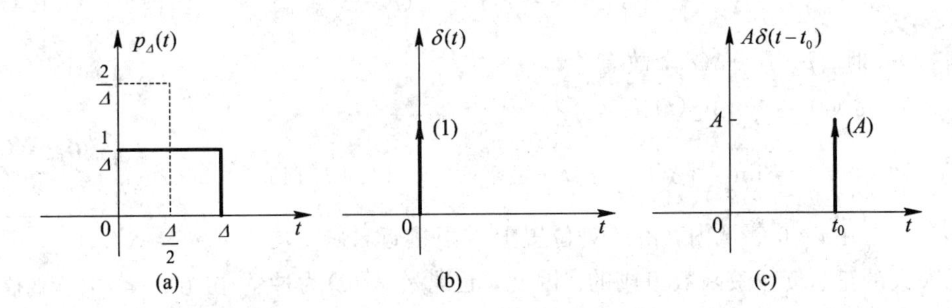

图1.4-3　冲激信号

狄拉克(Dirac)给出了δ函数的另一种定义，简称狄拉克定义，即

$$\begin{cases}\displaystyle\int_{t_1}^{t_2}\delta(t)\,\mathrm{d}t=1 & t_1<0<t_2\\ \delta(t)=0 & t\neq 0\end{cases}\tag{1.4-6}$$

该定义表明δ函数除原点以外，处处为零，但其面积为1。显而易见，狄拉克定义与式(1.4-5)的定义在本质上是完全一致的。按式(1.4-6)定义，容易得到

$$\int_{-\infty}^{t}\delta(x)\,\mathrm{d}x=\begin{cases}0 & t<0\\ 1 & t>0\end{cases}=\varepsilon(t)\tag{1.4-7}$$

即δ函数的积分为ε函数。反之，将式(1.4-4)代入式(1.4-5)，并交换求导和求极限运算顺序，可得

$$\delta(t)=\lim_{\Delta\to 0}p_\Delta(t)=\lim_{\Delta\to 0}\left[\frac{\mathrm{d}}{\mathrm{d}t}\varepsilon_\Delta(t)\right]$$

$$= \frac{\mathrm{d}}{\mathrm{d}t}\left[\lim_{\Delta\to 0}\varepsilon_{\Delta}(t)\right] = \frac{\mathrm{d}}{\mathrm{d}t}\varepsilon(t) \tag{1.4-8}$$

表明 ε 函数的微分为 δ 函数。

上面我们用矩形脉冲函数序列逼近的方法定义了 δ 函数。实际上，还有许多类似的函数序列，在极限条件下同样具有宽度趋于零，幅度趋于无限大，而其面积保持为1的特性，也可以利用这些函数来定义 δ 函数。例如：

$$\delta(t) \xlongequal{\text{def}} \lim_{\Delta\to 0}\frac{1}{\sqrt{\pi\Delta}}\mathrm{e}^{-\frac{t^2}{\Delta}} \qquad [\text{高斯函数序列}] \tag{1.4-9}$$

$$\delta(t) \xlongequal{\text{def}} \lim_{\Delta\to 0}\frac{\sin(t/\Delta)}{\pi t} \qquad [\text{取样函数序列}] \tag{1.4-10}$$

$$\delta(t) \xlongequal{\text{def}} \lim_{\Delta\to 0}\frac{1}{2\Delta}\mathrm{e}^{-\frac{|t|}{\Delta}} \qquad [\text{双边指数函数序列}] \tag{1.4-11}$$

现在考虑 δ 函数的一阶导数 $\delta'(t)$。将矩形脉冲 $p_{\Delta}(t)$ 改写为

$$p_{\Delta}(t) = \frac{1}{\Delta}[\varepsilon(t) - \varepsilon(t-\Delta)] \tag{1.4-12}$$

对上式两边取一阶导数，结合式(1.4-8)可得

$$\begin{aligned} p_{\Delta}'(t) &= \frac{1}{\Delta}[\varepsilon'(t) - \varepsilon'(t-\Delta)] \\ &= \frac{1}{\Delta}[\delta(t) - \delta(t-\Delta)] \end{aligned} \tag{1.4-13}$$

由于当 $\Delta\to 0$ 时，$p_{\Delta}(t)\to\delta(t)$，故有

$$\begin{aligned} \delta'(t) &= \lim_{\Delta\to 0} p_{\Delta}'(t) \\ &= \lim_{\Delta\to 0}\frac{1}{\Delta}[\delta(t) - \delta(t-\Delta)] \end{aligned} \tag{1.4-14}$$

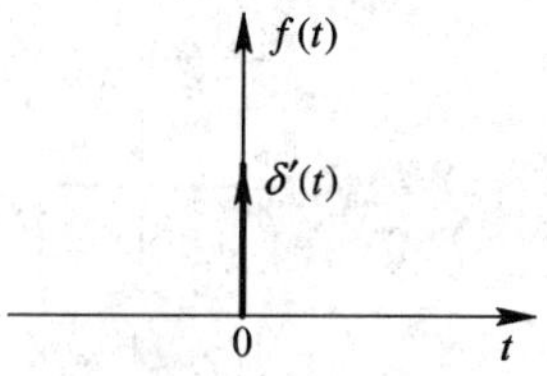

可见，$\delta'(t)$ 是在 $t=0$ 邻域内，由一对位置上无限接近，强度均趋于无限大的正、负冲激函数组成的。因此，也常称 $\delta'(t)$ 为**冲激偶**。为了简便，仍用 δ 函数符号表示冲激偶，并在符号旁标记 $\delta'(t)$，以示与 $\delta(t)$ 相区别，如图 1.4-4 所示。

图 1.4-4　冲激偶信号

1.4.3　广义函数和 δ 函数性质

众所周知，作为常规函数，在间断点处的导数是不存在的。除间断点外，自变量 t 在定义域内取某值时，函数有确定的值。但前面介绍的单位阶跃信号 $\varepsilon(t)$ 在间断点处的导数是单位冲激信号，δ 函数在其唯一不等于零的点 $t=0$ 处的函数值趋于无限大。显然，这些结论是与常规函数的定义相违背的，或者说，信号 $\varepsilon(t)$ 和 $\delta(t)$ 已经超出了常规函数的范畴，故对这类函数的定义和运算都不能按通常的意义去理解。人们将这类非常规函数称为**奇异函数**或**广义函数**。为了理解 δ 函数的性质，下面简要介绍广义函数的定义和运算规则。

1. 广义函数的基本概念

如果把普通函数 $y=f(t)$ 看成是对定义域中的每个自变量 t，按一定的运算规则 f 指

定一个数值 y 的过程，那么，可以把广义函数 $g(t)$ 理解为是对试验函数集 $\{\varphi(t)\}$ 中的每个函数 $\varphi(t)$，按一定运算规则 N_g 分配(或指定)一个数值 $N_g[\varphi(t)]$ 的过程。广义函数 $g(t)$ 的定义为

$$\int_{-\infty}^{\infty} g(t)\varphi(t)\,\mathrm{d}t = N_g[\varphi(t)] \tag{1.4-15}$$

式中，$\varphi(t)$ 是一个普通函数，称为试验函数，它满足连续、具有任意阶导数，且 $\varphi(t)$ 及其各阶导数在 $|t|\to\infty$ 时要比 $|t|$ 的任意次幂更快地趋于零等条件。对于某些广义函数而言，$\varphi(t)$ 的上述要求可以降低。例如，定义 δ 函数时，只要求 $\varphi(t)$ 在 $t=0$ 处连续即可。$N_g[\varphi(t)]$ 是与试验函数 $\varphi(t)$ 有关的一个数值。例如，可以是 $\varphi(t)$ 或其导函数在 $t=0$ 处的值，也可以是在某一区间内 $\varphi(t)$ 所覆盖的面积等。式(1.4－15)表明广义函数 $g(t)$ 是通过它与试验函数 $\varphi(t)$ 的作用效果来定义的。定义式中之所以采用积分形式来表示数值 $N_g[\varphi(t)]$，其主要目的是可使广义函数运算在形式上具有类似普通函数积分运算的性质。

比较广义函数与普通函数的定义可知，广义函数中的 $\varphi(t)$ 和 $\{\varphi(t)\}$ 分别相当于普通函数定义中的自变量和定义域。普通函数为每个自变量 t 指定一个函数值 $f(t)$，广义函数为每个试验函数 $\varphi(t)$ 分配一个数值 $N_g[\varphi(t)]$，表 1.1 中给出了两者的对应关系。

表 1.1　广义函数与普通函数的对应关系

函数类型	定　义　式	自变量	定义域	函数值
普通函数	$y=f(t)$	t	(t_1, t_2)	$f(t)$
广义函数	$\int_{-\infty}^{\infty} g(t)\varphi(t)\,\mathrm{d}t = N_g[\varphi(t)]$	$\varphi(t)$	$\{\varphi(t)\}$	$N_g[\varphi(t)]$

广义函数的基本运算包括：

(1) 相等。

若 $N_{g1}[\varphi(t)]=N_{g2}[\varphi(t)]$，则定义

$$g_1(t) = g_2(t) \tag{1.4-16}$$

(2) 相加。

若 $N_g[\varphi(t)]=N_{g1}[\varphi(t)]+N_{g2}[\varphi(t)]$，则定义

$$g(t) = g_1(t) + g_2(t) \tag{1.4-17}$$

(3) 尺度变换。

定义广义函数 $g(t)$ 的尺度变换函数 $g(at)$ 满足

$$N_{g(at)}[\varphi(t)] = N_g\left[\frac{1}{|a|}\varphi\left(\frac{t}{a}\right)\right] \tag{1.4-18}$$

(4) 微分。

定义广义函数 $g(t)$ 的 n 阶导数 $g^{(n)}(t)$ 满足

$$N_{g^{(n)}(t)}[\varphi(t)] = N_g[(-1)^n\varphi^{(n)}(t)] \tag{1.4-19}$$

2. δ 函数的广义函数定义

按广义函数理论，δ 函数定义为

$$\int_{-\infty}^{\infty} \delta(t)\varphi(t)\,\mathrm{d}t \xlongequal{\text{def}} \varphi(0) \tag{1.4-20}$$

表明 $\delta(t)$ 是一种与试验函数 $\varphi(t)$ 作用后能予以赋值 $\varphi(0)$ 的函数。或者说，广义函数 $\delta(t)$ 具

有从 $\varphi(t)$ 中筛选出数值 $\varphi(0)$ 的特性，通常称此性质为 δ 函数的**筛选性质**。

由式(1.4－4)给出的矩形脉冲信号 $p_\Delta(t)$，当 $\Delta\to 0$ 时就具有上述筛选性质。将 $p_\Delta(t)$ 看成广义函数，代入式(1.4－20)有

$$\int_{-\infty}^{\infty} p_\Delta(t)\varphi(t)\ \mathrm{d}t = \frac{1}{\Delta}\int_0^\Delta \varphi(t)\ \mathrm{d}t$$

当 $\Delta\to 0$ 时，在 $(0,\Delta)$ 区间上，$\varphi(t)\approx\varphi(0)$，故有

$$\lim_{\Delta\to 0}\int_{-\infty}^{\infty} p_\Delta(t)\varphi(t)\ \mathrm{d}t = \lim_{\Delta\to 0}\frac{1}{\Delta}\int_0^\Delta \varphi(t)\ \mathrm{d}t = \lim_{\Delta\to 0}\frac{1}{\Delta}\varphi(0)\int_0^\Delta \mathrm{d}t = \varphi(0) \qquad (1.4-21)$$

比较式(1.4－20)和式(1.4－21)，可得

$$\delta(t) = \lim_{\Delta\to 0} p_\Delta(t)$$

这就是 δ 函数的矩形脉冲序列定义式(1.4－5)。

$\varepsilon(t)$ 和 $\delta'(t)$ 的广义函数定义是

$$\int_{-\infty}^{\infty} \varepsilon(t)\varphi(t)\mathrm{d}t = \int_0^\infty \varphi(t)\mathrm{d}t \qquad (1.4-22)$$

$$\int_{-\infty}^{\infty} \delta'(t)\varphi(t)\mathrm{d}t = \int_{-\infty}^{\infty} (-1)\delta(t)\varphi'(t)\mathrm{d}t = -\varphi'(0) \qquad (1.4-23)$$

表明与试验函数 $\varphi(t)$ 作用后，$\varepsilon(t)$ 是具有指定其积分值 $\int_0^\infty \varphi(t)\mathrm{d}t$ 这样一种性质的函数，而 $\delta'(t)$ 则是具有指定导数值 $-\varphi'(0)$ 这一性质的函数。容易验证，当 $\Delta\to 0$ 时，$\varepsilon_\Delta(t)$ 和 $p_\Delta'(t)$ 正是满足上述要求的两种函数。因此，应用它们定义 ε 函数和冲激偶函数也是合理的。

3. δ 函数的性质

性质 1　与普通函数 $f(t)$ 相乘

若将普通函数 $f(t)$ 与广义函数 $\delta(t)$ 的乘积看成是新的广义函数，则按广义函数定义和 δ 函数的筛选性质，有

$$\begin{aligned}\int_{-\infty}^{\infty} [f(t)\delta(t)]\varphi(t)\ \mathrm{d}t &= \int_{-\infty}^{\infty} \delta(t)[f(t)\varphi(t)]\ \mathrm{d}t = f(0)\varphi(0)\\ &= f(0)\int_{-\infty}^{\infty} \delta(t)\varphi(t)\ \mathrm{d}t = \int_{-\infty}^{\infty} [f(0)\delta(t)]\varphi(t)\ \mathrm{d}t\end{aligned}$$

根据广义函数相等的定义，得到

$$f(t)\delta(t) = f(0)\delta(t) \qquad (1.4-24)$$

对上式两边从 $-\infty$ 到 ∞ 取积分，可得

$$\int_{-\infty}^{\infty} f(t)\delta(t)\ \mathrm{d}t = f(0)\int_{-\infty}^{\infty}\delta(t)\ \mathrm{d}t = f(0) \qquad (1.4-25)$$

注意，此式就是前面给出的 δ 函数的广义函数定义式(1.4－20)。

同理，对普通函数 $f(t)$ 与时移 δ 函数 $\delta(t-t_0)$ 相乘以及对乘积函数从 $-\infty$ 到 ∞ 取积分，分别有如下结论：

$$f(t)\delta(t-t_0) = f(t_0)\delta(t-t_0) \qquad (1.4-26)$$

$$\int_{-\infty}^{\infty} f(t)\delta(t-t_0)\ \mathrm{d}t = f(t_0) \qquad (1.4-27)$$

该式表明，与 δ 函数类似，$\delta(t-t_0)$ 具有筛选 $f(t)$ 在 $t=t_0$ 处函数值的性质。

例 1.4－1　试化简下列各信号的表达式。

(1) $f_1(t)=t\delta(t)$

(2) $f_2(t)=t\delta(t-1)$

(3) $f_3(t)=\mathrm{e}^{-t}\delta(t-1)$

解　根据式(1.4-24)和式(1.4-26)有

(1) $f_1(t)=t\delta(t)=0$

(2) $f_2(t)=t\delta(t-1)=\delta(t-1)$

(3) $f_3(t)=\mathrm{e}^{-t}\delta(t-1)=\mathrm{e}^{-1}\delta(t-1)$

现在考虑 $\delta'(t)$ 函数与普通函数 $f(t)$ 相乘。

根据广义函数定义和微分运算规则，并应用 δ 函数筛选性质作如下推导：

$$\begin{aligned}\int_{-\infty}^{\infty}[f(t)\delta'(t)]\varphi(t)\,\mathrm{d}t &= \int_{-\infty}^{\infty}\delta'(t)[f(t)\varphi(t)]\,\mathrm{d}t \quad [\text{广义函数微分}]\\ &= \int_{-\infty}^{\infty}\delta(t)\left\{(-1)\frac{\mathrm{d}}{\mathrm{d}t}[f(t)\varphi(t)]\right\}\mathrm{d}t\\ &= -\int_{-\infty}^{\infty}\delta(t)[f(t)\varphi'(t)+f'(t)\varphi(t)]\,\mathrm{d}t \quad [\delta\text{ 函数筛选性质}]\\ &= -f(0)\varphi'(0)-f'(0)\varphi(0)\\ &= -f(0)\int_{-\infty}^{\infty}\delta(t)\varphi'(t)\,\mathrm{d}t - f'(0)\int_{-\infty}^{\infty}\delta(t)\varphi(t)\,\mathrm{d}t\\ &\qquad [\text{广义函数微分}]\\ &= f(0)\int_{-\infty}^{\infty}\delta'(t)\varphi(t)\mathrm{d}t - f'(0)\int_{-\infty}^{\infty}\delta(t)\varphi(t)\,\mathrm{d}t\\ &= \int_{-\infty}^{\infty}[f(0)\delta'(t)-f'(0)\delta(t)]\varphi(t)\,\mathrm{d}t\end{aligned}$$

根据广义函数相等的定义，有

$$f(t)\delta'(t) = f(0)\delta'(t) - f'(0)\delta(t) \tag{1.4-28}$$

对上式两边在 $(-\infty,\infty)$ 区间取积分，并考虑到 $\int_{-\infty}^{\infty}\delta'(t)\mathrm{d}t=0$，可得

$$\int_{-\infty}^{\infty}f(t)\delta'(t)\mathrm{d}t = f(0)\int_{-\infty}^{\infty}\delta'(t)\mathrm{d}t - f'(0)\int_{-\infty}^{\infty}\delta(t)\mathrm{d}t = -f'(0) \tag{1.4-29}$$

同理，将 $\delta'(t)$ 换成 $\delta'(t-t_0)$，重复上述推导过程，可得

$$f(t)\delta'(t-t_0) = f(t_0)\delta'(t-t_0) - f'(t_0)\delta(t-t_0) \tag{1.4-30}$$

$$\int_{-\infty}^{\infty}f(t)\delta'(t-t_0)\,\mathrm{d}t = -f'(t_0) \tag{1.4-31}$$

性质 2　尺度变换

设常数 $a\neq 0$，按照广义函数尺度变换和微分运算的定义，可将 $\delta^{(n)}(at)$ 表示为

$$\begin{aligned}\int_{-\infty}^{\infty}\delta^{(n)}(at)\varphi(t)\mathrm{d}t &= \int_{-\infty}^{\infty}\delta^{(n)}(x)\varphi\left(\frac{x}{a}\right)\frac{\mathrm{d}x}{|a|} = \int_{-\infty}^{\infty}(-1)^n\delta(x)\cdot\frac{1}{a^n}\varphi^{(n)}\left(\frac{x}{a}\right)\frac{\mathrm{d}x}{|a|}\\ &= \frac{(-1)^n}{|a|}\cdot\frac{1}{a^n}\int_{-\infty}^{\infty}\delta(x)\varphi^{(n)}\left(\frac{x}{a}\right)\mathrm{d}x\\ &= (-1)^n\cdot\frac{1}{|a|a^n}\varphi^{(n)}(0) = \frac{1}{|a|a^n}\int_{-\infty}^{\infty}(-1)^n\delta(t)\varphi^{(n)}(t)\,\mathrm{d}t\\ &= \int_{-\infty}^{\infty}\left[\frac{1}{|a|a^n}\delta^{(n)}(t)\right]\varphi(t)\,\mathrm{d}t\end{aligned}$$

根据广义函数相等的定义，可得到

$$\delta^{(n)}(at)=\frac{1}{|a|}\cdot\frac{1}{a^n}\delta^{(n)}(t) \tag{1.4-32}$$

当 $n=0$ 和 1 时，分别有

$$\delta(at)=\frac{1}{|a|}\delta(t) \tag{1.4-33}$$

$$\delta'(at)=\frac{1}{|a|}\cdot\frac{1}{a}\delta'(t) \tag{1.4-34}$$

若用 $\left(t-\frac{t_0}{a}\right)$ 代换式(1.4-33)、式(1.4-34)中的 t，则有

$$\delta(at-t_0)=\frac{1}{|a|}\delta\left(t-\frac{t_0}{a}\right) \tag{1.4-35}$$

$$\delta'(at-t_0)=\frac{1}{|a|}\cdot\frac{1}{a}\delta'\left(t-\frac{t_0}{a}\right) \tag{1.4-36}$$

性质 3　奇偶性

式(1.4-32)中，若取 $a=-1$，则可得

$$\delta^{(n)}(-t)=(-1)^n\delta^{(n)}(t) \tag{1.4-37}$$

显然，当 n 为偶数时，有

$$\delta^{(n)}(-t)=\delta^{(n)}(t) \qquad n=0,2,4,\cdots \tag{1.4-38}$$

当 n 为奇数时，有

$$\delta^{(n)}(-t)=-\delta^{(n)}(t) \qquad n=1,3,5,\cdots \tag{1.4-39}$$

表明单位冲激函数 $\delta(t)$ 的偶阶导数是 t 的偶函数，而其奇阶导数是 t 的奇函数。例如，$\delta(t)$，$\delta^{(2)}(t)$，… 都是 t 的偶函数，而 $\delta^{(1)}(t)$，$\delta^{(3)}(t)$，… 都是 t 的奇函数。

若用 $(t-t_0)$ 代换式(1.4-38)、式(1.4-39)中的 t，则有

$$\delta^{(n)}(t_0-t)=\delta^{(n)}(t-t_0) \qquad n=0,2,4,\cdots \tag{1.4-40}$$

$$\delta^{(n)}(t_0-t)=-\delta^{(n)}(t-t_0) \qquad n=1,3,5,\cdots \tag{1.4-41}$$

例 1.4-2　计算下列各式：

(1) $y_1(t)=t\frac{\mathrm{d}}{\mathrm{d}t}[\mathrm{e}^{-t}\varepsilon(t)]$

(2) $y_2(t)=\int_{-\infty}^{\infty}\mathrm{e}^{-t}[\delta(t)+\delta'(t)]\,\mathrm{d}t$

(3) $y_3(t)=\int_{-\infty}^{t}(4+\tau^3)\delta(1-\tau)\,\mathrm{d}\tau$

(4) $y_4(t)=\int_{-\infty}^{t}(\mathrm{e}^{-\tau}+\tau)\delta\left(\frac{\tau}{2}\right)\mathrm{d}\tau$

(5) $y_5(t)=\int_{8-t}^{10}\delta\left(2-\frac{\tau}{3}\right)\mathrm{d}\tau$

解　(1) $y_1(t)=t\frac{\mathrm{d}}{\mathrm{d}t}[\mathrm{e}^{-t}\varepsilon(t)]=t[\mathrm{e}^{-t}\delta(t)-\mathrm{e}^{-t}\varepsilon(t)]=-t\mathrm{e}^{-t}\varepsilon(t)$

(2)
$$\begin{aligned}y_2(t)&=\int_{-\infty}^{\infty}\mathrm{e}^{-t}[\delta(t)+\delta'(t)]\,\mathrm{d}t=\int_{-\infty}^{\infty}\mathrm{e}^{-t}\delta(t)\,\mathrm{d}t+\int_{-\infty}^{\infty}\mathrm{e}^{-t}\delta'(t)\,\mathrm{d}t\\&=\mathrm{e}^{-t}\big|_{t=0}-(\mathrm{e}^{-t})'\big|_{t=0}=1-(-1)=2\end{aligned}$$

(3) $y_3(t)=\int_{-\infty}^{t}(4+\tau^3)\delta(1-\tau)\,\mathrm{d}\tau=\int_{-\infty}^{t}5\delta(1-\tau)\,\mathrm{d}\tau=5\varepsilon(t-1)$

(4) $y_4(t)=\int_{-\infty}^{t}(\mathrm{e}^{-\tau}+\tau)\delta\left(\frac{\tau}{2}\right)\mathrm{d}\tau=\int_{-\infty}^{t}(\mathrm{e}^{-\tau}+\tau)\cdot 2\delta(\tau)\,\mathrm{d}\tau$

$$=\int_{-\infty}^{t}2\delta(\tau)\mathrm{d}\tau=2\varepsilon(t)$$

(5) 因为 $\delta\left(2-\frac{\tau}{3}\right)=\delta\left(\frac{\tau}{3}-2\right)=3\delta(\tau-6)$，所以

$$y_5(t)=\int_{8-t}^{10}\delta\left(2-\frac{\tau}{3}\right)\mathrm{d}\tau=\int_{8-t}^{10}3\delta(\tau-6)\mathrm{d}\tau$$

当 $8-t<6$，即 $t>2$ 时，$\delta(\tau-6)$位于积分范围内，故有 $y_5(t)=3$；否则，即 $t<2$ 时，$\delta(\tau-6)$位于积分范围之外，所以 $y_5(t)=0$。因此，$y_5(t)=3\varepsilon(t-2)$。

1.4.4　阶跃序列和脉冲序列

1. 单位阶跃序列

离散时间单位阶跃序列定义为

$$\varepsilon(k)=\begin{cases}1 & k\geqslant 0\\ 0 & k<0\end{cases}\qquad(1.4-42)$$

其波形如图 1.4-5 所示。

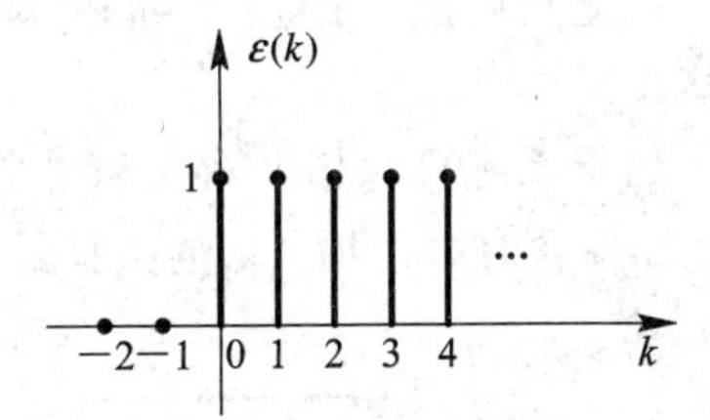

图 1.4-5　单位阶跃序列

显然，单位阶跃序列 $\varepsilon(k)$是与单位阶跃信号 $\varepsilon(t)$相对应的，但应注意它们之间的差别，$\varepsilon(t)$在 $t=0$ 处无定义，而 $\varepsilon(k)$在 $k=0$ 处定义为 1。

2. 单位脉冲序列

离散时间单位脉冲序列定义为

$$\delta(k)=\begin{cases}1 & k=0\\ 0 & k\neq 0\end{cases}\qquad(1.4-43)$$

其波形如图 1.4-6 所示。因为只有当 $k=0$ 时 $\delta(k)$的值为 1，而当 $k\neq 0$ 时 $\delta(k)$的值均为零，所以任一序列 $f(k)$与 $\delta(k)$相乘时，结果仍为脉冲序列，其幅值等于 $f(k)$在 $k=0$ 处的值，即

$$f(k)\delta(k)=f(0)\delta(k)\qquad(1.4-44)$$

而当 $f(k)$与 $\delta(k-m)$相乘时，则有

$$f(k)\delta(k-m)=f(m)\delta(k-m)\qquad(1.4-45)$$

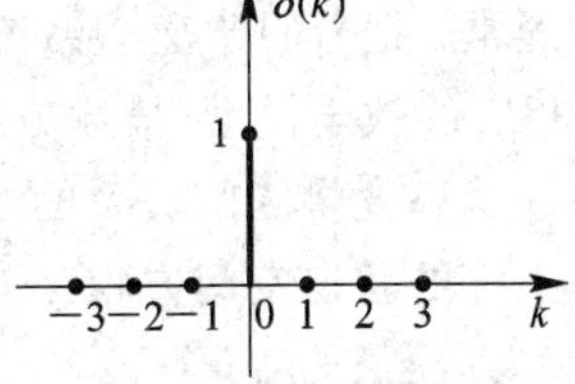

图 1.4-6　单位脉冲序列

表明 $\delta(k)$和 $\delta(k-m)$分别具有筛选 $f(k)$中序列值 $f(0)$和 $f(m)$的性质，通常称此性质为**单位脉冲序列的筛选性质**。

根据 $\varepsilon(k)$和 $\delta(k)$的定义，不难看出 $\varepsilon(k)$与 $\delta(k)$之间满足以下关系：

$$\delta(k)=\varepsilon(k)-\varepsilon(k-1)=\nabla\varepsilon(k)\qquad(1.4-46)$$

$$\varepsilon(k)=\sum_{n=-\infty}^{k}\delta(n)\qquad(1.4-47)$$

即 $\delta(k)$ 是 $\varepsilon(k)$ 的后向差分，而 $\varepsilon(k)$ 是 $\delta(k)$ 的迭分。

1.5 系统的描述

1.5.1 系统模型

按照系统理论，分析系统时首先应该针对实际问题建立系统模型，然后采用数学方法进行分析和求解，并对所得结果作出物理解释。

所谓**系统模型**，是指对实际系统基本特性的一种抽象描述。一个实际系统，根据不同需要，可以建立、使用不同类型的系统模型。以电系统为例，它可以是由理想元器件互连组成的电路图，由基本运算单元(如加法器、乘法器、积分器等)构成的模拟框图，或者由节点、传输支路组成的信号流图。也可以是在上述电路图、模拟框图或信号流图的基础上，按照一定规则建立的用于描述系统特性的数学方程。这种数学方程也称为**系统的数学模型**。

如果系统只有单个输入和单个输出信号，则称为**单输入单输出系统**，如图 1.5-1 所示。如果含有多个输入、输出信号，就称为**多输入多输出系统**，如图 1.5-2 所示。

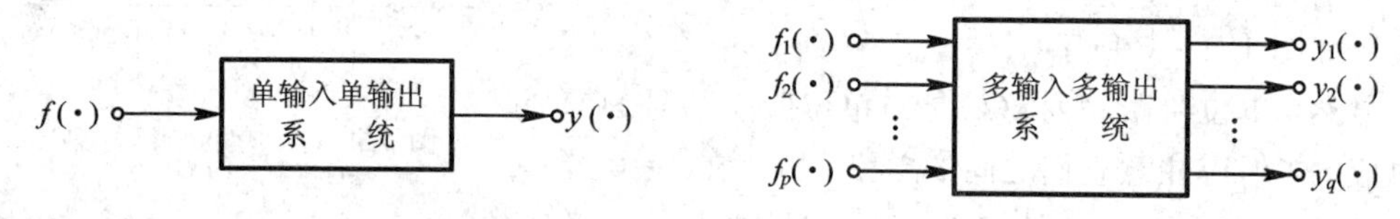

图 1.5-1　单输入单输出系统　　图 1.5-2　多输入多输出系统

对于一个给定系统，如果在任一时刻的输出信号仅取决于该时刻的输入信号，而与其他时刻的输入信号无关，就称之为**即时系统**或**无记忆系统**；否则，就称为**动态系统**或**记忆系统**。例如，只有电阻元件组成的系统是即时系统，包含有动态元件(如电容、电感、寄存器等)的系统是动态系统。本书主要讨论单输入单输出动态系统的描述和分析。在第 8 章中将涉及多输入多输出动态系统的描述和分析问题。

通常，把着眼于建立系统输入输出关系的系统模型称为**输入输出模型**或**输入输出描述**，相应的数学模型(描述方程)称为系统的**输入输出方程**。把着眼于建立系统输入、输出与内部状态变量之间关系的系统模型称为**状态空间模型**或**状态空间描述**，相应的数学模型称为系统的**状态空间方程**。

1.5.2 系统的输入输出描述

如果系统的输入、输出信号都是连续时间信号，则称之为**连续时间系统**，简称为**连续系统**。如果系统的输入、输出信号都是离散时间信号，就称为**离散时间系统**，简称**离散系统**。由两者混合组成的系统称为**混合系统**。

1. 系统的初始观察时刻

在系统分析中，将经常用到“初始观察时刻 t_0”或“初始时刻 t_0”一词，它包括两个含义。含义之一是以 t_0 时刻为界，可将系统输入信号 $f(t)$ 区分为 $f_1(t)$ 和 $f_2(t)$ 两部分，即

$$f(t) = f_1(t) + f_2(t) \tag{1.5-1}$$

式中

$$f_1(t) = \begin{cases} f(t) & t < t_0 \\ 0 & t \geqslant t_0 \end{cases}$$

$$f_2(t) = \begin{cases} 0 & t < t_0 \\ f(t) & t \geqslant t_0 \end{cases}$$

通常，将 $f_1(t)$称为**历史输入信号**，简称**历史输入**。将 $f_2(t)$称为**当前输入信号**，在不致发生混淆的前提下也可简称为**输入**或**激励**。含义之二是表示人们仅关心系统在 $t \geqslant t_0$ 时的响应，而对 t_0 时刻以前系统的响应不感兴趣，或者说在输入信号作用下，人们从 t_0 时刻开始观察系统的响应。

2. 连续系统输入输出方程

先考察两个实际系统。

例 1.5－1　简单力学系统如图 1.5－3 所示。在光滑平面上，质量为 m 的刚性球体在水平外力 $f(t)$的作用下产生运动。设球体与平面间的摩擦力及空气阻力忽略不计。将外力 $f(t)$看作是系统的激励，球体运动速度 $v(t)$看作是系统的响应。根据牛顿第二定律，有

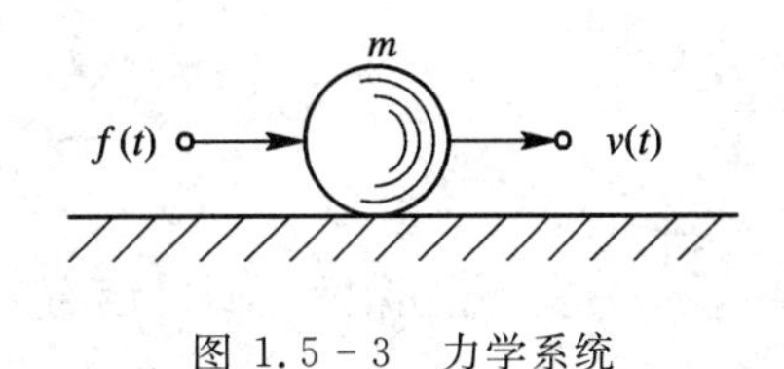

图 1.5－3　力学系统

$$f(t) = ma(t) = m\frac{\mathrm{d}v(t)}{\mathrm{d}t} = mv'(t)$$

或者写成

$$v'(t) = \frac{1}{m}f(t) \tag{1.5-2}$$

可见，描述该力学系统输入输出关系的数学模型，即输入输出方程是一阶常系数微分方程。设初始观察时刻 $t_0=0$，对式(1.5－2)等号两边积分，得

$$\begin{aligned} v(t) &= \int_{-\infty}^{t} \frac{1}{m}f(\tau)\mathrm{d}\tau \\ &= \frac{1}{m}\int_{-\infty}^{0} f(\tau)\mathrm{d}\tau + \frac{1}{m}\int_{0}^{t} f(\tau)\mathrm{d}\tau \\ &= v(0) + \frac{1}{m}\int_{0}^{t} f(\tau)\mathrm{d}\tau \quad t \geqslant 0 \end{aligned}$$

式中，$v(0) = \dfrac{1}{m}\displaystyle\int_{-\infty}^{0} f(\tau)\mathrm{d}\tau$，表示初始观察时刻球体的运动速度。注意求解时，除给定 $t \geqslant 0$ 时的 $f(t)$外，还需知道方程的初始条件，即球体的初始速度 $v(0)$。

例 1.5－2　图 1.5－4 是一个电路系统。其中，电压源 $u_{s1}(t)$和 $u_{s2}(t)$是电路的激励。若设电感中电流 $i_L(t)$为电路响应，则由基尔霍夫定律列出节点 a 的支路电流方程为

$$i_L(t) = i_1(t) - i_C(t) \tag{1.5-3}$$

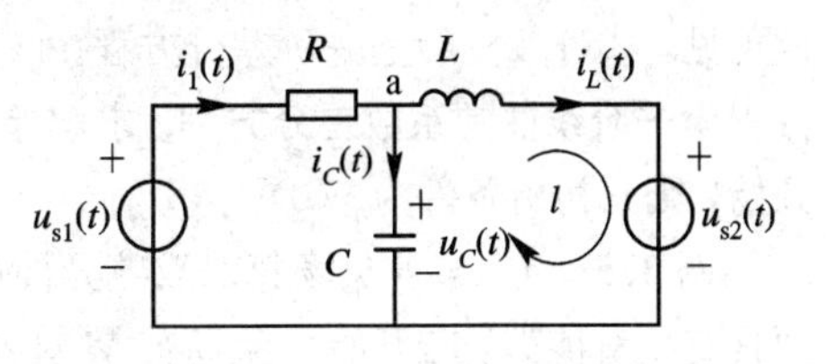

图 1.5－4　电路系统

考虑以下电流电压关系：

$$\begin{aligned} i_1(t) &= \frac{u_{s1}(t) - u_C(t)}{R} \\ &= \frac{1}{R}[u_{s1}(t) - Li_L'(t) - u_{s2}(t)] \\ i_C(t) &= Cu_C'(t) = C[Li_L'(t) + u_{s2}(t)]' \\ &= LCi_L''(t) + Cu_{s2}'(t) \end{aligned}$$

将 $i_1(t)$和 $i_C(t)$代入式(1.5－3)，经整理后可得

$$i_L''(t) + \frac{1}{RC}i_L'(t) + \frac{1}{LC}i_L(t) = \frac{1}{RLC}[u_{s1}(t) - u_{s2}(t)] - \frac{1}{L}u_{s2}'(t) \qquad (1.5-4)$$

系统输入输出方程是二阶常系数微分方程，给定激励 $u_{s1}(t)$、$u_{s2}(t)$和初始条件 $i_L(0)$、$i_L'(0)$后，就能求解此微分方程，得到 $t\geqslant 0$ 时的电感电流 $i_L(t)$。

如果描述连续系统输入输出关系的数学模型是 n 阶微分方程，就称该系统为 **n 阶连续系统**。当系统的数学模型为 n 阶线性常系数微分方程时，写成一般形式有

$$\sum_{i=0}^{n} a_i y^{(i)}(t) = \sum_{j=0}^{m} b_j f^{(j)}(t) \qquad (1.5-5)$$

式中，$f(t)$是系统的激励，$y(t)$为系统的响应，$a_n=1$。方程中 $f^{(j)}(t)=\frac{\mathrm{d}^j}{\mathrm{d}t^j}f(t)$，$y^{(i)}(t)=\frac{\mathrm{d}^i}{\mathrm{d}t^i}y(t)$。若设初始观察时刻 $t_0=0$，则求解此 n 阶微分方程，除已知 $t\geqslant 0$ 时的激励 $f(t)$外，还需要给定 n 个独立初始条件 $y(0)$，$y'(0)$，…，$y^{(n-1)}(0)$。

3. 离散系统输入输出方程

描述离散系统输入输出关系的数学模型，即系统的输入输出方程是**差分方程**。

例 1.5－3　考察一个银行存款本息总额的计算问题。储户每月定期在银行存款。设第 k 个月的存款额是 $f(k)$，银行支付月息利率为 β，每月利息按复利结算，试计算储户在 k 个月后的本息总额 $y(k)$。

显然，k 个月后储户的本息总额 $y(k)$应该包括如下三部分款项：① 前面 $k-1$ 个月的本息总额 $y(k-1)$；② $y(k-1)$的月息 $\beta y(k-1)$；③ 第 k 个月存入的款额 $f(k)$。于是有

$$y(k) = y(k-1) + \beta y(k-1) + f(k) = (1+\beta)y(k-1) + f(k)$$

即

$$y(k) - (1+\beta)y(k-1) = f(k) \qquad (1.5-6)$$

从系统观点理解，如果将上述本息总额计算过程看成一个银行存款本息结算系统，储户每月存款额 $f(k)$作为系统的输入，本息总额 $y(k)$作为系统的输出，那么，该系统属离散系统，式(1.5－6)就是系统的输入输出方程。这种由已知的输入序列项和未知的输出序列项组成的方程称为**差分方程**。方程中，未知序列项变量最高序号与最低序号的差数，称为**差分方程的阶数**。由此可见，式(1.5－6)是一阶差分方程。该方程是未知序列项的一次式，其系数均为常数，故称该方程为**一阶线性常系数差分方程**。求解差分方程也需给定初始条件，若设储户存款月份从 $k=1$ 开始，则其初始条件为 $y(0)$。

例 1.5－4　某养兔场每对成熟异性兔子每月可繁殖一对新生兔(异性)，隔一个月后新生兔便具有生育能力。若开始养兔场有 M 对异性新生兔，第 k 个月从外地收购 $f(k)$对异性新生兔，问 k 个月后养兔场的兔子对总数是多少？

设 k 个月后养兔场的兔子对总数为 $y(k)$。因为在第 k 个月，有 $y(k-2)$ 对兔子具有生育能力，它们由原来的 $y(k-2)$ 对变成 $2y(k-2)$ 对，其余的 $[y(k-1)-y(k-2)]$ 对兔子没有生育能力，再考虑外购新生兔 $f(k)$ 对，故第 k 个月月末的兔子对总数为

$$y(k)=2y(k-2)+[y(k-1)-y(k-2)]+f(k)$$

即

$$y(k)-y(k-1)-y(k-2)=f(k) \tag{1.5-7}$$

这是描述养兔场兔子总数增长情况的数学模型。式(1.5－7)是二阶差分方程，求解时除已知 $f(k)$ 外，还应给定两个独立初始条件。本例中，若设初始观察时刻 $k_0=0$，已知初始条件 $y(-1)=M$，$y(-2)=0$。则可由式(1.5－7)，通过递推方法求得 k 个月后养兔场的兔子对总数 $y(k)$。

与连续系统类似，由 n 阶差分方程描述的离散系统称为 **n 阶离散系统**。当系统的数学模型(即输入输出方程)为 **n 阶线性常系数差分方程**时，写成一般形式有

$$\sum_{i=0}^{N} a_i y(k-i)=\sum_{j=0}^{M} b_j f(k-j) \tag{1.5-8}$$

式中，$a_0=1$。求解时除已知输入序列 $f(k)$ 外，还需给定相应的 n 个独立初始条件。

1.5.3 系统的状态空间描述

我们已经知道了 n 阶系统的数学模型是 n 阶微分方程或 n 阶差分方程，这些方程直接描述了系统的输入输出关系。但在实际应用中，除了分析系统的输入输出关系外，还常常需要研究系统内部变量对系统特性或输出信号的影响。现在介绍另一种涉及系统内部状态变量的描述方法，即系统的状态空间描述。

"状态"是系统理论中的一个重要概念。以 n 阶连续系统为例，系统在 t_0 时刻的**状态**是指该时刻系统必须具有的 n 个独立数据，这组数据结合 $[t_0, t]$ 期间的输入就能完全确定系统在 t 时刻相应的输出。

描述系统状态随时间变化的一组独立变量称为**系统的状态变量**。如果系统具有 n 个状态变量 $x_1(t)$，$x_2(t)$，…，$x_n(t)$，则可将它们看成是列矢量 $\boldsymbol{x}(t)$ 的各个分量，称 $\boldsymbol{x}(t)$ 为状态矢量，并记为

$$\boldsymbol{x}(t)=\begin{bmatrix} x_1(t) \\ x_2(t) \\ \vdots \\ x_n(t) \end{bmatrix}=[x_1(t), x_2(t), \cdots, x_n(t)]^{\mathrm{T}} \tag{1.5-9}$$

例 1.5－5 对于图 1.5－4 所示的二阶电路系统，由节点 a 写出的方程(为了简便，方程中略去了信号自变量 t)为

$$i_C=C\dot{u}_C=i_1-i_L=\frac{u_{s1}-u_C}{R}-i_L \text{①} \tag{1.5-10}$$

对回路 l 写出 KVL 方程：

---

① 在系统的状态空间分析方程中，常用变量上面的圆点符号表示该变量的一阶导函数，如 $\dot{u}_C(t)=\frac{\mathrm{d}}{\mathrm{d}t}u_C(t)$，$\dot{i}_L(t)=\frac{\mathrm{d}}{\mathrm{d}t}i_L(t)$，等等。

$$u_L = L\dot{i}_L = u_C - u_{s2} \tag{1.5-11}$$

整理式(1.5－10)、式(1.5－11)，可得

$$\begin{cases} \dot{u}_C = -\dfrac{1}{RC}u_C - \dfrac{1}{C}i_L + \dfrac{1}{RC}u_{s1} \\ \dot{i}_L = \dfrac{1}{L}u_C - \dfrac{1}{L}u_{s2} \end{cases} \tag{1.5-12}$$

这是关于 u_C 和 i_L 的一阶微分方程组。根据微分方程理论，如果知道电容电压和电感电流在 $t=0$ 时刻的值 $u_C(0)$ 和 $i_L(0)$，就能求解式(1.5－12)得到 $t\geqslant 0$ 时的 $u_C(t)$ 和 $i_L(t)$。然后，结合系统的输入 u_{s1} 和 u_{s2} 即可确定系统中的相应输出。例如，当选取 i_1、u_L 和 i_C 作为系统输出时，其表达式可写成

$$\begin{cases} i_1 = \dfrac{u_{s1} - u_C}{R} = -\dfrac{1}{R}u_C + \dfrac{1}{R}u_{s1} \\ u_L = u_C - u_{s2} \\ i_C = i_1 - i_L = \dfrac{u_{s1} - u_C}{R} - i_L = -\dfrac{1}{R}u_C - i_L + \dfrac{1}{R}u_{s1} \end{cases} \tag{1.5-13}$$

由上可见，按照状态变量定义，我们可以选择 $u_C(t)$ 和 $i_L(t)$ 作为该电路系统的状态变量，即

$$\boldsymbol{x}(t) = [u_C(t) \quad i_L(t)]^{\mathrm{T}}$$

式(1.5－12)表示状态变量一阶导数与状态变量和输入间的关系，称为系统的**状态方程**。求解此方程，需要知道状态变量的初始条件，通常称状态变量 $\boldsymbol{x}(t)$ 在初始观察时刻 $t=0$ 时的值 $\boldsymbol{x}(0)$ 为系统的初始状态。考虑到在输入信号作用下，状态变量值在 $t=0$ 处可能发生跳变或出现冲激信号，为此，分别考察初始时刻前一瞬间 $t=0^-$ 和后一瞬间 $t=0^+$ 时的情况，相应地称 $\boldsymbol{x}(0^-)$ 和 $\boldsymbol{x}(0^+)$ 为 **0^- 初始状态**和 **0^+ 初始状态**，也即系统在 0^- 和 0^+ 时刻的状态。0^- 时刻状态反映了历史输入信号对系统作用的效果，而 0^+ 时刻状态则体现了历史输入信号和 $t=0$ 时刻输入信号共同作用的效果。为了描述历史输入信号对响应的影响和贡献，求解状态方程时，一般采用 0^- 初始状态作为初始条件。在本书后续内容的讨论中，所谓系统的初始状态，若无特殊说明，也是指 0^- 初始状态。

式(1.5－13)体现了输出与状态变量和(当前)输入之间的关系，称为系统的**输出方程**。统称状态方程和输出方程为系统的**状态空间方程**。利用状态空间方程描述系统输出与输入和状态变量关系的方法称为**状态空间描述**。

由以上讨论可见，设初始观察时刻 $t_0=0$ 时，系统在 $t\geqslant 0$ 时的响应 $\boldsymbol{y}(t)$ 是由历史输入和当前输入共同决定的，而 0^- 初始状态 $\boldsymbol{x}(0^-)$ 反映了历史输入对系统的全部作用效果，因此，也可将响应 $\boldsymbol{y}(t)$ 看成是由当前输入 $\boldsymbol{f}(t)$ 和 0^- 初始状态 $\boldsymbol{x}(0^-)$ 共同决定的，可以表示为

$$\boldsymbol{y}(t) = T\{\boldsymbol{x}(0^-),\ \boldsymbol{f}(t)\} \qquad t \geqslant 0 \tag{1.5-14}$$

式中，T 表示系统对 $\boldsymbol{f}(t)$ 和 $\boldsymbol{x}(0^-)$ 的传输和变换作用。

如果当前输入信号接入时，系统的 0^- 初始状态为零($x_i(0^-)=0$，$i=1, 2, \cdots, n$)，即系统在 0^- 时刻没有储能(有时称这种系统为松弛系统)，则系统的响应仅由当前输入信号确定。我们定义这时的响应为系统的**零状态响应**，记为 $\boldsymbol{y}_{zs}(t)$，即

$$\boldsymbol{y}_{zs}(t) \stackrel{\text{def}}{=\!=} T\{\boldsymbol{x}(0^-) = 0,\ \boldsymbol{f}(t)\} \qquad t \geqslant 0 \tag{1.5-15}$$

反之，如果系统没有接入当前输入信号，输出响应完全由 0^- 初始状态(或历史输入信

号)所引起，这时的响应称为系统的**零输入响应**，记为 $\boldsymbol{y}_{zi}(t)$，即

$$\boldsymbol{y}_{zi}(t) \stackrel{\text{def}}{=\!=\!=} T\{\boldsymbol{x}(0^-), \boldsymbol{f}(t)=0\} \qquad t \geqslant 0 \tag{1.5-16}$$

关于离散系统的状态空间描述与连续系统类似，详见本书第 8 章。

1.5.4　系统的框图表示

系统的数学模型是系统特性的一种描述形式。系统框图是系统描述的另一种形式，它用若干基本运算单元的相互连接来反映系统变量之间的运算关系。基本运算单元用方框、圆圈等图形符号表示，它代表一个部件或子系统的某种运算功能，即该部件或子系统的输入输出关系。

数学模型或系统方程直接反映系统变量(输出与输入变量，或者输出与输入及状态变量)之间的关系，便于数学分析和计算。系统框图除反映变量关系外，还以图形方式直观地表示了各单元在系统中的地位、作用以及相互之间的连接关系。两种描述形式可以相互转换，可以从系统方程画出系统框图，也可以由系统框图写出系统方程。表 1.2 中给出了常用基本运算单元的框图表示符号和输入输出关系。

表 1.2　常用的系统基本运算单元

名　称	框 图 符 号	输入输出关系
加法器	$f_1(\cdot)$, $f_2(\cdot)$ → ⊕ → $y(\cdot)$	$y(\cdot)=f_1(\cdot)+f_2(\cdot)$
数乘器	$f(\cdot)$ —a→ $y(\cdot)$	$y(\cdot)=af(\cdot)$
乘法器	$f_1(\cdot)$, $f_2(\cdot)$ → ⊗ → $y(\cdot)$	$y(\cdot)=f_1(\cdot)f_2(\cdot)$
延时器	$f(t)$ → [T] → $y(t)$	$y(t)=f(t-T)$
积分器	$f(t)$ → [∫] → $y(t)$	$y(t)=\int_{-\infty}^{t} f(\tau)\,d\tau$
移位器	$f(k)$ → [D] → $y(k)$	$y(k)=f(k-1)$

下面以输入输出描述系统为例，介绍方程描述与框图描述之间的转换方法。

例 1.5－6　某连续系统的输入输出方程为

$$y''(t)+a_1y'(t)+a_0y(t)=f(t) \tag{1.5-17}$$

试画出该系统的框图。

解　将输入输出方程改写为

$$y''(t)=f(t)-a_1y'(t)-a_0y(t) \tag{1.5-18}$$

由于系统是二阶的，故在系统框图中应有两个积分器。假定我们以 $y''(t)$ 作为起始信号，它经过两个积分器后分别得到 $y'(t)$ 和 $y(t)$。根据式(1.5－18)，将信号 $y(t)$、$y'(t)$ 分别数乘 $-a_0$ 和 $-a_1$ 后与 $f(t)$ 一起作为加法器的输入信号，其输出即为起始信号 $y''(t)$。上述过程可以用两个积分器、两个数乘器和一个加法器连接成如图 1.5－5 所示的结构来模拟，它就是式(1.5－17)的系统框图。

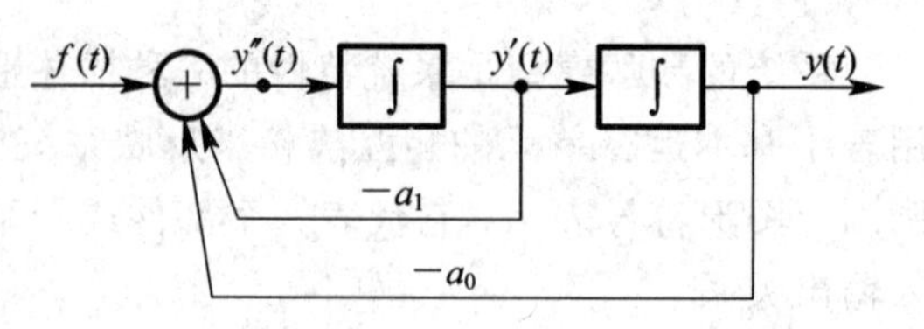

图 1.5－5　式(1.5－17)的系统框图

例 1.5－7　某连续系统的输入输出方程为

$$y''(t)+a_1y'(t)+a_0y(t)=b_1f'(t)+b_0f(t) \tag{1.5-19}$$

试画出该系统的框图。

解　该系统方程是一个一般的二阶微分方程。与式(1.5－17)不同，方程中除含有输入信号 $f(t)$ 外，还包含有 $f(t)$ 的导函数。对于这类系统，可以通过引用辅助函数的方法画出系统框图。设辅助函数 $x(t)$ 满足

$$x''(t)+a_1x'(t)+a_0x(t)=f(t) \tag{1.5-20}$$

可以证明在式(1.5－20)成立的条件下，$y(t)$ 与 $x(t)$ 之间存在以下关系：

$$y(t)=b_1x'(t)+b_0x(t) \tag{1.5-21}$$

实际上，只需将式(1.5－20)和式(1.5－21)代入原方程即可证明上式的正确性。这样，就可用式(1.5－20)和式(1.5－21)来等效表示式(1.5－19)。注意辅助函数方程式(1.5－20)中 $x(t)$ 及其各阶导数项前面的系数与式(1.5－19)中 $y(t)$ 及其各阶导数项的系数相同，而式(1.5－21)中 $x(t)$ 及其导数项的系数与式(1.5－19)中 $f(t)$ 及其导数项的系数相同。按此规律，可以直接由系统输入输出方程写出用辅助函数表示的两个等效方程。

通过两个步骤画出系统的框图。首先，对式(1.5－20)，应用与式(1.5－17)同样的方法画出相应的框图。然后在此基础上，在输出端增加一个加法器，补充画出式(1.5－21)相应的框图，最终得到式(1.5－19)的系统框图，如图 1.5－6 所示。

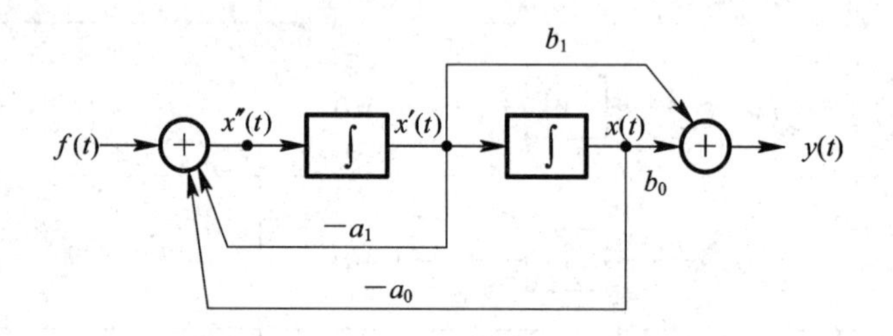

图 1.5－6　式(1.5－19)的系统框图

如果已知系统的框图表示，同样可以采用辅助函数方法写出系统的输入输出方程。以图 1.5－6 所示的框图为例，设右边积分器的输出为辅助函数 $x(t)$，在两个积分器的输入端得到 $x'(t)$ 和 $x''(t)$，再在两个加法器的输出端写出两个等效方程，即

$$x''(t)=f(t)-a_1x'(t)-a_0x(t) \tag{1.5-22}$$

$$y(t)=b_1x'(t)+b_0x(t) \tag{1.5-23}$$

因系统是二阶的，故输入输出方程应包括 $y'(t)$、$y''(t)$ 项，由式(1.5－23)可得

$$y'(t)=b_1x''(t)+b_0x'(t) \tag{1.5-24}$$

$$y''(t) = b_1 x^{(3)}(t) + b_0 x''(t) \tag{1.5-25}$$

式(1.5－25)中的 $x^{(3)}(t)$表达式由式(1.5－22)求导函数得到，即

$$x^{(3)}(t) = f'(t) - a_1 x''(t) - a_0 x'(t) \tag{1.5-26}$$

最后，从式(1.5－25)出发，利用式(1.5－22)～式(1.5－24)和式(1.5－26)消去辅助函数 $x(t)$及各阶导数项，得到系统输入输出方程。具体过程是：

$$\begin{aligned} y''(t) &= b_1 x^{(3)}(t) + b_0 x''(t) \\ &= b_1[f'(t) - a_1 x''(t) - a_0 x'(t)] + b_0[f(t) - a_1 x'(t) - a_0 x(t)] \\ &= b_1 f'(t) + b_0 f(t) - a_1[b_1 x''(t) + b_0 x'(t)] - a_0[b_1 x'(t) + b_0 x(t)] \\ &= b_1 f'(t) + b_0 f(t) - a_1 y'(t) - a_0 y(t) \end{aligned}$$

移项整理得

$$y''(t) + a_1 y'(t) + a_0 y(t) = b_1 f'(t) + b_0 f(t)$$

推导结果显然与式(1.5－19)相同。实际上，也可利用等效方程与系统输入输出方程系数之间的对应关系，直接写出系统的微分方程。

将上述结论推广应用于 n 阶连续系统。设 n 阶系统输入输出方程为

$$y^{(n)} + a_{n-1} y^{(n-1)} + \cdots + a_1 y' + a_0 y = b_m f^{(m)} + b_{m-1} f^{(m-1)} + \cdots + b_1 f' + b_0 f \tag{1.5-27}$$

式中，$m<n$。系统相应的框图表示如图 1.5－7 所示（图中，$m=n-1$）。

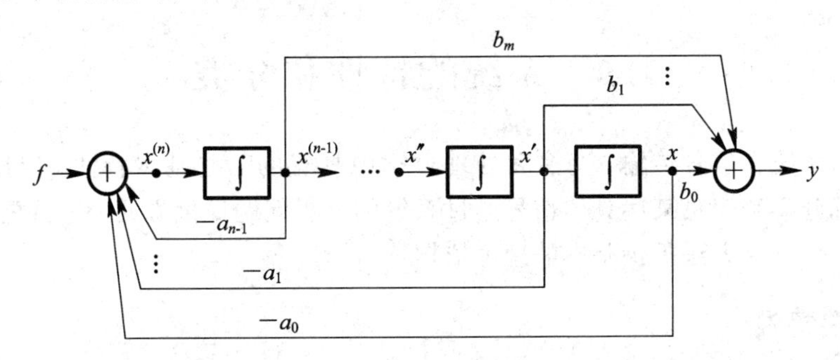

图 1.5－7　n 阶系统框图表示

例 1.5－8　某离散系统框图如图 1.5－8 所示。试写出描述该系统输入输出关系的差分方程。

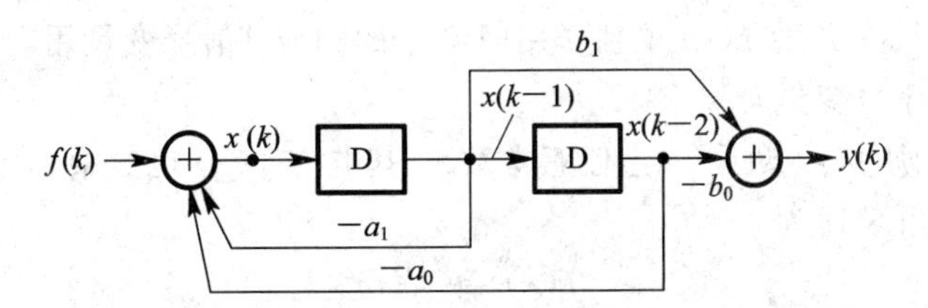

图 1.5－8　二阶离散系统框图表示

解　系统框图中有两个移位器，故系统是二阶系统。为了写出具有后向差分形式的系统方程，我们在左边移位器的输入端引入辅助函数 $x(k)$，则该移位器的输出为$x(k-1)$，右边移位器的输出为 $x(k-2)$。写出左边加法器的输出

$$x(k) = f(k) - a_1 x(k-1) - a_0 x(k-2) \tag{1.5-28}$$

即

$$x(k)+a_1x(k-1)+a_0x(k-2)=f(k) \tag{1.5-29}$$

右边加法器的输出

$$y(k)=b_1x(k-1)-b_0x(k-2) \tag{1.5-30}$$

为了消去辅助函数项，由式(1.5-28)，分别令 k 等于 $k-1$、$k-2$，写出

$$\begin{cases}x(k-1)=f(k-1)-a_1x(k-2)-a_0x(k-3)\\x(k-2)=f(k-2)-a_1x(k-3)-a_0x(k-4)\end{cases} \tag{1.5-31}$$

由式(1.5-30)，分别令 k 等于 $k-1$、$k-2$，写出

$$\begin{cases}y(k-1)=b_1x(k-2)-b_0x(k-3)\\y(k-2)=b_1x(k-3)-b_0x(k-4)\end{cases} \tag{1.5-32}$$

将式(1.5-31)代入式(1.5-30)，并结合式(1.5-32)，可得

$$\begin{aligned}y(k)&=b_1f(k-1)-b_1[a_1x(k-2)+a_0x(k-3)]-b_0f(k-2)\\&\quad+b_0[a_1x(k-3)+a_0x(k-4)]\\&=b_1f(k-1)-b_0f(k-2)-a_1[b_1x(k-2)-b_0x(k-3)]\\&\quad-a_0[b_1x(k-3)-b_0x(k-4)]\\&=b_1f(k-1)-b_0f(k-2)-a_1y(k-1)-a_0y(k-2)\end{aligned}$$

因此，系统差分方程为

$$y(k)+a_1y(k-1)+a_0y(k-2)=b_1f(k-1)-b_0f(k-2) \tag{1.5-33}$$

1.6 系统的特性和分类

本节介绍系统在信号传输、变换和处理过程中具有的一些基本特性。应用这些特性，除可以为系统分类和解决某些具体信号通过系统的分析问题提供方便外，更重要的是可以为推导一般系统分析方法提供基本的理论依据。

1.6.1 线性特性

系统的基本作用是将输入信号(激励)经过传输、变换或处理后，在系统的输出端得到满足要求的输出信号(响应)。这一过程可表示为

$$f(\cdot)\rightarrow y(\cdot)$$

式中，$y(\cdot)$ 表示系统在激励 $f(\cdot)$ 单独作用时产生的响应。信号变量用圆点标记，代表连续时间变量 t 或离散序号变量 k。

如果系统的激励 $f(\cdot)$ 数乘 α(为任意常数)，其响应 $y(\cdot)$ 也数乘 α，就称该系统具有**齐次性**。这一特性也可表述为

若 $$f(\cdot)\rightarrow y(\cdot)$$

且 $$\alpha f(\cdot)\rightarrow \alpha y(\cdot) \tag{1.6-1}$$

则系统具有齐次性。

如果任意两个激励共同作用时，系统的响应均等于每个激励单独作用时所产生的响应之和，就称系统具有**可加性**。或表述为

若 $$f_1(\cdot)\rightarrow y_1(\cdot),\ f_2(\cdot)\rightarrow y_2(\cdot)$$

且 $$\{f_1(\cdot),\ f_2(\cdot)\}\rightarrow y_1(\cdot)+y_2(\cdot) \tag{1.6-2}$$

则系统具有可加性。式中，$\{f_1(\cdot), f_2(\cdot)\}$ 表示两个激励 $f_1(\cdot)$、$f_2(\cdot)$ 共同作用于系统。

如果系统同时具有齐次性和可加性，就称系统具有**线性特性**。或表述为

若
$$f_1(\cdot) \to y_1(\cdot),\ f_2(\cdot) \to y_2(\cdot)$$
且
$$\{\alpha_1 f_1(\cdot), \alpha_2 f_2(\cdot)\} \to \alpha_1 y_1(\cdot) + \alpha_2 y_2(\cdot) \tag{1.6-3}$$
式中，α_1、α_2 为任意常数，则系统具有线性特性，表示系统响应与激励之间满足线性关系。

一个系统，如果它满足如下三个条件，则称之为**线性系统**，否则称为**非线性系统**。

条件 1　全响应 $y(\cdot)$ 可以分解为零输入响应 $y_{zi}(\cdot)$ 和零状态响应 $y_{zs}(\cdot)$ 之和，即
$$y(\cdot) = y_{zi}(\cdot) + y_{zs}(\cdot)$$
这一结论称为系统响应的**可分解性**，简称**分解性**。

条件 2　**零输入线性**，即零输入响应 $y_{zi}(\cdot)$ 与初始状态 $x(0^-)$（连续系统）或 $x(0)$（离散系统）之间满足线性特性。

条件 3　**零状态线性**，即零状态响应 $y_{zs}(\cdot)$ 与激励 $f(\cdot)$ 之间满足线性特性。

例 1.6－1　在下列单输入单输出一阶连续系统中，$f(t)$为激励，$y(t)$为响应，$x(0^-)$为初始状态，试判定它们是否为线性系统。

（1） $y(t)=x(0^-)f(t)$

（2） $y(t)=x(0^-)^2+f(t)$

（3） $y(t)=2x(0^-)+3|f(t)|$

（4） $y(t)=af(t)+b$

解　由于系统(1)不满足分解性；系统(2)不满足零输入线性；系统(3)不满足零状态线性，故这三个系统都不是线性系统。

对于系统(4)，如果直接观察 $y(t)\sim f(t)$关系，似乎系统既不满足齐次性，也不满足可加性，应属非线性系统。但是考虑到令 $f(t)=0$ 时，系统响应为常数 b，若把它看成是由初始状态引起的零输入响应，系统仍是满足线性系统条件的，故系统(4)是线性系统。

通常，以线性微分(差分)方程作为输入输出描述方程的系统都是线性系统，而以非线性微分(差分)方程作为输入输出描述方程的系统都是非线性系统。

1.6.2　时不变特性

结构组成和元件参数不随时间变化的系统，称为**时不变系统**，否则称为**时变系统**。

一个时不变系统，由于组成和元件参数不随时间变化，故系统的输入输出关系也不会随时间变化。如果激励 $f(\cdot)$ 作用于系统产生的零状态响应为 $y_{zs}(\cdot)$，那么，当激励延迟 t_d(或 k_d)接入时，其零状态响应也延迟相同的时间，且响应的波形形状保持相同。也就是说，给定一个系统，若
$$f(\cdot) \to y_{zs}(\cdot)$$
且对连续系统有
$$f(t-t_d) \to y_{zs}(t-t_d)$$
对离散系统有
$$f(k-k_d) \to y_{zs}(k-k_d)$$
则称该系统具有**时不变特性**。连续系统时不变特性的示意性说明如图 1.6－1 所示。

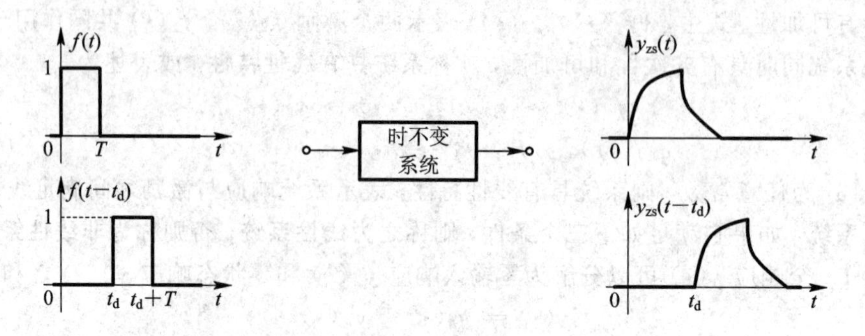

图 1.6－1　系统的时不变特性

描述线性时不变系统的输入输出方程是线性常系数微分(差分)方程，描述线性时变系统的输入输出方程是线性变系数微分(差分)方程。对于非线性系统，也可以区分为时不变和时变两类，相应的输入输出方程分别是非线性常系数微分(差分)方程和非线性变系数微分(差分)方程。本书仅讨论**线性时不变**(Linear Time Invariant)**系统**，简称 **LTI 系统**。

例 1.6－2　试判断以下系统是否为时不变系统。

(1) $y_{zs}(t)=a\cos[f(t)]$　　　　$t\geqslant 0$

(2) $y_{zs}(t)=f(2t)$　　　　$t\geqslant 0$

输入输出方程中 $f(t)$和 $y_{zs}(t)$分别表示系统的激励和零状态响应，a 为常数。

解　(1) 已知

$$f(t)\rightarrow y_{zs}(t)=a\cos[f(t)]$$

设另一激励为

$$q(t)=f(t-t_d)\qquad t\geqslant t_d$$

其相应零状态响应为

$$y_q(t)=a\cos[q(t)]=a\cos[f(t-t_d)]$$

显然有

$$y_q(t)=y_{zs}(t-t_d)$$

故该系统是时不变系统。

(2) 这个系统代表一个时间上的尺度压缩，系统输出 $y_{zs}(t)$的波形是输入 $f(t)$在时间上压缩 1/2 后得到的波形。直观上看，任何输入信号在时间上的延迟都会受到这种时间尺度改变的影响。所以，这样的系统是时变的。设延时激励信号为

$$q(t)=f(t-t_d)\qquad t\geqslant t_d$$

相应的零状态响应为

$$y_q(t)=q(2t)=f(2t-t_d)$$

而

$$y_{zs}(t-t_d)=f[2(t-t_d)]=f(2t-2t_d)$$

由于

$$y_q(t)\neq y_{zs}(t-t_d)$$

故该系统是时变系统。

图 1.6－2 中给出了一个具体说明例子。设系统方程为 $y_{zs}(t)=f(2t)$，激励 $f(t)$波形

如图1.6-2(a)所示。根据系统方程，将 $f(t)$ 波形沿时间轴向坐标原点方向压缩至原来的1/2，就是图1.6-2(b)所示的零状态响应 $y_{zs}(t)$ 波形。现将 $f(t)$ 波形沿时间轴正方向时移2个单位，记为 $q(t)$。同样，将 $q(t)$ 波形压缩至原来的1/2，得到相应的零状态响应，记为 $y_q(t)$。$q(t)$、$y_q(t)$ 波形分别如图1.6-2(c)、(d)所示。最后，比较图1.6-2(b)、(d)波形，显然 $y_q(t) \neq y_{zs}(t-2)$，故该系统是时变系统。

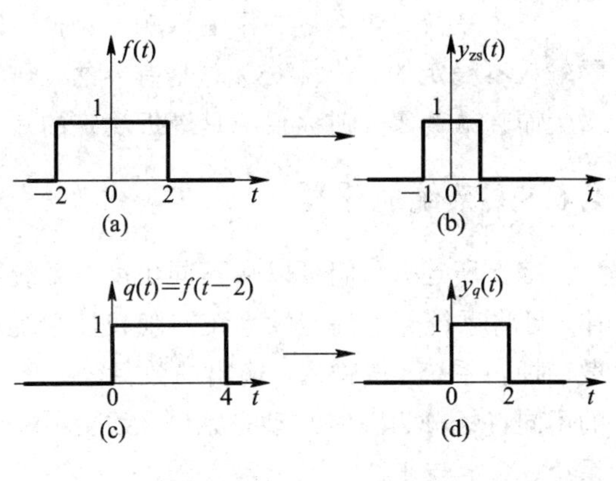

图1.6-2　例1.6-2图

1.6.3　因果性

如果把系统激励看成是引起响应的原因，响应看成是激励作用于系统的结果，那么，我们还可以从因果关系方面来研究系统的特性。

一个系统，如果激励在 $t<t_0$(或 $k<k_0$)时为零，相应的零状态响应在 $t<t_0$(或 $k<k_0$)时也恒为零，就称该系统具有**因果性**，并称这样的系统为**因果系统**；否则，为**非因果系统**。

在因果系统中，原因决定结果，结果不会出现在原因作用之前。因此，系统在任一时刻的响应只与该时刻以及该时刻以前的激励有关，而与该时刻以后的激励无关。所谓激励，可以是当前输入，也可以是历史输入或等效的初始状态。由于因果系统没有预测未来输入的能力，因而也常称为**不可预测系统**。

例1.6-3　对于以下系统：

$$y_{zs}(t) = af(t) + b$$

$$y_{zs}(t) = cf(t) + df(t-1)$$

$$y_{zs}(k) = \sum_{i=-\infty}^{k} f(i)$$

由于任一时刻的零状态响应均与该时刻以后的输入无关，因此都是因果系统。

而对于输入输出方程为

$$y_{zs}(t) = f(t+1)$$

的系统，其任一时刻的响应都将与该时刻以后的激励有关。例如，令 $t=1$ 时，就有 $y_{zs}(1)=f(2)$，即 $t=1$ 时刻的响应取决于 $t=2$ 时刻的激励。响应在先，激励在后，这在物理系统中是不可能的。因此，该系统是**非因果的**。同理，系统 $y_{zs}(t)=f(2t)$ 也是**非因果系统**。

在信号与系统分析中，常以 $t=0$ 作为初始观察时刻，在当前输入信号作用下，因果系统的零状态响应只能出现在 $t\geqslant 0$ 的时间区间上，故常常把定义在 $t\geqslant 0$ 区间上的信号称为**因果信号**，而把定义在 $t<0$ 区间上的信号称为**反因果信号**。类似地，分别称定义在 $k\geqslant 0$ 和 $k<0$ 区间上的序列为**因果序列**和**反因果序列**。

1.6.4　稳定性

一个系统，如果它对任何有界的激励 $f(\cdot)$ 所产生的零状态响应 $y_{zs}(\cdot)$ 亦有界，就称该系统为**有界输入/有界输出稳定**，有时也称系统是**零状态稳定的**。

一个系统，如果它的零输入响应 $y_{zi}(\cdot)$ 随变量 t(或 k) 增大而无限增大，就称该系统为**零输入不稳定的**；若 $y_{zi}(\cdot)$ 总是有界的，则称系统是**临界稳定的**；若 $y_{zi}(\cdot)$ 随变量 t(或 k) 增大而衰减为零，则称系统是**渐近稳定的**。

1.6.5 系统的分类

综上所述，我们可以从不同角度对系统进行分类。例如，按系统工作时信号呈现的规律，可将系统分为确定性系统与随机性系统；按信号变量的特性分为连续(时间)系统与离散(时间)系统；按输入、输出的数目分为单输入单输出系统与多输入多输出系统；按系统的不同特性分为瞬时与动态系统、线性与非线性系统、时变与时不变系统、因果与非因果系统、稳定与非稳定系统，等等。

本书着重讨论确定性系统，特别是线性、时不变、因果、稳定的连续系统和离散系统。

1.7 信号与系统的分析方法

信号与系统是为完成某一特定功能而相互作用、不可分割的统一整体。为了有效地应用系统传输和处理信息，就必须对信号、系统自身的特性以及信号特性与系统特性之间的相互匹配等问题进行深入研究。本节概要介绍信号与系统的分析方法，以便读者对信号与系统的分析思想和方法有一初步了解。

信号分析研究信号的描述、运算和特性。信号包括确定信号和随机信号。确定信号分析的核心内容是信号分解，即将一般复杂信号分解为众多基本信号单元的线性组合。常用基本信号有冲激信号、虚指数信号、复指数信号等，这些信号的共同特点是形式规范、实现容易，作用于系统后的输出响应计算简便。本课程将通过研究分解后基本信号单元在时域、变换域的分布规律，揭示原确定信号的时域特性或变换域特性。

系统分析的主要任务是建立系统模型和描述方程，并在给定激励条件下求解系统的输出响应。鉴于实际应用中大部分属于 LTI 系统，而且许多线性时变系统或非线性系统在一定条件下也可近似看成 LTI 系统，因此，本课程主要研究 LTI 系统的分析问题。

1. 建立系统模型和描述方程

确定信号通过 LTI 系统时，采用的输入输出模型侧重于系统的外部特性，直接建立描述系统输入与输出变量之间函数关系的输入输出方程。这种模型适用于 LTI 单输入单输出系统分析。另一种状态空间模型侧重于系统的内部特性，建立的状态空间方程描述外部输入、输出变量及内部状态变量之间的函数关系。这种模型除适用于 LTI 单输入单输出系统分析外，也可推广用于非线性、时变、多输入多输出系统分析。状态空间方程形式规范，特别适合于计算机辅助计算和分析。

2. 求解 LTI 系统输出响应

本书强调系统解法，削弱经典解法。系统解法采用统一观点和方法求解确定信号激励下系统的输出响应，步骤如下：

(1) 求解零输入响应算子方程，计算系统的零输入响应 $y_{zi}(\cdot)$。

(2) 应用统一格式导出零状态响应 $y_{zs}(\cdot)$ 的时域和变换域计算公式。

如图 1.7－1 所示，推导零状态响应计算公式的三个步骤如下：

· 将输入 $f(\cdot)$ 分解为基本信号单元 $B_i(\cdot)$ 的线性组合。

· 计算基本信号 $B(\cdot)$ 激励下系统的零状态响应 $y_B(\cdot)$。应用系统的线性、时不变性质，求出各个基本信号单元 $B_i(\cdot)$ 激励下系统的零状态响应分量 $y_{zsi}(\cdot)$。

· 将全部响应分量叠加求得系统在 $f(\cdot)$ 激励下的零状态响应 $y_{zs}(\cdot)$。

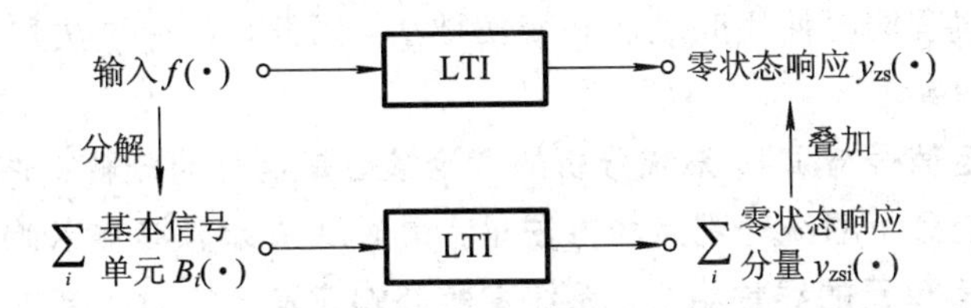

图 1.7－1　$y_{zs}(\cdot)$ 计算公式推导格式

(3) 将零输入响应和零状态响应叠加，求得全响应，即

$$y(\cdot)=y_{zi}(\cdot)+y_{zs}(\cdot)$$

以连续信号通过 LTI 系统为例，表 1.3 中列出了系统输出响应的三种常用分析方法，即时域法、频域法和 S 域法，后两种方法也统称为变换域法。表 1.3 表明，由于零输入响应方程是齐次微分方程，计算相对容易，一般直接应用时域法，由方程特征根及初始条件求得系统零输入响应。关于零状态响应，无论是时域法、频域法还是 S 域法，按照“统一格式”，计算公式推导过程完全相同，只是采用的基本信号有所不同而已。

表 1.3　连续系统输出响应分析法

响应		方法		
		时域法	频域法	S 域法
零输入响应 $y_{zi}(t)$		应用时域法直接由零输入响应算子方程，结合方程特征根及初始条件计算求得 $y_{zi}(t)$		
零状态响应 $y_{zs}(t)$	基本信号	$\delta(t)$	$e^{j\omega t}$	e^{st}
	分解公式	$f(t)=\int_{-\infty}^{\infty}f(\tau)\delta(t-\tau)d\tau$	$f(t)=\frac{1}{2\pi}\int_{-\infty}^{\infty}F(j\omega)e^{j\omega t}\,d\omega$	$f(t)=\frac{1}{2\pi j}\int_{\sigma-j\infty}^{\sigma+j\infty}F(s)e^{st}\,ds$
	基本信号激励下零状态响应	$h(t)*\delta(t)$	$H(j\omega)\cdot e^{j\omega t}$	$H(s)\cdot e^{st}$
	一般信号激励下零状态响应	$y_{zs}(t)=h(t)*f(t)$	$Y_{zs}(j\omega)=H(j\omega)\cdot F(j\omega)$ $y_{zs}(t)=\mathscr{F}^{-1}[Y_{zs}(j\omega)]$	$Y_{zs}(s)=H(s)\cdot F(s)$ $y_{zs}(t)=\mathscr{L}^{-1}[Y_{zs}(s)]$
全响应 $y(t)$		$y(t)=y_{zi}(t)+y_{zs}(t)$		

实际计算时，时域法要求进行卷积运算。变换域法通过积分变换，将原来时域中微分方程求解问题转换成变换域中代数方程的求解问题，从而大大简化了分析过程。最后，将

零输入响应与零状态响应叠加就是系统的全响应。表1.3中列出的三种系统分析法在本书第2、3、4章中讨论。对于离散信号通过LTI系统分析，也有类似方法，将分别在本书第5、6、7章中进行讨论。

一般而言，以人工方式分析系统时，分别采用时域法计算系统的零输入响应，用变换域法计算零状态响应，然后两者叠加求得系统全响应，这样分析系统是比较简便、实用和有效的。由于分析过程同时使用时域法和变换域法，因此，这种方法称为系统的**混合分析法**，简称**混合法**。

综上所述，**确定信号与LTI系统分析的理论核心是信号的分解特性和系统的线性、时不变特性。实现系统分析的统一观点和方法是：由时域法计算零输入响应；输入激励可以分解为众多基本信号单元的线性组合。系统零状态响应是系统对各基本信号单元分别作用时相应响应的叠加。不同的信号分解方式将导致不同的零状态响应计算方法；系统零输入响应和零状态响应的叠加是系统的全响应。**在统一观点下，传统的数学变换工具被赋予了明确的物理意义。同时表明，无论是连续系统还是离散系统的变换域分析法在本质上也都属于“时域”的分析方法。各种不同的零状态响应计算方法都是在使用某种基本信号进行信号分解的条件下导出的合乎逻辑的必然结果。

根据信号与系统的不同分析方法，全书内容按照先连续信号与系统分析，后离散信号与系统分析；先输入输出分析，后状态空间分析；先时域分析，后变换域分析；先信号分析，后系统分析的方式依次展开讨论。作为本课程的主体内容，连续信号、系统分析理论与离散信号、系统分析理论之间，既保持体系上的相对独立，又体现了内容上的并行特点。本书希望在全面系统地介绍“信号与系统”课程理论体系的同时，能够进一步揭示出各种分析方法之间的内在联系和本质上的统一性。

1.8 小　　结

1. 本章讨论信号与系统的基本概念、特性和分类方法，常用信号$\varepsilon(t)$、$\delta(t)$、$\delta'(t)$、$\varepsilon(k)$和$\delta(k)$的定义和性质，以及信号通过LTI系统时进行分析的统一观点和方法。

2. 信号是消息或信息的载体。人们研究信号的目的是了解和利用其中的信息。根据不同观点，信号可区分为确定信号与随机信号，连续信号与离散信号，模拟信号、抽样信号与数字信号，周期信号与非周期信号，能量信号与功率信号等不同类别。

3. 信号运算与波形变换。信号运算，包括一般信号的加法和乘法运算、连续信号的微分和积分运算以及离散信号的差分和迭分运算。所谓“运算”，是指按照一定规则对相应时刻的信号值进行操作和处理。

信号波形变换，常用的有翻转、平移和展缩三种。所谓“变换”，是指对信号变量作某一操作后反映在信号波形位置及整体形态方面的改变。请读者仔细研读本章例1.3-1，特别注意信号自变量操作与波形变换之间的对应关系。

4. δ函数和冲激偶信号$\delta'(t)$的性质。

δ函数具有如下性质：

(1) 与普通信号$f(t)$相乘：$f(t)\delta(t)=f(0)\delta(t)$，$f(t)\delta(t-t_0)=f(t_0)\delta(t-t_0)$。

(2) 筛选特性：$\int_{-\infty}^{\infty} f(t)\delta(t)\mathrm{d}t = f(0)$，$\int_{-\infty}^{\infty} f(t)\delta(t-t_0)\mathrm{d}t = f(t_0)$。

(3) 尺度变换：$\delta(at)=\frac{1}{|a|}\delta(t)$，$\delta(at-t_0)=\frac{1}{|a|}\delta\left(t-\frac{t_0}{a}\right)$。

(4) 偶函数：$\delta(-t)=\delta(t)$，$\delta[-(t-t_0)]=\delta(t-t_0)=\delta(t_0-t)$。

(5) 与$\varepsilon(t)$的关系：$\delta(t)=\frac{\mathrm{d}}{\mathrm{d}t}\varepsilon(t)$，$\varepsilon(t)=\int_{-\infty}^{t}\delta(\tau)\mathrm{d}\tau$。

冲激偶信号$\delta'(t)$具有如下性质：

(1) 与普通信号$f(t)$相乘：$f(t)\delta'(t)=f(0)\delta'(t)-f'(0)\delta(t)$，$f(t)\delta'(t-t_0)=f(t_0)\delta'(t-t_0)-f'(t_0)\delta(t-t_0)$。

(2) 筛选特性：$\int_{-\infty}^{\infty} f(t)\delta'(t)\mathrm{d}t=-f'(0)$，$\int_{-\infty}^{\infty} f(t)\delta'(t-t_0)\mathrm{d}t=-f'(t_0)$。

(3) 尺度变换：$\delta'(at)=\frac{1}{a|a|}\delta'(t)$。

(4) 奇函数：$\delta'(-t)=-\delta'(t)$，$\delta'[-(t-t_0)]=-\delta'(t-t_0)=\delta'(t_0-t)$。

5. LTI系统分析重要概念。

(1) 若系统的任一激励与响应之间满足线性(齐次性和可加性)，则系统是线性系统。

(2) 若系统的组成和参数不随时间变化，或者表征系统特性的输入输出关系不因观察时间不同而改变，则系统是时不变系统。就激励与零状态响应关系而言，当激励$f(\cdot)$平移t_d(或k_d)时，其零状态响应$y_{zs}(\cdot)$也平移t_d(或k_d)，且响应波形形状保持相同，则系统是时不变系统。

(3) 对于无记忆(或瞬时)系统，系统在任意时刻t(或k)的输出仅取决于该时刻的输入值，而与其他时刻的输入值无关。对于记忆(或动态)系统，系统在任意时刻t(或k)的输出除与输入的当前值有关外，还与输入的过去值有关。

(4) 系统分析的主要任务是建立系统模型和描述方程，并在给定输入激励条件下求解系统的输出响应。

(5) 系统的作用是按一定要求处理输入信号以产生输出信号。输入是原因，输出是输入与系统共同作用的结果。以初始观察时刻为分界点，可以把输入信号区分为历史输入和当前输入两部分。历史输入对系统的作用效果又可等效为系统初始状态。初始状态(或历史输入)和当前输入单独作用于系统产生的输出分别是系统的零输入响应和零状态响应。两者之和是系统的全响应，它是初始状态(或历史输入)和当前输入共同作用于系统时产生的总输出。

(6) 系统模型的具体表达称为**系统表示**。常用的有图形表示(电路图、方框图、信号流图)和方程表示(微分、差分、算子方程)两类。前者提供了系统部件互联、信号流向及运算情况的直观说明，后者给出了系统输入输出关系，便于应用数学方法求解，故有时也称方程表示为系统数学模型。

(7) 描述n阶LTI系统的系统方程是n阶线性常系数微分方程(连续系统)或n阶线性常系数差分方程(离散系统)。对于瞬时系统，其描述方程是代数方程。

6. 信号通过LTI系统分析。无论信号分析还是系统分析，都可应用时域法和变换域法分析。本书第1～8章讨论确定信号通过LTI系统分析，强调分析的理论基础是信号的分解特性和系统的LTI特性，采用统一观点和方法进行信号与系统分析，采用统一格式导出系统零状态响应的时域、变换域计算公式。本书第9章介绍MATLAB在信号与系统中的应用。

习　题　一

1.1　绘出下列信号的波形图：

(1) $f_1(t)=(3-2\mathrm{e}^{-t})\varepsilon(t)$；

(2) $f_2(t)=(\mathrm{e}^{-t}-\mathrm{e}^{-3t})\varepsilon(t)$；

(3) $f_3(t)=\mathrm{e}^{-|t|}\varepsilon(-t)$；

(4) $f_4(t)=\cos \pi t[\varepsilon(t-1)-\varepsilon(t-2)]$；

(5) $f_5(t)=\mathrm{e}^{-t}\varepsilon(\cos t)$；

(6) $f_6(t)=\left(1-\dfrac{|t|}{2}\right)[\varepsilon(t+2)-\varepsilon(t-2)]$；

(7) $f_7(t)=3\varepsilon(t+1)-\varepsilon(t)-3\varepsilon(t-1)+\varepsilon(t-2)$；

(8) $f_8(t)=\mathrm{e}^{-t+1}\varepsilon(t-1)$；

(9) $f_9(t)=\cos \pi t[\varepsilon(3-t)-\varepsilon(-t)]$；

(10) $f_{10}(t)=r(t)-r(t-1)-r(t-2)+r(t-3)$，式中 $r(t)=t\varepsilon(t)$。

1.2　绘出下列信号的图形：

(1) $f_1(k)=k[\varepsilon(k+2)-\varepsilon(k-3)]$；

(2) $f_2(k)=2^{(2-k)}\varepsilon(k-1)$；

(3) $f_3(k)=\begin{cases}2^k & k\leqslant 0\\ 2^{-k} & k>0\end{cases}$；

(4) $f_4(k)=(-1)^k\varepsilon(k-2)$；

(5) $f_5(k)=\begin{cases}0 & k<-2\\ k+1 & -2\leqslant k\leqslant 3\\ 1 & k>3\end{cases}$；

(6) $f_6(k)=\sin\left(\dfrac{k\pi}{4}\right)[\varepsilon(k)-\varepsilon(k-12)]$；

(7) $f_7(k)=2^{-k}[\varepsilon(3-k)-\varepsilon(-1-k)]$；

(8) $f_8(k)=k\varepsilon(k)-2(k-3)\varepsilon(k-3)+(k-6)\varepsilon(k-6)$。

1.3　试写出题图1.1各信号的解析表达式。

1.4　判定下列信号是否为周期信号。若是周期信号，则确定信号周期 T。

(1) $f_1(t)=a\sin t+b\sin 2t$；

(2) $f_2(t)=4\sin 2t+5\cos \pi t$；

(3) $f_3(t)=A\cos t+B\sin\sqrt{2}t$；

(4) $f_4(t)=A\sin\left(\dfrac{3t}{2}\right)+B\cos\left(\dfrac{16t}{15}\right)+C\sin\left(\dfrac{t}{29}\right)$；

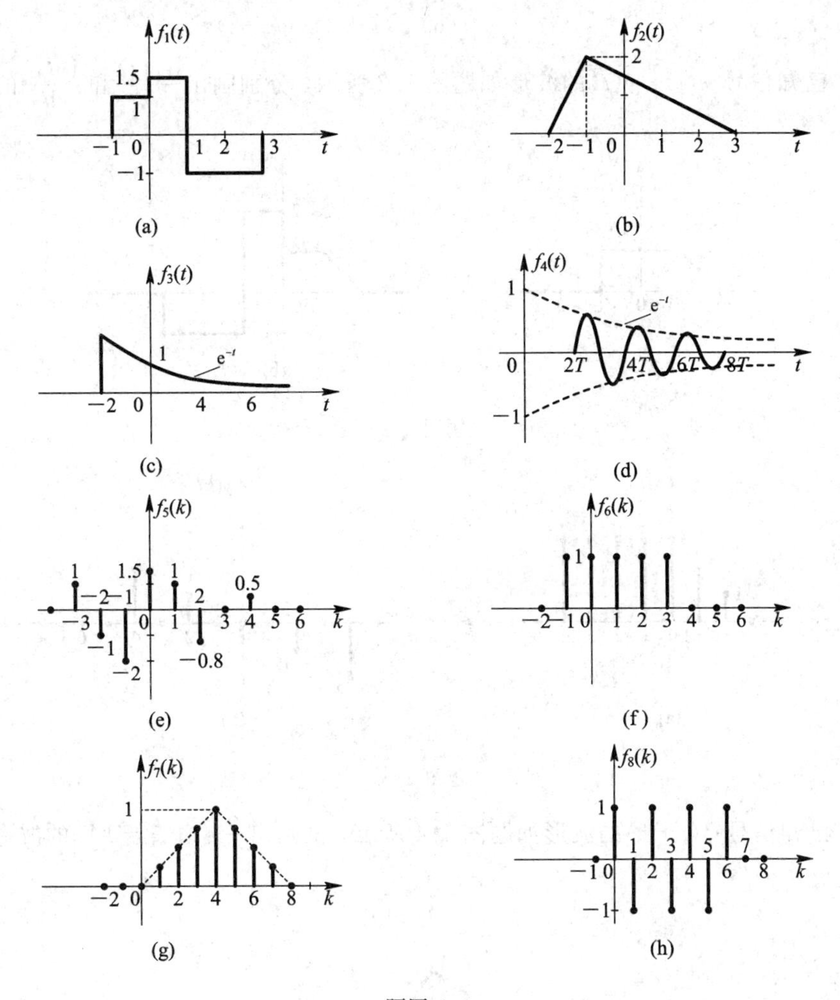

题图 1.1

(5) $f_5(t)=(A\ \sin\ t)^3$；

(6) $f_6(k)=\sum\limits_{m=-\infty}^{\infty}[\delta(k-3m)-\delta(k-1-3m)]$。

1.5　已知连续时间信号 $x(t)$ 和 $y(t)$ 分别如题图 1.2(a)、(b)所示，试画出下列各信号的波形图：

(1) $x(t-2)$；　　(2) $x(t-1)\varepsilon(t)$；

(3) $x(2-t)$；　　(4) $x(2t+2)$；

(5) $y(t+2)$；　　(6) $y(t+1)\varepsilon(-t)$；

(7) $y(-2-t)$；　　(8) $y\left(\dfrac{t}{2}-1\right)$；

(9) $x(t)+y(t)$；　　(10) $x(t+1)\cdot y(t-1)$。

1.6　已知离散时间信号 $x(k)$ 和 $y(k)$ 分别如题图 1.3(a)、(b)所示，试画出下列序列的图形：

(1) $x(k+2)$；　　(2) $x(k+2)\varepsilon(1-k)$；

(3) $y(k)[\varepsilon(k-1)-\varepsilon(-k-1)]$；　　(4) $y(k)-y(-k)$；

(5) $x(k)+y(k)$； (6) $x(k+2)y(k-2)$。

1.7 已知信号 $x(t)$、$y(t)$的波形如题图 1.2 所示，分别画出$\frac{\mathrm{d}x(t)}{\mathrm{d}t}$和$\frac{\mathrm{d}y(t)}{\mathrm{d}t}$的波形。

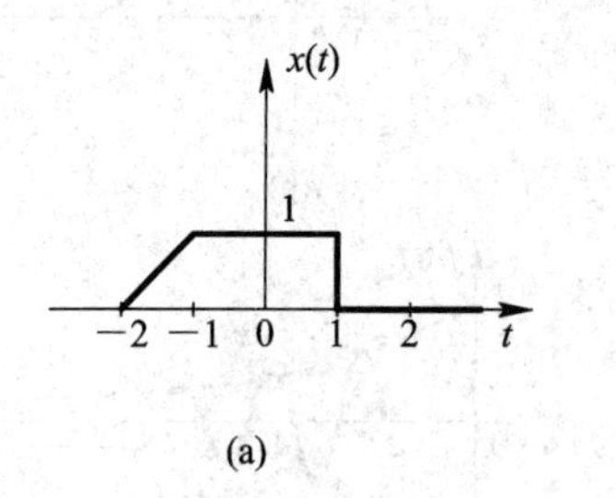

(a)

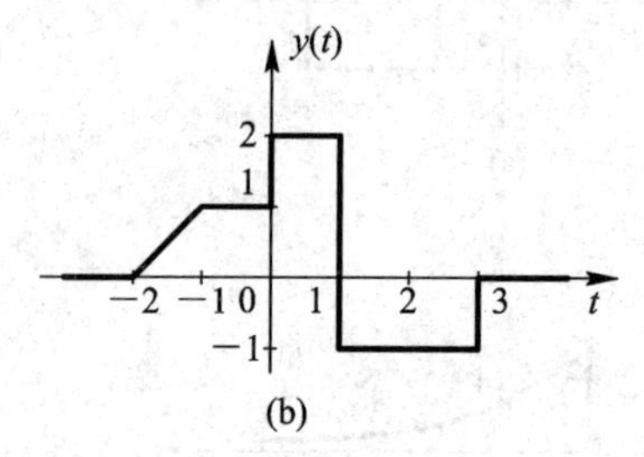

(b)

题图 1.2

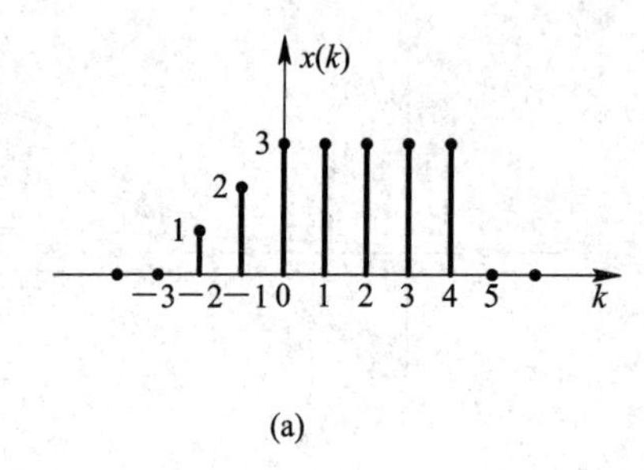

(a)

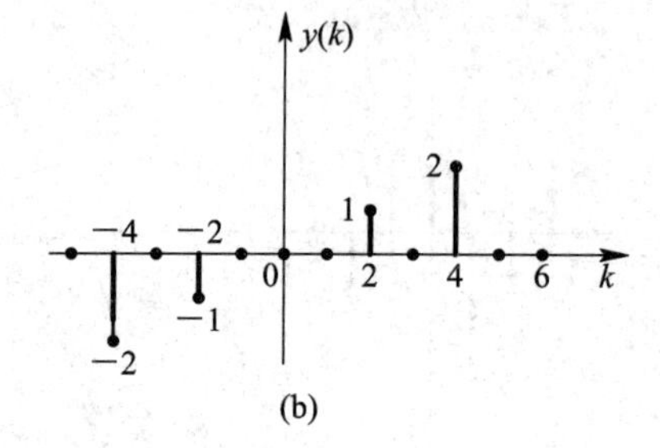

(b)

题图 1.3

1.8 已知信号 $f(t+1)$的波形如题图 1.4 所示，试画出$\frac{\mathrm{d}}{\mathrm{d}t}\left[f\left(\frac{t}{2}-1\right)\right]$的波形。

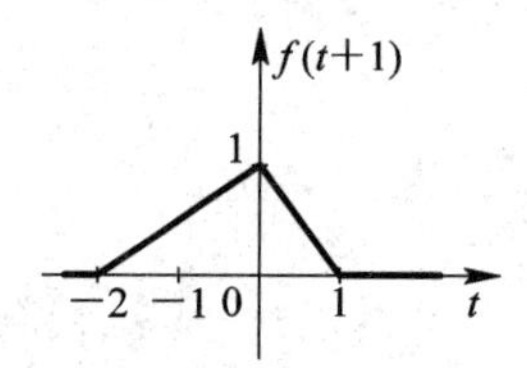

题图 1.4

1.9 分别计算题图 1.3 中信号 $x(k)$、$y(k)$的一阶前向差分、一阶后向差分和迭分。

1.10 画出下列各信号的波形图：

(1) $f_1(t)=\varepsilon(t^2-4)$； (2) $f_2(t)=\delta(t+1)-\delta(t-1)$；

(3) $f_3(k)=\varepsilon(k^2-4)$； (4) $f_4(t)=\delta(2t-4)$。

1.11 计算下列各题。

(1) $\frac{\mathrm{d}}{\mathrm{d}t}[\mathrm{e}^{-t}\delta(t)]$； (2) $\frac{\mathrm{d}}{\mathrm{d}t}[\mathrm{e}^{-t}\varepsilon(t)]$；

(3) $\int_{-\infty}^{\infty}\mathrm{e}^{-\mathrm{j}\omega t}[\delta(t)-\delta(t-t_0)]\,\mathrm{d}t$； (4) $\int_{-\infty}^{t}\mathrm{e}^{-x}[\delta(x)+\delta'(x)]\,\mathrm{d}x$；

(5) $\int_{-5}^{5}(2t^2+t-5)\delta(3-t)\,\mathrm{d}t$； (6) $\int_{-1}^{5}\left(t^2+t-\sin\frac{\pi}{4}t\right)\delta(t+2)\,\mathrm{d}t$；

(7) $\int_{-\infty}^{\infty}(t^2+t+1)\delta\left(\frac{t}{2}\right)\,\mathrm{d}t$； (8) $\int_{-\infty}^{t}(x^2+x+1)\delta\left(\frac{x}{2}\right)\,\mathrm{d}x$。

1.12　如题图 1.5 所示电路，输入为 $i_s(t)$，分别写出以 $i(t)$、$u(t)$ 为输出时电路的输入输出方程。

1.13　如题图 1.6 所示电路，输入为 $u_s(t)$，试写出 $u(t)$为输出时电路的输入输出方程。

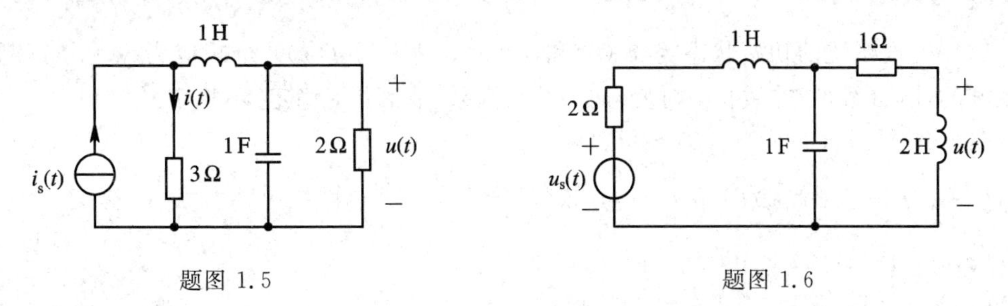

题图 1.5　　　　题图 1.6

1.14　设某地区人口的正常出生率和死亡率分别为 α 和 β，第 k 年从外地迁入的人口为 $f(k)$。若令该地区第 k 年的人口为 $y(k)$，写出 $y(k)$的差分方程。

1.15　某经济开发区计划每年投入一定资金，设这批资金在投入后第二年度的利润回报率为 $\alpha\%$，第三年度开始年度利润回报率稳定在 $\beta\%$。试建立预测若干年后该经济开发区拥有的资金总额的数学模型。

1.16　写出题图 1.7 所示电路的状态空间方程。(以 i_L、u_C 为状态变量，i 和 u 为输出。)

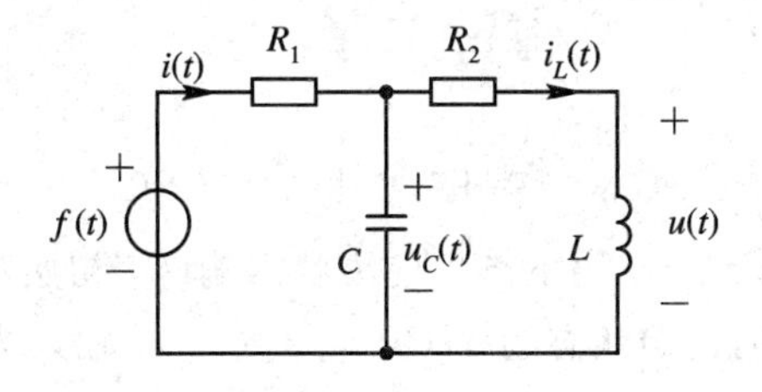

题图 1.7

1.17　写出题图 1.8 系统的输入输出方程。

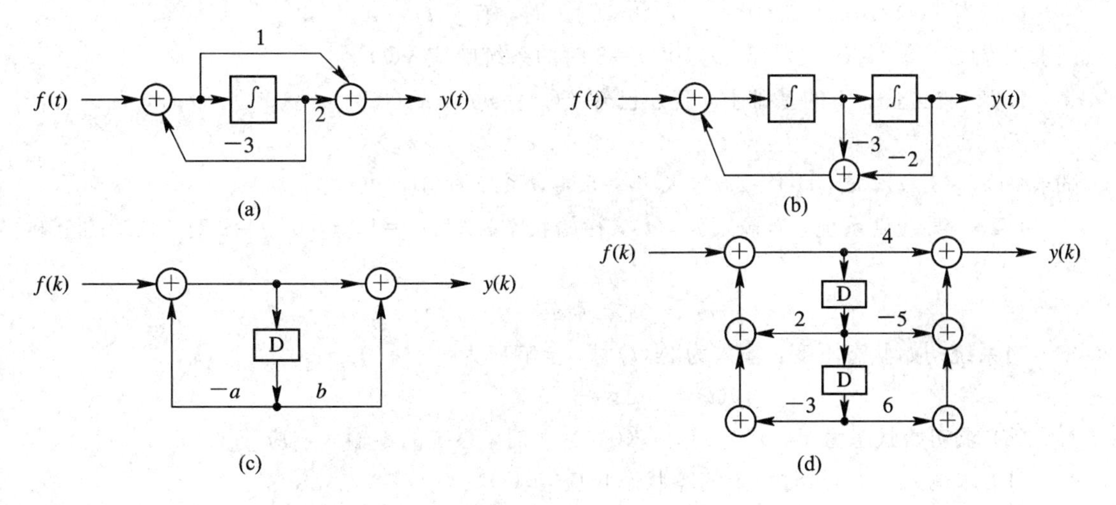

题图 1.8

1.18　设系统的初始状态为 $x(t_0)$，输入为 $f(t)$，全响应为 $y(t)$，试判断以下系统是否为线性系统，并说明理由。

(1) $y(t)=x^2(t_0)\cdot\lg[f(t)]$；　　(2) $y(t)=x(t_0)+f^2(t)$；

(3) $y(t)=\sqrt{x(t_0)}+\int_{t_0}^{t}f(\tau)\,d\tau$；　(4) $y(t)=e^{-t}x(t_0)+\frac{df(t)}{dt}+\int_{t_0}^{t}f(\tau)\,d\tau$。

1.19　设系统的初始状态为 $x_1(0)$ 和 $x_2(0)$，输入为 $f(\cdot)$，全响应为 $y(\cdot)$，试判断下列系统的性质(线性/非线性，时变/时不变，因果/非因果，稳定/不稳定)。

(1) $y(t)=x_1(0)+2x_2(0)+3f(t)$；

(2) $y(t)=x_1(0)x_2(0)+\int_0^t f(\tau)\,d\tau$；

(3) $y(t)=x_1(0)+\sin[f(t)]+f(t-2)$；

(4) $y(t)=x_2(0)+f(2t)+f(t+1)$；

(5) $y(k)=x_1(0)+2x_2(0)+f(k)f(k-2)$；

(6) $y(k)=\left(\frac{1}{2}\right)^k x_1(0)+(k-1)f(k+2)$。

1.20　证明连续时间线性、时不变系统具有以下微分特性和积分特性。

若

$$f(t)\rightarrow y_{zs}(t)$$

则

$$\frac{df(t)}{dt}\rightarrow\frac{d}{dt}y_{zs}(t)$$

$$\int_0^t f(\tau)\,d\tau\rightarrow\int_0^t y_{zs}(\tau)\,d\tau$$

式中，$y_{zs}(t)$为系统在激励 $f(t)$作用下产生的零状态响应，初始观察时刻 $t_0=0$。

1.21　设某线性系统的初始状态为 $x_1(0^-)$、$x_2(0^-)$，输入为 $f(t)$，全响应为 $y(t)$，且已知：

(1) 当 $f(t)=0$，$x_1(0^-)=1$，$x_2(0^-)=0$ 时，有 $y(t)=2e^{-t}+3e^{-3t}$，$t\geqslant 0$；

(2) 当 $f(t)=0$，$x_1(0^-)=0$，$x_2(0^-)=1$ 时，有 $y(t)=4e^{-t}-2e^{-3t}$，$t\geqslant 0$。

试求当 $f(t)=0$，$x_1(0^-)=5$，$x_2(0^-)=3$ 时的系统响应 $y(t)$。

1.22　在题 1.21 的基础上，若还已知 $f(t)=\varepsilon(t)$，$x_1(0^-)=x_2(0^-)=0$ 时，有

$$y(t)=2+e^{-t}+2e^{-3t}\qquad t\geqslant 0$$

试求 $f(t)=3\varepsilon(t)$，$x_1(0^-)=2$，$x_2(0^-)=5$ 时，系统的响应 $y(t)$。

1.23　某线性系统，当输入为 $\varepsilon(t)$，初始状态 $x_1(0^-)=1$，$x_2(0^-)=2$ 时，系统的全响应 $y(t)$为

$$y(t)=6e^{-2t}-5e^{-3t}\qquad t\geqslant 0$$

当系统初始状态不变，输入为 $3\varepsilon(t)$时，全响应为

$$y(t)=8e^{-2t}-7e^{-3t}\qquad t\geqslant 0$$

(a) 求初始状态为 $x_1(0^-)=1$，$x_2(0^-)=2$ 时，系统的零输入响应 $y_{zi}(t)$；

(b) 求输入为 $2\varepsilon(t)$时系统的零状态响应 $y_{zs}(t)$。

1.24　某线性系统初始状态为 $x_1(0^-)$、$x_2(0^-)$，输入为 $f(t)$，输出为 $y(t)$，已知：

(a) 当 $x_1(0^-)=5$，$x_2(0^-)=2$，$f(t)=0$ 时，有 $y(t)=(7t+5)e^{-t}$，$t\geqslant 0$；

(b) 当 $x_1(0^-)=1$，$x_2(0^-)=4$，$f(t)=0$ 时，有 $y(t)=(5t+1)e^{-t}$，$t\geqslant 0$；

(c) 当 $x_1(0^-)=1$，$x_2(0^-)=1$，$f(t)=\varepsilon(t)$时，有 $y(t)=(t+1)e^{-t}$，$t\geqslant 0$。

试求下列情况下系统的输出 $y(t)$。

(1) $x_1(0^-)=1$，$x_2(0^-)=0$，$f(t)=0$；

(2) $x_1(0^-)=0$，$x_2(0^-)=1$，$f(t)=0$；

(3) $x_1(0^-)=0$，$x_2(0^-)=0$，$f(t)=\varepsilon(t)$；

(4) $x_1(0^-)=2$，$x_2(0^-)=1$，$f(t)=3\varepsilon(t)$。

1.25　已知系统的输入输出方程如下，试判断各系统是否为动态系统。

(1) $y(t)=af(t)+b$；

(2) $y''(t)+2y'(t)+3y(t)=f(t)$；

(3) $y(t)=f(at)+f(t)$；

(4) $y(t)=\int_{-\infty}^{t} f(\tau)\mathrm{d}\tau$；

(5) $y(k)=f(k-1)$；

(6) $y(k)+2y(k-1)=f(k-1)$。

1.26　设有一线性时不变系统，当输入波形如题图 1.9(a)所示时，系统的零状态响应 $y_{zs}(t)$如题图 1.9(b)所示。

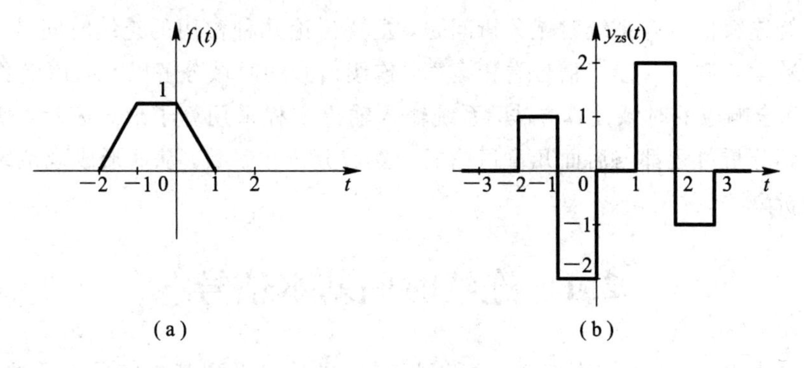

题图 1.9

(1) 画出输入为 $f_1(t)=2f(t+4)$时，系统零状态响应 $y_{zs1}(t)$的波形；

(2) 画出输入为 $f_2(t)$时(波形如题图 1.10 所示)，系统零状态响应 $y_{zs2}(t)$的波形。

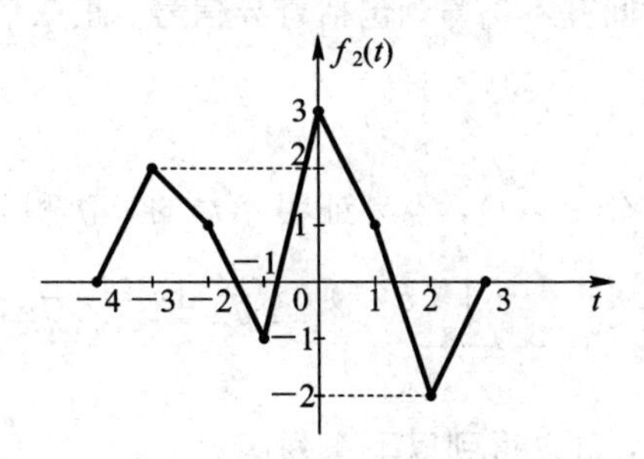

题图 1.10

第 2 章 连续信号与系统的时域分析

2.0 引　　言

信号与系统分析的基本任务是在给定系统和输入的条件下，求解系统的输出响应。所谓连续信号与系统的时域分析，是指信号、系统的整个分析过程都在连续时间域内进行，即所涉及的各种信号、系统特性，均采用以连续时间 t 作为自变量的数学函数表示和描述。自 20 世纪 60 年代以来，随着状态变量概念的引入，现代系统理论的确立以及集成电路技术的不断进步，时域分析法在许多领域获得了越来越广泛的应用。

本章围绕连续信号与系统时域分析问题，主要讨论几种常用的连续时间基本信号，时域分析重要数学基础——连续信号卷积运算，连续信号的时域分解以及 LTI 连续系统零输入、零状态和全响应的时域计算方法。系统输入输出方程采用算子形式表示，使时域分析从系统描述到分析过程都与后面几章讨论的变换域分析相一致，从而形成规范统一的信号与系统的分析方法。

2.1 连续时间基本信号

前面已经指出，一个复杂的信号，可以把它看成是一系列基本信号单元的线性组合。在以后的讨论中，我们将看到各种不同基本信号在信号的分解或合成以及系统特性描述和系统响应计算方面都有十分重要的应用。

下面介绍常用的连续时间基本信号，包括奇异信号、正弦信号和指数信号。

2.1.1 奇异信号

我们已经知道 $\delta(t)$的积分是 $\varepsilon(t)$，容易证明 $\delta(t)$的 n 次积分为

$$\delta^{(-n)}(t)=\underbrace{\int_{-\infty}^{t}\cdots\int_{-\infty}^{t}}_{n}\delta(x)\underbrace{\mathrm{d}x\cdots\mathrm{d}x}_{n}=\frac{t^{n-1}}{(n-1)!}\varepsilon(t)$$

结合考虑 δ 函数的微分运算，可以得到以下系列函数：

$$\cdots,\ \frac{t^{n-1}}{(n-1)!}\varepsilon(t),\ \cdots,\ \frac{t^2}{2}\varepsilon(t),\ t\varepsilon(t),\ \varepsilon(t),\ \delta(t),\ \frac{\mathrm{d}\delta(t)}{\mathrm{d}t},\ \frac{\mathrm{d}^2\delta(t)}{\mathrm{d}t^2},\ \cdots,\ \frac{\mathrm{d}^n\delta(t)}{\mathrm{d}t^n},\ \cdots$$

或者表示为

$$\cdots,\ \delta^{(-n)}(t),\ \cdots,\ \delta^{(-2)}(t),\ \delta^{(-1)}(t),\ \delta(t),\ \delta^{(1)}(t),\ \delta^{(2)}(t),\ \cdots,\ \delta^{(n)}(t),\ \cdots$$

它是由 $\delta(t)$ 及其各次积分和各阶导数组成的一组函数族。自左至右，每一项都是前一项的导数，或者每一项都是后一项的积分。此类函数族，由于具有间断点，或者它的有限阶导数会呈现间断点，故均属于广义函数。为强调区别于普通函数，通常也直接称它们为奇异函数或奇异信号。

本章中，单位冲激信号 $\delta(t)$、冲激偶信号 $\delta'(t)$、单位阶跃信号 $\varepsilon(t)=\delta^{(-1)}(t)$ 和单边斜升信号 $r(t)=\delta^{(-2)}(t)=t\varepsilon(t)$ 等都是常用的时域信号。特别的，$\delta(t)$ 和 $\varepsilon(t)$ 是用于连续时域系统分析的两种基本信号。

2.1.2 正弦信号

随连续时间 t 按正弦规律变化的信号称为**连续时间正弦信号**，简称**正弦信号**。其时域表达式为

$$f(t) = A\sin(\omega t + \varphi) \tag{2.1-1}$$

式中，A 为振幅，是正弦信号在整体变化过程中所能达到的最大值；ω 为角频率，是描述正弦信号变化快慢程度的物理量，单位是弧度/秒(rad/s)；φ 为初相，是描述正弦信号初始位置的物理量，单位是弧度或度。正弦信号的波形如图 2.1-1 所示。

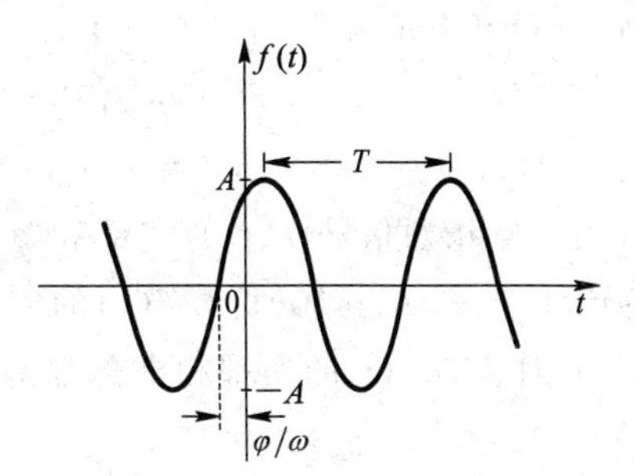

图 2.1-1 正弦信号

正弦信号是周期信号，其周期 T、频率 f 和角频率 ω 之间的关系满足

$$\omega = 2\pi f = \frac{2\pi}{T} \tag{2.1-2}$$

连续时间正弦信号是物理学中简谐振荡运动的数学描述。例如，振动物体在弹性媒质中形成的机械波，振动电荷或电荷系在周围空间产生的电磁波，还有声波、光波等物理现象，在一定条件下都可用正弦信号描述。

根据欧拉公式，式(2.1-1)可写成

$$f(t) = A\sin(\omega t + \varphi) = \frac{A}{2\mathrm{j}}[\mathrm{e}^{\mathrm{j}(\omega t+\varphi)} - \mathrm{e}^{-\mathrm{j}(\omega t+\varphi)}] \tag{2.1-3}$$

即一个正弦信号可以表示为两个相同周期和异号频率的虚指数信号的加权代数和。注意式中出现的负(角)频率实际上是不存在的，这里仅仅是一种数学表示。

正弦信号或虚指数信号作为一种基本信号用于连续信号与系统的频域分析。

2.1.3 指数信号

连续时间指数信号，简称**指数信号**，其一般形式为

$$f(t) = A\mathrm{e}^{st} \tag{2.1-4}$$

根据式中 A 和 s 的不同取值，具体有下面三种情况。

(1) 若 $A=a$ 和 $s=\sigma$ 均为实常数，则 $f(t)$ 为**实指数信号**，即

$$f(t) = A\mathrm{e}^{st} = a\mathrm{e}^{\sigma t} \tag{2.1-5}$$

其波形如图 2.1－2 所示。当 $\sigma>0$ 时，$f(t)$随时间增大按指数增长；当 $\sigma<0$ 时，$f(t)$随时间增大按指数衰减；当 $\sigma=0$ 时，$f(t)$等于常数 a。

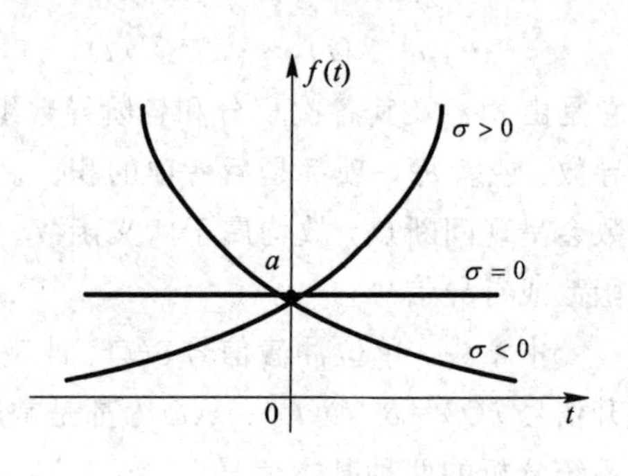

图 2.1－2　实指数信号

(2) 若 $A=1$，$s=\mathrm{j}\omega$，则 $f(t)$为**虚指数信号**，即

$$f(t)=A\mathrm{e}^{st}=\mathrm{e}^{\mathrm{j}\omega t} \qquad (2.1-6)$$

根据欧拉公式，虚指数信号可以表示为

$$\mathrm{e}^{\mathrm{j}\omega t}=\cos\omega t+\mathrm{j}\sin\omega t$$

表明 $\mathrm{e}^{\mathrm{j}\omega t}$ 的实部和虚部都是角频率为 ω 的正弦振荡。显然，$\mathrm{e}^{\mathrm{j}\omega t}$ 也是周期信号，其周期 $T=\dfrac{2\pi}{|\omega|}$。

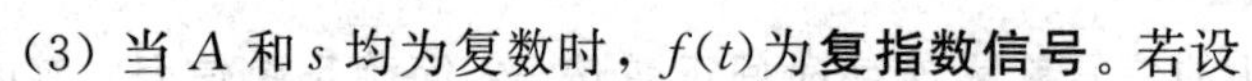

(3) 当 A 和 s 均为复数时，$f(t)$为**复指数信号**。若设

$$A=|A|\mathrm{e}^{\mathrm{j}\varphi}$$

$$s=\sigma+\mathrm{j}\omega$$

则 $f(t)$可表示为

$$\begin{aligned}f(t)&=A\mathrm{e}^{st}=|A|\mathrm{e}^{\mathrm{j}\varphi}\cdot\mathrm{e}^{(\sigma+\mathrm{j}\omega)t}=|A|\mathrm{e}^{\sigma t}\cdot\mathrm{e}^{\mathrm{j}(\omega t+\varphi)}\\&=|A|\mathrm{e}^{\sigma t}[\cos(\omega t+\varphi)+\mathrm{j}\sin(\omega t+\varphi)]\end{aligned} \qquad (2.1-7)$$

可见，复指数信号 $f(t)$的实部和虚部都是振幅按指数规律变化的正弦振荡。如图 2.1－3 所示，当 $\sigma>0(\sigma<0)$时，$f(t)$的实部和虚部都是振幅按指数增长(衰减)的正弦振荡；当 $\sigma=0$ 时，则 $f(t)$的实部和虚部都是等幅的正弦振荡。

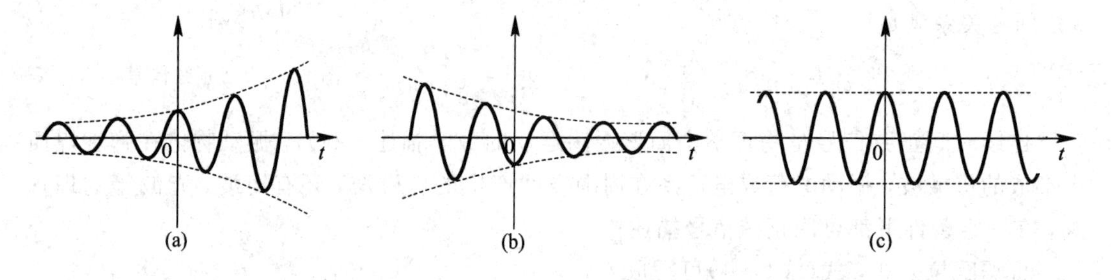

图 2.1－3　复指数信号实部和虚部的波形

(a) $\sigma>0$；(b) $\sigma<0$；(c) $\sigma=0$

通常，称复指数信号 $A\mathrm{e}^{st}$ 中的 s 为复频率，s 在复平面中的不同位置，反映了指数信号在时域中的不同变化规律。

复指数信号 e^{st} 是连续信号与系统 S 域分析中使用的一种基本信号。

2.2　连续信号的卷积运算

在连续信号与系统的时域分析中，一个非常重要的数学工具是一种特殊的积分运算，我们称之为**卷积积分**，简称**卷积**。

2.2.1　卷积的定义

设 $f_1(t)$和 $f_2(t)$是定义在$(-\infty,\ \infty)$区间上的两个连续时间信号，我们将积分

$$\int_{-\infty}^{\infty} f_1(\tau)f_2(t-\tau)\mathrm{d}\tau$$

定义为 $f_1(t)$和 $f_2(t)$的**卷积**(Convolution)，简记为

$$f_1(t) * f_2(t)$$

即

$$f_1(t) * f_2(t) \xlongequal{\text{def}} \int_{-\infty}^{\infty} f_1(\tau)f_2(t-\tau)\mathrm{d}\tau \tag{2.2-1}$$

式中，τ 为积分变量，t 为参变量，积分的结果为另一个新的连续时间信号。

2.2.2　卷积的图解机理

用图形方式描述卷积运算过程，将有助于理解卷积概念和卷积的图解法计算过程。根据式(2.2-1)，信号 $f_1(t)$与 $f_2(t)$的卷积运算可通过以下几个步骤来完成：

第一步，画出 $f_1(t)$与 $f_2(t)$波形，将波形图中的 t 轴改换成 τ 轴，分别得到 $f_1(\tau)$和 $f_2(\tau)$的波形。

第二步，将 $f_2(\tau)$波形以纵轴为中心轴翻转 180°，得到 $f_2(-\tau)$波形。

第三步，给定一个 t 值，将 $f_2(-\tau)$波形沿 τ 轴平移$|t|$。在 $t<0$ 时，波形往左移；在 $t>0$ 时，波形往右移。这样就得到了 $f_2(t-\tau)$的波形。

第四步，将 $f_1(\tau)$和 $f_2(t-\tau)$相乘，得到卷积积分式中的被积函数 $f_1(\tau)f_2(t-\tau)$。

第五步，计算乘积信号 $f_1(\tau)f_2(t-\tau)$波形与 τ 轴之间包含的净面积，便是式(2.2-1)卷积在 t 时刻的值。

第六步，令变量 t 在$(-\infty,\ \infty)$范围内变化，重复第三、四、五步操作，最终得到卷积信号 $f_1(t) * f_2(t)$，它是时间变量 t 的函数。

例 2.2-1　给定信号

$$f_1(t) = \varepsilon(t) - \varepsilon(t-3)$$

$$f_2(t) = \mathrm{e}^{-t}\varepsilon(t)$$

求 $y(t)=f_1(t) * f_2(t)$。

解　$f_1(t)$和 $f_2(t)$波形如图 2.2-1(a)和(b)所示。在图 2.2-2 中，图(a)是 $f_1(\tau)$波形，图(b)是 $f_2(-\tau)$波形，也就是 $f_2(t-\tau)$在 $t=0$ 时刻的波形。

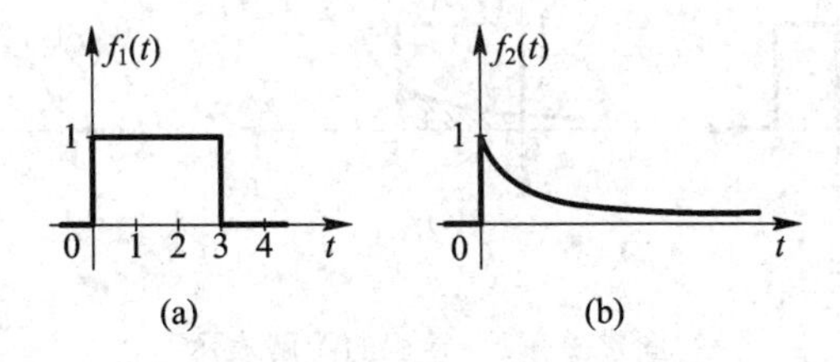

图 2.2-1　$f_1(t)$和 $f_2(t)$波形

对于不同时刻 t，将 $f_2(-\tau)$沿 τ 轴平移($t<0$ 时左移，$t>0$ 时右移)一个时间$|t|$，得到 $f_2(t-\tau)$波形。再将乘积信号 $f_1(\tau)f_2(t-\tau)$沿 τ 轴积分，得到 t 时刻的卷积值。随自变量 t

从$-\infty$到$+\infty$变化，就可得到不同时刻t的卷积值$y(t)$，显然，它是t的函数。下面给出具体计算过程。

当$t<0$时，$f_2(t-\tau)$波形如图2.2-2(c)所示，对任一τ，乘积$f_1(\tau)f_2(t-\tau)$恒为零，故$y(t)=0$。

当$0<t<3$时，$f_2(t-\tau)$波形如图2.2-2(d)所示。从图中可以看出，在$\tau<0$时，$f_1(\tau)=0$；在$\tau>t$时，$f_2(t-\tau)=0$。且考虑到在$0<\tau<t$范围内$f_1(\tau)$值为1，于是，t时刻的卷积值就是$f_2(t-\tau)$波形与τ轴在$(0, t)$区间所包围的面积(图中画斜线部分)，即

$$\begin{aligned} y(t) &= f_1(t) * f_2(t) = \int_{-\infty}^{\infty} f_1(\tau)f_2(t-\tau)\,\mathrm{d}\tau \\ &= \int_{-\infty}^{\infty} [\varepsilon(\tau)-\varepsilon(\tau-3)][\mathrm{e}^{-(t-\tau)}\varepsilon(t-\tau)]\,\mathrm{d}\tau \\ &= \int_0^t \mathrm{e}^{-(t-\tau)}\,\mathrm{d}\tau = \mathrm{e}^{-t}\int_0^t \mathrm{e}^{\tau}\,\mathrm{d}\tau = 1-\mathrm{e}^{-t} \end{aligned}$$

当$t>3$时，$f_2(t-\tau)$波形如图2.2-2(e)所示，此时，仅在$0<\tau<3$范围内，乘积$f_1(\tau)f_2(t-\tau)$不为零，故有

$$\begin{aligned} y(t) &= f_1(t) * f_2(t) = \int_{-\infty}^{\infty} f_1(\tau)f_2(t-\tau)\,\mathrm{d}\tau \\ &= \int_0^3 \mathrm{e}^{-(t-\tau)}\,\mathrm{d}\tau = \mathrm{e}^{-t}\int_0^3 \mathrm{e}^{\tau}\,\mathrm{d}\tau = (\mathrm{e}^3-1)\mathrm{e}^{-t} \end{aligned}$$

总之，有

$$\begin{aligned} y(t) &= f_1(t) * f_2(t) = [\varepsilon(t)-\varepsilon(t-3)] * \mathrm{e}^{-t}\varepsilon(t) \\ &= \begin{cases} 0 & t<0 \\ 1-\mathrm{e}^{-t} & 0<t<3 \\ (\mathrm{e}^3-1)\mathrm{e}^{-t} & t>3 \end{cases} \end{aligned}$$

其波形如图2.2-2(f)所示。

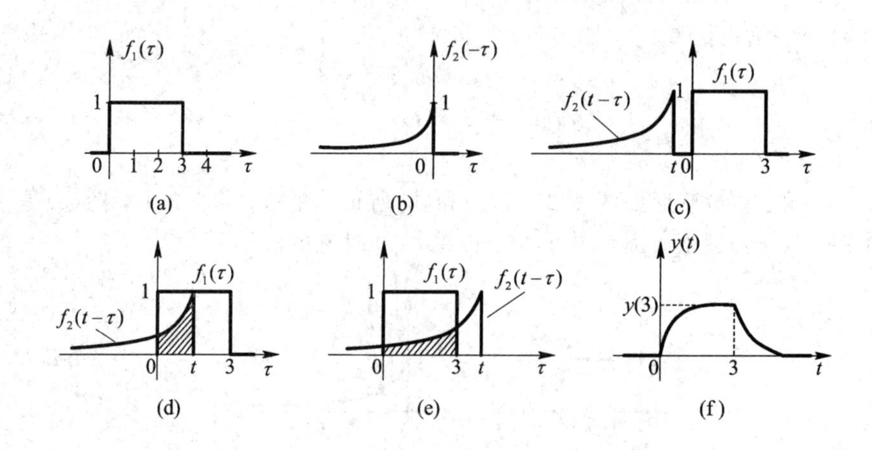

图 2.2-2 卷积的图解表示

(a) $f_1(\tau)$；(b) $f_2(-\tau)$，(c) $t<0$；(d) $0<t<3$；(e) $t>3$；(f) $y(t)$

例 2.2-2 已知信号$f_1(t)$和$f_2(t)$如图2.2-3(a)和(b)所示。设$y(t)=f_1(t) * f_2(t)$，求$y(-1)$和$y(1)$值。

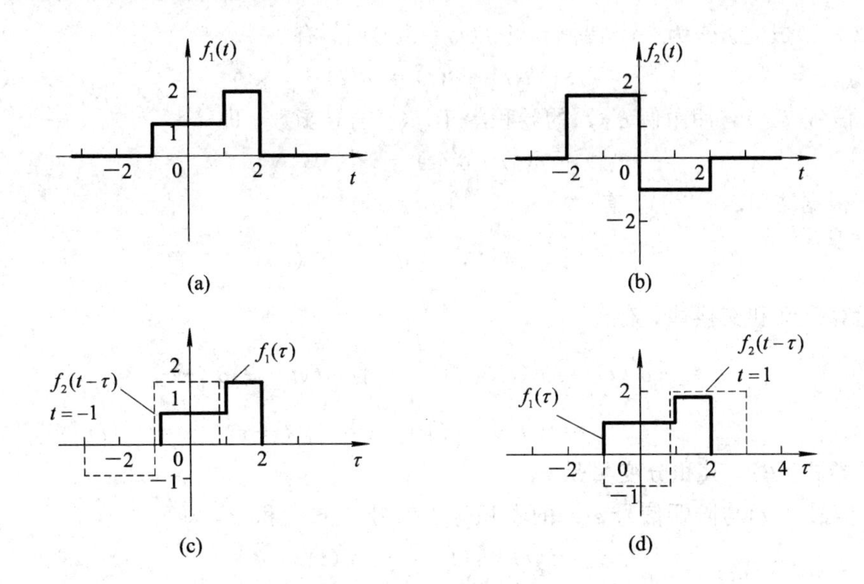

图 2.2-3 例 2.2-2 图

解 根据卷积的图解机理，画出 $t=-1$ 时 $f_1(\tau)$、$f_2(t-\tau)$ 波形如图 2.2-3(c)所示。考虑到非零被积函数的范围为 $-1<\tau<1$，此范围中的被积函数为常值 $1\times2=2$，故有卷积值

$$y(-1)=\int_{-\infty}^{\infty}f_1(\tau)f_2(-1-\tau)\mathrm{d}\tau=\int_{-1}^{1}(2)\mathrm{d}\tau=4$$

同理，画出 $t=1$ 时 $f_1(\tau)$、$f_2(t-\tau)$ 波形如图 2.2-3(d)所示。此时，非零被积函数区域由两部分组成，一部分位于 $-1<\tau<1$ 区域，其函数值为 $1\times(-1)=-1$；另一部分位于 $1<\tau<2$ 区域，其函数值为 $2\times2=4$。故有卷积值

$$y(1)=\int_{-\infty}^{\infty}f_1(\tau)f_2(1-\tau)\mathrm{d}\tau=\int_{-1}^{1}(-1)\mathrm{d}\tau+\int_{1}^{2}(4)\mathrm{d}\tau=-2+4=2$$

2.2.3 卷积性质

这里给出几个卷积运算的常用性质，利用这些性质可以简化卷积计算。

性质 1 卷积代数

卷积运算满足三个基本代数运算律，即

交换律 $$f_1(t)*f_2(t)=f_2(t)*f_1(t) \tag{2.2-2}$$

结合律 $$f_1(t)*[f_2(t)*f_3(t)]=[f_1(t)*f_2(t)]*f_3(t) \tag{2.2-3}$$

分配律 $$f_1(t)*[f_2(t)+f_3(t)]=f_1(t)*f_2(t)+f_1(t)*f_3(t) \tag{2.2-4}$$

根据卷积定义，证明上述结论的正确性是容易的。

性质 2 $f(t)$与奇异信号的卷积

(1) 信号 $f(t)$与冲激信号 $\delta(t)$的卷积等于 $f(t)$本身，即

$$f(t)*\delta(t)=f(t) \tag{2.2-5}$$

证 根据卷积定义和 $\delta(t)$的筛选性质，可得

$$\begin{aligned}f(t)*\delta(t)&=\delta(t)*f(t)=\int_{-\infty}^{\infty}f(t-\tau)\delta(\tau)\,\mathrm{d}\tau\\&=f(t)\int_{-\infty}^{\infty}\delta(\tau)\,\mathrm{d}\tau=f(t)\end{aligned}$$

故式(2.2－5)成立。作为一个特例，当 $f(t)=\delta(t)$时，有

$$\delta(t)*\delta(t)=\delta(t) \tag{2.2-6}$$

(2) 信号 $f(t)$与冲激偶 $\delta'(t)$的卷积等于 $f(t)$的导函数，即

$$f(t)*\delta'(t)=f'(t) \tag{2.2-7}$$

证　根据式(1.4－29)，有

$$\int_{-\infty}^{\infty}f(t)\delta'(t)\mathrm{d}t=-f'(0)$$

及卷积运算定义和交换律，有

$$\begin{aligned}f(t)*\delta'(t)=\delta'(t)*f(t)&=\int_{-\infty}^{\infty}f(t-\tau)\delta'(\tau)\,\mathrm{d}\tau\\&=-f'(t-\tau)\,|_{\tau=0}=f'(t+\tau)_{\tau=0}=f'(t)\end{aligned}$$

注意信号卷积运算，其积分变量是 τ。

(3) 信号 $f(t)$与阶跃信号 $\varepsilon(t)$的卷积等于信号 $f(t)$的积分，即

$$f(t)*\varepsilon(t)=f^{(-1)}(t) \tag{2.2-8}$$

证　因为

$$f(t)*\varepsilon(t)=\int_{-\infty}^{\infty}f(\tau)\varepsilon(t-\tau)\,\mathrm{d}\tau=\int_{-\infty}^{t}f(\tau)\,\mathrm{d}\tau=f^{(-1)}(t)$$

所以，式(2.2－8)成立。注意推导过程中，因 $\tau>t$ 时，信号 $\varepsilon(t-\tau)$值为 0，故可将积分上限改为 t。

性质 3　卷积的微分和积分

设 $y(t)=f_1(t)*f_2(t)$，则有如下结论：

(1) 微分　$y^{(1)}(t)=f_1^{(1)}(t)*f_2(t)=f_1(t)*f_2^{(1)}(t)$　(2.2－9)

(2) 积分　$y^{(-1)}(t)=f_1^{(-1)}(t)*f_2(t)=f_1(t)*f_2^{(-1)}(t)$　(2.2－10)

(3) 微积分　$y(t)=f_1(t)*f_2(t)=f_1^{(1)}(t)*f_2^{(-1)}(t)=f_1^{(-1)}(t)*f_2^{(1)}(t)$　(2.2－11)

证　(1) 由式(2.2－7)和式(2.2－3)，可得

$$\begin{aligned}y^{(1)}(t)&=\frac{\mathrm{d}}{\mathrm{d}t}[f_1(t)*f_2(t)]=[f_1(t)*f_2(t)]*\delta^{(1)}(t)\\&=f_1(t)*[f_2(t)*\delta^{(1)}(t)]\\&=f_1(t)*[f_2^{(1)}(t)*\delta(t)]=f_1(t)*f_2^{(1)}(t)\end{aligned}$$

同理可证

$$y^{(1)}(t)=f_1^{(1)}(t)*f_2(t)$$

卷积的微分性质表明，两信号卷积后求导与先对其中一个信号求导后再同另一个信号卷积，其结果相同。

(2) 应用式(2.2－8)及卷积运算的结合律，可得

$$\begin{aligned}y^{(-1)}(t)&=\int_{-\infty}^{t}[f_1(\xi)*f_2(\xi)]\,\mathrm{d}\xi=[f_1(t)*f_2(t)]*\varepsilon(t)\\&=f_1(t)*[f_2(t)*\varepsilon(t)]=f_1(t)*f_2^{(-1)}(t)\end{aligned}$$

同理可证

$$y^{(-1)}(t)=f_1^{(-1)}(t)*f_2(t)$$

卷积的积分性质表明，两个信号卷积后的积分与先对其中一个信号积分后再同另一个

信号卷积，其结果相同。

(3) 因为

$$\int_{-\infty}^{t}\left[\frac{\mathrm{d}f_1(\xi)}{\mathrm{d}\xi}\right]\mathrm{d}\xi = f_1(t) - f_1(-\infty)$$

所以

$$f_1(t) = \int_{-\infty}^{t}\left[\frac{\mathrm{d}f_1(\xi)}{\mathrm{d}\xi}\right]\mathrm{d}\xi + f_1(-\infty)$$

这样，利用卷积运算的分配律和卷积的积分性质，可将 $f_1(t) * f_2(t)$ 表示为

$$\begin{aligned} f_1(t) * f_2(t) &= \left\{\int_{-\infty}^{t}\left[\frac{\mathrm{d}f_1(\xi)}{\mathrm{d}\xi}\right]\mathrm{d}\xi + f_1(-\infty)\right\} * f_2(t) \\ &= \frac{\mathrm{d}f_1(t)}{\mathrm{d}t} * \int_{-\infty}^{t} f_2(\xi)\mathrm{d}\xi + f_1(-\infty) * f_2(t) \\ &= f_1^{(1)}(t) * f_2^{(-1)}(t) + f_1(-\infty)\int_{-\infty}^{\infty} f_2(t)\,\mathrm{d}t \end{aligned} \tag{2.2-12}$$

同理，可将 $f_2(t)$ 表示为

$$f_2(t) = \int_{-\infty}^{t}\left[\frac{\mathrm{d}f_2(\xi)}{\mathrm{d}\xi}\right]\mathrm{d}\xi + f_2(-\infty)$$

并进一步得到

$$f_1(t) * f_2(t) = f_1^{(-1)}(t) * f_2^{(1)}(t) + f_2(-\infty)\int_{-\infty}^{\infty} f_1(t)\,\mathrm{d}t \tag{2.2-13}$$

由式(2.2-12)、式(2.2-13)可知，当 $f_1(t)$ 和 $f_2(t)$ 满足

$$f_1(-\infty)\int_{-\infty}^{\infty} f_2(t)\,\mathrm{d}t = f_2(-\infty)\int_{-\infty}^{\infty} f_1(t)\,\mathrm{d}t = 0 \tag{2.2-14}$$

时，式(2.2-11)成立。

必须指出，使用卷积的微积分性质是有条件的，条件式(2.2-14)要求：被求导的函数($f_1(t)$或 $f_2(t)$)在 $t=-\infty$ 处为零值，或者被积分的函数($f_2(t)$或 $f_1(t)$)在$(-\infty, \infty)$区间上的积分值(即函数波形的净面积)为零。而且，这里的两个条件是“或”的关系，只要满足其中一个条件，式(2.2-11)即成立。

自然，式(2.2-9)～式(2.2-11)也可推广用于对一个函数进行 k 次求导，对另一个函数进行 k 次积分的情况，即

$$y^{(k)}(t) = f_1^{(k)}(t) * f_2(t) = f_1(t) * f_2^{(k)}(t) \tag{2.2-15}$$

$$y^{(-k)}(t) = f_1^{(-k)}(t) * f_2(t) = f_1(t) * f_2^{(-k)}(t) \tag{2.2-16}$$

$$y(t) = f_1(t) * f_2(t) = f_1^{(k)}(t) * f_2^{(-k)}(t) = f_1^{(-k)}(t) * f_2^{(k)}(t) \tag{2.2-17}$$

同样，使用式(2.2-17)时，要求 $f_1(t)$或 $f_2(t)$满足以下条件：

$$f_1^{(k-1)}(-\infty)\cdot\int_{-\infty}^{\infty} f_2^{[-(k-1)]}(t)\mathrm{d}t = f_2^{(k-1)}(-\infty)\cdot\int_{-\infty}^{\infty} f_1^{[-(k-1)]}(t)\mathrm{d}t = 0$$

性质 4　卷积时移

若 $f_1(t) * f_2(t) = y(t)$，则

$$f_1(t) * f_2(t-t_0) = f_1(t-t_0) * f_2(t) = y(t-t_0) \tag{2.2-18}$$

式中，t_0 为实常数。

证　按照卷积定义，有

$$f_1(t) * f_2(t-t_0) = \int_{-\infty}^{\infty} f_1(x) f_2(t-x-t_0)\,\mathrm{d}x$$

令 $x=\tau-t_0$，则上式可写成

$$f_1(t) * f_2(t-t_0) = \int_{-\infty}^{\infty} f_1(\tau-t_0) f_2(t-\tau)\,\mathrm{d}\tau = f_1(t-t_0) * f_2(t) \tag{2.2-19}$$

又因为

$$\begin{aligned} y(t-t_0) &= y(t)\big|_{t\to t-t_0} = [f_1(t) * f_2(t)]\big|_{t\to t-t_0} = [f_2(t) * f_1(t)]\big|_{t\to t-t_0} \\ &= \int_{-\infty}^{\infty} f_2(\tau) f_1(t-t_0-\tau)\,\mathrm{d}\tau = f_1(t-t_0) * f_2(t) \end{aligned} \tag{2.2-20}$$

比较式(2.2-19)和式(2.2-20)的结果，可证式(2.2-18)成立。

由卷积时移性质还可进一步得到如下推论：

若 $f_1(t) * f_2(t)=y(t)$，则

$$f_1(t-t_1) * f_2(t-t_2) = y(t-t_1-t_2) \tag{2.2-21}$$

式中，t_1 和 t_2 为实常数。此推论请读者自行证明。

例 2.2-3 计算实常数 $K(\neq 0)$与信号 $f(t)$的卷积积分。

解 直接按卷积定义，可得

$$K * f(t) = f(t) * K = \int_{-\infty}^{\infty} K f(\tau)\,\mathrm{d}\tau = K \cdot [f(t)\ \text{波形的净面积}] \tag{2.2-22}$$

表明常数 K 与任意信号 $f(t)$的卷积值等于该信号波形净面积值的 K 倍。

注意，在本例中，如果应用卷积运算的微积分性质来求解，将导致

$$K * f(t) = \frac{\mathrm{d}}{\mathrm{d}t}K * \int_{-\infty}^{t} f(\xi)\,\mathrm{d}\xi = 0$$

的错误结果。因为常数 K 在 $t=-\infty$处不为零，对任意信号 $f(t)$而言，其波形净面积也并非一定为零，故不满足卷积微积分性质的应用条件。

例 2.2-4 计算下列卷积积分：

(1) $\varepsilon(t+1) * \varepsilon(t-2)$

(2) $t\varepsilon(t-1) * \delta''(t-2)$

(3) $y(t)=f(t) * \delta(t-t_0)$

解 (1) 先计算 $\varepsilon(t) * \varepsilon(t)$。因为 $\varepsilon(-\infty)=0$，故可应用卷积运算的微积分性质求得

$$\begin{aligned} \varepsilon(t) * \varepsilon(t) &= \varepsilon^{(-1)}(t) * \varepsilon^{(1)}(t) = \int_{-\infty}^{t} \varepsilon(\xi)\,\mathrm{d}\xi * \frac{\mathrm{d}\varepsilon(t)}{\mathrm{d}t} \\ &= \int_{0}^{t} \varepsilon(\xi)\,\mathrm{d}\xi * \delta(t) = \int_{0}^{t} \varepsilon(\xi)\mathrm{d}\xi = t\varepsilon(t) \end{aligned}$$

然后，利用式(2.2-21)的结果，可得

$$\varepsilon(t+1) * \varepsilon(t-2) = [\varepsilon(t) * \varepsilon(t)]_{t\to t-1} = [t\varepsilon(t)]_{t\to t-1} = (t-1)\varepsilon(t-1)$$

(2) 利用卷积运算的分配律和时移性质，可将给定的卷积计算式表示为

$$\begin{aligned} t\varepsilon(t-1) * \delta''(t-2) &= [\varepsilon(t-1) + (t-1)\varepsilon(t-1)] * \delta''(t-2) \\ &= \varepsilon(t-1) * \delta''(t-2) + (t-1)\varepsilon(t-1) * \delta''(t-2) \\ &= [\varepsilon(t) * \delta''(t) + t\varepsilon(t) * \delta''(t)]_{t\to t-3} \end{aligned} \tag{2.2-23}$$

考虑到 $\varepsilon(t)$和 $t\varepsilon(t)$均为因果信号，满足卷积运算微积分性质条件，故可利用此性质计算

$$\varepsilon(t)*\delta''(t)=\varepsilon'(t)*\delta'(t)=\delta(t)*\delta'(t)=\delta'(t)$$

$$\begin{aligned}t\varepsilon(t)*\delta''(t)&=\frac{\mathrm{d}}{\mathrm{d}t}[t\varepsilon(t)]*\delta'(t)=[\varepsilon(t)+t\delta(t)]*\delta'(t)\\&=\varepsilon(t)*\delta'(t)=\varepsilon'(t)*\delta(t)\\&=\delta(t)\end{aligned}$$

将上面结果代入式(2.2－23)，最后得到

$$t\varepsilon(t-1)*\delta''(t-2)=[\delta'(t)+\delta(t)]_{t\to t-3}=\delta'(t-3)+\delta(t-3)$$

(3) 由于

$$f(t)*\delta(t)=f(t)$$

因此，可直接利用卷积时移性质得到

$$y(t)=f(t)*\delta(t-t_0)=[f(t)*\delta(t)]_{t\to t-t_0}=f(t-t_0)\tag{2.2-24}$$

这一结果表明，位于 $t=t_0(t_0>0)$处的单位冲激信号与另一信号 $f(t)$的卷积运算，相当于"复制"$f(t)$波形并沿 t 轴正方向平移 t_0，如图 2.2－4 所示。

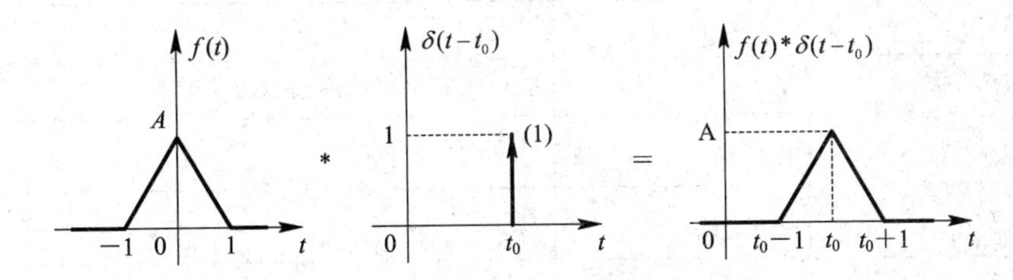

图 2.2－4　例 2.2－3 图

利用式(2.2－24)所具有的"复制"和"平移"信号波形的功能，我们可以通过卷积运算产生一个周期信号。设一脉冲信号 $f_1(t)$如图 2.2－5(a)所示。另一周期为 T 的周期性单位冲激函数序列如图 2.2－5(b)所示，通常称为**冲激串函数**，用符号 $\delta_T(t)$表示，它可写为

$$\delta_T(t)\xlongequal{\text{def}}\sum_{m=-\infty}^{\infty}\delta(t-mT)\tag{2.2-25}$$

式中，m 为整数。现在，计算 $f_1(t)$与 $\delta_T(t)$的卷积积分。根据卷积运算的分配律和式(2.2－24)可得

$$\begin{aligned}f_T(t)&=f_1(t)*\delta_T(t)=f_1(t)*\left[\sum_{m=-\infty}^{\infty}\delta(t-mT)\right]\\&=\sum_{m=-\infty}^{\infty}[f_1(t)*\delta(t-mT)]=\sum_{m=-\infty}^{\infty}f_1(t-mT)\end{aligned}\tag{2.2-26}$$

画出 $f_T(t)$波形如图 2.2－5(c)所示。由图可见，$f_1(t)$与 $\delta_T(t)$卷积的结果是一周期信号，其周期与梳状函数的周期相同。显然，当 $\tau<T$ 时，$f_T(t)$中每个周期内的波形与 $f_1(t)$相同。但是，当 $\tau>T$ 时，由于求和时各相邻脉冲之间的部分重叠，虽然得到的也是周期信号，但无法使 $f_1(t)$波形在 $f_T(t)$ 的每个周期中重现。

2.2.4　常用信号的卷积公式

表 2.1 中列出了常用信号的卷积公式。

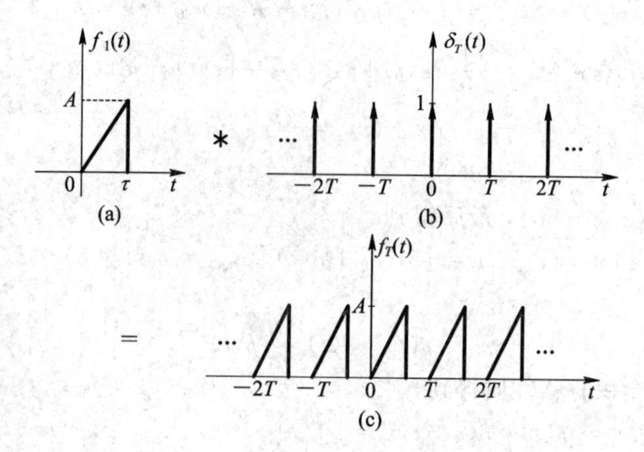

图 2.2－5　应用 $\delta_T(t)$ 产生周期信号

表 2.1　常用信号的卷积公式

序号	$f_1(t)$	$f_2(t)$	$f_1(t)*f_2(t)$
1	K(常数)	$f(t)$	K·[$f(t)$波形的净面积值]
2	$f(t)$	$\delta^{(1)}(t)$	$f^{(1)}(t)$
3	$f(t)$	$\delta(t)$	$f(t)$
4	$f(t)$	$\varepsilon(t)$	$f^{(-1)}(t)$
5	$\varepsilon(t)$	$\varepsilon(t)$	$t\varepsilon(t)$
6	$e^{-\alpha t}\varepsilon(t)$	$e^{-\alpha t}\varepsilon(t)$	$te^{-\alpha t}\varepsilon(t)$
7	$\varepsilon(t)$	$t\varepsilon(t)$	$\frac{1}{2}t^2\varepsilon(t)$
8	$e^{-\alpha t}\varepsilon(t)$	$te^{-\alpha t}\varepsilon(t)$	$\frac{1}{2}t^2e^{-\alpha t}\varepsilon(t)$
9	$\varepsilon(t)$	$e^{-\alpha t}\varepsilon(t)$	$\frac{1}{\alpha}(1-e^{-\alpha t})\varepsilon(t)$
10	$e^{-\alpha_1 t}\varepsilon(t)$	$e^{-\alpha_2 t}\varepsilon(t)$	$\frac{1}{\alpha_2-\alpha_1}(e^{-\alpha_1 t}-e^{-\alpha_2 t})\varepsilon(t)$，$(\alpha_1\neq\alpha_2)$
11	$e^{-\alpha t}\varepsilon(t)$	$t\varepsilon(t)$	$\left(\frac{1}{\alpha^2}e^{-\alpha t}+\frac{\alpha t-1}{\alpha^2}\right)\varepsilon(t)$
12	$e^{-\alpha_1 t}\varepsilon(t)$	$te^{-\alpha_2 t}\varepsilon(t)$	$\left[\frac{1}{(\alpha_1-\alpha_2)^2}e^{-\alpha_1 t}+\frac{(\alpha_1-\alpha_2)t-1}{(\alpha_1-\alpha_2)^2}e^{-\alpha_2 t}\right]\varepsilon(t)$，$\alpha_1\neq\alpha_2$
13	$f_1(t)$	$\delta_T(t)$	$\sum\limits_{m=-\infty}^{\infty}f_1(t-mT)$

例 2.2-5　连续信号 $f_1(t)$和 $f_2(t)$波形如图 2.2-6 所示，试计算卷积积分 $y(t)=f_1(t)*f_2(t)$，并画出 $y(t)$的波形。

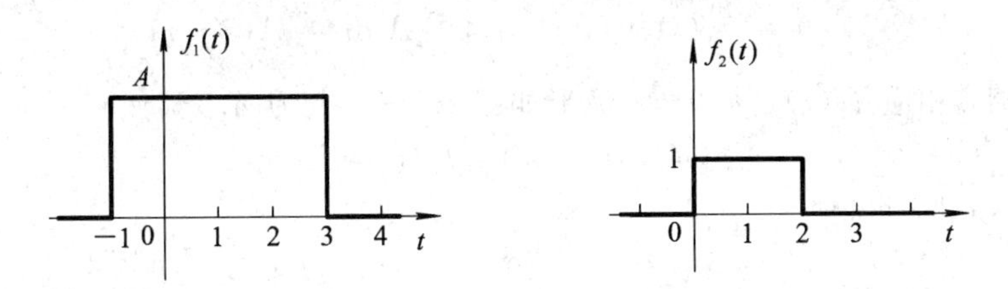

图 2.2-6　信号 $f_1(t)$、$f_2(t)$波形

解　(1) 画出 $f_1(\tau)$、$f_2(\tau)$和 $f_2(-\tau)$波形分别如图 2.2-7(a)、(b)、(c)所示。

(2) 当 $t<-1$ 时，$f_1(\tau)$、$f_2(t-\tau)$波形如图 2.2-7(d)所示，两波形的非零范围无重叠，被积函数 $f_1(\tau)\cdot f_2(t-\tau)=0$，故有 $y(t)=f_1(t)*f_2(t)=0$。

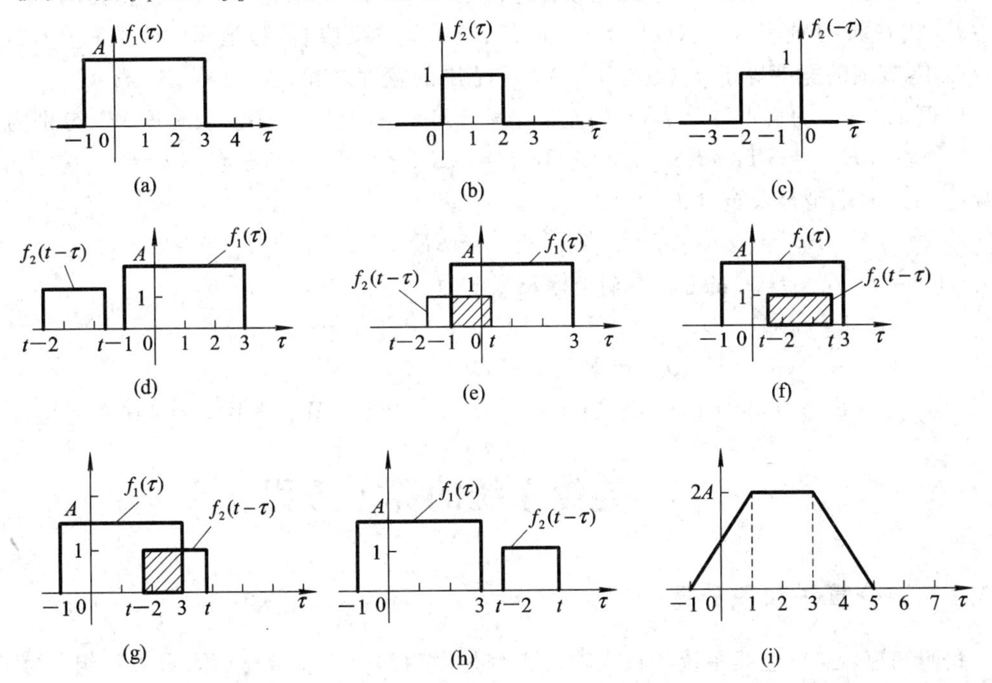

图 2.2-7　例 2.2-5 图

当$-1<t<1$ 时，$f_1(\tau)$、$f_2(t-\tau)$波形如图 2.2-7(e)所示。此时，两波形的非零范围呈现部分重叠，相应积分函数 $f_1(\tau)\cdot f_2(t-\tau)$非零时 τ 的变化范围是$-1<\tau<t$，求得

$$y(t)=f_1(t)*f_2(t)=\int_{-1}^{t}f_1(\tau)f_2(t-\tau)\mathrm{d}\tau=\int_{-1}^{t}A\mathrm{d}\tau=A(t+1)$$

当 $1<t<3$ 时，$f_1(\tau)$、$f_2(t-\tau)$波形如图 2.2-7(f)所示，$f_2(t-\tau)$波形的非零部分全位于 $f_1(\tau)$非零范围内，积分函数 $f_1(\tau)\cdot f_2(t-\tau)$非零时 τ 的变化范围是$(t-2)<\tau<t$，故有

$$y(t)=f_1(t)*f_2(t)=\int_{t-2}^{t}f_1(\tau)f_2(t-\tau)\mathrm{d}\tau=\int_{t-2}^{t}A\ \mathrm{d}\tau=2A$$

当 $3<t<5$ 时，$f_1(\tau)$、$f_2(t-\tau)$ 波形如图 2.2 - 7(g)所示，积分函数 $f_1(\tau)\cdot f_2(t-\tau)$ 非零时 τ 的变化范围是 $(t-2)<\tau<3$，求得

$$y(t)=f_1(t)*f_2(t)=\int_{t-2}^{3}A\,\mathrm{d}\tau=A(5-t)$$

当 $t>5$ 时，相应 $f_1(\tau)$、$f_2(t-\tau)$ 波形如图 2.2 - 7(h)所示。显然有

$$y(t)=f_1(t)*f_2(t)=0$$

(3) 综上所述，可得

$$y(t)=f_1(t)*f_2(t)=\begin{cases}0 & t<-1,\ t>5\\ A(t+1) & -1<t<1\\ 2A & 1<t<3\\ A(5-t) & 3<t<5\end{cases}$$

画出 $y(t)$ 波形如图 2.2 - 7(i)所示。

容易验证，对于一般时限连续信号的卷积运算均有以下结论：$f_1(t)*f_2(t)$ 非零部分的左端(或右端)坐标等于 $f_1(t)$ 与 $f_2(t)$ 非零部分的左端(或右端)坐标的代数和；$f_1(t)*f_2(t)$ 非零范围的宽度等于 $f_1(t)$ 与 $f_2(t)$ 非零范围的宽度之和[①]。

就例 2.2 - 5 而言，由于 $f_1(t)$ 的左端坐标 LE_{f1}、右端坐标 RE_{f1} 及宽度 W_{f1} 分别为

$$LE_{f1}=-1,\quad RE_{f1}=3,\quad W_{f1}=RE_{f1}-LE_{f1}=3-(-1)=4$$

$f_2(t)$ 的左、右端坐标及宽度为

$$LE_{f2}=0,\quad RE_{f2}=2,\quad W_{f2}=RE_{f2}-LE_{f2}=2-0=2$$

故有 $y(t)=f_1(t)*f_2(t)$ 的左、右端坐标及宽度为

$$LE_y=LE_{f1}+LE_{f2}=-1+0=-1$$

$$RE_y=RE_{f1}+RE_{f2}=3+2=5$$

$$W_y=RE_y-LE_y=5-(-1)=6\quad 或者\quad W_y=W_{f1}+W_{f2}=4+2=6$$

2.3 连续系统的算子方程

2.3.1 微分算子和积分算子

我们知道，描述连续系统的输入输出方程是微(积)分方程或微(积)分方程组。为了简便，我们把方程中出现的微分和积分符号用如下算子表示：

$$p\overset{\mathrm{def}}{=\!=\!=}\frac{\mathrm{d}}{\mathrm{d}t}\tag{2.3 - 1}$$

$$p^{-1}=\frac{1}{p}\overset{\mathrm{def}}{=\!=\!=}\int_{-\infty}^{t}(\;)\,\mathrm{d}\tau\tag{2.3 - 2}$$

式中，p 称为**微分算子**，p^{-1} 称为**微分逆算子**或**积分算子**。这样，可以应用微分或积分算子简化表示微分和积分运算。例如：

$$pf(t)=\frac{\mathrm{d}}{\mathrm{d}t}f(t)$$

① 一个连续信号的非零范围是指信号变量在第一个和最后一个非零信号值之间的变化范围。

$$p^n f(t) = f^{(n)}(t) = \frac{\mathrm{d}^n}{\mathrm{d}t^n} f(t)$$

$$p^{-1} f(t) = \int_{-\infty}^{t} f(\tau)\,\mathrm{d}\tau$$

对于微分方程

$$\frac{\mathrm{d}^2 y(t)}{\mathrm{d}t^2} + 2\frac{\mathrm{d}y(t)}{\mathrm{d}t} + 3y(t) = \frac{\mathrm{d}f(t)}{\mathrm{d}t} + 5f(t) \tag{2.3-3}$$

可表示为

$$p^2 y(t) + 2py(t) + 3y(t) = pf(t) + 5f(t)$$

或者写为

$$(p^2 + 2p + 3)y(t) = (p+5)f(t) \tag{2.3-4}$$

这种含微分算子的方程称为**微分算子方程**。必须强调指出，微分算子方程仅仅是微分方程的一种简化表示，式(2.3-4)中等号两边表达式的含义是分别对函数 $y(t)$和 $f(t)$进行相应的求导运算。这种形式上与代数方程类似的表示方法，将用于系统描述和分析，特别是在时域中建立与变换域相一致的系统分析方法方面带来方便和好处。

下面介绍有关微分算子 p 的几个运算性质。

性质 1　以 p 的正幂多项式出现的运算式，在形式上可以像代数多项式那样进行展开和因式分解。例如：

$$(p+2)(p+3)y(t) = (p^2+5p+6)y(t)$$

$$(p^2-4)f(t) = (p+2)(p-2)f(t)$$

性质 2　设 $A(p)$和 $B(p)$是 p 的正幂多项式，则

$$A(p)B(p)f(t) = B(p)A(p)f(t) \tag{2.3-5}$$

性质 3　微分算子方程等号两边 p 的公因式不能随便消去。例如，由下面方程

$$py(t) = pf(t)$$

不能随意消去公因子 p 而得到 $y(t)=f(t)$的结果。因为 $y(t)$与 $f(t)$之间可以相差一个常数 c。正确的结果应写为

$$y(t) = f(t) + c$$

同样地，也不能由方程

$$(p+a)y(t) = (p+a)f(t)$$

通过直接消去方程两边的公因式$(p+a)$得到 $y(t)=f(t)$，因为 $y(t)$与 $f(t)$之间可以相差 $c\mathrm{e}^{-at}$，其正确的关系是

$$y(t) = f(t) + c\mathrm{e}^{-at}$$

性质 4　设 $A(p)$、$B(p)$和 $D(p)$均为 p 的正幂多项式，则

$$D(p)\cdot\frac{A(p)}{D(p)B(p)}f(t) = \frac{A(p)}{B(p)}f(t) \tag{2.3-6}$$

但是

$$\frac{A(p)}{B(p)D(p)}\cdot D(p)f(t) \neq \frac{A(p)}{B(p)}f(t) \tag{2.3-7}$$

例如，$p\cdot\frac{1}{p}f(t)=f(t)$，但是$\frac{1}{p}\cdot pf(t)\neq f(t)$。这是因为

$$p \cdot \frac{1}{p} f(t) = \frac{\mathrm{d}}{\mathrm{d}t} \int_{-\infty}^{t} f(\tau)\, \mathrm{d}\tau = f(t)$$

而

$$\frac{1}{p} \cdot p f(t) = \int_{-\infty}^{t} \left[\frac{\mathrm{d}}{\mathrm{d}\tau} f(\tau) \right] \mathrm{d}\tau = f(t) - f(-\infty) \neq f(t)$$

可见，一般而言，对函数进行“先除后乘”算子 p 的运算(对应先积分后求导运算)时，分式的分子与分母中公共 p 算子(或 p 算式)允许消去。而进行“先乘后除”算子 p 的运算时，则不能相消。或者说，当 $f(-\infty)$不为零时，对函数乘、除算子 p 的顺序是不能随意颠倒的。

2.3.2 连续系统算子方程

对于 LTI n 阶连续系统，其输入输出方程是线性、常系数 n 阶微分方程。若系统输入为 $f(t)$，输出为 $y(t)$，则可表示为

$$\begin{aligned} & y^{(n)}(t) + a_{n-1} y^{(n-1)}(t) + \cdots + a_1 y^{(1)}(t) + a_0 y(t) \\ & = b_m f^{(m)}(t) + b_{m-1} f^{(m-1)}(t) + \cdots + b_1 f^{(1)}(t) + b_0 f(t) \end{aligned} \tag{2.3-8}$$

用微分算子 p 表示可写成

$$(p^n + a_{n-1} p^{n-1} + \cdots + a_1 p + a_0) y(t) = (b_m p^m + b_{m-1} p^{m-1} + \cdots + b_1 p + b_0) f(t)$$

缩写为

$$\left(\sum_{i=0}^{n} a_i p^i \right) y(t) = \left(\sum_{j=0}^{m} b_j p^j \right) f(t) \tag{2.3-9a}$$

或进一步简记为

$$A(p) y(t) = B(p) f(t) \tag{2.3-9b}$$

称该式为**系统的微分算子方程**，简称**算子方程**。方程中

$$A(p) = \sum_{i=0}^{n} a_i p^i \qquad B(p) = \sum_{j=0}^{m} b_j p^j$$

并且 a_i 和 b_j 均为常数，$a_n = 1$。

现在将算子方程(2.3-9b)在形式上改写为

$$y(t) = \frac{B(p)}{A(p)} f(t) = H(p) f(t) \tag{2.3-10}$$

式中

$$H(p) = \frac{B(p)}{A(p)} = \frac{b_m p^m + b_{m-1} p^{m-1} + \cdots + b_1 p + b_0}{p^n + a_{n-1} p^{n-1} + \cdots + a_1 p + a_0} \tag{2.3-11}$$

它代表了系统将激励转变为响应的作用，或系统对激励信号的传输作用，故称 $H(p)$为**响应 $y(t)$ 对激励 $f(t)$ 的传输算子或系统的传输算子**。

图 2.3-1 给出了用传输算子 $H(p)$表示的 LTI 连续系统输入输出模型。

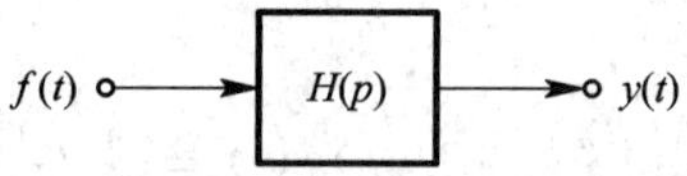

$f(t)$ ○——→ $H(p)$ ——→○ $y(t)$

图 2.3-1 用 $H(p)$表示的系统输入输出模型

例 2.3-1　设某连续系统的传输算子为

$$H(p)=\frac{p+2}{p^3+2p^2+3p+4}$$

试写出系统的输入输出微分方程。

解　令系统输入为 $f(t)$，输出为 $y(t)$。由给定传输算子 $H(p)$ 写出系统算子方程

$$y(t)=H(p)f(t)=\frac{p+2}{p^3+2p^2+3p+4}f(t)$$

该方程所代表的 $y(t)$ 与 $f(t)$ 之间的实际关系是

$$(p^3+2p^2+3p+4)y(t)=(p+2)f(t)$$

故系统的输入输出微分方程为

$$y^{(3)}(t)+2y^{(2)}(t)+3y^{(1)}(t)+4y(t)=f^{(1)}(t)+2f(t)$$

例 2.3-2　某连续系统如图 2.3-2 所示，写出该系统的传输算子。

解　选图中右端积分器的输出为中间变量 $x(t)$，则其输入为 $x'(t)$，左端积分器的输入为 $x''(t)$，如图所示。写出左端加法器的输出

$$x''(t)=-5x'(t)-3x(t)+f(t)$$

即

$$x''(t)+5x'(t)+3x(t)=f(t) \tag{2.3-12}$$

右端加法器的输出

$$y(t)=-2x'(t)+4x(t) \tag{2.3-13}$$

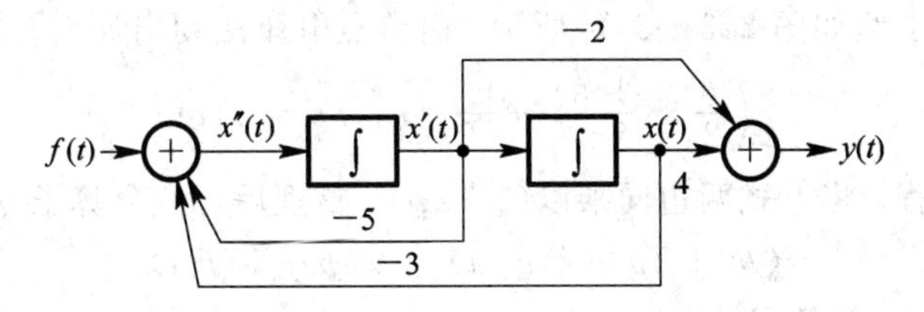

图 2.3-2　例 2.3-2 图

应用第 1 章中介绍的方法，消去式(2.3-12)和式(2.3-13)中的中间变量 $x(t)$ 及其各阶导数，或者利用两方程系数与微分方程系数之间的对应关系，直接写出系统的微分方程为

$$y''(t)+5y'(t)+3y(t)=-2f'(t)+4f(t)$$

相应的算子方程

$$(p^2+5p+3)y(t)=(4-2p)f(t)$$

于是，系统的传输算子为

$$H(p)=\frac{4-2p}{p^2+5p+3}$$

2.3.3　电路系统算子方程的建立

把电路系统中各基本元件（R、L、C）上的伏安关系（VAR）用微分、积分算子形式表示，可以得到相应的算子模型，如表 2.2 所示。表中 pL 和 $\frac{1}{pC}$ 分别称为算子感抗和算子容抗。

表 2.2　电路元件的算子模型

元件名称	电路符号	伏安关系(VAR)	VAR 的算子形式	算子模型
电阻	R, $i(t)$, $+\ u(t)\ -$	$u(t)=Ri(t)$	$u(t)=Ri(t)$	R, $i(t)$, $+\ u(t)\ -$
电感	L, $i(t)$, $+\ u(t)\ -$	$u(t)=L\dfrac{\mathrm{d}i(t)}{\mathrm{d}t}$	$u(t)=pLi(t)$	pL, $i(t)$, $+\ u(t)\ -$
电容	C, $i(t)$, $+\ u(t)\ -$	$u(t)=\dfrac{1}{C}\displaystyle\int_{-\infty}^{t} i(\tau)\,\mathrm{d}\tau$	$u(t)=\dfrac{1}{pC}i(t)$	$1/pC$, $i(t)$, $+\ u(t)\ -$

在电路系统中，独立源信号代表激励，待求解的电流、电压是响应。元件用算子模型代换后的电路称为算子模型电路，简称算子电路。下面举例说明电路系统算子方程的建立方法。

例 2.3－3　电路如图 2.3－3(a)所示，试写出 $u_1(t)$对 $f(t)$的传输算子。

解　画出算子电路如图 2.3－3(b)所示。由节点电压法列出 $u_1(t)$的方程为

$$\left(\frac{p}{2}+\frac{1}{2}+\frac{1}{2+2p}\right)u_1(t)=f(t)$$

这是一个微积分方程，将上式两边同乘以$(2+2p)$，整理后得微分算子方程

$$(p^2+2p+2)u_1(t)=2(p+1)f(t) \tag{2.3-14}$$

所以 $u_1(t)$对 $f(t)$的传输算子为

$$H(p)=\frac{2(p+1)}{p^2+2p+2}$$

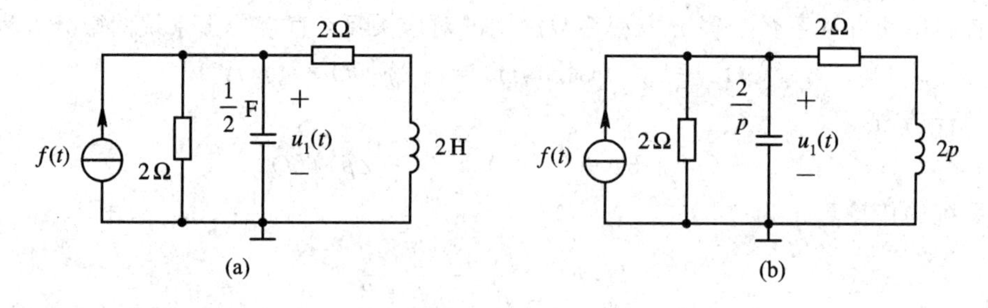

图 2.3－3　例 2.3－3 图

它代表的实际含义是

$$u_1''(t)+2u_1'(t)+2u_1(t)=2f'(t)+2f(t) \tag{2.3-15}$$

例 2.3－4　如图 2.3－4(a)所示电路，电路输入为 $f(t)$，输出为 $i_2(t)$，试建立该电路的输入输出算子方程。

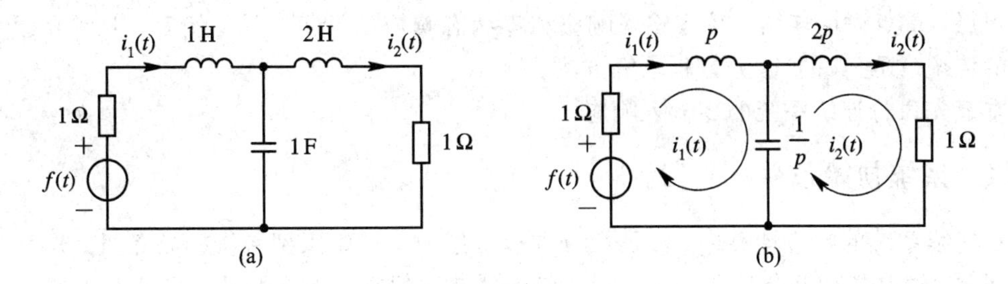

图 2.3－4　例 2.3－4 图

解　画出算子电路如图 2.3－4(b)所示。标出网孔电流 $i_1(t)$、$i_2(t)$参考方向，列出网孔电流方程：

$$\begin{cases}\left(1+p+\dfrac{1}{p}\right)i_1(t)-\dfrac{1}{p}i_2(t)=f(t)\\[2mm]-\dfrac{1}{p}i_1(t)+\left(2p+1+\dfrac{1}{p}\right)i_2(t)=0\end{cases}$$

这是一个微积分算子方程组，为了便于使用代数方法求解，将它化成微分算子方程组。一种办法是像例 2.3－3 那样，在方程两边乘以适当的 p 的多项式，但这样处理会增加算子方程的阶数，而且方程两边有可能出现相同的因子，造成能否消去公共因子的疑虑。另一种办法是将$\dfrac{1}{p}i_1(t)$和$\dfrac{1}{p}i_2(t)$作为新的求解变量，求解结束后，在$\dfrac{1}{p}i_1(t)$和$\dfrac{1}{p}i_2(t)$的左面乘以 p 即可得到所需要的 $i_1(t)$和 $i_2(t)$。此时，将原网孔方程改写为

$$\begin{cases}(p^2+p+1)\left[\dfrac{1}{p}i_1(t)\right]-\left[\dfrac{1}{p}i_2(t)\right]=f(t)\\[2mm]-\left[\dfrac{1}{p}i_1(t)\right]+(2p^2+p+1)\left[\dfrac{1}{p}i_2(t)\right]=0\end{cases}$$

该方程组对新设变量而言是一个微分算子方程组，可以用代数方法求解，得

$$\frac{1}{p}i_2(t)=\frac{\begin{vmatrix}p^2+p+1 & f(t)\\ -1 & 0\end{vmatrix}}{\begin{vmatrix}p^2+p+1 & -1\\ -1 & 2p^2+p+1\end{vmatrix}}=\frac{1}{p(2p^3+3p^2+4p+2)}f(t)$$

根据微分算子性质 4，在方程两边左乘 p，可得

$$i_2(t)=\frac{1}{2p^3+3p^2+4p+2}f(t)$$

因此，电路的输入输出算子方程为

$$(2p^3+3p^2+4p+2)i_2(t)=f(t)$$

本节讨论表明，引用算子符号表示微积分方程，不仅书写简便，而且通过代数求解方法，就可由系统算子方程组得到所需要的一元高阶输入输出算子(或微分)方程。

2.4　连续系统的零输入响应

前面介绍了基本连续信号、连续信号的卷积运算以及连续系统的微分方程和算子方程描述。在此基础上，下面几节将研究连续系统响应的分析求解方法。按照现代系统理论的

基本观点，重点讨论连续系统零输入响应和零状态响应的计算方法。然后，兼顾介绍系统响应的传统(或经典的)微分方程求解方法。

本节先讨论连续系统的零输入响应。

2.4.1　系统初始条件

在连续系统的响应计算中，涉及微分方程求解时，需要用到系统初始条件。作为一个数学问题，通常把初始条件假设为一组已知的数据，但在系统分析中，则往往要求分析者根据系统实际情况自行确定。

设系统初始观察时刻 $t=0$。我们知道系统在激励作用下，响应 $y(t)$及其各阶导数在 $t=0$ 处可能会发生跳变或出现冲激信号。为了简化分析，避免初始条件计算时出现“函数间断点处求导”的问题，我们往往分别去考察 $y(t)$及各阶导数在初始观察时刻前一瞬间 $t=0^-$ 和后一瞬间 $t=0^+$ 时的情况。

根据线性系统响应的分解性，全响应 $y(t)$可分解为零输入响应 $y_{zi}(t)$和零状态响应 $y_{zs}(t)$，即

$$y(t)=y_{zi}(t)+y_{zs}(t) \tag{2.4-1}$$

在式(2.4-1)中，分别令 $t=0^-$ 和 $t=0^+$，可得

$$y(0^-)=y_{zi}(0^-)+y_{zs}(0^-) \tag{2.4-2}$$

$$y(0^+)=y_{zi}(0^+)+y_{zs}(0^+) \tag{2.4-3}$$

对于因果系统，由于激励在 $t=0$ 时接入，故有 $y_{zs}(0^-)=0$；对于时不变系统，内部参数不随时间变化，故有 $y_{zi}(0^+)=y_{zi}(0^-)$。因此，式(2.4-2)和式(2.4-3)可改写为

$$y(0^-)=y_{zi}(0^-)=y_{zi}(0^+) \tag{2.4-4}$$

$$\begin{aligned}y(0^+)&=y_{zi}(0^-)+y_{zs}(0^+)\\&=y(0^-)+y_{zs}(0^+)\end{aligned} \tag{2.4-5}$$

同理，可推得 $y(t)$的各阶导数满足

$$y^{(j)}(0^-)=y_{zi}^{(j)}(0^-)=y_{zi}^{(j)}(0^+) \tag{2.4-6}$$

$$y^{(j)}(0^+)=y^{(j)}(0^-)+y_{zs}^{(j)}(0^+) \tag{2.4-7}$$

对于 n 阶连续系统，分别称 $y^{(j)}(0^-)(j=0, 1, \cdots, n-1)$和 $y^{(j)}(0^+)(j=0, 1, \cdots, n-1)$为系统的 **$0^-$ 和 0^+ 初始条件**。

式(2.4-7)给出了系统 0^+ 与 0^- 初始条件之间的相互关系，即系统的 0^+ 初始条件可通过 0^- 初始条件和零状态响应及其各阶导数的初始值来确定。根据状态和状态变量的概念，系统在任一时刻的响应都由这一时刻的状态和激励共同决定。对于因果系统，由于在 $t=0^-$ 时刻，输入激励没有接入系统，故 0^- 初始条件是完全由系统在 0^- 时刻的状态所决定的。或者说，0^- 初始条件反映了系统初始状态的作用效果。

在以“状态”概念为基础的现代系统理论中，一般采用 0^- 初始条件。这是因为一方面，它直接体现了历史输入信号的作用；另一方面对于实际的系统，其 0^- 初始条件也比较容易求得。相反，在传统的微分方程经典解法中，通常采用 0^+ 初始条件，这时 $y^{(j)}(0^+)(j=0, 1, \cdots, n-1)$可利用式(2.4-7)，由 0^- 初始条件和 $y_{zs}^{(j)}(0^+)(j=0, 1, \cdots, n-1)$来确定。

2.4.2　零输入响应算子方程

设系统响应 $y(t)$对输入 $f(t)$的传输算子为 $H(p)$，且

$$H(p)=\frac{B(p)}{A(p)}=\frac{b_m p^m+b_{m-1}p^{m-1}+\cdots+b_1 p+b_0}{p^n+a_{n-1}p^{n-1}+\cdots+a_1 p+a_0} \tag{2.4-8}$$

式中，$A(p)=p^n+a_{n-1}p^{n-1}+\cdots+a_1 p+a_0$ 为 p 的 n 次多项式，通常称为系统的**特征多项式**，方程 $A(p)=0$ 称为系统的**特征方程**，其根称为系统的**特征根**。$B(p)=b_m p^m+b_{m-1}p^{m-1}+\cdots+b_1 p+b_0$ 为 p 的 m 次多项式。

由式(2.4-8)，系统响应 $y(t)$ 和激励 $f(t)$ 满足的算子方程为

$$A(p)y(t)=B(p)f(t) \tag{2.4-9}$$

根据零输入响应 $y_{zi}(t)$ 的定义，它是输入为零时，仅由系统的初始状态(或历史输入信号)所引起的响应。所以，$y_{zi}(t)$ 满足的算子方程为

$$A(p)y_{zi}(t)=0 \qquad t\geqslant 0 \tag{2.4-10}$$

或者具体地说，零输入响应 $y_{zi}(t)$ 是式(2.4-10)齐次算子方程满足 0^- 初始条件的解。

2.4.3 简单系统的零输入响应

简单系统 1 若 $A(p)=p-\lambda$，则 $y_{zi}(t)=c_0 e^{\lambda t}$。

此时系统特征方程 $A(p)=0$ 仅有一个特征根 $p=\lambda$。将 $A(p)=p-\lambda$ 代入式(2.4-10)可得

$$(p-\lambda)y_{zi}(t)=0$$

其实际含义是

$$y_{zi}'(t)-\lambda y_{zi}(t)=0$$

两边乘以 $e^{-\lambda t}$，并整理得

$$\frac{d}{dt}[y_{zi}(t)e^{-\lambda t}]=0$$

两边取积分 $\int_{0^-}^{t}(\cdot)\,d\tau$，可求得

$$y_{zi}(t)=y_{zi}(0^-)e^{\lambda t}=c_0 e^{\lambda t} \qquad t\geqslant 0$$

式中，c_0 为待定系数，其值由初始条件 $y_{zi}(0^-)$ 确定。因此，可得结论为

$$A(p)=p-\lambda \quad \rightarrow \quad y_{zi}(t)=c_0 e^{\lambda t} \qquad t\geqslant 0 \tag{2.4-11}$$

式(2.4-11)的含义是：$A(p)=p-\lambda$ 对应的零输入响应 $y_{zi}(t)$ 为 $c_0 e^{\lambda t}$。

简单系统 2 若 $A(p)=(p-\lambda)^2$，则 $y_{zi}(t)=(c_0+c_1 t)e^{\lambda t}$。

此时，系统特征方程 $A(p)=0$ 在 $p=\lambda$ 处具有一个二阶重根。由式(2.4-10)写出零输入响应算子方程

$$(p-\lambda)^2 y_{zi}(t)=0$$

将上式改写为

$$(p-\lambda)[(p-\lambda)y_{zi}(t)]=0$$

将式中方括号项作为新的待求量，结合式(2.4-11)结论，可得

$$(p-\lambda)y_{zi}(t)=c_0 e^{\lambda t}$$

或者写成

$$y_{zi}'(t)-\lambda y_{zi}(t)=c_0 e^{\lambda t}$$

两边乘以 $e^{-\lambda t}$，再取积分 $\int_{0^-}^{t}(\cdot)\,d\tau$，求得系统零输入响应为

$$y_{zi}(t)=(c_0+c_1t)e^{\lambda t}\qquad t\geqslant 0$$

式中，c_0 和 c_1 由系统 0^- 初始条件确定。将上述结论推广到一般情况，若 $A(p)=0$ 在 $p=\lambda$ 处具有 d 阶重根时，其零输入响应可表示为

$$A(p)=(p-\lambda)^d\quad\rightarrow\quad y_{zi}(t)=(c_0+c_1t+c_2t^2+\cdots+c_{d-1}t^{d-1})e^{\lambda t}\qquad t\geqslant 0\tag{2.4-12}$$

式中，系数 c_0，c_1，…，c_{d-1} 通常由系统 0^- 初始条件确定。

2.4.4 一般系统的零输入响应

对于一般情况，设 n 阶 LTI 连续系统，其特征方程 $A(p)=0$ 具有 l 个不同的特征根 $\lambda_i(i=1, 2, \cdots, l)$，且 λ_i 是 d_i 阶重根，那么，$A(p)$ 可以因式分解为

$$A(p)=\prod_{i=1}^{l}(p-\lambda_i)^{d_i}$$

式中，$d_1+d_2+\cdots+d_i=n$。显然，方程

$$(p-\lambda_i)^{d_i}y_{zii}(t)=0\qquad i=1, 2, \cdots, l$$

的解 $y_{zii}(t)$ 也一定满足方程

$$A(p)y_{zii}(t)=0\qquad i=1, 2, \cdots, l$$

根据线性微分方程解的结构定理，令 $i=1, 2, \cdots, l$，将相应方程求和，便得

$$A(p)\left[\sum_{i=1}^{l}y_{zii}(t)\right]=0$$

所以方程 $A(p)y_{zi}(t)=0$ 的解为

$$y_{zi}(t)=\sum_{i=1}^{l}y_{zii}(t)$$

综上所述，对于一般 n 阶 LTI 连续系统零输入响应的求解步骤是：

第一步，将 $A(p)$ 进行因式分解，即

$$A(p)=\prod_{i=1}^{l}(p-\lambda_i)^{d_i}\tag{2.4-13}$$

式中，λ_i 和 d_i 分别是系统特征方程的第 i 个根及其相应的重根阶数。

第二步，根据式(2.4-12)，求出第 i 个根 λ_i 对应的零输入响应 $y_{zii}(t)$

$$y_{zii}(t)=[c_{i0}+c_{i1}t+c_{i2}t^2+\cdots+c_{i(d_i-1)}t^{d_i-1}]e^{\lambda_i t}\qquad i=1, 2, \cdots, l\tag{2.4-14}$$

第三步，将所有的 $y_{zii}(t)(i=1, 2, \cdots, l)$ 相加，得到系统的零输入响应，即

$$y_{zi}(t)=\sum_{i=1}^{l}y_{zii}(t)\qquad t\geqslant 0\tag{2.4-15}$$

第四步，根据给定的零输入响应初始条件 $y_{zi}^{(j)}(0^-)(j=0, 1, \cdots, n-1)$ 或者系统的 0^- 初始条件 $y^{(j)}(0^-)(j=0, 1, \cdots, n-1)$ 确定系数 c_{i0}，c_{i1}，…，$c_{i(d_i-1)}(i=1, 2, \cdots, l)$。

表 2.3 列出了 $y_{zi}(t)$ 与 $A(p)$ 之间的对应关系。

表 2.3　$y_{zi}(t)$与$A(p)$对应关系

序号	特征根类型	算子多项式 $A(p)$	零输入响应 $y_{zi}(t)$，$t\geqslant 0$
1	相异单根	$\prod_{i=1}^{n}(p-\lambda_i)$	$\sum_{i=1}^{n}c_i e^{\lambda_i t}$
2	d 阶重根	$(p-\lambda)^d$	$(c_0+c_1t+\cdots+c_{d-1}t^{d-1})e^{\lambda t}$
3	共轭复根	$[p-(\sigma+j\omega)][p-(\sigma-j\omega)]$ $=p^2-2\sigma p+(\sigma^2+\omega^2)$	$e^{\sigma t}(c_1\cos\omega t+c_2\sin\omega t)=Ae^{\sigma t}\cos(\omega t+\varphi)$
4	一般情况	$\prod_{i=1}^{l}(p-\lambda_i)^{d_i}$	$\sum_{i=1}^{l}(c_{i0}+c_{i1}t+\cdots+c_{i,d_{i}-1}t^{d_i-1})e^{\lambda_i t}$

例 2.4-1　某系统输入输出算子方程为

$$(p+1)(p+2)^2y(t)=(p+3)f(t)$$

已知系统的初始条件 $y(0^-)=3$，$y'(0^-)=-6$，$y''(0^-)=13$，求系统的零输入响应 $y_{zi}(t)$。

解　由题意知 $A(p)=(p+1)(p+2)^2$，因为

$$(p+1)\rightarrow y_{zi1}(t)=c_{10}e^{-t}$$

$$(p+2)^2\rightarrow y_{zi2}(t)=(c_{20}+c_{21}t)e^{-2t}$$

所以

$$y_{zi}(t)=y_{zi1}(t)+y_{zi2}(t)=c_{10}e^{-t}+(c_{20}+c_{21}t)e^{-2t} \tag{2.4-16}$$

其一阶和二阶导函数为

$$\begin{aligned} y_{zi}'(t)&=-c_{10}e^{-t}+c_{21}e^{-2t}-2(c_{20}+c_{21}t)e^{-2t}\\ &=-c_{10}e^{-t}+(1-2t)c_{21}e^{-2t}-2c_{20}e^{-2t} \end{aligned} \tag{2.4-17}$$

$$\begin{aligned} y_{zi}''(t)&=c_{10}e^{-t}-2c_{21}c^{-2t}-2[(1-2t)c_{21}-2c_{20}]e^{-2t}\\ &=c_{10}e^{-t}+4(t-1)c_{21}e^{-2t}+4c_{20}e^{-2t} \end{aligned} \tag{2.4-18}$$

在式(2.4-16)～式(2.4-18)中，令 $t=0^-$，并考虑到 $y_{zi}^{(j)}(0^-)=y^{(j)}(0^-)(j=0,1,2)$，代入初始条件值并整理得

$$y_{zi}(0^-)=c_{10}+c_{20}=3$$

$$y_{zi}'(0^-)=-c_{10}+c_{21}-2c_{20}=-6$$

$$y_{zi}''(0^-)=c_{10}-4c_{21}+4c_{20}=13$$

联立求解得 $c_{10}=1$，$c_{20}=2$，$c_{21}=-1$。将各系数值代入式(2.4-16)，最后求得系统的零输入响应为

$$y_{zi}(t)=e^{-t}+(2-t)e^{-2t}\qquad t\geqslant 0$$

例 2.4-2　已知系统微分方程和初始条件

$$y''(t)+2y'(t)+2y(t)=f(t)+3f'(t)$$

$$y(0^-)=0,\ y'(0^-)=1$$

求该系统的零输入响应。

解　附录A结论表明，特征方程 $A(p)=0$ 含有复根时，必以共轭成对方式出现。若设方程 $A(p)=0$ 的共轭复根为 $\lambda_{1,2}=\sigma\pm j\omega$，则由式(2.4-15)求得系统零输入响应

$$y_{zi}(t)=k_1e^{\lambda_1 t}+k_2e^{\lambda_2 t}=k_1e^{(\sigma+j\omega)t}+k_2e^{(\sigma-j\omega)t}$$

$$=e^{\sigma t}[(k_1+k_2)\cos\omega t+j(k_1-k_2)\sin\omega t]$$

令 $c_1=k_1+k_2$，$c_2=j(k_1-k_2)$，并结合三角函数关系，可得

$$\begin{aligned}y_{zi}(t)&=e^{\sigma t}(c_1\cos\omega t+c_2\sin\omega t)\\&=Ae^{\sigma t}\cos(\omega t+\varphi)\end{aligned}\tag{2.4-19}$$

式中 $A=\sqrt{c_1^2+c_2^2}$，$\varphi=-\arctan\left(\dfrac{c_1}{c_2}\right)$。这就是表 2.3 中序号 3 公式。

本例中，因方程 $A(p)=p^2+2p+2=0$ 的特征根 $\lambda_{1,2}=\sigma\pm j\omega=-1\pm j1$，代入式(2.4-19)，有

$$y_{zi}(t)=Ae^{-t}\cos(t+\varphi)$$

代入初始条件得

$$y_{zi}(0^-)=y(0^-)=A\cos\varphi=0$$

$$y_{zi}'(0^-)=y'(0^-)=-A\sin\varphi=1$$

解以上两方程得 $A=-1$，$\varphi=90°$，故系统的零输入响应为

$$y_{zi}(t)=Ae^{at}\cos(\omega t+\varphi)=e^{-t}\sin t,\qquad t\geqslant 0$$

例 2.4-3 电路如图 2.4-1(a)所示，激励为 $i_s(t)$，响应为 $i(t)$。已知 $R_1=1\ \Omega$，$R_2=5\ \Omega$，$C=0.25$ F，$L=2$ H，电容上初始电压 $u(0^-)=6$ V，电感中初始电流 $i(0^-)=2$ A。试求 $t\geqslant 0$ 时的零输入响应 $i_{zi}(t)$。

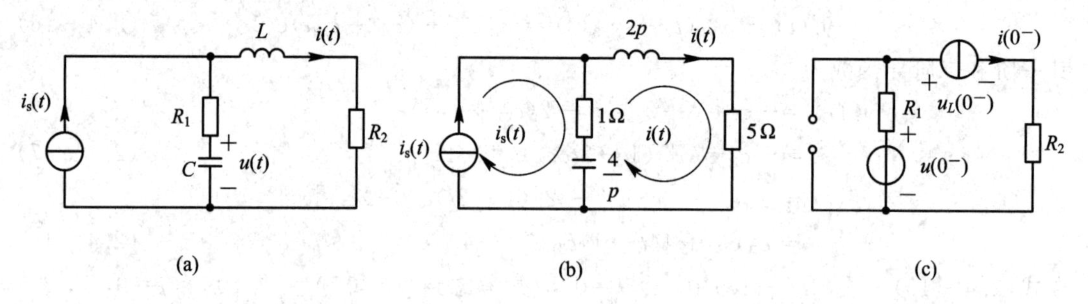

图 2.4-1 例 2.4-3 图

解 画出给定电路的算子电路如图 2.4-1(b)所示，设定网孔电流参考方向并列出网孔电流方程

$$\left(6+2p+\frac{4}{p}\right)i(t)-\left(1+\frac{4}{p}\right)i_s(t)=0$$

即

$$(2p^2+6p+4)i(t)=(p+4)i_s(t)$$

零输入响应 $i_{zi}(t)$ 满足的方程为

$$(2p^2+6p+4)i_{zi}(t)=0$$

因为 $A(p)=2p^2+6p+4=2(p+1)(p+2)$，考虑到

$$(p+1)\rightarrow i_{zi1}(t)=c_{10}e^{-t}$$

$$(p+2)\rightarrow i_{zi2}(t)=c_{20}e^{-2t}$$

所以

$$i_{zi}(t)=i_{zi1}(t)+i_{zi2}(t)=c_{10}e^{-t}+c_{20}e^{-2t}\tag{2.4-20}$$

上式的导函数为

$$i'_{zi}(t) = -c_{10}e^{-t} - 2c_{20}e^{-2t} \tag{2.4-21}$$

为确定式(2.4-19)中的待定系数，除应用电感初始电流 $i_{zi}(0^-)=i(0^-)=2$ A 外，还需计算 $i'_{zi}(0^-)$值。为此，画出 $t=0^-$ 时的等效电路如图 2.4-1(c)所示，由 KVL 可得

$$u_L(0^-) = Li'(0^-) = u(0^-) - i(0^-)(R_1 + R_2)$$

由上式求得

$$i'(0^-) = \frac{1}{L}[u(0^-) - i(0^-)(R_1 + R_2)] = \frac{1}{2}[6 - 2\times(1+5)] = -3$$

令式(2.4-20)和式(2.4-21)中的 $t=0^-$，并代入 $i(0^-)$和 $i'(0^-)$值，整理得

$$i_{zi}(0^-) = i(0^-) = c_{10} + c_{20} = 2$$

$$i'_{zi}(0^-) = i'(0^-) = -c_{10} - 2c_{20} = -3$$

联立求解得 $c_{10}=c_{20}=1$，并代入式(2.4-20)，得到电路的零输入响应

$$i_{zi}(t) = e^{-t} + e^{-2t} \qquad t \geqslant 0$$

2.5　连续系统的零状态响应

按照 LTI 系统分析的基本思想，本节首先以单位冲激信号 $\delta(t)$作为基本信号，讨论如何将连续输入信号分解为众多冲激信号单元的线性组合；然后，求解系统在基本信号 $\delta(t)$激励下的零状态响应，并利用 LTI 系统的线性和时不变特性，导出一般信号激励下系统零状态响应的计算方法。在 2.5.4 节中介绍以单位阶跃信号 $\varepsilon(t)$作为基本信号时，系统零状态响应的另一种计算公式。

2.5.1　连续信号的 $\delta(t)$ 分解

我们已经知道，任一连续信号 $f(t)$与单位冲激信号 $\delta(t)$卷积运算的结果等于信号 $f(t)$本身，即

$$\begin{aligned} f(t) &= f(t) * \delta(t) \\ &= \int_{-\infty}^{\infty} f(\tau)\delta(t-\tau)\,d\tau \end{aligned} \tag{2.5-1}$$

对式(2.5-1)，从信号的时间域分解观点出发可作如下解释：$\delta(t-\tau)$是位于 $t=\tau$ 处的单位冲激信号，$f(\tau)d\tau$ 与时间 t 无关，可以看成是 $\delta(t-\tau)$的加权系数，积分号 $\int_{-\infty}^{\infty}$ 实质上代表求和运算，这样式(2.5-1)表明任何一个连续信号 $f(t)$都可以分解为众多 $\delta(t-\tau)$冲激信号分量的线性组合。

我们可以从图形上定性地说明式(2.5-1)的正确性。

设图 2.5-1(a)中的 $f(t)$为待分解信号，$\hat{f}(t)$为近似 $f(t)$的台阶信号。另设脉冲信号 $p_{\Delta\tau}(t)$为

$$p_{\Delta\tau}(t) = \begin{cases} \dfrac{1}{\Delta\tau} & 0 \leqslant t \leqslant \Delta\tau \\ 0 & \text{其余 } t \end{cases} \tag{2.5-2}$$

其波形如图 2.5-1(b)所示。应用 $p_{\Delta\tau}(t)$信号，可将图 2.5-1(a)中的台阶信号 $\hat{f}(t)$表示为

$$\hat{f}(t) = \cdots + f(-\Delta\tau)p_{\Delta\tau}(t+\Delta\tau)\cdot\Delta\tau + f(0)p_{\Delta\tau}(t)\cdot\Delta\tau + f(\Delta\tau)p_{\Delta\tau}(t-\Delta\tau)\cdot\Delta\tau + \cdots$$

$$= \sum_{k=-\infty}^{\infty} f(k\Delta\tau)p_{\Delta\tau}(t-k\Delta\tau)\Delta\tau \qquad (2.5-3)$$

由图 2.5-1 可见，当 $\Delta\tau\to 0$，即趋于无穷小量 $\mathrm{d}\tau$ 时，离散变量 $k\Delta\tau$ 将趋于连续变量 τ，式(2.5-3)中的各量将发生如下变化：

$$p_{\Delta\tau}(t) \to \delta(t)$$

$$p_{\Delta\tau}(t-k\Delta\tau) \to \delta(t-\tau)$$

$$f(k\Delta\tau) \to f(\tau)$$

$$\sum_{k=-\infty}^{\infty} \to \int_{-\infty}^{\infty}$$

$$\hat{f}(t) \to f(t)$$

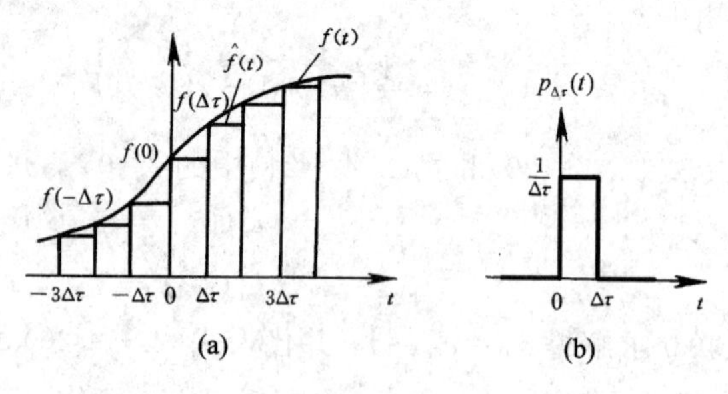

图 2.5-1　连续信号的 $\delta(t)$ 分解

可见，当 $\Delta\tau\to 0$ 时，式(2.5-3)将演变为

$$f(t) = \int_{-\infty}^{\infty} f(\tau)\delta(t-\tau)\mathrm{d}\tau = f(t) * \delta(t)$$

这正是式(2.5-1)。

2.5.2　基本信号 $\delta(t)$ 激励下的零状态响应

1. 冲激响应

设初始观察时刻 $t_0=0$。如图2.5-2 所示，对一个初始状态为零的 LTI 因果连续系统，输入为单位冲激信号时所产生的响应称为单位冲激响应，简称**冲激响应**，记为 $h(t)$。即

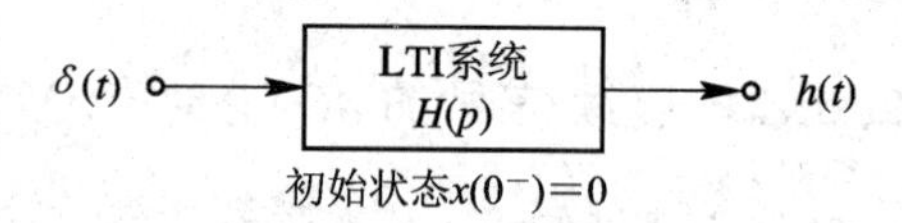

图 2.5-2　冲激响应的定义

$$h(t) = T\{\boldsymbol{x}(0^-)=0,\ f(t)=\delta(t)\} = H(p)\delta(t)\big|_{\boldsymbol{x}(0^-)=0} \qquad (2.5-4)$$

2. 冲激响应的计算

设 LTI 连续系统的传输算子为 $H(p)$，现在讨论如何从 $H(p)$ 出发计算冲激响应 $h(t)$。具体做法是先研究若干简单系统的冲激响应，再在此基础上推导出一般系统冲激响应的计算步骤。

简单系统 1　$H(p)=\dfrac{K}{p-\lambda}$

此时，响应 $y(t)$ 和输入 $f(t)$ 满足的微分方程为

$$y'(t) - \lambda y(t) = Kf(t)$$

当系统的初始状态为零时，$y(t)$ 为零状态响应，上式可表示为

$$y_{zs}'(t) - \lambda y_{zs}(t) = Kf(t)$$

根据 $h(t)$ 的定义，若在上式中令 $f(t)=\delta(t)$，则 $y_{zs}(t)=h(t)$，所以有

$$h'(t) - \lambda h(t) = K\delta(t)$$

这是关于 $h(t)$ 的一阶微分方程，容易求得

$$h(t)=Ke^{\lambda t}\varepsilon(t)$$

于是

$$H(p)=\frac{K}{p-\lambda}\rightarrow h(t)=Ke^{\lambda t}\varepsilon(t) \tag{2.5-5}$$

式中，符号“→”表示“系统 $H(p)$ 对应的冲激响应 $h(t)$ 为…”。

简单系统 2　$H(p)=\dfrac{K}{(p-\lambda)^2}$

此时，系统冲激响应 $h(t)$ 满足的算子方程为

$$(p-\lambda)[(p-\lambda)h(t)]=K\delta(t)$$

根据式(2.5-5)，有

$$(p-\lambda)h(t)=Ke^{\lambda t}\varepsilon(t)$$

改写成微分方程为

$$h'(t)-\lambda h(t)=Ke^{\lambda t}\varepsilon(t)$$

上式两边乘以 $e^{-\lambda t}$，再取积分 $\int_{-\infty}^{t}(\cdot)\,d\tau$，代入 $h(-\infty)=0$，最后得

$$h(t)=Kte^{\lambda t}\varepsilon(t)$$

即

$$H(p)=\frac{K}{(p-\lambda)^2}\quad\rightarrow\quad h(t)=Kte^{\lambda t}\varepsilon(t) \tag{2.5-6}$$

将这一结果推广到特征方程 $A(p)=0$ 在 $p=\lambda$ 处有 r 重根的情况，有

$$H(p)=\frac{K}{(p-\lambda)^r}\quad\rightarrow\quad h(t)=\frac{K}{(r-1)!}t^{r-1}e^{\lambda t}\varepsilon(t) \tag{2.5-7}$$

简单系统 3　$H(p)=Kp^n$

此时，由于

$$y(t)=Kp^nf(t)$$

因此

$$h(t)=K\delta^{(n)}(t)$$

即

$$H(p)=Kp^n\quad\rightarrow\quad h(t)=K\delta^{(n)}(t) \tag{2.5-8}$$

对于一般的传输算子 $H(p)$，根据本书附录 A 的讨论结果，当 $H(p)$ 为 p 的真分式时，可将它展开成如下形式的部分分式之和，即

$$H(p)=\sum_{j=1}^{l}\frac{K_j}{(p-\lambda_j)^{r_j}} \tag{2.5-9}$$

设第 j 个分式

$$\frac{K_j}{(p-\lambda_j)^{r_j}}\qquad j=1,2,\cdots,l$$

对应的冲激响应分量为 $h_j(t)$，则应满足如下方程：

$$h_j(t)=\frac{K_j}{(p-\lambda_j)^{r_j}}\delta(t)\qquad j=1,2,\cdots,l$$

对 $h_j(t)$ 求和，有

$$\sum_{j=1}^{l} h_j(t) = \sum_{j=1}^{l} \frac{K_j}{(p-\lambda_j)^{r_j}}\delta(t) = H(p)\delta(t)\big|_{x(0^-)=0}$$

根据式(2.5－4)，系统 $H(p)$相应的冲激响应 $h(t)$可表示为

$$h(t) = \sum_{j=1}^{l} h_j(t) \tag{2.5-10}$$

综上所述，可以得到计算系统冲激响应 $h(t)$的一般步骤是：

第一步，确定系统的传输算子 $H(p)$。

第二步，将 $H(p)$进行部分分式展开写成如下形式：

$$H(p) = \sum_{i=1}^{q} K_i p^i + \sum_{j=1}^{l} \frac{K_j}{(p-\lambda_j)^{r_j}} \tag{2.5-11}$$

第三步，根据式(2.5－7)和式(2.5－8)，得到式(2.5－11)中两项各自对应的冲激响应分量。

第四步，将所有的冲激响应分量相加，得到系统的冲激响应 $h(t)$。

常用的 $h(t)$与 $H(p)$对应关系列于表 2.4 中。

表 2.4　$h(t)$与 $H(p)$对应关系

序号	$H(p)$类型	传输算子 $H(p)$	冲激响应 $h(t)$
1	整数幂	Kp^n	$K\delta^{(n)}(t)$
2	一阶极点	$\frac{K}{p-\lambda}$	$Ke^{\lambda t}\varepsilon(t)$
3	高阶重极点	$\frac{K}{(p-\lambda)^r}$	$\frac{K}{(r-1)!}t^{r-1}e^{\lambda t}\varepsilon(t)$
4	二阶极点	$\frac{\beta}{p^2+\beta^2}$	$\sin\beta t\,\varepsilon(t)$
		$\frac{p}{p^2+\beta^2}$	$\cos\beta t\,\varepsilon(t)$
		$\frac{K}{p-s}+\frac{K^*}{p-s^*}$ $K=\rho e^{j\varphi}$，$s=\sigma+j\omega$	$2\rho e^{\sigma t}\cos(\omega t+\varphi)\varepsilon(t)$

例 2.5－1　描述系统的微分方程为

$$y^{(3)}(t)+5y^{(2)}(t)+8y^{(1)}(t)+4y(t) = f^{(3)}(t)+6f^{(2)}(t)+10f^{(1)}(t)+6f(t) \tag{2.5-12}$$

求其冲激响应 $h(t)$。

解　由系统微分方程得到相应的输入输出算子方程为

$$(p^3+5p^2+8p+4)y(t) = (p^3+6p^2+10p+6)f(t)$$

写出系统传输算子 $H(p)$，这是一个关于 p 的假分式，通过长除法，再将得到的真分式进行部分分式展开，其 $H(p)$可表示为

$$H(p) = \frac{p^3+6p^2+10p+6}{p^3+5p^2+8p+4} = 1+\frac{1}{p+1}-\frac{2}{(p+2)^2}$$

根据表 2.4，有

$$1 \rightarrow h_1(t) = \delta(t)$$

$$\frac{1}{p+1} \rightarrow h_2(t) = \mathrm{e}^{-t}\varepsilon(t)$$

$$\frac{-2}{(p+2)^2} \rightarrow h_3(t) = -2t\mathrm{e}^{-2t}\varepsilon(t)$$

再将各响应分量相加，得到给定系统的冲激响应

$$h(t) = h_1(t) + h_2(t) + h_3(t) = \delta(t) + (\mathrm{e}^{-t} - 2t\mathrm{e}^{-2t})\varepsilon(t) \qquad (2.5-13)$$

例 2.5－2　二阶电路如图 2.5－3 所示，已知 $L=0.4$ H，$C=0.1$ F，$G=0.6$ S，若以 $u_s(t)$为输入，以 $u_C(t)$为输出，求该电路的冲激响应 $h(t)$。

解　(1) 列写电路输入输出方程。按图 2.5－3，由 KCL 和 KVL 有

$$i_L = i_C + i_G = Cu_C' + Gu_C$$

$$u_L + u_C = u_s$$

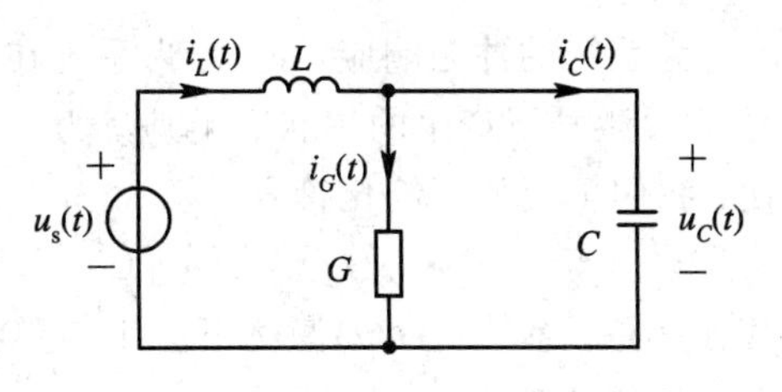

图 2.5－3　例 2.5－2 图

由于

$$u_L = L\frac{\mathrm{d}i_L}{\mathrm{d}t} = LCu_C'' + LGu_C'$$

将它代入到 KVL 方程并整理，得

$$u_C'' + \frac{G}{C}u_C' + \frac{1}{LC}u_C = \frac{1}{LC}u_s$$

代入各元件值，得到图 2.5－3 电路的微分方程为

$$u_C''(t) + 6u_C'(t) + 25u_C(t) = 25u_s(t) \qquad (2.5-14)$$

(2) 求冲激响应。由式(2.5－14)写出系统算子方程为

$$(p^2 + 6p + 25)u_C(t) = 25u_s(t)$$

传输算子

$$H(p) = \frac{25}{p^2 + 6p + 25}$$

其特征方程

$$A(p) = p^2 + 6p + 25 = 0$$

有一对共轭复根 $\lambda_{1,2} = -3 \pm \mathrm{j}4$，故可将 $H(p)$展开为

$$H(p) = \frac{25}{[p-(-3+\mathrm{j}4)][p-(-3-\mathrm{j}4)]}$$

$$= \frac{25}{8}\left[\frac{-\mathrm{j}}{p-(-3+\mathrm{j}4)} + \frac{\mathrm{j}}{p-(-3-\mathrm{j}4)}\right] \qquad (2.5-15)$$

根据表 2.4 序号 2 公式求得

$$\frac{1}{p-(-3+\mathrm{j}4)} \rightarrow h_1(t) = \mathrm{e}^{(-3+\mathrm{j}4)t}\varepsilon(t)$$

$$\frac{1}{p-(-3-\mathrm{j}4)} \rightarrow h_2(t) = \mathrm{e}^{(-3-\mathrm{j}4)t}\varepsilon(t)$$

所以

$$h(t)=\frac{25}{8\mathrm{j}}[\mathrm{e}^{(-3+\mathrm{j}4)t}-\mathrm{e}^{(-3-\mathrm{j}4)t}]\varepsilon(t)=6.25\mathrm{e}^{-3t}\sin(4t)\varepsilon(t)$$

自然，也可由式(2.5－15)结合表2.4序号4公式直接求得

$$h(t)=6.25\mathrm{e}^{-3t}\cos(4t-90°)=6.25\mathrm{e}^{-3t}\sin(4t)\varepsilon(t)$$

2.5.3 一般信号 $f(t)$激励下的零状态响应

在前面的讨论中，我们已经得到了连续信号 $f(t)$的 $\delta(t)$分解表达式，还有系统在基本信号 $\delta(t)$激励下的零状态响应，即冲激响应 $h(t)$的计算方法。下面将进一步利用LTI的线性和时不变特性，导出一般信号 $f(t)$激励下系统零状态响应的求解方法。

设LTI连续系统如图2.5－4所示。图中，$h(t)$为系统的冲激响应，$y_{zs}(t)$为系统在一般信号 $f(t)$激励下产生的零状态响应。为了叙述方便，我们采用如下简化符号：

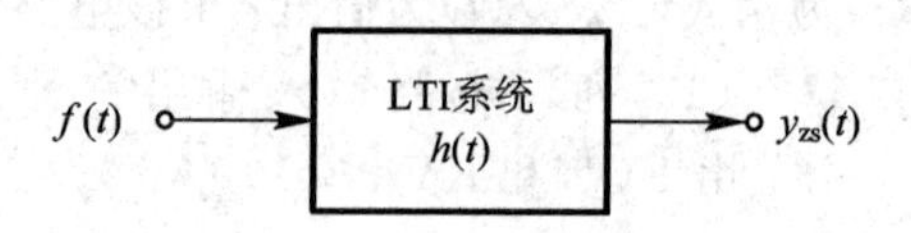

图 2.5－4 系统的零状态响应

$$f(t)\rightarrow y_{zs}(t) \qquad [\mathrm{C}]$$

其含义是：系统在 $f(t)$激励下产生的零状态响应是 $y_{zs}(t)$，[C]中的C代表 $f(t)\rightarrow y_{zs}(t)$成立所依据的理由。由于

$$\delta(t)\rightarrow h(t) \qquad [h(t)\text{ 的定义}]$$

$$\delta(t-\tau)\rightarrow h(t-\tau) \qquad [\text{系统的时不变特性}]$$

$$f(\tau)\delta(t-\tau)\,\mathrm{d}\tau\rightarrow f(\tau)h(t-\tau)\,\mathrm{d}\tau \qquad [\text{系统的齐次性}]$$

$$\int_{-\infty}^{\infty}f(\tau)\delta(t-\tau)\,\mathrm{d}\tau\rightarrow\int_{-\infty}^{\infty}f(\tau)h(t-\tau)\,\mathrm{d}\tau \qquad [\text{系统的可加性}]$$

$$f(t)*\delta(t)=f(t)\rightarrow f(t)*h(t) \qquad [\text{卷积定义及性质}]$$

因此，LTI连续系统在一般信号 $f(t)$激励下产生的零状态响应为

$$y_{zs}(t)=f(t)*h(t) \tag{2.5-16}$$

它是激励 $f(t)$与冲激响应 $h(t)$的卷积积分。

2.5.4 零状态响应的另一个计算公式

采用单位阶跃信号 $\varepsilon(t)$作为基本信号，可以推导得到系统零状态响应的另一个计算公式。

1. 连续信号的 $\varepsilon(t)$分解

根据卷积运算的微积分性质，有

$$f(t)=f(t)*\delta(t)=f'(t)*\left[\int_{-\infty}^{t}\delta(x)\mathrm{d}x\right]=f'(t)*\varepsilon(t)$$

按照卷积运算的定义，信号 $f(t)$可表示为

$$f(t)=\int_{-\infty}^{\infty}f'(\tau)\varepsilon(t-\tau)\mathrm{d}\tau \tag{2.5-17}$$

与对式(2.5－1)的理解方式一样，式(2.5－17)可理解为将信号 $f(t)$分解为众多具有不同幅度、不同时移阶跃信号的线性组合。

同样，从物理概念上理解式(2.5－17)也是容易的。设图2.5－5中的 $f(t)$为待分解信号，$\hat{f}(t)$为近似表示$f(t)$的台阶信号。$\hat{f}(t)$可表示为

$$\hat{f}(t) = \sum_{n=-\infty}^{\infty} \{f(n\Delta\tau) - f[(n-1)\Delta\tau]\}\varepsilon(t-n\Delta\tau)$$

$$= \sum_{n=-\infty}^{\infty} \frac{\{f(n\Delta\tau) - f[(n-1)\Delta\tau]\}}{\Delta\tau}\varepsilon(t-n\Delta\tau)\cdot\Delta\tau \qquad (2.5-18)$$

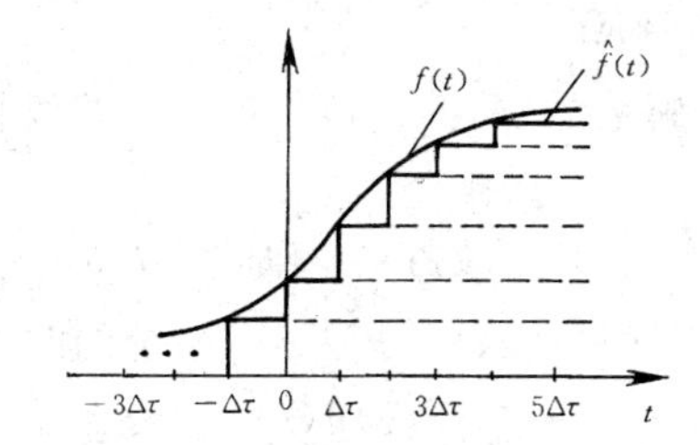

图 2.5 - 5　连续信号的 $\varepsilon(t)$分解

当 $\Delta\tau \to 0$ 时，上式中的各个量将发生如下变化：

$$\Delta\tau \to \mathrm{d}\tau$$

$$n\Delta\tau \to \tau$$

$$\frac{\{f(n\Delta\tau) - f[(n-1)\Delta\tau]\}}{\Delta\tau} \to \frac{\mathrm{d}f(\tau)}{\mathrm{d}\tau} = f'(\tau)$$

$$\sum_{n=-\infty}^{\infty} \quad \to \quad \int_{-\infty}^{\infty}$$

$$\hat{f}(t) \quad \to \quad f(t)$$

所以，当 $\Delta\tau\to0$ 时，式(2.5 - 18)即演变为式(2.5 - 17)，也就是信号 $f(t)$的 $\varepsilon(t)$分解公式。

上面在 $f(t)=f(t) * \delta(t)$的基础上，应用卷积的微积分性质得到了 $\varepsilon(t)$分解公式(2.5 - 17)。如果在该式的基础上，再应用一次卷积的微积分性质，可得到单位斜升信号 $t\varepsilon(t)$ 形式的分解公式，即

$$f(t) = f''(t) * t\varepsilon(t) = \int_{-\infty}^{\infty} f''(\tau)(t-\tau)\varepsilon(t-\tau)\mathrm{d}\tau \qquad (2.5-19)$$

如此等等，可以得到将信号 $f(t)$分解为 $\delta(t)$的一次、二次、… 多次积分的奇异信号的分解公式。其中，最常用的是 $\delta(t)$和 $\varepsilon(t)$的分解公式。

2. 系统的阶跃响应

一个 LTI 连续系统，在基本信号 $\varepsilon(t)$激励下产生的零状态响应称为**系统的阶跃响应**，通常记为 $g(t)$。

按照 $g(t)$的定义，由式(2.5 - 16)知

$$g(t) = \varepsilon(t) * h(t)$$

再根据卷积运算的微积分性质和 $\delta(t)$的有关性质，有

$$g(t) = \frac{\mathrm{d}}{\mathrm{d}t}\varepsilon(t) * \int_{-\infty}^{t} h(\tau)\,\mathrm{d}\tau = \delta(t) * \int_{-\infty}^{t} h(\tau)\,\mathrm{d}\tau = \int_{-\infty}^{t} h(\tau)\mathrm{d}\tau$$

所以

$$g(t) = \int_{-\infty}^{t} h(\tau)\,\mathrm{d}\tau \qquad (2.5-20)$$

或者

$$h(t)=\frac{\mathrm{d}g(t)}{\mathrm{d}t} \tag{2.5-21}$$

表明 LTI 连续系统冲激响应的积分是阶跃响应，而阶跃响应的微分是冲激响应。

3. 利用 $g(t)$ 计算零状态响应

根据信号 $f(t)$ 的 $\varepsilon(t)$ 分解公式(2.5－17)和 LTI 的线性、时不变特性，我们有如下推导：

$$\varepsilon(t) \rightarrow g(t) \quad [\text{阶跃响应的定义}]$$

$$\varepsilon(t-\tau) \rightarrow g(t-\tau) \quad [\text{系统的时不变特性}]$$

$$f'(\tau)\varepsilon(t-\tau)\mathrm{d}\tau \rightarrow f'(\tau)g(t-\tau)\mathrm{d}\tau \quad [\text{系统的齐次性}]$$

$$\int_{-\infty}^{\infty} f'(\tau)\varepsilon(t-\tau)\,\mathrm{d}\tau \rightarrow \int_{-\infty}^{\infty} f'(\tau)g(t-\tau)\,\mathrm{d}\tau \quad [\text{系统的可加性}]$$

$$f(t)=f'(t)*\varepsilon(t) \rightarrow f'(t)*g(t) \quad [\text{式(2.5－17) 和卷积定义}]$$

所以，系统在一般信号 $f(t)$ 激励下产生的零状态响应为

$$y_{zs}(t)=f'(t)*g(t) \tag{2.5-22}$$

实际上，对式(2.5－16)应用卷积运算的微积分性质，并考虑到式(2.5－20)中给出的 $h(t)$ 与 $g(t)$ 的关系，同样可以得到式(2.5－22)的结果。

例 2.5－3 某 LTI 连续系统 N 由 A、B、C 三部分组成，如图 2.5－6 所示。已知子系统 A 的冲激响应 $h_A(t)=\frac{1}{2}\mathrm{e}^{-4t}\varepsilon(t)$，子系统 B 和 C 的阶跃响应分别为 $g_B(t)=(1-\mathrm{e}^{-t})\varepsilon(t)$，$g_C(t)=2\mathrm{e}^{-3t}\varepsilon(t)$，系统输入 $f(t)=\varepsilon(t)-\varepsilon(t-2)$，试求系统 N 的冲激响应、阶跃响应和零状态响应。

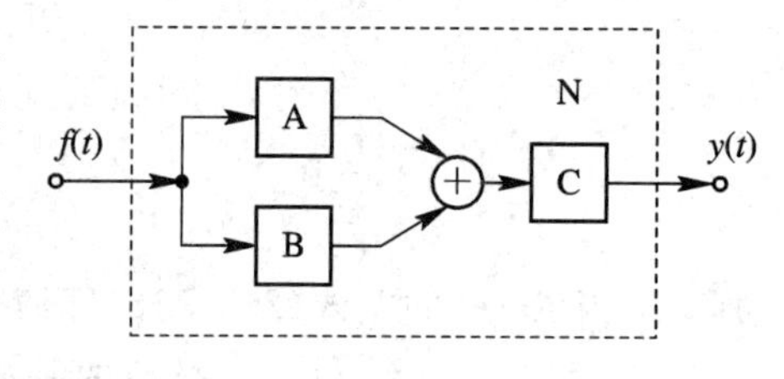

图 2.5－6　例 2.5－3 图

解　(1) 系统 N 的冲激响应。设子系统 B、C 的冲激响应为 $h_B(t)$ 和 $h_C(t)$，由式(2.5－21)可得

$$\begin{aligned}h_B(t)&=g_B'(t)=\frac{\mathrm{d}}{\mathrm{d}t}[(1-\mathrm{e}^{-t})\varepsilon(t)]\\&=\mathrm{e}^{-t}\varepsilon(t)+(1-\mathrm{e}^{-t})\delta(t)=\mathrm{e}^{-t}\varepsilon(t)\\h_C(t)&=g_C'(t)=\frac{\mathrm{d}}{\mathrm{d}t}[2\mathrm{e}^{-3t}\varepsilon(t)]\\&=2\mathrm{e}^{-3t}\delta(t)-6\mathrm{e}^{-3t}\varepsilon(t)=2\delta(t)-6\mathrm{e}^{-3t}\varepsilon(t)\end{aligned}$$

按照冲激响应的定义，它是 $f(t)=\delta(t)$ 时系统的零状态响应，故由图 2.5－6 可知，系统 N 的冲激响应为

$$\begin{aligned}h_N(t)&=[h_A(t)+h_B(t)]*h_C(t)\\&=\left[\frac{1}{2}\mathrm{e}^{-4t}\varepsilon(t)+\mathrm{e}^{-t}\varepsilon(t)\right]*[2\delta(t)-6\mathrm{e}^{-3t}\varepsilon(t)]\\&=(\mathrm{e}^{-4t}+2\mathrm{e}^{-t})\varepsilon(t)-\frac{3}{3-4}(\mathrm{e}^{-4t}-\mathrm{e}^{-3t})\varepsilon(t)-\frac{6}{3-1}(\mathrm{e}^{-t}-\mathrm{e}^{-3t})\varepsilon(t)\\&=(4\mathrm{e}^{-4t}-\mathrm{e}^{-t})\varepsilon(t)\end{aligned}$$

(2) 系统 N 的阶跃响应。设系统 N 的阶跃响应为 $g_N(t)$，根据式(2.5 - 20)，有

$$g_N(t) = \int_{-\infty}^{t} h_N(\tau)\mathrm{d}\tau = \int_{-\infty}^{t} [(4\mathrm{e}^{-4\tau} - \mathrm{e}^{-\tau})\varepsilon(\tau)]\mathrm{d}\tau$$

$$= \int_{0^-}^{t} (4\mathrm{e}^{-4\tau} - \mathrm{e}^{-\tau})\mathrm{d}\tau = (\mathrm{e}^{-t} - \mathrm{e}^{-4t})\varepsilon(t)$$

(3) 系统的零状态响应。

方法一　根据式(2.5 - 16)，有

$$y_{zs}(t) = f(t) * h_N(t) = [\varepsilon(t) - \varepsilon(t-2)] * (4\mathrm{e}^{-4t} - \mathrm{e}^{-t})\varepsilon(t)$$

按表 2.1 给出的卷积公式，先计算

$$\varepsilon(t) * (4\mathrm{e}^{-4t} - \mathrm{e}^{-t})\varepsilon(t) = 4 \times \frac{1}{4}(1 - \mathrm{e}^{-4t})\varepsilon(t) - (1 - \mathrm{e}^{-t})\varepsilon(t) = (\mathrm{e}^{-t} - \mathrm{e}^{-4t})\varepsilon(t)$$

再利用卷积的时移性质求得

$$\varepsilon(t-2) * (4\mathrm{e}^{-4t} - \mathrm{e}^{-t})\varepsilon(t) = [\mathrm{e}^{-(t-2)} - \mathrm{e}^{-4(t-2)}]\varepsilon(t-2)$$

所以

$$y_{zs}(t) = (\mathrm{e}^{-t} - \mathrm{e}^{-4t})\varepsilon(t) - [\mathrm{e}^{-(t-2)} - \mathrm{e}^{-4(t-2)}]\varepsilon(t-2)$$

方法二　因为已经求得系统的阶跃响应

$$g_N(t) = (\mathrm{e}^{-t} - \mathrm{e}^{-4t})\varepsilon(t)$$

它是输入为 $\varepsilon(t)$时对应的零状态响应。现在题中给定 $f(x) = \varepsilon(t) - \varepsilon(t-2)$，是一个阶跃信号与另一个时移阶跃信号的组合。所以，可利用阶跃响应和系统的线性、时不变特性直接求得

$$y_{zs}(t) = g_N(t) - g_N(t-2) = (\mathrm{e}^{-t} - \mathrm{e}^{-4t})\varepsilon(t) - [\mathrm{e}^{-(t-2)} - \mathrm{e}^{-4(t-2)}]\varepsilon(t-2)$$

例 2.5 - 4　已知某连续系统的微分方程为

$$y''(t) + 3y'(t) + 2y(t) = 2f'(t) + 3f(t)$$

若系统的初始条件 $y(0^-) = y'(0^-) = 1$，输入 $f(t) = \mathrm{e}^{-t}\varepsilon(t)$，求系统的零输入响应 $y_{zi}(t)$，零状态响应 $y_{zs}(t)$和全响应 $y(t)$。

解　(1) 零输入响应。由微分方程可得系统的传输算子：

$$H(p) = \frac{B(p)}{A(p)} = \frac{2p+3}{p^2+3p+2}$$

由 $A(p) = p^2 + 3p + 2 = (p+1)(p+2)$可知

$$y_{zi}(t) = c_{10}\mathrm{e}^{-t} + c_{20}\mathrm{e}^{-2t}$$

将初始条件代入上式及其导数，有

$$y_{zi}(0^+) = y(0^-) = c_{10} + c_{20} = 1$$

$$y_{zi}'(0^+) = y'(0^-) = -c_{10} - 2c_{20} = 1$$

解得 $c_{10} = 3$，$c_{20} = -2$。故有

$$y_{zi}(t) = 3\mathrm{e}^{-t} - 2\mathrm{e}^{-2t} \qquad t \geqslant 0$$

(2) 零状态响应。按附录 A 方法将 $H(p)$展开为

$$H(p) = \frac{2p+3}{p^2+3p+2} = \frac{K_1}{p+1} + \frac{K_2}{p+2}$$

式中：

$$K_1 = (p+1)\frac{2p+3}{(p+1)(p+2)}\bigg|_{p=-1} = 1$$

$$K_2 = (p+2)\frac{2p+3}{(p+1)(p+2)}\bigg|_{p=-2} = 1$$

故有冲激响应为

$$h(t) = (e^{-t} + e^{-2t})\varepsilon(t)$$

系统零状态响应为

$$y_{zs}(t) = f(t) * h(t) = e^{-t}\varepsilon(t) * (e^{-t} + e^{-2t})\varepsilon(t) = te^{-t}\varepsilon(t) + (e^{-t} - e^{-2t})\varepsilon(t)$$

(3) 全响应。

$$y(t) = y_{zi}(t) + y_{zs}(t) = (t+4)e^{-t} - 3e^{-2t} \qquad t \geqslant 0$$

例 2.5-5　描述某 LTI 系统的微分方程为

$$y''(t) + 3y'(t) + 2y(t) = 2f'(t) + 6f(t)$$

已知 $f(t)=\varepsilon(t)$，$y(0^+)=3$，$y'(0^+)=1$，求该系统的零输入响应和零状态响应。

解　本例中已知的是 0^+ 初始条件，由式(2.4-1)及其导数式，令其 $t=0^+$ 时有

$$\left.\begin{aligned} y(0^+) &= y_{zi}(0^+) + y_{zs}(0^+) = 3 \\ y'(0^+) &= y_{zi}'(0^+) + y_{zs}'(0^+) = 1 \end{aligned}\right\} \tag{2.5-23}$$

按上式无法确定 $y_{zi}(0^+)$和 $y_{zi}'(0^+)$，也就无法确定 $y_{zi}(t)$中的待定系数。这时可先求出零状态响应，然后将零状态响应及各阶导数的初始值代入式(2.5-23)得到 0^+ 初始条件。

写出系统传输算子，并进行部分分式展开，有

$$H(p) = \frac{B(p)}{A(p)} = \frac{2p+6}{p^2+3p+2} = \frac{4}{p+1} - \frac{2}{p+2} \tag{2.5-24}$$

由式(2.5-5)，求得冲激响应为

$$h(t) = (4e^{-t} - 2e^{-2t})\varepsilon(t)$$

再由式(2.5-16)，求得系统的零状态响应

$$y_{zs}(t) = h(t) * f(t) = (4e^{-t} - 2e^{-2t})\varepsilon(t) * \varepsilon(t) = -4e^{-t} + e^{-2t} + 3 \qquad t \geqslant 0$$

由上式可求得 $y_{zs}(0^+)=0$，$y_{zs}'(0^+)=2$。将它们代入式(2.5-23)得到 $y_{zi}(0^+)=3$，$y_{zi}'(0^+)=-1$。

本例中，$A(p)=p^2+3p+2$。根据式(2.4-15)可得系统的零输入响应为

$$y_{zi}(t) = c_{10}e^{-t} + c_{20}e^{-2t}$$

代入初始条件值，有

$$y_{zi}(0^+) = c_{10} + c_{20} = 3$$

$$y_{zi}'(0^+) = -c_{10} - 2c_{20} = -1$$

联立求解得 $c_{10}=5$，$c_{20}=-2$，于是得该系统的零输入响应为

$$y_{zi}(t) = 5e^{-t} - 2e^{-2t} \qquad t \geqslant 0$$

***例 2.5-6**　已知某 LTI 连续系统的冲激响应 $h(t)=\varepsilon(t)-\varepsilon(t-1)$，输入 $f(t)=\varepsilon(t+2)-\varepsilon(t-2)$。若以 $t=0$ 为初始观察时刻，试求系统的零输入响应 $y_{zi}(t)$和零状态响应 $y_{zs}(t)$，并画出波形。

解　以初始观察时刻 $t=0$ 为时间分界点，将输入区分为历史输入 $f_1(t)$和当前输入 $f_2(t)$，即

$$f_1(t) = \begin{cases} f(t) & t < 0 \\ 0 & t \geqslant 0 \end{cases} = \varepsilon(t+2) - \varepsilon(t)$$

$$f_2(t)=\begin{cases}0 & t<0\\ f(t) & t\geqslant 0\end{cases}=\varepsilon(t)-\varepsilon(t-2)$$

所谓零输入响应，是指历史输入 $f_1(t)$作用于系统，在 $t\geqslant 0$ 区间上产生的响应，即

$$y_{zi}(t)=f_1(t)*h(t)\qquad t\geqslant 0$$

先计算

$$f_1(t)*h(t)=[\varepsilon(t+2)-\varepsilon(t)]*h(t)=[\delta(t+2)-\delta(t)]*g(t)=g(t+2)-g(t)$$

式中

$$g(t)=\int_{-\infty}^{t}h(\tau)\,\mathrm{d}\tau=\int_{-\infty}^{t}[\varepsilon(\tau)-\varepsilon(\tau-1)]\,\mathrm{d}\tau=t\varepsilon(t)-(t-1)\varepsilon(t-1)$$

画出 $g(t)$波形如图 2.5－7(a)所示。再画出$[g(t+2)-g(t)]$波形如图 2.5－7(b)所示，其中 $t\geqslant 0$ 部分代表 $y_{zi}(t)$。于是

$$y_{zi}(t)=\begin{cases}1-t & 0\leqslant t<1\\ 0 & 1\leqslant t\end{cases}$$

当输入 $f_2(t)$作用于系统时，在 $t\geqslant 0$ 区间上产生的响应为零状态响应，即

$$\begin{aligned}y_{zs}(t)&=f_2(t)*h(t)=[\varepsilon(t)-\varepsilon(t-2)]*h(t)\\&=[\delta(t)-\delta(t-2)]*g(t)=g(t)-g(t-2)\\&=\begin{cases}0 & t<0\text{ 或者 }t>3\\ t & 0\leqslant t<1\\ 1 & 1\leqslant t<2\\ 3-t & 2\leqslant t\leqslant 3\end{cases}\end{aligned}$$

$y_{zi}(t)$与 $y_{zs}(t)$波形分别如图 2.5－7(c)、(d)所示。

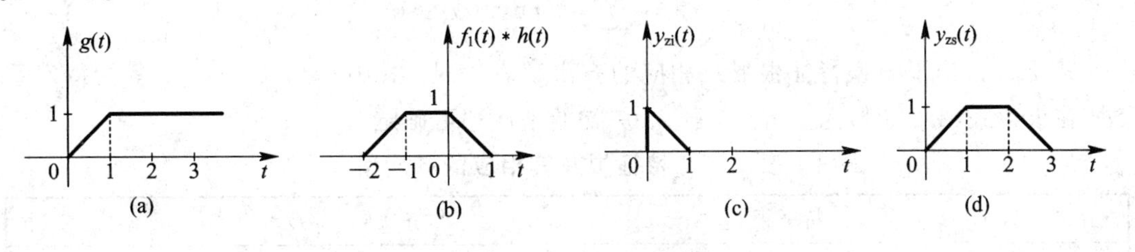

图 2.5－7　例 2.5－6 图

2.6　系统微分方程的经典解法

本节介绍直接应用微分方程经典解法来分析系统的方法，亦即经典分析法。

2.6.1　齐次解和特解

设 LTI 连续系统的输入输出算子方程为

$$A(p)y(t)=B(p)f(t)\tag{2.6-1a}$$

或者

$$y(t)=\frac{B(p)}{A(p)}f(t)=H(p)f(t) \tag{2.6-1b}$$

式中，$f(t)$和$y(t)$分别为系统的输入和输出，传输算子

$$H(p)=\frac{B(p)}{A(p)}=\frac{b_m p^m+b_{m-1}p^{m-1}+\cdots+b_1 p+b_0}{p^n+a_{n-1}p^{n-1}+\cdots+a_1 p+a_0} \tag{2.6-2}$$

按照微分方程的经典解法，其完全解$y(t)$由齐次解$y_h(t)$和特解$y_p(t)$两部分组成，即

$$y(t)=y_h(t)+y_p(t) \tag{2.6-3}$$

1. 齐次解

齐次解$y_h(t)$是下面齐次算子方程

$$A(p)y_h(t)=0 \tag{2.6-4}$$

满足0^+初始条件$y^{(j)}(0^+)(j=0, 1, \cdots, n-1)$的通解。

显然，式(2.6-4)在形式上是与零输入响应求解方程式(2.4-10)一样的。所以，齐次解的求解方法及解的函数形式也与零输入响应解相同。

首先，将$A(p)$因式分解为

$$A(p)=\prod_{i=1}^{l}(p-\lambda_i)^{r_i}$$

式中，λ_i为特征方程$A(p)=0$的第i个根，r_i是重根的阶数。

然后，分别求解算子方程

$$(p-\lambda_i)^{r_i}y_{hi}(t)=0 \qquad i=1, 2, \cdots, l$$

得到齐次解的第i个分量，即

$$y_{hi}(t)=[c_{i0}+c_{i1}t+\cdots+c_{i(r_i-1)}t^{r_i-1}]e^{\lambda_i t} \qquad i=1, 2, \cdots, l \tag{2.6-5}$$

最后，将各分量相加，求得齐次解

$$y_h(t)=\sum_{i=1}^{l}y_{hi}(t) \qquad t>0 \tag{2.6-6}$$

表2.5列出了典型特征根形式相应的齐次解表达式。式中，A，B，c_i，φ_i等为待定系数，在求得式(2.6-1)完全解后，代入0^+初始条件即可确定。

表2.5 特征根及其相应的齐次解

$A(p)$	特征根	齐次解$y_h(t)$
$(p-\lambda_i)$	实单根λ_i	$c_i e^{\lambda_i t}$
$(p-\lambda_i)^r$	r重实根λ_i	$(c_0+c_1 t+\cdots+c_{r-1}t^{r-1})e^{\lambda_i t}$
$[p^2-2\alpha p+(\alpha^2+\beta^2)]$	共轭复根 $\lambda_{1,2}=\alpha\pm j\beta$	$e^{\alpha t}[A\cos(\beta t)+B\sin(\beta t)]$ 或者 $Ce^{\alpha t}\cos(\beta t+\varphi)$
$[p^2-2\alpha p+(\alpha^2+\beta^2)]^r$	r重共轭复根	$[c_0\cos(\beta t+\varphi_0)+c_1 t\cos(\beta t+\varphi_1)+\cdots+c_{r-1}t^{r-1}\cos(\beta t+\varphi_{r-1})]e^{\alpha t}$

2. 特解

微分方程式(2.6-1)的特解$y_p(t)$，其函数形式与输入函数形式有关。将输入函数代入方程式(2.6-1)的右端，代入后右端的函数式称为“自由项”。根据不同类型的自由项，选择相应的特解函数式，代入原微分方程，通过比较同类项系数求出特解函数式中的待定系数，即可得到方程的特解。

表 2.6 列出了几种典型自由项函数相应的特解函数式，供求解方程时选用。表中，Q、P、A、φ 是待定系数。

表 2.6　几种典型自由项函数相应的特解

自由项函数	特解函数式 $y_p(t)$
E(常数)	Q
t^r	$Q_0+Q_1t+\cdots+Q_rt^r$
$e^{\alpha t}$	$Q_0e^{\alpha t}$　(α 不等于特征根) $(Q_0+Q_1t)e^{\alpha t}$　(α 等于特征根) $(Q_0+Q_1+\cdots+Q_rt^r)e^{\alpha t}$　(α 等于 r 重特征根)
$\cos(\omega t+\theta)$ 或 $\sin(\omega t+\theta)$	$Q_1\cos(\omega t)+Q_2\sin(\omega t)$ 或 $A\cos(\omega t+\varphi)$
$t^re^{\alpha t}\cos(\omega t+\theta)$ 或 $t^re^{\alpha t}\sin(\omega t+\theta)$	$(Q_0+Q_1t+\cdots+Q_rt^r)e^{\alpha t}\cos(\omega t)+(P_0+P_1t+\cdots+P_rt^r)e^{\alpha t}\sin(\omega t)$

2.6.2　响应的完全解

将系统方程的齐次解和特解相加就得到系统响应的完全解，即

$$y(t)=y_h(t)+y_p(t)=\sum_{i=1}^{l}[c_{i0}+c_{i1}t+\cdots+c_{i(r_i-1)}t^{r_i-1}]e^{\lambda_it}+y_p(t)\qquad(2.6-7)$$

对于 n 阶系统，通常采用 n 个 0^+ 初始条件来确定完全解中的待定系数。

例 2.6－1　给定某 LTI 系统的微分方程为

$$y''(t)+5y'(t)+6y(t)=f(t)\qquad(2.6-8)$$

如果已知：

(1) $f(t)=e^{-t}$，$t\geqslant0$ 及 $y(0^+)=3.5$，$y'(0^+)=-8.5$；

(2) $f(t)=10\sin t$，$t\geqslant0$ 及 $y(0^+)=-2$，$y'(0^+)=5$。

分别求上面两种情况下系统响应 $y(t)$ 的完全解。

解　式(2.6－8)的算子方程为

$$(p^2+5p+6)y(t)=f(t)$$

因为

$$A(p)=p^2+5p+6=(p+2)(p+3)$$

故有特征根 $\lambda_1=-2$，$\lambda_2=-3$，微分方程的齐次解为

$$y_h(t)=c_{10}e^{-2t}+c_{20}e^{-3t}\qquad(2.6-9)$$

(1) 当输入 $f(t)=e^{-t}$时，由表 2.6 可设微分方程特解为

$$y_p(t)=Qe^{-t}$$

将 $y_p(t)$、$y_p'(t)$、$y_p''(t)$和 $f(t)$代入式(2.6－8)，整理得

$$2Qe^{-t}=e^{-t}$$

解得 $Q=0.5$，于是有

$$y_p(t)=0.5e^{-t}\qquad(2.6-10)$$

按式(2.6－7)，微分方程完全解

$$y(t)=y_h(t)+y_p(t)=c_{10}e^{-2t}+c_{20}e^{-3t}+0.5e^{-t} \tag{2.6-11}$$

一阶导数

$$y'(t)=-2c_{10}e^{-2t}-3c_{20}e^{-3t}-0.5e^{-t}$$

在上面两式中，令 $t=0^+$，并考虑已知初始条件，得

$$y(0^+)=c_{10}+c_{20}+0.5=3.5$$
$$y'(0^+)=-2c_{10}-3c_{20}-0.5=-8.5$$

解得 $c_{10}=1$，$c_{20}=2$，代入式(2.6-11)得到响应 $y(t)$的完全解

$$y(t)=\underbrace{e^{-2t}+2e^{-3t}}_{\substack{\text{齐次解}\\(\text{自由响应})}}+\underbrace{0.5e^{-t}}_{\substack{\text{特解}\\(\text{强迫响应})}} \qquad t\geqslant 0 \tag{2.6-12}$$

(2) 当输入 $f(t)=10\sin t$，$t\geqslant 0$ 时，由表 2.6 知，其特解可表示为

$$y_p(t)=Q_1\cos t+Q_2\sin t$$

将 $y_p(t)$、$y_p'(t)$、$y_p''(t)$和 $f(t)$代入式(2.6-8)，整理后得

$$5(Q_1+Q_2)\cos t-5(Q_1-Q_2)\sin t=10\sin t$$

比较方程两边同类项的系数，求得 $Q_1=-1$，$Q_2=1$，故有

$$y_p(t)=-\cos t+\sin t=\sqrt{2}\sin\left(t-\frac{\pi}{4}\right)$$

微分方程完全解为

$$y(t)=y_h(t)+y_p(t)=c_{10}e^{-2t}+c_{20}e^{-3t}+\sqrt{2}\sin\left(t-\frac{\pi}{4}\right)$$

相应一阶导数

$$y'(t)=-2c_{10}e^{-2t}-3c_{20}e^{-3t}+\sqrt{2}\cos\left(t-\frac{\pi}{4}\right)$$

令上面两式中的 $t=0^+$，结合已知初始条件，得到

$$y(0^+)=c_{10}+c_{20}-1=-2$$
$$y'(0^+)=-2c_{10}-3c_{20}+1=5$$

联立求解得 $c_{10}=1$，$c_{20}=-2$，故系统响应的完全解为

$$y(t)=\underbrace{e^{-2t}-2e^{-3t}}_{\substack{\text{齐次解}\\(\text{自由响应})\\(\text{暂态响应})}}+\underbrace{\sqrt{2}\sin\left(t-\frac{\pi}{4}\right)}_{\substack{\text{特解}\\(\text{强迫响应})\\(\text{稳态响应})}} \qquad t\geqslant 0 \tag{2.6-13}$$

到此为止，一个连续系统的全响应，可以根据引起响应的不同原因，将它分解为零输入响应和零状态响应两部分。也可以按照数学上对系统微分方程的求解过程，将完全解分解为**齐次解**和**特解**两部分。其中，齐次解的函数形式仅取决于系统本身的特性，与输入信号的函数形式无关，称为系统的**自由响应**或**固有响应**。特解的函数形式由微分方程的自由项或输入信号决定，故称为系统的**强迫响应**。

需要指出的是，虽然零输入响应和自由响应都是系统齐次微分方程的解，其函数形式也相同，但两者的系数是不一样的。前者采用 0^- 条件确定，系数值仅取决于系统的初始状态，结果代表零输入响应；后者采用 0^+ 条件确定，系数值由初始状态和 0^+ 时刻的输入信

号共同确定，结果中除包含零输入响应外，还可能包括零状态响应的一部分。

如果输入是阶跃信号或有始周期信号，那么也可将系统响应分解为暂态响应和稳态响应。全响应中暂时存在的分量称为**暂态响应**，记为 $y_{tr}(t)$。随着时间的增长，$y_{tr}(t)$最终将衰减为零。响应中剩余部分称为**稳态响应**，记为 $y_{ss}(t)$，通常也由阶跃信号或周期信号组成。在式(2.6－12)中，由于输入的是负实数指数信号，响应中对应的特解部分随 t 的增长最终衰减为零，故在全响应中只包含暂态响应，而没有稳态响应分量。

2.7　小　　结

1. 本章以现代系统理论为指导，讨论 LTI 连续系统的时域分析方法。重要知识点包括基本信号 $\delta(t)$、$\varepsilon(t)$的定义和性质，连续信号的卷积运算，连续系统的微分、算子方程描述以及系统零输入响应、零状态响应和全响应的计算。

2. 描述 LTI 连续系统时域特性的常用方法有：微分方程、算子方程或传输算子 $H(p)$、方框图、冲激响应 $h(t)$和阶跃响应 $g(t)$等。这些方法都通过一般或特定信号激励下系统的输入输出关系表征系统特性，故统称为输入输出描述。微分方程、算子方程或传输算子描述严密、简便，但不直观。方框图描述比较直观，但不够简便。响应计算方面，两者都可用于零输入响应、零状态响应、齐次解和特解计算。而冲激响应和阶跃响应描述，主要用于系统零状态响应计算。

3. 卷积积分是连续信号分解和连续系统响应计算的重要数学工具。图解机理揭示了卷积的计算过程和步骤。卷积运算满足卷积代数、卷积微积分和卷积时移性质。

工程上，卷积积分一般不直接按定义计算结果，而是优先采用卷积性质，并结合表 2.1 卷积公式完成。图解法特别适用于计算某一指定时刻的卷积值。

4. 响应的系统法求解。根据现代系统理论，按照产生响应的不同原因，可将全响应区分为零输入响应和零状态响应两部分，即

$$y(t) = y_{zi}(t) + y_{zs}(t) \qquad t \geqslant 0$$

系统法求解响应的过程框图如图 2.7－1 所示。

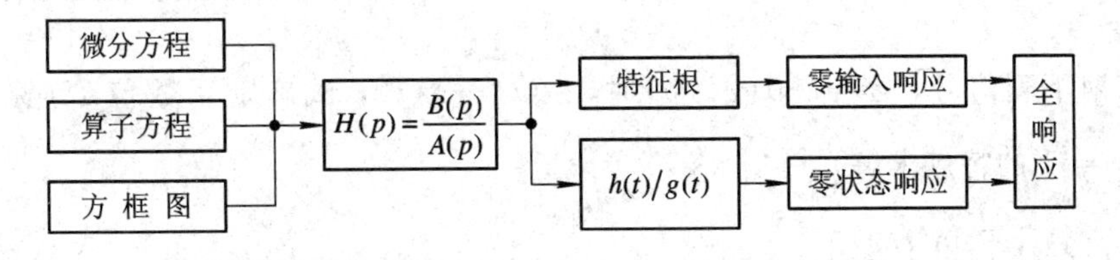

图 2.7－1　系统法响应求解过程

零输入响应 $y_{zi}(t)$计算公式：

$$A(p) = \prod_{i=1}^{l}(p-\lambda_i)^{d_i}$$

$$y_{zi,i}(t) = [c_{i0} + c_{i1}t + c_{i2}t^2 + \cdots + c_{i(d_i-1)}t^{d_i-1}]e^{\lambda_i t} \qquad i = 1,2,\cdots,l$$

$$y_{zi}(t) = \sum_{i=1}^{l} y_{zi,i}(t) \qquad t \geqslant 0$$

式中待定常数由 $y_{zi}(t)$ 的 0^- 初始条件确定。

零状态响应 $y_{zs}(t)$ 计算公式：

$$y_{zs}(t) = f(t) * h(t) = f'(t) * g(t) \qquad t \geqslant 0$$

式中 $h(t)$、$g(t)$ 是系统的冲激响应和阶跃响应。同一系统两者之间的关系满足：

$$h(t) = \frac{\mathrm{d}}{\mathrm{d}t} g(t) \qquad t \geqslant 0$$

$$g(t) = \int_{0^-}^{t} h(x)\mathrm{d}x \qquad t \geqslant 0$$

5. 冲激响应 $h(t)$ 是连续系统对基本信号 $\delta(t)$ 激励下的零状态响应。常用的计算方法有：① 将 $H(p)$ 进行部分分式展开，结合表 2.4 对应关系求得 $h(t)$，此方法简便实用，要求熟练掌握；② 按定义式(2.5－4)计算；③ $h(t)=\frac{\mathrm{d}}{\mathrm{d}t}g(t)$。

6. 响应的经典法求解。系统完全解 $y(t)$ 由齐次解 $y_h(t)$ 和特解 $y_p(t)$ 两部分组成，即

$$y(t) = y_h(t) + y_p(t) \qquad t > 0$$

其中，$y_h(t)$ 是齐次方程 $A(p)y_h(t)=0$ 满足 0^+ 初始条件 $y^{(j)}(0^+)(j=0, 1, \cdots, n-1)$ 的解；$y_p(t)$ 是系统微分方程的一个特殊解，它的函数形式与系统微分方程自由项函数形式相同。

请注意，确定 $y_h(t)$ 与前面 $y_{zi}(t)$ 表达式中待定系数时，前者采用 0^+ 初始条件，而后者常采用 0^- 初始条件。

7. 根据不同观点，系统全响应 $y(t)$ 可按下列方式分解：

$y(t)=y_{zi}(t)+y_{zs}(t)$ （按激励～响应的因果关系区分为零输入响应和零状态响应）

$\quad =y_h(t)+y_p(t)$ （按系统方程的求解过程将响应区分为齐次解和特解）

$\quad =y_{ss}(t)+y_{tr}(t)$ （按系统工作状态不同区分为稳态响应和暂态响应）

习 题 二

2.1 对下列信号，当 $\tau\to 0(\tau>0)$ 时，$f(t)\to\delta(t)$，试确定系数值 K（提示：利用 $\int_{-\infty}^{\infty}\delta(t)\mathrm{d}t = 1$ 的特点求解）。

(1) $f(t)=K\left[\frac{\sin(t/\tau)}{t/\tau}\right]$； (2) $f(t)=K\mathrm{e}^{-|t|/\tau}$。

2.2 写出下列复频率 s 所表示的指数信号 e^{st} 的表达式，并画出其波形。

(1) 2； (2) -2； (3) $-\mathrm{j}5$； (4) $-1+\mathrm{j}2$。

2.3 各信号波形如题图 2.1 所示，计算下列卷积，并画出其波形。

(1) $f_1(t) * f_2(t)$； (2) $f_1(t) * f_3(t)$；

(3) $f_4(t) * f_3(t)$； (4) $f_4(t) * f_5(t)$。

2.4 计算卷积积分 $f_1(t) * f_2(t)$：

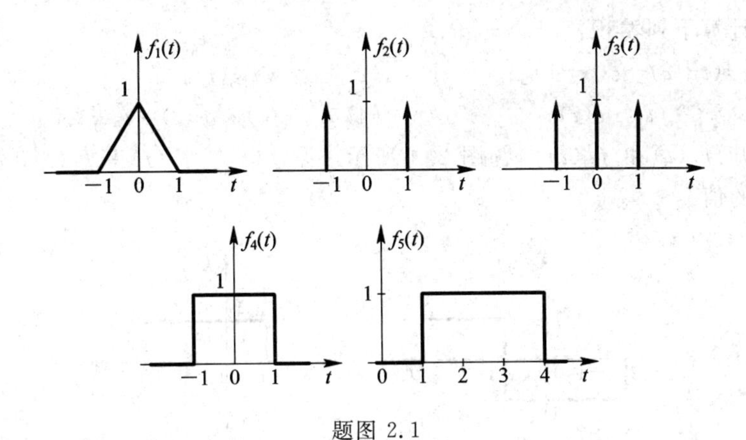

题图 2.1

(1) $f_1(t)=f_2(t)=\varepsilon(t)$;

(2) $f_1(t)=\varepsilon(t)$, $f_2(t)=e^{-t}\varepsilon(t)$;

(3) $f_1(t)=e^{-t}\varepsilon(t)$, $f_2(t)=e^{-2t}\varepsilon(t)$;

(4) $f_1(t)=\varepsilon(t)$, $f_2(t)=t\varepsilon(t)$;

(5) $f_1(t)=e^{-t}\varepsilon(t)$, $f_2(t)=t\varepsilon(t)$;

(6) $f_1(t)=e^{-2t}\varepsilon(t)$, $f_2(t)=e^{-t}$;

(7) $f_1(t)=e^{-t}\varepsilon(t)$, $f_2(t)=\sin t\varepsilon(t)$;

(8) $f_1(t)=\varepsilon(t-1)$, $f_2(t)=e^{t}\varepsilon(2-t)$;

(9) $f_1(t)=e^{-2t}\varepsilon(t-1)$, $f_2(t)=e^{-3t}\varepsilon(t+3)$;

(10) $f_1(t)=t\varepsilon(t)$, $f_2(t)=\varepsilon(t)-\varepsilon(t-2)$。

2.5　已知 $f(t)$如题图 2.2(a)所示。试用 $f(t)$，$\delta_T(t)=\sum\limits_{n=-\infty}^{\infty}\delta(t-nT)$，$g_\tau(t)$进行两种运算(相乘和卷积)，构成题图 2.2(b)和(c)所示的 $f_1(t)$和 $f_2(t)$。

2.6　$f_1(t)$和 $f_2(t)$如题图 2.3(a)和(b)所示，试用图解法求卷积积分 $f_1(t)*f_2(t)$，并画出其波形。

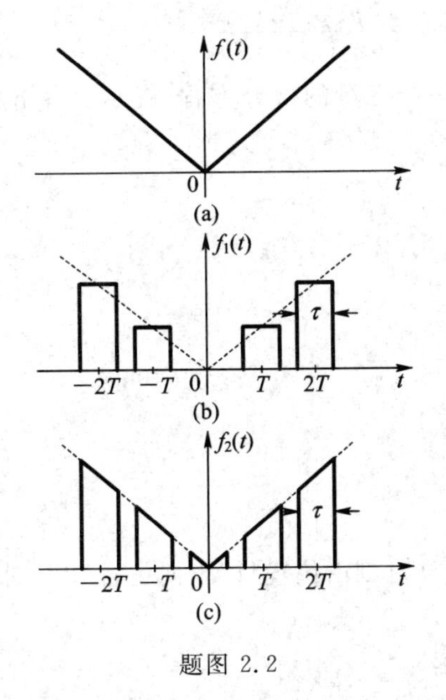

题图 2.2

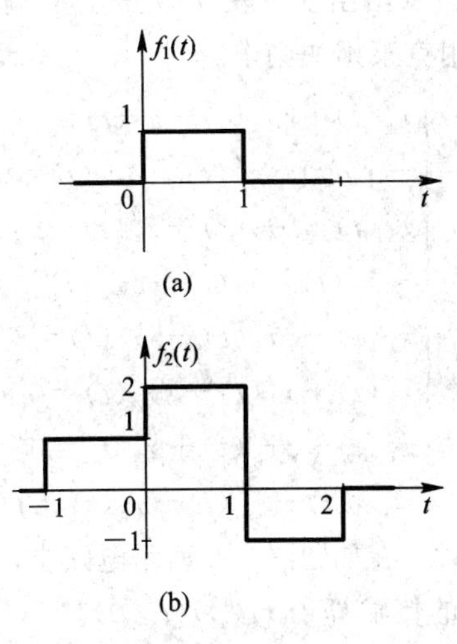

题图 2.3

2.7　试计算下列卷积：

(1) $2 * t[\varepsilon(t+2)-\varepsilon(t-1)]$；　　　　(2) $\varepsilon(t) * t^n\varepsilon(t)$；

(3) $e^{-t}\varepsilon(t) * \delta'(t) * \varepsilon(t)$；　　　　(4) $e^{-2t}\varepsilon(t) * \delta''(t) * t\varepsilon(t)$。

2.8　已知 $f_1(t)$和 $f_2(t)$如题图 2.4 所示。设 $f(t)=f_1(t) * f_2(t)$，试求 $f(-1)$、$f(0)$和 $f(1)$的值。

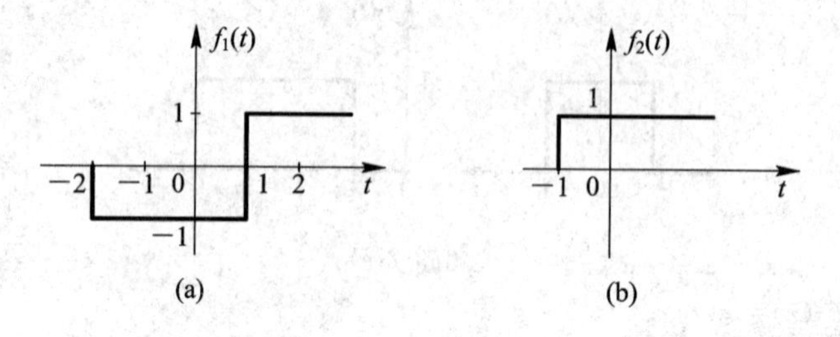

题图 2.4

2.9　已知信号 $f_1(t)$和 $f_2(t)$波形如题图 2.5 所示，试计算 $f_1(t) * f_2(t)$。

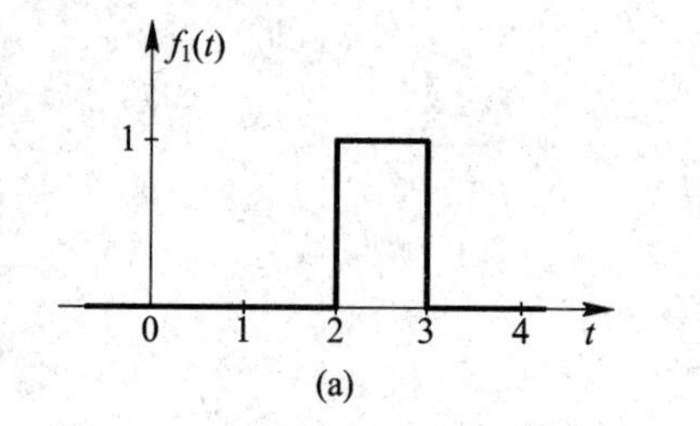

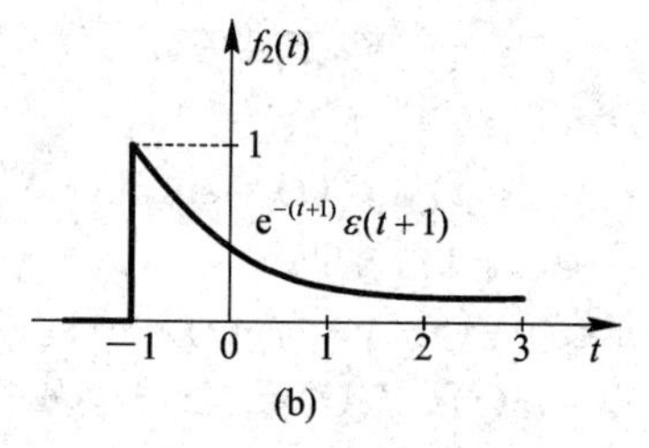

题图 2.5

2.10　给定如下传输算子 $H(p)$，试写出它们对应的微分方程。

(1) $H(p)=\dfrac{p}{p+2}$；　　　　(2) $H(p)=\dfrac{p+1}{p+1}$；

(3) $H(p)=\dfrac{p+1}{2p+3}$；　　　　(4) $H(p)=\dfrac{p(p+3)}{(p+1)(p+2)}$。

2.11　给出如下联立微分方程，试求出只含一个变量的微分方程(提示：写出算子方程，应用克莱姆法则求解)。

(1) $\begin{cases} x_1'(t)+2x_1(t)-x_2(t)=f(t) \\ -x_1'(t)+x_2'(t)+2x_2(t)=0 \end{cases}$；

(2) $\begin{cases} x_1'(t)+2x_1(t)-x_2'(t)-x_2(t)=0 \\ -x_1'(t)-x_1(t)+2x_2'(t)+x_2(t)=f(t) \end{cases}$；

(3) $\begin{cases} x_1'(t)-3x_1(t)-6x_2(t)=f'(t)+f(t) \\ x_1'(t)+x_2'(t)-3x_2(t)=0 \end{cases}$；

(4) $\begin{cases} x_1'(t)+3x_2'(t)+x_2(t)=0 \\ -x_1(t)+x_2'(t)-x_2(t)=f(t) \end{cases}$。

2.12　在如题图 2.6 所示电路中，开关 S 在 $t=0$ 时刻由位置“1”投向位置“2”，求 $u_C(t)$ 对 $i_s(t)$的传输算子 $H(p)(t>0)$。

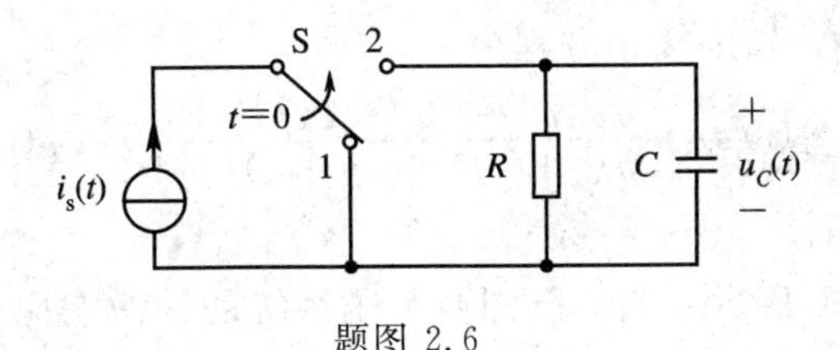

题图 2.6

2.13　在如题图 2.7 所示电路中，试分别求出响应 $i_1(t)$、$i_2(t)$、$i_3(t)$对激励 $f(t)$的传输算子$H_1(p)$、$H_2(p)$、$H_3(p)$。

2.14　求题图 2.8 所示电路中 $u_o(t)$对 $f(t)$的传输算子 $H(p)$。

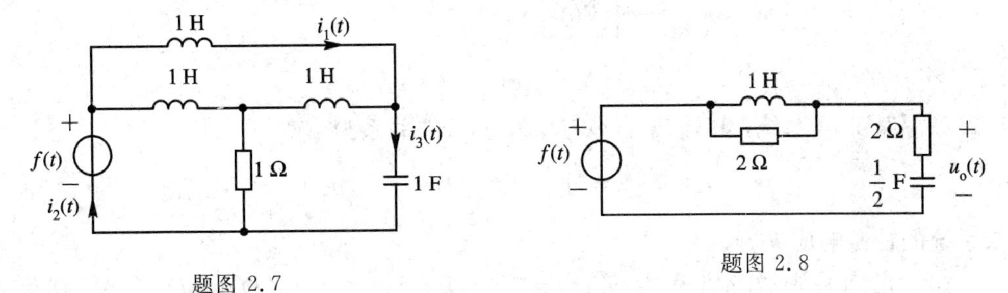

题图 2.7　　　题图 2.8

2.15　已知某连续系统的传输算子和零输入响应初始条件为

$$H(p) = \frac{2p^2 + 8p + 3}{(p+1)(p+3)^2}$$

$$y_{zi}(0) = 2,\ y_{zi}'(0) = 1,\ y_{zi}''(0) = 0$$

求零输入响应 $y_{zi}(t)(t \geqslant 0)$。

2.16　如题图 2.9 所示电路。已知 $i_L(0^-)=0$，$u_C(0^-)=1$ V，$C=1$ F，$L=1$ H。求$i(t)(t>0)$。

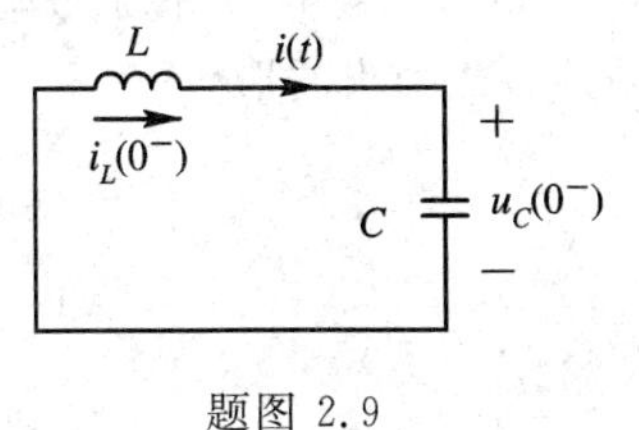

题图 2.9

2.17　描述 LTI 连续系统的微分方程如下：

(1) $y''(t)+5y'(t)+6y(t)=f''(t)+f'(t)+f(t)$，$y_{zi}(0^-)=1$，$y_{zi}'(0^-)=1$；

(2) $y''(t)+4y'(t)+4y(t)=f'(t)+f(t)$，$y_{zi}(0^+)=1$，$y_{zi}'(0^+)=1$

试求系统的零输入响应 $y_{zi}(t)$。

2.18　已知连续系统的输入输出算子方程及初始条件如下：

(1) $y(t)=\dfrac{p(p+5)}{p(p^2+3p+2)}f(t)$，$y_{zi}(0^-)=0$，$y_{zi}'(0^-)=1$，$y_{zi}''(0^-)=0$；

(2) $y(t)=\dfrac{-(2p+1)}{p(p^2+4p+8)}f(t)$，$y_{zi}(0^+)=0$，$y_{zi}'(0^+)=1$，$y_{zi}''(0^+)=0$；

(3) $y(t)=\dfrac{(3p+1)(p+2)}{p(p+2)^2}f(t)$，$y(0^-)=y'(0^-)=0$，$y''(0^-)=4$。

试求系统的零输入响应。

2.19　已知连续系统的传输算子 $H(p)$如下：

(1) $H(p)=\dfrac{p^3+3p^2-p-5}{p^2+5p+6}$；　(2) $H(p)=\dfrac{3p^2+10p+26}{p(p^2+4p+13)}$。

试求系统的单位冲激响应 $h(t)$。

2.20　已知系统输入输出算子方程为

$$y(t)=\frac{p^3+9p^2+24p+18}{(p+1)(p^2+2p+2)(p+2)^2}f(t)$$

试求系统的冲激响应 $h(t)$。

2.21　如题图 2.10 所示系统，已知两个子系统的冲激响应分别为 $h_1(t)=\delta(t-1)$，$h_2(t)=\varepsilon(t)$。试求整个系统的冲激响应 $h(t)$。

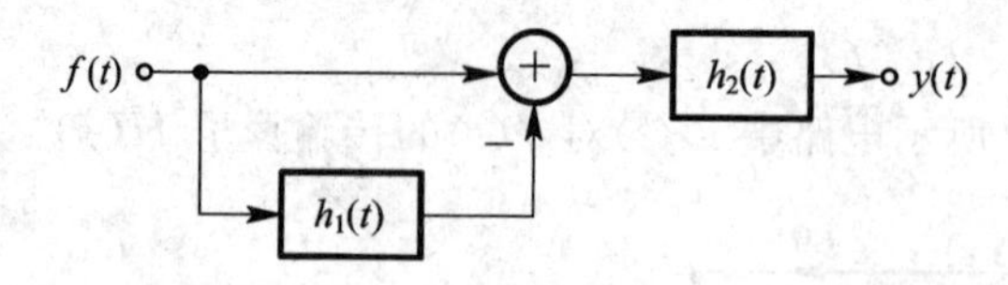

题图 2.10

2.22　某 LTI 系统，其输出 $y(t)$与输入 $f(t)$的关系为

$$y(t)=\int_{t-1}^{\infty}e^{-2(t-\tau)}f(\tau-2)\,d\tau$$

试求系统的冲激响应 $h(t)$。

2.23　已知系统微分方程为 $y''(t)+3y'(t)+2y(t)=f'(t)+3f(t)$，$0^-$ 初始条件 $y(0^-)=1$，$y'(0^-)=2$，试求：

(1) 系统的零输入响应 $y_{zi}(t)$；

(2) 输入 $f(t)=\varepsilon(t)$时，系统的零状态响应和全响应；

(3) 输入 $f(t)=e^{-3t}\varepsilon(t)$时，系统的零状态响应和全响应。

2.24　某 LTI 系统的输入 $f(t)$和冲激响应 $h(t)$如题图 2.11 所示，试求系统的零状态响应，并画出波形。

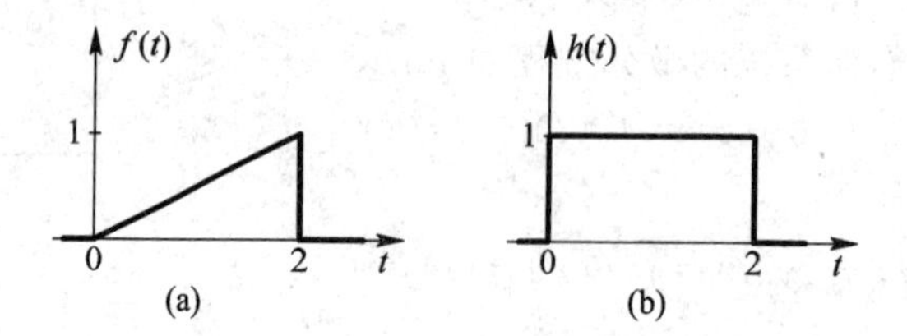

题图 2.11

2.25　如题图 2.12 所示的系统，试求当输入 $f(t)=e^{-t}\varepsilon(t)$时，系统的零状态响应。

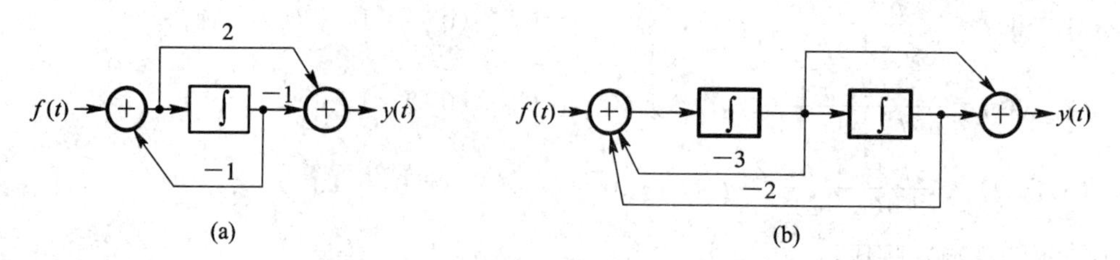

题图 2.12

2.26　如题图 2.13 所示电路，各电源在 $t=0$ 时刻接入，已知 $u_C(0^-)=1$ V，求输出电流 $i(t)$的零输入响应、零状态响应和全响应。

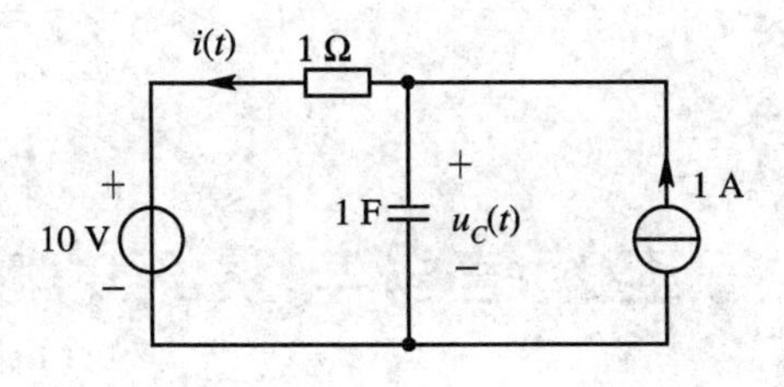

题图 2.13

2.27　求下列系统的单位阶跃响应：

(1) $H(p)=\dfrac{p+4}{p(p^2+3p+2)}$；　　(2) $H(p)=\dfrac{3p+1}{p(p+1)^2}$。

2.28　给定下列系统的输入输出算子方程、初始条件和输入信号，试分别求其全响应。并指出其零输入响应、零状态响应、自由响应、强迫响应、暂态响应和稳态响应分量。

(1) $(p+1)y(t)=f(t)$，$y(0^-)=2$，$f(t)=(1+e^{-3t})\varepsilon(t)$；

(2) $(p^2+2p+1)y(t)=(p+1)f(t)$，$y(0^-)=1$，$y'(0^-)=2$，$f(t)=e^{-2t}\varepsilon(t)$。

2.29　如题图2.14所示电路，$t<0$时已处稳态。$t=0$时，开关S由位置a打至b。求输出电压$u(t)$的零输入响应、零状态响应和全响应。

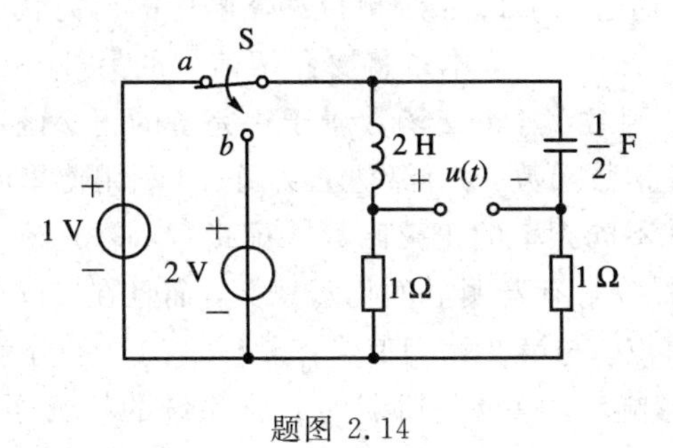

题图 2.14

第 3 章 连续信号与系统的频域分析

3.0 引 言

由第 2 章的讨论可知，连续时间信号可以表示为基本信号的线性组合，其基本信号为阶跃函数或冲激函数。这种分解不仅是信号分析所需要的，同时，也对求解连续信号通过LTI系统的零状态响应带来方便。根据线性叠加原理，利用外加信号与LTI系统的单位冲激响应的卷积，即可求得LTI系统的零状态响应。由此可见，LTI系统的特性完全可以由其单位冲激响应来表征，通过对LTI系统单位冲激响应的研究就可分析LTI系统的特性。

信号分解的方法并不是唯一的，本章将要介绍信号的另外一种分解形式，即将连续时间信号分解为一系列正交函数，各正交函数属于一完备的正交函数集。大家所熟悉的正弦函数($\sin \omega t$，$\cos \omega t$)或虚指数函数($e^{j\omega t}$)都是正交函数。利用傅里叶变换这一数学工具就可将连续信号表示为一系列不同频率的正弦函数或虚指数函数之和(对周期信号)或积分(对非周期信号)。信号的这种分解有着明显的物理意义，而且在实际中有着广泛的应用，因而这一内容是本章讨论的重点。与第 2 章相似，有了信号的这种分解，根据线性叠加原理亦可求得LTI系统的零状态响应，这就是所谓的LTI系统的频域分析。

本章首先介绍信号如何表示为正交函数的线性组合；然后，着重讨论连续信号的傅里叶分析，研究信号的频域特性；最后，介绍信号通过LTI系统的零状态响应的求解，即LTI系统的频域分析。

3.1 信号的正交分解

信号的分解与矢量的分解非常相似，因而本节从矢量分解入手，再用类比的方法说明如何将一信号分解为正交函数，即用一完备正交函数集中各正交函数的线性组合来表示一个连续时间信号。

3.1.1 矢量的正交分解

1. 正交矢量

两个矢量正交，在几何意义上是指两个矢量相互垂直(见图 3.1－1)。两矢量 $\boldsymbol{V}_1$ 与 $\boldsymbol{V}_2$ 正交时的夹角为 90°。不难得到两正交矢量的点积为零，即

$$\boldsymbol{V}_1 \cdot \boldsymbol{V}_2 = |\boldsymbol{V}_1| \cdot |\boldsymbol{V}_2| \cos 90° = 0 \tag{3.1-1}$$

上式可作为两矢量正交的定义式。

为了把矢量正交的概念推广到信号空间，我们还可从另外一个角度来理解矢量正交的概念。参看图 3.1-2，图中 $\boldsymbol{V}_1$ 与 $\boldsymbol{V}_2$ 为两个任意矢量。现在要求寻找一个与 $\boldsymbol{V}_2$ 成比例的矢量 $c_{12}\boldsymbol{V}_2$（c_{12} 为常系数），使得当用 $c_{12}\boldsymbol{V}_2$ 近似地表示 $\boldsymbol{V}_1$ 时，其误差矢量 $\boldsymbol{V}_e$ 的模 $|\boldsymbol{V}_e|$ 最小。这个问题的实质是找一个最佳系数 c_{12}，使得 $|\boldsymbol{V}_1-c_{12}\boldsymbol{V}_2|$ 为最小。由图 3.1-2 可见，只有当 $\boldsymbol{V}_e$ 垂直于 $\boldsymbol{V}_2$ 时，$|\boldsymbol{V}_e|$ 才最小。此时

$$|c_{12}\boldsymbol{V}_2|=|\boldsymbol{V}_1|\cos\theta$$

所以最佳系数为

$$c_{12}=\frac{|\boldsymbol{V}_1|\cos\theta}{|\boldsymbol{V}_2|}=\frac{|\boldsymbol{V}_1|\cdot|\boldsymbol{V}_2|\cos\theta}{|\boldsymbol{V}_2|\cdot|\boldsymbol{V}_2|}=\frac{\boldsymbol{V}_1\cdot\boldsymbol{V}_2}{\boldsymbol{V}_2\cdot\boldsymbol{V}_2}\tag{3.1-2}$$

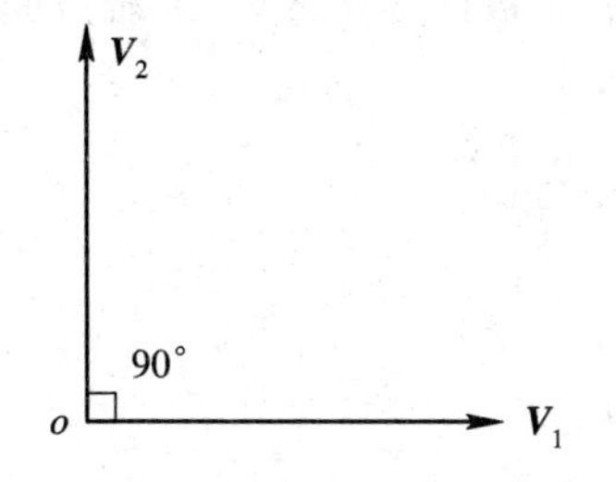

图 3.1-1　两个矢量正交

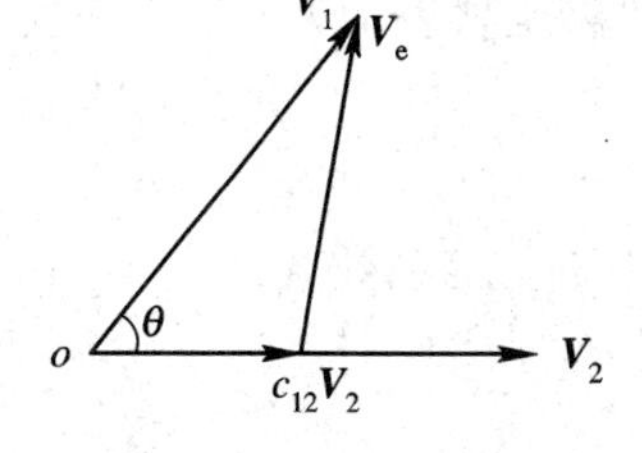

图 3.1-2　矢量的近似表示及误差

若 $\boldsymbol{V}_1$ 与 $\boldsymbol{V}_2$ 正交，则 $\theta=90°$，$\cos\theta=0$，此时由式(3.1-2)得到的最佳系数 $c_{12}=0$。这表明当 $\boldsymbol{V}_1$ 与 $\boldsymbol{V}_2$ 正交时，用 $c_{12}\boldsymbol{V}_2$ 来近似表示 $\boldsymbol{V}_1$ 还不如用 0 来近似表示 $\boldsymbol{V}_1$。据此，我们可以把两个矢量 $\boldsymbol{V}_1$ 与 $\boldsymbol{V}_2$ 正交的概念解释如下：

给定两个矢量 $\boldsymbol{V}_1$ 和 $\boldsymbol{V}_2$，现在要用与 $\boldsymbol{V}_2$ 成比例的矢量 $c_{12}\boldsymbol{V}_2$ 近似地表示 $\boldsymbol{V}_1$，要求误差矢量 $\boldsymbol{V}_e\overset{\text{def}}{=\!=}\boldsymbol{V}_1-c_{12}\boldsymbol{V}_2$ 的模 $|\boldsymbol{V}_e|$ 最小（此时的 c_{12} 称为最佳）。若最佳的 $c_{12}=0$，则 $\boldsymbol{V}_1$ 与 $\boldsymbol{V}_2$ 正交。

由式(3.1-2)可知，当两矢量 $\boldsymbol{V}_1$ 与 $\boldsymbol{V}_2$ 正交时，$c_{12}=0$，即 $\boldsymbol{V}_1\cdot\boldsymbol{V}_2=0$。此结论与式(3.1-1)完全相同。

2. 矢量的分解

在平面空间中，相互正交的矢量 $\boldsymbol{V}_1$ 与 $\boldsymbol{V}_2$ 构成一个正交矢量集，而且为完备的正交矢量集。在平面空间中的任一矢量 $\boldsymbol{V}$ 都可以精确地表示为 $\boldsymbol{V}_1$ 与 $\boldsymbol{V}_2$ 的线性组合，如图 3.1-3 所示，即

$$\boldsymbol{V}=c_1\boldsymbol{V}_1+c_2\boldsymbol{V}_2\tag{3.1-3}$$

式中，$\boldsymbol{V}_1\cdot\boldsymbol{V}_2=0$。

加权系数 c_1，c_2 可按式(3.1-2)求得

$$c_1=\frac{|\boldsymbol{V}|\cos\theta_1}{|\boldsymbol{V}_1|}=\frac{\boldsymbol{V}\cdot\boldsymbol{V}_1}{\boldsymbol{V}_1\cdot\boldsymbol{V}_1}$$

$$c_2=\frac{|\boldsymbol{V}|\cos\theta_2}{|\boldsymbol{V}_2|}=\frac{\boldsymbol{V}\cdot\boldsymbol{V}_2}{\boldsymbol{V}_2\cdot\boldsymbol{V}_2}$$

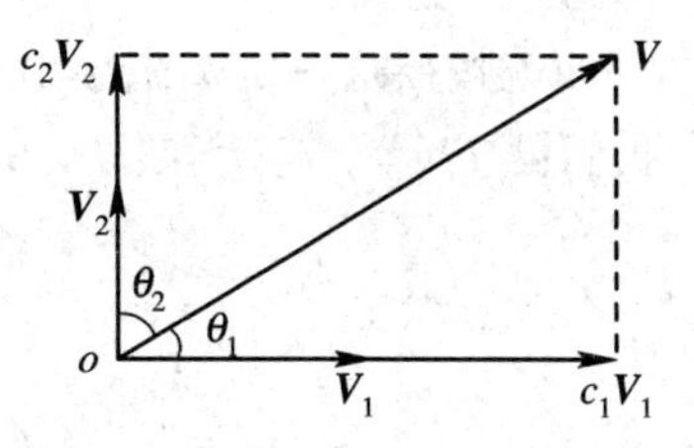

图 3.1-3　平面矢量的分解

同样，对于一个三维的空间矢量，要精确地表示它，就必须用一个三维的正交矢量集。在三维空间的物理世界中，三维的正交矢量是一个完备的正交矢量集，而二维的则不是完备的。在图 3.1-4 中，三维空间矢量 $\boldsymbol{V}$ 可精确地表示为

$$\boldsymbol{V}=c_1\boldsymbol{V}_1+c_2\boldsymbol{V}_2+c_3\boldsymbol{V}_3$$

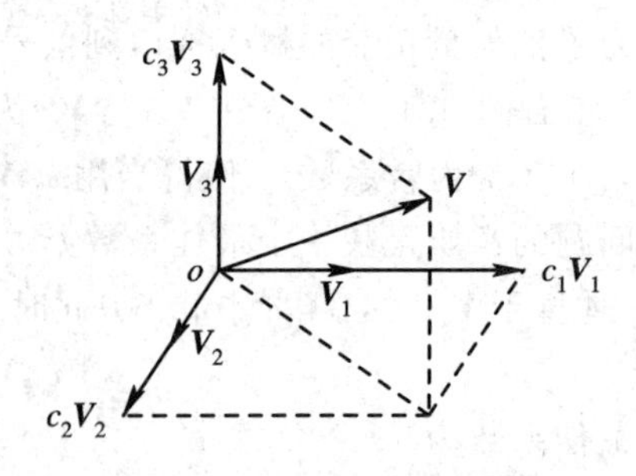

图 3.1-4　三维空间矢量的分解

上述矢量分解的概念可以推广到 n 维空间。由 n 个相互正交的矢量组成一个 n 维的矢量空间，而正交矢量集 $\{\boldsymbol{V}_1, \boldsymbol{V}_2, \cdots, \boldsymbol{V}_n\}$ 为 n 维空间的完备正交矢量集。n 维空间的任一矢量 $\boldsymbol{V}$，可以精确地表示为这 n 个正交矢量的线性组合，即

$$\boldsymbol{V}=c_1\boldsymbol{V}_1+c_2\boldsymbol{V}_2+\cdots+c_r\boldsymbol{V}_r+\cdots+c_n\boldsymbol{V}_n \tag{3.1-4}$$

式中，$\boldsymbol{V}_i \cdot \boldsymbol{V}_j=0(i\neq j)$。

第 r 个分量的系数

$$c_r=\frac{\boldsymbol{V}\cdot\boldsymbol{V}_r}{\boldsymbol{V}_r\cdot\boldsymbol{V}_r} \tag{3.1-5}$$

受矢量正交分解的启示，我们把矢量正交分解的概念推广到信号空间。在信号空间找到若干个正交函数作为基本信号，使得任一信号都可以表示成它们的线性组合，从而实现信号的正交分解。

3.1.2　信号的正交分解

1. 正交函数

仿照上述两个矢量正交的概念，按照如下方式来定义两个函数(信号)正交。

设 $f_1(t)$ 和 $f_2(t)$ 为定义在 (t_1, t_2) 区间上的两个函数，现在要用与 $f_2(t)$ 成比例的一个函数 $c_{12}f_2(t)$ 近似地代表 $f_1(t)$，其误差函数为

$$f_{\mathrm{e}}(t)\xlongequal{\mathrm{def}}f_1(t)-c_{12}f_2(t)$$

平方误差定义为

$$E_{\mathrm{e}}\xlongequal{\mathrm{def}}\int_{t_1}^{t_2}|f_{\mathrm{e}}(t)|^2\,\mathrm{d}t$$

如果使 E_{e} 最小的 c_{12} 等于零，或者说，与其用 $c_{12}f_2(t)$ 来近似 $f_1(t)$，还不如用 0 来近似 $f_1(t)$，其平方误差更小些。此时，我们就称 $f_1(t)$ 与 $f_2(t)$ 正交，正交区间为 (t_1, t_2)；否则，称它们不正交。

下面就按照这一定义来导出 $f_1(t)$ 与 $f_2(t)$ 是否正交的判断式。为了得到更一般的结论，我们设 $f_1(t)$、$f_2(t)$ 均为复函数，此时，c_{12} 也可能为一复数系数。

$$\begin{aligned}E_{\mathrm{e}}&\xlongequal{\mathrm{def}}\int_{t_1}^{t_2}|f_{\mathrm{e}}(t)|^2\,\mathrm{d}t=\int_{t_1}^{t_2}|f_1(t)-c_{12}f_2(t)|^2\,\mathrm{d}t\\&=\int_{t_1}^{t_2}[f_1(t)-c_{12}f_2(t)][f_1^*(t)-c_{12}^*f_2^*(t)]\,\mathrm{d}t\end{aligned}$$

式中，“*”代表取共轭复数。将上式右边展开，得

$$E_e = \int_{t_1}^{t_2} |f_1(t)|^2 \,dt - c_{12}\int_{t_1}^{t_2} f_1^*(t) f_2(t)\,dt$$

$$+|c_{12}|^2 \int_{t_1}^{t_2} |f_2(t)|^2\,dt - c_{12}^*\int_{t_1}^{t_2} f_1(t) f_2^*(t)\,dt \tag{3.1-6}$$

若令

$$B \overset{\text{def}}{=\!=\!=} \frac{\int_{t_1}^{t_2} f_1(t) f_2^*(t)\,dt}{\int_{t_1}^{t_2} |f_2(t)|^2\,dt} \tag{3.1-7}$$

根据该式，将式(3.1-6)中的 $\int_{t_1}^{t_2} f_1^*(t)f_2(t)\,dt$ 和 $\int_{t_1}^{t_2} f_1(t)f_2^*(t)\,dt$ 分别代换为 $B^*\cdot\int_{t_1}^{t_2}|f_2(t)|^2\,dt$ 和 $B\cdot\int_{t_1}^{t_2}|f_2(t)|^2\,dt$，并整理得

$$E_e = \int_{t_1}^{t_2}|f_1(t)|^2 dt + [-c_{12}B^* + |c_{12}|^2 - c_{12}^*B]\int_{t_1}^{t_2}|f_2(t)|^2\,dt$$

式中，$[-c_{12}B^*+|c_{12}|^2-c_{12}^*B]=(c_{12}-B)(c_{12}^*-B^*)-BB^*=|c_{12}-B|^2-|B|^2$。所以有

$$E_e = \int_{t_1}^{t_2}|f_1(t)|^2\,dt - [|B|^2 - |c_{12}-B|^2]\int_{t_1}^{t_2}|f_2(t)|^2\,dt$$

上式中，据平方误差的定义知 $E_e \geqslant 0$，式中唯一可供选择的参数为 c_{12}。为使 E_e 最小，只有选择 $c_{12}=B$，于是有

$$c_{12} = \frac{\int_{t_1}^{t_2} f_1(t) f_2^*(t)\,dt}{\int_{t_1}^{t_2}|f_2(t)|^2\,dt} \tag{3.1-8}$$

此时，平方误差为

$$E_e = \int_{t_1}^{t_2}|f_1(t)|^2\,dt - c_{12}^2\int_{t_1}^{t_2}|f_2(t)|^2\,dt \tag{3.1-9}$$

按照函数正交的定义，若 $f_1(t)$ 与 $f_2(t)$ 正交，应有 $c_{12}=0$。因此，由式(3.1-8)得到 $f_1(t)$ 与 $f_2(t)$ 在 (t_1, t_2) 区间上正交的条件为

$$\int_{t_1}^{t_2} f_1(t) f_2^*(t)\,dt = 0 \tag{3.1-10}$$

据式(3.1-10)，显然，周期为 T 的函数 $\cos\omega t$ 与 $\sin\omega t$ 在 (t_0, t_0+T) 区间是相互正交的。

2. 信号的正交展开

与空间矢量的正交分解类似，要将信号 $f(t)$ 进行正交展开，必须建立一个正交函数集。

设有一函数集 $\{g_1(t), g_2(t), \cdots, g_N(t)\}$，它们定义在区间 (t_1, t_2) 上，如果对于所有的 i、j(可取 1, 2, …, N)都有

$$\int_{t_1}^{t_2} g_i(t)\cdot g_j^*(t)\,dt = \begin{cases}0 & i\neq j\\ K_i & i=j\end{cases}$$

则该函数集就称为区间 (t_1, t_2) 上的**正交函数集**。如果

$$\int_{t_1}^{t_2} g_i(t)\cdot g_j^*(t)\,dt = \begin{cases}0 & i\neq j\\ 1 & i=j\end{cases}$$

则称该函数集为**归一化正交函数集**。

用一个在区间(t_1, t_2)上的正交函数集$\{g_i(t)\}$中各函数的线性组合就可逼近定义在(t_1, t_2)区间上的信号$f(t)$，即

$$f(t) \approx c_1 g_1(t) + c_2 g_2(t) + \cdots + c_r g_r(t) + \cdots + c_N g_N(t) = \sum_{i=1}^{N} c_i g_i(t) \tag{3.1-11}$$

这种近似表示所产生的平方误差为

$$E_e \overset{\text{def}}{=\!=} \int_{t_1}^{t_2} \left| f(t) - \sum_{i=1}^{N} c_i g_i(t) \right|^2 dt$$

同样可以导出，欲使平方误差最小，其第r个函数$g_r(t)$的加权系数c_r应按下式选取：

$$c_r = \frac{\displaystyle\int_{t_1}^{t_2} f(t) g_r^*(t)\, dt}{\displaystyle\int_{t_1}^{t_2} | g_r(t) |^2\, dt} \tag{3.1-12}$$

此时的平方误差为

$$E_e = \int_{t_1}^{t_2} | f(t) |^2\, dt - \sum_{i=1}^{N} \int_{t_1}^{t_2} | c_i g_i(t) |^2\, dt \tag{3.1-13}$$

用一正交矢量集中各分量的线性组合去表示任一矢量，这个矢量集必须是一完备的正交矢量集。同样，用一正交函数集中各函数的线性组合去表示任一信号，这个函数集也必须是一个完备的正交函数集。

如果对某一类函数$f(t)$，所选择的正交函数集$\{g_i(t)\}$，能使式(3.1－13)中的E_e等于零，则称正交函数集$\{g_i(t)\}$对于$f(t)$这一类函数是**完备的正交函数集**。可以证明，如果$\{g_i(t)\}$是完备的正交函数集，则再也找不到另外一个非零函数与该函数集中每一个函数都正交。一个完备的正交函数集通常包括无穷多个函数。

关于完备的正交函数集，有如下两个重要定理。

定理 3.1－1 设$\{g_i(t)\}$在(t_1, t_2)区间上是关于某一类信号$f(t)$的完备的正交函数集，则这一类信号中的任何一个信号$f(t)$都可以精确地表示为$\{g_i(t)\}$的线性组合，即

$$f(t) = \sum_{i} c_i g_i(t) \qquad (t_1, t_2) \tag{3.1-14}$$

式中，c_i为加权系数，且有

$$c_i = \frac{\displaystyle\int_{t_1}^{t_2} f(t) g_i^*(t)\, dt}{\displaystyle\int_{t_1}^{t_2} | g_i(t) |^2\, dt} \tag{3.1-15}$$

式(3.1－14)称为**正交展开式**，有时也称为**广义傅里叶级数**，c_i称为**傅里叶系数**。

定理 3.1－2 在式(3.1－14)条件下，平方误差$E_e=0$，由式(3.1－13)有

$$\int_{t_1}^{t_2} | f(t) |^2\, dt = \sum_{i} \int_{t_1}^{t_2} | c_i g_i(t) |^2\, dt \tag{3.1-16}$$

式(3.1－16)可以理解为：$f(t)$的能量等于各个分量的能量之和，即**能量守恒**。定理3.1－2有时也称为**帕塞瓦尔定理**。

3.2 周期信号的连续时间傅里叶级数

3.1节，我们介绍了信号的正交分解。当正交函数集$\{g_i(t)\}$中的每一个函数$g_i(t)$都是周期为T的周期函数时，则式(3.1-14)可以看成是$(-\infty, \infty)$区间任何一个周期信号(周期为T)的级数展开式，而这些展开式中最常用的为傅里叶级数展开式。

3.2.1 三角形式的傅里叶级数

三角函数集$\{\cos n\Omega t, \sin n\Omega t|_{n=0,1,2,\cdots}\}$是一个正交函数集，正交区间为$(t_0, t_0+T)$。这里$T=2\pi/\Omega$是函数$\cos \Omega t$，$\sin \Omega t$的周期。三角函数集正交性的证明可利用如下公式：

$$\int_{t_0}^{t_0+T} \cos n\Omega t \cdot \cos m\Omega t \, \mathrm{d}t = \begin{cases} 0 & m \neq n \\ \dfrac{T}{2} & m = n \end{cases} \tag{3.2-1}$$

$$\int_{t_0}^{t_0+T} \sin n\Omega t \cdot \sin m\Omega t \, \mathrm{d}t = \begin{cases} 0 & m \neq n \\ \dfrac{T}{2} & m = n \end{cases} \tag{3.2-2}$$

$$\int_{t_0}^{t_0+T} \cos n\Omega t \cdot \sin m\Omega t \, \mathrm{d}t = 0 \tag{3.2-3}$$

上述正交三角函数集中，当$n=0$时，$\cos 0=1$，$\sin 0=0$，而0不应计在此正交函数集中，故一正交三角函数集可具体写为

$$\{1, \cos \Omega t, \cos 2\Omega t, \cdots, \sin \Omega t, \sin 2\Omega t, \cdots\} \tag{3.2-4}$$

此正交函数集包括无穷多项，可以证明它是完备的正交函数集。这样，我们就可将一周期为T的周期信号表示为这个正交函数集中各函数的线性组合。需要指出，这种表示对周期信号$f(t)$有一定要求，即周期信号$f(t)$应满足狄里赫利条件①，而电子技术中的周期信号大都能满足该条件，因而对此点以后不再特别强调。

据式(3.1-14)，对于任何一个周期为T的周期信号$f(t)$，都可将它表示为式(3.2-4)所示的三角函数集中各函数的线性组合，即

$$\begin{aligned} f(t) &= \frac{a_0}{2} + a_1 \cos \Omega t + a_2 \cos 2\Omega t + \cdots + a_n \cos n\Omega t + \cdots \\ &\quad + b_1 \sin \Omega t + b_2 \sin 2\Omega t + \cdots + b_n \sin n\Omega t + \cdots \\ &= \frac{a_0}{2} + \sum_{n=1}^{\infty} (a_n \cos n\Omega t + b_n \sin n\Omega t) \end{aligned} \tag{3.2-5}$$

式中，$\Omega=2\pi/T$称为基波角频率，$a_0/2$，a_n和b_n为加权系数。式(3.2-5)就是周期信号$f(t)$在(t_0, t_0+T)区间的三角傅里叶级数展开式。由于$f(t)$为周期信号，且其周期T与三角函数集中各函数的周期T相同，故上述展开式在$(-\infty, \infty)$区间也是成立的。由式(3.1-15)可得加权系数：

① 狄里赫利(Dirichlet)条件是：函数在任意有限区间连续，或只有有限个第一类间断点；在一周期内，函数有有限个极大值或极小值。

$$\begin{cases} a_n = \dfrac{\displaystyle\int_{t_0}^{t_0+T} f(t)\cos n\Omega t\,\mathrm{d}t}{\displaystyle\int_{t_0}^{t_0+T}\cos^2 n\Omega t\,\mathrm{d}t} = \dfrac{2}{T}\displaystyle\int_{t_0}^{t_0+T} f(t)\cos n\Omega t\,\mathrm{d}t \\ b_n = \dfrac{\displaystyle\int_{t_0}^{t_0+T} f(t)\sin n\Omega t\,\mathrm{d}t}{\displaystyle\int_{t_0}^{t_0+T}\sin^2 n\Omega t\,\mathrm{d}t} = \dfrac{2}{T}\displaystyle\int_{t_0}^{t_0+T} f(t)\sin n\Omega t\,\mathrm{d}t \end{cases} \tag{3.2-6}$$

当 $n=0$ 时，$a_0 = \dfrac{2}{T}\displaystyle\int_{t_0}^{t_0+T} f(t)\,\mathrm{d}t$。而 $f(t)$ 的直流分量为

$$\overline{f(t)} = \frac{1}{T}\int_{t_0}^{t_0+T} f(t)\,\mathrm{d}t = \frac{a_0}{2} \tag{3.2-7}$$

式(3.2-6)中 $\Omega=2\pi/T$，t_0 可任意选择，视计算方便而取。例如，可取 $t_0=0$，$-T/2$，等等。显然，a_n 为 $n\Omega$ 的偶函数，b_n 为 $n\Omega$ 的奇函数，即

$$\begin{cases} a_n = a_{-n} \\ b_n = -b_{-n} \end{cases} \tag{3.2-8}$$

若将 $a_n\cos n\Omega t$ 和 $b_n\sin n\Omega t$ 合成一正弦分量

$$a_n\cos n\Omega t + b_n\sin n\Omega t = A_n\cos(n\Omega t+\varphi_n)$$

则此时式(3.2-5)可表示为

$$f(t) = \frac{a_0}{2} + \sum_{n=1}^{\infty} A_n\cos(n\Omega t+\varphi_n) = \frac{A_0}{2} + \sum_{n=1}^{\infty} A_n\cos(n\Omega t+\varphi_n) \tag{3.2-9}$$

上式清楚地表明，任一周期信号 $f(t)$ 可以用直流分量和一系列的谐波分量之和来表示。其中，$A_0/2$ 为直流分量，A_n 为 n 次谐波分量的振幅，φ_n 为 n 次谐波分量的相位。振幅 A_n、相位 φ_n 与系数 a_n、b_n 的关系为

$$\begin{cases} A_n = \sqrt{a_n^2+b_n^2} \\ \varphi_n = -\arctan\dfrac{b_n}{a_n} \end{cases} \tag{3.2-10}$$

及

$$\begin{cases} a_n = A_n\cos\varphi_n \\ b_n = -A_n\sin\varphi_n \end{cases} \tag{3.2-11}$$

由式(3.2-8)及式(3.2-10)可知 A_n 为 n 的偶函数，φ_n 为 n 的奇函数，即

$$\begin{cases} A_n = A_{-n} \\ \varphi_n = -\varphi_{-n} \end{cases} \tag{3.2-12}$$

例 3.2-1 求图 3.2-1 所示信号的傅里叶级数展开式。

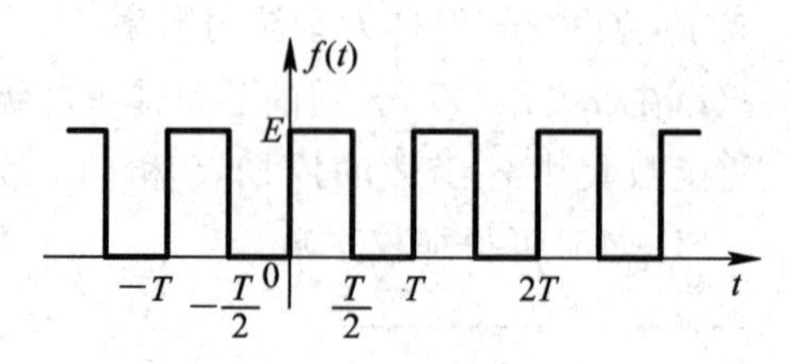

图 3.2-1 例 3.2-1 图

解 据式(3.2-6)，在本题中我们取 $t_0=0$，则有

$$a_0 = \frac{2}{T}\int_0^T f(t)\,\mathrm{d}t = \frac{2}{T}\int_0^{\frac{T}{2}} E\,\mathrm{d}t = E$$

这表明信号 $f(t)$ 的直流分量为 $\frac{a_0}{2}=\frac{E}{2}$。

$$a_n=\frac{2}{T}\int_0^T f(t)\cos n\Omega t\,\mathrm{d}t=\frac{2}{T}\int_0^{\frac{T}{2}}E\cos n\Omega t\,\mathrm{d}t=\frac{2E}{T}\cdot\frac{\sin n\Omega t}{n\Omega}\bigg|_0^{\frac{T}{2}}$$

考虑到上式中 $\Omega=2\pi/T$，则 $a_n=0$。同样可得

$$b_n=\frac{2}{T}\int_0^T f(t)\sin n\Omega t\,\mathrm{d}t=\frac{2}{T}\int_0^{\frac{T}{2}}E\sin n\Omega t\,\mathrm{d}t=\frac{2E}{T}\cdot\frac{-\cos n\Omega t}{n\Omega}\bigg|_0^{\frac{T}{2}}$$

$$=\frac{E}{n\pi}\cdot(1-\cos n\pi)=\begin{cases}\frac{2E}{n\pi} & n=1,3,5,\cdots\\ 0 & n=2,4,6,\cdots\end{cases}$$

将其代入式(3.2-5)即得 $f(t)$ 的傅里叶级数展开式为

$$f(t)=\frac{E}{2}+\sum_{n=1}^{\infty}\frac{2E}{n\pi}\sin n\Omega t\qquad n=1,3,5,\cdots$$

$$=\frac{E}{2}+\frac{2E}{\pi}\left(\sin\Omega t+\frac{1}{3}\sin 3\Omega t+\frac{1}{5}\sin 5\Omega t+\cdots\right)$$

由展开式可知，图 3.2-1 所示周期信号 $f(t)$ 含有直流分量及 $\sin n\Omega t$ 分量而不含 $\cos n\Omega t$ 分量；同时，它只含奇次谐波分量而不含偶次谐波分量。当然，此周期信号还可以展开成式(3.2-9)所示的形式，据式(3.2-10)有

$$A_0=a_0=E$$

$$A_n=\sqrt{a_n^2+b_n^2}=\frac{2E}{n\pi}\qquad n=1,3,5,\cdots$$

$$\varphi_n=-\arctan\frac{b_n}{a_n}=-\frac{\pi}{2}$$

则 $f(t)$ 可按(3.2-9)式展开为

$$f(t)=\frac{E}{2}+\sum_{n=1}^{\infty}\frac{2E}{n\pi}\cos\left(n\Omega t-\frac{\pi}{2}\right)\qquad n=1,3,5,\cdots$$

$$=\frac{E}{2}+\frac{2E}{\pi}\left[\cos\left(\Omega t-\frac{\pi}{2}\right)+\frac{1}{3}\cos\left(3\Omega t-\frac{\pi}{2}\right)+\frac{1}{5}\cos\left(5\Omega t-\frac{\pi}{2}\right)+\cdots\right]$$

此展开式与前述的展开式实质上是一样的。

在式(3.2-6)中，若取 $t_0=-\frac{T}{2}$，则有

$$\begin{cases}a_0=\frac{2}{T}\int_{-\frac{T}{2}}^{\frac{T}{2}}f(t)\,\mathrm{d}t\\ a_n=\frac{2}{T}\int_{-\frac{T}{2}}^{\frac{T}{2}}f(t)\cos n\Omega t\,\mathrm{d}t\\ b_n=\frac{2}{T}\int_{-\frac{T}{2}}^{\frac{T}{2}}f(t)\sin n\Omega t\,\mathrm{d}t\end{cases}\tag{3.2-13}$$

当 $f(t)$ 为 t 的偶函数时，由于 $f(t)\cos n\Omega t$ 为 t 的偶函数，$f(t)\sin n\Omega t$ 为 t 的奇函数。据式(3.2-13)有

$$a_0 = \frac{4}{T}\int_0^{\frac{T}{2}} f(t)\,\mathrm{d}t$$

$$a_n = \frac{4}{T}\int_0^{\frac{T}{2}} f(t)\cos n\Omega t\,\mathrm{d}t$$

$$b_n = 0$$

即当 $f(t)$ 为偶函数时，其傅里叶级数展开式中只可能有直流分量及 $\cos n\Omega t$ 分量，而无 $\sin n\Omega t$ 分量。

当 $f(t)$ 为 t 的奇函数时，则有 $f(t)\cos n\Omega t$ 为 t 的奇函数，$f(t)\sin n\Omega t$ 为 t 的偶函数，因而据式(3.2－13)有

$$a_0 = 0$$

$$a_n = 0$$

$$b_n = \frac{4}{T}\int_0^{\frac{T}{2}} f(t)\sin n\Omega t\,\mathrm{d}t$$

即当 $f(t)$ 为奇函数时，其傅里叶级数展开式中只有 $\sin n\Omega t$ 分量，而无直流分量和 $\cos n\Omega t$ 分量。

3.2.2 指数形式的傅里叶级数

对周期为 T 的周期信号，除了可展开成上述的三角形式的傅里叶级数之外，还可展开成指数形式的傅里叶级数。考察指数函数集 $\{\mathrm{e}^{\mathrm{j}n\Omega t},\ n$ 为整数$\}$，不难证明：

$$\int_{t_0}^{t_0+T} (\mathrm{e}^{\mathrm{j}n\Omega t})\cdot(\mathrm{e}^{\mathrm{j}m\Omega t})^*\,\mathrm{d}t = \begin{cases} 0 & m \neq n \\ T & m = n \end{cases} \tag{3.2-14}$$

式中，$T=2\pi/\Omega$ 为指数函数公共周期，m、n 为整数。这说明指数函数 $\mathrm{e}^{\mathrm{j}n\Omega t}$ 符合式(3.1－10)所表述的函数正交条件，因此指数函数集 $\{\mathrm{e}^{\mathrm{j}n\Omega t},\ n$ 为整数$\}$ 在区间 $(t_0,\ t_0+T)$ 为正交函数集。当 n 取 $-\infty$ 至 $+\infty$ 间包括 0 在内的所有整数时，则指数函数集 $\{\mathrm{e}^{\mathrm{j}n\Omega t},\ n=0,\ \pm1,\ \pm2,\ \cdots\}$ 为一完备的正交函数集。据式(3.1－14)，周期函数 $f(t)$ 可在区间 $(t_0,\ t_0+T)$ 内用此函数集表示为

$$f(t) = F_0 + F_1\mathrm{e}^{\mathrm{j}\Omega t} + F_2\mathrm{e}^{\mathrm{j}2\Omega t} + \cdots + F_{-1}\mathrm{e}^{-\mathrm{j}\Omega t} + F_{-2}\mathrm{e}^{-\mathrm{j}2\Omega t} + \cdots = \sum_{n=-\infty}^{\infty} F_n\mathrm{e}^{\mathrm{j}n\Omega t} \tag{3.2-15}$$

式中，加权系数 F_n 可以利用式(3.1－15)和式(3.2－14)求得

$$F_n = \frac{\displaystyle\int_{t_0}^{t_0+T} f(t)(\mathrm{e}^{\mathrm{j}n\Omega t})^*\,\mathrm{d}t}{\displaystyle\int_{t_0}^{t_0+T} (\mathrm{e}^{\mathrm{j}n\Omega t})(\mathrm{e}^{\mathrm{j}n\Omega t})^*\,\mathrm{d}t} = \frac{1}{T}\int_{t_0}^{t_0+T} f(t)\mathrm{e}^{-\mathrm{j}n\Omega t}\,\mathrm{d}t \tag{3.2-16}$$

式中，$T=\dfrac{2\pi}{\Omega}$，t_0 可任意选择。例如，$t_0=0$，$t_0=-\dfrac{T}{2}$，等等。

指数傅里叶级数还可以从三角傅里叶级数直接导出。因为 $\cos\theta=(\mathrm{e}^{\mathrm{j}\theta}+\mathrm{e}^{-\mathrm{j}\theta})/2$，将这一关系应用于式(3.2－9)，并考虑到 A_n 是 n 的偶函数，φ_n 是 n 的奇函数，即 $A_n=A_{-n}$，$\varphi_n=-\varphi_{-n}$，则式(3.2－9)可写为

$$
\begin{aligned}
f(t) &= \frac{A_0}{2} + \sum_{n=1}^{\infty} A_n \cos(n\Omega t + \varphi_n) = \frac{A_0}{2} + \frac{1}{2}\sum_{n=1}^{\infty} A_n \left[\mathrm{e}^{\mathrm{j}(n\Omega t+\varphi_n)} + \mathrm{e}^{-\mathrm{j}(n\Omega t+\varphi_n)}\right] \\
&= \frac{A_0}{2} + \frac{1}{2}\sum_{n=1}^{\infty} A_n \mathrm{e}^{\mathrm{j}(n\Omega t+\varphi_n)} + \frac{1}{2}\sum_{n=1}^{\infty} A_n \mathrm{e}^{-\mathrm{j}(n\Omega t+\varphi_n)} \\
&= \frac{A_0}{2} + \frac{1}{2}\sum_{n=1}^{\infty} A_n \mathrm{e}^{\mathrm{j}(n\Omega t+\varphi_n)} + \frac{1}{2}\sum_{n=-1}^{-\infty} A_n \mathrm{e}^{\mathrm{j}(n\Omega t+\varphi_n)} \\
&= \frac{1}{2}\sum_{n=-\infty}^{\infty} A_n \mathrm{e}^{\mathrm{j}(n\Omega t+\varphi_n)} = \frac{1}{2}\sum_{n=-\infty}^{\infty} \dot{A}_n \mathrm{e}^{\mathrm{j}n\Omega t}
\end{aligned}
\tag{3.2-17}
$$

式中：

$$
\dot{A}_n = A_n \mathrm{e}^{\mathrm{j}\varphi_n} = A_n \cos\varphi + \mathrm{j}A_n \sin\varphi = a_n - \mathrm{j}b_n \tag{3.2-18}
$$

将式(3.2－17)与式(3.2－15)对照，显然两式是一致的，只不过其系数间具有 $F_n = \dot{A}_n/2$ 的关系而已。因此，由式(3.2－16)可得

$$
\dot{A}_n = 2F_n = \frac{2}{T}\int_{t_0}^{t_0+T} f(t)\mathrm{e}^{-\mathrm{j}n\Omega t}\,\mathrm{d}t \tag{3.2-19}
$$

由 F_n 与 $\dot{A}_n$ 的关系可知，一般来说 F_n 亦为一复数，即

$$
F_n = \frac{1}{2}\dot{A}_n = \frac{1}{2}A_n \mathrm{e}^{\mathrm{j}\varphi_n} = |F_n|\,\mathrm{e}^{\mathrm{j}\varphi_n} \tag{3.2-20}
$$

这样，参照式(3.2－17)的推导过程，亦可将式(3.2－15)所示的指数傅里叶级数改写成三角傅里叶级数的形式，即

$$
f(t) = \sum_{n=-\infty}^{\infty} F_n \mathrm{e}^{\mathrm{j}n\Omega t} = \sum_{n=-\infty}^{\infty} |F_n|\,\mathrm{e}^{\mathrm{j}(n\Omega t+\varphi_n)} = F_0 + \sum_{n=1}^{\infty} 2|F_n| \cos(n\Omega t + \varphi_n) \tag{3.2-21}
$$

由此可见，三角傅里叶级数和指数傅里叶级数虽然形式不同，但实际上它们都是属于同一类型的级数，即都是将一信号表示为直流分量和各次谐波分量之和。$\dot{A}_n$(或 $2F_n$)是第 n 次谐波分量的复数振幅。在实际应用中，采用指数级数展开更为方便，只要由式(3.2－19)求得复振幅 $\dot{A}_n$，信号 $f(t)$的组成情况就十分清楚了。

在指数形式的傅里叶级数中，当 n 取负数时，出现了负的 $n\Omega$，但这并不表示存在着什么负频率，而只是将第 n 次谐波的正弦分量写成两个指数项之和后出现的一种数学形式。此外还需指出，式(3.2－15)的指数傅里叶级数是在$(t_0,\ t_0+T)$区间将信号 $f(t)$表示为正交函数集中各分量之和。而其各分量 $\mathrm{e}^{\mathrm{j}n\Omega t}$ 为 T 的周期函数，在区间$(t_0,\ t_0+T)$之外是此区间的重复。所以对于周期为 T 的周期信号 $f(t)$，式(3.2－15)的傅里叶级数展开式在$-\infty$到$+\infty$的整个时间区间里均成立。

3.3　周期信号的频谱

如上所述，周期信号 $f(t)$可以表述为正弦级数或虚指数级数的形式，即

$$
f(t) = \frac{A_0}{2} + \sum_{n=1}^{\infty} A_n \cos(n\Omega t + \varphi_n)
$$

或

$$f(t)=\frac{1}{2}\sum_{n=-\infty}^{\infty}\dot{A}_n\,e^{jn\Omega t}=\sum_{n=-\infty}^{\infty}F_n e^{jn\Omega t}$$

式中，$F_n=\frac{1}{2}\dot{A}_n=\frac{1}{2}A_n e^{j\varphi_n}=|F_n|e^{j\varphi_n}$ 为复振幅。A_n、φ_n 都是 $n(n\Omega)$ 的函数，它们分别表示组成 $f(t)$ 的第 n 次谐波分量的振幅与初相位。一个周期信号与另一个周期信号的区别，在时域中表现为波形不同，而在频域中表现为 $\dot{A}_n(F_n)$ 不同，即振幅 A_n 及相位 φ_n 不同。因而复振幅 $\dot{A}_n(F_n)$ 为在频域研究信号 $f(t)$ 的关键。上述关于周期信号的傅里叶级数表示式中对 $\dot{A}_n(F_n)$ 的描述不够直观。为了既方便又明白地表示一个信号中包含有哪些频率分量，各分量所占的比重怎样，特画出振幅 $A_n(|F_n|)$ 及相位 φ_n 随 ω 变化的曲线，从而得到一种谱线图，称其为**频谱图**。

3.3.1　周期信号的频谱

周期信号的复振幅 $\dot{A}_n(F_n)$ 一般为 $n\Omega$ 的复函数，因而描述其特点的频谱图一般要画两个，一个称为**振幅频谱**，另一个称为**相位频谱**。所谓振幅频谱，是以 ω 为横坐标，以振幅为纵坐标所画出的谱线图；而相位频谱则为以 ω 为横坐标，以相位为纵坐标所得到的谱线图。在信号的复振幅 $\dot{A}_n(F_n)$ 为 $n\Omega$ 的实函数的特殊情况下，其复振幅 $\dot{A}_n(F_n)$ 与变量 $(n\Omega)$ 的关系也可以用一个图绘出。

例 3.3－1　$f(t)=1+3\cos(\pi t+10°)+2\cos(2\pi t+20°)+0.4\cos(3\pi t+45°)+0.8\cos(6\pi t+30°)$，试画出 $f(t)$ 的振幅谱和相位谱。

解　$f(t)$ 为周期信号，题中所给的 $f(t)$ 表达式可视为 $f(t)$ 的傅里叶级数展开式。据

$$f(t)=\frac{A_0}{2}+\sum_{n=1}^{\infty}A_n\cos(n\Omega t+\varphi_n)$$

可知，其基波频率 $\Omega=\pi$(rad/s)，基本周期 $T=2$ s，$\omega=2\pi$、3π、6π 分别为二、三、六次谐波频率，且有

$$\frac{A_0}{2}=1\qquad \varphi_0=0°$$
$$A_1=3\qquad \varphi_1=10°$$
$$A_2=2\qquad \varphi_2=20°$$
$$A_3=0.4\qquad \varphi_3=45°$$
$$A_6=0.8\qquad \varphi_6=30°$$
$$\text{其余}\ \dot{A}_n=0$$

按上列数据即可画出其振幅谱及相位谱，如图 3.3－1(a)、(b)所示。

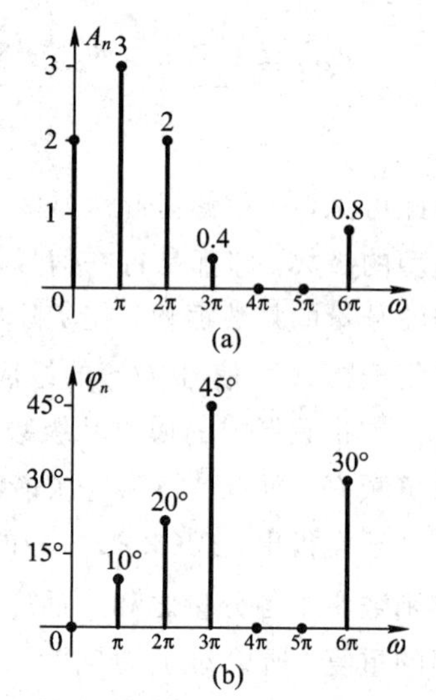

图 3.3－1　例 3.3－1 信号的频谱
(a) 振幅谱；(b) 相位谱

从频谱图中，可以一目了然地看出信号 $f(t)$ 包含有哪些正弦分量以及每个分量所占的比重。这种表示方式既方便又直观，因而在以后有关信号的频域分析中常被采用。

上面频谱的绘制是根据周期信号的三角形式傅里叶级数系数 $\dot{A}_n$ 与变量 $n\Omega$ 的关系而得到的。其中，n 只能取正整数，因而得到的频谱图总是在 $\omega\geqslant0$ 的半个平面上，称其为单

边频谱。

若将周期信号 $f(t)$展开成指数形式的傅里叶级数，亦可得到 F_n 随 $n\Omega$ 变化的谱线，只不过此时的 n 可取 $-\infty$ 到 $+\infty$ 的整数，即变量 $n\Omega$ 由 $-\infty$ 到 $+\infty$ 在整个 ω 轴变化，故得到的频谱图称为**双边频谱**。对例 3.3－1 所给的信号 $f(t)$，据 $F_n=|F_n|e^{j\varphi_n}=\frac{1}{2}A_n e^{j\varphi_n}$ 可得到其双边频谱图如图 3.3－2(a)、(b)所示。

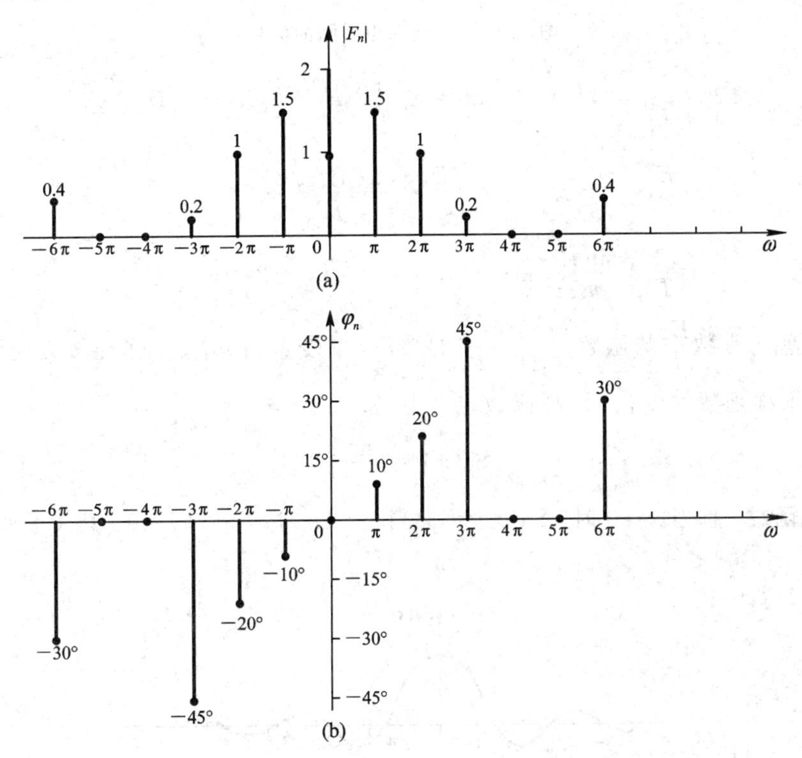

图 3.3－2　例 3.3－1 信号的双边频谱

(a) 振幅谱；(b) 相位谱

在双边频谱图上出现了负频率，同样，这里的负频率只是一种数学形式，因为负 $n\Omega$ 的指数分量与正 $n\Omega$ 的指数分量组合起来才构成一个频率为 $n\Omega$ 的正弦分量。所以，从本质上来说，上述两种频谱图是一样的。

3.3.2　周期信号频谱的特点

周期矩形脉冲信号是一种典型的周期信号。下面以它为例讨论周期信号频谱的特点。图 3.3－3 所示为一周期矩形脉冲信号。其中，E 为脉冲幅度，τ 为脉冲宽度，T 为脉冲重复周期。此信号在第一周期内的表示式为

$$f(t)=\begin{cases}E & |t|<\dfrac{\tau}{2}\\ 0 & -\dfrac{T}{2}<t<-\dfrac{\tau}{2},\ \dfrac{\tau}{2}<t<\dfrac{T}{2}\end{cases}$$

为得到该信号的频谱，先求其傅里叶级数的复振幅。据式(3.2－19)有

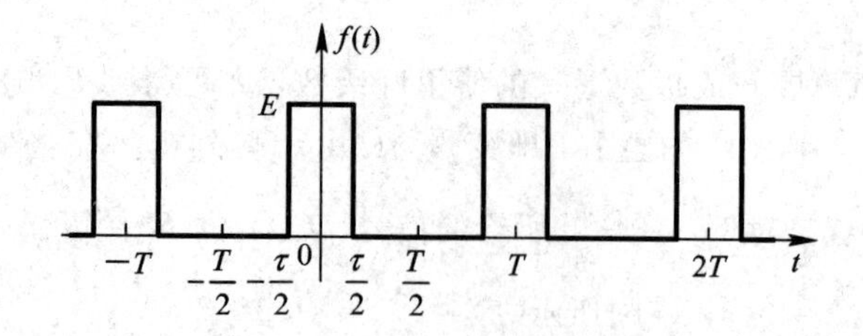

图 3.3-3　周期矩形脉冲信号

$$F_n=\frac{1}{T}\int_{-\frac{T}{2}}^{\frac{T}{2}} f(t)\mathrm{e}^{-\mathrm{j}n\Omega t}\,\mathrm{d}t=\frac{1}{T}\int_{-\frac{\tau}{2}}^{\frac{\tau}{2}} E\mathrm{e}^{-\mathrm{j}n\Omega t}\,\mathrm{d}t\qquad\left(\Omega=\frac{2\pi}{T}\right)$$

$$=\frac{E}{T}\cdot\frac{\mathrm{e}^{-\mathrm{j}n\Omega t}}{-\mathrm{j}n\Omega}\bigg|_{-\frac{\tau}{2}}^{\frac{\tau}{2}}=\frac{2E}{T}\cdot\frac{\sin(n\Omega\tau/2)}{n\Omega}$$

$$=\frac{E\tau}{T}\cdot\frac{\sin n\Omega\tau/2}{n\Omega\tau/2}\qquad n=0,\pm1,\pm2,\cdots\qquad(3.3-1)$$

可见其复振幅为常数$\frac{E\tau}{T}$与函数$\frac{\sin n\Omega\tau/2}{n\Omega\tau/2}$的乘积，其变量为 $n\Omega$。为了能较方便地画出其频谱，特引用取样函数的概念。取样函数定义为

$$\mathrm{Sa}(x)=\frac{\sin x}{x}\qquad(3.3-2)$$

这是一个偶函数，且当 $x\to0$ 时，$\mathrm{Sa}(x)=1$，当 $x=k\pi$ 时，$\mathrm{Sa}(k\pi)=0$。其波形如图 3.3-4 所示。

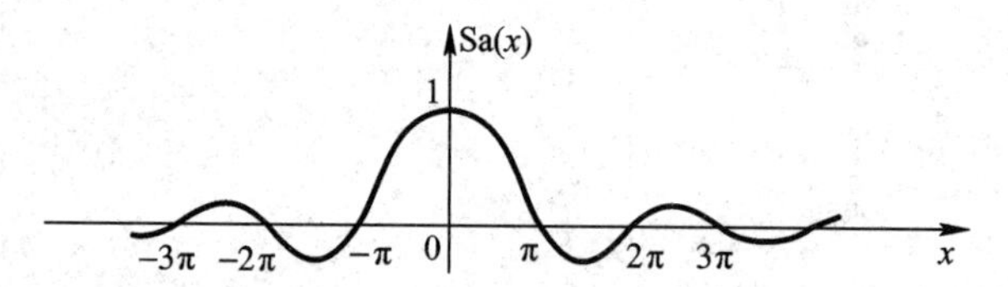

图 3.3-4　Sa(x)函数的波形

据此，可将周期矩形脉冲信号的复振幅写成取样函数的形式，即

$$F_n=\frac{E\tau}{T}\,\mathrm{Sa}\left(\frac{n\Omega\tau}{2}\right)\qquad(3.3-3)$$

由于本例中的 F_n 为 $n\Omega$ 的实函数，因而可将复振幅 F_n 与变量 $n\Omega$ 的关系用一个图来表示。参照图 3.3-4 的形状，可画出周期矩形脉冲信号的频谱如图 3.3-5 所示。

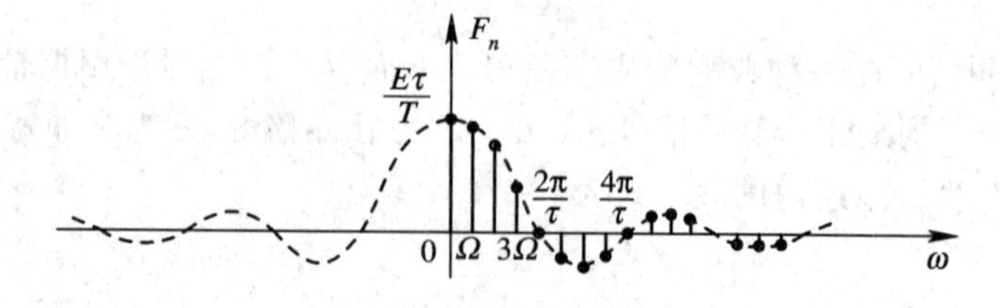

图 3.3-5　周期矩形脉冲信号的频谱

图 3.3-5 中，仅画出 $\omega>0$ 的谱线，而 $\omega<0$ 的谱线与它对称。其第一个包络零点为 $\omega=\frac{2\pi}{\tau}$。当然，据 $F_n=|F_n|\mathrm{e}^{\mathrm{j}\varphi_n}$，也可分别画出其振幅频谱和相位频谱，如图 3.3-6 所示。

在相位频谱中，当$F_n>0$时$\varphi_n=0$，当$F_n<0$时$\varphi_n=\pi$。

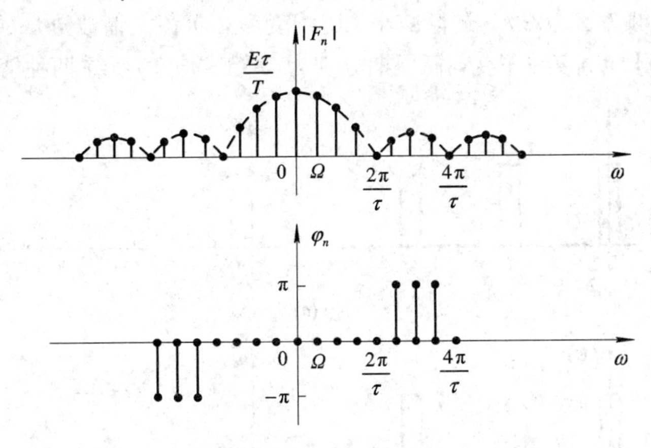

图 3.3－6　周期矩形脉冲信号的幅度谱与相位谱

由图 3.3－5 可以看出，此周期信号频谱具有以下几个特点：

第一为**离散性**，此频谱由不连续的谱线组成，每一条谱线代表一个正弦分量，所以此频谱称为**不连续谱**或**离散谱**。

第二为**谐波性**，此频谱的每一条谱线只能出现在基波频率Ω的整数倍频率上，即含有Ω的各次谐波分量，而决不含有其他频率分量。

第三为**收敛性**，此频谱的各次谐波分量的振幅虽然随$n\Omega$的变化有起伏变化，但总的趋势是随着$n\Omega$的增大而逐渐减小。当$n\Omega\to\infty$时，$|F_n|\to 0$。

上述关于周期信号频谱的离散性、谐波性和收敛性虽然是通过分析周期矩形脉冲信号而得到的，但它具有普遍意义，其他的周期信号也都具有这些特性。

周期矩形脉冲信号的频谱结构与脉冲宽度τ及信号周期T有着必然的联系。当周期T为定值时，其基波频率$\Omega=\frac{2\pi}{T}$为一确定值，而随着τ的减小，其第一个包络零点频率增大，而各次谐波分量的振幅同时减小。图 3.3－7 画出了当T保持不变，而$\tau=T/5$与$\tau=T/10$

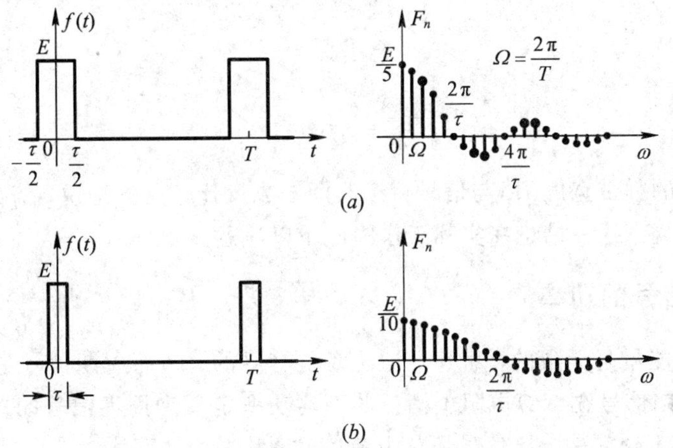

图 3.3－7　不同τ值时周期矩形信号的频谱

(a) $\tau=T/5$；(b) $\tau=T/10$

两种情况下的频谱。当脉冲宽度 τ 为定值时，其频谱包络的第一个零点为一确定值。随着周期 T 的增大，基波频率 $\Omega=2\pi/T$ 逐渐减小，谱线变密，而各次谐波分量的振幅也同时减小。图 3.3－8 画出了脉冲宽度 τ 不变，而周期分别为 $T=5\tau$ 与 $T=10\tau$ 两种情况下的频谱。

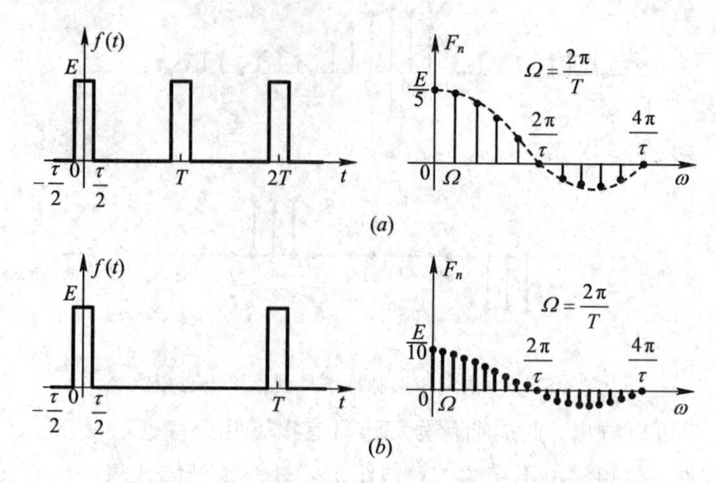

图 3.3－8　不同 T 值时周期矩形信号的频谱

(*a*) $T=5\,\tau$；(*b*) $T=10\,\tau$

由图 3.3－8 不难看出，当周期 T 无限增大时，频谱的谱线无限密集，而各谐波分量的振幅趋于无穷小量，此时周期信号将趋于单脉冲的非周期信号。有关非周期信号的频谱将在 3.4 节讨论。

周期矩形脉冲信号含有无穷多条谱线，也就是说，周期矩形脉冲信号可表示为无穷多个正弦分量之和。在信号的传输过程中，要求一个传输系统将这无穷多个正弦分量不失真地传输显然是不可能的。实际工作中，往往要求传输系统能将信号中的主要频率分量传输过去，以满足失真度方面的基本要求。周期矩形脉冲信号的主要能量集中在第一个零点之内，因此，常常将 $\omega=0\sim\frac{2\pi}{\tau}$ 这段频率范围称为矩形脉冲信号的**频带宽度**，记为

$$B_\omega=\frac{2\pi}{\tau}\ (\mathrm{rad/s})$$

或

$$B_f=\frac{1}{\tau}\ (\mathrm{Hz})\tag{3.3-4}$$

显然，信号的频带宽度 B_f 与信号持续时间 τ 成反比。也就是说，信号持续时间越短，该信号的频带越宽。这一结论在实际工作中应予以注意。

3.3.3　周期信号的功率

周期信号的能量是无限的，而其平均功率是有界的，因而周期信号是功率信号。为了方便，往往将周期信号在 1 Ω电阻上消耗的平均功率定义为**周期信号的功率**。显然，对于周期信号 $f(t)$，无论它是电压信号还是电流信号，其平均功率均为

$$P=\frac{1}{T}\int_{-\frac{T}{2}}^{\frac{T}{2}} f^2(t)\ \mathrm{d}t\tag{3.3-5}$$

此外，周期信号 $f(t)$ 可用一完备正交函数集中各正交函数的线性组合来表示，如

$$f(t)=\sum_{n=-\infty}^{\infty}F_n\mathrm{e}^{\mathrm{j}n\Omega t}$$

因此，据函数正交分解中的帕塞瓦尔定理(式(3.1－16))，有

$$\begin{aligned}\frac{1}{T}\int_{-\frac{T}{2}}^{\frac{T}{2}}|f(t)|^2\,\mathrm{d}t&=\frac{1}{T}\sum_{n=-\infty}^{\infty}\int_{-\frac{T}{2}}^{\frac{T}{2}}|F_n\mathrm{e}^{\mathrm{j}n\Omega t}|^2\,\mathrm{d}t=\frac{1}{T}\sum_{n=-\infty}^{\infty}|F_n|^2\int_{-\frac{T}{2}}^{\frac{T}{2}}|\mathrm{e}^{\mathrm{j}(n\Omega t+\varphi_n)}|^2\,\mathrm{d}t\\&=\frac{1}{T}\sum_{n=-\infty}^{\infty}|F_n|^2\int_{-\frac{T}{2}}^{\frac{T}{2}}1\,\mathrm{d}t=\sum_{n=-\infty}^{\infty}|F_n|^2\end{aligned}\tag{3.3-6}$$

当周期信号 $f(t)$ 为实函数时，其信号功率显然为

$$P=\frac{1}{T}\int_{-\frac{T}{2}}^{\frac{T}{2}}f^2(t)\,\mathrm{d}t=\frac{1}{T}\int_{-\frac{T}{2}}^{\frac{T}{2}}|f(t)|^2\,\mathrm{d}t=\sum_{n=-\infty}^{\infty}|F_n|^2$$

考虑到 $|F_n|$ 为偶函数，且 $|F_n|=A_n/2$，则上式还可改写为

$$\begin{aligned}P&=\frac{1}{T}\int_{-\frac{T}{2}}^{\frac{T}{2}}f^2(t)\,\mathrm{d}t=\sum_{n=-\infty}^{\infty}|F_n|^2=|F_0|^2+2\sum_{n=1}^{\infty}|F_n|^2\\&=\left(\frac{A_0}{2}\right)^2+\sum_{n=1}^{\infty}\frac{1}{2}A_n^2\end{aligned}\tag{3.3-7}$$

注意到 A_n 为各正弦分量的振幅，而各正弦分量的有效值为 $\dfrac{A_n}{\sqrt{2}}$。因此式(3.3－7)右端第一项为直流分量的功率，第二项为各次谐波分量功率之和。式(3.3－7)表明周期信号 $f(t)$ 的功率等于其傅里叶级数展开式中各分量功率之和。式(3.3－7)通常称为**帕塞瓦尔恒等式**。据此恒等式还可导出周期信号有效值的计算公式，这个问题留给读者自己分析。

3.4　非周期信号的连续时间傅里叶变换

在3.3节关于周期信号的傅里叶级数的讨论中，读者已经知道，周期矩形脉冲信号的周期 T 趋于无限大时，周期信号就转化为非周期的单脉冲信号。所以可以把非周期信号看成是周期趋于无限大的周期信号。当周期信号的周期 T 趋于无限大时，其对应频谱的谱线间隔 $\Omega=2\pi/T$ 趋于无穷小，这样，离散频谱就变成连续频谱。同时，当周期 T 趋于无限大时，构成信号的各正弦分量的振幅也趋于无穷小量。由此可见，对非周期信号采用傅里叶级数的分析方法来分析其组成显然是不可行的。虽然组成非周期信号的各正弦分量的振幅趋于无穷小量，但这并不意味着非周期信号不含正弦分量。对于图(3.3－8)所示的周期矩形脉冲信号，当周期 T 趋于无限大时，从求极限的过程可以看出，虽然 F_n 趋于无穷小量，但频谱图的外包络仍将保持 Sa(·) 函数的形状。这清楚地表明，组成非周期信号的各正弦分量的振幅虽然趋于无穷小量，但各频率分量的能量仍按一定的比例分布。为了表述非周期信号的频谱分布，我们引入傅里叶变换。

3.4.1　傅里叶变换

从上面的讨论可知，对非周期信号，不能再采用傅里叶级数的复振幅来表示其频谱，

而必须引入一个新的量——**频谱密度函数**。下面我们由周期信号的傅里叶级数推导出傅里叶变换，从而引出频谱密度函数的概念。

设有一周期信号 $f(t)$，将其展开成指数形式的傅里叶级数，即

$$f(t)=\sum_{n=-\infty}^{\infty}F_n e^{jn\Omega t}$$

其复振幅为

$$F_n=\frac{1}{T}\int_{-\frac{T}{2}}^{\frac{T}{2}}f(t)e^{-jn\Omega t}\,dt$$

当 T 趋于无限大时，$|F_n|$ 趋于无穷小量。若给上式两端同乘以 T，则有

$$F_nT=\frac{2\pi F_n}{\Omega}=\int_{-\frac{T}{2}}^{\frac{T}{2}}f(t)e^{-jn\Omega t}\,dt \tag{3.4-1}$$

对于非周期信号，重复周期 T 趋于无限大，谱线间隔趋于无穷小量 $d\omega$，而离散频率 $n\Omega$ 变成连续频率 ω。在这种极限情况下，F_n 趋于无穷小量，但 $F_nT=\dfrac{2\pi F_n}{\Omega}$可望趋于有限值，且为一个连续函数，通常记为 $F(j\omega)$，即

$$F(j\omega)=\lim_{T\to\infty}\frac{2\pi F_n}{\Omega}=\lim_{T\to\infty}\int_{-\frac{T}{2}}^{\frac{T}{2}}f(t)e^{-jn\Omega t}\,dt$$

从而得

$$F(j\omega)=\int_{-\infty}^{\infty}f(t)e^{-j\omega t}\,dt \tag{3.4-2}$$

我们称 $F(j\omega)$为非周期信号 $f(t)$的**频谱密度函数**。

同样，对 $f(t)$的傅里叶级数展开式也可改写为如下的形式：

$$f(t)=\sum_{n=-\infty}^{\infty}F_n e^{jn\Omega t}=\sum_{n=-\infty}^{\infty}\frac{F_n}{\Omega}e^{jn\Omega t}\cdot\Omega$$

上式右端在 T 趋于无限大时，则为非周期信号 $f(t)$的表达式。此时，$\dfrac{F_n}{\Omega}$趋于$\dfrac{F(j\omega)}{2\pi}$，Ω趋于 $d\omega$，$n\Omega$ 趋于变量 ω，而$\sum$ 的求和式应转化为由 $-\infty$ 到 $+\infty$ 的积分，从而得到

$$f(t)=\lim_{T\to\infty}\sum_{n=-\infty}^{\infty}\frac{F_n}{\Omega}e^{jn\Omega t}\cdot\Omega=\frac{1}{2\pi}\int_{-\infty}^{\infty}F(j\omega)e^{j\omega t}\,d\omega \tag{3.4-3}$$

式(3.4-2)与式(3.4-3)为非周期信号的频谱表示式，称其为**傅里叶变换**。式(3.4-2)为**傅里叶正变换**，求得的 $F(j\omega)$为 $f(t)$的频谱密度函数或简称为**频谱函数**。而式(3.4-3)为**傅里叶逆变换**，$f(t)$为频谱函数 $F(j\omega)$的原函数。非周期信号的傅里叶变换可简记为

$$\begin{cases}F(j\omega)=\mathscr{F}\,[f(t)]\\ f(t)=\mathscr{F}^{-1}\,[F(j\omega)]\end{cases} \tag{3.4-4}$$

$f(t)$与 $F(j\omega)$的对应关系也可简记为

$$f(t)\leftrightarrow F(j\omega) \tag{3.4-5}$$

需要指出，在上面推导傅里叶变换时并未遵循数学上的严格步骤。从理论上讲，$f(t)$应满足一定的条件才可存在傅里叶变换。一般来说，傅里叶变换存在的充分条件为 $f(t)$应满足绝对可积，即要求

$$\int_{-\infty}^{\infty} |f(t)| \, \mathrm{d}t < \infty \tag{3.4-6}$$

但这并不是必要条件，后面将会看到在引入广义函数的概念之后，许多并不满足绝对可积条件的信号也存在傅里叶变换。

3.4.2　非周期信号的频谱函数

由非周期信号的傅里叶变换可知：

$$f(t) = \frac{1}{2\pi}\int_{-\infty}^{\infty} F(\mathrm{j}\omega)\mathrm{e}^{\mathrm{j}\omega t} \, \mathrm{d}\omega$$

此式表明，非周期信号 $f(t)$ 可以由无数个指数函数 $\mathrm{e}^{\mathrm{j}\omega t}$ 之和来表示，而每个指数函数分量的大小为 $F(\mathrm{j}\omega)$。这里的 $F(\mathrm{j}\omega)$ 决不是振幅的概念。由上面傅里叶变换的推导过程 $F(\mathrm{j}\omega) = \lim\limits_{T\to\infty}\dfrac{2\pi F_n}{\Omega}$ 可知，$F(\mathrm{j}\omega)$ 为一个密度的概念，其量纲为单位频率的振幅，因而称其为频谱密度函数。频谱函数 $F(\mathrm{j}\omega)$ 一般是复函数，可记为

$$F(\mathrm{j}\omega) = |F(\mathrm{j}\omega)| \, \mathrm{e}^{\mathrm{j}\varphi(\omega)}$$

式中，$|F(\mathrm{j}\omega)|$ 为 $F(\mathrm{j}\omega)$ 的模，它代表信号 $f(t)$ 中各频率分量的相对大小；$\varphi(\omega)$ 为 $F(\mathrm{j}\omega)$ 的相位，它代表各频率分量的初相位。与周期信号的频谱相对应，习惯上将 $|F(\mathrm{j}\omega)| \sim \omega$ 的关系曲线称为非周期信号的**幅度频谱**（$|F(\mathrm{j}\omega)|$ 并不是幅度！），而将 $\varphi(\omega) \sim \omega$ 曲线称为**相位频谱**，它们都是 ω 的连续函数。

$f(t)$ 为实函数时，根据频谱函数的定义式不难导出：

$$F(\mathrm{j}\omega) = \int_{-\infty}^{\infty} f(t)\mathrm{e}^{-\mathrm{j}\omega t} \, \mathrm{d}t = \int_{-\infty}^{\infty} f(t) \cos \omega t \, \mathrm{d}t - \mathrm{j}\int_{-\infty}^{\infty} f(t) \sin \omega t \, \mathrm{d}t = R(\omega) + \mathrm{j}X(\omega)$$

式中：

$$\begin{cases} R(\omega) = \displaystyle\int_{-\infty}^{\infty} f(t) \cos \omega t \, \mathrm{d}t \\ X(\omega) = -\displaystyle\int_{-\infty}^{\infty} f(t) \sin \omega t \, \mathrm{d}t \end{cases} \tag{3.4-7}$$

从而有

$$F(\mathrm{j}\omega) = |F(\mathrm{j}\omega)| \, \mathrm{e}^{\mathrm{j}\varphi(\omega)} = R(\omega) + \mathrm{j}X(\omega)$$

与周期信号的傅里叶级数相类似，$F(\omega)$、$\varphi(\omega)$ 与 $R(\omega)$、$X(\omega)$ 相互之间存在下列关系：

$$\begin{cases} |F(\mathrm{j}\omega)| = \sqrt{R^2(\omega) + X^2(\omega)} \\ \varphi(\omega) = \arctan \dfrac{X(\omega)}{R(\omega)} \end{cases} \tag{3.4-8}$$

$$\begin{cases} R(\omega) = |F(\mathrm{j}\omega)| \cos \varphi(\omega) \\ X(\omega) = |F(\mathrm{j}\omega)| \sin \varphi(\omega) \end{cases} \tag{3.4-9}$$

不难得到，$|F(\mathrm{j}\omega)|$、$R(\omega)$ 为 ω 的偶函数，而 $\varphi(\omega)$、$X(\omega)$ 为 ω 的奇函数，即

$$\begin{cases} |F(\mathrm{j}\omega)| = |F(-\mathrm{j}\omega)| \\ \varphi(\omega) = -\varphi(\omega) \end{cases} \tag{3.4-10}$$

$$\begin{cases} R(\omega) = R(-\omega) \\ X(-\omega) = -X(\omega) \end{cases} \tag{3.4-11}$$

由上述关系式还可得到以下的重要结论。

在 $f(t)$是实函数时：

(1) 若 $f(t)$为 t 的偶函数，即 $f(t)=f(-t)$，则 $f(t)$的频谱函数 $F(\mathrm{j}\omega)$为 ω 的实函数，且为 ω 的偶函数。

(2) 若 $f(t)$为 t 的奇函数，即 $f(-t)=-f(t)$，则 $f(t)$的频谱函数 $F(\mathrm{j}\omega)$为 ω 的虚函数，且为 ω 的奇函数。

与周期信号类似，也可将非周期信号的傅里叶变换表示式改写成三角函数的形式，即

$$\begin{aligned}f(t) &= \frac{1}{2\pi}\int_{-\infty}^{\infty} F(\mathrm{j}\omega)\mathrm{e}^{\mathrm{j}\omega t}\,\mathrm{d}\omega = \frac{1}{2\pi}\int_{-\infty}^{\infty} |F(\mathrm{j}\omega)|\,\mathrm{e}^{\mathrm{j}(\omega t+\varphi(\omega))}\,\mathrm{d}\omega \\ &= \frac{1}{2\pi}\int_{-\infty}^{\infty} |F(\mathrm{j}\omega)|\cos(\omega t+\varphi(\omega))\,\mathrm{d}\omega + \mathrm{j}\frac{1}{2\pi}\int_{-\infty}^{\infty} |F(\mathrm{j}\omega)|\sin(\omega t+\varphi(\omega))\,\mathrm{d}\omega\end{aligned}$$

若 $f(t)$是实函数，据$|F(\mathrm{j}\omega)|$、$\varphi(\omega)$的奇偶性显然有

$$f(t) = \frac{1}{2\pi}\int_{-\infty}^{\infty} |F(\mathrm{j}\omega)|\cos(\omega t+\varphi(\omega))\,\mathrm{d}\omega = \frac{1}{\pi}\int_{0}^{\infty} |F(\mathrm{j}\omega)|\cos(\omega t+\varphi(\omega))\,\mathrm{d}\omega$$

可见，非周期信号也可以分解成许多不同频率的正弦分量。与周期信号相比较，只不过其基波频率趋于无穷小量，从而包含了所有的频率分量；而各个正弦分量的振幅 $\frac{|F(\mathrm{j}\omega)|\,\mathrm{d}\omega}{\pi}$趋于无穷小，从而只能用密度函数$|F(\mathrm{j}\omega)|$来表述各分量的相对大小。

3.4.3　典型信号的傅里叶变换

本节利用傅里叶变换来分析几个典型非周期信号的频谱。

例 3.4-1　图 3.4-1(a)所示矩形脉冲一般称为**门函数**。其宽度为 τ，高度为 1，通常用符号 $g_\tau(t)$来表示。试求其频谱函数。

解　门函数 $g_\tau(t)$可表示为

$$g_\tau(t) = \begin{cases} 1 & |t| < \dfrac{\tau}{2} \\ 0 & |t| > \dfrac{\tau}{2} \end{cases}$$

根据傅里叶变换的关系式(3.4-2)，可得

$$\begin{aligned}F(\mathrm{j}\omega) &= \int_{-\infty}^{\infty} f(t)\mathrm{e}^{-\mathrm{j}\omega t}\,\mathrm{d}t = \int_{-\frac{\tau}{2}}^{\frac{\tau}{2}} 1\cdot\mathrm{e}^{-\mathrm{j}\omega t}\,\mathrm{d}t \\ &= \frac{\mathrm{e}^{-\mathrm{j}\omega\tau/2} - \mathrm{e}^{\mathrm{j}\omega\tau/2}}{-\mathrm{j}\omega} = \frac{2\sin(\omega\tau/2)}{\omega} = \tau\,\mathrm{Sa}\left(\frac{\omega\tau}{2}\right)\end{aligned} \tag{3.4-12}$$

可见，门函数的频谱函数为实函数，而且为 ω 的偶函数。这与我们前边讨论的结论一致。一般来说，非周期信号的频谱需要用幅度谱$|F(\mathrm{j}\omega)|\sim\omega$ 及相位谱 $\varphi(\omega)\sim\omega$ 两个图形才能完全表示。但当 $F(\mathrm{j}\omega)$为实函数或虚函数时，也可用一个图来表示。同样，与周期信号的频谱类似，非周期信号的频谱也有单边频谱和双边频谱两种画法。在双边频谱中同样会出现负频率，它只是一种数学表示形式，因为 $\mathrm{e}^{-\mathrm{j}\omega t}$与对应的 $\mathrm{e}^{+\mathrm{j}\omega t}$合起来为一正弦分量，所以负频率并无实际意义，因而双边谱与单边谱实质上是一样的。

门函数 $g_\tau(t)$的频谱如图 3.4-1(b)所示，而图(c)为它的幅度谱，图(d)为它的相位谱。

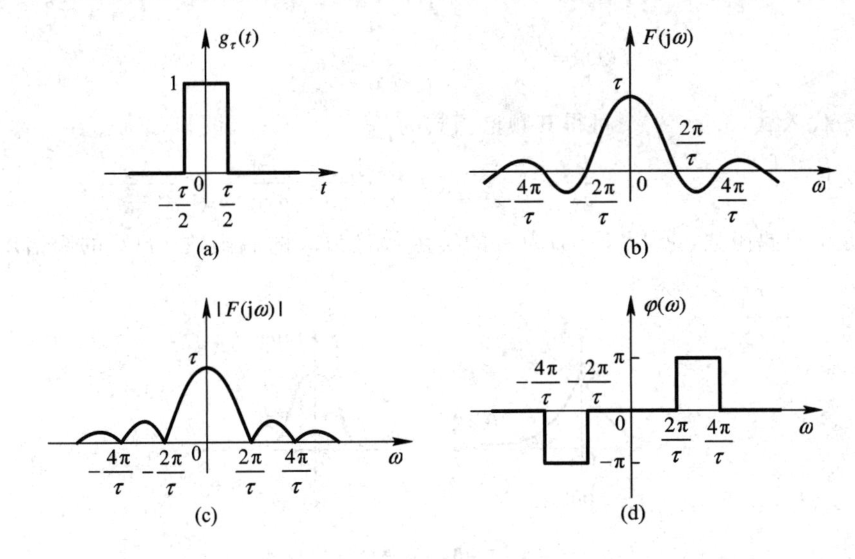

图 3.4－1　门函数及其频谱

(a) 门函数；(b) 门函数的频谱；(c) 幅度谱；(d) 相位谱

例 3.4－2　求指数函数 $f(t)$的频谱函数。

$$f(t)=\begin{cases}e^{-\alpha t} & t>0\\ 0 & t<0\end{cases}\quad (\alpha>0)$$

解　将 $f(t)$代入式(3.4－2)，得

$$F(j\omega)=\int_{-\infty}^{\infty} f(t)e^{-j\omega t}\,dt=\int_{0}^{\infty} e^{-\alpha t}e^{-j\omega t}\,dt$$

$$=\frac{e^{-(\alpha+j\omega)t}}{-(\alpha+j\omega)}\bigg|_0^\infty=\frac{1}{\alpha+j\omega}=\frac{1}{\sqrt{\alpha^2+\omega^2}}e^{-j\arctan\frac{\omega}{\alpha}} \tag{3.4－13}$$

其振幅频谱及相位频谱分别为

$$|F(j\omega)|=\frac{1}{\sqrt{\alpha^2+\omega^2}}$$

$$\varphi(\omega)=-\arctan\frac{\omega}{\alpha}$$

单边指数函数和它的幅度谱示于图 3.4－2。

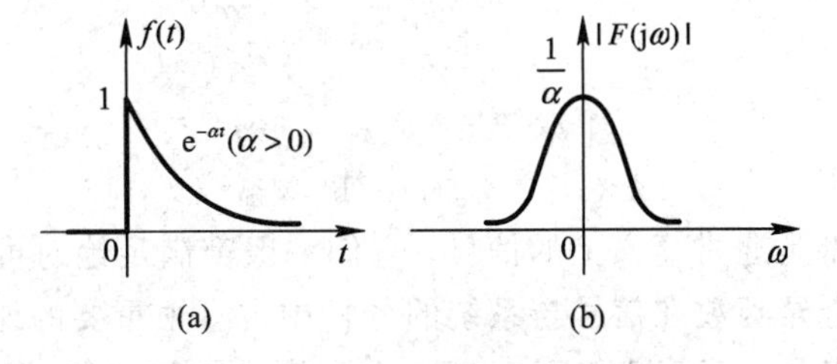

图 3.4－2　单边指数函数 $e^{-\alpha t}$ 及其频谱

(a) 单边指数函数 $e^{-\alpha t}$；(b) $e^{-\alpha t}$ 的幅度谱

例 3.4－3　求图 3.4－3(a)所示双边指数函数的频谱函数。

解　双边指数函数可表示为

$$f(t)=\begin{cases}\mathrm{e}^{-\alpha t} & t>0\\ \mathrm{e}^{\alpha t} & t<0\end{cases}\quad(\alpha>0)$$

将 $f(t)$ 代入式(3.4－2)，可得其频谱函数为

$$F(\mathrm{j}\omega)=\int_{-\infty}^{0}\mathrm{e}^{\alpha t}\mathrm{e}^{-\mathrm{j}\omega t}\,\mathrm{d}t+\int_{0}^{\infty}\mathrm{e}^{-\alpha t}\mathrm{e}^{-\mathrm{j}\omega t}\,\mathrm{d}t=\frac{1}{\alpha-\mathrm{j}\omega}+\frac{1}{\alpha+\mathrm{j}\omega}=\frac{2\alpha}{\alpha^{2}+\omega^{2}}\qquad(3.4-14)$$

由于 $f(t)$ 是 t 的偶函数，所以 $F(\mathrm{j}\omega)$ 为 ω 的实函数且为 ω 的偶函数。$f(t)$ 的频谱图示于图 3.4－3(b)。

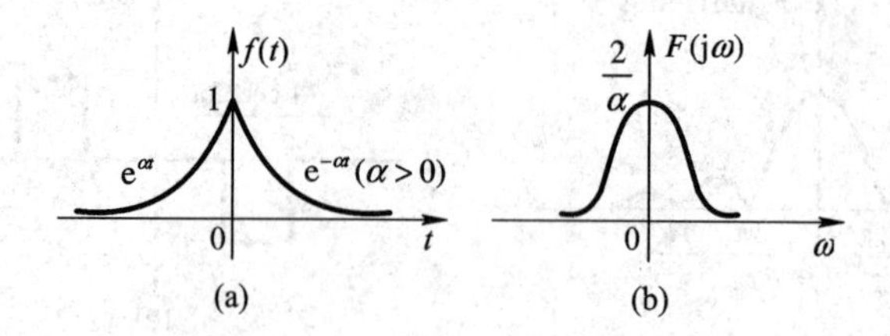

图 3.4－3　双边指数函数及其频谱

(a) 双边指数函数；(b) 频谱

例 3.4－4　求图 3.4－4(a)所示信号 $f(t)$ 的频谱函数。

解　图示信号 $f(t)$ 可表示为

$$f(t)=\begin{cases}\mathrm{e}^{-\alpha t} & t>0\\ -\mathrm{e}^{\alpha t} & t<0\end{cases}\quad(\alpha>0)$$

由于 $f(t)$ 为奇函数，因而可以判定，其频谱函数为虚函数且为 ω 的奇函数。将 $f(t)$ 代入式(3.4－2)可得

$$F(\mathrm{j}\omega)=\int_{-\infty}^{0}-\mathrm{e}^{\alpha t}\mathrm{e}^{-\mathrm{j}\omega t}\,\mathrm{d}t+\int_{0}^{\infty}\mathrm{e}^{-\alpha t}\mathrm{e}^{-\mathrm{j}\omega t}\,\mathrm{d}t=-\frac{1}{\alpha-\mathrm{j}\omega}+\frac{1}{\alpha+\mathrm{j}\omega}=\mathrm{j}\,\frac{-2\omega}{\alpha^{2}+\omega^{2}}\qquad(3.4-15)$$

其结果与前面的分析相符。可见 $F(\mathrm{j}\omega)=\mathrm{j}X(\omega)$，$f(t)$ 的频谱图示于图 3.4－4(b)。

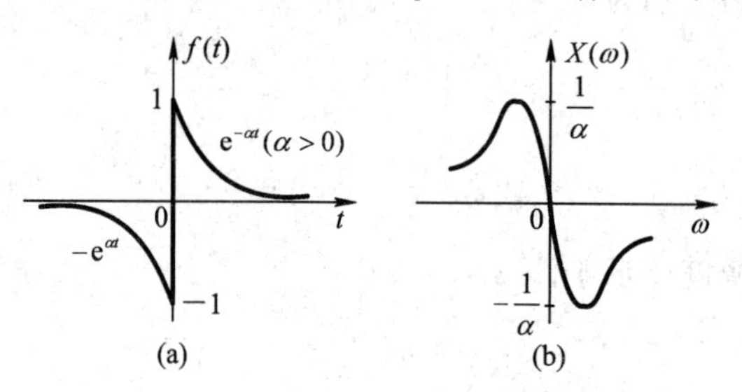

图 3.4－4　例 3.4－4 图

(a) 信号 $f(t)$；(b) 频谱

上面的几个信号都是通常意义上的信号，它们一般都满足绝对可积条件。从第 2 章时域分析的讨论表明，奇异函数在信号与系统的分析中占有很重要的地位，而有些奇异函数并不满足绝对可积的条件。下面我们再分析几个常用的奇异函数的频谱，后面将会看到，在频域分析中奇异函数同样起着重要作用。

例 3.4－5　求单位冲激函数 $\delta(t)$ 的频谱函数。

解　将 $\delta(t)$ 代入式(3.4－2)，并利用冲激函数的取样性质，有

$$F(\mathrm{j}\omega)=\int_{-\infty}^{\infty}\delta(t)\mathrm{e}^{-\mathrm{j}\omega t}\,\mathrm{d}t=1 \tag{3.4-16}$$

可见，冲激函数 $\delta(t)$ 的频谱是常数 1。也就是说，$\delta(t)$ 中包含了所有的频率分量，而各频率分量的频谱密度都相等。显然，信号 $\delta(t)$ 实际上是无法实现的。$\delta(t)$ 的频谱如图 3.4-5(b)所示。

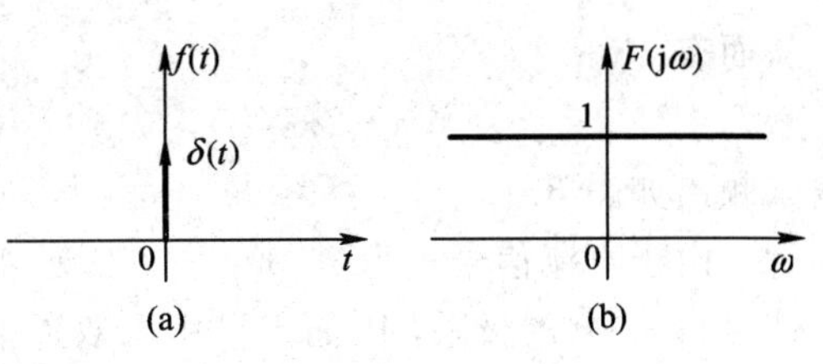

图 3.4-5　信号 $\delta(t)$ 及其频谱

(a) 单位冲激信号 $\delta(t)$；(b) $\delta(t)$ 的频谱

既然 $\delta(t)$ 的频谱函数为常数 1，那么，常数 1 的傅里叶反变换是否为 $\delta(t)$？

据求傅里叶反变换的定义式(3.4-3)，将 $F(\mathrm{j}\omega)=1$ 代入得

$$f(t)=\frac{1}{2\pi}\int_{-\infty}^{\infty}1\mathrm{e}^{\mathrm{j}\omega t}\,\mathrm{d}\omega$$

按通常意义函数的积分，这个积分无法进行。下面我们用分配函数的概念来分析。根据分配函数关于 $\delta(t)$ 的定义，有

$$\int_{-\infty}^{\infty}\delta(t)\varphi(t)\,\mathrm{d}t=\varphi(0)\qquad (\varphi(t)\text{ 为试验函数})$$

将函数 $\frac{1}{2\pi}\int_{-\infty}^{\infty}1\cdot\mathrm{e}^{\mathrm{j}\omega t}\,\mathrm{d}\omega$ 进行这个试验，从而有

$$\begin{aligned}\int_{-\infty}^{\infty}\left[\frac{1}{2\pi}\int_{-\infty}^{\infty}\mathrm{e}^{\mathrm{j}\omega t}\,\mathrm{d}\omega\right]\varphi(t)\,\mathrm{d}t&=\frac{1}{2\pi}\int_{-\infty}^{\infty}\left[\int_{-\infty}^{\infty}\varphi(t)\mathrm{e}^{\mathrm{j}\omega t}\,\mathrm{d}t\right]\mathrm{d}\omega\\&=\frac{1}{2\pi}\int_{-\infty}^{\infty}\Phi(-\mathrm{j}\omega)\,\mathrm{d}\omega\\&=\frac{1}{2\pi}\int_{-\infty}^{\infty}\Phi(\mathrm{j}\omega)\mathrm{e}^{\mathrm{j}\omega\cdot 0}\,\mathrm{d}\omega=\varphi(0)\end{aligned}$$

显然，

$$\frac{1}{2\pi}\int_{-\infty}^{\infty}\mathrm{e}^{\mathrm{j}\omega t}\,\mathrm{d}\omega=\delta(t) \tag{3.4-17}$$

这说明常数 1 的傅里叶反变换是 $\delta(t)$，即

$$\delta(t)\leftrightarrow 1$$

在上面的推导式中 $\Phi(\mathrm{j}\omega)$ 为 $\varphi(t)$ 的频谱函数。

例 3.4-6　求图 3.4-6(a)所示直流信号 1 的频谱函数。

解　直流信号 1 可表示为

$$f(t)=1\qquad -\infty<t<\infty$$

据定义式(3.4-2)可得

$$F(\mathrm{j}\omega)=\int_{-\infty}^{\infty}1\cdot\mathrm{e}^{-\mathrm{j}\omega t}\,\mathrm{d}t$$

同样，按常规函数的积分无法求出这个积分。比照例 3.4-5 中 1 的傅里叶反变换的关系式

$$\delta(t)=\frac{1}{2\pi}\int_{-\infty}^{\infty}1\cdot\mathrm{e}^{\mathrm{j}\omega t}\,\mathrm{d}\omega$$

不难得到

$$F(j\omega)=\int_{-\infty}^{\infty}1\cdot e^{-j\omega t}\,dt=2\pi\delta(-\omega)=2\pi\delta(\omega) \tag{3.4-18}$$

从而有

$$1\leftrightarrow 2\pi\delta(\omega)$$

其频谱如图 3.4-6(b)所示。

由于直流信号 1 为例 3.4-3 所示双边指数信号当 $\alpha\to 0$ 的极限，因而也可用求双边指数信号的频谱中使 $\alpha\to 0$ 的极限来求得直流信号 1 的频谱。

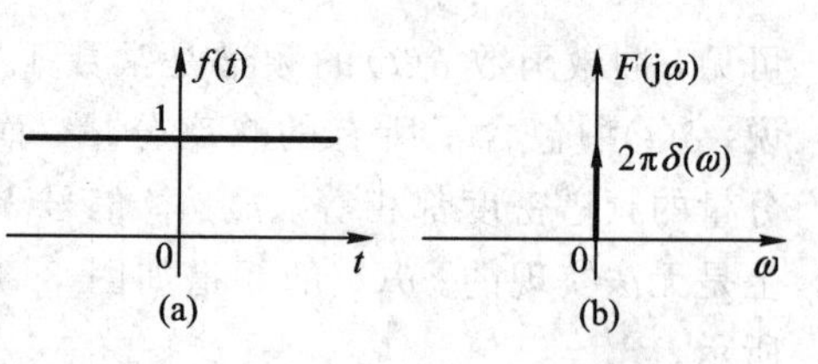

图 3.4-6 直流信号 $f(t)$及其频谱

(a) 直流信号 $f(t)$；(b) 频谱

例 3.4-7 求符号函数 Sgn(t)的频谱函数。

$$\mathrm{Sgn}(t)=\begin{cases}1 & t>0\\ -1 & t<0\end{cases}$$

解 符号函数 Sgn(t)的波形如图 3.4-7(a)所示。显然直接按定义式来求也无法得到所需结果。

考察例 3.4-4 所示信号 $f(t)$

$$f(t)=\begin{cases}e^{-\alpha t} & t>0\\ -e^{\alpha t} & t<0\end{cases}\quad(\alpha>0)$$

当 $\alpha\to 0$ 时，其极限为符号函数 Sgn(t)。因而可以用求 $f(t)$的频谱函数 $F(j\omega)$当 $\alpha\to 0$ 的极限的方法来求得 Sgn(t)的频谱函数。

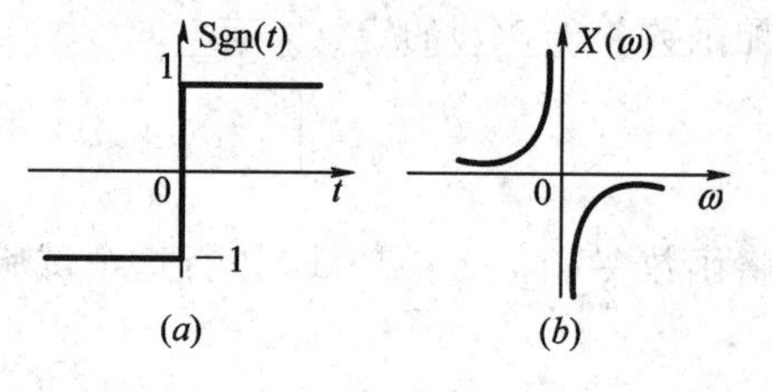

图 3.4-7 符号函数 Sgn(t)及其频谱

(a) Sgn(t)的波形；(b) 频谱

例 3.4-4 所示信号的频谱函数为 $-j\dfrac{2\omega}{\alpha^2+\omega^2}$，从而有

$$\mathscr{F}[\mathrm{Sgn}(t)]=\lim_{\alpha\to 0}\left(-j\frac{2\omega}{\alpha^2+\omega^2}\right)=\begin{cases}\dfrac{2}{j\omega} & \omega\neq 0\\ 0 & \omega=0\end{cases} \tag{3.4-19}$$

其频谱如图 3.4-7(b)所示。

例 3.4-8 求阶跃函数 $\varepsilon(t)$的频谱函数。

解 阶跃函数 $\varepsilon(t)$显然不满足绝对可积条件，同样，直接利用傅里叶变换的定义式无法求得所需结果。由于阶跃函数 $\varepsilon(t)$可从例 3.4-2 所示单边指数函数使 $\alpha\to 0$ 的极限得到，因而可对单边指数函数的频谱函数求 $\alpha\to 0$ 的极限而得到 $\varepsilon(t)$的频谱函数。

此外，由阶跃函数 $\varepsilon(t)$的波形容易得到

$$\varepsilon(t)=\frac{1}{2}+\frac{1}{2}\,\mathrm{Sgn}(t)$$

从而可更为方便地求出 $\varepsilon(t)$的频谱函数，即

$$\mathscr{F}[\varepsilon(t)]=\mathscr{F}\left[\frac{1}{2}\right]+\mathscr{F}\left[\frac{1}{2}\mathrm{Sgn}(t)\right]=\pi\delta(\omega)+\frac{1}{j\omega} \tag{3.4-20}$$

阶跃函数 $\varepsilon(t)$的频谱示于图 3.4-8(b)。

熟悉上述典型信号的频谱函数对进一步掌握信号与系统的频域分析将会带来很大的方便。为便于查找，我们在表 3.1 中给出了部分常用信号的傅里叶变换对。

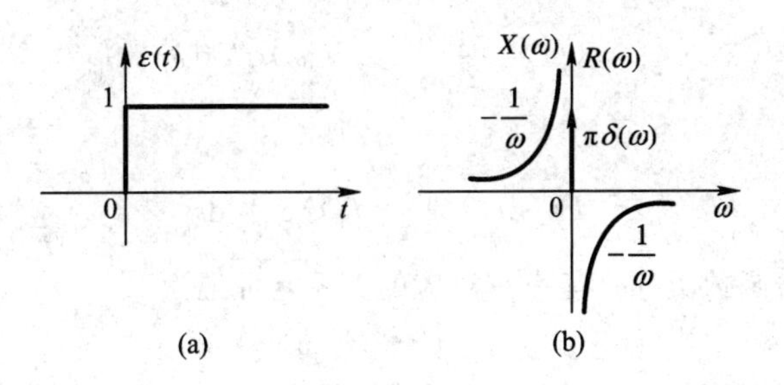

图 3.4-8 阶跃函数及其频谱
(a) ε(t)的波形；(b) 频谱

表 3.1 常用傅里叶变换对

编号	$f(t)$	$F(\mathrm{j}\omega)$
1	$g_\tau(t)$	$\tau\,\mathrm{Sa}\left(\frac{\omega\tau}{2}\right)$
2	$\mathrm{Sa}(t)$	$\pi g_2(\omega)$
3	$\mathrm{e}^{-\alpha t}\varepsilon(t)$，$\alpha>0$	$\frac{1}{\alpha+\mathrm{j}\omega}$
4	$t\mathrm{e}^{-\alpha t}\varepsilon(t)$，$\alpha>0$	$\frac{1}{(\alpha+\mathrm{j}\omega)^2}$
5	$\mathrm{e}^{-\alpha\|t\|}$，$\alpha>0$	$\frac{2\alpha}{\alpha^2+\omega^2}$
6	$\delta(t)$	1
7	1	$2\pi\delta(\omega)$
8	$\delta(t-t_0)$	$\mathrm{e}^{-\mathrm{j}\omega t_0}$
9	$\cos\,\omega_0 t$	$\pi[\delta(\omega+\omega_0)+\delta(\omega-\omega_0)]$
10	$\sin\,\omega_0 t$	$\mathrm{j}\pi[\delta(\omega+\omega_0)-\delta(\omega-\omega_0)]$
11	$\varepsilon(t)$	$\pi\delta(\omega)+\frac{1}{\mathrm{j}\omega}$
12	$\mathrm{Sgn}(t)$	$\frac{2}{\mathrm{j}\omega}$，$F(0)=0$
13	$\frac{1}{\pi t}$	$-\mathrm{j}\,\mathrm{Sgn}(\omega)$
14	$\delta_T(t)$	$\Omega\delta_\Omega(\omega)$
15	$\sum\limits_{n=\infty}^{\infty}F_n\mathrm{e}^{\mathrm{j}n\Omega t}$	$2\pi\sum\limits_{n=-\infty}^{\infty}F_n\delta(\omega-n\Omega)$
16	$\frac{t^{n-1}}{(n-1)!}\mathrm{e}^{-at}\varepsilon(t)$，$a>0$	$\frac{1}{(a+\mathrm{j}\omega)^n}$

3.5 傅里叶变换的性质

根据傅里叶变换的概念，一个非周期信号可以表述为指数函数的积分，即

$$f(t)=\frac{1}{2\pi}\int_{-\infty}^{\infty}F(\mathrm{j}\omega)\mathrm{e}^{\mathrm{j}\omega t}\,\mathrm{d}\omega \tag{3.5-1}$$

式中：

$$F(\mathrm{j}\omega)=\int_{-\infty}^{\infty}f(t)\mathrm{e}^{-\mathrm{j}\omega t}\,\mathrm{d}t \tag{3.5-2}$$

时间函数 $f(t)$与频谱函数 $F(\mathrm{j}\omega)$有一一对应的关系，可记为

$$f(t)\leftrightarrow F(\mathrm{j}\omega)$$

因而，一般信号可以有两种描述方式：时间域描述和频域描述。这两种描述是相互关联的，$f(t)$的改变必然引起 $F(\mathrm{j}\omega)$的改变，本节就分析它们的关联性质。

1. 线性

若 $f_1(t)\leftrightarrow F_1(\mathrm{j}\omega)$，$f_2(t)\leftrightarrow F_2(\mathrm{j}\omega)$，且设 a_1，a_2 为常数，则有

$$a_1f_1(t)+a_2f_2(t)\leftrightarrow a_1F_1(\mathrm{j}\omega)+a_2F_2(\mathrm{j}\omega) \tag{3.5-3}$$

这个性质虽然简单，但很重要，它是频域分析的基础。在 3.4 节求阶跃函数 $\varepsilon(t)$的频谱时我们已经应用了此性质。

2. 时移性

若 $f(t)\leftrightarrow F(\mathrm{j}\omega)$，且 t_0 为实常数(可正可负)，则有

$$f(t-t_0)\leftrightarrow F(\mathrm{j}\omega)\mathrm{e}^{-\mathrm{j}\omega t_0} \tag{3.5-4}$$

此性质表明，在时域中信号右移 t_0，其频谱函数的幅度不变，而各频率分量的相位比原 $f(t)$各频率分量的相位滞后 ωt_0。

此性质可证明如下。据式(3.5-2)，有

$$\mathscr{F}[f(t-t_0)]=\int_{-\infty}^{\infty}f(t-t_0)\mathrm{e}^{-\mathrm{j}\omega t}\,\mathrm{d}t$$

令 $t-t_0=\tau$，则上式可写为

$$\begin{aligned}\mathscr{F}[f(t-t_0)]&=\int_{-\infty}^{\infty}f(\tau)\mathrm{e}^{-\mathrm{j}\omega(t_0+\tau)}\,\mathrm{d}\tau\\&=\mathrm{e}^{-\mathrm{j}\omega t_0}\int_{-\infty}^{\infty}f(\tau)\mathrm{e}^{-\mathrm{j}\omega\tau}\,\mathrm{d}\tau=\mathrm{e}^{-\mathrm{j}\omega t_0}F(\mathrm{j}\omega)\end{aligned}$$

例 3.5-1　求图 3.5-1(a)所示信号的频谱函数。

解　由图 3.5-1 可知，此信号 $f(t)$显然可以由例 3.4-1 所讨论过的门函数右移 $\tau/2$ 而得到，即

$$f(t)=g_\tau\left(t-\frac{\tau}{2}\right)$$

从例 3.4-1 可知

$$g_\tau(t)\leftrightarrow\tau\,\mathrm{Sa}\left(\frac{\omega\tau}{2}\right)$$

据时移性质，则有

$$f(t)\leftrightarrow\tau\,\mathrm{Sa}\left(\frac{\omega\tau}{2}\right)\mathrm{e}^{-\mathrm{j}\frac{\tau\omega}{2}}$$

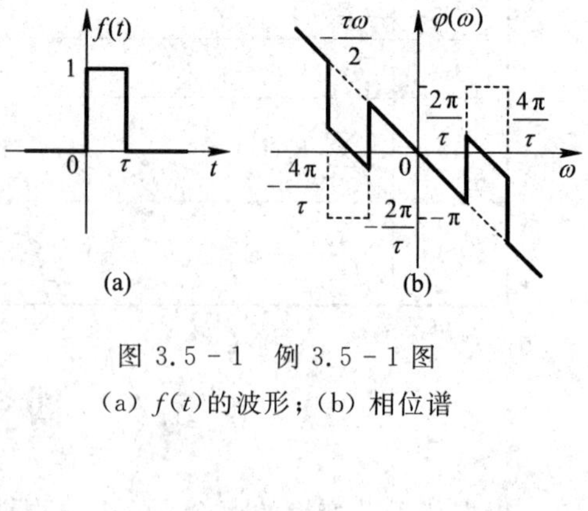

图 3.5-1　例 3.5-1 图

(a) $f(t)$的波形；(b) 相位谱

此信号的幅度谱与图 3.4-1(c)所示的幅度谱完全一样，这里不再重画。而其相位谱比图

3.4－1(d)所示的相位要落后 $\tau\omega/2$，$f(t)$的相位谱示于图 3.5－1(b)中。

3. 频移性

若 $f(t)\leftrightarrow F(\mathrm{j}\omega)$，且 ω_0 为实常数，则

$$f(t)\mathrm{e}^{\mathrm{j}\omega_0 t}\leftrightarrow F(\mathrm{j}(\omega-\omega_0)) \tag{3.5-5}$$

此性质可证明如下。将信号 $f(t)\mathrm{e}^{\mathrm{j}\omega_0 t}$代入式(3.5－2)得

$$\mathscr{F}[f(t)\mathrm{e}^{\mathrm{j}\omega_0 t}]=\int_{-\infty}^{\infty} f(t)\mathrm{e}^{\mathrm{j}\omega_0 t}\mathrm{e}^{-\mathrm{j}\omega t}\,\mathrm{d}t=\int_{-\infty}^{\infty} f(t)\mathrm{e}^{-\mathrm{j}(\omega-\omega_0)t}\,\mathrm{d}t=F(\mathrm{j}(\omega-\omega_0))$$

此性质表明，在频域中将频谱沿频率轴右移 ω_0，则在时域中，对应于将信号 $f(t)$乘以虚指数函数 $\mathrm{e}^{\mathrm{j}\omega_0 t}$。

虽然在实际上我们一般遇不到 $f(t)\mathrm{e}^{\mathrm{j}\omega_0 t}$这样的复信号，但频移性质在实际中仍有着广泛的应用。特别在无线电领域中，诸如调制、混频、同步解调等都需要进行频谱的搬移。频谱搬移的原理是将信号 $f(t)$乘以载频信号 $\cos\omega_0 t$ 或 $\sin\omega_0 t$，从而得到 $f(t)\cos\omega_0 t$ 或 $f(t)\sin\omega_0 t$ 的信号。因为

$$\cos\omega_0 t=\frac{1}{2}(\mathrm{e}^{\mathrm{j}\omega_0 t}+\mathrm{e}^{-\mathrm{j}\omega_0 t})$$

$$\sin\omega_0 t=\frac{1}{2\mathrm{j}}(\mathrm{e}^{\mathrm{j}\omega_0 t}-\mathrm{e}^{-\mathrm{j}\omega_0 t})$$

依据频移性质，可以导出

$$\begin{cases}\mathscr{F}[f(x)\cos\omega_0 t]=\dfrac{1}{2}[F(\mathrm{j}(\omega-\omega_0))+F(\mathrm{j}(\omega+\omega_0))]\\[2ex] \mathscr{F}[f(t)\sin\omega_0 t]=\dfrac{1}{2\mathrm{j}}[F(\mathrm{j}(\omega-\omega_0))-F(\mathrm{j}(\omega+\omega_0))]\end{cases} \tag{3.5-6}$$

式(3.5－6)所示的关系式也称为**调制定理**。

例 3.5－2　求高频脉冲信号 $f(t)$[图 3.5－2(a)]的频谱。

解　图 3.5－2(a)所示高频脉冲信号 $f(t)$可以表述为门函数 $g_\tau(t)$与 $\cos\omega_0 t$ 相乘，即

$$f(t)=g_\tau(t)\cos\omega_0 t$$

因为

$$g_\tau(t)\leftrightarrow\tau\,\mathrm{Sa}\left(\frac{\omega\tau}{2}\right)$$

据调制定理有

$$\mathscr{F}[f(t)]=\frac{\tau}{2}\left[\mathrm{Sa}\left(\frac{(\omega-\omega_0)\tau}{2}\right)+\mathrm{Sa}\left(\frac{(\omega+\omega_0)\tau}{2}\right)\right]$$

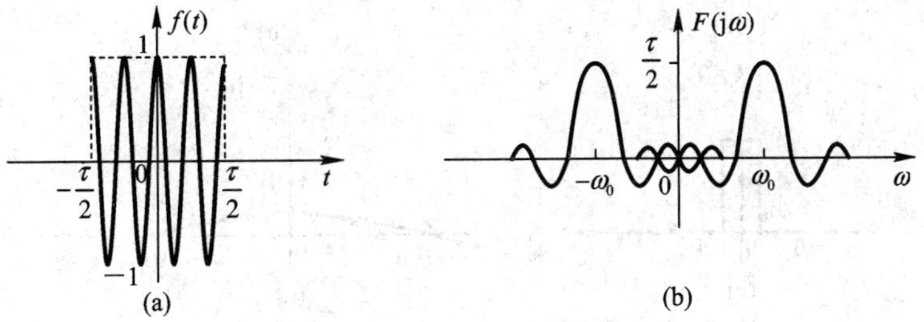

图 3.5－2　高频脉冲信号及其频谱

(a) $f(t)$的波形；(b) 频谱

$f(t)$的频谱可将图 3.4－1(b)所示频谱左右各移 ω_0，如图 3.5－2(b)所示。

4. 尺度变换

若 $f(t) \leftrightarrow F(\mathrm{j}\omega)$，$a$ 为实常数($a \neq 0$)，则

$$f(at) \leftrightarrow \frac{1}{|a|}F\left(\mathrm{j}\,\frac{\omega}{a}\right) \tag{3.5-7}$$

证 将 $f(at)$代入傅里叶正变换的定义式(3.5－2)，有

$$\mathscr{F}[f(at)] = \int_{-\infty}^{\infty} f(at)\mathrm{e}^{-\mathrm{j}\omega t}\,\mathrm{d}t$$

令 $x=at$，则 $t=x/a$，$\mathrm{d}x=a\,\mathrm{d}t$，因而可得

当 $a>0$ 时：

$$\mathscr{F}[f(at)] = \int_{-\infty}^{\infty} f(x)\mathrm{e}^{-\mathrm{j}\frac{\omega}{a}x} \cdot \frac{1}{a}\,\mathrm{d}x = \frac{1}{a}\int_{-\infty}^{\infty} f(x)\mathrm{e}^{-\mathrm{j}\frac{\omega}{a}x}\,\mathrm{d}x = \frac{1}{a}F\left(\mathrm{j}\,\frac{\omega}{a}\right)$$

当 $a<0$ 时：

$$\mathscr{F}[f(at)] = \int_{\infty}^{-\infty} f(x)\mathrm{e}^{-\mathrm{j}\frac{\omega}{a}x} \cdot \frac{1}{a}\,\mathrm{d}x = \frac{1}{-a}\int_{-\infty}^{\infty} f(x)\mathrm{e}^{-\mathrm{j}\frac{\omega}{a}x}\,\mathrm{d}x = \frac{1}{-a}F\left(\mathrm{j}\,\frac{\omega}{a}\right)$$

由以上两种情况可知

$$f(at) \leftrightarrow \frac{1}{|a|}F\left(\mathrm{j}\,\frac{\omega}{a}\right)$$

此性质表明，将信号 $f(t)$在时间轴上压缩至 $1/a$，则其对应的频谱在 ω 轴上要扩展 a 倍，同时频谱的幅度也减小到原来的 $1/|a|$。

现在以图 3.5－3 中的 $f_1(t)$、$f_2(t)$为例，讨论信号的尺度变换。

图 3.5－3(a)所示的信号 $f_1(t)$，可写成宽度 τ 等于 1 的门函数，即

$$f_1(t) = \begin{cases} 1 & -0.5 < t < 0.5 \\ 0 & \text{其余} \end{cases}$$

利用例 3.4－1 的结果，可得

$$f_1(t) \leftrightarrow \mathrm{Sa}\left(\frac{\omega}{2}\right)$$

其频谱示于图 3.5－3(b)中。

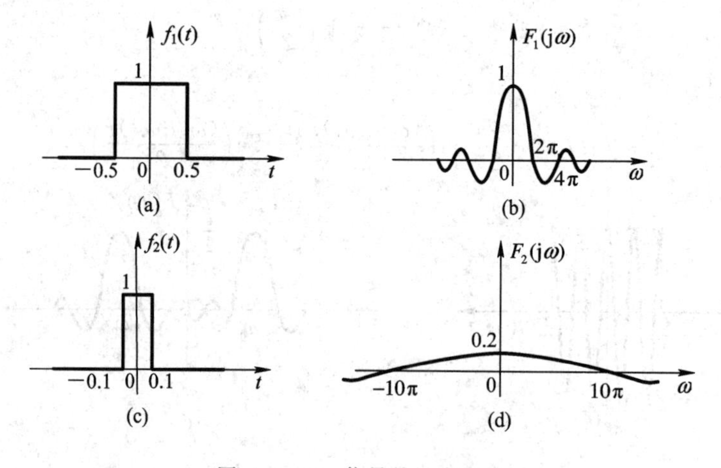

图 3.5－3 信号的尺度变换

图 3.5－3 中的另一信号 $f_2(t)=f_1(5t)$，则 $f_2(t)$可表述为

$$f_2(t)=\begin{cases}1 & -0.1<t<0.1\\ 0 & \text{其余}\end{cases}$$

显然，$f_2(t)$的图形为将 $f_1(t)$的图形在时间轴上压缩至1/5，将其示于图 3.5－3 (c)中。据尺度变换性质，有

$$\mathscr{F}[f_2(t)]=\frac{1}{5}\,\mathrm{Sa}\left(\frac{\omega/5}{2}\right)=0.2\,\mathrm{Sa}\left(\frac{\omega}{10}\right)$$

将其画于图 3.5－3(d)。显然，其频谱在 ω 轴扩展了 5 倍，而幅度也下降为原幅度的 1/5。

尺度变换性质表明，信号的持续时间与其频带宽度成反比。在通信系统中，为了快速传输信号，对信号进行时域压缩，将以扩展频带为代价，故在实际应用中要权衡考虑。

在尺度变换性质中，当 $a=-1$ 时，有

$$f(-t)\leftrightarrow F(-\mathrm{j}\omega) \tag{3.5-8}$$

上式也称为时间**倒置定理**。

例 3.5－3　若已知 $f(t)\leftrightarrow F(\mathrm{j}\omega)$，试求 $f(at-b)$的频谱函数。

解　此题可用不同的方法来求解。

(1) 先利用时移性质，有

$$f(t-b)\leftrightarrow F(\mathrm{j}\omega)\mathrm{e}^{-\mathrm{j}\omega b}$$

再用尺度变换，从而得

$$f(at-b)\leftrightarrow\frac{1}{|a|}F\left(\mathrm{j}\,\frac{\omega}{a}\right)\mathrm{e}^{-\mathrm{j}\frac{\omega}{a}b}$$

(2) 先利用尺度变换性质，有

$$f(at)\leftrightarrow\frac{1}{|a|}F\left(\mathrm{j}\,\frac{\omega}{a}\right)$$

再用时移性质，在此要注意时移性质是对 t 时移，而不是对 at 时移，从而有

$$f(at-b)=f\left[a\left(t-\frac{b}{a}\right)\right]$$

所以可得

$$f(at-b)\leftrightarrow\frac{1}{|a|}F\left(\mathrm{j}\,\frac{\omega}{a}\right)\mathrm{e}^{-\mathrm{j}\frac{b}{a}\omega}$$

5. 对称性

若 $f(t)\leftrightarrow F(\mathrm{j}\omega)$，则

$$F(\mathrm{j}t)\leftrightarrow 2\pi f(-\omega) \tag{3.5-9}$$

证　据傅里叶反变换的关系式(3.5－1)，即

$$f(t)=\frac{1}{2\pi}\int_{-\infty}^{\infty}F(\mathrm{j}\omega)\mathrm{e}^{\mathrm{j}\omega t}\,\mathrm{d}\omega$$

令 $x=-t$，上式可写为

$$f(-x)=\frac{1}{2\pi}\int_{-\infty}^{\infty}F(\mathrm{j}\omega)\mathrm{e}^{-\mathrm{j}\omega x}\,\mathrm{d}\omega$$

将上式中的 x 换为 ω，ω 换为 t，可得

$$f(-\omega)=\frac{1}{2\pi}\int_{-\infty}^{\infty}F(\mathrm{j}t)\mathrm{e}^{-\mathrm{j}t\omega}\,\mathrm{d}t$$

从而有

$$2\pi f(-\omega)=\int_{-\infty}^{\infty}F(\mathrm{j}t)\mathrm{e}^{-\mathrm{j}\omega t}\,\mathrm{d}t$$

此式表明时间函数 $F(\mathrm{j}t)$ 的频谱函数为 $2\pi f(-\omega)$，即式(3.5－9)成立。

利用对称性质，可以很方便地求某些信号的频谱，特别是有些直接利用定义式无法求解的信号，往往利用对称性即可求得。

例如，直流信号 1 不满足绝对可积条件，直接利用定义式无法求得其频谱。在例 3.4－6 中，我们应用分配函数的概念才能求得其频谱。然而利用对称性，这个问题的求解变得十分简单。我们知道

$$\delta(t)\leftrightarrow 1$$

利用对称性，显然有

$$1\leftrightarrow 2\pi\delta(\omega)$$

又如，取样函数 $\mathrm{Sa}(\pi t)=\dfrac{\sin \pi t}{\pi t}$ 也无法直接用定义式求得其频谱，然而利用对称性，同样可简单地求得其频谱。

我们知道，门函数的频谱为

$$g_{\tau}(t)\leftrightarrow \tau\,\mathrm{Sa}\left(\frac{\omega\tau}{2}\right)$$

显然有

$$g_{2\pi}(t)\leftrightarrow 2\pi\,\mathrm{Sa}(\pi\omega)$$

利用对称性可得

$$2\pi\,\mathrm{Sa}(\pi t)\leftrightarrow 2\pi g_{2\pi}(\omega)$$

所以有

$$\mathrm{Sa}(\pi t)\leftrightarrow g_{2\pi}(\omega)$$

其波形示于图 3.5－4 中。

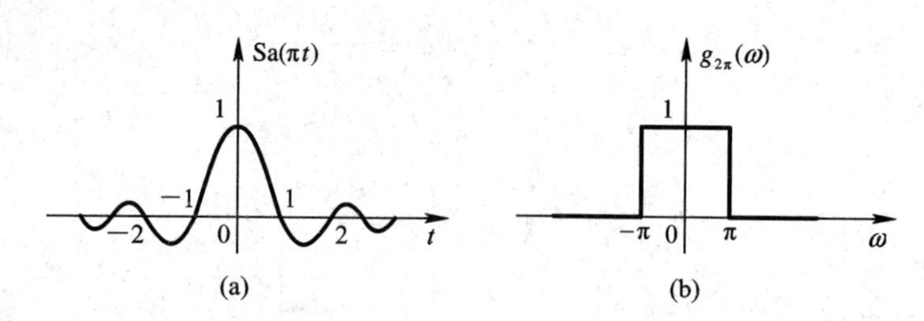

图 3.5－4 取样函数 $\mathrm{Sa}(\pi t)$ 及其频谱

(a) $\mathrm{Sa}(\pi t)$ 的波形；(b) 频谱

6. 时域卷积

若 $f_1(t)\leftrightarrow F_1(\mathrm{j}\omega)$，$f_2(t)\leftrightarrow F_2(\mathrm{j}\omega)$，则

$$f_1(t)*f_2(t)\leftrightarrow F_1(\mathrm{j}\omega)\cdot F_2(\mathrm{j}\omega)\qquad(3.5-10)$$

下面对此定理进行证明。依据卷积积分的定义

$$f_1(t)*f_2(t)=\int_{-\infty}^{\infty}f_1(\tau)f_2(t-\tau)\,\mathrm{d}\tau$$

将其代入求傅里叶正变换的定义式(3.5－2)，得

$$\mathscr{F}[f_1(t)*f_2(t)]=\int_{-\infty}^{\infty}\left[\int_{-\infty}^{\infty}f_1(\tau)f_2(t-\tau)\,\mathrm{d}\tau\right]\mathrm{e}^{-\mathrm{j}\omega t}\,\mathrm{d}t$$
$$=\int_{-\infty}^{\infty}f_1(\tau)\left[\int_{-\infty}^{\infty}f_2(t-\tau)\mathrm{e}^{-\mathrm{j}\omega t}\,\mathrm{d}t\right]\mathrm{d}\tau$$

由时移性质知

$$\int_{-\infty}^{\infty}f_2(t-\tau)\mathrm{e}^{-\mathrm{j}\omega t}\,\mathrm{d}t=F_2(\mathrm{j}\omega)\mathrm{e}^{-\mathrm{j}\omega\tau}$$

从而有

$$\mathscr{F}[f_1(t)*f_2(t)]=F_2(\mathrm{j}\omega)\int_{-\infty}^{\infty}f_1(\tau)\mathrm{e}^{-\mathrm{j}\omega\tau}\,\mathrm{d}\tau=F_2(\mathrm{j}\omega)\cdot F_1(\mathrm{j}\omega)$$

在信号与系统分析中卷积性质占有重要地位，它将系统分析中的时域方法与频域方法紧密联系在一起。在时域分析中，求某线性系统的零状态响应时，若已知外加信号 $f(t)$ 及系统的单位冲激响应 $h(t)$，则有

$$y_{\mathrm{zs}}(t)=f(t)*h(t)$$

在频域分析中，若知道 $F(\mathrm{j}\omega)=\mathscr{F}[f(t)]$，$H(\mathrm{j}\omega)=\mathscr{F}[h(t)]$，则据卷积性质可知

$$\mathscr{F}[y_{\mathrm{zs}}(t)]=H(\mathrm{j}\omega)\cdot F(\mathrm{j}\omega)$$

将此式进行傅里叶反变换就可得系统的零状态响应 $y_{\mathrm{f}}(t)$。

7. 频域卷积

若 $f_1(t)\leftrightarrow F_1(\mathrm{j}\omega)$，$f_2(t)\leftrightarrow F_2(\mathrm{j}\omega)$，则

$$f_1(t)\cdot f_2(t)\leftrightarrow\frac{1}{2\pi}[F_1(\mathrm{j}\omega)*F_2(\mathrm{j}\omega)]\tag{3.5 - 11}$$

应注意，式(3.5 - 11)中的卷积是对变量 ω 进行的，即

$$F_1(\mathrm{j}\omega)*F_2(\mathrm{j}\omega)=\int_{-\infty}^{\infty}F_1(\mathrm{j}\eta)F_2(\mathrm{j}(\omega-\eta))\,\mathrm{d}\eta$$

此性质可证明如下。根据傅里叶反变换的定义式(3.5 - 1)，有

$$\mathscr{F}^{-1}\left[\frac{1}{2\pi}[F_1(\mathrm{j}\omega)*F_2(\mathrm{j}\omega)]\right]=\frac{1}{2\pi}\int_{-\infty}^{\infty}\left[\frac{1}{2\pi}\int_{-\infty}^{\infty}F_1(\mathrm{j}\eta)F_2(\mathrm{j}(\omega-\eta))\mathrm{d}\eta\right]\mathrm{e}^{\mathrm{j}\omega t}\,\mathrm{d}\omega$$
$$=\frac{1}{2\pi}\int_{-\infty}^{\infty}F_1(\mathrm{j}\eta)\left[\frac{1}{2\pi}\int_{-\infty}^{\infty}F_2(\mathrm{j}(\omega-\eta))\mathrm{e}^{\mathrm{j}\omega t}\,\mathrm{d}\omega\right]\mathrm{d}\eta$$

应用频移性质，可知

$$\frac{1}{2\pi}\int_{-\infty}^{\infty}F_2(\mathrm{j}(\omega-\eta))\mathrm{e}^{\mathrm{j}\omega t}\,\mathrm{d}\omega=f_2(t)\mathrm{e}^{\mathrm{j}\eta t}$$

所以有

$$\mathscr{F}^{-1}\left[\frac{1}{2\pi}[F_1(\mathrm{j}\omega)*F_2(\mathrm{j}\omega)]\right]=\frac{1}{2\pi}\int_{-\infty}^{\infty}F_1(\mathrm{j}\eta)f_2(t)\mathrm{e}^{\mathrm{j}\eta t}\,\mathrm{d}\eta$$
$$=f_2(t)\cdot\frac{1}{2\pi}\int_{-\infty}^{\infty}F_1(\mathrm{j}\eta)\mathrm{e}^{\mathrm{j}\eta t}\mathrm{d}\eta=f_2(t)\cdot f_1(t)$$

故此频域卷积性质得证。频域卷积性质有时也称为**时域相乘性质**。

8. 时域微分

若 $f(t)\leftrightarrow F(\mathrm{j}\omega)$，则

$$\frac{\mathrm{d}f(t)}{\mathrm{d}t}\leftrightarrow\mathrm{j}\omega F(\mathrm{j}\omega)\tag{3.5 - 12}$$

此性质可证明如下。据傅里叶变换定义式，有

$$f(t)=\frac{1}{2\pi}\int_{-\infty}^{\infty}F(\mathrm{j}\omega)\mathrm{e}^{\mathrm{j}\omega t}\,\mathrm{d}\omega$$

上式两端对 t 求微分，从而得

$$\frac{\mathrm{d}f(t)}{\mathrm{d}t}=\frac{\mathrm{d}}{\mathrm{d}t}\left[\frac{1}{2\pi}\int_{-\infty}^{\infty}F(\mathrm{j}\omega)\mathrm{e}^{\mathrm{j}\omega t}\,\mathrm{d}\omega\right]=\frac{1}{2\pi}\int_{-\infty}^{\infty}F(\mathrm{j}\omega)\left[\frac{\mathrm{d}\mathrm{e}^{\mathrm{j}\omega t}}{\mathrm{d}t}\right]\mathrm{d}\omega=\frac{1}{2\pi}\int_{-\infty}^{\infty}\mathrm{j}\omega F(\mathrm{j}\omega)\mathrm{e}^{\mathrm{j}\omega t}\,\mathrm{d}\omega$$

因此有

$$\frac{\mathrm{d}f(t)}{\mathrm{d}t}\leftrightarrow \mathrm{j}\omega F(\mathrm{j}\omega)$$

例如，我们知道 $\delta(t)\leftrightarrow 1$，利用时域微分性质显然有

$$\delta'(t)\leftrightarrow \mathrm{j}\omega$$

此性质还可推广到 $f(t)$的 n 阶导数，即

$$\frac{\mathrm{d}^n f(t)}{\mathrm{d}t^n}\leftrightarrow(\mathrm{j}\omega)^n F(\mathrm{j}\omega)\tag{3.5-13}$$

此性质表明，在时域中对信号 $f(t)$求导数，对应于频域中用 $\mathrm{j}\omega$ 乘 $f(t)$的频谱函数。如果应用此性质对微分方程两端求傅里叶变换，即可将微分方程变换成代数方程。从理论上讲，这就为微分方程的求解找到了一种新的方法。

9. 时域积分

若 $f(t)\leftrightarrow F(\mathrm{j}\omega)$，则

$$\int_{-\infty}^{t}f(x)\,\mathrm{d}x\leftrightarrow \pi F(0)\delta(\omega)+\frac{F(\mathrm{j}\omega)}{\mathrm{j}\omega}\tag{3.5-14}$$

如果 $F(0)=0$，则有

$$\int_{-\infty}^{t}f(x)\,\mathrm{d}x\leftrightarrow \frac{F(\mathrm{j}\omega)}{\mathrm{j}\omega}\tag{3.5-15}$$

证 由于 $f(t)*\varepsilon(t)=\int_{-\infty}^{\infty}f(\tau)\varepsilon(t-\tau)\,\mathrm{d}\tau=\int_{-\infty}^{t}f(\tau)\,\mathrm{d}\tau$，即

$$\int_{-\infty}^{t}f(x)\,\mathrm{d}x=f(t)*\varepsilon(t)$$

应用时域卷积性质，有

$$\mathscr{F}\left[\int_{-\infty}^{t}f(x)\,\mathrm{d}x\right]=\mathscr{F}[f(t)]\cdot\mathscr{F}[\varepsilon(t)]=F(\mathrm{j}\omega)\cdot\left[\pi\delta(\omega)+\frac{1}{\mathrm{j}\omega}\right]=\pi F(0)\delta(\omega)+\frac{F(\mathrm{j}\omega)}{\mathrm{j}\omega}$$

从而式(3.5-14)得证。

时域积分性质多用于 $F(0)=0$ 的情况，而 $F(0)=0$ 表明 $f(t)$的频谱函数中直流分量的频谱密度为零。

由于 $F(\mathrm{j}\omega)=\int_{-\infty}^{\infty}f(t)\mathrm{e}^{-\mathrm{j}\omega t}\,\mathrm{d}t$，显然有 $F(0)=\int_{-\infty}^{\infty}f(t)\,\mathrm{d}t$。也就是说，$F(0)=0$ 等效于 $\int_{-\infty}^{\infty}f(t)\,\mathrm{d}t=0$，即当 $f(t)$波形在 t 轴上、下两部分面积相等时，$F(0)=0$，从而有

$$\int_{-\infty}^{t}f(x)\,\mathrm{d}x\leftrightarrow \frac{F(\mathrm{j}\omega)}{\mathrm{j}\omega}$$

例 3.5-4 求图 3.5-5(a)所示梯形信号 $f(t)$的频谱函数。

解 若直接按定义求图示信号的频谱，会遇到形如 $t\mathrm{e}^{-\mathrm{j}\omega t}$ 的繁复积分求解问题。而利用

时域积分性质，则很容易求解。

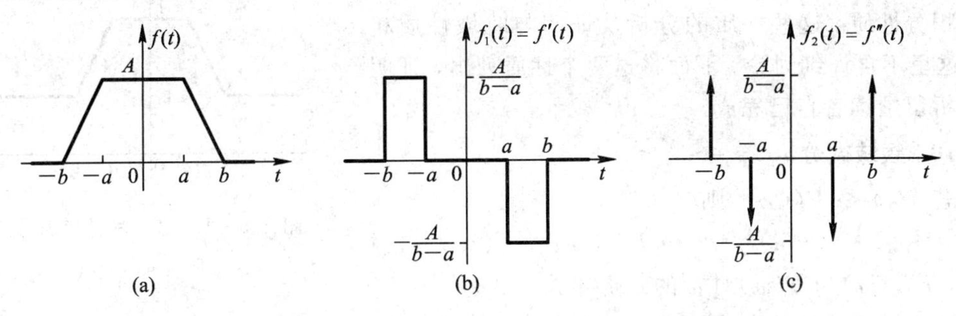

图 3.5-5　梯形信号及其求导的波形

(a) $f(t)$波形；(b) $f_1(t)=f'(t)$波形；(c) $f_2(t)=f''(t)$波形

将 $f(t)$求导，得到图 3.5-5(b)所示的波形 $f_1(t)$，将 $f_1(t)$再求导，得到图 3.5-5(c)所示的 $f_2(t)$，显然有

$$f_2(t)=f_1'(t)=f''(t)=\frac{A}{b-a}[\delta(t+b)-\delta(t+a)-\delta(t-a)+\delta(t-b)]$$

据时移性质有

$$\begin{aligned}f_2(t)\leftrightarrow F_2(\mathrm{j}\omega)&=\frac{A}{b-a}[\mathrm{e}^{\mathrm{j}\omega b}-\mathrm{e}^{\mathrm{j}\omega a}-\mathrm{e}^{-\mathrm{j}\omega a}+\mathrm{e}^{-\mathrm{j}\omega b}]\\&=\frac{2A}{b-a}[\cos\omega b-\cos\omega a]\end{aligned}$$

而 $f_1(t)=\int_{-\infty}^{t}f_2(x)\,\mathrm{d}x$，又从 $f_2(t)$ 的波形可看出：$\int_{-\infty}^{\infty}f_2(t)\,\mathrm{d}t=0$，即 $F_2(0)=0$。

应用时域积分性质，有

$$f_1(t)\leftrightarrow F_1(\mathrm{j}\omega)=\frac{F_2(\mathrm{j}\omega)}{\mathrm{j}\omega}=\frac{2A}{\mathrm{j}\omega(b-a)}[\cos\omega b-\cos\omega a]$$

而 $f(t)=\int_{-\infty}^{t}f_1(x)\,\mathrm{d}x$。同样从 $f_1(t)$ 的波形可看出 $\int_{-\infty}^{\infty}f_1(t)\,\mathrm{d}t=0$，即 $F_1(0)=0$。因而可以按求 $F_1(\mathrm{j}\omega)\to F_2(\mathrm{j}\omega)\to F(\mathrm{j}\omega)$的次序，求得梯形脉冲 $f(t)$的频谱 $F(\mathrm{j}\omega)$。

$$f(t)\leftrightarrow F(\mathrm{j}\omega)=\frac{F_1(\mathrm{j}\omega)}{\mathrm{j}\omega}=\frac{2A}{b-a}\left(\frac{\cos\omega a-\cos\omega b}{\omega^2}\right)$$

在应用性质 $\int_{-\infty}^{t}f(x)\,\mathrm{d}x\leftrightarrow\frac{F(\mathrm{j}\omega)}{\mathrm{j}\omega}$ 时，应特别注意 $F(0)=0$ 这个前提条件。例如，我们知道 $\delta(t)\leftrightarrow 1$，而 $\varepsilon(t)=\int_{-\infty}^{t}\delta(x)\,\mathrm{d}x$，但 $\varepsilon(t)$ 的频谱函数决不是 $\frac{1}{\mathrm{j}\omega}$。由于 $F(0)=\int_{-\infty}^{\infty}\delta(t)\,\mathrm{d}t=1$，因而有

$$\varepsilon(t)\leftrightarrow\pi F(0)\delta(\omega)+\frac{F(\mathrm{j}\omega)}{\mathrm{j}\omega}=\pi\delta(\omega)+\frac{1}{\mathrm{j}\omega}$$

此外还应注意，有些信号 $f(t)$的导数为 $f'(t)$，但 $f'(t)$的积分并不是 $f(t)$，即 $\int_{-\infty}^{t}f'(x)\,\mathrm{d}x\neq f(t)$。如图 3.5-6 所示波形，其一阶导数、二阶导数的波形显然与图 3.5-5(b)、(c)的波形一样，但 $f_1(t)$的积分决不是图 3.5-6 的波形。对图 3.5-6 的信号可分解为直流分量 1 与图 3.5-5(a)所示波形相加，利用线性性质即可求得其频谱。

与时域微分、时域积分性质对应，还有频域微分、频域积分性质。这些性质的分析及证明与时域性质相似，这里不再详细讨论。下面将这两个性质列出，证明和分析留给读者自己完成。

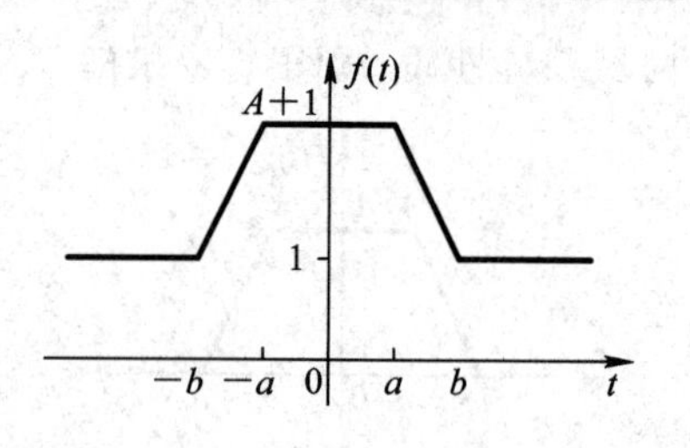

图 3.5－6　另一种梯形信号

10. 频域微分

若 $f(t) \leftrightarrow F(\mathrm{j}\omega)$，则

$$(-\mathrm{j}t)^n f(t) \leftrightarrow F^{(n)}(\mathrm{j}\omega) \qquad (3.5-16)$$

式中，$F^{(n)}(\mathrm{j}\omega)$为$F(\mathrm{j}\omega)$对$\omega$的$n$阶导数。

读者试用此性质求$t\varepsilon(t)$的频谱函数。

11. 频域积分

若 $f(t) \leftrightarrow F(\mathrm{j}\omega)$，则

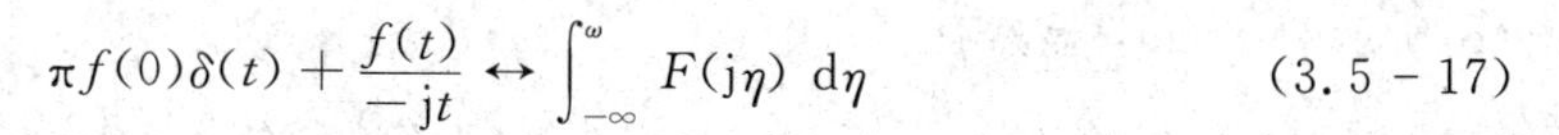

$$\pi f(0)\delta(t) + \frac{f(t)}{-\mathrm{j}t} \leftrightarrow \int_{-\infty}^{\omega} F(\mathrm{j}\eta)\,\mathrm{d}\eta \qquad (3.5-17)$$

如果 $f(0)=0$，则有

$$\frac{f(t)}{-\mathrm{j}t} \leftrightarrow \int_{-\infty}^{\omega} F(\mathrm{j}\eta)\,\mathrm{d}\eta \qquad (3.5-18)$$

读者试利用此性质求信号$\dfrac{\sin t}{t}$的频谱函数。

12. 帕塞瓦尔定理

设 $f(t) \leftrightarrow F(\mathrm{j}\omega)$，则

$$\int_{-\infty}^{\infty} f^2(t)\,\mathrm{d}t = \frac{1}{2\pi}\int_{-\infty}^{\infty} |F(\omega)|^2\,\mathrm{d}\omega \qquad (3.5-19)$$

在周期信号的傅里叶级数讨论中，我们曾得到周期信号的帕塞瓦尔定理，即

$$\frac{1}{T}\int_{-\frac{T}{2}}^{\frac{T}{2}} f^2(t)\,\mathrm{d}t = \sum_{n=-\infty}^{\infty} |F_n|^2$$

此式表明，周期信号的功率等于该信号在完备正交函数集中各分量功率之和。一般来说，非周期信号不是功率信号，其平均功率为零，但其能量为有限值，因而是一个能量信号。非周期信号的总能量W为

$$W = \int_{-\infty}^{\infty} f^2(t)\,\mathrm{d}t$$

非周期信号的帕塞瓦尔定理表明，对非周期信号，在时域中求得的信号能量与频域中求得的信号能量相等。由于$|F(\mathrm{j}\omega)|^2$是ω的偶函数，因而式(3.5－19)还可写为

$$W = \int_{-\infty}^{\infty} f^2(t)\,\mathrm{d}t = \frac{1}{2\pi}\int_{-\infty}^{\infty} |F(\mathrm{j}\omega)|^2\,\mathrm{d}\omega = \frac{1}{\pi}\int_{0}^{\infty} |F(\mathrm{j}\omega)|^2\,\mathrm{d}\omega \qquad (3.5-20)$$

非周期信号是由无限多个振幅为无穷小的频率分量组成的，各频率分量的能量也为无穷小量。为了表明信号能量在频率分量上的分布情况，与频谱密度函数相似，引入一个**能量密度频谱函数**，简称为**能量谱**。能量谱$G(\omega)$为各频率点上单位频带中的信号能量，所以信号在整个频率范围的全部能量为

$$W = \int_{0}^{\infty} G(\omega)\,\mathrm{d}\omega \qquad (3.5-21)$$

与式(3.5－20)对照，显然有

$$G(\omega)=\frac{1}{\pi}\mid F(\mathrm{j}\omega)\mid^{2} \tag{3.5-22}$$

据此，可以画出信号的能量频谱。

13. 周期信号的傅里叶变换

设 $f(t)$为周期信号，其周期为 T，依据周期信号的傅里叶级数分析，可将其表示为指数形式的傅里叶级数，即

$$f(t)=\sum_{n=-\infty}^{\infty}F_{n}\mathrm{e}^{\mathrm{j}n\Omega t}\qquad n=0,\pm1,\pm2,\cdots$$

式中，Ω为基波角频率($\Omega=2\pi/T$)，F_n 为复振幅，其表达式为

$$F_{n}=\frac{1}{T}\int_{-\frac{T}{2}}^{\frac{T}{2}}f(t)\mathrm{e}^{-\mathrm{j}n\Omega t}\,\mathrm{d}t$$

对周期信号 $f(t)$求傅里叶变换，从而有

$$\mathscr{F}[f(t)]=\mathscr{F}\left[\sum_{n=-\infty}^{\infty}F_{n}\mathrm{e}^{\mathrm{j}n\Omega t}\right]=\sum_{n=-\infty}^{\infty}F_{n}\cdot\mathscr{F}[\mathrm{e}^{\mathrm{j}n\Omega t}]$$

据傅里叶变换的频移性质，可知

$$\mathrm{e}^{\mathrm{j}n\Omega t}\leftrightarrow 2\pi\delta(\omega-n\Omega)$$

所以得到

$$\mathscr{F}[f(t)]=2\pi\sum_{n=-\infty}^{\infty}F_{n}\delta(\omega-n\Omega)\qquad(n=0,\pm1,\pm2,\cdots) \tag{3.5-23}$$

式(3.5－23)表明，周期信号的频谱函数由无限多个冲激函数组成，各冲激函数位于周期信号 $f(t)$的各次谐波 $n\Omega$ 处，且冲击强度为$|F_n|$的 2π 倍。这与我们前面的分析是一致的。

从上面的分析还可看出，引入冲激函数之后，对周期信号也能进行傅里叶变换，从而对周期信号和非周期信号可以统一处理，这给信号与系统的频域分析带来很大方便。

例 3.5－5　求图 3.5－7(a)所示周期矩形脉冲 $f(t)$的频谱函数 $F(\mathrm{j}\omega)$。

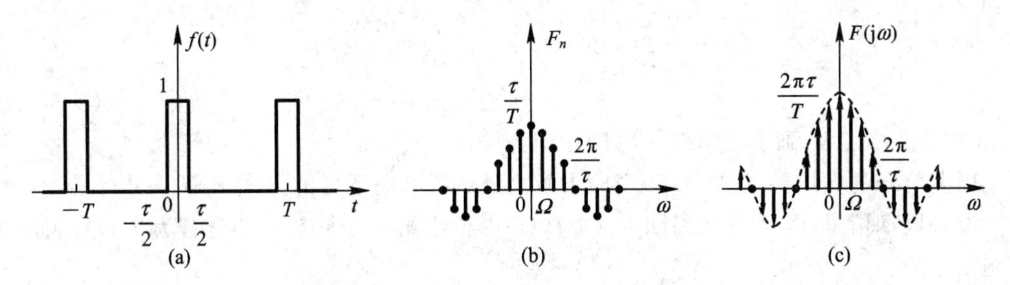

图 3.5－7　周期矩形脉冲信号及其频谱

(a) $f(t)$的波形；(b) 复振幅 F_n；(c) 频谱函数 $F(\mathrm{j}\omega)$

解　周期矩形脉冲 $f(t)$的复振幅 F_n 为

$$F_{n}=\frac{1}{T}\int_{-\frac{T}{2}}^{\frac{T}{2}}f(t)\mathrm{e}^{-\mathrm{j}n\Omega t}\,\mathrm{d}t=\frac{1}{T}\int_{-\frac{\tau}{2}}^{\frac{\tau}{2}}1\cdot\mathrm{e}^{-\mathrm{j}n\Omega t}\,\mathrm{d}t=\frac{\tau}{T}\,\mathrm{Sa}\left(\frac{n\Omega\tau}{2}\right)\qquad(n=0,\pm1,\pm2,\cdots)$$

$f(t)$的傅里叶级数的频谱画于图 3.5－7(b)中。

由求周期信号频谱函数的关系式(3.5－23)可得

$$\mathscr{F}[f(t)]=2\pi\sum_{n=-\infty}^{\infty}F_n\delta(\omega-n\Omega)=2\pi\sum_{n=-\infty}^{\infty}\frac{\tau}{T}\text{Sa}\left(\frac{n\Omega\tau}{2}\right)\delta(\omega-n\Omega)$$

$$=\frac{2\pi\tau}{T}\sum_{n=-\infty}^{\infty}\text{Sa}\left(\frac{n\Omega\tau}{2}\right)\delta(\omega-n\Omega)\qquad(n=0,\pm1,\pm2,\cdots)$$

$f(t)$的频谱函数如图 3.5-7(c)所示。

希望读者将 $F(\mathrm{j}\omega)$与 F_n 的谱线图认真对照比较，以进一步理解 $F(\mathrm{j}\omega)$与 F_n 的联系及区别。

例 3.5-6 图 3.5-8(a)为周期冲激函数序列 $\delta_T(t)$，其周期为 T，$\delta_T(t)$可表示为

$$\delta_T(t)=\sum_{m=-\infty}^{\infty}\delta(t-mT)\qquad m\text{ 为整数}$$

试求 $\delta_T(t)$的频谱函数。

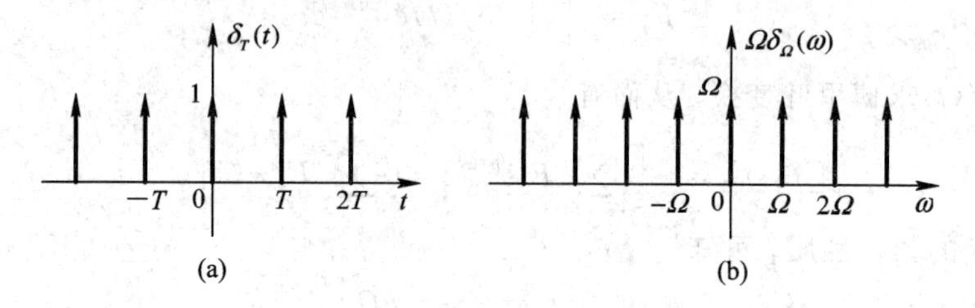

图 3.5-8 周期冲激序列及其频谱

解 先求 $\delta_T(t)$的复振幅 F_n：

$$F_n=\frac{1}{T}\int_{-\frac{T}{2}}^{\frac{T}{2}}\delta_T(t)\mathrm{e}^{-\mathrm{j}n\Omega t}\,\mathrm{d}t=\frac{1}{T}\int_{-\frac{T}{2}}^{\frac{T}{2}}\delta(t)\mathrm{e}^{-\mathrm{j}n\Omega t}\,\mathrm{d}t=\frac{1}{T}$$

将 F_n 代入式(3.5-23)，得

$$\mathscr{F}[\delta_T(t)]=2\pi\sum_{n=-\infty}^{\infty}F_n\delta(\omega-n\Omega)=\frac{2\pi}{T}\sum_{n=-\infty}^{\infty}\delta(\omega-n\Omega)=\Omega\sum_{n=-\infty}^{\infty}\delta(\omega-n\Omega)$$

可见，周期冲激函数序列 $\delta_T(t)$的傅里叶变换为一个在频域中周期为Ω的冲激序列。

若令 $\delta_\Omega(\omega)=\sum_{n=-\infty}^{\infty}\delta(\omega-n\Omega)$，则有

$$\delta_T(t)\leftrightarrow\Omega\delta_\Omega(\omega)\tag{3.5-24}$$

$\delta_T(t)$的频谱$\Omega\delta_\Omega(\omega)$画于图 3.5-8(b)中。

周期信号的频谱除按式(3.5-23)求解之外，还可按下面的方式求得。

设一周期信号 $f_T(t)$，其周期为 T，$f_T(t)$中位于第一个周期的信号若为 $f_a(t)$，则不难得到

$$f_T(t)=f_a(t)*\delta_T(t)=f_a(t)*\sum_{n=-\infty}^{\infty}\delta(t-nT)\tag{3.5-25}$$

应用傅里叶变换的卷积性质，有

$$\mathscr{F}[f_T(t)]=\mathscr{F}[f_a(t)]\cdot\mathscr{F}[\delta_T(t)]=\mathscr{F}[f_a(t)]\cdot\Omega\sum_{n=-\infty}^{\infty}\delta(\omega-n\Omega)\tag{3.5-26}$$

式中，$\Omega=\dfrac{2\pi}{T}$。

第一周期的信号 $f_a(t)$在$-\infty<t<\infty$时间范围为一非周期信号，因而可容易地求得其

傅里叶变换，代入式(3.5－26)即得周期信号 $f_T(t)$ 的频谱函数。

用此方法重新求例 3.5－5 所示周期脉冲信号的频谱。对例 3.5－5 的周期脉冲信号，式(3.5－26)中的 $f_a(t)$ 为门函数 $g_\tau(t)$，已经知道

$$\mathscr{F}[g_\tau(t)] = \tau\,\mathrm{Sa}\left(\frac{\omega\tau}{2}\right)$$

将其代入式(3.5－26)，有

$$\mathscr{F}[f_\tau(t)] = \tau\,\mathrm{Sa}\left(\frac{\omega\tau}{2}\right)\cdot\Omega\sum_{n=-\infty}^{\infty}\delta(\omega-n\Omega) = \frac{2\pi\tau}{T}\sum_{n=-\infty}^{\infty}\mathrm{Sa}\left(\frac{\omega\tau}{2}\right)\delta(\omega-n\Omega)$$

$$= \frac{2\pi\tau}{T}\sum_{n=-\infty}^{\infty}\mathrm{Sa}\left(\frac{n\Omega\tau}{2}\right)\delta(\omega-n\Omega)$$

其结果与例 3.5－5 所得结果完全相同。

以上讨论的傅里叶变换的性质列于表 3.2，以便查阅。

表 3.2　傅里叶变换的性质

性质名称	时　域	频　域
线性	$a_1f_1(t)+a_2f_2(t)$	$a_1F_1(\mathrm{j}\omega)+a_2F_2(\mathrm{j}\omega)$
时移	$f(t-t_0)$	$F(\mathrm{j}\omega)\mathrm{e}^{-\mathrm{j}\omega t_0}$
频移	$f(t)\mathrm{e}^{\mathrm{j}\omega_0 t}$	$F(\mathrm{j}(\omega-\omega_0))$
调制	$f(t)\cos\omega_0 t$	$\frac{1}{2}[F(\mathrm{j}(\omega+\omega_0))+F(\mathrm{j}(\omega-\omega_0))]$
	$f(t)\sin\omega_0 t$	$\frac{\mathrm{j}}{2}[F(\mathrm{j}(\omega+\omega_0))-F(\mathrm{j}(\omega-\omega_0))]$
尺度变换	$f(at)$	$\frac{1}{\vert a\vert}F\left(\mathrm{j}\frac{\omega}{a}\right)$
对称性	$F(\mathrm{j}t)$	$2\pi f(-\omega)$
卷积	$f_1(t)*f_2(t)$	$F_1(\mathrm{j}\omega)\cdot F_2(\mathrm{j}\omega)$
相乘	$f_1(t)\cdot f_2(t)$	$\frac{1}{2\pi}F_1(\mathrm{j}\omega)*F_2(\mathrm{j}\omega)$
时域微分	$\frac{\mathrm{d}^n f(t)}{\mathrm{d}t^n}$	$(\mathrm{j}\omega)^n F(\mathrm{j}\omega)$
时域积分	$\int_{-\infty}^{t} f(x)\mathrm{d}x$	$\pi F(0)\delta(\omega)+\frac{F(\mathrm{j}\omega)}{\mathrm{j}\omega}$
频域微分	$(-\mathrm{j}t)^n f(t)$	$\frac{\mathrm{d}^n F(\mathrm{j}\omega)}{\mathrm{d}\omega^n}$
频域积分	$\pi f(0)\delta(t)+\frac{f(t)}{-\mathrm{j}t}$	$\int_{-\infty}^{\omega} F(\mathrm{j}\eta)\,\mathrm{d}\eta$
帕塞瓦尔等式	$\int_{-\infty}^{\infty} f^2(t)\,\mathrm{d}t$	$\frac{1}{2\pi}\int_{-\infty}^{\infty}\vert F(\mathrm{j}\omega)\vert^2\,\mathrm{d}\omega$
周期信号的 $F(\mathrm{j}\omega)$	$\sum_{n=-\infty}^{\infty} F_n\,\mathrm{e}^{\mathrm{j}n\Omega t}$	$2\pi\sum_{n=-\infty}^{\infty} F_n\delta(\omega-n\Omega)$

3.6　连续信号的抽样定理

前面各节讨论的时间连续信号也称**模拟信号**，此类信号实际上是由模拟欲传输的信息而得到的一种电流或电压。由于受诸多因素的限制，一般模拟信号的加工处理质量不高。而数字信号仅用 0、1 来表示，它的加工处理比模拟信号有着无可比拟的优越性，因而受到广泛重视。随着数字技术及电子计算机的迅速发展，数字信号处理得到越来越广泛的应用，电子设备的数字化也已成为一种发展方向。

要得到数字信号，往往首先要对表示信息的模拟信号进行抽样，从而得到一系列离散时刻的样值信号，然后对此离散时刻的样值信号进行量化、编码，就可得到数字信号。可见，这里的一个关键环节就是**抽样**。现在的问题是，从模拟信号 $f(t)$ 中经抽样得到的离散时刻的样值信号 $f_s(t)$ 是否包含了 $f(t)$ 的全部信息，即从离散时刻的样值信号 $f_s(t)$ 能否恢复原来的模拟信号 $f(t)$？抽样定理正是说明这样一个重要问题的定理，它在通信理论中占有相当重要的地位。

3.6.1　信号的时域抽样定理

信号 $f(t)$ 抽样的工作原理可用图 3.6－1 表述。抽样器相当于一个定时开关，它每隔 T_s 秒闭合一次，每次闭合时间为 τ 秒，从而得到样值信号 $f_s(t)$。

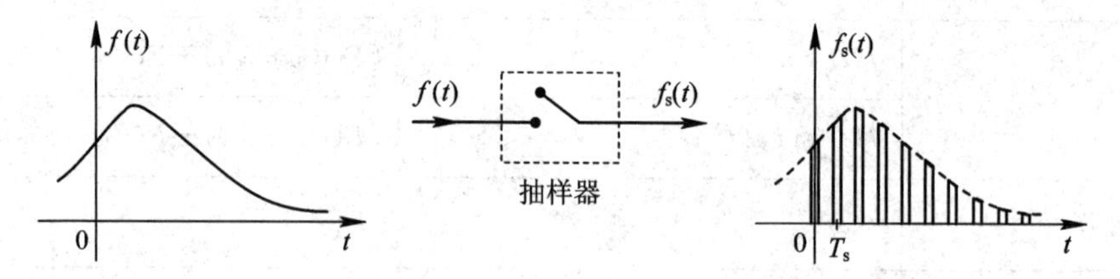

图 3.6－1　信号的抽样

由图 3.6－1 可知，样值信号 $f_s(t)$ 是一个脉冲序列，其脉冲幅度为此时刻 $f(t)$ 的值。这样每隔 T_s 抽样一次的抽样方式称为**均匀抽样**，T_s 称为**抽样周期**，$f_s=\dfrac{1}{T_s}$ 称为**抽样频率**，$\omega_s=2\pi f_s$ 称为**抽样角频率**。

图 3.6－1 所示的抽样原理从理论上分析可表述为 $f(t)$ 与抽样脉冲序列 $P_{T_s}(t)$ 的乘积，即

$$f_s(t) = f(t)\cdot P_{T_s}(t) \tag{3.6-1}$$

式中的抽样脉冲序列 $P_{T_s}(t)$ 如图 3.6－2 所示。它实际上就是例 3.5－5 所讨论过的周期矩形脉冲函数，可表示为

$$P_{T_s}(t) = \sum_{n=-\infty}^{\infty} g_\tau(t-nT_s) \tag{3.6-2}$$

如果抽样脉冲序列是周期冲激函数序列 $\delta_{T_s}(t)$，则抽样得到的样值函数也为一冲激函数序列，其各个冲激函数的冲激强度为该时刻 $f(t)$ 的瞬时值。这种抽样称为**理想抽样**，理想抽样的过程及有关波形示于图 3.6－3 中。

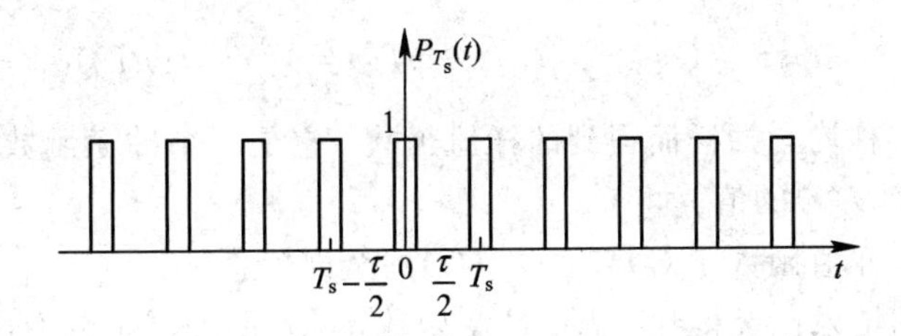

图 3.6－2　抽样脉冲序列 $P_{T_s}(t)$

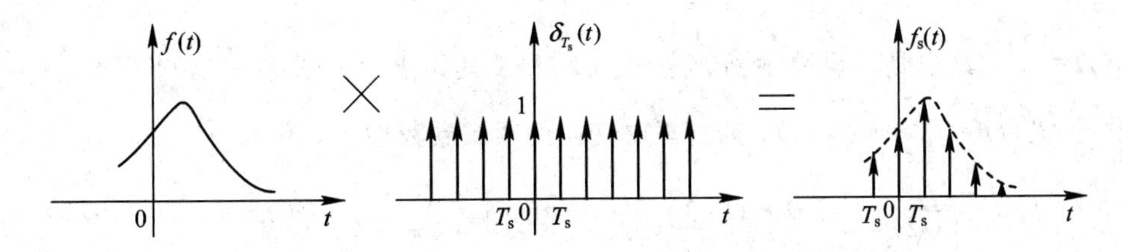

图 3.6－3　理想抽样的过程及其有关波形

1. 抽样定理

连续时间信号 $f(t)$的时域抽样定理可表述为：在频率 f_m(Hz)以上没有频谱分量的带限信号，由它在均匀间隔上的抽样值唯一地决定，只要其抽样间隔 T_s 小于或等于$\frac{1}{2f_m}$(s)。

由抽样定理可知，要求被抽样的信号 $f(t)$为带限信号，即频带有限的信号。其最高频率为 f_m，最高角频率 $\omega_m=2\pi f_m$，即当$|\omega|>\omega_m$ 时，$F(j\omega)=0$。带限信号的概念示于图 3.6－4 中。

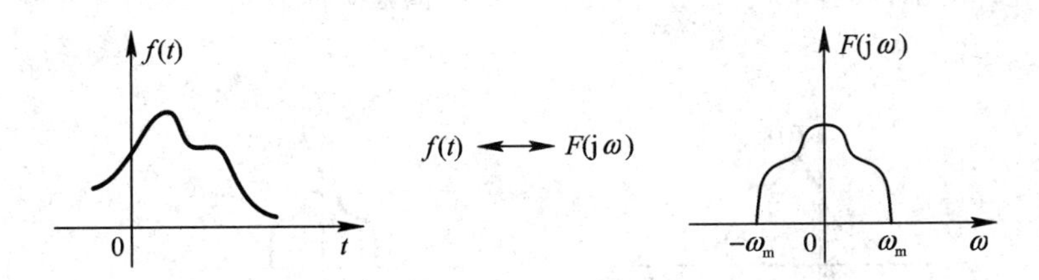

图 3.6－4　带限信号及其频谱

抽样定理表明，对 $f(t)$每隔 $T_s\left(T_s\leqslant\frac{1}{2f_m}\right)$抽样一次，或者说以每秒大于或等于 $2f_m$ 的速率进行抽样，抽得由样值…，f_0，f_1，f_2，…组成的函数 $f_s(t)$，它包含了 $f(t)$的每一时刻的信息。这里特别强调，抽样速率必须至少等于 $f(t)$的频谱中最高频率 f_m 的两倍，或者说，必须在信号最高频率分量的一个周期中至少抽样两次。

下面对抽样定理进行证明。

设信号 $f(t)$为带限信号，其最高频率分量为 f_m，最高角频率为 $\omega_m=2\pi f_m$，即当$|\omega|>\omega_m$时，$F(j\omega)=0$。带限信号 $f(t)$的波形及频谱示于图 3.6－5(a)中。

我们将周期冲激函数 $\delta_{T_s}(t)$作为抽样周期脉冲序列进行理想抽样。据式(3.6－1)的抽样原理即可得样值信号 $f_s(t)$：

$$f_s(t)=f(t)\cdot\delta_{T_s}(t)=f(t)\cdot\sum_{n=-\infty}^{\infty}\delta(t-nT_s)=\sum_{n=-\infty}^{\infty}f(nT_s)\delta(t-nT_s)\quad(3.6-3)$$

$f_s(t)$为每隔 T_s 秒均匀抽样而得到的样值函数，它是一个冲激函数序列，各冲激函数的冲激强度为该时刻 $f(t)$的值。

现在需要证明，样值函数 $f_s(t)$包含了 $f(t)$的全部信息。

由例 3.5－6 的结果已经得到，周期冲激函数 $\delta_{T_s}(t)$的频谱函数为$\Omega\delta_{\Omega}(\omega)$：

$$\Omega\delta_{\Omega}(\omega)=\Omega\sum_{n=-\infty}^{\infty}\delta(\omega-n\Omega)\quad(3.6-4)$$

式中，$\Omega=\dfrac{2\pi}{T_s}$，这也是一个冲激函数序列。$\delta_{T_s}(t)$及其频谱示于图 3.6－5(b)中。

由于 $f_s(t)=f(t)\cdot\delta_{T_s}(t)$，据傅里叶变换的频域卷积性质，有

$$\mathscr{F}[f_s(t)]=\frac{1}{2\pi}\left[F(j\omega)*\Omega\sum_{n=-\infty}^{\infty}\delta(\omega-n\Omega)\right]=\frac{\Omega}{2\pi}\sum_{n=-\infty}^{\infty}[F(j\omega)*\delta(\omega-n\Omega)]$$

$$=\frac{1}{T_s}\sum_{n=-\infty}^{\infty}F(j(\omega-n\Omega))\quad(3.6-5)$$

样值函数 $f_s(t)$及其频谱示于图 3.6－5(c)中。由图可知只要$\Omega\geqslant2\omega_m$，样值函数 $f_s(t)$的频谱 $F_s(j\omega)$就周期性地重复着 $F(j\omega)$，而不会发生重叠。

由于要求$\Omega\geqslant2\omega_m$，即$\dfrac{2\pi}{T_s}\geqslant4\pi f_m$，可得等效条件为

$$T_s\leqslant\frac{1}{2f_m}\quad(3.6-6)$$

我们把最大允许的抽样间隔 $T_s=\dfrac{1}{2f_m}$称为**奈奎斯特间隔**，把最低允许的抽样率 $f_s=2f_m$ 称为**奈奎斯特频率**。

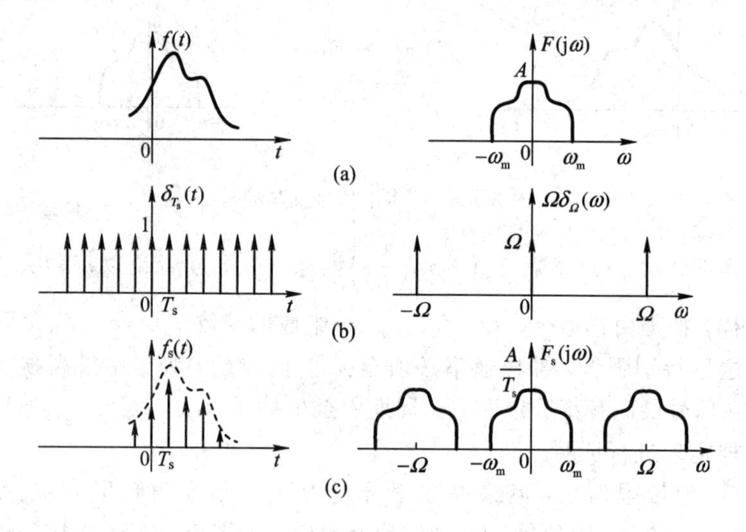

图 3.6－5　信号的抽样及其频谱

(a) 信号波形 $f(t)$及其频谱；(b) 抽样周期脉冲序列 $\delta_{T_s}(t)$及其频谱；(c) 样值信号 $f_s(t)$及其频谱

上面的分析表明，只要以小于奈奎斯特间隔$\dfrac{1}{2f_m}$秒对信号 $f(t)$均匀抽样，那么得到的

样值函数 $f_s(t)$的频谱函数就是 $F(j\omega)$的周期性复制品，因而样值函数 $f_s(t)$就包含了$f(t)$的全部信息。

2. $f(t)$的恢复

既然满足抽样定理而得到的样值函数 $f_s(t)$中包含有 $f(t)$的全部信息，那么由样值函数 $f_s(t)$也可以恢复 $f(t)$。下面我们就讨论 $f(t)$的恢复。

由图 3.6－5(c)所示样值函数 $f_s(t)$及其频谱 $F_s(j\omega)$图形可知，样值函数 $f_s(t)$经过一个截止频率为 ω_m 的理想低通滤波器，就可从 $F_s(j\omega)$中取出 $F(j\omega)$，从时域来说，这样就恢复了连续时间信号 $f(t)$，即

$$F(j\omega) = F_s(j\omega) \cdot H(j\omega) \tag{3.6－7}$$

式中，$H(j\omega)$为理想低通滤波器的频率特性。$H(j\omega)$的特性为

$$H(j\omega) = \begin{cases} T_s & |\omega| \leqslant \omega_m \\ 0 & |\omega| > \omega_m \end{cases} \tag{3.6－8}$$

上述从样值函数 $f_s(t)$恢复 $f(t)$的原理过程示于图 3.6－6 中。

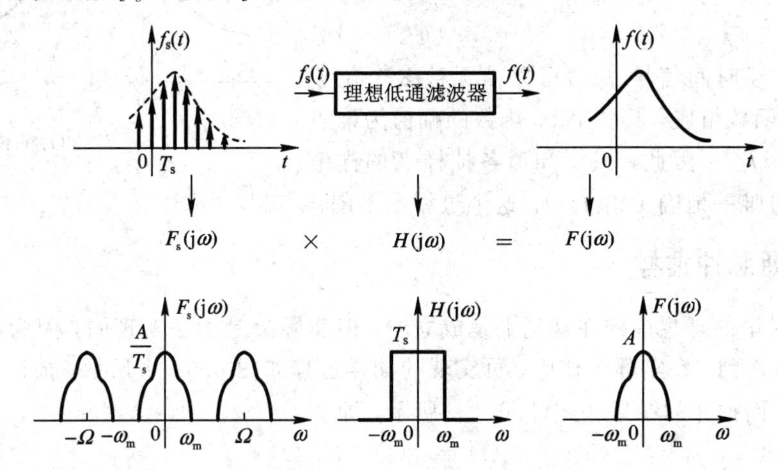

图 3.6－6　$f(t)$的恢复原理

以上是用频域分析的方法讨论 $f(t)$的恢复。下面在时域对 $f(t)$的恢复再作进一步讨论。

由式(3.6－7)可知：

$$F(j\omega) = F_s(j\omega) \cdot H(j\omega)$$

根据傅里叶变换的时域卷积性质，得

$$f(t) = f_s(t) * h(t) \tag{3.6－9}$$

式中，$f_s(t)$为 $F_s(j\omega)$的傅里叶反变换。由式(3.6－3)知：

$$f_s(t) = \sum_{n=-\infty}^{\infty} f(nT_s)\delta(t-nT_s)$$

$h(t)$为理想低通滤波器的单位冲激响应，可由求 $H(j\omega)$的傅里叶反变换而得到，即

$$h(t) = \mathscr{F}^{-1}[H(j\omega)]$$

由式(3.6－8)所表示的理想低通滤波器的频率特性可表示为 ω 的门函数的形式：

$$H(j\omega) = T_s g_{2\omega_m}(\omega) \tag{3.6－10}$$

应用傅里叶变换的对称性，不难得到

$$h(t)=\frac{T_s\omega_m}{\pi}\mathrm{Sa}(\omega_m t) \tag{3.6-11}$$

将 $f_s(t)$及 $h(t)$的表示式代入式(3.6-9)，从而得

$$\begin{aligned}f(t)&=\left[\sum_{n=-\infty}^{\infty}f(nT_s)\delta(t-nT_s)\right]*\frac{T_s\omega_m}{\pi}\mathrm{Sa}(\omega_m t)\\&=\sum_{n=-\infty}^{\infty}\frac{T_s\omega_m}{\pi}f(nT_s)\cdot[\delta(t-nT_s)*\mathrm{Sa}(\omega_m t)]\\&=\sum_{n=-\infty}^{\infty}\frac{T_s\omega_m}{\pi}f(nT_s)\,\mathrm{Sa}(\omega_m(t-nT_s))\end{aligned} \tag{3.6-12}$$

当抽样间隔 $T_s=\dfrac{1}{2f_m}$时，上式可写为

$$f(t)=\sum_{n=-\infty}^{\infty}f(nT_s)\,\mathrm{Sa}(\omega_m(t-nT_s)) \tag{3.6-13}$$

上式表明，连续时间信号 $f(t)$可以由无数多个位于抽样点的 Sa 函数组成，其各个 Sa 函数的幅值为该点的抽样值 $f(nT_s)$。因此，只要知道各抽样点的样值 $f(nT_s)$，就可唯一地确定出 $f(t)$。这个过程示于图 3.6-7 中。

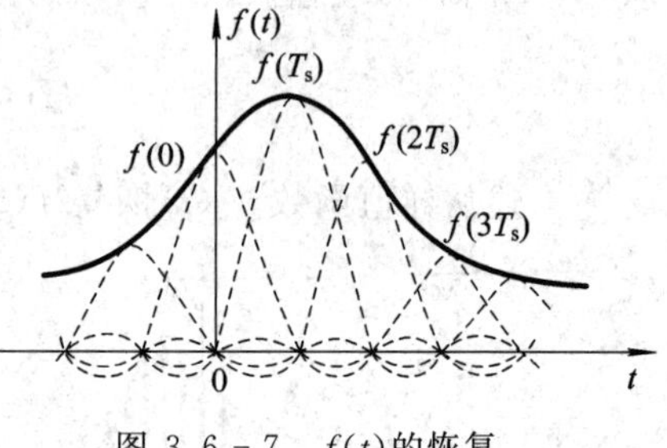

图 3.6-7　$f(t)$的恢复

3.6.2　周期脉冲抽样

前面所讨论的理想抽样在理论上是成立的，但实际上是无法实现的，因为冲激函数序列 $\delta_{T_s}(t)$无法得到。在实际工作中，可实现的抽样过程如图 3.6-1 所示。抽样器可用一定时开关实现，而抽样的结果如式(3.6-1)所示，即

$$f_s(t)=f(t)\cdot P_{T_s}(t)$$

式中，$P_{T_s}(t)$为周期矩形脉冲函数，如式(3.6-2)所示。

对这种周期脉冲抽样，上述抽样定理是否成立？这是读者关注的一个问题。下面对此作一些讨论。

设 $f(t)$为带限信号，其最高频率分量为 f_m，即当$|f|>f_m$ 时 $F(\mathrm{j}\omega)=0$。对 $f(t)$进行矩形脉冲抽样的样值函数为 $f_s(t)=f(t)\cdot P_{T_s}(t)$。现在需要分析样值函数 $f_s(t)$中是否包含有 $f(t)$的全部信息。

已经知道 $f(t)$的频谱函数为 $F(\mathrm{j}\omega)$，而周期矩形脉冲函数 $P_{T_s}(t)$的频谱函数在例 3.5-5 中也已求得，引用例 3.5-5 的结论，可知

$$P_{T_s}(t)\leftrightarrow\frac{2\pi\tau}{T_s}\sum_{n=-\infty}^{\infty}\mathrm{Sa}\left(\frac{n\Omega\tau}{2}\right)\delta(\omega-n\Omega)$$

式中，$\Omega=\dfrac{2\pi}{T_s}$。信号 $f(t)$及抽样矩形脉冲函数 $P_{T_s}(t)$的波形及其频谱示于图 3.6-8(a)、(b)中。

周期矩形脉冲函数 $P_{T_s}(t)$的频谱为一系列的冲激函数，相互间隔为Ω，其冲激强度的大小按 Sa 函数分布。

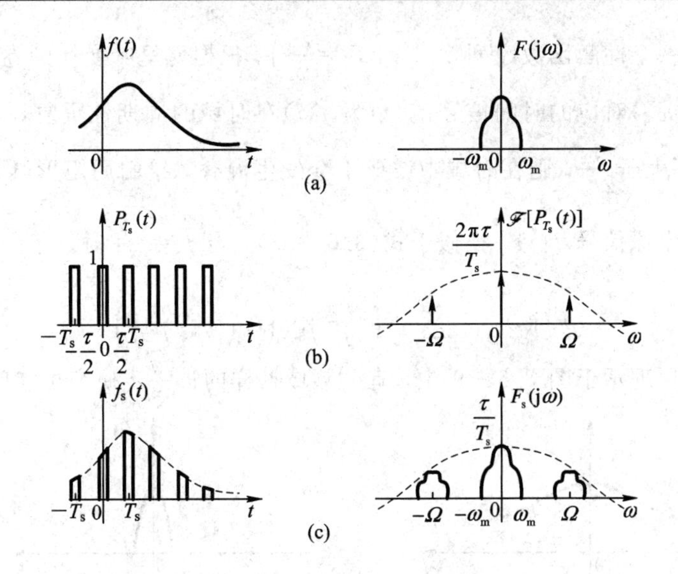

图 3.6－8　矩形脉冲抽样

(a) $f(t)$的波形及其频谱；(b) P_{T_s}的波形及其频谱；(c) $f_s(t)$的波形及其频谱

由于 $f_s(t)=f(t)\cdot P_{T_s}(t)$，同样，根据傅里叶变换的频域卷积性质，可得

$$\begin{aligned}\mathscr{F}[f_s(t)]&=\frac{1}{2\pi}\left[F(\mathrm{j}\omega)*\sum_{n=-\infty}^{\infty}\frac{2\pi\tau}{T_s}\mathrm{Sa}\left(\frac{n\Omega\tau}{2}\right)\delta(\omega-n\Omega)\right]\\&=\frac{\tau}{T_s}\sum_{n=-\infty}^{\infty}\mathrm{Sa}\left(\frac{n\Omega\tau}{2}\right)F[\mathrm{j}(\omega-n\Omega)]\end{aligned}\tag{3.6-14}$$

样值函数 $f_s(t)$及其频谱示于图 3.6－8(c)中。由图不难得到以下结论：

只要$\Omega\geqslant 2\omega_m$即 $T_s\leqslant\frac{1}{2f_m}$，则 $F_s(\mathrm{j}\omega)$中就包含有 $F(\mathrm{j}\omega)$，而不会发生混叠。也就是说，在矩形脉冲抽样中，只要抽样间隔 T_s 小于或等于$\frac{1}{2f_m}$秒，则得到的样值函数 $f_s(t)$就包含了 $f(t)$的全部信息。通过一个理想低通滤波器就可从 $f_s(t)$中恢复原信号 $f(t)$。由此可见，用实际周期矩形脉冲对 $f(t)$抽样，前述抽样定理同样成立。

3.6.3　频域抽样

与时域抽样对应的还有频域抽样。所谓频域抽样，是对信号 $f(t)$的频谱函数 $F(\mathrm{j}\omega)$在频率 ω 轴上每隔ω_s 取得一个样值，从而得到频域样值函数 $F_s(\mathrm{j}n\omega_s)$的过程。在频域抽样中也有一个频域抽样定理。根据时域与频域的对称性，可以由时域抽样定理直接推导出频域抽样定理。

频域抽样定理的内容是：一个在时间区间$(-t_m, t_m)$以外为零的时间有限信号 $f(t)$，其频谱函数 $F(\mathrm{j}\omega)$可以由其在均匀频率间隔 f_s 上的样点值 $F_s(\mathrm{j}n\omega_s)$唯一地确定，只要其频率间隔 f_s 小于或等于$\frac{1}{2t_m}$。

此定理的证明类似于时域抽样定理，这里不再推导。下面从物理概念上对此作一简单说明。在频域对 $F(\mathrm{j}\omega)$进行抽样，相当于用 $F(\mathrm{j}\omega)$乘冲激函数序列 $\delta_{\omega_s}(\omega)$，而 $\delta_{\omega_s}(\omega)$所对应的时间信号也为一个冲激函数序列 $\delta_{T_s}(t)\left(T_s=\dfrac{2\pi}{\omega_s}\right)$。根据傅里叶变换的卷积性质可知，频域样值函数 $F_s(jn\omega_s)$ 对应的时间信号 $f_s(t)$ 为 $f(t)$ 在时域的周期性重复，其周期为 T_s。只要抽样间隔 f_s 不大于 $\dfrac{1}{2t_m}$，则在时域中波形不会发生混叠，我们用矩形脉冲作选通信号就可无失真地恢复出原信号 $f(t)$。类似于式(3.6－13)，当 $f_s=\dfrac{1}{2t_m}$ 时，存在下列关系式：

$$F(j\omega)=\sum_{n=-\infty}^{\infty}F\left(j\frac{n\pi}{t_m}\right)\mathrm{Sa}\left(t_m\left(\omega-\frac{n\pi}{t_m}\right)\right) \tag{3.6-15}$$

频域抽样的原理示于图 3.6－9 中。有关频域抽样的进一步研究可参阅有关书籍。

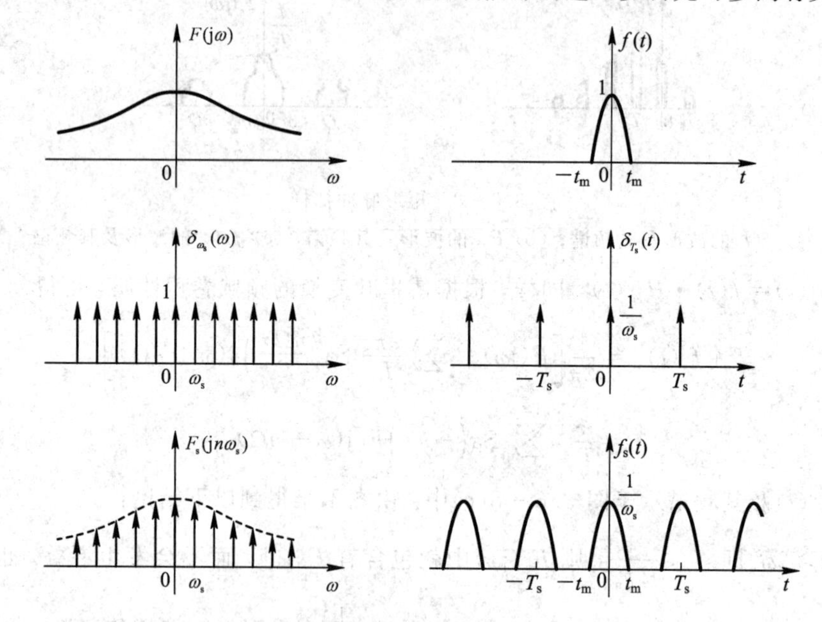

图 3.6－9　频域抽样

3.7　连续系统的频域分析

第 2 章我们介绍了系统的时间域分析方法，它是以单位冲激函数 $\delta(t)$ 和单位阶跃信号 $\varepsilon(t)$ 作为基本信号，基于系统的线性和时不变性导出的一种分析方法。本节我们将以虚指数信号 $e^{j\omega t}$ 作为基本信号，同样基于系统的线性叠加性质导出另一种分析方法，即频域分析方法。

从系统的时域分析知道，对一个线性时不变系统，外加激励信号 $f(t)$ 时，该系统的零状态响应 $y_{zs}(t)$ 等于 $f(t)$ 与系统单位冲激响应 $h(t)$ 的卷积，即

$$y_{zs}(t)=f(t)*h(t) \tag{3.7-1}$$

可见用时域法求系统响应时，要遇到如何求卷积积分这样一个数学问题。联想到傅里叶变换的时域卷积性质，若对式(3.7－1)两端求傅里叶变换，显然有

$$Y_{zs}(j\omega)=F(j\omega)\cdot H(j\omega) \tag{3.7-2}$$

式中，$H(j\omega)$ 为该系统单位冲激响应 $h(t)$ 的傅里叶变换。与式(3.7－1)对照，可得

$$y_{zs}(t)=\mathscr{F}^{-1}[Y_{zs}(j\omega)]=\mathscr{F}^{-1}[F(j\omega)\cdot H(j\omega)] \tag{3.7-3}$$

应用式(3.7－3)求解系统零状态响应 $y_{zs}(t)$的方法实质上就是所谓的频域分析法。频域分析法将时域法中的卷积运算变换成频域的相乘关系，这给系统响应的求解带来很大方便。当式(3.7－3)中的傅里叶变换的正变换及逆变换均易求得时，用系统的频域分析法求解系统零状态响应是一种较方便的方法。然而，因频域分析方法只能求系统的零状态响应，这使得它的应用有一定的局限性。

以上是关于求系统零状态响应的频域法的简单讨论。从理论上讲，是容易理解并被接受的，然而其物理意义不很明确。对照用时域法求解系统响应的分析过程，下面从信号的分解和线性叠加的思路，进一步讨论系统的频域分析法。

3.7.1 基本信号 $e^{j\omega t}$激励下的零状态响应

由信号 $f(t)$的傅里叶变换我们已经知道，任意信号 $f(t)$可以表示为无穷多个虚指数信号 $e^{j\omega t}$的线性组合，即

$$f(t)=\frac{1}{2\pi}\int_{-\infty}^{\infty}F(j\omega)e^{j\omega t}\,d\omega \tag{3.7-4}$$

式中，各个虚指数信号 $e^{j\omega t}$的系数大小可以看作是$\dfrac{F(j\omega)\,d\omega}{2\pi}$；$F(j\omega)$是 $f(t)$的傅里叶变换，即

$$F(j\omega)=\int_{-\infty}^{\infty}f(t)e^{-j\omega t}\,dt$$

既然任意信号 $f(t)$是由无穷多个基本信号 $e^{j\omega t}$组合而成的，那么欲求信号 $f(t)$激励下系统的零状态响应 $y_{zs}(t)$，我们首先分析在基本信号 $e^{j\omega t}$激励下系统的零状态响应 $y_{zs1}(t)$。

设线性时不变系统的单位冲激响应为 $h(t)$，根据时域分析公式(3.7－1)，系统对基本信号 $e^{j\omega t}$的零状态响应为

$$y_{zs1}(t)=e^{j\omega t}*h(t)$$

据卷积积分的定义，有

$$\begin{aligned}y_{zs1}(t)&=e^{j\omega t}*h(t)=\int_{-\infty}^{\infty}h(\tau)e^{j\omega(t-\tau)}\,d\tau\\&=e^{j\omega t}\cdot\int_{-\infty}^{\infty}h(\tau)e^{-j\omega\tau}\,d\tau\end{aligned}$$

上式中的积分$\int_{-\infty}^{\infty}h(\tau)e^{-j\omega\tau}d\tau$ 正好是$h(t)$的傅里叶变换，记为 $H(j\omega)$，即

$$H(j\omega)=\int_{-\infty}^{\infty}h(t)e^{-j\omega t}\,dt \tag{3.7-5}$$

通常，称 $H(j\omega)$为系统函数。于是

$$y_{zs1}(t)=H(j\omega)\cdot e^{j\omega t} \tag{3.7-6}$$

式(3.7－6)表明：一个线性时不变系统，对基本信号 $e^{j\omega t}$的零状态响应是基本信号 $e^{j\omega t}$本身乘上一个与时间 t 无关的常系数 $H(j\omega)$，而 $H(j\omega)$为该系统单位冲激响应 $h(t)$的傅里叶变换。式(3.7－6)正是频域分析的基础。

3.7.2 一般信号 $f(t)$激励下的零状态响应

由于任意信号 $f(t)$可以表示为无穷多个基本信号 $e^{j\omega t}$的线性组合，因而应用线性叠加

性质不难得到任意信号$f(t)$激励下系统的零状态响应。

其推导过程如下：

$$e^{j\omega t} \rightarrow H(j\omega)e^{j\omega t} \qquad [式(3.7-6)]$$

$$\frac{1}{2\pi}F(j\omega)e^{j\omega t} \rightarrow \frac{1}{2\pi}F(j\omega)H(j\omega)e^{j\omega t} \qquad [齐次性]$$

$$\int_{-\infty}^{\infty}\frac{1}{2\pi}F(j\omega)e^{j\omega t}\,d\omega \rightarrow \int_{-\infty}^{\infty}\frac{1}{2\pi}F(j\omega)H(j\omega)e^{j\omega t}\,d\omega \qquad [可加性]$$

所以

$$f(t) \rightarrow y_{zs}(t) = \mathscr{F}^{-1}[F(j\omega)\cdot H(j\omega)] \qquad [式(3.4-3)]$$

由此可得用频域分析法求解系统零状态响应的步骤为：

第一步，求输入信号$f(t)$的傅里叶变换$F(j\omega)$。

第二步，求系统函数$H(j\omega)$。

第三步，求零状态响应$y_{zs}(t)$的傅里叶变换$Y_{zs}(j\omega)=F(j\omega)\cdot H(j\omega)$。

第四步，求$Y_{zs}(j\omega)$的傅里叶反变换，即得$y_{zs}(t)=\mathscr{F}^{-1}[F(j\omega)\cdot H(j\omega)]$。

例 3.7-1 已知激励信号$f(t)=(3e^{-2t}-2)\varepsilon(t)$，试求图 3.7-1 所示电路中电容电压的零状态响应$u_{Czs}(t)$。

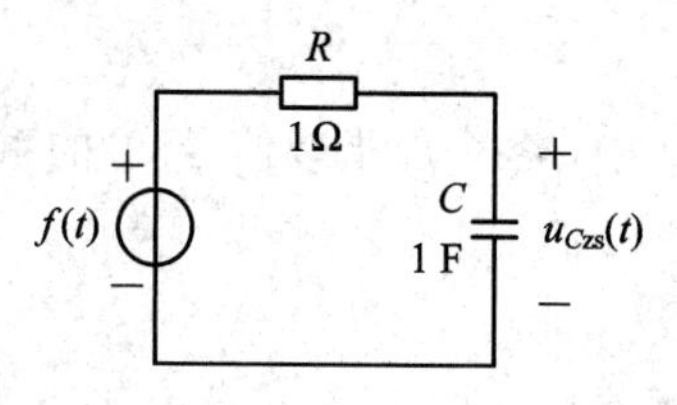

图 3.7-1 例 3.7-1 图

解 信号$f(t)$的频谱函数为

$$F(j\omega) = \mathscr{F}[f(t)] = \frac{3}{2+j\omega} - 2\left(\pi\delta(\omega) + \frac{1}{j\omega}\right)$$

从电路图中可以求得系统函数$H(j\omega)$，即

$$H(j\omega) = \frac{U_{Czs}(j\omega)}{F(j\omega)} = \frac{1/j\omega C}{R+(1/j\omega C)} = \frac{1}{1+j\omega RC} = \frac{1}{1+j\omega}$$

因此可得

$$U_{Czs}(j\omega) = F(j\omega)\cdot H(j\omega) = \frac{3}{(2+j\omega)(1+j\omega)} - \frac{2}{1+j\omega}\left(\pi\delta(\omega)+\frac{1}{j\omega}\right)$$

注意到$\delta(\omega)$的取样性质，并为了较方便地求得$U_{Czs}(j\omega)$的逆变换，将$U_{Czs}(j\omega)$按如下形式整理：

$$\begin{aligned} U_{Czs}(j\omega) &= \frac{3}{(2+j\omega)(1+j\omega)} - 2\pi\delta(\omega) - \frac{2}{j\omega(1+j\omega)} \\ &= \frac{3}{1+j\omega} - \frac{3}{2+j\omega} - 2\pi\delta(\omega) - \left(\frac{-2}{1+j\omega}+\frac{2}{j\omega}\right) \\ &= \frac{5}{1+j\omega} - \frac{3}{2+j\omega} - 2\left[\pi\delta(\omega)+\frac{1}{j\omega}\right] \end{aligned}$$

从而求得零状态响应$u_{Czs}(t)$

$$u_{Czs}(t) = \mathscr{F}^{-1}[U_{Czs}(j\omega)] = (5e^{-t} - 3e^{-2t} - 2)\varepsilon(t)$$

例 3.7-2 如图 3.7-2(a)所示系统，已知乘法器的输入$f(t)=\dfrac{\sin 2t}{t}\cos 2000\pi t$，$s(t)$的波形如图 3.7-2(b)所示，系统函数

$$H(j\omega) = \begin{cases} e^{-j2\omega} & |\omega| < 1 \\ 0 & |\omega| > 1 \end{cases}$$

求响应 $y(t)$。

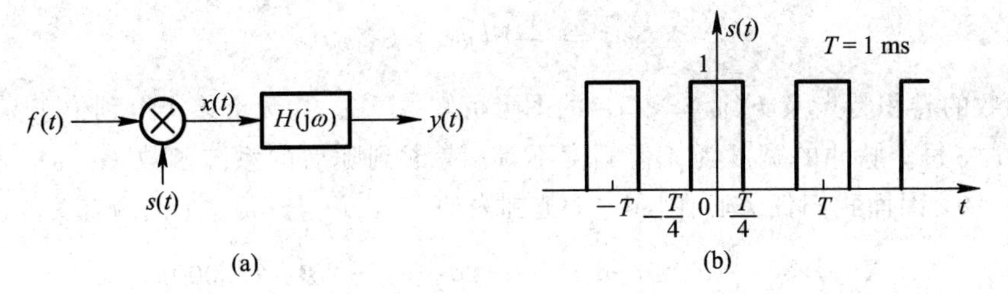

图 3.7－2　例 3.7－2 图

(a) 系统组成；(b) $s(t)$的波形

解　由图(a)可知，乘法器的输出 $x(t)=f(t)\cdot s(t)$，据频域卷积性质，有

$$X(\mathrm{j}\omega)=\frac{1}{2\pi}F(\mathrm{j}\omega)*S(\mathrm{j}\omega)$$

先求 $f(t)$的傅里叶变换 $F(\mathrm{j}\omega)$，由于

$$g_\tau(t)\leftrightarrow\tau\ \mathrm{Sa}\left(\frac{\omega\tau}{2}\right)$$

从而有

$$g_4(t)\leftrightarrow 4\ \mathrm{Sa}(2\omega)$$

应用对称性 $4\ \mathrm{Sa}(2t)\leftrightarrow 2\pi g_4(\omega)$，可得

$$\frac{\sin 2t}{t}=2\ \mathrm{Sa}(2t)\leftrightarrow\pi g_4(\omega)$$

再由调制定理可知

$$f(t)=\frac{\sin 2t}{t}\cos 2000\pi t\leftrightarrow\frac{\pi}{2}[g_4(\omega-2000\pi)+g_4(\omega+2000\pi)]$$

即

$$F(\mathrm{j}\omega)=\frac{\pi}{2}[g_4(\omega-2000\pi)+g_4(\omega+2000\pi)]$$

$F(\mathrm{j}\omega)$示于图 3.7－3(a)。

再求 $s(t)$的傅里叶变换 $S(\mathrm{j}\omega)$。由于 $s(t)$为周期信号，$T=1$ ms，则

$$\Omega=\frac{2\pi}{T}=2000\ \pi\ \mathrm{rad/s}$$

因而有

$$S(\mathrm{j}\omega)=2\pi\sum_{n=-\infty}^{\infty}F_n\delta(\omega-n\Omega)=2\pi\sum_{n=-\infty}^{\infty}F_n\delta(\omega-n\ 2000\pi)$$

式中，F_n 为复振幅

$$F_n=\frac{1}{T}\int_{-\frac{T}{2}}^{\frac{T}{2}}s(t)\mathrm{e}^{-\mathrm{j}n\Omega t}\ \mathrm{d}t=\frac{1}{T}\int_{-\frac{T}{4}}^{\frac{T}{4}}1\cdot\mathrm{e}^{-\mathrm{j}n\Omega t}\ \mathrm{d}t=\frac{1}{2}\ \mathrm{Sa}\left(\frac{n\pi}{2}\right)$$

所以有

$$S(\mathrm{j}\omega)=\sum_{n=-\infty}^{\infty}\pi\ \mathrm{Sa}\left(\frac{n\pi}{2}\right)\delta(\omega-n\ 2000\pi)$$

$s(t)$的频谱 $S(\mathrm{j}\omega)$示于图 3.7－3(b)中。

下面求 $x(t)$ 的傅里叶变换 $X(\mathrm{j}\omega)$：

$$X(\mathrm{j}\omega)=\frac{1}{2\pi}F(\mathrm{j}\omega)*S(\mathrm{j}\omega)$$

由冲激函数的卷积特点及 $F(\mathrm{j}\omega)$、$S(\mathrm{j}\omega)$ 的图形可知，$X(\mathrm{j}\omega)$ 为无穷多个分别位于 $n\,2000\pi$ 处的矩形脉冲，每个脉冲的宽度为 4 但幅度不等。考虑到随后的系统函数 $H(\mathrm{j}\omega)$，在 $|\omega|>1$ 时 $H(\mathrm{j}\omega)=0$，因而我们仅关心在 $|\omega|<1$ 范围内的 $X(\mathrm{j}\omega)$。与 $|\omega|<1$ 范围有关的 $X(\mathrm{j}\omega)$ 为

$$X(\mathrm{j}\omega)=\frac{1}{2\pi}F(\mathrm{j}\omega)*[2\delta(\omega-2000\pi)+2\delta(\omega+2000\pi)]$$

由上式可得，在 $\omega=0$ 附近 $X(\mathrm{j}\omega)$ 为 $g_4(\omega)$，则

$$Y(\mathrm{j}\omega)=X(\mathrm{j}\omega)\cdot H(\mathrm{j}\omega)=g_2(\omega)\mathrm{e}^{-\mathrm{j}2\omega}$$

据傅里叶变换的对称性及时移性，最后得

$$y(t)=\frac{1}{\pi}\,\mathrm{Sa}(t-2)=\frac{1}{\pi}\cdot\frac{\sin(t-2)}{t-2}$$

$y(t)$ 的波形示于图 3.7－3(d)中。

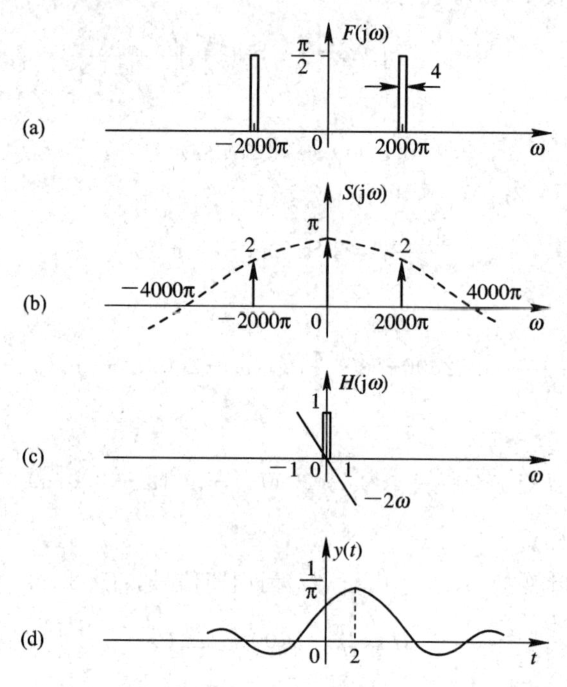

图 3.7－3　$y(t)$ 的求解

(a) $F(\mathrm{j}\omega)$；(b) $S(\mathrm{j}\omega)$；(c) $H(\mathrm{j}\omega)$；(d) $y(t)$ 的波形

对于周期信号，在频域中也可应用傅里叶级数分析系统的响应。其分析过程与上面的傅里叶变换分析过程基本相同。下面通过例题作一介绍。

例 3.7－3　已知系统函数 $H(\mathrm{j}\omega)$ 如图 3.7－4(a)所示，试求在 $f(t)$[图 3.7－4(b)]作用下系统的输出 $y(t)$。

解　周期信号 $f(t)$ 可以表示为傅里叶级数：

$$f(t)=\sum_{n=-\infty}^{\infty}F_n\mathrm{e}^{\mathrm{j}n\Omega t}$$

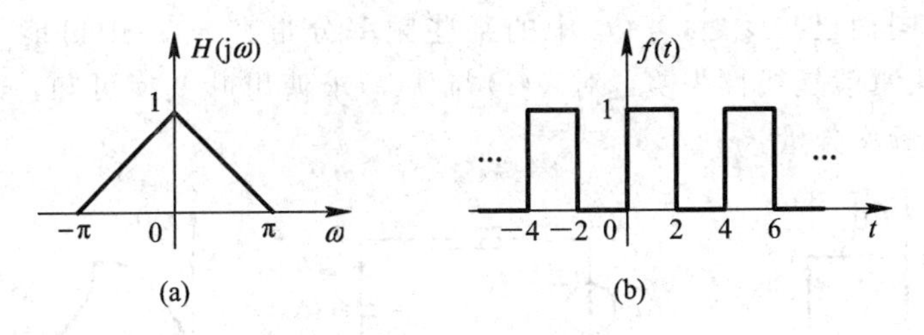

图 3.7-4　例 3.7-3 图

由 $T=4$ s 可知，$\Omega=\frac{2\pi}{T}=\frac{\pi}{2}$。考虑到 $H(\mathrm{j}\omega)$的低通特性，当$|n\Omega|\geqslant\pi$ 时 $H(\mathrm{j}n\Omega)=0$，即$|n|\geqslant 2$ 时 $H(\mathrm{j}n\Omega)=0$，则

$$y(t)=\sum_{n=-\infty}^{\infty}H(\mathrm{j}n\Omega)F_n\mathrm{e}^{\mathrm{j}n\Omega t}=H\left(\mathrm{j}\left(-\frac{\pi}{2}\right)\right)F_{-1}\mathrm{e}^{-\mathrm{j}\frac{\pi}{2}t}+H(0)F_0+H\left(\mathrm{j}\,\frac{\pi}{2}\right)F_1\mathrm{e}^{\mathrm{j}\frac{\pi}{2}t}$$

$$=\frac{1}{2}F_{-1}\mathrm{e}^{-\mathrm{j}\frac{\pi}{2}t}+F_0+\frac{1}{2}F_1\mathrm{e}^{\mathrm{j}\frac{\pi}{2}t}$$

又由于

$$F_n=\frac{1}{T}\int_{-\frac{T}{2}}^{\frac{T}{2}}f(t)\mathrm{e}^{-\mathrm{j}n\Omega t}\,\mathrm{d}t=\frac{1}{4}\int_0^2 1\cdot\mathrm{e}^{-\mathrm{j}\frac{n\pi}{2}t}\,\mathrm{d}t=\frac{1}{2}\,\mathrm{Sa}\left(\frac{n\pi}{2}\right)\mathrm{e}^{-\mathrm{j}\frac{n\pi}{2}}$$

因而有

$$F_{-1}=\frac{1}{\pi}\mathrm{j},\ F_1=-\frac{1}{\pi}\mathrm{j},\ F_0=\frac{1}{2}$$

所以

$$y(t)=\frac{1}{2\pi}\mathrm{j}\mathrm{e}^{-\mathrm{j}\frac{\pi}{2}t}+\frac{1}{2}+\frac{-1}{2\pi}\mathrm{j}\mathrm{e}^{\mathrm{j}\frac{\pi}{2}t}=\frac{1}{2}+\frac{1}{\pi}\sin\frac{\pi}{2}t$$

3.7.3　无失真传输条件

从以上分析可知，在一般情况下，系统的响应与所加激励波形不相同。也就是说，信号在传输过程中产生了失真。

1. 失真的概念

如果信号通过系统传输时，其输出波形发生畸变，失去了原信号波形的样子，就称**失真**。反之，若信号通过系统只引起时间延迟及幅度增减，而形状不变，则称**不失真**，如图 3.7-5 所示。

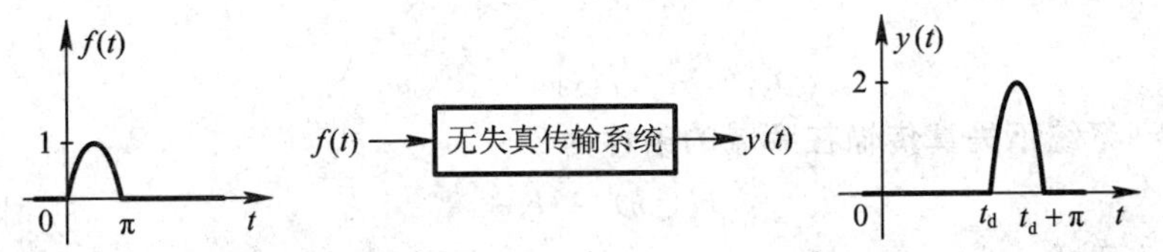

图 3.7-5　系统的无失真传输

通常把失真分为两大类：一类为线性失真，另一类为非线性失真。

信号通过线性系统所产生的失真称**线性失真**。其特点是在响应 $y(t)$中不会产生新频率。也就是说，组成响应 $y(t)$的各频率分量在激励信号 $f(t)$中都含有，只不过各频率分量的幅度、相位不同而已。反之，$f(t)$中的某些频率分量在$y(t)$中可能不再存在。如图3.7－6所示的失真就是线性失真，对$y(t)$与$f(t)$求傅里叶变换可知，$y(t)$中绝不会有$f(t)$中不含有的频率分量。

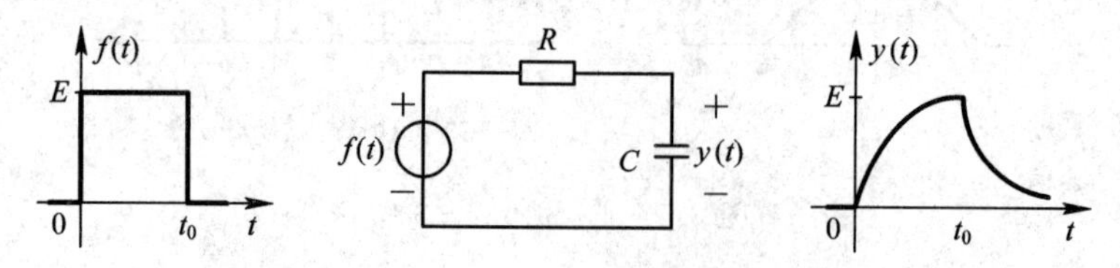

图 3.7－6　线性失真

信号通过非线性系统所产生的失真称**非线性失真**。其特点是在响应$y(t)$中产生了信号$f(t)$中所没有的新的频率成分。如图3.7－7所示，其输入信号$f(t)$为单一正弦波，$f(t)$中只含有f_0的频率分量。经过非线性元件二极管后得到的半波整流信号，在波形上产生了失真，而在频谱上产生了由无穷多个f_0的谐波分量构成的新频率，这就是非线性失真。

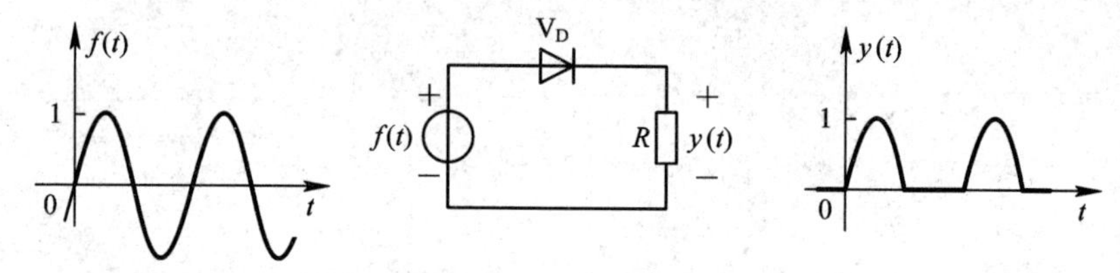

图 3.7－7　非线性失真

在实际应用中，有时需要有意识地利用系统进行波形变换，这样必然产生失真，但这种失真是我们需要的。然而，在另外一种情况下，希望信号无失真地传输。下面讨论无失真传输的条件。

2. 无失真传输条件

从图3.7－5中可以得到，要求信号$f(t)$无失真地传输，在时域上$y(t)$与$f(t)$之间应满足

$$y(t)=Kf(t-t_d) \tag{3.7-7}$$

式中，幅度增量K及延迟时间t_d均为常数。这样，输出$y(t)$在幅度上比$f(t)$增大了K倍（当$0<K<1$时，幅度实际上是压缩了），在时间上滞后了t_d秒，而波形的样子没有畸变，因而称不失真。式(3.7－7)为**系统不失真传输在时域中的条件**。对式(3.7－7)两端求傅里叶变换，有

$$Y(j\omega)=KF(j\omega)e^{-j\omega t_d}$$

由于

$$Y(j\omega)=H(j\omega)\cdot F(j\omega)$$

因而不难得到**系统不失真传输在频域的条件**为

$$H(j\omega)=Ke^{-j\omega t_d} \tag{3.7-8}$$

由$H(j\omega)$的表示式

$$H(j\omega)=|H(j\omega)|e^{j\varphi(\omega)}$$

可得系统无失真传输在频域中的幅频、相频条件为

$$\begin{cases}|H(j\omega)|=K\\ \varphi(\omega)=-\omega t_d\end{cases} \tag{3.7-9}$$

式(3.7－9)表明：欲使信号通过线性系统不失真传输，应使系统函数的幅度特性为一常数，而相位特性为过原点的直线，如图 3.7－8 所示。

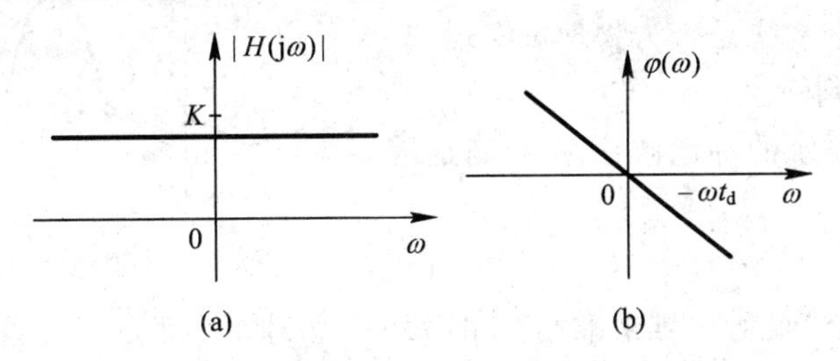

图 3.7－8　系统不失真传输的幅频、相频条件
(a) 幅频条件；(b) 相频条件

3.7.4　理想低通滤波器的特性

一个系统，如果它的 $H(\omega)$对不同频率成分的正弦信号，有的让其通过，有的予以抑制，则该系统称为**滤波器**。所谓**理想滤波器**，是指不允许通过的频率成分，一点也不让它通过，百分之百地被抑制掉，而允许通过的频率成分，让其顺利通过，百分之百地让其通过。因此，具有图 3.7－9 所示幅频、相频特性的滤波器就称为**理想低通滤波器**。该滤波器对低于 ω_c 的频率成分不失真地全部通过，而对高于 ω_c 的频率成分完全抑制掉。我们称 ω_c 为**截止角频率**。能使信号通过的频率范围称为**通带**，阻止信号通过的频率范围称为**止带**。可见理想低通滤波器的通带为 $0\sim\omega_c$。

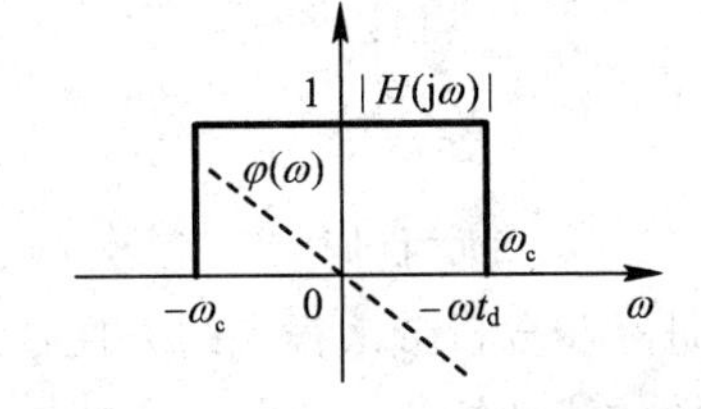

图 3.7－9　理想低通滤波器的系统函数

由图 3.7－9 可知，理想低通滤波器的系统函数为

$$H(\mathrm{j}\omega)=\begin{cases}1\cdot \mathrm{e}^{-\mathrm{j}\omega t_d} & |\omega|<\omega_c\\ 0 & |\omega|>\omega_c\end{cases} \tag{3.7-10}$$

ω_c 为截止角频率，t_d 为延迟时间。

由于系统函数 $H(\mathrm{j}\omega)$为系统冲激响应 $h(t)$的傅里叶变换，因而理想低通滤波器的冲激响应为

$$\begin{aligned}h(t)&=\mathscr{F}^{-1}[H(\mathrm{j}\omega)]=\frac{1}{2\pi}\int_{-\infty}^{\infty}H(\mathrm{j}\omega)\mathrm{e}^{\mathrm{j}\omega t}\,\mathrm{d}\omega\\&=\frac{1}{2\pi}\int_{-\omega_c}^{\omega_c}1\cdot \mathrm{e}^{-\mathrm{j}\omega t_d}\mathrm{e}^{\mathrm{j}\omega t}\,\mathrm{d}\omega=\frac{1}{2\pi}\int_{-\omega_c}^{\omega_c}\mathrm{e}^{\mathrm{j}\omega(t-t_d)}\,\mathrm{d}\omega\\&=\frac{\omega_c}{\pi}\,\mathrm{Sa}(\omega_c(t-t_d))\end{aligned}$$

理想低通滤波器的冲激响应 $h(t)$如图 3.7－10 所示。

由图 3.7－10 可以看到，理想低通滤波器的冲激响应 $h(t)$与激励信号 $\delta(t)$对照，波形产生失真。这正是由于将 $\delta(t)$中$|\omega|>\omega_c$ 的频率成分全部抑制后所产生的结果，这种失真为线性失真。同时还可看到冲激响应$h(t)$竟然在 $t=0$ 之前就出现了。这在物理上是不符合因果关系的，因为 $\delta(t)$是在 $t=0$ 时才加入，而由 $\delta(t)$所产生的响应 $h(t)$不应出现在加入

$\delta(t)$之前。可见，理想低通滤波器在物理上是无法实现的。

一般来说，一个系统是否为物理可实现的，可用下面的准则来判断。

在时域，要求系统的冲激响应 $h(t)$满足因果条件，即

$$t<0 \text{ 时}, h(t)=0 \quad (3.7-11)$$

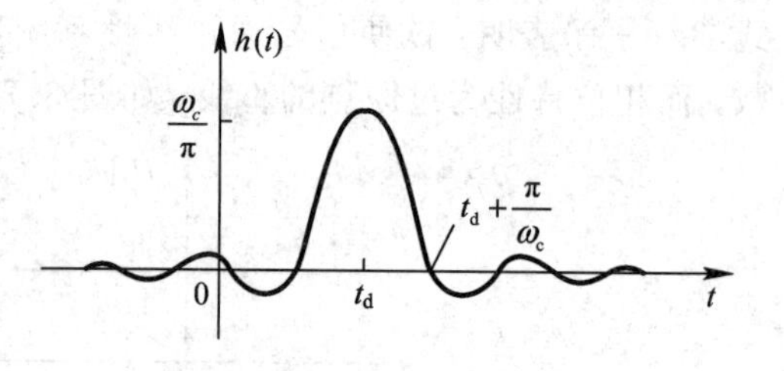

图 3.7-10 理想低通滤波器的冲激响应

在频域，有一个"佩利-维纳准则"，即 $H(j\omega)$物理可实现的必要条件是

$$\int_{-\infty}^{\infty} \frac{|\ln|H(j\omega)||}{1+\omega^2} d\omega < \infty \quad (3.7-12)$$

由式(3.7-12)可知，$|H(j\omega)|$可以在某些离散点上为零，但不能在某一有限频带内为零，这是因为在$|H(j\omega)|=0$ 的频带内，$\ln|H(j\omega)|=\infty$。由此可见，所有理想滤波器都是物理不可实现的。

3.8 小 结

1. 第 2 章我们将一信号 $f(t)$表示为基本信号 $\delta(t)$或 $\varepsilon(t)$的线性组合，为信号与系统的进一步分析带来很大的方便，而本章我们将一信号表示为一完备的正交函数集中各正交函数的线性组合，同样为信号与系统的进一步分析带来更大的方便。

2. 正弦函数序列为一完备的正交函数集，而一周期信号可以表示为正弦函数序列的线性组合，称之为傅里叶级数表达式：

$$f(t)=\frac{a_0}{2}+\sum_{n=1}^{\infty} a_n \cos n\Omega t+\sum_{n=1}^{\infty} b_n \sin n\Omega t=\frac{A_0}{2}+\sum_{n=1}^{\infty} A_n \cos(n\Omega t+\varphi_n)$$

由此式可得 $f(t)$的幅度频谱、相位频谱，这进一步从频域表述了 $f(t)$的物理意义。

3. 为了方便计算，由三角形式的傅里叶级数表达式可引出指数形式的傅里叶级数表达式：

$$f(t)=\sum_{n=-\infty}^{\infty} F_n e^{jn\Omega t}$$

其中：

$$F_n=\frac{1}{2}\dot{A}_n=\frac{1}{2}A_n e^{j\varphi_n}$$

此式虽然不像三角形式傅里叶级数那样直观，但它分析计算比较方便。此式仍然表示一个周期信号 $f(t)$可表述为一系列正弦信号的线性组合，可据此对信号作进一步分析。

4. 对于非周期信号，用相似的方法我们引出了傅里叶变换，即

$$f(t)=\frac{1}{2\pi}\int_{-\infty}^{\infty} F(j\omega)e^{j\omega t} d\omega$$

其中：

$$F(j\omega)=\int_{-\infty}^{\infty} f(t)e^{-j\omega t} dt$$

此式表征一非周期信号仍然是由无穷多正弦信号组合而成，其每个正弦信号的相对大小由

$F(j\omega)$决定。$F(j\omega)$的量纲为密度函数，称之为频谱密度函数。

5. 单凭定义式求频谱函数是相当困难的，因而要熟练掌握傅里叶变换的有关性质，这是本章的重点之一，比如线性、时移性、频移性、尺度变换、对称性以及时域的微分、积分性质等都应熟练掌握。

6. 在傅里叶变换的讨论中，尽量多地掌握一些典型信号的傅里叶变换也是必须注意的一个重点。正确掌握一些常用信号的傅里叶变换将为信号与系统的频域分析带来很大的帮助。

7. 随着数字技术和计算机技术的飞速发展，模拟信号数字化得到了非常广泛的重视，而由模拟信号到数字信号就要用到一个基本理论——抽样定理。正确掌握抽样定理就为信号的数字化分析打下良好的理论基础。

8. 应用傅里叶变换分析求解一系统的响应是本章的又一个重点。傅里叶变换将一微分方程转换为代数方程，将时域中的卷积运算转换为频域中的代数运算，从而用代数的方法求解一系统的零状态响应，使系统的分析求解更加简洁方便。

习　题　三

3.1　证明题图 3.1 所示矩形函数 $f(t)$与$\{\cos nt | n$ 为整数$\}$在区间$(0, 2\pi)$上正交。

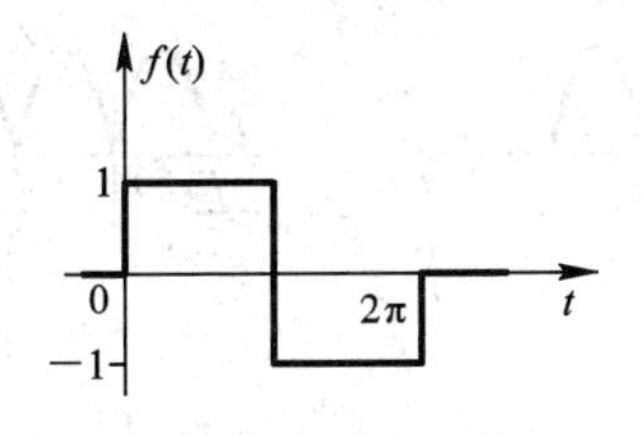

题图 3.1

3.2　设 $f(t)$的正交展开式为

$$f(t) = \sum_{i=0}^{N} c_i g_i(t)$$

试证明 $f(t)$和$\{c_0, c_1, c_2, \cdots, c_n\}$是一一对应关系。

3.3　设

$$\xi_i(t) = \begin{cases} 1 & (i-1) < t < i \\ 0 & 其他 \end{cases}$$

试判断函数组$\{\xi_1(t), \xi_2(t), \xi_3(t), \xi_4(t)\}$在$(0, 4)$区间上是否为正交函数组，是否为归一化正交函数组，是否为完备正交函数组，并用它们的线性组合精确地表示题图 3.2 所示函数 $f(t)$。

3.4　证明下列函数集在$\left(t_0, t_0+\dfrac{2\pi}{\omega_0}\right)$区间上是正交函数集，$t_0$ 为任意一个正实数。

(1) $\{\cos n\omega_0 t, \sin n\omega_0 t | n=0, \pm1, \pm2, \cdots\}$；

(2) $\{e^{jn\omega_0 t} | n=0, \pm1, \pm2, \cdots\}$。

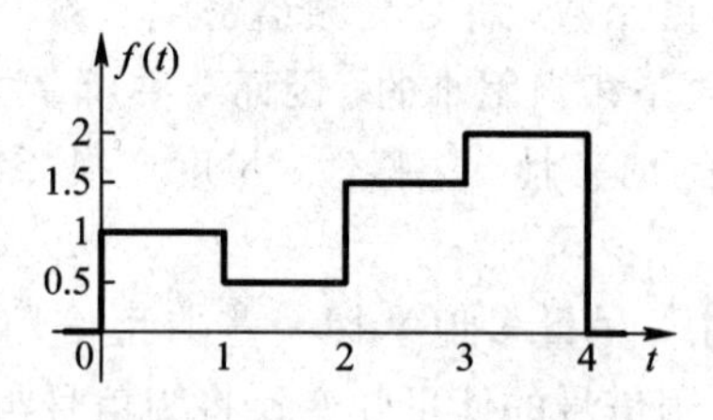

题图 3.2

3.5 试求题图 3.3 所示信号的三角形式的傅里叶级数展开式，并画出频谱图。

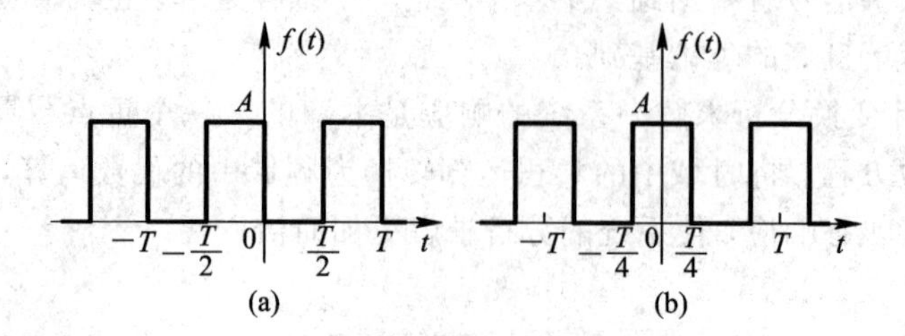

题图 3.3

3.6 试求题图 3.4 所示周期信号的指数型傅里叶级数系数 F_n，并画出其幅度谱。

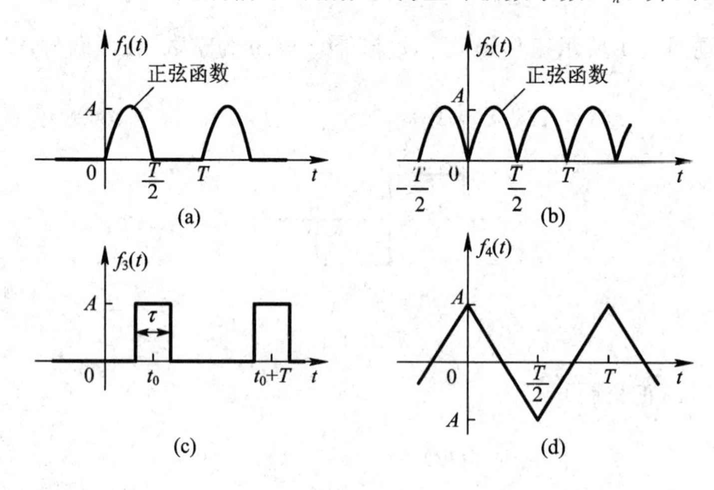

题图 3.4

3.7 已知周期函数 $f(t)$ 前四分之一周期的波形如题图 3.5 所示。根据下列各情况的要求，画出 $f(t)$ 在一个周期($0<t<T$)的波形。

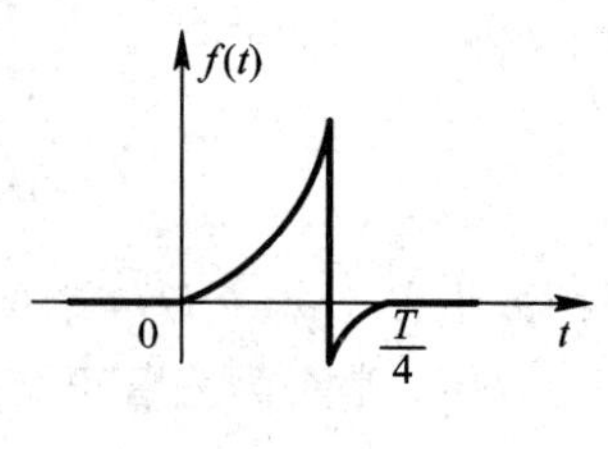

题图 3.5

(1) $f(t)$ 是偶函数，只含有偶次谐波；

(2) $f(t)$ 是偶函数，只含有奇次谐波；

(3) $f(t)$ 是偶函数，含有偶次和奇次谐波；

(4) $f(t)$ 是奇函数，只含有偶次谐波；

(5) $f(t)$ 是奇函数，只含有奇次谐波；

(6) $f(t)$ 是奇函数，含有偶次和奇次谐波。

3.8 设 $f(t)$ 是满足以下两个条件的周期信号：

条件 1：$f(t)=-f(-t)$；

条件 2：$f\left(t\pm\dfrac{T}{2}\right)=-f(t)$。

试证明 $f(t)$ 中只含有奇次谐波的正弦分量。

3.9　设周期信号 $f(t)$ 的指数型傅里叶级数系数为 F_n，试证明 $\mathrm{d}f(t)/\mathrm{d}t$ 的指数型傅里叶级数系数为 $\mathrm{j}n\omega_0 F_n$（式中 $\omega_0=2\pi/T$）。

3.10　设有一周期信号 $f(t)$，其基波频率为 $\omega_0=2\pi$，且 $f(t)$ 的指数型傅里叶级数为

$$f(t)=\sum_{n=-3}^{3}F_n\mathrm{e}^{\mathrm{j}n2\pi t}$$

这里，$F_0=1$；$F_{\pm1}=1/4$；$F_{\pm2}=1/2$；$F_{\pm3}=1/3$。试写出 $f(t)$ 的三角形式的傅里叶级数表达式。

3.11　求题图 3.6 所示信号的傅里叶变换。

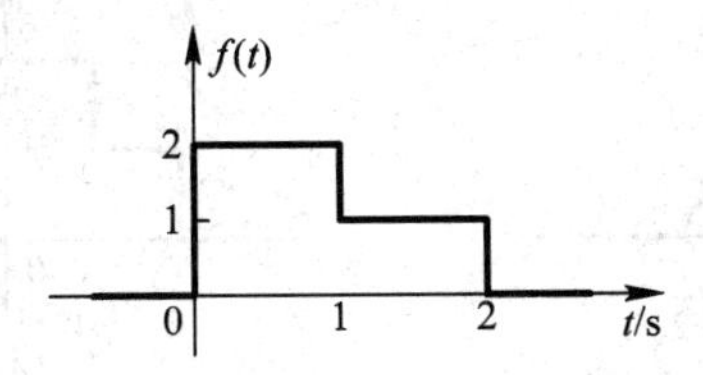

题图 3.6

3.12　求题图 3.7 所示锯齿脉冲与单周正弦脉冲的傅里叶变换。

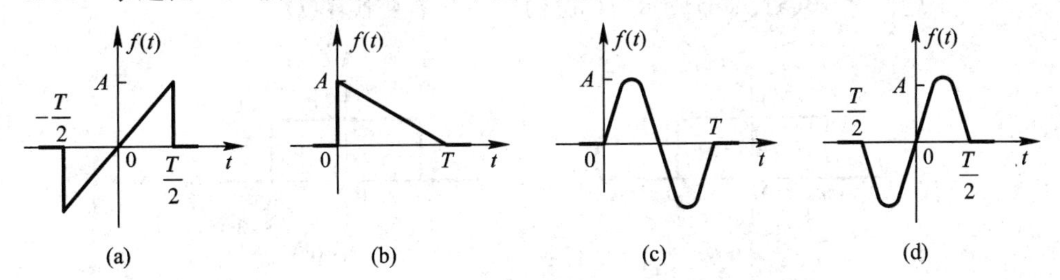

题图 3.7

3.13　试用 $f(t)$ 的傅里叶变换 $F(\mathrm{j}\omega)$ 表示如下函数的傅里叶变换：

(1) $tf(2t)$；(2) $(t-2)f(t)$；(3) $(t-2)f(-2t)$；(4) $t\dfrac{\mathrm{d}f(t)}{\mathrm{d}t}$；(5) $(1-t)f(1-t)$。

3.14　试分别利用下列几种方法证明：

$$\mathscr{F}[\varepsilon(t)]=\pi\delta(\omega)+\frac{1}{\mathrm{j}\omega}$$

(1) 利用单边指数函数取极限；　　(2) 利用符号函数；

(3) 利用矩形脉冲取极限；　　(4) 利用积分性质。

3.15　利用傅里叶变换证明如下等式：

(1) $\dfrac{1}{\pi}\displaystyle\int_{-\infty}^{\infty}\frac{\sin\omega t}{\omega}\,\mathrm{d}\omega=\begin{cases}1 & t>0\\ -1 & t<0\end{cases}$；

(2) $\displaystyle\int_{-\infty}^{\infty}\frac{\sin a\omega}{a\omega}\,\mathrm{d}\omega=\frac{\pi}{|a|}$。

3.16　已知题图 3.8 所示信号 $f_1(t)$ 的频谱函数为 $F_1(\mathrm{j}\omega)=R(\omega)+\mathrm{j}X(\omega)$，式中

$R(\omega)$、$X(\omega)$均为 ω 的实函数，试求 $f_2(t)$的频谱函数 $F_2(\mathrm{j}\omega)$。

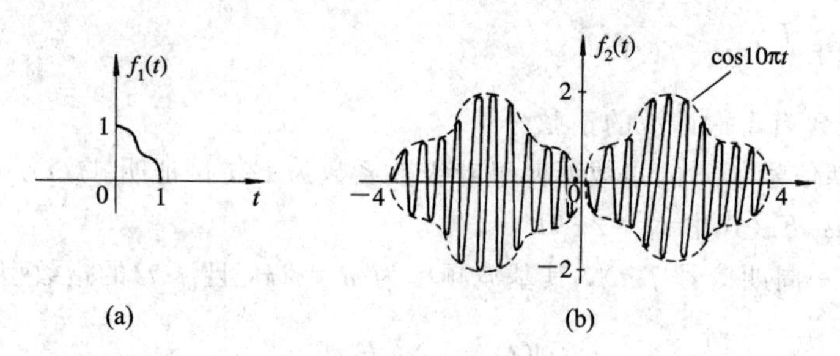

题图 3.8

3.17 据傅里叶变换的定义及性质，利用三种以上的方法计算题图 3.9 所示各信号的傅里叶变换。

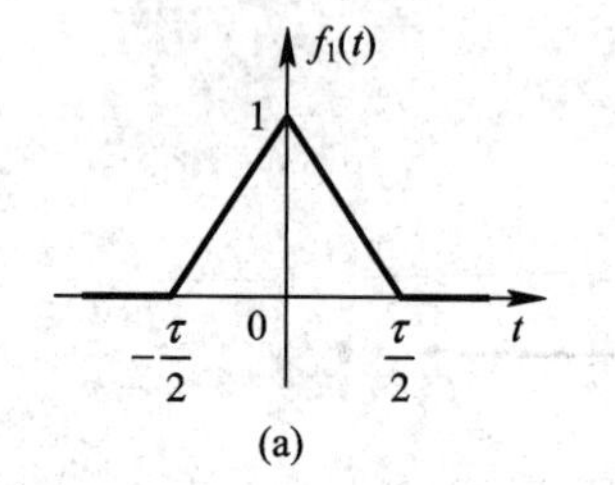

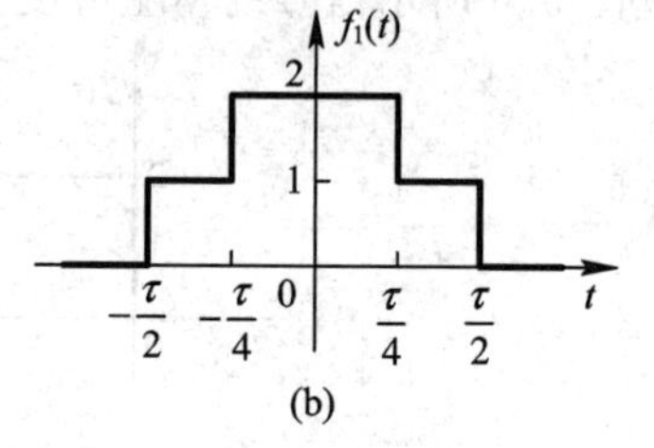

题图 3.9

3.18 求题图 3.10(a)、(b)所示 $F(\mathrm{j}\omega)$的傅里叶逆变换 $f(t)$。

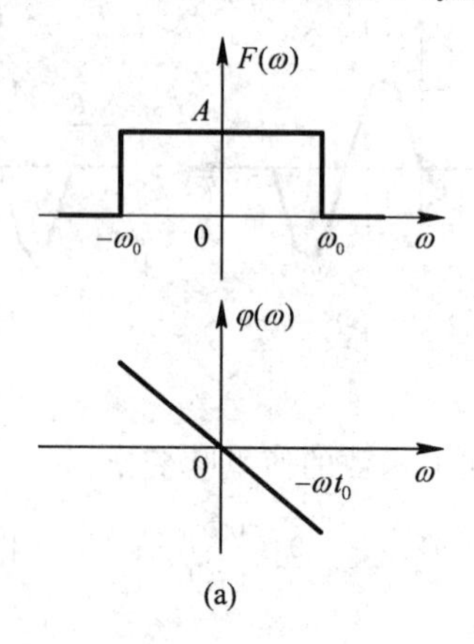

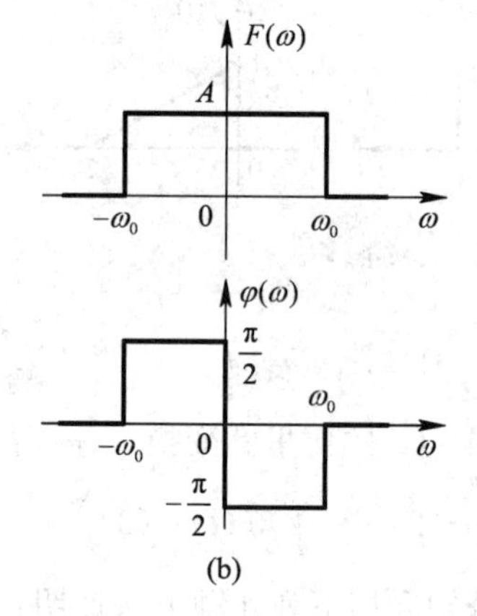

题图 3.10

3.19 试求下列信号的频谱函数：

(1) $\dfrac{\sin t \cdot \sin 2t}{t^2}$；　　(2) $g_{2\pi}(t) \cdot \cos 5t$；

(3) $\mathrm{e}^{-(2+2t)}\delta(t)$；　　(4) $\mathrm{Sgn}(t) \cdot g_2(t)$。

3.20 求下列函数的傅里叶逆变换 $f(t)$：

(1) $\dfrac{1}{(2+\mathrm{j}\omega)^2}$；　　(2) $-\dfrac{2}{\omega^2}$；

(3) $\delta(\omega-\omega_0)$；　　(4) $g_{2\omega_0}(\omega)$。

3.21 已知 $f(t) * f'(t)=(1-t)\mathrm{e}^{-t}\varepsilon(t)$，求信号 $f(t)$。

3.22　已知一系统由两个相同的子系统级联构成，子系统的冲激响应为

$$h_1(t)=h_2(t)=\frac{1}{\pi t}$$

激励信号为 $f(t)$。试证明系统的响应 $y(t)=-f(t)$。

3.23　设 $f(t)$的傅里叶变换为 $F(\mathrm{j}\omega)$，且

$$F(\mathrm{j}\omega)=0 \qquad |\omega|\geqslant\omega_\mathrm{m}$$

试在 $K\geqslant\omega_\mathrm{m}$ 条件下化简下式：

$$\frac{K}{\pi}[f(t)*\mathrm{Sa}(Kt)]$$

3.24　试求题图 3.4 所示各周期信号的频谱函数。

3.25　按如下时间域关系，用傅里叶变换法证明抽样定理：

$$[f(t)\cdot\delta_T(t)]*\mathrm{Sa}\left(\frac{\pi}{T}t\right)=f(t)$$

3.26　对下列信号求奈奎斯特间隔和频率：

(1) $\mathrm{Sa}(100t)$；　　(2) $\mathrm{Sa}^2(100t)$；

(3) $\mathrm{Sa}(100t)+\mathrm{Sa}(50t)$；　　(4) $\mathrm{Sa}(100t)+\mathrm{Sa}^2(60t)$。

3.27　已知一线性时不变系统的方程为

$$\frac{\mathrm{d}^2y(t)}{\mathrm{d}t^2}+4\frac{\mathrm{d}y(t)}{\mathrm{d}t}+3y(t)=\frac{\mathrm{d}f(t)}{\mathrm{d}t}+2f(t)$$

求其系统函数 $H(\mathrm{j}\omega)$和冲激响应 $h(t)$。

3.28　已知：

$$f(t)=2\cos 997t\cdot\frac{\sin 5t}{\pi t},\qquad h(t)=2\cos 1000t\cdot\frac{\sin 4t}{\pi t}$$

试用傅里叶变换法求 $f(t)*h(t)$。

3.29　如题图 3.11 所示系统，其中：

$$h_1(t)=\frac{\sin 2t}{\pi t}$$

$$h_2(t)=2\pi\cdot\frac{\sin t}{\pi t}\cdot\frac{\sin 2t}{\pi t}$$

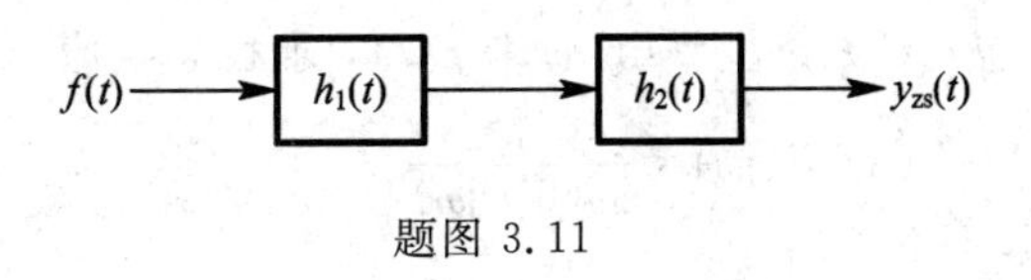

题图 3.11

试求整个系统的冲激响应 $h(t)$。

3.30　已知 $f(t)=\mathrm{Sa}(\omega_c t)$，$s(t)=\cos\omega_0 t$，且 $\omega_0\gg\omega_c$。求题图 3.12(a)所示系统的输出 $y(t)$。

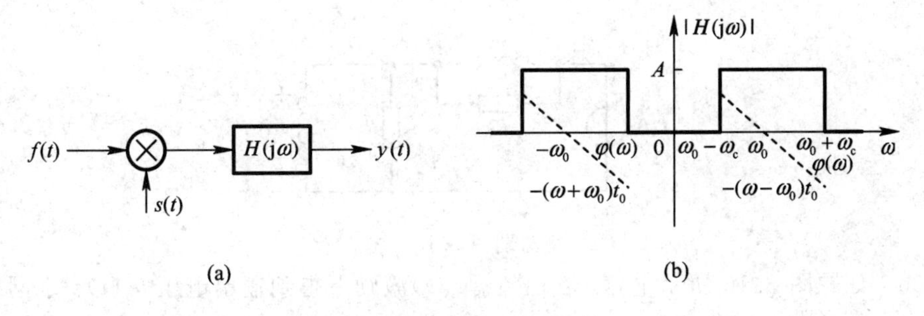

题图 3.12

3.31 已知系统如题图 3.13 所示，其中：

$$f(t)=8\cos 100t\cdot\cos 500t,\qquad s(t)=\cos 500t$$

理想低通滤波器的系统函数 $H(\mathrm{j}\omega)=\varepsilon(\omega+120)-\varepsilon(\omega-120)$，试求系统响应 $y(t)$。

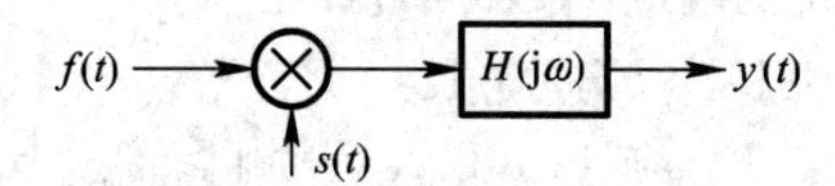

题图 3.13

3.32 已知系统的传输函数如题图 3.14 所示，若输入 $f(t)=\sum\limits_{n=0}^{\infty}\cos nt$，试求响应 $y_{zs}(t)$。

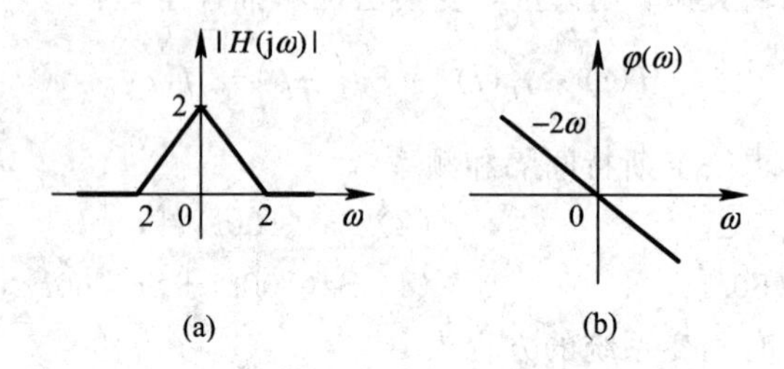

题图 3.14

3.33 理想低通滤波器具有特性 $H(\mathrm{j}\omega)=g_{2\omega_1}\mathrm{e}^{-\mathrm{j}\omega t_0}$。试证明它对于信号 $f_1(t)=\dfrac{\pi}{\omega_1}\delta(t)$ 和 $f_2(t)=\mathrm{Sa}(\omega_1 t)$ 的响应是一样的。

3.34 一个因果线性时不变滤波器的系统函数是 $H(\mathrm{j}\omega)=-2\mathrm{j}\omega$。求系统对下列信号 $f(t)$ 的响应 $y(t)$：

(1) $f(t)=\mathrm{e}^{\mathrm{j}t}$；

(2) $f(t)=\sin\omega_0 t\cdot\varepsilon(t)$，求稳态响应 $y_{ss}(t)$；

(3) $F(\mathrm{j}\omega)=\dfrac{1}{\mathrm{j}\omega(6+\mathrm{j}\omega)}$；

(4) $F(\mathrm{j}\omega)=\dfrac{1}{2+\mathrm{j}\omega}$。

3.35 试证明题图 3.15 所示电路在

$$R_1L_2=R_2L_1$$

条件下为一无失真系统。

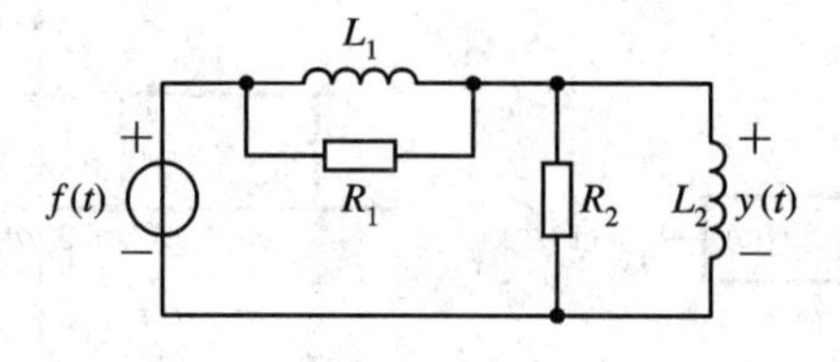

题图 3.15

3.36 如题图 3.16 所示电路，在电流源 $i_s(t)$ 激励下得到输出电压 $u_o(t)$。求网络传输函数 $H(\mathrm{j}\omega)$；要使 $u_o(t)$ 与 $i_s(t)$ 的波形无失真，确定 R_1 和 R_2 的值。

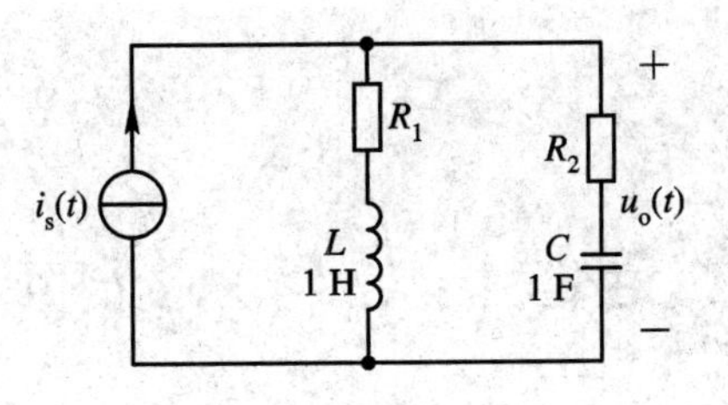

题图 3.16

3.37　题图 3.17 所示系统，已知：

$$f(t)=\sum_{n=-\infty}^{\infty}\mathrm{e}^{\mathrm{j}nt}\qquad n=0,\pm1,\pm2,\cdots$$

$$s(t)=\cos t$$

$$H(\mathrm{j}\omega)=\begin{cases}\mathrm{e}^{-\mathrm{j}\frac{\pi}{3}\omega} & |\omega|<1.5\ \mathrm{rad/s}\\ 0 & |\omega|>1.5\ \mathrm{rad/s}\end{cases}$$

求系统响应 $y(t)$。

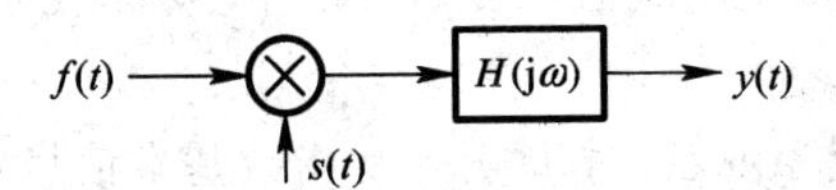

题图 3.17

3.38　题图 3.18(a)为一频谱压缩系统，已知周期信号 $f(t)=\sum_{n=-2}^{2}F_n\mathrm{e}^{\mathrm{j}n\Omega t}$，$\delta_{T_s}(t)=\sum_{m=-\infty}^{\infty}\delta(t-mT_s)$（式中，$\omega_s=2\pi/T_s=\Omega/10.025$），$H(\mathrm{j}\omega)$ 如题图 3.18(b) 所示。求证该系统的输出 $y(t)=f(at)$，并确定压缩比 a 的值。

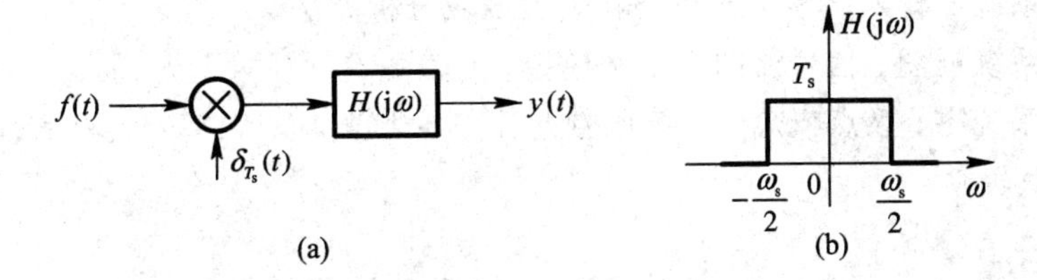

题图 3.18

第 4 章　连续信号与系统的 S 域分析

4.0　引　　言

连续信号与系统的频域分析揭示了信号的频谱特性和系统的频率特性，为今后信号处理和系统的分析与设计提供了重要基础。但是，频域分析法也有一定的局限性。例如，一些信号的傅里叶变换不存在，如指数信号 $e^{\alpha t}(\alpha>0)$；一些信号的傅里叶变换虽然存在，但不能直接由定义式计算，如单位阶跃信号 $\varepsilon(t)$。此外，频域法也不便处理含初始状态系统的响应分析问题。

根据 LTI 系统分析的统一观点，本章引入复指数基本信号 e^{st}，其中，$s=\alpha+j\omega$（α、ω 为实数），称为**复频率**。将激励信号分解为众多不同复频率的复指数分量，则 LTI 系统的零状态响应是所有复指数分量分别作用产生响应的叠加。这种方法称为**复频率域分析法**或 **S 域分析法**。与频域法相比，S 域分析法不仅扩展了激励信号的适用范围，而且也使系统零输入、零状态和全响应的求解更为简便与灵活。

本章内容包括：

(1) 连续系统 S 域分析的数学工具——拉普拉斯变换的定义及性质。

(2) 连续系统零输入、零状态和全响应的 S 域分析方法。

(3) 连续系统框图、信号流图表示和模拟。

(4) 应用系统零、极点概念，系统函数与系统时域响应、频率特性和稳定性之间的相互联系。

4.1　拉普拉斯变换

4.1.1　从傅里叶变换到拉普拉斯变换

一个信号 $f(t)$ 没有满足绝对可积条件，其往往是由于当 $t\to\infty$（或 $t\to-\infty$）时信号幅度不衰减，甚至无限增长所致。如果用一个衰减因子 $e^{-\sigma t}$（σ 为实常数）去乘 $f(t)$，且 σ 取足够大的正值，使得乘积信号 $f(t)e^{-\sigma t}$ 满足绝对可积要求，那么该乘积信号的傅里叶变换可表示为

$$\mathscr{F}[f(t)e^{-\sigma t}]=\int_{-\infty}^{\infty}[f(t)e^{-\sigma t}]e^{-j\omega t}\,dt=\int_{-\infty}^{\infty}f(t)e^{-(\sigma+j\omega)t}\,dt$$

积分结果是 $(\sigma+j\omega)$ 的函数，记为 $F(\sigma+j\omega)$，有

$$F(\sigma+\mathrm{j}\omega)=\int_{-\infty}^{\infty} f(t)\mathrm{e}^{-(\sigma+\mathrm{j}\omega)t}\,\mathrm{d}t \tag{4.1-1}$$

相应的傅里叶逆变换为

$$f(t)\mathrm{e}^{-\sigma t}=\frac{1}{2\pi}\int_{-\infty}^{\infty} F(\sigma+\mathrm{j}\omega)\mathrm{e}^{\mathrm{j}\omega t}\,\mathrm{d}\omega$$

上式两边乘以 $\mathrm{e}^{\sigma t}$，得

$$f(t)=\frac{1}{2\pi}\int_{-\infty}^{\infty} F(\alpha+\mathrm{j}\omega)\mathrm{e}^{(\sigma+\mathrm{j}\omega)t}\,\mathrm{d}\omega \tag{4.1-2}$$

令 $s=\sigma+\mathrm{j}\omega$，则 $\mathrm{d}s=\mathrm{d}(\sigma+\mathrm{j}\omega)=\mathrm{j}\mathrm{d}\omega$，且当 $\omega\to\pm\infty$ 时，有 $s\to\sigma\pm\mathrm{j}\infty$，代入式(4.1-1)和式(4.1-2)得

$$F(s)=\int_{-\infty}^{\infty} f(t)\mathrm{e}^{-st}\,\mathrm{d}t \tag{4.1-3}$$

$$f(t)=\frac{1}{2\pi\mathrm{j}}\int_{\sigma-\mathrm{j}\infty}^{\sigma+\mathrm{j}\infty} F(s)\mathrm{e}^{st}\,\mathrm{d}s \tag{4.1-4}$$

式(4.1-3)称为信号 $f(t)$的**双边拉普拉斯变换**，记为 $F(s)=\mathscr{L}[f(t)]$，符号“$\mathscr{L}$ ”表示拉普拉斯变换。式(4.1-4)称为 $F(s)$的**双边拉普拉斯逆变换**，记为 $f(t)=\mathscr{L}^{-1}[F(s)]$，符号“$\mathscr{L}^{-1}$”表示拉普拉斯逆变换。通常称 $F(s)$为 $f(t)$的**象函数**，$f(t)$为 $F(s)$的**原函数**。双边拉普拉斯变换简称为**双边拉氏变换**。

4.1.2　拉普拉斯变换的收敛域

任一信号 $f(t)$的双边拉氏变换不一定存在。由于 $f(t)$的双边拉氏变换是信号 $f(t)\mathrm{e}^{-\sigma t}$的傅里叶变换，因此，若 $f(t)\mathrm{e}^{-\sigma t}$绝对可积，即

$$\int_{-\infty}^{\infty} |f(t)|\mathrm{e}^{-\sigma t}\,\mathrm{d}t<\infty \tag{4.1-5}$$

则 $f(t)$的双边拉氏变换一定存在。通常称满足式(4.1-5)的信号 $f(t)$为指数阶信号。因为若信号发散，借助指数信号的衰减作用，总可以使此类信号收敛。

在复平面上，使拉氏变换存在的 s 取值范围称为 $F(s)$的收敛域，简称 ROC(Regin Of Convergence)。式(4.1-5)表明，$F(s)$的 ROC 仅与 s 的实部值相关，故 ROC 边界都是平行于 $\mathrm{j}\omega$ 轴的直线，其值 σ_0 称为收敛坐标。下面举例说明双边拉氏变换 ROC 特点及象函数 $F(s)$的计算方法。

例 4.1-1　求因果信号 $f_1(t)=\mathrm{e}^{-\alpha t}\varepsilon(t)(\alpha>0)$的双边拉氏变换及其 ROC。

解　设 $f_1(t)$的双边拉氏变换为 $F_1(s)$，由式(4.1-3)得

$$F_1(s)=\int_{-\infty}^{\infty}[\mathrm{e}^{-\alpha t}\varepsilon(t)]\mathrm{e}^{-st}\,\mathrm{d}t=\int_{0}^{\infty}\mathrm{e}^{-\alpha t}\mathrm{e}^{-st}\,\mathrm{d}t=-\frac{1}{s+\alpha}\mathrm{e}^{-(s+\alpha)t}\Big|_0^{\infty}$$

$$=\frac{1}{s+\alpha}[1-\lim_{t\to\infty}\mathrm{e}^{-(\sigma+\alpha)t}\cdot\mathrm{e}^{-\mathrm{j}\omega t}]=\begin{cases}\dfrac{1}{s+\alpha} & \mathrm{Re}[s]=\sigma>-\alpha\\ \text{无界或不定} & \sigma\leqslant-\alpha\end{cases} \tag{4.1-6}$$

可见，因果信号 $f_1(t)$的双边拉氏变换 $F_1(s)=\dfrac{1}{s+\alpha}$，其 ROC 为 S 平面上 $\mathrm{Re}[s]=\sigma>-\alpha$，即位于收敛坐标 $\sigma=-\alpha$ 的右边区域，如图 4.1-1(a)所示。

实际上，可以证明上述结论对任一因果信号都是适用的。设因果信号 $f(t)$的双边拉氏变换为 $F(s)$，且 $F(s)$对某一 $\mathrm{Re}[s]=\sigma_1$ 收敛。根据式(4.1-5)，有

$$\int_0^{\infty} |f(t)| e^{-\sigma_1 t} dt < \infty$$

而对于任一 $\sigma>\sigma_1$，则有

$$\int_0^{\infty} |f(t)| e^{-\sigma t} dt < \int_0^{\infty} |f(t)| e^{-\sigma_1 t} dt < \infty$$

可见，如果 σ_1 位于收敛域内，则 $\sigma>\sigma_1$ 也位于收敛域内。也就是说，因果信号的双边拉氏变换，其ROC总是位于某一收敛坐标的右边区域。

例 4.1-2　求反因果信号 $f_2(t)=-e^{-\beta t}\varepsilon(-t)(\beta>0)$的双边拉氏变换及其ROC。

解　设 $f_2(t)$的双边拉氏变换为 $F_2(s)$，由式(4.1-3)得

$$F_2(s)=\int_{-\infty}^{\infty}[-e^{-\beta t}\varepsilon(-t)]e^{-st}\,dt=\int_{-\infty}^{0}-e^{-(s+\beta)t}\,dt=\frac{1}{s+\beta}e^{-(s+\beta)t}\Big|_{-\infty}^{0}$$

$$=\frac{1}{s+\beta}[1-\lim_{t\to-\infty}e^{(\sigma+\beta)t}e^{-j\omega t}]=\begin{cases}\dfrac{1}{s+\beta} & \mathrm{Re}[s]=\sigma<-\beta\\ \text{无界或不定} & \sigma\geqslant-\beta\end{cases}\qquad(4.1-7)$$

可见，反因果信号 $f_2(t)$的双边拉氏变换 $F_2(s)=\dfrac{1}{s+\beta}$，其ROC为S平面上 $\mathrm{Re}[s]=\sigma<-\beta$，即位于收敛坐标 $\sigma=-\beta$ 的左边区域，如图 4.1-1(b)所示。容易证明，任意反因果信号的双边拉氏变换，其ROC总是位于某一收敛坐标的左边区域。

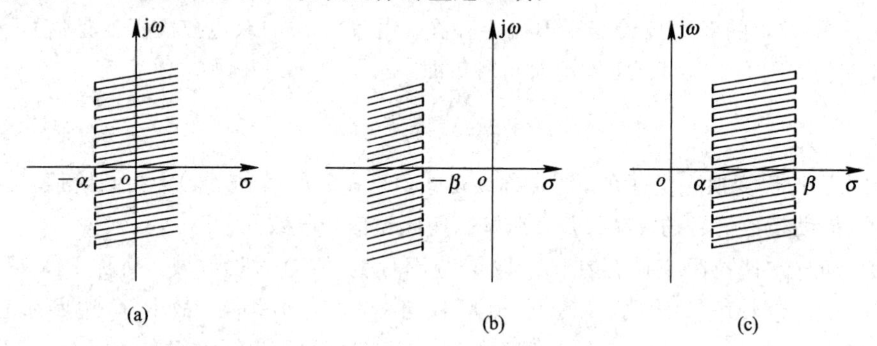

图 4.1-1　双边拉氏变换的收敛域

(a) $F_1(s)$的收敛域；(b) $F_2(s)$的收敛域；(c) $F_3(s)$的收敛域

例 4.1-3　求双边信号 $f_3(t)=e^{\alpha t}\varepsilon(t)-e^{\beta t}\varepsilon(-t)$的双边拉氏变换及其ROC。式中，$\alpha>0$，$\beta>0$。

解　设 $f_3(t)$的双边拉氏变换为 $F_3(s)$，则有

$$F_3(s)=\int_{-\infty}^{\infty}[e^{\alpha t}\varepsilon(t)-e^{\beta t}\varepsilon(-t)]e^{-st}\,dt=\int_0^{\infty}e^{-(s-\alpha)t}\,dt-\int_{-\infty}^{0}e^{-(s-\beta)t}\,dt$$

$$=-\frac{1}{s-\alpha}e^{-(s-\alpha)t}\Big|_0^{\infty}+\frac{1}{s-\beta}e^{-(s-\beta)t}\Big|_{-\infty}^{0}$$

$$=\begin{cases}\dfrac{1}{s-\alpha} & \mathrm{Re}[s]=\sigma>\alpha\\ \text{无界或不定} & \sigma\leqslant\alpha\end{cases}+\begin{cases}\dfrac{1}{s-\beta} & \mathrm{Re}[s]=\sigma<\beta\\ \text{无界或不定} & \sigma\geqslant\beta\end{cases}$$

(4.1-8)

可见，式(4.1-8)中第一项积分在 $\sigma>\alpha$ 时收敛，第二项积分在 $\sigma<\beta$ 时收敛，因此，若 $\alpha\geqslant\beta$，式中两项积分的ROC 无公共区域，此时，$f_3(t)$的双边拉氏变换不存在。只有在 $\alpha<\beta$ 时，其双边拉氏变换存在，且为

$$F_3(s)=\frac{1}{s-\alpha}+\frac{1}{s-\beta}=\frac{2s-\alpha-\beta}{(s-\alpha)(s-\beta)}\qquad \alpha<\mathrm{Re}[s]<\beta \tag{4.1-9}$$

$F(s)$的收敛域如图 4.1-1(c)所示，是位于收敛坐标 $\sigma=\alpha$ 与 $\sigma=\beta$ 之间的带状区域。

如前所述，双边拉氏变换的 ROC 较为复杂。比如，在例 4.1-1 与例 4.1-2 中，若 $\alpha=\beta$，则对于相同的象函数 $F(s)$，因不同收敛域条件，其原函数可能是因果信号或反因果信号。一般情况下，对于原函数 $f(t)$的双边拉氏变换，除给定象函数 $F(s)$表示式外，还必须指出相应的 ROC。否则，往往不能保证 $f(t)$与 $F(s)$之间的一一对应关系。

4.1.3　单边拉普拉斯变换

通常，工程应用信号多为因果信号，此时式(4.1-3)、式(4.1-4)可改写为

$$F(s)=\int_{0^-}^{\infty}f(t)\mathrm{e}^{-st}\mathrm{d}t \tag{4.1-10}$$

$$f(t)=\begin{cases}0 & t<0\\ \dfrac{1}{2\pi\mathrm{j}}\displaystyle\int_{\sigma-\mathrm{j}\infty}^{\sigma+\mathrm{j}\infty}F(s)\mathrm{e}^{st}\mathrm{d}s & t\geqslant 0\end{cases} \tag{4.1-11}$$

式(4.1-10)称为 $f(t)$的单边拉普拉斯变换，简称单边拉氏变换。注意积分下限从 0^- 开始，便于包含 $f(t)$在 $t=0$ 处可能存在的冲激函数及其各阶导函数。式(4.1-11)称为 $F(s)$的单边拉普拉斯逆变换，简称单边拉氏逆变换。有关双边拉氏变换的常用术语、符号表示同样适用于单边拉氏变换，此处不再一一重复。

根据式(4.1-5)，若信号 $f(t)$满足

$$\int_{0^-}^{\infty}|f(t)|\mathrm{e}^{-st}\mathrm{d}t<\infty \tag{4.1-12}$$

则其单边拉氏变换 $F(s)$存在。对于指数阶信号，单边拉氏变换必定存在，而且原函数与象函数之间满足一一对应关系。所以，在实际应用中一般不再强调单边拉氏变换的 ROC 问题，对象函数 $F(s)$省略其 ROC 标注。另外，请读者注意，为了简便，本书中不作特别说明时，所谓"拉氏变换"一词均指单边拉氏变换。

4.1.4　常用信号的单边拉普拉斯变换

1. $f(t)=\delta(t)$

$$F(s)=\mathscr{L}[\delta(t)]=\int_{0^-}^{\infty}\delta(t)\mathrm{e}^{-st}\,\mathrm{d}t=1 \tag{4.1-13}$$

2. $f(t)=\delta^{(n)}(t)$

$$F(s)=\mathscr{L}[\delta^{(n)}(t)]=\int_{0^-}^{\infty}\delta^{(n)}(t)\mathrm{e}^{-st}\,\mathrm{d}t=(-1)^n\frac{\mathrm{d}^n}{\mathrm{d}t^n}(\mathrm{e}^{-st})\bigg|_{t=0}=s^n \tag{4.1-14}$$

3. $f(t)=\varepsilon(t)$

$$F(s)=\mathscr{L}[\varepsilon(t)]=\int_{0^-}^{\infty}\varepsilon(t)\mathrm{e}^{-st}\,\mathrm{d}t$$

$$= \int_{0^-}^{\infty} e^{-st} \, dt = -\frac{1}{s} e^{-st} \Big|_{0^-}^{\infty} = \frac{1}{s} \tag{4.1-15}$$

4. $f(t) = e^{-\alpha t}\varepsilon(t)$，$\alpha > 0$

$$F(s) = \mathscr{L}[e^{-\alpha t}\varepsilon(t)] = \int_{0^-}^{\infty} e^{-\alpha t}\varepsilon(t)e^{-st} \, dt$$

$$= \int_{0^-}^{\infty} e^{-(s+\alpha)t} dt = \frac{-1}{s+\alpha} e^{-(s+\alpha)t} \Big|_{0^-}^{\infty} = \frac{1}{s+\alpha} \tag{4.1-16}$$

5. $f(t) = e^{\alpha t}\varepsilon(t)$，$\alpha > 0$

$$F(s) = \mathscr{L}[e^{\alpha t}\varepsilon(t)] = \int_{0^-}^{\infty} e^{\alpha t}\varepsilon(t)e^{-st} \, dt$$

$$= \int_{0^-}^{\infty} e^{-(s-\alpha)t} \, dt = -\frac{1}{s-\alpha} e^{-(s-\alpha)t} \Big|_{0^-}^{\infty} = \frac{1}{s-\alpha} \tag{4.1-17}$$

4.2 单边拉普拉斯变换的性质

单边拉氏变换有一些重要的性质，这些性质进一步反映了不同形式的信号与其单边拉氏变换的对应规律。应用这些性质并结合常用变换对是求解单边拉氏变换和逆变换的重要方法，也是进行 LTI 连续系统 S 域分析的重要基础。

1. 线性

若

$$f_1(t) \leftrightarrow F_1(s)$$

$$f_2(t) \leftrightarrow F_2(s)$$

则

$$a_1 f(t) + a_2 f(t) \leftrightarrow a_1 F_1(s) + a_2 F_2(s) \tag{4.2-1}$$

式中，a_1 和 a_2 为复常数。该性质可直接根据定义式(4.1-10)证明，这里从略。

线性性质表明，时域中对原函数的线性运算，反映到 S 域中是对象函数作相同的线性运算。

2. 时移性

若

$$f(t)\varepsilon(t) \leftrightarrow F(s)$$

则

$$f(t-t_0)\varepsilon(t-t_0) \leftrightarrow e^{-st_0} F(s) \tag{4.2-2}$$

式中，t_0 为正实常数。

证 根据单边拉氏变换的定义，

$$\mathscr{L}[f(t-t_0)\varepsilon(t-t_0)] = \int_{0^-}^{\infty} f(t-t_0)\varepsilon(t-t_0)e^{-st} \, dt = \int_{0^-}^{\infty} f(t-t_0)e^{-st} \, dt$$

令 $t-t_0=\tau$，则 $t=t_0+\tau$，得

$$\mathscr{L}[f(t-t_0)\varepsilon(t-t_0)] = \int_{0^-}^{\infty} f(\tau)e^{-s(t_0+\tau)} \, d\tau$$

$$=\mathrm{e}^{-st_0}\int_{0^-}^{\infty} f(\tau)\mathrm{e}^{-s\tau}\,\mathrm{d}\tau=\mathrm{e}^{-st_0}F(s)$$

时移性表明，时域中原函数时移 t_0，体现在 S 域中对象函数乘一因子 e^{-st_0}（常称**时移因子**）。

例 4.2-1　$f_1(t)=\mathrm{e}^{-2(t-1)}\varepsilon(t-1)$，$f_2(t)=\mathrm{e}^{-2(t-1)}\varepsilon(t)$，求 $f_1(t)+f_2(t)$的象函数。

解　因为

$$\mathrm{e}^{-2t}\varepsilon(t)\leftrightarrow\frac{1}{s+2}$$

故根据时移性质，得

$$F_1(s)=\mathscr{L}[\mathrm{e}^{-2(t-1)}\varepsilon(t-1)]=\frac{\mathrm{e}^{-s}}{s+2}$$

将 $f_2(t)$表示为

$$f_2(t)=\mathrm{e}^{-2(t-1)}\varepsilon(t)=\mathrm{e}^{2}\mathrm{e}^{-2t}\varepsilon(t)$$

$$F_2(s)=\frac{\mathrm{e}^{2}}{s+2}$$

根据线性，得

$$\mathscr{L}[f_1(t)+f_2(t)]=F_1(s)+F_2(s)=\frac{\mathrm{e}^{2}+\mathrm{e}^{-s}}{s+2}$$

例 4.2-2　$f(t)=\sum\limits_{n=0}^{\infty}\delta(t-nT)$ 为从 $t=0^-$ 起始的周期性冲激序列，T 为周期。求 $f(t)$的单边拉氏变换。

解　因为

$$\delta(t)\leftrightarrow 1$$

故由时移性质得

$$\delta(t-nT)\leftrightarrow \mathrm{e}^{-nTs}$$

由线性得 $f(t)$的单边拉氏变换为

$$F(s)=\sum_{n=0}^{\infty}\mathrm{e}^{-nTs}=1+\mathrm{e}^{-Ts}+\mathrm{e}^{-2Ts}+\cdots$$

在收敛域内，$|\mathrm{e}^{-sT}|<1$，该等比级数收敛，因此得

$$F(s)=\frac{1}{1-\mathrm{e}^{-sT}},$$

也就是

$$\sum_{n=0}^{\infty}\delta(t-nT)\leftrightarrow\frac{1}{1-\mathrm{e}^{-sT}}$$

同理，若已知 $f_T(t)=\begin{cases}f_1(t), & 0\leqslant t<T\\ 0, & \text{其他}\end{cases}$，且 $f_1(t)\leftrightarrow F_1(s)$，则可由时移性求得一般单边周期信号

$$f_T(t)=\sum_{n=0}^{\infty}f_1(t-nT)$$

的单边拉氏变换为

$$F_T(s)=F_1(s)\cdot\frac{1}{1-\mathrm{e}^{-sT}} \tag{4.2-3}$$

式中因子$\frac{1}{1-\mathrm{e}^{-sT}}$体现了时域中原函数的周期性变化，常称为**周期因子**。这样，单边周期信号的拉氏变换等于第一周期中信号的拉氏变换与周期因子的乘积。

3. 复频移

若 $f(t)\leftrightarrow F(s)$，则

$$\mathrm{e}^{s_0t}f(t)\leftrightarrow F(s-s_0) \tag{4.2-4}$$

式中，s_0 为复常数。

证　由单边拉氏变换的定义

$$\mathscr{L}[\mathrm{e}^{s_0t}f(t)]=\int_{0^-}^{\infty}\mathrm{e}^{s_0t}f(t)\mathrm{e}^{-st}\,\mathrm{d}t=\int_{0^-}^{\infty}f(t)\mathrm{e}^{-(s-s_0)t}\,\mathrm{d}t$$

令 $s-s_0=s_\mathrm{p}$，则

$$\begin{aligned}\mathscr{L}[\mathrm{e}^{s_0t}f(t)]&=\int_{0^-}^{\infty}f(t)\mathrm{e}^{-s_\mathrm{p}t}\,\mathrm{d}t=\left[\int_{0^-}^{\infty}f(t)\mathrm{e}^{-st}\,\mathrm{d}t\right]\bigg|_{s=s_\mathrm{p}}=F(s_\mathrm{p})\\&=F(s-s_0)\end{aligned}$$

复频移性质表明，S 域中对象函数复频移 s_0，体现在时域中对原函数乘一因子 e^{s_0t}，常称该因子为**复频移因子**。

例 4.2-3　$f_1(t)=\cos(\omega_0t)\varepsilon(t)$，$f_2(t)=\sin(\omega_0t)\varepsilon(t)$，求 $f_1(t)$和 $f_2(t)$的象函数。

解　$f_1(t)$可以表示为

$$f_1(t)=\frac{1}{2}(\mathrm{e}^{\mathrm{j}\omega_0t}+\mathrm{e}^{-\mathrm{j}\omega_0t})\varepsilon(t)$$

由于 $\varepsilon(t)\leftrightarrow\frac{1}{s}$，$\mathrm{Re}[s]>0$，根据复频移性质，则有

$$\mathrm{e}^{\mathrm{j}\omega_0t}\varepsilon(t)\leftrightarrow\frac{1}{s-\mathrm{j}\omega_0}$$

$$\mathrm{e}^{-\mathrm{j}\omega_0t}\varepsilon(t)\leftrightarrow\frac{1}{s+\mathrm{j}\omega_0}$$

根据线性，得

$$\begin{aligned}F_1(s)&=\mathscr{L}[\cos(\omega_0t)\varepsilon(t)]=\frac{1}{2}\left(\frac{1}{s-\mathrm{j}\omega_0}+\frac{1}{s+\mathrm{j}\omega_0}\right)\\&=\frac{s}{s^2+\omega_0^2}\end{aligned} \tag{4.2-5}$$

同理可得

$$F_2(s)=\mathscr{L}[\sin(\omega_0t)\varepsilon(t)]=\frac{\omega_0}{s^2+\omega_0^2} \tag{4.2-6}$$

例 4.2-4　$f(t)=\mathrm{e}^{-\alpha t}\cos(\omega_0t)\varepsilon(t)$，$\alpha$ 为实数。求 $f(t)$的象函数。

解　令 $s_0=-\alpha$，则 $f(t)$可以表示为

$$f(t)=\mathrm{e}^{s_0t}\cos(\omega_0t)\varepsilon(t)$$

由式(4.2-5)得

$$\cos(\omega_0 t)\varepsilon(t) \leftrightarrow \frac{s}{s^2+\omega_0^2}$$

根据复频移性质，得

$$F(s) = \mathscr{L}[f(t)] = \frac{s-s_0}{(s-s_0)^2+\omega_0^2} = \frac{s+\alpha}{(s+\alpha)^2+\omega_0^2}$$

4. 尺度变换

若 $f(t) \leftrightarrow F(s)$，则

$$f(at) \leftrightarrow \frac{1}{a}F\left(\frac{s}{a}\right) \tag{4.2-7}$$

式中，a 为实常数，$a>0$。

证　根据单边拉氏变换的定义，把 $f(at)$代入式(4.1-10)，并进行变量代换，就可证明式(4.2-7)。具体证明过程从略。

例 4.2-5　已知 $f(t) \leftrightarrow F(s)$，$f_1(t)=f(at-b)\varepsilon(at-b)$，$a>0$，$b>0$，求 $f_1(t)$的象函数。

解　因为

$$\mathscr{L}[f(t)] = \mathscr{L}[f(t)\varepsilon(t)] = F(s)$$

根据尺度变换性质，则

$$\mathscr{L}[f(at)\varepsilon(at)] = \frac{1}{a}F\left(\frac{s}{a}\right)$$

将 $f_1(t)$表示为

$$f_1(t) = f\left[a\left(t-\frac{b}{a}\right)\right]\ \varepsilon\left[a\left(t-\frac{b}{a}\right)\right]$$

根据时移性质，则

$$F_1(s) = \mathscr{L}[f_1(t)] = \frac{1}{a}F\left(\frac{s}{a}\right)e^{-\frac{b}{a}s}$$

5. 时域卷积

若 $f_1(t)$、$f_2(t)$为因果信号，并且

$$f_1(t) \leftrightarrow F_1(s)$$
$$f_2(t) \leftrightarrow F_2(s)$$

则

$$f_1(t) * f_2(t) \leftrightarrow F_1(s)F_2(s) \tag{4.2-8}$$

证　根据信号卷积的定义，并且 $f_1(t)$和 $f_2(t)$是因果信号，则

$$f_1(t) * f_2(t) = \int_{0^-}^{\infty} f_1(\tau)f_2(t-\tau)\,d\tau$$

$f_1(t) * f_2(t)$仍为因果信号。根据单边拉氏变换的定义，得

$$\mathscr{L}[f_1(t) * f_2(t)] = \int_{0^-}^{\infty}\left[\int_{0^-}^{\infty} f_1(\tau)f_2(t-\tau)d\tau\right]e^{-st}\,dt$$

交换积分次序，得

$$\mathscr{L}[f_1(t) * f_2(t)] = \int_{0^-}^{\infty} f_1(\tau)\left[\int_{0^-}^{\infty} f_2(t-\tau)e^{-st}\,dt\right]d\tau$$

上式方括号中的积分是 $f_2(t-\tau)$ 的单边拉氏变换。由于 $f_2(t)$ 为因果信号，根据时移性质，则

$$\int_{0^-}^{\infty} f_2(t-\tau)\mathrm{e}^{-st}\,\mathrm{d}t = \mathrm{e}^{-s\tau}F_2(s)$$

于是得

$$\begin{aligned}\mathscr{L}[f_1(t)*f_2(t)] &= \int_{0^-}^{\infty} f_1(\tau)F_2(s)\mathrm{e}^{-s\tau}\,\mathrm{d}\tau = F_2(s)\int_{0^-}^{\infty} f_1(\tau)\mathrm{e}^{-s\tau}\,\mathrm{d}\tau \\ &= F_1(s)F_2(s)\end{aligned}$$

该性质表明，两信号的时域卷积运算与 S 域象函数的乘积运算相对应。按此性质，将两信号的象函数乘积，取其拉氏逆变换，就是这两信号的时域卷积结果。

例 4.2－6 已知图 4.2－1(a)所示信号 $f(t)$ 与图(b)所示信号 $f_\tau(t)$ 的关系为 $f(t)=f_\tau(t)*f_\tau(t)$，求 $f(t)$ 的单边拉氏变换。

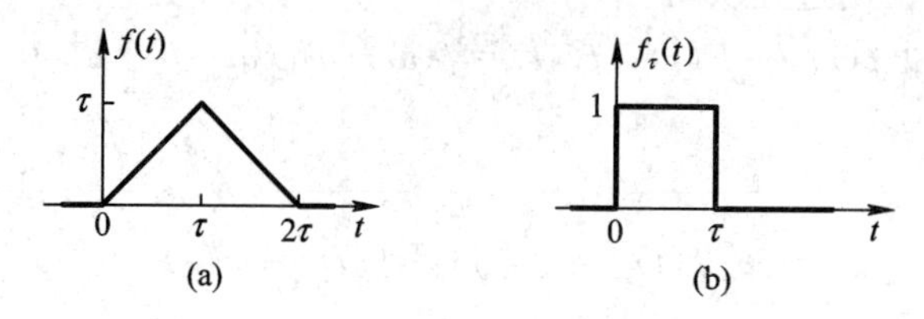

图 4.2－1 例 4.2－6 图

(a) $f(t)$ 的波形；(b) $f_\tau(t)$ 的波形

解 $f_\tau(t)$ 可以表示为

$$f_\tau(t) = \varepsilon(t) - \varepsilon(t-\tau)$$

由时移性质和线性得

$$\mathscr{L}[f_\tau(t)] = \mathscr{L}[\varepsilon(t)] - \mathscr{L}[\varepsilon(t-\tau)] = \frac{1-\mathrm{e}^{-s\tau}}{s}$$

由于 $f_\tau(t)$ 是因果信号，因此，根据时域卷积性质得

$$F(s) = \mathscr{L}[f(t)] = \mathscr{L}[f_\tau(t)]\cdot\mathscr{L}[f_\tau(t)] = \frac{(1-\mathrm{e}^{-s\tau})^2}{s^2}$$

6. 时域微分

若 $f(t)\leftrightarrow F(s)$，则有

$$f^{(1)}(t) \leftrightarrow sF(s) - f(0^-) \tag{4.2-9}$$

$$f^{(2)}(t) \leftrightarrow s^2F(s) - sf(0^-) - f^{(1)}(0^-) \tag{4.2-10}$$

$$f^{(n)}(t) \leftrightarrow s^nF(s) - \sum_{i=0}^{n-1} s^{n-1-i}f^{(i)}(0^-) \tag{4.2-11}$$

式中，$f^{(1)}(t)$、$f^{(2)}(t)$、$f^{(n)}(t)$ 分别表示 $f(t)$ 的一次、二次、n 次导数，$f(0^-)$、$f^{(1)}(0^-)$、$f^{(i)}(0^-)$ 分别表示 $f(t)$、$f^{(1)}(t)$、$f^{(i)}(t)$ 在 $t=0^-$ 时的值。

证 先证明式(4.2－9)和式(4.2－10)。根据单边拉氏变换的定义，则有

$$\begin{aligned}\mathscr{L}[f^{(1)}(t)] &= \int_{0^-}^{\infty}\frac{\mathrm{d}f(t)}{\mathrm{d}t}\mathrm{e}^{-st}\,\mathrm{d}t = \int_{0^-}^{\infty}\mathrm{e}^{-st}\,\mathrm{d}f(t) \\ &= \mathrm{e}^{-st}f(t)\Big|_{0^-}^{\infty} + s\int_{0^-}^{\infty} f(t)\mathrm{e}^{-st}\,\mathrm{d}t\end{aligned}$$

由此可得

$$\mathscr{L}[f^{(1)}(t)] = sF(s) - f(0^-)$$

因为 $f^{(2)}(t)=\dfrac{\mathrm{d}}{\mathrm{d}t}f^{(1)}(t)$，所以，应用式(4.2-9)得

$$\begin{aligned}\mathscr{L}[f^{(2)}(t)] &= s[sF(s) - f(0^-)] - f^{(1)}(0^-) \\ &= s^2F(s) - sf(0^-) - f^{(1)}(0^-)\end{aligned}$$

反复应用式(4.2-9)，就可得到 $f^{(n)}(t)$的单边拉氏变换如式(4.2-11)所示。

若 $f(t)$为因果信号，则 $f^{(n)}(0^-)=0$ $(n=1, 2, \cdots)$，此时，时域微分性质表示为

$$\mathscr{L}[f^{(n)}(t)] \leftrightarrow s^nF(s) \qquad n = 1, 2, \cdots$$

例 4.2-7　$f_1(t)=\dfrac{\mathrm{d}}{\mathrm{d}t}[\mathrm{e}^{-2t}\varepsilon(t)]$，$f_2(t)=\left(\dfrac{\mathrm{d}}{\mathrm{d}t}\mathrm{e}^{-2t}\right)\varepsilon(t)$，求 $f_1(t)$和 $f_2(t)$的单边拉氏变换。

解　(1) 求 $f_1(t)$的单边拉氏变换。由于

$$f_1(t) = \frac{\mathrm{d}}{\mathrm{d}t}[\mathrm{e}^{-2t}\varepsilon(t)] = \delta(t) - 2\mathrm{e}^{-2t}\varepsilon(t)$$

故根据线性得

$$F_1(s) = \mathscr{L}[f_1(t)] = 1 - \frac{2}{s+2} = \frac{s}{s+2}$$

若应用时域微分性质求解，则有

$$F_1(s) = s\mathscr{L}[\mathrm{e}^{-2t}\varepsilon(t)] - \mathrm{e}^{-2t}\varepsilon(t)\big|_{t=0^-} = \frac{s}{s+2}$$

(2) 求 $f_2(t)$的单边拉氏变换。由于

$$f_2(t) = \left(\frac{\mathrm{d}}{\mathrm{d}t}\mathrm{e}^{-2t}\right)\varepsilon(t) = -2\mathrm{e}^{-2t}\varepsilon(t)$$

故有

$$F_2(s) = \mathscr{L}[f_2(t)] = \frac{-2}{s+2}$$

请注意，在本例中，同是信号的求导运算，但情形有所不同。信号 $f_1(t)$中是对 $t=0$ 处呈现幅值跳变的因果信号求导，结果中含有 δ 函数；而在 $f_2(t)$中，则是对连续信号 e^{-2t}求导，结果中自然不含 δ 函数。

7. 时域积分

若 $f(t) \leftrightarrow F(s)$，则有

$$\begin{cases} f^{(-1)}(t) = \displaystyle\int_{0^-}^{t} f(\tau)\,\mathrm{d}\tau \leftrightarrow \frac{F(s)}{s} \\ f^{(-n)}(t) \leftrightarrow \dfrac{F(s)}{s^n} \qquad n = 1, 2, \cdots \end{cases} \tag{4.2-12}$$

式中，$f^{(-n)}(t)$表示从 0^- 到 t 区间对 $f(t)$的 n 重积分。若 $f^{(-n)}(t)$表示从 $-\infty$到 t 区间对 $f(t)$的n 重积分，则有

$$\begin{cases} f^{(-1)}(t) = \displaystyle\int_{-\infty}^{t} f(\tau)\,\mathrm{d}\tau \leftrightarrow \frac{f^{(-1)}(0^-)}{s} + \frac{F(s)}{s} \\ f^{(-n)}(t) \leftrightarrow \displaystyle\sum_{m=1}^{n} \frac{1}{s^{n-m+1}} f^{(-m)}(0^-) + \frac{F(s)}{s^n} \end{cases} \tag{4.2-13}$$

证明式(4.2-12)：考虑到 $\tau<0$ 时信号 $\varepsilon(\tau)$ 和 $\tau>t$ 时信号 $\varepsilon(t-\tau)$ 均为零，可通过扩展积分区间和信号卷积定义推导得

$$\int_{0^-}^{t} f(\tau)\mathrm{d}\tau = \int_{-\infty}^{\infty} f(\tau)\varepsilon(\tau)\varepsilon(t-\tau)\,\mathrm{d}\tau = f(t)\varepsilon(t) * \varepsilon(t)$$

根据时域卷积性质，则

$$\mathscr{L}\left[\int_{0^-}^{t} f(\tau)\,\mathrm{d}\tau\right] = \mathscr{L}[f(t)\varepsilon(t) * \varepsilon(t)] = \frac{F(s)}{s} \tag{4.2-14}$$

因为 $f^{(-2)}(t) = \int_{0^-}^{t} f^{(-1)}(\tau)\,\mathrm{d}\tau$，根据式(4.2-14)，则有

$$\mathscr{L}[f^{(-2)}(t)] = \mathscr{L}\left[\int_{0^-}^{t} f^{(-1)}(\tau)\,\mathrm{d}\tau\right] = \frac{\mathscr{L}[f^{(-1)}(t)]}{s} = \frac{F(s)}{s^2}$$

反复应用式(4.2-14)，就可得到 $f^{(-n)}(t)$ 的单边拉氏变换如式(4.2-12)所示。

证明式(4.2-13)：因为

$$\begin{aligned} f^{(-1)}(t) &= \int_{-\infty}^{t} f(\tau)\,\mathrm{d}\tau = \int_{-\infty}^{0^-} f(\tau)\,\mathrm{d}\tau + \int_{0^-}^{t} f(\tau)\,\mathrm{d}\tau \\ &= f^{(-1)}(0^-) + \int_{0^-}^{t} f(\tau)\,\mathrm{d}\tau \end{aligned}$$

$f^{(-1)}(0^-)$ 为实常数，其单边拉氏变换为

$$\begin{aligned} \mathscr{L}[f^{(-1)}(0^-)] &= \mathscr{L}[f^{(-1)}(0^-)\varepsilon(t)] \\ &= \frac{f^{(-1)}(0^-)}{s} \end{aligned}$$

根据式(4.2-12)，有

$$\int_{0^-}^{t} f(\tau)\,\mathrm{d}\tau \leftrightarrow \frac{\mathscr{L}[f(t)]}{s} = \frac{F(s)}{s} \tag{4.2-15}$$

所以，根据线性得

$$f^{(-1)}(t) = \int_{-\infty}^{t} f(\tau)\,\mathrm{d}\tau \leftrightarrow \frac{f^{(-1)}(0^-)}{s} + \frac{F(s)}{s} \tag{4.2-16}$$

反复使用式(4.2-16)，就可得到 $f^{(-n)}(t)$ 的单边拉氏变换如式(4.2-13)所示。

利用时域积分性质可以使一些复杂信号的单边拉氏变换的求解变得简单易行。下面简述应用方法和应注意的问题。

若 $f(t)$ 是因果信号，$f^{(n)}(t)$ 是 $f(t)$ 的 n 次导数，则 $f(t)$ 等于 $f^{(n)}(t)$ 从 0^- 到 t 的 n 重积分。若 $f^{(n)}(t)$ 的单边拉氏变换用 $F_n(s)$ 表示，根据时域积分性质式(4.2-12)，则 $f(t)$ 的单边拉氏变换为

$$F(s) = \mathscr{L}[f(t)] = \frac{F_n(s)}{s^n} \tag{4.2-17}$$

若 $f(t)$ 为非因果信号，则单边拉氏变换 $\mathscr{L}[f(t)] = \mathscr{L}[f(t)\varepsilon(t)]$。因此，若 $f(t)\varepsilon(t)$ 的 n 次导数 $\frac{\mathrm{d}^n}{\mathrm{d}t^n}[f(t)\varepsilon(t)]$ 的单边拉氏变换用 $F_n(s)$ 表示，则 $f(t)$ 的单边拉氏变换 $F(s)$ 也可由式(4.2-17)得到。

非因果信号 $f(t)$ 的单边拉氏变换也可根据式(4.2-13)求解。若 $f(t)$ 在 $t=-\infty$ 的值 $f(-\infty)=0$，$f^{(1)}(t)$ 是 $f(t)$ 的一阶导数，则

$$f(t)=\int_{-\infty}^{t} f^{(1)}(\tau)\,\mathrm{d}\tau \qquad t>-\infty$$

根据式(4.2－13)，若 $f^{(1)}(t)$的单边拉氏变换用 $F_1(s)$表示，则 $f(t)$的单边拉氏变换为

$$F(s)=\mathscr{L}[f(t)]=\frac{f(0^-)}{s}+\frac{F_1(s)}{s} \tag{4.2-18}$$

若 $f(-\infty)\neq 0$，则

$$f(t)=\int_{-\infty}^{t} f^{(1)}(\tau)\,\mathrm{d}\tau+f(-\infty) \qquad t>-\infty$$

对于 $t>0^-$，有

$$\begin{aligned}f(t)&=\int_{-\infty}^{0^-} f^{(1)}(\tau)\,\mathrm{d}\tau+\int_{0^-}^{t} f^{(1)}(\tau)\,\mathrm{d}\tau+f(-\infty)\\&=f(0^-)+\int_{0^-}^{t} f^{(1)}(\tau)\,\mathrm{d}\tau\end{aligned}$$

根据线性和式(4.2－12)，则 $f(t)$的单边拉氏变换为

$$F(s)=\mathscr{L}[f(t)]=\frac{f(0^-)}{s}+\frac{F_1(s)}{s} \tag{4.2-19}$$

或者

$$F(s)=\mathscr{L}[f(t)]=\frac{f(0^-)}{s}+\frac{F_n(s)}{s^n} \tag{4.2-20}$$

式中，$F_n(s)$为 $f(t)$的 n 阶导数 $f^{(n)}(t)$的单边拉氏变换。因此，对于 $f(-\infty)=0$ 或 $f(-\infty)\neq 0$，非因果信号 $f(t)$的单边拉氏变换都可根据式(4.2－19)或式(4.2－20)得到。

时域微分和积分性质主要应用于线性连续系统 S 域分析中的微、积分运算和系统微分方程的求解，是线性连续系统 S 域分析的依据之一。

例 4.2－8　求图 4.2－2(a)所示因果信号 $f(t)$的单边拉氏变换。

解　$f(t)$的一阶、二阶导数如图 4.2－2(b)、(c)所示。其中，$f(t)$的二阶导数为

$$f^{(2)}(t)=2\delta(t)-2\delta(t-1)-2\delta(t-2)+2\delta(t-3)$$

由于 $\delta(t)\leftrightarrow 1$，由时移和线性性质得

$$F_2(s)=\mathscr{L}[f^{(2)}(t)]=2-2\mathrm{e}^{-s}-2\mathrm{e}^{-2s}+2\mathrm{e}^{-3s}$$

由时域积分性质式(4.2－12)或式(4.2－17)得

$$F(s)=\mathscr{L}[f(t)]=\frac{F_2(s)}{s^2}=\frac{2(1-\mathrm{e}^{-s}-\mathrm{e}^{-2s}+\mathrm{e}^{-3s})}{s^2}$$

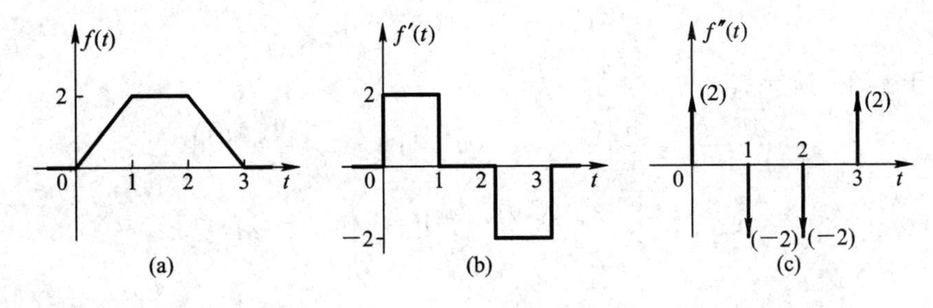

图 4.2－2　例 4.2－8 图

(a) $f(t)$的波形；(b) $f'(t)$的波形；(c) $f''(t)$的波形

例 4.2-9 求图 4.2-3(a)所示信号 $f(t)$ 的单边拉氏变换。

解 $f(t)\varepsilon(t)$ 如图 4.2-3(b)所示，$f(t)$ 的一阶导数如图(c)所示。

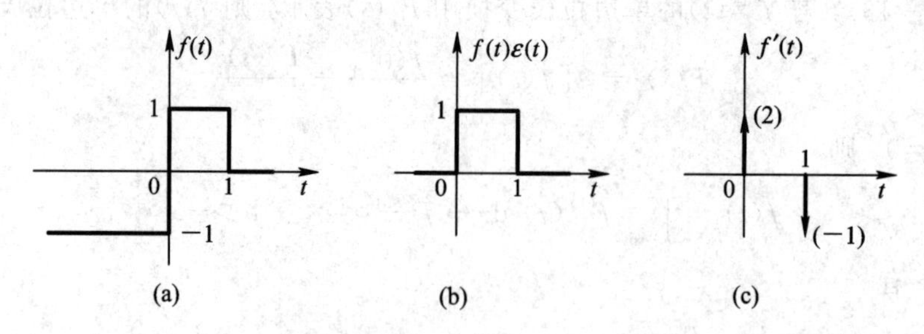

图 4.2-3 例 4.2-9 图

(a) $f(t)$ 的波形；(b) $f(t)\varepsilon(t)$ 的波形；(c) $f'(t)$ 的波形

方法一 由于

$$f(t)\varepsilon(t)=\varepsilon(t)-\varepsilon(t-1)$$

根据单边拉氏变换的定义，得

$$F(s)=\mathscr{L}[f(t)]=\mathscr{L}[f(t)\varepsilon(t)]=\frac{1-\mathrm{e}^{-s}}{s}$$

方法二 $f(0^-)=-1$，$f(t)$ 的一阶导数为

$$f^{(1)}(t)=2\delta(t)-\delta(t-1)$$

$f^{(1)}(t)$ 的单边拉氏变换为

$$F_1(s)=\mathscr{L}[f^{(1)}(t)]=2-\mathrm{e}^{-s}$$

根据式(4.2-20)，得

$$F(s)=\mathscr{L}\ [f(t)]=\frac{f(0^-)}{s}+\frac{F_1(s)}{s}$$

$$=\frac{-1}{s}+\frac{2-\mathrm{e}^{-s}}{s}=\frac{1-\mathrm{e}^{-s}}{s}$$

8. S 域微分

若 $f(t)\leftrightarrow F(s)$，则有

$$(-t)f(t)\leftrightarrow\frac{\mathrm{d}F(s)}{\mathrm{d}s}\tag{4.2-21}$$

证 根据单边拉氏变换的定义

$$F(s)=\int_{0^-}^{\infty}f(t)\mathrm{e}^{-st}\,\mathrm{d}t$$

两边取关于 s 的一阶导数

$$\frac{\mathrm{d}F(s)}{\mathrm{d}s}=\frac{\mathrm{d}}{\mathrm{d}s}\int_{0^-}^{\infty}f(t)\mathrm{e}^{-st}\,\mathrm{d}t=\int_{0^-}^{\infty}f(t)\left[\frac{\mathrm{d}}{\mathrm{d}s}\mathrm{e}^{-st}\right]\mathrm{d}t$$

$$=\int_{0^-}^{\infty}(-t)f(t)\mathrm{e}^{-st}\,\mathrm{d}t=\mathscr{L}\ [(-t)f(t)]$$

故式(4.2-21)成立。

上述结论可以推广至 S 域高阶导数：

$$(-t)^n f(t)\leftrightarrow\frac{\mathrm{d}^n F(s)}{\mathrm{d}s^n}\tag{4.2-22}$$

例 4.2-10　求 $f(t)=t^n\varepsilon(t)$的单边拉氏变换。

解　由于 $\varepsilon(t)\leftrightarrow\dfrac{1}{s}$，根据式(4.2-21)，得

$$\mathscr{L}[(-t)\varepsilon(t)]=\frac{\mathrm{d}}{\mathrm{d}s}\left(\frac{1}{s}\right)=-\frac{1}{s^2}$$

于是得

$$\mathscr{L}[t\varepsilon(t)]=\frac{1}{s^2}$$

由于 $t^2\varepsilon(t)=(-t)[(-t)\varepsilon(t)]$，根据式(4.2-21)得

$$\mathscr{L}[t^2\varepsilon(t)]=\frac{\mathrm{d}}{\mathrm{d}s}\left(-\frac{1}{s^2}\right)=\frac{2}{s^3}$$

重复应用以上方法可以得到

$$\mathscr{L}[t^n\varepsilon(t)]=\frac{n!}{s^{n+1}}$$

9. S 域积分

已知 $f(t)\leftrightarrow F(s)$，若$\dfrac{f(t)}{t}$的单边拉氏变换存在，则有

$$\frac{f(t)}{t}\leftrightarrow\int_s^{\infty}F(\lambda)\,\mathrm{d}\lambda \tag{4.2-23}$$

证　根据单边拉氏变换的定义

$$F(s)=\int_{0^-}^{\infty}f(t)\mathrm{e}^{-st}\,\mathrm{d}t$$

对上式两边从 s 到∞积分，并交换积分次序得

$$\begin{aligned}\int_s^{\infty}F(\lambda)\,\mathrm{d}\lambda&=\int_s^{\infty}\left[\int_{0^-}^{\infty}f(t)\mathrm{e}^{-\lambda t}\,\mathrm{d}t\right]\mathrm{d}\lambda=\int_{0^-}^{\infty}f(t)\left[\int_s^{\infty}\mathrm{e}^{-\lambda t}\,\mathrm{d}\lambda\right]\mathrm{d}t\\&=\int_{0^-}^{\infty}f(t)\left[-\frac{1}{t}\cdot\mathrm{e}^{-\lambda t}\Big|_s^{\infty}\right]\mathrm{d}t=\int_{0^-}^{\infty}\frac{f(t)}{t}\mathrm{e}^{-st}\,\mathrm{d}t\\&=\mathscr{L}\left[\frac{f(t)}{t}\right]\end{aligned}$$

例 4.2-11　$f(t)=\dfrac{\sin t}{t}\varepsilon(t)$，求 $f(t)$的单边拉氏变换。

解　由于 $\sin t\cdot\varepsilon(t)\leftrightarrow\dfrac{1}{s^2+1}$，根据 S 域积分性质，得

$$\begin{aligned}F(s)&=\mathscr{L}\left[\frac{\sin t\cdot\varepsilon(t)}{t}\right]=\int_s^{\infty}\frac{1}{\lambda^2+1}\,\mathrm{d}\lambda=\arctan\lambda\Big|_s^{\infty}\\&=\arctan\frac{1}{s}\end{aligned}$$

10. 初值和终值定理

(1) 初值定理。

若信号 $f(t)$不包含冲激函数 $\delta(t)$及其各阶导数，并且

$$f(t)\leftrightarrow F(s)$$

则信号 $f(t)$的初值为

$$f(0^+) = \lim_{t\to 0^+} f(t) = \lim_{s\to\infty} sF(s) \tag{4.2-24}$$

(2) 终值定理。

若 $f(t)$在 $t\to\infty$时极限 $f(\infty)$存在，并且

$$f(t) \leftrightarrow F(s)$$

则 $f(t)$的终值为

$$f(\infty) = \lim_{t\to\infty} f(t) = \lim_{s\to 0} sF(s) \tag{4.2-25}$$

初值定理和终值定理可以根据单边拉氏变换的定义和时域微分性质证明。这里从略。

例 4.2-12　$f(t)=\mathrm{e}^{-t}\cos t\cdot\varepsilon(t)$，求 $f(0^+)$和 $f(\infty)$。

解　由于 $\cos t\cdot\varepsilon(t)\leftrightarrow\dfrac{s}{s^2+1}$，根据复频移性质，则有

$$F(s) = \mathscr{L}[f(t)] = \frac{s+1}{(s+1)^2+1}$$

由初值定理得

$$f(0^+) = \lim_{s\to\infty} sF(s) = \lim_{s\to\infty}\frac{s(s+1)}{(s+1)^2+1} = 1$$

由终值定理得

$$f(\infty) = \lim_{s\to 0} sF(s) = \lim_{s\to 0}\frac{s(s+1)}{(s+1)^2+1} = 0$$

为了便于查阅和应用，最后，将单边拉氏变换的性质和常用单边拉氏变换分别列于表 4.1 和表 4.2 中。

表 4.1　单边拉氏变换的性质

序号	性质名称	信　号	单边拉普拉斯变换
0	定义	$f(t)=\dfrac{1}{2\pi\mathrm{j}}\int_{\sigma-\mathrm{j}\infty}^{\sigma+\mathrm{j}\infty}F(s)\mathrm{e}^{st}\,\mathrm{d}s,\ t\geqslant 0$	$F(s)=\int_{0^-}^{\infty}f(t)\mathrm{e}^{-st}\,\mathrm{d}t,\ \sigma>\sigma_0$
1	线性	$a_1f_1(t)+a_2f_2(t)$	$a_1F_1(s)+a_2F_2(s)$
2	尺度变换	$f(at),\ a>0$	$\dfrac{1}{a}F\left(\dfrac{s}{a}\right)$
3	时移	$f(t-t_0)\varepsilon(t-t_0),\ t_0>0$	$\mathrm{e}^{-st_0}F(s)$
4	复频移	$\mathrm{e}^{s_a t}f(t)$	$F(s-s_a)$
5	时域微分	$f^{(1)}(t)=\dfrac{\mathrm{d}f(t)}{\mathrm{d}t}$	$sF(s)-f(0^-)$
		$f^{(n)}(t)=\dfrac{\mathrm{d}^nf(t)}{\mathrm{d}t^n}$	$s^nF(s)-\sum_{m=0}^{n-1}s^{n-1-m}f^{(m)}(0^-)$

续表

序号	性质名称	信　　号	单边拉普拉斯变换
6	时域积分	$\left(\int_{0^-}^{t}\right)^n f(\tau)\,\mathrm{d}\tau$	$\frac{1}{s^n}F(s)$
		$f^{(-1)}(t)=\int_{-\infty}^{t} f(\tau)\,\mathrm{d}\tau$	$\frac{1}{s}F(s)+\frac{1}{s}f^{(-1)}(0^-)$
		$f^{(-n)}(t)=\left(\int_{-\infty}^{t}\right)^n f(\tau)\,\mathrm{d}\tau$	$\frac{1}{s^n}F(s)+\sum_{m=1}^{n}\frac{1}{s^{n-m+1}}f^{(-m)}(0^-)$
7	时域卷积	$f_1(t)*f_2(t)$ $f_1(t)$、$f_2(t)$为因果信号	$F_1(s)F_2(s)$
8	时域相乘	$f_1(t)f_2(t)$	$\frac{1}{2\pi\mathrm{j}}\int_{c-\mathrm{j}\infty}^{c+\mathrm{j}\infty} F_1(\lambda)F_2(s-\lambda)\,\mathrm{d}\lambda$
9	S 域微分	$(-t)^n f(t)$	$F^{(n)}(s)$
10	S 域积分	$\frac{f(t)}{t}$	$\int_{s}^{\infty} F(\lambda)\,\mathrm{d}\lambda$
11	初值定理	$f(0^+)=\lim_{s\to\infty} sF(s)$	
12	终值定理	$f(\infty)=\lim_{s\to 0} sF(s)$，$s=0$ 在收敛域内	

表 4.2　常用信号的单边拉普拉斯变换

序号	信　　号	单边拉普拉斯变换
1	$\delta(t)$	1
2	$\delta^{(n)}(t)$	s^n
3	$\varepsilon(t)$	$\frac{1}{s}$
4	$\mathrm{e}^{-\alpha t}\varepsilon(t)$	$\frac{1}{s+\alpha}$
5	$\sin(\omega_0 t)\varepsilon(t)$	$\frac{\omega_0}{s^2+\omega_0^2}$
6	$\cos(\omega_0 t)\varepsilon(t)$	$\frac{s}{s^2+\omega_0^2}$
7	$\mathrm{e}^{-\alpha t}\sin(\omega_0 t)\varepsilon(t)$	$\frac{\omega_0}{(s+\alpha)^2+\omega_0^2}$
8	$\mathrm{e}^{-\alpha t}\cos(\omega_0 t)\varepsilon(t)$	$\frac{s+\alpha}{(s+\alpha)^2+\omega_0^2}$
9	$\frac{1}{(n-1)!}t^{n-1}\varepsilon(t)$	$\frac{1}{s^n}$
10	$\frac{1}{(n-1)!}t^{n-1}\mathrm{e}^{-\alpha t}\varepsilon(t)$	$\frac{1}{(s+\alpha)^n}$
11	$\sum_{n=0}^{\infty}\delta(t-nT)$	$\frac{1}{1-\mathrm{e}^{-sT}}$

4.3　单边拉普拉斯逆变换

概括地说，系统的S域分析法，就是先在S域求出系统响应的拉氏变换，然后取拉氏逆变换得到需要的时域响应。前面解决了信号拉氏变换方面的问题，现在讨论信号拉氏逆变换的计算方法。

求象函数 $F(s)$ 的逆变换就是计算式(4.1-11)的积分，这是一个复变函数的积分，常称反演积分，一般求解比较烦琐。工程上，$F(s)$ 常常是 s 的有理分式，可将它展开为部分分式，然后利用拉氏变换性质和常用变换对公式，求得 $F(s)$ 逆变换，即原函数 $f(t)$。

4.3.1　直接法

对于简单象函数 $F(s)$，直接应用拉氏变换公式和性质求得原函数 $f(t)$。

例 4.3-1　已知 $F(s)=\dfrac{s+1}{s^2+4s+4}$，求 $F(s)$ 的原函数 $f(t)$。

解　$F(s)$ 可以表示为

$$F(s)=\frac{s+1}{s^2+4s+4}=\frac{s+1}{(s+2)^2}$$

由附录F查得编号为15的象函数与本例中 $F(s)$ 的形式相同。编号15的变换对为

$$\frac{b_1 s+b_0}{(s+\alpha)^2}\leftrightarrow[(b_0-b_1\alpha)t+b_1]\mathrm{e}^{-\alpha t}\varepsilon(t)$$

与本例中 $F(s)$ 的表示式对比，则 $b_1=1$，$b_0=1$，$\alpha=2$，代入变换对得

$$f(t)=\mathscr{L}^{-1}[F(s)]=(1-t)\mathrm{e}^{-2t}\varepsilon(t)$$

4.3.2　部分分式展开法

若 $F(s)$ 为 s 的有理分式，则可表示为

$$F(s)=\frac{B(s)}{A(s)}=\frac{b_m s^m+b_{m-1}s^{m-1}+\cdots+b_1 s+b_0}{s^n+a_{n-1}s^{n-1}+\cdots+a_1 s+a_0}$$

式中，$a_i(i=0, 1, 2, \cdots, n-1)$、$b_i(i=0, 1, 2, \cdots, m)$ 均为实数。若 $m\geqslant n$，则 $\dfrac{B(s)}{A(s)}$ 为假分式。若 $m<n$，则 $\dfrac{B(s)}{A(s)}$ 为真分式。

若 $F(s)$ 为假分式，可用多项式除法将 $F(s)$ 分解为有理多项式与有理真分式之和，即

$$F(s)=c_0+c_1 s+\cdots+c_{n-1}s^{m-n}+\frac{D(s)}{A(s)}=N(s)+\frac{D(s)}{A(s)}$$

$$N(s)=c_0+c_1 s+\cdots+c_{n-1}s^{m-n}$$

式中，$c_i(i=0, 1, 2, \cdots, n-1)$ 为实数。$N(s)$ 为有理多项式，其逆变换为冲激函数及其一阶到 $m-n$ 阶导数之和。$\dfrac{D(s)}{A(s)}$ 为有理真分式，可展开为部分分式后求逆变换。例如，

$$F(s)=\frac{2s^3+7s^2+10s+6}{s^2+3s+2}=(1+2s)+\frac{3s+4}{(s+1)(s+2)}=(1+2s)+\frac{1}{s+1}+\frac{2}{s+2}$$

则

$$f(t)=\mathscr{L}^{-1}[F(s)]=\delta(t)+2\delta'(t)+(\mathrm{e}^{-t}+2\mathrm{e}^{-2t})\varepsilon(t)$$

若 $F(s)=\dfrac{B(s)}{A(s)}$ 为有理真分式，可直接展开为部分分式后求逆变换。要把 $F(s)$ 展开为部分分式，必须先求出 $A(s)=0$ 的根。因为 $A(s)$ 为 s 的 n 次多项式，所以 $A(s)=0$ 有 n 个根 $s_i(i=1, 2, \cdots, n)$。s_i 可能为单根，也可能为重根；可能为实根，也可能为复根。s_i 又称为 $F(s)$ 的**极点**。$F(s)$ 展开为部分分式的具体形式取决于 s_i 的上述不同类型。

本书附录 A 中介绍了关于有理真分式的部分分式展开方法，下面将应用部分分式展开法求拉普拉斯逆变换的几种情况归纳如下。

1. $F(s)$ 仅含一阶极点

若 $A(s)=0$ 仅有 n 个单根 $s_i(i=1, 2, \cdots, n)$，则根据附录 A 中式(A-2)，无论 s_i 是实根还是复根，都可将 $F(s)$ 展开为

$$F(s)=\frac{B(s)}{A(s)}=\frac{B(s)}{(s-s_1)(s-s_2)\cdots(s-s_n)}=\sum_{i=1}^{n}\frac{K_i}{s-s_i} \tag{4.3-1}$$

式中，各部分分式项的系数 K_i 为

$$K_i=(s-s_i)F(s)\big|_{s=s_i} \tag{4.3-2}$$

由于

$$\mathrm{e}^{s_it}\varepsilon(t)\leftrightarrow\frac{1}{s-s_i}$$

故 $F(s)$ 的单边拉普拉斯逆变换可表示为

$$f(t)=\mathscr{L}^{-1}[F(s)]=\sum_{i=1}^{n}K_i\mathrm{e}^{s_it}\varepsilon(t) \tag{4.3-3}$$

例 4.3-2　已知 $F(s)=\dfrac{s+5}{s^2+5s+6}$，求 $F(s)$ 的单边拉氏逆变换(原函数) $f(t)$。

解　$F(s)$ 的分母多项式 $A(s)=0$ 的两个根分别为 $s_1=-2$，$s_2=-3$。因此，$F(s)$ 的部分分式展开式为

$$F(s)=\frac{s+5}{(s+2)(s+3)}=\frac{K_1}{s+2}+\frac{K_2}{s+3}$$

由式(4.3-2)求 K_1 和 K_2，得

$$K_1=(s+2)\cdot\frac{s+5}{(s+2)(s+3)}\bigg|_{s=-2}=3$$

$$K_2=(s+3)\cdot\frac{s+5}{(s+2)(s+3)}\bigg|_{s=-3}=-2$$

所以

$$F(s)=\frac{3}{s+2}-\frac{2}{s+3}$$

于是得

$$f(t)=\mathscr{L}^{-1}[F(s)]=(3\mathrm{e}^{-2t}-2\mathrm{e}^{-3t})\varepsilon(t)$$

2. $F(s)$ 含有 r 阶极点

若 $A(s)=0$ 在 $s=s_1$ 处有 r 重根，而其余 $(n-r)$ 个根 $s_j(j=r+1, \cdots, n)$ 是单根，这些根的值是实数或复数，则由附录 A 中式(A-7)和式(A-11)可得

$$F(s)=\frac{B(s)}{(s-s_1)^r(s-s_{r+1})\cdots(s-s_n)}=\sum_{i=1}^{r}\frac{K_{1i}}{(s-s_1)^{r-i+1}}+\sum_{j=r+1}^{n}\frac{K_j}{s-s_j}$$

$$=F_1(s)+\sum_{j=r+1}^{n}\frac{K_j}{s-s_j} \tag{4.3-4}$$

式中，

$$F_1(s)=\sum_{i=1}^{r}\frac{K_{1i}}{(s-s_1)^{r-i+1}}$$

$$K_{1i}=\frac{1}{(i-1)!}\frac{\mathrm{d}^{i-1}}{\mathrm{d}s^{i-1}}[(s-s_1)^r F(s)]_{s=s_1} \tag{4.3-5}$$

系数 K_j 由式(4.3－2)确定。

先求 $F_1(s)$的逆变换，因为

$$\frac{1}{(i-1)!}t^{i-1}\varepsilon(t)\leftrightarrow\frac{1}{s^i}$$

由复频移性质，可得

$$\frac{1}{(i-1)!}\mathrm{e}^{s_1t}t^{i-1}\varepsilon(t)\leftrightarrow\frac{1}{(s-s_1)^i}$$

$$\sum_{i=1}^{r}\frac{K_{1i}}{(i-1)!}t^{i-1}\mathrm{e}^{s_1t}\varepsilon(t)\leftrightarrow F_1(s)$$

再根据线性性质和式(4.3－3)，求得 $F(s)$的单边拉氏逆变换为

$$f(t)=\mathscr{L}^{-1}[F(s)]=\sum_{i=1}^{r}\frac{K_{1i}}{(i-1)!}t^{i-1}\mathrm{e}^{s_1t}\varepsilon(t)+\sum_{j=r+1}^{n}K_j\mathrm{e}^{s_jt}\varepsilon(t) \tag{4.3-6}$$

例 4.3－3 已知 $F(s)=\dfrac{3s+5}{(s+1)^2(s+3)}$，求 $F(s)$的单边拉氏逆变换。

解 $F(s)$有二阶极点 $s=-1$ 和一阶极点 $s=-3$。因此，$F(s)$可展开为

$$F(s)=\frac{K_{11}}{(s+1)^2}+\frac{K_{12}}{s+1}+\frac{K_3}{s+3}$$

由式(4.3－5)和式(4.3－2)得

$$K_{11}=(s+1)^2\left.\frac{3s+5}{(s+1)^2(s+3)}\right|_{s=-1}=1$$

$$K_{12}=\frac{\mathrm{d}}{\mathrm{d}s}\left[(s+1)^2\frac{3s+5}{(s+1)^2(s+3)}\right]\Bigg|_{s=-1}=1$$

$$K_3=(s+3)\left.\frac{3s+5}{(s+1)^2(s+3)}\right|_{s=-3}=-1$$

于是得

$$F(s)=\frac{1}{(s+1)^2}+\frac{1}{s+1}-\frac{1}{s+3}$$

根据式(4.3－4)和式(4.3－6)可得

$$f(t)=\mathscr{L}^{-1}[F(s)]=(t\mathrm{e}^{-t}+\mathrm{e}^{-t}-\mathrm{e}^{-3t})\varepsilon(t)$$

3. $F(s)$含有复极点

对于实系数有理分式 $F(s)=\dfrac{B(s)}{A(s)}$，如果 $A(s)=0$ 有复根，则必然共轭成对出现，而且在展开式中相应分式项系数亦互为共轭。在实际应用中，注意到上述特点，对简化系数计

算是有好处的。

如果 $A(s)=0$ 的复根为 $s_{1,2}=-\alpha\pm j\beta$，则 $F(s)$ 可展开为

$$F(s)=\frac{B(s)}{(s+\alpha-j\beta)(s+\alpha+j\beta)}=\frac{K_1}{s+\alpha-j\beta}+\frac{K_2}{s+\alpha+j\beta}$$
$$=\frac{K_1}{s+\alpha-j\beta}+\frac{K_1^*}{s+\alpha+j\beta}$$

式中，$K_2=K_1^*$。令 $K_1=|K_1|e^{j\varphi}$，则有

$$F(s)=\frac{|K_1|e^{j\varphi}}{s+\alpha-j\beta}+\frac{|K_1|e^{-j\varphi}}{s+\alpha+j\beta} \tag{4.3-7}$$

由复频移和线性性质得 $F(s)$ 的原函数为

$$f(t)=\mathscr{L}^{-1}[F(s)]=[|K_1|e^{j\varphi}e^{(-\alpha+j\beta)t}+|K_1|e^{-j\varphi}e^{(-\alpha-j\beta)t}]\varepsilon(t)$$
$$=|K_1|e^{-\alpha t}[e^{j(\beta t+\varphi)}+e^{-j(\beta t+\varphi)}]$$
$$=2|K_1|e^{-\alpha t}\cos(\beta t+\varphi)\varepsilon(t) \tag{4.3-8}$$

式(4.3－7)和式(4.3－8)组成的变换对可作为一般公式使用。对于 $F(s)$ 的一对共轭复极点 $s_1=-\alpha+j\beta$ 和 $s_2=-\alpha-j\beta$，只需要计算出系数 $K_1=|K_1|e^{j\varphi}$（与 s_1 对应），然后把 $|K_1|$、φ、α、β 代入式(4.3－8)，就可得到这一对共轭复极点对应的部分分式的原函数。

如果 $F(s)$ 有高阶复极点，那么相应的部分分式也呈现与一阶复极点类似的特点。以 $A(s)=0$ 的根为二阶共轭复根 $s_{1,2}=-\alpha\pm j\beta$ 为例，其 $F(s)$ 可展开为

$$F(s)=\frac{B(s)}{(s+\alpha-j\beta)^2(s+\alpha+j\beta)^2}$$
$$=\frac{K_{11}}{(s+\alpha-j\beta)^2}+\frac{K_{12}}{(s+\alpha-j\beta)}+\frac{K_{11}^*}{(s+\alpha+j\beta)^2}+\frac{K_{12}^*}{(s+\alpha+j\beta)}$$
$$=\frac{|K_{11}|e^{j\varphi_1}}{(s+\alpha-j\beta)^2}+\frac{|K_{12}|e^{j\varphi_2}}{(s+\alpha-j\beta)}+\frac{|K_{11}|e^{-j\varphi_1}}{(s+\alpha+j\beta)^2}+\frac{|K_{12}|e^{-j\varphi_2}}{(s+\alpha+j\beta)}$$

式中，

$$K_{11}=|K_{11}|e^{j\varphi_1}\qquad K_{11}^*=|K_{11}|e^{-j\varphi_1}$$
$$K_{12}=|K_{12}|e^{j\varphi_2}\qquad K_{12}^*=|K_{12}|e^{-j\varphi_2}$$

系数 K_{11} 和 K_{12} 由式(4.3－5)确定。根据复频移和线性性质，求得 $F(s)$ 的原函数为

$$f(t)=\mathscr{L}^{-1}[F(s)]$$
$$=|K_{11}|[e^{j\varphi_1}e^{(-\alpha+j\beta)t}+e^{-j\varphi_1}e^{(-\alpha-j\beta)t}]\varepsilon(t)+|K_{12}|t[e^{j\varphi_2}e^{(-\alpha+j\beta)t}+e^{-j\varphi_2}e^{(-\alpha-j\beta)t}]\varepsilon(t)$$
$$=2|K_{11}|te^{-\alpha t}\cos(\beta t+\varphi_1)\varepsilon(t)+2|K_{12}|e^{-\alpha t}\cos(\beta t+\varphi_2)\varepsilon(t) \tag{4.3-9}$$

例 4.3－4　已知 $F(s)=\dfrac{2s+8}{s^2+4s+8}$，求 $F(s)$ 的单边拉氏逆变换 $f(t)$。

解　$F(s)$ 可以表示为

$$F(s)=\frac{2s+8}{(s+2)^2+4}=\frac{2s+8}{(s+2-j2)(s+2+j2)}$$

$F(s)$ 有一对共轭一阶极点 $s_{1,2}=-2\pm j2$，可展开为

$$F(s)=\frac{K_1}{(s+2-j2)}+\frac{K_2}{(s+2+j2)}$$

根据式(4.3－2)求 K_1、K_2，得

$$K_1=(s+2-\mathrm{j}2)F(s)\mid_{s=-2+\mathrm{j}2}=1-\mathrm{j}=\sqrt{2}\,\mathrm{e}^{-\mathrm{j}\frac{\pi}{4}}$$

$$K_2=(s+2+\mathrm{j}2)F(s)\mid_{s=-2-\mathrm{j}2}=1+\mathrm{j}=\sqrt{2}\,\mathrm{e}^{\mathrm{j}\frac{\pi}{4}}$$

于是得

$$F(s)=\frac{\sqrt{2}\,\mathrm{e}^{-\mathrm{j}\frac{\pi}{4}}}{s+2-\mathrm{j}2}+\frac{\sqrt{2}\,\mathrm{e}^{\mathrm{j}\frac{\pi}{4}}}{s+2+\mathrm{j}2}$$

根据式(4.3－7)和式(4.3－8)，$|K_1|=\sqrt{2}$，$\varphi=-\frac{\pi}{4}$，$\alpha=2$，$\beta=2$。于是得

$$f(t)=\mathscr{L}[F(s)]=2\sqrt{2}\,\mathrm{e}^{-2t}\cos\left(2t-\frac{\pi}{4}\right)\varepsilon(t)$$

除直接法和部分分式展开法之外，应用拉普拉斯变换的性质结合常用变换对也是求单边拉普拉斯逆变换的重要方法。下面举例说明这种方法。

例 4.3－5　已知 $F(s)=\frac{(s+4)\mathrm{e}^{-2s}}{s(s+2)}$，求 $F(s)$的单边拉氏逆变换。

解　$F(s)$不是有理分式，但 $F(s)$可以表示为

$$F(s)=F_1(s)\mathrm{e}^{-2s}$$

式中，$F_1(s)$为

$$F_1(s)=\frac{s+4}{s(s+2)}=\frac{2}{s}-\frac{1}{s+2}$$

由线性和常用变换对得到

$$f_1(t)=\mathscr{L}^{-1}[F_1(s)]=(2-\mathrm{e}^{-2t})\varepsilon(t)$$

由时移性质得

$$\begin{aligned}f(t)&=\mathscr{L}^{-1}[F(s)]=\mathscr{L}^{-1}[F_1(s)\mathrm{e}^{-2s}]\\&=[2-\mathrm{e}^{-2(t-2)}]\varepsilon(t-2)\end{aligned}$$

例 4.3－6　已知单边拉氏变换 $F(s)=\frac{2s}{(s^2+1)^2}$，求 $F(s)$的原函数 $f(t)$。

解　本题自然可用 $F(s)$部分分式法求解。但考虑到可将 $F(s)$表示为

$$F(s)=\frac{\mathrm{d}}{\mathrm{d}s}\left(\frac{-1}{s^2+1}\right)$$

现在我们结合变换对公式 $\sin t\cdot\varepsilon(t)\leftrightarrow\frac{1}{s^2+1}$，应用 S 域微分性质，求得原函数为

$$f(t)=\mathscr{L}^{-1}[F(s)]=(-t)[-\sin t\cdot\varepsilon(t)]=t\sin t\cdot\varepsilon(t)$$

例 4.3－7　已知 $F(s)=\frac{1}{1+\mathrm{e}^{-2s}}$，求 $F(s)$的单边拉氏逆变换。

解　$F(s)$不是有理分式，不能展开为部分分式。将 $F(s)$表示为

$$F(s)=\frac{(1-\mathrm{e}^{-2s})}{(1+\mathrm{e}^{-2s})(1-\mathrm{e}^{-2s})}=\frac{1}{1-\mathrm{e}^{-4s}}\cdot(1-\mathrm{e}^{-2s})$$

由例 4.2－2 可知，对于周期为 4 的单边周期性冲激串信号，有

$$\sum_{n=0}^{\infty}\delta(t-4n)\leftrightarrow\frac{1}{1-\mathrm{e}^{-4s}}$$

同时

$$\delta(t)-\delta(t-2)\leftrightarrow 1-\mathrm{e}^{-2s}$$

再根据时域卷积性质得

$$\left[\sum_{n=0}^{\infty}\delta(t-4n)\right]*[\delta(t)-\delta(t-2)]\leftrightarrow\frac{1-\mathrm{e}^{-2s}}{1-\mathrm{e}^{-4s}}$$

于是得

$$f(t)=\mathscr{L}^{-1}[F(s)]=\left[\sum_{n=0}^{\infty}\delta(t-4n)\right]*[\delta(t)-\delta(t-2)]=\sum_{n=0}^{\infty}[\delta(t-2n)]$$

这是一个周期为 2 的单边周期性冲激串信号。

*4.3.3　反演积分法

单边拉普拉斯逆变换也可以直接由式(4.1－11)计算求得，这种方法称**反演积分法**。

单边拉普拉斯逆变换的计算式为

$$f(t)=\begin{cases}0 & t<0\\ \dfrac{1}{2\pi \mathrm{j}}\displaystyle\int_{\sigma-\mathrm{j}\infty}^{\sigma+\mathrm{j}\infty}F(s)\mathrm{e}^{st}\,\mathrm{d}s & t\geqslant 0\end{cases}\tag{4.3－10}$$

式中，$F(s)$是 $f(t)$的单边拉氏变换，其收敛域为 $\mathrm{Re}[s]>\sigma_0$。式(4.3－10)的积分路径为$F(s)$收敛域中平行于 jω 轴的直线。例如，可选图 4.3－1 中的直线 AB(无限长直线$\sigma=\sigma_a$)为积分路径。通常用复变函数理论中的留数定理计算式(4.3－10)的积分比较方便。

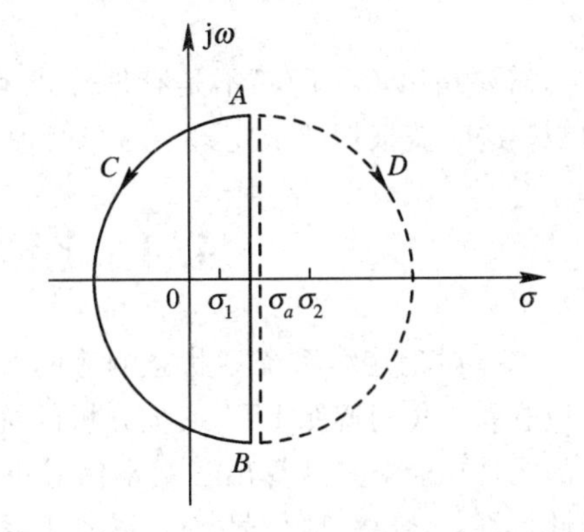

图 4.3－1　拉普拉斯逆变换的积分路径

留数定理的内容为：若复变函数 $G(s)$在闭合曲线 L 上及其内部，除内部的有限个孤立奇点外处处解析，则 $G(s)$沿闭合曲线 L 的积分等于 $2\pi\mathrm{j}$ 乘以$G(s)$在这些奇点(s_i)的留数之和，即

$$\oint_L G(s)\,\mathrm{d}s=2\pi\mathrm{j}\sum_{L\text{内奇点}}\underset{s_i}{\mathrm{Res}}[G(s)]\tag{4.3－11}$$

式中，$\underset{s_i}{\mathrm{Res}}[G(s)]$表示奇点 s_i 的留数。通常遇到的 $G(s)$的奇点大多为极点。

若给积分路径 AB 补充一半圆 C，如图 4.3－1 所示，则构成一闭合路径 $L(ACBA)$。若令$G(s)=F(s)\mathrm{e}^{st}$，且 $G(s)$的奇点全部是极点，根据留数定理，则有

$$\frac{1}{2\pi\mathrm{j}}\int_{\sigma-\mathrm{j}\infty}^{\sigma+\mathrm{j}\infty}F(s)\mathrm{e}^{st}\,\mathrm{d}s+\frac{1}{2\pi\mathrm{j}}\int_C F(s)\mathrm{e}^{st}\,\mathrm{d}s=\frac{1}{2\pi\mathrm{j}}\oint_L F(s)\mathrm{e}^{st}\,\mathrm{d}s=\sum_{L\text{内极点}}\underset{s_i}{\mathrm{Res}}[F(s)\mathrm{e}^{st}]\tag{4.3－12}$$

根据留数定理和约当引理，则 $F(s)$的单边拉氏逆变换为

$$f(t)=\begin{cases}0 & t<0\\ \displaystyle\sum_{\sigma_\mathrm{a}\text{左侧极点}}\underset{s_i}{\mathrm{Res}}[F(s)\mathrm{e}^{st}] & t\geqslant 0\end{cases}\tag{4.3－13}$$

根据复变函数理论，若 $F(s)$为有理真分式，并且 $F(s)\mathrm{e}^{st}$的极点 $s=s_i$ 为一阶极点，则该极

点的留数为

$$\mathrm{Res}[F(s)e^{st}] = (s-s_i)F(s)e^{st}\big|_{s=s_i} \tag{4.3-14}$$

若 $F(s)e^{st}$ 的极点 $s=s_i$ 为 r 阶极点，则该极点的留数为

$$\underset{s_i}{\mathrm{Res}}[F(s)e^{st}] = \frac{1}{(r-1)!}\frac{d^{r-1}}{ds^{r-1}}[(s-s_i)^r F(s)e^{st}]\big|_{s=s_i} \tag{4.3-15}$$

例 4.3-8 已知 $F(s)=\dfrac{1}{(s+3)(s+2)^2}$，$\mathrm{Re}[s]>-2$。求 $F(s)$的单边拉氏逆变换。

解 选 $\sigma_a>-2$，则 $F(s)e^{st}$ 在 σ_a 左侧的极点分别为一阶极点 $s_1=-3$ 和二阶极点 $s_2=-2$。根据式(4.3-14)和式(4.3-15)，s_1 和 s_2 的留数分别为

$$\underset{s_1}{\mathrm{Res}}[F(s)e^{st}] = (s+3)F(s)e^{st}\big|_{s=-3} = e^{-3t}$$

$$\underset{s_2}{\mathrm{Res}}[F(s)e^{st}] = \frac{d}{ds}[(s+2)^2F(s)e^{st}]\bigg|_{s=-2} = te^{-2t}-e^{-2t}$$

于是，根据式(4.3-13)，得

$$f(t)=\begin{cases}0 & t<0\\ \underset{s_1}{\mathrm{Res}}[F(s)e^{st}]+\underset{s_2}{\mathrm{Res}}[F(s)e^{st}] & t>0\end{cases}=\begin{cases}0 & t<0\\ e^{-3t}+te^{-2t}-e^{-2t} & t\geqslant 0\end{cases}$$

需要指出，若 $F(s)$不是有理分式，则不能根据式(4.3-14)和式(4.3-15)得到极点的留数。这时需根据留数定理、约当引理求围线积分得到 $F(s)$的逆变换。

4.4 连续系统的S域分析

本节讨论连续系统零状态响应的S域解法。为了深入理解S域解法与时域解法之间的本质联系，我们遵照LTI系统分析的统一观点和方法，先将输入 $f(t)$分解成基本信号单元 e^{st}的线性组合，并计算出各基本信号单元激励下系统的零状态响应分量；然后应用系统的线性特性，导出一般信号 $f(t)$激励下系统零状态响应的S域解法。

4.4.1 连续信号的S域分解

应用单边拉普拉斯逆变换公式，可将因果信号 $f(t)$表示为

$$f(t)=\frac{1}{2\pi j}\int_{\sigma-j\infty}^{\sigma+j\infty}F(s)e^{st}\,ds=\int_{\sigma-j\infty}^{\sigma+j\infty}\frac{1}{2\pi j}\cdot F(s)e^{st}\,ds \qquad t\geqslant 0 \tag{4.4-1}$$

式中，$\dfrac{1}{2\pi j}\cdot F(s)ds$ 与 t 无关，积分计算的实质是一种求和运算。式(4.4-1)表明，若因果信号 $f(t)$的拉氏变换 $F(s)$存在，则可将它分解为基本信号 e^{st} 的线性组合，其加权系数是 $\dfrac{1}{2\pi j}\cdot F(s)ds$。通常，称式(4.4-1)为连续信号 $f(t)$的**S域分解公式**。

4.4.2 基本信号 e^{st} 激励下的零状态响应

设LTI连续系统如图4.4-1所示。由第2章讨论可知，基本信号 e^{st} 作用于连续系统的零状态响应为

$$y_{zs}(t)=h(t)*e^{st}=\int_{-\infty}^{\infty}h(\tau)e^{s(t-\tau)}\,d\tau=\int_{-\infty}^{\infty}h(\tau)e^{-s\tau}\,d\tau\cdot e^{st} \tag{4.4-2}$$

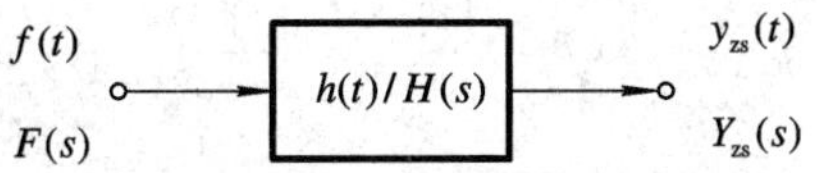

$f(t)$　$F(s)$　$h(t)/H(s)$　$y_{zs}(t)$　$Y_{zs}(s)$

图 4.4-1　LTI 连续系统

对于因果系统，冲激响应 $h(t)$ 为因果信号，则有

$$y_{zs}(t)=\int_{0^-}^{\infty} h(\tau)\mathrm{e}^{-s\tau}\,\mathrm{d}\tau\cdot\mathrm{e}^{st}=H(s)\mathrm{e}^{st} \tag{4.4-3}$$

式中

$$H(s)=\int_{0^-}^{\infty} h(\tau)\mathrm{e}^{-s\tau}\,\mathrm{d}\tau=\mathscr{L}[h(t)] \tag{4.4-4}$$

可见，基本信号 e^{st} 激励下连续系统的零状态响应等于 $H(s)$ 与 e^{st} 的乘积。这里，$H(s)$ 是与 t 无关的复常量，用以表征系统处理连续信号的能力，称为连续系统的**系统函数**。$H(s)$ 与 $h(t)$ 之间满足拉普拉斯变换对关系，即有

$$h(t)\leftrightarrow H(s) \tag{4.4-5}$$

4.4.3　一般信号 $f(t)$ 激励下的零状态响应

现在，我们从式(4.4-3)出发，应用系统的线性特性以及连续信号的 S 域分解公式，对连续系统的激励—零状态响应关系作如下推导：

$$\mathrm{e}^{st}\rightarrow H(s)\mathrm{e}^{st}\qquad [\text{式}(4.4-3)]$$

$$\frac{1}{2\pi \mathrm{j}}F(s)\mathrm{e}^{st}\,\mathrm{d}s\rightarrow\frac{1}{2\pi \mathrm{j}}H(s)F(s)\mathrm{e}^{st}\,\mathrm{d}s\qquad [\text{零状态响应的齐次性}]$$

$$\frac{1}{2\pi \mathrm{j}}\int_{\sigma-\mathrm{j}\infty}^{\sigma+\mathrm{j}\infty}F(s)\mathrm{e}^{st}\,\mathrm{d}s\rightarrow\frac{1}{2\pi \mathrm{j}}\int_{\sigma-\mathrm{j}\infty}^{\sigma+\mathrm{j}\infty}H(s)F(s)\mathrm{e}^{st}\,\mathrm{d}s\qquad [\text{零状态响应的可加性}]$$

$$f(t)\rightarrow y_{zs}(t)\qquad [\text{式}(4.4-1)]$$

于是有

$$y_{zs}(t)=\frac{1}{2\pi \mathrm{j}}\int_{\sigma-\mathrm{j}\infty}^{\sigma+\mathrm{j}\infty}H(s)F(s)\mathrm{e}^{st}\,\mathrm{d}s=\mathscr{L}^{-1}[H(s)F(s)] \tag{4.4-6}$$

或者写成

$$Y_{zs}(s)=H(s)F(s) \tag{4.4-7}$$

式中，$Y_{zs}(s)=\mathscr{L}[y_{zs}(t)]$。式(4.4-6)和式(4.4-7)表明，LTI 连续系统零状态响应的 S 域求解可按以下步骤进行：

第一步，计算系统输入 $f(t)$ 的单边拉氏变换 $F(s)$；

第二步，确定连续系统的系统函数 $H(s)$；

第三步，计算零状态响应象函数 $Y_{zs}(s)=H(s)F(s)$；

第四步，计算 $Y_{zs}(s)$ 的拉氏逆变换，求得系统零状态响应的时域解 $y_{zs}(t)$。

例 4.4-1　已知线性连续系统的输入为 $f_1(t)=\mathrm{e}^{-t}\varepsilon(t)$ 时，零状态响应 $y_{zs1}(t)=(\mathrm{e}^{-t}-\mathrm{e}^{-2t})\varepsilon(t)$。若输入为 $f_2(t)=t\varepsilon(t)$，求系统的零状态响应 $y_{zs2}(t)$。

解　$f_1(t)$ 和 $y_{zs1}(t)$ 的单边拉氏变换分别为

$$F_1(s)=\mathscr{L}[f_1(t)]=\frac{1}{s+1}$$

$$Y_{zs1}(s) = \mathscr{L}[y_{zs1}(t)] = \frac{1}{s+1} - \frac{1}{s+2} = \frac{1}{(s+1)(s+2)}$$

由式(4.4－7)得

$$H(s) = \frac{Y_{zs1}(s)}{F_1(s)} = \frac{1}{s+2}$$

$f_2(t)$的单边拉氏变换为

$$F_2(s) = \mathscr{L}[f_2(t)] = \frac{1}{s^2}$$

$y_{zs2}(t)$的单边拉氏变换为

$$Y_{zs2}(s) = \mathscr{L}[y_{zs2}(t)] = H(s)F_2(s) = \frac{1}{s^2(s+2)} = \frac{1}{4}\left(\frac{2}{s^2} + \frac{1}{s+2} - \frac{1}{s}\right)$$

于是得

$$y_{zs2}(t) = \mathscr{L}^{-1}[Y_{zs2}(s)] = \frac{1}{4}(2t + e^{-2t} - 1)\varepsilon(t)$$

4.5 系统微分方程的S域解法

描述LTI连续系统的数学模型是线性常系数微分方程。根据拉氏变换的时域微分性质，可将系统的微分方程转换为S域的代数方程，从而简化系统响应的分析计算。下面以二阶系统为例，讨论系统微分方程的S域解法，即应用拉氏变换工具，由已知微分方程和激励求解系统的零输入响应、零状态响应和全响应。

设二阶连续系统的微分方程为

$$y''(t) + a_1 y'(t) + a_0 y(t) = b_2 f''(t) + b_1 f'(t) + b_0 f(t) \tag{4.5-1}$$

式中，a_0、a_1 和 b_0、b_1、b_2 为实常数；$f(t)$为因果信号。

设初始观察时刻 $t=0^-$，$f(t) \leftrightarrow F(s)$，$y(t) \leftrightarrow Y(s)$。$f(t)$为因果信号，故 $f(0^-)$、$f'(0^-)$均为零。对式(4.5－1)等号两端取拉氏变换，根据时域微分性质，得

$$\begin{aligned}&[s^2Y(s) - sy(0^-) - y'(0^-)] + a_1[sY(s) - y(0^-)] + a_0Y(s)\\&\quad = b_2[s^2F(s) - sf(0^-) - f'(0^-)] + b_1[sF(s) - f(0^-)] + b_0F(s)\end{aligned} \tag{4.5-2}$$

代入 $f(0^-)=f'(0^-)=0$，整理得

$$(s^2 + a_1 s + a_0)Y(s) = [(s+a_1)y(0^-) + y'(0^-)] + (b_2 s^2 + b_1 s + b_0)F(s) \tag{4.5-3}$$

分别令

$$\begin{aligned}A(s) &= s^2 + a_1 s + a_0\\B(s) &= b_2 s^2 + b_1 s + b_0\\M(s) &= (s+a_1)y(0^-) + y'(0^-)\end{aligned}$$

将式(4.5－3)改写为

$$Y(s) = \frac{M(s)}{A(s)} + \frac{B(s)}{A(s)}F(s) \tag{4.5-4}$$

式(4.5－2)中，$y(0^-)$和 $y'(0^-)$分别是 $y(t)$和 $y'(t)$在 $t=0^-$ 时刻的初始值，由 $t=0^-$ 时刻系统的初始状态决定。式(4.5－4)中，$A(s)$称为系统的**特征多项式**，$A(s)=0$ 称为系

统的**特征方程**，$A(s)=0$ 的根称为**特征根**；$Y(s)$的第一项$\dfrac{M(s)}{A(s)}$只与初始值 $y(0^-)$、$y'(0^-)$有关，与系统的输入无关，因此，它是系统零输入响应 $y_{zi}(t)$的单边拉氏变换 $Y_{zi}(s)$；$Y(s)$的第二项$\dfrac{B(s)}{A(s)}F(s)$只与输入有关，而与初始值 $y(0^-)$、$y'(0^-)$无关，因此，它是系统零状态响应 $y_{zs}(t)$的单边拉氏变换 $Y_{zs}(s)$。

对式(4.5-4)取单边拉氏逆变换，就得到系统的全响应 $y(t)$、零输入响应 $y_{zi}(t)$和零状态响应 $y_{zs}(t)$，即

$$y(t)=\mathscr{L}^{-1}\left[\frac{M(s)}{A(s)}+\frac{B(s)}{A(s)}F(s)\right] \tag{4.5-5}$$

$$y_{zi}(t)=\mathscr{L}^{-1}\left[\frac{M(s)}{A(s)}\right] \tag{4.5-6}$$

$$y_{zs}(t)=\mathscr{L}^{-1}\left[\frac{B(s)}{A(s)}F(s)\right] \tag{4.5-7}$$

由于 $Y_{zs}(s)=H(s)F(s)$，根据式(4.5-7)，则二阶系统的系统函数为

$$H(s)=\frac{B(s)}{A(s)}=\frac{b_2s^2+b_1s+b_0}{s^2+a_1s+a_0} \tag{4.5-8}$$

设 n 阶连续系统的微分方程为

$$\sum_{i=0}^{n}a_iy^{(i)}(t)=\sum_{j=0}^{m}b_jf^{(j)}(t) \tag{4.5-9}$$

式中，$m\leqslant n$，$a_i(i=0, 1, 2, \cdots, n)$，$b_j(j=0, 1, 2, \cdots, m)$为实常数，$a_n=1$，$y^{(i)}(t)$为 $y(t)$的 i 次导数，$f^{(j)}(t)$为 $f(t)$的 j 次导数，则 n 阶系统的系统函数为

$$H(s)=\frac{B(s)}{A(s)}=\frac{b_ms^m+b_{m-1}s^{m-1}+\cdots+b_1s+b_0}{s^n+a_{n-1}s^{n-1}+\cdots+a_1s+a_0} \tag{4.5-10}$$

式(4.5-10)给出了系统微分方程与系统函数之间的对应关系。也容易得出系统传输算子 $H(p)$与系统函数 $H(s)$之间在形式上的一致关系，即

$$H(s)=H(p)\big|_{p=s} \quad 或者 \quad H(p)=H(s)\big|_{s=p} \tag{4.5-11}$$

根据上述关系，可由系统微分方程、传输算子得到系统函数，反之亦然。

此外，与连续系统的时域分析类似，应用S域方法求解系统响应时，同样需要考虑响应的初始条件。使用时应注意区分给定的初始条件是响应的 0^- 初始条件还是 0^+ 初始条件，是零输入响应、零状态响应还是全响应的初始条件，以免混淆出错。

例 4.5-1 某 LTI 系统的输入为 $f(t)$，输出为 $y(t)$，其传输算子

$$H(p)=\frac{3p+1}{p^2+5p+6} \tag{4.5-12}$$

$f(t)=e^{-t}\varepsilon(t)$，$y(0^-)=1$，$y'(0^-)=2$。求系统的零输入响应 $y_{zi}(t)$、零状态响应 $y_{zs}(t)$和全响应 $y(t)$。

解 由系统传输算子写出系统微分方程为

$$y''(t)+5y'(t)+6y(t)=3f'(t)+f(t) \tag{4.5-13}$$

根据拉氏变换的时域微分性质，对系统微分方程取拉氏变换，得

$$[s^2Y(s)-sy(0^-)-y'(0^-)]+5[sY(s)-y(0^-)]+6Y(s)=3sF(s)+F(s) \tag{4.5-14}$$

$f(t)$的拉氏变换为

$$F(s)=\mathscr{L}[\mathrm{e}^{-t}\varepsilon(t)]=\frac{1}{s+1}$$

把 $y(0^-)$、$y'(0^-)$、$F(s)$代入式(4.5－14)，整理得

$$Y(s)=\frac{(s+5)y(0^-)+y'(0^-)}{s^2+5s+6}+\frac{3s+1}{s^2+5s+6}F(s)=\frac{10}{s+2}-\frac{8}{s+3}-\frac{1}{s+1}$$

$$Y_{zi}(s)=\frac{(s+5)y(0^-)+y'(0^-)}{s^2+5s+6}=\frac{5}{s+2}-\frac{4}{s+3}$$

$$Y_{zs}(s)=\frac{3s+1}{s^2+5s+6}F(s)=\frac{5}{s+2}-\frac{4}{s+3}-\frac{1}{s+1}$$

取 $Y(s)$、$Y_{zi}(s)$、$Y_{zs}(s)$拉氏逆变换，求得

$$y(t)=10\mathrm{e}^{-2t}-8\mathrm{e}^{-3t}-\mathrm{e}^{-t}\qquad t\geqslant 0$$

$$y_{zi}(t)=5\mathrm{e}^{-2t}-4\mathrm{e}^{-3t}\qquad t\geqslant 0$$

$$y_{zs}(t)=5\mathrm{e}^{-2t}-4\mathrm{e}^{-3t}-\mathrm{e}^{-t}\qquad t\geqslant 0$$

自然，也可直接由系统微分方程列出零输入响应 $y_{zi}(t)$和零状态响应 $y_{zs}(t)$的求解方程：

$$y''_{zi}(t)+5y'_{zi}(t)+6y_{zi}(t)=0\tag{4.5-15}$$

$$y''_{zs}(t)+5y'_{zs}(t)+6y_{zs}(t)=3f'(t)+f(t)\tag{4.5-16}$$

选用相应初始条件 $y_{zi}(0^-)=y(0^-)=1$，$y'_{zi}(0^-)=y'(0^-)=2$；$f(0^-)=0$，$y_{zs}(0^-)=y'_{zs}(0^-)=0$。采用S域解法求出零输入响应 $y_{zi}(t)$和零状态响应 $y_{zs}(t)$，再在时间域相加得到全响应 $y(t)$。

4.6　电路系统的S域分析

由LTI电阻、电感、电容元件和受控源、独立电源组成的系统称为电路系统。本节引入电路系统S域模型，模型体现系统初始状态作用，形式上与正弦稳态电路相量模型类似。因此，可以直接应用熟悉的电路分析方法，建立响应的S域方程，简便有效地求解系统的零输入、零状态和全响应。

4.6.1　KCL、KVL的S域形式

电路理论中，基尔霍夫电流定律(KCL)表明：流入任一节点诸支路电流的代数和恒为零。基尔霍夫电压定律(KVL)表明：沿任一回路诸支路电压的代数和恒为零。两定律的时域形式为

$$\text{KCL：}\sum i(t)=0\tag{4.6-1a}$$

$$\text{KVL：}\sum u(t)=0\tag{4.6-1b}$$

设 $i(t)\leftrightarrow I(s)$，$u(t)\leftrightarrow U(s)$，对式(4.6－1)取拉氏变换，根据线性性质，得到KCL、KVL的S域形式：

$$\text{KCL：}\sum I(s)=0\tag{4.6-2a}$$

$$\text{KVL:} \sum U(s) = 0 \tag{4.6-2b}$$

可见，对于电路系统中的任一节点，流入该节点支路电流象函数的代数和为零；对于其中的任一回路，沿该回路各支路电压象函数的代数和为零。

4.6.2　电路元件的 S 域模型

1. 元件的时域模型

若设电阻、电感和电容元件上电流 $i(t)$ 和电压 $u(t)$ 的参考方向关联，则由电路理论可知，各元件 VAR 的时域形式为

$$\text{电阻元件：} u(t) = Ri(t) \tag{4.6-3a}$$

$$\text{电感元件：} u(t) = L\frac{\mathrm{d}i(t)}{\mathrm{d}t} \tag{4.6-3b}$$

$$\text{电容元件：} i(t) = C\frac{\mathrm{d}u(t)}{\mathrm{d}t} \tag{4.6-3c}$$

相应元件的时域模型如图 4.6－1 所示。

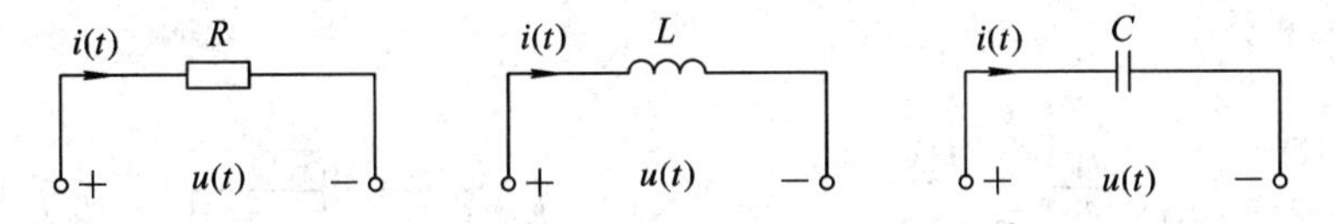

图 4.6－1　元件的时域模型

2. 元件的 S 域模型

对式(4.6－3)两边取拉氏变换，设 $i(t) \leftrightarrow I(s)$，$u(t) \leftrightarrow U(s)$，电感元件的初始电流为 $i(0^-)$，电容元件的初始电压为 $u(0^-)$。结合拉氏变换的线性和时域微分性质，求得诸元件 VAR 的 S 域形式为

$$\text{电阻元件：} U(s) = RI(s) \tag{4.6-4}$$

$$\text{电感元件：} U(s) = sLI(s) - Li(0^-) \tag{4.6-5a}$$

$$I(s) = \frac{1}{sL}U(s) + \frac{i(0^-)}{s} \tag{4.6-5b}$$

$$\text{电容元件：} U(s) = \frac{1}{sC}I(s) + \frac{u(0^-)}{s} \tag{4.6-6a}$$

$$I(s) = sCU(s) - Cu(0^-) \tag{4.6-6b}$$

电阻元件是瞬时元件。式(4.6－4)表明，象函数电压 $U(s)$（简称象电压）与象函数电流 $I(s)$（简称象电流）关系满足欧姆定律。S 域模型如图 4.6－2 所示，其组成形式与时域模型相仿。

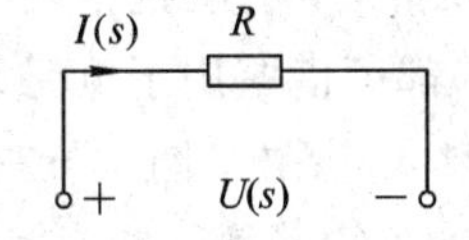

图 4.6－2　电阻元件 S 域模型

电感元件是动态元件。式(4.6－5)中，sL 为 S 域感抗（简称感抗），$Li(0^-)$ 和 $\frac{i(0^-)}{s}$ 分别称为电感元件内部象电压源和内部象电流源，统称内部象电源，表征电感元件的初始储能。式(4.6－5a)表明，电感象电压 $U(s)$ 等于感抗上象电压和内部象电压源电压的代数和。画出 S 域模型如图 4.6－3(a)所示，由感抗 sL 与内部象电压源 $Li(0^-)$ 串联组成。类似地，式(4.6－5b)表明，电感象电流 $I(s)$ 等于感抗中象电流

和内部象电流源电流的代数和。相应S域模型示于图4.6－3(b)中，由感抗sL与内部象电流源$\frac{i(0^-)}{s}$并联组成。

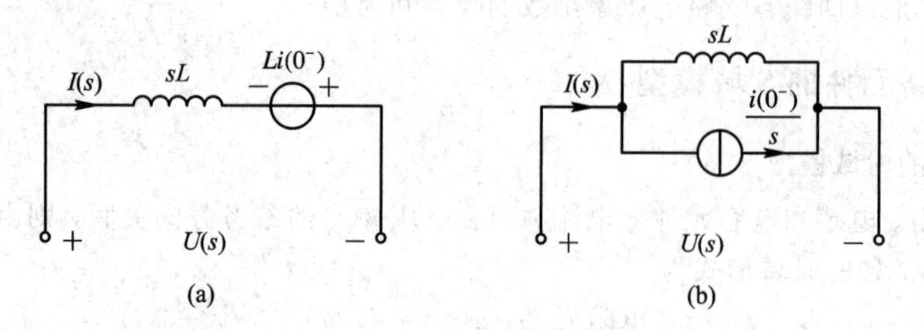

图4.6－3 电感元件S域模型
(a) 串联模型；(b) 并联模型

同理，电容元件也是动态元件。根据式(4.6－6)，应用容纳sC、内部象电压源$\frac{u(0^-)}{s}$和内部象电流源$Cu(0^-)$，可以建立电容元件的S域模型如图4.6－4所示。模型组成亦有串联和并联两种形式。

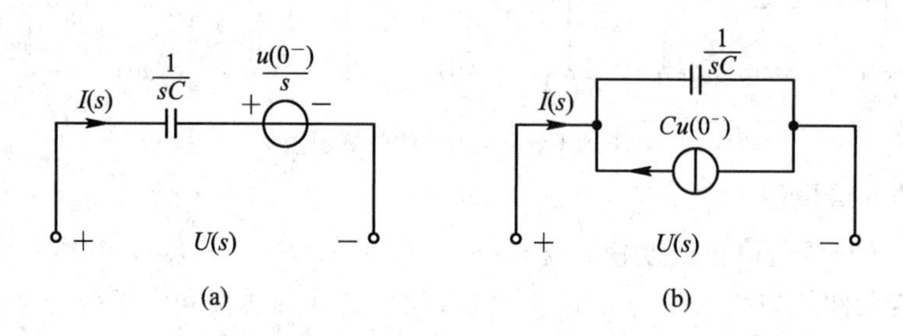

图4.6－4 电容元件S域模型
(a) 串联模型；(b) 并联模型

4.6.3 电路系统的S域模型及分析方法

若把电路系统中的激励(独立源)和响应都用象函数表示，电阻、电感、电容用S域模型表示，就得到电路系统的S域模型。由于电路系统S域模型与正弦稳态电路相量模型形式相同；KCL、KVL的S域形式和相量形式也相同，因此，用于分析正弦稳态电路的各种相量分析法，如阻抗串联并联、电源模型等效互换、等效电源定理、网孔分析法、节点分析法等，都可借鉴用于电路系统的S域分析。下面举例说明。

例4.6－1 图4.6－5(a)所示电路系统，$u_{s1}(t)=2$ V，$u_{s2}(t)=4$ V，$R_1=R_2=1$ Ω，$L=1$ H，$C=1$ F。$t<0$时电路已达稳态，$t=0$时开关S由位置1接到位置2。求$t\geqslant0$时的全响应$i(t)$、零输入响应$i_{zi}(t)$和零状态响应$i_{zs}(t)$。

解 (1) 求全响应$i(t)$：因为$u_{s1}(t)$是直流电源，并且在$t<0$时电路已达稳态，所以开关S在位置1时电感支路相当于短路，电容支路相当于开路。因此，电感电流和电容电压的初始值$i(0^-)$和$u(0^-)$分别为

$$i(0^-)=\frac{u_{s1}(t)}{R_1+R_2}=1\ \text{A}$$

$$u(0^-)=\frac{R_2}{R_1+R_2}u_{s1}(t)=1\ \text{V}$$

设 $t\geqslant 0$ 时电感电流 $i(t)$ 的拉氏变换为 $I(s)$，$u_{s2}(t)$ 的拉氏变换为 $U_{s2}(s)$，画出开关 S 在位置 2 时图 4.6 - 5(a)电路的 S 域模型如图 4.6 - 5(b)所示。用网孔分析法求解电路的 S 域模型。设网孔电流的象函数分别为 $I_1(s)$ 和 $I_2(s)$，如图 4.6 - 5(b)所示，则 S 域的网孔方程为

$$\begin{cases}\left(R_1+\dfrac{1}{sC}\right)I_1(s)-\dfrac{1}{sC}I_2(s)=U_{s2}(s)-\dfrac{u(0^-)}{s}\\ -\dfrac{1}{sC}I_1(s)+\left(\dfrac{1}{sC}+R_2+sL\right)I_2(s)=\dfrac{u(0^-)}{s}+Li(0^-)\end{cases}$$

式中，$U_{s2}(s)=\mathscr{L}[u_{s2}(t)]=4/s$，把 $U_{s2}(s)$ 及各元件的值代入网孔方程，解网孔方程得

$$I(s)=I_2(s)=\frac{s^2+2s+4}{s(s^2+2s+2)}=\frac{(s+2)^2}{s[(s+1)^2+1]}$$

求 $I(s)$ 的拉氏逆变换，得

$$i(t)=\mathscr{L}^{-1}[I(s)]=2+\sqrt{2}\,\mathrm{e}^{-t}\cos\left(t+\frac{3\pi}{4}\right)\ \text{A}\qquad t\geqslant 0$$

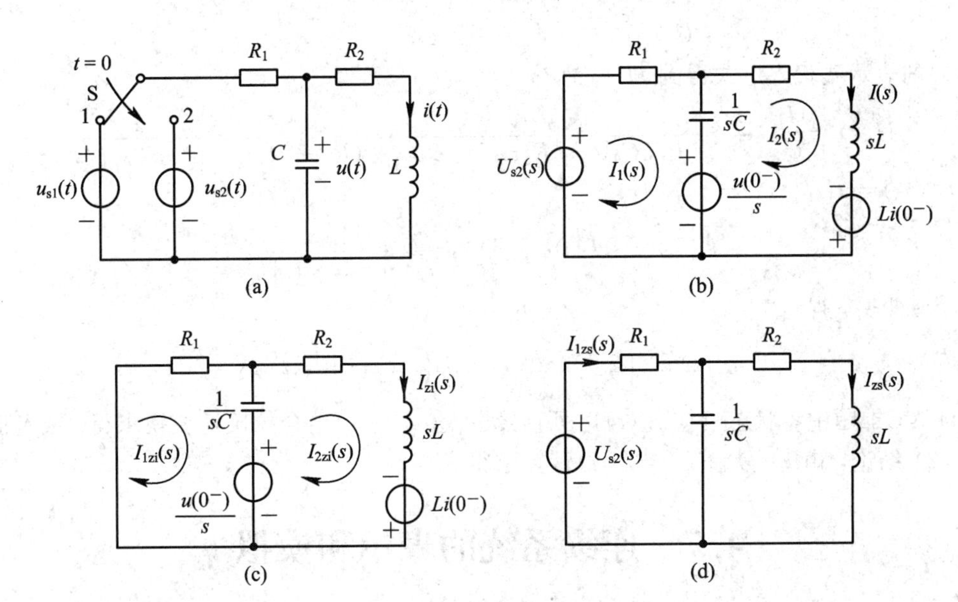

图 4.6 - 5　例 4.6 - 1 图

(2) 求零输入响应 $i_{zi}(t)$：令 $U_{s2}(s)=0$，画出零输入响应的 S 域电路模型如图 4.6 - 5(c)所示。设零输入响应 $i_{zi}(t)$ 的拉氏变换为 $I_{zi}(s)$，网孔电流的象函数分别为 $I_{1zi}(s)$ 和 $I_{2zi}(s)$，如图 4.6 - 5(c)所示。列网孔方程，得

$$\begin{cases}\left(R_1+\dfrac{1}{sC}\right)I_{1zi}(s)-\dfrac{1}{sC}I_{2zi}(s)=-\dfrac{u(0^-)}{s}\\ -\dfrac{1}{sC}I_{1zi}(s)+\left(\dfrac{1}{sC}+R_2+sL\right)I_{2zi}(s)=\dfrac{u(0^-)}{s}+Li(0^-)\end{cases}$$

把各元件值及 $u(0^-)$ 和 $i(0^-)$ 值代入网孔方程，然后解网孔方程，得

$$I_{zi}(s)=I_{2zi}(s)=\frac{s+2}{(s+1)^2+1}$$

$$i_{zi}(t)=\mathscr{L}^{-1}[I_{zi}(s)]=-\sqrt{2}\mathrm{e}^{-t}\cos\left(t+\frac{3\pi}{4}\right)\mathrm{A}\qquad t\geqslant 0$$

(3) 求零状态响应 $i_{zs}(t)$：对图 4.6-5(b)所示电路模型，令 $i(0^-)=0$、$u(0^-)=0$，得到开关S在位置2时零状态响应的S域电路模型，如图 4.6-5(d)所示。设零状态响应 $i_{zs}(t)$ 的拉氏变换为 $I_{zs}(s)$，可应用网孔分析法求 $I_{zs}(s)$，然后求其逆变换得到 $i_{zs}(t)$。此外，也可以根据S域电路模型先求出系统函数 $H(s)$，然后通过 $H(s)$ 求 $I_{zs}(s)$ 和 $i_{zs}(t)$。在图 4.6-5(d)中，令电路的输入阻抗为 $Z(s)$，则有

$$Z(s)=R_1+\frac{(R_2+sL)\dfrac{1}{sC}}{\dfrac{1}{sC}+R_2+sL}$$

于是得

$$I_{1zs}(s)=\frac{U_{s2}(s)}{Z(s)}$$

$$I_{zs}(s)=\frac{\dfrac{1}{sC}}{\dfrac{1}{sC}+R_2+sL}I_{1zs}(s)=\frac{\dfrac{1}{sC}}{\dfrac{1}{sC}+R_2+sL}\cdot\frac{U_{s2}(s)}{Z(s)}\qquad(4.6-7)$$

把 $Z(s)$ 的表示式代入上式得到 $H(s)$ 为

$$H(s)=\frac{I_{zs}(s)}{U_{s2}(s)}=\frac{1}{R_1LCs^2+(R_1R_2C+L)s+(R_1+R_2)}=\frac{1}{s^2+2s+2}$$

结合 $U_{s2}(s)=\mathscr{L}[u_{s2}(t)]=4/s$，计算

$$I_{zs}(s)=H(s)U_{s2}(s)=\frac{4}{s[(s+1)^2+1]}$$

取拉氏逆变换，得

$$i_{zs}(t)=\left[2+2\sqrt{2}\ \mathrm{e}^{-t}\cos\left(t+\frac{3\pi}{4}\right)\right]\varepsilon(t)\ \mathrm{A}$$

自然，本题中零状态响应 $i_{zs}(t)$ 也可直接由式(4.6-7)结合拉氏逆变换求得。或者依据(1)、(2) 结论，由 $i_{zs}(t)=i(t)-i_{zi}(t)$ 计算求得。

4.7 连续系统的表示和模拟

LTI 连续系统的输入输出关系一般采用微分方程描述，这种描述便于对系统进行数学分析和计算。系统还可以用方框图、信号流图来表示，这种表示避开了系统的内部结构，而集中着眼于系统的输入输出关系，使对系统输入输出关系的考察更加直观明了。另一方面，如果已知系统的微分方程或系统函数，要求用一些基本单元来构成系统，称为**系统的模拟**。系统表示是系统分析的基础，而系统模拟是系统设计的基础。

4.7.1 连续系统的框图表示

一个连续系统可以用一个矩形框图简单地表示，如图 4.7-1 所示。框图左边的有向线段表示系统的输入 $f(t)$，右边的有向线段表示系统的输出 $y(t)$，方框表示联系输入和输出的其他部分，是系统的主体。若干个系统的组合连接又可构成一个复杂系统，称为**复合**

系统。组成复合系统的每一个系统又称为**子系统**。系统的组合连接方式有**串联**、**并联**及这两种方式的**混合连接**。连续系统也可以用一些输入输出关系简单的基本单元(子系统)连接起来表示。这些基本单元有**加法器**、**数乘器(放大器)**、**积分器**等。

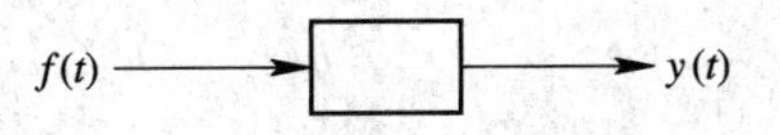

图 4.7－1　系统的框图表示

1. 连续系统的串联

图 4.7－2 表示由 n 个子系统串联组成的复合系统。其中，图(a)是时域形式，图(b)是 S 域形式。图中，$h_i(t)(i=1, 2, \cdots, n)$为第 i 个子系统的冲激响应，$H_i(s)$为 $h_i(t)$的拉氏变换。如图所示，每个子系统的输出又是与它相连的后一个子系统的输入。设复合系统的冲激响应为 $h(t)$，根据线性连续系统时域分析的结论，$h(t)$与 $h_i(t)$的关系为

$$h(t) = h_1(t) * h_2(t) * \cdots * h_n(t) \tag{4.7-1}$$

若 $h(t)$和 $h_i(t)$为因果函数，$h(t)$的拉氏变换即**系统函数**为 $H(s)$，根据拉氏变换的时域卷积性质，$H(s)$与 $H_i(s)$的关系为

$$H(s) = H_1(s) \cdot H_2(s) \cdot \cdots \cdot H_n(s) \tag{4.7-2}$$

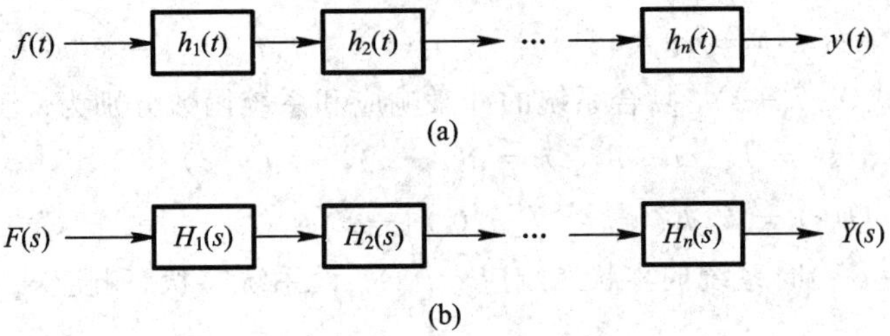

图 4.7－2　连续系统的串联
(a) 时域形式；(b) S 域形式

2. 连续系统的并联

图 4.7－3 表示 n 个连续系统的并联组成的复合系统，图(a)表示时域形式，图(b)表示 S 域形式，符号⊕表示加法器，其输出等于各输入之和。

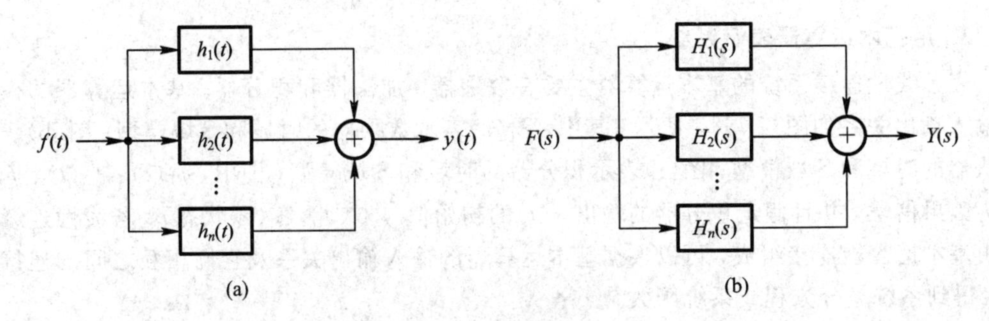

图 4.7－3　连续系统的并联
(a) 时域形式；(b) S 域形式

复合系统的输入 $f(t)$同时又是各子系统的输入，复合系统的输出 $y(t)$等于各子系统输出之和。复合系统的冲激响应$h(t)$与子系统冲激响应 $h_i(t)$之间的关系为

$$h(t)=h_1(t)+h_2(t)+\cdots+h_n(t)=\sum_{i=1}^{n}h_i(t) \tag{4.7-3}$$

$h(t)$的拉氏变换，即系统函数 $H(s)$与 $h_i(t)$的拉氏变换 $H_i(s)$之间的关系为

$$H(s)=H_1(s)+H_2(s)+\cdots+H_n(s)=\sum_{i=1}^{n}H_i(s) \tag{4.7-4}$$

例 4.7-1　某 LTI 因果连续系统如图 4.7-4 所示。其中，$h_1(t)=\delta(t)$，$h_2(t)=\delta(t-1)$，$h_3(t)=\delta(t-3)$。

(1) 试求系统的冲激响应 $h(t)$；

(2) 若 $f(t)=\varepsilon(t)$，试求系统的零状态响应 $y_{zs}(t)$。

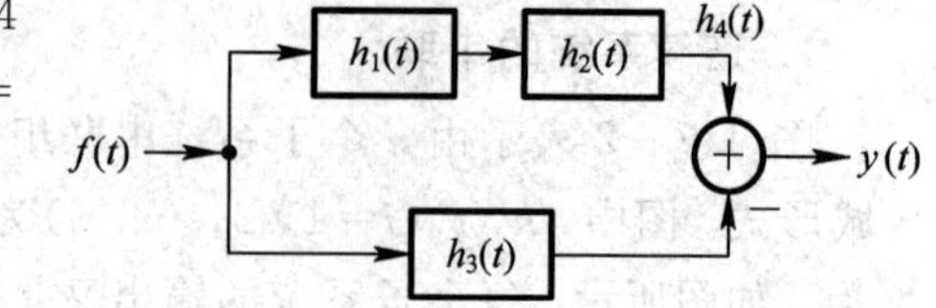

图 4.7-4　例 4.7-1 图

解　(1) 求系统冲激响应 $h(t)$。图示复合系统是由子系统 $h_1(t)$与子系统 $h_2(t)$串联后再与子系统 $h_3(t)$并联组成的。设由子系统 $h_1(t)$和 $h_2(t)$串联组成的子系统的冲激响应为 $h_4(t)$，由式(4.7-1)和式(4.7-2)得

$$h_4(t)=h_1(t)*h_2(t)=\delta(t)*\delta(t-1)=\delta(t-1)$$

$$H_4(s)=\mathscr{L}[h_4(t)]=\mathscr{L}[h_1(t)]\cdot\mathscr{L}[h_2(t)]=\mathrm{e}^{-s}$$

由式(4.7-3)和式(4.7-4)，复合系统的冲激响应和系统函数分别为

$$h(t)=h_4(t)-h_3(t)=\delta(t-1)-\delta(t-3)$$

$$H(s)=\mathscr{L}[h(t)]=\mathscr{L}[h_4(t)]-\mathscr{L}[h_3(t)]=\mathrm{e}^{-s}-\mathrm{e}^{-3s}$$

(2) 求 $f(t)=\varepsilon(t)$时系统的零状态响应 $y_{zs}(t)$。设系统零状态响应 $y_{zs}(t)$的拉氏变换为 $Y_{zs}(s)$，则

$$F(s)=\mathscr{L}\ [f(t)]=\frac{1}{s}$$

$$Y_{zs}(s)=H(s)F(s)=(\mathrm{e}^{-s}-\mathrm{e}^{-3s})\cdot\frac{1}{s}$$

求 $Y_{zs}(s)$的拉氏逆变换得

$$y_{zs}(t)=\mathscr{L}^{-1}[Y_{zs}(s)]=\varepsilon(t-1)-\varepsilon(t-3)$$

3. 用基本运算器表示系统

表示线性连续系统的基本运算器主要有数乘器、加法器和积分器。基本运算器的模型及输入输出关系如图 4.7-5 所示。其中，图(a)表示数乘器的时域和 S 域模型；图(b)表示加法器的时域和 S 域模型；图(c)表示积分器的时域和 S 域模型。图中，$f_1(t)$、$f_2(t)$、$f(t)$均为因果信号，并且假定积分器的输出 $y(t)$的初始值 $y(0^-)$为零(零状态)。若线性连续系统由基本运算器连接组成，可以根据基本运算器的输入输出关系及它们相互之间的连接关系，得到系统微分方程或系统函数。

例 4.7-2　某线性连续系统如图 4.7-6 所示。求系统函数 $H(s)$，写出描述系统输入输出关系的微分方程。

解　图示系统由基本运算器的 S 域模型组成。设 $f(t)\leftrightarrow F(s)$，$y(t)\leftrightarrow Y(s)$。由于积分器是零状态模型，故系统的输出 $y(t)$相当于零状态响应。设右边积分器的输出为 $X(s)$，根据积分器的 S 域模型，其输入为 $sX(s)$。左边积分器的输入为 $s^2X(s)$。左端加法器的输出

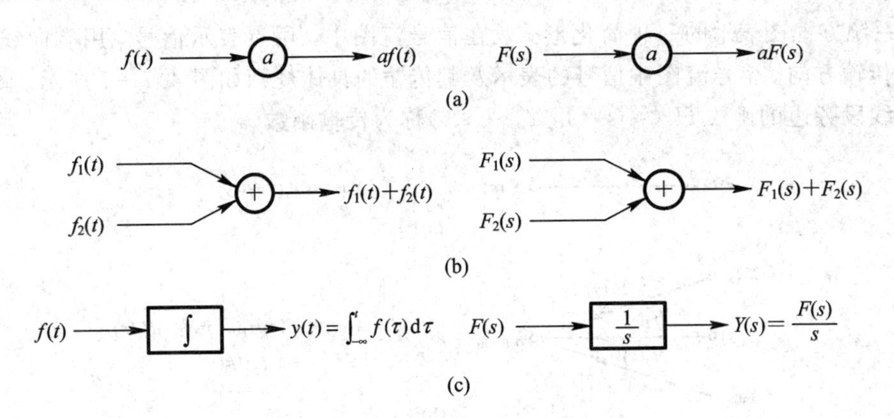

图 4.7－5　基本运算器的时域和 S 域模型

(a) 数乘器；(b) 加法器；(c) 积分器

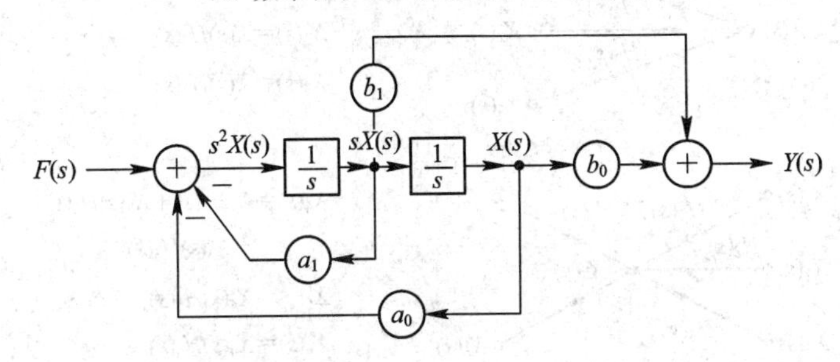

图 4.7－6　例 4.7－2 图

等于左边积分器的输入，等于 $s^2X(s)$，该加法器的输入有三个，如图 4.7－6 所示。因此得

$$s^2X(s)=-a_1sX(s)-a_0X(s)+F(s)$$

于是得

$$X(s)=\frac{F(s)}{s^2+a_1s+a_0} \tag{4.7-5}$$

$Y(s)$为右边加法器的输出，该加法器有两个输入，如图所示。因此有

$$Y(s)=b_1sX(s)+b_0X(s)=(b_1s+b_0)X(s) \tag{4.7-6}$$

把式(4.7－5)代入式(4.7－6)，得

$$Y(s)=\frac{b_1s+b_0}{s^2+a_1s+a_0}F(s) \tag{4.7-7}$$

由式(4.7－7)得系统函数为

$$H(s)=\frac{Y(s)}{F(s)}=\frac{b_1s+b_0}{s^2+a_1s+a_0}$$

由式(4.7－7)又得

$$(s^2+a_1s+a_0)Y(s)=(b_1s+b_0)F(s)$$

对上式应用时域微分性质，得到系统微分方程为

$$y''(t)+a_1y'(t)+a_0y(t)=b_1f'(t)+b_0f(t)$$

4.7.2　连续系统的信号流图表示

线性连续系统的信号流图是由点和有向线段组成的线图，用来表示系统的输入输出关

系，是系统方框图表示的一种简化形式。在信号流图中，用点表示信号，用有向线段表示信号的传输方向。信号流图中信号的表示及其传输的具体规则如图 4.7-7 所示。图中，写在有向线段旁边的函数 $H_i(s)(i=1, 2, \cdots, 6)$称为**传输函数**。

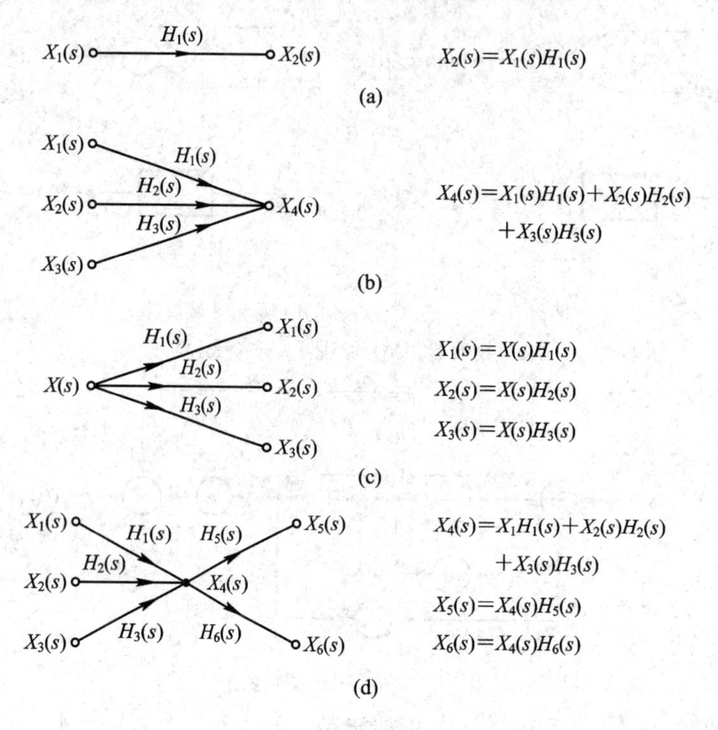

图 4.7-7　信号流图的规则

关于信号流图，还有如下常用术语：

(1) 节点：信号流图中的点称为**节点**。每个节点代表一个信号变量。

(2) 支路：连接两个节点的有向线段称为**支路**。写在支路旁边的函数称为支路的**增益**或**传输函数**。如图 4.7-7(a)中的支路，箭头表示信号的传输方向，两节点的信号满足 $X_2(s)=X_1(s)H_1(s)$。规定信号流图中，任何一个节点所表示的信号等于所有流入该节点的支路信号之和，而与该节点的流出支路信号无关。例如图 4.7-7(d)中节点 $X_4(s)$的信号可表示为：$X_4(s)=X_1(s)H_1(s)+X_2(s)H_2(s)+X_3(s)H_3(s)$。

(3) 源点与汇点：仅有输出支路的节点称为**源点**，如图 4.7-7(c)中的节点 $X(s)$。仅有输入支路的节点称为**汇点**，如图 4.7-7(b)中的节点 $X_4(s)$。

(4) 通路：从一节点出发沿支路传输方向，连续经过支路和节点到达另一节点之间的路径称为**通路**。

(5) 开路：一条通路与它经过的任一节点只相遇一次，该通路称为**开路**。

(6) 环(回路)：如果通路的起点和终点为同一节点，并且与经过的其余节点只相遇一次，则该通路称为环或回路。

1. 连续系统的信号流图表示

线性连续系统的框图表示与信号流图表示有一定的对应关系，根据这种对应关系可以由框图表示得到信号流图表示，反之亦然。具体的对应关系如图 4.7-8 所示。

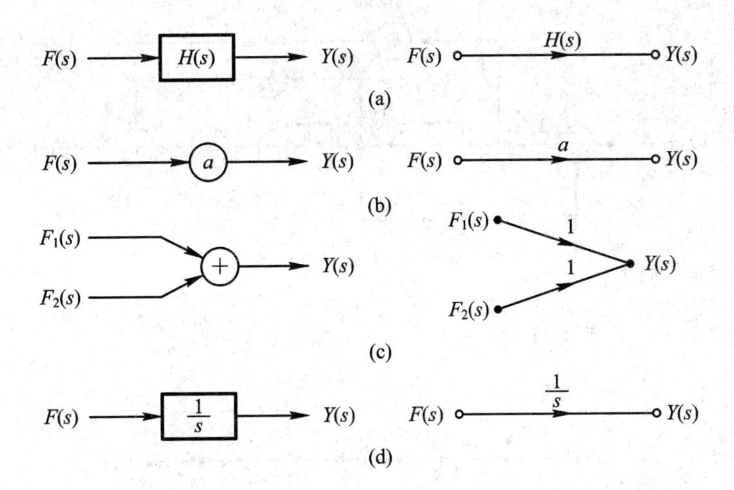

图 4.7-8　框图与信号流图的对应关系

例 4.7-3　某线性连续系统的框图表示如图 4.7-9(a)所示。画出系统的信号流图。

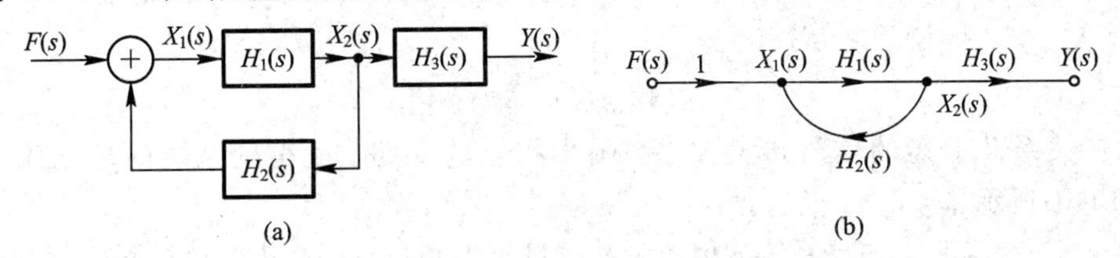

图 4.7-9　例 4.7-3 图
(a) 框图；(b) 信号流图

解　系统的框图中，$H_1(s)$、$H_2(s)$、$H_3(s)$分别是三个子系统的系统函数。设加法器的输出为 $X_1(s)$，子系统 $H_1(s)$的输出为 $X_2(s)$，则有

$$X_1(s) = F(s) + H_2(s)X_2(s)$$

$$X_2(s) = H_1(s)X_1(s)$$

$$Y(s) = H_3(s)X_2(s)$$

画信号流图时，先选用 4 个节点分别表示 $F(s)$、$X_1(s)$、$X_2(s)$、$Y(s)$，然后根据信号流图的规则以及框图与信号流图的对应关系，并利用以上信号之间的传输关系，画出系统的信号流图如图 4.7-9(b)所示。

例 4.7-4　某线性连续系统的框图表示如图 4.7-10(a)所示。画出系统的信号流图。

解　设左边加法器的输出为 $X_1(s)$，两个积分器的输出分别为 $X_2(s)$和 $X_3(s)$，写出以下节点信号表示式：

$$X_1(s) = F(s) - a_1X_2(s) - a_0X_3(s)$$

$$X_2(s) = \frac{1}{s}X_1(s)$$

$$X_3(s) = \frac{1}{s}X_2(s)$$

$$Y(s) = b_2X_1(s) + b_1X_2(s) + b_0X_3(s)$$

分别用节点表示 $F(s)$、$X_1(s)$、$X_2(s)$、$X_3(s)$、$Y(s)$，根据信号流图的规则和信号流图与框

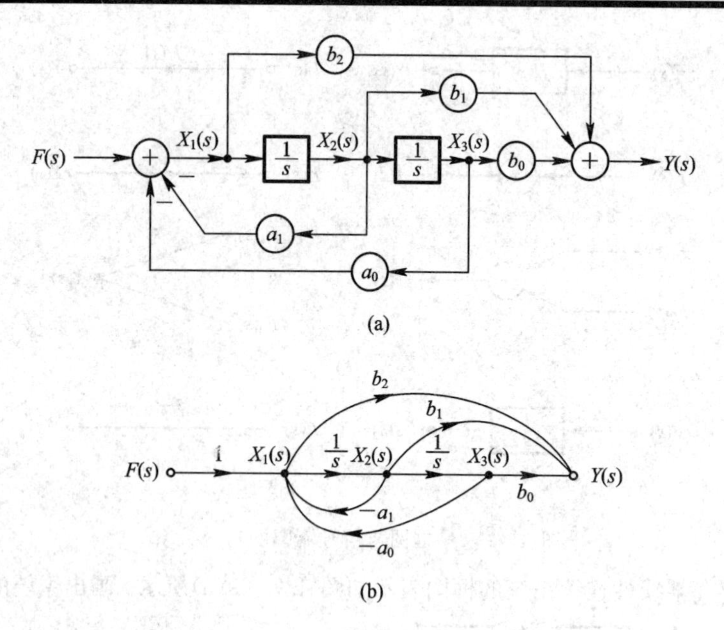

图 4.7-10　例 4.7-4 图

(a) 框图；(b) 信号流图

图的对应关系及上述的信号传输关系，画出相应的支路，就得到系统的信号流图如图 4.7-10(b)所示。

例 4.7-4 表明，如果系统的框图由基本运算器组成，那么由系统框图表示到信号流图表示的方法是：首先选择框图中的输入 $F(s)$、输出 $Y(s)$、积分器输出、加法器输出用节点表示，然后根据信号流图的规则和信号流图与框图表示的关系，并利用信号之间的传输关系画出相应的支路，就得到系统的信号流图表示。

2. 梅森公式(Mason's Rule)

用信号流图不仅可以直观简明地表示系统的输入输出关系，而且可以利用梅森公式由信号流图方便地求出系统函数 $H(s)$。

梅森公式为

$$H(s)=\frac{\sum_{i=1}^{m}P_i\Delta_i}{\Delta}\tag{4.7-8}$$

式中，Δ 称为信号流图的特征行列式，表示为

$$\Delta=1-\sum_j L_j+\sum_{m,n}L_mL_n-\sum_{p,q,r}L_pL_qL_r+\cdots\tag{4.7-9}$$

Δ 中各项的含意是：

$\sum_j L_j$ 表示信号流图中所有环传输函数之和。L_j 是第 j 个环的环传输函数，其值等于构成第 j 个环的各支路传输函数的乘积。

$\sum_{m,n}L_mL_n$ 表示信号流图中所有两个不接触环的环传输函数乘积之和。若两个环没有公共节点或支路，则称这两个环不接触。

$\sum_{p,q,r}L_pL_qL_r$ 表示所有三个不接触环的环传输函数乘积之和。

式(4.7－8)中分子各项的含意是：

m 表示从输入节点(源点)$F(s)$到输出节点(汇点)$Y(s)$之间开路的总数。

P_i 表示从源点 $F(s)$到汇点 $Y(s)$之间第 i 条开路的传输函数，其值等于第 i 条开路上所有支路传输函数的乘积。

Δ_i 称为第 i 条开路特征行列式的余因子，它是与第 i 条开路不接触的剩余信号流图的特征行列式。换言之，Δ_i 是原信号流图除去第 i 条开路后，即除去此开路上所有节点和支路后剩余信号流图的特征行列式。

例 4.7－5　已知连续系统的信号流图如图 4.7－11 所示。求系统函数 $H(s)$。

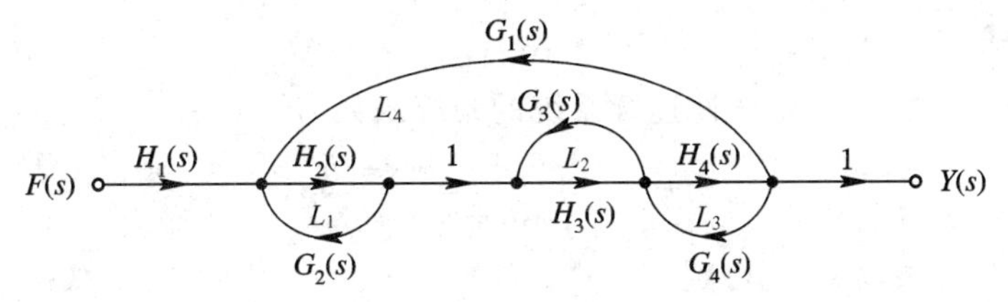

图 4.7－11　例 4.7－5 图

解　系统信号流图共有四个环，环传输函数分别为

$$L_1 = H_2(s)G_2(s)$$

$$L_2 = H_3(s)G_3(s)$$

$$L_3 = H_4(s)G_4(s)$$

$$L_4 = H_2(s)H_3(s)H_4(s)G_1(s)$$

有两对两两不相接触的环：环 1 和环 2 不接触，环 1 和环 3 不接触。两对两两互不接触的环的传输函数乘积分别为

$$L_1L_2 = H_2(s)G_2(s)H_3(s)G_3(s)$$

$$L_1L_3 = H_2(s)G_2(s)H_4(s)G_4(s)$$

系统信号流图中从 $F(s)$到 $Y(s)$只有一条开路，开路传输函数 P_1 和对应的剩余信号流图特征行列式分别为

$$P_1 = H_1(s)H_2(s)H_3(s)H_4(s)$$

$$\Delta_1 = 1$$

根据式(4.7－9)，得到系统信号流图的特征行列式为

$$\begin{aligned}\Delta &= 1-(L_1+L_2+L_3+L_4)+(L_1L_2+L_1L_3)\\ &= 1-[H_2(s)G_2(s)+H_3(s)G_3(s)+H_4(s)G_4(s)+H_2(s)H_3(s)H_4(s)G_1(s)]\\ &\quad +[H_2(s)G_2(s)H_3(s)G_3(s)+H_2(s)G_2(s)H_4(s)G_4(s)]\end{aligned}$$

由式(4.7－8)，得到系统函数为

$$H(s) = \frac{P_1\Delta_1}{\Delta} = \frac{H_1(s)H_2(s)H_3(s)H_4(s)}{\Delta}$$

4.7.3　连续系统的模拟

在已知系统数学模型的情况下，用一些基本单元(基本运算器)组成该系统称为**系统的模拟**。系统模拟是严格数学意义下的模拟，要求模拟系统与已知系统的数学模型完全相

同。在实际设计组成系统之前，可以利用系统模拟进行理论分析与计算，其结果可以作为指导实际设计组成系统的基础。

线性连续系统的数学模型通常是微分方程，但系统微分方程与系统函数之间有确定的对应关系，因此，下面只讨论根据系统函数 $H(s)$ 模拟系统的方法。由于 $H(s)$ 可以根据系统信号流图和梅森公式得到，所以，$H(s)$ 与信号流图和梅森公式有确定的对应关系，根据这种关系可以由 $H(s)$ 得到系统的信号流图，进一步可根据信号流图与方框图的对应关系得到用基本运算器组成的模拟系统。根据 $H(s)$ 得到的系统信号流图通常有直接形式、级联形式(串联形式)和并联形式等三种，下面分别进行讨论。

1. 直接形式

以二阶系统为例，设二阶线性连续系统的系统函数为

$$H(s)=\frac{b_2s^2+b_1s+b_0}{s^2+a_1s+a_0} \tag{4.7-10}$$

给 $H(s)$ 的分子分母乘以 s^{-2}，得到

$$H(s)=\frac{b_2+b_1s^{-1}+b_0s^{-2}}{1-(-a_1s^{-1}-a_0s^{-2})} \tag{4.7-11}$$

式(4.7-11)的分母可看作信号流图的特征行列式 Δ，括号内的两项可看作两个互相接触的环的传输函数之和。式(4.7-11)分子中的三项可看作从源点到汇点的三条开路的传输函数之和。因此，由 $H(s)$ 描述的系统可用包含两个相互接触的环和三条开路的信号流图来模拟。根据式(4.7-11)和梅森公式，可以得到图 4.7-12(a)、(c)所示两种形式的信号流图。图(b)是图(a)所示信号流图对应的方框图表示，图(d)是图(c)所示信号流图对应的方框图表示。图(a)所示信号流图称为直接形式Ⅰ，图(c)所示信号流图称为直接形式Ⅱ。

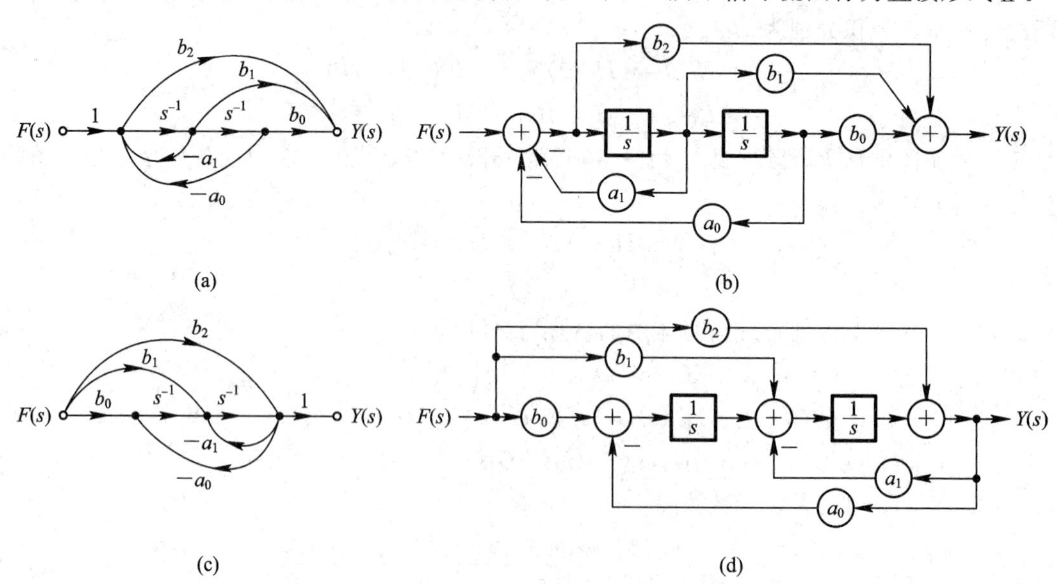

图 4.7-12　二阶系统直接形式信号流图

(a) 直接形式Ⅰ；(b) 直接形式Ⅰ的方框图表示；

(c) 直接形式Ⅱ；(d) 直接形式Ⅱ的方框图表示

2. 级联(串联)形式

如果线性连续系统由 n 个子系统级联组成，如图 4.7－2 所示，则系统函数 $H(s)$ 为

$$H(s) = H_1(s) \cdot H_2(s) \cdot \cdots \cdot H_n(s) \tag{4.7-12}$$

这种情况下，可先用直接形式信号流图模拟各子系统，然后把各子系统信号流图级联，就得到系统级联形式信号流图。通常，子系统采用一阶和二阶系统，分别称为一阶节和二阶节。

例 4.7－6　已知线性连续系统的系统函数为

$$H(s) = \frac{s^2 + 2s}{s^3 + 8s^2 + 19s + 12}$$

求系统级联形式信号流图。

解　用一阶节和二阶节的级联模拟系统。$H(s)$ 又可以表示为

$$H(s) = \frac{s}{(s+1)} \cdot \frac{s+2}{(s+3)(s+4)} = H_1(s) \cdot H_2(s)$$

式中，$H_1(s)$ 和 $H_2(s)$ 分别表示一阶和二阶子系统。它们的表示式为

$$H_1(s) = \frac{s}{s+1} = \frac{1}{1-(-s^{-1})}$$

$$H_2(s) = \frac{s+2}{(s+3)(s+4)} = \frac{s+2}{s^2+7s+12} = \frac{s^{-1}+2s^{-2}}{1-(-7s^{-1}-12s^{-2})}$$

对 $H_1(s)$ 和 $H_2(s)$ 分别用直接形式 Ⅰ 模拟，如图 4.7－13(a) 所示。把 $H_1(s)$ 和 $H_2(s)$ 的信号流图级联，得到系统级联形式信号流图如图 4.7－13(b) 所示。

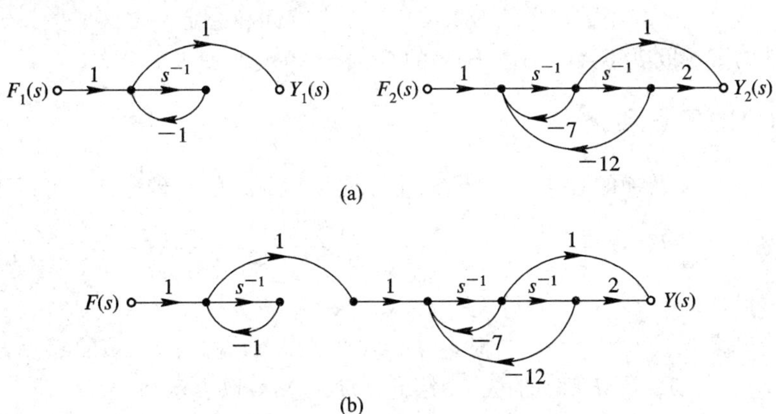

图 4.7－13　例 4.7－6 图

(a) 子系统信号流图；(b) 系统的级联形式信号流图

3. 并联形式

若系统由 n 个子系统并联组成，如图 4.7－3 所示，则系统函数 $H(s)$ 为

$$H(s) = H_1(s) + H_2(s) + \cdots + H_n(s) \tag{4.7-13}$$

这种情况下，先把每个子系统用直接形式信号流图模拟，然后把它们并联起来，就得到系统的并联形式模拟信号流图。

例 4.7－7　已知线性连续系统的系统函数 $H(s)$ 为

$$H(s) = \frac{2s+8}{s^3 + 6s^2 + 11s + 6}$$

求系统并联形式信号流图。

解 用一阶节和二阶节并联模拟系统。$H(s)$可表示为

$$H(s)=\frac{2s+8}{(s+1)[(s+2)(s+3)]}=\frac{3}{s+1}+\frac{-3s-10}{s^2+5s+6}=H_1(s)+H_2(s)$$

式中，

$$H_1(s)=\frac{3}{s+1}=\frac{3s^{-1}}{1-(-s^{-1})}$$

$$H_2(s)=\frac{-3s-10}{s^2+5s+6}=\frac{-3s^{-1}-10s^{-2}}{1-(-5s^{-1}-6s^{-2})}$$

分别对 $H_1(s)$和 $H_2(s)$用直接形式Ⅰ模拟，然后把两个子系统并联，就得到系统并联形式信号流图，如图 4.7 - 14 所示。

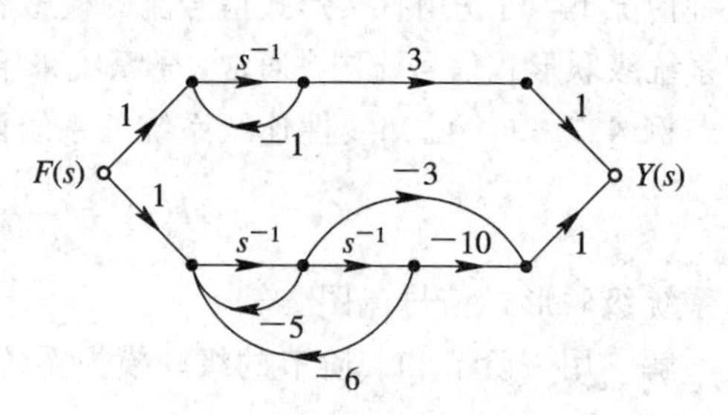

图 4.7 - 14 例 4.7 - 7 图

4.8 系统函数与系统特性

系统函数 $H(s)$是线性连续系统的重要概念。在前面已经讨论了系统函数$H(s)$与系统微分方程、系统响应以及系统模拟的关系，这些关系反映了系统函数在系统分析中的重要地位。这一节将进一步讨论系统函数与系统时域响应、频率特性和稳定性之间的关系。系统函数对上述系统特性的影响取决于系统函数 $H(s)$的零、极点在复平面上的分布。

4.8.1 $H(s)$的零点和极点

线性时不变连续系统的系统函数 $H(s)$通常是复变量 s 的有理分式，可以表示为

$$H(s)=\frac{B(s)}{A(s)}=\frac{b_m s^m+b_{m-1}s^{m-1}+\cdots+b_1 s+b_0}{s^n+a_{n-1}s^{n-1}+\cdots+a_1 s+a_0} \tag{4.8 - 1}$$

式中，$a_i(i=0, 1, 2, \cdots, n-1)$、$b_j(j=0, 1, 2, \cdots, m)$为实常数，通常 $m\leqslant n$。$A(s)$和 $B(s)$是 s 的有理多项式，$B(s)=0$ 的根 $s_j(j=1, 2, \cdots, m)$称为 $H(s)$的零点，$A(s)=0$ 的根$p_i(i=1, 2, \cdots, n)$称为 $H(s)$的极点。因此，$H(s)$又可以表示为

$$H(s)=\frac{B(s)}{A(s)}=\frac{b_m(s-s_1)(s-s_2)\cdots(s-s_m)}{(s-p_1)(s-p_2)\cdots(s-p_n)}$$

$$=\frac{b_m\prod_{j=1}^{m}(s-s_j)}{\prod_{i=1}^{n}(s-p_i)} \tag{4.8 - 2}$$

$H(s)$的零点 s_j 和极点 p_i 可能是实数、虚数或复数。由于 $A(s)$和 $B(s)$的系数为实数，所以，若极点(零点)为虚数或复数，则必然是共轭成对的。若极点(零点)为实数，则位于复平面的实轴上；若极点(零点)为虚数，则位于虚轴上，并且关于坐标原点对称；若极点(零点)为复数(位于实轴和虚轴以外)，则关于实轴对称。

4.8.2　$H(s)$的零、极点与时域响应

如前所述，线性连续系统的系统函数 $H(s)$的原函数是系统冲激响应 $h(t)$。由前面关于单边拉氏逆变换的讨论可知，$H(s)$极点的性质(实数、虚数、复数、阶数)以及极点在复平面上的具体位置决定 $h(t)$的波形，$H(s)$的零点影响 $h(t)$的幅度和相位。此外，由于 $H(s)$的分母多项式 $A(s)=0$ 是系统的特征方程，特征根就是 $H(s)$的极点，因此，$H(s)$的极点也决定系统自由响应(固有响应)的波形。下面主要讨论 $H(s)$的极点的性质及其在复平面的分布对 $h(t)$波形的影响。

1. 左半平面极点

若 $H(s)$在左半平面负实轴上有一阶极点 $p=-\alpha(\alpha>0)$，则 $H(s)$的分母 $A(s)$中含有因子$(s+\alpha)$，$h(t)$中就有对应的函数 $A\mathrm{e}^{-\alpha t}\varepsilon(t)$；若 $p=-\alpha$ 为 r 阶极点，则 $A(s)$中含有因子$(s+\alpha)^r$，$h(t)$中就有对应的函数 $A_i t^i\mathrm{e}^{-\alpha t}\varepsilon(t)(i=0, 1, 2, \cdots, r-1)$。$A$、$A_i$ 为实常数。

若 $H(s)$在左半平面负实轴以外有一阶共轭复极点 $p_{1,2}=-\alpha\pm\mathrm{j}\beta$，则 $A(s)$中含有因子$[(s+\alpha)^2+\beta^2]$，$h(t)$中就有对应的函数 $A\mathrm{e}^{-\alpha t}\cos(\beta t+\theta)\varepsilon(t)$；若 $p_{1,2}=-\alpha\pm\mathrm{j}\beta$ 为 r 阶极点，则 $A(s)$中含有因子$[(s+\alpha)^2+\beta^2]^r$，$h(t)$中就有对应的函数 $A_i t^i\mathrm{e}^{-\alpha t}\cos(\beta t+\theta_i)\varepsilon(t)$ $(i=0, 1, 2, \cdots, r-1)$。A，A_i，θ_i 为实常数。

2. 虚轴上极点

若 $H(s)$在坐标原点有一阶极点 $p=0$，则 $A(s)$中有因子 s，$h(t)$中就有对应函数$A\varepsilon(t)$，A 为常数；若 $p=0$ 为 r 阶极点，则 $A(s)$中有因子 s^r，$h(t)$中就有对应函数 $A_i t^i\varepsilon(t)(i=0, 1, 2, \cdots, r-1)$，$A_i$ 为实常数。

若 $H(s)$在虚轴上有一阶共轭虚极点 $p_{1,2}=\pm\mathrm{j}\beta$，则 $A(s)$中有因子$(s^2+\beta^2)$，$h(t)$中就有对应函数 $A\cos(\beta t+\theta)\varepsilon(t)$，$A$、$\theta$ 为实常数；若 $p_{1,2}=\pm\mathrm{j}\beta$ 为 r 阶极点，则 $A(s)$中有因子$(s^2+\beta^2)^r$，$h(t)$中就有对应函数 $A_i t^i\cos(\beta t+\theta_i)\varepsilon(t)(i=0, 1, 2, \cdots, r-1)$，$A_i$、$\theta_i$ 为实常数。

3. 右半平面极点

若 $H(s)$在右半平面正实轴上有一阶极点 $p=\alpha(\alpha>0)$，则 $A(s)$中有因子$(s-\alpha)$，$h(t)$就有对应函数 $A\mathrm{e}^{\alpha t}\varepsilon(t)$，$A$ 为实常数；若 $H(s)$在右半平面有一阶共轭复极点 $p_{1,2}=\alpha\pm\mathrm{j}\beta$，则$A(s)$中有因子$[(s-\alpha)^2+\beta^2]$，$h(t)$中就有对应函数 $A\mathrm{e}^{\alpha t}\cos(\beta t+\theta)\varepsilon(t)$，$A$、$\theta$ 为实常数。可见右半平面一阶极点对应的 $h(t)$中函数的形式与左半平面一阶极点对应的 $h(t)$中函数的形式相似，只是左半平面极点对应的时域函数以指数规律随时间增长而减小，而右半平面极点对应的时域函数以指数规律随时间增长而增大。右半平面重极点对应的时域函数也有同样的特点。

由以上讨论得到如下结论：

$H(s)$在左半平面的极点无论一阶或高阶极点，它们对应的时域函数都是按指数规律衰减的，当 $t\to\infty$时，时域函数的值趋于零。

$H(s)$在虚轴上的一阶极点对应的时域函数是幅度不随时间变化的阶跃函数或正弦函数。$H(s)$在虚轴上的二阶或二阶以上极点对应的时域函数随时间的增长而增大，当$t\to\infty$时，时域函数的值趋于无穷大。

$H(s)$在右半平面极点无论一阶或高阶极点，它们对应的时域函数随时间的增长而增

大，当 $t\to\infty$ 时，时域函数的值趋于无穷大。

$H(s)$ 的一阶极点在复平面上的分布与时域函数的对应关系如图 4.8-1 所示。图中用"×"号表示极点位置。

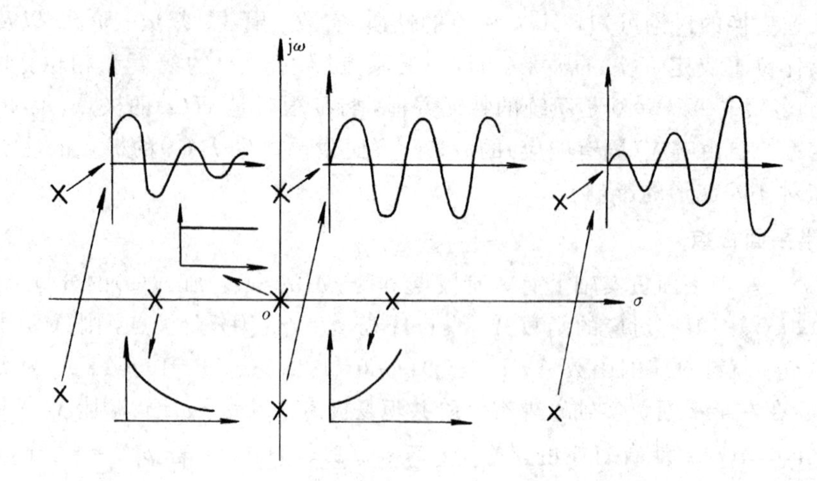

图 4.8-1　$H(s)$ 的极点分布与时域函数的对应关系

4.8.3　$H(s)$ 与系统的频率特性

由连续系统的频域分析可知，系统冲激响应 $h(t)$ 的傅里叶变换 $H(\mathrm{j}\omega)$ 表征系统的频率特性，称为**系统的频率响应**。下面讨论 $H(\mathrm{j}\omega)$ 与系统函数 $H(s)$ 的关系。根据傅里叶变换和拉氏变换的定义，若 $h(t)$ 为因果信号，则有

$$H(\mathrm{j}\omega)=\int_{-\infty}^{\infty} h(t)\mathrm{e}^{-\mathrm{j}\omega t}\,\mathrm{d}t=\int_{0^-}^{\infty} h(t)\mathrm{e}^{-\mathrm{j}\omega t}\,\mathrm{d}t \tag{4.8-3}$$

$$H(s)=\int_{0^-}^{\infty} h(t)\mathrm{e}^{-st}\,\mathrm{d}t \tag{4.8-4}$$

上面两式的积分是相似的，但不能简单地认为用 $\mathrm{j}\omega$ 代替 $s(s=\sigma+\mathrm{j}\omega)$，就能从 $H(s)$ 得到 $H(\mathrm{j}\omega)$。由单边拉氏变换的定义可知，$H(s)$ 的收敛域为 $\sigma>\sigma_0$。因此，只有当 $\sigma_0<0$ 时，$H(s)$ 的收敛域包含 $\mathrm{j}\omega$ 轴，此时，当 $s=\mathrm{j}\omega$，$H(s)$ 存在，并且 $H(s)$ 等于 $H(\mathrm{j}\omega)$。

$H(s)$ 的收敛域包含 $\mathrm{j}\omega$ 轴，意味着 $H(s)$ 的极点全部在左半平面。在这种情况下，$H(s)$ 对应的系统称为**稳定系统**。根据以上讨论，可以得到以下结论：若因果系统的系统函数 $H(s)$ 的极点全部位于左半开平面，则

$$H(\mathrm{j}\omega)=H(s)\big|_{s=\mathrm{j}\omega} \tag{4.8-5}$$

根据式(4.8-2)和式(4.8-5)，线性连续系统的频率特性可以表示为

$$H(\mathrm{j}\omega)=H(s)\big|_{s=\mathrm{j}\omega}=\frac{b_m\prod_{i=1}^{m}(\mathrm{j}\omega-s_i)}{\prod_{i=1}^{n}(\mathrm{j}\omega-p_i)} \tag{4.8-6}$$

可见，一个稳定连续系统的频率特性完全取决于 $H(s)$ 的零、极点在复平面的分布位置。式(4.8-6)中，设 $b_m>0$，并且令

$$\mathrm{j}\omega-s_i=B_i\mathrm{e}^{\mathrm{j}\psi_i}$$

$$j\omega - p_i = A_i e^{j\theta_i}$$

则式(4.8-6)又可以表示为

$$H(j\omega) = \frac{b_m \prod_{i=1}^{m} B_i e^{j\psi_i}}{\prod_{i=1}^{n} A_i e^{j\theta_i}} = |H(j\omega)| e^{j\varphi(\omega)} \tag{4.8-7}$$

式中

$$|H(j\omega)| = \frac{b_m B_1 B_2 \cdots B_m}{A_1 A_2 \cdots A_n} \tag{4.8-8}$$

$$\varphi(\omega) = (\psi_1 + \psi_2 + \cdots + \psi_m) - (\theta_1 + \theta_2 + \cdots + \theta_n) \tag{4.8-9}$$

$|H(j\omega)|$称为幅频特性，$\varphi(\omega)$称为相频特性。根据式(4.8-7)、式(4.8-8)和式(4.8-9)，可以分析计算系统的频率特性。

此外，由于$j\omega$、零点s_i、极点p_i都是复数，可以用复平面上的矢量(有向线段)表示，因此，$A_i e^{j\theta_i}$可以表示为矢量$j\omega$与矢量p_i的差矢量，$B_i e^{j\psi_i}$可以表示为矢量$j\omega$与矢量s_i的差矢量。当ω从0(或$-\infty$)开始沿虚轴到∞变化时，各差矢量的模A_i、B_i和幅角θ_i、ψ_i也随之变化。根据差矢量随ω变化的情况，应用式(4.8-8)和式(4.8-9)，就可得到系统的幅频特性曲线和相频特性曲线。差矢量$B_i e^{j\psi_i} = j\omega - s_i$和差矢量$A_i e^{j\theta_i} = j\omega - p_i$如图4.8-2所示。由式(4.8-6)可知，$H(s)$若有极点靠近$j\omega$轴，则当频率变化经过此极点附近时，幅频特性将出现峰值；若有零点靠近$j\omega$轴，则当频率变化经过此零点时，幅频特性将出现谷值。

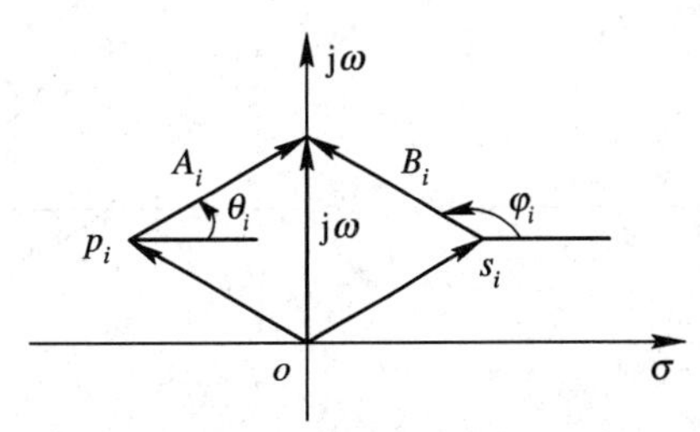

图4.8-2　$H(s)$零、极点的矢量表示及差矢量表示

例4.8-1　已知二阶线性连续系统的系统函数为

$$H(s) = \frac{s - \alpha}{s^2 + 2\alpha s + \omega_0^2} \tag{4.8-10}$$

式中，$\alpha > 0$，$\omega_0 > 0$，$\omega_0 > \alpha$。粗略画出系统的幅频和相频特性曲线。

解　$H(s)$有一个零点$s_1 = \alpha$；有两个极点，分别为

$$p_{1,2} = -\alpha \pm j\sqrt{\omega_0^2 - \alpha^2} = -\alpha \pm j\beta$$

式中，$\beta = \sqrt{\omega_0^2 - \alpha^2}$。于是$H(s)$又可表示为

$$H(s) = \frac{s - \alpha}{(s - p_1)(s - p_2)} \tag{4.8-11}$$

由于$H(s)$的极点p_1和p_2都在左半平面，因此，系统的频率特性为

$$H(j\omega) = H(s)\big|_{s=j\omega} = \frac{j\omega - \alpha}{(j\omega - p_1)(j\omega - p_2)} \tag{4.8-12}$$

令 $Be^{j\psi}=j\omega-\alpha$，$A_1e^{j\theta_1}=j\omega-p_1$，$A_2e^{j\theta_2}=j\omega-p_2$，则 $H(j\omega)$又可表示为

$$H(j\omega)=\frac{Be^{j\psi}}{A_1e^{j\theta_1}\cdot A_2e^{j\theta_2}}=\frac{B}{A_1A_2}e^{j(\psi-\theta_1-\theta_2)}=|H(j\omega)|e^{j\varphi(\omega)} \tag{4.8-13}$$

式(4.8－13)中，幅频特性和相频特性分别为

$$|H(j\omega)|=\frac{B}{A_1A_2} \tag{4.8-14}$$

$$\varphi(\omega)=\psi-(\theta_1+\theta_2) \tag{4.8-15}$$

用矢量 $j\omega$ 与 α 之差表示 $Be^{j\psi}$，用矢量 $j\omega$ 与 p_1 之差表示 $A_1e^{j\theta_1}$，用矢量 $j\omega$ 与 p_2 之差表示 $A_2e^{j\theta_2}$，如图 4.8－3(a)所示。由图(a)可以看出：当 $\omega=0$ 时，$B=\alpha$，$A_1=A_2=\sqrt{\alpha^2+\beta^2}=\omega_0$，$\psi=\pi$，$\theta_1=-\theta_2$，所以$|H(0)|=\frac{\alpha}{\omega_0^2}$，$\varphi(0)=\pi$；当 ω 从零开始增大时，A_1 随之减小，A_2 和 B 随之增大，因而$|H(j\omega)|$增大。θ_1 为负值，随 ω 增大($|\theta_1|$减小)，θ_2 增大，ψ 减小，故 $\varphi(\omega)$减小；从 $\omega=\beta$ 开始，随 ω 增大，A_1、A_2、B 均增大，当 $\omega>\beta$ 且在 β 附近某处，$|H(j\omega)|$有一峰值，该处 $\varphi(\omega)=0$。此后，随 ω 继续增大，A_1、A_2、B 继续增大，θ_1、θ_2 继续增大，ψ 继续减小，因而$|H(j\omega)|$、$\varphi(\omega)$继续减小。当 $\omega\to\infty$时，A_1、A_2、B 均趋于无穷大，θ_1、θ_2、ψ 均趋于$\frac{\pi}{2}$，因而$|H(j\omega)|$趋于零，$\varphi(\omega)$趋于$-\frac{\pi}{2}$。$|H(j\omega)|$在 β 附近出现峰值是由于极点 $p_1=-\alpha+j\beta$ 在虚轴附近。系统的幅频和相频特性曲线如图 4.8－3(b)所示。

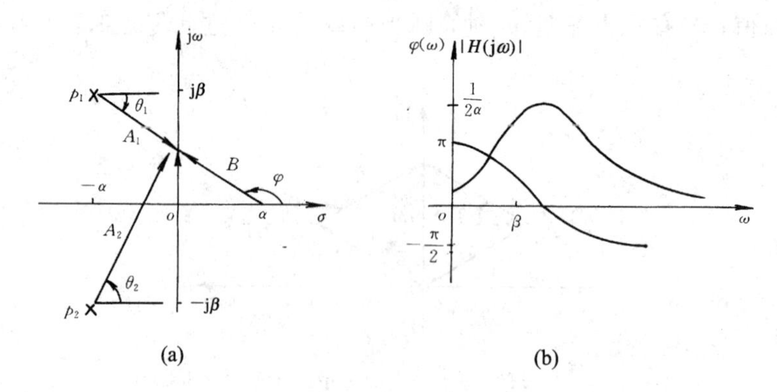

图 4.8－3　例 4.8－1 图

(a) $H(s)$零、极点的矢量和差矢量表示；(b) 系统的幅频特性和相频特性

例 4.8－1 的分析过程表明，对于 $H(s)$的零、极点数目较少的一阶和二阶系统，用复平面上表示零、极点的矢量随频率变化的规律分析系统的频率特性是可行的。对于 $H(s)$的零、极点数目较多的高阶系统，用上述方法分析系统频率特性将是十分困难的。通常，系统的频率特性用波特图描述。这种方法用$|H(j\omega)|$的自然对数表示幅频特性，因而把求$|H(j\omega)|$中的乘除运算变成加、减运算，大大简化了系统频率特性的分析计算。频率特性的波特图表示在其他有关课程中讲述，这里不再讨论。

4.8.4　$H(s)$与系统的稳定性

系统的稳定性是系统分析和设计中的重要问题。实际系统通常要求是稳定系统，否则系统将不能正常工作。

1. 稳定系统

一个连续系统，如果对任意有界输入 $f(t)$产生的零状态响应 $y_{zs}(t)$也是有界的，则称该系统是有界输入有界输出意义下的**稳定系统**。即对有限正实数 M_f 和 M_y，若$|f(t)|\leqslant M_f$，并且$|y_{zs}(t)|\leqslant M_y$，则系统是稳定系统。

线性连续系统是稳定系统的充分必要条件是系统的冲激响应 $h(t)$绝对可积。也就是

$$\int_{-\infty}^{\infty} |h(t)| \, dt \leqslant M < \infty \tag{4.8-16}$$

式中 M 为有限正实数。下面证明式(4.8－16)的充分性和必要性。

充分性：设线性连续系统的输入 $f(t)$有界，即$|f(t)|\leqslant M_f$。系统的零状态响应 $y_{zs}(t)$为

$$y_{zs}(t) = h(t) * f(t) = \int_{-\infty}^{\infty} h(\tau) f(t-\tau) \, d\tau$$

因此有

$$|y_{zs}(t)| = \left|\int_{-\infty}^{\infty} h(\tau) f(t-\tau) \, d\tau\right| \leqslant \int_{-\infty}^{\infty} |h(\tau)| \cdot |f(t-\tau)| \, d\tau$$

即

$$|y_{zs}(t)| \leqslant M_f \int_{-\infty}^{\infty} |h(\tau)| \, d\tau$$

若 $h(t)$绝对可积，由式(4.8－16)，则

$$|y_{zs}(t)| \leqslant M_f M < \infty$$

即对任意有界输入 $f(t)$，只要 $h(t)$绝对可积，则 $y_{zs}(t)$是有界的，因而系统一定是稳定系统。即式(4.8－16)条件对系统稳定具有充分性。

必要性：所谓式(4.8－16)对系统稳定是必要的，是当$h(t)$不满足绝对可积条件时，则至少有某个有界输入 $f(t)$产生无界输出 $y_{zs}(t)$。为此，设 $f(t)$有界，则 $f(-t)$也有界，并且表示为

$$f(-t) = \text{sgn}[h(t)] = \begin{cases} 1 & h(t) > 0 \\ 0 & h(t) = 0 \\ -1 & h(t) < 0 \end{cases}$$

于是有

$$h(t) f(-t) = |h(t)| \tag{4.8-17}$$

因为

$$y_{zs}(t) = \int_{-\infty}^{\infty} h(\tau) f(t-\tau) \, d\tau$$

令 $t=0$，根据式(4.8－17)则有

$$y_{zs}(0) = \int_{-\infty}^{\infty} h(\tau) f(-\tau) \, d\tau = \int_{-\infty}^{\infty} |h(\tau)| \, d\tau$$

若 $h(t)$不绝对可积，即$\int_{-\infty}^{\infty} |h(\tau)| \, d\tau = \infty$，则 $y_{zs}(0)=\infty$。这就表明，当$h(t)$不绝对可积时，至少有某个有界输入产生无界输出 $y_{zs}(t)$，即式(4.8－16)条件对系统稳定具有必要性。

如前所述，若 $H(s)$的极点全部在左半平面，则 $h(t)$是按指数规律衰减的因果函数，$h(t)$是绝对可积的，所以 $H(s)$对应的系统也是稳定系统，其逆也成立。因此有如下结论：

一个因果连续系统，若系统函数 $H(s)$的极点全部在左半平面，则该系统是稳定系统。

用 $H(s)$的极点在复平面的分布判断系统稳定性的方法对于低阶系统是简便易行的。但对于高阶系统而言，求 $H(s)$的极点往往比较繁杂。罗斯和霍尔维兹提出一种 S 域判断系统稳定性的准则，这个准则依据 $H(s)$的分母多项式系数判断系统的稳定性，无须计算 $H(s)$极点，应用起来比较方便。

2. 罗斯-霍尔维兹准则

设 n 阶线性连续系统的系统函数为

$$H(s)=\frac{B(s)}{A(s)}=\frac{b_m s^m+b_{m-1}s^{m-1}+\cdots+b_1 s+b_0}{a_n s^n+a_{n-1}s^{n-1}+\cdots+a_1 s+a_0} \qquad (4.8-18)$$

式中，$m\leqslant n$，$a_i(i=0, 1, 2, \cdots, n)$、$b_j(j=0, 1, 2, \cdots, m)$是实常数。$H(s)$的分母多项式为

$$A(s)=a_n s^n+a_{n-1}s^{n-1}+\cdots+a_1 s+a_0 \qquad (4.8-19)$$

$H(s)$的极点就是 $A(s)=0$ 的根。若 $A(s)=0$ 的根全部位于左半平面，则 $A(s)$称为霍尔维兹多项式。

$A(s)$为霍尔维兹多项式的必要条件是：$A(s)$的各项系数 a_i 都不等于零，并且 a_i 全为正实数或全为负实数。若 a_i 全为负实数，可把负号归于 $H(s)$的分子 $B(s)$，因而该条件又可表示为 $a_i>0$。显然，若 $A(s)$为霍尔维兹多项式，则系统是稳定系统。

罗斯和霍尔维兹提出了判断多项式为霍尔维兹多项式的准则，称为**罗斯-霍尔维兹准则(R-H 准则)**。该准则包括两部分，一部分是 R-H 阵列，另一部分是 R-H 判据。

R-H 阵列是由 $A(s)$的系数 a_i 构成的表，该表的具体组成如下：

行	第一列				
1	a_n	a_{n-2}	a_{n-4}	…	…
2	a_{n-1}	a_{n-3}	a_{n-5}	…	…
3	c_{n-1}	c_{n-3}	c_{n-5}	…	…
4	d_{n-1}	d_{n-3}	d_{n-5}	…	…
⋮	…	…	…	…	…
$n+1$	…				

若 n 为偶数，则第二行最后一列元素用零补上。罗斯阵列共有 $n+1$ 行(以后各行均为零)，第三行及以后各行的元素按以下规则计算：

$$c_{n-1}=\frac{-1}{a_{n-1}}\begin{vmatrix} a_n & a_{n-2} \\ a_{n-1} & a_{n-3} \end{vmatrix},\quad c_{n-3}=\frac{-1}{a_{n-1}}\begin{vmatrix} a_n & a_{n-4} \\ a_{n-1} & a_{n-5} \end{vmatrix},\cdots \qquad (4.8-20)$$

$$d_{n-1}=\frac{-1}{c_{n-1}}\begin{vmatrix} a_{n-1} & a_{n-3} \\ c_{n-1} & c_{n-3} \end{vmatrix},\ d_{n-3}=\frac{-1}{c_{n-1}}\begin{vmatrix} a_{n-1} & a_{n-5} \\ c_{n-1} & c_{n-5} \end{vmatrix},\cdots \qquad (4.8-21)$$

……

依次类推，直到计算出第 $n+1$ 行元素为止。第 $n+1$ 行的第一列元素一般不为零，其余元素均为零。

R－H 判据指出：$A(s)$为霍尔维兹多项式的充分和必要条件是 R－H 阵列中第一列元素符号相同。若第一列元素值符号不一致，则表明 $A(s)=0$ 在右半平面有根，元素值的符号改变的次数(从正值到负值或从负值到正值的次数)等于 $A(s)=0$ 在右半平面根的数目。根据 R－H 判据和霍尔维兹多项式的定义，若 R－H 阵列第一列元素值的符号相同，则 $H(s)$的极点全部位于左半平面，因而系统是稳定系统。若 R－H 阵列第一列元素值的符号不完全相同，则系统是不稳定系统。

综上所述，根据 $H(s)$判断线性连续系统的方法是：首先根据霍尔维兹多项式的必要条件检查 $A(s)$的系数 $a_i(i=0, 1, 2, \cdots, n)$。若 a_i 中有缺项(至少一项为零)，或者 a_i 的符号不完全相同，则 $A(s)$不是霍尔维兹多项式，故系统不是稳定系统。若 $A(s)$的系数 a_i 无缺项并且符号相同，则 $A(s)$满足霍尔维兹多项式的必要条件，然后进一步再利用 R－H 准则判断系统是否稳定。

例 4.8－2　已知三个线性连续系统的系统函数分别为

$$H_1(s)=\frac{s+2}{s^4+2s^3+3s^2+5}$$

$$H_2(s)=\frac{2s+1}{s^5+3s^4-2s^3-3s^2+2s+1}$$

$$H_3(s)=\frac{s+1}{s^3+2s^2+3s+2}$$

判断三个系统是否为稳定系统。

解　$H_1(s)$的分母多项式的系数 $a_1=0$，$H_2(s)$分母多项式的系数符号不完全相同，所以 $H_1(s)$和 $H_2(s)$对应的系统为不稳定系统。$H_3(s)$的分母多项式无缺项且系数全为正值，因此，进一步用 R－H 准则判断。$H_3(s)$的分母多项式为

$$A_3(s)=s^3+2s^2+3s+2$$

$A_3(s)$的系数组成的 R－H 阵列的行数为 $n+1=4$，其 R－H 阵列为

$$\begin{array}{cc} 1 & 3 \\ 2 & 2 \\ c_2 & c_0 \\ d_2 & d_0 \end{array}$$

根据式(4.8－20)和式(4.8－21)，得

$$c_2=\frac{-1}{2}\begin{vmatrix}1 & 3\\ 2 & 2\end{vmatrix}=2 \qquad c_0=\frac{-1}{2}\begin{vmatrix}1 & 0\\ 2 & 0\end{vmatrix}=0$$

$$d_2=\frac{-1}{2}\begin{vmatrix}2 & 2\\ 2 & 0\end{vmatrix}=2 \qquad d_0=\frac{-1}{2}\begin{vmatrix}2 & 0\\ 0 & 0\end{vmatrix}=0$$

因为 $A_3(s)$系数的 R－H 阵列第一列元素全大于零，所以根据 R－H 准则，$H_3(s)$对应的系统为稳定系统。

事实上，将 $A_3(s)$改写成

$$A_3(s)=s^3+2s^2+3s+2=(s+1)(s^2+s+2)$$

容易验证，方程 $A_3(s)=0$ 的根全位于 S 平面的左半平面，故该系统是稳定系统。

例 4.8－3　图 4.8－4 所示为线性连续系统的 S 域框图表示。图中，$H_1(s)$为

$$H_1(s)=\frac{K}{s(s+1)(s+10)}$$

K 取何值时系统为稳定系统。

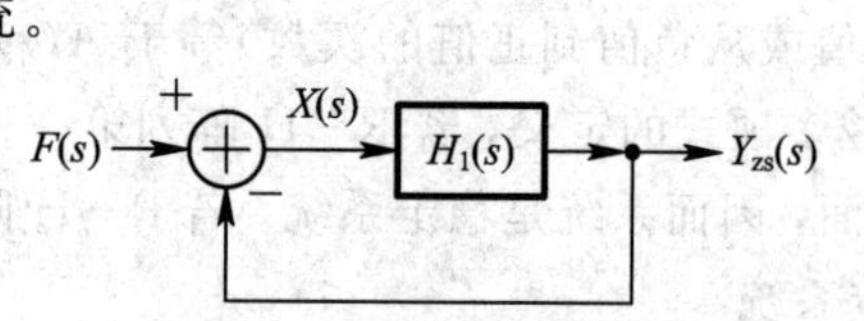

图 4.8-4　例 4.8-3 图

解　令加法器的输出为 $X(s)$，则有

$$X(s)=F(s)-Y_{zs}(s)$$

$$Y_{zs}(s)=H_1(s)X(s)=H_1(s)[F(s)-Y_{zs}(s)]$$

由上式得

$$Y_{zs}(s)=\frac{H_1(s)}{1+H_1(s)}F(s)$$

$$H(s)=\frac{Y_{zs}(s)}{F(s)}=\frac{H_1(s)}{1+H_1(s)}=\frac{K}{s^3+11s^2+10s+K}$$

根据 $H(s)$的分母多项式系数列写 R-H 阵列，得

$$\begin{array}{ll} 1 & 10 \\ 11 & K \\ c_2 & c_0 \\ d_2 & d_0 \end{array}$$

由式(4.8-20)和式(4.8-21)计算阵列的未知元素，得到阵列为

$$\begin{array}{ll} 1 & 10 \\ 11 & K \\ \left(10-\dfrac{K}{11}\right) & 0 \\ K & 0 \end{array}$$

根据 R-H 准则，若$\left(10-\dfrac{K}{11}\right)>0$ 和 $K>0$，则系统稳定。或者判定，当 $0<K<110$ 时系统为稳定系统。

*4.8.5　拉普拉斯变换与傅里叶变换

若 $f(t)$为因果信号，则 $f(t)$的傅里叶变换 $F(\mathrm{j}\omega)$和单边拉普拉斯变换 $F(s)$分别为

$$F(\mathrm{j}\omega)=\int_{-\infty}^{\infty}f(t)\mathrm{e}^{-\mathrm{j}\omega t}\,\mathrm{d}t=\int_{0^-}^{\infty}f(t)\mathrm{e}^{-\mathrm{j}\omega t}\,\mathrm{d}t \qquad (4.8-22)$$

$$F(s)=\int_{0^-}^{\infty}f(t)\mathrm{e}^{-st}\,\mathrm{d}t \qquad \mathrm{Re}[s]>\sigma_0 \qquad (4.8-23)$$

由于 $s=\sigma+\mathrm{j}\omega$，因此，若能使 $\sigma=\mathrm{Re}[s]$等于零，则 $F(s)$就等于 $F(\mathrm{j}\omega)$。但是，能否使 σ 等于零，这取决于 $F(s)$的收敛域。

设 $F(s)$的收敛域为 $\mathrm{Re}[s]>\sigma_0$，收剑坐标 σ_0 为实数。下面根据 σ_0 的不同情况讨论 $F(s)$与 $F(\mathrm{j}\omega)$的关系。

1. $\sigma_0<0$

如果 $\sigma_0<0$，则 $F(s)$ 的收敛域包含 $j\omega$ 轴（虚轴），$F(s)$ 在 $j\omega$ 轴上收敛。若令 $\sigma=0$，即令 $s=j\omega$，则 $F(s)$ 存在。这时，$f(t)$ 的傅里叶变换存在，并且令 $s=j\omega$，则 $F(s)$ 等于 $F(j\omega)$。即

$$F(j\omega)=F(s)\big|_{s=j\omega} \tag{4.8-24}$$

例如，$f(t)=e^{-2(t-1)}\varepsilon(t-1)$，其单边拉普拉斯变换为

$$F(s)=\frac{e^{-s}}{s+2}\qquad \mathrm{Re}[s]>-2$$

$f(t)$ 的傅里叶变换为

$$F(j\omega)=F(s)\big|_{s=j\omega}=\frac{e^{-j\omega}}{j\omega+2}$$

2. $\sigma_0=0$

若收敛坐标 $\sigma_0=0$，$F(s)$ 的收敛域为 $\mathrm{Re}[s]>0$，$F(s)$ 的收敛域不包含 $j\omega$ 轴，故 $F(s)$ 在 $j\omega$ 轴上不收敛。若令 $s=j\omega$，则 $F(s)$ 不等于 $F(j\omega)$。

当 $\sigma_0=0$ 时，$F(s)$ 在 $j\omega$ 轴上必然有极点。$F(s)$ 在 $j\omega$ 轴上的极点有 $s=0$ 和虚极点两种，为了分析方便，把极点 $s=0$ 也归入虚极点。此外，$F(s)$ 在左半平面也可能有极点。设 $F(s)$ 为有理分式，$F(s)$ 在左半平面和虚轴上都有极点，并且虚轴上的极点为 m 个一阶极点 $j\beta_i(i=1,2,\cdots,m)$。将 $F(s)$ 展开为部分分式，表示为

$$F(s)=F_N(s)+\sum_{i=1}^{m}\frac{K_i}{s-j\beta_i} \tag{4.8-25}$$

式中，$F_N(s)$ 表示左半平面极点对应的分式。令 $F_N(s)$ 的原函数为 $f_N(t)$，则 $F(s)$ 的原函数为

$$f(t)=\mathscr{L}^{-1}[F(s)]=f_N(t)+\sum_{i=1}^{m}K_i e^{j\beta_i t}\varepsilon(t)=f_N(t)+f_M(t) \tag{4.8-26}$$

其中

$$f_M(t)=\sum_{i=1}^{m}K_i e^{j\beta_i t}\varepsilon(t)$$

$f(t)$ 的傅里叶变换为

$$F(j\omega)=\mathscr{F}[f(t)]=\mathscr{F}[f_N(t)]+\mathscr{F}[f_M(t)]$$

由于 $f_N(t)$ 是 $F_N(s)$ 的原函数，并且 $F_N(s)$ 的极点在左半平面，$j\omega$ 轴位于收敛域内，故由式 (4.8-24) 求得

$$\mathscr{F}[f_N(t)]=F_N(s)\big|_{s=j\omega}$$

根据傅里叶变换的线性性质和频移性质，并且由于 $\varepsilon(t)$ 的傅里叶变换为 $\pi\delta(\omega)+\frac{1}{j\omega}$，因此得

$$\mathscr{F}[f_M(t)]=\sum_{i=1}^{m}K_i\left[\pi\delta(\omega-\beta_i)+\frac{1}{j\omega-j\beta_i}\right]$$

于是得

$$\begin{aligned}F(j\omega)&=F_N(s)\big|_{s=j\omega}+\sum_{i=1}^{m}K_i\left[\pi\delta(\omega-\beta_i)+\frac{1}{j\omega-j\beta_i}\right]\\&=F_N(s)\big|_{s=j\omega}+\sum_{i=1}^{m}\frac{K_i}{j\omega-j\beta_i}+\sum_{i=1}^{m}K_i\pi\delta(\omega-\beta_i)\end{aligned} \tag{4.8-27}$$

比较式(4.8－25)和式(4.8－27)可知，式(4.8－27)的前两项正好是$F(s)|_{s=j\omega}$。因此，当$F(s)$在虚轴上有m个一阶极点$j\beta_i$，其余极点在左半平面时，$F(s)$的原函数$f(t)$的傅里叶变换为

$$F(j\omega)=F(s)|_{s=j\omega}+\sum_{i=1}^{m}K_i\pi\delta(\omega-\beta_i) \tag{4.8-28}$$

若$F(s)$在虚轴上有高阶极点，则$F(s)$与$F(j\omega)$的关系可用上述类似的方法得到。这时可将$F(j\omega)$表示为两部分之和，一部分是$F(s)|_{s=j\omega}$，另一部分是冲激函数及其导数之和。

3. $\sigma_0>0$

若$\sigma_0>0$，则$F(s)$的收敛域不包含$j\omega$轴，收敛域的边界在右半平面内。因此，不能用式(4.8－24)得到$F(j\omega)$。例如，$f(t)=e^{2t}\varepsilon(t)$，$F(s)=\dfrac{1}{s-2}$，$F(s)$的收敛域为$\mathrm{Re}[s]>2$，$f(t)$的傅里叶变换不存在。

例 4.8－4 已知$f(t)=e^{-2t}\cos t\cdot\varepsilon(t)$的单边拉氏变换为

$$F(s)=\frac{s+2}{(s+2)^2+1}\qquad \mathrm{Re}[s]>-2$$

求$f(t)$的傅里叶变换$F(j\omega)$。

解 方法一：应用傅里叶变换性质。因为

$$\mathscr{F}[e^{-2t}\varepsilon(t)]=\frac{1}{j\omega+2}$$

根据傅里叶变换的调制定理，求得

$$F(j\omega)=\mathscr{F}[e^{-2t}\cos t\varepsilon(t)]=\frac{1}{2}\left[\frac{1}{j(\omega+1)+2}+\frac{1}{j(\omega-1)+2}\right]=\frac{j\omega+2}{(j\omega+2)^2+1}$$

方法二：应用傅里叶变换与拉氏变换关系。由于$j\omega$轴位于$F(s)$收敛域内，直接由式(4.8－24)求得

$$F(j\omega)=F(s)|_{s=j\omega}=\left.\frac{s+2}{(s+2)^2+1}\right|_{s=j\omega}=\frac{j\omega+2}{(j\omega+2)^2+1}$$

可见，用不同方法求解，结果是一致的。

例 4.8－5 已知$f(t)=(1-e^{-t})\varepsilon(t)$的单边拉氏变换为

$$F(s)=\frac{1}{s(s+1)}\qquad \mathrm{Re}[s]>0$$

求$f(t)$的傅里叶变换。

解 $F(s)$的收敛坐标$\sigma_0=0$，$F(s)$在$j\omega$轴上有一个一阶极点$s=0$(或$j\beta_1=0$)，在左半平面有一个一阶极点$s=-1$。对$F(s)$的部分分式展开式为

$$F(s)=\frac{1}{s}-\frac{1}{s+1}$$

根据式(4.8－28)，得

$$F(j\omega)=F(s)|_{s=j\omega}+\pi\delta(\omega)=\frac{1}{j\omega}-\frac{1}{j\omega+1}+\pi\delta(\omega)=\left[\pi\delta(\omega)+\frac{1}{j\omega}\right]-\frac{1}{j\omega+1}$$

显然，如果不考虑$F(s)$在$j\omega$轴上极点的影响，必将导致错误结果。

4.9　小　　结

1. 利用衰减因子从傅里叶变换得到双边拉氏变换，其象函数在收敛域内存在，但与原函数并非唯一对应。当信号在 $t<0$ 时为零，则变换是单边的，称为单边拉氏变换。由于单边拉氏变换特别适用于解决因果信号激励下因果系统的响应求解问题，可将微分方程转变为代数方程，并自动包含初始条件。而且，象函数与原函数一一对应，不必刻意强调象函数收敛域问题。因此，单边拉氏变换获得广泛应用。本章主要应用单边拉氏变换实现 LTI 连续系统的 S 域分析。

2. 用信号分解观点理解，无论是时域信号原函数还是变换域信号象函数，傅里叶变换分解后的基本信号单元是虚指数信号 $e^{j\omega t}$ 或等幅的正弦信号 $\cos\omega t$；而拉氏变换分解后的基本信号单元是复指数信号 e^{st} 或幅度按指数规律变化的正弦信号 $e^{\sigma t}\cos\omega t$。可见，在工程上，也可将积分变换看成是实现信号分解的数学工具。本章应用基本信号 e^{st}，按照统一格式导出了 LTI 连续系统零状态响应的 S 域计算公式。

3. 拉氏变换性质反映了不同形式原函数与象函数之间的对应规律。这些性质以及常用拉氏变换对公式在计算拉氏变换和逆变换，完成连续系统 S 域分析方面都有重要应用，应该熟练掌握和灵活运用。

4. 拉普拉斯逆变换方法。

(1) 直接法。对于比较简单的象函数，直接利用拉氏变换对关系或拉氏变换性质求得原函数；

(2) 部分分式展开法。常用象函数都是 S 域的有理函数，部分分式展开法是求解这类函数逆变换很有用的方法。

(3) 反演积分法。应用复变函数理论中的留数定理，将拉氏逆变换式(4.3－12)的积分运算转化为被积函数 $F(s)e^{st}$ 极点上的留数计算。

5. 连续系统 S 域分析。根据 S 域分析不同情况，下面用分析流程图方式给出示意归纳。流程图中的“变换”和“逆变换”均指单边拉氏变换和单边拉氏逆变换。

(1) 混合法分析。

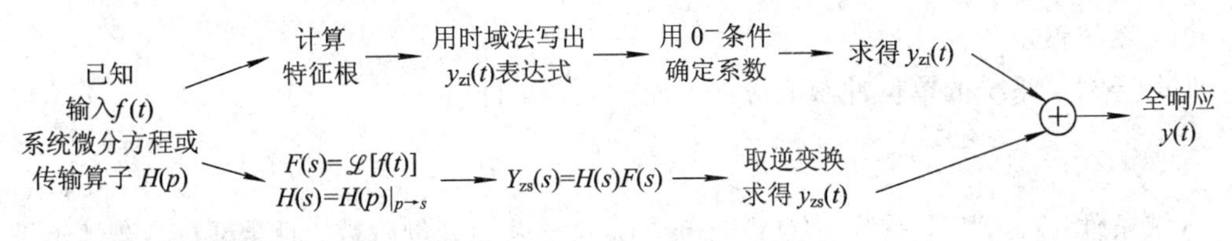

(2) 微分方程分析。

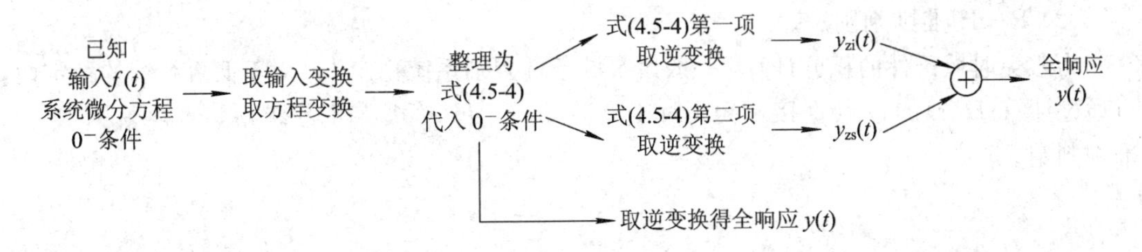

（3）电路系统分析。

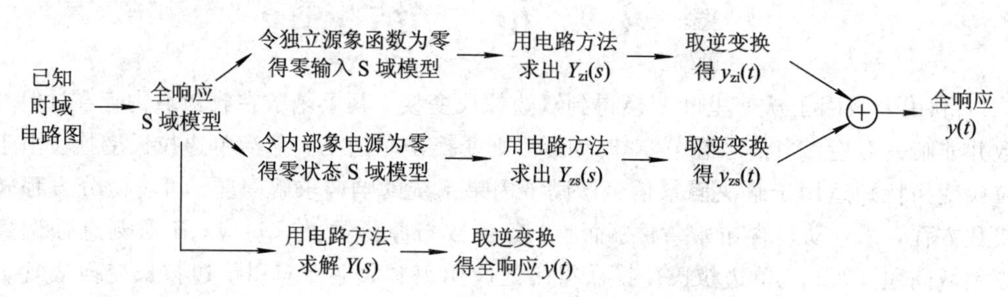

（4）信号流图分析。

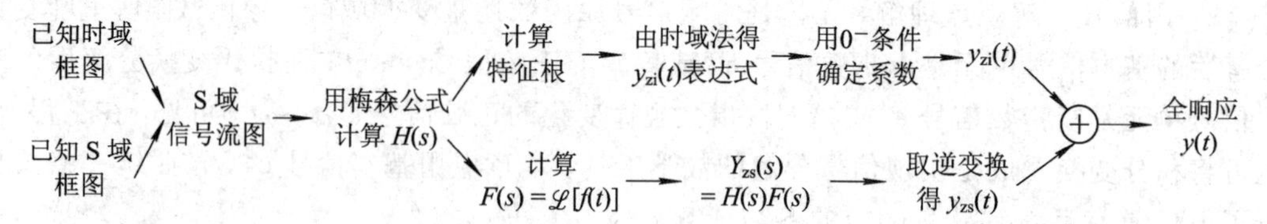

6．系统函数。

（1）定义：$H(s)=\dfrac{Y_{zs}(s)}{F(s)}$。

（2）对因果系统，系统函数与冲激响应关系：$H(s)=\mathscr{L}[h(t)]$。

（3）对稳定系统，系统函数与频率特性关系：$H(\mathrm{j}\omega)=H(s)|_{s\to\mathrm{j}\omega}=|H(\mathrm{j}\omega)|\mathrm{e}^{\mathrm{j}\varphi(\omega)}$。式中，$|H(\mathrm{j}\omega)|$为幅频特性，$\varphi(\omega)$为相频特性。

（4）$H(s)$计算方法。

· 由系统冲激响应 $h(t)$计算，即 $H(s)=\mathscr{L}[h(t)]$；

· 根据 $H(s)$定义，由电路 S 域模型求 $Y_{zs}(s)$与 $F(s)$之比，即 $H(s)=Y_{zs}(s)/F(s)$；

· 由系统传输算子 $H(p)$计算，即 $H(s)=H(p)|_{p\to s}$；

· 由零状态微分方程取拉氏变换计算；

· 根据系统模拟框图计算；

· 根据系统信号流图，用梅森公式计算。

7．系统稳定性。

（1）系统稳定条件。

时域条件：系统的单位冲激响应 $h(t)$绝对可积，即

$$\int_{-\infty}^{\infty}|h(t)|\,\mathrm{d}t<\infty$$

S 域条件：对于因果系统，$H(s)$的分子阶数不大于分母阶数，且全部极点位于 S 平面的左半开平面。

（2）R－H 准则判别法。

为避免时域条件的积分计算，一般用 S 域条件判别系统稳定性。对于低阶系统的稳定性，可通过计算 $H(s)$的极点直接判定；对于高阶系统，$H(s)$极点不易求解，通常采用 R－H 准则判定。

习　题　四

4.1　求下列信号的双边拉氏变换，并注明其收敛域。

(1) $(1-e^{-2t})\varepsilon(-t)$；　　(2) $e^{-t}\varepsilon(t)+e^{2t}\varepsilon(-t)$；

(3) $\varepsilon(t+1)-\varepsilon(t-1)$；　　(4) $e^{-|t|}$。

4.2　求下列象函数的原函数。

(1) $\dfrac{s+2}{(s+1)(s+3)}$，　$-3<\mathrm{Re}[s]<-1$；　　(2) $\dfrac{1}{(s-2)(s-3)}$，　$2<\mathrm{Re}[s]<3$；

(3) $\dfrac{s+1}{(s-2)(s+3)}$，　$\mathrm{Re}[s]>2$。

4.3　求下列信号的单边拉氏变换，并注明收敛域。

(1) $\varepsilon(t+1)$；　　(2) $(e^{2t}+e^{-2t})\varepsilon(t)$；

(3) $(t-1)\varepsilon(t)$；　　(4) $(1+te^{-t})\varepsilon(t)$。

4.4　求题图 4.1 所示信号的单边拉氏变换。

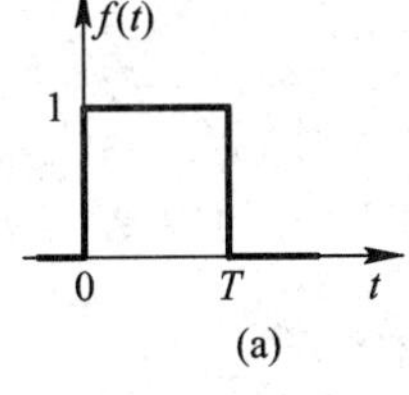

(a)

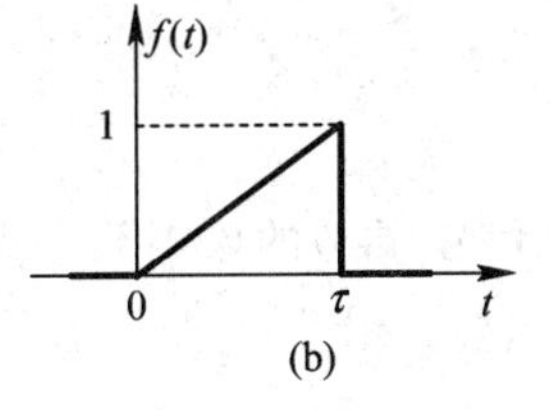

(b)

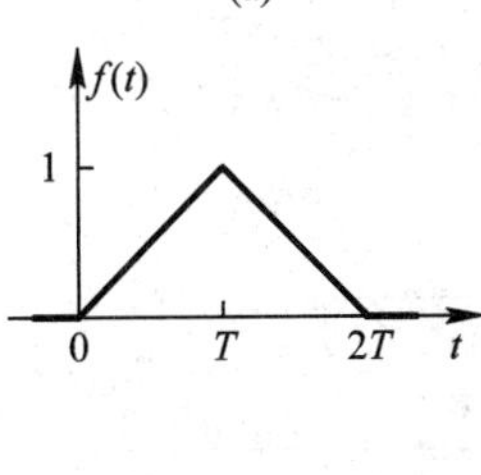

(c)

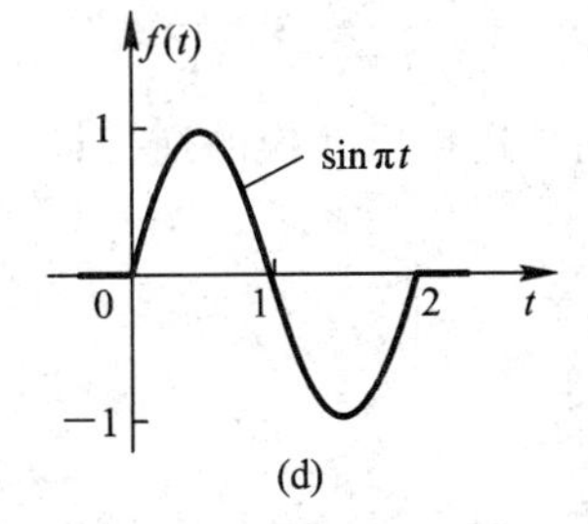

(d)

题图 4.1

4.5　求下列信号的单边拉氏变换。

(1) $\varepsilon(t)-\varepsilon(t-3)$；　　(2) $\delta(t)-2\delta(t-2)+\delta'(t-3)$；

(3) $e^{-2t}[\varepsilon(t)-\varepsilon(t-1)]$；　　(4) $e^{-(t-2)}[\varepsilon(t)-\varepsilon(t-2)]$；

(5) $\varepsilon(2t-2)$；　　(6) $\cos(2t-45^\circ)\varepsilon(t)$；

(7) $\sin(2t-1)\varepsilon(2t-1)$；　　(8) $e^{-t}\cos(t-2)\varepsilon(t-2)$；

(9) $(\sin\pi t+1)[\varepsilon(t)-\varepsilon(t-2)]$；　　(10) $\dfrac{d}{dt}[\sin 2t\varepsilon(t)]$；

(11) $\left[\dfrac{d^2}{dt^2}\cos\omega_0 t\right]\varepsilon(t)$；　　(12) $\delta\left(\dfrac{1}{2}t-1\right)$；

(13) $\displaystyle\int_0^t \sin\pi t\,dt$；　　(14) $(t-1)^2e^{-2t}\varepsilon(t)$；

(15) $te^{-3t}\cos\omega_0 t\varepsilon(t)$。

4.6　已知 $f(t)$ 为因果信号，$f(t)\leftrightarrow F(s)$。求下列信号的象函数。

(1) $e^{-2t}f(2t)$；　　(2) $(t-2)^2 f\left(\frac{1}{2}t-1\right)$；

(3) $te^{-t}f(3t)$；　　(4) $f(at-b)$，$a>0$，$b>0$。

4.7　题图 4.2 所示为从 $t=0$ 起始的周期信号。求 $f(t)$ 的单边拉氏变换。

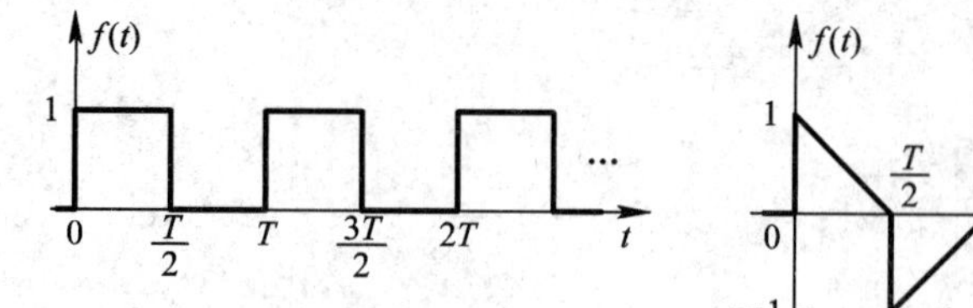

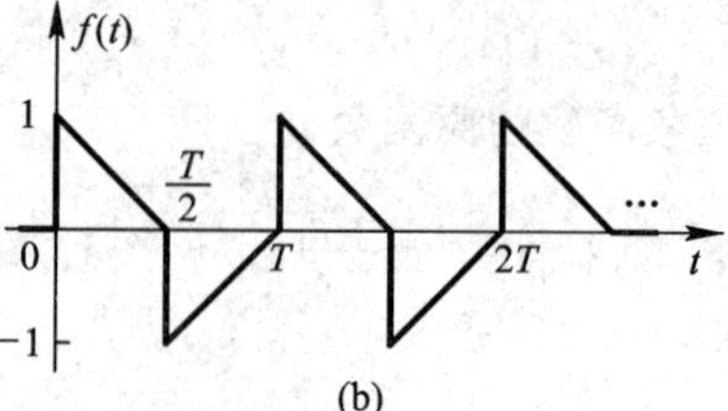

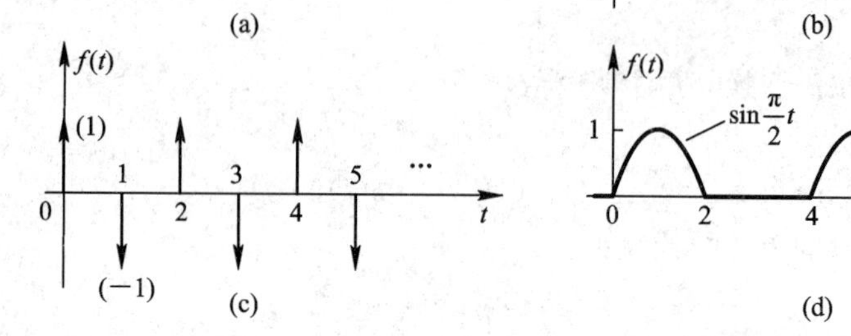

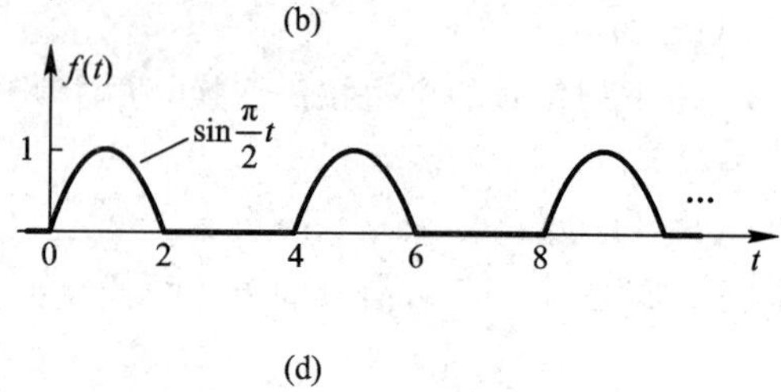

题图 4.2

4.8　已知因果信号 $f(t)$ 的象函数为 $F(s)$，求下列 $F(s)$ 的原函数 $f(t)$ 的初值 $f(0^+)$ 和终值 $f(\infty)$。

(1) $F(s)=\dfrac{s+1}{(s+2)(s+3)}$；　　(2) $F(s)=\dfrac{2}{s(s+2)^2}$。

4.9　求下列单边拉氏变换的逆变换。

(1) $\dfrac{s^2+1}{s^2+5s+6}$；　　(2) $\dfrac{s-1}{s^2+3s+2}$；

(3) $\dfrac{2}{s(s^2+4)}$；　　(4) $\dfrac{2s}{(s+2)(s^2+2s+1)}$；

(5) $\dfrac{s+5}{s(s^2+2s+5)}$；　　(6) $\dfrac{s^2+1}{s(s+2)(s-3)}$；

(7) $\dfrac{s}{(s+2)(s^2-4)}$；　　(8) $\dfrac{2}{s^2(s+1)}$；

(9) $\dfrac{1}{(s^2+1)^2}$；　　(10) $\dfrac{1}{(s+3)^3}$；

(11) $\dfrac{1}{s(1+e^{-s})}$；　　(12) $\dfrac{\pi(1+e^{-s})}{(s^2+\pi^2)(1-e^{-2s})}$。

4.10　已知线性连续系统的冲激响应 $h(t)=(1-e^{-2t})\varepsilon(t)$。

(1) 若系统输入 $f(t)=\varepsilon(t)-\varepsilon(t-2)$，求系统的零状态响应 $y_{zs}(t)$；

(2) 若 $y_{zs}(t)=t^2\varepsilon(t)$，求系统输入 $f(t)$。

4.11　已知线性连续系统的输入 $f(t)=e^{-t}\varepsilon(t)$ 时，零状态响应为

$$y_{zs}(t)=(e^{-t}-2e^{-2t}+3e^{-3t})\varepsilon(t)$$

求系统的单位阶跃响应 $g(t)$。

4.12　求下列微分方程描述的连续系统的零输入响应 $y_{zi}(t)$。

(1) $y''(t)+3y'(t)+2y(t)=2f(t)$，$y(0^-)=1$，$y'(0^-)=2$；

(2) $y''(t)+5y'(t)+6y(t)=f(t)+3f'(t)$，$y(0^-)=1$，$y'(0^-)=-1$；

(3) $y''(t)+4y(t)=2f(t)$，$y(0^-)=0$，$y'(0^-)=1$。

4.13　已知连续系统的微分方程为

$$y''(t)+3y'(t)+2y(t)=2f'(t)+2f(t)$$

求在下列输入时的零状态响应：

(1) $f(t)=\varepsilon(t-2)$；

(2) $f(t)=\mathrm{e}^{-t}\varepsilon(t)$；

(3) $f(t)=t\varepsilon(t)$。

4.14　已知连续系统的微分方程为

$$y''(t)+2y'(t)+y(t)=8f'(t)+2f(t)$$

求在下列输入时的零输入响应、零状态响应和全响应：

(1) $f(t)=\varepsilon(t)$，$y(0^-)=1$，$y'(0^-)=2$；

(2) $f(t)=\mathrm{e}^{-2t}\varepsilon(t)$，$y(0^-)=0$，$y'(0^-)=1$；

(3) $f(t)=\varepsilon(t-1)$，$y(0^+)=1$，$y'(0^+)=-1$。

4.15　已知线性连续系统的系统函数和输入 $f(t)$，求系统的全响应。

(1) $H(s)=\dfrac{s+6}{s^2+5s+6}$，$f(t)=\mathrm{e}^{-2t}\varepsilon(t)$，$y(0^-)=1$，$y'(0^-)=1$；

(2) $H(s)=\dfrac{s+2}{s^2+4}$，$f(t)=\varepsilon(t)$，$y(0^-)=0$，$y'(0^-)=1$。

4.16　已知线性连续系统在相同的初始状态下，输入为 $f_1(t)=\delta(t)$ 时，全响应为 $y_1(t)=\delta(t)+\mathrm{e}^{-t}\varepsilon(t)$；输入为 $f_2(t)=\varepsilon(t)$ 时，全响应 $y_2(t)=3\mathrm{e}^{-t}\varepsilon(t)$；求在相同的初始状态下，输入为下列信号时的全响应：

(1) $f_3(t)=\mathrm{e}^{-2t}\varepsilon(t)$；

(2) $f_4(t)=t\varepsilon(t-1)$。

4.17　已知某线性连续系统的输出 $y_1(t)$ 和 $y_2(t)$ 与输入 $f(t)$ 的关系方程为

$$\begin{cases} y_1'(t)+2y_1(t)-y_2(t)=f(t) \\ y_2'(t)+2y_2(t)-y_1(t)=0 \end{cases}$$

$f(t)=\varepsilon(t)$，$y_1(0^-)=2$，$y_2(0^-)=1$。求零输入响应 $y_{zi1}(t)$、$y_{zi2}(t)$ 和零状态响应 $y_{zs1}(t)$、$y_{zs2}(t)$。

4.18　题图 4.3 所示电路系统，$u_s(t)=10\varepsilon(t)$。求电流 $i(t)$ 的零状态响应。

4.19　题图 4.4 所示电路系统，求电压 $u(t)$ 的冲激响应和阶跃响应。

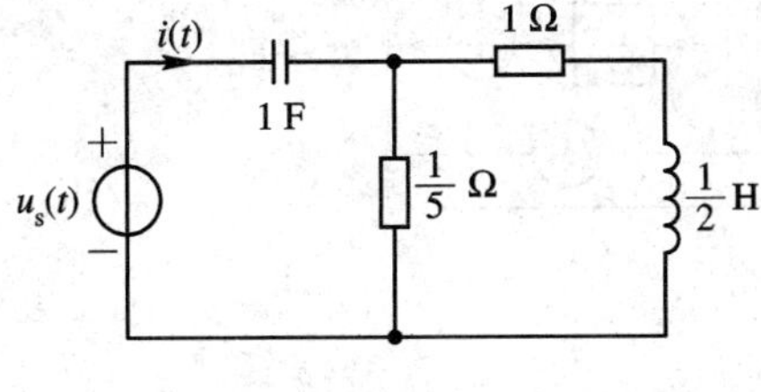

题图 4.3

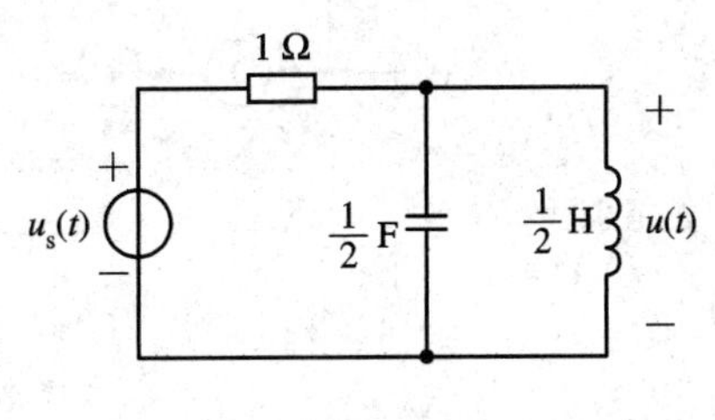

题图 4.4

4.20　题图 4.5 所示电路系统，$u_s(t)=12$ V，$L=1$ H，$C=1$ F，$R_1=3$ Ω，$R_2=2$ Ω，$R_3=1$ Ω。$t<0$ 时电路已达稳态，$t=0$ 时开关 S 闭合。求 $t\geqslant0$ 时电压 $u(t)$ 的零输入响应、零状态响应和全响应。

4.21　题图 4.6 所示系统由三个子系统组成，其中 $H_1(s)=\dfrac{1}{s+1}$，$H_2(s)=\dfrac{1}{s+2}$，$H_3(t)=\varepsilon(t)$。

(1) 求系统的冲激响应；

(2) 若输入 $f(t)=\varepsilon(t)$，求零状态响应。

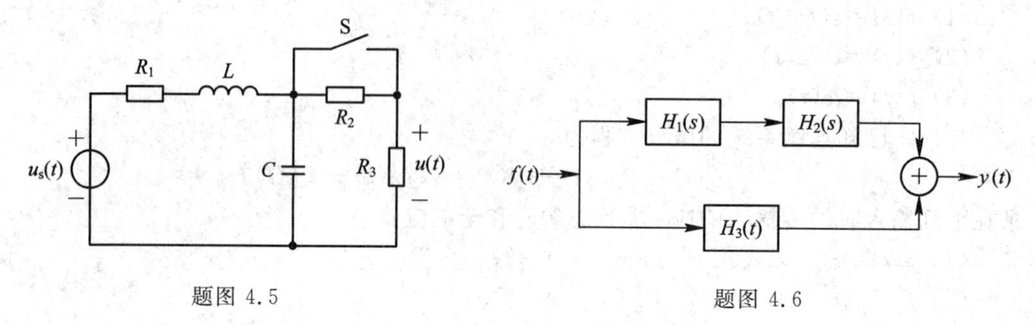

题图 4.5　　　　题图 4.6

4.22　线性连续系统如题图 4.7 所示。图中，$H_1(s)=-e^{-2s}$，$H_2(s)=\dfrac{1}{s}$。

(1) 求系统的冲激响应；

(2) 若 $f(t)=t\varepsilon(t)$，求零状态响应。

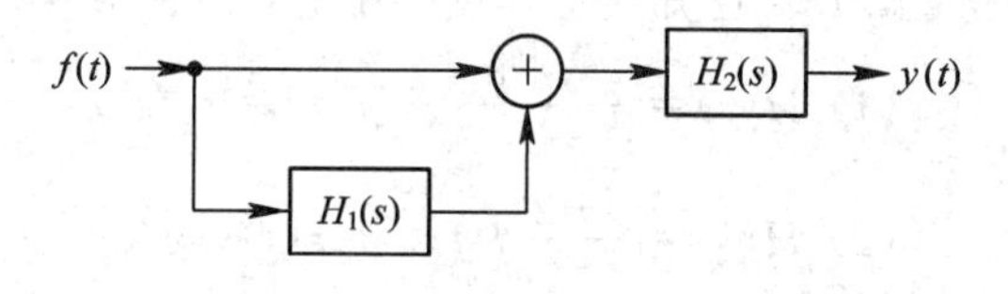

题图 4.7

4.23　线性连续系统如题图 4.8(a)、(b)所示。

(1) 写出描述系统输入输出关系的微分方程；

(2) 画出系统的信号流图。

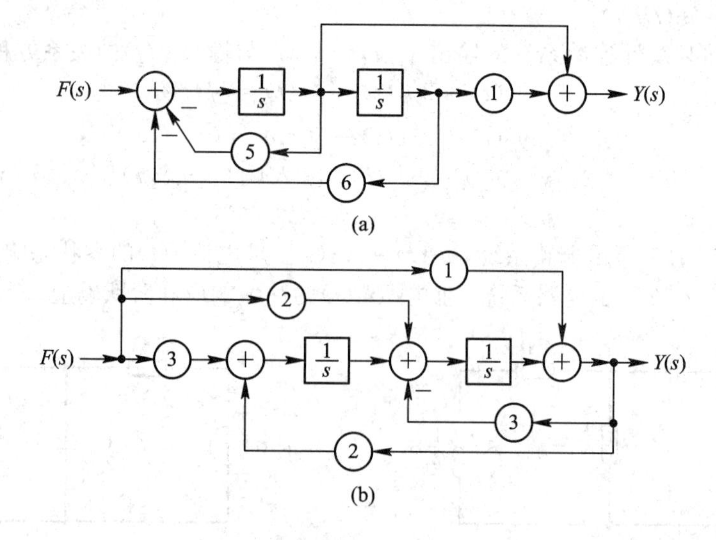

题图 4.8

4.24　线性连续系统的信号流图分别如题图 4.9(a)、(b)所示。求系统函数 $H(s)$。

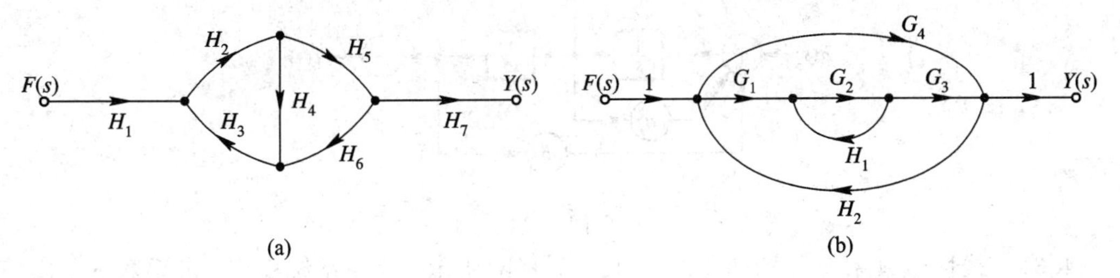

题图 4.9

4.25　已知线性连续系统的系统函数如下。用直接形式信号流图模拟系统，画出系统的框图。

(1) $H(s)=\dfrac{s+2}{(s+1)(s+3)}$；　(2) $H(s)=\dfrac{s^2+2s+1}{(s+2)(s^2+5s+6)}$；

(3) $H(s)=\dfrac{s^2}{(s+1)(s+2)(s+4)}$。

4.26　用级联形式和并联形式信号流图模拟习题 4.25 所述系统。

4.27　已知二阶线性连续系统的系统函数 $H(s)$如下。求系统的频率特性，粗略地画出幅频特性和相频特性曲线。

(1) $H(s)=\dfrac{s}{s^2+2s+2}$；　(2) $H(s)=\dfrac{s}{s+2}$。

4.28　已知线性连续系统的系统函数 $H(s)$的零、极点分布如题图 4.10 所示。图中，“×”号表示极点，“∘”号表示零点。

(1) 若 $H(\infty)=1$，求图(a)对应系统的 $H(s)$；

(2) 若 $H(0)=-\dfrac{1}{2}$，求图(b)对应系统的 $H(s)$；

(3) 求系统频率特性 $H(\mathrm{j}\omega)$，粗略画出系统幅频特性和相频特性曲线。

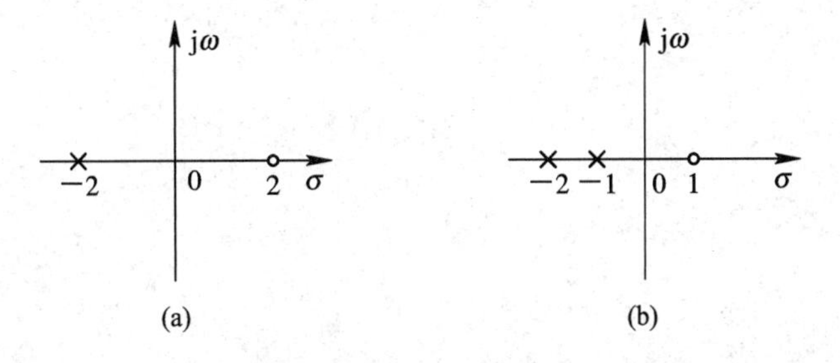

题图 4.10

4.29　已知线性连续系统的系统函数如下，试检验各系统是否稳定。

(1) $H(s)=\dfrac{s-1}{s^2+3s+2}$；　(2) $H(s)=\dfrac{s^2+1}{s^4+3s^3+2s^2+s+1}$；

(3) $H(s)=\dfrac{s(s^2-1)}{s^4+2s^3+3s^2+2s+1}$；　(4) $H(s)=\dfrac{s+1}{s^4+2s^2+3s+2}$。

4.30　线性连续因果系统如题图 4.11 所示。若要使系统稳定，求系数 a、b 的取值范围。

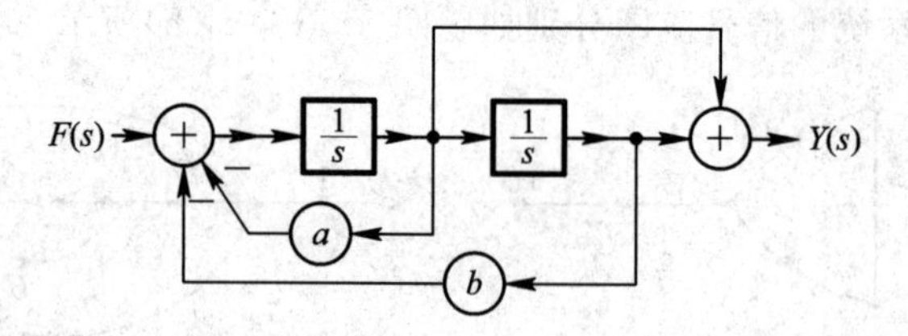

题图 4.11

4.31　线性连续系统分别如题图 4.12(a)、(b)所示。为使系统稳定，求系数 K 的取值范围。

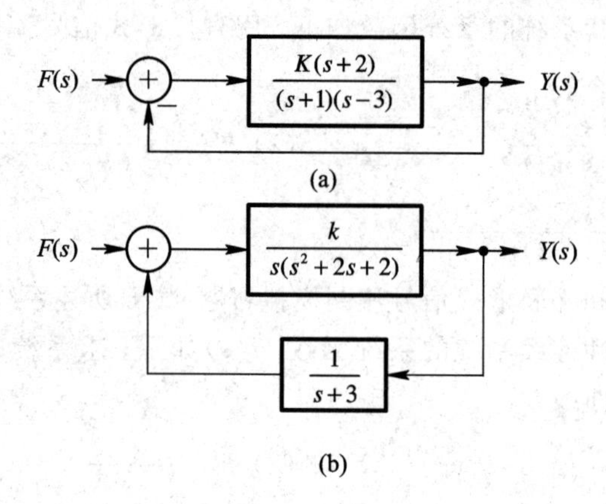

题图 4.12

第 5 章　离散信号与系统的时域分析

5.0　引　　言

在前面几章的讨论中，所涉及的系统均属连续时间系统，这类系统用于传输和处理连续时间信号。此外，还有一类用于传输和处理离散时间信号的系统称为**离散时间系统**，简称**离散系统**。数字计算机是典型的离散系统例子，数据控制系统和数字通信系统的核心组成部分也都是离散系统。鉴于离散系统在精度、可靠性、可集成化等方面，比连续系统具有更大的优越性，因此，近几十年来，离散系统的理论研究发展迅速，应用范围也日益扩大。在实际工作中，人们根据需要往往把连续系统与离散系统组合起来使用，这种系统称为**混合系统**。

关于离散信号和系统的分析，在许多方面，都与连续信号和系统的分析相类似，两者之间具有一定的并行关系。比如，在信号分析方面，连续信号可分解表示为众多 $A\delta(t-\tau)$ 信号单元的线性组合，离散信号可分解表示为众多 $A\delta(k-m)$ 信号单元的线性组合；在系统特性描述方面，连续系统采用微分方程或微分算子方程描述，离散系统采用差分方程或差分算子方程描述；在系统分析方法方面，连续系统有时域、频域和 S 域分析法，离散系统有时域、频域和 Z 域分析法；在系统响应分解方面，则都可以区分为零输入响应和零状态响应；等等。无疑，注意到这些并行关系，对于更好地理解和掌握离散信号与系统的分析方法都会有很大帮助。

本章讨论离散信号与系统的时域分析。

5.1　离散时间基本信号

5.1.1　离散时间信号

连续时间信号，在数学上可以表示为连续时间变量 t 的函数。这类信号的特点是：在时间定义域内，除有限个不连续点外，对任一给定时刻都对应有确定的信号值。

离散时间信号，简称**离散信号**，它是离散时间变量 t_k（$k=0$，±1，±2，…）的函数。信号仅在规定的离散时间点上有意义，而在其他时间则没有定义，如图 5.1－1(a)所示。鉴于 t_k 按一定顺序变化时，其相应的信号值组成一个数值序列，通常把离散时间信号定义为如下有序信号值的集合：

$$f_k=\{f(t_k)\}\qquad k=0,\pm1,\pm2,\cdots \tag{5.1-1}$$

式中，k 为整数，表示信号值在序列中出现的序号。

式(5.1-1)中 t_k 和 t_{k-1} 之间的间隔(t_k-t_{k-1})可以是常数，也可以随 k 变化。在实际应用中，一般取为常数。例如，对连续时间信号均匀取样后得到的离散时间信号便是如此。对于这类离散时间信号，若令 $t_k-t_{k-1}=T$，则信号仅在均匀时刻 $t=kT$($k=0, \pm 1, \pm 2, \cdots$)上取值。此时，式(5.1-1)中的$\{f(t_k)\}$可以改写为$\{f(kT)\}$，信号图形如图 5.1-1(b)所示。为了简便，我们用序列值的通项 $f(kT)$表示集合$\{f(kT)\}$，并将常数 T 省略，则式(5.1-1)可简写为

$$f_k = f(k) \qquad k = 0, \pm 1, \pm 2, \cdots \tag{5.1-2}$$

信号图形如图 5.1-1(c)所示。对于时间间隔(t_k-t_{k-1})随 k 变化的离散时间信号，或者其他非时间变量的离散信号，如果我们仅对信号值及其序号感兴趣，那么，这种以序号 k 作为独立变量的信号表示方法是非常适宜的。因此，采用式(5.1-2)的表示法具有更普遍的意义。

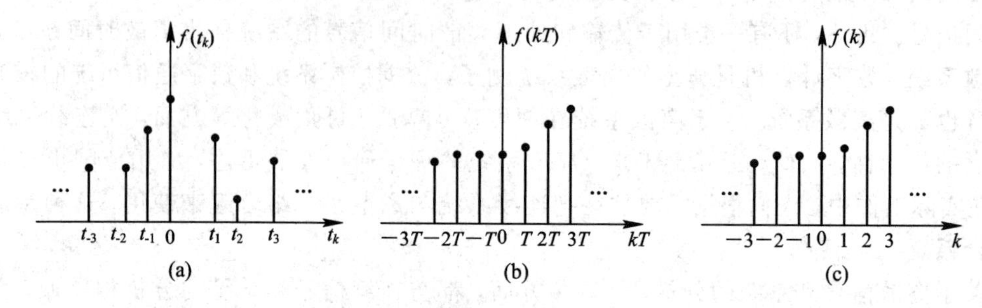

图 5.1-1　离散时间信号

工程应用中，常将定义在等间隔离散时刻点上的离散时间信号称为**离散时间序列**，简称**序列**。

5.1.2　离散时间基本信号

在离散信号与系统分析中，常用的基本信号包括单位脉冲序列、正弦序列、指数序列和 Z 序列。

1. 单位脉冲序列

单位脉冲序列定义为

$$\delta(k) = \begin{cases} 1 & k = 0 \\ 0 & k \neq 0 \end{cases} \tag{5.1-3}$$

其图形如图 5.1-2 所示。序列 $\delta(k)$仅在 $k=0$ 处取单位值 1，其余 $k\neq 0$ 时均为零。应该注意，单位冲激信号 $\delta(t)$在 $t=0$ 处可以理解成一个宽度为无穷小，幅度为无穷大，面积为 1 的窄脉冲；而单位脉冲序列 $\delta(k)$在 $k=0$ 处取有限值 1。

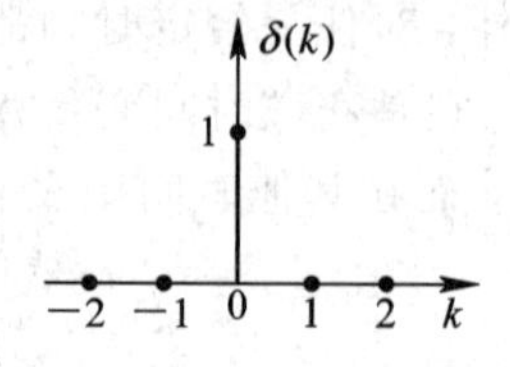

图 5.1-2　单位脉冲序列

位移单位脉冲序列

$$\delta(k-k_0)=\begin{cases}1 & k=k_0\\ 0 & k\neq k_0\end{cases}$$

或

$$\delta(k+k_0)=\begin{cases}1 & k=-k_0\\ 0 & k\neq -k_0\end{cases}$$

式中，k_0 为正整数。对应波形分别如图 5.1－3(a)、(b)所示。

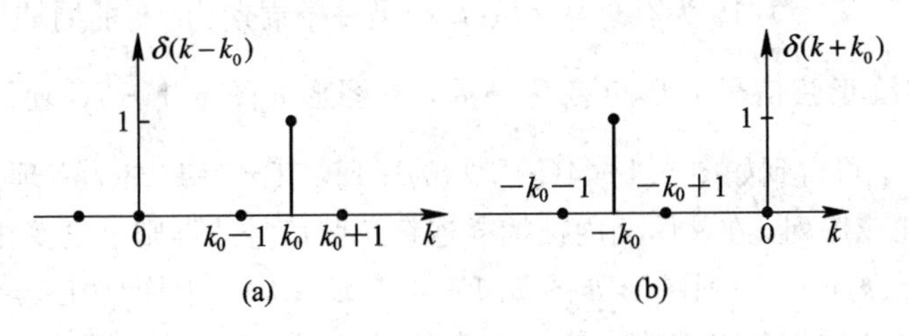

图 5.1－3　位移单位脉冲序列

2. 正弦序列

正弦序列的一般形式为

$$f(k)=A\cos(\Omega_0 k+\varphi) \tag{5.1-4}$$

式中，A、Ω_0 和 φ 分别为正弦序列的振幅、数字角频率和初相。k 无量纲，Ω_0 以弧度(rad)为单位，φ 以弧度或度为单位。

与连续时间正弦信号不同，离散时间正弦序列并非一定是周期序列。这是因为离散信号的自变量 k 只能取整数，故周期序列的周期 N 也必定是整数。然而，对于任一正弦序列，并非总能找到满足周期性序列所要求的正整数 N。下面我们来讨论正弦序列为周期序列的条件。

由于

$$\begin{aligned}f(k)&=A\cos(\Omega_0 k+\varphi)=A\cos(\Omega_0 k+2m\pi+\varphi)\\&=A\cos\left[\Omega_0\left(k+\frac{2m\pi}{\Omega_0}\right)+\varphi\right]=A\cos[\Omega_0(k+N)+\varphi]\end{aligned} \tag{5.1-5}$$

式中，m 为整数。式(5.1－5)表明，只有当 $N=\dfrac{2m\pi}{\Omega_0}$ 为整数，或者

$$\frac{\Omega_0}{2\pi}=\frac{m}{N} \tag{5.1-6}$$

为有理数时，正弦序列才是周期序列；否则为非周期序列。

当正弦序列是通过抽取连续时间正弦信号的样本获得时，假设正弦信号 $\cos(\omega_0 t)$ 的周期为 T_0，取样间隔为 T_s，那么，经过抽样得到的正弦序列可表示为

$$f(k)=\cos(\omega_0 t)\big|_{t=kT_s}=\cos\left(\frac{2\pi}{T_0}\times kT_s\right)=\cos(\Omega_0 k)$$

式中，$\Omega_0=2\pi T_s/T_0$，将它代入式(5.1－6)可得

$$\frac{\Omega_0}{2\pi}=\frac{m}{N}=\frac{T_s}{T_0}=r_T \tag{5.1-7}$$

式中，r_T 是抽样间隔 T_s 与被抽样的连续正弦信号周期 T_0 两者的比值，称为**周期比**。显

然，只有当周期比 r_T 为有理数时，抽样后得到的序列才是周期的正弦序列。且将 r_T 表示为不可约分数时，分数的分母 N 即为该正弦序列的周期。分数的分子 m 表示正弦序列的一个周期(N)内，被抽样连续正弦信号 $\cos(\omega_0 t)$波形重复变化的次数。

对于连续时间正弦信号 $f(t)=\cos 2\pi t$，按几种不同间隔 T_s 抽样得到的正弦序列示于图 5.1－4 中。当 $T_s=1/16$ 时，有

$$f(k) = \cos 2\pi t \mid_{t=kT_s} = \cos(2\pi k T_s) = \cos \frac{2\pi k}{16}$$

由于 $T_0=1$，$r_T=T_s/T_0=1/16$ 为有理数，故 $f(k)$是一个周期为 16 的周期性正弦序列，在一周期内被抽样的连续正弦信号波形也变化一周，其图形如图 5.1－4(a)所示。当$T_s=\frac{4}{23}$ 时，$f(k)=\cos(8k\pi/23)$，可得到如图 5.1－4(b)所示的序列，其 $r_T=4/23$ 为有理数，$f(k)$是一个周期为 23 的周期性正弦序列，在一周期内被抽样连续正弦信号波形则重复变化 4 次；当 $T_s=1/12\pi$ 时，$f(k)=\cos(k/6)$，序列图形如图 5.1－4(c)所示，由于周期比 $r_T=1/12\pi$，是一无理数，故 $f(k)$是一非周期正弦序列，值得注意的是此时它的包络函数 $f(t)$仍具有周期性。

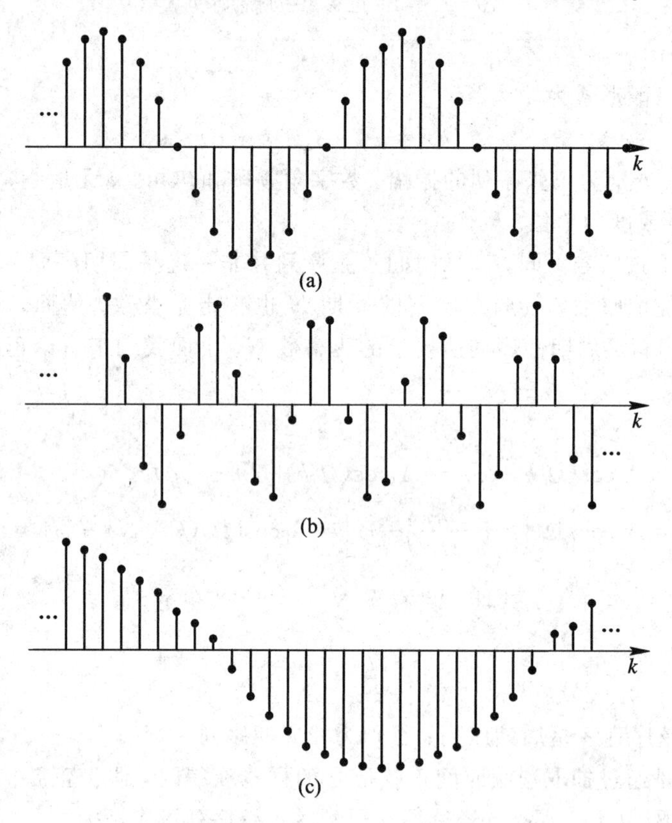

图 5.1－4　正弦序列

3. 指数序列

指数序列的一般形式为

$$f(k) = A\alpha^{\beta k} \qquad (5.1-8)$$

式中，α 为实常数，A 和 β 可以是实常数，也可以是复常数。根据 A、β 的不同取值，指数序列有以下几种情况：

(1) 若 A 和 β 均为实数，则 $f(k)=A\alpha^{\beta k}$ 为实指数序列。

当 $\alpha>1$ 时，$f(k)$ 随 k 单调指数增长。当 $0<\alpha<1$ 时，$f(k)$ 随 k 单调指数衰减。

当 $\alpha<-1$ 时，$f(k)$ 的绝对值随 k 按指数规律增长。当 $-1<\alpha<0$ 时，$f(k)$ 绝对值随 k 按指数规律衰减，且两者的序列值符号呈现正、负交替变化。

当 $\alpha=1$ 时，$f(k)$ 为常数序列。当 $\alpha=-1$ 时，$f(k)$ 符号也呈现正、负交替变化。

图 5.1-5 给出了几种实指数序列的图形。

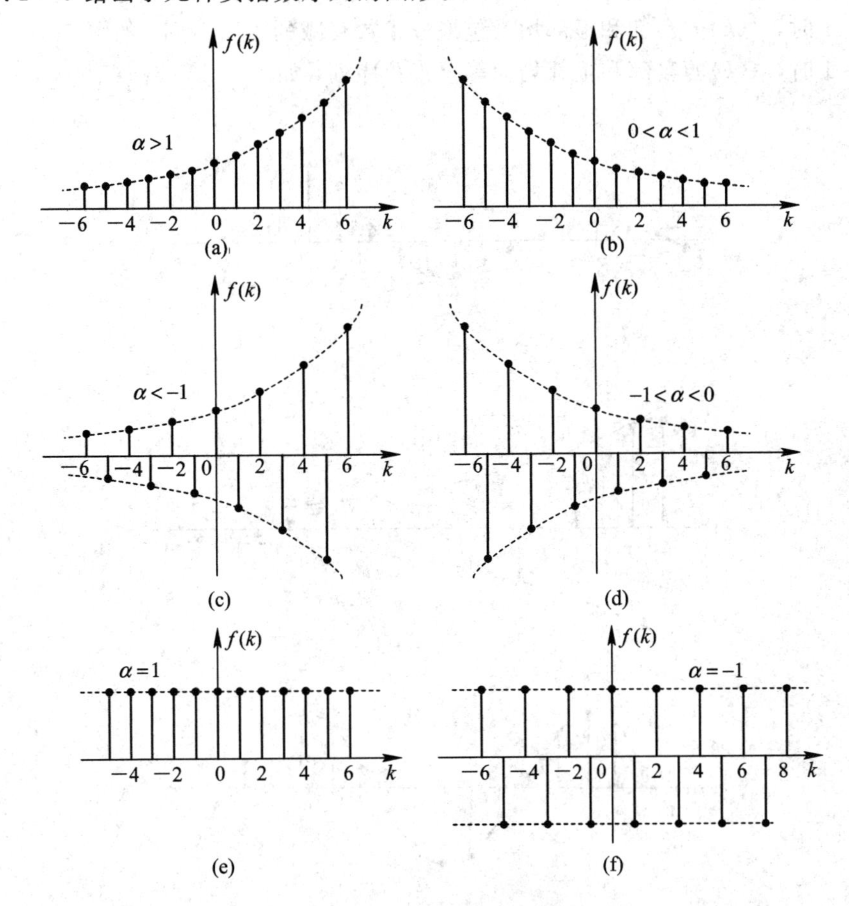

图 5.1-5　实指数序列

(2) 若 $A=1$，$\alpha=\mathrm{e}$，$\beta=\mathrm{j}\Omega_0$，则

$$f(k)=\mathrm{e}^{\mathrm{j}\Omega_0 k} \tag{5.1-9}$$

是虚指数序列。

我们已经知道，连续时间虚指数信号 $\mathrm{e}^{\mathrm{j}\omega_0 t}$ 是周期信号。然而，离散时间虚指数序列 $\mathrm{e}^{\mathrm{j}\Omega_0 k}$ 则只有满足一定条件时才是周期的，否则是非周期的。根据欧拉公式，式(5.1-9)可写成

$$\mathrm{e}^{\mathrm{j}\Omega_0 k}=\cos\Omega_0 k+\mathrm{j}\sin\Omega_0 k \tag{5.1-10}$$

可见，$\mathrm{e}^{\mathrm{j}\Omega_0 k}$ 的实部和虚部都是正弦序列，只有其实部和虚部同时为周期序列时，才能保证 $\mathrm{e}^{\mathrm{j}\Omega_0 k}$ 是周期的。

根据式(5.1-6)要求，只有满足 $\Omega_0/2\pi$ 为有理数时，虚指数序列 $\mathrm{e}^{\mathrm{j}\Omega_0 k}$ 才是周期序列，否则就是非周期序列。

(3) 若 A 和 β 均为复数，且 $\alpha=\mathrm{e}$，则 $f(k)=A\mathrm{e}^{\beta k}$ 为一般形式的复指数序列。

设复数 $A=|A|e^{j\varphi}$，$\beta=\rho+j\Omega_0$，并记 $e^{\rho}=r$，则有

$$\begin{aligned} f(k) &= Ae^{\beta k} = |A| e^{j\varphi} e^{(\rho+j\Omega_0)k} = |A| e^{\rho k} e^{j(\Omega_0 k+\varphi)} \\ &= |A| r^k e^{j(\Omega_0 k+\varphi)} \\ &= |A| r^k [\cos(\Omega_0 k+\varphi) + j\sin(\Omega_0 k+\varphi)] \end{aligned} \tag{5.1-11}$$

可见，复指数序列 $f(k)$的实部和虚部均为包络按指数规律变化的正弦序列。

当 $r>1$ 时，$f(k)$的实部和虚部均为包络按指数增长的正弦序列，如图 5.1-6(a)；

当 $r<1$ 时，$f(k)$的实部和虚部均为包络按指数衰减的正弦序列，如图 5.1-6(b)；

当 $r=1$ 时，$f(k)$的实部和虚部均为等幅正弦序列，如图 5.1-6(c)。

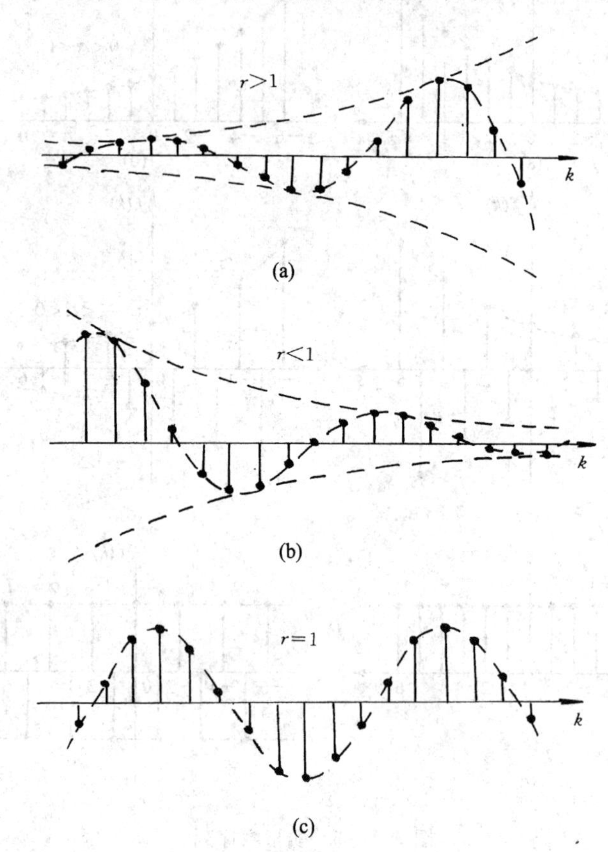

图 5.1-6　复指数序列

4. Z 序列

Z 序列的一般形式为

$$f(k) = z^k \tag{5.1-12}$$

式中，z 为复数。通常，称序列值为复值的序列为**复序列**。显然，Z 序列是一复序列。若将 z 表示为极坐标形式：

$$z = |z| e^{j\Omega_0}$$

则式(5.1-12)可表示为

$$f(k) = z^k = (|z| e^{j\Omega_0})^k = |z|^k e^{j\Omega_0 k} \tag{5.1-13}$$

根据欧拉公式，还可写成

$$f(k)=z^k=|z|^k(\cos\Omega_0 k+\mathrm{j}\sin\Omega_0 k) \tag{5.1-14}$$

式(5.1－13)和式(5.1－14)表明，可以把 Z 序列看成为模值按指数规律变化的虚指数序列。自然，也可以看成是复指数序列。实际上，在式(5.1－11)中，只需令 $A=1$，$r=e^{\sigma}=|z|$，就可得到式(5.1－14)。也就是说，Z 序列与复指数序列只是表示形式有所不同，并无实质上的差别。

上面介绍了几种常用的离散时间基本信号，即单位脉冲序列、正弦序列(或虚指数序列)和 Z 序列。显然，这些基本信号是与连续时间基本信号单位冲激信号、正弦信号(或虚指数信号)和复指数信号相对应的。以后的讨论将表明，在离散信号与系统的分析中，离散时间基本信号也具有连续时间基本信号在连续信号与系统分析中非常类似的作用与地位。

5.2　离散信号的卷积和运算

本节讨论离散时间信号卷积和运算的定义、性质和计算方法。

5.2.1　卷积和的定义

在第 2 章中，我们定义两个连续信号 $f_1(t)$和 $f_2(t)$的卷积运算为

$$f_1(t)*f_2(t)=\int_{-\infty}^{\infty}f_1(\tau)f_2(t-\tau)\,\mathrm{d}\tau \tag{5.2-1}$$

并在此基础上得到了 LTI 连续系统零状态响应的时域计算公式。类似地，我们定义

$$f(k)=f_1(k)*f_2(k)\overset{\text{def}}{=\!=\!=}\sum_{i=-\infty}^{\infty}f_1(i)f_2(k-i) \tag{5.2-2}$$

为序列 $f_1(k)$和 $f_2(k)$的**卷积和运算**，简称**卷积和**(Convolution Sum)。由于积分运算实际上也是一种求和运算，故卷积和运算和卷积运算并没有实质上的差别，因此卷积和运算也用符号“*”表示。式(5.2－2)中，i 为虚设求和变量，卷积和运算结果为另一个新的序列。

如果 $f_1(k)$为因果序列，由于 $k<0$ 时，$f_1(k)=0$，故式(5.2－2)中求和下限可改写为零，即

$$f_1(k)*f_2(k)=\sum_{i=0}^{\infty}f_1(i)f_2(k-i) \tag{5.2-3}$$

如果 $f_2(k)$为因果序列，而 $f_1(k)$不受限制，那么式(5.2－2)中，当 $k-i<0$，即 $i>k$ 时，$f_2(k-i)=0$，因而和式的上限可改写为 k，也就是

$$f_1(k)*f_2(k)=\sum_{i=-\infty}^{k}f_1(i)f_2(k-i) \tag{5.2-4}$$

如果 $f_1(k)$和 $f_2(k)$均为因果序列，则有

$$f_1(k)*f_2(k)=\sum_{i=0}^{k}f_1(i)f_2(k-i) \tag{5.2-5}$$

例 5.2－1　设 $f_1(k)=e^{-k}\varepsilon(k)$，$f_2(k)=\varepsilon(k)$，求 $f_1(k)*f_2(k)$。

解　由卷积和定义式(5.2－2)得

$$f_1(k)*f_2(k)=\sum_{i=-\infty}^{\infty}e^{-i}\varepsilon(i)\varepsilon(k-i)$$

考虑到 $f_1(k)$、$f_2(k)$均为因果序列，根据式(5.2－5)，可将上式表示为

$$f_1(k)*f_2(k)=\sum_{i=0}^{\infty}\mathrm{e}^{-i}\varepsilon(k-i)=\sum_{i=0}^{k}\mathrm{e}^{-i}=\frac{1-\mathrm{e}^{-k}\cdot\mathrm{e}^{-1}}{1-\mathrm{e}^{-1}}=\frac{1-\mathrm{e}^{-(k+1)}}{1-\mathrm{e}^{-1}}$$

显然，上式中 $k\geqslant 0$，故应写为

$$f_1(k)*f_2(k)=\mathrm{e}^{-k}\varepsilon(k)*\varepsilon(k)=\left[\frac{1-\mathrm{e}^{-(k+1)}}{1-\mathrm{e}^{-1}}\right]\varepsilon(k)$$

与卷积运算一样，用图解法求两序列的卷积和运算也包括信号的翻转、平移、相乘、求和等四个基本步骤。

例 5.2-2　已知离散信号：

$$f_1(k)=\begin{cases}1 & k=0\\3 & k=1\\2 & k=2\\0 & \text{其他}\end{cases}$$

$$f_2(k)=\begin{cases}4-k & k=0,1,2,3\\0 & \text{其他}\end{cases}$$

求卷积和 $f_1(k)*f_2(k)$。

解　记卷积和运算结果为 $f(k)$，由式(5.2-2)得

$$f(k)=f_1(k)*f_2(k)=\sum_{i=-\infty}^{\infty}f_1(i)f_2(k-i)\tag{5.2-6}$$

下面采用图解法计算。

第一步，画出 $f_1(i)$、$f_2(i)$图形，分别如图 5.2-1(a)、(b)所示。

第二步，将 $f_2(i)$图形绕纵坐标轴翻转 180°，得到 $f_2(-i)$图形，如图 5.2-1(c)所示。

第三步，将 $f_2(-i)$图形沿 i 轴左移($k<0$)或右移($k>0$)$|k|$个时间单位，得到 $f_2(k-i)$图形。例如，当 $k=-1$ 和 $k=1$ 时，$f_2(k-i)$图形分别如图 5.2-1(d)、(e)所示。

第四步，对任一给定值 k，按式(5.2-6)进行相乘、求和运算，得到序号为 k 的卷积和序列值 $f(k)$。若令 k 由 $-\infty$ 至 ∞ 变化，$f_2(k-i)$图形将从 $-\infty$ 处开始沿 i 轴自左向右移动，并由式(5.2-6)计算求得卷积和序列 $f(k)$。对于本例中给定的 $f_1(k)$和 $f_2(k)$，具体计算过程如下：

$k<0$ 时，由于乘积项 $f_1(i)f_2(k-i)$均为零，故 $f(k)=0$。

$k=0$ 时，

$$f(0)=\sum_{i=-\infty}^{\infty}f_1(i)f_2(k-i)=\sum_{i=0}^{0}f_1(i)f_2(-i)=f_1(0)f_2(0)=1\times 4=4$$

$k=1$ 时，

$$f(1)=\sum_{i=0}^{1}f_1(i)f_2(1-i)=f_1(0)f_2(1)+f_1(1)f_2(0)=3+12=15$$

$k=2$ 时，

$$\begin{aligned}f(2)&=\sum_{i=0}^{2}f_1(i)f_2(2-i)=f_1(0)f_2(2)+f_1(1)f_2(1)+f_1(2)f_2(0)\\&=2+9+8=19\end{aligned}$$

同理可得 $f(3)=13$，$f(4)=7$，$f(5)=2$，以及 $k>5$ 时 $f(k)=0$。

于是，其卷积和为

$$f(k) = \{ \cdots \quad 0 \quad \underset{\substack{\uparrow \\ k=0}}{4} \quad 15 \quad 19 \quad 13 \quad 7 \quad 2 \quad 0 \quad \cdots \}$$

其图形如图 5.2-1(f)所示。

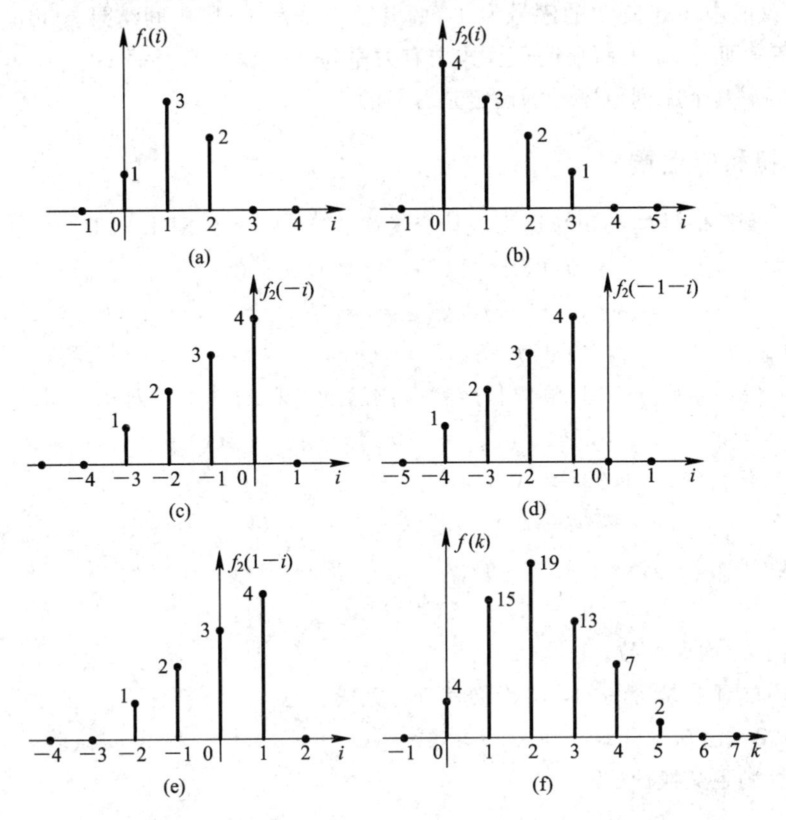

图 5.2-1　卷积和计算

对于两个有限长序列的卷积和计算，可以采用下面介绍的更为简便实用的方法计算。这种方法不需要画出序列图形，只要把两个序列排成两行，按普通乘法运算进行相乘，但中间结果不进位，最后将位于同一列的中间结果相加得到卷积和序列。例如，对于例 5.2-2 中给定的 $f_1(k)$ 和 $f_2(k)$，为了方便，将 $f_2(k)$ 写在第一行，$f_1(k)$ 写在第二行，经序列值相乘和中间结果相加运算后得到

$$\begin{array}{ccccccc}
 & & & 4 & \boxed{3} & 2 & 1 \\
 & & \times & & 1 & 3 & \boxed{2} \\
\hline
 & & & 8 & \boxed{6} & 4 & 2 \\
 & & 12 & 9 & 6 & 3 & \\
+ & 4 & 3 & 2 & 1 & & \\
\hline
 & 4 & 15 & 19 & \boxed{13} & 7 & 2
\end{array}$$

所以

$$f(k) = f_1(k) * f_2(k) = \{ \cdots \quad 0 \quad \underset{\substack{\uparrow \\ k=0}}{4} \quad 15 \quad 19 \quad 13 \quad 7 \quad 2 \quad 0 \quad \cdots \}$$

卷积和序列值的序号可以这样确定：根据卷积和定义式(5.2-2)，我们知道在任一乘积项 $f_1(i)f_2(k-i)$中，相乘两序列值的序号之和恒等于卷积和序列值的序号 k。这样，结合实际“乘法”运算过程，就能确定任一卷积和序列值的序号。例如，本例 $f_1(k)$中序列值 2 的序号为 2，$f_2(k)$中序列值 3 的序号为 1，两者序号和为 3，则中间结果 6 相应的卷积和序列值 13 的序号即为 3。上面乘法运算式中有关序列值用虚线框表示。确定了序列中一个序列值的序号后，其余序列值序号的确定是容易的。

5.2.2 卷积和的性质

性质 1 离散信号的卷积和运算服从交换律、结合律和分配律，即

$$f_1(k)*f_2(k)=f_2(k)*f_1(k) \tag{5.2-7}$$

$$f_1(k)*[f_2(k)*f_3(k)]=[f_1(k)*f_2(k)]*f_3(k) \tag{5.2-8}$$

$$f_1(k)*[f_2(k)+f_3(k)]=f_1(k)*f_2(k)+f_1(k)*f_3(k) \tag{5.2-9}$$

性质 2 任一序列 $f(k)$与单位脉冲序列 $\delta(k)$的卷积和等于序列 $f(k)$本身，即

$$f(k)*\delta(k)=\delta(k)*f(k)=f(k) \tag{5.2-10}$$

性质 3 若 $f_1(k)*f_2(k)=f(k)$，则

$$f_1(k)*f_2(k-k_0)=f_1(k-k_0)*f_2(k)=f(k-k_0) \tag{5.2-11}$$

$$f_1(k-k_1)*f_2(k-k_2)=f_1(k-k_2)*f_2(k-k_1)=f(k-k_1-k_2) \tag{5.2-12}$$

式中，k_0、k_1、k_2 均为整数。

以上性质的证明是容易的，留给读者自行完成。

例 5.2-3 已知序列 $x(k)=(3)^{-k}\varepsilon(k)$，$y(k)=1$，$-\infty<k<\infty$，试验证 $x(k)$和 $y(k)$的卷积和运算满足交换律，即

$$x(k)*y(k)=y(k)*x(k)$$

解 先计算 $x(k)*y(k)$，考虑到 $x(k)$是因果序列，根据式(5.2-3)，有

$$x(k)*y(k)=\sum_{i=-\infty}^{\infty}x(i)y(k-i)=\sum_{i=-\infty}^{\infty}(3)^{-i}\varepsilon(i)\times 1=\sum_{i=0}^{\infty}(3)^{-i}=1.5 \tag{5.2-13}$$

再计算 $y(k)*x(k)$，同样考虑到 $x(k)$是因果序列，按式(5.2-4)，可得

$$\begin{aligned}y(k)*x(k)&=\sum_{i=-\infty}^{\infty}y(i)x(k-i)=\sum_{i=-\infty}^{\infty}1\times(3)^{-(k-i)}\varepsilon(k-i)\\&=\sum_{i=-\infty}^{k}(3)^{-(k-i)}=(3)^{-k}\sum_{i=-k}^{\infty}3^{-i}\\&=(3)^{-k}\cdot\frac{3^k(1-0)}{1-1/3}=1.5\end{aligned} \tag{5.2-14}$$

所以

$$x(k)*y(k)=y(k)*x(k)=1.5$$

因求解过程中对 k 没有限制，故上述结论在 $-\infty<k<\infty$ 范围均成立，即 $x(k)*y(k)$运算满足交换律。

例 5.2-4 求序列 $f_1(k)=2^{-(k+1)}\varepsilon(k+1)$和 $f_2(k)=\varepsilon(k-2)$的卷积和。

解　用下面两种方法计算。

方法一： 图解法。将序列 $f_1(k)$、$f_2(k)$的自变量换为 i，画出 $f_1(i)$和 $f_2(i)$的图形如图 5.2－2(a)、(b)所示。

将 $f_2(i)$图形翻转 180°后，得 $f_2(-i)$，如图 5.2－2(c)所示。

当 $k<1$ 时，由图 5.2－2(d)可知，其乘积项 $f_1(i)f_2(k-i)$为零，故 $f_1(k)*f_2(k)=0$。

当 $k\geqslant 1$ 时，按卷积和定义，参见图 5.2－2(e)，可得

$$\begin{aligned} f_1(k)*f_2(k) &= \sum_{i=-\infty}^{\infty} 2^{-(i+1)}\varepsilon(i+1)\times\varepsilon(k-2-i) \\ &= \sum_{i=-1}^{\infty} 2^{(i+1)}\varepsilon(k-2-i) = \sum_{i=-1}^{k-2} 2^{-(i+1)} \\ &= 2^{-1}\sum_{i=-1}^{k-2} 2^{-i} = 2^{-1}\cdot\frac{2-2^{-(k-2)}\times 2^{-1}}{1-2^{-1}} \\ &= 2(1-2^{-k}) \end{aligned}$$

于是

$$f_1(k)*f_2(k) = \begin{cases} 0 & k<1 \\ 2(1-2^{-k}) & k\geqslant 1 \end{cases}$$

故有

$$f_1(k)*f_2(k) = 2(1-2^{-k})\varepsilon(k-1)$$

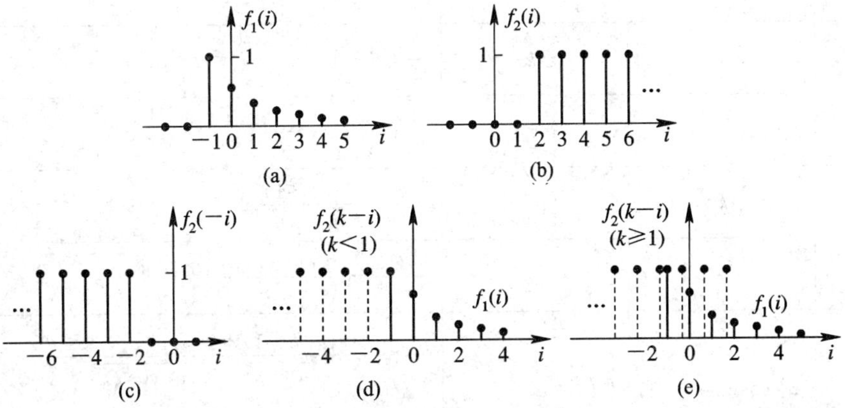

图 5.2－2　例 5.2－4 图

方法二： 应用卷积和性质。先计算

$$\begin{aligned} f(k) = 2^{-k}\varepsilon(k)*\varepsilon(k) &= \sum_{i=-\infty}^{\infty} 2^{-i}\varepsilon(i)\varepsilon(k-i) = \sum_{i=0}^{k} 2^{-i} \\ &= \frac{1-2^{-k}\times 2^{-1}}{1-2^{-1}} = 2-2^{-k} \end{aligned}$$

上式中 $k\geqslant 0$，故有

$$f(k) = 2^{-k}\varepsilon(k)*\varepsilon(k) = (2-2^{-k})\varepsilon(k)$$

再应用卷积和性质，求得

$$\begin{aligned} f_1(k)*f_2(k) &= 2^{-(k+1)}\varepsilon(k+1)*\varepsilon(k-2) = f(k+1-2) = f(k-1) \\ &= [2-2^{-(k-1)}]\varepsilon(k-1) = 2(1-2^{-k})\varepsilon(k-1) \end{aligned}$$

5.2.3　常用序列的卷积和公式

常用因果序列的卷积和公式列于表 5.1 中，以供查阅。

表 5.1　常用序列的卷积和公式

序号	$f_1(k),\ k\geqslant 0$	$f_2(k),\ k\geqslant 0$	$f_1(k)*f_2(k),\ k\geqslant 0$
1	$f(k)$	$\delta(k)$	$f(k)$
2	$f(k)$	$\varepsilon(k)$	$\sum_{i=0}^{k} f(i)$
3	$\varepsilon(k)$	$\varepsilon(k)$	$k+1$
	a^k	a^k	$(k+1)a^k$
	$e^{\lambda k}$	$e^{\lambda k}$	$(k+1)e^{\lambda k}$
4	a_1^k	a_2^k	$\dfrac{a_1^{k+1}-a_2^{k+1}}{a_1-a_2},\ a_1\neq a_2$
	$\varepsilon(k)$	a^k	$\dfrac{1-a^{k+1}}{1-a},\ (a\neq 1)$
5	$e^{\lambda_1 k}$	$e^{\lambda_2 k}$	$\dfrac{e^{\lambda_1(k+1)}-e^{\lambda_2(k+1)}}{e^{\lambda_1}-e^{\lambda_2}},\ \lambda_1\neq\lambda_2$
	$\varepsilon(k)$	$e^{\lambda k}$	$\dfrac{1-e^{\lambda(k+1)}}{1-e^{\lambda}}$
6	k	$\varepsilon(k)$	$\dfrac{1}{2}k(k+1)$
	k	k	$\dfrac{1}{6}(k-1)k(k+1)$
7	k	a^k	$\dfrac{k}{1-a}+\dfrac{a(a^k-1)}{(1-a)^2}$
	k	$e^{\lambda k}$	$\dfrac{k}{1-e^{\lambda}}+\dfrac{e^{\lambda}(e^{\lambda k}-1)}{(1-e^{\lambda})^2}$
8	$a_1^k\cos(\Omega_0 k+\theta)$	a_2^k	$\dfrac{a_1^{k+1}\cos[\Omega_0(k+1)+\theta-\varphi]-a_2^{k+1}\cos(\theta-\varphi)}{\sqrt{a_1^2+a_2^2-2a_1a_2\cos\Omega_0}}$ $\varphi=\arctan\left(\dfrac{a_1\sin\Omega_0}{a_1\cos\Omega_0-a_2}\right)$

5.3　离散系统与算子方程

5.3.1　LTI 离散系统

离散时间系统，简称离散系统。和连续系统一样，我们也可将离散系统视为一个“黑盒子”，用输入输出模型(如图 5.3-1 所示)来描述它的特性。图 5.3-1 中的 $f(k)$是输入，$y(k)$是输出，系统的输入输出关系可表示为

$$y(k) = T[f(k)] \qquad (5.3-1)$$

或者简记为

$$f(k) \to y(k) \qquad (5.3-2)$$

f(k) 离散系统 y(k)

图 5.3-1 离散系统的输入输出模型

式中，符号“T”和“$\to$”表示系统对输入信号的变换作用。这里，输入是引起变换的“原因”，输出反映了变换的“结果”，而变换作用则完全取决于系统本身的特性。

在离散系统分析中，常用的术语和概念与连续系统相类似，下面针对离散系统阐述如下：

(1) 离散系统的状态和状态变量。离散系统在 k_0 时刻的**状态**是指满足如下条件的数目最少的一组数据$\{x_1(k_0), x_2(k_0), \cdots, x_n(k_0)\}$。这组数据连同 $k_0 \sim k$ 上的输入 $f(k)$就可以唯一地确定 k 时刻的输出 $y(k)$，而不需具体知道 k_0 以前的输入情况。n 称为离散系统的**阶数**。

在实际工作过程中，系统的状态$\{x_1(k_0), x_2(k_0), \cdots, x_n(k_0)\}$随 k_0 不同而变化，我们把描述系统状态变化的变量称做**状态变量**，它是一组序列信号，记为$\{x_1(k), x_2(k), \cdots, x_n(k)\}$。

(2) 离散系统的零输入响应、零状态响应和全响应。设 k_0 为初始观察时刻，则可将系统的输入区分为两部分，称 k_0 以前的输入为**历史输入信号**，称 k_0 及 k_0 以后的输入为**当前输入信号**或简称**输入信号**。我们将仅由 k_0 时刻的初始状态或历史输入信号引起的响应称为**零输入响应**，记为 $y_{zi}(k)$；仅由当前输入信号引起的响应称为**零状态响应**，记为$y_{zs}(k)$。而将零输入响应、零状态响应之和称为**系统的全响应**，记为 $y(k)$。

(3) 离散系统的齐次性、可加性和线性特性。设离散系统的输入输出关系为

$$f(k) \to y(k)$$

所谓**齐次性**，是指对于任意常数 a、输入 $f(k)$和输出 $y(k)$，恒有

$$af(k) \to ay(k) \qquad (5.3-3)$$

所谓**可加性**，是指对于输入 $f_1(k)$、$f_2(k)$和输出 $y(k)$，若设 $f_1(k) \to y_1(k)$，$f_2(k) \to y_2(k)$，则恒有

$$\{f_1(k), f_2(k)\} \to y_1(k) + y_2(k) \qquad (5.3-4)$$

式中，$\{f_1(k), f_2(k)\}$表示 $f_1(k)$和 $f_2(k)$同时作为系统的输入。

齐次性和可加性统称为**线性**。对于任意常数 a 和 b，输入 $f_1(k)$和 $f_2(k)$共同作用时，系统的线性特性可表示为

$$\{af_1(k), bf_2(k)\} \to ay_1(k) + by_2(k) \qquad (5.3-5)$$

它同时体现了式(5.3-3)的齐次性和式(5.3-4)的可加性。

(4) 线性离散系统和非线性离散系统。若离散系统的响应可分解为零输入响应和零状态响应两部分，且零输入响应与初始状态或历史输入信号、零状态响应与当前输入信号之间分别满足齐次性和叠加性，则称该系统为**线性离散系统**，否则称为**非线性离散系统**。

(5) 时不变离散系统和时变离散系统。设离散系统的输入输出关系为

$$T\{f(k)\} = y(k)$$

若对于任意整数 k_0，恒有

$$T\{f(k-k_0)\} = y(k-k_0) \qquad (5.3-6)$$

则称该系统为**时不变离散系统**，否则称为**时变离散系统**。

(6) 因果离散系统和非因果离散系统。如果系统始终不会在输入加入之前产生响应，这种系统称为**因果系统**，否则称为**非因果系统**。

例如，有三个系统的输入输出关系如下：

系统 1 $y(k)=kf(k)$

系统 2 $y(k)=|f(k)|$

系统 3 $y(k)=2f(k)+3f(k-1)$

根据定义容易验证：系统 1 是线性时变离散系统，系统 2 是非线性时不变离散系统，而系统 3 是线性时不变离散系统。

我们约定，本书中“离散系统”一词，如无特殊声明，均指“LTI 离散系统”。

根据第 1 章讨论结果，一个 n 阶 LTI 离散系统，若其输入为 $f(k)$，全响应为 $y(k)$，那么，描述该系统输入输出关系的数学模型是 n 阶线性常系数差分方程，它可以表示为

$$y(k)+a_{n-1}y(k-1)+\cdots+a_0y(k-n)=b_mf(k)+b_{m-1}f(k-1)+\cdots+b_0f(k-m) \tag{5.3-7}$$

式中，$a_i(i=0, 1, \cdots, n-1)$，$b_j(j=0, 1, \cdots, m)$均为实常数。

5.3.2 离散系统算子方程

在连续系统分析中，我们曾用微分算子 p 和积分算子 p^{-1} 分别表示对函数的微分和积分运算。与此类似，在离散系统分析中，我们引入 E 算子(**超前算子**)和 E^{-1} 算子(**迟后算子**)，分别表示将序列提前和延迟一个单位时间的运算，即

$$Ef(k)=f(k+1), \qquad E^nf(k)=f(k+n)$$

$$E^{-1}f(k)=f(k-1), \qquad E^{-n}f(k)=f(k-n)$$

应用中，统称 E 算子和 E^{-1} 算子为**差分算子**。

利用差分算子，可将差分方程式(5.3-7)写成下述形式：

$$y(k)+a_{n-1}E^{-1}y(k)+\cdots+a_0E^{-n}y(k)=b_mf(k)+b_{m-1}E^{-1}f(k)+\cdots+b_0E^{-m}f(k) \tag{5.3-8}$$

或写成

$$(1+a_{n-1}E^{-1}+\cdots+a_0E^{-n})y(k)=(b_m+b_{m-1}E^{-1}+\cdots+b_0E^{-m})f(k)$$

进一步写成

$$y(k)=\frac{b_m+b_{m-1}E^{-1}+\cdots+b_0E^{-m}}{1+a_{n-1}E^{-1}+\cdots+a_0E^{-n}}f(k)=\frac{B(E)}{A(E)}f(k) \tag{5.3-9}$$

式中

$$B(E)=b_m+b_{m-1}E^{-1}+\cdots+b_0E^{-m}$$

$$A(E)=1+a_{n-1}E^{-1}+\cdots+a_0E^{-n}$$

若令

$$H(E)=\frac{B(E)}{A(E)}=\frac{b_m+b_{m-1}E^{-1}+\cdots+b_0E^{-m}}{1+a_{n-1}E^{-1}+\cdots+a_0E^{-n}} \tag{5.3-10}$$

则式(5.3-9)可表示为

$$y(k)=H(E)f(k) \tag{5.3-11}$$

此式称为**离散系统的算子方程**。式中的 $H(E)$ 称为**离散系统的传输算子**。$H(E)$ 在离散系统分析中的作用与 $H(p)$ 在连续系统分析中的作用相同，它完整地描述了离散系统的输入输出关系，或者说集中反映了系统对输入序列的传输特性。例如，设某离散系统的差分方程为

$$y(k+1)+ay(k)=f(k) \tag{5.3-12}$$

以单位延迟算子 E^{-1} 作用于方程两边后，得到

$$y(k)+ay(k-1)=f(k-1) \tag{5.3-13}$$

对上面两个方程，以 $k=n$ 为准，式(5.3-12)表示系统输出序列序号按 n、$n+1$ 升序方式排列。当给定 n 时刻输出值 $y(n)$ 和输入序列 $f(k)$ 时，可通过迭代计算求得 $n+1$、$n+2$ 等 n 以后时刻的输出值。因此，称这种方程为**前向差分方程**。相反，式(5.3-13)方程的输出序列序号按 n、$n-1$ 降序方式排列。当给定 n 时刻输出值 $y(n)$ 时，结合输入 $f(k)$，可求出 $n-1$、$n-2$ 等 n 以前时刻的输出值，因此，称这种方程为**后向差分方程**。但是，必须指出，这两个方程所描述的系统，其传输算子是一样的，表示两系统的输入输出关系也是相同的。实际上，它们都表示任一离散时刻(序号)的输出与前一离散时刻(序号)输入和输出之间的同一关系。

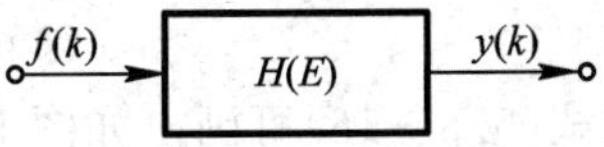

$f(k)$ → $H(E)$ → $y(k)$

图 5.3-2　用 $H(E)$ 表示离散系统

图 5.3-2 给出了用传输算子 $H(E)$ 表示的离散系统的输入输出模型。

根据差分算子的定义，容易证明：

$$E\left[\frac{1}{E}f(k)\right]=\frac{1}{E}[Ef(k)]=f(k)$$

$$E^n\left[\frac{1}{E^m}f(k)\right]=\frac{1}{E^m}[E^nf(k)]=f(k+n-m)$$

可见，对于同一序列而言，超前算子与迟后算子的作用可以互相抵消。同样，差分方程两边的公共因子也允许消去。这与微分和积分算子是有区别的。

例 5.3-1　设描述某离散系统的差分方程为

$$y(k)+ay(k-1)+by(k-2)=f(k)$$

求其传输算子 $H(E)$，并画出系统的模拟框图和信号流图表示。

解　写出系统的算子方程为

$$(1+aE^{-1}+bE^{-2})y(k)=f(k)$$

所以，系统的传输算子为

$$H(E)=\frac{1}{1+aE^{-1}+bE^{-2}}$$

再将算子方程改写成

$$y(k)=f(k)-aE^{-1}y(k)-bE^{-2}y(k)$$

应用基本运算单元，容易画出相应的模拟框图和信号流图如图 5.3-3 所示。其中迟后算子 E^{-1} 与第 1 章中定义的移位器 D 的作用相同，故也常称 E^{-1} 为移位器。

例 5.3-2　某离散系统的输入输出算子方程为 $A(E)y(k)=B(E)f(k)$，式中，$A(E)=1+a_1E^{-1}+a_0E^{-2}$，$B(E)=b_2+b_1E^{-1}+b_0E^{-2}$。试画出系统的模拟框图和信号流图。

解　如同连续系统那样，选择中间变量 $x(k)$，并令

$$x(k)=\frac{1}{A(E)}f(k)=\frac{1}{1+a_1E^{-1}+a_0E^{-2}}f(k) \tag{5.3-14}$$

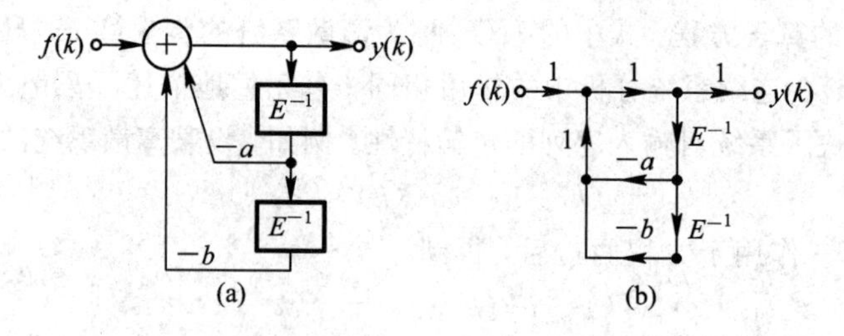

图 5.3－3　例 5.3－1 图

则有

$$y(k)=B(E)x(k)=(b_2+b_1E^{-1}+b_0E^{-2})x(k) \tag{5.3－15}$$

由式(5.3－14)得

$$x(k)+a_1E^{-1}x(k)+a_0E^{-2}x(k)=f(k)$$

或写成

$$x(k)=f(k)-a_1E^{-1}x(k)-a_0E^{-2}x(k) \tag{5.3－16}$$

根据式(5.3－16)可画出如图 5.3－4(a)所示的模拟框图。由式(5.3－15)可得到输出 $y(k)$ 与 $x(k)$之间的关系为

$$y(k)=b_2x(k)+b_1E^{-1}x(k)+b_0E^{-2}x(k) \tag{5.3－17}$$

此方程右边的 $x(k)$、$E^{-1}x(k)$及 $E^{-2}x(k)$在图 5.3－4(a)中的位置是很清楚的，因此可很方便地画出整个系统的模拟框图和信号流图分别如图 5.3－4(b)、(c)所示。

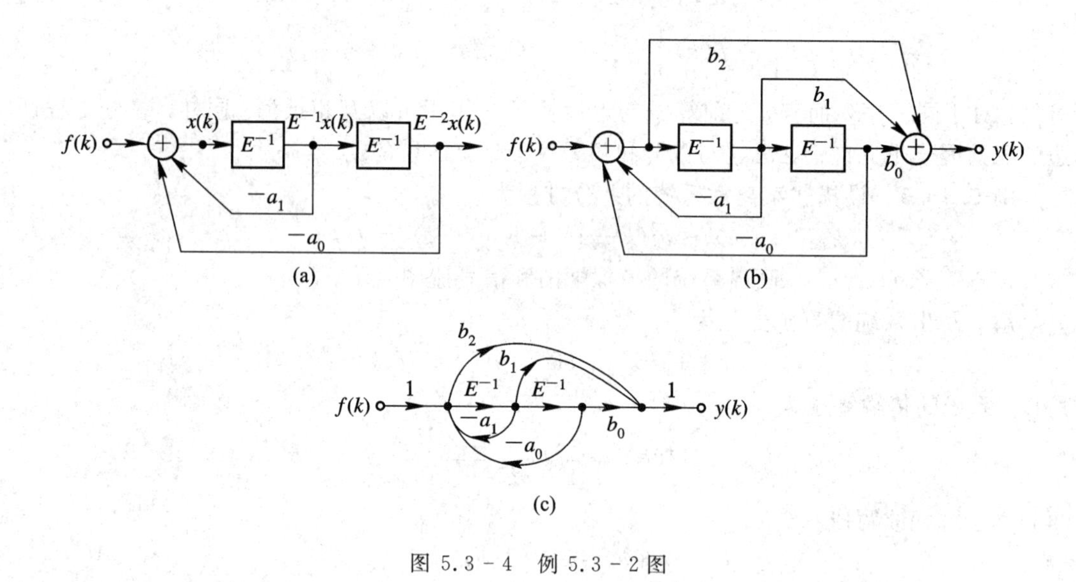

图 5.3－4　例 5.3－2 图

5.4　离散系统的零输入响应

根据线性系统定义，系统的全响应由零输入响应和零状态响应两部分组成。

在连续系统的时域分析中，我们从描述系统的微分方程或传输算子 $H(p)$出发，分别求出系统的零输入响应和零状态响应，然后把它们叠加起来得到系统的全响应。这种做法同样适用于离散系统的时域分析。只是在离散系统分析中，我们讨论问题的出发点是描述系统的差分方程或传输算子 $H(E)$。本节先讨论离散系统零输入响应的时域求解方法。

如前所述，对于 n 阶 LTI 离散系统的差分方程，采用差分算子 E 可表示为

$$(1+a_{n-1}E^{-1}+\cdots+a_0E^{-n})y(k)=(b_m+b_{m-1}E^{-1}+\cdots+b_0E^{-m})f(k) \qquad (5.4-1)$$

或者写为

$$A(E)y(k)=B(E)f(k) \qquad (5.4-2)$$

$$y(k)=H(E)f(k) \qquad (5.4-3)$$

式中

$$H(E)=\frac{B(E)}{A(E)}=\frac{b_m+b_{m-1}E^{-1}+\cdots+b_0E^{-m}}{1+a_{n-1}E^{-1}+\cdots+a_0E^{-n}} \qquad (5.4-4)$$

根据系统零输入响应的定义，如果假定初始观察时刻 $k_0=0$，那么，离散系统的零输入响应就是输入 $f(k)(k\geqslant0)$为零时，仅由系统的初始状态引起的响应，常记为 $y_{zi}(k)$。由此可见，在系统差分方程式(5.4-1)中，只需令输入信号 $f(k)$为零，就可得到求解零输入响应 $y_{zi}(k)$的方程，其一般形式为

$$(1+a_{n-1}E^{-1}+\cdots+a_0E^{-n})y_{zi}(k)=0 \qquad k\geqslant0 \qquad (5.4-5)$$

或者简写为

$$A(E)y_{zi}(k)=0 \qquad k\geqslant0 \qquad (5.4-6)$$

具体地说，离散系统的零输入响应就是上面齐次差分方程满足给定初始条件 $y_{zi}(k_0)$，$y_{zi}(k_0+1)$，…，$y_{zi}(k_0+n-1)$时的解。自然，对 LTI 因果系统，$y_{zi}(k)$的初始条件也可由 $y(-1)$，$y(-2)$，…，$y(-n)$给出。

5.4.1 简单系统的零输入响应

先讨论两种简单系统的零输入响应计算方法。

如果离散系统传输算子 $H(E)$仅含有单个一阶极点 r，这时式(5.4-6)可表示为

$$(E-r)y_{zi}(k)=0 \qquad k\geqslant0 \qquad (5.4-7)$$

这是一个一阶齐次差分方程，将上式改写为

$$y_{zi}(k+1)-ry_{zi}(k)=0$$

于是有

$$\frac{y_{zi}(k+1)}{y_{zi}(k)}=r$$

此式表明，序列 $y_{zi}(k)$是一个以 r 为公比的等比级数，它具有以下形式：

$$y_{zi}(k)=c_1r^k \qquad k\geqslant0 \qquad (5.4-8)$$

式中，c_1 是常数，由系统零输入响应的初始条件确定。上述结果与一阶齐次微分方程解 $c_1e^{\lambda t}$ 的形式非常类似，因为当时间 t 按 $t=kT$ 离散变化时，其解可改写成 $c_1e^{\lambda t}=c_1e^{\lambda kT}=c_1(e^{\lambda T})^k$，令 $e^{\lambda T}=r$ 时，就是差分方程式(5.4-7)的解。

因此，我们有如下结论：

$$H(E)=\frac{B(E)}{E-r} \quad\rightarrow\quad y_{zi}(k)=c_1r^k \qquad k\geqslant0 \qquad (5.4-9)$$

如果系统传输算子仅含有 g 个一阶极点 r_1，r_2，…，r_g，则相应齐次差分方程可写成

$$(E-r_1)(E-r_2)\cdots(E-r_g)y_{zi}(k)=0 \qquad k\geqslant 0 \tag{5.4-10}$$

显然，满足以下方程：

$$(E-r_i)y_{zi}(k)=0 \qquad i=1,2,\cdots,g$$

的解，必定也满足式(5.4－10)。仿照微分方程解结构定理的证明，可导得式(5.4－10)的解为

$$y_{zi}(k)=c_1r_1^k+c_2r_2^k+\cdots+c_gr_g^k$$

式中，待定系数值 c_1, c_2, …, c_g 由系统零输入响应的初始条件确定。

于是，有结论：

$$H(E)=\frac{B(E)}{(E-r_1)(E-r_2)\cdots(E-r_g)}\rightarrow y_{zi}(k)=\sum_{i=1}^{g}c_ir_i^k \qquad k\geqslant 0 \tag{5.4-11}$$

为了考察 $H(E)$含有二阶极点的情况，假定取一极小量 ε，将系统齐次差分方程改写为

$$(E-r)[E-(r+\varepsilon)]y_{zi}(k)=0 \tag{5.4-12}$$

且系统初始条件为

$$y_{zi}(0)=\alpha$$
$$y_{zi}(1)=\beta$$

根据式(5.4－11)，可将式(5.4－12)的解 $y_{zi}(k)$表示为

$$y_{zi}(k)=c_1r^k+c_2(r+\varepsilon)^k \tag{5.4-13}$$

代入初始条件，有

$$\alpha=c_1+c_2$$
$$\beta=c_1r+c_2(r+\varepsilon)$$

解得

$$c_1=\alpha+\frac{\alpha r-\beta}{\varepsilon}, \quad c_2=-\frac{\alpha r-\beta}{\varepsilon}$$

将 c_1, c_2 代入式(5.4－13)，并应用二项式定理得到

$$\begin{aligned}y_{zi}(k)&=\left(\alpha+\frac{\alpha r-\beta}{\varepsilon}\right)r^k-\left(\frac{\alpha r-\beta}{\varepsilon}\right)(r+\varepsilon)^k\\&=r^k\left\{\alpha+\frac{\alpha r-\beta}{\varepsilon}-\left(\frac{\alpha r-\beta}{\varepsilon}\right)[1+c_k^1(r^{-1}\varepsilon)+c_k^2(r^{-1}\varepsilon)^2+c_k^3(r^{-1}\varepsilon)^3+\cdots]\right\}\\&=r^k\left\{\alpha-(\alpha-\beta r^{-1})k-\left(\frac{\alpha r-\beta}{\varepsilon}\right)[c_k^2(r^{-1}\varepsilon)^2+c_k^3(r^{-1}\varepsilon)^3+\cdots]\right\}\end{aligned}$$

现在，令 $\varepsilon\to 0$ 取极限，使得 $H(E)$的两个极点相重合，于是有

$$\lim_{\varepsilon\to 0}y_{zi}(k)=[\alpha-(\alpha-\beta r^{-1})k]r^k$$

或写成

$$y_{zi}(k)=(c_{10}+c_{11}k)r^k$$

式中

$$c_{10}=\alpha$$
$$c_{11}=-(\alpha-\beta r^{-1})$$

同样道理，如果传输算子 $H(E)$仅含有 r 的 d 阶极点，这时系统的齐次差分方程为

$$(E-r)^dy_{zi}(k)=0$$

相应的零输入响应可表示为

$$y_{zi}(k)=(c_0+c_1k+c_2k^2+\cdots+c_{d-1}k^{d-1})r^k$$

式中，常数 c_0，c_1，…，c_{d-1} 由系统零输入响应的初始条件确定。因此

$$H(E)=\frac{B(E)}{(E-r)^d}\rightarrow y_{zi}(k)=\left(\sum_{j=0}^{d-1}c_jk^j\right)r^k\qquad k\geqslant 0\tag{5.4-14}$$

5.4.2　一般系统的零输入响应

现在讨论一般情况下离散系统的零输入响应。

设 n 阶离散系统的齐次差分方程为

$$(1+a_{n-1}E^{-1}+a_{n-2}E^{-2}+\cdots+a_0E^{-n})y_{zi}(k)=0\tag{5.4-15}$$

其传输算子 $H(E)$ 含有 l 个相异极点 r_1，r_2，…，r_l，对应的阶数分别是 d_1，d_2，…，d_l。这里，$(d_1+d_2+\cdots+d_l)=n$。显然，当 $d_i(i=1, 2, \cdots, l)$ 为1时，表示相应的极点 r_i 是一阶极点。此时式(5.4-15)可表示为

$$(E-r_1)^{d_1}(E-r_2)^{d_2}\cdots(E-r_l)^{d_l}y_{zi}(k)=0\tag{5.4-16}$$

根据式(5.4-14)和式(5.4-11)，可得到满足上面差分方程的解 $y_{zi}(k)$，即 n 阶LTI离散系统的零输入响应为

$$y_{zi}(k)=\sum_{i=1}^{l}y_{zii}(k)\qquad k\geqslant 0\tag{5.4-17}$$

式中

$$y_{zii}(k)=\sum_{j=0}^{d_i-1}c_{ij}k^jr_i^k\qquad i=1, 2, \cdots, l\tag{5.4-18}$$

式中，各待定系数由系统零输入响应 $y_{zi}(k)$ 的初始条件确定。

综上所述，由LTI离散系统传输算子 $H(E)$ 求零输入响应 $y_{zi}(k)$ 的具体步骤可归纳如下：

第一步，求解方程 $A(E)=0$，得到 $H(E)$ 的相异极点 r_1，r_2，…，r_l 及相应的阶数 d_1，d_2，…，d_l。将系统齐次差分方程表示为

$$\left[\prod_{i=1}^{l}(E-r_i)^{d_i}\right]y_{zi}(k)=0\tag{5.4-19}$$

第二步，求解方程：

$$(E-r_i)^{d_i}y_{zii}(k)=0\qquad i=1, 2, \cdots, l\tag{5.4-20}$$

得到各极点相应的零输入响应分量：

$$y_{zii}(k)=\sum_{j=0}^{d_i-1}c_{ij}k^jr_i^k\qquad i=1, 2, \cdots, l\tag{5.4-21}$$

第三步，写出系统的零输入响应：

$$y_{zi}(k)=\sum_{i=1}^{l}y_{zii}(k)=\sum_{i=1}^{l}\sum_{j=0}^{d_i-1}c_{ij}k^jr_i^k\qquad k\geqslant 0\tag{5.4-22}$$

第四步，由零输入响应初始条件确定式(5.4-22)中的各个待定系数 c_{ij}，并最后求出系统的零输入响应 $y_{zi}(k)$。

离散系统零输入响应 $y_{zi}(k)$ 与传输算子 $H(E)$ 中 $A(E)$ 的对应关系列于表5.2中。

表 5.2　$y_{zi}(k)$与$A(E)$对应关系

序号	特征根类型	算子多项式 $A(E)$	零输入响应 $y_{zi}(k)$，$k\geqslant 0$
1	相异单根	$\prod_{i=1}^{n}(E-r_i)$	$\sum_{i=1}^{n} c_i r_i^k$
2	d 阶重根	$(E-r)^d$	$(c_0+c_1k+\cdots+c_{d-1}k^{d-1})r^k$
3	共轭复根	$(E-\rho e^{j\Omega})(E-\rho e^{-j\Omega})$	$\rho^k[c_1\cos(\Omega k)+c_2\sin(\Omega k)]$ $=A\rho^k\cos(\Omega k+\varphi)$
4	一般情况	$\prod_{i=1}^{l}(E-r_i)^{d_i}$	$\sum_{i=1}^{l}(c_{i0}+c_{i1}k+\cdots+c_{i,\,d_i-1}k^{d_i-1})r_i^k$

例 5.4-1　已知离散系统传输算子：

$$H(E)=\frac{E-2}{(E-0.2)(E-0.3)(E-0.5)^2}$$

及初始条件 $y_{zi}(0)=12$，$y_{zi}(1)=4.9$，$y_{zi}(2)=2.47$，$y_{zi}(3)=1.371$。求该系统的零输入响应。

解　因为传输算子 $H(E)$极点为 $r_1=0.2$，$r_2=0.3$，$r_3=0.5$(二阶极点)。所以，由式(5.4-21)可得

$$y_{zi1}(k)=c_{10}r_1^k=c_{10}(0.2)^k$$

$$y_{zi2}(k)=c_{20}r_2^k=c_{20}(0.3)^k$$

$$y_{zi3}(k)=(c_{30}+c_{31}k)r_3^k=(c_{30}+c_{31}k)(0.5)^k$$

由式(5.4-22)，得

$$y_{zi}(k)=c_{10}(0.2)^k+c_{20}(0.3)^k+c_{30}(0.5)^k+c_{31}k(0.5)^k$$

上式中令 $k=0$，1，2，3，代入初始条件后得到

$$y_{zi}(0)=c_{10}+c_{20}+c_{30}=12$$

$$y_{zi}(1)=0.2c_{10}+0.3c_{20}+0.5c_{30}+0.5c_{31}=4.9$$

$$y_{zi}(2)=0.04c_{10}+0.09c_{20}+0.25c_{30}+0.5c_{31}=2.47$$

$$y_{zi}(3)=0.008c_{10}+0.027c_{20}+0.125c_{30}+0.375c_{31}=1.371$$

联立上述方程，求解得 $c_{10}=5$，$c_{20}=3$，$c_{30}=4$，$c_{31}=2$。于是，系统的零输入响应为

$$y_{zi}(k)=5(0.2)^k+3(0.3)^k+(4+2k)(0.5)^k \qquad k\geqslant 0$$

与连续系统中的 $H(p)$一样，$H(E)$中若有复极点，则必定共轭成对。若设 $H(E)$的共轭复极点为

$$r_1=\rho e^{j\Omega},\quad r_2=r_1^*=\rho e^{-j\Omega}$$

则由式(5.4-22)可得

$$\begin{aligned}y_{zi}(k)&=c_{10}(\rho e^{j\Omega})^k+c_{20}(\rho e^{-j\Omega})^k=\rho^k(c_{10}e^{j\Omega k}+c_{20}e^{-j\Omega k})\\&=\rho^k(c_1\cos\Omega k+c_2\sin\Omega k)\end{aligned} \tag{5.4-23}$$

式中

$$c_1=c_{10}+c_{20},\quad c_2=j(c_{10}-c_{20})$$

具体值由零输入响应的初始条件确定。可见，当 $H(E)$存在复极点时，随 ρ 的取值不同，系

统零输入响应的实部和虚部可能是等幅、增幅或减幅的正弦序列。

例 5.4-2　设描述离散系统的差分方程为

$$y(k)+0.25y(k-2)=f(k-1)-2f(k-2)$$

系统初始条件为 $y_{zi}(0)=2$，$y_{zi}(1)=3$。试求 $k\geqslant 0$ 时系统的零输入响应。

解　写出系统传输算子：

$$H(E)=\frac{E^{-1}-2E^{-2}}{1+0.25E^{-2}}=\frac{E-2}{E^2+0.25}$$

其极点是一对共轭复极点：$r_1=\mathrm{j}0.5=0.5\mathrm{e}^{\mathrm{j}\frac{\pi}{2}}$，$r_2=-\mathrm{j}0.5=0.5\mathrm{e}^{-\mathrm{j}\frac{\pi}{2}}$。

由式(5.4-23)或表 5.2，得

$$y_{zi}(k)=(0.5)^k\left[c_1\cos\left(\frac{k\pi}{2}\right)+c_2\sin\left(\frac{k\pi}{2}\right)\right]$$

利用初始条件：

$$y_{zi}(0)=c_1=2$$

$$y_{zi}(1)=0.5\left(c_1\cos\frac{\pi}{2}+c_2\sin\frac{\pi}{2}\right)=0.5c_2=3$$

求得 $c_1=2$，$c_2=6$。

于是系统的零输入响应为

$$y_{zi}(k)=0.5^k\left[2\cos\left(\frac{k\pi}{2}\right)+6\sin\left(\frac{k\pi}{2}\right)\right]=6.32\times 0.5^k\cos\left(\frac{k\pi}{2}-71.57°\right)\qquad k\geqslant 0$$

5.5　离散系统的零状态响应

设系统的初始观察时间 $k_0=0$，所谓离散系统的零状态响应，是指该系统的初始状态或者历史输入为零时，仅由 $k\geqslant 0$ 时加入的输入所引起的响应，通常记为 $y_{zs}(k)$。

在连续系统的时域法分析中，我们根据信号的分解特性和 LTI 系统的线性时不变特性，导出了系统零状态响应的计算公式。具体推导过程是：

(1) 将一般信号分解为众多基本信号单元的线性组合；

(2) 求出基本信号激励下系统的零状态响应；

(3) 导出一般信号激励下系统零状态响应的计算公式。

本节将同样按照这一思路，推导出任意输入序列作用于 LTI 离散系统时零状态响应的计算方法。

5.5.1　离散信号的时域分解

根据单位脉冲序列定义和序列位移的概念，我们有

$$\delta(k-m)=\begin{cases}1 & k=m\\ 0 & k\neq m\end{cases}$$

于是可得

$$f(k)\delta(k-m)=\begin{cases}f(m) & k=m\\ 0 & k\neq m\end{cases}$$

因此，对于任意序列 $f(k)$，可写成

$$f(k) = \cdots + f(-2)\delta(k+2) + f(-1)\delta(k+1) + f(0)\delta(k)$$
$$+ f(1)\delta(k-1) + f(2)\delta(k-2) + \cdots$$

即

$$f(k) = \sum_{m=-\infty}^{\infty} f(m)\delta(k-m)$$
$$= f(k) * \delta(k) \qquad (5.5-1)$$

这就是常用的离散时间信号的时域分解公式。该公式表明，任意一个离散时间信号 $f(k)$，均可分解表示为众多移位脉冲序列 $\delta(k-m)$ 的线性组合。例如，可以将图 5.5-1 所示的序列分解表示为

$$f(k) = -2\delta(k+2) - \delta(k+1) + 3\delta(k)$$
$$+ 2\delta(k-2) + \delta(k-4)$$

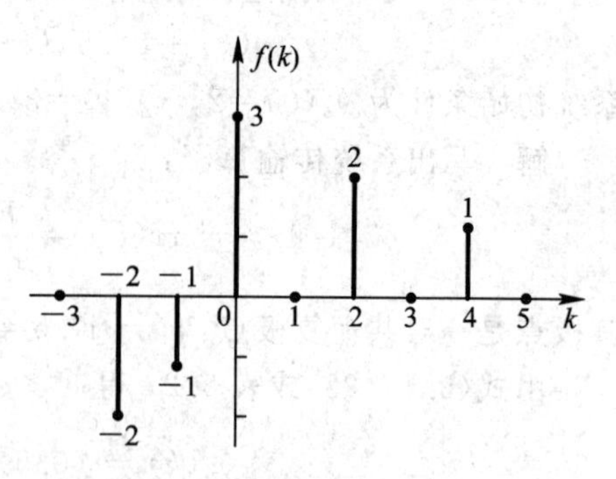

图 5.5-1 离散信号的时域分解

显然，式(5.5-1)是与连续信号 $f(t)$ 的时域分解公式：

$$f(t) = \int_{-\infty}^{\infty} f(\tau)\delta(t-\tau)\,\mathrm{d}\tau = f(t) * \delta(t)$$

相对应的。在连续系统时域分析中，我们还给出了另一个分解公式：

$$f(t) = \int_{-\infty}^{\infty} f'(\tau)\varepsilon(t-\tau)\,\mathrm{d}\tau = f'(t) * \varepsilon(t) \qquad (5.5-2)$$

它将 $f(t)$ 分解成众多时移阶跃信号 $\varepsilon(t-\tau)$ 的线性组合。对于离散信号，一般不应用相应的分解公式。如果需要，仿照式(5.5-2)推导过程，容易得到相应的分解公式为

$$f(k) = \sum_{m=-\infty}^{\infty} [f(m) - f(m-1)]\varepsilon(k-m) = \nabla f(t) * \varepsilon(t) \qquad (5.5-3)$$

5.5.2 基本信号 $\delta(k)$ 激励下的零状态响应

设系统初始观察时刻 $k_0=0$，则离散系统对于单位脉冲序列 $\delta(k)$ 的零状态响应称为系统的**单位脉冲响应**，或简称为**单位响应**，记作 $h(k)$。

LTI 离散系统的单位响应可由系统的传输算子 $H(E)$ 求出。下面我们先讨论几个具体例子。

例 5.5-1 一阶极点情况。若系统传输算子为

$$H(E) = \frac{E}{E-r} \qquad (5.5-4)$$

具有一阶极点 $E=r$，并注意分子中含有算子 E，写出相应的差分方程为

$$(E-r)y(k) = Ef(k)$$

令 $f(k)=\delta(k)$ 时，其 $y_{zs}(k)=h(k)$，故有

$$(E-r)h(k) = E\delta(k) \qquad (5.5-5)$$

即

$$h(k+1) - rh(k) = \delta(k+1)$$

移项后有

$$h(k+1) = rh(k) + \delta(k+1) \qquad (5.5-6)$$

根据系统的因果性，当 $k<0$ 时，有 $h(k)=0$。以此为初始条件，对式(5.5-6)进行递推运

算得出

$$h(0)=rh(-1)+\delta(0)=1$$
$$h(1)=rh(0)+\delta(1)=r$$
$$h(2)=rh(1)+\delta(2)=r^2$$
$$\vdots$$
$$h(k)=rh(k-1)+\delta(k)=r^k$$

因此有

$$H(E)=\frac{E}{E-r}\rightarrow h(k)=r^k\varepsilon(k) \tag{5.5-7}$$

例 5.5-2　高阶极点情况。设系统传输算子为

$$H(E)=\frac{E}{(E-r)^2} \tag{5.5-8}$$

在 $E=r$ 处有二阶极点，分子中含有算子 E。写出系统的差分方程：

$$(E-r)^2y(k)=Ef(k)$$

同样，令 $f(k)=\delta(k)$，得到单位响应 $h(k)$ 的求解方程为

$$(E-r)^2h(k)=E\delta(k)$$

将该方程改写为

$$(E-r)[(E-r)h(k)]=E\delta(k)$$

根据式(5.5-5)的求解结果，可将上式方括号中的 $(E-r)h(k)$ 表示为

$$(E-r)h(k)=r^k\varepsilon(k)$$

或者写成

$$h(k+1)=rh(k)+r^k\varepsilon(k)$$

采用与例 5.5-1 类似的求解方法，可求得系统的单位响应：

$$h(k)=kr^{k-1}\varepsilon(k)$$

于是有

$$H(E)=\frac{E}{(E-r)^2}\rightarrow h(k)=kr^{k-1}\varepsilon(k) \tag{5.5-9}$$

同理，可得

$$H(E)=\frac{E}{(E-r)^3}\rightarrow h(k)=\frac{k(k-1)}{2!}r^{k-2}\varepsilon(k) \tag{5.5-10}$$

以及 d 阶极点相应的单位响应：

$$H(E)=\frac{E}{(E-r)^d}\rightarrow h(k)=\frac{1}{(d-1)!}k(k-1)\cdots(k-d+2)r^{k-d+1}\varepsilon(k) \tag{5.5-11}$$

现在我们归纳出由系统传输算子 $H(E)$ 计算单位响应 $h(k)$ 的一般方法。设 LTI 离散系统的传输算子为

$$\begin{aligned}H(E)&=\frac{b_m+b_{m-1}E^{-1}+\cdots+b_0E^{-m}}{1+a_{n-1}E^{-1}+\cdots+a_0E^{-n}}\\&=\frac{E^{n-m}(b_mE^m+b_{m-1}E^{m-1}+\cdots+b_1E^{-1}+b_0)}{E^n+a_{n-1}E^{n-1}+\cdots+a_1E^{-1}+a_0}\end{aligned} \tag{5.5-12}$$

求单位响应 $h(k)$ 的具体步骤是：

第一步，为保证展开式各项分子中含有算子 E，先将 $H(E)$ 除以 E 得到 $H(E)/E$；

第二步，将 $H(E)/E$ 展开成部分分式和的形式；

第三步，将上面得到的部分分式展开式两边乘以 E，得到 $H(E)$ 的如下展开式：

$$H(E)=\sum_{i=1}^{l}H_i(E)=\sum_{i=1}^{l}\frac{K_iE}{(E-r_i)^{d_i}} \tag{5.5-13}$$

式中，l 为 $H(E)/E$ 的相异极点数，r_i 为第 i 个极点，d_i 为该极点的阶数，K_i 为相应展开式项的系数，各极点的阶数之和等于 n，即 $d_1+d_2+\cdots d_l=n$；

第四步，由式(5.5-11)求得各 $H_i(E)$ 对应的单位响应分量 $h_i(k)\varepsilon(k)$；

第五步，求出系统的单位响应：

$$h(k)=\sum_{i=1}^{l}h_i(k)\varepsilon(k) \tag{5.5-14}$$

最后，将传输算子 $H(E)$ 的不同形式展开项与单位响应分量的对应关系列于表 5.3 中，以供查阅使用。

表 5.3　$H(E)$ 展开项与 $h_i(t)$ 的对应关系

序号	$H(E)$ 展开项	单位响应分量 $h_i(t)$
1.1	$\frac{E}{E-r}$	$r^k\varepsilon(k)$
1.2	$\frac{E}{(E-r)^2}$	$kr^{k-1}\varepsilon(k)$
1.3	$\frac{E}{(E-r)^{n+1}}$	$\frac{1}{n!}k(k-1)\cdots(k-n+1)r^{k-n}\varepsilon(k)$
2.1	$\frac{E}{E-e^{\lambda}}$	$e^{\lambda k}\varepsilon(k)$
2.2	$\frac{E}{(E-e^{\lambda})^2}$	$ke^{\lambda(k-1)}\varepsilon(k)$
2.3	$\frac{E}{(E-e^{\lambda})^{n+1}}$	$\frac{1}{n!}k(k-1)\cdots(k-n+1)e^{\lambda(k-n)}\varepsilon(k)$
3.1	$C\frac{E}{E-r}+C^*\frac{E}{E-r^*}$ $C=\rho e^{j\varphi}$，$r=e^{(\alpha+j\beta)}$	$2\rho e^{\alpha k}\cos(\beta k+\varphi)$
4.1	$\frac{1}{E-r}$	$r^{k-1}\varepsilon(k-1)$
4.2	$\frac{1}{E-e^{\lambda}}$	$e^{\lambda(k-1)}\varepsilon(k-1)$

例 5.5-3　求图 5.5-2 所示离散系统的单位响应 $h(k)$。

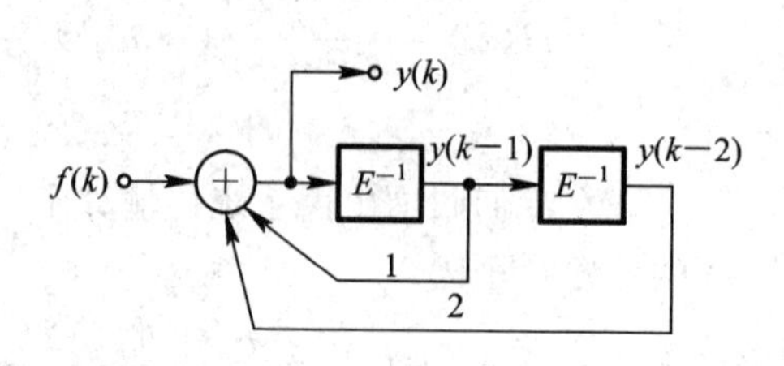

图 5.5-2　例 5.5-3 图

解　根据图 5.5-2，由于左端加法器的输出为 $y(k)$，故相应移位器的输出为 $y(k-1)$、$y(k-2)$。由加法器的输出可以列出系统的差分方程为

$$y(k)=y(k-1)+2y(k-2)+f(k)$$

或写为

$$y(k)-y(k-1)-2y(k-2)=f(k)$$

相应的传输算子为

$$H(E)=\frac{1}{1-E^{-1}-2E^{-2}}=\frac{E^2}{E^2-E-2}$$

将 $H(E)/E$ 进行部分分式展开，得

$$\frac{H(E)}{E}=\frac{E}{(E+1)(E-2)}=\frac{1/3}{E+1}+\frac{2/3}{E-2}$$

于是

$$H(E)=\frac{1}{3}\cdot\frac{E}{E+1}+\frac{2}{3}\cdot\frac{E}{E-2}$$

由于

$$\frac{1}{3}\cdot\frac{E}{E+1}\quad\rightarrow\quad h_1(k)=\frac{1}{3}(-1)^k\varepsilon(k)$$

$$\frac{2}{3}\cdot\frac{E}{E-2}\quad\rightarrow\quad h_2(k)=\frac{2}{3}(2)^k\varepsilon(k)$$

所以，系统的单位响应为

$$h(k)=h_1(k)+h_2(k)=\left[\frac{1}{3}(-1)^k+\frac{2}{3}(2)^k\right]\varepsilon(k)$$

例 5.5－4　如图 5.5－3 的离散系统，求其单位响应 $h(k)$。

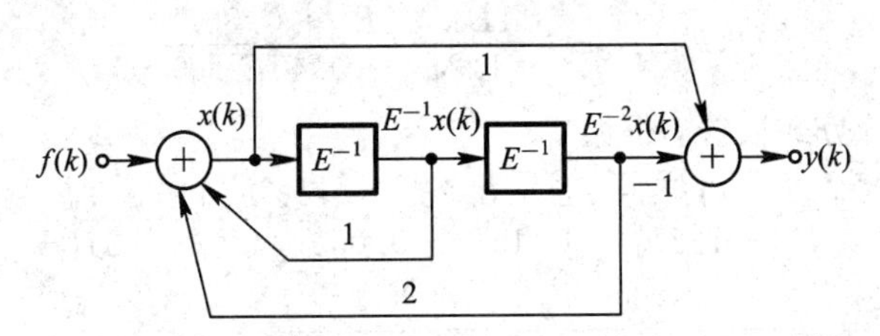

图 5.5－3　例 5.5－4 图

解　(1) 列算子方程。

根据图 5.5－3，设左端加法器的输出为 $x(k)$，相应移位器输出为 $E^{-1}x(k)$、$E^{-2}x(k)$，如图所示。由左端加法器的输出可列出方程：

$$x(k)=E^{-1}x(k)+2E^{-2}x(k)+f(k)$$

整理得

$$x(k)=\frac{1}{1-E^{-1}-2E^{-2}}f(k)\tag{5.5-15}$$

由右端加法器的输出端可列出方程：

$$y(k)=x(k)-E^{-2}x(k)=(1-E^{-2})x(k)$$

将式(5.5－15)代入上式，得到系统的输入输出算子方程：

$$y(k)=\frac{1-E^{-2}}{1-E^{-1}-2E^{-2}}f(k)\tag{5.5-16}$$

(2) 求单位响应。

由式(5.5－16)，得到系统传输算子，并将它表示为

$$H(E)=\frac{1-E^{-2}}{1-E^{-1}-2E^{-2}}=\frac{E^2-1}{E^2-E-2}=\frac{E-1}{E-2}$$

将 $H(E)/E$ 进行部分分式展开，得

$$\frac{H(E)}{E}=\frac{E-1}{E(E-2)}=\frac{1}{2}\left(\frac{1}{E}+\frac{1}{E-2}\right)$$

于是

$$H(E)=\frac{1}{2}\left(1+\frac{E}{E-2}\right)$$

由于

$$0.5 \quad \rightarrow \quad h_1(k)=0.5\delta(k)$$

$$0.5\times\frac{E}{E-2} \quad \rightarrow \quad h_2(k)=0.5\times(2)^k\varepsilon(k)$$

所以，系统的单位响应为

$$h(k)=h_1(k)+h_2(k)=0.5\delta(k)+0.5\times(2)^k\varepsilon(k) \tag{5.5-17}$$

例 5.5－5 设描述离散系统的差分方程为

$$\begin{aligned}y(k+3)-1.2y(k+2)+0.45y(k+1)-0.05y(k)\\=11f(k+3)-3f(k+2)+0.25f(k+1)\end{aligned}$$

求系统的单位响应。

解 由已知差分方程得系统传输算子为

$$H(E)=\frac{11E^3-3E^2+0.25E}{E^3-1.2E^2+0.45E-0.05}$$

将 $H(E)/E$ 进行部分分式展开，得

$$\begin{aligned}\frac{H(E)}{E}&=\frac{11E^2-3E+0.25}{E^3-1.2E^2+0.45E-0.05}=\frac{11E^2-3E+0.25}{(E-0.2)(E-0.5)^2}\\&=\frac{1}{E-0.2}+\frac{10}{E-0.5}+\frac{5}{(E-0.5)^2}\end{aligned}$$

即

$$H(E)=\frac{E}{E-0.2}+\frac{10E}{E-0.5}+\frac{5E}{(E-0.5)^2}$$

由式(5.5－11)得

$$\frac{E}{E-0.2}\rightarrow 0.2^k\varepsilon(k)$$

$$\frac{10E}{E-0.5}\rightarrow 10(0.5)^k\varepsilon(k)$$

$$\frac{5E}{(E-0.5)^2}\rightarrow 5k(0.5)^{k-1}\varepsilon(k)$$

因此，系统单位响应为

$$h(k)=[0.2^k+10(0.5)^k+5k(0.5)^{k-1}]\varepsilon(k)$$

5.5.3 一般信号 $f(k)$ 激励下的零状态响应

设离散系统的输入为 $f(k)$，对应的零状态响应为 $y_{zs}(k)$。由离散信号的时域分解公式(5.5－1)知道，可将任一输入序列 $f(k)$ 分解表示成众多移位脉冲序列的线性组合，即

$$f(k)=f(k)*\delta(k)=\sum_{m=-\infty}^{\infty}f(m)\delta(k-m)$$

根据 LTI 离散系统的特性，应用单位响应 $h(k)$可以分别求出每个移位脉冲序列 $f(m)\delta(k-m)$作用于系统的零状态响应。然后，把它们叠加起来就可以得到系统对输入 $f(k)$的零状态响应 $y_{zs}(k)$。因此，我们也可以采用连续系统中类似的办法，在求得单位响应的基础上，依据信号的分解特性和系统的线性、时不变特性推导出离散系统零状态响应的计算公式。对于 LTI 离散系统，我们有如下输入—零状态响应关系：

$\delta(k)\rightarrow h(k)$　　［单位响应定义］

$\delta(k-m)\rightarrow h(k-m)$　　［系统的时不变特性］

$f(m)\delta(k-m)\rightarrow f(m)h(k-m)$　　［$y_{zs}(k)$ 的齐次性］

$\sum_{m=-\infty}^{\infty}f(m)\delta(k-m)\rightarrow\sum_{m=-\infty}^{\infty}f(m)h(k-m)$　　［$y_{zs}(k)$ 的可加性］

$f(k)\rightarrow f(k)*h(k)$　　［信号的分解公式和卷积和运算定义］

于是，得到系统在一般信号 $f(k)$激励下的零状态响应为

$$y_{zs}(k)=\sum_{m=-\infty}^{\infty}f(m)h(k-m)=f(k)*h(k)\quad k\geqslant 0 \tag{5.5-18}$$

这一结果表明：LTI 离散时间系统的零状态响应等于输入序列 $f(k)$和单位响应 $h(k)$的卷积和。

综合式(5.4－22)和式(5.5－18)，可将离散系统的全响应表示为

$$y(k)=y_{zi}(k)+y_{zs}(k)=\sum_{i=1}^{l}\sum_{j=0}^{d_i-1}c_{ij}k^j r_i^{\,k}+f(k)*h(k)\quad k\geqslant 0 \tag{5.5-19}$$

式中，各符号的意义与前面有关说明相同。

例 5.5－6　已知离散系统的输入序列 $f(k)$和单位响应 $h(k)$如下：

$$f(k)=\varepsilon(k)-\varepsilon(k-5)$$

$$h(k)=\left(\frac{1}{2}\right)^k\varepsilon(k)$$

求系统的零状态响应 $y_{zs}(k)$。

解　根据式(5.5－18)，有

$$y_{zs}(k)=f(k)*h(k)=[\varepsilon(k)-\varepsilon(k-5)]*h(k)$$

由卷积和的分配律，将上式写成

$$y_{zs}(k)=\varepsilon(k)*h(k)-\varepsilon(k-5)*h(k)$$

查卷积和计算公式表 5.1，得

$$y_{zs1}(k)=\varepsilon(k)*h(k)=\varepsilon(k)*\left(\frac{1}{2}\right)^k\varepsilon(k)=\frac{1-\left(\frac{1}{2}\right)^{k+1}}{1-\frac{1}{2}}=\left[2-\left(\frac{1}{2}\right)^k\right]\varepsilon(k)$$

由系统的时不变特性，得

$$y_{zs2}(k)=\varepsilon(k-5)*h(k)=y_{zs1}(k-5)=\left[2-\left(\frac{1}{2}\right)^{k-5}\right]\varepsilon(k-5)$$

于是，系统的零状态响应为

$$y_{zs}(k)=y_{zs1}(k)-y_{zs2}(k)=\left[2-\left(\frac{1}{2}\right)^k\right]\varepsilon(k)-\left[2-\left(\frac{1}{2}\right)^{k-5}\right]\varepsilon(k-5)$$

例 5.5-7　描述某离散系统的差分方程为

$$y(k)-0.7y(k-1)+0.12y(k-2)=2f(k)-f(k-1)$$

若输入 $f(k)=(0.2)^k\varepsilon(k)$，零输入响应初始条件 $y_{zi}(0)=8$，$y_{zi}(1)=3$。试求系统的零输入响应、零状态响应和全响应。

解　写出系统的算子方程：

$$(1-0.7E^{-1}+0.12E^{-2})y(k)=(2-E^{-1})f(k)$$

其传输算子为

$$H(E)=\frac{2-E^{-1}}{1-0.7E^{-1}+0.12E^{-2}}=\frac{E(2E-1)}{E^2-0.7E+0.12}$$
$$=\frac{E(2E-1)}{(E-0.3)(E-0.4)}$$

先求系统的零输入响应 $y_{zi}(k)$。由式(5.4-11)和 $H(E)$ 的极点可得

$$y_{zi}(k)=[c_1(0.3)^k+c_2(0.4)^k]\varepsilon(k)$$

将初始条件代入上式，有

$$\begin{cases}c_1+c_2=8\\0.3c_1+0.4c_2=3\end{cases}$$

解得 $c_1=2$，$c_2=6$。故有零输入响应：

$$y_{zi}(k)=[2(0.3)^k+6(0.4)^k]\varepsilon(k)\tag{5.5-20}$$

再求系统的零状态响应 $y_{zs}(k)$。此时，需要求出系统的单位响应。为此，将 $H(E)/E$ 展开成部分分式，有

$$\frac{H(E)}{E}=\frac{2E-1}{(E-0.3)(E-0.4)}=\frac{4}{E-0.3}-\frac{2}{E-0.4}$$

即

$$H(E)=\frac{4E}{E-0.3}-\frac{2E}{E-0.4}$$

由式(5.5-11)写出系统单位响应：

$$h(k)=[4(0.3)^k-2(0.4)^k]\varepsilon(k)$$

按式(5.5-18)计算零状态响应：

$$\begin{aligned}y_{zs}(k)&=f(k)*h(k)=(0.2)^k\varepsilon(k)*[4(0.3)^k-2(0.4)^k]\varepsilon(k)\\&=(0.2)^k\varepsilon(k)*4(0.3)^k\varepsilon(k)-(0.2)^k\varepsilon(k)*2(0.4)^k\varepsilon(k)\\&=4\cdot\frac{(0.2)^{k+1}-(0.3)^{k+1}}{-0.1}\varepsilon(k)-2\cdot\frac{(0.2)^{k+1}-(0.4)^{k+1}}{-0.2}\varepsilon(k)\\&=[40(0.3)^{k+1}-10(0.4)^{k+1}-30(0.2)^{k+1}]\varepsilon(k)\\&=[12(0.3)^k-4(0.4)^k-6(0.2)^k]\varepsilon(k)\end{aligned}\tag{5.5-21}$$

最后，将零输入响应 $y_{zi}(k)$ 和零状态响应 $y_{zs}(k)$ 相加，得到系统的全响应：

$$\begin{aligned}y(k)&=y_{zi}(k)+y_{zs}(k)\\&=[2(0.3)^k+6(0.4)^k]\varepsilon(k)+[12(0.3)^k-4(0.4)^k-6(0.2)^k]\varepsilon(k)\\&=2[7(0.3)^k+(0.4)^k-3(0.2)^k]\varepsilon(k)\end{aligned}\tag{5.5-22}$$

5.6　系统差分方程的经典解法

与连续系统响应的经典解法类似，对于 LTI 离散系统，也可以应用经典解法，分别求出离散系统差分方程的齐次解和特解，然后将它们相加得到系统的完全解或全响应。

1. 齐次解

设 n 阶 LTI 离散系统的传输算子 $H(E)$ 为

$$H(E)=\frac{E^{n-m}(b_mE^m+b_{m-1}E^{m-1}+\cdots+b_1E+b_0)}{E^n+a_{n-1}E^{n-1}+\cdots+a_1E+a_0} \tag{5.6-1}$$

相应的输入输出方程可用后向差分方程表示为

$$\begin{aligned}&y(k)+a_{n-1}y(k-1)+\cdots+a_1y(k-n+1)+a_0y(k-n)\\&\quad=b_mf(k)+b_{m-1}f(k-1)+\cdots+b_1f(k-m+1)+b_0f(k-m)\end{aligned} \tag{5.6-2}$$

式中，$a_i(i=0, 1, \cdots, n-1)$、$b_j(j=0, 1, \cdots, m)$均为实常数。

当式(5.6-2)中的 $f(k)$及其各移位项均为零时，齐次方程：

$$y(k)+a_{n-1}y(k-1)+\cdots+a_1y(k-n+1)+a_0y(k-n)=0 \tag{5.6-3}$$

的通解称为**齐次解**，记为 $y_h(k)$。

通常，齐次解由形式为 $c\lambda^k$ 的序列组合而成，将 $c\lambda^k$ 代入式(5.6-3)，得到

$$c\lambda^k+a_{n-1}c\lambda^{k-1}+\cdots+a_1c\lambda^{k-n+1}+a_0c\lambda^{k-n}=0$$

消去常数 c，并同乘 λ^{n-k}，得

$$\lambda^n+a_{n-1}\lambda^{n-1}+\cdots+a_1\lambda+a_0=0 \tag{5.6-4}$$

该式称为差分方程式(5.6-2)或式(5.6-3)的**特征方程**，一般有 n 个不等于零的根 $\lambda_i(i=1, 2, \cdots, n)$，称为差分方程的**特征根**。由于特征方程(5.6-4)左端与传输算子 $H(E)$的分母式具有相同形式，因此，差分方程的特征根就是传输算子 $H(E)$的极点。

根据特征根(或传输算子极点)的不同取值，差分方程齐次解的函数式如表 5.4 所列。表中的 A、B、c_i、φ_i 等为待定常数，一般由初始条件 $y(0)$，$y(1)$，$\cdots$，$y(n-1)$确定。

表 5.4　特征根及其对应的齐次解

特征根(传输算子极点)λ	齐次解 $y_h(k)$
互异单实根 $\lambda_i(i=1,2,\cdots,n)$	$\sum\limits_{i=1}^{n} c_i\lambda_i^k$
r 重实根 λ	$(c_0+c_1k+\cdots+c_{r-1}k^{r-1})\lambda^k$
共轭复根 $\lambda_{1,2}=\rho e^{\pm j\Omega}$	$(A\cos\Omega k+B\sin\Omega k)\rho^k$ 或 $c\rho^k\cos(\Omega k+\varphi)$
r 重共轭复根	$\rho^k\cdot[c_0\cos(\Omega k+\varphi_0)+c_1k\cos(\Omega k+\varphi_1)+\cdots+c_{r-1}k^{r-1}\cos(\Omega k+\varphi_{r-1})]$

2. 特解

离散系统非齐次差分方程的特解用 $y_p(k)$表示，它的函数形式与输入的函数形式有关。将输入 $f(k)$代入差分方程式(5.6-2)的右端，所得结果称为“**自由项**”。表 5.5 中列出了几种典型自由项函数形式对应的特解函数。将相应的特解函数代入原差分方程，按照方程两边对应项系数相等的方法，确定待定常数 P_i、Q 等，即可得到方程的特解 $y_p(k)$。

表 5.5　自由项及其对应的特解

自由项函数	特解函数 $y_p(k)$
k^m	$P_0+P_1k+\cdots+P_{m-1}k^{m-1}+P_mk^m$
α^k	$P_0\alpha^k$　（α 不等于特征根） $(P_0+P_1k)\alpha^k$　（α 等于单特征根） $(P_0+P_1k+\cdots+P_{r-1}k^{r-1}+P_rk^r)\alpha^k$　（α 等于 r 重特征根）
$\cos(\Omega k+\theta)$或$\sin(\Omega k+\theta)$	$P\cos(\Omega k)+Q\sin(\Omega k)$ 或 $A\cos(\Omega k+\varphi)$
$\alpha^k\cos(\Omega k+\theta)$或$\alpha^k\sin(\Omega k+\theta)$	$\alpha^k[P\cos(\Omega k)+Q\sin(\Omega k)]$

将式(5.6-2)的齐次解和特解相加就是该差分方程的完全解。如果一个 n 阶差分方程，特征根 λ_1 为 r 重根，其余特征根均为单根，那么，该差分方程的完全解可表示为

$$y(k)=y_h(k)+y_p(k)=\left(\sum_{i=0}^{r-1}c_ik^i\lambda_1^k+\sum_{j=r+1}^{n}c_j\lambda_j^k\right)+y_p(k)\qquad(5.6-5)$$

式中的各系数 c_i、c_j 由差分方程的初始条件，即 n 个独立的 $y(k)$ 值确定。

例 5.6-1　某离散系统的输入输出方程为

$$6y(k)-y(k-1)-y(k-2)=12f(k)$$

已知 $f(k)=\cos(k\pi)\varepsilon(k)$，$y(0)=15$，$y(2)=4$。试求 $k\geqslant0$ 时系统的全响应 $y(k)$。

解　系统特征方程为

$$6\lambda^2-\lambda-1=0$$

其特征根 $\lambda_1=1/2$，$\lambda_2=-1/3$。故差分方程的齐次解为

$$y_h(k)=c_1\left(\frac{1}{2}\right)^k+c_2\left(-\frac{1}{3}\right)^k$$

因输入

$$f(k)=\cos(k\pi)\varepsilon(k)$$

由表 5.5 可设特解为

$$y_p(k)=P\cos(k\pi)+Q\sin(k\pi)=P\cos(k\pi)$$

考虑到系统差分方程自由项中未含正弦函数，故上式中 $Q=0$，由此写出移位序列：

$$y_p(k-1)=P\cos[(k-1)\pi]=-P\cos(k\pi)$$

$$y_p(k-2)=P\cos[(k-2)\pi]=P\cos(k\pi)$$

代入原差分方程，得

$$6P\cos(k\pi)=12\cos(k\pi)$$

比较方程两边系数，求得 $P=2$，于是有

$$y_p(k)=2\cos(k\pi)\qquad k\geqslant0$$

方程的完全解为

$$y(k)=y_h(k)+y_p(k)=\left[c_1\left(\frac{1}{2}\right)^k+c_2\left(-\frac{1}{3}\right)^k\right]+2\cos(k\pi)$$

将初始条件代入上式，可得

$$y(0)=c_1+c_2+2=15$$

$$y(2)=\frac{1}{4}c_1+\frac{1}{9}c_2+2=4$$

解得 $c_1=4$，$c_2=9$。

最后，得到系统的全响应：

$$y(k)=\underbrace{4\left(\frac{1}{2}\right)^k+9\left(-\frac{1}{3}\right)^k}_{\substack{\text{自由响应}\\ \text{（暂态响应）}}}+\underbrace{2\cos(k\pi)}_{\substack{\text{强迫响应}\\ \text{（稳态响应）}}}\qquad k\geqslant 0$$

与连续系统响应类似，也称差分方程的齐次解为系统的**自由响应**，称其特解为**强迫响应**。本例中，特征根 $|\lambda_{1,2}|<1$，其自由响应随 k 的增大而逐渐衰减为零，故为系统的**暂态响应**。而强迫响应为有始正弦序列，是系统的**稳态响应**。

5.7 小　结

1. 本章研究离散信号与系统的时域分析，其基本概念、分析方法和主要结论都与第 2 章中连续信号与系统的时域分析相一致，注意两者理论上相对独立、内容上相互并行的特点。

2. 离散信号可以直接定义，也可以由连续信号通过抽样产生。

在离散信号与系统分析中，常用的基本信号是单位脉冲序列、正弦序列、指数序列和 Z 序列。

按普通函数理解，单位冲激信号在 $t=0$ 处没有定义，故 $\delta(k)$ 不能经由 $\delta(t)$ 抽样产生。而任一正弦信号经抽样后均可得到一个正弦序列。正弦信号都是周期信号，但正弦序列并非一定是周期序列。当且仅当周期比 r_T 为有理函数时，该正弦序列才具有周期性。

3. 给定 n 阶 LTI 离散系统，可采用差分方程、算子方程或传输算子 $H(E)$、方框图或信号流图以及单位响应 $h(k)$ 等方法描述。这些方法同属离散系统输入输出描述，利用 $H(E)$ 可以实现不同描述方法之间的相互转换。

4. 卷积和是离散信号分解和离散系统响应计算的重要数学工具。卷积和运算满足交换律、结合律、分配律以及卷积和位移性质。图解法特别适用于计算某一指定序号时两序列的卷积和值。

5. 系统法求解离散系统响应时，与连续系统情况类似，先计算离散系统零输入响应 $y_{zi}(k)$、零状态响应 $y_{zs}(k)$，再叠加求得系统的全响应 $y(k)$。

零输入响应：

$$A(E)=\prod_{i=1}^{l}(E-r_i)^{d_i}$$

$$y_{zi}(k)=\sum_{i=1}^{l}y_{zii}(k)=\sum_{i=1}^{l}(c_{i0}+c_{i1}k+\cdots+c_{i,d_i-1}k^{d_i-1})r_i^k\qquad k\geqslant 0$$

式中，$y_{zii}(k)$ 是方程 $(E-r_i)^{d_i}y_{zii}(k)=0$ 的解，解中诸待定系数一般采用初始条件 $y(-1)$，$y(-2)$，…，$y(-n)$ 确定。

零状态响应：

$$y_{zs}(k)=f(k)*h(k) \qquad k\geqslant 0$$

式中，$h(k)$是离散系统的单位响应。

全响应：

$$y(k)=y_{zi}(k)+y_{zs}(k) \qquad k\geqslant 0$$

6. 单位响应 $h(k)$是基本信号 $\delta(k)$激励下离散系统的零状态响应。应用 $h(k)$，结合离散信号分解公式(5.5－1)和离散系统线性特性可导出零状态响应计算公式。

$h(k)$的计算步骤：① 将 $H(E)$展开写成式(5.5－13)各项和的形式；② 结合表 5.3 计算单位响应分量 $h_i(k)$；③ 按式(5.5－14)求得单位响应 $h(k)$。

7. 经典法求解离散系统响应时，建立离散系统差分方程，按经典法计算差分方程齐次解 $y_h(k)$和特解 $y_p(k)$，相加求得系统的完全解 $y(k)$。

注意，一般采用初始条件 $y(0)$，$y(1)$，…，$y(n-1)$确定齐次解 $y_h(k)$中的待定系数。

习　题　五

5.1　画出下列各序列的图形。

(1) $f(k)=\left(\frac{1}{2}\right)^{k}\varepsilon(k)$；　　(2) $f(k)=2\delta(k+1)+3\delta(k-2)-\delta(k-3)$；

(3) $f(k)=\varepsilon(k+2)-\varepsilon(k-4)$；　　(4) $f(k)=\left(\frac{1}{2}\right)^{-k}\varepsilon(-k-1)$；

(5) $f(k)=\sin\frac{k\pi}{5}\cdot\varepsilon(k)$；　　(6) $f(k)=\cos\left(\frac{k\pi}{10}-\frac{\pi}{5}\right)$。

5.2　画出下列各序列的图形。

(1) $f(k)=k\varepsilon(k)$；　　(2) $f(k)=-k\varepsilon(k)$；

(3) $f(k)=k\varepsilon(k-4)$；　　(4) $f(k)=(k-4)\varepsilon(k-4)$；

(5) $f(k)=(k-4)\varepsilon(k+4)$；　　(6) $f(k)=(k+4)\varepsilon(k+4)$。

5.3　写出题图 5.1 所示各序列的表达式。

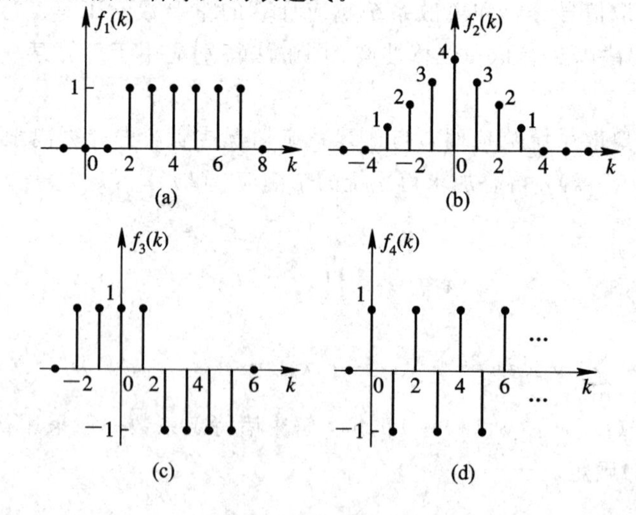

题图 5.1

5.4　判断下列各序列是否为周期序列。如果是周期序列，试确定其周期。

(1) $f(k)=e^{j\left(\frac{k}{4}-\pi\right)}$；　(2) $f(k)=\sin\left(\frac{8\pi k}{5}-1\right)$；

(3) $f(k)=\cos\left(\frac{k}{4}\right)\cdot\sin\left(\frac{k\pi}{4}\right)$；　(4) $f(k)=\cos\left(\frac{\pi k}{2}+\frac{\pi}{4}\right)+2\sin\left(\frac{\pi k}{4}\right)$。

5.5　证明离散时间信号的卷积和运算满足交换律、分配律和结合律。

5.6　计算下列卷积和 $f(k)=f_1(k)*f_2(k)$：

(1) $f_1(k)=\alpha^k\varepsilon(k)$，$f_2(k)=\beta^k\varepsilon(k)$，$0<\alpha<1$，$0<\beta<1$，$\alpha\neq\beta$；

(2) $f_1(k)=(0.5)^k\varepsilon(k)$，$f_2(k)=\varepsilon(k)$；

(3) $f_1(k)=(0.5)^k\varepsilon(k)$，$f_2(k)=\varepsilon(-k+1)$；

(4) $f_1(k)=\varepsilon(k)$，$f_2(k)=2^k\varepsilon(-k)$。

5.7　各序列的图形如题图 5.2 所示，求下列卷积和。

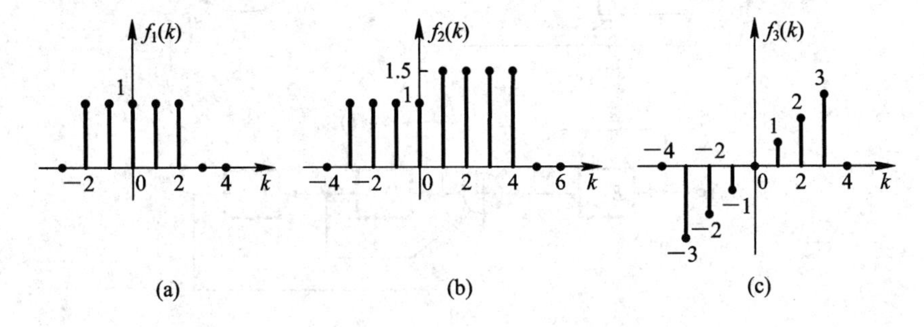

题图 5.2

(1) $f_1(k)*f_2(k)$；　(2) $f_1(k)*f_3(k)$；

(3) $[f_2(k)-f_1(k)]*f_3(k)$；　(4) $f_1(k-2)*f_2(k+5)$。

5.8　各序列图形如题图 5.2 所示，问：

(1) 若 $f(k)=f_1(k)*f_2(k)$，则 $f(-2)$、$f(0)$和 $f(2)$各是多少？

(2) 若 $y(k)=f_2(k)*f_3(k)$，则 $y(-2)$、$y(0)$和 $y(2)$各是多少？

5.9　已知两序列：

$$f_1(k)=\{0,\ 1,\ 1,\ 1,\ 0\}$$
$$\uparrow$$
$$k=0$$

$$f_2(k)=\{0,\ 1,\ 2,\ 3,\ 0\}$$
$$\uparrow$$
$$k=0$$

试计算 $f_1(k)*f_2(k)$。

5.10　已知序列 $x(k)$、$y(k)$为

$$x(k)=\begin{cases}1 & 0\leqslant k\leqslant 4\\ 0 & \text{其余 } k \text{ 值}\end{cases}$$

$$y(k)=\begin{cases}2^k & 0\leqslant k\leqslant 6\\ 0 & \text{其余 } k \text{ 值}\end{cases}$$

试用图解法求 $g(k)=x(k)*y(k)$。

5.11　下列系统方程中，$f(k)$和$y(k)$分别表示系统的输入和输出，试写出各离散系统的传输算子$H(E)$。

(1) $y(k+2)=ay(k+1)+by(k)+cf(k+1)+df(k)$；

(2) $y(k)=2y(k-2)+f(k)+f(k-1)$；

(3) $y(k+1)+5y(k)+6y(k-1)=f(k)-2f(k-1)$；

(4) $y(k)+4y(k-1)+5y(k-3)=f(k-1)+3f(k-2)$。

5.12　试画出题5.11中各系统的模拟框图和信号流图。

5.13　列出题图5.3所示离散时间系统的输入输出差分方程。

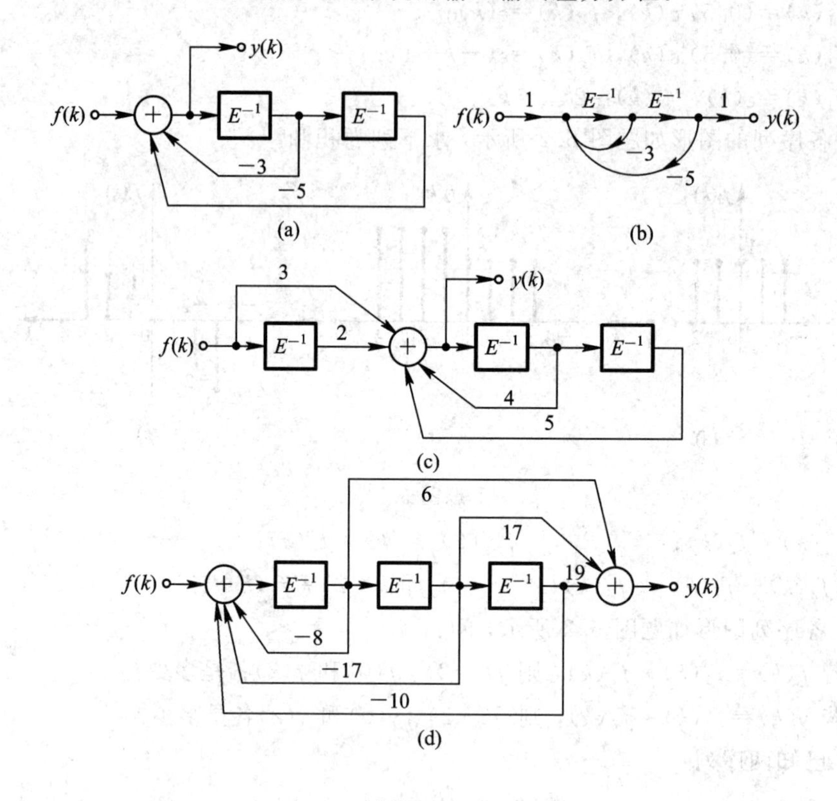

题图 5.3

5.14　试求由下列差分方程描述的离散时间系统的零输入响应。设初始观察时刻$k_0=0$。

(1) $y(k)+2y(k-1)=f(k)$，$y_{zi}(0)=1$；

(2) $y(k)-3y(k-1)+2y(k-2)=f(k)+3f(k-1)$，$y_{zi}(0)=0$，$y_{zi}(1)=1$；

(3) $y(k)+3y(k-1)+2y(k-2)=2f(k)+5f(k-2)$，$y_{zi}(0)=0$，$y_{zi}(1)=1$；

(4) $y(k)+0.8y(k-1)-0.2y(k-2)=2f(k)+f(k-1)$，$y_{zi}(0)=1$，$y_{zi}(1)=1$；

(5) $y(k)+2y(k-1)+4y(k-2)=f(k)$，$y_{zi}(0)=1$，$y_{zi}(1)=2$；

(6) $y(k)+2y(k-1)+y(k-2)=f(k)$，$y(-1)=3$，$y(-2)=-5$。

5.15　求下列离散系统的零输入响应。

(1) $H(E)=\dfrac{E+1}{E^2+2E+2}$，$y_{zi}(0)=0$，$y_{zi}(1)=2$；

(2) $H(E)=\dfrac{E+2}{E^2+4E+4}$，$y_{zi}(0)=1$，$y_{zi}(1)=2$。

5.16　已知离散系统的差分方程(或传输算子)如下，试求各系统的单位响应。

(1) $y(k+2)-5y(k+1)+6y(k)=f(k)$；

(2) $y(k)-2y(k-1)-5y(k-2)+6y(k-3)=f(k)$；

(3) $H(E)=\dfrac{1}{E^2-E+0.25}$；

(4) $H(E)=\dfrac{2-E^3}{E^3-\dfrac{1}{2}E^2+\dfrac{1}{18}E}$；

(5) $H(E)=\dfrac{E^2}{E^2+0.5}$。

5.17　求题图5.4所示各系统的单位响应。

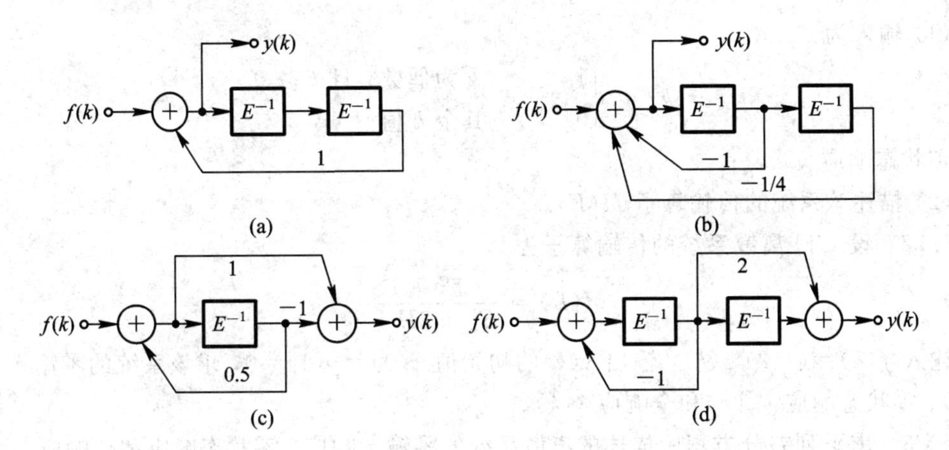

题图 5.4

5.18　离散系统的模拟框图如题图5.5所示，求该系统的单位响应和阶跃响应。

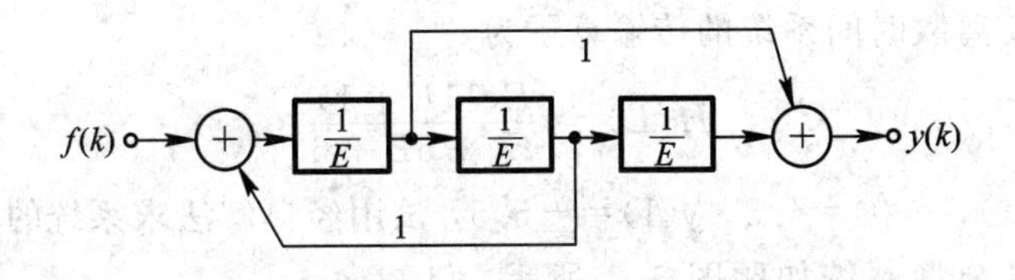

题图 5.5

5.19　已知离散时间系统的输入 $f(k)$ 和单位响应 $h(k)$ 如题图5.6(a)、(b)所示，求系统的零状态响应 $y_{zs}(k)$，并画出 $y_{zs}(k)$ 的图形。

5.20　已知LTI离散系统的输入输出差分方程为

$$y(k)+0.1y(k-1)-0.3y(k-2)=11f(k-1)+22f(k-2)$$

试求：

(1) 系统的单位响应；

(2) 输入 $f(k)=\varepsilon(k)-\varepsilon(k-8)$ 时系统的零状态响应。

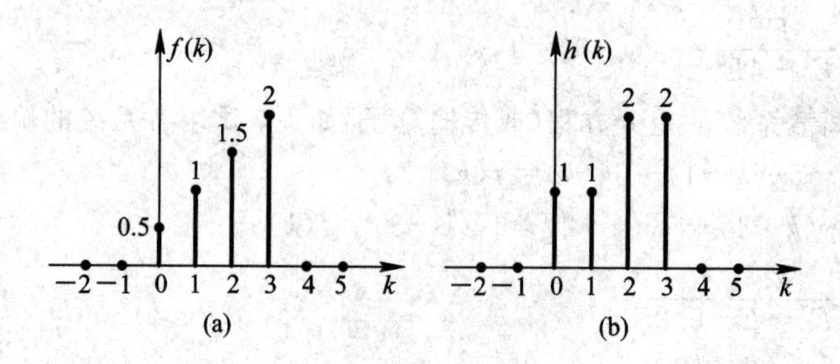

题图 5.6

5.21 已知 LTI 离散系统的单位响应为

$$h(k)=\begin{cases}1 & k=1,2,3\\0 & \text{其余 } k \text{ 值}\end{cases}$$

试求：

(1) 输入为

$$f(k)=\begin{cases}1 & k \text{ 为偶数，且 } k\geqslant 0\\0 & \text{其余 } k \text{ 值}\end{cases}$$

时的零状态响应 $y_{zs}(k)$；

(2) 描述该系统的传输算子 $H(E)$。

5.22 设 LTI 离散系统的传输算子为

$$H(E)=\frac{E^2+E}{E^2+3E+2}$$

系统输入 $f(k)-(-2)^k\varepsilon(k)$，输出 $y(k)$的初始值 $y(0)=y(1)=0$，求该系统的零输入响应 $y_{zi}(k)$、零状态响应 $y_{zs}(k)$和全响应 $y(k)$。

5.23 求下列差分方程所描述的离散系统的零输入响应、零状态响应和全响应。

(1) $y(k+1)+2y(k)=f(k)$，$f(k)=\mathrm{e}^{-k}\varepsilon(k)$，$y_{zi}(0)=0$；

(2) $y(k)+3y(k-1)+2y(k-2)=f(k)$，$f(k)=\varepsilon(k)$，$y(-1)=1$，$y(-2)=0$；

(3) $y(k)+5y(k-1)+6y(k-2)=f(k)-f(k-1)$，$f(k)=\varepsilon(k)$，$y(0)=1$，$y(2)=-16$。

5.24 某 LTI 离散时间系统的传输算子为

$$H(E)=\frac{E(11E+1)}{E^2+5E+6}$$

且已知 $f(k)=k\varepsilon(k)$，$y(0)=4.5$，$y(1)=-5.5$，试用经典解法求系统的全响应 $y(k)$。

5.25 某 LTI 离散系统如题图 5.7 所示，已知激励 $f(k)=2^k\varepsilon(k)$，响应初始值$y(0)=0$，$y(1)=2$。试求该系统的自由响应、强迫响应和全响应。

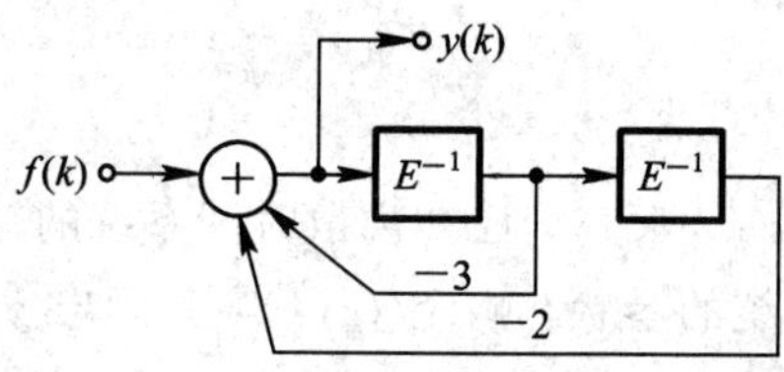

题图 5.7

5.26 描述 LTI 离散系统的差分方程为

$$y(k)-0.7y(k-1)+0.1y(k-2)=7f(k)-2f(k-1)$$

已知系统在 $k=0$ 时接入输入 $f(k)=\varepsilon(k)$，全响应的初始值 $y(0)=14$，$y(1)=13.1$。求系统的零输入响应、零状态响应、自由响应、强迫响应、暂态响应和稳态响应。

*第 6 章　离散信号与系统的频域分析

6.0　引　　言

第 5 章讨论了离散信号与系统的时域分析，它的分析过程与连续信号与系统的时域分析有很多相似之处。我们知道，对连续信号与系统的分析还可在变换域中进行，即前面讨论过的傅里叶变换分析和拉普拉斯变换分析。同样，对离散时间信号与系统也存在类似的变换域分析，即离散时间信号与系统的傅里叶变换分析和 Z 变换分析。

本章讨论离散信号与系统的傅里叶分析。基本内容包括：周期离散信号的傅里叶级数；非周期离散信号的离散时间傅里叶变换；离散傅里叶变换及其快速算法——快速傅里叶变换；离散系统的频域分析。

6.1　周期信号的离散时间傅里叶级数

第 5 章指出，如果离散信号 $f(k)$满足

$$f(k) = f(k+N) \tag{6.1-1}$$

则称 $f(k)$是周期信号，其周期为 N(N 为正整数)。而复指数信号 $e^{j\frac{2\pi}{N}k}$ 就是一个以 N 为周期的周期信号。若将所有周期为 N 的复指数信号组合起来，可以构成一个信号集：

$$\Phi_n(k) = \{e^{jn\frac{2\pi}{N}k}\} \qquad n = 0, \pm 1, \pm 2, \cdots \tag{6.1-2}$$

N 是此信号集的基波周期，其基波频率为 $2\pi/N$。在此信号集中，任一信号的频率为其基波频率的整数倍，因此它们之间呈谐波关系。与连续时间信号的复指数信号集$\{e^{jn\Omega t}\}$不同的是，信号集 $\Phi_n(k)$中只有 N 个信号是独立的。这是因为任何在频率上相差 2π 整数倍的复指数序列都是相同的。即

$$e^{j(n+rN)\frac{2\pi}{N}k} = e^{jn\frac{2\pi}{N}k} \tag{6.1-3}$$

从而有 $\varphi_0(k)=\varphi_N(k)$，$\varphi_1(k)=\varphi_{N+1}(k)$，…，$\varphi_n(k)=\varphi_{n+rN}(k)$，其中 r 为一个整数。这表明在信号集 $\Phi_n(k)$中当 n 变化一个 N 的整数倍时，就得到一个完全一样的序列。

与连续时间信号的傅里叶级数表示相似，我们用信号集 $\Phi_n(k)$中所有独立的 N 个复指数序列的线性组合来表示一个周期序列，这种表示就称为离散时间傅里叶级数(DFS)。

6.1.1　离散时间傅里叶级数

一周期为 T 的周期信号 $f(t)$，若满足狄里赫利条件，则有

$$F(n\Omega)=\frac{1}{T}\int_{-\frac{T}{2}}^{\frac{T}{2}} f(t)\mathrm{e}^{-\mathrm{j}n\Omega t}\,\mathrm{d}t,\quad f(t)=\sum_{n=-\infty}^{\infty}F(n\Omega)\mathrm{e}^{\mathrm{j}n\Omega t}$$

式中，$\Omega=2\pi/T$ 为基波角频率。这就是连续信号的傅里叶级数。若设其基波频率为 $f_1=1/T$，将积分区间由 $-\frac{T}{2}\sim\frac{T}{2}$ 移到 $0\sim T$，则上式可写为

$$F(nf_1)=\frac{1}{T}\int_0^T f(t)\mathrm{e}^{-\mathrm{j}n\frac{2\pi}{T}t}\,\mathrm{d}t \tag{6.1-4}$$

$$f(t)=\sum_{n=-\infty}^{\infty}F(nf_1)\mathrm{e}^{\mathrm{j}n\frac{2\pi}{T}t} \tag{6.1-5}$$

DFS 的输入是一个数列，而不是时间连续函数。数列通常是以周期 T_N 秒等间隔、周期地对连续信号采样而产生。如果在周期函数 $f(t)$ 的一个周期中采集 N 个样点，则有 $T=NT_N$（T_N 为采样间隔）。这样就得到一个数据序列 $f(kT_N)$，可以简记为 $f(k)$。数据的顺序 k 确定了采样时刻，而采样间隔 T_N 隐含在 $f(k)$ 中。为了计算数据序列 $f(k)$ 的傅里叶级数系数，我们对式(6.1-4)的符号作如下的演变：$T=NT_N$，$t\to kT_N$，$\mathrm{d}t\to T_N$，$\int_0^T\to\sum_{k=0}^{N-1}$，于是得到

$$F_n=\frac{1}{NT_N}\sum_{k=0}^{N-1}f(k)\mathrm{e}^{-\mathrm{j}n\frac{2\pi}{NT_N}k\cdot T_N}\cdot T_N=\frac{1}{N}\sum_{k=0}^{N-1}f(k)\mathrm{e}^{-\mathrm{j}\frac{2\pi}{N}kn} \tag{6.1-6}$$

由上式可知，周期序列 $f(k)$ 的傅里叶级数仍为一数据序列 F_n，其基频 f_1 隐含在序数 n 中。由式(6.1-3)可知 $F_{n+rN}=F_n$，即 F_n 也是一个周期序列，于是式(6.1-6)可写为

$$F_n=\frac{1}{N}\sum_{k=\langle N\rangle}f(k)\mathrm{e}^{-\mathrm{j}\frac{3\pi}{N}kn} \tag{6.1-7}$$

式中，$k=\langle N\rangle$ 表示 k 只要从某一个整数开始，取足 N 个相继的整数值即可。例如，k 可以由 0 取到 $N-1$，也可以由 2 取到 $N+1$，等等。

依据类似的分析思想，可由式(6.1-5)得到

$$f(k)=\sum_{n=\langle N\rangle}F_n\mathrm{e}^{\mathrm{j}\frac{2\pi}{N}kn} \tag{6.1-8}$$

式(6.1-7)与式(6.1-8)构成离散信号 DFS 变换对。式(6.1-7)称为**DFS 正变换**，式(6.1-8)称为 **DFS 逆变换**。

与连续时间信号傅里叶级数的情况一样，F_n 称为**离散傅里叶级数的系数**，也称为 $f(k)$ 的**频谱系数**。通常 F_n 是一个关于 n 的复函数。采用与连续时间傅里叶级数中同样的方法，可以证明当 $f(k)$ 是实周期信号时，其离散傅里叶级数的系数满足

$$F_n^*=F_{-n} \tag{6.1-9}$$

由此可以推得 F_n 的实部是关于 n 的偶函数，它的虚部是关于 n 的奇函数；F_n 的模是 n 的偶函数，F_n 的相角是 n 的奇函数。这些结论与连续信号的傅里叶级数的情况完全一样。

由 DFS 的定义式(6.1-7)可知，离散时间傅里叶级数的系数是以 N 为周期的，即离散时间周期信号的频谱是以 N 为周期的周期序列。这一点与连续时间周期信号的频谱有着根本不同。只要我们取够 F_n 的一个周期，就可以按式(6.1-8)叠加成周期信号 $f(k)$。通常将 F_n 中的 n 从 0 到 $N-1$ 取值的周期称为 $f(k)$ 频谱的**主值周期**，或简称为**主周期**。

6.1.2　离散时间周期信号的频谱

根据 DFS 的定义式(6.1-7)和式(6.1-8)可知，一离散时间周期信号 $f(k)$可以由若干离散复指数序列 $F_n e^{j\frac{2\pi}{N}nk}$ 的线性组合来表示，其系数 F_n 称为 $f(k)$的频谱系数。与连续时间信号的复振幅 F_n 相似，往往要分析 $f(k)$的频谱。这里我们以典型的周期性矩形脉冲序列为例来分析其频谱。

图 6.1-1 所示为一离散时间周期矩形脉冲序列 $f(k)$，它在一个周期内可以表示为

$$f(k)=\begin{cases}1 & |k|\leqslant N_1\\ 0 & N_1<|k|<\dfrac{N}{2}\end{cases}\tag{6.1-10}$$

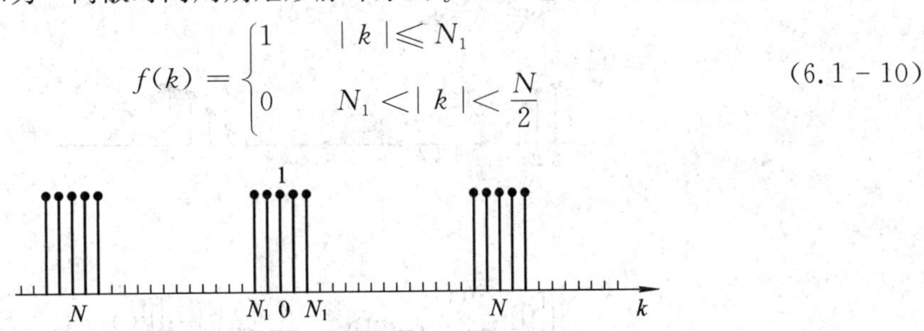

图 6.1-1　周期性矩形脉冲序列

应用式(6.1-7)可求其傅里叶级数。不过，直接利用式(6.1-7)从 0 到 $N-1$ 来计算并不方便，因为这个序列是对 $k=0$ 对称的，因此，宜选择一个对称区间，于是 $f(k)$的离散时间傅里叶级数系数为

$$F_n=\frac{1}{N}\sum_{k=-N_1}^{N_1}e^{-jn\frac{2\pi}{N}k}=\frac{1}{N}\cdot\frac{e^{j\left(\frac{2\pi}{N}\right)nN_1}-e^{-j\left(\frac{2\pi}{N}\right)n(N_1+1)}}{1-e^{-j\frac{2\pi}{N}n}}$$

$$=\begin{cases}\dfrac{1}{N}\dfrac{\sin\left[\dfrac{2\pi}{N}\left(N_1+\dfrac{1}{2}\right)n\right]}{\sin\left(\dfrac{\pi}{N}\right)n} & n\neq 0,\pm N,\pm 2N,\cdots\\[2ex] \dfrac{2N_1+1}{N} & n=0,\pm N,\pm 2N,\cdots\end{cases}\tag{6.1-11}$$

据式(6.1-11)就可画出 $f(k)$的频谱图，但此频谱图的绘制比较困难。为了更方便地绘制 $f(k)$的频谱图，我们采用与连续时间矩形脉冲信号频谱绘制相似的方法，先分析 F_n 的包络。为此，将式(6.1-11)中的$\left(\dfrac{2\pi}{N}n\right)$用连续变量 ω 来代换，即有

$$F_n=\frac{1}{N}\left.\frac{\sin\,(2N_1+1)\omega/2}{\sin\,\omega/2}\right|_{\omega=\frac{2\pi}{N}n}\qquad n\neq 0,\pm N,\pm 2N,\cdots\tag{6.1-12}$$

由式(6.1-12)可以看出，F_n 的包络具有 $\sin\beta x/\sin x$ 的形状，将此包络以 $2\pi/N$ 为间隔取离散样值并乘以 $1/N$ 就可得到 F_n。据函数 $\sin\beta x/\sin x$ 的特点，$f(k)$的频谱可按以下步骤绘制，首先，将0～2π的频率范围按$(2N_1+1)$等分，作出包络线；再将包络以 $2\pi/N$ 为间隔取样并乘以 $1/N$ 即可。对图 6.1-1 所示矩形脉冲序列，当 $N_1=2$，N 分别取 10、20、40 时，其频谱如图 6.1-2 所示。

由图 6.1-2 可以看出，周期性矩形脉冲序列的频谱是离散的，而且是以 N(或者对 ω 而言是以 2π)为周期的。当脉冲宽度即 N_1 不变时，频谱包络的样子不变，只不过随着 N

的增大，谱线的幅度减小，且谱线的间隔减小，即组成 $f(k)$ 的频谱分量增多了。当 N 不变，脉冲宽度 N_1 改变，则频谱包络的形状就要发生变化。例如，图 6.1－1 所示信号，若 $N=10$，$N_1=1$，则其频谱如图 6.1－3 所示。

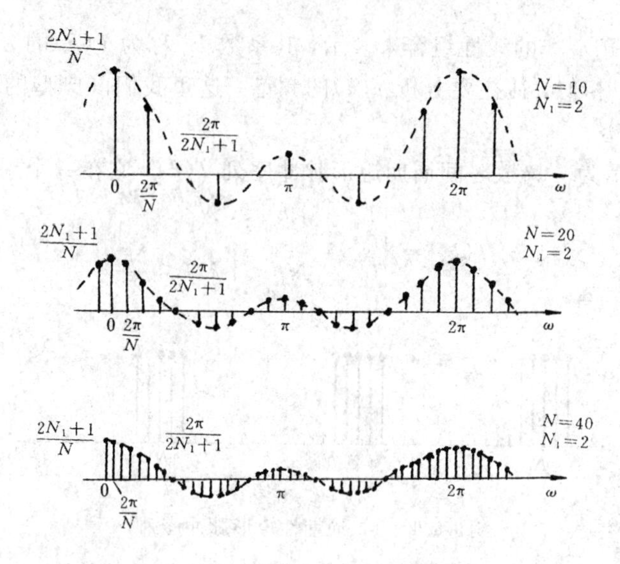

图 6.1－2　周期矩形脉冲序列的频谱

将图 6.1－3 所示频谱与图 6.1－2 中 $N=10$，$N_1=2$ 所示频谱对照可知，脉冲宽度 N_1 越小，则其频谱包络的主瓣宽度越宽。这与连续时间矩形脉冲信号频谱中脉冲宽度与频带宽度的关系相似。因而离散时间信号的 DFS 与连续时间信号的傅里叶级数有着类似的关系，只不过 DFS 是周期的，而连续信号的傅里叶级数一般不是周期的。离散时间傅里叶级数的周期性表明，离散周期信号可以而且只能分解为有限个周期性复指数序列。也就是说，将这有限个复指数序列组合起来，一定能恢复成原来的离散时间信号。因此，离散时间傅里叶级数不存在收敛问题。

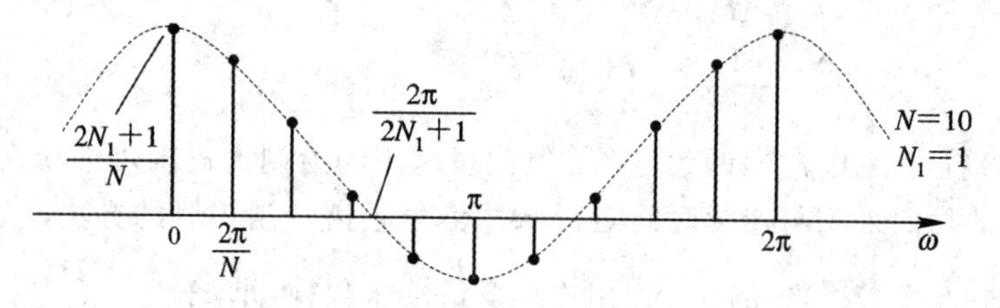

图 6.1－3　$N=10$，$N_1=1$ 时矩形脉冲序列的频谱

6.2　非周期信号的离散时间傅里叶变换

在 6.1 节关于周期性矩形脉冲序列频谱的讨论中，我们已经知道，当脉冲宽度 N_1 不变而周期 N 增大时，其频谱的谱线间隔将随之减小，谱线的幅度也随之减小，但谱线分布的包络形状不变。当周期 N 趋于无穷大时，此离散时间周期信号将演变成离散时间非周期信号；与此同时，其频谱谱线将无限密集，从而离散频谱将过渡为连续频谱，且谱线的幅度也将趋于无穷小量。因而再用离散时间傅里叶级数来表述离散非周期信号显然是不可能

的。为此，需要建立离散时间非周期信号的傅里叶表示，即所谓的**离散时间傅里叶变换**(**DTFT**)。在此需要指出，这里将讨论的离散时间傅里叶变换并不是通常所说的离散傅里叶变换(DFT)。通常所谓的离散傅里叶变换是为适用于数字计算机分析而引入的一种变换。有关 DFT 的概念将在 6.5 节讨论。

6.2.1　离散时间傅里叶变换

在第 3 章关于连续时间信号傅里叶变换的讨论中，我们先分析一个周期信号的傅里叶级数，然后，令其周期 T 趋于无穷大，从而引出非周期信号的傅里叶变换。这里，我们采用同样的方式来引入离散时间傅里叶变换。

图 6.2-1(a)所示 $f_N(k)$为一离散时间周期信号，当其周期 N 趋于无穷大时，周期信号 $f_N(k)$就过渡为非周期信号 $f(k)$。

$$f(k)=\begin{cases}f_N(k) & |k|\leqslant N_1\\ 0 & |k|>N_1\end{cases}\tag{6.2-1}$$

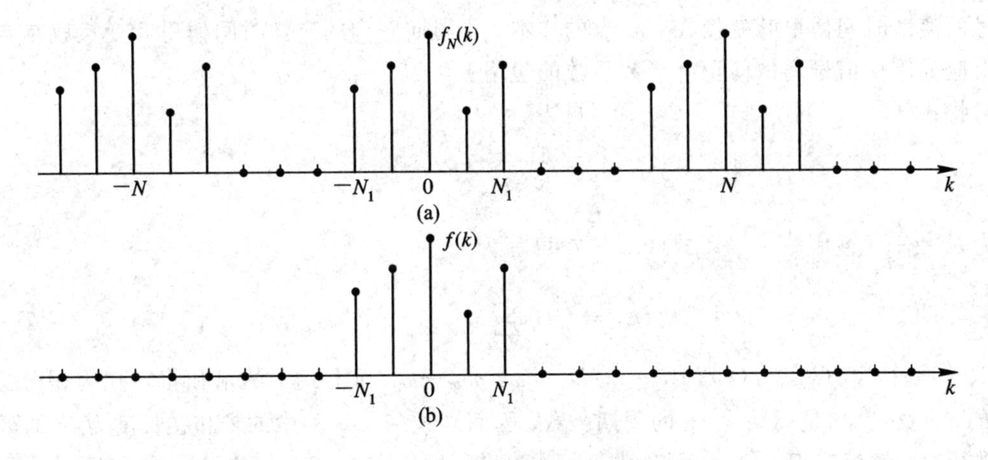

图 6.2-1　离散时间信号

据 DFS 的定义，图 6.2-1(a)所示离散时间周期信号 $f_N(k)$的离散时间傅里叶级数表示式为

$$f_N(k)=\sum_{n=\langle N\rangle}F_n\mathrm{e}^{\mathrm{j}\left(\frac{2\pi}{N}\right)nk}\tag{6.2-2}$$

$$F_n=\frac{1}{N}\sum_{k=\langle N\rangle}f_N(k)\mathrm{e}^{-\mathrm{j}\left(\frac{2\pi}{N}\right)kn}\tag{6.2-3}$$

由图 6.2-1(a)可知，当 $N_1<|k|\leqslant N/2$ 时 $f_N(k)=0$，式(6.2-3)可写为

$$F_n=\frac{1}{N}\sum_{k=-N_1}^{N_1}f_N(k)\mathrm{e}^{-\mathrm{j}\left(\frac{2\pi}{N}\right)kn}$$

又由于当$|k|\leqslant N_1$ 时，$f_N(k)=f(k)$，上式又可写为

$$F_n=\frac{1}{N}\sum_{k=-N_1}^{N_1}f(k)\mathrm{e}^{-\mathrm{j}\left(\frac{2\pi}{N}\right)kn}$$

则有

$$NF_n=\sum_{k=-N_1}^{N_1}f(k)\mathrm{e}^{-\mathrm{j}\left(\frac{2\pi}{N}\right)kn}\tag{6.2-4}$$

式(6.2－4)中，当 $N\to\infty$ 时，其频谱间隔 $\frac{2\pi}{N}$ 趋于无穷小量 $d\omega$；而 $\left(\frac{2\pi}{N}\right)n$ 趋于频率变量 ω；$N\cdot F_n$ 的极限为 ω 的函数，记为 $F(e^{j\omega})$①；再考虑到当 $|k|>N_1$ 时，$f(k)=0$；因此，式(6.2－4)写为

$$F(e^{j\omega})=\sum_{k=-\infty}^{\infty}f(k)e^{-j\omega k} \tag{6.2-5}$$

式(6.2－5)就称为信号 $f(k)$ 的离散时间傅里叶变换定义式。与连续时间的情况一样，$F(e^{j\omega})$ 也称为 $f(k)$ 的**频谱密度函数**。它是 ω 的连续函数。而且是 ω 的周期函数，其周期为 2π。将式(6.2－5)与式(6.2－3)对照可知，非周期信号 $f(k)$ 的离散时间傅里叶变换 $F(e^{j\omega})$ 与其对应的周期信号 $f_N(k)$ 的离散时间傅里叶级数 F_n 之间的关系为

$$F_n=\frac{1}{N}F(e^{jn\omega_0})\bigg|_{\omega_0=\frac{2\pi}{N}} \tag{6.2-6}$$

式中，$\omega_0=\frac{2\pi}{N}$。这表明：周期性离散时间信号的傅里叶级数系数就是与其相对应的非周期信号的离散时间傅里叶变换在 $n\omega_0$ 点的样本，非周期序列的离散时间傅里叶变换就是与其相对应的周期信号离散傅里叶级数系数的包络。

将式(6.2－6)代入式(6.2－2)，可得

$$f_N(k)=\frac{1}{N}\sum_{n=\langle N\rangle}F(e^{jn\omega_0})e^{j\omega_0 nk} \tag{6.2-7}$$

因为 $\omega_0=\frac{2\pi}{N}$，或者 $\frac{1}{N}=\frac{\omega_0}{2\pi}$，式(6.2－7)可写为

$$f_N(k)=\frac{1}{2\pi}\sum_{n=\langle N\rangle}F(e^{jn\omega_0})e^{j\omega_0 nk}\omega_0 \tag{6.2-8}$$

当 $N\to\infty$ 时，$f_N(k)=f(k)$，$\omega_0=2\pi/N\to d\omega$，$n\omega_0\to\omega$，而上式中的求和将转化为积分。由于 $F(e^{j\omega})$ 及 $e^{j\omega k}$ 均是周期为 2π 的周期函数，因而当式(6.2－8)中的求和在长度为 N 的区间上进行时，就相应于 ω 在 2π 长度的区间上变化，所以式(6.2－8)在 $N\to\infty$ 的极限情况下变为

$$f(k)=\frac{1}{2\pi}\int_{2\pi}F(e^{j\omega})e^{j\omega k}\,d\omega \tag{6.2-9}$$

式(6.2－9)表明离散时间非周期信号可以分解成无数多个频率从 $0\sim2\pi$ 连续分布的复指数序列，每个复指数分量的幅度为 $\frac{1}{2\pi}F(e^{j\omega})d\omega$。这样，对于离散时间非周期信号，我们就得到一对变换式：

$$f(k)=\frac{1}{2\pi}\int_{2\pi}F(e^{j\omega})e^{j\omega k}\,d\omega \tag{6.2-10}$$

$$F(e^{j\omega})=\sum_{k=-\infty}^{\infty}f(k)e^{-j\omega k} \tag{6.2-11}$$

式(6.2－10)和式(6.2－11)就称为**离散时间傅里叶变换对**。其中，式(6.2－11)称为傅里

① 当 $N\to\infty$ 时，NF_n 的极限为 ω 的函数，当然可记为 $F(\omega)$，但为了便于与第7章离散时间信号的Z变换相对应，我们将 NF_n 的极限记为 $F(e^{j\omega})$。

叶**正变换**，式(6.2-10)称为傅里叶**逆变换**。可以看出此离散时间傅里叶变换定义式与第 3 章所讨论的连续时间傅里叶变换的定义式是相对应的。只不过这里的频谱密度函数 $F(e^{j\omega})$ 是以 2π 为周期的周期函数，而 $F(j\omega)$ 一般是非周期函数。由于式(6.2-11)是一个无穷级数，因此存在着收敛问题。与连续时间傅里叶变换的收敛条件相对应，如果 $f(k)$ 绝对可和，即

$$\sum_{k=-\infty}^{\infty} |f(k)| < \infty \tag{6.2-12}$$

则式(6.2-11)一定收敛，而且一定收敛于关于 ω 的连续函数 $F(e^{j\omega})$。

一般情况下，$F(e^{j\omega})$ 是一个复函数，即

$$F(e^{j\omega}) = |F(e^{j\omega})| e^{j\theta(\omega)}$$

式中，$|F(e^{j\omega})|$ 是 $F(e^{j\omega})$ 的模，$\theta(\omega)$ 是 $F(e^{j\omega})$ 的相位。$|F(e^{j\omega})|$ 及 $\theta(\omega)$ 与 ω 的关系曲线分别称为**幅度频谱**和**相位频谱**。$|F(e^{j\omega})|$ 为 ω 的偶函数，$\theta(\omega)$ 为 ω 的奇函数。

6.2.2 常用信号的离散时间傅里叶变换

为了进一步理解离散时间傅里叶变换的概念，我们讨论几个常用信号的离散时间傅里叶变换。

1. $f(k) = a^k \varepsilon(k)$，$|a| < 1$

指数序列 $a^k \varepsilon(k)$ 示于图 6.2-2，其频谱函数应用式(6.2-11)可直接求得：

$$F(e^{j\omega}) = \sum_{k=-\infty}^{\infty} a^k \varepsilon(k) e^{-j\omega k} = \sum_{k=0}^{\infty} (a e^{-j\omega})^k = \frac{1}{1 - a e^{-j\omega}} \tag{6.2-13}$$

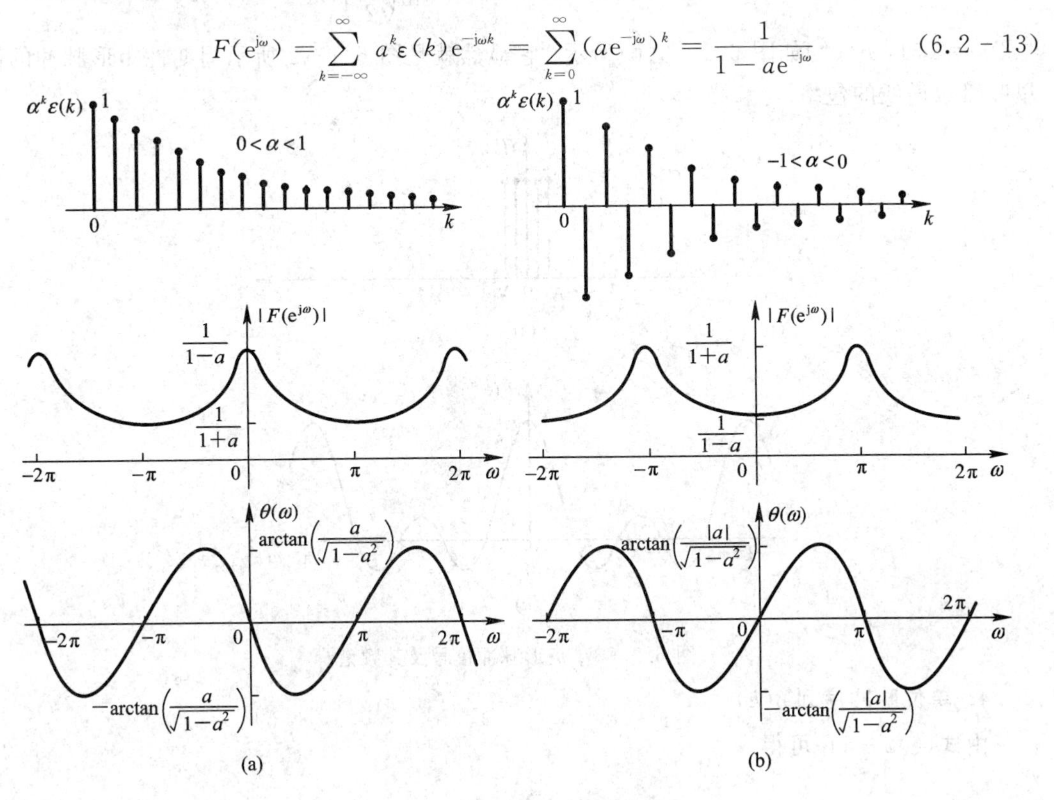

图 6.2-2 $a^k \varepsilon(k)$ 及其频谱

(a) $0 < a < 1$；(b) $-1 < a < 0$

其幅度谱和相位谱示于图 6.2-2。从图中可知幅度谱、相位谱都是以 2π 为周期的周期函数。因而一般只要画出 $0\sim2\pi$ 或 $-\pi\sim\pi$ 的谱线即可。

2. $f(k)=\begin{cases}a^k & k>0\\ 0 & k=0 \quad (0<a<1)\\ -a^{-k} & k<0\end{cases}$

此信号为双边指数序列，并且是 k 的奇函数。由式(6.2-11)可得

$$F(e^{j\omega}) = \sum_{k=-\infty}^{-1}[-a^{-k}]e^{-j\omega k} + \sum_{k=1}^{\infty} a^k e^{-j\omega k} = -\sum_{k=1}^{\infty}(ae^{j\omega})^k + \sum_{k=1}^{\infty}(ae^{-j\omega})^k$$

$$= -\frac{ae^{j\omega}}{1-ae^{j\omega}} + \frac{ae^{-j\omega}}{1-ae^{-j\omega}} = \frac{-2ja\sin n\omega}{1-2a\cos\omega+a^2} \qquad (6.2-14)$$

可见，其频谱为 ω 的虚函数且是 ω 的奇函数。

3. 矩形脉冲信号 $f(k)$

$$f(k)=\begin{cases}1 & |k|\leqslant N_1\\ 0 & |k|>N_1\end{cases}$$

$f(k)$的波形示于图 6.2-3(a)中，由式(6.2-11)可得

$$F(e^{j\omega}) = \sum_{k=-N_1}^{N_1} 1\cdot e^{-j\omega k} = \frac{\sin\left(N_1+\frac{1}{2}\right)\omega}{\sin\left(\frac{\omega}{2}\right)} \qquad (6.2-15)$$

当 $N_1=2$ 时，$F(e^{j\omega})$如图 6.2-3(b)所示。它显然就是图 6.1-2 所示周期性矩形脉冲的傅里叶级数谱线的包络。

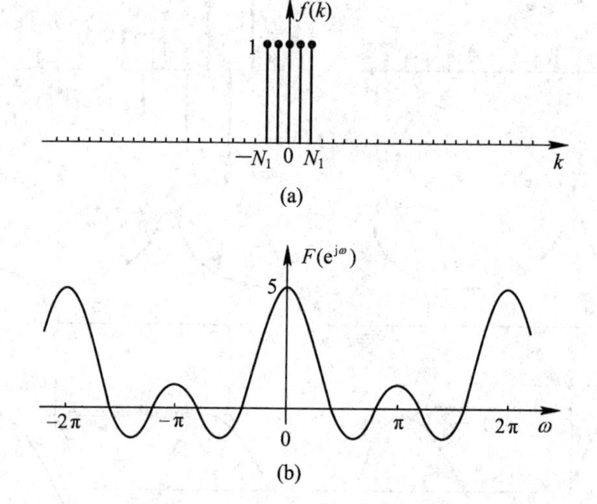

图 6.2-3　矩形脉冲信号及其频谱

4. 单位脉冲序列 $\delta(k)$

由式(6.2-11)可得

$$F(e^{j\omega}) = \sum_{k=-\infty}^{\infty}\delta(k)e^{-j\omega k} = 1 \qquad (6.2-16)$$

$\delta(k)$的频谱为 1，这表明单位脉冲信号包含了所有的频率分量，而且这些频率分量的幅度和相位都相同。$\delta(k)$的波形及频谱示于图 6.2-4 中。

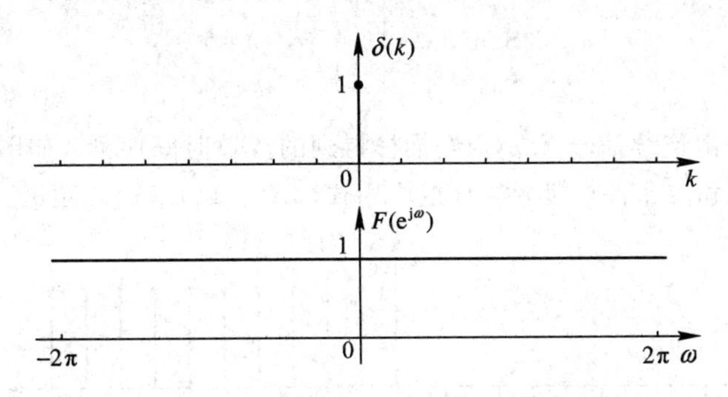

图 6.2-4　单位脉冲信号 $\delta(k)$及其频谱

5. $f(k)=1$

此信号显然不满足式(6.2-12)所示的绝对可和条件，因而直接应用式(6.2-11)无法求出其频谱。在第 3 章的讨论中我们已经知道，连续信号 1 的频谱函数为 $2\pi\delta(\omega)$。为此，我们考察频域以 2π 为周期的均匀冲激串 $\sum\limits_{n=-\infty}^{\infty}\delta(\omega-2\pi n)$，应用式(6.2-10)求其所对应的时域信号，即

$$\frac{1}{2\pi}\int_{2\pi}\left[\sum_{n=-\infty}^{\infty}\delta(\omega-2n\pi)\right]e^{j\omega k}\,d\omega=\frac{1}{2\pi}\int_{-\pi}^{\pi}\delta(\omega)e^{j\omega k}\,d\omega=\frac{1}{2\pi}$$

由此可见，$\frac{1}{2\pi}$对应的离散时间傅里叶变换为 $\sum\limits_{n=-\infty}^{\infty}\delta(\omega-2\pi n)$，因此可得，1 的频谱为 $2\pi\sum\limits_{n=-\infty}^{\infty}\delta(\omega-2\pi n)$，即

$$\mathscr{F}\,[1]=2\pi\sum_{n=-\infty}^{\infty}\delta(\omega-2\pi n)\tag{6.2-17}$$

其频谱示于图 6.2-5。

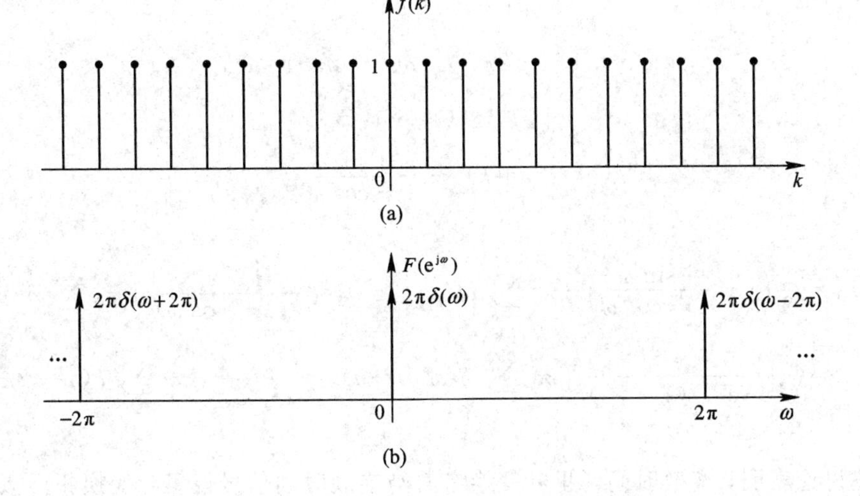

图 6.2-5　序列 1 及其频谱

6. 正负号函数 $\text{Sgn}(k)$

$$\text{Sgn}(k)=\begin{cases}1 & k>0\\0 & k=0\\-1 & k<0\end{cases}$$

$\text{Sgn}(k)$可以看成是由连续信号$\text{Sgn}(t)$经抽样得到的离散时间序列，如图 6.2－6 所示。它同样不满足绝对可和的条件，即无法直接应用式(6.2－11)求得其频谱。

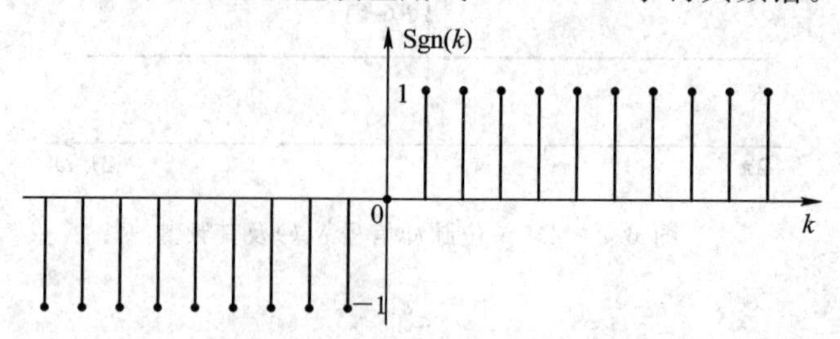

图 6.2－6　正负号序列 Sgn(k)

与前面讨论过的双边指数奇函数序列相比较可知，$\text{Sgn}(k)$为上述双边指数序列当 a 趋于 1 时的极限。因而可以采用对上述信号的频谱式(6.2－14)求 $a\to1$ 的极限的方法求得$\text{Sgn}(k)$的频谱，即

$$\mathscr{F}\left[\text{Sgn}(k)\right]=\lim_{a\to1}\frac{-2\text{j}a\sin\omega}{1-2a\cos\omega+a^2}=\frac{-\text{j}\sin\omega}{1-\cos\omega}\tag{6.2-18}$$

7. 单位阶跃序列 $\varepsilon(k)$

单位阶跃序列$\varepsilon(k)$的表示式为

$$\varepsilon(k)=\begin{cases}1 & k\geqslant0\\0 & k<0\end{cases}$$

对照连续信号$\varepsilon(t)$频谱的求法，我们将$\varepsilon(k)$表示为下面的形式：

$$\varepsilon(k)=\frac{1}{2}[1+\text{Sgn}(k)+\delta(k)]$$

由前面的讨论已经知道：

$$1\leftrightarrow2\pi\sum_{n=-\infty}^{\infty}\delta(\omega-2\pi n)$$

$$\delta(k)\leftrightarrow1$$

$$\text{Sgn}(k)\leftrightarrow\frac{-\text{j}\sin\omega}{1-\cos\omega}$$

于是有

$$\begin{aligned}\mathscr{F}\left[\varepsilon(k)\right]&=\frac{1}{2}\left(1-\frac{\text{j}\sin\omega}{1-\cos\omega}\right)+\pi\sum_{n=-\infty}^{\infty}\delta(\omega-2\pi n)=\frac{1-\text{e}^{\text{j}\omega}}{2(1-\cos\omega)}+\pi\sum_{n=-\infty}^{\infty}\delta(\omega-2\pi n)\\&=\frac{1-\text{e}^{\text{j}\omega}}{(1-\text{e}^{-\text{j}\omega})(1-\text{e}^{\text{j}\omega})}+\pi\sum_{n=-\infty}^{\infty}\delta(\omega-2\pi n)=\frac{1}{1-\text{e}^{-\text{j}\omega}}+\pi\sum_{n=-\infty}^{\infty}\delta(\omega-2\pi n)\end{aligned}\tag{6.2-19}$$

上述讨论表明，离散时间傅里叶变换有着与连续时间信号傅里叶变换相类似的特点，推导得到的频谱也有对应关系。但它们又有着根本的区别，离散时间信号的频谱是以 2π

为周期的周期函数，这一点读者应特别注意。

6.3　周期序列的离散时间傅里叶变换

在第 3 章关于连续时间信号的傅里叶分析中，对周期信号和非周期信号都统一地用其傅里叶变换 $F(\mathrm{j}\omega)$来表示，而且已导出周期信号的傅里叶变换为

$$F(\mathrm{j}\omega)=2\pi\sum_{n=-\infty}^{\infty}F_n\delta(\omega-n\Omega)\tag{6.3-1}$$

式中，$\Omega=2\pi/T$，T 为周期信号的周期，F_n 为周期信号傅里叶级数的复振幅。下面用类似的方法来分析周期序列的离散时间傅里叶变换 $F(\mathrm{e}^{\mathrm{j}\omega})$。

任一离散周期信号均不满足绝对可和的条件，因而直接应用式(6.2-11)无法求得其离散时间傅里叶变换。对离散时间周期信号 $f(k)$，可将其表示为式(6.1-8)所示离散时间傅里叶级数的形式，即

$$f(k)=\sum_{n=\langle N\rangle}F_n\mathrm{e}^{\mathrm{j}\frac{2\pi}{N}kn}\tag{6.3-2}$$

式中，F_n 为周期序列的离散时间傅里叶级数系数：

$$F_n=\frac{1}{N}\sum_{k=\langle N\rangle}f(k)\mathrm{e}^{-\mathrm{j}\frac{2\pi}{N}kn}\tag{6.3-3}$$

欲求周期序列的离散时间傅里叶变换，可对式(6.3-2)的级数展开式求离散时间傅里叶变换。这样就遇到求复指数序列 $\mathrm{e}^{\mathrm{j}\frac{2\pi}{N}nk}$ 的离散时间傅里叶变换的问题。下面首先对此作一分析。

我们已经知道，$f(k)=1$ 是一个周期信号，其对应的离散时间傅里叶变换为

$$\mathscr{F}\left[1\right]=2\pi\sum_{n=-\infty}^{\infty}\delta(\omega-2\pi n)$$

为此，我们考察频域中如图 6.3-1 所示的均匀冲激串在时域对应什么信号。

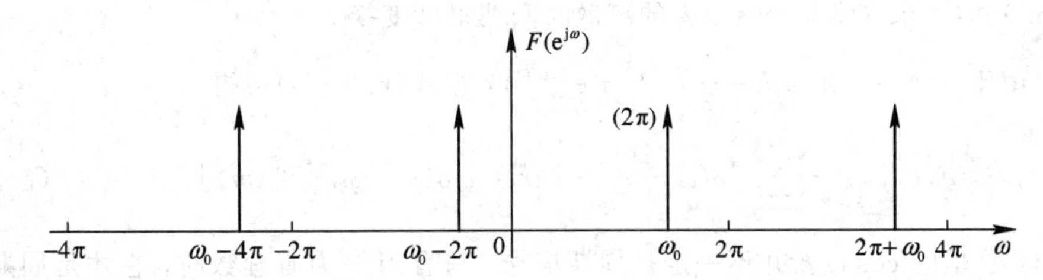

图 6.3-1　$f(k)=\mathrm{e}^{\mathrm{j}\omega_0 k}$ 的频谱

图 6.3-1 所示的频谱可表示为

$$F(\mathrm{e}^{\mathrm{j}\omega})=2\pi\sum_{m=-\infty}^{\infty}\delta(\omega-\omega_0-2\pi m)\tag{6.3-4}$$

将 $F(\mathrm{e}^{\mathrm{j}\omega})$代入式(6.2-10)可求得

$$f(k)=\int_0^{2\pi}\delta(\omega-\omega_0)\mathrm{e}^{\mathrm{j}\omega k}\,\mathrm{d}\omega=\mathrm{e}^{\mathrm{j}\omega_0 k}\tag{6.3-5}$$

从而得到复指数序列 $\mathrm{e}^{\mathrm{j}\omega_0 k}$ 的离散时间傅里叶变换为 $2\pi\sum\limits_{m=-\infty}^{\infty}\delta(\omega-\omega_0-2\pi m)$。

对于复指数序列 $\mathrm{e}^{\mathrm{j}\frac{2\pi}{N}nk}$，若设 $2\pi/N=\omega_0$，则有 $\mathrm{e}^{\mathrm{j}\omega_0 nk}$ 的离散时间傅里叶变换为

$$\mathscr{F}(e^{j\omega_0 nk}) = 2\pi \sum_{m=-\infty}^{\infty} \delta(\omega - n\omega_0 - 2\pi m) \tag{6.3-6}$$

对周期序列 $f(k)$ 的傅里叶级数展开式(6.3 - 2)求离散时间傅里叶变换，并注意利用式(6.3 - 6)的结果，可以得到

$$F(e^{j\omega}) = \sum_{n=\langle N\rangle} 2\pi F_n \sum_{m=-\infty}^{\infty} \delta(\omega - n\omega_0 - 2\pi m) \qquad \omega_0 = \frac{2\pi}{N} \tag{6.3-7}$$

如果将 n 的取值范围选为 $n=0\sim N-1$，则式(6.3 - 7)可展开为

$$\begin{aligned} F(e^{j\omega}) = & 2\pi F_0 \sum_{m=-\infty}^{\infty} \delta(\omega - 2\pi m) + 2\pi F_1 \sum_{m=-\infty}^{\infty} \delta(\omega - \omega_0 - 2\pi m) + \cdots \\ & + 2\pi F_{N-1} \sum_{m=-\infty}^{\infty} \delta(\omega - (N-1)\omega_0 - 2\pi m) \qquad \omega_0 = \frac{2\pi}{N} \end{aligned} \tag{6.3-8}$$

在上面的展开式中，每一项求和式只是表述这一项所表示的冲激是以 2π 为周期的。如果注意到 F_n 本身就是以 N 为周期的(对 ω 而言是以 2π 为周期的)，因而只要将 n 的取值范围扩大到所有整数，式(6.3 - 8)就可以改写成更为简单的形式：

$$F(e^{j\omega}) = 2\pi \sum_{n=-\infty}^{\infty} F_n \delta(\omega - n\omega_0) \qquad \omega_0 = \frac{2\pi}{N} \tag{6.3-9}$$

在式(6.3 - 9)中，n 取 $0\sim N-1$ 的各项就对应了式(6.3 - 8)中 $m=0$ 的各项，n 取 $N\sim 2N-1$ 的各项就对应了式(6.3 - 8)中 $m=1$ 的各项，依次类推。可知，式(6.3 - 9)的简单形式就可代替式(6.3 - 8)的表示形式。这样我们就得到离散时间周期信号 $f(k)$ 的离散时间傅里叶变换 $F(e^{j\omega})$，即有

$$F(e^{j\omega}) = 2\pi \sum_{n=-\infty}^{\infty} F_n \delta\left(\omega - \frac{2\pi}{N} n\right) \tag{6.3-10}$$

式中，F_n 为周期序列 $f(k)$ 的离散时间傅里叶级数系数，N 为周期序列 $f(k)$ 的周期。此式与连续时间周期信号的傅里叶变换表示式(6.3 - 1)完全对应。

例 6.3 - 1 求 $f(k)=\cos\omega_0 k$ 的离散时间傅里叶变换。

解 由于 $f(k)=\cos\omega_0 k=\frac{1}{2}(e^{j\omega_0 k}+e^{-j\omega_0 k})$，据式(6.3 - 6)可得

$$F(e^{j\omega}) = \pi \sum_{m=-\infty}^{\infty} [\delta(\omega - \omega_0 - 2\pi m) + \delta(\omega + \omega_0 - 2\pi m)] \tag{6.3-11}$$

需要指出，这里的 $\cos\omega_0 k$ 并不一定是周期信号。只有当 $\frac{\omega_0}{2\pi}$ 为有理数时，它才是周期信号。其频谱示于图 6.3 - 2。

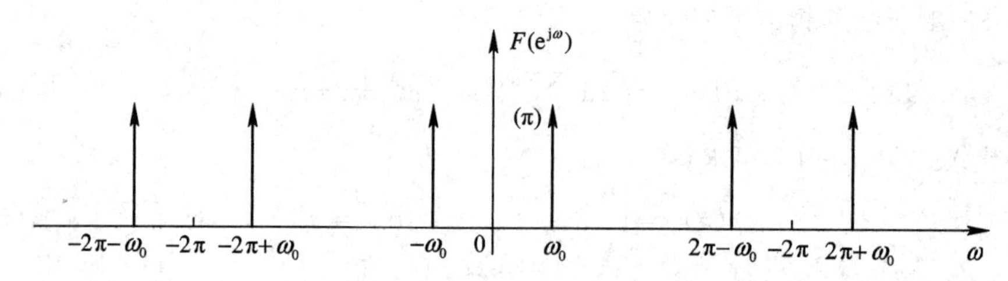

图 6.3 - 2 $\cos\omega_0 k$ 的频谱

同样可得

$$\sin \omega_0 k \leftrightarrow -\mathrm{j}\pi \sum_{m=-\infty}^{\infty}[\delta(\omega-\omega_0-2\pi m)-\delta(\omega+\omega_0-2\pi m)] \tag{6.3-12}$$

例 6.3-2　$f(k)$为图 6.1-1 所示的周期性矩形脉冲序列，它在$-\frac{N}{2}\sim\frac{N}{2}$的一个周期中可表示为

$$f(k)=\begin{cases}1 & |k|\leqslant N_1 \\ 0 & N_1<|k|\leqslant \frac{N}{2}\end{cases}$$

求其离散时间傅里叶变换。

解　周期序列 $f(k)$的离散时间傅里叶级数系数 F_n 如式(6.1-11)所示，即

$$F_n=\begin{cases}\dfrac{1}{N}\dfrac{\sin\left[\dfrac{2\pi}{N}\left(N_1+\dfrac{1}{2}\right)n\right]}{\sin\dfrac{\pi}{N}n} & n\neq 0, \pm N, \pm 2N, \cdots \\ \dfrac{2N_1+1}{N} & n=0, \pm N, \pm 2N, \cdots\end{cases}$$

将 F_n 代入式(6.3-10)，即得其频谱。可见其离散时间傅里叶变换为一系列的冲激函数，其包络与傅里叶级数的包络相似。对 $N=10$，$N_1=2$ 的周期矩形脉冲序列，其频谱如图 6.3-3 所示。

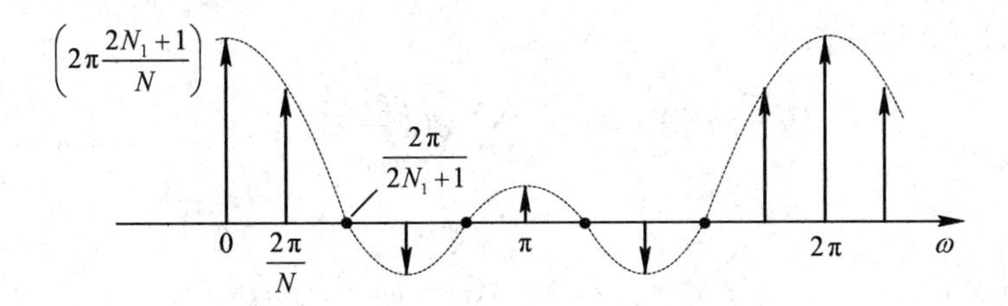

图 6.3-3　周期矩形脉冲序列的频谱($N=10$，$N_1=2$)

6.4　离散时间傅里叶变换的性质

离散时间傅里叶变换与连续时间傅里叶变换一样，具有很多重要的性质。我们将会看到，离散时间傅里叶变换的性质与连续时间傅里叶变换性质有许多相似之处，但也有若干明显的不同。读者应对照第 3 章关于连续信号傅里叶变换的性质来掌握离散时间傅里叶变换的性质，特别要注意它们的相似及不同之处。

1. 周期性

离散时间 $f(k)$的离散时间傅里叶变换 $F(\mathrm{e}^{\mathrm{j}\omega})$对 ω 来说总是周期性的，其周期为 2π。这是它与连续时间傅里叶变换的**根本区别**。

2. 线性

若 $f_1(k)\leftrightarrow F_1(\mathrm{e}^{\mathrm{j}\omega})$，$f_2(k)\leftrightarrow F_2(\mathrm{e}^{\mathrm{j}\omega})$，则有

$$af_1(k)+bf_2(k)\leftrightarrow aF_1(e^{j\omega})+bF_2(e^{j\omega}) \tag{6.4-1}$$

3. $F(e^{j\omega})$ 的奇偶性

若 $f(k)\leftrightarrow F(e^{j\omega})$，则据定义式(6.2-11)有

$$f^*(k)\leftrightarrow F^*(e^{-j\omega}) \tag{6.4-2a}$$

若 $f(k)$为实序列，则 $f(k)=f^*(k)$，于是有

$$f(k)\leftrightarrow F^*(e^{-j\omega}) \tag{6.4-2b}$$

此式可进一步表述如下。若

$$F(e^{j\omega})=|F(e^{j\omega})|e^{j\theta(\omega)}=R(e^{j\omega})+jX(e^{j\omega})$$

式中，$|F(e^{j\omega})|$、$\theta(\omega)$分别为 $F(e^{j\omega})$的模及相位，$R(e^{j\omega})$、$X(e^{j\omega})$分别为 $F(e^{j\omega})$的实部和虚部。容易证明，$F(e^{j\omega})$的模为 ω 的偶函数，相位 $\theta(\omega)$为 ω 的奇函数；$F(e^{j\omega})$的实部 $R(e^{j\omega})$为 ω 的偶函数，虚部 $X(e^{j\omega})$为 ω 的奇函数。

4. 时移和频移

如果 $f(k)\leftrightarrow F(e^{j\omega})$，对 $f(k-k_0)$直接应用式(6.2-11)求离散时间傅里叶变换并通过变量代换可得时移特性

$$f(k-k_0)\leftrightarrow F(e^{j\omega})e^{-j\omega k_0} \tag{6.4-3}$$

它同样表明序列在时域的平移不会改变其幅频特性，只会给相频特性增加一个线性相移。

如果对 $F(e^{j(\omega-\omega_0)})$应用式(6.2-10)求其傅里叶逆变换，利用变量代换就得频移特性

$$e^{j\omega_0 k}f(k)\leftrightarrow F(e^{j(\omega-\omega_0)}) \tag{6.4-4}$$

例如，由式(6.2-17)可知

$$\mathscr{F}[1]=2\pi\sum_{n=-\infty}^{\infty}\delta(\omega-2\pi n) \tag{6.4-5}$$

应用频移性质，显然有

$$e^{j\omega_0 k}\leftrightarrow 2\pi\sum_{n=-\infty}^{\infty}\delta(\omega-\omega_0-2\pi n) \tag{6.4-6}$$

这与式(6.3-4)的结论一样。

5. 时域和频域的尺度变换

对于离散时间信号 $f(k)$，由于 k 只能取整数，因而 $f(ak)$中 a 也只能取整数，而且 $f(ak)$的含义与 $f(at)$根本不同。$f(ak)$并不表示将 $f(k)$沿 k 轴压缩 $1/a$。比如当 $a=2$ 时，$f(2k)$表示由 $f(k)$的偶次项组成的序列，因而 $f(2k)$的离散时间傅里叶变换与 $f(k)$的离散时间傅里叶变换无直接关系。为了讨论离散序列中与连续信号尺度变换类似的性质，我们定义一个信号 $f_{(m)}(k)$

$$f_{(m)}(k)=\begin{cases}f\left(\dfrac{k}{m}\right) & k\text{ 是 }m\text{ 的倍数}\\ 0 & k\text{ 不是 }m\text{ 的倍数}\end{cases}\quad(m\text{ 为整数}) \tag{6.4-7}$$

显然，$f_{(m)}(k)$就是在 $f(k)$的每两个相邻点之间插入 $m-1$ 个零值而得到的。也就是说，$f_{(m)}(k)$序列相当于将 $f(k)$在 k 轴扩展而得。据式(6.4-7)，有

$$f_{(m)}(mk)=f(k) \tag{6.4-8}$$

$f_{(m)}(k)$的离散时间傅里叶变换 $F_{(m)}(e^{j\omega})$为

$$F_{(m)}(\mathrm{e}^{\mathrm{j}\omega}) = \sum_{k=-\infty}^{\infty} f_{(m)}(k)\mathrm{e}^{-\mathrm{j}\omega k} = \sum_{r=-\infty}^{\infty} f_{(m)}(rm)\mathrm{e}^{-\mathrm{j}\omega rm}$$

$$= \sum_{r=-\infty}^{\infty} f(r)\mathrm{e}^{-\mathrm{j}(m\omega)r} = F(\mathrm{e}^{\mathrm{j}m\omega})$$

这样就得到离散时间傅里叶变换的尺度变换性质，即

若 $f(k) \leftrightarrow F(\mathrm{e}^{\mathrm{j}\omega})$，则有

$$f_{(m)}(k) \leftrightarrow F(\mathrm{e}^{\mathrm{j}m\omega}) \tag{6.4-9}$$

作为特例，当 $m=-1$ 时，有

$$f(-k) \leftrightarrow F(\mathrm{e}^{-\mathrm{j}\omega}) \tag{6.4-10}$$

尺度变换性质表明，对离散序列，当序列在时域里"拉长"，其对应的傅里叶变换在频域里就"压缩"了。这与连续信号的情况非常相似。以图 6.4－1 矩形脉冲序列为例来说明这一性质。由图可见，$F(\mathrm{e}^{\mathrm{j}\omega})$是周期的，其周期为 2π，而 $F(\mathrm{e}^{\mathrm{j}m\omega})$也是周期的，其周期为$\frac{2\pi}{|m|}$。

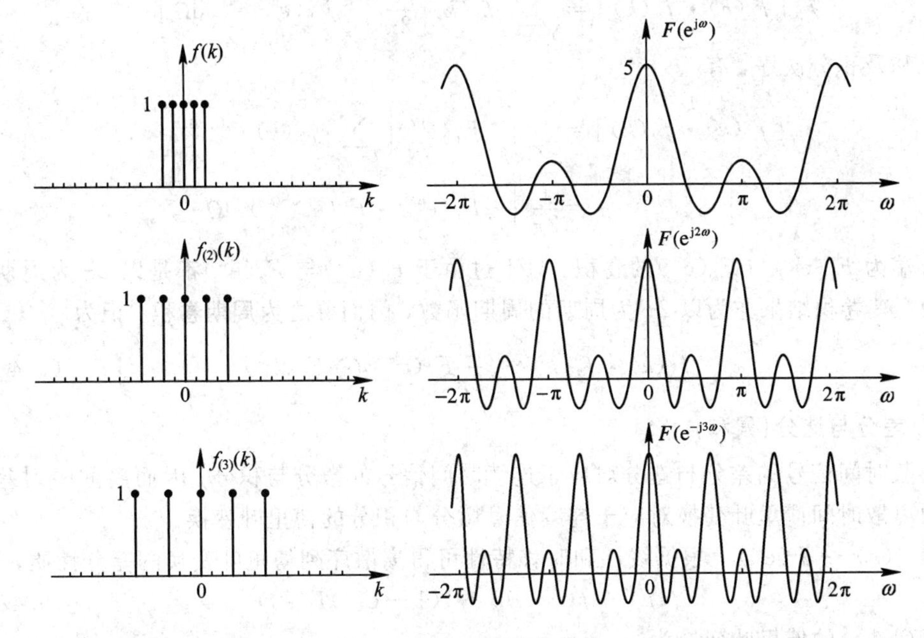

图 6.4－1　尺度变换特性

6. 频域微分特性

若 $f(k) \leftrightarrow F(\mathrm{e}^{\mathrm{j}\omega})$，即有

$$F(\mathrm{e}^{\mathrm{j}\omega}) = \sum_{k=-\infty}^{\infty} f(k)\mathrm{e}^{-\mathrm{j}\omega k}$$

把上式两端对 ω 求微分，可得

$$\frac{\mathrm{d}F(\mathrm{e}^{\mathrm{j}\omega})}{\mathrm{d}\omega} = \sum_{k=-\infty}^{\infty} (-\mathrm{j}k) f(k)\mathrm{e}^{-\mathrm{j}\omega k}$$

因此，两端乘 j，就有

$$kf(k) \leftrightarrow \mathrm{j}\frac{\mathrm{d}F(\mathrm{e}^{\mathrm{j}\omega})}{\mathrm{d}\omega} \tag{6.4-11}$$

7. 卷积(和)特性

与连续时间傅里叶变换的情况一样，离散时间傅里叶变换的卷积特性也有两个：一个为时域卷积特性，另一个为频域卷积特性。

若 $f_1(k) \leftrightarrow F_1(e^{j\omega})$，$f_2(k) \leftrightarrow F_2(e^{j\omega})$，应用与连续时间傅里叶变换卷积特性的证明完全相似的方法，可得时域卷积特性：

$$f_1(k) * f_2(k) \leftrightarrow F_1(e^{j\omega}) \cdot F_2(e^{j\omega}) \tag{6.4-12}$$

对于频域卷积特性，由于

$$\mathscr{F}[f_1(k) \cdot f_2(k)] = \sum_{k=-\infty}^{\infty} f_1(k) f_2(k) e^{-j\omega k}$$

$$f_1(k) = \frac{1}{2\pi}\int_{2\pi} F_1(e^{j\omega}) e^{j\omega k}\, d\omega$$

所以

$$\mathscr{F}[f_1(k) \cdot f_2(k)] = \sum_{k=-\infty}^{\infty} f_2(k)\left[\frac{1}{2\pi}\int_{2\pi} F_1(e^{j\Omega}) e^{j\Omega k}\, d\Omega\right] e^{-j\omega k}$$

交换求和及积分次序，有

$$\begin{aligned}\mathscr{F}[f_1(k) \cdot f_2(k)] &= \frac{1}{2\pi}\int_{2\pi} F_1(e^{j\Omega})\left[\sum_{k=-\infty}^{\infty} f_2(k) e^{-j(\omega-\Omega)k}\right] d\Omega \\ &= \frac{1}{2\pi}\int_{2\pi} F_1(e^{j\Omega}) \cdot F_2(e^{j(\omega-\Omega)})\, d\Omega\end{aligned}$$

上式右端为 $F_1(e^{j\omega})$ 与 $F_2(e^{j\omega})$ 的卷积。只不过由于 $F_1(e^{j\omega})$ 与 $F_2(e^{j\omega})$ 都是以 2π 为周期的周期函数，其卷积结果亦为以 2π 为周期的周期函数，因而称之为**周期卷积**。记为

$$f_1(k) \cdot f_2(k) \leftrightarrow \frac{1}{2\pi} F_1(e^{j\omega}) \circledast F_2(e^{j\omega}) \tag{6.4-13}$$

8. 差分与迭分(累和)

离散时间信号的差分与迭分对应于连续时间信号的微分与积分，因而离散序列差分与迭分的离散时间傅里叶变换对应于连续信号微分与积分的傅里叶变换。

设 $f(k) \leftrightarrow F(e^{j\omega})$，根据线性和时移特性可得离散序列傅里叶变换的差分性质，即

$$f(k) - f(k-1) \leftrightarrow (1 - e^{-j\omega}) F(e^{j\omega}) \tag{6.4-14}$$

离散序列迭分的傅里叶变换为

$$\sum_{m=-\infty}^{k} f(m) \leftrightarrow \frac{F(e^{j\omega})}{1 - e^{-j\omega}} + \pi F(e^{j0}) \sum_{n=-\infty}^{\infty} \delta(\omega - 2\pi n) \tag{6.4-15}$$

在式(6.4-14)和式(6.4-15)中，如果将 $(1-e^{-j\omega})$ 用 $j\omega$ 代换，就对应于连续信号微分与积分的傅里叶变换。

当 $f(k) = \delta(k)$ 时，$\sum_{m=-\infty}^{k} \delta(m) = \varepsilon(k)$，由于

$$\delta(k) \leftrightarrow 1$$

应用式(6.4-15)的迭分特性，可得

$$\varepsilon(k) \leftrightarrow \frac{1}{1 - e^{-j\omega}} + \pi \sum_{n=-\infty}^{\infty} \delta(\omega - 2\pi n) \tag{6.4-16}$$

这与式(6.2-19)所表示的结果完全相同。

9. 巴塞瓦尔定理

与连续时间信号的情况一样，在离散序列的傅里叶变换中也有类似的巴塞瓦尔定理。即

若 $f(k) \leftrightarrow F(\mathrm{e}^{\mathrm{j}\omega})$，则有

$$\sum_{k=-\infty}^{\infty} |f(k)|^2 = \frac{1}{2\pi}\int_{2\pi} |F(\mathrm{e}^{\mathrm{j}\omega})|^2 \mathrm{d}\omega \tag{6.4-17}$$

对于周期序列，则相应有

$$\frac{1}{N}\sum_{k=<N>} |f(k)|^2 = \sum_{n=<N>} |F_n|^2 \tag{6.4-18}$$

与连续时间信号对应，我们也把 $|F(\mathrm{e}^{\mathrm{j}\omega})|^2$ 称为 $f(k)$ 的能量密度谱，把 $|F_n|^2$ 称为周期序列 $f(k)$ 的功率谱。

10. 对偶性

在第 3 章的讨论中，我们知道连续信号在时域与频域之间存在一种对偶关系，即：若 $f(t) \leftrightarrow F(\mathrm{j}\omega)$，则有

$$F(\mathrm{j}t) \leftrightarrow 2\pi f(-\omega)$$

而对于离散序列，其离散时间傅里叶变换为 ω 的连续函数 $F(\mathrm{e}^{\mathrm{j}\omega})$，因而在 $f(k)$ 与 $F(\mathrm{e}^{\mathrm{j}\omega})$ 之间并不存在相应的对偶性。然而相应的连续信号 $F(\mathrm{e}^{\mathrm{j}t})$ 是一个周期为 2π 的周期信号，我们可求 $F(\mathrm{e}^{\mathrm{j}t})$ 的连续时间傅里叶级数。在离散时间傅里叶变换与连续时间傅里叶级数之间存在一种对偶关系。下面对此进行分析。

若非周期序列 $f(k)$ 的离散时间傅里叶变换为 $F(\mathrm{e}^{\mathrm{j}\omega})$，即

$$F(\mathrm{e}^{\mathrm{j}\omega}) = \sum_{k=-\infty}^{\infty} f(k)\mathrm{e}^{-\mathrm{j}\omega k} \tag{6.4-19}$$

$F(\mathrm{e}^{\mathrm{j}\omega})$ 是周期为 2π 的频域周期函数，其对应的 $F(\mathrm{e}^{\mathrm{j}t})$ 也是以 2π 为周期的时域周期函数。我们将周期信号 $F(\mathrm{e}^{\mathrm{j}t})$ 展开为连续时间傅里叶级数，注意到周期 $T=2\pi$，基波频率 $\Omega=2\pi/T=1$，于是有

$$F(\mathrm{e}^{\mathrm{j}t}) = \sum_{n=-\infty}^{\infty} A(n)\mathrm{e}^{\mathrm{j}nt} \tag{6.4-20}$$

将此式与式(6.4-19)对照，显然有

$$f(n) = A(-n) \quad 或 \quad A(n) = f(-n)$$

因此有：若 $f(k) \leftrightarrow F(\mathrm{e}^{\mathrm{j}\omega})$，则

$$F(\mathrm{e}^{\mathrm{j}t}) \overset{\text{CFS}}{\longleftrightarrow} f(-n) \tag{6.4-21}$$

式中，CFS 表示求 $F(\mathrm{e}^{\mathrm{j}t})$ 的连续时间傅里叶级数系数。这就是离散时间傅里叶变换与连续时间傅里叶级数之间的对偶性。

例 6.4-1　已知一周期为 2π 的连续时间周期信号 $f(t)$ 的傅里叶级数系数为

$$F_n = \begin{cases} 1 & |n| \leqslant N_1 \\ 0 & 其余 \end{cases}$$

求周期信号 $f(t)$。

解　由题可知，F_n 可看作是一个离散时间脉冲序列。其离散时间傅里叶变换如式

(6.2-15)所示，即为 $\dfrac{\sin\left(N_1+\dfrac{1}{2}\right)\omega}{\sin\dfrac{\omega}{2}}$，因此，依据对偶关系，就有

$$f(t)=\frac{\sin\left(N_1+\dfrac{1}{2}\right)t}{\sin\dfrac{t}{2}} \tag{6.4-22}$$

如果将对偶性的讨论应用于离散时间傅里叶级数，则可得到与连续信号傅里叶变换相对应的对偶性。

将周期序列 $f(k)$的傅里叶级数系数表示为 $F(n)$，则有

$$F(n)=\frac{1}{N}\sum_{k=\langle N\rangle} f(k)\mathrm{e}^{-\mathrm{j}\frac{2\pi}{N}nk} \tag{6.4-23}$$

如果把上式中的 k 与 n 对换，则有

$$F(k)=\frac{1}{N}\sum_{n=\langle N\rangle} f(n)\mathrm{e}^{-\mathrm{j}\frac{2\pi}{N}kn} \tag{6.4-24}$$

再把式(6.4-24)中的 n 换为 $-n$，则得

$$F(k)=\sum_{n=\langle N\rangle}\frac{1}{N} f(-n)\mathrm{e}^{\mathrm{j}\frac{2\pi}{N}kn} \tag{6.4-25}$$

上式表明，离散序列 $F(k)$的离散时间傅里叶级数系数为$\dfrac{1}{N}f(-n)$。上述结论可记为

若 $f(k)\overset{\text{DFS}}{\longleftrightarrow}F(n)$，则有

$$F(k)\overset{\text{DFS}}{\longleftrightarrow}\frac{1}{N}f(-n) \tag{6.4-26}$$

这一对偶性意味着：离散时间傅里叶级数的每一个性质都有其相应的对偶性质。这与连续时间傅里叶变换的情况一样。比如，对于下式所示性质：

$$f(k-k_0)\overset{\text{DFS}}{\longleftrightarrow}F_n\mathrm{e}^{-\mathrm{j}\frac{2\pi}{N}k_0n} \tag{6.4-27}$$

则与其对偶的性质为

$$\mathrm{e}^{\mathrm{j}\frac{2\pi}{N}mk}f(k)\overset{\text{DFS}}{\longleftrightarrow}F_{n-m} \tag{6.4-28}$$

为了方便查找，我们将常用序列的离散时间傅里叶变换和离散时间傅里叶级数的变换对公式汇总于书末的附录 E 中。

6.5　离散傅里叶变换(DFT)

由第 3 章及本章前几节的讨论可知，一个连续信号或离散序列均可应用傅里叶变换的方法来分析。傅里叶变换的实质是把一个信号表示成许多不同频率正弦信号之和。而由傅里叶变换所得到的频域表示式所包含的信息与原信号完全相同，不同的仅是信息的表示方法。利用傅里叶变换来分析，常可使信号与系统的分析得到简化。

现在的问题是如何在傅里叶分析中应用数字计算机。对连续时间信号来说，为了得到正、逆傅里叶变换，无论在时域或频域都需要对连续函数进行积分运算，而且其积分区间

都要包括从$-\infty$到$+\infty$的范围。显然，要在数字计算机上完成这一运算是不可能的。为此，必须把时域及频域连续函数改换为离散数据，而且必须把计算范围由无限范围收缩为有限区间。这样，就需要对上述的傅里叶变换对进行修改，使之适应数字计算机计算。其修改过程可用图 6.5－1 作简要说明。

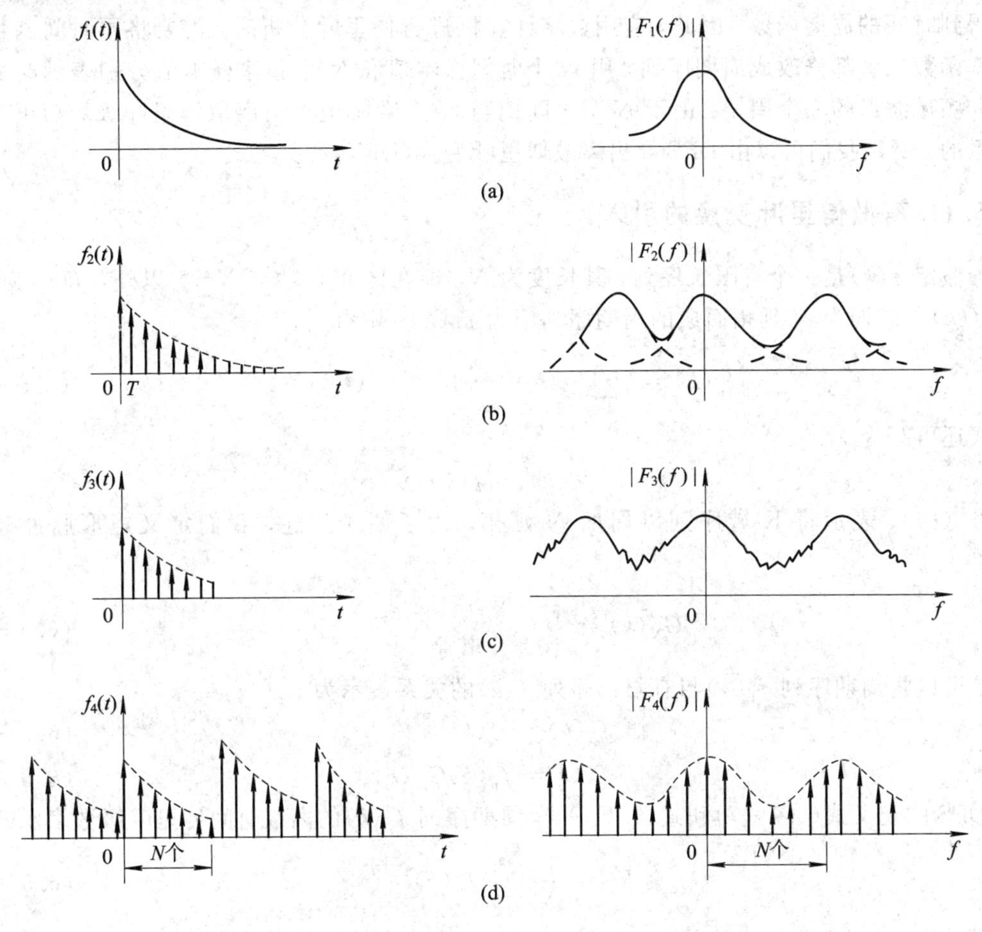

图 6.5－1　产生离散傅里叶变换对的图解说明

图 6.5－1(a)为连续信号及其傅里叶变换，其时域、频域均为连续函数。

图 6.5－1(b)为对 $f_1(t)$抽样后的函数及其傅里叶变换。这个傅里叶变换对是对原始变换对的第一次修改，这个修改在频域中有可能产生混叠效应。如果 $f_1(t)$为频带有限的信号，$f_2(t)$的抽样频率 $1/T$ 高于 $f_1(t)$最高频率的两倍，那么抽样的结果并没有丢失信息。这种情况下，频域中也就不会产生混叠效应。

$f_2(t)$具有无穷多个样本值，所以图 6.5－1(b)中的变换对仍不适宜于计算机计算。为此，必须将抽样后的 $f_2(t)$进行截断，使之仅有有限个样本点，比如 N 个点，这样得到图 6.5－1(c)所示的变换对。由于截断而失去了一部分信息，所以其频域函数产生失真，出现了皱波。为了减小皱波，可使截断长度尽可能长些。当然，对于长度有限的函数，只要截断长度大于函数长度，就不会产生皱波。这是对原始变换对的第二次修改。

由于图 6.5－1(c)中的频域函数是连续函数，因而还需作进一步修改。若对其频域函数进行频域抽样，可得图 6.5－1(d)所示的变换对。此时，时域函数 $f_4(t)$为周期函数，它

相当于是 $f_3(t)$的周期开拓。图 6.5-1(d)所示的变换对对计算机来说是可以接受的。因为在时域和频域它都是以离散值表示的，原来的时间函数 $f_1(t)$用 N 个样本值近似，原来的傅里叶变换 $F_1(f)$也用 N 个样本值近似。

从上面的分析可以看出：时域上抽样的结果得到频率的周期函数，而频域上抽样的结果得到时间的周期函数。因此，应用数字计算机进行傅里叶分析时，需要将原时间函数和频率函数二者都修改成周期序列，用 N 个时间样本值和 N 个频率样本值分别表示时域波形和频域波形的一个周期。由于 N 个时间值与 N 个频率值是由离散傅里叶级数(DFS)相联系的，所以我们可以由 DFS 导出离散傅里叶变换(DFT)的关系式。

6.5.1 离散傅里叶变换的引入

假定 $f(k)$是一个有限长序列，其长度为 N，即在区间 $0\leqslant k\leqslant N-1$ 以外，$f(k)$为零。将 $f(k)$以周期为 N 延拓而成的周期序列记为 $f_p(k)$，则有

$$f_p(k)=\sum_{r=-\infty}^{\infty}f(k-rN)\qquad (r\text{ 为整数})\tag{6.5-1}$$

上式还可写为

$$f_p(k)=f((k))_N$$

符号$((k))_N$ 表示将 K 域序列以周期 N 延拓。为了便于记述，我们定义矩形脉冲序列 $G_N(k)$：

$$G_N(k)=\begin{cases}1 & 0\leqslant k\leqslant N-1\\ 0 & \text{其余}\end{cases}\tag{6.5-2}$$

于是可以将周期序列 $f_p(k)$与有限长序列 $f(k)$的关系表示为

$$f_p(k)=f((k))_N\tag{6.5-3}$$

$$f(k)=f_p(k)G_N(k)\tag{6.5-4}$$

据 DFS 的定义式(6.1-7)和式(6.1-8)，周期序列 $f_p(k)$的离散时间傅里叶级数表示式为

$$F_n=\frac{1}{N}\sum_{k=0}^{N-1}f_p(k)\mathrm{e}^{-\mathrm{j}\frac{2\pi}{N}kn}\tag{6.5-5}$$

$$f_p(k)=\sum_{n=0}^{N-1}F_n\mathrm{e}^{\mathrm{j}\frac{2\pi}{N}nk}\tag{6.5-6}$$

如果将 NF_n 表示成 $F_p(n)$，并令 $W_N=\mathrm{e}^{-\mathrm{j}\frac{2\pi}{N}}$，则上两式可改写为

$$F_p(n)=\sum_{k=0}^{N-1}f_p(k)W_N^{kn}\tag{6.5-7}$$

$$f_p(k)=\frac{1}{N}\sum_{n=0}^{N-1}F_p(n)W_N^{-nk}\tag{6.5-8}$$

式(6.5-7)和式(6.5-8)是 DFS 的另一种表示形式。式中，常数系数 $1/N$ 置于 DFS 的正变换或逆变换式中，对 DFS 变换无任何实质影响。如果将周期序列 $F_p(n)$在主值区间表示为 $F(n)$，$0\leqslant n\leqslant N-1$，由于以上两式的求和范围均为 $0\sim N-1$，在此区间内 $f_p(k)=f(k)$，因此，“借用”离散傅里叶级数的形式可以得到

$$F(n)=\sum_{k=0}^{N-1}f(k)W_N^{nk}\qquad 0\leqslant n\leqslant N-1\tag{6.5-9}$$

$$f(k) = \frac{1}{N}\sum_{n=0}^{N-1} F(n) W_N^{-nk} \qquad 0 \leqslant k \leqslant N-1 \tag{6.5-10}$$

式中：

$$W_N = e^{-j\frac{2\pi}{N}}$$

式(6.5－9)和式(6.5－10)所定义的变换关系就称为**离散傅里叶变换**(DFT)。它表明，时域的 N 点有限长序列 $f(k)$ 可以变换为频域的 N 点有限长序列 $F(n)$。显然，DFT 与 DFS 之间存在以下关系：

$$F_p(n) = F((k))_N \tag{6.5-11}$$

$$F(n) = F_p(n) G_N(n) \tag{6.5-12}$$

与连续时间傅里叶变换的情况类似，DFT 的正、逆变换之间存在一一对应的关系。或者说，IDFT[$F(n)$]是唯一的。对此可作如下证明。

将式(6.5－9)代入式(6.5－10)，有

$$\text{IDFT}[F(n)] = \frac{1}{N}\sum_{n=0}^{N-1}\left[\sum_{m=0}^{N-1} f(m) W_N^{mn}\right] W^{-nk} = \sum_{m=0}^{N-1} f(m) \frac{1}{N}\sum_{n=0}^{N-1} W_N^{n(m-k)}$$

由于

$$\frac{1}{N}\sum_{n=0}^{N-1} W_N^{n(m-k)} = \begin{cases} 1 & m = k + MN \\ 0 & m \neq k + MN \end{cases} \quad (M\text{ 为整数})$$

所以，在区间 $0 \sim N-1$ 有

$$\text{IDFT}[F(n)] = f(k) \qquad 0 \leqslant k \leqslant N-1$$

由此可见式(6.5－10)定义的离散傅里叶逆变换是唯一的。可记为

$$f(k) \overset{\text{DFT}}{\longleftrightarrow} F(n) \tag{6.5-13}$$

例 6.5－1　有限长序列 $f(k) = G_4(k)$，设变换区间 $N=4$、8、16 时，试分别求其 DFT。

解　设 $N=4$，则据式(6.5－9)有

$$F(n) = \sum_{k=0}^{3} G_4(k) W_4^{nk} = \sum_{k=0}^{3} 1 \cdot e^{-j\frac{2\pi}{4}nk} = \frac{1 - e^{-j2\pi n}}{1 - e^{-j\frac{\pi}{2}n}} = e^{-j\frac{3\pi}{4}n} \frac{\sin n\pi}{\sin \frac{n\pi}{4}}$$

$$n = 0, 1, 2, 3$$

同样，当 $N=8$ 时

$$F(n) = \sum_{k=0}^{7} G_4(k) W_8^{nk} = \sum_{k=0}^{3} e^{-j\frac{2\pi}{8}nk} = e^{-j\frac{3\pi}{8}n} \frac{\sin\left(\frac{\pi}{2}n\right)}{\sin\left(\frac{\pi}{8}n\right)}$$

$$n = 0, 1, \cdots, 7$$

当 $N=16$ 时

$$F(n) = \sum_{k=0}^{15} G_4(k) W_{16}^{nk} = \sum_{k=0}^{3} e^{-j\frac{2\pi}{16}nk} = e^{-j\frac{3\pi}{16}n} \frac{\sin\left(\frac{\pi}{4}n\right)}{\sin\left(\frac{\pi}{16}n\right)}$$

$$n = 0, 1, \cdots, 15$$

由此例可见 $f(k)$ 的离散傅里叶变换结果与变换区间长度 N 的取值有关。对此结论可作如下解释。

设序列 $f(k)$ 的长度为 N，据式(6.2－11)可求得 $f(k)$ 的离散时间傅里叶变换 $F(e^{j\omega})$。即

$$F(e^{j\omega})=\sum_{k=0}^{N-1}f(k)e^{-j\omega k} \qquad (6.5-14)$$

而 $f(k)$ 的离散傅里叶变换为

$$F(n)=\sum_{k=0}^{N-1}f(k)W_N^{nk}=\sum_{k=0}^{N-1}f(k)e^{-j\frac{2\pi}{N}nk}$$

$$0\leqslant n\leqslant N-1 \qquad (6.5-15)$$

将式(6.5－15)与式(6.5－14)对照，显然有

$$F(n)=F(e^{j\omega})\big|_{\omega=\frac{2\pi}{N}n} \qquad 0\leqslant n\leqslant N-1 \qquad (6.5-16)$$

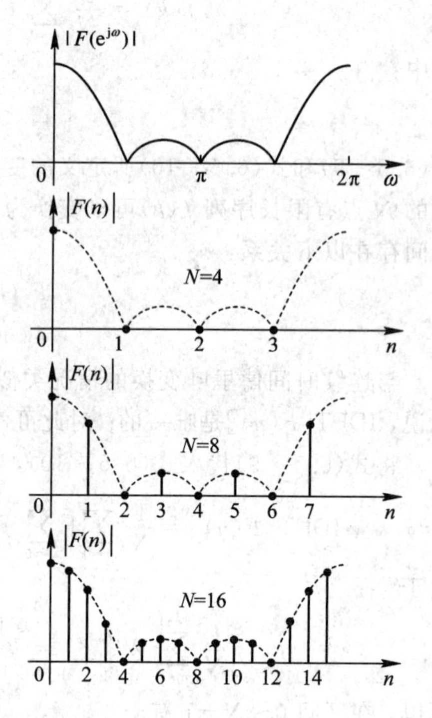

图 6.5－2　$F(n)$ 与 $F(e^{j\omega})$ 的关系

式(6.5－16)说明 $F(n)$ 为 $f(k)$ 的离散时间傅里叶变换 $F(e^{j\omega})$ 在区间[0, 2π]上的 N 点等间隔抽样。这就是 DFT 的物理意义。由此可见，DFT 的变换区间长度 N 不同，表示对 $F(e^{j\omega})$ 在[0, 2π]区间上的采样间隔和采样点数不同，所以 DFT 的结果不同。例 6.5－1 中，$f(k)=G_4(k)$，N 分别取 4、8、16 时，其 DFT 的 $F(n)$ 的幅度曲线示于图 6.5－2 中。从图中可很直观地看出 DFT 的物理意义。虽然随着 N 的不同，$f(k)$ 的 DFT 不同，但由 $F(n)$ 求得的 $f(k)$ 都为 $G_4(k)$，只不过 N 的长度不同而已。

6.5.2　DFT 的计算

由DFT的定义式(6.5-9)及(6.5-10)可知，其计算过程可写成矩阵形式(为了简便，式中 W_N 的下标 N 未写)，即

$$\begin{bmatrix}F(0)\\F(1)\\\vdots\\F(N-1)\end{bmatrix}=\begin{bmatrix}W^0 & W^0 & W^0 & \cdots & W^0\\W^0 & W^{1\times1} & W^{2\times1} & \cdots & W^{(N-1)\times1}\\\vdots & \vdots & \vdots & & \vdots\\W^0 & W^{1\times(N-1)} & W^{2\times(N-1)} & \cdots & W^{(N-1)\times(N-1)}\end{bmatrix}\begin{bmatrix}f(0)\\f(1)\\\vdots\\f(N-1)\end{bmatrix} \qquad (6.5-17)$$

$$\begin{bmatrix}f(0)\\f(1)\\\vdots\\f(N-1)\end{bmatrix}=\frac{1}{N}\begin{bmatrix}W^0 & W^0 & W^0 & \cdots & W^0\\W^0 & W^{-1\times1} & W^{-1\times2} & \cdots & W^{-1\times(N-1)}\\\vdots & \vdots & \vdots & & \vdots\\W^0 & W^{-(N-1)\times1} & W^{-(N-1)\times2} & \cdots & W^{-(N-1)\times(N-1)}\end{bmatrix}\begin{bmatrix}F(0)\\F(1)\\\vdots\\F(N-1)\end{bmatrix} \qquad (6.5-18)$$

由以上两式可知，计算一个 N 点 DFT，无论求 DFT 的正变换，还是求 DFT 的逆变换，一般需要进行 N^2 次复数乘法运算及 $N\times(N-1)$ 次复数加法运算。这样，对一个中等长度的

序列，比如 $N=2^{10}=1024$，计算 DFT 就需要 100 多万次复数乘法运算。当 N 更大时，即使使用计算速度惊人的现代计算机，其计算所需的时间还是太长了。为此，需要研究 DFT 的快速算法——FFT。有关 FFT 的概念，我们将在 6.7 节作简要介绍。作为 FFT 的基础，在此对 W_N^{kn} 的计算作一分析。

从式(6.5-17)可以看出，DFT 的计算除要输入数列$\{f(0), f(1), \cdots, f(N-1)\}$外，还要计算 $W_N^{kn}=\mathrm{e}^{-\mathrm{j}\frac{2\pi}{N}kn}$ 之值。一般来说，DFT 式中共有 N^2 个 W_N^{kn}。然而，依 k 与 n 的对称关系，实际上要计算的 W_N^{kn} 的个数要减少一半。如果根据 W_N^{kn} 的某些特性，能使独立的 W_N^{kn} 的个数减至最少，那么就可使 DFT 的计算速度提高，这是我们所期望的。为此我们讨论 kn 表的生成。设

$$\frac{kn}{N}=r\cdots l \qquad r,\ l\ \text{均为整数} \tag{6.5-19}$$

式中，r 是 kn 被 N 除得的商数，l 是余数。所以有

$$kn = rN + l \tag{6.5-20}$$

$$W_N^{kn} = W_N^{rN+l} = W^{rN} \cdot W^l$$

由于

$$W_N^{rN} = \mathrm{e}^{-\mathrm{j}\frac{2\pi}{N}rN} = \mathrm{e}^{-\mathrm{j}2\pi r} = 1$$

所以有

$$W_N^{kn} = W_N^l \tag{6.5-21}$$

式(6.5-21)表明 kn 值对 W_N^{kn} 的影响等于 l 值对 W_N^l 的影响，因而在进行 DFT 计算时，用 l 代替 kn 并不影响计算结果。从计算 DFT 的角度来看，我们可以认为 l 与 kn 是等效的。这个结论可以记为

$$kn \equiv l \ (\mathrm{mod}\ N) \tag{6.5-22}$$

这里符号"≡"的含义是 l 与 kn 对模 N 同余，l 是$\frac{kn}{N}$的整数余数，叫做 kn 按模 N 运算的剩余。例如，$14\equiv 6\ (\mathrm{mod}\ 8)$，也可记为 $14\ \mathrm{mod}\ 8=6$。据式(6.5-22)可以得到按模 N 计算的 kn 值表。

在 kn 值表中，实际上只有 N 个不同的数值。例如，当 $N=8$ 时，按模 8 计算的 kn 值示于表 6.1。很明显，它仅有 8 个不同的 kn 值。

表 6.1 按模 8 计算的 kn 值

k \ n	0	1	2	3	4	5	6	7
0	0	0	0	0	0	0	0	0
1	0	1	2	3	4	5	6	7
2	0	2	4	6	0	2	4	6
3	0	3	6	1	4	7	2	5
4	0	4	0	4	0	4	0	4
5	0	5	2	7	4	1	6	3
6	0	6	4	2	0	6	4	2
7	0	7	6	5	4	3	2	1

从上面分析可知，用 W_N^l 代替 W_N^{kn} 计算 DFT 将使计算量减少很多。这为下一步研究 FFT 提供了方便。

6.6　DFT 的性质

我们知道，离散傅里叶变换是由连续傅里叶变换导出的，因而它们之间有着密切的对应关系。离散傅里叶变换的许多性质与连续傅里叶变换的性质非常相似。掌握这些性质，对于进行 DFT 运算和研究它的快速算法很有帮助。为了记述方便，我们将 DFT 对记为

$$f(k) \leftrightarrow F(n)$$

式中，$f(k)$和 $F(n)$均为 N 点序列。

1. 线性

若 $f_1(k) \leftrightarrow F_1(n)$，$f_2(k) \leftrightarrow F_2(n)$，则

$$af_1(k)+bf_2(k) \leftrightarrow aF_1(n)+bF_2(n) \tag{6.6-1}$$

式中，a，b 为任意常数。

2. 对称性

若 $f(k) \leftrightarrow F(n)$，则

$$\frac{1}{N}F(k) \leftrightarrow f(-n) \tag{6.6-2}$$

此性质可以由 IDFT 式(6.5-10)互换变量 k 和 n 而证得。

3. 时移特性

有限长序列 $f(k)$的时移序列 $f(k-m)$，从一般意义上讲，是将序列 $f(k)$向右移动 m 位。即将区间 $0\sim N-1$ 的序列 $f(k)$移到区间 $m\sim N+m-1$。由于 DFT 的求和区间是 0 到 $N-1$，这就给位移序列的 DFT 分析带来困难。

我们这里所讨论的时间位移并不是指上述一般意义上的位移，而是指**循环位移**(亦称**圆周位移**)。所谓循环位移，实质上是先将有限长序列 $f(k)$周期延拓构成周期序列 $f_p(k)$，然后向右移动 m 位得到$f_p(k-m)$，最后取 $f_p(k-m)$之主值。这样就得到所谓的**循环位移序列** $f_p(k-m)G_N(k)$。一般可记为

$$f((k-m))_N G_N(k)$$

循环位移过程示于图 6.6-1。本章所提到的位移，如无特别声明，均指循环位移。

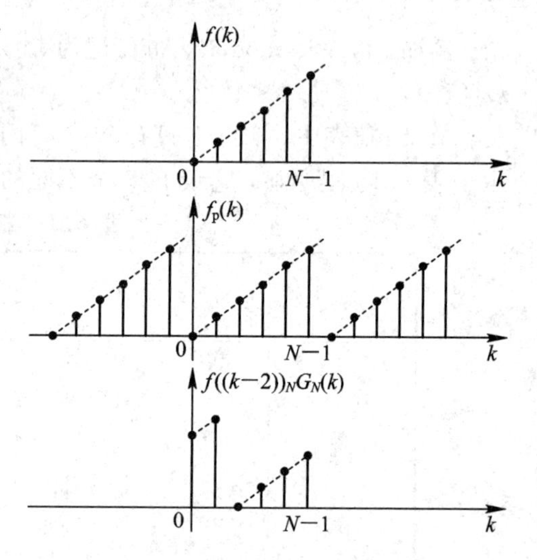

图 6.6-1　有限长序列的循环位移

DFT 分析中的时间循环位移特性告诉我们：

若 $f(k) \leftrightarrow F(n)$，则

$$f((k-m))_N G_N(k) \leftrightarrow W_N^{mn}F(n) \tag{6.6-3}$$

上述结论可直接对位移序列 $f((k-m))_N G_N(k)$ 求 DFT 得到。

4. 频移特性

若 $f(k)\leftrightarrow F(n)$，则有

$$f(k)W_N^{-lk}\leftrightarrow F((n-l))_N G_N(n) \qquad (6.6-4)$$

不言而喻，这里的频率位移序列也是指有限长序列 $F(n)$ 的循环位移。式(6.6-4)的结论可直接对 $F((n-l))_N G_N(n)$ 求 IDFT 得到。

频移特性表明，若时间序列乘以指数项 W_N^{-lk}，则其离散傅里叶变换就向右循环位移 l 单位。这可看作调制信号的频谱搬移，因而也称为**调制定理**。

5. 采用 DFT 的 IDFT

若 $f(k)\leftrightarrow F(n)$，则有

$$f(k)=\frac{1}{N}[\mathrm{DFT}(F^*(n))]^* \qquad (6.6-5)$$

这个性质的意义在于，利用 DFT 正变换的算法既可计算其正变换，又可计算其逆变换，这就为 DFT 的计算带来了程序通用化的方便。

6. 时域循环卷积(圆卷积)

我们知道，卷积在系统分析中起着非常重要的作用。两序列 $f_1(k)$ 和 $f_2(k)$(长度分别为 L 和 M)的卷积得到长度为 $L+M-1$ 的另一个序列，即

$$f(k)=f_1(k)*f_2(k)=\sum_{m=-\infty}^{\infty}f_1(m)f_2(k-m)$$

$$k=0,1,2,\cdots,L+M-2 \qquad (6.6-6)$$

这就是所谓的**线卷积**。而这里所讨论的是循环卷积，也称圆卷积。循环卷积的含义为：两长度均为 N 的有限长序列 $f_1(k)$ 和 $f_2(k)$，其循环卷积结果仍为一长度为 N 的序列 $f(k)$。循环卷积的计算过程与线卷积相似，只不过求和式中的位移项 $f(k-m)$ 应按循环位移处理。因而，有限长序列 $f_1(k)$ 与 $f_2(k)$ 的循环卷积可记为

$$f_1(k)\circledast f_2(k)=\sum_{m=0}^{N-1}f_1(m)f_2((k-m))_N G_N(k)$$

$$=\sum_{m=0}^{N-1}f_2(m)f_1((k-m))_N G_N(k) \qquad (6.6-7)$$

与线卷积的图解法相似，圆卷积的图解分析可按照反褶、循环位移、相乘、求和的步骤进行，图 6.6-2 画出了两序列线卷积及圆卷积的结果。从图中可知，如果采用补零的方法将两序列的长度增到足够长，则其圆卷积与线卷积的结果一样。

在 DFT 中，循环卷积(圆卷积)具有如下的性质：

若 $f_1(k)\leftrightarrow F_1(n)$，$f_2(k)\leftrightarrow F_2(n)$，则有

$$f_1(k)\circledast f_2(k)\leftrightarrow F_1(n)\cdot F_2(n) \qquad (6.6-8)$$

利用这个性质，可使循环卷积的计算过程大为简化，但对于式(6.6-6)所示的线卷积不能直接应用此性质。为了使常用到的序列线卷积也能进行 DFT 分析，由图 6.6-2(c)可知，对原序列应作如下处理：对长度分别为 L 和 M 的有限长序列 $f_1(k)$ 和 $f_2(k)$ 用补零的方法将其开拓成长度为 $N\geqslant L+M-1$ 的增广序列 $\tilde{f}_1(k)$ 和 $\tilde{f}_2(k)$：

$$\tilde{f}_1(k)=\{f_1(0),f_1(1),f_1(2),\cdots,f_1(L-1),0,0,\cdots,0\}$$

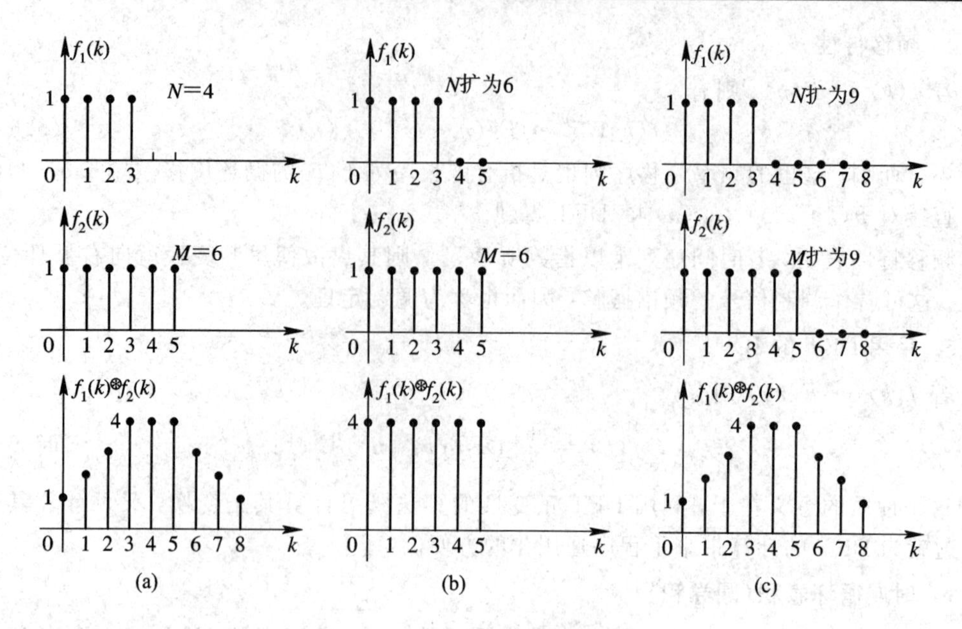

图 6.6-2 线卷积与圆卷积比较

$$\tilde{f}_2(k)=\{f_2(0),\ f_2(1),\ f_2(2),\ \cdots,\ f_2(M-1),\ 0,\ 0,\ \cdots,\ 0\}$$

于是，增广序列$\tilde{f}_1(k)$与$\tilde{f}_2(k)$的循环卷积就得到长度为 $N\geqslant L+M-1$ 的序列 $\tilde{f}(k)$，$\tilde{f}(k)$与原序列线卷积的结果相同。对于增广序列的循环卷积显然可以应用 DFT 处理。根据以上分析可以画出图 6.6-3 所示的应用 DFT 计算线卷积的流程图。

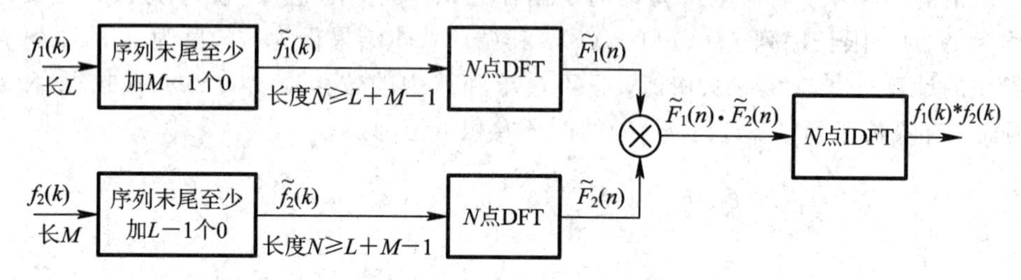

图 6.6-3 应用 DFT 求序列 $f_1(k)$与 $f_2(k)$的线卷积

7. 频域循环卷积(频域圆卷积)

若 $f_1(k)\leftrightarrow F_1(n)$，$f_2(k)\leftrightarrow F_2(n)$，则有

$$f_1(k)\cdot f_2(k)\leftrightarrow\frac{1}{N}F_1(n)\circledast F_2(n)\tag{6.6-9}$$

式中：

$$\begin{aligned}F_1(n)\circledast F_2(n)&=\sum_{l=0}^{N-1}F_1(l)F_2((n-l))_N G_N(n)\\&=\sum_{l=0}^{N-1}F_2(l)F_1((n-l))_N G_N(n)\end{aligned}\tag{6.6-10}$$

8. 奇偶虚实性

设 $f(k)$为实序列，$f(k)\leftrightarrow F(n)$，令

$$F(n)=F_{\rm r}(n)+{\rm j}F_{\rm i}(n)\tag{6.6-11}$$

式中，$F_r(n)$是$F(n)$的实部，$F_i(n)$是$F(n)$的虚部。由DFT的定义式可写出

$$F(n)=\sum_{k=0}^{N-1}f(k)e^{-j\frac{2\pi}{N}kn}=\sum_{k=0}^{N-1}f(k)\cos\left(\frac{2\pi}{N}nk\right)-j\sum_{k=0}^{N-1}f(k)\sin\left(\frac{2\pi}{N}nk\right)\tag{6.6-12}$$

于是有

$$F_r(n)=\sum_{k=0}^{N-1}f(k)\cos\left(\frac{2\pi}{N}nk\right)\tag{6.6-13}$$

$$F_i(n)=\sum_{k=0}^{N-1}f(k)\sin\left(\frac{2\pi}{N}nk\right)\tag{6.6-14}$$

由此可见，实序列的离散傅里叶变换为复数，其实部为偶函数，虚部为奇函数。

若实序列$f(k)$为k的偶函数，即

$$f(k)=f((-k))_N G_N(k)$$

则经循环位移再引用式(6.6－14)可以证得$F_i(n)=0$，仅留下$F_r(n)$，且为n的偶函数。也就是说，实偶序列的DFT也为实偶函数。同样可以证明，实奇函数的DFT为虚奇函数。这与连续傅里叶变换的情况一样。

上面讨论的性质可用如下的表示式说明：

$$F_r(n)=F_r((-n))_N G_N(n)\tag{6.6-15}$$

$$F_i(n)=-F_i((-n))_N G_N(n)\tag{6.6-16}$$

即，对于实数序列，其变换式的实部为n的偶函数，虚部为n的奇函数。由此可知，$F(n)$与$F(-n)$呈共轭关系，即

$$F(n)=F^*((-n))_N G_N(n)\tag{6.6-17}$$

由于$F(n)$具有周期性，故$F^*((-n))_N G_N(n)=F^*(N-n)$，因此，式(6.6－17)可写为

$$F(n)=F^*(N-n)\tag{6.6-18}$$

式(6.6－18)的共轭关系反映其模相等，幅角(arg)反号，即

$$|F(n)|=|F(N-n)|\tag{6.6-19}$$

$$\arg[F(n)]=-\arg[F(N-n)]\tag{6.6-20}$$

式(6.6－19)和式(6.6－20)告诉我们，实数序列离散傅里叶变换$F(n)$在0至N范围内，对于$N/2$点呈对称分布，$|F(n)|$呈偶对称，$\arg[F(n)]$呈奇对称(注意$F(N)=F(0)$)。图6.6－4举例示出$N=8$和$N=7$两种情况下$|F(n)|$的分布图。如果将$F(n)$分布在一个N等分的圆周上，那么它们就以$n=0$为中心，左、右两半共轭对称。

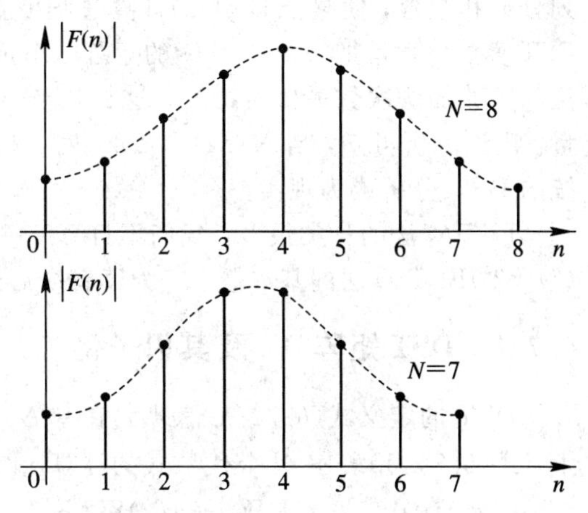

图6.6－4　实序列DFT的$|F(n)|$对称分布示例

若$f(k)$为纯虚序列，它的DFT $F(n)$也可分解为实部和虚部之和，仍以式(6.6－11)表示。容易证明，$F_r(n)$是n的奇函数，而$F_i(n)$是n的偶函数。即纯虚序列的离散傅里叶变换为复数，其实部为奇函数，虚部为偶函数。同样可证，虚偶函数的DFT是虚偶函数，而虚奇函数的DFT为实奇函数。因此，对于纯虚序列有

$$F(n) = -F^*(N-n) \tag{6.6-21}$$

9. 巴塞瓦尔定理

若 $f(k) \leftrightarrow F(n)$，则有

$$\sum_{k=0}^{N-1} |f(k)|^2 = \frac{1}{N}\sum_{n=0}^{N-1} |F(n)|^2 \tag{6.6-22}$$

如果 $f(k)$为实序列，则有

$$\sum_{k=0}^{N-1} f^2(k) = \frac{1}{N}\sum_{n=0}^{N-1} |F(n)|^2 \tag{6.6-23}$$

巴塞瓦尔定理表明，在一个频域带限之内，功率谱之和与信号的能量成比例。

6.7 快速傅里叶变换(FFT)简介

在 6.5 节，我们已经引出了如下的 DFT 和 IDFT 定义式：

$$F(n) = \sum_{k=0}^{N-1} f(k) W_N^{kn} \tag{6.7-1}$$

$$f(k) = \frac{1}{N}\sum_{n=0}^{N-1} F(n) W_N^{-kn} \tag{6.7-2}$$

按说，根据上两式就可利用数字计算机对一离散系统进行傅里叶分析，然而，情况并非如此。在 DFT 的有关理论提出后很长的一段时间，DFT 一直未能得到广泛的应用。究其原因，主要是由于 DFT 的计算量非常庞大，从而限制了 DFT 的应用。我们在 6.5 节已经指出，计算一个 N 点的 DFT，一般需要 N^2 次复数乘法和 $N(N-1)$次复数加法运算。因此，当 N 较大或要求对信号进行实时处理的情况下，往往难以实现所需的运算速度。为此，需要研究 DFT 的快速算法，这就是所谓的**快速傅里叶变换(FFT)**。

快速傅里叶变换的实质是利用权函数 W_N^{kn} 的对称性和周期性，把 N 点 DFT 进行一系列分解和组合，使整个 DFT 的计算过程变成一系列迭代运算过程。例如，对于 $N=2^l$ 的 FFT 算法，就是把一个 $N\times N$ 的矩阵分解成 l 个矩阵，使被分解的每一个矩阵具有复数乘法和复数加法次数最少的特性。这样，当 N 很大时，可能成百倍甚至成千倍地减少计算量。理论分析可知，当 $N=2^{10}=1024$ 时，利用 FFT 可节省 99%的计算量，从而使离散系统的 DFT 分析成为现实。

FFT 算法的种类很多，我们不打算一一介绍。本节将简单介绍最常用、最基本的基 2 ($N=2^l$)FFT 算法的基本概念，为读者今后进一步学习和研究 FFT 打一个基础。

6.7.1 DFT 矩阵 W^E 及其因子化

DFT 的定义式(6.7-1)表明，它有 N 个输入和 N 个输出，因而称为 **N 点 DFT**。实际上，式(6.7-1)表示 N 个代数式的计算。例如，当 $N=8$，kn 值以模 8 运算，据定义式有：

$$F(0) = f(0)W^0 + f(1)W^0 + f(2)W^0 + f(3)W^0 + f(4)W^0 + f(5)W^0 + f(6)W^0 + f(7)W^0$$

$$F(1) = f(0)W^0 + f(1)W^1 + f(2)W^2 + f(3)W^3 + f(4)W^4 + f(5)W^5 + f(6)W^6 + f(7)W^7$$

$$F(2) = f(0)W^0 + f(1)W^2 + f(2)W^4 + f(3)W^6 + f(4)W^0 + f(5)W^2 + f(6)W^4 + f(7)W^6$$

$$\vdots$$

$$F(7) = f(0)W^0 + f(1)W^7 + f(2)W^6 + f(3)W^5 + f(4)W^4 + f(5)W^3 + f(6)W^2 + f(7)W^1$$

显然，这样的方程式用矩阵表示更为简明方便。一般情况下，我们可将 DFT 的定义式写成矩阵的形式：

$$\boldsymbol{F}=\boldsymbol{W}^{E}\boldsymbol{f} \tag{6.7-3}$$

式(6.7-3)中：

$$\boldsymbol{F}=[F(0), F(1), \cdots, F(N-1)]^{\mathrm{T}} \tag{6.7-4}$$

$$\boldsymbol{f}=[f(0), f(1), \cdots, f(N-1)]^{\mathrm{T}} \tag{6.7-5}$$

它们都是列矩阵。$\boldsymbol{W}^{E}$ 称为 **DFT 矩阵**。当 $N=8$ 时，有

$$\boldsymbol{W}^{E}=\begin{bmatrix} W^0 & W^0 & W^0 & W^0 & W^0 & W^0 & W^0 & W^0 \\ W^0 & W^1 & W^2 & W^3 & W^4 & W^5 & W^6 & W^7 \\ W^0 & W^2 & W^4 & W^6 & W^0 & W^2 & W^4 & W^6 \\ W^0 & W^3 & W^6 & W^1 & W^4 & W^7 & W^2 & W^5 \\ W^0 & W^4 & W^0 & W^4 & W^0 & W^4 & W^0 & W^4 \\ W^0 & W^5 & W^2 & W^7 & W^4 & W^1 & W^6 & W^3 \\ W^0 & W^6 & W^4 & W^2 & W^0 & W^6 & W^4 & W^2 \\ W^0 & W^7 & W^6 & W^5 & W^4 & W^3 & W^2 & W^1 \end{bmatrix} \tag{6.7-6}$$

$\boldsymbol{W}^{E}$ 矩阵是一个 $N\times N$ 的方阵，而且是对称矩阵。其行序为 $n=0, 1, 2, \cdots, (N-1)$，列序为 $k=0, 1, 2, \cdots, N-1$。

在分析一个系统时，$W_N=\mathrm{e}^{-\mathrm{j}\frac{2\pi}{N}}$ 往往是确定的，因而 $\boldsymbol{W}^{E}$ 矩阵的关键是矩阵中 W_N^{kn} 的指数排列次序。为此，我们将 $\boldsymbol{W}^{E}$ 矩阵中各元素 W_N^{kn} 的指数单独组成矩阵 $\boldsymbol{E}$，使问题更加简单明了。当 $N=8$ 时，有

$$\boldsymbol{E}=\begin{bmatrix} 0 & 0 & 0 & 0 & 0 & 0 & 0 & 0 \\ 0 & 1 & 2 & 3 & 4 & 5 & 6 & 7 \\ 0 & 2 & 4 & 6 & 0 & 2 & 4 & 6 \\ 0 & 3 & 6 & 1 & 4 & 7 & 2 & 5 \\ 0 & 4 & 0 & 4 & 0 & 4 & 0 & 4 \\ 0 & 5 & 2 & 7 & 4 & 1 & 6 & 3 \\ 0 & 6 & 4 & 2 & 0 & 6 & 4 & 2 \\ 0 & 7 & 6 & 5 & 4 & 3 & 2 & 1 \end{bmatrix} \tag{6.7-7}$$

同理，IDFT 也可写成矩阵形式。对应定义式(6.7-2)有

$$\boldsymbol{f}=\frac{1}{N}\boldsymbol{W}^{-E}\boldsymbol{F} \tag{6.7-8}$$

DFT 用矩阵形式表示后，就可应用矩阵运算的有关理论，使 DFT 的计算过程简化，运算速度提高。为此，需要对 DFT 矩阵 $\boldsymbol{W}^{E}$ 作适当变换，即设法将 $\boldsymbol{W}^{E}$ 变换为几个矩阵相乘的形式。这就是所谓的矩阵 $\boldsymbol{W}^{E}$ 因子化。下面我们以 $N=2^2$ 为例来讨论 $\boldsymbol{W}^{E}$ 的因子化。

设 $N=2^2=4$，则有

$$F(n)=\sum_{k=0}^{3} f(k)W_4^{kn} \qquad n=0, 1, 2, 3$$

式中，$W_4=\mathrm{e}^{-\mathrm{j}\frac{2\pi}{4}}=-\mathrm{j}$。

令 n 的排序为 0，2，1，3，则可写出其矩阵表示式为

$$\begin{bmatrix} F(0) \\ F(2) \\ F(1) \\ F(3) \end{bmatrix} = \begin{bmatrix} W^0 & W^0 & W^0 & W^0 \\ W^0 & W^2 & W^0 & W^2 \\ W^0 & W^1 & W^2 & W^3 \\ W^0 & W^3 & W^2 & W^1 \end{bmatrix} \begin{bmatrix} f(0) \\ f(1) \\ f(2) \\ f(3) \end{bmatrix}$$

可见，在 n 按 0，2，1，3 排序情况下，DFT 矩阵为

$$\boldsymbol{W}^E = \left[\begin{array}{cc:cc} W^0 & W^0 & W^0 & W^0 \\ W^0 & W^2 & W^0 & W^2 \\ \hdashline W^0 & W^1 & W^2 & W^3 \\ W^0 & W^3 & W^2 & W^1 \end{array}\right] \tag{6.7-9}$$

矩阵 $\boldsymbol{W}^E$ 可以看作是由式(6.7－9)中虚线所分的四个子矩阵组成的。而每个子矩阵可以写成下面的形式：

$$\begin{bmatrix} W^0 & W^0 \\ W^0 & W^2 \end{bmatrix} = \begin{bmatrix} W^0 & W^0 \\ W^0 & W^2 \end{bmatrix} \begin{bmatrix} W^0 & 0 \\ 0 & W^0 \end{bmatrix}$$

$$\begin{bmatrix} W^0 & W^1 \\ W^0 & W^3 \end{bmatrix} = \begin{bmatrix} W^0 & W^1 \\ W^0 & W^3 \end{bmatrix} \begin{bmatrix} W^0 & 0 \\ 0 & W^0 \end{bmatrix}$$

$$\begin{bmatrix} W^2 & W^3 \\ W^2 & W^1 \end{bmatrix} = \begin{bmatrix} W^0 & W^1 \\ W^0 & W^3 \end{bmatrix} \begin{bmatrix} W^2 & 0 \\ 0 & W^2 \end{bmatrix}$$

将这三个关系式代入式(6.7－9)，并利用分块矩阵相乘的规则，矩阵 $\boldsymbol{W}^E$ 可以写为

$$\begin{aligned} \boldsymbol{W}^E &= \left[\begin{array}{c:c} \begin{bmatrix} W^0 & W^0 \\ W^0 & W^2 \end{bmatrix} \begin{bmatrix} W^0 & 0 \\ 0 & W^0 \end{bmatrix} & \begin{bmatrix} W^0 & W^0 \\ W^0 & W^2 \end{bmatrix} \begin{bmatrix} W^0 & 0 \\ 0 & W^0 \end{bmatrix} \\ \hdashline \begin{bmatrix} W^0 & W^1 \\ W^0 & W^3 \end{bmatrix} \begin{bmatrix} W^0 & 0 \\ 0 & W^0 \end{bmatrix} & \begin{bmatrix} W^0 & W^1 \\ W^0 & W^3 \end{bmatrix} \begin{bmatrix} W^2 & 0 \\ 0 & W^2 \end{bmatrix} \end{array}\right] \\ &= \left[\begin{array}{cc:cc} W^0 & W^0 & \multicolumn{2}{c}{\mathbf{0}} \\ W^0 & W^2 & & \\ \hdashline & & W^0 & W^1 \\ \multicolumn{2}{c:}{\mathbf{0}} & W^0 & W^3 \end{array}\right] \left[\begin{array}{cc:cc} W^0 & 0 & W^0 & 0 \\ 0 & W^0 & 0 & W^0 \\ \hdashline W^0 & 0 & W^2 & 0 \\ 0 & W^0 & 0 & W^2 \end{array}\right] \end{aligned}$$

若令

$$\boldsymbol{W}^{E_2} = \begin{bmatrix} W^0 & W^0 & & \\ W^0 & W^2 & \multicolumn{2}{c}{\mathbf{0}} \\ & & W^0 & W^1 \\ \multicolumn{2}{c}{\mathbf{0}} & W^0 & W^3 \end{bmatrix}$$

$$\boldsymbol{W}^{E_1} = \begin{bmatrix} W^0 & 0 & W^0 & 0 \\ 0 & W^0 & 0 & W^0 \\ W^0 & 0 & W^2 & 0 \\ 0 & W^0 & 0 & W^2 \end{bmatrix}$$

则有

$$\boldsymbol{W}^{E}=\boldsymbol{W}^{E_2}\cdot\boldsymbol{W}^{E_1} \tag{6.7-10}$$

这样，我们就将 DFT 矩阵 $\boldsymbol{W}^E$ 写成两个矩阵 $\boldsymbol{W}^{E_2}$ 和 $\boldsymbol{W}^{E_1}$ 相乘的形式。可以看出，矩阵 $\boldsymbol{W}^{E_1}$ 和 $\boldsymbol{W}^{E_2}$ 中有不少的零元素，而且随着 N 的增加，零元素将变得非常多，这就为计算 DFT 带来方便。我们把这种类型的矩阵称为**稀疏矩阵**。上面关于 $N=2^2$ 的 DFT 矩阵因子化的讨论可以推广到任意的 $N=2^l$ 点 DFT 矩阵。关于这方面的内容读者可参阅有关资料。

6.7.2　基 2 FFT 概述

为了使读者对基 2 FFT 的快变原理有一个直观的了解，我们以 $N=2^2$ 为例具体分析其快速变换过程。

对于 $N=2^2=4$，据 DFT 定义式(6.7－1)有

$$\begin{bmatrix}F(0)\\F(1)\\F(2)\\F(3)\end{bmatrix}=\begin{bmatrix}W^0&W^0&W^0&W^0\\W^0&W^1&W^2&W^3\\W^0&W^2&W^4&W^6\\W^0&W^3&W^6&W^9\end{bmatrix}\begin{bmatrix}f(0)\\f(1)\\f(2)\\f(3)\end{bmatrix}=\begin{bmatrix}1&1&1&1\\1&W^1&W^2&W^3\\1&W^2&W^0&W^2\\1&W^3&W^2&W^1\end{bmatrix}\begin{bmatrix}f(0)\\f(1)\\f(2)\\f(3)\end{bmatrix} \tag{6.7-11}$$

利用 DFT 矩阵因子化的结论式(6.7－10)，可将上式写成

$$\begin{aligned}\begin{bmatrix}F(0)\\F(2)\\F(1)\\F(3)\end{bmatrix}&=\begin{bmatrix}1&1&1&1\\1&W^2&W^0&W^2\\1&W^1&W^2&W^3\\1&W^3&W^2&W^1\end{bmatrix}\begin{bmatrix}f(0)\\f(1)\\f(2)\\f(3)\end{bmatrix}\\&=\begin{bmatrix}1&W^0&0&0\\1&W^2&0&0\\0&0&1&W^1\\0&0&1&W^3\end{bmatrix}\begin{bmatrix}1&0&W^0&0\\0&1&0&W^0\\1&0&W^2&0\\0&1&0&W^2\end{bmatrix}\begin{bmatrix}f(0)\\f(1)\\f(2)\\f(3)\end{bmatrix}\end{aligned} \tag{6.7-12}$$

式(6.7－12)即为快变算式。在讨论(6.7－12)的运算过程之前，我们先研究用式(6.7－12)计算 DFT 所需的运算次数。为了得出普遍的结论，式中的 W^0 暂不化为 1。

式(6.7－12)的计算过程可分为两步，首先计算式(6.7－12)右边后两个矩阵的乘积，从而得到列矩阵 $\boldsymbol{F}_1(k)$：

$$\boldsymbol{F}_1(k)=\begin{bmatrix}F_1(0)\\F_1(1)\\F_1(2)\\F_1(3)\end{bmatrix}=\begin{bmatrix}1&0&W^0&0\\0&1&0&W^0\\1&0&W^2&0\\0&1&0&W^2\end{bmatrix}\begin{bmatrix}f(0)\\f(1)\\f(2)\\f(3)\end{bmatrix} \tag{6.7-13}$$

算出 $F_1(0)$要有一次复数乘法和一次复数加法。这是显然的：

$$F_1(0)=f(0)+W^0f(2)$$

算出元素 $F_1(1)$也用一次复数乘法和一次复数加法。但计算 $F_1(2)$时，只需要一次复数加法，这是因为 $W_4^0=-W_4^2$，因此

$$F_1(2)=f(0)+W^2f(2)=f(0)-W^0f(2)$$

式中的复数乘法 $W^0 f(2)$ 已经在计算 $F_1(0)$ 时计算过了。同理，计算 $F_1(3)$ 时也只需要一次复数加法，不需乘法运算。这样，中间矢量 $\boldsymbol{F}_1(k)$ 只需二次复数乘法和四次复数加法就能确定。

利用中间矢量 $\boldsymbol{F}_1(k)$ 就可进一步完成式(6.7－12)的计算：

$$\begin{bmatrix} F(0) \\ F(2) \\ F(1) \\ F(3) \end{bmatrix} = \begin{bmatrix} F_2(0) \\ F_2(1) \\ F_2(2) \\ F_2(3) \end{bmatrix} = \begin{bmatrix} 1 & W^0 & 0 & 0 \\ 1 & W^2 & 0 & 0 \\ 0 & 0 & 1 & W^1 \\ 0 & 0 & 1 & W^3 \end{bmatrix} \begin{bmatrix} F_1(0) \\ F_1(1) \\ F_1(2) \\ F_1(3) \end{bmatrix} \tag{6.7-14}$$

元素 $F_2(0)$ 可用一次复数乘法和一次复数加法确定：

$$F_2(0) = F_1(0) + W^0 F_1(1)$$

由于 $W_4^0 = -W_4^2$，$F_2(1)$ 的计算只需要一次加法。同理，$F_2(2)$ 只要一次复数乘法和一次复数加法，而 $F_2(4)$ 则只要一次复数加法就可以了。

因而用式(6.7－12)计算，总共需要 4 次复数乘法和 8 次复数加法。而用式(6.7－11)的原定义式直接计算却需 16 次复数乘法和 12 次复数加法。显然，用 FFT 算法使运算次数减少许多。仔细观察式(6.7－12)可以发现，在矩阵分解过程中，由于把“零”引进了被分解的矩阵，从而减少了所需的乘法次数。我们知道，计算时间主要取决于所用的乘法次数，所以减少了乘法次数就是 FFT 算法效率高的主要原因。

采用类似的方法，可以导出 $N=2^l$ 的 FFT 算法。也就是将 $N=2^l$ 点的 DFT 矩阵分解为 l 个矩阵，而在每个分解矩阵中引入尽可能多的零元素，使乘法次数减至最少。由分析可知，$N=2^l$ 的 FFT 所需运算次数与 $N=2^2$ 的 FFT 所需运算次数有着同样的规律。一般来说，对于 $N=2^l$ 点的 FFT 算法需要 $\dfrac{N}{2}\cdot l=\dfrac{N}{2}\ \mathrm{lb}\ N(\mathrm{lb}=\log_2)$ 次复数乘法和 $N\cdot l=N\cdot \mathrm{lb}\ N$ 次复数加法运算，而直接计算却需 N^2 次复数乘法和 $N\cdot(N-1)$ 次复数加法。如果计算时间只与乘法次数成正比，那么，直接算法的计算时间对 FFT 算法的计算时间之比有下列近似的关系：

$$\frac{N^2}{\dfrac{N}{2}\,\mathrm{lb}N} = \frac{2N}{\mathrm{lb}\ N} \tag{6.7-15}$$

当 N 较大时，FFT 算法得到的改善相当可观。例如，$N=2^{11}=2048$ 时，如果直接完成这些乘法运算需要 6 小时，而采用 FFT 算法只需 1 分钟即可完成。时间压缩为原运算时间的 1/300。

为了直观，FFT 算法的计算过程往往用信号流程图表示。例如，当 $N=2^2$ 的 FFT 算式(6.7－12)可以画成图 6.7－1 所示的信号流程图。图中，左边的一列节点代表数据矢量 $\boldsymbol{f}(k)$，第二列节点代表式(6.7－13)所计算的中间矢量 $\boldsymbol{F}_1(k)$，最后一列节点对应于矢量 $\boldsymbol{F}_2(k)$。而 $\boldsymbol{F}_2(k)$ 与我们要求的 $\boldsymbol{F}(n)$ 有着直接关系，只要改变 $\boldsymbol{F}_2(k)$ 的元素排列顺序就可得到 $\boldsymbol{F}(n)$。在此，我们姑且定义 $\boldsymbol{F}_2(k)=\overline{\boldsymbol{F}}(n)$。那么在图 6.7－1 中就可看出由 $\boldsymbol{f}(k)$ 到 $\overline{\boldsymbol{F}}(n)$ 的 FFT 计算过程。一般来说，如果 $N=2^l$，则有 l 个计算数组。

这个信号流程图可解释如下，进入每一个节点的实线代表由上一列节点来的数据的传输路径，传输方向为线上箭头方向。每一条传输线带来前一列的一个节点量值，这个量值

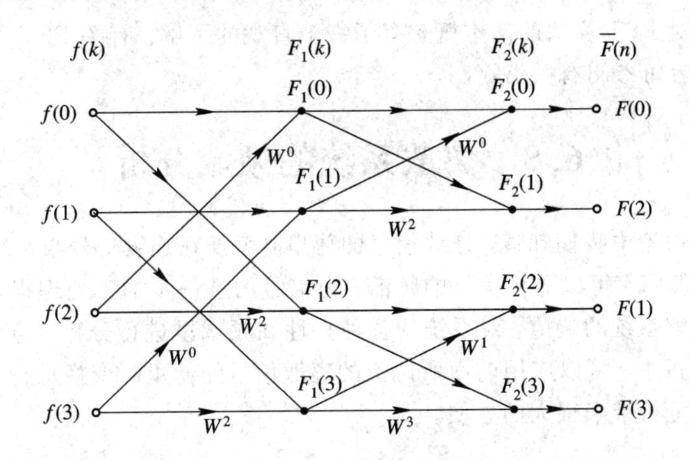

图 6.7－1　$N=2^2$ 的 FFT 信号流程图

乘以传输系数 W^p，然后把相乘后的结果输入到这一列的节点上。系数 W^1 标在传输路径靠近箭头处。当没有这个系数时，就意味着 $W^p=1$。从两条传输路径进入同一节点的两结果要相加起来。例如，对于节点 $F_1(2)$有

$$F_1(2)=f(0)+W^2f(2)$$

这与前述矩阵分解计算的结论是一致的。因此，对于用矩阵分解实现的 FFT 算法(6.7－12)，信号流程图是表示其计算过程的一种简明方法。图中每一个计算列，对应一个被分解的矩阵因子。如果 $N=2^l$，那么就需要 l 个纵列，每一列有 N 个点。利用这个流程图表示法，我们可以很容易地叙述大 N 数的矩阵分解过程，从而推导出矩阵分解过程的一般规律，并为进一步编制 FFT 计算机程序流程图提供依据。

上述 FFT 算法中还有一点需要指出，即它的输入序列 $\boldsymbol{f}(k)$是按自然序号排列的，但输出序列 $\bar{\boldsymbol{F}}(n)$的排列是乱序的。然而仔细观察后可发现，$\bar{\boldsymbol{F}}(n)$的排列序号有极简单的规律性。可以证明，当 $N=2^l$ 时，若输入序列的排列是按自然序号，则输出序列是按二进制逆序排列的。所谓二进制逆序是指按二进制表示的数字首尾位置颠倒，重新按十进制读数。表 6.2 列出了 $N=8$ 时，自然序号与二进制逆序之间的关系。据此，可由 $\bar{\boldsymbol{F}}(n)$经过整序得到 $\boldsymbol{F}(n)$。

表 6.2　自然顺序与二进制逆序($N=8$)

自然顺序	二进制表示	码位倒置	二进制逆序
0	0 0 0	0 0 0	0
1	0 0 1	1 0 0	4
2	0 1 0	0 1 0	2
3	0 1 1	1 1 0	6
4	1 0 0	0 0 1	1
5	1 0 1	1 0 1	5
6	1 1 0	0 1 1	3
7	1 1 1	1 1 1	7

至此，我们对 FFT 算法的基本概念有了一个直观的了解。有关 FFT 算法的进一步研究，有兴趣的读者可参阅有关书籍。

6.8　离散系统的频域分析

在第 3 章的讨论中我们知道，连续信号的傅里叶变换在连续信号与系统的分析中占有重要的地位。不仅用它可以分析信号的频谱，为信号的进一步加工处理提供理论根据，而且可以应用它求解系统的响应，对系统的各种特性在频域里进行分析。与此类似，在离散信号与系统的分析中，可以应用前面所讨论的离散信号的傅里叶变换进行分析，从而为离散信号及系统的分析带来很大的方便。

6.8.1　基本信号 $e^{j\omega k}$ 激励下的零状态响应

对一任意的周期离散信号 $f(k)$，利用离散傅里叶级数可以将其表示为指数信号 $e^{j\left(\frac{2\pi}{N}\right)nk}$ 的线性组合，即

$$f(k)=\sum_{n=\langle N\rangle}F_n e^{j\left(\frac{2\pi}{N}\right)nk} \tag{6.8-1}$$

式中：

$$F_n=\frac{1}{N}\sum_{k=\langle N\rangle}f(k)e^{-j\left(\frac{2\pi}{N}\right)kn} \tag{6.8-2}$$

同样，利用离散时间傅里叶变换可以将任一非周期离散信号 $f(k)$ 表示为指数信号 $e^{j\omega k}$ 的线性组合，即

$$f(k)=\frac{1}{2\pi}\int_{2\pi}F(e^{j\omega})e^{j\omega k}\,d\omega \tag{6.8-3}$$

式中：

$$F(e^{j\omega})=\sum_{k=-\infty}^{\infty}f(k)e^{-j\omega k} \tag{6.8-4}$$

因此，与连续信号的情况一样，我们将指数信号 $e^{j\omega k}$ 称为**基本信号**。指数信号 $e^{j\left(\frac{2\pi}{N}\right)nk}$ 实质上与基本信号 $e^{j\omega k}$ 一样，它只不过是当 $\omega=n\left(\frac{2\pi}{N}\right)$ 时的特例。

设稳定离散 LTI 系统的单位响应为 $h(k)$，则据上一章的讨论可知，系统对基本序列 $e^{j\omega k}$ 的零状态响应为

$$y_{zs}(k)=e^{j\omega k}*h(k)=\sum_{i=-\infty}^{\infty}h(i)e^{j\omega(k-i)}=e^{j\omega k}\cdot\sum_{i=-\infty}^{\infty}h(i)e^{-j\omega i} \tag{6.8-5}$$

式中的求和项正好是 $h(k)$ 的离散时间傅里叶变换，记为 $H(e^{j\omega})$，即

$$H(e^{j\omega})=\sum_{k=-\infty}^{\infty}h(k)e^{-j\omega k} \tag{6.8-6}$$

称 $H(e^{j\omega})$ 为**传输函数**或**频率响应**。于是式(6.8-5)可写为

$$y_{zs}(k)=e^{j\omega k}\cdot H(e^{j\omega}) \tag{6.8-7}$$

这正是频域分析的基础。式(6.8-7)表明，一个稳定的离散 LTI 系统，对 $e^{j\omega k}$ 这一基本信

号的零状态响应是基本信号 $e^{j\omega k}$ 本身乘上一个与时间序数 k 无关的常系数 $H(e^{j\omega})$，而 $H(e^{j\omega})$为系统单位响应 $h(k)$的离散时间傅里叶变换。$H(e^{j\omega})$一般是 ω 的连续函数，而且是复函数，即

$$H(e^{j\omega}) = |H(e^{j\omega})| e^{j\varphi(\omega)} \tag{6.8-8}$$

$|H(e^{j\omega})|$称为系统的**幅频响应或幅度响应**，$\varphi(\omega)$称为系统的**相频响应或相位响应**。

应用式(6.8－7)和式(6.8－8)就可以很方便地求出离散 LTI 系统对正弦序列的稳态响应。设输入周期正弦序列为

$$f(k) = A\cos\omega_0 k \qquad -\infty < k < \infty \tag{6.8-9}$$

式中，A、ω_0 分别为正弦序列的幅度和角频率。应用欧拉公式，可将 $f(k)$写成

$$f(k) = \frac{A}{2}[e^{j\omega_0 k} + e^{-j\omega_0 k}]$$

据式(6.8－7)，$f(k)$通过一个频响函数为 $H(e^{j\omega})$的离散 LTI 系统的稳态响应①可表示为

$$y_{ss}(k) = \frac{A}{2}[H(e^{j\omega_0})e^{j\omega_0 k} + H(e^{-j\omega_0})e^{-j\omega_0 k}] \tag{6.8-10}$$

式中：

$$H(e^{j\omega_0}) = H(e^{j\omega})\big|_{\omega=\omega_0} = |H(e^{j\omega})| e^{j\varphi(\omega)}\big|_{\omega=\omega_0}$$

由于$|H(e^{j\omega})|$为 ω 的偶函数，而 $\varphi(\omega)$为 ω 的奇函数，因而式(6.8－10)可写为

$$y_{ss}(k) = \frac{A}{2}|H(e^{j\omega_0})|[e^{j(\omega_0 k+\varphi(\omega_0))} + e^{-j(\omega_0 k+\varphi(\omega_0))}] = A|H(e^{j\omega_0})|\cos(\omega_0 k + \varphi(\omega_0)) \tag{6.8-11}$$

这样就得到一个与连续系统相似的结论：一个离散 LTI 系统对正弦序列的稳态响应$y_{ss}(k)$也是一个同频率的正弦序列，但在幅度上要乘以因子$|H(e^{j\omega_0})|$，相位上要附加 $\varphi(\omega_0)$。

例 6.8－1　已知描述一离散 LTI 系统的差分方程为

$$y(k) + \frac{1}{2}y(k-1) = f(k-1)$$

若输入正弦序列 $f(k)=10\cos\left(\frac{\pi}{2}k+\frac{2\pi}{3}\right)$，求该系统的稳态响应 $y_{ss}(k)$。

解　应用上一章时域分析的方法，可以求出系统的单位响应 $h(k)$，从而得到其频率响应$H(e^{j\omega})$。然而，应用离散时间傅里叶变换的有关性质，也可直接从系统差分方程得到其频率响应。若将方程中的输入 $f(k)$用单位序列 $\delta(k)$代换，则响应 $y(k)$即为 $h(k)$，原方程可改为

$$h(k) + \frac{1}{2}h(k-1) = \delta(k-1)$$

对上式两端求离散时间傅里叶变换，从而得到

$$H(e^{j\omega}) + \frac{1}{2}e^{-j\omega}H(e^{j\omega}) = e^{-j\omega}$$

则有

---

① 周期正弦序列在 $k=-\infty$ 时加入，对任一指定 k 值($k\neq-\infty$)来观察系统响应，都认为输入已接入很长时间，这时稳定系统的 $y_{zs}(k) = y_{ss}(k)$。

$$H(e^{j\omega})=\frac{1}{e^{j\omega}+\frac{1}{2}}=\frac{2}{\sqrt{5+4\cos\omega}}e^{-j\arctan\frac{\sin\omega}{\cos\omega+\frac{1}{2}}}$$

由输入正弦序列的表达式可知，其 $\omega=\pi/2$，所以有

$$H(e^{j\omega})\Big|_{\omega=\frac{\pi}{2}}=\frac{2}{\sqrt{5}}e^{-j\arctan 2}$$

则该离散系统的稳态响应为

$$y_{ss}(k)=\frac{20}{\sqrt{5}}\cos\left(\frac{\pi}{2}k+\frac{2\pi}{3}-\arctan 2\right)$$

若输入正弦序列改为 $f(k)=10\cos\left(\pi k+\frac{2\pi}{3}\right)$，即 ω 改为 π，则据

$$H(e^{j\omega})\big|_{\omega=\pi}=2$$

从而其输出的稳态响应为

$$y_{ss}(t)=20\cos\left(\pi k+\frac{2\pi}{3}\right)$$

6.8.2 一般信号 $f(k)$ 激励下的零状态响应

一离散 LTI 系统，若外加激励为任意信号 $f(k)$时，从上一章已经知道，该系统的零状态响应 $y_{zs}(k)$为

$$y_{zs}(k)=f(k)*h(k) \tag{6.8-12}$$

这是离散系统的时域法求解。如果应用本章的讨论可知，式(6.8－12)的求解可用频域的方法来进行。应用离散时间傅里叶变换的有关性质，式(6.8－12)在频域中可以表示为

$$Y_{zs}(e^{j\omega})=F(e^{j\omega})\cdot H(e^{j\omega}) \tag{6.8-13}$$

式中，$F(e^{j\omega})$、$H(e^{j\omega})$和 $y_{zs}(e^{j\omega})$分别为：输入序列 $f(k)$、系统的单位响应 $h(k)$、系统的零状态响应 $y_{zs}(k)$的离散时间傅里叶变换。将上式求得的 $y_{zs}(e^{j\omega})$取离散时间傅里叶反变换，就可得到响应 $y_{zs}(k)$。频域分析将时域中的卷积运算转化为频域中的相乘运算，为系统响应的求解带来较大方便。在用式(6.8－13)求解系统响应时，如何由已知系统求得系统频率响应 $H(e^{j\omega})$是一个不能回避的问题。下面对此作简要分析。

稳定离散 LTI 系统的频率响应 $H(e^{j\omega})$是该系统单位响应 $h(k)$的离散时间傅里叶变换，当然可以由 $h(k)$求得 $H(e^{j\omega})$。而系统单位响应 $h(k)$往往要由描述系统的差分方程来求得。我们知道，对一个离散 LTI 系统而言，其输出 $y(k)$与输入 $f(k)$间的 N 阶线性常系数差分方程一般具有如下形式：

$$\sum_{i=0}^{N}a_iy(k-i)=\sum_{i=0}^{M}b_if(k-i) \tag{6.8-14}$$

式中，a_i 和 b_i 都是常数。若系统是稳定的，对上式两端求离散时间傅里叶变换，并应用离散时间傅里叶变换的时移性质，可以得到

$$\sum_{i=0}^{N}a_ie^{-j\omega i}Y(e^{j\omega})=\sum_{i=0}^{M}b_ie^{-j\omega i}F(e^{j\omega}) \tag{6.8-15}$$

从而得到该系统的频率响应：

$$H(\mathrm{e}^{\mathrm{j}\omega})=\frac{Y(\mathrm{e}^{\mathrm{j}\omega})}{F(\mathrm{e}^{\mathrm{j}\omega})}=\frac{\sum_{i=0}^{M}b_i\mathrm{e}^{-\mathrm{j}\omega i}}{\sum_{i=0}^{N}a_i\mathrm{e}^{-\mathrm{j}\omega i}} \tag{6.8-16}$$

将式(6.8－16)与式(6.8－14)相比较，可以看到，和连续系统的情况一样，$H(\mathrm{e}^{\mathrm{j}\omega})$是两个多项式之比，其分子、分母均为$\mathrm{e}^{\mathrm{j}\omega}$的多项式。其分母多项式的系数就是式(6.8－14)差分方程左边各项的系数，而分子多项式的系数为式(6.8－14)差分方程右边各项的系数。因此，根据这一规律就可以很方便地由式(6.8－14)的差分方程直接写出该系统的频率响应$H(\mathrm{e}^{\mathrm{j}\omega})$。

例 6.8－2　描述一稳定离散 LTI 系统的差分方程为

$$y(k)+0.1y(k-1)-0.02y(k-2)=6f(k)$$

试求其单位响应 $h(k)$。

解　由式(6.8－16)可直接写出该系统的频率响应

$$H(\mathrm{e}^{\mathrm{j}\omega})=\frac{6}{1+0.1\mathrm{e}^{-\mathrm{j}\omega}-0.02\mathrm{e}^{-\mathrm{j}2\omega}}$$

欲求的单位响应 $h(k)$为 $H(\mathrm{e}^{\mathrm{j}\omega})$的离散时间傅里叶反变换。为此，利用第 4 章所讨论的部分分式展开法，将 $H(\mathrm{e}^{\mathrm{j}\omega})$写为

$$H(\mathrm{e}^{\mathrm{j}\omega})=\frac{6}{(1-0.1\mathrm{e}^{-\mathrm{j}\omega})(1+0.2\mathrm{e}^{-\mathrm{j}\omega})}=\frac{2}{1-0.1\mathrm{e}^{-\mathrm{j}\omega}}+\frac{4}{1+0.2\mathrm{e}^{-\mathrm{j}\omega}}$$

据单边指数序列的变换式(6.2－13)可得系统单位响应：

$$h(k)=2(0.1)^k\varepsilon(k)+4(-0.2)^k\varepsilon(k)$$

若给该系统施加信号 $f(k)=(0.5)^k\varepsilon(k)$，则该系统的零状态响应 $y_{zs}(k)$据式(6.8－13)即可求得。由于

$$F(\mathrm{e}^{\mathrm{j}\omega})=\frac{1}{1-0.5\mathrm{e}^{-\mathrm{j}\omega}}$$

则有

$$Y(\mathrm{e}^{\mathrm{j}\omega})=F(\mathrm{e}^{\mathrm{j}\omega})H(\mathrm{e}^{\mathrm{j}\omega})=\frac{6}{(1-0.5\mathrm{e}^{-\mathrm{j}\omega})(1-0.1\mathrm{e}^{-\mathrm{j}\omega})(1+0.2\mathrm{e}^{-\mathrm{j}\omega})}$$

同理，将 $Y(\mathrm{e}^{\mathrm{j}\omega})$展开成部分分式有

$$Y_{zs}(\mathrm{e}^{\mathrm{j}\omega})=\frac{\frac{75}{14}}{1-0.5\mathrm{e}^{-\mathrm{j}\omega}}+\frac{-\frac{1}{2}}{1-0.1\mathrm{e}^{-\mathrm{j}\omega}}+\frac{\frac{8}{7}}{1+0.2\mathrm{e}^{-\mathrm{j}\omega}}$$

利用式(6.2－13)的变换对，可得零状态响应

$$y_{zs}(k)=\frac{75}{14}(0.5)^k\varepsilon(k)-\frac{1}{2}(0.1)^k\varepsilon(k)+\frac{8}{7}(-0.2)^k\varepsilon(k)$$

在形式上，上例中所采用的求解步骤与连续时间系统频域分析是一样的。因而与连续系统的频域分析一样，这里最困难的一步就是如何求 $Y_{zs}(\mathrm{e}^{\mathrm{j}\omega})$的反变换。一般情况下，直接按离散时间傅里叶反变换的定义式(6.2－10)来求，很难得到结果，所以正确进行部分分式展开，并利用常用变换对来求反变换才是一种可行的方法。

如果离散 LTI 系统的输入为周期序列，则可利用离散傅里叶级数 F_n 进行频域分析。其分析过程与连续系统完全一样，这里不再重复。

若 $f(k)$ 是一个有限长序列，系统的 $h(k)$ 也是一个有限长序列，则在满足由循环卷积求线卷积的条件下，它们的 DFT 满足

$$Y(n)=F(n)\cdot H(n)$$

此时，由 DFT 利用 FFT 算法可以求得系统的响应 $y(k)$。

6.9 小　　结

1. 在第3章，我们讨论了连续信号与系统的傅里叶分析，而本章将用类似的思想讨论离散信号与系统的傅里叶分析。

对于离散周期信号，我们可以用信号集 $\{e^{jn\frac{2\pi}{N}k}\}$ 中所有独立的 N 个复指数序列的线性组合来表示，称之为离散时间傅里叶级数：

$$f(k)=\sum_{n=\langle N\rangle}F_n e^{j\frac{2\pi}{N}kn}$$

其中：

$$F_n=\frac{1}{N}\sum_{k=\langle N\rangle}f(k)e^{-j\frac{2\pi}{N}nk}$$

与连续信号的傅里叶级数相似，由此式可对 $f(k)$ 进行频谱分析。

2. 对于离散非周期信号，我们引入离散时间傅里叶变换，即

$$F(e^{j\omega})=\sum_{k=-\infty}^{\infty}f(k)e^{-j\omega k}$$

$F(e^{j\omega})$ 也称为 $f(k)$ 的频谱密度函数。

需要指出的是，虽然 $f(k)$ 在时域是 k 的离散非周期函数，而 $F(e^{j\omega})$ 在频域却是 ω 的连续周期函数，周期为 2π。由 $F(e^{j\omega})$ 可得 $f(k)$ 的幅度频谱和相位频谱。离散时间傅里叶变换具有与连续信号的傅里叶变换相似的许多性质。熟练掌握离散时间傅里叶变换的性质并注意其与连续信号傅里叶变换性质的相似及区别是本章的重点内容之一。

3. 与连续信号的傅里叶分析中，对周期信号也可用傅里叶变换来表示类似，为了简洁统一，也可将离散周期序列用离散时间傅里叶变换来表示：

$$F(e^{j\omega})=2\pi\sum_{n=-\infty}^{\infty}F_n\delta\left(\omega-\frac{2\pi}{N}n\right)$$

式中，F_n 为周期序列 $f(k)$ 的离散时间傅里叶级数系数。

4. 离散时间傅里叶变换在频域仍为 ω 的连续函数，这为计算机的应用带来困难。为便于计算机在频域分析的应用，我们引入离散傅里叶变换，即

$$f(k)=\frac{1}{N}\sum_{n=0}^{N-1}F(n)W_N^{-nk}\qquad 0\leqslant k\leqslant N-1$$

$$F(n)=\sum_{k=0}^{N-1}f(k)W_N^{nk}\qquad 0\leqslant n\leqslant N-1$$

式中，$W_N=e^{-j\frac{2\pi}{N}}$。

离散傅里叶变换将离散时间傅里叶变换在一周期中进行了 N 点等间隔采样，使得计算机对离散时间系统的频域分析成为可能，是信号数字化处理的基础。熟练掌握离散傅里叶变换的基本性质并注意其与离散时间傅里叶变换性质的区别，将为离散信号与系统的分

析带来帮助。

5. 所谓快速傅里叶变换，不是一种新的变换，它是离散傅里叶变换的快速实现。利用离散傅里叶变换的性质和抽取形式的不同，极大地降低了计算量，拓展了离散傅里叶变换的应用。

6. 应用离散序列的傅里叶变换对离散系统进行分析是本章的又一重点。傅里叶分析将时域的差分方程转换为代数方程，将时域中的卷积和运算转换为频域中的代数运算，从而为离散信号与系统的分析带来很大方便。

习　题　六

6.1　对题图 6.1 所示离散时间周期信号，试分别求其 DFS 的系数 F_n。

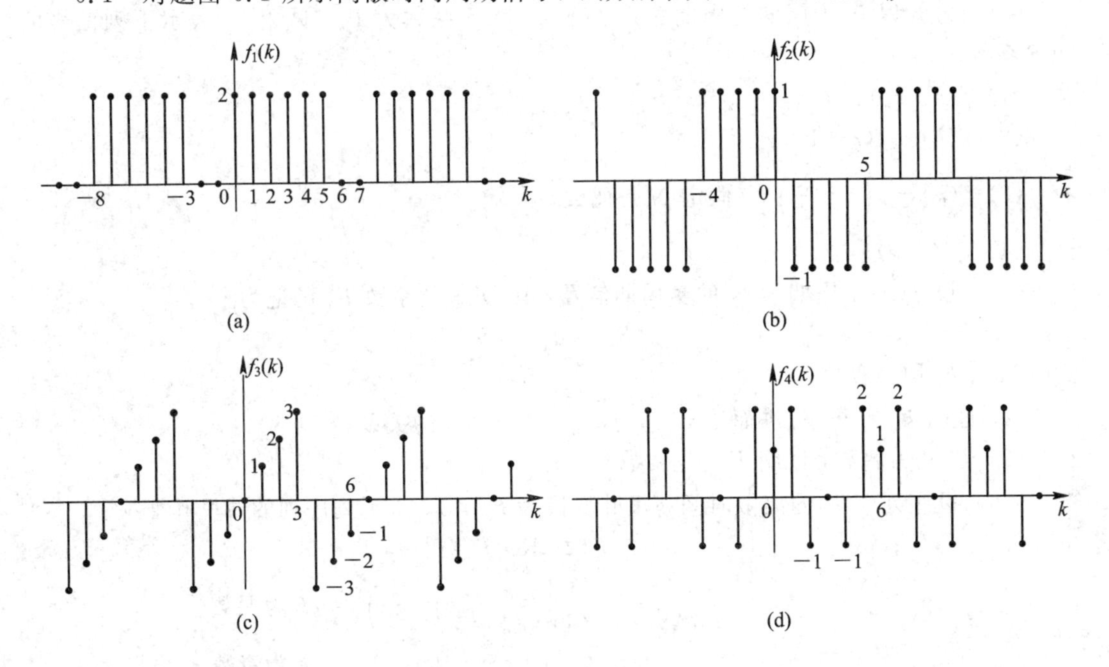

题图 6.1

6.2　对下列离散时间周期信号，分别求其 DFS 系数。

(1) $f(k)=\sin\left[\dfrac{\pi(k-1)}{4}\right]$；

(2) $f(k)=\cos\left(\dfrac{2k\pi}{3}\right)+\sin\left(\dfrac{2k\pi}{7}\right)$；

(3) $f(k)=\left(\dfrac{1}{2}\right)^k$，$-2\leqslant k\leqslant 3$，且 $f(k)$ 以 6 为周期；

(4) $f(k)=\sin\left(\dfrac{2k\pi}{3}\right)\cdot\cos\left(\dfrac{k\pi}{2}\right)$。

6.3　周期为 8 的离散信号的 DFS 系数如下。试分别确定信号 $f(k)$。

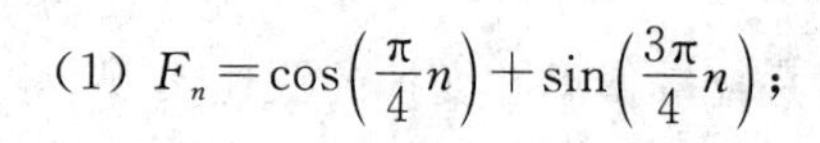

(1) $F_n=\cos\left(\frac{\pi}{4}n\right)+\sin\left(\frac{3\pi}{4}n\right)$；　　(2) $F_n=\begin{cases}\sin\left(\frac{\pi}{3}n\right) & 0\leqslant n\leqslant 6\\ 0 & n=7\end{cases}$；

(3) F_n 如题图 6.2(a)所示；　　(4) F_n 如题图 6.2(b)所示。

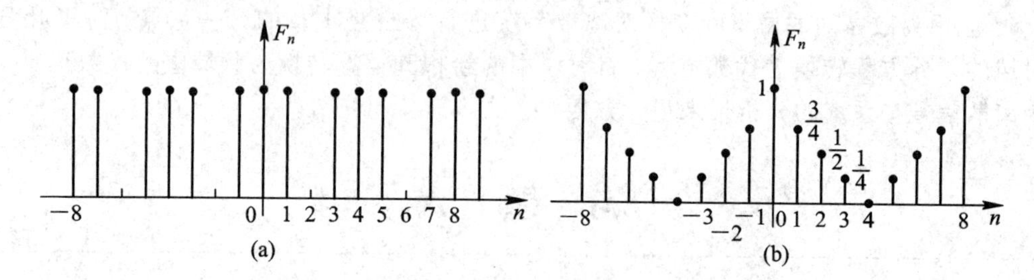

题图 6.2

6.4　已知以 N 为周期的周期序列 $f(k)$ 的 DFS 系数为 F_n。试用 F_n 表示下列信号的 DFS 系数。

(1) $f(k-k_0)$；

(2) $f(k)-f(k-1)$；

(3) $f(k)-f\left(k-\frac{N}{2}\right)$　(假定 N 是偶数)；

(4) $f^*(-k)$。

6.5　设 $f(k)$ 是周期为 N 的实周期信号，其 DFS 的系数 F_n 可记为

$$F_n=a_n+\mathrm{j}\,b_n$$

式中，a_n、b_n 均为实数。

(1) 证明 $F_n^*=F_{-n}$，进而导出 a_n 与 a_{-n}，b_n 与 b_{-n} 的关系；

(2) 当 N 为偶数，证明 $F_{N/2}$ 是实数。

6.6　设序列 $f(k)$ 的离散时间傅里叶变换为 $F(\mathrm{e}^{\mathrm{j}\omega})$，求下列序列的傅里叶变换。

(1) $f^*(k)$；　　(2) $\mathrm{Re}[f(k)]$；

(3) $f(2k)$；　　(4) $f(k)=\begin{cases}f\left(\frac{k}{2}\right) & k\text{ 为偶数}\\ 0 & k\text{ 为奇数}\end{cases}$。

6.7　求下列序列 $f(k)$ 的频谱 $F(\mathrm{e}^{\mathrm{j}\omega})$。

(1) $\delta(k-k_0)$；　　(2) $\mathrm{e}^{-ak}\varepsilon(k)$；

(3) $\mathrm{e}^{-(2+\mathrm{j}\omega_0)k}\varepsilon(k)$；　　(4) $\mathrm{e}^{-ak}\varepsilon(k)\cos(\omega_0 k)$。

6.8　设序列 $f(k)$ 的傅里叶变换为 $F(\mathrm{e}^{\mathrm{j}\omega})$，试利用 $f(k)$ 求出下列函数对应的序列。

(1) $F(\mathrm{e}^{\mathrm{j}(\omega-\omega_0)})$；　　(2) $\mathrm{Re}[F(\mathrm{e}^{\mathrm{j}\omega})]$；　　(3) $\mathrm{Im}[F(\mathrm{e}^{\mathrm{j}\omega})]$。

6.9　设 $f(k)=\begin{cases}1 & k=0,\ 1\\ 0 & \text{其余}\end{cases}$，将 $f(k)$ 以 4 为周期进行周期延拓，形成周期序列，求其 DFS 的系数 F_n 和离散傅里叶变换 $F(\mathrm{e}^{\mathrm{j}\omega})$。

6.10　设序列 $f(k)$ 的离散时间傅里叶变换为 $F(\mathrm{e}^{\mathrm{j}\omega})$，试证明：

$$\sum_{k=-\infty}^{\infty}|f(k)|^2=\frac{1}{2\pi}\int_{-\pi}^{\pi}|F(\mathrm{e}^{\mathrm{j}\omega})|^2\,\mathrm{d}\omega$$

6.11　设题图 6.3 所示离散信号的离散时间傅里叶变换为 $F(e^{j\omega})$，不直接求 $F(e^{j\omega})$ 而完成下列运算：

(1) $F(e^{j0})$；

(2) $F(e^{j\pi})$；

(3) $\int_{-\pi}^{\pi} F(e^{j\omega})\,d\omega$；

(4) $\int_{-\pi}^{\pi} |F(e^{j\omega})|^2\,d\omega$。

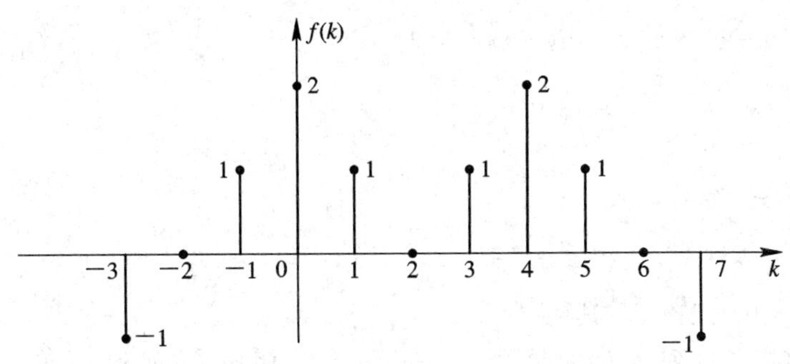

题图 6.3

6.12　计算下列信号的 N 点离散傅里叶变换 $F(n)$。

(1) $a\cos(\omega_0 k)R_N(k)$；

(2) $a^k R_N(k)$；

(3) $k^2 R_N(k)$；

(4) $a^{|k|}\sin\dfrac{2\pi}{N}n_0 k\varepsilon(k)\qquad |a|<1$；

(5) $\left(\dfrac{1}{2}\right)^k[\varepsilon(k+3)-\varepsilon(k-2)]$；

(6) $k[\varepsilon(k+N)-\varepsilon(k-N-1)]$；

(7) $\cos\left(\dfrac{18\pi k}{7}\right)+\sin(2k)$；

(8) $x(k)=\begin{cases}\cos\left(\dfrac{\pi k}{3}\right) & -1\leqslant k\leqslant 4\\ 0 & 其他\end{cases}$。

6.13　根据下列离散时间信号的傅里叶变换，确定各相应的信号 $f(k)$。

(1) $F(n)=\begin{cases}0 & 0\leqslant\left|\dfrac{2\pi}{N}n\right|\leqslant\omega\\ 1 & \omega<\left|\dfrac{2\pi}{N}n\right|\leqslant\pi\end{cases}$；

(2) $F(n)=1-2e^{-j\frac{3\times 2\pi}{N}n}+4e^{j\frac{2\times 2\pi}{N}n}+3e^{-j\frac{6\times 2\pi}{N}n}$；

(3) $F(n)=\sum\limits_{n=-\infty}^{\infty}(-1)^n\delta\left(\dfrac{2\pi}{4}n-\dfrac{\pi}{2}n\right)$；

(4) $F(n)=\cos^2\left(\dfrac{2\pi}{N}n\right)$；

(5) $F(n)=\cos\left(\frac{\pi n}{N}\right)+\mathrm{j}\sin\left(\frac{2\pi n}{N}\right)\qquad -\pi\leqslant\frac{2\pi n}{N}\leqslant\pi$；

(6) $F(n)=\dfrac{\mathrm{e}^{-\mathrm{j}\frac{2\pi}{N}n}}{1+\frac{1}{6}\mathrm{e}^{-\mathrm{j}\frac{2\pi}{N}n}-\frac{1}{6}\mathrm{e}^{-\mathrm{j}2\frac{2\pi}{N}n}}$。

6.14 已知下列 $F(n)$，求 $f(k)=\mathrm{IDFT}[F(n)]$。

(1) $F(n)=\begin{cases}\frac{N}{2}\mathrm{e}^{\mathrm{j}\theta} & n=m\\ \frac{N}{2}\mathrm{e}^{-\mathrm{j}\theta} & n=N-m\\ 0 & \text{其他}\end{cases}$；

(2) $F(n)=\begin{cases}-\frac{N}{2}\mathrm{e}^{\mathrm{j}\theta} & n=m\\ \frac{N}{2}\mathrm{e}^{-\mathrm{j}\theta} & n=N-m\\ 0 & \text{其他}\end{cases}$。

6.15 一有限长序列 $f(k)$ 如题图 6.4 所示，绘出序列 $f_1(k)$ 和 $f_2(k)$。

$$f_1(k)=f((k-2))_N G_4(k)$$

$$f_2(k)=f((-k))_N G_4(k)$$

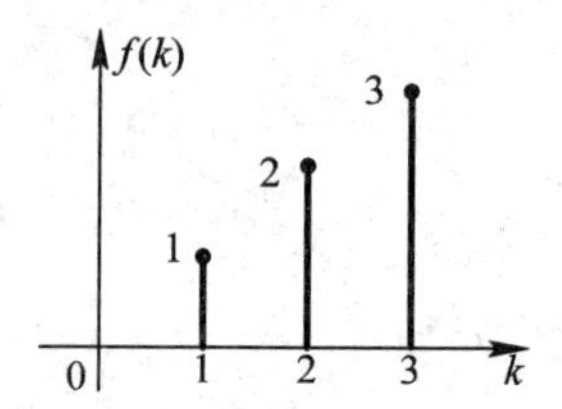

题图 6.4

6.16 两有限长序列如题图 6.5 所示，求长度为 8 的循环卷积。

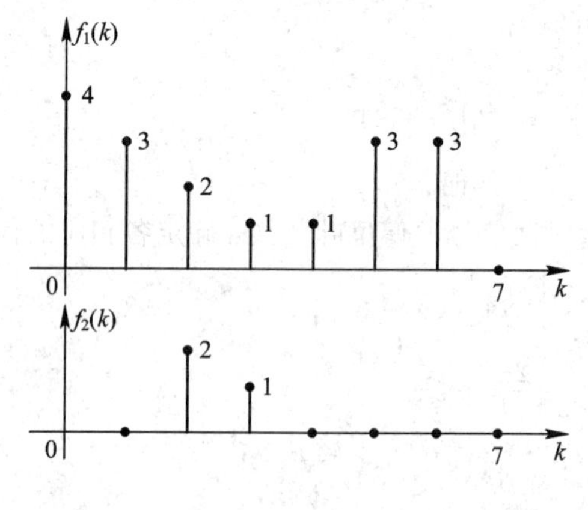

题图 6.5

6.17 已知两个有限长序列为

$$x(k)=\begin{cases}k+1 & 0\leqslant k\leqslant 3\\ 0 & 4\leqslant k\leqslant 6\end{cases}$$

$$y(k)=\begin{cases}-1 & 0\leqslant k\leqslant 4\\ 1 & 5\leqslant k\leqslant 6\end{cases}$$

试用作图法表示 $x(k)$、$y(k)$以及 $f(k)=x(k)*y(k)$。

6.18　序列 $f(k)=\delta(k)+2\delta(k-2)+\delta(k-3)$：

(1) 求 $f(k)$的 4 点 DFT；

(2) 若 $y(k)$是 $f(k)$与它本身的 4 点循环卷积，求 $y(k)$及其 4 点 DFT$y(n)$；

(3) $h(k)=\delta(k)+\delta(k-1)+2\delta(k-3)$，求 $f(k)$与 $h(k)$的 4 点循环卷积。

6.19　题图 6.6 所示为 $N=4$ 的有限长序列 $f(k)$，试绘图解答：

(1) $f(k)$与 $f(k)$的线卷积；

(2) $f(k)$与 $f(k)$的 4 点圆卷积；

(3) $f(k)$与 $f(k)$的 10 点圆卷积；

(4) 欲使 $f(k)$与 $f(k)$的圆卷积与线卷积相同，求长度 L 的最小值。

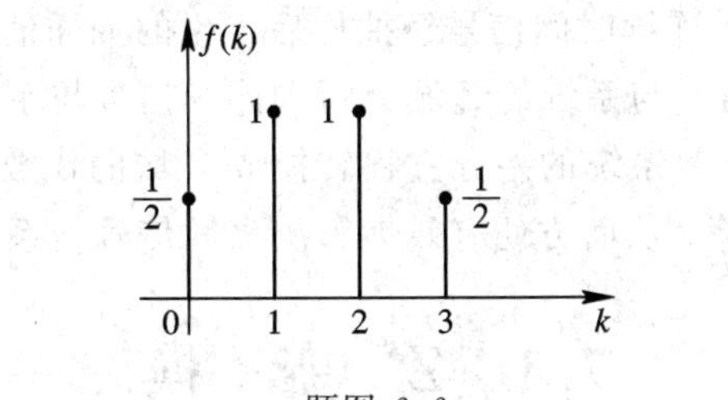

题图 6.6

6.20　证明 DFT 的对称定理，即：若 $F(n)=\text{DFT}[f(k)]$，则

$$\text{DFT}[F(k)]=Nf(N-n)$$

6.21　如果 $F(n)=\text{DFT}[f(k)]$，试证明 DFT 的初值定理：

$$f(0)=\frac{1}{N}\sum_{n=0}^{N-1}F(n)$$

6.22　设计一个求 4 点 DFT 的 FFT 流程图，使输入码位倒置，输出顺序排列。

6.23　设一因果 LTI 系统，输入输出关系由以下差分方程确定：

$$y(k)-\frac{1}{2}y(k-1)=f(k)+\frac{1}{2}f(k-1)$$

(1) 求该系统的单位脉冲响应 $h(k)$；

(2) 由(1)的结果，利用卷积和求输入 $f(k)=e^{j\omega_k}\varepsilon(k)$的响应。

第7章　离散信号与系统的Z域分析

7.0 引　言

在第4章中，我们应用基本信号 e^{st} 和拉普拉斯变换，导出了线性连续系统的S域分析法。与此类似，本章则以复指数信号 z^k 作为基本信号，利用Z变换数学工具和系统的线性时不变特性，导出线性离散系统的Z域分析法。

如果把离散信号看成是连续时间信号经抽样后产生的抽样值序列，则Z变换可由拉普拉斯变换引入。因此离散信号与系统的Z域分析和连续信号与系统的S域分析有许多相似之处。通过Z变换，可将离散系统的差分方程转换成Z域的代数方程，离散信号的卷积和运算转换成Z域的代数运算，从而方便有效地解决离散信号与系统的分析问题。

7.1 Z　变　换

7.1.1　Z变换的定义

我们利用抽样信号的拉普拉斯变换来定义Z变换。将连续信号 $f(t)$ 乘以周期冲激函数序列 $\delta_T(t)$，即进行理想抽样得到抽样信号：

$$\begin{aligned} f_s(t) &= f(t)\cdot\delta_T(t) = f(t)\sum_{k=-\infty}^{\infty}\delta(t-kT) \\ &= \sum_{k=-\infty}^{\infty} f(kT)\delta(t-kT) \end{aligned} \tag{7.1-1}$$

式中 T 为抽样间隔。对式(7.1-1)取双边拉普拉斯变换，得

$$F_s(s) = \mathscr{L}[f_s(t)] = \sum_{k=-\infty}^{\infty} f(kT)e^{-ksT} \tag{7.1-2}$$

令 $e^{sT}=z$，将上式记为 $F(z)$，并将其中 $f(kT)$ 简记为 $f(k)$，则得

$$F(z) = \sum_{k=-\infty}^{\infty} f(k)z^{-k} \tag{7.1-3}$$

称该式为序列 $f(k)$ 的**双边Z变换**，常记为 $\mathscr{Z}[f(k)]$①。式中，变量 $-\infty<k<\infty$，求和运算

---

① 为避免混淆，本书有时也引用下标“b”特指“双边”，符号 $F_b(z)=\mathscr{Z}_b[f(k)]$ 表示序列 $f(k)$ 的双边Z变换。

涉及 $f(k)$在整个K域上的序列值。如果求和运算仅涉及 $f(k)$中 $k\geqslant 0$ 区间上的序列值，即

$$F(z)=\sum_{k=0}^{\infty}f(k)z^{-k} \tag{7.1-4}$$

则称为序列 $f(k)$的**单边 Z 变换**。容易验证，对于因果序列 $f(k)\varepsilon(k)$，由于

$$F(z)=\sum_{k=-\infty}^{\infty}f(k)\varepsilon(k)z^{-k}=\sum_{k=0}^{\infty}f(k)z^{-k} \tag{7.1-5}$$

故其双边、单边Z变换的结果是相同的。

在离散信号与系统分析中，经常使用单边Z变换，所以在无特别说明时，其Z变换一般均指单边Z变换。

将式(7.1-3)两端乘以 z^{n-1}，n 为任一整数，并在收敛域中进行积分，得

$$\begin{aligned}\oint_C F(z)z^{n-1}\,\mathrm{d}z&=\oint_C z^{n-1}\Big[\sum_{k=-\infty}^{\infty}f(k)z^{-k}\Big]\mathrm{d}z\\&=\sum_{k=-\infty}^{\infty}f(k)\oint_C z^{n-k-1}\,\mathrm{d}z\end{aligned} \tag{7.1-6}$$

式中，积分路径 C 是复平面上环绕坐标原点沿逆时针方向的围线。根据复变函数理论中的柯西公式，当 $n-k-1=-1$，即 $k=n$ 时，上式右端的积分值等于 $2\pi\mathrm{j}$，否则积分为零。考虑到 n 是整数，故求和式中除 $k=n$ 外，其余各项均为零。于是有

$$\oint_C F(z)z^{n-1}\,\mathrm{d}z=2\pi\mathrm{j}f(n)$$

把上式中的 n 用 k 代替，得

$$f(k)=\frac{1}{2\pi\mathrm{j}}\oint_C F(z)z^{k-1}\,\mathrm{d}z \tag{7.1-7}$$

称该式为 $F(z)$的**双边 Z 逆变换**，并记为 $F(z)=\mathscr{Z}^{-1}[F(z)]$。显然，对于单边Z变换$F(z)$而言，上式可写为

$$f(k)=\mathscr{Z}^{-1}[F(z)]=\begin{cases}0 & k<0\\ \dfrac{1}{2\pi\mathrm{j}}\oint_C F(z)z^{k-1}\,\mathrm{d}z & k\geqslant 0\end{cases} \tag{7.1-8}$$

有时，也称式(7.1-8)为 $F(z)$的**单边 Z 逆变换**。

实际应用中，常常称Z变换 $F(z)$为序列 $f(k)$的**象函数**，$f(k)$为 $F(z)$的**原函数**。用符号“$f(k)\leftrightarrow F(z)$”表示原函数与象函数之间的对应关系。

7.1.2　Z 变换的收敛域

定义式(7.1-3)和(7.1-4)表明，序列 $f(k)$的Z变换是复变量 z 的幂级数。显然，只有当幂级数收敛时，其Z变换才有意义。因此，这里有一个Z变换的收敛域问题。

对于任意有界序列 $f(k)$，能使Z变换存在的 z 的取值范围称为Z变换的**收敛域**，常简记为ROC。

根据数学上级数收敛判定方法，得到幂级数收敛或Z变换存在的充要条件是

$$\sum_{k=-\infty}^{\infty}|f(k)z^{-k}|<\infty \tag{7.1-9}$$

下面结合实例讨论Z变换收敛域的实用判定方法。

例 7.1-1 求因果序列 $f(k)=a^k\varepsilon(k)$ 的 Z 变换和收敛域（式中 a 为常数）。

解 按式(7.1-3)，序列 $f(k)$ 的双边 Z 变换

$$F(z)=\sum_{k=-\infty}^{\infty}a^k\varepsilon(k)z^{-k}=\sum_{k=0}^{\infty}(az^{-1})^k=\lim_{N\to\infty}\sum_{k=0}^{N}(az^{-1})^k$$

利用等比级数求和公式，求得

$$F(z)=\lim_{N\to\infty}\frac{1-(az^{-1})^{N+1}}{1-az^{-1}}=\begin{cases}\dfrac{z}{z-a} & |az^{-1}|<1，即\ |z|>|a|\\ 无界或不确定 & |az^{-1}|\geqslant 1，即\ |z|\leqslant|a|\end{cases}$$

可见，对于因果序列 $f(k)$，仅当 $|z|>|a|$ 时，其双边 Z 变换存在。在 Z 平面上，ROC 是以原点为中心、半径 $\rho=|a|$ 为圆的圆外区域，如图 7.1-1(a)所示。ρ 称为收敛半径。通常，$F(z)$ 是 z 的有理分式，与拉普拉斯变换类似，可以用它的零点和极点来表征。本例中，$F(z)$ 具有一个零点 $z=0$ 和一个极点 $z=a$，在图 7.1-1(a)中分别用符号"○"和"×"表示。最后，求得因果序列与其双边 Z 变换的对应关系为

$$a^k\varepsilon(k)\ \leftrightarrow\ \frac{z}{z-a},\ |z|>|a| \qquad (7.1-10)$$

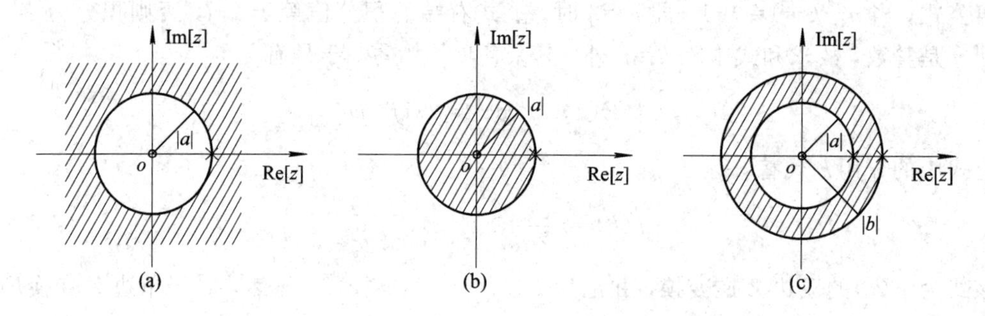

图 7.1-1

按照式(7.1-5)，因果序列 $f(k)$ 的单边 Z 变换与式(7.1-10)相同。

例 7.1-2 求反因果序列 $f(k)=-a^k\varepsilon(-k-1)$ 的 Z 变换及其收敛域（式中 a 为常数）。

解 由于 $k\geqslant 0$ 时 $f(k)=0$，故其单边 Z 变换等于零。$f(k)$ 的双边 Z 变换为

$$\begin{aligned}F(z)&=\sum_{k=-\infty}^{\infty}[-a^k\varepsilon(-k-1)]z^{-k}=\sum_{k=-\infty}^{-1}(-a^k)z^{-k}\\&=-\sum_{k=-\infty}^{-1}(a^{-1}z)^{-k}\end{aligned}$$

令 $m=-k$，代入上式，得

$$\begin{aligned}F(z)&=-\sum_{m=1}^{\infty}(a^{-1}z)^m=-\lim_{N\to\infty}\sum_{m=1}^{N}(a^{-1}z)^m\\&=-\lim_{N\to\infty}\frac{a^{-1}z-(a^{-1}z)^{N+1}}{1-a^{-1}z}\\&=\begin{cases}\dfrac{z}{z-a} & |a^{-1}z|<1，即\ |z|<|a|\\ 无界或不确定 & |a^{-1}z|\geqslant 1，即\ |z|\geqslant|a|\end{cases}\end{aligned}$$

反因果序列 $f(k)$ 与双边 Z 变换之间的对应关系为

$$-a^k\varepsilon(-k-1) \leftrightarrow \frac{z}{z-a} \qquad |z|<|a| \tag{7.1-11}$$

双边 Z 变换 $F(z)$ 的零极点分布及其 ROC 如图 7.1-1(b)所示。图中表明，$F(z)$ 具有一个零点 $z=0$ 和一个极点 $z=a$，ROC 是以原点为中心、半径 $\rho=|a|$ 为圆的圆内区域。

比较式(7.1-10)和式(7.1-11)可知，两个不同序列，在不同 ROC 内可能具有相同的象函数。因此，对于双边 Z 变换，为使序列与 Z 变换间满足一一对应关系，除给出象函数外，还必须同时说明其 ROC。

例 7.1-3　求双边序列

$$f(k)=a^k\varepsilon(k)+b^k\varepsilon(-k-1)$$

的 Z 变换及其收敛域(式中 a、b 为常数)。

解　根据双边 Z 变换定义，求得

$$F(z)=\sum_{k=-\infty}^{\infty} f(k)z^{-k}=\sum_{k=-\infty}^{\infty}[a^k\varepsilon(k)+b^k\varepsilon(-k-1)]z^{-k}$$

$$=\sum_{k=0}^{\infty}(az^{-1})^k+\sum_{k=-\infty}^{-1}(bz^{-1})^k \tag{7.1-12}$$

按照例 7.1-1 和例 7.1-2 结果可知，上式中右边第一项级数在 $|z|>|a|$ 时收敛，第二项级数在 $|z|<|b|$ 时收敛。

如果 $|a|<|b|$，则 $F(z)$ 的 ROC 是式(7.1-12)中两项级数 ROC 的公共区域，即 $|a|<|z|<|b|$，是一位于半径为 $|a|$ 和 $|b|$ 的两个圆之间的环状区域，如图 7.1-1(c)所示。此时，$f(k)$ 的双边 Z 变换为

$$F(z)=\frac{z}{z-a}-\frac{z}{z-b}=\frac{(a-b)z}{(z-a)(z-b)} \qquad |a|<|z|<|b| \tag{7.1-13}$$

其象函数具有一个零点 $z=0$ 和两个极点 $z=a$、$z=b$。

如果 $|a|>|b|$，由于式(7.1-12)中两项级数没有公共收敛域，故 $f(k)$ 的双边 Z 变换不存在。

例 7.1-4　求有限长序列 $f(k)=\{1, 2, \underset{\substack{\uparrow \\ k=0}}{3}, 4, 5, 6\}$ 的 Z 变换。

解　分别记 $f(k)$ 的双边、单边 Z 变换为 $F_1(z)$ 和 $F_2(z)$，则有

$$F_1(z)=\sum_{k=-\infty}^{\infty} f(k)z^{-k}=z^2+2z+3+4z^{-1}+5z^{-2}+6z^{-3}$$

$$F_2(z)=\sum_{k=0}^{\infty} f(k)z^{-k}=3+4z^{-1}+5z^{-2}+6z^{-3}$$

容易看出，对于 $F_1(z)$，除 $z=0$ 和 ∞ 外均有界，故其 ROC 为 $0<|z|<\infty$；而对于 $F_2(z)$，其 ROC 为 $|z|>0$。

一般说来，对于序列 $f(k)$ 的 Z 变换，其收敛域有如下一些规律：

(1) 无限长因果序列双边 Z 变换的 ROC 为 $|z|>\rho(\rho>0)$，即位于 Z 平面上半径为 ρ 的圆外区域。收敛半径 ρ 与 $F(z)$ 的极点满足以下关系：

$$\rho=\begin{cases}\text{极点的绝对值} & [F(z)\text{ 含有单个极点}]\\ \text{诸极点绝对值中的最大值} & [F(z)\text{ 含有多个极点}]\end{cases} \tag{7.1-14}$$

(2) 无限长反因果序列双边 Z 变换的 ROC 为 $|z|<\rho(\rho>0)$，即位于 Z 平面上半径为 ρ 的圆内区域。收敛半径 ρ 与 $F(z)$ 极点之间的关系满足

$$\rho=\begin{cases}\text{极点的绝对值} & [F(z)\ \text{含有单个极点}]\\ \text{诸极点绝对值中的最小值} & [F(z)\ \text{含有多个极点}]\end{cases} \tag{7.1-15}$$

(3) 无限长双边序列双边 Z 变换的 ROC 为 $\rho_1<|z|<\rho_2(\rho_1>0,\ \rho_2>0$，且 $\rho_1<\rho_2)$，在 Z 平面上呈现一个环状区域。此处，ρ_1 和 ρ_2 分别是序列中因果、反因果部分对应的收敛半径。

(4) 有限长双边序列双边 Z 变换的 ROC 一般为 $0<|z|<\infty$。对于有限长因果序列，双边 Z 变换的 ROC 为 $|z|>0$；对于有限长反因果序列，双边 Z 变换的 ROC 为 $|z|<\infty$。

(5) 任一序列 $f(k)$ 的单边 Z 变换等于因果序列 $f(k)\varepsilon(k)$ 的双边 Z 变换，其 ROC 总是位于 Z 平面上某一半径为 ρ 的圆外区域。与双边 Z 变换不同，单边 Z 变换 $F(z)$ 与序列 $f(k)\varepsilon(k)$ 之间总是满足一一对应关系，故在工程应用中，常常不再强调或标出单边 Z 变换的收敛域。

7.1.3 常用序列的 Z 变换

(1) 单位序列 $\delta(k)$。由于

$$\mathscr{Z}\,[\delta(k)]=\sum_{k=-\infty}^{\infty}\delta(k)z^{-k}=\delta(0)z^{0}=z^{0}$$

考虑到数学中规定零的零次幂没有意义，$z\neq0$ 时，记 $z^0=1$，故有

$$\mathscr{Z}\,[\delta(k)]=1 \qquad |z|>0 \tag{7.1-16}$$

表明单位序列 $\delta(k)$ 的 Z 变换是常数 1，其收敛域为 $|z|>0$。

(2) 因果指数序列 $a^k\varepsilon(k)$(a 为非零实常数)。

对于因果序列，其单边和双边 Z 变换相同。根据式(7.1-10)结论，有

$$a^k\varepsilon(k)\ \leftrightarrow\ \frac{z}{z-a} \qquad |z|>|a| \tag{7.1-17}$$

当 $a=\mathrm{e}^{\mathrm{j}\Omega_0 k}\varepsilon(k)$($\Omega_0$ 为实数)时，则有

$$\mathrm{e}^{\mathrm{j}\Omega_0 k}\varepsilon(k)\ \leftrightarrow\ \frac{z}{z-\mathrm{e}^{\mathrm{j}\Omega_0}} \qquad |z|>1 \tag{7.1-18}$$

当 $a=1$ 时，求得单位阶跃序列 $\varepsilon(k)$ 的 Z 变换为

$$\varepsilon(k)\ \leftrightarrow\ \frac{z}{z-1} \qquad |z|>1 \tag{7.1-19}$$

(3) 反因果指数序列 $a^k\varepsilon(-k-1)$(a 为非零实常数)。对于反因果序列，单边 Z 变换不存在。由式(7.1-11)求得双边 Z 变换为

$$a^k\varepsilon(-k-1)\ \leftrightarrow\ \frac{-z}{z-a} \qquad |z|<|a| \tag{7.1-20}$$

当 $a=1$ 时，则有

$$\varepsilon(-k-1)\ \leftrightarrow\ \frac{-z}{z-1} \qquad |z|<1$$

表 7.1 中，列出了常用序列与 Z 变换之间的对应关系，以方便读者使用。

表 7.1 常用序列与 Z 变换之间的对应关系

序列		单边 Z 变换	双边 Z 变换
因果序列	$\delta(k)$	$1,\ \lvert z\rvert>0$	
	$\varepsilon(k)$	$\frac{z}{z-1},\ \lvert z\rvert>1$	
	$e^{j\Omega_0 k}\varepsilon(k)$	$\frac{z}{z-e^{j\Omega_0}},\ \lvert z\rvert>1$	
	$a^k\varepsilon(k)$	$\frac{z}{z-a},\ \lvert z\rvert>\lvert a\rvert$	
	$ka^{k-1}\varepsilon(k)$	$\frac{z}{(z-a)^2},\ \lvert z\rvert>\lvert a\rvert$	同左
	$\frac{k(k-1)\cdots(k-m+1)}{m!}a^{k-m}\varepsilon(k)$	$\frac{z}{(z-a)^{m+1}},\ \lvert z\rvert>\lvert a\rvert$	
	$\sin(\Omega_0 k)\varepsilon(k)$	$\frac{z\sin\Omega_0}{z^2-2z\cos\Omega_0+1},\ \lvert z\rvert>1$	
	$\cos(\Omega_0 k)\varepsilon(k)$	$\frac{z^2-z\cos\Omega_0}{z^2-2z\cos\Omega_0+1},\ \lvert z\rvert>1$	
反因果序列	$-\varepsilon(-k-1)$		$\frac{z}{z-1},\ \lvert z\rvert<1$
	$-e^{j\Omega_0 k}\varepsilon(-k-1)$		$\frac{z}{z-e^{j\Omega_0}},\ \lvert z\rvert<1$
	$-a^k\varepsilon(-k-1)$	0	$\frac{z}{z-a},\ \lvert z\rvert<\lvert a\rvert$
	$-ka^{k-1}\varepsilon(-k-1)$		$\frac{z}{(z-a)^2},\ \lvert z\rvert<\lvert a\rvert$
	$-\frac{k(k-1)\cdots(k-m+1)}{m!}a^{k-m}\varepsilon(-k-1)$		$\frac{z}{(z-a)^{m+1}},\ \lvert z\rvert<\lvert a\rvert$
双边序列	$a^k\varepsilon(k)+b^k\varepsilon(-k-1)$ $(\lvert b\rvert>\lvert a\rvert)$	$\frac{z}{z-a},\ \lvert z\rvert>\lvert a\rvert$	$\frac{z}{z-a}-\frac{z}{z-b}=\frac{z(a-b)}{(z-a)(z-b)},$ $\lvert a\rvert<\lvert z\rvert<\lvert b\rvert$

注：表中 a、b 为非零实常数，Ω_0 为实常数，m 为正整数。

7.2 Z变换的性质

本节讨论Z变换的基本性质和定理。这些性质和定理体现了序列K域运算与象函数Z域运算之间的对应关系，其结论除用于求序列 $f(k)$ 的Z变换外，还可用于由象函数求原序列的Z逆变换计算。注意，若无特别说明，本节结论将同时适用于单、双边Z变换。

1. 线性

Z变换是一种线性变换，根据Z变换定义可直接证明如下线性性质。若序列 $f_1(k)$、$f_2(k)$ 满足

$$f_1(k) \leftrightarrow F_1(z) \qquad \alpha_1 < |z| < \alpha_2$$

$$f_2(k) \leftrightarrow F_2(z) \qquad \beta_1 < |z| < \beta_2$$

则对任意常数 c_1、c_2，恒有

$$c_1 f_1(k) + c_2 f_2(k) \leftrightarrow c_1 F_1(z) + c_2 F_2(z) \tag{7.2-1}$$

线性性质表明：序列 $f_1(k)$和 $f_2(k)$在 K 域的线性组合运算，反映在 Z 域中是对相应的象函数 $F_1(z)$和 $F_2(z)$作同样的线性组合运算。组合函数$[c_1F_1(z)+c_2F_2(z)]$的 ROC 一般是 $F_1(z)$与 $F_2(z)$ROC 的公共部分。但应注意，若 $F_1(z)$与 $F_2(z)$在组合过程出现某些零、极点相抵消时，则组合后的 ROC 可能会扩大。例如，序列 $\varepsilon(k)$和 $\varepsilon(k-1)$，相应 Z 变换的 ROC 都是$|z|>1$，其组合序列$[\varepsilon(k)-\varepsilon(k-1)]$的 Z 变换 ROC 却扩展为$|z|>0$。

例 7.2-1　已知 $f(k)=2\varepsilon(k)+3^k\varepsilon(-k-1)$，求 $f(k)$的双边 Z 变换。

解　$f(k)$是双边序列，可看成由因果序列 $2\varepsilon(k)$和反因果序列 $3^k\varepsilon(-k-1)$两部分组成。由表 7.1，分别得到双边 Z 变换

$$\varepsilon(k) \leftrightarrow \frac{z}{z-1} \qquad |z|>1$$

$$-3^k\varepsilon(-k-1) \leftrightarrow \frac{z}{z-3} \qquad |z|<3$$

根据线性性质，求得 $f(k)$的双边 Z 变换为

$$F(z) = \mathscr{Z}[f(k)] = 2\frac{z}{z-1} + (-1)\frac{z}{z-3}$$

$$= \frac{z^2-5z}{(z-1)(z-3)} \qquad 1<|z|<3$$

其收敛域是因果、反因果序列相应两部分象函数 ROC 的公共区域 $1<|z|<3$。

例 7.2-2　求因果余弦序列 $\cos(\Omega_0 k)\varepsilon(k)$的 Z 变换。

解　对于因果序列，其单边、双边 Z 变换相同。由于

$$\cos(\Omega_0 k) = \frac{1}{2}(e^{j\Omega_0 k} + e^{-j\Omega_0 k})$$

$$e^{\pm j\Omega_0 k}\varepsilon(k) \leftrightarrow \frac{z}{z-e^{\pm j\Omega_0}} \qquad |z|>1$$

因此，根据线性性质，有

$$\mathscr{Z}[\cos(\Omega_0 k)\varepsilon(k)] = \frac{1}{2}\left(\frac{z}{z-e^{j\Omega_0}} + \frac{z}{z-e^{-j\Omega_0}}\right) = \frac{z^2 - z\cos\Omega_0}{z^2-2z\cos\Omega_0+1}$$

即

$$\cos(\Omega_0 k)\varepsilon(k) \leftrightarrow \frac{z^2 - z\cos\Omega_0}{z^2-2z\cos\Omega_0+1} \qquad |z|>1 \tag{7.2-2}$$

同理可得

$$\sin(\Omega_0 k)\varepsilon(k) \leftrightarrow \frac{z\sin\Omega_0}{z^2-2z\sin\Omega_0+1} \qquad |z|>1 \tag{7.2-3}$$

2. 位移性

鉴于单边、双边 Z 变换定义中求和下限不同，以及序列位移后会使原序列项位置发生改变，从而导致单边、双边 Z 变换位移性质有重要差别，下面分两种情况予以讨论。

(1) 双边 Z 变换位移性质。设双边序列 $f(k)$ 的双边 Z 变换为 $F_b(z)$，即

$$f(k) \leftrightarrow F_b(z) \qquad \alpha<|z|<\beta$$

则位移序列 $f(k\pm m)$ 的双边 Z 变换满足

$$f(k\pm m) \leftrightarrow z^{\pm m}F_b(z) \qquad \alpha<|z|<\beta \tag{7.2-4}$$

式中整数 $m>0$。

证明　根据双边 Z 变换定义，可得

$$\mathscr{Z}_b[f(k\pm m)]=\sum_{k=-\infty}^{\infty}f(k\pm m)z^{-k}$$

令 $n=k\pm m$，则有

$$\begin{aligned}\mathscr{Z}_b[f(k\pm m)]&=\sum_{n=-\infty}^{\infty}f(n)z^{\pm m-n}=z^{\pm m}\sum_{n=-\infty}^{\infty}f(n)z^{-n}\\&=z^{\pm m}F_b(z) \qquad \alpha<|z|<\beta\end{aligned}$$

故式(7.2-4)成立。该式表明，序列 $f(k)$ 在 K 域位移 $\pm m$ 位的运算，相当于 Z 域象函数 $F_b(z)$ 数乘 $z^{\pm m}$ 运算。通常称 $z^{\pm m}$ 为位移因子。由于位移因子仅影响象函数在 $z=0$ 或 $z=\infty$ 处的零、极点分布，因此当位移序列 $f(k\pm m)$ 仍为双边序列时，其象函数 ROC 保持不变。

(2) 单边 Z 变换位移性质。对于双边序列 $f(k)$，由于单边 Z 变换仅涉及 $k\geqslant 0$ 区域序列项，故位移序列 $f(k\pm m)$ 与原序列 $f(k)$ 参与单边 Z 变换运算的序列项数目一般是不相同的。具体地说，对于左移序列，进行单边 Z 变换时需要在 $f(k)\varepsilon(k)$ 中舍弃若干序列项。而对于右移序列，则应在 $f(k)\varepsilon(k)$ 基础上，增添原序列 $f(k)$ 中位于 $k<0$ 区域的若干序列项。设双边序列 $f(k)$ 的单边 Z 变换为 $F(z)$，即

$$f(k)\varepsilon(k) \leftrightarrow F(z) \qquad |z|>a$$

则位移序列 $f(k\pm m)$ 的单边 Z 变换满足

$$f(k+m)\varepsilon(k) \leftrightarrow z^{m}\left[F(z)-\sum_{i=0}^{m-1}f(i)z^{-i}\right] \qquad |z|>a \tag{7.2-5}$$

$$f(k-m)\varepsilon(k) \leftrightarrow z^{-m}\left[F(z)+\sum_{i=-m}^{-1}f(i)z^{-i}\right] \qquad |z|>a \tag{7.2-6}$$

式中，m 为正整数。下面证明式(7.2-5)。

根据单边 Z 变换定义式，写出

$$\begin{aligned}\mathscr{Z}[f(k+m)\varepsilon(k)]&=\sum_{k=0}^{\infty}f(k+m)z^{-k}\\&=z^{m}\sum_{k=0}^{\infty}f(k+m)z^{-(k+m)}\end{aligned}$$

令 $i=k+m$，则有

$$\begin{aligned}\mathscr{Z}[f(k+m)\varepsilon(k)]&=z^{m}\sum_{i=m}^{\infty}f(i)z^{-i}=z^{m}\left[\sum_{i=0}^{\infty}f(i)z^{-i}-\sum_{i=0}^{m-1}f(i)z^{-i}\right]\\&=z^{m}\left[F(z)-\sum_{i=0}^{m-1}f(i)z^{-i}\right] \qquad |z|>a\end{aligned}$$

同理可证式(7.2-6)。

显然，对于因果序列 $f(k)$ 而言，应用单边 Z 变换位移性质时，式(7.2-6)中的求和项应等于零。

例 7.2－3　已知 $f(k)=3^k[\varepsilon(k+1)-\varepsilon(k-2)]$，求 $f(k)$的双边 Z 变换及其收敛域。

解　$f(k)$可以表示为

$$f(k)=3^k\varepsilon(k+1)-3^k\varepsilon(k-2)=3^{-1}\cdot 3^{k+1}\varepsilon(k+1)-3^2\cdot 3^{k-2}\varepsilon(k-2)$$

由表 7.1 得

$$3^k\varepsilon(k) \leftrightarrow \frac{z}{z-3} \qquad |z|>3$$

根据双边 Z 变换位移性质，得

$$3^{k+1}\varepsilon(k+1) \leftrightarrow z\cdot\frac{z}{z-3}=\frac{z^2}{z-3} \qquad 3<|z|<\infty$$

$$3^{k-2}\varepsilon(k-2) \leftrightarrow z^{-2}\cdot\frac{z}{z-3}=\frac{1}{z(z-3)} \qquad |z|>3$$

根据线性性质，得

$$F(z)=\mathscr{Z}[f(k)]=\frac{z^2}{3(z-3)}-\frac{9}{z(z-3)}=\frac{z^3-27}{3z(z-3)} \qquad 3<|z|<\infty$$

例 7.2－4　已知 $f(k)=a^{k-2}$，求 $f(k)$的单边 Z 变换 $F(z)$。

解　$f(k)$为双边序列。令 $f_1(k)=a^k$，则 $f_1(k)$的单边 Z 变换为

$$F_1(z)=\mathscr{Z}[a^k]=\mathscr{Z}[a^k\varepsilon(k)]=\frac{z}{z-a} \qquad |z|>|a|$$

根据单边 Z 变换位移性质式(7.2－6)，则

$$F(z)=\mathscr{Z}[a^{k-2}\varepsilon(k)]=\mathscr{Z}[f_1(k-2)\varepsilon(k)]=z^{-2}\left[F_1(z)+\sum_{i=-2}^{-1}f_1(i)z^{-i}\right]$$

$$=z^{-2}\left[\frac{z}{z-a}+\sum_{i=-2}^{-1}a^iz^{-i}\right]=\frac{a^{-2}z}{z-a} \qquad |z|>|a|$$

或者

$$F(z)=\mathscr{Z}[a^{k-2}\varepsilon(k)]=\mathscr{Z}[a^{-2}a^k\varepsilon(k)]=\frac{a^{-2}z}{z-a} \qquad |z|>|a|$$

例 7.2－5　求 $\delta(k-m)$和 $\varepsilon(k-m)$（m 为正整数）的单边 Z 变换。

解　由于 $\delta(k)$和 $\varepsilon(k)$是因果序列，并且

$$\delta(k)\leftrightarrow 1,\ |z|>0;\quad \varepsilon(k)\leftrightarrow\frac{z}{z-1} \qquad |z|>1$$

因此，根据式(7.2－6)（注意此时式中求和项为零），则有

$$\delta(k-m) \leftrightarrow z^{-m} \qquad |z|>0$$

$$\varepsilon(k-m) \leftrightarrow z^{-m}\frac{z}{z-1}=\frac{z^{1-m}}{z-1} \qquad |z|>1$$

3. 周期性

若 $f_1(k)$是定义域为 $0\leqslant k<N$ 的有限长序列，且

$$f_1(k) \leftrightarrow F_1(z) \qquad |z|>0$$

则由线性、位移性质，求得单边周期序列 $f_T(k)=\sum\limits_{i=0}^{\infty}f_1(k-iN)$ 的 Z 变换为

$$\mathscr{Z}[f_T(k)]=\mathscr{Z}\left[\sum_{i=0}^{\infty}f_1(k-iN)\right]=\mathscr{Z}[f_1(k)+f_1(k-N)+f_1(k-2N)+\cdots]$$

$$=F_1(z)(1+z^{-N}+z^{-2N}+\cdots)=\frac{F_1(z)}{1-z^{-N}}\qquad |z|>1$$

即

$$f_T(k)=\sum_{i=0}^{\infty}f_1(k-iN)\ \leftrightarrow\ \frac{F_1(z)}{1-z^{-N}}\qquad |z|>1 \tag{7.2-7}$$

式中分母项$(1-z^{-N})$称为Z域周期因子。式(7.2-7)表明，一个单边周期序列$f_T(k)=\sum_{i=0}^{\infty}f_1(k-iN)$的Z变换，可利用第一周期序列$f_1(k)$的Z变换$F_1(z)$除以周期因子$(1-z^{-N})$求得。

例 7.2-6　求周期为N的单边周期序列$\delta_N(k)\varepsilon(k)=\sum_{i=0}^{\infty}\delta(k-iN)$的Z变换。

解　因为$\delta(k)\leftrightarrow 1$，ROC$|z|>0$，所以

$$\delta_N(k)\varepsilon(k)\ \leftrightarrow\ \frac{1}{1-z^{-N}}\qquad |z|>1$$

4. K域乘a^k(Z域尺度变换)

若序列$f(k)$满足

$$f(k)\ \leftrightarrow\ F(z)\qquad \alpha<|z|<\beta$$

则K域乘指数序列a^k后的Z变换为

$$\mathscr{Z}[a^kf(k)]=\sum_{k=-\infty}^{\infty}a^kf(k)z^{-k}=\sum_{k=-\infty}^{\infty}f(k)\left(\frac{z}{a}\right)^{-k}=F\left(\frac{z}{a}\right)\qquad \alpha<\left|\frac{z}{a}\right|<\beta$$

即

$$a^kf(k)\ \leftrightarrow\ F\left(\frac{z}{a}\right)\qquad |a|\alpha<|z|<|a|\beta \tag{7.2-8}$$

表明K域$f(k)$乘以指数序列a^k运算相应于Z域$F(z)$在尺度上展缩a的运算。

式(7.2-8)中，若令$a=-1$，则有

$$(-1)^kf(k)\ \leftrightarrow\ F(-z)\qquad \alpha<|z|<\beta \tag{7.2-9}$$

例 7.2-7　已知$f(k)=\left(\frac{1}{2}\right)^k\cdot 3^{k+1}\varepsilon(k+1)$，求$f(k)$的双边Z变换及其收敛域。

解　令$f_1(k)=3^{k+1}\varepsilon(k+1)$，则有

$$f(k)=\left(\frac{1}{2}\right)^kf_1(k)$$

应用Z变换对关系$3^k\varepsilon(k)\leftrightarrow\frac{z}{z-3}$，$|z|>3$，结合位移性求得

$$F_1(z)=\mathscr{Z}[f_1(k)]=z[3^{k+1}\varepsilon(k+1)]=z\cdot\frac{z}{z-3}=\frac{z^2}{z-3}\qquad 3<|z|<\infty$$

根据K域乘a^k性质，得

$$F(z)=\mathscr{Z}[f(k)]=\mathscr{Z}\left[\left(\frac{1}{2}\right)^kf_1(k)\right]=F_1(2z)$$

$$=\frac{(2z)^2}{2z-3}=\frac{4z^2}{2z-3}\qquad \frac{3}{2}<|z|<\infty$$

5. K 域卷积和

若

$$f_1(k) \leftrightarrow F_1(z) \qquad \alpha_1 < |z| < \beta_1$$
$$f_2(k) \leftrightarrow F_2(z) \qquad \alpha_2 < |z| < \beta_2$$

则

$$f_1(k) * f_2(k) \leftrightarrow F_1(z)F_2(z) \tag{7.2-10}$$

式中，$F_1(z)\cdot F_2(z)$的收敛域一般为$F_1(z)$和$F_2(z)$收敛域的公共部分。若$F_1(z)$和$F_2(z)$相乘中有零、极点相消，则$F_1(z)F_2(z)$的收敛域可能扩大。式(7.2-10)表明，两序列$f_1(k)$、$f_2(k)$在K域的卷积和运算对应于各自象函数在Z域的相乘运算。

证明 根据双边Z变换的定义，则有

$$\mathscr{Z}[f_1(k) * f_2(k)] = \sum_{k=-\infty}^{\infty}[f_1(k) * f_2(k)]z^{-k} = \sum_{k=-\infty}^{\infty}\left[\sum_{m=-\infty}^{\infty} f_1(m)f_2(k-m)\right]z^{-k}$$

交换式中的求和次序，得

$$\mathscr{Z}[f_1(k) * f_2(k)] = \sum_{m=-\infty}^{\infty} f_1(m)\left[\sum_{k=-\infty}^{\infty} f_2(k-m)z^{-k}\right] \tag{7.2-11}$$

式中，中括号内的求和项是$f_2(k-m)$的双边Z变换。根据位移性质，有

$$\sum_{k=-\infty}^{\infty} f_2(k-m)z^{-k} = z^{-m}F_2(z) \tag{7.2-12}$$

式(7.2-12)代入式(7.2-11)得

$$\mathscr{Z}[f_1(k) * f_2(k)] = \sum_{m=-\infty}^{\infty} f_1(m)z^{-m}F_2(z) = \left[\sum_{m=-\infty}^{\infty} f_1(m)z^{-m}\right]F_2(z) = F_1(z)F_2(z)$$

例 7.2-8 已知$f_1(k)=\varepsilon(k+1)$，$f_2(k)=(-1)^k\varepsilon(k-2)$，$f(k)=f_1(k) * f_2(k)$。求$f(k)$的双边Z变换和$f(k)$。

解 由双边Z变换位移性质得

$$F_1(z) = \mathscr{Z}[f_1(k)] = z\cdot\frac{z}{z-1} = \frac{z^2}{z-1} \qquad 1<|z|<\infty$$

$$\varepsilon(k-2) \leftrightarrow z^{-2}\cdot\frac{z}{z-1} = \frac{1}{z(z-1)} \qquad |z|>1$$

由K域乘a^k性质得

$$F_2(z) = \mathscr{Z}[(-1)^k\varepsilon(k-2)] = \frac{1}{-z(-z-1)} = \frac{1}{z(z+1)} \qquad |z|>1$$

根据卷积和性质，得

$$F(z) = \mathscr{Z}[f_1(k) * f_2(k)] = F_1(z)F_2(z) = \frac{z}{(z-1)(z+1)}$$
$$= \frac{1}{2}\left(\frac{z}{z-1} - \frac{z}{z+1}\right) \qquad |z|>1$$

根据线性性质和表7.1得到$F(z)$的原函数$f(k)$为

$$f(k) = \frac{1}{2}\varepsilon(k) - \frac{1}{2}\cdot(-1)^k\varepsilon(k)$$

6. K 域乘 k(Z 域微分)

若$f(k) \leftrightarrow F(z)$，$\alpha<|z|<\beta$，则有

$$kf(k) \leftrightarrow (-z)\frac{\mathrm{d}F(z)}{\mathrm{d}z},\quad \alpha<|z|<\beta \tag{7.2-13}$$

证明　根据 Z 变换定义

$$F(z)=\sum_{k=-\infty}^{\infty} f(k)z^{-k}\quad \alpha<|z|<\beta$$

将上式两边对 z 求导数得

$$\frac{\mathrm{d}F(z)}{\mathrm{d}z}=\frac{\mathrm{d}}{\mathrm{d}z}\left[\sum_{k=-\infty}^{\infty} f(k)z^{-k}\right]=\sum_{k=-\infty}^{\infty} f(k)\frac{\mathrm{d}}{\mathrm{d}z}(z^{-k})=\sum_{k=-\infty}^{\infty} f(k)(-k)z^{-k-1}$$

$$=-z^{-1}\sum_{k=-\infty}^{\infty} kf(k)z^{-k}$$

两边同乘 $-z$，得

$$(-z)\frac{\mathrm{d}F(z)}{\mathrm{d}z}=\sum_{k=-\infty}^{\infty} kf(k)z^{-k}=\mathscr{Z}\left[kf(k)\right]$$

即

$$kf(k)\quad\leftrightarrow\quad(-z)\frac{\mathrm{d}}{\mathrm{d}z}F(z)\qquad \alpha<|z|<\beta$$

可见，K 域对序列的乘 k 运算相当于 Z 域象函数对 z 求导后再乘以 $-z$ 的运算。由于 $F(z)$ 是复变量 z 的幂级数，其导函数是具有相同 ROC 的另一个幂级数，故式(7.2-13)ROC 也与 $F(z)$ROC 相同。

上述结果推广至 $f(k)$ 乘以 k 的正整数 m 次幂的情况，可得

$$k^m f(k)\quad\leftrightarrow\quad\left(-z\frac{\mathrm{d}}{\mathrm{d}z}\right)^m F(z)\qquad \alpha<|z|<\beta \tag{7.2-14}$$

式中，$\left(-z\frac{\mathrm{d}}{\mathrm{d}z}\right)^m F(z)$ 表示

$$(-z)\frac{\mathrm{d}}{\mathrm{d}z}\left[\cdots\left(-z\frac{\mathrm{d}}{\mathrm{d}z}\left(-z\frac{\mathrm{d}}{\mathrm{d}z}F(z)\right)\right)\cdots\right]$$

即在 Z 域对象函数求一次导数后再乘以 $-z$，这样的运算共进行 m 次。

式(7.2-14)一般不会改变象函数的极点，故其 ROC 仍为 $\alpha<|z|<\beta$。若发生零、极点相消，ROC 可能会扩大。

例 7.2-9　已知 $f(k)=k(k-1)a^{k-2}\varepsilon(k)$，求 $f(k)$ 的双边 Z 变换 $F(z)$。

解　根据双边 Z 变换位移性质，得

$$a^{k-1}\varepsilon(k-1)\quad\leftrightarrow\quad z^{-1}\cdot\frac{z}{z-a}=\frac{1}{z-a}$$

根据 Z 域微分性质，得

$$ka^{k-1}\varepsilon(k-1)\quad\leftrightarrow\quad(-z)\frac{\mathrm{d}}{\mathrm{d}z}\left(\frac{1}{z-a}\right)=\frac{z}{(z-a)^2}$$

再应用位移性质得

$$(k-1)a^{k-2}\varepsilon(k-2)\quad\leftrightarrow\quad z^{-1}\cdot\frac{z}{(z-a)^2}=\frac{1}{(z-a)^2}$$

对上式应用 Z 域微分性质得

$$k(k-1)a^{k-2}\varepsilon(k-2)\quad\leftrightarrow\quad(-z)\frac{\mathrm{d}}{\mathrm{d}z}\left[\frac{1}{(z-a)^2}\right]=\frac{2z}{(z-a)^3} \tag{7.2-15}$$

由于 $k=0$、$k=1$ 时 $k(k-1)a^{k-2}=0$，故

$$k(k-1)a^{k-2}\varepsilon(k-2)=k(k-1)a^{k-2}\varepsilon(k)$$

因此，式(7.2-15)可以表示为

$$k(k-1)a^{k-2}\varepsilon(k) \leftrightarrow \frac{2z}{(z-a)^3} \qquad |z|>|a| \qquad (7.2-16)$$

于是得

$$F(z)=\mathscr{Z}[f(k)]=\frac{2z}{(z-a)^3}$$

对式(7.2-16)重复应用位移性质和Z域微分性质，可得如下重要变换对：

$$\frac{1}{m!}k(k-1)(k-2)\cdots(k-m+1)a^{k-m}\varepsilon(k) \leftrightarrow \frac{z}{(z-a)^{m+1}} \qquad |z|>|a| \qquad (7.2-17)$$

利用类似的方法由 $a^k\varepsilon(-k-1)$ 的双边Z变换，可以得到下面的重要变换对：

$$-\frac{1}{m!}k(k-1)(k-2)\cdots(k-m+1)a^{k-m}\varepsilon(-k-1) \leftrightarrow \frac{z}{(z-a)^{m+1}} \qquad |z|<|a| \qquad (7.2-18)$$

7. K域除 k(Z域积分)

若 $f(k)\leftrightarrow F(z)$，$\alpha<|z|<\beta$，且 $k>0$，则有

$$\frac{f(k)}{k} \leftrightarrow \int_z^{\infty}\frac{F(\lambda)}{\lambda}\mathrm{d}\lambda \qquad \alpha<|z|<\beta \qquad (7.2-19)$$

证明　由双边Z变换的定义有

$$F(z)=\sum_{k=-\infty}^{\infty}f(k)z^{-k} \qquad \alpha<|z|<\beta$$

对上式两端除以 z，然后从 z 到 ∞ 取积分，得

$$\int_z^{\infty}\frac{F(z)}{z}\mathrm{d}z=\int_z^{\infty}\frac{1}{z}\left[\sum_{k=-\infty}^{\infty}f(k)z^{-k}\right]\mathrm{d}z=\int_z^{\infty}\left[\sum_{k=-\infty}^{\infty}f(k)z^{-(k+1)}\right]\mathrm{d}z$$

为避免积分变量与积分限相混淆，用 λ 代换积分变量 z，并交换积分、求和运算次序，得

$$\int_z^{\infty}\frac{F(\lambda)}{\lambda}\mathrm{d}\lambda=\int_z^{\infty}\left[\sum_{k=-\infty}^{\infty}f(k)\lambda^{-(k+1)}\right]\mathrm{d}\lambda=\sum_{k=-\infty}^{\infty}f(k)\int_z^{\infty}\lambda^{-(k+1)}\mathrm{d}\lambda$$

$$=\sum_{k=-\infty}^{\infty}f(k)\left[\frac{\lambda^{-k}}{-k}\right]\Bigg|_z^{\infty}$$

因为 $k>0$，故有

$$\int_z^{\infty}\frac{F(\lambda)}{\lambda}\mathrm{d}\lambda=\sum_{k=-\infty}^{\infty}\frac{f(k)}{k}z^{-k}$$

也就是

$$\frac{f(k)}{k},\ k>0 \leftrightarrow \int_z^{\infty}\frac{F(\lambda)}{\lambda}\mathrm{d}\lambda \qquad \alpha<|z|<\beta$$

类似证明，还可得到如下一般结论：

$$\frac{f(k)}{k+m},\ (k+m)>0 \leftrightarrow z^m\int_z^{\infty}\frac{F(\lambda)}{\lambda^{m+1}}\mathrm{d}\lambda \qquad \alpha<|z|<\beta \qquad (7.2-20)$$

式中，m 为整数。

例 7.2-10　已知 $f(k)=\dfrac{2^k}{k+1}\varepsilon(k)$，求 $f(k)$的双边 Z 变换 $F(z)$。

解　由于

$$2^k\varepsilon(k) \quad \leftrightarrow \quad \frac{z}{z-2} \qquad |z|>2$$

根据 Z 域积分性质式(7.2-20)，则有

$$F(z)=\mathscr{Z}\left[\frac{2^k\varepsilon(k)}{k+1}\right]=z\int_z^{\infty}\frac{1}{\lambda(\lambda-2)}\,\mathrm{d}\lambda=\frac{z}{2}\ln\frac{\lambda-2}{\lambda}\Bigg|_z^{\infty}=\frac{z}{2}\ln\frac{z}{z-2} \qquad |z|>2$$

8. K 域反转

若 $f(k)\leftrightarrow F_{\mathrm{b}}(z)$，$\alpha<|z|<\beta$，则有

$$\mathscr{Z}[f(-k)]=\sum_{k=-\infty}^{\infty}f(-k)z^{-k}\Big|_{令m=-k}=\sum_{m=-\infty}^{\infty}f(m)(z^{-1})^{-m}=F(z^{-1})$$

即

$$f(-k)\leftrightarrow F_{\mathrm{b}}(z^{-1}) \qquad \frac{1}{\beta}<|z|<\frac{1}{\alpha} \tag{7.2-21}$$

表明 K 域坐标轴正方向翻转 180°，对应于 Z 域 $F_{\mathrm{b}}(z)$中将变量 z 置换为 z^{-1}。因为 $F_{\mathrm{b}}(z)$的 ROC 为 $\alpha<|z|<\beta$，所以 $F(z^{-1})$的 ROC 为 $\alpha<|z^{-1}|<\beta$，即$\dfrac{1}{\beta}<|z|<\dfrac{1}{\alpha}$。

例 7.2-11　已知 $a^k\varepsilon(k)\leftrightarrow\dfrac{z}{z-a}$，$|z|>a$(其中 $a>0$)，求 $a^{-k}\varepsilon(-k-1)$的双边 Z 变换。

解　由已知 $a^k\varepsilon(k)\leftrightarrow\dfrac{z}{z-a}$，$|z|>a$，分别应用 K 域反转和双边 Z 变换移位性质，得

$$a^{-k}\varepsilon(-k) \quad \leftrightarrow \quad \frac{z^{-1}}{z^{-1}-a} \qquad |z^{-1}|>a \text{ 即 } |z|<\frac{1}{a}$$

$$a^{-k-1}\varepsilon(-k-1) \quad \leftrightarrow \quad z\frac{z^{-1}}{z^{-1}-a}=\frac{z}{1-az} \qquad |z|<\frac{1}{a}$$

将序列数乘 a，由线性求得

$$a^{-k}\varepsilon(-k-1) \quad \leftrightarrow \quad \frac{az}{1-az}=\frac{-z}{z-\dfrac{1}{a}} \qquad |z|<\frac{1}{a}$$

若令 $b=a^{-1}$，将上式写成

$$b^k\varepsilon(-k-1) \quad \leftrightarrow \quad \frac{-z}{z-b} \qquad |z|<b$$

这就是我们已经熟知的式(7.1-11)结论。

例 7.2-12　已知序列 $f(k)$的双边 Z 变换为 $F(z)$，其 ROC 为 $\alpha<|z|<\beta$。求序列 $g(k)=\sum\limits_{i=-\infty}^{k}f(i)$ 的 Z 变换。

解　因为

$$f(k)*\varepsilon(k)=\sum_{i=-\infty}^{\infty}f(i)\varepsilon(k-i)=\sum_{i=-\infty}^{k}f(i)$$

$$\varepsilon(k)\ \leftrightarrow\ \frac{z}{z-1}\qquad |z|>1$$

所以，由卷积和性质，得

$$g(k)=\sum_{i=-\infty}^{k}f(i)=f(k)*\varepsilon(k)\leftrightarrow\frac{z}{z-1}\cdot F(z)\tag{7.2-22}$$

其 ROC 应为$|z|>1$和$\alpha<|z|<\beta$的公共部分，即$\max(1,\alpha)<|z|<\beta$。

显然，当$f(k)$是因果序列，其 Z 变换为$F(z)$，$|z|>\alpha$时，则有

$$g(k)=\sum_{i=0}^{k}f(i)\ \leftrightarrow\ \frac{z}{z-1}F(z)\qquad |z|>\max(1,\alpha)\tag{7.2-23}$$

应用中常称$g(k)$为$f(k)$的部分和序列，故也称式(7.2-22)、式(7.2-23)结论为 Z 变换的部分和性质。但请注意两结论中$F(z)$的实际含义是不相同的，前者是双边序列$f(k)$的双边 Z 变换，后者是因果序列$f(k)$的 Z 变换。

9. 初值定理

设$f(k)$为因果序列，由于

$$F(z)=\sum_{k=0}^{\infty}f(k)z^{-k}=f(0)+f(1)z^{-1}+f(2)z^{-2}+\cdots\tag{7.2-24}$$

当$z\to\infty$时，上式右边除了第一项$f(0)$外，其余诸项均趋于零。所以

$$f(0)=\lim_{z\to\infty}F(z)\tag{7.2-25}$$

此结论称为初值定理。它表明序列域中$f(k)$的初值$f(0)$可直接用 Z 域象函数的终值$F(\infty)$计算，而不必求$F(z)$的逆变换。

对式(7.2-24)等号两边连续乘变量z，然后令$z\to\infty$取极限，可推得

$$f(1)=\lim_{z\to\infty}z[F(z)-f(0)]$$

$$f(2)=\lim_{z\to\infty}z^{2}[F(z)-f(0)-f(1)z]$$

$$\cdots$$

$$f(m)=\lim_{z\to\infty}z^{m}\left[F(z)-\sum_{i=0}^{m-1}f(i)z^{-i}\right]\tag{7.2-26}$$

即从$F(z)$出发，可按递推方式求出任一序列值$f(m)$。实际上，根据单边 Z 变换位移性质，式(7.2-26)右端表示对$f(k+m)$的 Z 变换求极限，按初值定理确定位移序列的初值，自然就是$f(k)$中第m号序列值。

10. 终值定理

设$f(k)$是因果序列，且

$$f(k)\ \leftrightarrow\ F(z)=\sum_{k=0}^{\infty}f(k)z^{-k}$$

则

$$f(\infty)=\lim_{z\to1}[(z-1)F(z)]\tag{7.2-27}$$

证明 应用线性、位移性质，得

$$\mathscr{Z}\ [f(k+1)-f(k)]=z[F(z)-f(0)]-F(z)$$

$$= (z-1)F(z) - zf(0)$$

于是

$$(z-1)F(z) = zf(0) + \mathscr{Z}\left[f(k+1) - f(k)\right] = zf(0) + \sum_{k=0}^{\infty}\left[f(k+1) - f(k)\right]z^{-k}$$

对上式取 $z\to 1$ 的极限，得

$$\begin{aligned}\lim_{z\to 1}\left[(z-1)F(z)\right] &= f(0) + \lim_{z\to 1}\sum_{k=0}^{\infty}\left[f(k+1) - f(k)\right]z^{-k} \\ &= f(0) + \left[f(1) - f(0)\right] + \left[f(2) - f(1)\right] + \left[f(3) - f(2)\right] + \cdots \\ &= f(\infty)\end{aligned}$$

故式(7.2-27)成立。

终值定理表明，序列终值可由 Z 域表达式 $(z-1)F(z)$ 在 $z\to 1$ 时的极限值来计算。注意，只有当 $(z-1)F(z)$ 的 ROC 包含单位圆，或者 $F(z)$ 除在 $z=1$ 处有一阶极点外，其余极点均位于单位圆内时，式(7.2-27)右端取 $z\to 1$ 极限有意义，此时 $f(\infty)$ 存在，终值定理才可应用。

例 7.2-13　已知因果序列 $f_1(k)$、$f_2(k)$ 的 Z 变换分别为 $F_1(z)=\dfrac{z(2z-1.5)}{z^2-1.5z+0.5}$ 和 $F_2(z)=\dfrac{z}{z+1}$，求

(1) $f_1(0)$、$f_2(0)$ 和 $f_2(1)$；

(2) $f_1(\infty)$ 和 $f_2(\infty)$。

解　(1) 应用初值定理和式(7.2-26)，求得

$$f_1(0) = \lim_{z\to\infty} F_1(z) = \lim_{z\to\infty}\left[\frac{z(2z-1.5)}{z^2-1.5z+0.5}\right] = \lim_{z\to\infty}\left[\frac{2-1.5z^{-1}}{1-1.5z^{-1}+0.5z^{-2}}\right] = 2$$

$$f_2(0) = \lim_{z\to\infty} F_2(z) = \lim_{z\to\infty}\left[\frac{z}{z+1}\right] = \lim_{z\to\infty}\left[\frac{1}{1+z^{-1}}\right] = 1$$

$$f_2(1) = \lim_{z\to\infty} z\left[F_2(z) - f(0)\right] = \lim_{z\to\infty}\left[-\frac{z}{z+1}\right] = -1$$

(2) 因 $F_1(z)=\dfrac{z(2z-1.5)}{z^2-1.5z+0.5}=\dfrac{z}{z-0.5}+\dfrac{z}{z-1}$，极点 $z=0.5$ 位于单位圆内，极点 $z=1$ 是一阶极点，终值定理成立，故有

$$f_1(\infty) = \lim_{z\to 1}(z-1)F_1(z) = \lim_{z\to 1}(z-1)\left(\frac{z}{z-0.5}+\frac{z}{z-1}\right) = 1$$

对于 $F_2(z)=\dfrac{z}{z+1}$，在 $z=-1$ 处有极点，$(z-1)F_2(z)$ 在单位圆上不收敛，故终值定理不适用。

事实上，容易求得 $f_2(k)=\mathscr{Z}^{-1}\left[F_2(z)\right]=(-1)^k\varepsilon(k)$，可见序列值随 k 的增长交替呈现为 1 和 −1，故终值 $f_2(\infty)$ 是不确定的。此时，若不考察 $F_2(z)$ 极点情况，直接应用终值定理求得

$$f_2(\infty) = \lim_{z\to 1}(z-1)F_2(z) = \lim_{z\to 1}\frac{z(z-1)}{z+1} = 0$$

其结果自然是错误的。

最后，将 Z 变换的性质归纳列于表 7.2 中，以便于查阅和应用。为简洁表中省略了收

敛域，使用时应明确所有性质均在 Z 变换 ROC 内成立。

表 7.2　Z 变换的性质和定理

序号	名　称	K 域序列关系	Z 域象函数关系
1	线性	$c_1 f_1(k)+c_2 f_2(k)$	$c_1 F_1(z)+c_2 F_2(z)$
2	位移性	$f(k\pm m)$	$z^{\pm m}F_b(z)$
		$f(k+m)\varepsilon(k)^*$	$z^m\left[F(z)-\sum_{i=0}^{m-1}f(i)z^{-i}\right]$
		$f(k-m)\varepsilon(k)^*$	$z^{-m}\left[F(z)+\sum_{i=-m}^{-1}f(i)z^{-i}\right]$
		$f(k-m)\varepsilon(k-m)^*$	$z^{-m}F(z)$
3	周期性	$\sum_{i=0}^{\infty}f_1(k-iN)^*$	$\dfrac{F_1(z)}{1-z^{-N}}$
4	K 域卷积和	$f_1(k)*f_2(k)$	$F_1(z)\cdot F_2(z)$
5	K 域乘 a^k	$a^k f(k)$	$F\left(\dfrac{z}{a}\right)$
6	K 域反转	$f(-k)$	$F_b(z^{-1})$
7	Z 域微分	$k^m f(k)$	$\left(-z\dfrac{\mathrm{d}}{\mathrm{d}z}\right)^m F(z)$
8	Z 域积分	$\dfrac{f(k)}{k},\quad k>0$	$\int_z^{\infty}\dfrac{F(\lambda)}{\lambda}\,\mathrm{d}\lambda$
		$\dfrac{f(k)}{k+m},\quad k+m>0$	$z^m\int_z^{\infty}\dfrac{F(\lambda)}{\lambda^{m+1}}\,\mathrm{d}\lambda$
9	部分和	$\sum_{i=0}^{k}f(i)^*$	$\dfrac{z}{z-1}F(z)$
		$\sum_{i=-\infty}^{k}f(i)$	$\dfrac{z}{z-1}F_b(z)$
10	初值、终值定理	$f(0)=\lim_{z\to\infty}F(z)^*$	$f(\infty)=\lim_{z\to 1}(z-1)F(z)^*$

注：表中 c_1、c_2、a 为实常量，m、N 为整数；$F(z)$或 $F_b(z)$、$F_1(z)$和 $F_2(z)$分别表示 $f(k)$、$f_1(k)$和 $f_2(k)$的 Z 变换；带“ * ”的性质对单边 Z 变换成立。

7.3　Z 逆 变 换

本节研究如何由象函数 $F(z)$及其收敛域求出原函数 $f(k)$，即 Z 逆变换问题。具体介绍常用的三种 Z 逆变换方法：直接法、部分分式法和围线积分法。

1. 直接法

所谓直接法，就是从象函数及其收敛域出发，直接利用 $f(k)\sim F(z)$关系求得原序列。其 $f(k)\sim F(z)$关系，除用表 7.1 中列出的 Z 变换对公式外，还可用表 7.2 中的 Z 变换性质来描述。对于组成形式较为简单的象函数而言，直接法常常是比较简便和实用的。

例 7.3－1　试求下列象函数的 Z 逆变换。

(1) $F_1(z)=\frac{1}{2z-1}$，$|z|>0.5$；　　(2) $F_2(z)=\frac{1}{2z-1}$，$|z|<0.5$；

(3) $F_3(z)=\frac{1+z^{-1}}{1-z^{-5}}$，$|z|>0$。

解　分别记 $F_1(z)$、$F_2(z)$和 $F_3(z)$的Z逆变换为 $f_1(k)$、$f_2(k)$和 $f_3(k)$。

(1) 将 $F_1(z)$改写为

$$F_1(z)=\frac{1}{2z-1}=\frac{z^{-1}}{2}\cdot\frac{z}{z-0.5},\quad |z|>0.5$$

应用Z变换公式 $a^k\varepsilon(k)\leftrightarrow\frac{z}{z-a}$，$|z|>|a|$，结合线性、单边Z变换位移性，求得

$$f_1(k)=\mathscr{Z}^{-1}[F_1(z)]=\frac{1}{2}(0.5)^k\varepsilon(k)\,|_{k\to k-1}=\frac{1}{2}(0.5)^{k-1}\varepsilon(k-1)=\left(\frac{1}{2}\right)^k\varepsilon(k-1)$$

(2) 同样先将 $F_2(z)$改写为

$$F_2(z)=\frac{1}{2z-1}=\frac{z^{-1}}{2}\cdot\frac{z}{z-0.5},\quad |z|<0.5$$

然后应用Z变换对公式

$$-a^k\varepsilon(-k-1)\quad\leftrightarrow\quad\frac{z}{z-a},\quad |z|<|a|$$

并结合线性和双边Z变换位移性，求得

$$f_2(k)=\mathscr{Z}^{-1}[F_2(z)]=\left(-\frac{1}{2}\right)(0.5)^k\varepsilon(-k-1)\,|_{k\to k-1}=-\left(\frac{1}{2}\right)^k\varepsilon(-k)$$

(3) 把 $F_3(z)$的分母视为Z域周期因子，考虑到 $\delta(k)\leftrightarrow 1$，并结合Z变换线性和位移性，得

$$1+z^{-1}\quad\leftrightarrow\quad\delta(k)+\delta(k-1)$$

再应用周期性，求得

$$f_3(k)=\mathscr{Z}^{-1}[F_3(z)]=\sum_{i=0}^{\infty}[\delta(k-5i)+\delta(k-1-5i)]$$

显然，这是一以5为周期的单边周期序列。

2. 部分分式展开法

若 $F(z)$为有理分式，则 $F(z)$可表示为

$$F(z)=\frac{B(z)}{A(z)}=\frac{b_mz^m+b_{m-1}z^{m-1}+\cdots+b_1z+b_0}{a_nz^n+a_{n-1}z^{n-1}+\cdots+a_1z+a_0}\qquad\alpha<|z|<\beta\qquad(7.3-1)$$

式中，$a_i(i=0,1,2,\cdots,n)$、$b_j(j=0,1,2,\cdots,m)$为实数，取 $a_n=1$。若 $m\geqslant n$，$F(z)$为假分式，可用多项式除法将 $F(z)$区分为 z 的$(m-n)$次多项式 $N(z)$和真分式 $F'(z)$两部分，即

$$F(z)=c_0+c_1z+c_2z^2+\cdots+c_{m-n}z^{m-n}+F'(z)=N(z)+F'(z)\qquad(7.3-2)$$

式中 $N(z)=c_0+c_1z+c_2z^2+\cdots+c_{m-n}z^{m-n}=\sum_{i=0}^{m-n}c_iz^i$，$c_i$ 为实系数。应用Z变换对关系 $c_iz^i\leftrightarrow c_i\delta(k+i)$，容易写出 $N(z)$的Z逆变换。对于 $F'(z)$的Z逆变换，可用求拉氏逆变换相类似的部分分式展开法计算确定。但是必须指出，鉴于指数序列 a^k 的Z变换形式为

$\frac{z}{z-a}$，注意分子中含有因子 z。因此，一般先用常规方法将$\frac{F'(z)}{z}$进行部分分式展开，然后再乘以因子 z，即可得到由若干基本形式项$\frac{z}{(z-a)^{m+1}}$表示的 $F'(z)$。最后，根据表 7.1 求得 $F'(z)$的 Z 逆变换。

设$\frac{F(z)}{z}$为有理真分式，可表示为

$$\frac{F(z)}{z}=\frac{B(z)}{A(z)}=\frac{B(z)}{(z-z_1)(z-z_2)\cdots(z-z_m)}$$

式中，$z_i(i=1, 2, \cdots, m)$为$\frac{F(z)}{z}$的极点，可能为一阶极点，也可能为重极点；可能为实极点，也可能为虚极点或复极点。z_i 为复极点(虚极点)时，必共轭成对出现。

(1) $\frac{F(z)}{z}$的极点为一阶极点。

根据本书附录 A，$\frac{F(z)}{z}$的部分分式展开式为

$$\frac{F(z)}{z}=\frac{B(z)}{A(z)}=\frac{K_1}{z-z_1}+\frac{K_2}{z-z_2}+\cdots+\frac{K_m}{z-z_m}=\sum_{i=1}^{m}\frac{K_i}{z-z_i} \tag{7.3-3}$$

式中的系数 K_i 的计算方法为

$$K_i=(z-z_i)\frac{F(z)}{z}\bigg|_{z=z_i} \tag{7.3-4}$$

式(7.3-3)两端乘以 z，得

$$F(z)=\sum_{i=1}^{m}K_i\frac{z}{z-z_i}\qquad \alpha<|z|<\beta \tag{7.3-5}$$

根据 $F(z)$的收敛域和以下变换对关系

$$z_i^k\varepsilon(k)\longleftrightarrow\frac{z}{z-z_i}\qquad |z|>|z_i| \tag{7.3-6a}$$

$$-z_i^k\varepsilon(-k-1)\longleftrightarrow\frac{z}{z-z_i}\qquad |z|<|z_i| \tag{7.3-6b}$$

对式(7.3-5)计算 Z 逆变换 $f(k)$。

例 7.3-2 已知 $F(z)=\frac{z^2+2}{(z-1)(z-2)}$，$|z|>2$，求 $F(z)$的原函数 $f(k)$。

解 因为 $F(z)$的收敛域为$|z|>2$，所以 $f(k)$为因果序列。$\frac{F(z)}{z}$的极点全为一阶极点，可展开为

$$\frac{F(z)}{z}=\frac{z^2+2}{z(z-1)(z-2)}=\frac{K_1}{z}+\frac{K_2}{z-1}+\frac{K_3}{z-2}$$

由式(7.3-4)求 K_1、K_2、K_3，得

$$K_1=z\cdot\frac{F(z)}{z}\bigg|_{z=0}=1$$

$$K_2=(z-1)\cdot\frac{F(z)}{z}\bigg|_{z=1}=-3$$

$$K_3=(z-2)\cdot\frac{F(z)}{z}\bigg|_{z=2}=3$$

于是得

$$\frac{F(z)}{z}=\frac{1}{z}-\frac{3}{z-1}+\frac{3}{z-2}$$

故

$$F(z)=1-\frac{3z}{z-1}+\frac{3z}{z-2} \qquad |z|>2$$

由于

$$\delta(k) \leftrightarrow 1 \qquad |z|>0$$

$$\varepsilon(k) \leftrightarrow \frac{z}{z-1} \qquad |z|>1$$

$$2^k\varepsilon(k) \leftrightarrow \frac{z}{z-2} \qquad |z|>2$$

并且以上三个常用函数变换的 ROC 的公共部分为 $|z|>2$，所以得 $F(z)$ 的原函数为

$$f(k)=\delta(k)-3\varepsilon(k)+3(2)^k\varepsilon(k)$$

例 7.3－3　已知 $F(z)=\dfrac{z^2}{(z+2)(z+3)}$，$|z|<2$，求 $F(z)$ 的原函数 $f(k)$。

解　因为 $F(z)$ 的收敛域为 $|z|<2$，所以 $f(k)$ 为反因果序列。对 $\dfrac{F(z)}{z}$ 进行部分分式展开，得

$$\frac{F(z)}{z}=\frac{z}{(z+2)(z+3)}=\frac{3}{z+3}-\frac{2}{z+2}$$

于是得

$$F(z)=\frac{3z}{z+3}-\frac{2z}{z+2} \qquad |z|<2$$

由式(7.3－6b)，得

$$-(-3)^k\varepsilon(-k-1) \leftrightarrow \frac{z}{z+3} \qquad |z|<3$$

$$-(-2)^k\varepsilon(-k-1) \leftrightarrow \frac{z}{z+2} \qquad |z|<2$$

所以，以上两个 Z 变换的收敛域的公共部分为 $|z|<2$。因此得

$$f(k)=[2(-2)^k-3(-3)^k]\varepsilon(-k-1)=[(-3)^{k+1}-(-2)^{k+1}]\varepsilon(-k-1)$$

例 7.3－4　已知 $F(z)=\dfrac{z^2+3z}{(z-1)(z-2)(z-3)}$，$2<|z|<3$，求 $F(z)$ 的原函数 $f(k)$。

解　由于 $F(z)$ 的收敛域为 $2<|z|<3$，所以 $f(k)$ 为双边序列。$\dfrac{F(z)}{z}$ 展开为

$$\frac{F(z)}{z}=\frac{z+3}{(z-1)(z-2)(z-3)}=\frac{2}{z-1}-\frac{5}{z-2}+\frac{3}{z-3}$$

故有

$$F(z)=\frac{2z}{z-1}-\frac{5z}{z-2}+\frac{3z}{z-3} \qquad 2<|z|<3$$

由于

$$\varepsilon(k) \leftrightarrow \frac{z}{z-1} \qquad |z|>1$$

$$2^k\varepsilon(k) \leftrightarrow \frac{z}{z-2} \qquad |z|>2$$

$$-3^k\varepsilon(-k-1) \leftrightarrow \frac{z}{z-3} \qquad |z|<3$$

所以

$$2\varepsilon(k)-5\cdot 2^k\varepsilon(k) \leftrightarrow \frac{2z}{z-1}-\frac{5z}{z-2} \qquad |z|>2$$

$$-3\cdot 3^k\varepsilon(-k-1) \leftrightarrow \frac{3z}{z-3} \qquad |z|<3$$

上面两个Z变换的收敛域的公共部分为$2<|z|<3$。于是得

$$f(k)=2\varepsilon(k)-5\cdot 2^k\varepsilon(k)-3\cdot 3^k\varepsilon(-k-1)$$

(2) $\frac{F(z)}{z}$有高阶极点。

设$\frac{F(z)}{z}$在$z=z_0$有m阶极点，另有n个一阶极点z_j($j=1, 2, \cdots, n$)，则$\frac{F(z)}{z}$可表示为

$$\frac{F(z)}{z}=\frac{B(z)}{(z-z_0)^m(z-z_1)(z-z_2)\cdots(z-z_n)}$$

根据本书附录A可将$\frac{F(z)}{z}$展开为以下部分分式：

$$\frac{F(z)}{z}=\frac{K_{11}}{(z-z_0)^m}+\frac{K_{12}}{(z-z_0)^{m-1}}+\cdots+\frac{K_{1m}}{(z-z_0)}+\sum_{j=1}^{n}\frac{K_j}{z-z_j}$$

系数K_{1i}($i=1, 2, \cdots, m$)、K_j($j=1, 2, \cdots, n$)的计算方法为

$$K_{1i}=\frac{1}{(i-1)!}\frac{\mathrm{d}^{i-1}}{\mathrm{d}z^{i-1}}\left[(z-z_0)^m\frac{F(z)}{z}\right]\Bigg|_{z=z_0} \qquad i=1, 2, \cdots, m \qquad (7.3-7)$$

$$K_j=(z-z_j)\frac{F(z)}{z}\Bigg|_{z=z_j} \qquad j=1, 2, \cdots, n \qquad (7.3-8)$$

$F(z)$的部分分式展开式为

$$F(z)=\sum_{i=1}^{m}K_{1i}\frac{z}{(z-z_0)^{m-i+1}}+\sum_{j=1}^{n}K_j\frac{z}{z-z_j} \qquad \alpha<|z|<\beta \qquad (7.3-9)$$

然后，根据$F(z)$的收敛域和各分式的Z逆变换求得$F(z)$的Z逆变换。其中，高阶极点对应的分式根据式(7.2-17)和式(7.2-18)求其Z逆变换；一阶极点对应的分式根据式(7.3-6a)和式(7.3-6b)求Z逆变换。

例 7.3-5 已知$F(z)=\frac{z+2}{(z-1)(z-2)^2}$，$1<|z|<2$，求$F(z)$的原函数$f(k)$。

解 $f(k)$为双边序列。根据式(7.3-7)和式(7.3-8)，$\frac{F(z)}{z}$的部分分式展开式为

$$\frac{F(z)}{z}=\frac{z+2}{z(z-1)(z-2)^2}=\frac{K_{11}}{(z-2)^2}+\frac{K_{12}}{(z-2)}+\frac{K_1}{z-1}+\frac{K_2}{z}$$

$$=\frac{2}{(z-2)^2}-\frac{\frac{5}{2}}{z-2}+\frac{3}{z-1}-\frac{\frac{1}{2}}{z}$$

$$F(z)=\frac{2z}{(z-2)^2}-\frac{\frac{5}{2}z}{z-2}+\frac{3z}{z-1}-\frac{1}{2}\qquad 1<|z|<2$$

由式(7.2-18)、(7.3-6a)和式(7.3-6b)得

$$-k2^{k-1}\varepsilon(-k-1)\ \leftrightarrow\ \frac{z}{(z-2)^2}\qquad |z|<2$$

$$-2^k\varepsilon(-k-1)\ \leftrightarrow\ \frac{z}{z-2}\qquad |z|<2$$

$$\varepsilon(k)\ \leftrightarrow\ \frac{z}{z-1}\qquad |z|>1$$

$$\delta(k)\ \leftrightarrow\ 1$$

所以

$$\begin{aligned}f(k)&=-2k2^{k-1}\varepsilon(-k-1)+\frac{5}{2}2^k\varepsilon(-k-1)+3\varepsilon(k)-\frac{1}{2}\delta(k)\\&=(5-2k)2^{k-1}\varepsilon(-k-1)+3\varepsilon(k)-\frac{1}{2}\delta(k)\end{aligned}$$

根据以上讨论，归纳出应用部分分式法计算Z逆变换的几个常用规则是：

若$F(z)$的收敛域为$|z|>\alpha$，则$f(k)$为因果序列。分别求$F(z)$的各分式对应的因果序列，$f(k)$等于各因果序列之和；

若$F(z)$的收敛域为$|z|<\beta$，则$f(k)$为反因果序列。分别求$F(z)$的各分式对应的反因果序列，$f(k)$等于各反因果序列之和；

若$F(z)$的收敛域为$\alpha<|z|<\beta$，则$f(k)$为双边序列。把$F(z)$的部分分式分成收敛域为$|z|>\alpha$和$|z|<\beta$两部分，分别求收敛域为$|z|>\alpha$的分式对应的因果序列和收敛域为$|z|<\beta$的分式对应的反因果序列，$f(k)$等于因果序列与反因果序列之和。

(3) $\frac{F(z)}{z}$有共轭复极点。

若$\frac{F(z)}{z}$有共轭复极点，$\frac{F(z)}{z}$展开为部分分式的形式和系数的计算方法与实极点情况时相同，但计算略为复杂。下面举例说明。

例 7.3-6　已知$F(z)=\frac{z}{z^2-4z+8}$：

(1) 若$F(z)$的收敛域为$|z|>2\sqrt{2}$，求原函数$f(k)$；

(2) 若$F(z)$的收敛域为$|z|<2\sqrt{2}$，求原函数$f(k)$。

解　(1) $F(z)$的收敛域为$|z|>2\sqrt{2}$。

这种情况下，$f(k)$为因果序列。$F(z)$的极点为$z_{1,2}=2\pm\mathrm{j}2$，$\frac{F(z)}{z}$可展开为

$$\begin{aligned}\frac{F(z)}{z}&=\frac{1}{[z-(2+\mathrm{j}2)][z-(2-\mathrm{j}2)]}\\&=\frac{K_1}{z-(2+\mathrm{j}2)}+\frac{K_2}{z-(2-\mathrm{j}2)}\end{aligned}$$

$$K_1=[z-(2+\mathrm{j}2)]\frac{F(z)}{z}\bigg|_{z=2+\mathrm{j}2}=-\mathrm{j}\frac{1}{4}=\frac{1}{4}\mathrm{e}^{-\mathrm{j}\frac{\pi}{2}}$$

$$K_2 = K_1^* = \mathrm{j}\,\frac{1}{4} = \frac{1}{4}\mathrm{e}^{\mathrm{j}\frac{\pi}{2}}$$

于是得

$$\begin{aligned} F(z) &= \frac{1}{4}\mathrm{e}^{-\mathrm{j}\frac{\pi}{2}}\,\frac{z}{z-(2+\mathrm{j}2)} + \frac{1}{4}\mathrm{e}^{\mathrm{j}\frac{\pi}{2}}\,\frac{z}{z-(2-\mathrm{j}2)} \\ &= \frac{1}{4}\mathrm{e}^{-\mathrm{j}\frac{\pi}{2}}\,\frac{z}{z-2\sqrt{2}\,\mathrm{e}^{\mathrm{j}\frac{\pi}{4}}} + \frac{1}{4}\mathrm{e}^{\mathrm{j}\frac{\pi}{2}}\,\frac{z}{z-2\sqrt{2}\,\mathrm{e}^{-\mathrm{j}\frac{\pi}{4}}} \end{aligned}$$

根据式(7.3－6a)，则

$$\begin{aligned} f(k) &= \frac{1}{4}\left[\mathrm{e}^{-\mathrm{j}\frac{\pi}{2}}(2\sqrt{2}\,\mathrm{e}^{\mathrm{j}\frac{\pi}{4}})^k + \mathrm{e}^{\mathrm{j}\frac{\pi}{2}}(2\sqrt{2}\,\mathrm{e}^{-\mathrm{j}\frac{\pi}{4}})^k\right]\varepsilon(k) \\ &= \frac{1}{4}(2\sqrt{2})^k\left[\mathrm{e}^{\mathrm{j}\left(\frac{\pi}{4}k-\frac{\pi}{2}\right)} + \mathrm{e}^{-\mathrm{j}\left(\frac{\pi}{4}k-\frac{\pi}{2}\right)}\right]\varepsilon(k) \\ &= \frac{1}{2}(2\sqrt{2})^k\cos\left(\frac{\pi k}{4}-\frac{\pi}{2}\right)\varepsilon(k) \end{aligned}$$

(2) $F(z)$的收敛域为$|z|<2\sqrt{2}$。

根据式(7.3－6b)，则

$$f(k) = -\frac{1}{2}(2\sqrt{2})^k\cos\left(\frac{\pi k}{4}-\frac{\pi}{2}\right)\varepsilon(-k-1)$$

一般情况下，若$F(z)$有共轭复极点$z_{1,2}=c\pm\mathrm{j}d$，并且令

$$\left.\begin{aligned} z_1 &= c+\mathrm{j}d = r\mathrm{e}^{\mathrm{j}\beta} \\ z_2 &= c-\mathrm{j}d = r\mathrm{e}^{-\mathrm{j}\beta} \end{aligned}\right\} \tag{7.3-10}$$

则复极点对应的部分分式为

$$\frac{|K_1|\,\mathrm{e}^{\mathrm{j}\theta}z}{z-r\mathrm{e}^{\mathrm{j}\beta}} + \frac{|K_1|\,\mathrm{e}^{-\mathrm{j}\theta}z}{z-r\mathrm{e}^{-\mathrm{j}\beta}} \tag{7.3-11}$$

若式(7.3－11)的收敛域为$|z|>r$，则其Z逆变换为

$$2\,|K_1|\,r^k\cos(\beta k+\theta)\varepsilon(k) \tag{7.3-12}$$

若式(7.3－11)的收敛域为$|z|<r$，则其Z逆变换为

$$-2\,|K_1|\,r^k\cos(\beta k+\theta)\varepsilon(-k-1) \tag{7.3-13}$$

若$F(z)$中有二阶共轭复极点$z_{1,2}=c\pm\mathrm{j}d=r\mathrm{e}^{\pm\mathrm{j}\beta}$，则复极点对应的部分分式为

$$\frac{|K_{11}|\,\mathrm{e}^{\mathrm{j}\theta_1}z}{(z-r\mathrm{e}^{\mathrm{j}\beta})^2} + \frac{|K_{12}|\,\mathrm{e}^{\mathrm{j}\theta_2}z}{(z-r\mathrm{e}^{\mathrm{j}\beta})} + \frac{|K_{11}|\,\mathrm{e}^{-\mathrm{j}\theta_1}z}{(z-r\mathrm{e}^{-\mathrm{j}\beta})^2} + \frac{|K_{12}|\,\mathrm{e}^{-\mathrm{j}\theta_2}z}{(z-r\mathrm{e}^{-\mathrm{j}\beta})} \tag{7.3-14}$$

若式(7.3－14)的收敛域为$|z|>r$，则其Z逆变换为

$$2\{|K_{11}|\,kr^{k-1}\cos[\beta(k-1)+\theta_1]+|K_{12}|\,r^k\cos(\beta k+\theta_2)\}\varepsilon(k) \tag{7.3-15}$$

若式(7.3－14)的收敛域为$|z|<r$，则其Z逆变换为

$$-2\{|K_{11}|\,kr^{k-1}\cos[\beta(k-1)+\theta_1]+|K_{12}|\,r^k\cos(\beta k+\theta_2)\}\varepsilon(-k-1) \tag{7.3-16}$$

*3. 围线积分法(留数法)

Z逆变换也可以用复变函数中的围线积分法或留数法来计算，计算公式为

$$f(k) = \frac{1}{2\pi\mathrm{j}}\oint_C F(z)z^{k-1}\,\mathrm{d}z \qquad -\infty<k<\infty \tag{7.3-17}$$

式中，$F(z)$为 $f(k)$的 Z 变换，收敛域为 $\alpha<|z|<\beta$。积分路径 C 是收敛域内围绕原点的逆时针方向的围线，如图 7.3-1 所示。$f(k)$一般为双边序列，可以表示为因果序列 $f_1(k)$和反因果序列 $f_2(k)$之和。$f_1(k)$由$F(z)$ 中收敛域为$|z|>\alpha$ 的部分决定，该部分用 $F_1(z)$表示。$F_1(z)$的极点在半径为$|z|=\alpha$ 的圆上和圆内区域中，即在积分路径 C 的内部。根据复变函数理论中的留数定理，因果序列 $f_1(k)$等于积分路径 C 内$F(z)z^{k-1}$的极点留数之和，即

$$f_1(k)=\begin{cases}0 & k<0\\ \sum\limits_{C\text{内极点}}\underset{z_i}{\mathrm{Res}}[F(z)z^{k-1}] & k\geqslant 0\end{cases}\tag{7.3-18}$$

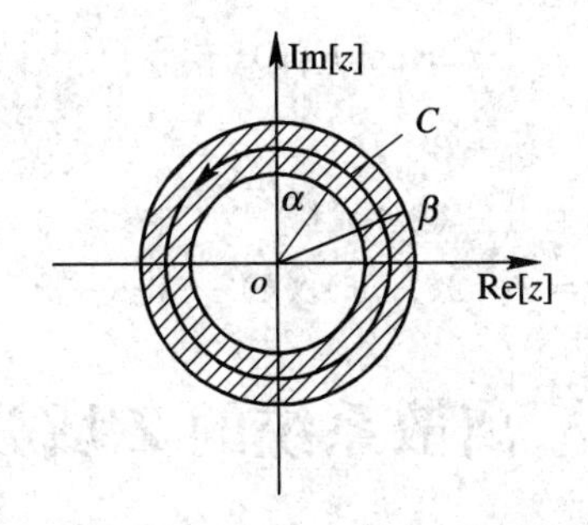

图 7.3-1　$F(z)$的收敛域及围线积分路径

反因果序列 $f_2(k)$由 $F(z)$中收敛域为$|z|<\beta$ 的部分决定，该部分用 $F_2(z)$表示。$F_2(z)$的极点在半径为$|z|=\beta$的圆上和圆外区域中，即在积分路径 C 的外部。根据留数定理，$f_2(k)$等于积分路径 C 的外部区域内 $F(z)z^{k-1}$的极点留数之和并取负号，即

$$f_2(k)=\begin{cases}-\sum\limits_{C\text{外极点}}\underset{z_i}{\mathrm{Res}}[F(z)z^{k-1}] & k<0\\ 0 & k\geqslant 0\end{cases}\tag{7.3-19}$$

$f(k)$等于 $f_1(k)$与 $f_2(k)$之和，即

$$f(k)=f_1(k)+f_2(k)=\begin{cases}\sum\limits_{C\text{内极点}}\underset{z_i}{\mathrm{Res}}[F(z)z^{k-1}] & k\geqslant 0\\ -\sum\limits_{C\text{外极点}}\underset{z_i}{\mathrm{Res}}[F(z)z^{k-1}] & k<0\end{cases}\tag{7.3-20}$$

关于 $F(z)z^{k-1}$极点的留数，其计算方法是：若 $F(z)z^{k-1}$在 $z=z_i$ 处有一阶极点，则极点 z_i 的留数为

$$\underset{z_i}{\mathrm{Res}}[F(z)z^{k-1}]=(z-z_i)F(z)z^{k-1}\big|_{z=z_i}\tag{7.3-21}$$

若 $F(z)z^{k-1}$在 $z=z_i$ 处有 r 阶极点，则极点 z_i 的留数为

$$\underset{z_i}{\mathrm{Res}}[F(z)z^{k-1}]=\frac{1}{(r-1)!}\frac{\mathrm{d}^{r-1}}{\mathrm{d}z^{r-1}}[(z-z_i)^rF(z)z^{k-1}]\Bigg|_{z=z_i}\tag{7.3-22}$$

例 7.3-7　已知 $F(z)=\dfrac{4z}{(z-1)^2(z-3)}$，$1<|z|<3$，求 $F(z)$的原函数 $f(k)$。

解　$F(z)$的原函数为双边序列。$F(z)z^{k-1}$为

$$F(z)z^{k-1}=\frac{4z^k}{(z-1)^2(z-3)}$$

由于反演积分路径 C 在收敛域 $1<|z|<3$ 内，所以 $F(z)z^{k-1}$ 在 C 内有二阶极点 $z_1=1$，在 C 外有一阶极点 $z_2=3$。根据式(7.3－21)和式(7.3－22)，极点 z_1 和 z_2 的留数分别为

$$\underset{z_1}{\text{Res}}[F(z)z^{k-1}]=\frac{\mathrm{d}}{\mathrm{d}z}[(z-1)^2F(z)z^{k-1}]\Big|_{z=1}$$

$$=\frac{\mathrm{d}}{\mathrm{d}z}\left[\frac{4z^k}{(z-3)}\right]\Big|_{z=1}=-(2k+1)$$

$$\underset{z_2}{\text{Res}}[F(z)z^{k-1}]=(z-3)F(z)z^{k-1}\big|_{z=3}=3^k$$

由式(7.3－20)得

$$f(k)=\begin{cases}-\underset{z_2}{\text{Res}}[F(z)z^{k-1}] & k<0\\ \underset{z_1}{\text{Res}}[F(z)z^{k-1}] & k\geqslant 0\end{cases}$$

$$=\begin{cases}-3^k & k<0\\ -(2k+1) & k\geqslant 0\end{cases}$$

$$=-(2k+1)\varepsilon(k)-3^k\varepsilon(-k-1)$$

7.4　离散系统的 Z 域分析

根据 LTI 系统分析的统一观点和方法，本节利用基本信号 z^k、系统的线性时不变特性以及 Z 变换数学工具，讨论离散系统零状态响应的 Z 域分析法。具体步骤包括：(1) 应用 Z 逆变换公式将系统输入 $f(k)$ 分解为众多基本信号单元 z^k 的线性组合；(2) 计算系统在基本信号 z^k 激励下的零状态响应；(3) 导出一般信号 $f(k)$ 激励下系统零状态响应的 Z 域计算方法。

7.4.1　离散信号的 Z 域分解

依据 Z 逆变换公式，因果序列 $f(k)$ 可以表示为

$$f(k)=\frac{1}{2\pi\mathrm{j}}\oint_C F(z)z^{k-1}\,\mathrm{d}z=\oint_C\frac{1}{2\pi\mathrm{j}}\cdot\frac{F(z)}{z}z^k\,\mathrm{d}z\qquad k\geqslant 0\qquad(7.4-1)$$

式中，$\frac{1}{2\pi\mathrm{j}}\cdot\frac{F(z)}{z}\mathrm{d}z$ 与 k 无关，围线积分的实质是一种求和运算。因此，式(7.4－1)表明：若离散信号 $f(k)$ 的 Z 变换 $F(z)$ 存在，则它可分解为基本信号 z^k 的线性组合，其加权复系数是 $\frac{1}{2\pi\mathrm{j}}\cdot\frac{F(z)}{z}\mathrm{d}z$。通常，称式(7.4－1)为离散信号 $f(k)$ 的 Z 域分解公式。

7.4.2　基本信号 z^k 激励下的零状态响应

设 LTI 离散系统如图 7.4－1 所示。由第 5 章讨论可知，基本信号 z^k 作用于离散系统的零状态响应可以表示为

$$y_{zs}(k)=h(k)*z^k=\sum_{m=-\infty}^{\infty}h(m)z^{k-m}\qquad(7.4-2)$$

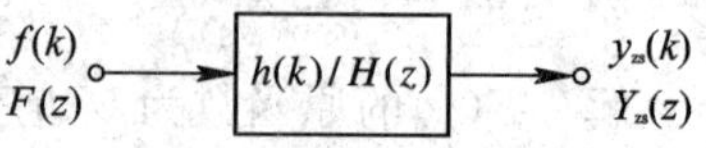

$f(k)$ / $F(z)$ → $h(k)/H(z)$ → $y_{zs}(k)$ / $Y_{zs}(z)$

图 7.4－1　LTI 离散系统

对于因果系统，则有

$$y_{zs}(k)=\sum_{m=0}^{\infty}h(m)z^{-m}\cdot z^{k}=H(z)z^{k} \tag{7.4-3}$$

式中：

$$H(z)=\sum_{m=0}^{\infty}h(m)z^{-m}=\mathscr{Z}[h(k)] \tag{7.4-4}$$

式(7.4－3)表明，离散系统对基本信号 z^k 的零状态响应等于 $H(z)$ 与 z^k 的乘积。这里，$H(z)$是与 k 无关的常量，用以表征系统处理离散信号的能力，称为离散系统的**Z 域系统函数**。$H(z)$与 $h(k)$之间满足 Z 变换对关系，即有

$$h(k)\leftrightarrow H(z) \tag{7.4-5}$$

7.4.3　一般信号 $f(k)$激励下的零状态响应

与连续系统 S 域分析类似，我们应用式(7.4－3)、系统的线性时不变特性以及离散信号的 Z 域分解公式，对离散系统的激励～零状态响应关系作如下推导：

$$z^{k}\rightarrow H(z)z^{k}\qquad [\text{式}(7.4-3)]$$

$$z^{k-1}\rightarrow H(z)z^{k-1}\qquad [\text{系统时不变特性}]$$

$$\frac{1}{2\pi \mathrm{j}}F(z)z^{k-1}\,\mathrm{d}z\rightarrow\frac{1}{2\pi \mathrm{j}}H(z)F(z)z^{k-1}\,\mathrm{d}z\qquad [\text{零状态响应的齐次性}]$$

$$\frac{1}{2\pi \mathrm{j}}\oint_C F(z)z^{k-1}\,\mathrm{d}z\rightarrow\frac{1}{2\pi \mathrm{j}}\oint_C H(z)F(z)z^{k-1}\,\mathrm{d}z\qquad [\text{零状态响应的可加性}]$$

$$f(k)\rightarrow y_{zs}(k)\qquad [\text{式}(7.4-1)]$$

于是有

$$y_{zs}(k)=\frac{1}{2\pi \mathrm{j}}\oint_C H(z)F(z)z^{k-1}\,\mathrm{d}z=\mathscr{Z}^{-1}[H(z)F(z)] \tag{7.4-6}$$

或者

$$Y_{zs}(z)=H(z)F(z) \tag{7.4-7}$$

式中，$Y_{zs}(z)=\mathscr{Z}[y_{zs}(k)]$。式(7.4－6)和式(7.4－7)表明，离散系统零状态响应的 Z 域求解可按以下步骤进行：

第一步，计算系统输入 $f(k)$的 Z 变换 $F(z)$；

第二步，确定离散系统 Z 域系统函数 $H(z)$；

第三步，计算 Z 域零状态响应 $Y_{zs}(z)=H(z)F(z)$；

第四步，计算 $Y_{zs}(z)$的 Z 逆变换，求得系统零状态响应的时域解 $y_{zs}(k)$。

例 7.4－1　已知离散系统输入为 $f_1(k)=\varepsilon(k)$时，零状态响应 $y_{zs1}(k)=3^k\varepsilon(k)$。求输入为 $f_2(k)=(k+1)\varepsilon(k)$时系统的零状态响应 $y_{zs2}(k)$。

解　(1) 计算系统函数 $H(z)$。

先求 $f_1(k)$和 $y_{zs1}(k)$的单边 Z 变换：

$$F_1(z)=\mathscr{Z}[f_1(k)]=\frac{z}{z-1}\qquad |z|>1$$

$$Y_{zs1}(z)=\mathscr{Z}[y_{zs1}(k)]=\frac{z}{z-3}\qquad |z|>3$$

再根据式(7.4－7)，计算系统函数 $H(z)$：

$$H(z)=\frac{Y_{zs1}(z)}{F_1(z)}=\frac{z-1}{z-3}\qquad |z|>3$$

(2) 计算 $f_2(k)$的单边 Z 变换。

因为

$$\varepsilon(k)\longleftrightarrow\frac{z}{z-1}$$

$$k\varepsilon(k)\longleftrightarrow\frac{z}{(z-1)^2}$$

所以

$$F_2(z)=\mathscr{Z}\left[f_2(k)\right]=\mathscr{Z}\left[(k+1)\varepsilon(k)\right]=\frac{z}{(z-1)^2}+\frac{z}{z-1}=\frac{z^2}{(z-1)^2}\qquad |z|>1$$

(3) 计算零状态响应 $y_{zs2}(k)$。

由式(7.4－7)，$y_{zs2}(k)$的单边 Z 变换为

$$Y_{zs2}(z)=\mathscr{Z}\left[y_{zs2}(k)\right]=F_2(z)H(z)$$

$$=\frac{z^2}{(z-1)(z-3)}=\frac{\frac{3}{2}z}{z-3}-\frac{\frac{1}{2}z}{z-1}\qquad |z|>3$$

于是得输入为 $f_2(k)$时，系统的零状态响应为

$$y_{zs2}(k)=\mathscr{Z}^{-1}\left[Y_{zs2}(z)\right]=\left(\frac{3}{2}\cdot 3^k-\frac{1}{2}\right)\varepsilon(k)=\frac{1}{2}(3^{k+1}-1)\varepsilon(k)$$

7.5　离散系统差分方程的 Z 域解法

LTI 离散系统是用线性常系数差分方程描述的。离散系统的输入通常为因果序列。因此，可以根据单边 Z 变换的位移性质把差分方程变换成 Z 域的代数方程，然后求解，就能比较方便地计算系统的零输入响应、零状态响应和全响应。

7.5.1　差分方程的 Z 域解法

以二阶离散系统为例，设该系统的差分方程为

$$y(k)+a_1y(k-1)+a_0y(k-2)=b_2f(k)+b_1f(k-1)+b_0f(k-2)\tag{7.5-1}$$

式(7.5－1)中，a_0、a_1 和 b_0、b_1、b_2 为实常数，$f(k)$为因果序列，$f(-1)$、$f(-2)$均等于零。设 $y(k)$的单边 Z 变换为 $Y(z)$，根据 Z 变换的位移性质，对式(7.5－1)两端取单边 Z 变换，得

$$\begin{aligned}Y(z)+a_1[z^{-1}Y(z)+y(-1)]+a_0\left[z^{-2}Y(z)+\sum_{k=0}^{1}y(k-2)z^{-k}\right]\\=b_2F(z)+b_1z^{-1}F(z)+b_0z^{-2}F(z)\end{aligned}\tag{7.5-2}$$

整理写成

$$\begin{aligned}(1+a_1z^{-1}+a_0z^{-2})Y(z)=-\left[(a_1+a_0z^{-1})y(-1)+a_0y(-2)\right]\\+(b_2+b_1z^{-1}+b_0z^{-2})F(z)\end{aligned}\tag{7.5-3}$$

分别令

$$A(z) = 1 + a_1 z^{-1} + a_0 z^{-2}$$
$$B(z) = b_2 + b_1 z^{-1} + b_0 z^{-2}$$
$$M(z) = -[(a_1 + a_0 z^{-1})y(-1) + a_0 y(-2)]$$

由式(7.5－3)得到

$$Y(z) = \frac{M(z)}{A(z)} + \frac{B(z)}{A(z)}F(z) \tag{7.5－4}$$

式中，$\frac{M(z)}{A(z)}$只与 $y(k)$的初始值 $y(-1)$、$y(-2)$有关，而与 $F(z)$无关，$y(-1)$、$y(-2)$取决于系统的初始状态，所以$\frac{M(z)}{A(z)}$是系统零输入响应 $y_{zi}(k)$的单边 Z 变换 $Y_{zi}(z)$；$\frac{B(z)}{A(z)}F(z)$ 只与 $F(z)$有关，而与初始状态无关，因此，它是系统零状态响应 $y_{zs}(k)$的单边 Z 变换$Y_{zs}(z)$；$A(z)$称为**系统的特征多项式**，$A(z)=0$ 称为**系统的特征方程**，其根称为**特征根**。分别求 $Y(z)$、$Y_{zi}(z)$、$Y_{zs}(z)$的单边 Z 逆变换，就可得到系统的全响应 $y(k)$、零输入响应$y_{zi}(k)$和零状态响应 $y_{zs}(k)$，即

$$y(k) = \mathscr{Z}^{-1}[Y(z)] = \mathscr{Z}^{-1}\left[\frac{M(z)}{A(z)} + \frac{B(z)}{A(z)}F(z)\right] \tag{7.5－5}$$

$$y_{zi}(k) = \mathscr{Z}^{-1}[Y_{zi}(z)] = \mathscr{Z}^{-1}\left[\frac{M(z)}{A(z)}\right] \tag{7.5－6}$$

$$y_{zs}(k) = \mathscr{Z}^{-1}[Y_{zs}(z)] = \mathscr{Z}^{-1}\left[\frac{B(z)}{A(z)}F(z)\right] \tag{7.5－7}$$

由于 $Y_{zs}(z)=H(z)F(z)$，因此，由式(7.6－7)得到系统函数为

$$H(z) = \frac{B(z)}{A(z)} = \frac{b_2 + b_1 z^{-1} + b_0 z^{-2}}{1 + a_1 z^{-1} + a_0 z^{-2}} \tag{7.5－8}$$

设 n 阶离散系统的差分方程为

$$\sum_{i=0}^{n} a_{n-i} y(k-i) = \sum_{j=0}^{m} b_{m-j} f(k-j) \tag{7.5－9}$$

式中，$m \leqslant n$，$a_n=1$，$a_i(i=0, 1, \cdots, n-1)$、$b_j(j=0, 1, \cdots, m)$为实常数。则系统函数为

$$H(z) = \frac{B(z)}{A(z)} = \frac{b_m + b_{m-1} z^{-1} + b_{m-2} z^{-2} + \cdots + b_0 z^{-m}}{1 + a_{n-1} z^{-1} + a_{n-2} z^{-2} + \cdots + a_0 z^{-n}} \tag{7.5－10}$$

该式表示了系统函数 $H(z)$与系统差分方程之间的对应关系。根据这种关系，可由系统差分方程得到 $H(z)$，也可由 $H(z)$得到系统的差分方程。

众所周知，求解差分方程需要知道响应的初始值。对于 n 阶 LTI 离散因果系统，若输入 $f(k)$为因果序列，则 $y_{zs}(-i)(i=1, 2, \cdots, n)$等于零，但 $y_{zs}(i)$一般不等于零。由于

$$y(k) = y_{zi}(k) + y_{zs}(k)$$

因此 $y(k)$、$y_{zs}(k)$、$y_{zi}(k)$的初始值有以下关系：

$$y(-i) = y_{zi}(-i) + y_{zs}(-i) = y_{zi}(-i) \qquad i = 1, 2, \cdots, n \tag{7.5－11}$$
$$y(i) = y_{zi}(i) + y_{zs}(i) \qquad i = 0, 1, 2, \cdots, n \tag{7.5－12}$$

初始值 $y(i)$和 $y(-i)$可根据系统差分方程应用递推法相互转换。例如，设二阶离散系统的差分方程为

$$y(k)-3y(k-1)+2y(k-2)=f(k) \tag{7.5-13}$$

$f(k)=\varepsilon(k)$，$y(0)=1$，$y(1)=2$。对式(7.5-13)，令 $k=1$，得

$$y(-1)=\frac{1}{2}[-y(1)+3y(0)+f(1)]=1$$

令 $k=0$，得

$$y(-2)=\frac{1}{2}[-y(0)+3y(-1)+f(0)]=\frac{3}{2}$$

对于式(7.5-13)，若首先令 $k=0$，然后令 $k=1$，就可由 $y(-1)$、$y(-2)$、$f(0)$、$f(1)$分别求出 $y(0)$和 $y(1)$。$y_{zi}(i)$和 $y_{zi}(-i)$也可用递推法根据 $y_{zi}(k)$满足的差分方程相互转换，具体方法与上述 $y(i)$与 $y(-i)$的转换方法类似。

例 7.5-1 已知二阶离散系统的差分方程为

$$y(k)-5y(k-1)+6y(k-2)=f(k-1)$$

$f(k)=2^k\varepsilon(k)$，$y(-1)=1$，$y(-2)=1$。求系统的全响应 $y(k)$、零输入响应 $y_{zi}(k)$和零状态响应 $y_{zs}(k)$。

解

方法 1 输入 $f(k)$的单边 Z 变换为

$$F(z)=\mathscr{Z}[2^k\varepsilon(k)]=\frac{z}{z-2} \qquad |z|>2$$

对系统差分方程两端取单边 Z 变换，得

$$Y(z)-5[z^{-1}Y(z)+y(-1)]+6[z^{-2}Y(z)+y(-2)+y(-1)z^{-1}]=z^{-1}F(z) \tag{7.5-14}$$

把 $F(z)$和初始条件 $y(-1)$、$y(-2)$代入式(7.5-14)，整理得

$$Y(z)=\underbrace{\frac{(5-6z^{-1})y(-1)-6y(-2)}{1-5z^{-1}+6z^{-2}}}_{Y_{zi}(z)}+\underbrace{\frac{z^{-1}}{1-5z^{-1}+6z^{-2}}F(z)}_{Y_{zs}(z)}$$

$$=\frac{5z}{z-2}-\frac{6z}{z-3}-\frac{2z}{(z-2)^2} \qquad |z|>3$$

其中

$$Y_{zi}(z)=\frac{(5-6z^{-1})y(-1)-6y(-2)}{1-5z^{-1}+6z^{-2}}=\frac{8z}{z-2}-\frac{9z}{z-3} \qquad |z|>3$$

$$Y_{zs}(z)=\frac{z^{-1}}{1-5z^{-1}+6z^{-2}}F(z)=\frac{3z}{z-3}-\frac{3z}{z-2}-\frac{2z}{(z-2)^2} \qquad |z|>3$$

分别求 $Y(z)$、$Y_{zi}(z)$、$Y_{zs}(z)$的 Z 逆变换，得

$$y(k)=\mathscr{Z}^{-1}[Y(z)]=5(2)^k-2(3)^{k+1}-k(2)^k \qquad k\geqslant 0$$

$$y_{zi}(k)=\mathscr{Z}^{-1}[Y_{zi}(z)]=2^{k+3}-3^{k+2} \qquad k\geqslant 0$$

$$y_{zs}(k)=\mathscr{Z}^{-1}[Y_{zs}(z)]=[3^{k+1}-(3+k)2^k]\varepsilon(k)$$

方法 2 分别根据 $y_{zi}(k)$满足的方程和 $y_{zs}(k)$满足的方程求 $y_{zi}(k)$、$y_{zs}(k)$。

$y_{zi}(k)$满足的方程为

$$y_{zi}(k)-5y_{zi}(k-1)+6y_{zi}(k-2)=0 \tag{7.5-15}$$

$y_{zi}(k)$的初始条件 $y_{zi}(-1)=y(-1)=1$，$y_{zi}(-2)=y(-2)=1$。

$y_{zs}(k)$满足的差分方程为

$$y_{zs}(k)-5y_{zs}(k-1)+6y_{zs}(k-2)=f(k-1) \tag{7.5-16}$$

对于因果系统，$y_{zs}(k)$的初始条件 $y_{zs}(-1)$、$y_{zs}(-2)$均为零。

分别对式(7.5－15)、(7.5－16)两边取单边Z变换，就可求得 $Y_{zi}(z)$，$Y_{zs}(z)$。然后求逆变换，得到 $y_{zi}(k)$、$y_{zs}(k)$和 $y(k)$。

方法3　先由系统差分方程写出系统的传输算子 $H(E)$，采用第5章介绍的时域解法计算系统的零输入响应 $y_{zi}(k)$。由传输算子 $H(E)$写出系统函数 $H(z)$，采用本章介绍的Z域解法计算系统的零状态响应 $y_{zs}(k)=\mathscr{Z}^{-1}[H(z)\cdot F(z)]$。然后，将 $y_{zi}(k)$、$y_{zs}(k)$叠加求得系统的全响应 $y(k)$。由于求解过程同时应用时域解法和Z域解法，故称为混合解法。具体计算，请读者自行完成。

7.5.2　离散系统的频率特性

连续系统的频率特性是指连续系统对不同频率的正弦信号的响应特性，用 $H(\mathrm{j}\omega)$表示。离散系统的频率特性是指系统对不同频率正弦序列的响应特性，下面具体讨论它的计算方法和应用。

1. 离散系统对正弦序列的响应

设离散系统的输入为

$$f(k)=A\cos(\omega Tk+\theta)=A\cos(\Omega k+\theta)\qquad -\infty<k<\infty$$

式中，A、T、ω 为正实数，ω 称模拟角频率，$\Omega=\omega T$ 称数字角频率，$f(k)$可以看作连续正弦时间函数的抽样值序列，抽样周期为 T。设系统的初始时刻 $k_0=-\infty$，系统的响应为 $y(k)$，并且设 $y(-\infty)=0$，则 $y(k)$也是零状态响应。为了讨论方便，令 $\theta=0$，但不失一般性，则系统输入 $f(k)$可以表示为

$$f(k)=A\cos(\Omega k)=\frac{A}{2}(\mathrm{e}^{\mathrm{j}\Omega k}+\mathrm{e}^{-\mathrm{j}\Omega k}) \tag{7.5-17}$$

设系统对 $\mathrm{e}^{\mathrm{j}\Omega k}$ 的零状态响应为 $y_1(k)$，根据离散系统时域分析的结论：

$$y_1(k)=h(k)*\mathrm{e}^{\mathrm{j}\Omega k}=\sum_{m=-\infty}^{\infty}h(m)\mathrm{e}^{\mathrm{j}\Omega(k-m)}=\mathrm{e}^{\mathrm{j}\Omega k}\sum_{m=-\infty}^{\infty}h(m)(\mathrm{e}^{\mathrm{j}\Omega})^{-m}$$

对于因果离散系统，单位序列响应 $h(k)$为因果序列。因此得

$$y_1(k)=\mathrm{e}^{\mathrm{j}\Omega k}\sum_{m=0}^{\infty}h(m)(\mathrm{e}^{\mathrm{j}\Omega})^{-m} \tag{7.5-18}$$

若系统函数 $H(z)$的收敛域包含单位圆，则 $z=\mathrm{e}^{\mathrm{j}\Omega}$ 位于收敛域内。此时，上式中的求和项可改写为

$$\begin{aligned}\sum_{m=0}^{\infty}h(m)(\mathrm{e}^{\mathrm{j}\Omega})^{-m} &\xlongequal{\text{令}\ m=k}\sum_{k=0}^{\infty}h(k)(\mathrm{e}^{\mathrm{j}\Omega})^{-k}\\ &=\mathscr{Z}\,[h(k)]\,|_{z=\mathrm{e}^{\mathrm{j}\Omega}}=H(z)\,|_{z=\mathrm{e}^{\mathrm{j}\Omega}}\\ &=H(\mathrm{e}^{\mathrm{j}\Omega})\end{aligned}$$

故由式(7.5－18)可得

$$y_1(k)=\mathrm{e}^{\mathrm{j}\Omega k}\sum_{m=0}^{\infty}h(m)(\mathrm{e}^{\mathrm{j}\Omega})^{-m}=\mathrm{e}^{\mathrm{j}\Omega k}H(\mathrm{e}^{\mathrm{j}\Omega}) \tag{7.5-19}$$

设系统对 $\mathrm{e}^{-\mathrm{j}\Omega k}$ 的零状态响应为 $y_2(k)$，同理可求得

$$y_2(k) = h(k) * e^{-j\Omega k} = e^{-j\Omega k} H^*(e^{j\Omega}) \tag{7.5-20}$$

式中，$H(e^{j\Omega})$为复数，$H^*(e^{j\Omega})$是$H(e^{j\Omega})$的共轭复数。

根据式(7.5－17)、式(7.5－19)、式(7.5－20)，得到系统对输入 $f(k)$的响应 $y(k)$为

$$y(k) = \frac{A}{2}[y_1(k) + y_2(k)] = \frac{A}{2}[H(e^{j\Omega})e^{j\Omega k} + H^*(e^{j\Omega})e^{-j\Omega k}] \tag{7.5-21}$$

令 $H(e^{j\Omega})=|H(e^{j\Omega})|e^{j\varphi(\Omega)}$，则 $H^*(e^{j\Omega})=|H(e^{j\Omega})|e^{-j\varphi(\Omega)}$。式(7.5－21)可以表示为

$$\begin{aligned} y(k) &= \frac{A}{2} | H(e^{j\Omega}) | [e^{j(\Omega k+\varphi(\Omega))} + e^{-j(\Omega k+\varphi(\Omega))}] \\ &= A | H(e^{j\Omega}) | \cos(\Omega k + \varphi(\Omega)) \end{aligned}$$

同样地，若 $f(k)=A\cos(\Omega k+\theta)$，$\theta\neq 0$，则可求得

$$y(k) = A | H(e^{j\Omega}) | \cos(\Omega k + \theta + \varphi(\Omega)) \qquad -\infty < k < \infty \tag{7.5-22}$$

式(7.5－22)的结果表明，若离散系统的系统函数 $H(z)$的收敛域包含单位圆(极点全部在单位圆内)，则系统对正弦序列的响应仍为同频率的正弦序列，称为**正弦稳态响应**。当输入正弦序列的频率变化时，响应正弦序列的振幅和初相位的变化完全取决于 $H(e^{j\Omega})$。因此，$H(e^{j\Omega})$表征了系统的频率特性。

2. 频率特性计算

若离散系统的系统函数 $H(z)$的极点全部在单位圆内，则 $H(e^{j\Omega})$称为离散系统的频率特性。$H(e^{j\Omega})$为

$$H(e^{j\Omega}) = H(z)|_{z=e^{j\Omega}} \tag{7.5-23}$$

$$H(e^{j\Omega}) = | H(e^{j\Omega}) | e^{j\varphi(\Omega)} \tag{7.5-24}$$

式中，$|H(e^{j\Omega})|$和 $\varphi(\Omega)$分别称为**离散系统的幅频特性**和**相频特性**。

因为 $e^{j\Omega}$是 Ω 的周期函数，所以 $H(e^{j\Omega})$也是 Ω 的周期函数，周期为 2π。

例 7.5－2　已知离散系统的系统函数为 $H(z)=\dfrac{2z}{2z-1}$，$|z|>\dfrac{1}{2}$，求系统的频率特性 $H(e^{j\Omega})$。

解　因为 $H(z)$的收敛域为$|z|>1/2$，只有一个极点 $z=1/2$，并且该极点位于单位圆内。因此，系统的频率特性

$$\begin{aligned} H(e^{j\Omega}) &= H(z)|_{z=e^{j\Omega}} = \frac{2e^{j\Omega}}{2e^{j\Omega}-1} \\ &= \frac{2e^{j\Omega}}{e^{j\frac{\Omega}{2}}\left[\frac{1}{2}(e^{j\frac{\Omega}{2}} + e^{-j\frac{\Omega}{2}}) + \frac{3}{2}(e^{j\frac{\Omega}{2}} - e^{-j\frac{\Omega}{2}})\right]} \\ &= \frac{2\left(\cos\frac{\Omega}{2} + j\sin\frac{\Omega}{2}\right)}{\cos\frac{\Omega}{2} + j3\sin\frac{\Omega}{2}} = \frac{2\left(1 + j\tan\frac{\Omega}{2}\right)}{1 + j3\tan\frac{\Omega}{2}} \end{aligned}$$

系统的幅频特性和相频特性分别为

$$| H(e^{j\Omega}) | = 2\sqrt{\frac{1+\left(\tan\frac{\Omega}{2}\right)^2}{1+9\left(\tan\frac{\Omega}{2}\right)^2}}$$

$$\varphi(\Omega)=\arctan\left(\tan\frac{\Omega}{2}\right)-\arctan\left(3\tan\frac{\Omega}{2}\right)=\frac{\Omega}{2}-\arctan\left(3\tan\frac{\Omega}{2}\right)$$

幅频特性和相频特性曲线如图 7.5－1(a)、(b)所示。

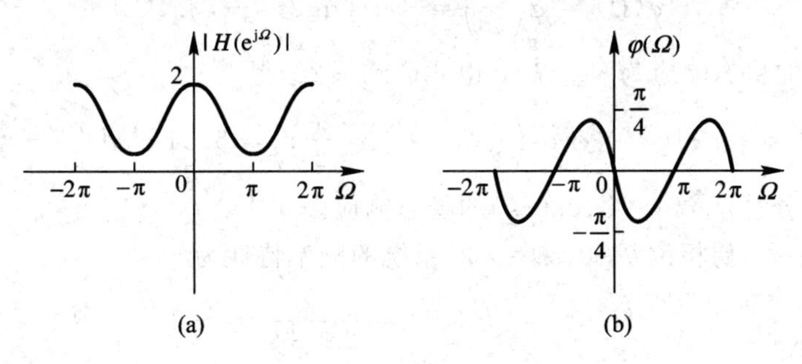

图 7.5－1　例 7.5－2 图

例 7.5－3　已知离散系统的系统函数为 $H(z)=\dfrac{z^{-1}}{1+\frac{1}{2}z^{-1}}$，$|z|>\dfrac{1}{2}$。系统的输入 $f(k)$ 为

$$f(k)=6+6\cos\left(\frac{\pi}{2}k\right)+6\cos(\pi k)\qquad -\infty<k<\infty$$

求系统的稳态响应。

解　因为 $H(z)$ 的收敛域为 $|z|>1/2$，所以 $H(z)$ 在单位圆上收敛。$H(z)$ 可以表示为

$$H(z)=\frac{z^{-1}}{1+\frac{1}{2}z^{-1}}=\frac{2}{2z+1}\qquad |z|>\frac{1}{2}$$

系统的频率特性为

$$H(e^{j\Omega})=H(z)\big|_{z=e^{j\Omega}}=\frac{2}{2e^{j\Omega}+1}$$

分别求系统对 $f(k)$ 各分量的正弦稳态响应：

(1) 系统对分量 $f_0(k)=6$ 的稳态响应。

$f_0(k)$ 可以看成 $\Omega=0$、初相位 $\theta=0$ 的正弦序列。当 $\Omega=0$ 时，系统的频率特性以及幅频特性和相频特性分别为

$$H(e^{j\Omega})=\frac{2}{2e^{j\Omega}+1}\bigg|_{\Omega=0}=\frac{2}{3}$$

$$|H(e^{j0})|=\frac{2}{3}$$

$$\varphi(\Omega)=\varphi(0)=0$$

设系统对 $f_0(k)$ 的稳态响应为 $y_{ss0}(k)$，由式(7.5－22)得

$$y_{ss0}(k)=6\times\frac{2}{3}=4$$

(2) 系统对分量 $f_1(k)=6\cos\left(\dfrac{\pi}{2}k\right)$ 的稳态响应。

$f_1(k)$ 的 $\Omega=\pi/2$，初相位 $\theta=0$。$\Omega=\pi/2$ 时系统的频率特性为

$$H(e^{j\Omega})=H(e^{j\frac{\pi}{2}})=\frac{2}{2e^{j\Omega}+1}\bigg|_{\Omega=\frac{\pi}{2}}=\frac{2}{1+j2}$$

$$|H(e^{j\frac{\pi}{2}})| = \frac{2}{\sqrt{5}} \approx 0.89$$

$$\varphi(\Omega) = \varphi\left(\frac{\pi}{2}\right) = -\arctan 2 = -63.4°$$

设系统对 $f_1(k)$的稳态响应为 $y_{SS1}(k)$，由式(7.5－22)得

$$y_{SS1}(k) = 6\,|H(e^{j\frac{\pi}{2}})|\cos\left(\frac{\pi}{2}k + \theta + \varphi\left(\frac{\pi}{2}\right)\right) = 5.34\cos\left(\frac{\pi}{2}k - 63.4°\right)$$

(3) 系统对分量 $f_2(k) = 6\cos(\pi k)$的稳态响应。

$f_2(k)$的 $\Omega = \pi$，初相位 $\theta = 0$。$\Omega = \pi$ 时系统的频率特性为

$$H(e^{j\Omega}) = H(e^{j\pi}) = \frac{2}{2e^{j\pi}+1} = -2$$

$$|H(e^{j\pi})| = 2$$

$$\varphi(\Omega) = \varphi(\pi) = -\pi$$

设系统对 $f_2(k)$的稳态响应为 $y_{SS2}(k)$，则有

$$y_{SS2}(k) = 6\,|H(e^{j\pi})|\cos(\pi k + \theta + \varphi(\pi)) = 12\cos(\pi k - 180°)$$

(4) 系统对 $f(k)$的稳态响应 $y_{SS}(k)$为

$$\begin{aligned} y_{SS}(k) &= y_{SS0}(k) + y_{SS1}(k) + y_{SS2}(k) \\ &= 4 + 5.34\cos\left(\frac{\pi}{2}k - 63.4°\right) + 12\cos(\pi k - 180°) \qquad -\infty < k < \infty \end{aligned}$$

7.6 离散系统的表示和模拟

与连续系统类似，离散系统也可以用框图和信号流图来表示。若已知离散系统的差分方程或系统函数，采用若干基本单元互连方式描述系统特性，称为**离散系统的模拟**。离散系统的表示和模拟是离散系统分析和设计的基础。

7.6.1 离散系统的框图表示

图 7.6－1 所示的框图表示一个离散系统。图中，$f(k)$和 $y(k)$分别为系统的输入和输出。与连续系统的框图表示类似，若干个离散系统的串联、并联或串并混合连接组成的复合系统，可以用来表示一个规模更大、结构更为复杂的离散系统。工程上，常将这些组成相对简单的互联系统称为复合离散系统的子系统。

$f(k)$ ——→ [ ] ——→ $y(k)$

图 7.6－1 离散系统的框图表示

1. 离散系统的串、并联

图 7.6－2 表示由 n 个离散子系统串联(级联)组成的复合系统，图(a)为时域(K 域)形式，图(b)为 Z 域形式。$h_i(k)(i=1, 2, \cdots, n)$为第 i 个子系统的单位响应，$H_i(z)(i=1, 2, \cdots, n)$为 $h_i(k)$的单边 Z 变换，即为第 i 个子系统的系统函数。若复合系统为因果系统，则该系统的单位响应 $h(k)$与各子系统的单位响应$h_i(k)$均为因果序列。

按照离散系统单位响应定义，若令复合系统输入 $f(k)=\delta(k)$，则其零状态响应 $y_{zs}(k)$

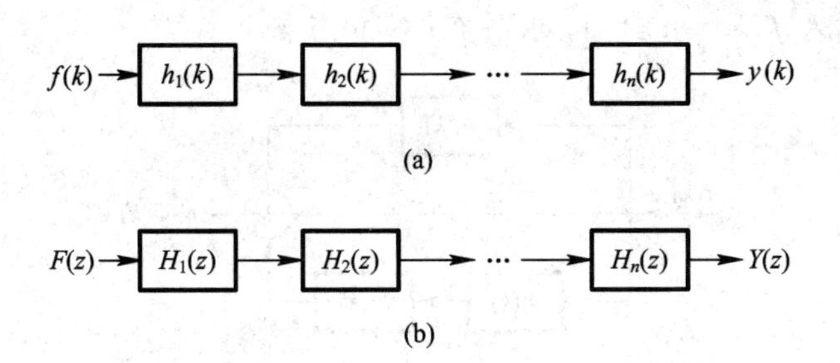

图 7.6－2　离散系统的串联

就是该系统的单位响应 $h(k)$，即

$$h(k)=y_{zs}(k)\mid_{f(k)=\delta(k)}=[\delta(k)*h_1(k)]*h_2(k)*\cdots*h_n(k)$$
$$=h_1(k)*h_2(k)*\cdots*h_n(k)$$

故有

$$h(k)=h_1(k)*h_2(k)*\cdots*h_n(k) \tag{7.6-1}$$

对上式两边取 Z 变换，并结合 Z 变换时域卷积和性质，求得

$$H(z)=H_1(z)\cdot H_2(z)\cdots H_n(z) \tag{7.6-2}$$

式(7.6－1)、式(7.6－2)表明：串联复合离散系统的单位响应等于各子系统单位响应的卷积和结果，而其系统函数则等于各子系统系统函数的乘积结果。

图 7.6－3 表示 n 个离散子系统并联组成的复合系统。图(a)为时域形式，图(b)为 Z 域形式。设复合系统为因果系统，其单位响应为 $h(k)$，系统函数为 $H(z)$。根据离散系统单位响应定义和 Z 变换性质，容易求得并联复合系统的单位响应和系统函数为

$$h(k)=\sum_{i=1}^{n}h_i(k) \tag{7.6-3}$$

$$H(z)=\sum_{i=1}^{n}H_i(z) \tag{7.6-4}$$

式中，$h_i(k)$、$H_i(z)$分别是第 i 个子系统的单位响应和系统函数。以上结果表明：一个并联复合离散系统，其单位响应 $h(k)$和系统函数 $H(z)$分别等于各子系统单位响应 $h_i(k)$和系统函数 $H_i(z)$之和。

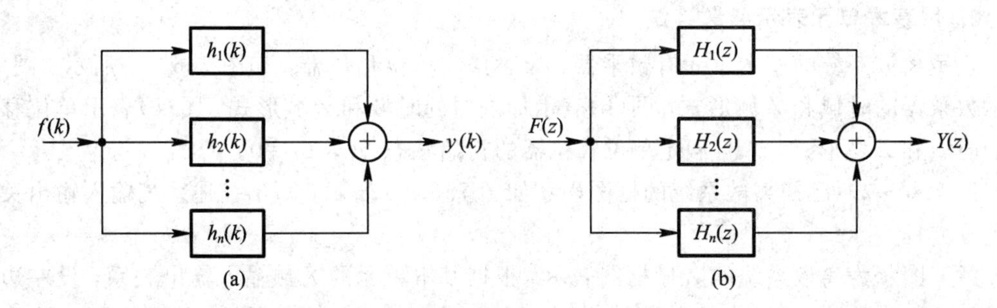

图 7.6－3　离散系统的并联

例 7.6－1　已知离散系统的框图表示如图 7.6－4 所示。图中，$h_1(k)=\delta(k-2)$，$h_2(k)=\delta(k)$，$h_3(k)=\delta(k-1)$。

(1) 求系统的单位响应 $h(k)$和系统函数 $H(z)$；

（2）若系统输入 $f(k)=a^k\varepsilon(k)$，求系统的零状态响应 $y_f(k)$。

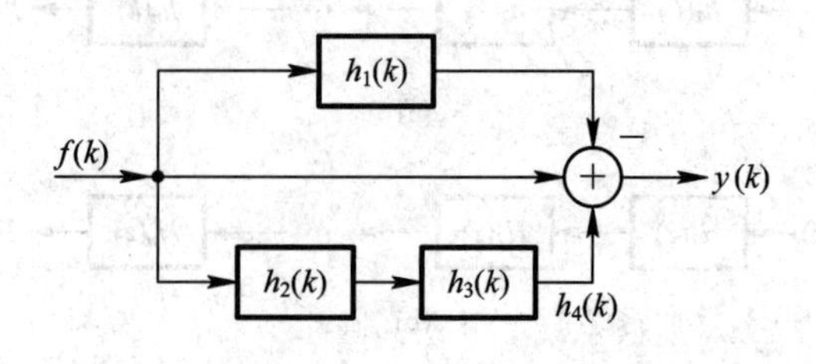

图 7.6-4 例 7.6-1 图

解 （1）求 $h(k)$和 $H(z)$：设由子系统 $h_2(k)$和$h_3(k)$串联组成的子系统的单位响应为 $h_4(k)$，由式(7.6-1)求得

$$h_4(k)=h_2(k)*h_3(k)=\delta(k)*\delta(k-1)=\delta(k-1)$$

将给定系统视为三支路并联复合系统，注意其中直通支路的单位响应是 $\delta(k)$。由式(7.6-3)求得复合系统的单位响应为

$$h(k)=\delta(k)+h_4(k)-h_1(k)=\delta(k)+\delta(k-1)-\delta(k-2)$$

等式两边取 Z 变换得到系统函数：

$$H(z)=\mathscr{Z}\left[h(k)\right]=1+z^{-1}-z^{-2}\qquad |z|>0$$

（2）求系统的零状态响应 $y_{zs}(k)$：

$$\begin{aligned}y_{zs}(k)&=f(k)*h(k)=a^k\varepsilon(k)*[\delta(k)+\delta(k-1)-\delta(k-2)]\\&=a^k\varepsilon(k)+a^{k-1}\varepsilon(k-1)-a^{k-2}\varepsilon(k-2)\end{aligned}$$

或

$$\begin{aligned}F(z)&=\mathscr{Z}\left[f(k)\right]=\frac{z}{z-a}\qquad |z|>|a|\\Y_{zs}(z)&=\mathscr{Z}\left[y_{zs}(k)\right]=F(z)H(z)\\&=\frac{z}{z-a}+z^{-1}\frac{z}{z-a}-z^{-2}\frac{z}{z-a}\qquad |z|>|a|\end{aligned}$$

求 $Y_{zs}(z)$的单边 Z 逆变换，根据线性性质和位移性质，得

$$y_{zs}(k)=a^k\varepsilon(k)+a^{k-1}\varepsilon(k-1)-a^{k-2}\varepsilon(k-2)$$

2. 用基本单元表示离散系统

表示离散系统的基本单元有数乘器、加法器和单位移位器，如图 7.6-5 所示。图(a)表示数乘器的时域和 Z 域形式，图(b)表示加法器的时域和 Z 域形式，图(c)表示单位移位器的时域和 Z 域形式，并且假定单位移位器的初始状态 $y(-1)=0$。

例 7.6-2 已知离散系统的框图表示如图 7.6-6 所示，写出描述系统输入输出关系的差分方程。

解 图示为离散系统的 Z 域框图表示。根据基本单元的 Z 域输入输出关系，设左边加法器的输出为 $X(z)$，则左边第一个移位器的输出为 $z^{-1}X(z)$；第二个移位器的输出为 $z^{-2}X(z)$。于是有以下关系：

$$X(z)=-a_1z^{-1}X(z)-a_0z^{-2}X(z)+F(z)\tag{7.6-5}$$

$$Y(z)=b_2X(z)+b_1z^{-1}X(z)+b_0z^{-2}X(z)\tag{7.6-6}$$

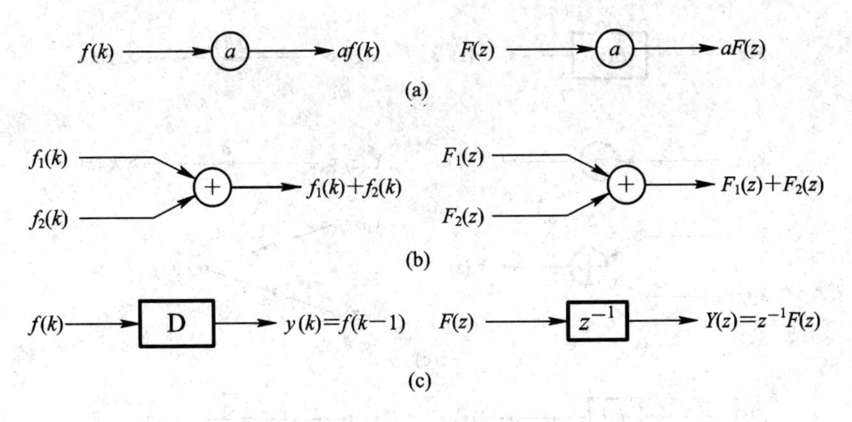

图 7.6－5　离散系统的基本单元

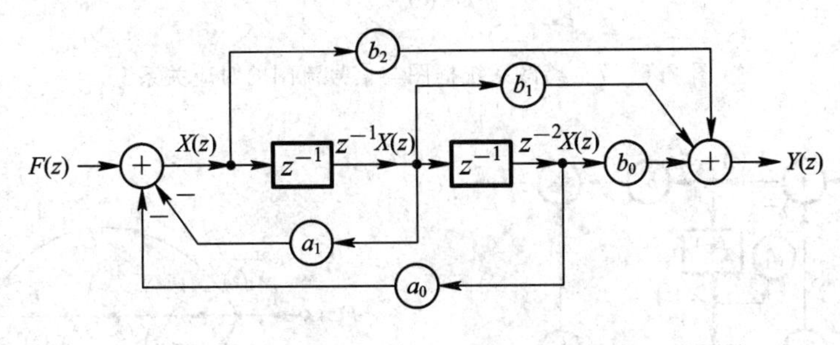

图 7.6－6　例 7.6－2

整理后得

$$X(z)=\frac{F(z)}{1+a_1z^{-1}+a_0z^{-2}} \tag{7.6-7}$$

$$Y(z)=(b_2+b_1z^{-1}+b_0z^{-2})X(z) \tag{7.6-8}$$

将式(7.6－7)代入式(7.6－8)得

$$Y(z)=\frac{b_2+b_1z^{-1}+b_0z^{-2}}{1+a_1z^{-1}+a_0z^{-2}}F(z)$$

即

$$(1+a_1z^{-1}+a_0z^{-2})Y(z)=(b_2+b_1z^{-1}+b_0z^{-2})F(z) \tag{7.6-9}$$

由于框图是系统在零状态情况下的表示，所以根据单边Z变换的位移性质，对式(7.6－9)两端取Z逆变换，得到系统的差分方程为

$$y(k)+a_1y(k-1)+a_0y(k-2)=b_2f(k)+b_1f(k-1)+b_0f(k-2)\quad k\geqslant 0$$

7.6.2　离散系统的信号流图表示

离散系统信号流图表示的规则与连续系统信号流图表示的规则相同。应用梅森公式求离散系统的系统函数 $H(z)$的方法与求连续系统的系统函数 $H(s)$的方法也相同。离散系统的信号流图表示可由方框图得到。框图与信号流图的对应关系如图 7.6－7 所示。

下面举例说明由离散系统的框图表示到信号流图表示的方法以及梅森公式的应用。

例 7.6－3　已知离散系统的框图表示如图 7.6－8(a)所示，画出系统的信号流图。

解　设图 7.6－8(a)所示框图左边加法器的输出为 $X_1(z)$，上方移位器的输出为

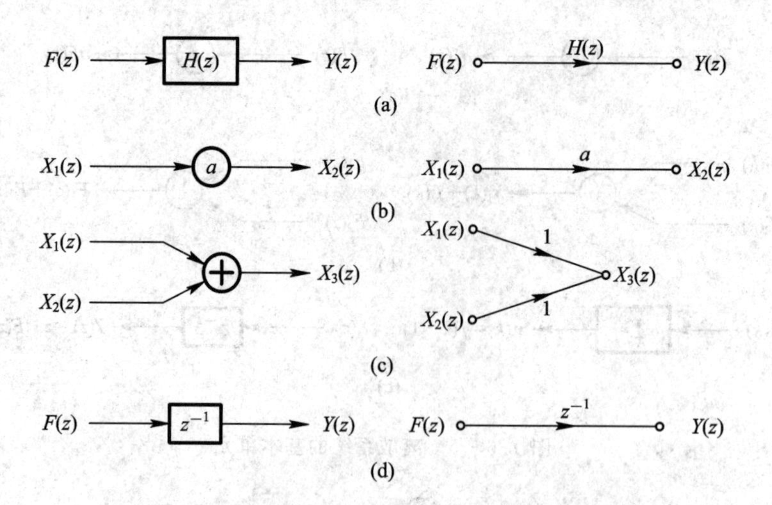

图 7.6-7　离散系统框图与信号流图的对应关系

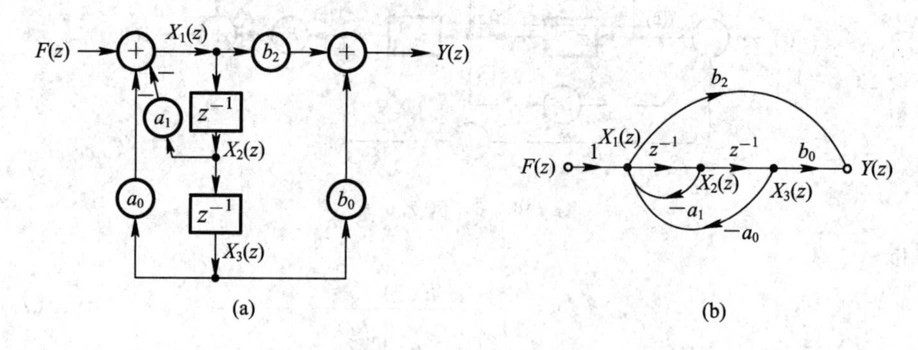

图 7.6-8　例 7.6-3 图

$X_2(z)$，下方移位器的输出为 $X_3(z)$。根据基本单元的输入输出关系，则有

$$X_1(z) = -a_1 X_2(z) - a_0 X_3(z) + F(z) \tag{7.6-10}$$

$$X_2(z) = z^{-1} X_1(z) \tag{7.6-11}$$

$$X_3(z) = z^{-1} X_2(z) \tag{7.6-12}$$

$$Y(z) = b_2 X_1(z) + b_0 X_3(z) \tag{7.6-13}$$

在信号流图中用节点分别表示 $F(z)$、$X_1(z)$、$X_2(z)$、$X_3(z)$和 $Y(z)$，然后根据上述信号之间的传输关系、信号流图的规则以及框图与信号流图的对应关系，得到系统的信号流图表示如图 7.6-8(b)所示。

例 7.6-4　已知离散系统的信号流图表示如图 7.6-9 所示，求系统函数 $H(z)$。

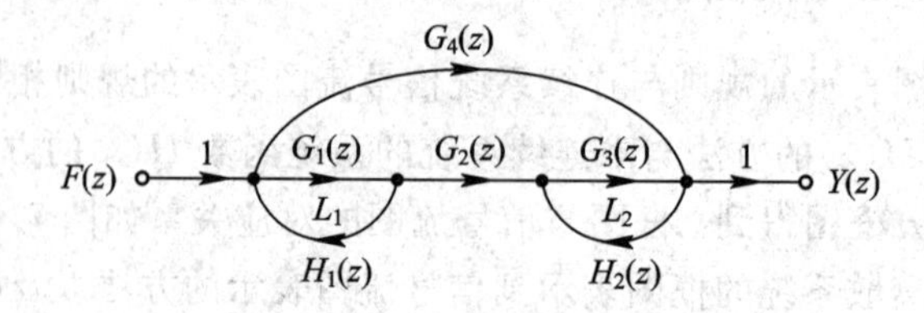

图 7.6-9　例 7.6-4 图

解 系统信号流图中共有两个环，其中，环1的传输函数 $L_1=H_1(z)G_1(z)$，环2的传输函数 $L_2=H_2(z)G_3(z)$，并且环1和环2不接触。因此，流图特征行列式为

$$\begin{aligned}\Delta &= 1-(L_1+L_2)+(L_1L_2)\\ &= 1-[H_1(z)G_1(z)+H_2(z)G_3(z)]+[H_1(z)G_1(z)H_2(z)G_3(z)]\end{aligned}$$

信号流图中从 $F(z)$ 到 $Y(z)$ 共有两条开路。开路1的传输函数 P_1 及对应的剩余流图特征行列式 Δ_1、开路2的传输函数 P_2 及对应的剩余流图特征行列式 Δ_2 分别为

$$P_1=G_4(z) \qquad \Delta_1=1$$

$$P_2=G_1(z)G_2(z)G_3(z) \qquad \Delta_2=1$$

由梅森公式求得系统函数为

$$H(z)=\frac{\sum\limits_{i=1}^{2}P_i\Delta_i}{\Delta}=\frac{G_4(z)+G_1(z)G_2(z)G_3(z)}{1-[H_1(z)G_1(z)+H_2(z)G_3(z)]+[H_1(z)G_1(z)H_2(z)G_3(z)]}$$

7.6.3 离散系统的模拟

与连续系统的模拟类似，若已知离散系统的差分方程或系统函数 $H(z)$，可根据 $H(z)$ 与梅森公式的关系得到系统的信号流图模拟。根据信号流图与系统框图的对应关系，可以进一步得到系统的框图模拟。离散系统常用信号流图模拟形式也有直接形式、串联形式和并联形式三种。下面举例说明。

例 7.6-5 已知二阶离散系统的系统函数为

$$H(z)=\frac{b_2z^2+b_1z+b_0}{z^2+a_1z+a_0} \tag{7.6-14}$$

用直接形式信号流图模拟系统。

解 系统函数 $H(z)$ 的分子分母同除以 z^2，得

$$H(z)=\frac{b_2+b_1z^{-1}+b_0z^{-2}}{1-(-a_1z^{-1}-a_0z^{-2})} \tag{7.6-15}$$

式(7.6-15)的分母可看作信号流图的特征行列式，括号中的两项可分别看作两个互相接触环的传输函数；分子中的三项可分别看作从 $F(z)$ 到 $Y(z)$ 的三条开路的传输函数。因此，系统的信号流图可由两个相互接触的环和三条开路组成。根据梅森公式和信号流图的对应关系得到系统的信号流图模拟如图7.6-10(a)、(c)所示。图(a)是直接形式Ⅰ，图(b)是对应的框图模拟；图(c)是直接形式Ⅱ，图(d)是图(c)对应的框图模拟。

例 7.6-6 已知离散系统的系统函数为

$$H(z)=\frac{z(3z+2)}{(z+1)(z^2+5z+6)} \tag{7.6-16}$$

用串联形式信号流图模拟系统。

解 系统函数 $H(z)$ 可以表示为

$$H(z)=H_1(z)\cdot H_2(z) \tag{7.6-17}$$

式中

$$H_1(z)=\frac{z}{z+1}=\frac{1}{1-(-z^{-1})} \tag{7.6-18}$$

$$H_2(z)=\frac{3z+2}{z^2+5z+6}=\frac{3z^{-1}+2z^{-2}}{1-(-5z^{-1}-6z^{-2})} \tag{7.6-19}$$

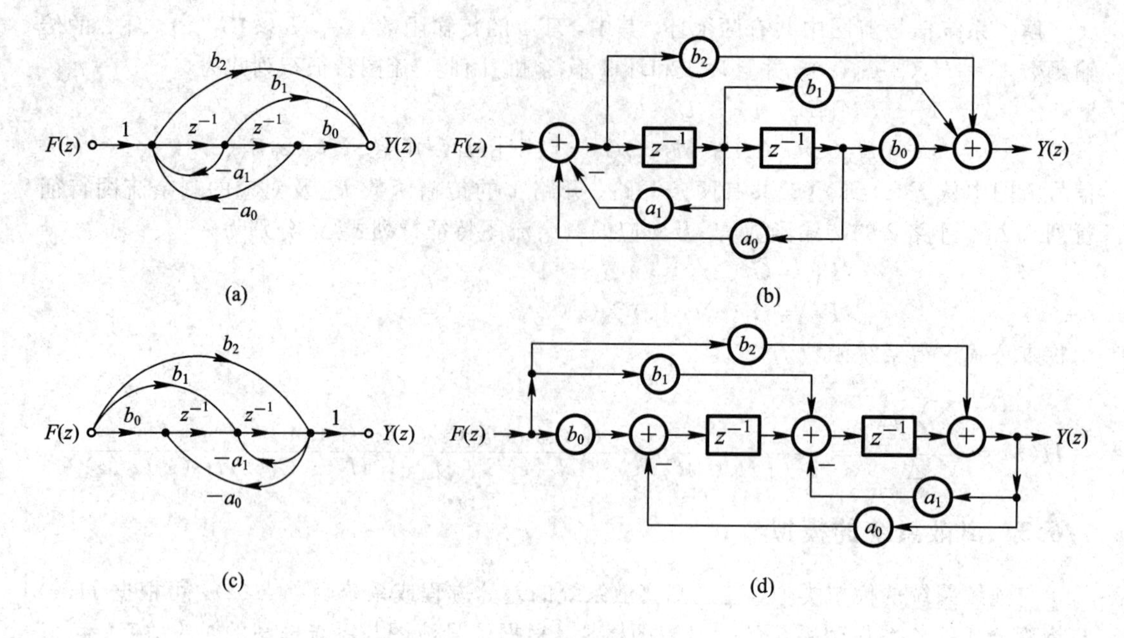

图 7.6-10　例 7.6-5 图

由式(7.6-17)可知，系统可由子系统 $H_1(z)$和子系统 $H_2(z)$串联组成。子系统 $H_1(z)$为一阶节，子系统 $H_2(z)$为二阶节。根据式(7.6-18)和式(7.6-19)，子系统 $H_1(z)$和子系统 $H_2(z)$的直接形式信号流图分别如图 7.6-11(a)、(b)所示。由两个子系统串联组成的系统信号流图如图 7.6-11(c)所示，图(d)是对应的串联形式框图模拟。

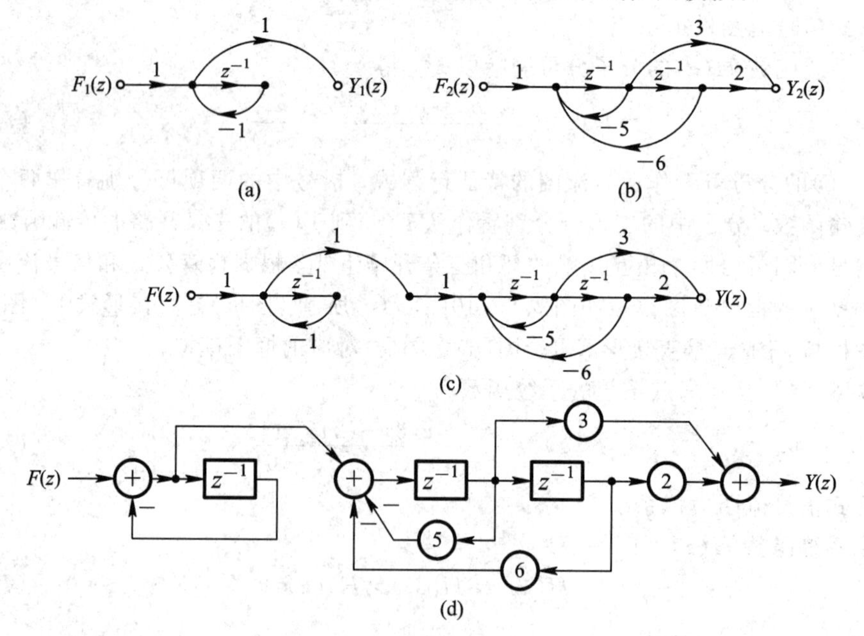

图 7.6-11　例 7.6-6 图

例 7.6-7　已知离散系统的系统函数为

$$H(z)=\frac{z^3+9z^2+23z+16}{(z+2)(z^2+7z+12)}$$

用并联形式信号流图模拟系统。

解　$H(z)$可以表示为

$$H(z)=\frac{z+1}{z+2}+\frac{z+2}{z^2+7z+12}=H_1(z)+H_2(z) \tag{7.6-20}$$

$$H_1(z)=\frac{z+1}{z+2}=\frac{1+z^{-1}}{1-(-2z^{-1})} \tag{7.6-21}$$

$$H_2(z)=\frac{z+2}{z^2+7z+12}=\frac{z^{-1}+2z^{-2}}{1-(-7z^{-1}-12z^{-2})} \tag{7.6-22}$$

由式(7.6－20)可知，系统可由子系统 $H_1(z)$和子系统 $H_2(z)$并联组成。由两个子系统并联组成的系统信号流图如图 7.6－12(a)所示，图 7.6－12(b)是对应的框图模拟。

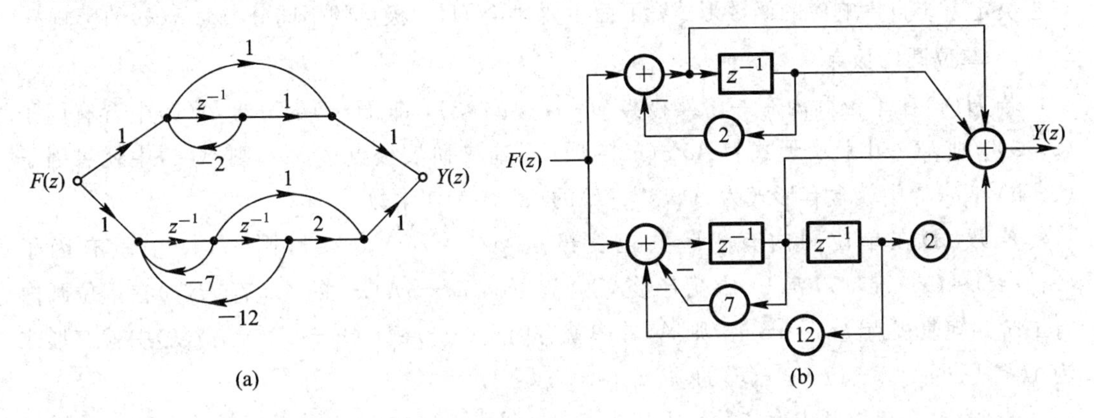

图 7.6－12　例 7.6－7 图

7.7　系统函数与系统特性

如前所述，系统函数 $H(z)$是离散系统的 Z 域描述，它与系统差分方程有着确定的对应关系；在输入给定的情况下，系统函数决定系统的零状态响应；由系统函数可以得到系统的信号流图和框图模拟。在这一节里，将进一步讨论系统函数 $H(z)$的零、极点概念，以及零、极点在复平面上的分布与系统时域响应、频率特性和稳定性之间的关系。

7.7.1　$H(z)$的零点和极点

离散系统的系统函数 $H(z)$通常可以表示为 z 的有理分式，即

$$H(z)=\frac{B(z)}{A(z)}=\frac{b_mz^m+b_{m-1}z^{m-1}+\cdots+b_1z+b_0}{a_nz^n+a_{n-1}z^{n-1}+\cdots+a_1z+a_0} \tag{7.7-1}$$

式中，$m\leqslant n$，$a_i(i=0, 1, 2, \cdots, n)$、$b_j(j=0, 1, 2, \cdots, m)$为实常数，$a_n=1$。$A(z)=0$ 的根 $p_i(i=0, 1, 2, \cdots, n)$称为 $H(z)$的**极点**，$B(z)=0$ 的根 $z_j(j=0, 1, 2, \cdots, m)$称为 $H(z)$的**零点**。因此，$H(z)$又可表示为

$$H(z)=\frac{b_m(z-z_1)(z-z_2)\cdots(z-z_m)}{(z-p_1)(z-p_2)\cdots(z-p_n)}=\frac{b_m\prod_{j=1}^{m}(z-z_j)}{\prod_{i=1}^{n}(z-p_i)} \tag{7.7-2}$$

$H(z)$的极点和零点可能是实数、虚数或复数。由于$A(z)$和$B(z)$的系数a_i、b_j都是实数，所以，若极点(零点)为虚数或复数时，则必然共轭成对出现。

7.7.2 $H(z)$的零、极点与时域响应

与连续系统相关结论类似，对于离散系统而言，系统函数$H(z)$与单位响应$h(k)$之间满足Z变换对关系。$H(z)$的极点的性质及极点在复平面上的分布决定$h(k)$的函数形式，$H(z)$的零点影响$h(k)$的幅度和相位。由于$A(z)=0$是系统的特征方程，因此$H(z)$的极点也决定系统自由响应的函数形式。下面主要讨论$H(z)$极点的不同分布对$h(k)$的影响。

1. 单位圆内极点

若$H(z)$在单位圆内有一阶实极点$p=a$，$|a|<1$，即$H(z)$的分母$A(z)$中含有因子$(z-a)$，则$h(k)$中就有形式为$Aa^k\varepsilon(k)$的项；若有二阶实极点$p=a$，则$A(z)$中就有因子$(z-a)^2$，$h(k)$中就含有形式为$Aka^{k-1}\varepsilon(k)$的项，A为实常数。

若$H(z)$在单位圆内有一阶共轭复极点$p_{1,2}=re^{\pm j\beta}$，$r<1$，则$A(z)$中就有因子$(z-re^{j\beta})\cdot(z-re^{-j\beta})$，$h(k)$中就有形式为$Ar^k\cos(\beta k+\theta)\varepsilon(k)$的项；若$H(z)$在单位圆内有二阶共轭复极点$p_{1,2}=re^{\pm j\beta}$，则$A(z)$中就有因子$(z-re^{j\beta})^2(z-re^{-j\beta})^2$，$h(k)$中就有形式为$Akr^{k-1}\cos[\beta(k-1)+\theta]\varepsilon(k)$的项。

若$H(z)$在单位圆内有二阶以上极点，这些极点对应的$h(k)$的幅值整体上随k的增加而减小，最终趋于零。因此，$H(z)$在单位圆内的所有极点对应的$h(k)$的幅值整体上都是随k的增加而减小，最终趋于零。

2. 单位圆上极点

若$H(z)$在单位圆上有一阶实极点$p=\pm1$，则$A(z)$中就有因子$(z\pm1)$，$h(k)$中就有形式为$A(\pm1)^k\varepsilon(k)$的项；若有二阶实极点$p=\pm1$，则$A(z)$中就有因子$(z\pm1)^2$，$h(k)$中就有$Ak(\pm1)^{k-1}\varepsilon(k)$的项。

若$H(z)$在单位圆上有共轭复极点$p_{1,2}=e^{\pm j\beta}$，则$A(z)$中就有因子$(z-e^{j\beta})(z-e^{-j\beta})$，$h(k)$中就有形式为$A\cos(\beta k+\theta)\varepsilon(k)$的项。若有二阶共轭复极点$p_{1,2}=e^{\pm j\beta}$，则$A(z)$中就有因子$(z-e^{j\beta})^2(z-e^{-j\beta})^2$，$h(k)$中就有形式为$Ak\cos[\beta(k-1)+\theta]\varepsilon(k)$的项。

因此，$H(z)$在单位圆上的一阶极点对应$h(k)$中的响应为阶跃序列或正弦序列；$H(z)$在单位圆上二阶及二阶以上极点对应$h(k)$整体形态的幅值将随k的增加而增大，最终趋于无穷大。

3. 单位圆外极点

若$H(z)$在单位圆外存在极点，参照极点位于单位圆内时的情形作类似分析，可以知道相应$h(k)$的形态幅值将随k的增加而增大，最终趋于无穷大。

$H(z)$的一阶极点在复平面上的分布与$h(k)$图形之间的关系如图7.7-1所示。

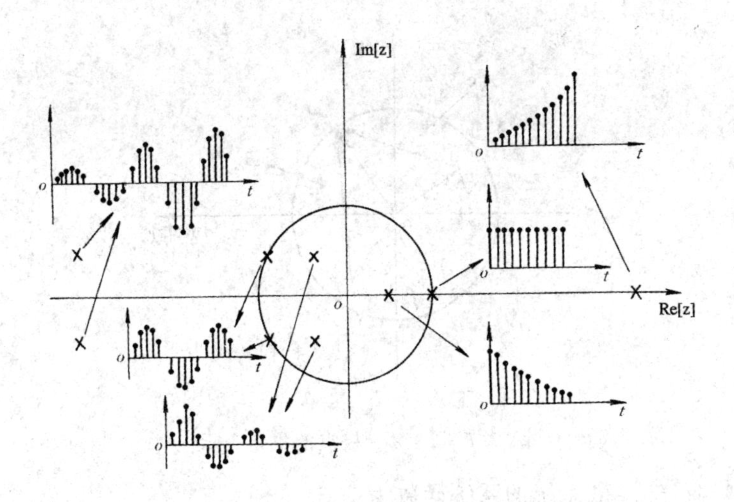

图 7.7－1　$H(z)$的极点分布与 $h(k)$图形的关系

7.7.3　$H(z)$与离散系统频率特性

由 7.5 节的讨论可知，若系统函数 $H(z)$的极点全部位于单位圆内，则 $H(z)$在单位圆 $|z|=1$上收敛，$H(e^{j\Omega})$称为离散系统的频率特性。鉴于系统函数 $H(z)$的极点全部在单位圆内，即单位圆位于 $H(z)$收敛域中，根据式(7.7－2)，可将 n 阶离散系统的频率特性表示为

$$H(e^{j\Omega}) = H(z)\big|_{z=e^{j\Omega}} = \frac{b_m\prod_{i=1}^{m}(e^{j\Omega}-z_i)}{\prod_{i=1}^{n}(e^{j\Omega}-p_i)} \tag{7.7-3}$$

由于$(e^{j\Omega}-z_i)$和$(e^{j\Omega}-p_i)$均为复数，故令

$$e^{j\Omega}-z_i = B_i e^{j\psi_i} \tag{7.7-4}$$

$$e^{j\Omega}-p_i = A_i e^{j\theta_i} \tag{7.7-5}$$

则 $H(e^{j\Omega})$又可表示为

$$H(e^{j\Omega}) = \frac{b_m\prod_{i=1}^{m}B_i e^{j\psi_i}}{\prod_{i=1}^{n}A_i e^{j\theta_i}} = |H(e^{j\Omega})|\ e^{j\varphi(\Omega)} \tag{7.7-6}$$

式(7.7－6)中，$b_m>0$。幅频特性$|H(e^{j\Omega})|$和相频特性 $\varphi(\Omega)$分别为

$$|H(e^{j\Omega})| = \frac{b_m B_1 B_2\cdots B_m}{A_1 A_2\cdots A_n} \tag{7.7-7}$$

$$\varphi(\Omega) = (\psi_1+\psi_2+\cdots+\psi_m)-(\theta_1+\theta_2+\cdots+\theta_n) \tag{7.7-8}$$

由式(7.7－3)可知，离散系统的频率响应取决于 $H(z)$的零、极点在复平面上的分布。由于 $e^{j\Omega}$、z_i、p_i 都是复数，可用复平面上的矢量表示。因此，式(7.7－4)中的 $B_i e^{j\psi_i}$ 可用矢量 $e^{j\Omega}$ 与矢量 z_i 的差矢量表示，式(7.7－5)中的 $A_i e^{j\theta_i}$ 可用矢量 $e^{j\Omega}$ 与矢量 p_i 的差矢量表示。当 Ω 变化时，差矢量也随之变化。因此，可根据差矢量随 Ω 的变化分析离散系统的频率特性。矢量 $e^{j\Omega}$、零点矢量 z_i、极点矢量 p_i 及差矢量 $B_i e^{j\psi_i}$、$A_i e^{j\theta_i}$ 如图 7.7－2 所示。

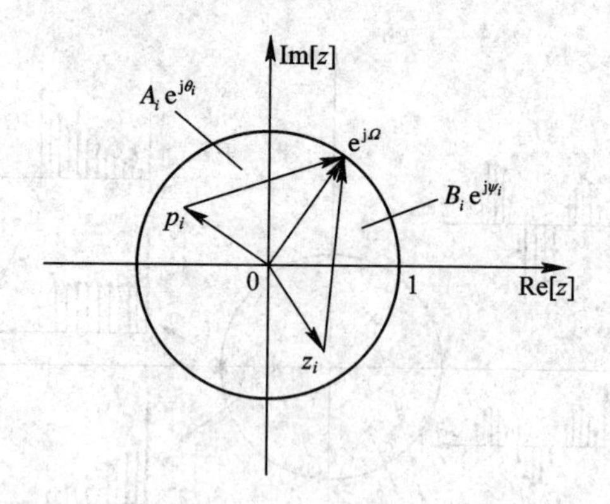

图 7.7-2　零、极点的矢量表示

例 7.7-1　已知离散系统的系统函数为

$$H(z)=\frac{6(z-1)}{4z+1}\qquad |z|>\frac{1}{4}$$

求系统的频率特性，粗略画出系统的幅频特性和相频特性曲线。

解　由于 $H(z)$的收敛域为$|z|>\frac{1}{4}$，因此 $H(z)$在单位圆上收敛。$H(z)$有一个极点 $p_1=-\frac{1}{4}$，有一个零点 $z_1=1$。系统的频率特性为

$$H(e^{j\Omega})=H(z)\big|_{z=e^{j\Omega}}=\frac{3}{2}\left[\frac{e^{j\Omega}-1}{e^{j\Omega}+\left(\frac{1}{4}\right)}\right]$$

令 $Ae^{j\theta}=e^{j\Omega}-\left(-\frac{1}{4}\right)$，$Be^{j\psi}=e^{j\Omega}-1$，则有

$$H(e^{j\Omega})=\frac{3}{2}\cdot\frac{Be^{j\psi}}{Ae^{j\theta}}=|H(e^{j\Omega})|e^{j\varphi(\Omega)}$$

$$|H(e^{j\Omega})|=\frac{3B}{2A}$$

$$\varphi(\Omega)=\psi-\theta$$

差矢量 $Ae^{j\theta}$和 $Be^{j\psi}$如图 7.7-3(a)所示。

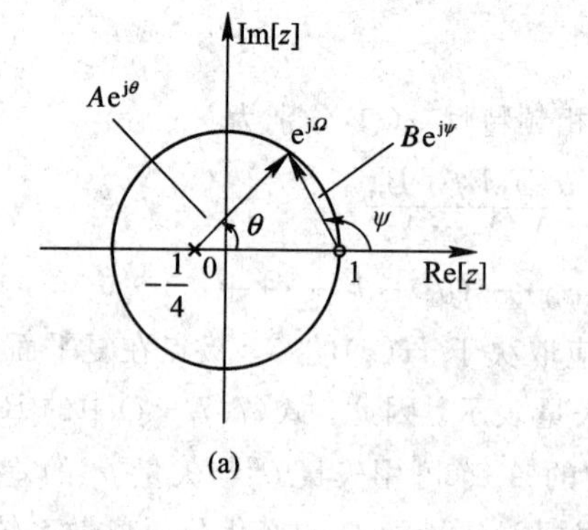

(a)

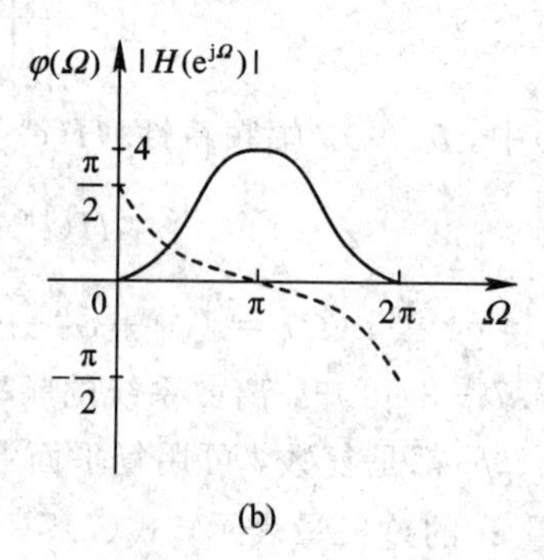

(b)

图 7.7-3　例 7.7-1 图

由图(a)可知，当 $\Omega=0$ 时，$B=0$，$\psi=\pi/2$，$A=5/4$，$\theta=0$，所以 $|H(e^{j\Omega})|=0$，$\varphi(\Omega)=\pi/2$；当 Ω 从零开始增加到 $\Omega=\pi$ 时，B 增大，ψ 增大，A 减小，θ 增大，θ 比 ψ 增加较快，所以，$|H(e^{j\Omega})|$ 增大，$\varphi(\Omega)$ 减小；当 Ω 等于 π 时，B 达到最大值，$B=2$，$\psi=\pi$，A 达到最小值，$A=3/4$，$\theta=\pi$，此时，$|H(e^{j\Omega})|=4$，达到最大值，$\varphi(\Omega)=0$；当 Ω 从 π 继续增加到 2π 时，B 减小，$|\psi|$ 减小，ψ 的主值为负值，A 增大，$|\theta|$ 减小，θ 的主值为负值，所以，$|H(e^{j\Omega})|$ 减小，$|\varphi(\Omega)|$ 增大，$\varphi(\Omega)$ 为负值；当 $\Omega=2\pi$ 时，$A=5/4$，$\theta=0$，$B=0$，$\psi=-\pi/2$，故 $|H(e^{j\Omega})|=0$，$\varphi(\Omega)=-\pi/2$。

根据以上分析，可画出幅频特性和相频特性曲线如图 7.7－3(b)所示。

7.7.4　$H(z)$与离散系统的稳定性

离散系统的稳定性是离散系统分析与设计的重要问题。实际中的离散系统通常都设计为稳定系统，这样系统才能正常工作。例如，数字滤波器必须是稳定系统，只有这样，其频率特性才有意义。

1. 离散稳定系统

一个离散系统，如果对任意有界输入产生的零状态响应也是有界的，则该系统称为有界输入有界输出意义下的稳定系统，简称**稳定系统**。即，设 M_f、M_y 为有限正实数，若

$$|f(k)|\leqslant M_f \quad 且 \quad |y_{zs}(k)|\leqslant M_y$$

则离散系统为稳定系统。$f(k)$为系统的输入，$y_{zs}(k)$为零状态响应。

LTI 因果离散系统稳定的充分和必要条件为

$$\sum_{k=-\infty}^{\infty}|h(k)|\leqslant M \tag{7.7-9}$$

式中，$h(k)$是离散系统的单位响应，M 为有限正实数。下面证明式(7.7－9)所示条件的充分性和必要性。

充分性： 设系统输入 $f(k)$有界，即 $|f(k)|\leqslant M_f$，系统的零状态响应为

$$y_{zs}(k)=h(k)*f(k)=\sum_{m=-\infty}^{\infty}h(m)f(k-m) \tag{7.7-10}$$

因此有

$$|y_{zs}(k)|=\left|\sum_{m=-\infty}^{\infty}h(m)f(k-m)\right|\leqslant\sum_{m=-\infty}^{\infty}|h(m)|\cdot|f(k-m)|$$

即

$$|y_{zs}(k)|\leqslant M_f\sum_{m=-\infty}^{\infty}|h(m)|$$

若 $\sum\limits_{m=-\infty}^{\infty}|h(m)|\leqslant M$（$M$ 为有限正实数），则

$$|y_{zs}(k)|\leqslant M_f M<\infty$$

即对有界输入 $f(k)$，只要 $h(k)$绝对可和，则 $y_{zs}(k)$也有界，系统一定稳定。故式(7.7－9)对系统稳定具有充分性。

必要性： 所谓必要性，是指 $h(k)$不满足式(7.7－9)，即 $h(k)$不绝对可和时，至少有某一有界输入产生无界的零状态响应。设系统输入 $f(k)$有界，并且

$$f(k)=\mathrm{Sgn}[h(r-k)]$$

式中，Sgn(·)为正负符号函数，r 为实整数。系统的零状态响应为

$$y_{zs}(k)=\sum_{m=-\infty}^{\infty}h(m)f(k-m)=\sum_{m=-\infty}^{\infty}h(m)\,\mathrm{Sgn}[h(r-k+m)]$$

令 $k=r$，则

$$y_{zs}(r)=\sum_{m=-\infty}^{\infty}h(m)\,\mathrm{Sgn}[h(m)]$$

因为

$$\mathrm{Sgn}[h(m)]=\begin{cases}1 & h(m)>0\\ 0 & h(m)=0\\ -1 & h(m)<0\end{cases}$$

所以有

$$h(m)\mathrm{Sgn}[h(m)]=|h(m)|$$

$$y_{zs}(r)=\sum_{m=-\infty}^{\infty}|h(m)|$$

若 $\sum_{m=-\infty}^{\infty}|h(m)|=\infty$，则 $y_{zs}(r)=\infty$。这就表示，若 $h(k)$不绝对可和，则对有界输入 $f(k)=\mathrm{Sgn}[h(r-k)]$，系统零状态响应 $y_{zs}(k)$在 $k=r$ 时，其值为无穷大，即 $y_{zs}(k)$无界。这就证明了式(7.7－9)对系统稳定的必要性。

2. 离散系统稳定性准则

如前所述，当离散系统的系统函数 $H(z)$的极点全部在单位圆内时，单位响应$h(k)$整体幅值随 k 的增大而衰减，$k\to\infty$时，$h(k)$的值趋于零，即 $h(k)$绝对可和。因此，一个因果的离散系统，若系统函数 $H(z)$的极点全部在单位圆内，则该系统是稳定系统。

朱里提出了一种列表的方法来判断 $H(z)$的极点是否全部在单位圆内，这种方法称为**朱里准则**。朱里准则是根据 $H(z)$的分母 $A(z)$的系数列成的表来判断 $H(z)$的极点位置，该表又称**朱里排列**。

设 n 阶离散系统的 $H(z)=\dfrac{B(z)}{A(z)}$，$A(z)$为

$$A(z)=a_nz^n+a_{n-1}z^{n-1}+a_{n-2}z^{n-2}+\cdots+a_1z+a_0$$

朱里排列如下：

行							
1	a_n	a_{n-1}	a_{n-2}	$\cdots$	a_2	a_1	a_0
2	a_0	a_1	a_2	$\cdots$	a_{n-2}	a_{n-1}	a_n
3	c_{n-1}	c_{n-2}	c_{n-3}	$\cdots$	c_1	c_0	
4	c_0	c_1	c_2	$\cdots$	c_{n-2}	c_{n-1}	
5	d_{n-2}	d_{n-3}	d_{n-4}	$\cdots$	d_0		
6	d_0	d_1	d_2	$\cdots$	d_{n-2}		
$\vdots$	$\vdots$	$\vdots$	$\vdots$	$\cdots$			
$(2n-3)$	r_2	r_1	r_0				

朱里排列共有 $2n-3$ 行。第1行为 $A(z)$ 的各项系数从 a_n 到 a_0 依次排列，第2行是第1行系数的倒序排列。若系数中某项为零，则用零替补。第3行及以后各行的元素按以下规则计算：

$$c_{n-1}=\begin{vmatrix}a_n & a_0\\ a_0 & a_n\end{vmatrix},\ c_{n-2}=\begin{vmatrix}a_n & a_1\\ a_0 & a_{n-1}\end{vmatrix},\ c_{n-3}=\begin{vmatrix}a_n & a_2\\ a_0 & a_{n-2}\end{vmatrix},\ \cdots \tag{7.7-11}$$

$$\begin{gathered}d_{n-2}=\begin{vmatrix}c_{n-1} & c_0\\ c_0 & c_{n-1}\end{vmatrix},\ d_{n-3}=\begin{vmatrix}c_{n-1} & c_1\\ c_0 & c_{n-2}\end{vmatrix},\ d_{n-4}=\begin{vmatrix}c_{n-1} & c_2\\ c_0 & c_{n-3}\end{vmatrix},\ \cdots\\ \vdots \qquad\qquad \vdots \qquad\qquad \vdots\end{gathered} \tag{7.7-12}$$

根据以上规则，依次计算表中各元素的值，直到计算出第 $2n-3$ 行元素为止。

朱里准则是：$A(z)=0$ 的根，即 $H(z)$ 的极点全部在单位圆内的充分和必要条件为

$$\begin{cases}A(1)=A(z)\,|_{z=1}>0\\ (-1)^nA(-1)>0\\ a_n>|a_0|\\ c_{n-1}>|c_0|\\ d_{n-2}>|d_0|\\ \cdots\\ r_2>|r_0|\end{cases} \tag{7.7-13}$$

例 7.7-2 已知离散系统的系统函数为

$$H(z)=\frac{z^2+z+3}{12z^3-16z^2+7z-1}$$

判断系统是否为稳定系统。

解 $H(z)$ 的分母 $A(z)=12z^3-16z^2+7z-1$，对 $A(z)$ 的系数进行朱里排列，得

$$\begin{matrix}12 & -16 & 7 & -1\\ -1 & 7 & -16 & 12\\ c_2 & c_1 & c_0 & \end{matrix}$$

根据式(7.7-11)计算 c_2、c_1、c_0，得

$$c_2=\begin{vmatrix}12 & -1\\ -1 & 12\end{vmatrix}=143,\quad c_1=\begin{vmatrix}12 & 7\\ -1 & -16\end{vmatrix}=-185,\quad c_0=\begin{vmatrix}12 & -16\\ -1 & 7\end{vmatrix}=68$$

根据朱里准则，由于

$$\begin{gathered}A(1)=2>0\\ (-1)^3A(-1)=36>0\\ c_2>|c_0|\end{gathered}$$

所以，$H(z)$ 的极点全部位于单位圆内，故系统为稳定系统。

7.7.5 Z域与S域的关系

在7.1节的分析中曾经指出，复变量 z 和 s 的关系为

$$z=\mathrm{e}^{sT} \tag{7.7-14a}$$

$$s=\frac{1}{T}\ln z \tag{7.7-14b}$$

式中，T 是实常数，为取样周期。将 z 和 s 分别表示为

$$s=\sigma+\mathrm{j}\omega \tag{7.7-15a}$$

$$z=r\mathrm{e}^{\mathrm{j}\theta} \tag{7.7-15b}$$

把式(7.7-15a)代入式(7.7-14a)，得

$$r=\mathrm{e}^{\sigma T} \tag{7.7-16a}$$

$$\theta=\omega T \tag{7.7-16b}$$

由式(7.7-16a)可知，当 $\sigma<0$(为负值)时，$r<1$，即S平面的左半平面映射为Z平面的单位圆($|z|=1$)的内部；当 $\sigma>0$ 时，$r>1$，即S平面的右半平面映射为Z平面单位圆的外部；当 $\sigma=0$ 时，$r=1$，即S平面的 $\mathrm{j}\omega$ 轴映射为Z平面的单位圆。映射关系如图7.7-4(a)、(b)所示。

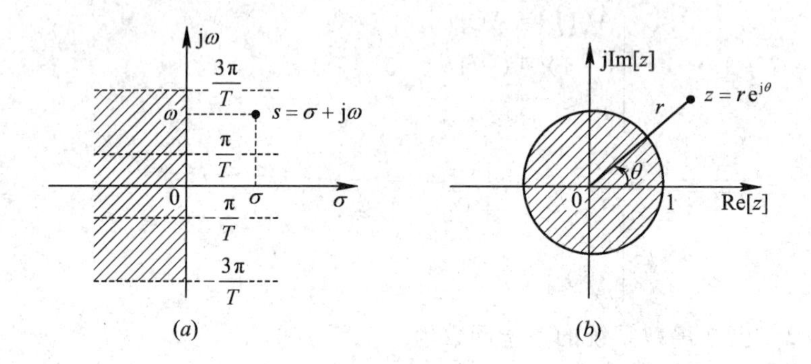

图 7.7-4 S平面与Z平面的映射关系

(a) S平面；(b) Z平面

式(7.7-16a)、式(7.7-16b)还表明，S平面上的实轴($\mathrm{j}\omega=0$，$s=\sigma$)映射为Z平面的正实轴($\theta=0$，$z=r$)；S平面上的原点($\sigma=0$，$\mathrm{j}\omega=0$)映射为Z平面上的 $z=1$ 的点($\theta=0$，$r=1$)；S平面上任一点 s_i 映射为Z平面上的点 $z_i=\mathrm{e}^{s_iT}$。

式(7.7-16b)表示，当 ω 从 $-\pi/T$ 增大到 π/T 时，θ 从 $-\pi$ 增大到 π，即在Z平面上，θ 每变化 2π，相应于S平面上 ω 变化 $2\pi/T$。因此，从Z平面到S平面的映射是多值的，Z平面上一点 $z=r\mathrm{e}^{\mathrm{j}\theta}$ 映射到S平面将是无穷多个点。由式(7.7-14b)得

$$s=\frac{1}{T}\ln z=\frac{1}{T}\ln r\mathrm{e}^{\mathrm{j}\theta}=\frac{1}{T}\ln r\mathrm{e}^{\mathrm{j}(\theta+2m\pi)}=\frac{1}{T}\ln r+\mathrm{j}\frac{\theta+2m\pi}{T} \tag{7.7-17}$$

式中，m 为整数。

7.8 小 结

1. 利用抽样信号的拉普拉斯变换得到双边Z变换。双边Z变换只有在给定象函数收敛域时才能提供唯一变换对。当序列值在 $k<0$ 时为零，其变换是单边的，称为单边Z变换。单边Z变换特别适用于解决因果序列激励下因果系统响应的求解问题，可将差分方程转变为代数方程，并自动计入初始条件的影响，而且，象函数与原函数一一对应。本章主要应用单边Z变换实现离散信号与系统的Z域分析。

2. 与拉氏变换一样，也可将 Z 变换看成一种实现信号分解的数学工具。实际上，无论是原函数还是象函数，其表达式都可看成是众多 z^k 分量的组合。这里分解后的基本信号单元是复指数序列(也称复序列) $z^k=\mathrm{e}^{sk}$ 或幅度按指数规律变化的正弦序列 $\mathrm{e}^{\sigma k}\cos\omega k$。本章利用这一基本信号，按照统一格式推导出 LTI 离散系统零状态响应的 Z 域计算公式。

3. 表 7.2 列出了 Z 变换的主要性质。利用这些性质，结合表 7.1 的 Z 变换对就能方便地计算信号的 Z 变换或 Z 逆变换，更好地解决离散信号与系统的分析问题。因此，常用变换性质应该熟练掌握和灵活运用。

4. Z 逆变换方法。

(1) 直接法。对于比较简单的象函数，根据给定的收敛域，应用表 7.1 变换对和 Z 变换性质，直接求得原函数。

(2) 部分分式展开法。当 $F(z)$ 是 z 的有理函数时，先将 $\dfrac{F(z)}{z}$ 展开成部分分式。然后在展开式两端同乘以 z，并根据收敛域情况，求解各分式相应的原函数分量。最后，将诸分量相加得到 $F(z)$ 的逆变换 $f(k)$。

(3) 留数法。根据留数定理，Z 逆变换积分值等于 $F(z)z^{k-1}$ 诸极点的留数之和。

5. 离散系统 Z 域分析方法。下面用流程图方式给出三种离散系统的 Z 域分析方法。为了体现分析的完整性，方法中也包括了部分时域法分析内容。此外，流程图中的“变换”和“逆变换”均指 Z 变换和 Z 逆变换。

(1) 混合法分析。

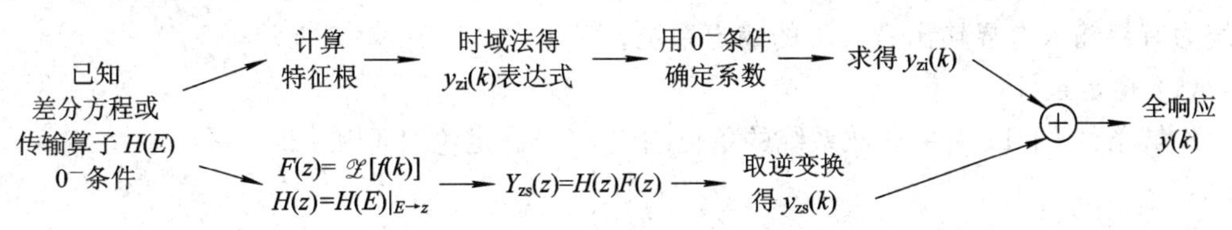

(2) 差分方程分析。

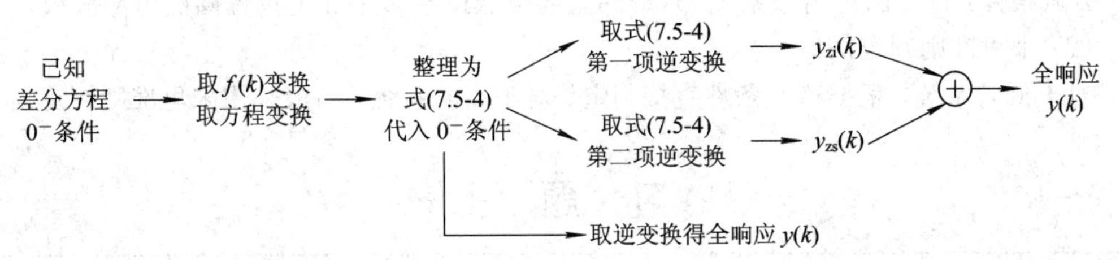

(3) 信号流图分析。

已知 Z 域信号流图 0⁻条件 → 梅森公式计算 $H(z)$ → 计算 $H(E)$ 特征根 → 时域法得 $y_{zi}(k)$ 表达式 → 0^- 条件确定系数 → 求得 $y_{zi}(k)$

梅森公式计算 $H(z)$ → $F(z)=\mathscr{Z}[f(k)]$ → $Y_{zs}(z)=H(z)F(z)$ → 逆变换得 $y_{zs}(k)$

$y_{zi}(k)$ + $y_{zs}(k)$ → 全响应 $y(k)$

6. 系统函数。

(1) 定义：

$$H(z)=\frac{Y_{zs}(z)}{F(z)}$$

(2) 对因果系统，系统函数与单位响应关系：

$$H(z)=\mathscr{Z}[h(k)]$$

(3) 对稳定系统，系统函数与频率特性关系：

$$H(\mathrm{e}^{\mathrm{j}\Omega})=H(z)\big|_{z\to\mathrm{e}^{\mathrm{j}\Omega}}$$

(4) $H(z)$计算方法：

- 由单位响应 $h(k)$取 Z 变换计算；
- 按 $H(z)$定义式计算；
- 由系统的传输算子计算，即 $H(z)=H(E)|_{E\to z}$；
- 根据系统模拟框图计算；
- 根据系统 Z 域信号流图，由梅森公式计算。

7. 离散系统的频率特性。稳定离散系统的频率特性为

$$H(\mathrm{e}^{\mathrm{j}\Omega})=H(z)\big|_{z\to\mathrm{e}^{\mathrm{j}\Omega}}=|H(\mathrm{e}^{\mathrm{j}\Omega})|\,\mathrm{e}^{\mathrm{j}\varphi(\Omega)}$$

式中，Ω 为数字角频率，$|H(\mathrm{e}^{\mathrm{j}\Omega})|$、$\varphi(\Omega)$分别为频率特性的幅频特性和相频特性。注意：① 定义式要求 $H(z)$在 Z 平面单位圆$|z|=1$ 上收敛；② $H(\mathrm{e}^{\mathrm{j}\Omega})$是 Ω 的周期函数，周期为 2π；③ $|H(\mathrm{e}^{\mathrm{j}\Omega})|$是 Ω 的偶函数，$\varphi(\Omega)$是 Ω 的奇函数。

应用频率特性，可以直接计算正弦序列激励下离散系统的稳态响应。本章式(7.5－22)表明，此时系统的稳态响应仍是同频率的正弦序列，其振幅和初相则由输入正弦序列与频率特性共同确定。

8. 离散系统的稳定性。一个离散系统，若对任意有界输入，其输出恒为有界，则称该系统为有界输入有界输出意义下的稳定系统。

(1) 稳定条件。

K 域条件：LTI 因果离散系统的单位响应 $h(k)$满足绝对可和，即

$$\sum_{k=-\infty}^{\infty}|h(k)|<\infty$$

Z 域条件：LTI 因果离散系统 $H(z)$的全部极点位于 Z 平面上单位圆的内部区域。

(2) 朱里准则判定法。

对于低阶系统，根据稳定条件直接判定；对于高阶系统，一般采用朱里准则判定。

习　题　七

7.1　用定义求下列信号的双边 Z 变换及收敛域。

(1) $\delta(k)-\delta(k-2)$；　　(2) $\left(\dfrac{1}{2}\right)^{k}\varepsilon(k-2)$；

(3) $2^{k}\varepsilon(2-k)$；　　(4) $(-1)^{k}\varepsilon(-k)$；

(5) $\left(\dfrac{1}{2}\right)^{|k|}$。

7.2　用 Z 变换的性质和常用 Z 变换求下列信号的双边 Z 变换。

(1) $\left(\dfrac{1}{2}\right)^{k}\varepsilon(k)+2^{k}\varepsilon(-k-1)$；　　(2) $\left[\left(\dfrac{1}{2}\right)^{k}+\left(\dfrac{1}{3}\right)^{-k}\right]\varepsilon(k)$；

(3) $a^k\varepsilon(k+3)$；

(4) $\left(\frac{1}{3}\right)^{k+2}\varepsilon(k)$；

(5) $(2^{-k}-3^k)\varepsilon(k+1)$

(6) $(-1)^k a^k\varepsilon(k-2)$；

(7) $e^{j\pi k}\varepsilon(k+1)$；

(8) $2^{-k}\varepsilon(k)+\left(\frac{1}{2}\right)^{-k}\varepsilon(-k)$；

(9) $k(k-1)\varepsilon(-k-1)$。

7.3　已知 $f(k)$ 的双边 Z 变换为 $F(z)$，$F(z)$ 的收敛域为 $\alpha<|z|<\beta$，求下列信号的双边 Z 变换。

(1) $f^*(k)$；

(2) $\sum\limits_{m=-\infty}^{k} a^m f(m)$ ；

(3) $a^k\sum\limits_{m=-\infty}^{k} f(m)$ ；

(4) $k\sum\limits_{m=-\infty}^{k} f(m-1)$ 。

7.4　求下列象函数的原函数。

(1) $F(z)=z^2+z^{-1}+2$，$0<|z|<\infty$；

(2) $F(z)=\frac{1}{1+az^{-1}}$，$|z|<|a|$；

(3) $F(z)=\frac{1}{1+3z^{-1}+2z^{-2}}$，$|z|<1$；

(4) $F(z)=\frac{z^2}{\left(z-\frac{1}{2}\right)\left(z-\frac{1}{3}\right)}$，$|z|>\frac{1}{2}$；

(5) $F(z)=\frac{z}{(z-1)^2\left(z+\frac{1}{2}\right)}$，$\frac{1}{2}<|z|<1$；

(6) $F(z)=\frac{z^2}{(z-3)^3}$，$|z|<3$。

7.5　已知双边 Z 变换为

$$F(z)=\frac{z}{(z-2)(z-3)(z-4)}$$

(1) $|z|>4$，求原函数 $f(k)$；

(2) $|z|<2$，求原函数 $f(k)$；

(3) $3<|z|<4$，求原函数 $f(k)$。

7.6　应用 Z 变换性质和常用变换对公式，求下列信号的单边 Z 变换。

(1) $\delta(k-1)+2\delta(k-3)$；

(2) $\varepsilon(k-1)-\varepsilon(k-2)$；

(3) $\left[2^k+\left(\frac{1}{3}\right)^{-k}\right]\varepsilon(k)$；

(4) $\frac{1}{2}[1+(-1)^k]\varepsilon(k-2)$；

(5) $a^{k-2}\varepsilon(k)+a^k\varepsilon(k-2)$；

(6) $k[\varepsilon(k)-\varepsilon(k-2)]$；

(7) $k(k-1)\varepsilon(k-1)$；

(8) $k\left(\frac{1}{2}\right)^k\varepsilon(k-2)$；

(9) $\left(\frac{1}{2}\right)^k\cos\left(\frac{\pi k}{2}+\frac{\pi}{4}\right)\varepsilon(k)$；

(10) $\frac{a^k}{k+1}\varepsilon(k)$；

(11) $\frac{(a^k-b^k)}{k}\varepsilon(k-1)$；

(12) $2^k\sum\limits_{m=0}^{k}\left(\frac{1}{2}\right)^m$ 。

7.7　设 $f_1(k)$、$f_2(k)$ 为因果序列，并且 $f_1(k)\leftrightarrow F_1(z)$，$f_2(k)\leftrightarrow F_2(z)$。证明

(1) $a^k f_1(k)*a^k f_2(k)=a^k[f_1(k)*f_2(k)]$；

(2) $k[f_1(k)*f_2(k)]=kf_1(k)*f_2(k)+f_1(k)*kf_2(k)$。

7.8　已知 $y(k)=f_1(k)*f_2(k)$，用卷积性质求下列情况下的 $f(k)$：

(1) $f_1(k)=a^k\varepsilon(k)$，$f_2(k)=\delta(k-1)$；

(2) $f_1(k)=2^k\varepsilon(k)$，$f_2(k)=\varepsilon(k)-\varepsilon(k-1)$；

(3) $f_1(k)=\left(\dfrac{1}{2}\right)^k\varepsilon(k)$，$f_2(k)=k\varepsilon(k)$。

7.9 求下列 $F(z)$ 的单边 Z 逆变换：

(1) $F(z)=\dfrac{z}{(z-1)(z-2)(z-3)}$，$|z|>3$；

(2) $F(z)=\dfrac{z}{(z-1)^2\left(z+\dfrac{1}{2}\right)}$，$|z|>1$；

(3) $F(z)=\dfrac{z^2+2}{(z-3)^3}$，$|z|>3$；

(4) $F(z)=\dfrac{z}{z^2+1}$，$|z|>1$；

(5) $F(z)=\dfrac{z}{(z+1)(z^2-1)}$，$|z|>1$；

(6) $F(z)=\dfrac{z-1}{z^2(z-2)}$，$|z|>2$；

(7) $F(z)=\dfrac{1-z^{-1}}{z^{-4}(z^4-1)}$，$|z|>1$。

7.10 已知因果序列 $f(k)$ 满足的方程如下，求 $f(k)$。

(1) $\sum_{m=0}^{k}f(m)+k\varepsilon(k)=2f(k)$；

(2) $k\varepsilon(k)*(-1)^k\varepsilon(k)=\sum_{m=0}^{k-1}f(m)$。

7.11 已知 $f(k)\varepsilon(k)$ 的单边 Z 变换为 $F(z)$，$y(k)$ 的单边 Z 变换为 $Y(z)=\dfrac{F(z)}{z}-\dfrac{\mathrm{d}F(z)}{\mathrm{d}z}$，用 $f(k)$ 表示 $y(k)$。

7.12 已知因果序列 $f(k)$ 的象函数 $F(z)$ 如下，求 $f(k)$ 的初值 $f(0)$、$f(1)$ 和终值 $f(\infty)$。

(1) $F(z)=\dfrac{z^2+z+1}{(z-1)\left(z-\dfrac{1}{2}\right)}$，$|z|>1$；

(2) $F(z)=\dfrac{z}{\left(z+\dfrac{1}{2}\right)^2\left(z-\dfrac{1}{4}\right)}$，$|z|>\dfrac{1}{2}$；

(3) $F(z)=\dfrac{z^{-1}+1}{1-0.5z^{-1}-0.5z^{-2}}$，$|z|>1$。

7.13 已知离散系统的单位响应 $h(k)=2^k\varepsilon(k)$。

(1) 输入 $f(k)=\varepsilon(k-2)$，求零状态响应 $y_{zs}(k)$；

(2) 若 $y_{zs}(k)=[(-1)^k+2^k]\varepsilon(k)$，求输入 $f(k)$。

7.14 已知离散系统的输入 $f_1(k)=\left(\dfrac{1}{2}\right)^k\varepsilon(k)$ 时，零状态响应为

$$y_{zs1}(k)=\left[1-\left(\frac{1}{2}\right)^k\right]\varepsilon(k)$$

求输入为 $f(k)=\varepsilon(k-1)$ 时系统的零状态响应。

7.15 求下列差分方程描述的因果离散系统的零输入响应。

(1) $y(k)+3y(k-1)+2y(k-2)=f(k-1)$，

$y(-1)=1$，$y(-2)=0$；

(2) $y(k)-y(k-1)-2y(k-2)=f(k)+f(k-1)$，

$y(-1)=2$，$y(-2)=1$；

(3) $y(k)+4y(k-1)+4y(k-2)=2f(k)$，

$y(-1)=0$，$y(-2)=1$。

7.16　求下列差分方程描述的因果离散系统的单位响应和零状态响应。

(1) $y(k)-5y(k-1)+6y(k-2)=2f(k)$，

$f(k)=\varepsilon(k)$；

(2) $y(k)+\frac{1}{2}y(k-1)-\frac{1}{2}y(k-2)=f(k-1)$，

$f(k)=\left(\frac{1}{2}\right)^k\varepsilon(k)$。

7.17　求下列差分方程描述的因果离散系统的全响应。

(1) $y(k)-2y(k-1)+y(k-2)=f(k)-2f(k-1)$，

$f(k)=\varepsilon(k)$，$y(-1)=1$，$y(-2)=1$；

(2) $y(k+2)+2y(k+1)+2y(k)=2f(k+2)$，

$f(k)=(-1)^k\varepsilon(k)$，$y(0)=0$，$y(1)=1$。

7.18　已知二阶离散系统的输入 $f(k)=2^k\varepsilon(k)$时，零状态响应为

$$y_{zs}(k)=[1-(1-k)2^k]\varepsilon(k)$$

(1) 求描述离散系统的差分方程；

(2) 已知 $f(k)=\varepsilon(k)$，$y(-1)=1$，$y(-2)=0$，求系统的全响应 $y(k)$。

7.19　已知线性离散系统的初始条件为 $y_1(-1)=1$，输入为 $f_1(k)=\varepsilon(k)$时，全响应 $y_1(k)=2$，$k\geqslant0$；当初始条件为 $y_2(-1)=-1$，输入为 $f_2(k)=\frac{1}{2}k\varepsilon(k)$时，全响应 $y_2(k)=(k-1)$，$k\geqslant0$。求输入为 $f_3(k)=\left(\frac{1}{2}\right)^k\varepsilon(k)$时的零状态响应。

7.20　已知因果离散系统的系统函数如下，求系统的频率特性，粗略画出系统的幅频特性和相频特性曲线。

(1) $H(z)=\frac{5(z-1)}{4z-1}$；　　　(2) $H(z)=\frac{2(z+1)}{3z-1}$。

7.21　求题图7.1所示离散系统的单位响应 $h(k)$和单位阶跃序列响应 $g(k)$。图中，各子系统的单位响应分别为 $h_1(k)=\delta(k-1)$，$h_2(k)=\varepsilon(k)$，$h_3(k)=\varepsilon(k-3)$。

7.22　题图7.2所示离散因果系统，$H_1(z)=z^{-1}$，$H_2(z)=\frac{1}{z+2}$，$H_3(z)=\frac{1}{z-1}$。

(1) 求离散系统的差分方程；

(2) 求单位响应 $h(k)$。

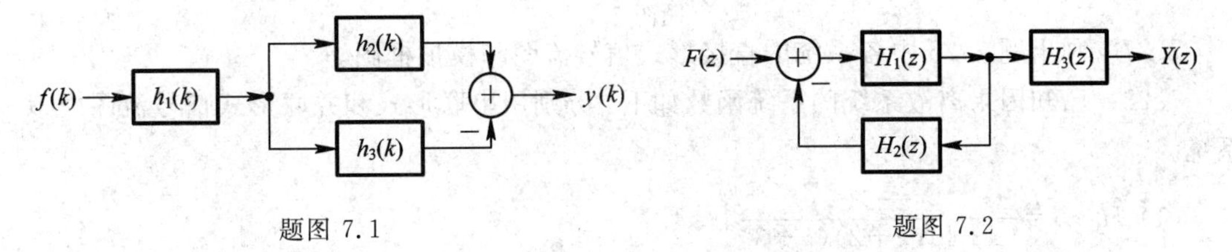

题图7.1　　　　题图7.2

7.23　题图7.3所示系统，D为单位延迟器，当输入为

$$f(k)=\frac{1}{4}\delta(k)+\delta(k-1)+\frac{1}{2}\delta(k-2)$$

时，零状态响应 $y_{zs}(k)$中 $y_{zs}(0)=1$，$y_{zs}(1)=y_{zs}(3)=0$，确定系数 a、b、c。

7.24 求题图 7.4 所示离散系统在下列输入作用下的零状态响应。

(1) $f(k)=\varepsilon(k)$；

(2) $f(k)=k\varepsilon(k)$；

(3) $f(k)=\sin\left(\dfrac{k\pi}{3}\right)\varepsilon(k)$。

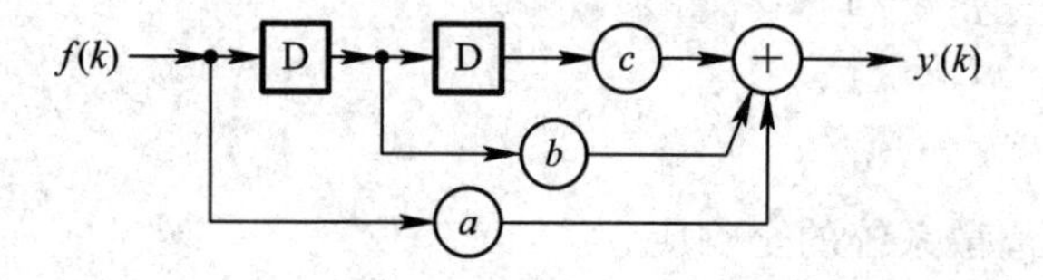

题图 7.3

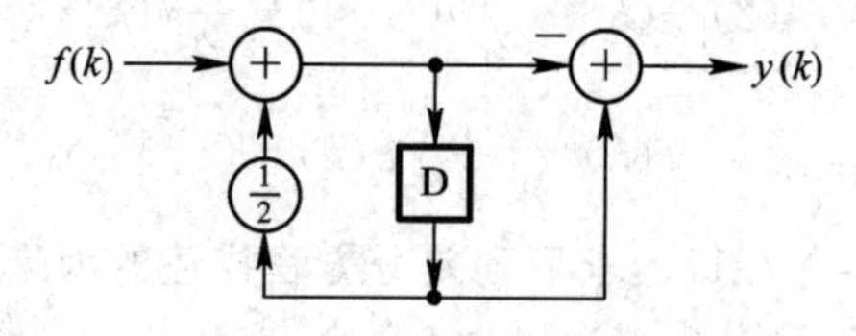

题图 7.4

7.25 已知一阶、二阶因果离散系统的系统函数分别如下，求离散系统的差分方程。

(1) $H(z)=\dfrac{z+1}{z-1}$；

(2) $H(z)=\dfrac{z+2}{z^2+2z+2}$；

(3) $H(z)=\dfrac{z+1}{z^3+3z^2+3z+3}$。

7.26 已知离散系统如题图 7.5 所示。

(1) 画出系统的信号流图；

(2) 用梅森公式求系统函数 $H(z)$；

(3) 写出系统的差分方程。

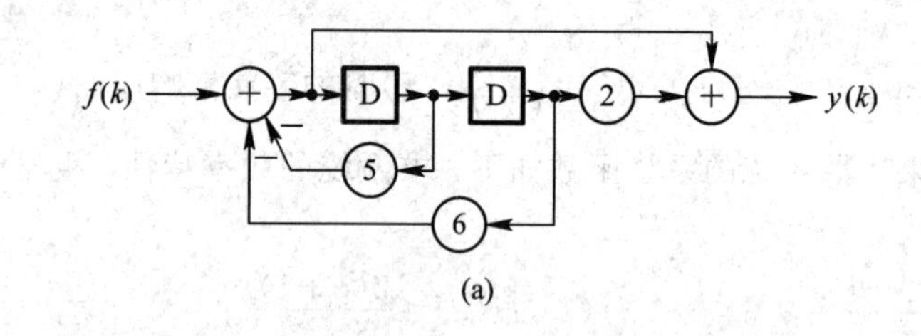

(a)

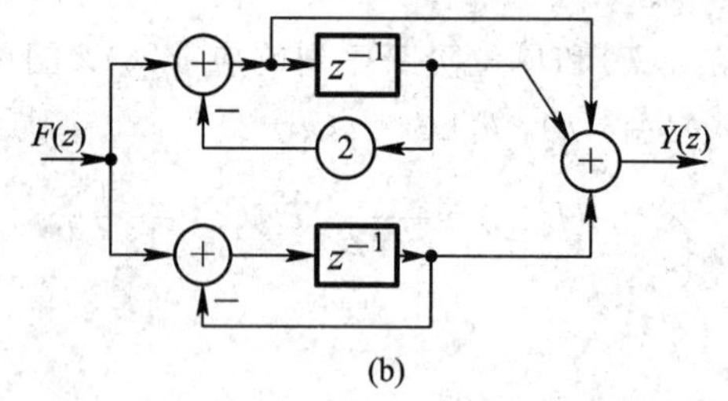

(b)

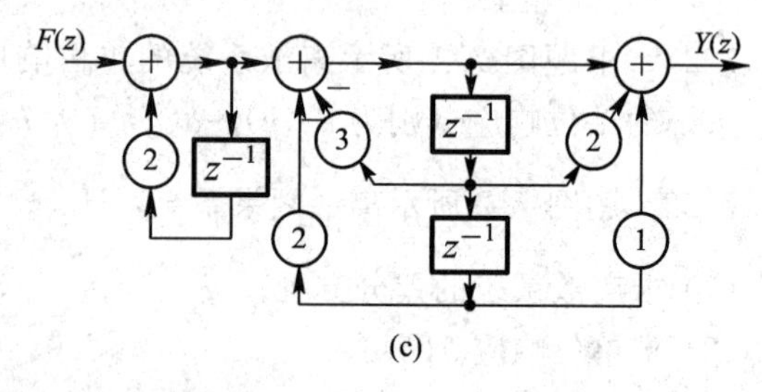

(c)

题图 7.5

7.27 画出题 7.25 中各系统的直接形式信号流图和模拟框图。

7.28 已知因果离散系统的系统函数如下。分别用串联形式和并联形式信号流图模拟系统。

(1) $H(z)=\dfrac{z+3}{(z+1)(z+2)(z+3)}$；

(2) $H(z)=\dfrac{(z-1)(z^2-z+1)}{(z-0.5)(z^2-0.5z+0.25)}$。

7.29 已知因果离散系统的系统函数 $H(z)$的零、极点分布如题图 7.6 所示，并且

$H(0)=-2$。

(1) 求系统函数 $H(z)$；

(2) 求系统的频率特性；

(3) 粗略画出幅频特性曲线。

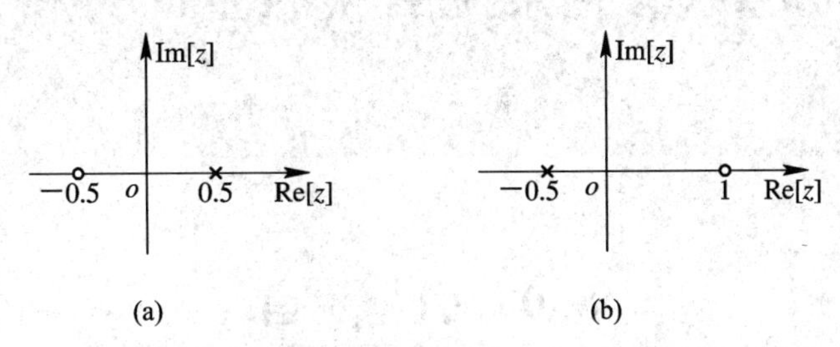

题图 7.6

7.30　已知因果离散系统的差分方程为

$$y(k)+\frac{1}{2}y(k-1)=f(k)+2f(k-1)$$

(1) 求系统函数 $H(z)$；

(2) 画出 $H(z)$的零、极点分布图；

(3) 若 $f(k)=5+5\cos\left(\frac{\pi k}{2}\right)$，求系统的稳态响应。

7.31　已知因果离散系统如题图 7.7 所示。

(1) 写出离散系统的差分方程；

(2) 求系统函数 $H(z)$，画出 $H(z)$的零、极点分布图；

(3) 若输入 $f(k)=2+2\sin\left(\frac{\pi k}{6}\right)$，求系统的稳态响应。

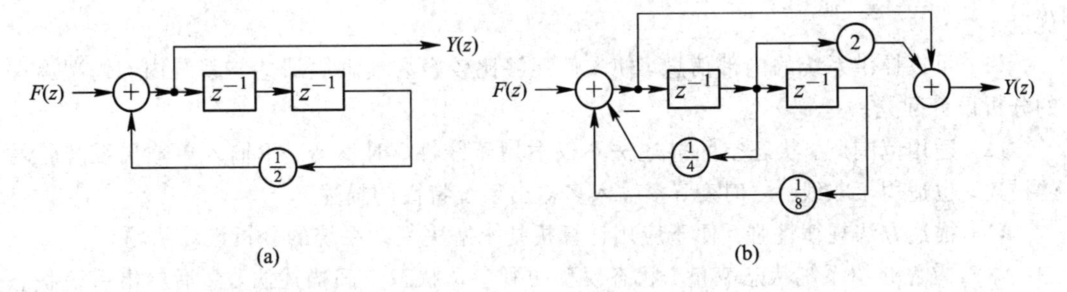

题图 7.7

7.32　已知因果离散系统的系统函数如下，检验各系统是否稳定。

(1) $H(z)=\dfrac{7z+4}{7z^4+5z^3+2z^2-z-6}$；　(2) $H(z)=\dfrac{z^2+3}{z^5+2z^4+3z^3+3z^2+2z+2}$；

(3) $H(z)=\dfrac{z^2}{6z^3+2z^2+2z-2}$；　(4) $H(z)=\dfrac{z}{2z^3-2z^2+1}$。

7.33　已知因果离散系统的系统函数如下，为使系统稳定，K 的值应满足什么条件？

(1) $H(z)=\dfrac{2z+3}{z^2+z+K}$；　(2) $H(z)=\dfrac{z+2}{2z^2-(K+1)z+1}$。

第 8 章 系统的状态空间分析

8.0 引 言

在前面各章的讨论中，我们普遍使用微分、差分或算子方程以及冲激(单位)响应、系统函数或传输算子等描述系统特性。虽然形式各有不同，但都是基于系统的输入输出关系，且不直接涉及系统内部情况，因此，统称这类描述方法为系统的**输入输出描述法**或**外部描述法**。这种描述法一般适用于线性时不变、单输入单输出系统，并且局限于研究系统的外部特性。

随着科学技术的发展，各种系统的功能不断完善，组成也日趋复杂。在实际应用中，除了分析设计常见的线性、时不变、单输入单输出系统外，我们还往往会遇到非线性、时变、多输入多输出系统的情况。此外，在许多情况下，人们在研究系统外部特性的同时，还需要研究与系统内部情况有关的问题。例如，系统的稳定性分析、最优控制、最优化设计等等。这时就应该采用以系统内部变量为基础的**状态空间描述法**。这是一种**内部描述法**，它用状态变量描述系统的内部特性，并且通过状态变量将系统的输入、输出变量联系起来，用于描述系统的外部特性。与输入输出描述法相比，状态空间描述法具有以下主要优点：

(1) 可以提供系统的内部信息，使人们能够比较容易地解决那些与系统内部情况有关的分析设计问题。

(2) 适用范围广。状态空间描述法不仅适用于线性、时不变、单输入单输出系统特性的描述，也适用于非线性、时变、多输入多输出系统特性的描述。

(3) 描述方法规律性强，便于应用计算机技术解决复杂系统的分析设计问题。

本章首先介绍系统状态变量、状态模型的概念及状态空间描述法，然后给出系统状态空间方程的建立和求解方法，最后简要地讨论状态空间中系统稳定性的判定问题。

8.1 状态空间描述

8.1.1 状态变量和状态空间

根据第一章讨论，我们知道连续系统在任意时刻 t_0 的**状态**是一组最少数目的数据 $\{x_1(t_0), x_2(t_0), \cdots, x_n(t_0)\}$，这组数据连同时间间隔$[t_0, t]$上的输入就足以确定系统在 t 时刻的输出(响应)。描述系统状态变化的变量称为**状态变量**。

对于图 8.1-1 的二阶网络，由 KVL 和 KCL 方程可得

$$i_C(t)=i(t)-i_L(t)=\frac{f(t)-u_C(t)}{R_1}-i_L(t)=f(t)-u_C(t)-i_L(t)$$

$$u_L(t)=u_C(t)-R_2i_L(t)=u_C(t)-2i_L(t)$$

考虑到 $i_C(t)=C\,\mathrm{d}u_C(t)/\mathrm{d}t=C\dot{u}_C(t)$和 $u_L(t)=L\,\mathrm{d}i_L(t)/\mathrm{d}t=L\dot{i}_L(t)$，可将上面两式写成

$$\begin{cases}\dot{u}_C(t)=-\dfrac{1}{R_1C}u_C(t)-\dfrac{1}{C}i_L(t)+\dfrac{1}{R_1C}f(t)=2[f(t)-u_C(t)-i_L(t)]\\ \dot{i}_L(t)=\dfrac{1}{L}u_C(t)-\dfrac{R_2}{L}i_L(t)=0.5u_C(t)-i_L(t)\end{cases}\tag{8.1-1}$$

若指定网络中的 $i(t)$和 $u(t)$为输出，则由图 8.1-1 可得

$$\begin{cases}i(t)=\dfrac{f(t)-u_C(t)}{R_1}=f(t)-u_C(t)\\ u(t)=R_1i(t)+R_2i_L(t)=f(t)-u_C(t)+2i_L(t)\end{cases}\tag{8.1-2}$$

将式(8.1-1)、式(8.1-2)写成矩阵形式有

$$\begin{bmatrix}\dot{u}_C(t)\\ \dot{i}_L(t)\end{bmatrix}=\begin{bmatrix}-2 & -2\\ 0.5 & -1\end{bmatrix}\begin{bmatrix}u_C(t)\\ i_L(t)\end{bmatrix}+\begin{bmatrix}2\\ 0\end{bmatrix}f(t)\tag{8.1-3}$$

$$\begin{bmatrix}i(t)\\ u(t)\end{bmatrix}=\begin{bmatrix}-1 & 0\\ -1 & 2\end{bmatrix}\begin{bmatrix}u_C(t)\\ i_L(t)\end{bmatrix}+\begin{bmatrix}1\\ 1\end{bmatrix}f(t)\tag{8.1-4}$$

式(8.1-3)是一阶微分方程组，若已知电压源电压 $f(t)(t\geqslant t_0)$，电容初始电压 $u_C(t_0)$和电感初始电流 $i_L(t_0)$，即可求出 $t\geqslant t_0$ 时的电容电压 $u_C(t)$和电感电流 $i_L(t)$。再将结果代入式(8.1-4)就能确定 $t\geqslant t_0$ 时的输出 $i(t)$和$u(t)$。按照状态和状态变量定义，不难看出，$u_C(t_0)$和$i_L(t_0)$这两个数据组成图 8.1-1 网络在 t_0 时刻的状态。$u_C(t)$和$i_L(t)$就是该网络的一组状态变量。

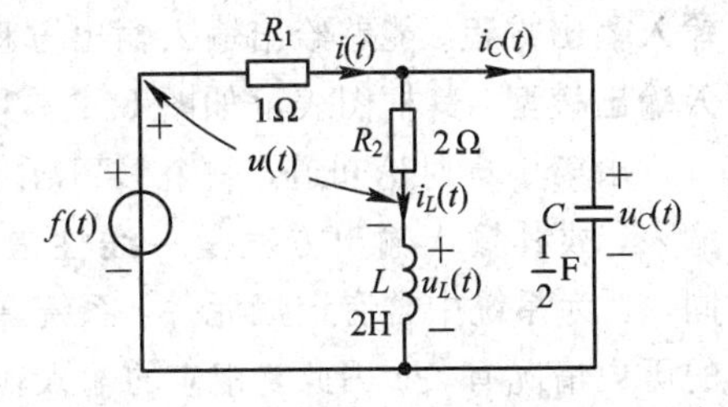

图 8.1-1 系统的状态变量

设系统有 n 个状态变量 $x_1(t)$，$x_2(t)$，…，$x_n(t)$。以状态变量作为分量组成的 n 维列矢量$\boldsymbol{x}(t)$，称为系统的**状态(列)矢量**。记成矩阵形式为

$$\boldsymbol{x}(t)=[x_1(t)\quad x_2(t)\quad \cdots\quad x_n(t)]^{\mathrm{T}}\tag{8.1-5}$$

状态矢量所在的 n 维空间称为**状态空间**。这样，系统在任一时间的状态都可用空间中相应状态矢量的矢端点来表示。当状态变化时，相应矢端点位置也发生变化。这些矢端点在空间中描出的路径称为**状态轨迹**。图 8.1-2 中给出了两条不同形态的状态轨迹。在图 8.1-2(a)中，$t=0$ 时，状态为 $\boldsymbol{x}(0)=[2\quad 3]^{\mathrm{T}}$，相应状态矢量矢端点位于二维状态空间中的 A 点。随着 t 的增大，矢端点将沿轨迹由 A 点向空间原点运动，直至 $t\to\infty$，$\boldsymbol{x}(\infty)=[0\quad 0]^{\mathrm{T}}$，矢端点到达原点。图 8.1-2(b)中状态轨迹从 A 点开始，按螺旋线方式逼近原点。对于二维、三维状态矢量，状态轨迹形象地表明了状态随时间的变化规律。对于三维以上的状态矢量，虽然不能直观地作出几何表示，但其状态空间的概念仍然是普遍适用的。

状态变量在初始观察时刻的值称为系统的**初始状态**。当取 $t=t_0$ 时刻为初始观察时刻时，其初始状态矢量可表示为

$$\boldsymbol{x}(t_0) = [x_1(t_0) \quad x_2(t_0) \quad \cdots \quad x_n(t_0)]^{\mathrm{T}}$$

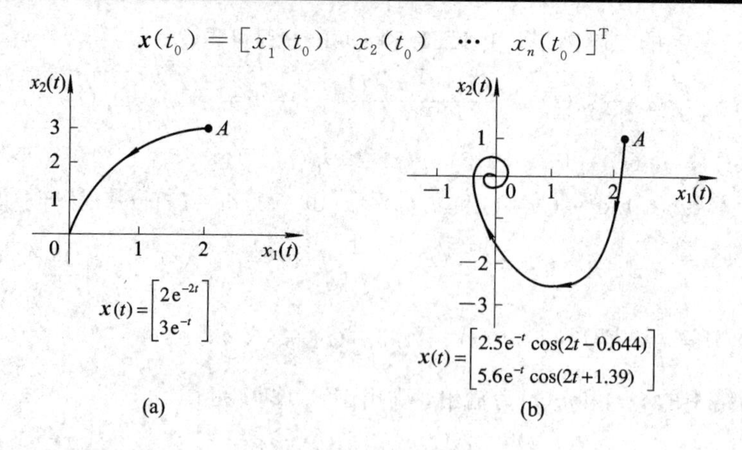

图 8.1-2　状态轨迹

8.1.2　状态模型和状态空间方程

在输入输出描述法中，我们将系统想象为一个“黑箱子”，用输入输出关系表征它的外部特性，在数学上可表示为

$$y(\cdot) = T\{f(\cdot)\} \tag{8.1-6}$$

式中，$f(\cdot)$ 为输入，$y(\cdot)$ 为输出，T 表示系统对输入的变换作用。式(8.1-6)称为系统的**输入输出描述方程**，简称**输入输出方程**。能够给出输入输出方程的系统模型称为**输入输出模型**，其框图表示如图 8.1-3 所示。

图 8.1-3　系统的输入输出模型

由第 1 章讨论知道，一个 LTI 瞬时连续系统，由于任一时刻的输出仅取决于该时刻的输入，故其输入输出方程是一**线性常系数代数方程**。然而，对于 LTI 动态系统则有所不同，因为系统中含有记忆元件，系统在某一时刻的输出除与当时的输入有关外，还与系统的历史情况有关。因此，相应的输入输出方程是**线性常系数微分方程**。

设 LTI 连续系统仅含有一个记忆元件。我们想象将这个记忆元件从系统中“拉”出来，如图 8.1-4(a)所示。这样，系统剩余部分是无记忆(元件)的。令记忆元件的输入为 $m(t)$，输出为 $x(t)$。自然，$x(t)$和 $m(t)$也分别是无记忆部分的输入和输出。于是，系统无记忆部分具有两个输入和两个输出。由于这一部分是无记忆的，可将它视为瞬时子系统，且是线性时不变的，故其输入输出关系可表示为

$$m(t) = ax(t) + bf(t) \tag{8.1-7a}$$

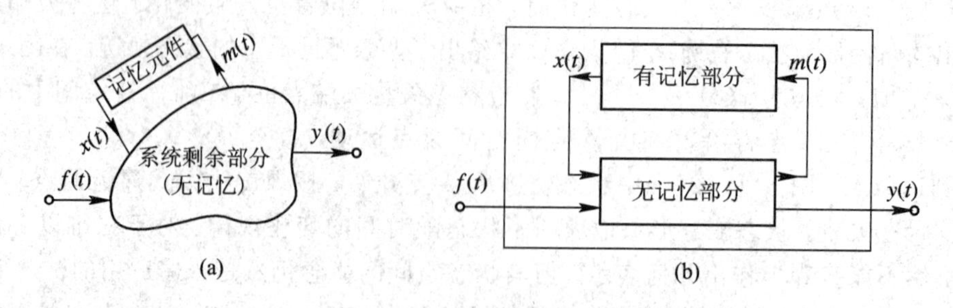

图 8.1-4　一阶动态系统

$$y(t) = cx(t) + df(t) \tag{8.1-7b}$$

式中，a、b、c、d 均为常数。

采用积分器模拟图 8.1-4(a)中记忆元件特性时，该记忆元件的输入输出关系可表示为

$$x(t) = \int_{-\infty}^{t} m(\tau)\,\mathrm{d}\tau = x(t_0) + \int_{t_0}^{t} m(\tau)\,\mathrm{d}\tau$$

式中，t_0 为初始观察时刻。若将上式等号两边对时间 t 求导函数，则可得出输入输出关系的另一种表示形式：

$$\dot{x}(t) = \frac{\mathrm{d}}{\mathrm{d}t}\int_{t_0}^{t} m(\tau)\,\mathrm{d}\tau = m(t) \qquad x(t_0)\text{ 已知} \tag{8.1-8}$$

鉴于记忆元件的“拉”出过程，并没有改变系统内部各部分间的连接关系，因此可以用记忆元件和无记忆部分的输入输出关系来表征原系统的特性，即

$$\begin{cases} \dot{x}(t) = m(t) & x(t_0)\text{ 已知} \\ m(t) = ax(t) + bf(t) \\ y(t) = cx(t) + df(t) \end{cases}$$

或者

$$\begin{cases} \dot{x}(t) = ax(t) + bf(t) & x(t_0)\text{ 已知} \qquad (8.1-9a) \\ y(t) = cx(t) + df(t) & t \geqslant t_0 \qquad (8.1-9b) \end{cases}$$

式(8.1-9a)是 $x(t)$的一阶微分方程。若已知 $x(t)$在初始时刻 t_0 的值 $x(t_0)$和 $t \geqslant t_0$ 时的输入 $f(t)$，则容易解出方程的未知量 $x(t)$。再将 $x(t)$和 $f(t)$代入式(8.1-9b)即可得到 $t \geqslant t_0$ 时的输出 $y(t)$。简言之，利用数据 $x(t_0)$和输入 $f(t)$，就可以确定系统在 $t \geqslant t_0$ 时的输出 $y(t)$。根据系统状态的定义，该数据 $x(t_0)$可作为系统在 t_0 时刻的状态。又因为 t_0 的任意性，变量 $x(t)$就是系统的状态变量。

按照上述方法，将系统划分为有记忆和无记忆两部分，并选取记忆元件的输出量作为状态变量，然后利用任一时刻的状态变量值，就可以完全确定系统在该时刻以后的输入输出特性，如此构成的分析模型称为系统的**状态模型**。一阶系统的状态模型如图 8.1-4(b)所示。图中，$f(t)$是输入，$y(t)$是输出，$x(t)$是状态变量，$m(t)$称为状态修正量。

对于一般情况，设 LTI 动态系统具有 p 个输入 $f_1(t)$，$f_2(t)$，…，$f_p(t)$，q 个输出 $y_1(t)$，$y_2(t)$，…，$y_q(t)$。系统含有 n 个独立记忆元件。同样把记忆元件从系统中“拉”出来，将系统区分成有记忆和无记忆两部分。分别把有记忆部分中独立记忆元件的输入记为 $m_1(t), m_2(t), \cdots, m_n(t)$；输出记为 $x_1(t)$，$x_2(t)$，…，$x_n(t)$。相应的状态模型如图 8.1-5 所示。类似于前面一阶系统的分析过程，可以得出与式(8.1-9)相应的一组矩阵方程：

$$\begin{cases} \dot{\boldsymbol{x}}(t) = \boldsymbol{A}\boldsymbol{x}(t) + \boldsymbol{B}\boldsymbol{f}(t) & \boldsymbol{x}(t_0)\text{ 已知} \qquad (8.1-10a) \\ \boldsymbol{y}(t) = \boldsymbol{C}\boldsymbol{x}(t) + \boldsymbol{D}\boldsymbol{f}(t) & t \geqslant t_0 \qquad (8.1-10b) \end{cases}$$

式中

$$\boldsymbol{x}(t) = [x_1(t) \quad x_2(t) \quad \cdots \quad x_n(t)]^{\mathrm{T}}$$

$$\dot{\boldsymbol{x}}(t) = [\dot{x}_1(t) \quad \dot{x}_2(t) \quad \cdots \quad \dot{x}_n(t)]^{\mathrm{T}}$$

$$\boldsymbol{f}(t) = [f_1(t) \quad f_2(t) \quad \cdots \quad f_p(t)]^{\mathrm{T}}$$

$$\boldsymbol{y}(t) = [y_1(t) \quad y_2(t) \quad \cdots \quad y_q(t)]^{\mathrm{T}}$$

$\boldsymbol{f}(t)$是 p 维输入(列)矢量，$\boldsymbol{y}(t)$是 q 维输出(列)矢量，$\boldsymbol{x}(t)$是 n 维状态(列)矢量。$\boldsymbol{A}$ 为 $n\times n$ 阶矩阵，$\boldsymbol{B}$ 为 $n\times p$ 阶矩阵，$\boldsymbol{C}$ 为 $q\times n$ 阶矩阵，$\boldsymbol{D}$ 为 $q\times p$ 阶矩阵。对于 LTI 系统，这些系数矩阵都是常量矩阵。

同样道理，根据微分方程理论，如果已知 $\boldsymbol{x}(t)$在初始时刻 t_0 的值 $\boldsymbol{x}(t_0)$以及$t\geqslant t_0$ 时的输入 $\boldsymbol{f}(t)$，就可由式(8.1－10a)解出 $\boldsymbol{x}(t)$。然后将 $\boldsymbol{x}(t)$和 $\boldsymbol{f}(x)$代入式(8.1－10b)即可确定系统在任一$t\geqslant t_0$ 时的输出 $\boldsymbol{y}(t)$。按照状态变量定义，显然可将图 8.1－5 中有记忆部分的输出 $\boldsymbol{x}(t)$作为系统状态变量。由于相应记忆元件的独立性，这组状态变量的数目是最少的。图 8.1－5 中 $m_i(t)=\dot{x}_i(t)$ $(i=1, 2, \cdots, n)$为状态修正量。

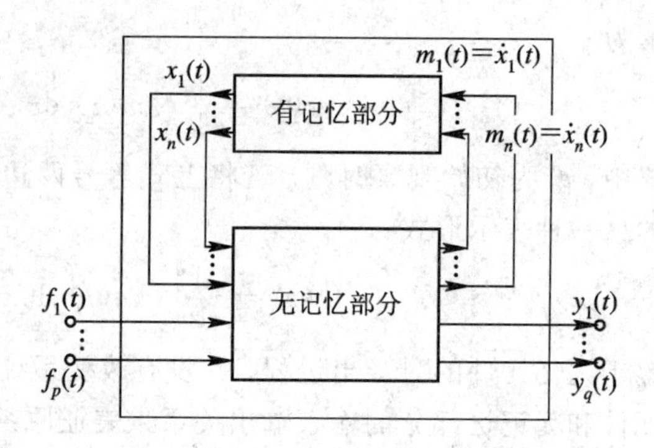

图 8.1－5 动态系统的状态模型

式(8.1－10a)是 $\boldsymbol{x}(t)$的一阶矢量微分方程，称为系统的**状态方程**。它用于描述系统中有记忆部分的输入输出关系，并通过无记忆部分将状态矢量 $\boldsymbol{x}(t)$与输入矢量$\boldsymbol{f}(t)$相联系。式(8.1－10b)称为系统的**输出方程**，它描述了系统中无记忆部分的输入输出关系。具体地说就是输出矢量 $\boldsymbol{y}(t)$与状态矢量 $\boldsymbol{x}(t)$和输入矢量 $\boldsymbol{f}(t)$之间的关系。因为无记忆部分不包含记忆元件，所以输出方程是一组代数方程。状态方程和输出方程统称为系统的**状态空间描述方程**，简称为**状态空间方程**。式(8.1－10)是 LTI 连续时间系统状态空间方程的标准形式。

如果将连续时间变量 t 换为离散变量 k，相应的初始观察时间 t_0 换为 k_0，那么，上面关于状态、状态变量的定义以及状态空间方程描述和分析方法也适用于离散系统。

设 n 阶 LTI 离散系统，它具有 p 个输入 $f_1(k)$，$f_2(k)$，…，$f_p(k)$；q 个输出 $y_1(k)$，$y_2(k)$，…，$y_q(k)$。记系统的 n 个状态变量为 $x_1(k)$，$x_2(k)$，…，$x_n(k)$，则其状态方程是关于状态变量的一阶差分方程组，输出方程是关于输入、输出和状态变量的代数方程组。两组方程的标准形式可写为

$$\begin{cases} \boldsymbol{x}(k+1)=\boldsymbol{A}\boldsymbol{x}(k)+\boldsymbol{B}\boldsymbol{f}(k) & \boldsymbol{x}(k_0)\text{ 已知} \quad (8.1-11a) \\ \boldsymbol{y}(k)=\boldsymbol{C}\boldsymbol{x}(k)+\boldsymbol{D}\boldsymbol{f}(k) & k\geqslant k_0 \quad (8.1-11b) \end{cases}$$

式中

$$\boldsymbol{x}(k)=[x_1(k) \quad x_2(k) \quad \cdots \quad x_n(k)]^{\mathrm{T}}$$
$$\boldsymbol{f}(k)=[f_1(k) \quad f_2(k) \quad \cdots \quad f_p(k)]^{\mathrm{T}}$$
$$\boldsymbol{y}(k)=[y_1(k) \quad y_2(k) \quad \cdots \quad y_q(k)]^{\mathrm{T}}$$

分别是离散系统的状态矢量、输入矢量和输出矢量。系数矩阵 $\boldsymbol{A}$、$\boldsymbol{B}$、$\boldsymbol{C}$、$\boldsymbol{D}$ 分别为$n\times n$、$n\times p$、$q\times n$、$q\times p$ 阶矩阵，对于 LTI 系统，其矩阵元素均为常量。

如果已知 $k=k_0$ 时系统的初始状态和 $k\geqslant k_0$ 时的输入 $\boldsymbol{f}(k)$，就能完全地确定出$k\geqslant k_0$ 时的状态 $\boldsymbol{x}(k)$和输出 $\boldsymbol{y}(k)$。

对于图 8.1－6 所示的二输入二输出离散系统，如果选择两个移位器的输出$x_1(k)$、$x_2(k)$作为系统的状态变量，则可在移位器的输入端写出状态方程

$$\begin{cases} x_1(k+1)=a_1x_1(k)+a_2x_2(k)+f_1(k) \\ x_2(k+1)=a_4x_2(k)+f_1(k)+f_2(k) \end{cases} \tag{8.1-12}$$

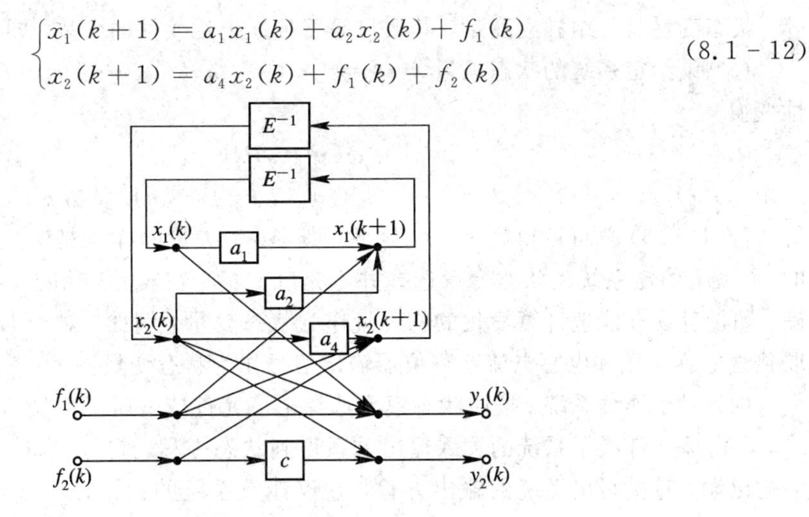

图 8.1-6　二输入二输出离散系统

在系统的输出端得到输出方程

$$\begin{cases} y_1(k)=x_1(k)+x_2(k)+f_1(k) \\ y_2(k)=x_2(k)+cf_2(k) \end{cases} \tag{8.1-13}$$

将上述两式写成矩阵形式，则有

$$\begin{bmatrix} x_1(k+1) \\ x_2(k+1) \end{bmatrix}=\begin{bmatrix} a_1 & a_2 \\ 0 & a_4 \end{bmatrix}\begin{bmatrix} x_1(k) \\ x_2(k) \end{bmatrix}+\begin{bmatrix} 1 & 0 \\ 1 & 1 \end{bmatrix}\begin{bmatrix} f_1(k) \\ f_2(k) \end{bmatrix} \tag{8.1-14}$$

$$\begin{bmatrix} y_1(k) \\ y_2(k) \end{bmatrix}=\begin{bmatrix} 1 & 1 \\ 0 & 1 \end{bmatrix}\begin{bmatrix} x_1(k) \\ x_2(k) \end{bmatrix}+\begin{bmatrix} 1 & 0 \\ 0 & c \end{bmatrix}\begin{bmatrix} f_1(k) \\ f_2(k) \end{bmatrix} \tag{8.1-15}$$

不难看出，若知道初始状态矢量 $\boldsymbol{x}(k_0)$ 及 $k\geqslant k_0$ 时的输入矢量 $\boldsymbol{f}(k)$，则可由式(8.1-14)解得状态矢量，然后代入式(8.1-15)得到系统的输出矢量 $\boldsymbol{y}(k)$。

按照式(8.1-10)和式(8.1-11)，画出状态空间方程模拟框图如图 8.1-7 所示。

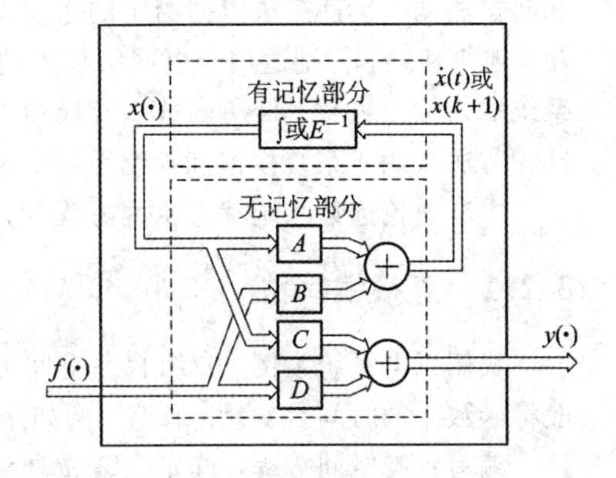

图 8.1-7　状态空间方程模拟框图

最后，我们总结一下系统状态、状态空间描述等有关基本问题。

(1) 状态和状态变量的本质在于表征系统的记忆特性或动态特性。它概括了为了预知未来特性而必须知道的有关系统历史情况的信息，并以能量形式保存在系统中。因此，只有动态系统才存在状态和状态变量；而对于瞬时系统，则无状态和状态变量可言，自然也不存在状态空间描述问题。本章讨论 LTI 动态系统的状态空间分析。

(2) 根据状态、状态变量的定义及其状态模型，一般可选取独立记忆元件(储能元件)中与系统能量有关的物理量作为系统的状态变量。典型的状态变量有：机械系统中与位能有关的位置变量，与动能有关的速度变量；电系统中与储存电场能有关的电容电压或电荷变量，与储存磁场能有关的电感电流或磁链变量；以及离散系统中移位器的输出变量等等。状态变量是一组独立变量，其数目等于独立记忆元件的个数，即系统的**阶数**。

(3) 设给定系统的状态矢量 $\boldsymbol{x}(\cdot)=[x_1(\cdot)\quad x_2(\cdot)\quad \cdots \quad x_n(\cdot)]^{\mathrm{T}}$，将 $\boldsymbol{x}(\cdot)$ 作如下线性变换

$$\boldsymbol{\omega}(\cdot)=\boldsymbol{P}\boldsymbol{x}(\cdot) \tag{8.1-16}$$

式中，$\boldsymbol{\omega}(\cdot)=[\omega_1(\cdot)\quad \omega_2(\cdot)\quad \cdots \quad \omega_n(\cdot)]^{\mathrm{T}}$，$\boldsymbol{P}$ 为 $n\times n$ 阶常数矩阵，且 $|\boldsymbol{P}|\neq 0$。由于求解式(8.1-16)总可以得到 $\boldsymbol{x}(\cdot)$，因此，其 $\boldsymbol{\omega}(\cdot)$ 矢量同样也是满足状态和状态变量定义的。可见，给定系统的状态变量选择并不是唯一的。在实际应用中，通常选取那些概念明确、测量容易并能使计算简化的物理量作为状态变量。例如，对于 LTI 电系统，可直接选取独立电容电压和电感电流或移位器输出信号作为状态变量。

(4) 对于连续系统，按照状态模型选择记忆元件或一阶子系统有关变量作为状态变量时，可由该元件或子系统的输入输出关系得到状态方程，它是一组一阶微分方程。在模型的输出端，直接写出系统的输出方程，它仅涉及系统的无记忆部分，故是一组代数方程。对于离散系统也有相应结论。状态模型给我们提供了选择状态变量和建立状态空间方程的理论基础和有效途径。

(5) 根据状态空间方程，可以先由状态方程解出状态矢量 $\boldsymbol{x}(\cdot)$，然后由输出方程得到输出矢量 $\boldsymbol{y}(\cdot)$。$\boldsymbol{x}(\cdot)$ 提供系统的内部信息，$\boldsymbol{y}(\cdot)$ 给出系统的输出响应。这种利用状态空间方程分析系统的方法称为**状态空间分析法**。它是现代系统分析的理论基础。

8.2　连续系统状态空间方程的建立

建立状态空间方程是系统状态空间分析中的一个重要环节。常用的建立方法有直接法和间接法两类。**直接法**依据给定的系统结构直接编写出系统的状态空间方程。这种方法直观、规律性强，特别适用于电网络系统的分析和设计。**间接法**则从系统的输入输出描述(如系统输入输出方程、传递函数以及模拟框图、信号流图表示等)出发来建立状态空间方程。这种方法常用于系统模拟和控制系统的分析设计。

本节讨论连续系统状态空间方程的建立方法。

8.2.1　直接编写法

我们以电系统为例，介绍状态空间方程的直接编写法。为了简便，在以下讨论中，一般将函数中的时间自变量 t 省略，例如用 x 表示 $x(t)$，y 表示 $y(t)$等等。

编写状态空间方程，首先应该选取系统的状态变量。在电系统中，一般可选电容电压 u_C 和电感电流 i_L 作为状态变量。因为一方面电容和电感元件都是记忆元件，其变量 u_C 和 i_L 直接与系统的储能状况相联系；另一方面，由于 $i_C=C\dot{u}_C$，$u_L=L\dot{i}_L$，即状态变量的一阶导数仍是电流或电压，便于列写 KCL、KVL 方程，给系统分析计算带来方便。

前面讨论已经指出，状态变量是一组独立变量，其个数等于系统的阶数。对于电系统而言，系统阶数就是独立电容电压和独立电感电流的总数。所谓独立是指这些量彼此间互不相关。例如，若干个电容并联时，由于这些电容的电压值相同，因此它们中只有一个独立电容电压。同样，若干个电感相串联时，因为各电感电流均相同，故只有一个独立电感电流。又如，一个仅由 k 个电容或者 k 个电容和若干个理想电压源组成的回路，其中只有

$k-1$ 个独立电容电压。因为根据 KVL 方程，这些元件上电压的代数和为零；同样，一个仅与 k 个电感或者 k 个电感和若干个理想电流源相关联的节点(或割集)，其中也只有 $k-1$ 个独立电感电流，因为根据 KCL 方程，这些元件中电流的代数和为零。

总之，对于电网络系统，我们可以选取全部独立电容电压和独立电感电流作为系统的状态变量。

鉴于连续系统状态方程是状态变量的一阶微分方程这一事实，我们在选取独立电容电压 u_C、电感电流 i_L 作为状态变量后，如果对接有电容的节点列写 KCL 方程，对含有电感的回路列写 KVL 方程，并将 i_C、u_L 分别表示为 $i_C=C\dot{u}_C$、$u_L=L\dot{i}_L$，那么方程中就会含有我们需要的状态变量的导数项 $\dot{u}_C$ 和 $\dot{i}_L$。当然，这些方程中也可能含有电压源电压、电流源电流、电容电压、电感电流及电阻电流、电压等项，其中前面四项在状态方程中是允许的，而电阻电流、电压等项是不允许的。因此，只要设法消去这些不允许的"非法"项，我们就能得到标准的状态方程。关于输出方程，由于是代数方程，一般可用观察法直接列出。

根据上述思想，可以归纳出直接编写法列写电系统状态空间方程的步骤如下：

第一步，选取系统中所有独立电容电压和独立电感电流作为状态变量。

第二步，对与状态变量相联系的每个电容和电感分别列出它们的节点(或割集)KCL 方程和回路 KVL 方程。

第三步，利用适当的 KCL、KVL 方程和元件伏安关系，消去上一步方程中可能出现的"非法"变量，然后整理得出标准形式的状态方程。

第四步，用观察法列出输出方程。

例 8.2-1　已知网络如图 8.2-1 所示，取图中电压 u_3 和电流 i_2 作为输出，试建立该网络的状态方程和输出方程。

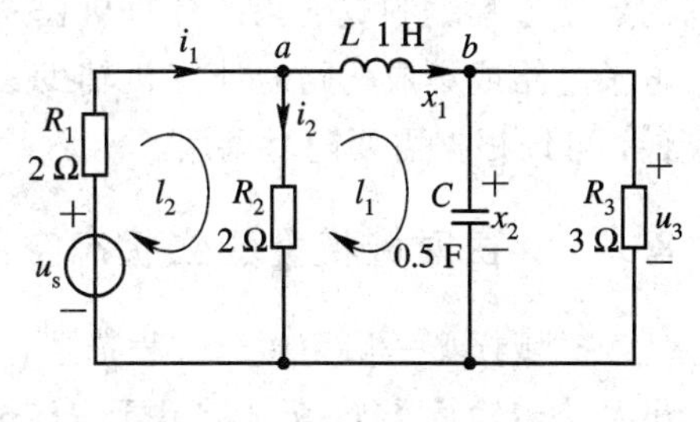

图 8.2-1　例 8.2-1 图

解　这是一个二阶网络，取电感电流 x_1 和电容电压 x_2 为网络状态变量。

对接有电容的节点 b 列写 KCL 方程有

$$x_1 = C\dot{x}_2 + \frac{1}{R_3}x_2 \tag{8.2-1}$$

对含有电感的回路 l_1 列写 KVL 方程为

$$L\dot{x}_1 + x_2 = R_2 i_2 \tag{8.2-2}$$

该式中 i_2 是"非法"变量，应予以消去。为此，列出回路 l_2 的 KVL 方程：

$$u_s = R_1 i_1 + R_2 i_2$$

考虑到节点 a 的 KCL 方程 $i_1=i_2+x_1$，上式可写成

$$u_s = R_1(i_2 + x_1) + R_2 i_2$$

从而有

$$i_2 = \frac{u_s - R_1 x_1}{R_1 + R_2} \tag{8.2-3}$$

将该式代入式(8.2-2)，得

$$L\dot{x}_1 = \frac{R_2}{R_1 + R_2}(u_s - R_1 x_1) - x_2 \tag{8.2-4}$$

整理式(8.2－1)和式(8.2－4)，并代入各元件参数值，得出网络状态方程为

$$\begin{bmatrix}\dot{x}_1\\ \dot{x}_2\end{bmatrix}=\begin{bmatrix}-1 & -1\\ 2 & -\dfrac{2}{3}\end{bmatrix}\begin{bmatrix}x_1\\ x_2\end{bmatrix}+\begin{bmatrix}\dfrac{1}{2}\\ 0\end{bmatrix}u_s \tag{8.2-5}$$

由图 8.2－1 可见，电阻 R_3 与电容 C 并联，故有 $u_3=x_2$。由式 $u_3=x_2$ 和式(8.2－3)，即可列出网络输出方程为

$$\begin{bmatrix}u_3\\ i_2\end{bmatrix}=\begin{bmatrix}0 & 1\\ -\dfrac{1}{2} & 0\end{bmatrix}\begin{bmatrix}x_1\\ x_2\end{bmatrix}+\begin{bmatrix}0\\ \dfrac{1}{4}\end{bmatrix}u_s \tag{8.2-6}$$

应该指出，编写状态空间方程时，选择的状态变量必须是独立的。比如，在图 8.2－2 所示网络中，由于电容 C_1、C_3 和电压源 u_s 组成回路 l_1，故其中只有一个独立电容电压；又由于电感 L_5、L_6 和电流源 i_s 组成一个割集 Q，其中只有一个独立电感电流。于是，该网络共有两个独立电容电压和一个独立电感电流。作为一种选择方案，我们可以取电容 C_1 上电压 x_1、电容 C_2 上电压 x_2 和电感 L_5 中电流 x_3 作为状态变量。

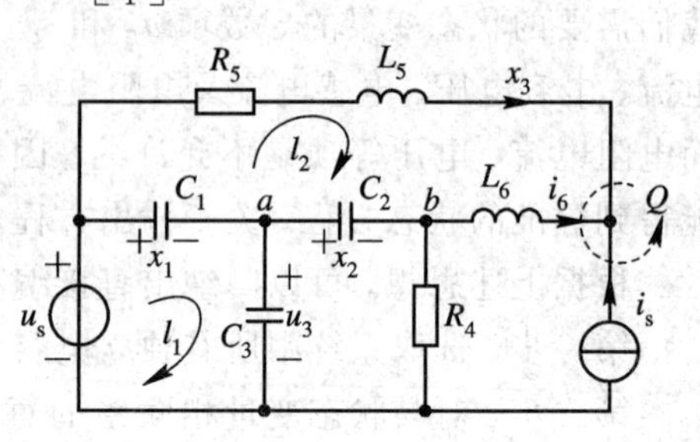

图 8.2－2 状态变量选择

进一步研究表明，应用图论和网络理论知识，可将上述状态变量选择和状态空间方程的建立过程编制成通用的计算机程序，借助计算机完成系统状态空间方程的编写工作。在电子电路或集成电路的计算机辅助设计系统中，一般都备有状态空间方程的自动形成软件，可以根据需要随时调用。

8.2.2 由时域模型建立状态空间方程

时域模型一般用微分方程描述，建立状态空间方程的基本思路是：首先由微分方程写出系统传输算子 $H(p)$。考虑到 $H(p)$与系统函数 $H(s)$在形式上的一致性，采用 S 域模拟信号流图画法，直接由 $H(p)$画出系统的时域模拟信号流图。然后根据状态模型，选择积分器或一阶子系统的输出变量作为状态变量，利用积分器和一阶子系统的输入输出关系得到状态方程。在信号流图的输出端写出输出方程。

下面以三阶系统为例，说明状态空间方程的建立过程。

例 8.2－2 已知描述系统的微分方程为

$$y^{(3)}(t)+a_2y^{(2)}(t)+a_1y^{(1)}(t)+a_0y(t)=b_1f^{(1)}(t)+b_0f(t) \tag{8.2-7}$$

试建立该系统的状态方程和输出方程。

解 容易写出给定系统的传输算子为

$$H(p)=\frac{b_1p+b_0}{p^3+a_2p^2+a_1p+a_0} \tag{8.2-8}$$

我们采用不同形式信号流图模拟 $H(p)$，得到三种不同组成的状态空间方程。

形式 1 采用直接形式 Ⅰ 模拟 $H(p)$，画出时域信号流图如图 8.2－3 所示。

选择三个积分器的输出信号 x_1、x_2 和 x_3 作为状态变量，在积分器的输入端列出状态

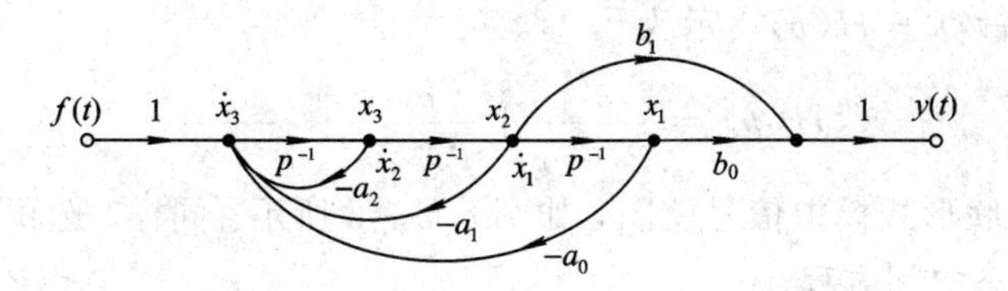

图 8.2 - 3　直接形式 I 模拟

方程：

$$\dot{x}_1 = x_2$$
$$\dot{x}_2 = x_3$$
$$\dot{x}_3 = f - a_0 x_1 - a_1 x_2 - a_2 x_3$$

在系统输出端列出输出方程：

$$y = b_0 x_1 + b_1 x_2$$

整理成矩阵形式有

$$\begin{bmatrix} \dot{x}_1 \\ \dot{x}_2 \\ \dot{x}_3 \end{bmatrix} = \begin{bmatrix} 0 & 1 & 0 \\ 0 & 0 & 1 \\ -a_0 & -a_1 & -a_2 \end{bmatrix} \begin{bmatrix} x_1 \\ x_2 \\ x_3 \end{bmatrix} + \begin{bmatrix} 0 \\ 0 \\ 1 \end{bmatrix} f$$

$$y = \begin{bmatrix} b_0 & b_1 & 0 \end{bmatrix} \begin{bmatrix} x_1 \\ x_2 \\ x_3 \end{bmatrix}$$

形式 2　采用直接形式 Ⅱ 模拟 $H(p)$。由于此时积分器的输出信号并非一定是后接节点的变量信号(可能还包含有其他支路的输入信号)，为了便于标记状态变量，画模拟信号流图时，可在相关积分器的输出端添加一个辅助节点和一条增益为 1 的辅助支路。这样处理后，画出 $H(p)$的时域信号流图如图 8.2 - 4 所示，图中左侧两个积分器的输出端分别增添了一个辅助节点和一条增益为 1 的辅助支路。最后，采用形式 1 相同的方法写出系统的状态方程和输出方程为

$$\begin{bmatrix} \dot{x}_1 \\ \dot{x}_2 \\ \dot{x}_3 \end{bmatrix} = \begin{bmatrix} -a_2 & 1 & 0 \\ -a_1 & 0 & 1 \\ -a_0 & 0 & 0 \end{bmatrix} \begin{bmatrix} x_1 \\ x_2 \\ x_3 \end{bmatrix} + \begin{bmatrix} 0 \\ b_1 \\ b_0 \end{bmatrix} f$$

$$y = \begin{bmatrix} 1 & 0 & 0 \end{bmatrix} \begin{bmatrix} x_1 \\ x_2 \\ x_3 \end{bmatrix}$$

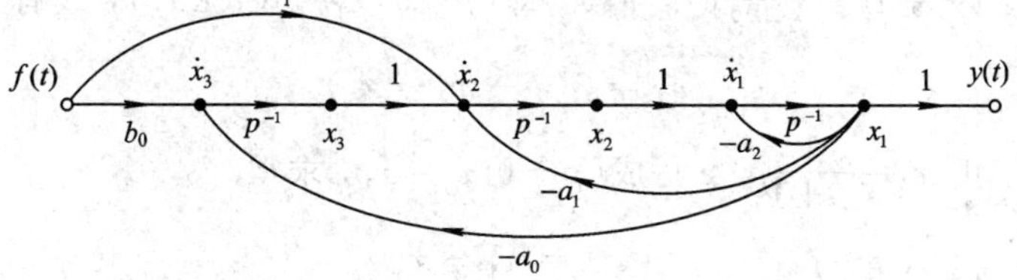

图 8.2 - 4　直接形式 Ⅱ 模拟

形式 3　将传输算子 $H(p)$ 表示为

$$H(p)=\frac{\alpha_1}{p+\lambda_1}+\frac{\alpha_2}{p+\lambda_2}+\frac{\alpha_3}{p+\lambda_3}$$

则可画出系统的并联形式模拟信号流图，如图 8.2－5 所示。同样，选积分器的输出为状态变量，则可列出状态空间方程

$$\begin{bmatrix}\dot{x}_1\\ \dot{x}_2\\ \dot{x}_3\end{bmatrix}=\begin{bmatrix}-\lambda_1 & 0 & 0\\ 0 & -\lambda_2 & 0\\ 0 & 0 & -\lambda_3\end{bmatrix}\begin{bmatrix}x_1\\ x_2\\ x_3\end{bmatrix}+\begin{bmatrix}\alpha_1\\ \alpha_2\\ \alpha_3\end{bmatrix}f$$

$$y=[1\quad 1\quad 1]\begin{bmatrix}x_1\\ x_2\\ x_3\end{bmatrix}$$

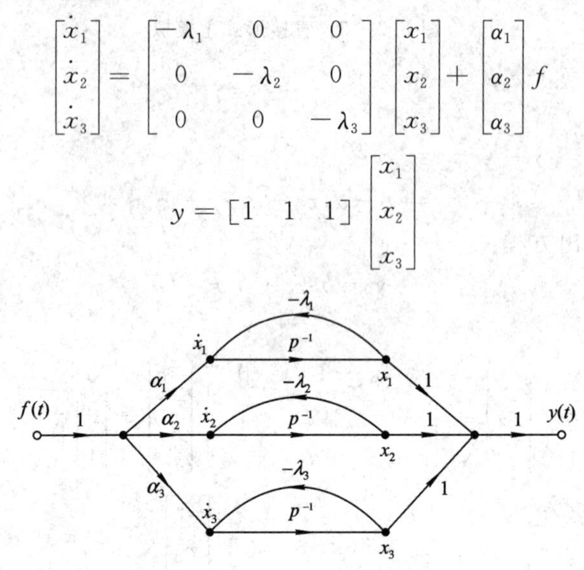

图 8.2－5　并联形式模拟

本例表明，对于同一 $H(p)$，由于采用不同方式模拟，得到的模拟系统具有不同结构，选用不同的状态变量，导致状态空间方程形式也不一样。但是，因具有相同的 $H(p)$，故这些模拟系统的输入输出关系则是完全相同的。

例 8.2－3　已知系统方框图如图 8.2－6 所示，试建立其状态空间方程。

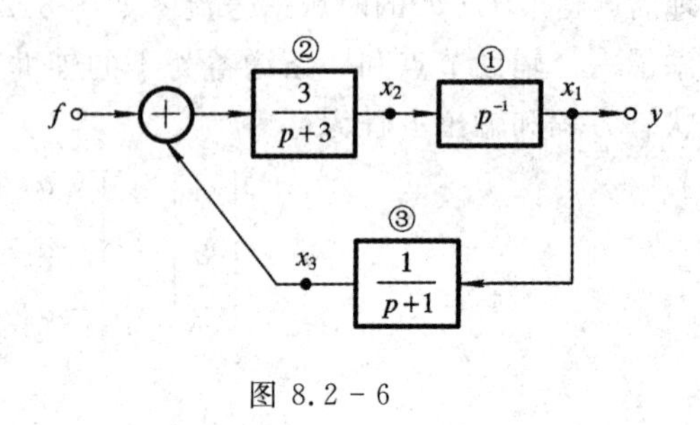

图 8.2－6

解　本例中，采用方框图表示系统时域模型。图中方框①为积分器，方框②、③为一阶子系统。首先，选择积分器和一阶子系统的输出 x_1、x_2 和 x_3 作为状态变量，如图中所标。然后，利用积分器和一阶子系统的输入输出关系写出状态方程。对积分器①有

$$\dot{x}_1=x_2$$

对子系统②，因为 $x_2=\frac{3}{p+3}(f+x_3)$，即 $(p+3)x_2=3(f+x_3)$，故有

$$\dot{x}_2=3(f-x_2+x_3)$$

对子系统③，由 $x_3=\frac{1}{p+1}x_1$，写成 $(p+1)x_3=x_1$，求得

$$\dot{x}_3=x_1-x_3$$

在系统输出端写出输出方程

$$y = x_1$$

整理得到系统状态空间方程

$$\begin{bmatrix}\dot{x}_1\\ \dot{x}_2\\ \dot{x}_3\end{bmatrix}=\begin{bmatrix}0 & 1 & 0\\ 0 & -3 & 3\\ 1 & 0 & -1\end{bmatrix}\begin{bmatrix}x_1\\ x_2\\ x_3\end{bmatrix}+\begin{bmatrix}0\\ 3\\ 0\end{bmatrix}f$$

$$y=[1\quad 0\quad 0]\begin{bmatrix}x_1\\ x_2\\ x_3\end{bmatrix}$$

综上所述，依据系统时域模型建立状态空间方程的步骤是：

第一步，由系统微分方程或传输算子，画出时域模拟信号流图或方框图；

第二步，选择信号流图或方框图中积分器(或一阶子系统)的输出信号作为系统的状态变量；

第三步，在各积分器的输入端或通过一阶子系统的输入输出关系写出状态方程；

第四步，在信号流图或方框图的输出端写出输出方程。

8.2.3　由系统函数建立状态空间方程

设 LTI 连续系统的系统函数为

$$H(s)=\frac{b_m s^m + b_{m-1}s^{m-1}+\cdots+b_1 s+b_0}{s^n + a_{n-1}s^{n-1}+\cdots+a_1 s+a_0}$$

由于 $H(s)$与传输算子 $H(p)$在形式上的一致性，所以 8.2.2 节中对 $H(p)$的讨论同样适用于 $H(s)$，其建立系统状态空间方程的方法步骤也相同，这里不再重复讨论。

但是应该指出，在本质上，由式(8.1-10)表示的状态空间方程是一组时域方程，而系统函数 $H(s)$是系统的 S 域描述，两者不能混为一谈。此外，微分方程一般具有非零初始条件，相应初始状态不为零；而系统函数 $H(s)$，按照定义是零状态响应的拉氏变换与输入的拉氏变换之比，故系统的初始状态为零。

例 8.2-4　已知二输入二输出三阶系统的 S 域信号流图如图 8.2-7 所示，试建立该系统的状态空间方程。

解　我们在形式上将图中的 S 域信号$F(s)$、$Y(s)$视为时域信号 $f(t)$、$y(t)$；将符号“s^{-1}”视为积分算子“p^{-1}”。选择三个积分器的输出信号 x_1、x_2 和 x_3 作为状态变量，在各积分器的输入端列出状态方程

$$\begin{aligned}\dot{x}_1 &= -2x_1 + 3x_2 + f_1\\ \dot{x}_2 &= x_3\\ \dot{x}_3 &= 2\dot{x}_1 - x_2 - 3x_3 + 3f_2\\ &= -4x_1 + 5x_2 - 3x_3 + 2f_1 + 3f_2\end{aligned}$$

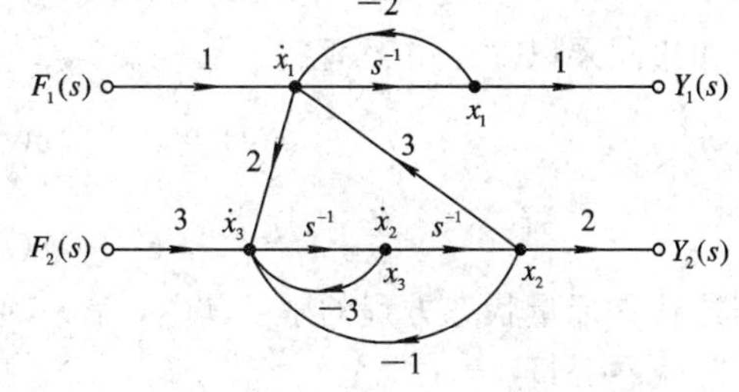

图 8.2-7

在系统输出端写出输出方程

$$y_1 = x_1,\quad y_2 = 2x_2$$

整理成矩阵方程形式有

$$\begin{bmatrix}\dot{x}_1\\\dot{x}_2\\\dot{x}_3\end{bmatrix}=\begin{bmatrix}-2 & 3 & 0\\0 & 0 & 1\\-4 & 5 & -3\end{bmatrix}\begin{bmatrix}x_1\\x_2\\x_3\end{bmatrix}+\begin{bmatrix}1 & 0\\0 & 0\\2 & 3\end{bmatrix}\begin{bmatrix}f_1\\f_2\end{bmatrix}$$

$$\begin{bmatrix}y_1\\y_2\end{bmatrix}=\begin{bmatrix}1 & 0 & 0\\0 & 2 & 0\end{bmatrix}\begin{bmatrix}x_1\\x_2\\x_3\end{bmatrix}$$

8.3　连续系统状态空间方程的求解

线性时不变连续系统的状态空间方程为

$$\begin{cases}\dot{\boldsymbol{x}}(t)=\boldsymbol{Ax}(t)+\boldsymbol{Bf}(t) & \boldsymbol{x}(t_0)\text{ 已知} \quad (8.3-1a)\\ \boldsymbol{y}(t)=\boldsymbol{Cx}(t)+\boldsymbol{Df}(t) & t\geqslant t_0 \quad (8.3-1b)\end{cases}$$

对于具有 p 个输入、q 个输出的 n 阶系统，上式中 $\boldsymbol{x}(t)$、$\boldsymbol{f}(t)$和 $\boldsymbol{y}(t)$分别是 n 维状态矢量、p 维输入矢量和 q 维输出矢量，矩阵 $\boldsymbol{A}$、$\boldsymbol{B}$、$\boldsymbol{C}$、$\boldsymbol{D}$ 都是常数矩阵。

状态空间方程是一组一阶常系数矢量微分方程式，在数学上有多种求解方法。本节介绍时域解法和 S 域解法。

8.3.1　状态空间方程的时域解法

矢量方程和标量方程在本质上是相同的，因此在求解方法上也非常相似。为了说明矢量状态方程的时域解法，我们先来考察一下标量状态方程的求解过程。

设标量状态方程为

$$\dot{x}(t)=ax(t)+bf(t)$$

其初始状态 $x(t_0)$已知。将上式两边同乘以 e^{-at}，移项后得

$$\mathrm{e}^{-at}\dot{x}(t)-a\mathrm{e}^{-at}x(t)=\mathrm{e}^{-at}bf(t)$$

即

$$\frac{\mathrm{d}}{\mathrm{d}t}[\mathrm{e}^{-at}x(t)]=\mathrm{e}^{-at}bf(t)$$

上式等号两边取 t_0 到 t 的积分，得

$$\mathrm{e}^{-at}x(t)-\mathrm{e}^{-at_0}x(t_0)=\int_{t_0}^{t}\mathrm{e}^{-a\tau}bf(\tau)\,\mathrm{d}\tau$$

两边同乘以 e^{at}，并整理得

$$\begin{aligned}x(t)&=\mathrm{e}^{a(t-t_0)}x(t_0)+\int_{t_0}^{t}\mathrm{e}^{a(t-\tau)}bf(\tau)\,\mathrm{d}\tau\\&=\mathrm{e}^{a(t-t_0)}x(t_0)+\mathrm{e}^{at}b*f(t)\qquad t\geqslant t_0\end{aligned}\tag{8.3-2}$$

这就是标量状态方程的解。其中，第一项为状态变量的零输入分量，第二项为状态变量的零状态分量。

将上述方法推广用于矢量状态方程求解，还要用到矩阵指数函数(参见本书附录 B)概念。为此，我们先作一些简要介绍。

若标量函数 $f(x)$可以展开为如下收敛的幂级数：

$$f(x)=\sum_{i=0}^{\infty}a_i x^i$$

则定义函数

$$f(\boldsymbol{A})=\sum_{i=0}^{\infty}a_i\boldsymbol{A}^i \tag{8.3-3}$$

为 $\boldsymbol{A}$ 的矩阵函数。可见，矩阵函数是一种以矩阵 $\boldsymbol{A}$ 为自变量，并用相应标量函数的收敛幂级数形式来定义的函数。

例如，指数函数 e^{xt} 的收敛幂级数为

$$e^{xt}=1+xt+\frac{x^2}{2!}t^2+\frac{x^3}{3!}t^3+\cdots=\sum_{i=0}^{\infty}\frac{x^i}{i!}t^i$$

因此，可定义相应的矩阵指数函数为

$$e^{\boldsymbol{A}t}=\boldsymbol{I}+\boldsymbol{A}t+\frac{\boldsymbol{A}^2}{2!}t^2+\frac{\boldsymbol{A}^3}{3!}t^3+\cdots=\sum_{i=0}^{\infty}\frac{\boldsymbol{A}^i}{i!}t^i \tag{8.3-4}$$

例 8.3-1 已知方阵

$$\boldsymbol{A}=\begin{bmatrix}p & 0\\ 0 & q\end{bmatrix}$$

求其矩阵指数函数 $e^{\boldsymbol{A}t}$。

解 由式(8.3-4)，得

$$e^{\boldsymbol{A}t}=\boldsymbol{I}+\boldsymbol{A}t+\frac{\boldsymbol{A}^2}{2!}t^2+\frac{\boldsymbol{A}^3}{3!}t^3+\cdots=\begin{bmatrix}1 & 0\\ 0 & 1\end{bmatrix}+\begin{bmatrix}p & 0\\ 0 & q\end{bmatrix}t+\frac{1}{2!}\begin{bmatrix}p^2 & 0\\ 0 & q^2\end{bmatrix}t^2+\frac{1}{3!}\begin{bmatrix}p^3 & 0\\ 0 & q^3\end{bmatrix}t^3+\cdots$$

$$=\begin{bmatrix}\sum_{i=0}^{\infty}\frac{1}{i!}(pt)^i & 0\\ 0 & \sum_{i=0}^{\infty}\frac{1}{i!}(qt)^i\end{bmatrix}=\begin{bmatrix}e^{pt} & 0\\ 0 & e^{qt}\end{bmatrix}$$

可见，一个 n 阶方阵 $\boldsymbol{A}$，其矩阵指数函数 $e^{\boldsymbol{A}t}$ 仍是 n 阶方阵。

可以证明，矩阵指数函数 $e^{\boldsymbol{A}t}$ 有以下重要结论：

(1) 对于任何方阵 $\boldsymbol{A}$，$e^{\boldsymbol{A}t}$ 恒有逆，且为

$$(e^{\boldsymbol{A}t})^{-1}=e^{-\boldsymbol{A}t} \tag{8.3-5}$$

即

$$e^{\boldsymbol{A}t}e^{-\boldsymbol{A}t}=e^{-\boldsymbol{A}t}e^{\boldsymbol{A}t}=\boldsymbol{I} \tag{8.3-6}$$

(2) 对于 n 阶方阵 $\boldsymbol{A}$ 和 $\boldsymbol{B}$，若 $\boldsymbol{AB}=\boldsymbol{BA}$，则有

$$e^{\boldsymbol{A}t}e^{\boldsymbol{B}t}=e^{\boldsymbol{B}t}e^{\boldsymbol{A}t}=e^{(\boldsymbol{A}+\boldsymbol{B})t} \tag{8.3-7}$$

(3) 对于方阵 $\boldsymbol{A}$，有

$$e^{\boldsymbol{A}(t_1+t_2)}=e^{\boldsymbol{A}t_1}e^{\boldsymbol{A}t_2} \tag{8.3-8}$$

$$\frac{d}{dt}e^{\boldsymbol{A}t}=\boldsymbol{A}e^{\boldsymbol{A}t}=e^{\boldsymbol{A}t}\boldsymbol{A} \tag{8.3-9}$$

(4) 若 $\boldsymbol{A}$ 为 n 阶方阵，$\boldsymbol{x}$ 为 n 维列矢量函数，$\boldsymbol{P}$ 为非奇异矩阵，则有

$$\frac{d}{dt}(e^{-\boldsymbol{A}t}\boldsymbol{x})=e^{-\boldsymbol{A}t}\dot{\boldsymbol{x}}-\boldsymbol{A}e^{-\boldsymbol{A}t}\boldsymbol{x} \tag{8.3-10}$$

$$e^{PAP^{-1}t} = Pe^{At}P^{-1} \tag{8.3-11}$$

现在我们来求矢量状态方程的时间域解。设系统初始状态矢量为

$$\boldsymbol{x}(t_0) = [x_1(t_0), x_2(t_0), \cdots, x_n(t_0)]^{\mathrm{T}} \tag{8.3-12}$$

用 e^{-At} 左乘式(8.3-1a)两边，经移项后得

$$e^{-At}\dot{\boldsymbol{x}}(t) - e^{-At}\boldsymbol{A}\boldsymbol{x}(t) = e^{-At}\boldsymbol{B}\boldsymbol{f}(t)$$

由式(8.3-10)，上式可写成

$$\frac{\mathrm{d}}{\mathrm{d}t}[e^{-At}\boldsymbol{x}(t)] = e^{-At}\boldsymbol{B}\boldsymbol{f}(t)$$

将上式两边取 t_0 到 t 的积分，并考虑式(8.3-12)初始条件，得出

$$e^{-At}\boldsymbol{x}(t) - e^{-At_0}\boldsymbol{x}(t_0) = \int_{t_0}^{t} e^{-A\tau}\boldsymbol{B}\boldsymbol{f}(\tau)\,\mathrm{d}\tau$$

即

$$e^{-At}\boldsymbol{x}(t) = e^{-At_0}\boldsymbol{x}(t_0) + \int_{t_0}^{t} e^{-A\tau}\boldsymbol{B}\boldsymbol{f}(\tau)\,\mathrm{d}\tau$$

上式两边左乘以 e^{At}，整理后得

$$\boldsymbol{x}(t) = e^{A(t-t_0)}\boldsymbol{x}(t_0) + \int_{t_0}^{t} e^{A(t-\tau)}\boldsymbol{B}\boldsymbol{f}(\tau)\,\mathrm{d}\tau \qquad t \geqslant t_0 \tag{8.3-13}$$

若初始观察时刻 $t_0 = 0^-$，并令

$$\boldsymbol{\varphi}(t) = e^{At} \tag{8.3-14}$$

则式(8.3-13)可写成

$$\boldsymbol{x}(t) = e^{At}\boldsymbol{x}(0^-) + \int_{0^-}^{t} e^{A(t-\tau)}\boldsymbol{B}\boldsymbol{f}(\tau)\,\mathrm{d}\tau = \boldsymbol{\varphi}(t)\boldsymbol{x}(0^-) + \int_{0^-}^{t} \boldsymbol{\varphi}(t-\tau)\boldsymbol{B}\boldsymbol{f}(\tau)\,\mathrm{d}\tau \qquad t \geqslant 0 \tag{8.3-15}$$

这就是矢量状态方程的时域解。式中等号右边第一项是状态矢量解的零输入分量，记为

$$\boldsymbol{x}_{zi}(t) = \boldsymbol{\varphi}(t)\boldsymbol{x}(0^-) \qquad t \geqslant 0 \tag{8.3-16a}$$

显然，若 $\boldsymbol{x}$ 为 n 维列矢量，则 $\boldsymbol{\varphi}(t)$ 为 n 阶方阵。上式表明，系统在零输入情况下，$\boldsymbol{\varphi}(t)$ 的作用是使系统由初始时刻的状态转移至 t 时刻的状态。因此，称 $\boldsymbol{\varphi}(t)$ 或 e^{At} 为连续系统的**状态转移矩阵**。

式(8.3-15)中第二项是状态矢量解的零状态分量，记为

$$\boldsymbol{x}_{zs}(t) = \int_{0^-}^{t} \boldsymbol{\varphi}(t-\tau)\boldsymbol{B}\boldsymbol{f}(\tau)\,\mathrm{d}\tau \qquad t \geqslant 0 \tag{8.3-16b}$$

式中，等号右边将三个矩阵相乘后取积分，结果得到一个新的矩阵。由于计算该矩阵各元素的运算均为卷积运算，因此可将式(8.3-16b)表示成矩阵卷积的形式。一般情况下，两个矩阵函数的卷积可以用矩阵相乘的运算规则来定义，只是将其中的乘法运算符换成卷积运算符即可。例如：

$$\begin{aligned}\boldsymbol{A}(t) * \boldsymbol{B}(t) &= \begin{bmatrix} a_{11}(t) & a_{12}(t) \\ a_{21}(t) & a_{22}(t) \end{bmatrix} * \begin{bmatrix} b_{11}(t) \\ b_{21}(t) \end{bmatrix} \\ &= \begin{bmatrix} a_{11}(t) * b_{11}(t) + a_{12}(t) * b_{21}(t) \\ a_{21}(t) * b_{11}(t) + a_{22}(t) * b_{21}(t) \end{bmatrix}\end{aligned}$$

这样，式(8.3-16b)可表示为

$$\boldsymbol{x}_{zs}(t)=\int_{0^-}^{t}\boldsymbol{\varphi}(t-\tau)\boldsymbol{B}\boldsymbol{f}(\tau)\mathrm{d}\tau=\boldsymbol{\varphi}(t)\boldsymbol{B}*\boldsymbol{f}(t)\qquad t\geqslant 0\tag{8.3-17}$$

于是，矢量状态方程的时域解可写成

$$\boldsymbol{x}(t)=\boldsymbol{x}_{zi}(t)+\boldsymbol{x}_{zs}(t)=\boldsymbol{\varphi}(t)\boldsymbol{x}(0^-)+\boldsymbol{\varphi}(t)\boldsymbol{B}*\boldsymbol{f}(t)\qquad t\geqslant 0\tag{8.3-18}$$

其解的形式与式(8.3－2)相同。

将式(8.3－18)代入输出方程式(8.3－1b)，得

$$\boldsymbol{y}(t)=\boldsymbol{C}[\boldsymbol{\varphi}(t)\boldsymbol{x}(0^-)+\boldsymbol{\varphi}(t)\boldsymbol{B}*\boldsymbol{f}(t)]+\boldsymbol{D}\boldsymbol{f}(t)$$

若系统输入个数为 p，我们定义 $p\times p$ 阶对角矩阵

$$\boldsymbol{\delta}(t)=\begin{bmatrix}\delta(t) & & & \boldsymbol{0}\\ & \delta(t) & & \\ \boldsymbol{0} & & \ddots & \\ & & & \delta(t)\end{bmatrix}\tag{8.3-19}$$

由于

$$\boldsymbol{\delta}(t)*\boldsymbol{f}(t)=\boldsymbol{f}(t)$$

故系统输出(响应)可改写成

$$\begin{aligned}\boldsymbol{y}(t)&=\boldsymbol{C}[\boldsymbol{\varphi}(t)\boldsymbol{x}(0^-)+\boldsymbol{\varphi}(t)\boldsymbol{B}*\boldsymbol{f}(t)]+\boldsymbol{D}\boldsymbol{\delta}(t)*\boldsymbol{f}(t)\\&=\boldsymbol{C}\boldsymbol{\varphi}(t)\boldsymbol{x}(0^-)+[\boldsymbol{C}\boldsymbol{\varphi}(t)\boldsymbol{B}+\boldsymbol{D}\boldsymbol{\delta}(t)]*\boldsymbol{f}(t)\qquad t\geqslant 0\end{aligned}\tag{8.3-20}$$

式中，第一项是系统的零输入响应，第二项是零状态响应，分别记为

$$\boldsymbol{y}_{zi}(t)=\boldsymbol{C}\boldsymbol{\varphi}(t)\boldsymbol{x}(0^-)\qquad t\geqslant 0\tag{8.3-21}$$

和

$$\boldsymbol{y}_{zs}(t)=[\boldsymbol{C}\boldsymbol{\varphi}(t)\boldsymbol{B}+\boldsymbol{D}\boldsymbol{\delta}(t)]*\boldsymbol{f}(t)=\boldsymbol{h}(t)*\boldsymbol{f}(t)\qquad t\geqslant 0\tag{8.3-22}$$

式中

$$\boldsymbol{h}(t)=\boldsymbol{C}\boldsymbol{\varphi}(t)\boldsymbol{B}+\boldsymbol{D}\boldsymbol{\delta}(t)\qquad t\geqslant 0\tag{8.3-23}$$

称为连续系统的**单位冲激响应矩阵**，简称**冲激响应矩阵**。若系统的输入、输出数目分别为 p 和 q，则 $\boldsymbol{h}(t)$是 $q\times p$ 阶矩阵，它的第 i 行第 j 列元素 $h_{ij}(t)$代表第 j 个输入为$\delta(t)$，而其他输入均为零时第 i 个输出的零状态响应。可以看出，这与单输入单输出系统的单位冲激响应定义是一致的。

利用冲激响应矩阵，系统输出可表示为

$$\boldsymbol{y}(t)=\boldsymbol{y}_{zi}(t)+\boldsymbol{y}_{zs}(t)=\boldsymbol{C}\boldsymbol{\varphi}(t)\boldsymbol{x}(0^-)+\boldsymbol{h}(t)*\boldsymbol{f}(t)\qquad t\geqslant 0\tag{8.3-24}$$

8.3.2　e^{At} 的计算

上面讨论表明，用时域法求解状态空间方程时，如何计算 e^{At} 是一个关键问题。在时间域内，常用的计算方法有：

(1) 幂级数法。按照 e^{At} 定义，用计算机求出它的近似值。

(2) 将矩阵 $\boldsymbol{A}$ 变换成相似的对角矩阵 $\boldsymbol{\Lambda}$，即

$$\boldsymbol{A}=\boldsymbol{P}\boldsymbol{\Lambda}\boldsymbol{P}^{-1}=\boldsymbol{P}\begin{bmatrix}\lambda_1 & & & \boldsymbol{0}\\ & \lambda_2 & & \\ & & \ddots & \\ \boldsymbol{0} & & & \lambda_n\end{bmatrix}\boldsymbol{P}^{-1}$$

然后应用式(8.3－11)求得

$$e^{\boldsymbol{A}t}=e^{\boldsymbol{P}\boldsymbol{\Lambda}\boldsymbol{P}^{-1}t}=\boldsymbol{P}e^{\boldsymbol{\Lambda}t}\boldsymbol{P}^{-1}=\boldsymbol{P}\begin{bmatrix}e^{\lambda_1 t} & & & \boldsymbol{0}\\ & e^{\lambda_2 t} & & \\ & & \ddots & \\ \boldsymbol{0} & & & e^{\lambda_n t}\end{bmatrix}\boldsymbol{P}^{-1}$$

(3) 应用本书附录 B 中的定理 B－2，将 $e^{\boldsymbol{A}t}$ 表示成有限项之和，然后进行计算。

下面我们介绍第三种方法。

在矩阵代数中，对于 n 阶方阵 $\boldsymbol{A}$，若有非零 n 维列矢量 $\boldsymbol{x}$，标量 λ 满足方程式：

$$\boldsymbol{A}\boldsymbol{x}=\lambda\boldsymbol{x} \tag{8.3-25}$$

则称 λ 为矩阵 $\boldsymbol{A}$ 的**特征值**。

因为

$$\boldsymbol{x}=\boldsymbol{I}\boldsymbol{x}$$

所以式(8.3－25)可写成

$$\lambda\boldsymbol{I}\boldsymbol{x}-\boldsymbol{A}\boldsymbol{x}=(\lambda\boldsymbol{I}-\boldsymbol{A})\boldsymbol{x}=0$$

由于 $\boldsymbol{x}\neq 0$，故上式中 $\lambda\boldsymbol{I}-\boldsymbol{A}$ 必为奇异矩阵，其行列式为零，即

$$\det(\lambda\boldsymbol{I}-\boldsymbol{A})=0 \tag{8.3-26}$$

令 $q(\lambda)=\det(\lambda\boldsymbol{I}-\boldsymbol{A})$，上式可表示成

$$\begin{aligned}q(\lambda)&=\det(\lambda\boldsymbol{I}-\boldsymbol{A})=C_n\lambda^n+C_{n-1}\lambda^{n-1}+\cdots+C_1\lambda+C_0\\&=(\lambda-\lambda_1)(\lambda-\lambda_2)\cdots(\lambda-\lambda_n)\\&=0\end{aligned} \tag{8.3-27}$$

$q(\lambda)$是 λ 的多项式，称为矩阵 $\boldsymbol{A}$ 的**特征多项式**。$q(\lambda)=0$ 称为 $\boldsymbol{A}$ 的**特征方程**，它的根称为 $\boldsymbol{A}$ 的**特征根**，也就是式(8.3－25)中的特征值。式(8.3－27)中 $C_i(i=0, 1, \cdots, n)$为特征多项式各项系数，$\lambda_i(i=1, 2, \cdots, n)$表示特征根。

根据本书附录 B，应用定理 B－2 可以证明：任一 n 阶方阵 $\boldsymbol{A}$ 的矩阵函数 $f(\boldsymbol{A})$总可表示成一个次数不超过 $n-1$ 的 $\boldsymbol{A}$ 的多项式，即

$$f(\boldsymbol{A})=\beta_0\boldsymbol{I}+\beta_1\boldsymbol{A}+\beta_2\boldsymbol{A}^2+\cdots+\beta_{n-1}\boldsymbol{A}^{n-1} \tag{8.3-28}$$

对于矩阵指数函数，则有

$$e^{\boldsymbol{A}t}=\beta_0\boldsymbol{I}+\beta_1\boldsymbol{A}+\beta_2\boldsymbol{A}^2+\cdots+\beta_{n-1}\boldsymbol{A}^{n-1} \tag{8.3-29}$$

可见原来由无穷级数定义的 $e^{\boldsymbol{A}t}$ 可用 $\boldsymbol{A}$ 的 $n-1$ 阶多项式来表示。式中，系数 β_0，β_1，…，β_{n-1} 可根据 $\boldsymbol{A}$ 的特征根用下面方法确定。

如果矩阵 $\boldsymbol{A}$ 的特征根 λ_1，λ_2，…，λ_n 都是单根，则由附录 B 中式(B－21)可得

$$\begin{cases}e^{\lambda_1 t}=\beta_0+\beta_1\lambda_1+\cdots+\beta_{n-1}\lambda_1^{n-1}\\ e^{\lambda_2 t}=\beta_0+\beta_1\lambda_2+\cdots+\beta_{n-1}\lambda_2^{n-1}\\ \quad\cdots\cdots\\ e^{\lambda_n t}=\beta_0+\beta_1\lambda_n+\cdots+\beta_{n-1}\lambda_n^{n-1}\end{cases} \tag{8.3-30}$$

求解该方程组即可得出 n 个系数 β_0，β_1，…，β_{n-1}。

如果 $\boldsymbol{A}$ 的特征根中有某个根 λ_1 是 m 重根，此时可先列出如下与 λ_1 对应的 m 个方程：

$$\begin{cases} e^{\lambda_1 t} = \beta_0 + \beta_1\lambda_1 + \cdots + \beta_{n-1}\lambda_1^{n-1} \\ \dfrac{d}{d\lambda_1}e^{\lambda_1 t} = \dfrac{d}{d\lambda_1}(\beta_0 + \beta_1\lambda_1 + \cdots + \beta_{n-1}\lambda_1^{n-1}) \\ \cdots\cdots \\ \dfrac{d^{m-1}}{d\lambda_1^{m-1}}e^{\lambda_1 t} = \dfrac{d^{m-1}}{d\lambda_1^{m-1}}(\beta_0 + \beta_1\lambda_1 + \cdots + \beta_{n-1}\lambda_1^{n-1}) \end{cases} \tag{8.3 - 31}$$

然后，连同 $n-m$ 个单根对应的方程式，求解这组联立方程得到 β_0，β_1，…，β_{n-1}。

例 8.3 - 2　给定矩阵：

$$\boldsymbol{A} = \begin{bmatrix} -1 & 0 \\ 1 & -3 \end{bmatrix}$$

求其矩阵指数函数 e^{At}。

解　矩阵 $\boldsymbol{A}$ 的特征方程为

$$q(\lambda) = \det(\lambda\boldsymbol{I} - \boldsymbol{A}) = \det\left(\begin{bmatrix} \lambda & 0 \\ 0 & \lambda \end{bmatrix} - \begin{bmatrix} -1 & 0 \\ 1 & -3 \end{bmatrix}\right) = (\lambda+1)(\lambda+3) = 0$$

方程有两个相异的特征根：

$$\lambda_1 = -1 \qquad \lambda_2 = -3$$

由式(8.3 - 29)，e^{At} 可表示成

$$e^{At} = \beta_0\boldsymbol{I} + \beta_1\boldsymbol{A}$$

按照式(8.3 - 30)，得

$$\begin{cases} e^{\lambda_1 t} = \beta_0 + \beta_1\lambda_1 \\ e^{\lambda_2 t} = \beta_0 + \beta_1\lambda_2 \end{cases}$$

将 λ_1，λ_2 值代入上式，并解得

$$\beta_0 = \frac{3e^{-t} - e^{-3t}}{2} \qquad \beta_1 = \frac{e^{-t} - e^{-3t}}{2}$$

于是

$$e^{At} = \beta_0\boldsymbol{I} + \beta_1\boldsymbol{A} = \frac{3e^{-t} - e^{-3t}}{2}\begin{bmatrix} 1 & 0 \\ 0 & 1 \end{bmatrix} + \frac{e^{-t} - e^{-3t}}{2}\begin{bmatrix} -1 & 0 \\ 1 & -3 \end{bmatrix}$$

$$= \begin{bmatrix} e^{-t} & 0 \\ \dfrac{1}{2}(e^{-t} - e^{-3t}) & e^{-3t} \end{bmatrix}$$

例 8.3 - 3　给定系统的状态空间方程为

$$\begin{bmatrix} \dot{x}_1 \\ \dot{x}_2 \end{bmatrix} = \begin{bmatrix} -1 & 0 \\ 1 & -3 \end{bmatrix}\begin{bmatrix} x_1 \\ x_2 \end{bmatrix} + \begin{bmatrix} 1 \\ 0 \end{bmatrix}f$$

$$\boldsymbol{y} = \begin{bmatrix} -\dfrac{1}{2} & 1 \end{bmatrix}\begin{bmatrix} x_1 \\ x_2 \end{bmatrix} + [1]f$$

已知系统初始状态为

$$\boldsymbol{x}(0^-) = \begin{bmatrix} x_1(0^-) \\ x_2(0^-) \end{bmatrix} = \begin{bmatrix} 1 \\ 2 \end{bmatrix}$$

输入为单位阶跃函数。试求该系统的状态矢量 $\boldsymbol{x}$ 和输出 y。

解　状态空间方程系数矩阵 $\boldsymbol{A}$、$\boldsymbol{B}$、$\boldsymbol{C}$、$\boldsymbol{D}$ 分别是

$$\boldsymbol{A}=\begin{bmatrix}-1 & 0\\ 1 & -3\end{bmatrix}\qquad \boldsymbol{B}=\begin{bmatrix}1\\ 0\end{bmatrix}$$

$$\boldsymbol{C}=\begin{bmatrix}-\dfrac{1}{2} & 1\end{bmatrix}\qquad \boldsymbol{D}=[1]$$

利用例 8.3 - 2 结果，得出系统状态转移矩阵为

$$\boldsymbol{\varphi}(t)=\mathrm{e}^{\boldsymbol{A}t}=\begin{bmatrix}\mathrm{e}^{-t} & 0\\ \dfrac{1}{2}(\mathrm{e}^{-t}-\mathrm{e}^{-3t}) & \mathrm{e}^{-3t}\end{bmatrix},\quad t\geqslant 0$$

(1) 计算状态矢量解 $\boldsymbol{x}(t)$。

零输入分量为

$$\begin{aligned}\boldsymbol{x}_{\mathrm{zi}}(t)&=\boldsymbol{\varphi}(t)\boldsymbol{x}(0^-)\\&=\begin{bmatrix}\mathrm{e}^{-t} & 0\\ \dfrac{1}{2}(\mathrm{e}^{-t}-\mathrm{e}^{-3t}) & \mathrm{e}^{-3t}\end{bmatrix}\begin{bmatrix}1\\ 2\end{bmatrix}=\begin{bmatrix}\mathrm{e}^{-t}\\ \dfrac{1}{2}(\mathrm{e}^{-t}+3\mathrm{e}^{-3t})\end{bmatrix},\quad t\geqslant 0\end{aligned}$$

零状态分量为

$$\boldsymbol{x}_{\mathrm{zs}}(t)=\boldsymbol{\varphi}(t)\boldsymbol{B}*\boldsymbol{f}(t)=\begin{bmatrix}\mathrm{e}^{-t} & 0\\ \dfrac{1}{2}(\mathrm{e}^{-t}-\mathrm{e}^{-3t}) & \mathrm{e}^{-3t}\end{bmatrix}\begin{bmatrix}1\\ 0\end{bmatrix}*\varepsilon(t)$$

$$=\begin{bmatrix}\mathrm{e}^{-t}\\ \dfrac{1}{2}(\mathrm{e}^{-t}-\mathrm{e}^{-3t})\end{bmatrix}*\varepsilon(t)=\begin{bmatrix}1-\mathrm{e}^{-t}\\ \dfrac{1}{6}(2-3\mathrm{e}^{-t}+\mathrm{e}^{-3t})\end{bmatrix},\quad t\geqslant 0$$

于是状态矢量解为

$$\begin{aligned}\boldsymbol{x}(t)&=\boldsymbol{x}_{\mathrm{zi}}(t)+\boldsymbol{x}_{\mathrm{zs}}(t)=\begin{bmatrix}\mathrm{e}^{-t}\\ \dfrac{1}{2}(\mathrm{e}^{-t}+3\mathrm{e}^{-3t})\end{bmatrix}+\begin{bmatrix}1-\mathrm{e}^{-t}\\ \dfrac{1}{6}(2-3\mathrm{e}^{-t}+\mathrm{e}^{-3t})\end{bmatrix}\\&=\begin{bmatrix}1\\ \dfrac{1}{3}(1+5\mathrm{e}^{-3t})\end{bmatrix},\quad t\geqslant 0\end{aligned}$$

(2) 计算输出响应 $y(t)$。

零输入分量为

$$y_{\mathrm{zi}}(t)=\boldsymbol{C}\boldsymbol{\varphi}(t)\boldsymbol{x}(0^-)=\begin{bmatrix}-\dfrac{1}{2} & 1\end{bmatrix}\begin{bmatrix}\mathrm{e}^{-t} & 0\\ \dfrac{1}{2}(\mathrm{e}^{-t}-\mathrm{e}^{-3t}) & \mathrm{e}^{-3t}\end{bmatrix}\begin{bmatrix}1\\ 2\end{bmatrix}=\frac{3}{2}\mathrm{e}^{-3t}\qquad t\geqslant 0$$

零状态分量为

$$\begin{aligned}y_{\mathrm{zs}}(t)&=h(t)*f(t)=[\boldsymbol{C}\boldsymbol{\varphi}(t)\boldsymbol{B}+\boldsymbol{D}\delta(t)]*f(t)\\&=\left\{\begin{bmatrix}-\dfrac{1}{2} & 1\end{bmatrix}\begin{bmatrix}\mathrm{e}^{-t} & 0\\ \dfrac{1}{2}(\mathrm{e}^{-t}-\mathrm{e}^{-3t}) & \mathrm{e}^{-3t}\end{bmatrix}\begin{bmatrix}1\\ 0\end{bmatrix}+[1]\delta(t)\right\}*\varepsilon(t)\\&=\left[\delta(t)-\frac{1}{2}\mathrm{e}^{-3t}\right]*\varepsilon(t)=\frac{1}{6}(5+\mathrm{e}^{-3t})\qquad t\geqslant 0\end{aligned}$$

所以，系统的输出响应为

$$y(t)=y_{zi}(t)+y_{zs}(t)=\frac{3}{2}e^{-3t}+\frac{1}{6}(5+e^{-3t})=\frac{5}{6}(1+2e^{-3t})\qquad t\geqslant 0$$

8.3.3　状态空间方程的S域解法

上面介绍了连续系统状态空间方程的时域解法，现在讨论另一种常用的S域解法。这种方法是利用拉氏变换，把时间域状态空间方程(即微分-代数方程)转换成S域的代数方程进行求解，然后将结果取拉氏逆变换，得到状态空间方程的时域解。

先考察一个单输入单输出一阶系统，其状态空间方程可表示为

$$\begin{cases}\dot{x}(t)=ax(t)+bf(t) & (8.3-32a)\\ y(t)=cx(t)+df(t) & (8.3-32b)\end{cases}$$

式中，$f(t)$、$y(t)$、$x(t)$均是标量函数。若记$F(s)=\mathscr{L}[f(t)]$，$Y(s)=\mathscr{L}[y(t)]$，$X(s)=\mathscr{L}[x(t)]$，则对式(8.3－32)方程两边分别取拉氏变换，可得

$$\begin{cases}sX(s)-x(0^-)=aX(s)+bF(s) & (8.3-33a)\\ Y(s)=cX(s)+dF(s) & (8.3-33b)\end{cases}$$

由式(8.3－33a)得

$$(s-a)X(s)=x(0^-)+bF(s)$$

即

$$X(s)=(s-a)^{-1}x(0^-)+(s-a)^{-1}bF(s)=\Phi(s)x(0^-)+\Phi(s)bF(s)\tag{8.3-34}$$

式中，$\Phi(s)=(s-a)^{-1}$。将式(8.3－34)代入式(8.3－33b)，并整理得

$$Y(s)=c\Phi(s)x(0^-)+[c\Phi(s)b+d]F(s)\tag{8.3-35}$$

上面两式表示的$X(s)$和$Y(s)$就是连续系统状态变量和输出的S域解。将它们取拉氏逆变换，即可得到系统状态变量和输出的时域解。

上述求解过程同样适用于一般的多输入多输出n阶系统。对标准状态空间方程(8.3－1)取拉氏变换，得

$$s\boldsymbol{X}(s)-\boldsymbol{x}(0^-)=\boldsymbol{AX}(s)+\boldsymbol{BF}(s)\tag{8.3-36a}$$

$$\boldsymbol{Y}(s)=\boldsymbol{CX}(s)+\boldsymbol{DF}(s)\tag{8.3-36b}$$

式中，$\boldsymbol{X}(s)$表示状态矢量$\boldsymbol{x}(t)$的拉氏变换，即

$$\boldsymbol{X}(s)=\mathscr{L}[\boldsymbol{x}(t)]$$

由矩阵积分运算定义可知，$\boldsymbol{X}(s)$仍是n维矢量，它的各分量是时间域状态矢量中相应分量的拉氏变换。同样道理，式(8.3－36)中有

$$\boldsymbol{F}(s)=\mathscr{L}[\boldsymbol{f}(t)]$$

$$\boldsymbol{Y}(s)=\mathscr{L}[\boldsymbol{y}(t)]$$

它们分别是p维和q维矢量。

整理式(8.3－36a)，得

$$(s\boldsymbol{I}-\boldsymbol{A})\boldsymbol{X}(s)=\boldsymbol{x}(0^-)+\boldsymbol{BF}(s)$$

即

$$\begin{aligned}\boldsymbol{X}(s) &= (s\boldsymbol{I}-\boldsymbol{A})^{-1}\boldsymbol{x}(0^-) + (s\boldsymbol{I}-\boldsymbol{A})^{-1}\boldsymbol{BF}(s)\\ &= \boldsymbol{\Phi}(s)\boldsymbol{x}(0^-) + \boldsymbol{\Phi}(s)\boldsymbol{BF}(s)\end{aligned} \tag{8.3-37}$$

式中

$$\boldsymbol{\Phi}(s) = (s\boldsymbol{I}-\boldsymbol{A})^{-1} \tag{8.3-38}$$

称为**预解矩阵**。式(8.3－37)表示状态矢量的S域解，取其拉氏逆变换将得到状态矢量的时域解，即

$$\boldsymbol{x}(t) = \mathscr{L}^{-1}[\boldsymbol{\Phi}(s)\boldsymbol{x}(0^-)] + \mathscr{L}^{-1}[\boldsymbol{\Phi}(s)\boldsymbol{BF}(s)] = \boldsymbol{x}_{zi}(t) + \boldsymbol{x}_{zs}(t) \tag{8.3-39}$$

式中

$$\boldsymbol{x}_{zi}(t) = \mathscr{L}^{-1}[\boldsymbol{\Phi}(s)\boldsymbol{x}(0^-)] \tag{8.3-40a}$$

$$\boldsymbol{x}_{zs}(t) = \mathscr{L}^{-1}[\boldsymbol{\Phi}(s)\boldsymbol{BF}(s)] \tag{8.3-40b}$$

分别是状态矢量解的零输入分量和零状态分量。

比较式(8.3－40a)和式(8.3－16a)，注意到$\boldsymbol{x}(0^-)$是常数矩阵，可得

$$\boldsymbol{\varphi}(t) = \mathrm{e}^{\boldsymbol{A}t} = \mathscr{L}^{-1}[\boldsymbol{\Phi}(s)] = \mathscr{L}^{-1}[(s\boldsymbol{I}-\boldsymbol{A})^{-1}] \tag{8.3-41a}$$

或

$$\boldsymbol{\varphi}(t) \leftrightarrow \boldsymbol{\Phi}(s) \tag{8.3-41b}$$

即状态转移矩阵$\boldsymbol{\varphi}(t)$和预解矩阵$\boldsymbol{\Phi}(s)$组成一对拉普拉斯变换对。这样，式(8.3－41a)将给我们提供一个由复频率域计算$\mathrm{e}^{\boldsymbol{A}t}$的方法。

将式(8.3－37)代入式(8.3－36b)，得

$$\begin{aligned}\boldsymbol{Y}(s) &= \boldsymbol{C}[\boldsymbol{\Phi}(s)\boldsymbol{x}(0^-) + \boldsymbol{\Phi}(s)\boldsymbol{BF}(s)] + \boldsymbol{DF}(s)\\ &= \boldsymbol{C\Phi}(s)\boldsymbol{x}(0^-) + [\boldsymbol{C\Phi}(s)\boldsymbol{B}+\boldsymbol{D}]\boldsymbol{F}(s)\\ &= \boldsymbol{C\Phi}(s)\boldsymbol{x}(0^-) + \boldsymbol{H}(s)\boldsymbol{F}(s)\end{aligned} \tag{8.3-42}$$

式中

$$\boldsymbol{H}(s) = \boldsymbol{C\Phi}(s)\boldsymbol{B}+\boldsymbol{D} \tag{8.3-43}$$

称为**系统函数矩阵**。式(8.3－42)是系统输出的S域解，取其拉氏逆变换即得到系统输出的时域解：

$$\boldsymbol{y}(t) = \mathscr{L}^{-1}[\boldsymbol{C\Phi}(s)\boldsymbol{x}(0^-)] + \mathscr{L}^{-1}[\boldsymbol{H}(s)\boldsymbol{F}(s)] = \boldsymbol{y}_{zi}(t) + \boldsymbol{y}_{zs}(t) \tag{8.3-44}$$

式中

$$\boldsymbol{y}_{zi}(t) = \mathscr{L}^{-1}[\boldsymbol{C\Phi}(s)\boldsymbol{x}(0^-)] \tag{8.3-45a}$$

$$\boldsymbol{y}_{zs}(t) = \mathscr{L}^{-1}[\boldsymbol{H}(s)\boldsymbol{F}(s)] \tag{8.3-45b}$$

分别是系统输出(响应)的零输入分量和零状态分量。利用卷积定理，式(8.3－45b)可写成

$$\boldsymbol{y}_{zs}(t) = \mathscr{L}^{-1}[\boldsymbol{H}(s)] * \mathscr{L}^{-1}[\boldsymbol{F}(s)] = \mathscr{L}^{-1}[\boldsymbol{H}(s)] * \boldsymbol{f}(t)\varepsilon(t)$$

与式(8.3－22)相比较，可以看出：

$$\boldsymbol{h}(t) = \mathscr{L}^{-1}[\boldsymbol{H}(s)] \tag{8.3-46}$$

或

$$\boldsymbol{H}(s) = \mathscr{L}[\boldsymbol{h}(t)]$$

即**冲激响应矩阵**$\boldsymbol{h}(t)$**与系统函数矩阵**$\boldsymbol{H}(s)$组成一对拉普拉斯变换对。$\boldsymbol{H}(s)$是一个$q\times p$阶矩阵，其中第i行第j列元素$H_{ij}(s)$是零状态系统的第i个输出分量$Y_i(s)$对于第j个输入分量$F_j(s)$的系统函数。

例 8.3－4　已知系统的状态空间方程为

$$\begin{bmatrix} \dot{x}_1 \\ \dot{x}_2 \end{bmatrix} = \begin{bmatrix} -1 & 0 \\ 1 & -3 \end{bmatrix} \begin{bmatrix} x_1 \\ x_2 \end{bmatrix} + \begin{bmatrix} 1 \\ 0 \end{bmatrix} f$$

$$y = \begin{bmatrix} -\frac{1}{2} & 1 \end{bmatrix} \begin{bmatrix} x_1 \\ x_2 \end{bmatrix} + [1] f$$

系统输入为单位阶跃函数，初始状态 $\boldsymbol{x}(0^-)=[1\quad 2]^{\mathrm{T}}$。试求：

(1) 状态转移矩阵 $\boldsymbol{\varphi}(t)$ 和冲激响应矩阵 $\boldsymbol{h}(t)$；

(2) 系统状态矢量 $\boldsymbol{x}(t)$；

(3) 系统输出 $y(t)$。

解　(1) 计算 $\boldsymbol{\varphi}(t)$，$\boldsymbol{h}(t)$。

先求预解矩阵。因为

$$s\boldsymbol{I} - \boldsymbol{A} = s\begin{bmatrix} 1 & 0 \\ 0 & 1 \end{bmatrix} - \begin{bmatrix} -1 & 0 \\ 1 & -3 \end{bmatrix} = \begin{bmatrix} s+1 & 0 \\ -1 & s+3 \end{bmatrix}$$

其行列式和伴随矩阵为

$$\det(s\boldsymbol{I} - \boldsymbol{A}) = \begin{vmatrix} s+1 & 0 \\ -1 & s+3 \end{vmatrix} = (s+1)(s+3)$$

$$\operatorname{adj}(s\boldsymbol{I} - \boldsymbol{A}) = [(-1)^{i+j} M_{ij}]^{\mathrm{T}} = \begin{bmatrix} s+3 & 0 \\ 1 & s+1 \end{bmatrix}$$

式中，M_{ij} 是矩阵(SI－A)第 ij 个元素的次要元素。

所以

$$\boldsymbol{\Phi}(s) = (s\boldsymbol{I} - \boldsymbol{A})^{-1} = \frac{\operatorname{adj}(s\boldsymbol{I} - \boldsymbol{A})}{\det(s\boldsymbol{I} - \boldsymbol{A})}$$

$$= \begin{bmatrix} \dfrac{1}{s+1} & 0 \\ \dfrac{1}{(s+1)(s+3)} & \dfrac{1}{s+3} \end{bmatrix}$$

取 $\boldsymbol{\Phi}(s)$ 的拉氏逆变换，得状态转移矩阵为

$$\boldsymbol{\varphi}(t) = \mathscr{L}^{-1}[\boldsymbol{\Phi}(s)] = \begin{bmatrix} \mathrm{e}^{-t} & 0 \\ \dfrac{1}{2}(\mathrm{e}^{-t} - \mathrm{e}^{-3t}) & \mathrm{e}^{-3t} \end{bmatrix}, \quad t \geqslant 0$$

根据式(8.3－43)，系统函数矩阵

$$\boldsymbol{H}(s) = \boldsymbol{C}\boldsymbol{\Phi}(s)\boldsymbol{B} + \boldsymbol{D} = \begin{bmatrix} -\frac{1}{2} & 1 \end{bmatrix} \begin{bmatrix} \dfrac{1}{s+1} & 0 \\ \dfrac{1}{(s+1)(s+3)} & \dfrac{1}{s+3} \end{bmatrix} \begin{bmatrix} 1 \\ 0 \end{bmatrix} + [1] = 1 - \frac{1}{2(s+3)}$$

取其拉氏逆变换，得冲激响应矩阵为

$$\boldsymbol{h}(t) = \mathscr{L}^{-1}[\boldsymbol{H}(s)] = \delta(t) - \frac{1}{2}\mathrm{e}^{-3t}, \quad t \geqslant 0$$

(2) 计算状态矢量 $\boldsymbol{x}(t)$。

状态矢量的零输入分量为

$$\boldsymbol{x}_{zi}(t)=\mathscr{L}^{-1}[\boldsymbol{\Phi}(s)\boldsymbol{x}(0^-)]=\mathscr{L}^{-1}\left\{\begin{bmatrix}\dfrac{1}{s+1} & 0\\ \dfrac{1}{(s+1)(s+3)} & \dfrac{1}{s+3}\end{bmatrix}\begin{bmatrix}1\\2\end{bmatrix}\right\}$$

$$=\mathscr{L}^{-1}\left\{\begin{bmatrix}\dfrac{1}{s+1}\\ \dfrac{1}{2}\left(\dfrac{1}{s+1}+\dfrac{3}{s+3}\right)\end{bmatrix}\right\}=\begin{bmatrix}e^{-t}\\ \dfrac{1}{2}(e^{-t}+3e^{-3t})\end{bmatrix},\quad t\geqslant 0$$

状态矢量的零状态分量为

$$\boldsymbol{x}_{zs}(t)=\mathscr{L}^{-1}[\boldsymbol{\Phi}(s)\boldsymbol{B}\boldsymbol{F}(s)]$$

$$=\mathscr{L}^{-1}\left\{\begin{bmatrix}\dfrac{1}{s+1} & 0\\ \dfrac{1}{(s+1)(s+3)} & \dfrac{1}{s+3}\end{bmatrix}\begin{bmatrix}1\\0\end{bmatrix}\cdot\dfrac{1}{s}\right\}$$

$$=\mathscr{L}^{-1}\begin{bmatrix}\dfrac{1}{s}-\dfrac{1}{s+1}\\ \dfrac{1}{6}\left(\dfrac{2}{s}-\dfrac{3}{s+1}+\dfrac{1}{s+3}\right)\end{bmatrix}=\begin{bmatrix}1-e^{-t}\\ \dfrac{1}{6}(2-3e^{-t}+e^{-3t})\end{bmatrix},\quad t\geqslant 0$$

于是系统的状态矢量为

$$\boldsymbol{x}(t)=\boldsymbol{x}_{zi}(t)+\boldsymbol{x}_{zs}(t)=\begin{bmatrix}e^{-t}\\ \dfrac{1}{2}(e^{-t}+3e^{-3t})\end{bmatrix}+\begin{bmatrix}1-e^{-t}\\ \dfrac{1}{6}(2-3e^{-t}+e^{-3t})\end{bmatrix}$$

$$=\begin{bmatrix}1\\ \dfrac{1}{3}(1+5e^{-3t})\end{bmatrix},\quad t\geqslant 0$$

(3) 计算输出 $y(t)$。

输出的零输入分量为

$$y_{zi}(t)=\mathscr{L}^{-1}[\boldsymbol{C}\boldsymbol{\Phi}(s)\boldsymbol{x}(0^-)]=\mathscr{L}^{-1}\left\{\begin{bmatrix}-\dfrac{1}{2} & 1\end{bmatrix}\begin{bmatrix}\dfrac{1}{s+1} & 0\\ \dfrac{1}{(s+1)(s+3)} & \dfrac{1}{s+3}\end{bmatrix}\begin{bmatrix}1\\2\end{bmatrix}\right\}$$

$$=\mathscr{L}^{-1}\left[\frac{3}{2}\cdot\frac{1}{s+3}\right]=\frac{3}{2}e^{-3t},\quad t\geqslant 0$$

输出的零状态分量为

$$y_{zs}(t)=\mathscr{L}^{-1}[\boldsymbol{H}(s)\boldsymbol{F}(s)]=\mathscr{L}^{-1}\left\{\left[1-\frac{1}{2(s+3)}\right]\cdot\frac{1}{s}\right\}=\mathscr{L}^{-1}\left[\frac{1}{s}-\frac{1}{6}\left(\frac{1}{s}-\frac{1}{s+3}\right)\right]$$

$$=\frac{1}{6}(5+e^{-3t}),\quad t\geqslant 0$$

因此，系统输出，即全响应为

$$y(t)=y_{zi}(t)+y_{zs}(t)=\frac{3}{2}e^{-3t}+\frac{1}{6}(5+e^{-3t})=\frac{5}{6}(1+2e^{-3t}),\quad t\geqslant 0$$

显然，本例应用S域解法得出的 $\boldsymbol{\varphi}(t)$、$\boldsymbol{x}(t)$ 和 $y(t)$ 均与例 8.3－3 结果相同。

综上所述，我们将连续时间 LTI 系统状态空间分析的一般步骤归纳如下：

第一步，确定系统状态变量。一般地说，可以选取系统中表征记忆元件能量状况的物理量作为状态变量。通常，对于用信号流图(或框图)表示的模拟系统，选取积分器或一阶子系统支路输出变量为状态变量；对于 LTI 电系统，选取独立电容电压和独立电感电流作为状态变量。

第二步，用直接法或间接法列出系统的状态空间方程。

第三步，计算状态转移矩阵：

$$\boldsymbol{\varphi}(t) = \mathrm{e}^{\boldsymbol{A}t}$$

或预解矩阵：

$$\boldsymbol{\Phi}(s) = (s\boldsymbol{I} - \boldsymbol{A})^{-1}$$

第四步，求状态矢量 $\boldsymbol{x}(t)$，其计算公式为

时域：　$\boldsymbol{x}(t)=\boldsymbol{\varphi}(t)\boldsymbol{x}(0^-)+\boldsymbol{\varphi}(t)\boldsymbol{B}*\boldsymbol{f}(t),\quad t\geqslant 0$

S 域：　$\boldsymbol{x}(t)=\mathscr{L}^{-1}[\boldsymbol{\Phi}(s)\boldsymbol{x}(0^-)+\boldsymbol{\Phi}(s)\boldsymbol{B}\boldsymbol{F}(s)],\quad t\geqslant 0$

第五步，计算冲激响应矩阵：

$$\boldsymbol{h}(t) = \boldsymbol{C}\boldsymbol{\varphi}(t)\boldsymbol{B} + \boldsymbol{D}\boldsymbol{\delta}(t),\quad t \geqslant 0$$

或系统函数矩阵：

$$\boldsymbol{H}(s) = \boldsymbol{C}\boldsymbol{\Phi}(s)\boldsymbol{B} + \boldsymbol{D}$$

第六步，计算系统输出(响应) $\boldsymbol{y}(t)$，具体方法有两种：

方法 1　如果状态矢量解已经求出，可将它直接代入输出方程得到 $\boldsymbol{y}(t)$。

方法 2　如果状态矢量解未知，可按下列公式计算：

时域：　$\boldsymbol{y}(t)=\boldsymbol{C}\boldsymbol{\varphi}(t)\boldsymbol{x}(0^-)+\boldsymbol{h}(t)*\boldsymbol{f}(t),\quad t\geqslant 0$

S 域：　$\boldsymbol{y}(t)=\mathscr{L}^{-1}[\boldsymbol{C}\boldsymbol{\Phi}(s)\boldsymbol{x}(0^-)+\boldsymbol{H}(s)\boldsymbol{F}(s)],\quad t\geqslant 0$

8.4　离散系统的状态空间分析

与连续系统一样，利用状态空间方程分析离散系统，首先应该建立系统的状态空间描述方程，即状态方程和输出方程；然后，求解这组方程，得到该系统的状态矢量解和输出矢量解。下面分别讨论这两方面问题。

8.4.1　状态空间方程的建立

建立离散系统状态空间方程有多种方法。利用系统模拟框图或信号流图建立状态空间方程是一种比较实用的方法。建立过程与连续系统类似。首先，选取离散系统模拟框图(或信号流图)中移位器输出端(移位支路输出节点)信号作为状态变量；然后，在移位器输入端(移位支路输入节点)写出系统的状态方程；最后，在系统输出端(输出节点)列出输出方程。

如果已知描述离散系统的输入输出差分方程或传输算子 $H(E)$，一般可先画出其信号流图或模拟框图，然后建立相应的状态空间方程。

下面举例说明离散系统状态空间方程的建立过程。

例 8.4-1 已知离散系统模拟框图如图 8.4-1(a)所示，试建立其状态空间方程。

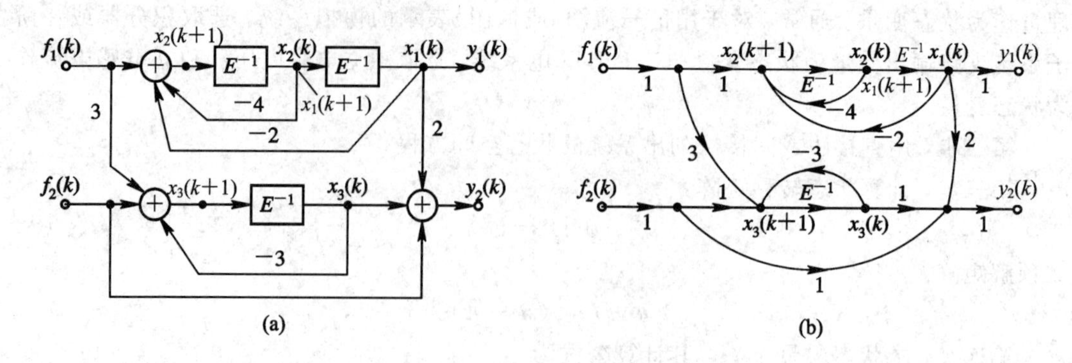

图 8.4-1 例 8.4-1 图

解 图 8.4-1(a)所示系统有三个移位器，将其输出变量选作状态变量，如图中所标 $x_1(k)$、$x_2(k)$和 $x_3(k)$；然后，在移位器输入端和系统输出端分别写出以下状态方程和输出方程：

$$\begin{cases} x_1(k+1) = x_2(k) \\ x_2(k+1) = -2x_1(k) - 4x_2(k) + f_1(k) \\ x_3(k+1) = -3x_3(k) + 3f_1(k) + f_2(k) \end{cases}$$

$$\begin{cases} y_1(k) = x_1(k) \\ y_2(k) = 2x_1(k) + x_3(k) + f_2(k) \end{cases}$$

写成矩阵形式为

$$\begin{bmatrix} x_1(k+1) \\ x_2(k+1) \\ x_3(k+1) \end{bmatrix} = \begin{bmatrix} 0 & 1 & 0 \\ -2 & -4 & 0 \\ 0 & 0 & -3 \end{bmatrix} \begin{bmatrix} x_1(k) \\ x_2(k) \\ x_3(k) \end{bmatrix} + \begin{bmatrix} 0 & 0 \\ 1 & 0 \\ 3 & 1 \end{bmatrix} \begin{bmatrix} f_1(k) \\ f_2(k) \end{bmatrix} \tag{8.4-1a}$$

$$\begin{bmatrix} y_1(k) \\ y_2(k) \end{bmatrix} = \begin{bmatrix} 1 & 0 & 0 \\ 2 & 0 & 1 \end{bmatrix} \begin{bmatrix} x_1(k) \\ x_2(k) \\ x_3(k) \end{bmatrix} + \begin{bmatrix} 0 & 0 \\ 0 & 1 \end{bmatrix} \begin{bmatrix} f_1(k) \\ f_2(k) \end{bmatrix} \tag{8.4-1b}$$

图 8.4-1(b)是本例系统的信号流图表示，与模拟框图情形相似，可将移位支路输出节点信号选为状态变量，再在移位支路输入节点列出状态方程，在系统输出节点写出输出方程，结果自然与式(8.4-1)相同。

例 8.4-2 已知描述某离散系统的差分方程为

$$\begin{aligned} & y(k+3) + 8y(k+2) + 17y(k+1) + 10y(k) \\ & \quad = 6f(k+2) + 17f(k+1) + 19f(k) \end{aligned} \tag{8.4-2}$$

试建立该系统的状态空间方程。

解 由差分方程写出系统的传输算子为

$$H(E) = \frac{6E^2 + 17E + 19}{E^3 + 8E^2 + 17E + 10} = \frac{6E^{-1} + 17E^{-2} + 19E^{-3}}{1 + 8E^{-1} + 17E^{-2} + 10E^{-3}} \tag{8.4-3}$$

根据 Mason 公式，画出模拟信号流图如图 8.4-2(a)所示。

图 8.4-2(a)中有三个移位支路，需设三个状态变量，分别令这些支路的输出信号为状态变量 $x_1(k)$、$x_2(k)$和 $x_3(k)$，如图中所示。对各移位支路输入节点的信号列方程，得

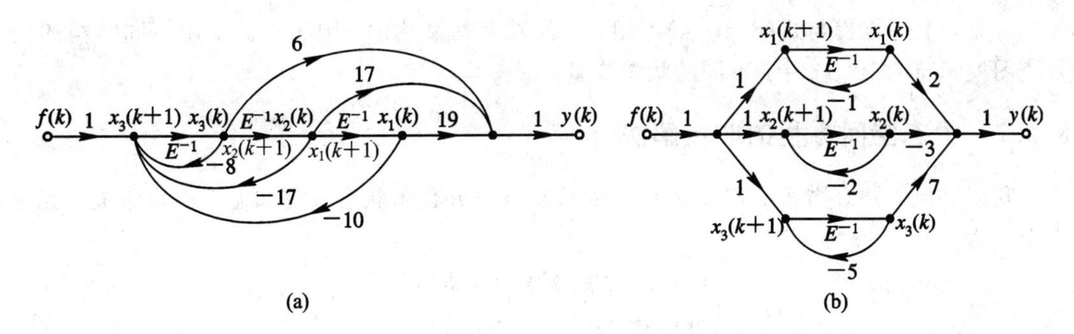

图 8.4 - 2　例 8.4 - 2 信号流图

$$
\begin{cases}
x_1(k+1) = x_2(k) \\
x_2(k+1) = x_3(k) \\
x_3(k+1) = -10x_1(k) - 17x_2(k) - 8x_3(k) + f(k)
\end{cases}
$$

这就是系统的状态方程。其输出方程为

$$
y(k) = 19x_1(k) + 17x_2(k) + 6x_3(k)
$$

写成矩阵形式，得到状态空间方程的标准形式为

$$
\begin{bmatrix} x_1(k+1) \\ x_2(k+1) \\ x_3(k+1) \end{bmatrix} = \begin{bmatrix} 0 & 1 & 0 \\ 0 & 0 & 1 \\ -10 & -17 & -8 \end{bmatrix} \begin{bmatrix} x_1(k) \\ x_2(k) \\ x_3(k) \end{bmatrix} + \begin{bmatrix} 0 \\ 0 \\ 1 \end{bmatrix} f(k) \tag{8.4-4a}
$$

$$
y(k) = \begin{bmatrix} 19 & 17 & 6 \end{bmatrix} \begin{bmatrix} x_1(k) \\ x_2(k) \\ x_3(k) \end{bmatrix} \tag{8.4-4b}
$$

自然，与连续系统一样，我们也可以把系统传输算子表示成其他形式，画出相应的信号流图表示，编写出不同形式的状态空间方程。例如，可以将 $H(E)$ 写成如下形式：

$$
H(E) = \frac{6E^2 + 17E + 19}{E^3 + 8E^2 + 17E + 10} = \frac{2}{E+1} - \frac{3}{E+2} + \frac{7}{E+5} \tag{8.4-5}
$$

画出如图 8.4 - 2(b)所示的并联形式模拟信号流图。取图中各移位支路输出信号 $x_1(k)$、$x_2(k)$和 $x_3(k)$作为状态变量，则可得到相应的状态空间方程为

$$
\begin{cases}
x_1(k+1) = -x_1(k) + f(k) \\
x_2(k+1) = -2x_2(k) + f(k) \\
x_3(k+1) = -5x_3(k) + f(k)
\end{cases}
$$

$$
y(k) = 2x_1(k) - 3x_2(k) + 7x_3(k)
$$

即

$$
\begin{bmatrix} x_1(k+1) \\ x_2(k+1) \\ x_3(k+1) \end{bmatrix} = \begin{bmatrix} -1 & 0 & 0 \\ 0 & -2 & 0 \\ 0 & 0 & -5 \end{bmatrix} \begin{bmatrix} x_1(k) \\ x_2(k) \\ x_3(k) \end{bmatrix} + \begin{bmatrix} 1 \\ 1 \\ 1 \end{bmatrix} f(k) \tag{8.4-6a}
$$

$$
y(k) = \begin{bmatrix} 2 & -3 & 7 \end{bmatrix} \begin{bmatrix} x_1(k) \\ x_2(k) \\ x_3(k) \end{bmatrix} \tag{8.4-6b}
$$

可见，上述方程与式(8.4－4)不相同。其原因是显然的，因为它们采用不同结构的信号流图模拟 $H(E)$，选用了不同的状态变量。

8.4.2　状态空间方程的时域解法

我们已经知道，描述LTI离散系统的状态空间方程由状态方程和输出方程组成，其标准形式为

$$\begin{cases}\boldsymbol{x}(k+1)=\boldsymbol{A}\boldsymbol{x}(k)+\boldsymbol{B}\boldsymbol{f}(k) & (8.4-7\text{a})\\ \boldsymbol{y}(k)=\boldsymbol{C}\boldsymbol{x}(k)+\boldsymbol{D}\boldsymbol{f}(k) & (8.4-7\text{b})\end{cases}$$

式中，$\boldsymbol{f}(k)$、$\boldsymbol{x}(k)$和$\boldsymbol{y}(k)$分别是系统的输入矢量、状态矢量和输出矢量，系数矩阵$\boldsymbol{A}$、$\boldsymbol{B}$、$\boldsymbol{C}$和$\boldsymbol{D}$均为常量矩阵。

与连续系统类似，求解离散系统状态空间方程的方法有时域解法和Z域解法两种。下面先介绍时域解法。

离散系统状态方程式(8.4－7a)是一阶矢量差分方程，通常可以应用递推法求解。当给定系统在$k=0$时的初始状态矢量$\boldsymbol{x}(0)$以及$k\geqslant0$时的输入矢量$\boldsymbol{f}(k)$后，利用差分方程的递推性质，依次令式(8.4－7a)中的$k=0, 1, 2, \cdots$，就可以求得相应的状态矢量解$\boldsymbol{x}(1)$，$\boldsymbol{x}(2)$，…，即

$$\begin{aligned}
\boldsymbol{x}(1)&=\boldsymbol{A}\boldsymbol{x}(0)+\boldsymbol{B}\boldsymbol{f}(0)\\
\boldsymbol{x}(2)&=\boldsymbol{A}\boldsymbol{x}(1)+\boldsymbol{B}\boldsymbol{f}(1)=\boldsymbol{A}[\boldsymbol{A}\boldsymbol{x}(0)+\boldsymbol{B}\boldsymbol{f}(0)]+\boldsymbol{B}\boldsymbol{f}(1)=\boldsymbol{A}^2\boldsymbol{x}(0)+\boldsymbol{A}\boldsymbol{B}\boldsymbol{f}(0)+\boldsymbol{B}\boldsymbol{f}(1)\\
\boldsymbol{x}(3)&=\boldsymbol{A}\boldsymbol{x}(2)+\boldsymbol{B}\boldsymbol{f}(2)=\boldsymbol{A}[\boldsymbol{A}^2\boldsymbol{x}(0)+\boldsymbol{A}\boldsymbol{B}\boldsymbol{f}(0)+\boldsymbol{B}\boldsymbol{f}(1)]+\boldsymbol{B}\boldsymbol{f}(2)\\
&=\boldsymbol{A}^3\boldsymbol{x}(0)+\boldsymbol{A}^2\boldsymbol{B}\boldsymbol{f}(0)+\boldsymbol{A}\boldsymbol{B}\boldsymbol{f}(1)+\boldsymbol{B}\boldsymbol{f}(2)\\
&\ \ \vdots
\end{aligned}$$

从而可以写出状态矢量的时域解表达式为

$$\begin{aligned}
\boldsymbol{x}(k)&=\boldsymbol{A}^k\boldsymbol{x}(0)+\boldsymbol{A}^{k-1}\boldsymbol{B}\boldsymbol{f}(0)+\boldsymbol{A}^{k-2}\boldsymbol{B}\boldsymbol{f}(1)+\cdots+\boldsymbol{A}\boldsymbol{B}\boldsymbol{f}(k-2)+\boldsymbol{B}\boldsymbol{f}(k-1)\\
&=\boldsymbol{A}^k\boldsymbol{x}(0)+\sum_{i=0}^{k-1}\boldsymbol{A}^{k-1-i}\boldsymbol{B}\boldsymbol{f}(i),\quad k\geqslant0 \qquad (8.4-8)
\end{aligned}$$

可见，状态矢量解$\boldsymbol{x}(k)$包含两部分：第一部分$\boldsymbol{A}^k\boldsymbol{x}(0)$与输入序列无关，仅取决于初始状态，故为状态矢量解的零输入分量；第二部分$\sum\limits_{i=0}^{k-1}\boldsymbol{A}^{k-1-i}\boldsymbol{B}\boldsymbol{f}(i)$则与初始状态无关，仅取决于输入序列，故为状态矢量解的零状态分量。

根据卷积和定义，式(8.4－8)可以写成

$$\boldsymbol{x}(k)=\boldsymbol{A}^k\boldsymbol{x}(0)+\boldsymbol{A}^{k-1}\boldsymbol{B}*\boldsymbol{f}(k)=\boldsymbol{\varphi}(k)\boldsymbol{x}(0)+\boldsymbol{\varphi}(k-1)\boldsymbol{B}*\boldsymbol{f}(k),\ k\geqslant0 \qquad (8.4-9)$$

式中

$$\boldsymbol{\varphi}(k)\overset{\text{def}}{=\!=}\boldsymbol{A}^k,\quad k\geqslant0 \qquad (8.4-10)$$

称为离散系统的**状态转移矩阵**，其作用与连续系统中的状态转移矩阵$\boldsymbol{\varphi}(t)=\mathrm{e}^{\boldsymbol{A}t}$相仿。

将式(8.4－9)代入输出方程(8.4－7b)，得出系统的输出响应为

$$\begin{aligned}
\boldsymbol{y}(k)&=\boldsymbol{C}\boldsymbol{x}(k)+\boldsymbol{D}\boldsymbol{f}(k)=\boldsymbol{C}\boldsymbol{\varphi}(k)\boldsymbol{x}(0)+\boldsymbol{C}\boldsymbol{\varphi}(k-1)\boldsymbol{B}*\boldsymbol{f}(k)+\boldsymbol{D}\boldsymbol{f}(k)\\
&=\boldsymbol{C}\boldsymbol{\varphi}(k)\boldsymbol{x}(0)+[\boldsymbol{C}\boldsymbol{\varphi}(k-1)\boldsymbol{B}+\boldsymbol{D}\boldsymbol{\delta}(k)]*\boldsymbol{f}(k)\\
&=\boldsymbol{C}\boldsymbol{\varphi}(k)\boldsymbol{x}(0)+\boldsymbol{h}(k)*\boldsymbol{f}(k),\quad k\geqslant0 \qquad (8.4-11)
\end{aligned}$$

式中，$\boldsymbol{C}\boldsymbol{\varphi}(k)\boldsymbol{x}(0)$为零输入响应，$\boldsymbol{h}(k)*\boldsymbol{f}(k)$为零状态响应，且有

$$\boldsymbol{\delta}(k) \xlongequal{\text{def}} \begin{bmatrix} \delta(k) & 0 & \cdots & 0 \\ 0 & \delta(k) & \cdots & 0 \\ \vdots & \vdots & & \vdots \\ 0 & 0 & \cdots & \delta(k) \end{bmatrix} \tag{8.4-12}$$

和

$$\boldsymbol{h}(k) \xlongequal{\text{def}} \boldsymbol{C\varphi}(k-1)\boldsymbol{B} + \boldsymbol{D\delta}(k), \quad k \geqslant 0 \tag{8.4-13}$$

分别称为**单位脉冲序列矩阵**和**单位响应矩阵**。对于有 p 个输入、q 个输出的 n 阶离散时间系统，$\boldsymbol{\varphi}(k-1)$为 $n\times n$ 阶方阵，$\boldsymbol{B}$ 为 $n\times p$ 阶矩阵，$\boldsymbol{C}$ 为 $q\times n$ 阶矩阵，所以，$\boldsymbol{h}(k)$为 $q\times p$ 阶矩阵。它的第 i 行第 j 列元素 $h_{ij}(k)$是当第 j 个输入 $f_j=\delta(k)$单独作用时，在第 i 个输出处的单位响应。单位脉冲序列矩阵 $\boldsymbol{\delta}(k)$为 $p\times p$ 阶方阵，它是对角线上元素均为单位脉冲序列 $\delta(k)$的对角矩阵。单位脉冲序列矩阵 $\boldsymbol{\delta}(k)$和单位响应矩阵 $\boldsymbol{h}(k)$分别与连续系统中的冲激函数矩阵 $\boldsymbol{\delta}(t)$和冲激响应矩阵 $\boldsymbol{h}(t)$相对应。

由式(8.4-9)和式(8.4-11)可见，在离散系统状态空间方程求解中，状态转移矩阵 $\mathbf{A}^k$ 的计算是非常重要的。$\mathbf{A}^k$ 是一矩阵函数，根据本书附录 B 中的定理 B-2，它可以写成

$$\mathbf{A}^k = \beta_0\boldsymbol{I} + \beta_1\mathbf{A} + \beta_2\mathbf{A}^2 + \cdots + \beta_{n-1}\mathbf{A}^{n-1} \tag{8.4-14}$$

式中，n 为方阵 $\mathbf{A}$ 的阶数，各系数 β_0，β_1，…，β_{n-1}，可根据 $\mathbf{A}$ 的特征根用如下方法确定：

若 $\mathbf{A}$ 的特征根 λ_1，λ_2，…，λ_n 各不相同，则建立如下方程：

$$\begin{cases} \lambda_1^k = \beta_0 + \beta_1\lambda_1 + \beta_2\lambda_1^2 + \cdots + \beta_{n-1}\lambda_1^{n-1} \\ \lambda_2^k = \beta_0 + \beta_1\lambda_2 + \beta_2\lambda_2^2 + \cdots + \beta_{n-1}\lambda_2^{n-1} \\ \qquad\vdots \\ \lambda_n^k = \beta_0 + \beta_1\lambda_n + \beta_2\lambda_n^2 + \cdots + \beta_{n-1}\lambda_n^{n-1} \end{cases} \tag{8.4-15}$$

由上式可解出系数 β_0，β_1，…，β_{n-1}。

若 $\mathbf{A}$ 的特征根 λ_1 是 m 重根，则重根部分方程有

$$\begin{cases} \lambda_1^k = \beta_0 + \beta_1\lambda_1 + \beta_2\lambda_1^2 + \cdots + \beta_{n-1}\lambda_1^{n-1} \\ \dfrac{\mathrm{d}}{\mathrm{d}\lambda_1}\lambda_1^k = \dfrac{\mathrm{d}}{\mathrm{d}\lambda_1}[\beta_0 + \beta_1\lambda_1 + \beta_2\lambda_1^2 + \cdots + \beta_{n-1}\lambda_1^{n-1}] \\ \dfrac{\mathrm{d}^2}{\mathrm{d}\lambda_1^2}\lambda_1^k = \dfrac{\mathrm{d}^2}{\mathrm{d}\lambda_1^2}[\beta_0 + \beta_1\lambda_1 + \beta_2\lambda_1^2 + \cdots + \beta_{n-1}\lambda_1^{n-1}] \\ \qquad\vdots \\ \dfrac{\mathrm{d}^{m-1}}{\mathrm{d}\lambda_1^{m-1}}\lambda_1^k = \dfrac{\mathrm{d}^{m-1}}{\mathrm{d}\lambda_1^{m-1}}[\beta_0 + \beta_1\lambda_1 + \beta_2\lambda_1^2 + \cdots + \beta_{n-1}\lambda_1^{n-1}] \end{cases} \tag{8.4-16}$$

若余下的 $n-m$ 个特征根均为单根，可由式(8.4-15)确定 $n-m$ 个方程，两者联立求解得出全部系数。

例 8.4-3 已知矩阵

$$\mathbf{A} = \begin{bmatrix} 0 & 1 \\ 2 & 1 \end{bmatrix}$$

求其矩阵函数 $\mathbf{A}^k$。

解 矩阵 $\mathbf{A}$ 的特征方程为

$$q(\lambda)=\det[\lambda\boldsymbol{I}-\boldsymbol{A}]=\det\begin{bmatrix}\lambda & -1\\ -2 & \lambda-1\end{bmatrix}=\lambda^2-\lambda-2=0$$

其特征根(值)为

$$\lambda_1=2,\qquad \lambda_2=-1$$

由式(8.4－14)，矩阵函数 $\boldsymbol{A}^k$ 可表示为

$$\boldsymbol{A}^k=\beta_0\boldsymbol{I}+\beta_1\boldsymbol{A} \tag{8.4－17}$$

由式(8.4－15)可得如下方程：

$$\begin{cases}2^k=\beta_0+\beta_1\cdot 2\\ (-1)^k=\beta_0+\beta_1(-1)\end{cases} \tag{8.4－18}$$

解得

$$\beta_0=\frac{1}{3}[2^k+2(-1)^k],\quad \beta_1=\frac{1}{3}[2^k-(-1)^k]$$

将以上系数值 β_0、β_1 代入式(8.4－17)，得

$$\begin{aligned}\boldsymbol{A}^k&=\beta_0\boldsymbol{I}+\beta_1\boldsymbol{A}=\frac{2^k+2(-1)^k}{3}\begin{bmatrix}1&0\\0&1\end{bmatrix}+\frac{2^k-(-1)^k}{3}\begin{bmatrix}0&1\\2&1\end{bmatrix}\\&=\frac{1}{3}\begin{bmatrix}2^k+2(-1)^k & 2^k-(-1)^k\\ 2[2^k-(-1)^k] & 2\cdot 2^k+(-1)^k\end{bmatrix}\end{aligned} \tag{8.4－19}$$

例 8.4－4　某离散时间系统模拟框图如图 8.4－3 所示。已知 $f(k)=\delta(k)$，初始条件 $y(0)=2$，$y(1)=6$。试用状态空间分析法求系统输出响应 $y(k)$。

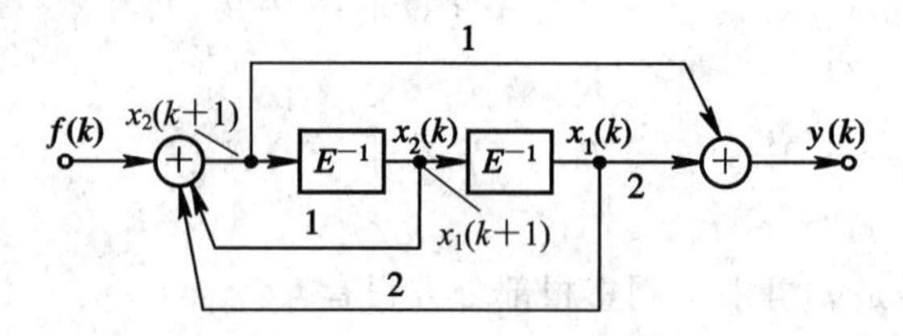

图 8.4－3　例 8.4－4 图

解　(1) 建立系统的状态空间方程。取移位器输出变量 $x_1(k)$，$x_2(k)$作为系统状态变量，由图可得状态空间方程为

$$\begin{cases}x_1(k+1)=x_2(k)\\ x_2(k+1)=2x_1(k)+x_2(k)+f(k)\end{cases}$$

$$y(k)=2x_1(k)+x_2(k+1)=4x_1(k)+x_2(k)+f(k)$$

即

$$\begin{bmatrix}x_1(k+1)\\x_2(k+1)\end{bmatrix}=\begin{bmatrix}0&1\\2&1\end{bmatrix}\begin{bmatrix}x_1(k)\\x_2(k)\end{bmatrix}+\begin{bmatrix}0\\1\end{bmatrix}f(k) \tag{8.4－20}$$

$$y(k)=[4\quad 1]\begin{bmatrix}x_1(k)\\x_2(k)\end{bmatrix}+[1]f(k) \tag{8.4－21}$$

(2) 计算状态转移矩阵 $\boldsymbol{A}^k$。由式(8.4－20)知道状态方程系数矩阵 $\boldsymbol{A}$ 为

$$\boldsymbol{A}=\begin{bmatrix}0&1\\2&1\end{bmatrix}$$

相应的 $\boldsymbol{A}^k$ 已在例 8.4－3 中求出，结果为

$$\boldsymbol{\varphi}(k)=\boldsymbol{A}^k=\frac{1}{3}\begin{bmatrix}2^k+2(-1)^k & 2^k-(-1)^k\\ 2[2^k-(-1)^k] & 2\cdot 2^k+(-1)^k\end{bmatrix}$$

(3) 求状态矢量解。由式(8.4－9)可知

$$\boldsymbol{x}(k)=\boldsymbol{\varphi}(k)\boldsymbol{x}(0)+\boldsymbol{\varphi}(k-1)\boldsymbol{B}*\boldsymbol{f}(k)$$

为了确定初始状态 $\boldsymbol{x}(0)$，分别令状态方程中的 $k=0$ 和输出方程中的 $k=0$，1，得

$$\begin{cases}x_1(1)=x_2(0)\\ x_2(1)=2x_1(0)+x_2(0)+1\\ y(0)=4x_1(0)+x_2(0)+1\\ y(1)=4x_1(1)+x_2(1)\end{cases}$$

将初始条件代入上式，并联立求解得

$$\boldsymbol{x}(0)=\begin{bmatrix}x_1(0)\\ x_2(0)\end{bmatrix}=\begin{bmatrix}0\\ 1\end{bmatrix}$$

于是

$$\begin{aligned}\boldsymbol{x}(k)&=\boldsymbol{\varphi}(k)\boldsymbol{x}(0)+\boldsymbol{\varphi}(k-1)\boldsymbol{B}*\boldsymbol{f}(k)\\ &=\frac{1}{3}\begin{bmatrix}2^k+2(-1)^k & 2^k-(-1)^k\\ 2[2^k-(-1)^k] & 2\cdot 2^k+(-1)^k\end{bmatrix}\begin{bmatrix}0\\ 1\end{bmatrix}\\ &\quad+\frac{1}{3}\begin{bmatrix}2^{k-1}+2(-1)^{k-1} & 2^{k-1}-(-1)^{k-1}\\ 2[2^{k-1}-(-1)^{k-1}] & 2\cdot 2^{k-1}+(-1)^{k-1}\end{bmatrix}\begin{bmatrix}0\\ 1\end{bmatrix}*\delta(k)\\ &=\frac{1}{3}\begin{bmatrix}2^k-(-1)^k\\ 2\cdot 2^k+(-1)^k\end{bmatrix}\varepsilon(k)+\frac{1}{3}\begin{bmatrix}2^{k-1}-(-1)^{k-1}\\ 2\cdot 2^{k-1}+(-1)^{k-1}\end{bmatrix}\varepsilon(k-1)\end{aligned}$$

(4) 求输出响应。由输出方程式(8.4－21)，得到系统完全响应：

$$\begin{aligned}y(k)&=[4\quad 1]\begin{bmatrix}x_1(k)\\ x_2(k)\end{bmatrix}+[1]f(k)\\ &=\frac{1}{3}[4\quad 1]\begin{bmatrix}[2^k-(-1)^k]\varepsilon(k)+[2^{k-1}-(-1)^{k-1}]\varepsilon(k-1)\\ [2\cdot 2^k+(-1)^k]\varepsilon(k)+[2\cdot 2^{k-1}+(-1)^{k-1}]\varepsilon(k-1)\end{bmatrix}+\delta(k)\\ &=\delta(k)+[2\cdot 2^k-(-1)^k]\varepsilon(k)+[2\cdot 2^{k-1}-(-1)^{k-1}]\varepsilon(k-1)\\ &=\begin{cases}2, & k=0\\ 3\cdot 2^k, & k\geqslant 1\end{cases}\end{aligned}\qquad(8.4-22)$$

系统输出响应也可由式(8.4－11)计算。为此，需要先求出单位响应矩阵：

$$\begin{aligned}\boldsymbol{h}(k)&=\boldsymbol{C}\boldsymbol{\varphi}(k-1)\boldsymbol{B}+\boldsymbol{D}\boldsymbol{\delta}(k)\\ &=[4\quad 1]\cdot\frac{1}{3}\begin{bmatrix}2^{k-1}+2(-1)^{k-1} & 2^{k-1}-(-1)^{k-1}\\ 2[2^{k-1}-(-1)^{k-1}] & 2\cdot 2^{k-1}+(-1)^{k-1}\end{bmatrix}\begin{bmatrix}0\\ 1\end{bmatrix}+[1]\delta(k)\\ &=[4\quad 1]\cdot\frac{1}{3}\begin{bmatrix}2^{k-1}-(-1)^{k-1}\\ 2\cdot 2^{k-1}+(-1)^{k-1}\end{bmatrix}+\delta(k)\\ &=2\cdot 2^{k-1}\varepsilon(k-1)-(-1)^{k-1}\varepsilon(k-1)+\delta(k)\end{aligned}$$

于是

$$
\begin{aligned}
y(k) &= \boldsymbol{C\varphi}(k)\boldsymbol{x}(0)+\boldsymbol{h}(k)*\boldsymbol{f}(k)\\
&=[4\quad 1]\cdot\frac{1}{3}\begin{bmatrix}2^k+2(-1)^k & 2^k-(-1)^k\\ 2[2^k-(-1)^k] & 2\cdot 2^k+(-1)^k\end{bmatrix}\begin{bmatrix}0\\1\end{bmatrix}\\
&\quad +[2\cdot 2^{k-1}\varepsilon(k-1)-(-1)^{k-1}\varepsilon(k-1)+\delta(k)]*\delta(k)\\
&=[2\cdot 2^k-(-1)^k]\varepsilon(k)+[2\cdot 2^{k-1}-(-1)^{k-1}]\varepsilon(k-1)+\delta(k)\\
&=\begin{cases}2, & k=0\\ 3\cdot 2^k, & k\geqslant 1\end{cases}
\end{aligned}
$$

8.4.3　状态空间方程的 Z 域解法

对于离散系统状态空间方程，除直接在时域中求解外，还可以在 Z 域中求解。

取式(8.4－7)的单边 Z 变换，有

$$z\boldsymbol{X}(z)-z\boldsymbol{x}(0)=\boldsymbol{AX}(z)+\boldsymbol{BF}(z) \tag{8.4－23a}$$

$$\boldsymbol{Y}(z)=\boldsymbol{CX}(z)+\boldsymbol{DF}(z) \tag{8.4－23b}$$

式中，$\boldsymbol{X}(z)=\mathscr{Z}[\boldsymbol{x}(k)]$，$\boldsymbol{F}(z)=\mathscr{Z}[\boldsymbol{f}(k)]$，$\boldsymbol{Y}(z)=\mathscr{Z}[\boldsymbol{y}(k)]$。将式(8.4－23a)移项整理后写成

$$[z\boldsymbol{I}-\boldsymbol{A}]\boldsymbol{X}(z)=z\boldsymbol{x}(0)+\boldsymbol{BF}(z)$$

上式等号两边左乘以$[z\boldsymbol{I}-\boldsymbol{A}]^{-1}$，得

$$\boldsymbol{X}(z)=[z\boldsymbol{I}-\boldsymbol{A}]^{-1}z\boldsymbol{x}(0)+[z\boldsymbol{I}-\boldsymbol{A}]^{-1}\boldsymbol{BF}(z) \tag{8.4－24}$$

若令

$$\boldsymbol{\Phi}(z)\xlongequal{\text{def}}[z\boldsymbol{I}-\boldsymbol{A}]^{-1}z \tag{8.4－25}$$

则式(8.4－24)可写成

$$\boldsymbol{X}(z)=\boldsymbol{\Phi}(z)\boldsymbol{x}(0)+z^{-1}\boldsymbol{\Phi}(z)\boldsymbol{BF}(z) \tag{8.4－26}$$

将式(8.4－26)代入式(8.4－23b)，得到

$$
\begin{aligned}
\boldsymbol{Y}(z) &= \boldsymbol{C}[\boldsymbol{\Phi}(z)\boldsymbol{x}(0)+z^{-1}\boldsymbol{\Phi}(z)\boldsymbol{BF}(z)]+\boldsymbol{DF}(z)=\boldsymbol{C\Phi}(z)\boldsymbol{x}(0)+[\boldsymbol{C}z^{-1}\boldsymbol{\Phi}(z)\boldsymbol{B}+\boldsymbol{D}]\boldsymbol{F}(z)\\
&=\boldsymbol{C\Phi}(z)\boldsymbol{x}(0)+\boldsymbol{H}(z)\boldsymbol{F}(z)
\end{aligned} \tag{8.4－27}
$$

式中

$$\boldsymbol{H}(z)\xlongequal{\text{def}}\boldsymbol{C}z^{-1}\boldsymbol{\Phi}(z)\boldsymbol{B}+\boldsymbol{D} \tag{8.4－28}$$

称为离散系统的 **Z 域系统函数矩阵**。式中的 $\boldsymbol{\Phi}(z)$ 称为离散系统的 **Z 域状态转移矩阵。**

式(8.4－26)和(8.4－27)分别是状态矢量和输出矢量的 Z 域解，取其 Z 逆变换即可得到相应的时域解，具体表示为

$$
\begin{aligned}
\boldsymbol{x}(k) &= \mathscr{Z}^{-1}[\boldsymbol{X}(z)]=\mathscr{Z}^{-1}[\boldsymbol{\Phi}(z)\boldsymbol{x}(0)]+\mathscr{Z}^{-1}[z^{-1}\boldsymbol{\Phi}(z)\boldsymbol{BF}(z)]\\
&=\mathscr{Z}^{-1}[\boldsymbol{\Phi}(z)]\boldsymbol{x}(0)+\mathscr{Z}^{-1}[z^{-1}\boldsymbol{\Phi}(z)\boldsymbol{B}]*\mathscr{Z}^{-1}[\boldsymbol{F}(z)]
\end{aligned} \tag{8.4－29}
$$

$$
\begin{aligned}
\boldsymbol{y}(k) &= \mathscr{Z}^{-1}[\boldsymbol{Y}(z)]=\boldsymbol{C}\mathscr{Z}^{-1}[\boldsymbol{\Phi}(z)\boldsymbol{x}(0)]+\mathscr{Z}^{-1}[\boldsymbol{H}(z)\boldsymbol{F}(z)]\\
&=\boldsymbol{C}\mathscr{Z}^{-1}[\boldsymbol{\Phi}(z)]\boldsymbol{x}(0)+\mathscr{Z}^{-1}[\boldsymbol{H}(z)]*\mathscr{Z}^{-1}[\boldsymbol{F}(z)]
\end{aligned} \tag{8.4－30}
$$

显然，在式(8.4－29)中，等号右边第一项是状态矢量解的零输入分量，第二项是状态矢量解的零状态分量。同样，在式(8.4－30)中，等号右边第一项是系统的零输入响应，第二项是系统的零状态响应。

将式(8.4-29)、式(8.4-30)分别与式(8.4-9)、式(8.4-11)进行比较，不难看出式中状态转移矩阵 $\boldsymbol{\varphi}(k)$ 与Z状态转移矩阵 $\boldsymbol{\Phi}(z)$，单位响应矩阵 $\boldsymbol{h}(k)$ 与Z系统函数矩阵 $\boldsymbol{H}(z)$ 之间都满足Z变换对关系，即

$$\boldsymbol{\varphi}(k)=\boldsymbol{A}^k \longleftrightarrow \boldsymbol{\Phi}(z)=[z\boldsymbol{I}-\boldsymbol{A}]^{-1}z \tag{8.4-31}$$

$$\boldsymbol{h}(k)=\boldsymbol{C}\boldsymbol{\varphi}(k-1)\boldsymbol{B}+\boldsymbol{D}\boldsymbol{\delta}(k) \longleftrightarrow \boldsymbol{H}(z)=\boldsymbol{C}z^{-1}\boldsymbol{\Phi}(z)\boldsymbol{B}+\boldsymbol{D} \tag{8.4-32}$$

特别是包含在式(8.4-31)中的如下关系式：

$$\boldsymbol{A}^k=\mathscr{Z}^{-1}[\boldsymbol{\Phi}(z)]=\mathscr{Z}^{-1}[[z\boldsymbol{I}-\boldsymbol{A}]^{-1}z] \tag{8.4-33}$$

将给我们提供了由 $\boldsymbol{\Phi}(z)$ 经Z逆变换求状态转移矩阵 $\boldsymbol{A}^k$ 的方法。

上述讨论表明，离散系统状态空间方程的Z域解法与连续系统状态空间方程的S域解法是非常类似的。其中，矩阵 $\boldsymbol{\Phi}(z)$、$\boldsymbol{H}(z)$ 在Z域解法中的作用也与矩阵 $\boldsymbol{\Phi}(s)$、$\boldsymbol{H}(s)$ 在S域解法中的作用类似。

为了应用方便，我们将连续、离散系统状态空间方程求解公式归纳列于表8.1中。

表8.1　状态空间方程求解

系统类别	LTI连续系统	LTI离散系统
状态空间方程形式	$\dot{\boldsymbol{x}}(t)=\boldsymbol{A}\boldsymbol{x}(t)+\boldsymbol{B}\boldsymbol{f}(t)$，$\boldsymbol{x}(0^-)$ 已知 $\boldsymbol{y}(t)=\boldsymbol{C}\boldsymbol{x}(t)+\boldsymbol{D}\boldsymbol{f}(t)$，$t\geqslant 0$	$\boldsymbol{x}(k+1)=\boldsymbol{A}\boldsymbol{x}(k)+\boldsymbol{B}\boldsymbol{f}(k)$，$x(0)$ 已知 $\boldsymbol{y}(k)=\boldsymbol{C}\boldsymbol{x}(k)+\boldsymbol{D}\boldsymbol{f}(k)$，$k\geqslant 0$
时域解法	$\boldsymbol{x}(t)=\underbrace{\boldsymbol{\varphi}(t)\boldsymbol{x}(0^-)}_{\text{零输入分量}}+\underbrace{\boldsymbol{\varphi}(t)\boldsymbol{B}*\boldsymbol{f}(t)}_{\text{零状态分量}}$，$t\geqslant 0$ 式中 $\boldsymbol{\varphi}(t)=\mathrm{e}^{\boldsymbol{A}t}$，$t\geqslant 0$（状态转移矩阵）	$\boldsymbol{x}(k)=\underbrace{\boldsymbol{\varphi}(k)\boldsymbol{x}(0)}_{\text{零输入分量}}+\underbrace{\boldsymbol{\varphi}(k-1)\boldsymbol{B}*\boldsymbol{f}(k)}_{\text{零状态分量}}$，$k\geqslant 0$ 式中 $\boldsymbol{\varphi}(k)=\boldsymbol{A}^k$，$k\geqslant 0$（状态转移矩阵）
	$\boldsymbol{y}(t)=\underbrace{\boldsymbol{C}\boldsymbol{\varphi}(t)\boldsymbol{x}(0^-)}_{\text{零输入响应}}+\underbrace{\boldsymbol{h}(t)*\boldsymbol{f}(t)}_{\text{零状态响应}}$，$t\geqslant 0$ 式中 $\boldsymbol{h}(t)=\boldsymbol{C}\boldsymbol{\varphi}(t)\boldsymbol{B}+\boldsymbol{D}\boldsymbol{\delta}(t)$，$t\geqslant 0$ （单位冲激响应矩阵）	$\boldsymbol{y}(k)=\underbrace{\boldsymbol{C}\boldsymbol{\varphi}(k)\boldsymbol{x}(0)}_{\text{零输入响应}}+\underbrace{\boldsymbol{h}(k)*\boldsymbol{f}(k)}_{\text{零状态响应}}$，$k\geqslant 0$ 式中 $\boldsymbol{h}(k)=\boldsymbol{C}\boldsymbol{\varphi}(k-1)\boldsymbol{B}+\boldsymbol{D}\boldsymbol{\delta}(k)$，$k\geqslant 0$ （单位响应矩阵）
变换域解法	$\boldsymbol{X}(s)=\underbrace{\boldsymbol{\Phi}(s)\boldsymbol{x}(0^-)}_{\text{零输入分量}}+\underbrace{\boldsymbol{\Phi}(s)\boldsymbol{B}\boldsymbol{F}(s)}_{\text{零状态分量}}$ 式中 $\boldsymbol{\Phi}(s)=[\boldsymbol{SI}-\boldsymbol{A}]^{-1}$（预解矩阵）	$\boldsymbol{X}(z)=\underbrace{\boldsymbol{\Phi}(z)\boldsymbol{x}(0)}_{\text{零输入分量}}+\underbrace{z^{-1}\boldsymbol{\Phi}(z)\boldsymbol{B}\boldsymbol{F}(z)}_{\text{零状态分量}}$ 式中 $\boldsymbol{\Phi}(z)=[z\boldsymbol{I}-\boldsymbol{A}]^{-1}z$（Z域状态转移矩阵）
	$\boldsymbol{Y}(s)=\underbrace{\boldsymbol{C}\boldsymbol{\Phi}(s)\boldsymbol{x}(0^-)}_{\text{零输入响应}}+\underbrace{\boldsymbol{H}(s)\boldsymbol{F}(s)}_{\text{零状态响应}}$ 式中 $\boldsymbol{H}(s)=\boldsymbol{C}\boldsymbol{\Phi}(s)\boldsymbol{B}+\boldsymbol{D}$（系统函数矩阵）	$\boldsymbol{Y}(z)=\underbrace{\boldsymbol{C}\boldsymbol{\Phi}(z)\boldsymbol{x}(0)}_{\text{零输入响应}}+\underbrace{\boldsymbol{H}(z)\boldsymbol{F}(z)}_{\text{零状态响应}}$ 式中 $\boldsymbol{H}(z)=\boldsymbol{C}z^{-1}\boldsymbol{\Phi}(z)\boldsymbol{B}+\boldsymbol{D}$（Z域系统函数矩阵）
变换对关系	$\boldsymbol{\varphi}(t)\overset{\mathscr{L}}{\rightleftharpoons}\boldsymbol{\Phi}(s)$ $\boldsymbol{h}(t)\overset{\mathscr{L}}{\rightleftharpoons}\boldsymbol{H}(s)$	$\boldsymbol{\varphi}(k)\overset{\mathscr{Z}}{\rightleftharpoons}\boldsymbol{\varphi}(z)$ $\boldsymbol{h}(k)\overset{\mathscr{Z}}{\rightleftharpoons}\boldsymbol{H}(z)$

例8.4-5　用Z域解法重新求解例8.4-4。

解　在例8.4-4中已建立的系统状态方程为

$$\boldsymbol{x}(k+1)=\begin{bmatrix}x_1(k+1)\\x_2(k+1)\end{bmatrix}=\begin{bmatrix}0&1\\2&1\end{bmatrix}\begin{bmatrix}x_1(k)\\x_2(k)\end{bmatrix}+\begin{bmatrix}0\\1\end{bmatrix}f(k)=\boldsymbol{A}\boldsymbol{x}(k)+\boldsymbol{B}\boldsymbol{f}(k)$$

$$\boldsymbol{y}(k)=[4\quad 1]\begin{bmatrix}x_1(k)\\x_2(k)\end{bmatrix}+[1]f(k)=\boldsymbol{Cx}(k)+\boldsymbol{Df}(k)$$

式中，$\boldsymbol{x}(k)=[x_1(k)\quad x_2(k)]^{\mathrm{T}}$，各系数矩阵为

$$\boldsymbol{A}=\begin{bmatrix}0&1\\2&1\end{bmatrix},\qquad \boldsymbol{B}=\begin{bmatrix}0\\1\end{bmatrix},\qquad \boldsymbol{C}=[4\quad 1],\qquad \boldsymbol{D}=[1]$$

系统输入 $f(k)=\delta(k)$。例 8.4-4 中已由系统初始条件求得初始状态 $\boldsymbol{x}(0)=[0\quad 1]^{\mathrm{T}}$。

(1) 计算 Z 状态转移矩阵。

$$\boldsymbol{\Phi}(z)=[z\boldsymbol{I}-\boldsymbol{A}]^{-1}z=\begin{bmatrix}z&-1\\-2&z-1\end{bmatrix}^{-1}z=\frac{1}{(z+1)(z-2)}\begin{bmatrix}z^2-z&z\\2z&z^2\end{bmatrix}$$

(2) 计算 Z 系统函数矩阵。

$$\begin{aligned}\boldsymbol{H}(z)&=\boldsymbol{C}z^{-1}\boldsymbol{\Phi}(z)\boldsymbol{B}+\boldsymbol{D}\\&=[4\quad 1]z^{-1}\frac{1}{(z+1)(z-2)}\begin{bmatrix}z^2-z&z\\2z&z^2\end{bmatrix}\begin{bmatrix}0\\1\end{bmatrix}+[1]\\&=1+\frac{z+4}{(z+1)(z-2)}\end{aligned}$$

(3) 计算输出响应。

$$\begin{aligned}\boldsymbol{y}(k)&=\boldsymbol{C}\mathscr{Z}^{-1}[\boldsymbol{\Phi}(z)]\boldsymbol{x}(0)+\mathscr{Z}^{-1}[\boldsymbol{H}(z)\boldsymbol{F}(z)]\\&=[4\quad 1]\mathscr{Z}^{-1}\left\{\frac{1}{(z+1)(z-2)}\begin{bmatrix}z^2-z&z\\2z&z^2\end{bmatrix}\right\}\begin{bmatrix}0\\1\end{bmatrix}+\mathscr{Z}^{-1}\left\{\left[1+\frac{z+4}{(z+1)(z-2)}\right]\times 1\right\}\\&=[4\quad 1]\mathscr{Z}^{-1}\begin{bmatrix}\dfrac{z}{(z+1)(z-2)}\\\dfrac{z^2}{(z+1)(z-2)}\end{bmatrix}+\mathscr{Z}^{-1}\left[1+\frac{z+4}{(z+1)(z-2)}\right]\\&=[4\quad 1]\begin{bmatrix}\dfrac{1}{3}(2)^k-\dfrac{1}{3}(-1)^k\\\dfrac{2}{3}(2)^k+\dfrac{1}{3}(-1)^k\end{bmatrix}+\delta(k)+\mathscr{Z}^{-1}\left[\frac{2}{z-2}-\frac{1}{z+1}\right]\\&=[2^{k+1}-(-1)^k]\varepsilon(k)+\delta(k)+[2\cdot 2^{k-1}-(-1)^{k-1}]\varepsilon(k-1)\\&=\begin{cases}2, & k=0\\3\cdot 2^k, & k\geqslant 1\end{cases}\end{aligned}$$

8.5 系统函数矩阵与系统稳定性

在第 4 章和第 7 章中，我们曾分别讨论了连续系统和离散系统的稳定性问题。得到的基本结论是：一个因果连续系统，如果其系统函数 $H(s)$的所有极点都位于 S 平面的左半开平面上，则该系统是稳定的。一个因果离散系统，如果系统函数 $H(z)$的所有极点都在 Z 平面的单位圆内，则系统是稳定的。

在状态空间描述中，连续系统的系统函数矩阵为

$$\boldsymbol{H}(s)=\boldsymbol{C}\boldsymbol{\Phi}(s)\boldsymbol{B}+\boldsymbol{D}=\boldsymbol{C}[s\boldsymbol{I}-\boldsymbol{A}]^{-1}\boldsymbol{B}+\boldsymbol{D}=\boldsymbol{C}\frac{\mathrm{adj}[s\boldsymbol{I}-\boldsymbol{A}]}{\det[s\boldsymbol{I}-\boldsymbol{A}]}\boldsymbol{B}+\boldsymbol{D} \quad (8.5-1)$$

式中的系数矩阵 $\boldsymbol{A}$、$\boldsymbol{B}$、$\boldsymbol{C}$、$\boldsymbol{D}$，对于时不变系统而言，它们都是常数矩阵。所以，$\boldsymbol{H}(s)$的极点仅取决于特征方程：

$$\det(s\boldsymbol{I}-\boldsymbol{A})=0$$

或

$$|s\boldsymbol{I}-\boldsymbol{A}|=0$$

的根，即矩阵 $\boldsymbol{A}$ 的特征根。由此可见，在系统的状态空间描述中，当因果系统系数矩阵 $\boldsymbol{A}$ 的特征值全部位于 S 平面的左半开平面上时，系统是稳定的；否则，系统是不稳定的。

矩阵 $\boldsymbol{A}$ 的特征根在 S 平面上的分布情况仍可以用 R－H 准则判定。

同理，可以推导得到 Z 系统函数矩阵 $\boldsymbol{H}(z)$的极点是特征方程为

$$\det[z\boldsymbol{I}-\boldsymbol{A}]=0$$

或

$$|z\boldsymbol{I}-\boldsymbol{A}|=0$$

的根。也就是说，在离散系统的状态空间描述中，只有当因果系统系数矩阵 $\boldsymbol{A}$ 的特征根全部位于 Z 平面上单位圆内时，系统才是稳定的，否则是不稳定的。

判定矩阵 $\boldsymbol{A}$ 的特征根是否在单位圆内可应用朱里准则。

例 8.5－1　设某连续因果系统的状态空间描述方程中，其系数矩阵为

$$\boldsymbol{A}=\begin{bmatrix}0 & 1 & 0\\ 0 & 0 & 1\\ -3 & -1 & -K\end{bmatrix}$$

试问当 K 满足何条件时，系统是稳定的？

解　根据矩阵 $\boldsymbol{A}$ 的特征多项式：

$$\det[s\boldsymbol{I}-\boldsymbol{A}]=\det\begin{bmatrix}s & -1 & 0\\ 0 & s & -1\\ 3 & 1 & s+K\end{bmatrix}=s^3+Ks^2+s+3$$

排出 R－H 阵列为

$$\begin{matrix}1 & 1\\ K & 3\\ 1-\dfrac{3}{K} & 0\\ 3 & \end{matrix}$$

若 $\boldsymbol{A}$ 的特征根均位于 S 平面的左半开平面上，则必须要求 R－H 阵列的第一列数均大于零，故有

$$K>0$$

$$1-\frac{3}{K}>0$$

解得 $K>3$，即当 $K>3$ 时，该系统是稳定的。

例 8.5－2　如某离散因果系统的状态空间描述方程中，系数矩阵为

$$\boldsymbol{A}=\begin{bmatrix}0 & 1 & 0\\ 0 & 0 & 1\\ 0.1 & -K & 0.2\end{bmatrix}$$

试问 K 满足何条件时，系统是稳定的？

解 根据 $\boldsymbol{A}$ 的特征多项式：

$$P(z)=\det[z\boldsymbol{I}-\boldsymbol{A}]=\det\begin{bmatrix}z & -1 & 0\\ 0 & z & -1\\ -0.1 & K & z-0.2\end{bmatrix}=z^3-0.2z^2+Kz-0.1$$

排出朱里列表

$$\begin{array}{cccc}1 & -0.2 & K & -0.1\\ -0.1 & K & -0.2 & 1\\ 0.99 & 0.1K-0.2 & K-0.02 & \end{array}$$

应用朱里准则，若系统是稳定的，则必须有

$$P(1)=1-0.2+K-0.1=K+0.7>0$$

$$(-1)^3P(-1)=(-1)(-1-0.2-K-0.1)=K+1.3>0$$

$$0.99>|K-0.02|$$

求得满足以上三个不等式的 K 值范围为

$$-0.97<K<1.01$$

因此，当 $-0.97<K<1.01$ 时系统是稳定的。

8.6 小 结

1. “状态”是现代系统理论中反映因果系统历史输入作用，并结合当前输入，预示系统未来特性的核心概念。本章 8.1 节已就状态、状态变量、状态模型、状态空间描述、状态空间方程和状态空间分析法等概念的含义及其相互联系作了归纳，这里不再重复。

2. 输入输出描述和状态空间描述是系统理论中两类典型的系统描述方法。前者适用于 LTI、单输入单输出系统描述，仅限于研究系统的外部特性，而后者还可进一步推广用于非线性、时变、多输入多输出系统描述，并能提供系统的内部信息。

3. 状态空间方程标准形式。

连续动态系统：

$$\begin{cases}\dot{\boldsymbol{x}}(t)=\boldsymbol{A}\boldsymbol{x}(t)+\boldsymbol{B}\boldsymbol{f}(t), & \boldsymbol{x}(0)\text{ 已知} & [\text{状态方程}]\\ \boldsymbol{y}(t)=\boldsymbol{C}\boldsymbol{x}(t)+\boldsymbol{D}\boldsymbol{f}(t), & t\geqslant 0 & [\text{输出方程}]\end{cases}$$

离散动态系统：

$$\begin{cases}\boldsymbol{x}(k+1)=\boldsymbol{A}\boldsymbol{x}(k)+\boldsymbol{B}\boldsymbol{f}(k), & \boldsymbol{x}(0)\text{ 已知} & [\text{状态方程}]\\ \boldsymbol{y}(k)=\boldsymbol{C}\boldsymbol{x}(k)+\boldsymbol{D}\boldsymbol{f}(k), & k\geqslant 0 & [\text{输出方程}]\end{cases}$$

4. 基于以下理由，本书强调系统的状态模型概念。

* 方法论上，状态模型/状态空间分析与输入输出模型/输入输出分析相对应。

* 依据状态模型，可以给出一种直观实用的状态变量选择方法。由电路图、框图或信号流图直接选取状态变量。

＊根据状态模型，合理导出状态空间方程标准形式。结合方程推导过程，能清楚理解状态方程和输出方程的描述对象、描述特性性质以及方程类型。

＊可直观构造由电路图、方框图、信号流图、$H(p)$、$H(E)$等列写状态空间方程的方法。

5. 状态空间求解方法有时域解法和变换域解法两种，其求解公式整理归纳后列于表 8.1 中。

6. 在状态空间描述中，LTI 因果系统稳定性判定条件是：

连续系统：当系数矩阵 $\boldsymbol{A}$ 的特征根全部位于 S 平面的左半开平面上时，系统是稳定的；否则，系统是不稳定的(具体应用罗斯—霍尔维兹准则判定)。

离散系统：当系数矩阵 $\boldsymbol{A}$ 的特征根全部位于 Z 平面上单位圆内时，系统是稳定的；否则，系统是不稳定的(具体应用朱里准则判定)。

习　题　八

8.1　网络如题图 8.1 所示，已知 $R_1=1\ \Omega$，$R_2=2\ \Omega$，$L=1\ \text{H}$，$C=0.5\ \text{F}$，试用 $u_C(t)$、$i_L(t)$和 $u_s(t)$的线性组合表示

(1) $\dfrac{\mathrm{d}u_C(t)}{\mathrm{d}t}$和$\dfrac{\mathrm{d}i_L(t)}{\mathrm{d}t}$；

(2) 电流 $i_1(t)$、$i_3(t)$和电压 $u_L(t)$。

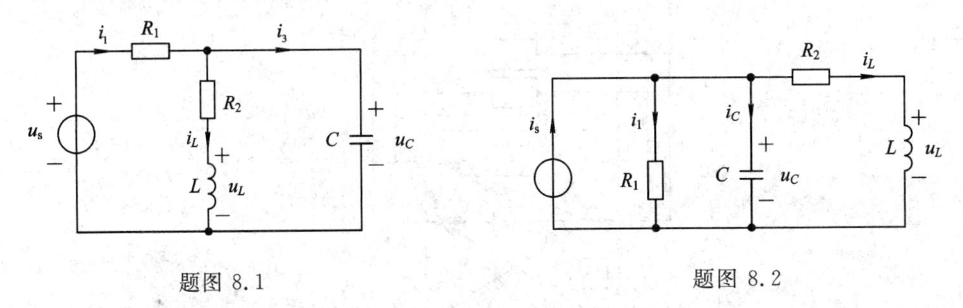

题图 8.1　　　　题图 8.2

8.2　网络如题图 8.2 所示，已知 $R_1=R_2=2\ \Omega$，$L=2\ \text{H}$，$C=0.5\ \text{F}$，试用 $u_C(t)$、$i_L(t)$和 $i_s(t)$的线性组合表示：

(1) $\dfrac{\mathrm{d}u_C(t)}{\mathrm{d}t}$ 和 $\dfrac{\mathrm{d}i_L(t)}{\mathrm{d}t}$；

(2) 电流 $i_1(t)$、$i_C(t)$和电压 $u_L(t)$。

8.3　已知二阶系统状态矢量为

$$\boldsymbol{x}(t)=\begin{bmatrix}x_1(t)\\x_2(t)\end{bmatrix}=\begin{bmatrix}3\mathrm{e}^{-t}-\mathrm{e}^{-3t}\\-3\mathrm{e}^{-t}+4\mathrm{e}^{-3t}\end{bmatrix}$$

$$\boldsymbol{x}(0)=\begin{bmatrix}2\\1\end{bmatrix}$$

试画出 $x_1(t)$、$x_2(t)$波形图和 $\boldsymbol{x}(t)$的状态轨迹。

8.4　已知二阶系统状态矢量为

$$\boldsymbol{x}(t)=\begin{bmatrix}x_1(t)\\x_2(t)\end{bmatrix}=\begin{bmatrix}2\cos(2t-30°)\\8\cos(2t+60°)\end{bmatrix}$$

$$\boldsymbol{x}(0)=\begin{bmatrix}\sqrt{3}\\4\end{bmatrix}$$

试画出 $x_1(t)$、$x_2(t)$波形图和 $\boldsymbol{x}(t)$的状态轨迹。

8.5　单输入单输出二阶系统状态模型框图如题图 8.3 所示，试列出系统的状态空间方程。

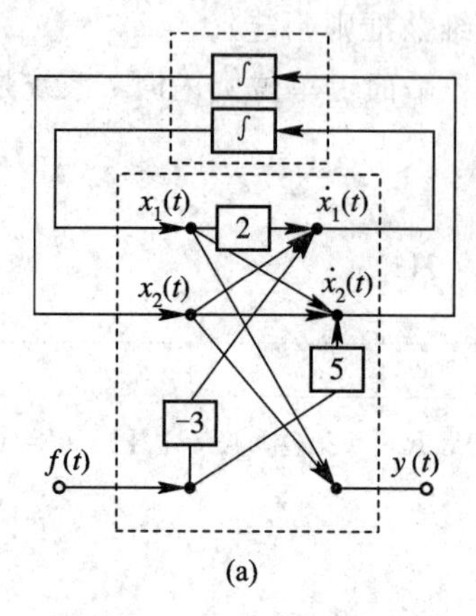

(a)

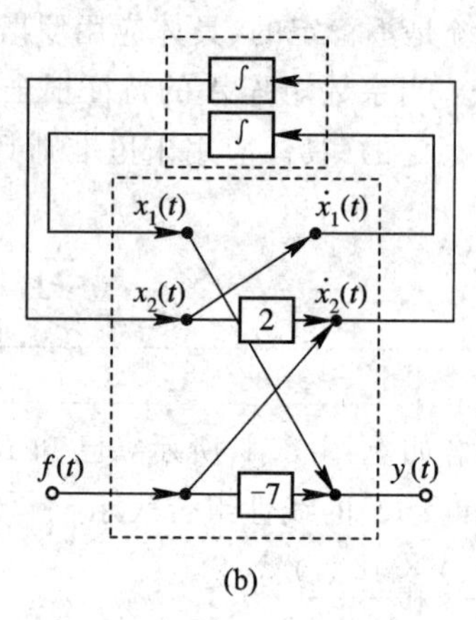

(b)

题图 8.3

8.6　系统状态模型框图如题图 8.4 所示，试用矩阵形式列出系统的状态空间方程。

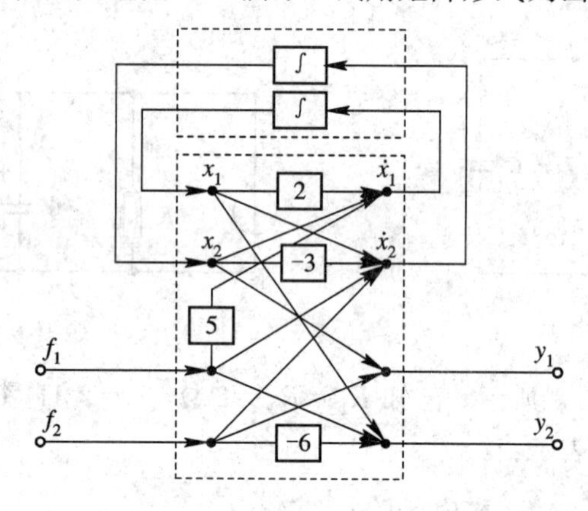

题图 8.4

8.7　写出题图 8.5 所示网络的状态方程(以 i_L 和 u_C 为状态变量)。

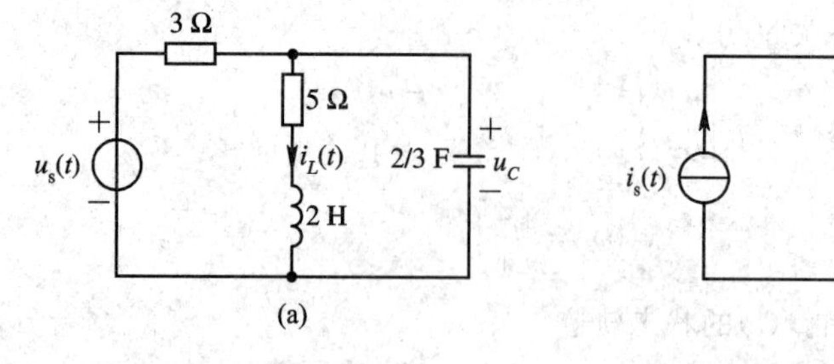

(a)　(b)

题图 8.5

8.8　写出题图 8.6 所示网络的状态方程(以 i_L 和 u_C 为状态变量)。

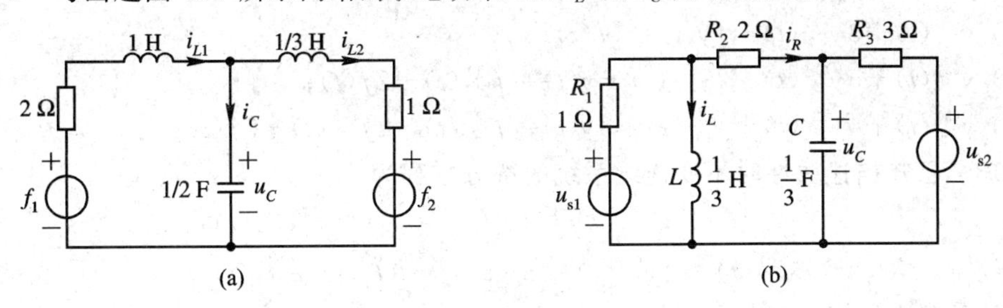

题图 8.6

8.9　写出题图 8.7 所示网络的状态方程(以 i_L 和 u_C 为状态变量)。

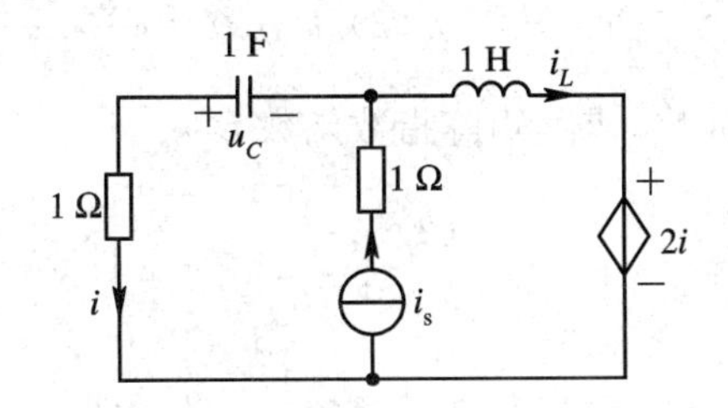

题图 8.7

8.10　写出题图 8.8 所示网络的状态空间方程。

(a) 对题图 8.8(a)网络，以 u_C、i_{L1}和 i_{L2}为状态变量，u_2 为输出；

(b) 对题图 8.8(b)网络，以 u_{C1}、u_{C2}和 i_L 为状态变量，i_2 和 u_3 为输出。

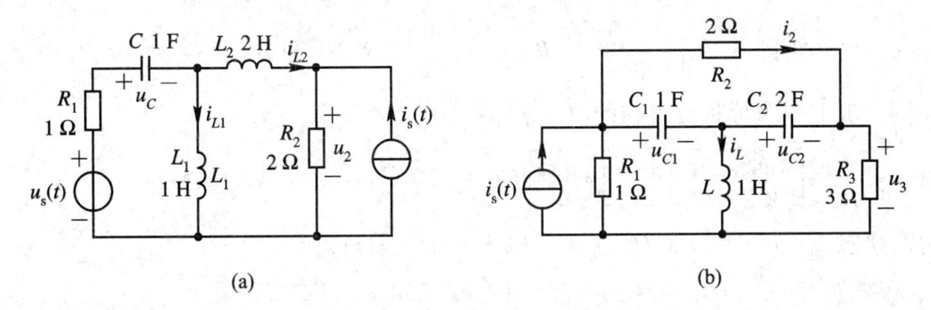

题图 8.8

8.11　列出题图 8.9 网络的状态空间方程(以 u_C、i_L 为状态变量；i_0、u_0 为输出)。

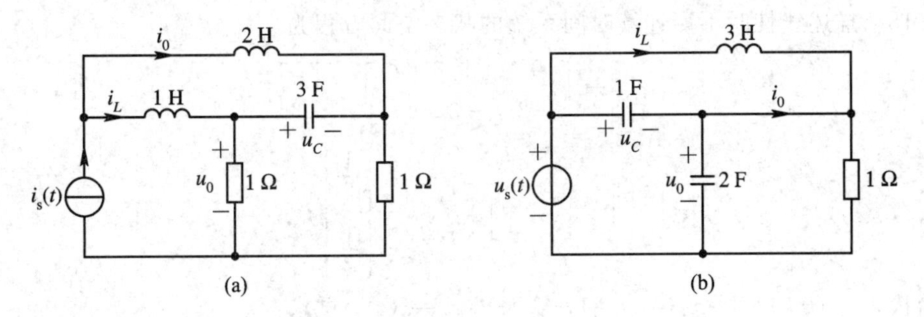

题图 8.9

8.12　描述系统的微分方程如下，试建立各系统的状态空间方程。

(1) $y^{(2)}(t)+3y^{(1)}(t)+4y(t)=f(t)$;

(2) $y^{(2)}(t)+3y^{(1)}(t)+4y(t)=5f(t)$;

(3) $y^{(3)}(t)+5y^{(2)}(t)+2y^{(1)}(t)+y(t)=f^{(1)}(t)+2f(t)$;

(4) $y^{(3)}(t)+4y^{(2)}(t)+y^{(1)}(t)+3y(t)=f^{(2)}(t)+2f^{(1)}(t)+5f(t)$;

8.13　已知描述线性时不变连续系统的微分方程为

$$y_1^{(2)}(t)+2y_1^{(1)}(t)+3y_1(t)=f_1(t)+2f_2(t)$$

$$y_2^{(2)}(t)+4y_2^{(1)}(t)+5y_2(t)=3f_1(t)-f_2(t)$$

求该系统的状态空间方程。

8.14　已知连续时间系统的系统函数如下，试列出系统的状态空间方程。

(1) $H_1(s)=\dfrac{1}{s^3+4s^2+3s+2}$;　　(2) $H_2(s)=\dfrac{3s^2+2s+1}{s^3+4s^2+3s+2}$。

8.15　设常数矩阵 $\boldsymbol{A}$ 如下，求其矩阵指数函数 e^{At}。

(1) $\boldsymbol{A}=\begin{bmatrix}-1 & 2\\ -3 & 4\end{bmatrix}$;　　(2) $\boldsymbol{A}=\begin{bmatrix}0 & -2\\ 1 & -2\end{bmatrix}$;

(3) $\boldsymbol{A}=\begin{bmatrix}1 & 0\\ 1 & 1\end{bmatrix}$;　　(4) $\boldsymbol{A}=\begin{bmatrix}3 & 0 & 0\\ 0 & 2 & 0\\ 0 & 0 & 4\end{bmatrix}$;

(5) $\boldsymbol{A}=\begin{bmatrix}5 & 4 & 0\\ 0 & 1 & 0\\ -4 & 4 & 1\end{bmatrix}$。

8.16　已知矩阵 $\boldsymbol{A}=\begin{bmatrix}-1 & 2\\ -3 & 4\end{bmatrix}$，$\boldsymbol{B}=\begin{bmatrix}1 & 0\\ 1 & 1\end{bmatrix}$，求 $\boldsymbol{A}^{123}$ 和 $\boldsymbol{B}^{99}$。

8.17　求下列系统状态方程的解。

(1) $\begin{bmatrix}\dot{x}_1\\ \dot{x}_2\end{bmatrix}=\begin{bmatrix}-3 & -1\\ 2 & 0\end{bmatrix}\begin{bmatrix}x_1\\ x_2\end{bmatrix}+\begin{bmatrix}2\\ 0\end{bmatrix}f$

系统初始状态 $x_1(0^-)=0$，$x_2(0^-)=5$，输入 $f(t)=\varepsilon(t)$；

(2) $\begin{bmatrix}\dot{x}_1\\ \dot{x}_2\end{bmatrix}=\begin{bmatrix}-1 & 1\\ 0 & -2\end{bmatrix}\begin{bmatrix}x_1\\ x_2\end{bmatrix}+\begin{bmatrix}1 & 1\\ 0 & 1\end{bmatrix}\begin{bmatrix}f_1\\ f_2\end{bmatrix}$

系统初始状态 $x_1(0^-)=1$，$x_2(0^-)=2$，输入 $f_1(t)=\varepsilon(t)$，$f_2(t)=\delta(t)$。

8.18　描述线性时不变连续时间系统的状态空间方程为

$$\begin{bmatrix}\dot{x}_1\\ \dot{x}_2\end{bmatrix}=\begin{bmatrix}0 & 1\\ -2 & -3\end{bmatrix}\begin{bmatrix}x_1\\ x_2\end{bmatrix}+\begin{bmatrix}0\\ 1\end{bmatrix}f$$

$$\begin{bmatrix}y_1\\ y_2\end{bmatrix}=\begin{bmatrix}1 & 0\\ 1 & 1\end{bmatrix}\begin{bmatrix}x_1\\ x_2\end{bmatrix}-\begin{bmatrix}\frac{1}{2}\\ \frac{1}{2}\end{bmatrix}f$$

若初始状态 $x_1(0^-)=1$，$x_2(0^-)=1$，输入 $f(t)=\varepsilon(t)$。试求：

(1) 状态转移矩阵 $\boldsymbol{\varphi}(t)$；　　(2) 冲激响应矩阵 $\boldsymbol{h}(t)$；

(3) 状态矢量解 $\boldsymbol{x}(t)$；　　(4) 输出矢量解 $\boldsymbol{y}(t)$。

8.19　设系统状态空间方程为

$$\begin{bmatrix}\dot{x}_1\\ \dot{x}_2\end{bmatrix}=\begin{bmatrix}0 & 2\\ 0 & -1\end{bmatrix}\begin{bmatrix}x_1\\ x_2\end{bmatrix}+\begin{bmatrix}0\\ 1\end{bmatrix}f$$

$$y=\begin{bmatrix}1 & 1\end{bmatrix}\begin{bmatrix}x_1\\ x_2\end{bmatrix}+f$$

若初始状态 $x_1(0^-)=1$，$x_2(0^-)=2$，输入 $f(t)=\varepsilon(t)$。试求状态方程的解和系统的输出。

8.20　线性时不变系统的信号流图表示如题图 8.10 所示。

(1) 建立系统的状态空间方程(以 x_1、x_2 为状态变量，$y(t)=\mathscr{L}^{-1}[Y(s)]$为输出)；

(2) 若初始状态 $x_1(0^-)=0$，$x_2(0^-)=1$。求系统的单位阶跃响应。

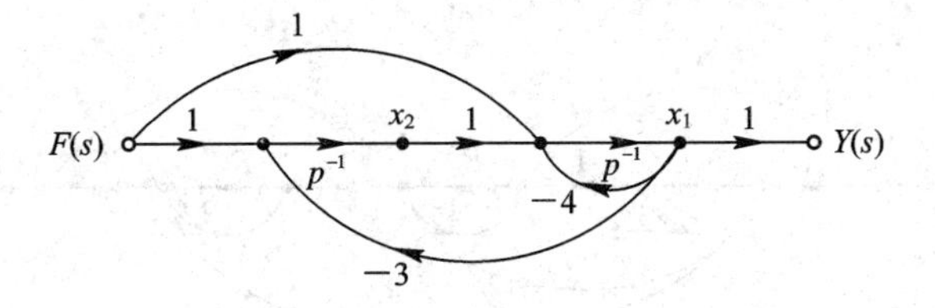

题图 8.10

8.21　已知系统的信号流图表示如题图 8.11 所示，初始状态 $x_1(0^-)=1$，$x_2(0^-)=-1$，输入 $f_1(t)=\varepsilon(t)$，$f_2(t)=\delta(t)$。求系统的输出响应 $y_1(t)$和 $y_2(t)$。

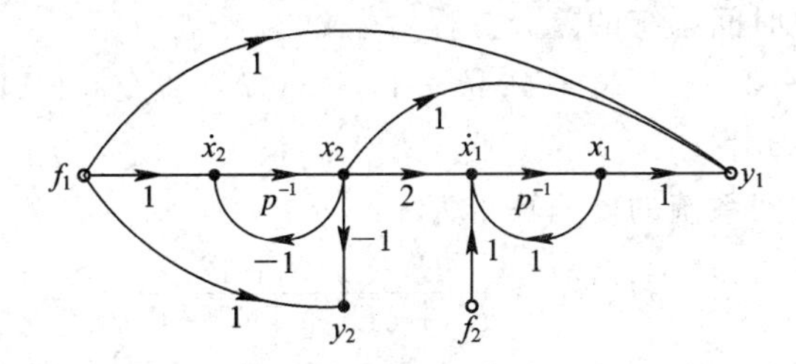

题图 8.11

8.22　已知描述系统的状态空间方程为

$$\begin{bmatrix}\dot{x}_1\\ \dot{x}_2\end{bmatrix}=\begin{bmatrix}-1 & 2\\ -1 & -4\end{bmatrix}\begin{bmatrix}x_1\\ x_2\end{bmatrix}+\begin{bmatrix}1\\ 1\end{bmatrix}f$$

$$y=\begin{bmatrix}1 & -1\end{bmatrix}\begin{bmatrix}x_1\\ x_2\end{bmatrix}+[1]f$$

系统在 $f(t)=\varepsilon(t)$作用下，输出响应为

$$y(t)=2-3\mathrm{e}^{-2t}+4\mathrm{e}^{-3t},\quad t\geqslant 0$$

试求系统的初始状态 $x(0^-)$。

8.23　已知线性时不变系统的状态转移矩阵为

(1) $\boldsymbol{\varphi}(t)=\begin{bmatrix}\mathrm{e}^{t} & \frac{2}{3}\mathrm{e}^{t}-\frac{2}{3}\mathrm{e}^{-2t}\\ 0 & \mathrm{e}^{-2t}\end{bmatrix}$；

(2) $\boldsymbol{\varphi}(t)=\begin{bmatrix}\cos\omega t & \sin\omega t\\ -\sin\omega t & \cos\omega t\end{bmatrix}$

试分别用两种方法求出系统状态方程的系数矩阵 $\boldsymbol{A}$。

8.24 用S域法解题 8.20。

8.25 用S域法解题 8.21。

8.26 已知LTI离散系统的信号流图如题图 8.12(a)、(b)所示，试编写系统的状态空间描述方程。

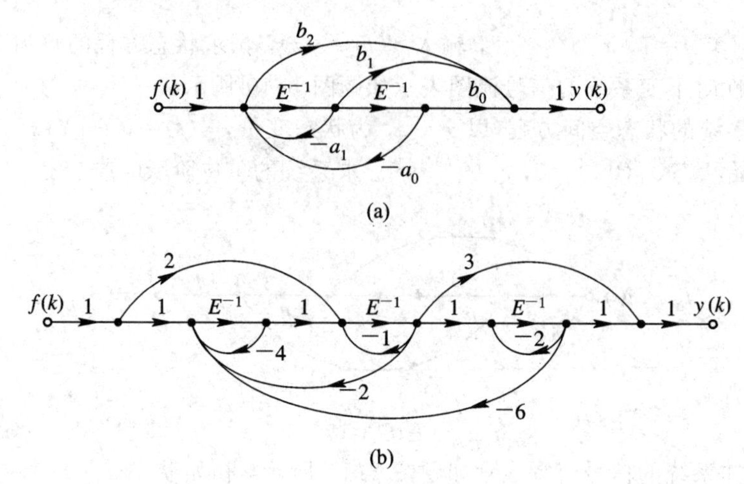

题图 8.12

8.27 设描述离散时间系统的差分方程为

$$y(k+3)+3y(k+2)+4y(k+1)+2y(k)=f(k+1)+2f(k)$$

试编写其状态空间描述方程。

8.28 已知离散时间系统的传输算子为

$$H(E)=\frac{E^3-13E+12}{E^3+6E^2+11E+6}$$

试分别画出系统的级联和并联形式的信号流图表示，并建立相应的状态空间方程。

8.29 设二阶离散时间系统的模拟框图如题图 8.13 所示。试编写其状态空间方程。

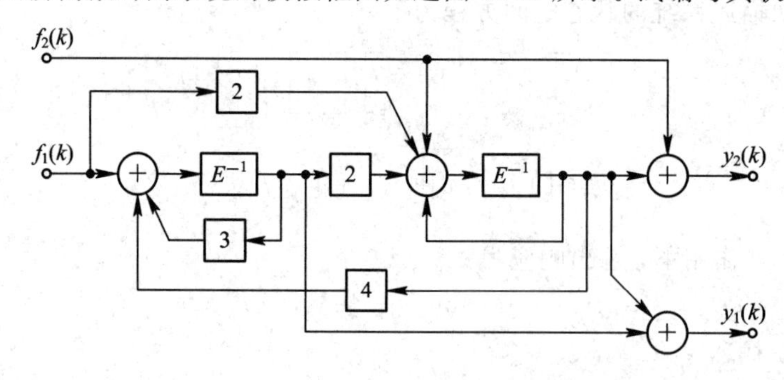

题图 8.13

8.30 求下列矩阵的矩阵函数 $\boldsymbol{A}^k$。

(1) $\boldsymbol{A}=\begin{bmatrix}0 & 1\\ -6 & 5\end{bmatrix}$； (2) $\boldsymbol{A}=\begin{bmatrix}\frac{1}{2} & 0\\ \frac{1}{4} & \frac{1}{4}\end{bmatrix}$。

8.31　已知离散时间系统的模拟框图如题图 8.14 所示。试建立其状态空间方程，并求出输入为

$$f(k)=\left(\frac{1}{2}\right)^k\varepsilon(k)$$

时，系统的零状态响应 $y_{zs}(k)$。

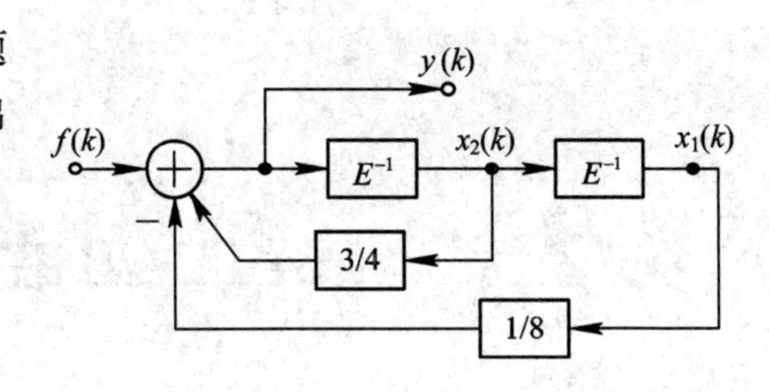

题图 8.14

8.32　已知系统的状态空间方程为

$$\boldsymbol{x}(k+1)=\begin{bmatrix}0 & 1\\ -6 & 5\end{bmatrix}\boldsymbol{x}(k)+\begin{bmatrix}0\\1\end{bmatrix}f(k)$$

$$\boldsymbol{y}(k)=\begin{bmatrix}1 & 1\\ 2 & -1\end{bmatrix}\boldsymbol{x}(k)+\begin{bmatrix}0\\0\end{bmatrix}f(k)$$

试求系统的状态转移矩阵 $\boldsymbol{\varphi}(k)$ 和单位响应矩阵 $\boldsymbol{h}(k)$。

8.33　已知离散系统的状态空间方程式为

$$\boldsymbol{x}(k+1)=\begin{bmatrix}\frac{1}{2} & 0\\ \frac{1}{4} & \frac{1}{4}\end{bmatrix}\boldsymbol{x}(k)+\begin{bmatrix}1\\0\end{bmatrix}f(k)$$

$$\boldsymbol{y}(k)=[2\quad 1]\boldsymbol{x}(k)+[1]f(k)$$

若系统的初始状态 $\boldsymbol{x}(0)=[0\quad 1]^{\mathrm{T}}$，输入 $f(k)=\varepsilon(k)$，求该系统的输出 $y(k)$。

8.34　用 Z 变换方法求解题 8.30。

8.35　设 LTI 离散系统的状态空间方程为

$$\boldsymbol{x}(k+1)=\begin{bmatrix}0 & 1\\ -6 & 5\end{bmatrix}\boldsymbol{x}(k)+\begin{bmatrix}0\\1\end{bmatrix}f(k)$$

$$\boldsymbol{y}(k)=\begin{bmatrix}1 & 1\\ 2 & -1\end{bmatrix}\boldsymbol{x}(k)$$

试求该系统的 Z 状态转移矩阵 $\boldsymbol{\Phi}(z)$ 和 Z 系统函数矩阵 $\boldsymbol{H}(z)$。

8.36　用 Z 域分析法求解题 8.33。

8.37　已知线性系统信号流图表示如题图 8.15 所示，试确定系统保持稳定时增益 K 允许的取值范围。

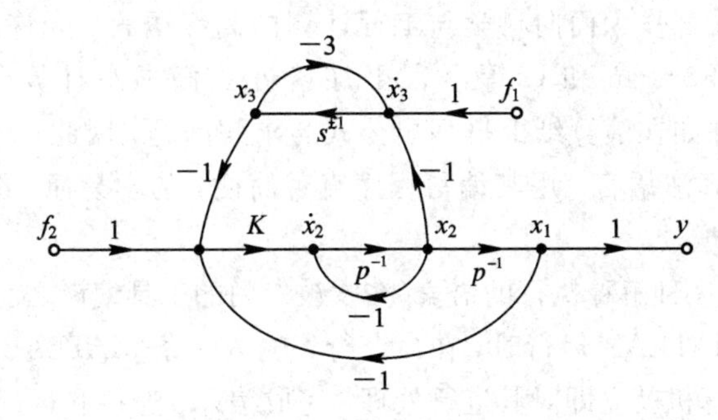

题图 8.15

*第9章 MATLAB在信号与系统分析中的应用

9.0 引　言

MATLAB是美国Mathworks公司推出的一个科技应用软件，其名称由矩阵(Matrix)和实验室(Laboratory)的头三个字母组成。MATLAB是一种高性能的工程计算应用软件，它把科学计算、结果可视化和编程都集中在一个环境中，使用非常方便。

一般来说，MATLAB系统包括下面五个主要部分：

(1) 编程语言：是一种以矩阵和数组为基本单位的编程语言；

(2) 工作环境：包括了一系列应用工具，提供编程和调试程序的环境；

(3) 图形处理：包括绘制二维、三维图形和创建图形用户接口；

(4) 数学库函数：包含了大量的数学函数，也包括复杂的功能；

(5) 应用程序接口：提供接口程序，可使MATLAB与其他语言程序进行交互。

MATLAB典型的应用包括两方面：数值计算和符号计算，建模和动态仿真。

9.1 MATLAB基础

9.1.1 MATLAB语言的特点

MATLAB语言具有以下特点：

(1) 编程效率高。

MATLAB编程语言作为面向科学与工程计算的高级语言，允许用数学形式的语言编写程序，且比Basic、Fortran和C等语言更加接近我们书写计算公式的思维方式。用MATLAB编写程序犹如在演算纸上排列出公式与求解问题，因此，MATLAB语言也通俗地称为演算纸式科学算法语言，用其编写程序直观简便，易学易懂，编程效率高。

(2) 用户使用方便。

MATLAB语言是一种解释执行的语言(在没被专门的工具编译之前)，它灵活、方便，其调试程序手段丰富。MATLAB运行时，在命令行每输入一条MATLAB语句(命令)，包括调用M文件的语句，计算机就立即对其进行处理，完成编译、连接和运行的全过程。在运行M文件时，如果有错，计算机屏幕提示出错信息，经用户修改后再执行，直到正确为止。

(3) 扩充能力强。

高版本的MATLAB语言有丰富的库函数，程序运行时可以直接调用。也可以根据需要建立和扩充新的库函数，扩充其功能，以提高 MATLAB 的使用效率。

(4) 语句简单，内涵丰富。

MATLAB 语言中最基本、最重要的成分是函数，其一般形式为

$$[a, b, c, \cdots] = \mathrm{fun}(d, e, f, \cdots)$$

即一个函数由函数名，输入变量 d，e，f，…和输出变量 a，b，c…组成。同一函数名 F，可以有不同数目的输入变量(包括无输入变量)及不同数目的输出变量，代表着不同的含义。这不仅使 MATLAB 的库函数功能更丰富，而且大大压缩了磁盘的存储空间，使得 MATLAB 编写的 M 文件简单、短小而高效。

(5) 高效方便的矩阵和数组运算。

MATLAB 语言像 Basic、Fortran 和 C 语言一样规定了矩阵的算术运算符、关系运算符、逻辑运算符、条件运算符及赋值运算符，而且这些运算符大部分可以毫无改变地运用到数组间的运算中，有些运算符(如算术运算符)只要增加“·”就可用于数组间的运算。

(6) 方便的绘图功能。

MATLAB 有一系列绘图函数(命令)，调用相应函数可方便地绘制线性坐标、对数坐标、半对数坐标及极坐标，通过命令还可以在图上标出图题、XY 轴标注、格(栅)等。

总之，MATLAB 语言的设计思想体现了当前计算机高级语言的发展方向，我们相信，在不断使用中，读者会发现它的巨大潜力。

9.1.2　MATLAB 工作环境简介

1. 启动 MATLAB

有三种方法启动 MATLAB：

(1) 双击 Windows 桌面上的 MATLAB 快捷图标；

(2) 通过“开始”菜单的“程序”子菜单中的 MATLAB 项启动；

(3) 在 MATLAB 目录中搜索到可执行程序 MATLAB.exe，双击该程序使之启动。

启动后，MATLAB 主界面如图 9.1－1 所示。

MATLAB 主界面大致包括以下几个部分：

(1) 菜单项；

(2) 工具栏；

(3) “Command Window”窗口(命令窗口)，在提示符≫后直接输入命令可以执行相关的命令；

(4) “Launch Pad”窗口(分类帮助文件夹)；

(5) “Workspace”窗口(工作台)，该窗口中列出了程序运行中产生的变量及其相应数据的尺寸、字节和类型。选中一个变量，单击鼠标右键则可根据菜单进行相应的操作。

(6) “Command History”窗口(命令的历史记录)，该窗口记录用户每次开启MATLAB 的时间，以及每次开启 MATLAB 后在 MATLAB 命令窗口中运行过的所有命令行。这些命令行记录可以被复制到命令窗口中再运行，以免重新输入的麻烦。选中该窗口中的任一命令记录，然后单击鼠标右键，则可根据弹出的菜单进行相应的操作。

(7) “Current Directory”窗口，其中包含当前目录选项。

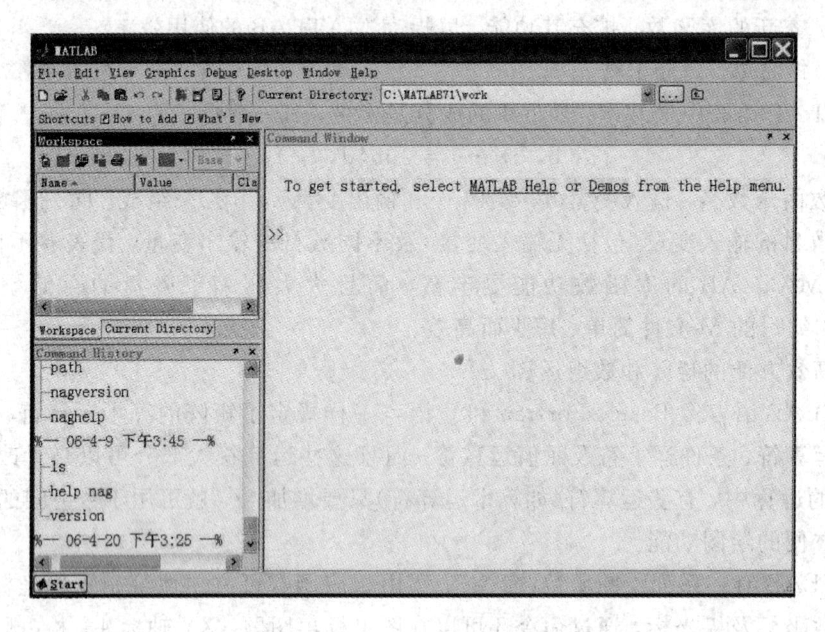

图 9.1－1 MATLAB 主界面

2. 程序编辑器

MATLAB 提供一个内置的具有编辑和调试功能的程序编辑器。编辑器窗口含有菜单栏和工具栏，使编辑和调试程序非常方便。在实际应用中，如果要求执行的命令数比较多，或改变变量的值后需要重新执行一系列命令，这样在命令窗口键入命令，逐行执行，就非常麻烦。此时应用命令文件可以较好地解决这一问题。具体方法如下：进入程序编辑器编写 M 文件，M 文件包括命令文件和函数文件，都可被别的 M 文件调用。用户可以将一组相关命令编辑在同一个 ASCII 码命令文件中，运行时只需输入文件名，MATLAB 就会自动按顺序执行文件中的命令，类似于批处理文件。函数文件是另一种形式的 M 文件，它的第一句可执行语句是以 function 引导的定义语句。在函数文件中的变量都是局部变量，它们在函数执行过程中驻留在内存中，执行结束后自动消失。函数文件不仅具有命令文件的功能，更重要的是它提供了与其他 MATLAB 函数和程序的接口，因此功能更强大。

1）命令文件

命令文件没有输入参数，也不返回输出参数，只是一些命令行的组合。命令文件中的语句可以访问 MATLAB 工作台(Workspace)中的所有数据，在运行的过程中所产生的变量均是全局变量。这些变量一旦生成，就一直保存在内存空间中，除非用户将它们清除(用 clear 命令)。运行一个命令文件等价于从命令窗口中按顺序连续执行文件中的命令。由于命令文件只是一串命令的组合，因此程序不需要预先定义，而只需按命令窗口中的命令输入顺序，依次将命令编辑在命令文件中即可。如果某个命令不需要显示结果，则在该命令后加上“；”。注意文件名一定是“.m”。命令文件的建立过程如下：

(1) 进入程序编辑器(MATLAB Editor/Debug)：从“File”菜单中选择“New”及“m-file”或单击“New m-file”按钮；

(2) 输入程序：在“ MATLAB Editor/Debug”窗口输入 MATLAB 程序；

(3) 保存程序：单击“Save”按钮，出现一个对话框，在文件名框中键入一个文件名，单击“保存”按钮，一个M文件便保存在磁盘上了。

运行命令文件时，该M文件中的命令可以访问MATLAB工作区中的所有变量，而且其中的所有变量也成为工作区的一部分。命令文件运行结束，所产生的变量保留在工作区，直至关闭MATLAB或用命令删除。下面是一个命令文件的例子，程序如下：

```
% 文件名 example.m
x=1; y=2; z=3
items=x+y+z
cost=x*5+y*2+z*9
averagecost=cost / items
```

当这个文件在程序编辑窗口输入并以名为example.m的M文件存盘后，只需在MATLAB命令编辑窗口键入example即可运行，并显示同命令窗口输入命令一样的结果。在M文件中，程序的注释是以符号“%”开始直到该行结束的部分，程序执行时会自动忽略。

2）函数文件

如果M文件的第一行包含function，则该文件就是函数文件。每个函数文件都定义一个函数。能够像库函数一样方便地调用，从而可扩展MATLAB的功能。如果对于一类特定的问题，建立起许多函数M文件，就能形成工具箱。

从形式上看，函数文件与命令文件的区别在于：命令文件的变量在文件执行完后保留在内存中；而函数文件内定义的变量仅在函数文件内部起作用，当函数文件执行结束后，这些内部变量将被清除。

函数M文件的第一行有特殊的要求，其形式必须为

```
function[输出变量列表]=函数名(输入变量列表)
函数体语句;
```

例：
```
function y =f (x)
    y=sin(x);
```

注意：函数名应该和M文件名相同。

9.1.3 学习MATLAB的基本方法

作为一门高级语言，MATLAB和其他高级语言一样，具有完善的帮助系统，可以利用帮助系统学习MATLAB。

1. help命令

在命令窗口中使行help命令能够获得范围不同的帮助信息，例如：

(1) 运行help help，将得到如何使用help的提示；

(2) 直接运行help，会列出可以用于help显示的所有主题(topic)；

(3) 运行help(topic)，可获得有关该主题的帮助，比如，想对二维图形(graph2d)编程有所了解，可运行≫help graph2d。

(4) 对每个主题(topic)中的任何命令的用法，同样可以用help来查看。如对于二维图形(graph2d)命令中的plot，用help查看的方法是：≫help plot。

2. lookfor命令

当用户要查找具有某种功能的命令但不知道其准确名字时，help就无能为力了。而

lookfor 可以根据用户提供的完整或不完整的关键词，去搜索出一组与之有关的命令，用户可从列表中挑选出满足需要的命令。

如利用 lookfor 命令查找矩阵求逆函数：

```
≫lookfor inverse
```

3. doc、helpwin 和 helpdesk 命令

在命令窗口中运行 doc、helpwin 和 helpdesk 命令中的任何一个，都会打开一个名为[help]的帮助窗口。

4. demo 命令

demo 命令用于查看集成于 MATLAB 环境内的各种演示内容。在 MATLAB 的命令窗口键入 demo 命令可以得到演示界面，从而可以方便用户了解 MATLAB 的基本功能。

5. 帮助菜单

启动 MATLAB 应用程序后，单击[help]主菜单，则会弹出一系列子菜单，可以根据菜单直接进行操作。

9.2　信号的 MATLAB 表示

9.2.1　连续信号的 MATLAB 表示

严格地说，MATLAB 不能处理连续信号，它是用连续信号在等间隔点的样值来近似表示连续信号的。当采样间隔足够小时，这些样值就能较好地近似表示连续信号。

MATLAB 提供了大量的生成基本信号的函数。最常用的指数信号、正弦信号是 MATLAB 的内部函数，即不安装任何工具箱就可调用的函数。

1. 单位阶跃信号

单位阶跃信号的数学模型：

在 $t=t_1$ 处跃升的阶跃信号可写为 $\varepsilon(t-t_1)$，定义为

$$x_2(t)=\varepsilon(t-t_1)=\begin{cases}1, & t_1<t<t_1+\Delta\\ 0, & t<t_1\end{cases}$$

单位阶跃信号 M 文件如下：

```
%单位阶跃信号 M 文件
%信号从 t0 到 tf，在 t1(t0≤t1≤tf)前为 0，到 t1 处有一跃变，t1 以后为 1
clear; t0=0; tf=5; dt=0.1; t1=input('t1=');
t=[t0: dt: tf];                              %时间序列
kt=length(t);                                %总的时间点数
k1=floor((t1-t0)/dt);                        %求 t1 对应的样本序号
x2=[zeros(1, k1), ones(1, kt-k1)];           %产生阶跃信号
subplot(2, 2, 3), stairs(t, x2), grid on     %绘图
axis([0, 5, 0, 1.1])              %为了使方波顶部避开图框，改变图框坐标
```

执行程序：

显示≫t1=　　回车

输入≫1　　回车

运行结果如图 9.2-1 所示。

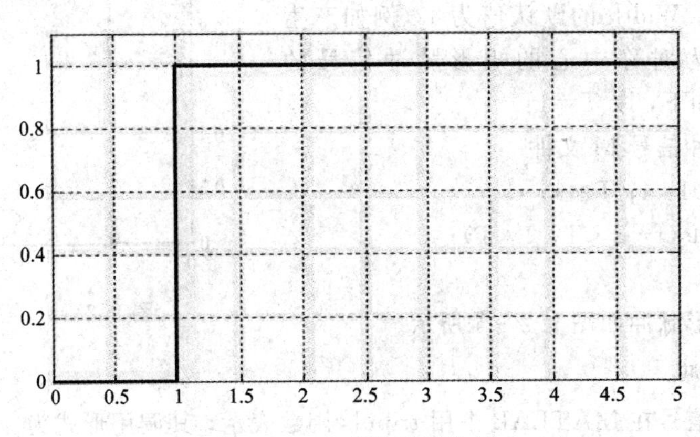

图 9.2-1　单位阶跃信号

2. 复指数信号

复指数信号的数学模型：

$$x_3(t) = e^{(u+j\omega)t}$$

若 $\omega=0$，它是实指数函数；若 $u=0$，则为虚指数函数，其实部为余弦函数，虚部为正弦函数。

复指数信号 M 文件如下：

```
%复指数信号 M 文件
%信号从 t0 到 tf
clear;
t0=0; tf=6; dt=0.05;
t=[t0: dt: tf];                                  %时间序列
alpha=-0.5; w=10;
x3=exp((alpha+j*w)*t);                           %产生复指数信号
subplot(2, 1, 1), plot(t, real(x3)), grid on     %绘图
subplot(2, 1, 2), plot(t, imag(x3)), grid on     %绘图
```

所绘制的复指数信号的实部和虚部分别如图 9.2-2 和图 9.2-3 所示。

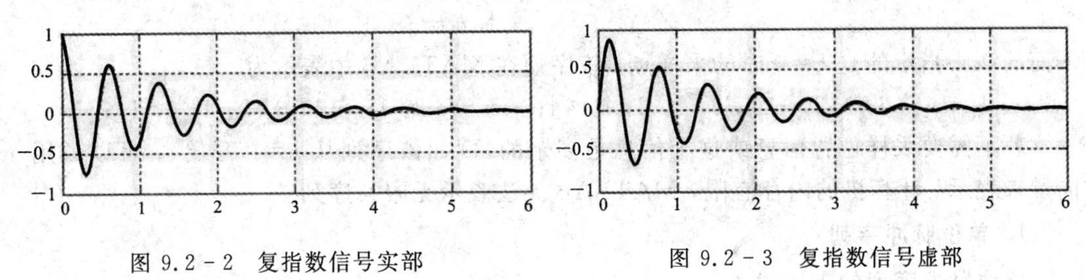

图 9.2-2　复指数信号实部　　图 9.2-3　复指数信号虚部

3. 矩形脉冲

调用 MATLAB 的内部函数可产生一矩形脉冲信号。在 MATLAB 中用 rectpuls 函数

表示矩形脉冲信号，即

```
y=rectpuls(t, width)
```

用以产生一个幅度为 1，宽度为 width，以 t=0 为对称轴的矩形波。Width 的默认值为 1。例如产生一个以 t = 2T 为对称中心的矩形脉冲信号的 MATLAB 程序如下，取 T=1：

```
%矩形脉冲信号 M 文件
t=0: 0.001: 4; T=1;
ft=rectpuls(t-2*T, 2*T);
plot(t, ft)
```

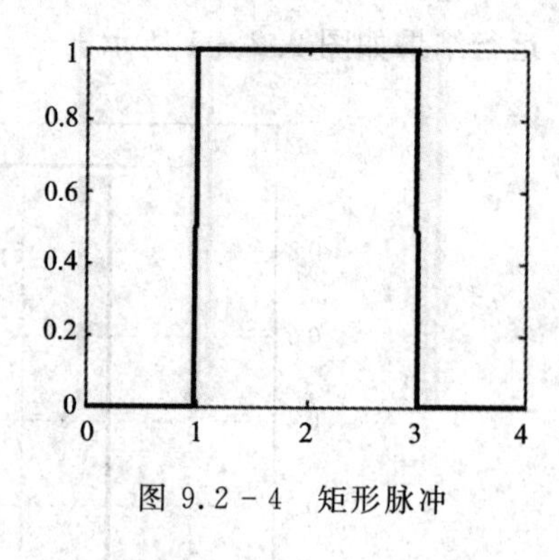

图 9.2-4 矩形脉冲

所产生的矩形脉冲如图 9.2-4 所示。

4. 三角波脉冲

三角波脉冲信号在 MATLAB 中用 tripuls 函数表示，其调用形式为

```
y=tripuls(t, width, skew)
```

用以产生一个最大幅度为 1，宽度为 width 的三角波。该函数的非零范围为(-width/2, width/2)。例如，用以下 MATLAB 语句实现三角波：

```
%program 三角波
t=-3: 0.001: 3;
ft=tripuls(t, 4, 0.5);
plot(t, ft)
```

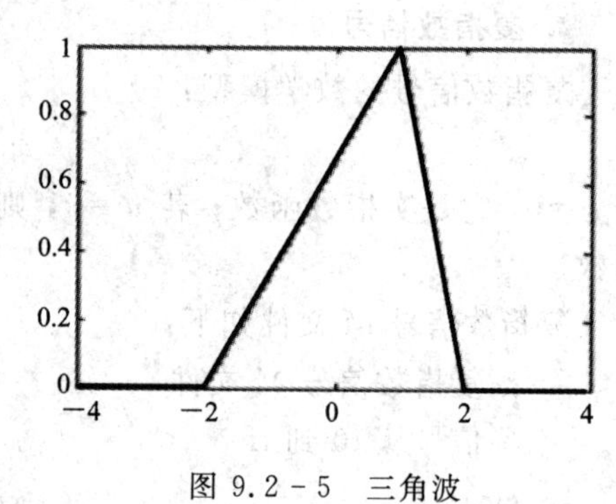

图 9.2-5 三角波

所得到的三角波如图 9.2-5 所示。

熟悉和掌握 MATLAB 的内部函数是进一步应用 MATLAB 的基本要求。

9.2.2 离散信号的 MATLAB 表示

由于 MATLAB 数值计算的特点，故用它来表示离散信号是非常方便的。在MATLAB 中，用一个列向量来表示一个有限长序列，而这样的向量并没有包含采样位置的信息，要完全表示一个序列 $x(k)$，需用 x 和 k 两个向量，例如：

$$x(k) = \{2, 1, -1, \underset{\uparrow k=0}{3}, 2, 4, 6, 1\}$$

下面的箭头指示的是 $k=0$ 时的采样点。该序列在 MATLAB 中表示为

```
k = [-3, -2, -1, 0, 1, 2, 3, 4];    x = [2, 1, -1, 3, 2, 4, 6, 1];
```

若不需要采样位置信息或这个信息是多余的(例如该序列从 $k=0$ 开始)，可以只用 x 向量来表示。计算机的内存有限，MATLAB 无法表示无限长序列。

1. 单位脉冲序列

单位脉冲序列的表达式：

$$\delta(k) = \begin{cases} 1, & k = 0 \\ 0, & k = \text{其余} \end{cases}$$

延迟 k_s 的单位脉冲序列表达式：

$$x_1(k)=\delta(k-k_s)=\begin{cases}1, & k=k_s \\ 0, & k=\text{其余}\end{cases}$$

本例取 $k_s=3$，此单位脉冲序列的 M 文件如下：

```
%单位脉冲序列 M 文件
clear, k0=0; kf=10; ks=3;
k1=k0:kf;
x1=[zeros(1,ks-k0),1, zeros(1,kf-ks)];
    %单位脉冲序列的产生
subplot(2,2,1), stem(k1,x1,'.');
title('单位脉冲序列')    %绘图
```

所绘制的单位脉冲序列如图 9.2-6 所示。

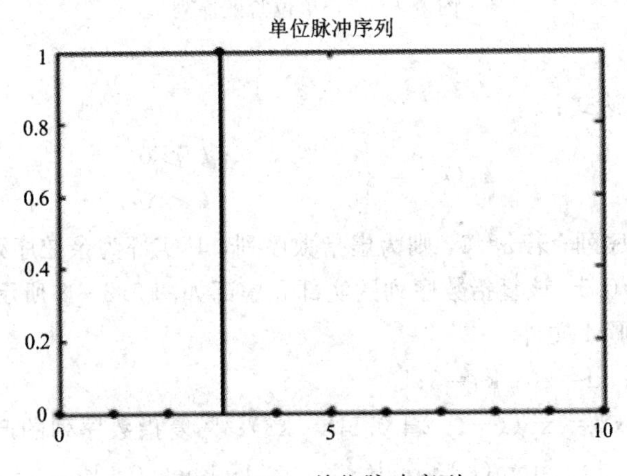

图 9.2-6　单位脉冲序列

2. 单位阶跃序列

单位阶跃序列的表达式：

$$\varepsilon(k)=\begin{cases}1, & k\geqslant 0 \\ 0, & k<0\end{cases}$$

延迟 k_s 的单位阶跃序列表达式：

$$x_2(k)=\varepsilon(k-k_s)=\begin{cases}1, & k\geqslant k_s \\ 0, & k<k_s\end{cases}$$

本例取 $k_s=3$，此单位阶跃序列的 M 文件如下：

```
%单位阶跃序列 M 文件
clear, k0=0; kf=10; ks=3;
k2=k0:kf;
x2=[zeros(1,ks-k0),ones(1,kf-ks+1)];
    %单位阶跃序列的产生
subplot(2, 2, 3), stem(k2, x2, '.');
title('单位阶跃序列')    %绘图
```

该单位阶跃序列如图 9.2-7 所示。

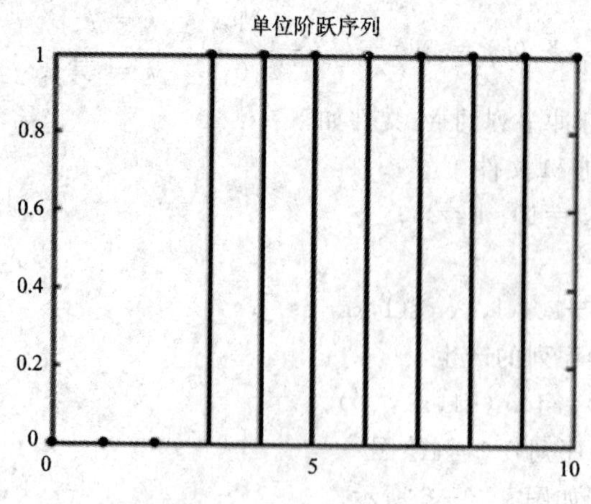

图 9.2-7　单位阶跃序列

3. 复指数序列

复指数序列的表达式：

$$x_3(k)=\begin{cases}e^{(\alpha+j\omega)k}, & k\geqslant 0\\ 0, & k<0\end{cases}$$

若 $\omega=0$，它是实指数序列；若 $\alpha=0$，则为虚指数序列，其实部为余弦序列，虚部为正弦序列。本例取 $\alpha=-0.2$，$\omega=0.5$，该复指数序列的实部和虚部如图 9.2-8 所示，其 M 文件如下：

```
%复指数序列 M 文件
clear, k0=0; kf=20; ks=3;
k3=k0: kf; x3=exp((-0.2+0.5j) * k3); %复指数序列的产生
subplot(1, 2, 1), stem(k3, real(x3), '.'); line([0, 10], [0, 0]) %绘图
xlabel('实部')
subplot(1, 2, 2), stem(k3, imag(x3), '.'); line([0, 10], [0, 0]) %绘图
xlabel('虚部')
```

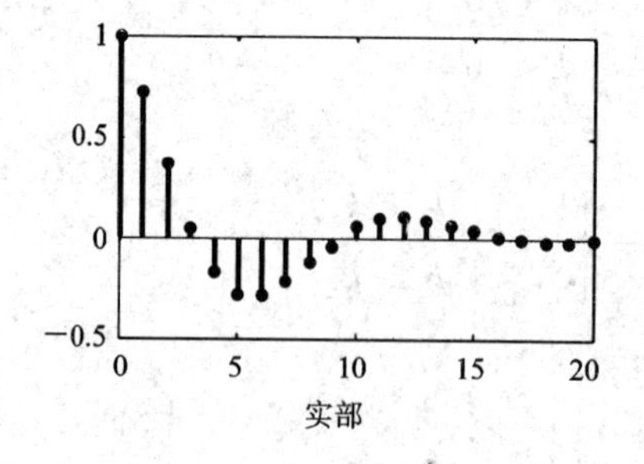

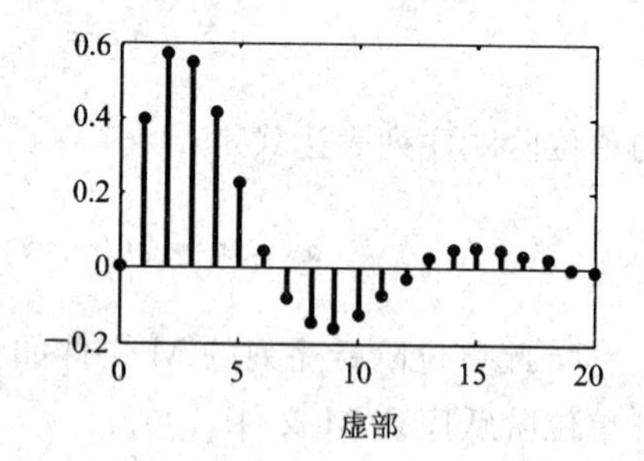

图 9.2-8　复指数序列的实部、虚部

9.2.3　信号基本运算的 MATLAB 实现

1. 信号的尺度变换、翻转、平移(时移)

信号的尺度变换、翻转、平移运算，实际上是函数自变量的运算。在信号的尺度变换

($f(at)$和$f[ak]$)中，函数的自变量乘以一个常数，在MATLAB中可用算术运算符“*”来实现。在信号翻转运算($f(-t)$和$f[-k]$)中，函数的自变量乘以一个负号，在MATLAB中可以直接写出。在信号平移运算($f(t\pm t_0)$和$f[k\pm k_0]$)中，函数自变量加、减一个常数，在MATLAB中可用算术运算符“+”或“-”来实现。

例9.2-1　三角波$f(t)$如图9.2-9(a)所示，试利用MATLAB画出$f(2t)$和$f(2-2t)$的波形。

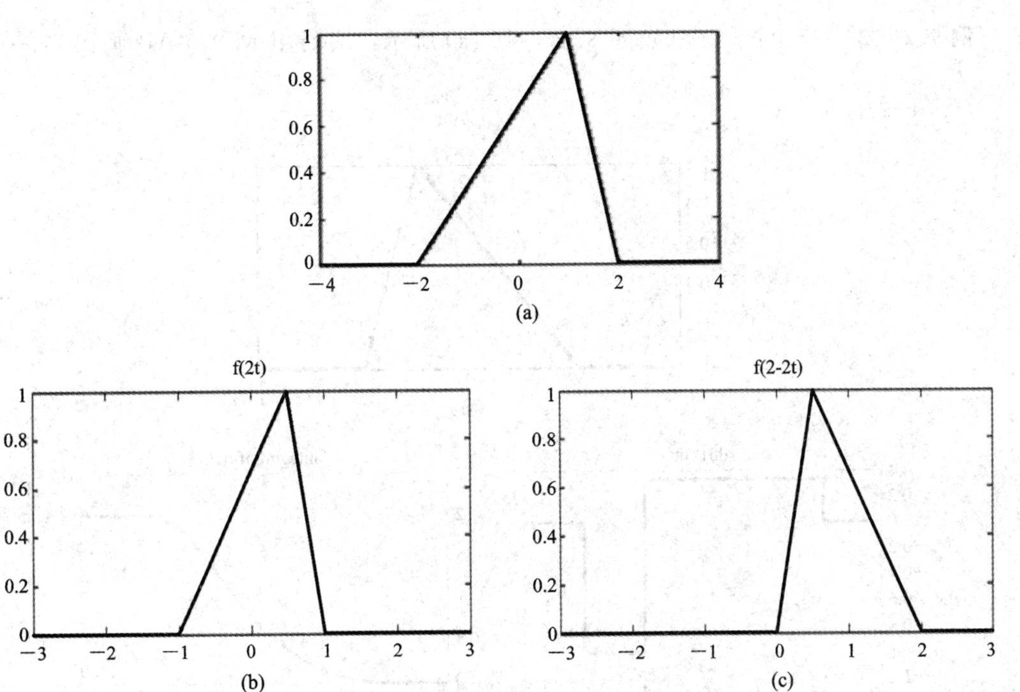

图9.2-9　例9.2-1图

解　实现$f(2t)$和$f(2-2t)$的程序如下：

```
%program 9.2-1
t=-3:0.001:3;
ft1=tripuls(2*t, 4, 0.5);
subplot(2, 1, 1)
plot(t, ft1)
title('f(2t)')
ft2=tripuls((2-2*t), 4, 0.5);
subplot(2, 1, 2)
plot(t, ft2)
title('f(2-2t)')
```

$f(2t)$、$f(2-2t)$波形分别如图9.2-9(b)、(c)所示。

2. 连续信号的微分与积分

连续信号的微分可用diff近似计算，例如$y=\sin'(x^2)=2x\cos(x^2)$可由以下

MATLAB 语句近似实现：

```
h=.001; x=0: h: pi;
y=diff(sin(x.^2))/h;
```

连续信号的定积分可由 MATLAB 中的 quad 函数或 quad8 函数实现，其调用格式为

```
quad('function_name', a, b)
```

其中，function_name 为被积函数名，a 和 b 指定积分区间。

例 9.2-2　三角波 $f(t)$ 如图 9.2-10(a)所示，试利用 MATLAB 画出 $\dfrac{df(t)}{dt}$ 和 $\int_{-\infty}^{t} f(\tau)d\tau$ 的波形。

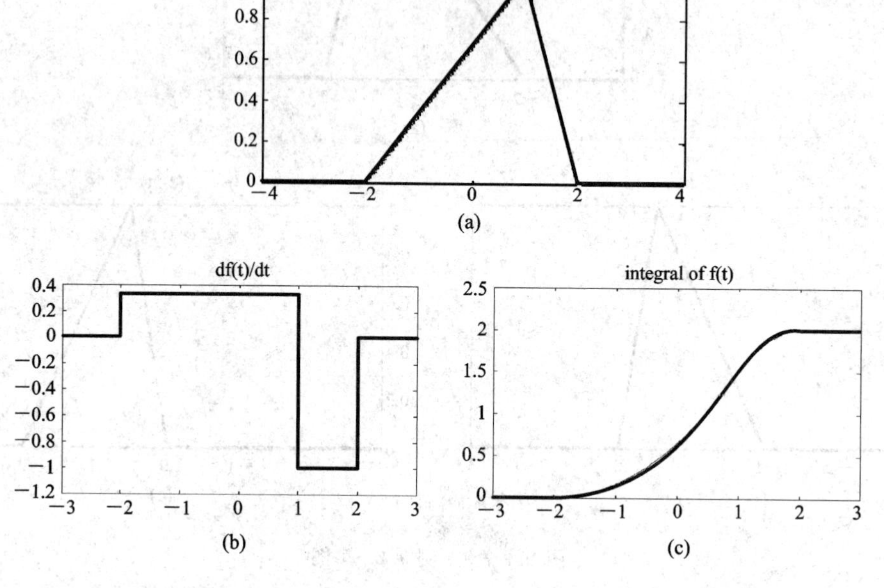

图 9.2-10　例 9.2-2 图

解　为便于利用 quad 函数计算信号的积分，将三角波 $f(t)$ 写成 MATLAB 函数，函数名为 f2_tri，程序如下：

```
%program 三角波
function yt=f2_tri(t)
yt=tripuls(t, 4, 0.5);
```

利用 diff 和 quad 函数，调用 f2_tri 可实现三角波信号 $f(t)$ 的微分、积分，程序如下：

```
%program 微分
h=0.001; t=-3: h: 3;
y1=diff(f2_tri(t)) * 1/h;
plot(t(1: length(t)-1), y1)
title('df(t)/dt')
% program 积分
t=-3: 0.1: 3;
for x=1: length(t)
```

```
    y2(x)=quad('f2_tri', -3, t(x));
  end
  plot(t, y2) (a)
  title('integral of f(t) ')
```

微分、积分波形分别如图9.2-10(b)、(c)所示。

3. 离散序列的差分与求和

离散序列的差分$\nabla f[k]=f[k]-f[k-1]$在MATLAB中用diff函数实现，其调用格式为

```
y=diff(f)
```

离散序列的求和$\sum_{k=k_1}^{k_2} f[k]$与信号相加运算不同，求和运算是把k_1和k_2之间的所有样本$f[k]$加起来，在MATLAB中用sum函数实现，其调用格式为

```
y=sum(f(k1: k2))
```

例9.2-3 用MATLAB计算指数信号$(-1.6)^k\varepsilon[k]$的能量。

解 离散信号的能量定义为

$$E=\lim_{N\to\infty}\sum_{k=-N}^{N} |f[k]|^2$$

其MATLAB实现如下：

```
%program 9.2-3
k=0: 10; A=1; a=-1.6;
fk=A * a.^k;
W=sum(abs(fk).^2)
```

运行结果为

```
W= 1.9838e+004
```

9.3 用MATLAB实现系统的时域分析

9.3.1 连续系统冲激响应的求解

方法1 应用微分方程。

假设系统微分方程为

$$\sum_{i=1}^{n} a_i y^{(i)}(t)=\sum_{j=1}^{m} b_j f^{(j)}(t)$$

MATLAB提供了专门用于求LTI系统的冲激响应和阶跃响应的函数：impulse(b, a)用于绘制向量a和b定义的LTI系统的冲激响应，step(b, a)用于绘制向量a和b定义的LTI系统的阶跃响应。其中，a和b表示系统方程中a_i、b_j组成的向量。

例9.3-1 求以下系统的冲激响应和阶跃响应：

$$7y''(t)+4y'(t)+6y(t)=f'(t)+f(t)$$

解 程序如下：

```
%program9.3 - 1
a=[7 4 6];
b=[1 1];
subplot(2, 1, 1)
impulse(b, a)
subplot(2, 1, 2)
step(b, a)
```

结果如图 9.3 - 1 所示。

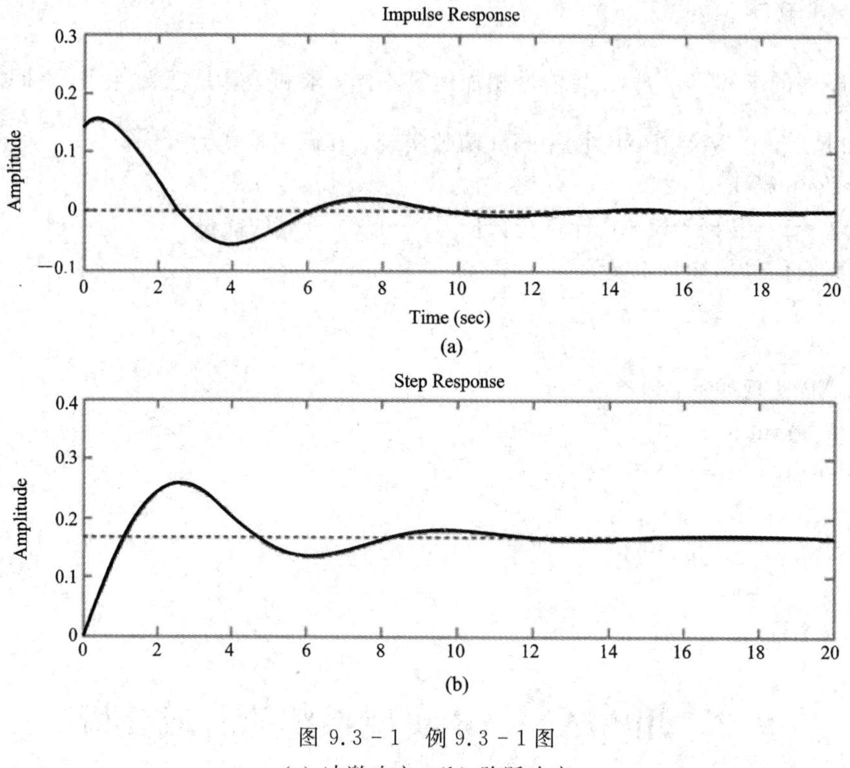

图 9.3 - 1 例 9.3 - 1 图

(a) 冲激响应；(b) 阶跃响应

方法 2 应用系统函数。

例 9.3 - 2 求 n 阶 LTI 系统的冲激响应。

解 设系统函数为

$$H(s)=\frac{Y(s)}{F(s)}=\frac{b_1 s^m+b_2 s^{m-1}+\cdots+b_m s+b_{m+1}}{a_1 s^n+a_2 s^{n-1}+\cdots+a_n s+a_{n+1}},\quad n\geqslant m$$

其特性可用系统函数分子、分母系数向量 $\boldsymbol{b}$ 和 $\boldsymbol{a}$ 来表示。

对于物理可实现系统，$n\geqslant m$，即 length(a)≥length(b)。length(a)－1 就是系统的阶次。冲激函数的拉普拉斯变换为 $F(s)=1$，则系统对冲激函数的响应的拉普拉斯变换为 $Y(s)=H(s)F(s)=H(s)$，冲激响应就是 $H(s)$的拉普拉斯逆变换，可把 $H(s)$展开为部分分式。如果 $H(s)$的分母多项式没有重根，则

$$H(s)=\sum_{i=1}^{n}\frac{k_i}{s-p_i}$$

故有冲激响应：

$$h(t) = \sum_{i=1}^{n} k_i e^{p_i t}$$

程序如下：

```
%program9.3 - 2
a=input('多项式分母系数向量 a= ');
b=input('多项式分子系数向量 b= ');
[r, p]=residue(b, a),                        %求极点和留数
disp('解析式 h(t)=Σr(i) * exp(p(i) * t) ')
disp('给出时间数组 t=[0: dt: tf] ')
dt=input('dt= '); tf=input('tf= ');          %输入 dt 及终点 tf
t=0: dt: tf;
h=zeros(1, length(t));                       %h 的初始化
for i=1: length(a)-1                         %根数为 a 的长度减 1
    h=h+r(i) * exp(p(i) * t);                %叠加各根分量
end
plot(t, h), grid
```

运行结果(用通用程序求一个五阶系统的冲激响应，按提示输入分子、分母系数向量和时间数组)：

```
a=poly([0, -1+2i, -1-2i, -2, -5]);
b=[8, 3, 1];
t=0: 0.2: 8;
```

因为题中给出的分母是系统的极点，而不是多项式系数，该系数可用 poly 函数求出，其格式为

```
a=poly(p) (其中 p 为极点向量)
```

求得 h 后，画出冲激响应的曲线如图 9.3 - 2 所示。

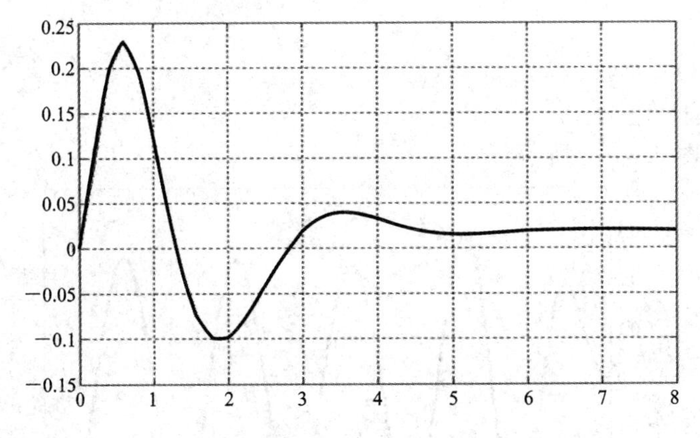

图 9.3 - 2　例 9.3 - 2 图(五阶 LTI 系统的冲激响应)

9.3.2　连续系统零状态响应的求解

方法 1　应用 MATLAB 工具箱提供的函数 lsim。

LTI 连续系统以常系数微分方程描述，系统的零状态响应可通过求解初始状态为零的微分方程得到。

在 MATLAB 中，控制系统工具箱提供了一个用于求解零初始条件微分方程数值解的函数 lsim，其调用格式为

```
y=lsim(sys, f, t)
```

式中，t 表示计算系统响应的抽样点向量；f 是系统输入信号向量；sys 是 LTI 系统模型，用来表示微分方程、差分方程、状态方程。在求解微分方程时，微分方程的 LTI 系统模型 sys 要借助 tf 函数获得，其调用方式为

```
sys=tf(b, a)
```

式中，b 和 a 分别为微分方程右端和左端各项的系数向量。例如对三阶微分方程：

$$a_3 y'''(t) + a_2 y''(t) + a_1 y'(t) + a_0 y(t) = b_3 f'''(t) + b_2 f''(t) + b_1 f'(t) + b_0 f(t)$$

可用

```
a=[a3, a2, a1, a0]; b=[b3, b2, b1, b0]; sys=tf(b, a)
```

获得 LTI 模型。微分方程中系数为零也要写入向量 a 和 b 中。

例 9.3-3 系统的微分方程为

$$\frac{d^2 y(t)}{dt^2} + 2\frac{dy(t)}{dt} + 77y(t) = f(t)$$

求系统在输入为 $f(t)=10\sin 2\pi t$ 时的零状态响应。

解 MATLAB 程序如下：

```
%program9.3-3
ts=0; te=5; dt=0.01;
sys=tf([1], [1  2  77]);
t=ts : dt : te;
f=10*sin(2*pi*t);
y=lsim(sys, f, t);
plot(t, y);
xlabel('Time(sec)')
ylabel('y(t)')
```

运行结果如图 9.3-3 所示。

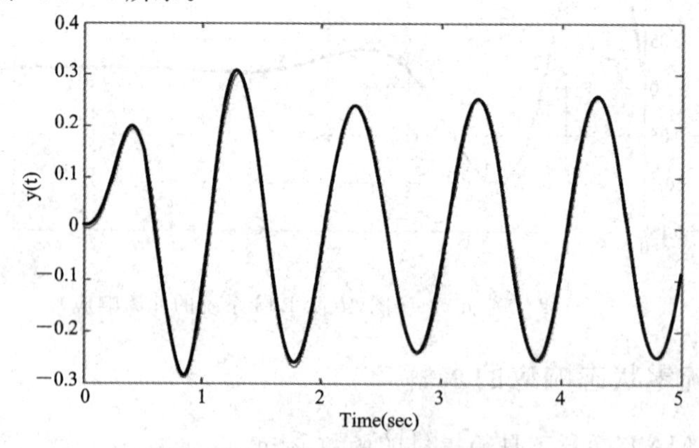

图 9.3-3 例 9.3-3 程序运行结果

方法 2　应用公式 $y_f(t)=h(t)*f(t)$。

例 9.3-4　设二阶连续系统的微分方程为

$$\frac{d^2y(t)}{dt^2}+2\frac{dy(t)}{dt}+8y(t)=f(t)$$

求系统的冲激响应。若输入为 $f(t)=3t+\cos(0.1t)$，求系统的零状态响应。

解　求冲激响应，系统微分方程的特征方程为

$$\lambda^2+2\lambda+8=0$$

其特征根为 p_1、p_2，相应的系数为 r_1、r_2，则冲激响应为

$$h(t)=r_1e^{p_1t}+r_2e^{p_2t}$$

输出 $y(t)$ 为输入 $f(t)$ 与冲激响应 $h(t)$ 的卷积。

程序如下：

```
%program9.3-4
clf, clear
a=input('多项式分母系数向量 a=    ');
b=input('多项式分子系数向量 b=    ');
t=input('输入时间序列 t=[0: dt: tf]');
f=input('输入序列 f=    ');
%a=[1, 2, 8]; b=1; t=[0: 0.1: 5];
f=3*t+cos(0.1*t);
tf=t(end);
dt=tf/(length(t)-1);
%用极点留数法求冲激响应
[r, p, k]=residue(b, a);
h=r(1)*exp(p(1)*t)+r(2)*exp(p(2)*t);
%画出冲激响应 h(t)
subplot(2, 1, 1), plot(t, h); grid
%求 u 和 h 的卷积，得输出 y(t)
y=conv(f, h)*dt;
%画出输出 y(t)
subplot(2, 1, 2),
plot(t, y(1: length(t))); grid        %画出输出 y(t)
```

运行结果(执行这个程序时，取 a=[1, 2, 8]，b=1，t=[0: 0.1: 5]以及输入为 f=3*t+cos(0.1*t))如图 9.3-4 所示。

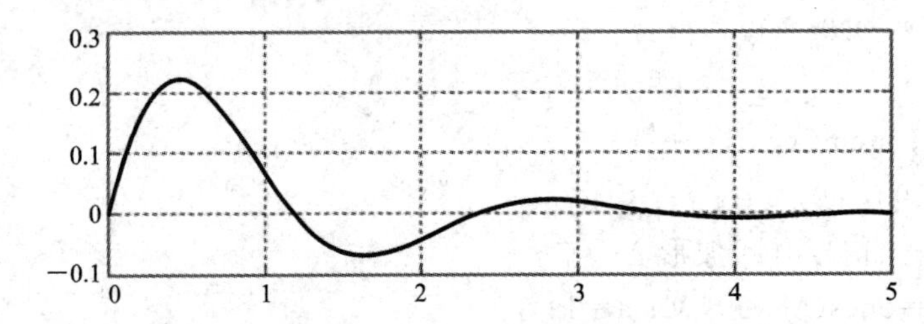

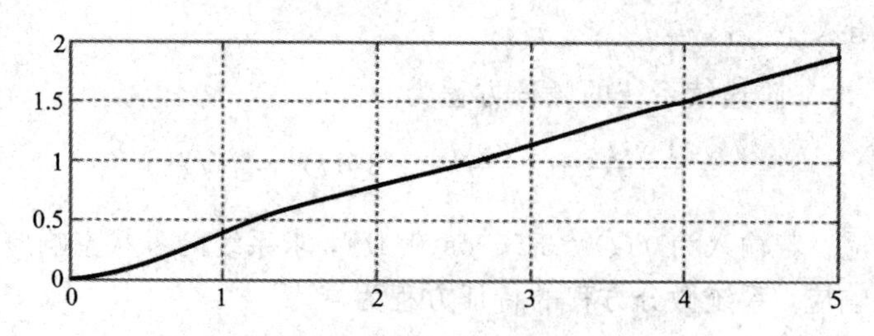

图 9.3-4 例 9.3-4 程序运行结果

9.3.3 离散系统零状态响应的求解

LTI 离散系统可用线性常系数差分方程描述：

$$\sum_{i=0}^{n} a_i y[k-i] = \sum_{j=0}^{m} b_j f[k-j]$$

其中 $f[k]$、$y[k]$分别表示系统的输入和输出，n 是差分方程的阶数。已知差分方程的 n 个初始状态和输入 $f[k]$，就可以编程迭代计算出系统的输出：

$$y[k] = -\sum_{i=1}^{n}\left(\frac{a_i}{a_0}\right)y[k-i] + \sum_{j=0}^{m}\left(\frac{b_j}{a_0}\right)f[k-j]$$

在零初始状态下，MATLAB 工具箱提供了一个 filter 函数，计算由差分方程描述的系统响应，其调用格式为

y=filter(b, a, f)

式中，b=[b0, b1, b2, …, bm], a=[a0, a1, a2, …, an]，分别是差分方程左右端的系数向量；f 表示输入序列；y 表示输出序列。注意输出序列和输入序列的长度相同。

例 9.3-5 系统的输入输出关系为

$$y[k] = \frac{1}{M}\sum_{n=0}^{M-1} f[k-n]$$

输入信号为 $f[k]=s[k]+d[k]$，其中 $s[k]=(2k)0.9^k$，$d[k]$是随机信号。试用 MATLAB 编程求系统的零状态响应。

解 随机信号 $d[k]$可由 MATLAB 提供的 rand 函数产生，将其叠加在 $s[k]$上可得到输入信号 $f[k]$，取 $M=5$。MATLAB 程序如下：

```
%program9.3-5
R=51; %输入信号的长度
%产生(-0.5, 0.5)的离散随机数
d=rand(1, R)-0.5;
k=0: R-1;
s=2*k.*(0.9.^k);
f=s+d;
figure(1); stem(k, d, '·');
line([0, 50], [0, 0]);
xlabel('输入信号 f(k)波形');
M=5; b=ones(M, 1)/M; a=1;
```

```
y=filter(b, a, f);
figure(2); stem(k, y, '.');
line([0, 50], [0, 0]);
xlabel('响应 y(k)波形');
```

程序运行结果如图 9.3-5 所示。

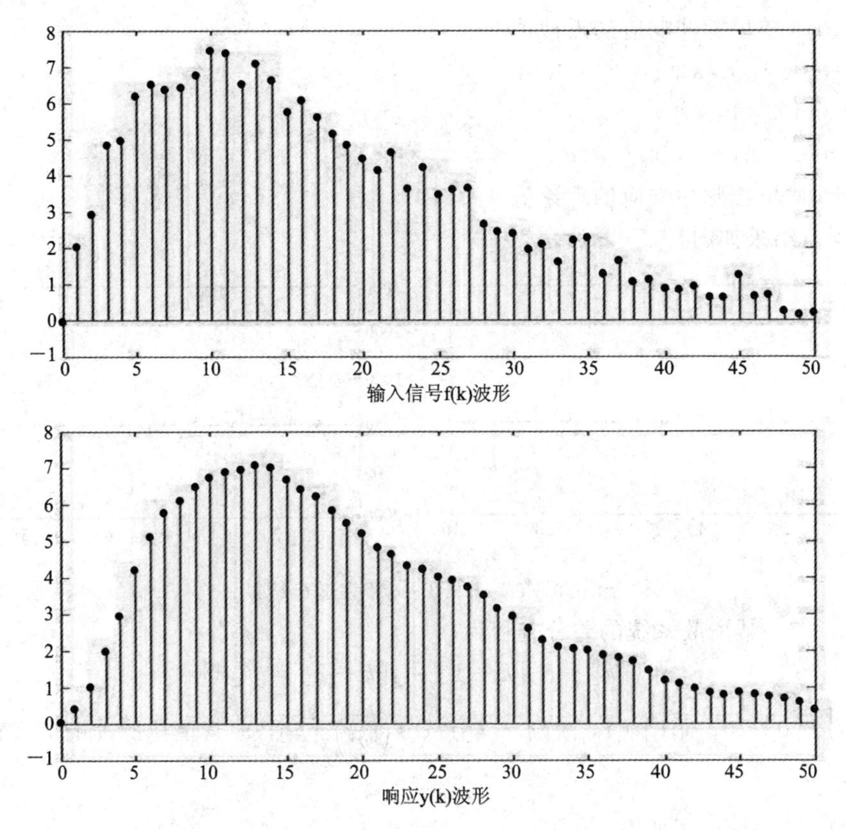

图 9.3-5 例 9.3-5 程序运行结果

9.3.4 离散系统单位脉冲响应的求解

在 MATLAB 中，求解离散系统单位脉冲响应，可用信号处理工具箱提供的函数impz，其调用方式为

```
h=impz(b, a, k)
```

其中，b=[b0, b1, b2, …, bn]，a=[a0, a1, a2, …, an]，分别是差分方程左、右的系数向量；k 表示输出序列的取值范围；h 就是系统的单位脉冲响应。

例 9.3-6 求离散系统：

$$y[k]+3y[k-1]+2y[k-2]=f[k]$$

的单位脉冲响应 $h[k]$，并与理论值 $h[k]=-(-1)^k+2(-2)^k$，$k\geqslant 0$ 比较。

解 MATLAB 程序如下：

```
%program9.3-6
k=0: 10;
```

```
a=[1 3 2];
b=[1];
h=impz(b, a, k);
subplot(2, 1, 1)
stem(k, h, '.')
%title('单位脉冲响应的近似值');
hk=-(-1).^k+2*(-2).^k;
subplot(2, 1, 2)
stem(k, hk, '.')
%title('单位脉冲响应的理论值');
```

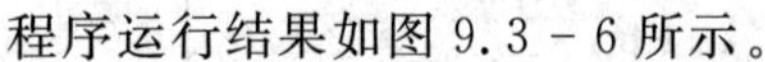
程序运行结果如图 9.3-6 所示。

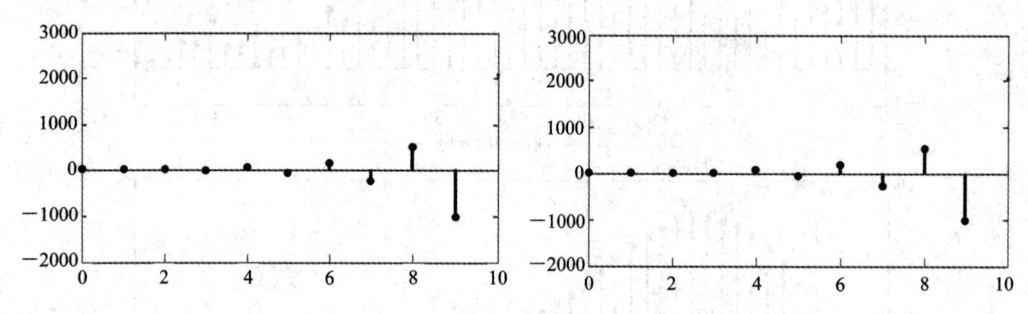

图 9.3-6　例 9.3-6 程序运行结果

例 9.3-7　某离散系统的差分方程为

$$6y[k]-5y[k-1]+y[k-2]=f[k]$$

初始条件为 $y[0]=0$，$y[1]=1$，激励 $f[k]=\cos\left(\frac{k\pi}{2}\right)\varepsilon[k]$，求其单位脉冲响应、零状态响应和全响应。

解　MATLAB 程序如下：

```
%program 9.3-7
k=-10: 20; a=[6 -5 1]; b=[1];
figure(1)
subplot(2, 1, 1)
impz(b, a, k)          %-10～20 范围内单位脉冲响应时域波形
title('h(k)')
%单位阶跃响应
kj=0: 30;
Uk=ones(1, length(kj));
gk=filter(b, a, Uk);
subplot(2, 1, 2)
stem(kj, gk, '.'), title('g(k)')
%零状态响应
fk=cos(kj*pi/2);
```

```
figure(2)
subplot(2, 1, 1), stem(kj, fk, '.'), title('f(k)=cos(k * pi/2)')
y=filter(b, a, fk);
subplot(2, 1, 2), stem(kj, y, '.'), title('zero state response')
%全响应
y(1)=0; y(2)=1; %初始值
for m=3: length(kj)-2;
    y(m)=(1/6) * (5 * y(m-1)-y(m-2)+fk(m));          %递推求解
end
figure(3)
stem(kj, y, '.'), title('y(k)'), xlabel('k')
```

程序运行结果如图 9.3 - 7 所示。

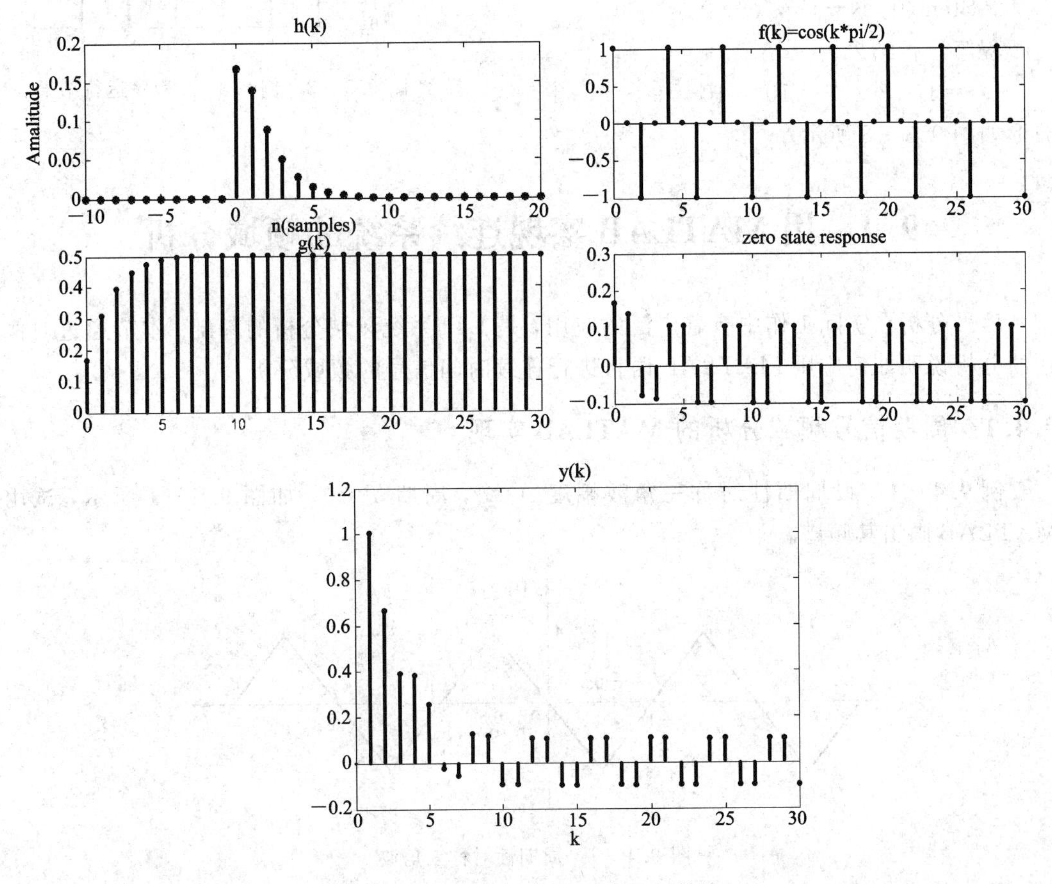

图 9.3 - 7　例 9.3 - 7 程序运行结果

9.3.5　离散卷积和的计算

卷积和是用来计算离散系统零状态响应的有力工具。MATLAB 信号处理工具箱提供了一个计算两个离散序列卷积和的函数 conv，其调用方式为

```
c=conv(a, b)
```

式中，a、b 为待卷积和运算的两序列的向量表示，c 是卷积结果。向量 c 的长度为向量 a、b 长度之和减 1，即 length(c)＝length(a)＋length(b)－1。

例 9.3－8 已知序列

$$x[k]=\{1,\ 2,\ 3,\ 4;\ k=0,\ 1,\ 2,\ 3\},$$
$$y[k]=\{1,\ 1,\ 1,\ 1,\ 1;\ k=0,\ 1,\ 2,\ 3,\ 4\}$$

计算 $x[k]*y[k]$，并画出卷积和结果。

解 MATLAB 程序如下：

```
%program9.3-8
x=[1, 2, 3, 4];
y=[1, 1, 1, 1, 1];
z=conv(x, y);
N=length(z);
Stem(0: N-1, z , '.');
```

程序运行结果为

```
z=1    3    6    10    10    9    7    4
```

波形如图 9.3－8 所示。

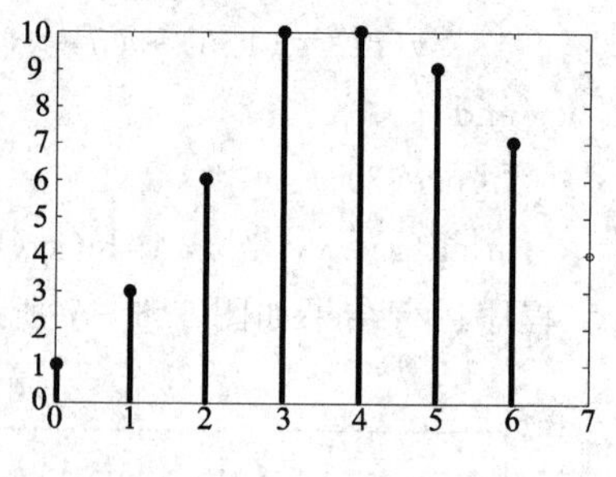

图 9.3－8 例 9.3－8 程序运行结果

9.4 用 MATLAB 实现连续系统的频域分析

信号分析在实际工作中有着广泛的应用，是 LTI 系统频域分析的基础。本节通过对例题的分析说明如何应用 MATLAB 语言进行连续时间信号的频域分析。

9.4.1 周期信号频域分析的 MATLAB 实现

例 9.4－1 设周期性对称三角波幅度 $A=1$，周期 $T=2$，如图 9.4－1 所示，试用 MATLAB 画出其频谱。

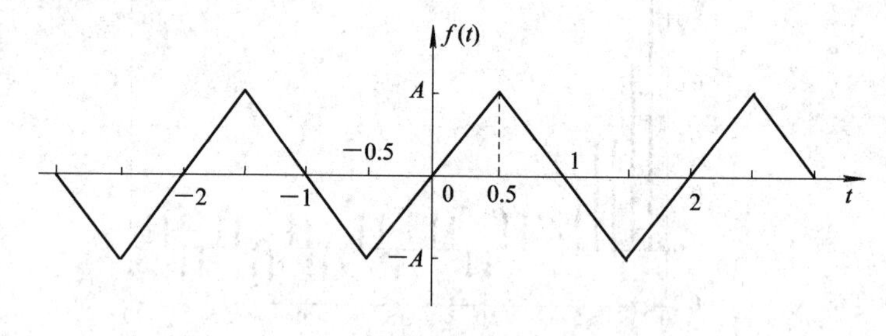

图 9.4－1 周期性对称三角波

解 傅里叶系数为

$$F(n)=\begin{cases}\dfrac{-4A\mathrm{j}}{n^2\pi^2}\sin\left(\dfrac{n\pi}{2}\right), & n\neq 0\\ 0, & n=0\end{cases}$$

该信号的傅里叶级数展开式为

$$f(t)=\sum_{n=-\infty,\ n\neq 0}^{\infty}\frac{-4A\mathrm{j}}{n^2\pi^2}\sin\left(\frac{n\pi}{2}\right)\mathrm{e}^{\mathrm{j}n\pi t}=\sum_{n=1}^{\infty}\frac{8A}{n^2\pi^2}\sin\left(\frac{n\pi}{2}\right)\sin(n\pi t)$$

$$=\frac{8A}{\pi^2}\left[\sin\pi t-\frac{1}{9}\sin 3\pi t+\frac{1}{25}\sin 5\pi t-\frac{1}{49}\sin 7\pi t+\cdots\right]$$

MATLAB 程序如下：

```
%program9.4-1
N=8;
%计算 n=-N 到-1 的傅里叶系数
n1=-N:-1;
c1=-4*j*sin(n1*pi/2)/pi^2./n1.^2;
%计算 n=0 时的傅里叶系数
c0=0;
%计算 n=1～N 的傅里叶系数
n2=1:N;
c2=-4*j*sin(n2*pi/2)/pi^2./n2.^2;
cn=[c1 c0 c2];
n=-N:N;
subplot(2,1,1);
stem(n,abs(cn),'.');
ylabel('Cn 的幅度');
subplot(2,1,2);
stem(n,angle(cn),'.');
ylabel('Cn 的相位');
xlabel('\omega/\omega0');
```

信号频谱图如图 9.4-2 所示，显然这是一个离散频谱。

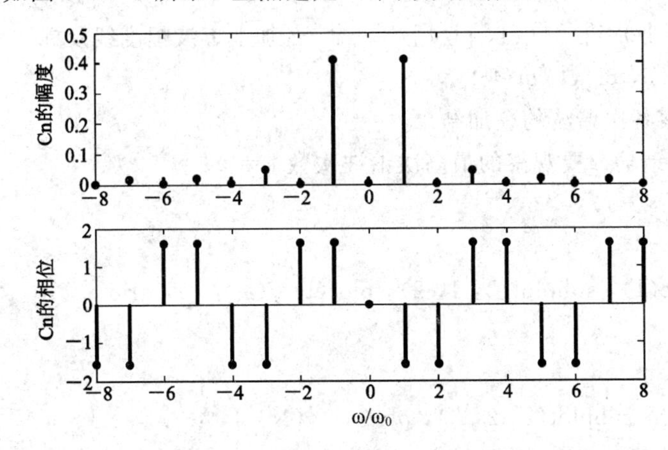

图 9.4-2　例 9.4-1 程序运行结果

例 9.4-2　将图 9.4-3 所示方波分解为多次正弦波之和。

解　图示周期性方波的傅里叶级数为

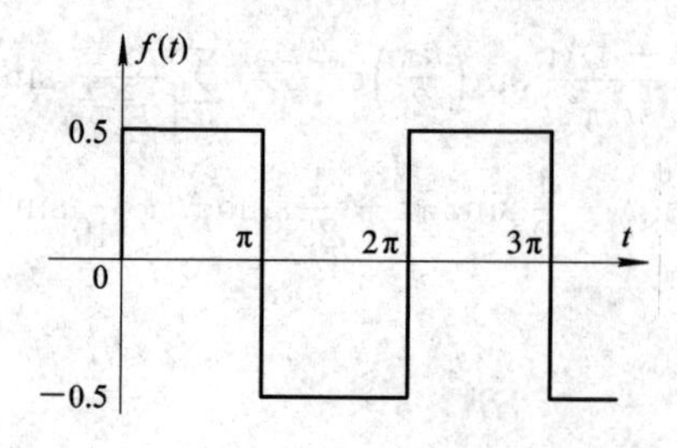

图 9.4-3 方波

$$f(t)=\frac{4}{\pi}\left[\sin t+\frac{1}{3}\sin 3t+\cdots+\frac{1}{2k-1}\sin(2k-1)t+\cdots\right],\qquad k=1,2,\cdots$$

方波 $f(t)$的周期 $T=2\pi$，由于该方波是奇对称的，在 $t=0\sim\pi$ 之间演示即可，分别计算：

$$f_1(t)=\frac{4}{\pi}\sin t$$

$$f_3(t)=\frac{4}{\pi}\left(\sin t+\frac{1}{3}\sin 3t\right)$$

$$\vdots$$

直到九次谐波，并绘图。MATLAB 程序如下：

```
%方波的分解
N=input('请输入谐波次数 N(奇数)=');
t=0:0.01:2*pi;
y=zeros(N, max(size(t))); x=zeros(size(t));
for k=1:2:N
   x=x+sin(k*t)/k; y((k+1)/2, :)=x;
end
%将各次谐波叠加绘出波形图
figure(1), subplot(3, 1, 1), plot(t, y(1:(N-1), :)), grid
line([0, pi+0.5], [pi/4, pi/4])          %加上方波幅度线及标注
text(pi+0.5, pi/4, 'pi/4')
%分别观察各次谐波的叠加结果
k=input('请输入要观察的最高次谐波次数 k=');
for i=1:(N-1)
      if i==k
      figure(1), subplot(3, 1, 2), plot(t, y(i, :)), grid
     end
end
%figure(1), subplot(2, 2, 3), plot(t, y(N-1, :)), grid
%基波到最高次谐波的各次谐波的叠加结果
%将各半波形绘成三维网格图，看出增加谐波阶次对方波逼近程度的影响
halft=ceil(length(t)/2);                   %只用正半周波形
halft=ceil(length(t))                      %用整周波形
```

```
figure(1), subplot(3, 1, 3), mesh(t(1: halft), [1: N], y(:, 1: halft))
```

程序运行结果如图 9.4－4 所示。

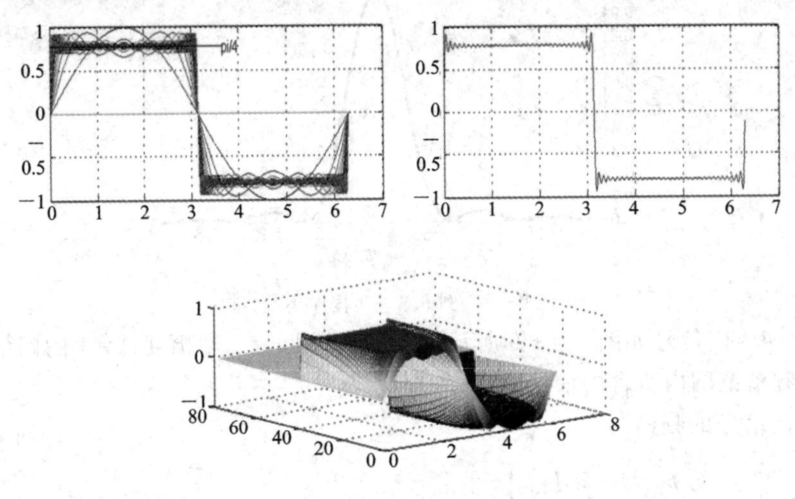

图 9.4－4　例 9.4－2 程序运行结果

9.4.2　非周期信号频域分析的 MATLAB 实现

MATLAB 提供了许多数值计算工具，可以用来进行信号的频谱分析。quad8 是计算数值积分的函数，有下面两种调用方式：

```
y=quad8('F', a, b)
y=quad8('F', a, b, [], [], P)
```

其中，F 是一个字符串，表示被积函数的文件名；a、b 分别表示定积分的下限和上限；P 表示被积函数中的一个参数。quad8 的返回值是用自适应 Simpson 算法得出的积分值。

例 9.4－3　试用数值积分法近似计算三角波信号 $f(t)=(1-|t|)g_2(t)$ 的频谱。

解　为了用 quad8 计算 $f(t)$ 的频谱，定义如下 MATLAB 函数：

```
function y=sf1(t, w);
y=(t>=-1&t<=1).*(1-abs(t)).*exp(-j*w*t);
```

对不同的参数 w，函数 sf1 将计算出傅里叶变换积分式中被积函数的值。将上述 MATLAB 函数用文件名 sf1.m 存入计算机磁盘。近似计算信号频谱的 MATLAB 程序为

```
%program 9.4-3
w=linspace(-6*pi, 6*pi, 512);
N=length(w); F=zeros(1, N);
for k=1: N
F(k)=quad8('sf1', -1, 1, [], [], w(k));
end
figure(1);
plot(w, real(F));
xlabel('\omega ');
ylabel('F(j\omega) ');
```

运行结果如图 9.4－5 所示。

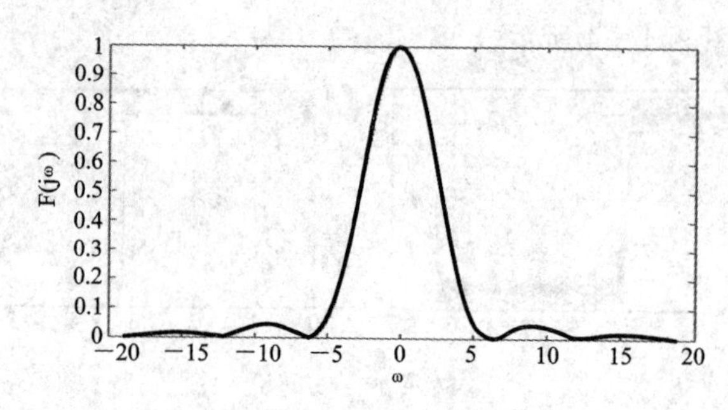

图 9.4－5　例 9.4－3 程序运行结果

例 9.4－4　门信号如图 9.4－6 所示，试计算宽度 $\tau=1$ 和幅度 $A=1$ 的门信号 $p_1(t)$ 在 $0\sim f_m$(Hz)频谱范围内所含的信号能量。

解　该门信号的频谱为

$$p_1(t)\leftrightarrow \mathrm{Sa}\left(\frac{\omega}{2}\right)$$

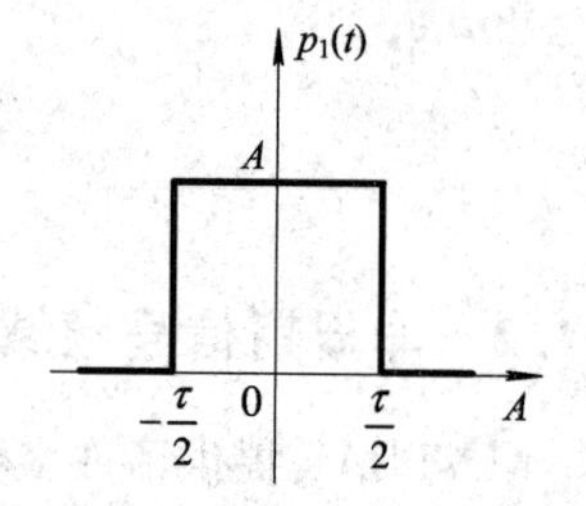

图 9.4－6　门信号

所以信号在 $0\sim f_m$(Hz)频谱范围内所含的信号能量为

$$E(f_m)=\frac{1}{2\pi}\int_{-\omega_m}^{\omega_m}\mathrm{Sa}\left(\frac{\omega}{2}\right)\mathrm{d}\omega=2\int_0^{f_m}\mathrm{Sa}^2(\pi f)\mathrm{d}f$$

计算上式的 MATLAB 程序如下：

```
function y=sf2(t)
y=2 * sinc(t). * sinc(t);
%program9.4-4
f= linspace(0, 5, 256);
N=length(f); w=zeros(1, N);
for k=1: N
  w(k)=quad8('sf2', 0, f(k));
end
plot(f, w);
xlabel('Hz');
ylabel('E ');
```

程序运行结果如图 9.4－7 所示。

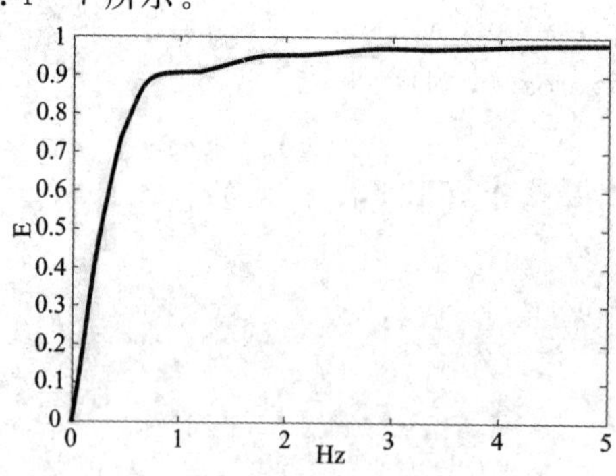

图 9.4－7　例 9.4－4 程序运行结果

9.4.3　用 MATLAB 实现连续系统的频域分析

当系统的频率响应 $H(\mathrm{j}\omega)$是 $\mathrm{j}\omega$ 的有理真分式时，有

$$H(\mathrm{j}\omega)=\frac{B(\omega)}{A(\omega)}=\frac{b_1(\mathrm{j}\omega)^N+b_2(\mathrm{j}\omega)^{N-1}+\cdots+b_{N+1}}{a_1(\mathrm{j}\omega)^M+a_2(\mathrm{j}\omega)^{M-1}+\cdots+a_{M+1}}$$

MATLAB 信号处理工具箱提供的 freqs 函数可直接计算系统的频率响应，调用形式为

```
H=freqs(b, a, w)
```

其中，b 是分子多项式的系数向量，a 为分母多项式的系数向量，w 为需计算的 $H(\mathrm{j}\omega)$的抽样点角频率矩阵(数组 w 中最少需包含两个 w 的抽样点)。

例 9.4－5　三阶归一化的 Butterworth 低通滤波器的频率响应为

$$H(\mathrm{j}\omega)=\frac{1}{(\mathrm{j}\omega)^3+3(\mathrm{j}\omega)^2+2(\mathrm{j}\omega)+1}$$

试画出系统的幅频响应$|H(\mathrm{j}\omega)|$和相频响应 $\varphi(\omega)$。

解　程序如下：

```
%program 9.4 - 5
w=linspace(0, 5, 200);
b=[1];
a=[1 3 2 1];
H=freqs(b, a, w); %频率响应函数
Subplot(2, 1, 1);
plot(w, abs(H)); %幅频特性曲线
set(gca, 'xtick', [0 1 2 3 4 5]);
set(gca, 'ytick', [0 0.4 0.707 1]);
grid;
xlabel('\omega ');
ylabel('|H(j\omega)| ');
Subplot(2, 1, 2);
plot(w, angle(H)); %相频特性曲线
set(gca, 'xtick', [0 1 2 3 4 5]);
grid;
xlabel('\omega ');
ylabel('phi(\omega) ');
```

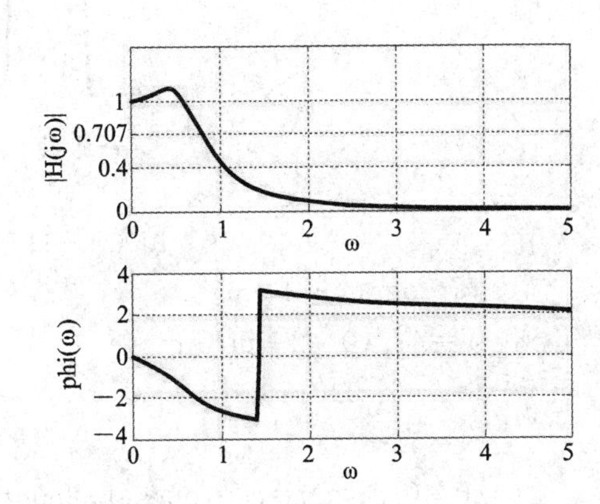

图 9.4－8　幅频特性、相频特性

运行结果如图 9.4－8 所示。

例 9.4－6　RC 电路如图 9.4－9 所示，激励为 $f(t)$，响应为 $y(t)$。求该电路在图 9.4－10 所示周期性矩形波信号作用时系统的响应。

解　该系统的频率响应函数为

$$H(\mathrm{j}\omega)=\frac{\dfrac{1}{\mathrm{j}\omega C}}{R+\dfrac{1}{\mathrm{j}\omega C}}=\frac{1}{1+\mathrm{j}\omega RC}$$

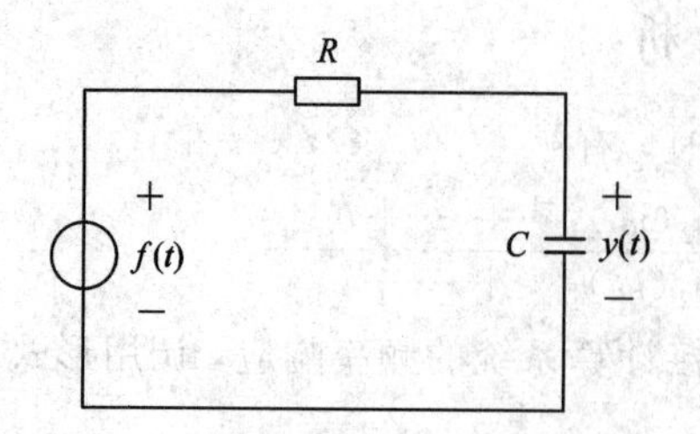

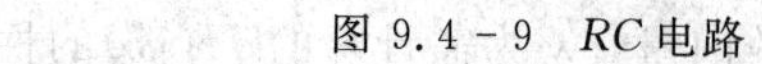
图 9.4-9　RC 电路

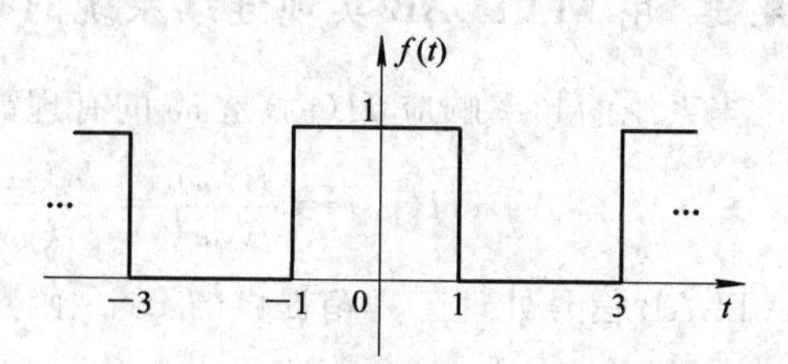

图 9.4-10　周期性矩形波信号

周期矩形波形的傅里叶系数为

$$C_n = \frac{A\tau}{T}\mathrm{Sa}\left(\frac{n\omega_0\tau}{2}\right)$$

代入 $A=1$，$\tau=2$，$T=4$，$\omega_0=\frac{2\pi}{T}=0.5\pi$，得 $C_n=0.5\mathrm{Sa}(0.5\pi n)$。系统的输出响应为

$$\begin{aligned} y(t) &= C_0 H(\mathrm{j}0) + 2\sum_{n=1}^{\infty}\mathrm{Re}\{C_n H(\mathrm{j}n\omega_0)\mathrm{e}^{\mathrm{j}n\omega_0 t}\} \\ &= 0.5 + \sum_{n=1}^{\infty}\mathrm{Sa}(0.5\pi n)\mathrm{Re}\left\{\frac{\mathrm{e}^{\mathrm{j}n\omega_0 t}}{1+\mathrm{j}nRC\omega_0}\right\} \end{aligned}$$

MATLAB 计算系统响应的程序如下，程序运行结果见图 9.4-11。

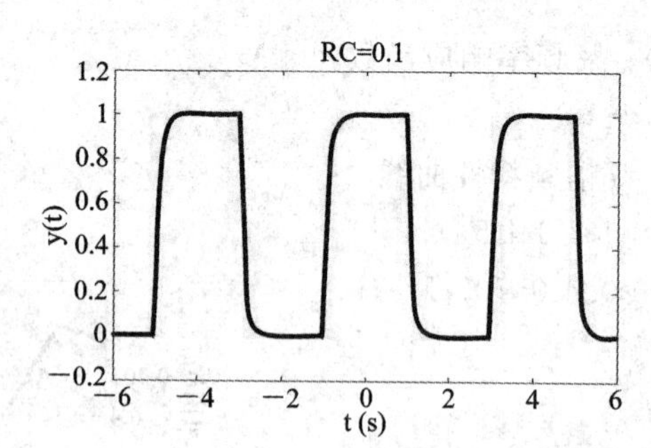

图 9.4-11　例 9.4-6 程序运行结果

```
%program9.4-6
T=4; w0=2*pi/T;
t=-6: 0.01: 6;
N=51;
c0=0.5; xN=c0*ones(1, length(t)); %dc component
RC=0.1;
for n=1: 2: N %even harmonics are zero
H=abs(1/(1+j*RC*w0*n));
phi=angle(1/(1+j*RC*w0*n));
xN=xN+H*cos(w0*n*t+phi)*sinc(n*0.5);
end
plot(t, xN);
title(['RC=', num2str(RC)]);
```

```
xlabel('t(s) ');
ylabel('y(t) ');
```

9.5　用 MATLAB 实现连续系统的 S 域分析

9.5.1　MATLAB 实现部分分式展开

用 MATLAB 函数 residue 可以得到复杂 S 域表示 $F(s)$的部分分式展开式，其调用形式为

```
[r, p, k]=residue(num, den)
```

其中，num、den 分别为 $F(s)$分子多项式和分母多项式的系数向量；r 为部分分式的系数；p 为极点；k 为多项式的系数，若 $F(s)$为真分式，则 k 为零。

例 9.5－1　用部分分式展开法求 $F(s)$的反变换：

$$F(s)=\frac{s+2}{s^3+4s^2+3s}$$

解　程序如下：

```
%program9.5-1
format rat                  %结果数据以分数的形式输出
num=[1 2];
den=[1 4 3 0];
[r, p]=residue(num, den)
```

运行结果：

```
r=-1/6      -1/2      2/3
p=-3        -1        0
```

因此 $F(s)$可展开为

$$F(s)=\frac{2/3}{s}+\frac{-1/2}{s+1}+\frac{-1/6}{s+3}$$

所以

$$f(t)=\frac{2}{3}\varepsilon(t)-\frac{1}{2}e^{-t}\varepsilon(t)-\frac{1}{6}e^{-3t}\varepsilon(t)$$

有时 $F(s)$表达式中分子多项式 $B(s)$和分母多项式 $A(s)$是以因子相乘的情况出现时，这时可用 conv 函数将因子相乘的形式转换成多项式的形式：

```
C = conv(A, B)
```

其中，A 和 B 是两因子多项式的系数向量，C 是因子相乘所得多项式的系数向量。

如果已知多项式的根，则可以利用 poly 函数将根式转换成多项式，其调用形式为

```
B=poly(A)
```

式中，A 为多项式的根，B 为多项式的系数向量。

例 9.5－2　用部分分式展开法求 $F(s)$的逆变换：

$$F(s)=\frac{2s^3+3s^2+5}{(s+1)(s^2+s+2)}$$

解　程序如下：

```
%program 9.5 - 2
num=[2 3 0 5];
den=conv([1 1], [1 1 2]);
[r, p, k]=residue(num, den)
```

运行结果为

```
r=-2.000 + 1.1339i    -2.000    -1.1339i    3.000
p=-0.5000 +1.3229i    -0.5000    -1.3229i    -1.000
k=2
```

由于上述留数 r 中有一对共轭复数，因此求时域表达式的计算较复杂。为了得到简洁的时域表达式，可以用 cart2pol 函数把共轭复数表示成模和相角形式，其调用形式为

```
[TH, R]=cart2pol(X, Y)
```

表示将笛卡儿坐标转换成极坐标，X、Y 分别为笛卡儿坐标的横坐标和纵坐标。TH 是极坐标的相角，单位为弧度；R 是极坐标的模。

因此在上述程序中增加下面语句，即可得到留数 r 的极坐标形式：

```
[angle, mag]= cart2pol(real(r), imag(r))
```

运行结果为

```
angle=2.6258    -2.6258    0
mag=2.2991    2.2991    3.0000
```

由此可得

$$F(s) = 2 + \frac{3}{s+1} + \frac{2.2991e^{-j2.6258}}{s+0.5+j1.3229} + \frac{2.2991e^{j2.6258}}{s+0.5-j1.3229}$$

所以

$$f(t) = 2\delta(t) + 3e^{-t}\varepsilon(t) + 1.1495e^{-0.5t}\cos(1.3229t + 2.6258)\varepsilon(t)$$

9.5.2 $H(s)$的零极点与系统特性的 MATLAB 计算

系统函数 $H(s)$通常是一个有理真分式，其分子分母均为多项式。MATLAB 中提供了一个计算分子和分母多项式根的函数 roots。例如多项式 $N(s)=s^4+3s^2+5s+7$ 的根，可由如下语句求出：

```
N=[1 0 3 5 7]
r=roots(N)
```

运行结果为

```
r=0.8693+1.9219i  0.8693-1.9219i  -0.8693+0.9042i  -0.8693-0.9042i
```

调用时要注意 $N(s)$中 3 次幂的系数为零。

例 9.5 - 3 已知系统函数为

$$H(s) = \frac{s-1}{s^2+4s+3}$$

求系统的零极点并画出零极点分布图。

解 程序如下：

```
%program9.5 - 3
```

```
b=[1 -1];
a=[1 4 3];
zs=roots(b);
ps=roots(a);
plot(real(zs), imag(zs), 'o', real(ps),
imag(ps), 'rx', 'markersize', 12);
axis([-4 2 -2 2]); grid;
legend('零点', '极点');
```

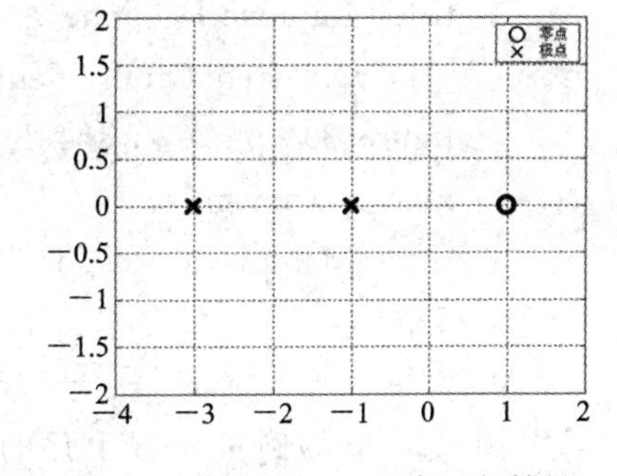

图 9.5-1 例 9.5-3 程序运行结果

运行结果如图 9.5-1 所示。

MATLAB 中提供了一种更简便的画出系统函数零极点图的方法，即直接应用 pzmap 函数画图。pzmap 函数调用形式为

```
pzmap(sys)
```

表示画出 sys 所描述系统的零极点图。LTI 系统模型 sys 要借助 tf 函数获得，其调用方式为

```
sys=tf(b, a)
```

式中，b 和 a 分别为系统函数 $H(s)$ 分子多项式和分母多项式的系数向量。因此，上例还可用下述程序实现：

```
%program9.5-3
b=[1 -1];
a=[1 4 3];
sys=tf(b, a)
pzmap(sys)
```

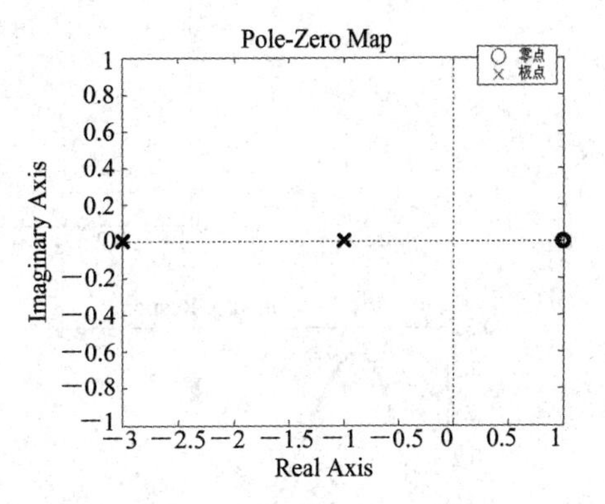

图 9.5-2 零极点分布图

得到的零极点分布图如图 9.5-2 所示。

如果已知系统函数 $H(s)$，求系统的单位冲激响应 $h(t)$ 和频率响应 $H(j\omega)$ 可以用 impulse函数和 freqs 函数。

例 9.5-4 已知系统函数为

$$H(s)=\frac{1}{s^3+2s^2+3s+1}$$

试画出系统的零极点分布图，求系统的单位冲激响应 $h(t)$ 和频率响应 $H(j\omega)$，并判断系统是否稳定。

解 程序如下：

```
%program9.5-4
num=[1];    den=[1 2 3 1];
sys=tf(num, den);  poles=roots(den);
figure(1);  pzmap(sys);
t=0: 0.02: 10;
h=impulse(num, den, t);
figure(2); plot(t, h)
```

```
title('Impulse Respone')
[H, w]=freqs(num, den);
figure(3); plot(w, abs(H))
xlabel('\omega')
title('Magnitude Respone')
```

运行结果为：

```
poles=-1.0000    -0.5000    +0.8660i    -0.5000    -0.8660i
```

图 9.5-3 为例 9.5-4 程序的运行结果。三个极点均位于 S 平面左半开平面上，故该系统是稳定系统。系统函数的零极点分布图、系统的单位冲激响应和频率响应分别如图所示。

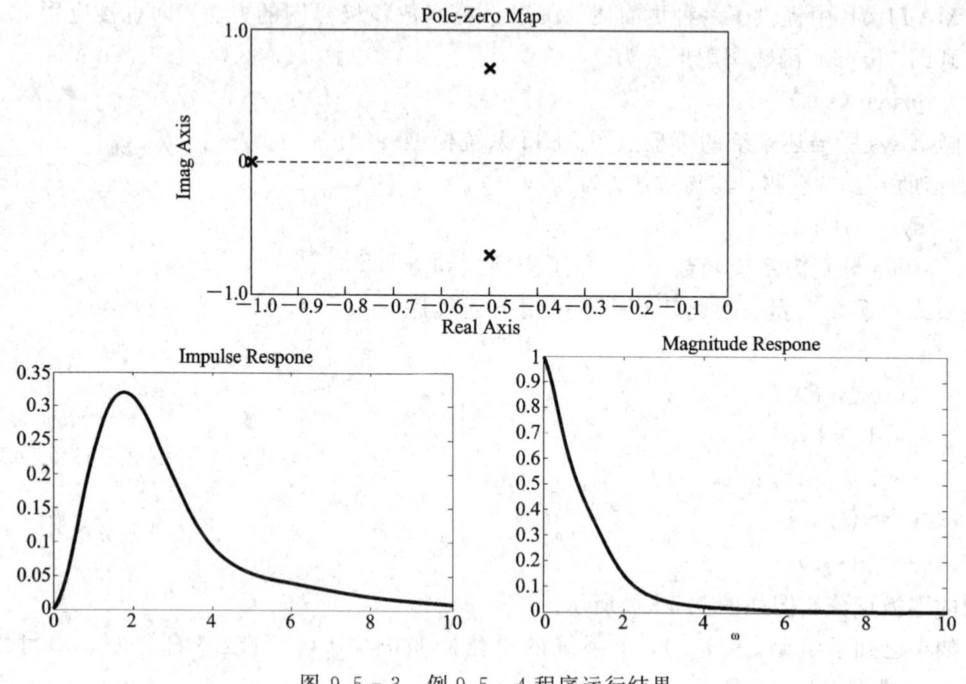

图 9.5-3 例 9.5-4 程序运行结果

9.5.3 用 MATLAB 计算拉普拉斯变换

MATLAB 的符号数学工具箱提供了计算拉普拉斯正反变换的函数 laplace 和 ilaplace，其调用形式为

```
F=laplace(f)
f=ilaplace(F)
```

式中 f 为信号的时域表达式的符号对象，F 表示信号 f 的象函数表达式的符号对象。符号对象可以应用函数 sym 实现，其调用格式为

```
S=sym(A)
```

式中，A 为待分析表示式的字符串；S 为符号数字或变量。

例 9.5-5 试分别用 laplace 和 ilaplace 函数求：

(1) $f(t)=\mathrm{e}^{-t}\sin(at)\varepsilon(t)$ 的拉普拉斯变换；

(2) $F(s)=\frac{s^2}{s^2+1}$的拉普拉斯反变换。

解　(1) 程序如下：

```
%program9.5 - 5(1)
f=sym('exp(-t) * sin(a * t)');
F=laplace(f)
```

运行结果为

```
F=a/((s+1)^2+a^2)
```

(2) 程序如下：

```
%program10.5 - 5(2)
F=sym('s^2/(s^2+1)');
ft=ilaplace(F)
```

运行结果为

```
ft=Dirac(t)-sin(t)
```

9.6　用MATLAB实现离散系统的Z域分析

9.6.1　部分分式展开的MATLAB实现

信号的Z域表示式通常可用下面的有理分式表示

$$F(z)=\frac{b_0+b_1z^{-1}+b_2z^{-2}+\cdots+b_mz^{-m}}{1+a_1z^{-1}+a_2z^{-2}+\cdots+a_nz^{-n}}=\frac{\mathrm{num}(z)}{\mathrm{den}(z)}$$

为了能从信号的Z域象函数方便地得到其时域原函数，可以将$F(z)$展开成部分分式之和的形式，然后取其Z逆变换。MATLAB的信号处理工具箱提供了一个对$F(z)$进行部分分式展开的函数residuez，它的调用形式如下：

```
[r, p, k]=residuez(num, den)
```

其中，num、den分别表示$F(z)$的分子和分母多项式的系数向量，r为部分分式的系数，p为极点，k为多项式的系数。若$F(z)$为真分式，则k为零。借助residuze函数可以将$F(z)$展开成

$$\frac{\mathrm{num}(z)}{\mathrm{den}(z)}=\frac{r(1)}{1-p(1)z^{-1}}+\cdots+\frac{r(n)}{1-p(n)z^{-1}}+k(1)+k(2)z^{-1}+\cdots+k(m-n+1)z^{-(m-n)}$$

例9.6-1　试用MATLAB计算：

$$F(z)=\frac{18}{18+3z^{-1}-4z^{-2}-z^{-3}}$$

的部分分式展开。

解　计算部分分式展开的MATLAB程序如下：

```
%program9.6 - 1
num=[18];
den=[18 3 -4 -1];
[r, p, k]=residuez(num, den)
```

程序运行结果为

```
r = 0.3600    0.2400    0.4000
p = 0.5000   -0.3333   -0.3333
k =[]
```

从运行结果中可以看出 p(2)=p(3)，表示系统有一个二阶的重极点，r(2)表示重极点第一项前的系数，而 r(3)就表示重极点第二项前的系数。对高阶重极点，其表示方法是完全类似的，所以该 $F(z)$的部分分式展开为

$$F(z)=\frac{0.36}{1-0.5z^{-1}}+\frac{0.24}{1+0.3333z^{-1}}+\frac{0.4}{(1+0.3333z^{-1})^2}$$

9.6.2 利用 MATLAB 计算 $H(z)$的零极点与系统特性

如果系统函数 $H(z)$的有理函数表示形式为

$$H(z)=\frac{b_1z^m+b_2z^{m-1}+\cdots+b_{m+1}}{a_1z^n+a_2z^{n-1}+\cdots+a_{n+1}}$$

那么系统函数的零点和极点可以通过 MATLAB 函数 roots 得到，也可用函数 tf2zp 得到，tf2zp 的调用形式为

```
[z, p, k]=tf2zp(b, a)
```

式中，b 和 a 分别为 $H(z)$的分子多项式和分母多项式的系数向量，它的作用是将 $H(z)$的有理函数表示式转换为零点、极点和增益常数的表示式，即

$$H(z)=k\frac{(z-z_1)(z-z_2)\cdots(z-z_m)}{(z-p_1)(z-p_2)\cdots(z-p_n)}$$

例 9.6-2 已知一离散因果 LTI 系统的系统函数为

$$H(z)=\frac{z^{-1}+2z^{-2}+z^{-3}}{1-0.5z^{-1}-0.005z^{-2}+0.3z^{-3}}$$

求该系统的零极点。

解 将系统函数改写为

$$H(z)=\frac{z^2+2z+1}{z^3-0.5z^2-0.005z+0.3}$$

用 tf2zp 函数求系统的零极点，程序如下：

```
%program9.6-2
b=[1 2 1];
a=[1 -0.5 -0.005 0.3];
[r, p, k]=tf2zp(b, a)
```

运行结果为

```
r = -1    -1
p = 0.5198 + 0.5346i    0.5198 - 0.5346i    -0.5396
k = 1
```

若要获得系统函数 $H(z)$的零极点分布图，可以直接应用 zplane 函数，其调用形式为

```
zplane(b, a)
```

式中，b 和 a 分别为 $H(z)$的分子多项式和分母多项式的系数向量。它的作用是在 Z 平面画

出单位圆、零点和极点。

如果已知系统函数 $H(z)$，求系统的单位脉冲响应 $h[k]$和频率响应 $H(e^{j\Omega})$，则可应用 impz 函数和 freqz 函数。

例 9.6－3　已知一离散因果 LTI 系统的系统函数为

$$H(z)=\frac{z^2+2z+1}{z^3-0.5z^2-0.005z+0.3}$$

试画出系统的零极点分布图，求系统的单位脉冲响应 $h[k]$和频率响应 $H(e^{j\Omega})$，并判断系统是否稳定。

解　根据已知的 $H(z)$，用 zplane 函数即可画出系统的零极点分布图。利用 impz 函数和 freqz 函数求系统的单位脉冲响应和频率响应时，需要将 $H(z)$改写成

$$H(z)=\frac{z^{-1}+2z^{-2}+z^{-3}}{1-0.5z^{-1}-0.005z^{-2}+0.3z^{-3}}$$

程序如下：

```
%program9.6－3
b=[1 2 1]；
a=[1 －0.5 －0.005 0.3]；
figure(1)；zplane(b，a)；
num=[0 1 2 1]；
den=[1 －0.5 －0.005 0.3]；
h=impz(num，den)；
figure(2)；stem(h ，'.')
xlabel('k')
title('Impulse Respone')
[H，w]=freqz(num，den)；
figure(3)；plot(w/pi，abs(H))
xlabel('Frequency \omega')
title('Magnitude Respone')
```

程序运行结果如图 9.6－1 所示。系统函数的零极点分布图中符号 o 表示零点，符号 o 旁的数字表示零点的阶数；符号×表示极点。图中的虚线画的是单位圆。由图可知，该因果系统的极点全在单位圆内，故系统是稳定的。

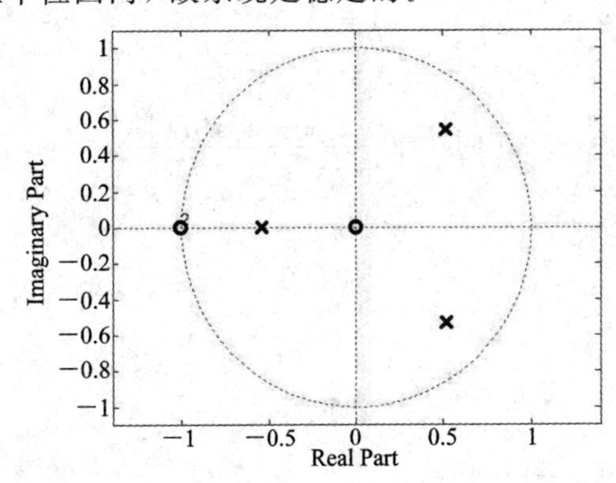

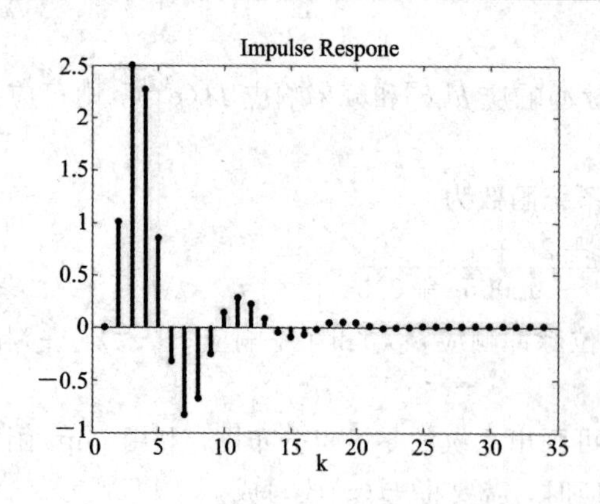

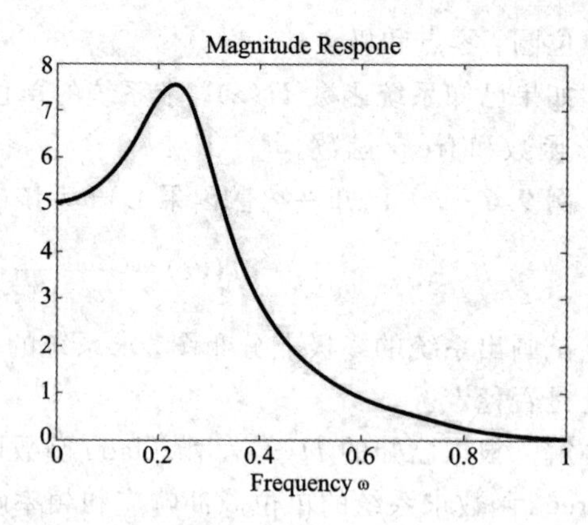

图 9.6－1 例 9.6－3 运行结果

9.6.3 利用 MATLAB 计算 Z 变换

MATLAB 的符号数学工具箱提供了计算 Z 变换的函数 ztrans 和 Z 逆变换的函数 iztrans，其调用形式为

```
F=ztrans(f)
f=iztrans(F)
```

式中，f 为信号的时域表达式的符号对象，F 表示信号 f 的象函数表达式的符号对象。符号对象可以应用函数 sym 实现，其调用格式为

```
S=sym(A)
```

式中，A 为待分析表示式的字符串，S 为符号数字或变量。

例 9.6－4 试分别用 ztrans 函数和 iztrans 函数求：

(1) $f[k]=\cos(ak)\varepsilon(k)$的 Z 变换；

(2) $F(z)=\dfrac{1}{(1+z)^2}$的 Z 逆变换。

解 (1) 求 $f[k]$的 Z 变换的程序如下：

```
%program9.6-4(1)
f=sym('cos(a*k) ');
F=ztrans(f)
```

运行结果为

```
F=(z-cos(a))*z/(z^2-2*z*cos(a)+1)
```

即

$$Z\{\cos(ak)\varepsilon[k]\}=\frac{z[z-\cos(a)]}{z^2-2z\cos(a)+1}$$

(2) 求 $F(z)$逆变换的程序为

```
%program10.6-4(2)
F=sym('1/(1+z)^2');
f=iztrans(F)
```

程序运行结果为

```
f =Delta(n)+(-1)^n*n-(-1)^n
```

即

$$Z^{-1}\left\{\frac{1}{(1+z)^2}\right\}=\delta[k]-(-1)^k\varepsilon[k]+k(-1)^k\varepsilon[k]$$

9.7 MATLAB 在系统状态空间分析中的应用

状态空间分析是现代系统理论的核心内容，MATLAB 是实现状态空间分析的重要工具。

9.7.1 系统微分方程到状态空间方程的转换

MATLAB 提供了一个 tf2ss 函数，它能把描述系统的微分方程转换为等价的状态空间方程，调用形式如下

[**A**, **B**, **C**, **D**]=tf2ss(num, den)

其中，num、den 分别表示系统函数 $H(s)$的分子和分母多项式；**A**、**B**、**C**、**D** 分别为状态空间方程的系数矩阵。

例 9.7－1　一系统的微分方程为

$$y''(t)+5y'(t)+10y(t)=f(t)$$

则该系统的 $H(s)$为

$$H(s)=\frac{1}{s^2+5s+10}$$

MATLAB 实现状态空间方程的语句为

[**A**, **B**, **C**, **D**]=tf2ss([1], [1　5　10])

可得

$$\mathbf{A}=\begin{bmatrix}-5 & -10\\ 1 & 0\end{bmatrix},\quad \mathbf{B}=\begin{bmatrix}1\\ 0\end{bmatrix},\quad \mathbf{C}=\begin{bmatrix}0 & 1\end{bmatrix},\quad \mathbf{D}=0$$

所以，系统的状态空间方程为

$$\begin{bmatrix}\dot{x}_1\\ \dot{x}_2\end{bmatrix}=\begin{bmatrix}-5 & -10\\ 1 & 0\end{bmatrix}\begin{bmatrix}x_1\\ x_2\end{bmatrix}+\begin{bmatrix}1\\ 0\end{bmatrix}f(t);\quad y(t)=\begin{bmatrix}0 & 1\end{bmatrix}\begin{bmatrix}x_1\\ x_2\end{bmatrix}$$

9.7.2 系统状态空间方程到系统函数矩阵 $H(s)$的计算

利用 MATLAB 提供的函数 ss2tf，可以计算出由状态空间方程得出的系统函数矩阵 $\boldsymbol{H}(s)$，调用形式如下

[num, den]=ss2tf(**A**, **B**, **C**, **D**, k)

其中，**A**、**B**、**C**、**D** 分别表示状态空间方程的系数矩阵；k 表示由函数 ss2tf 计算的与第 k 个输入相关的系统函数，即 $\boldsymbol{H}(s)$的第 k 列。num 表示 $\boldsymbol{H}(s)$第 k 列的 m 个元素的分子多项式，den 表示 $\boldsymbol{H}(s)$公共的分母多项式。

例 9.7－2　已知某连续时间系统的状态方程和输出方程为

$$\begin{bmatrix}\dot{x}_1(t)\\ \dot{x}_2(t)\end{bmatrix}=\begin{bmatrix}2 & 3\\ 0 & -1\end{bmatrix}\begin{bmatrix}x_1(t)\\ x_2(t)\end{bmatrix}+\begin{bmatrix}0 & 1\\ 1 & 0\end{bmatrix}\begin{bmatrix}f_1(t)\\ f_2(t)\end{bmatrix}$$

$$\begin{bmatrix} y_1(t) \\ y_2(t) \end{bmatrix} = \begin{bmatrix} 1 & 1 \\ 0 & -1 \end{bmatrix} \begin{bmatrix} x_1(t) \\ x_2(t) \end{bmatrix} + \begin{bmatrix} 1 & 0 \\ 1 & 0 \end{bmatrix} \begin{bmatrix} f_1(t) \\ f_2(t) \end{bmatrix}$$

求该系统的系统函数矩阵 $\boldsymbol{H}(s)$。

解　**A**=[2 3; 0 −1]; **B**=[0 1; 1 0]; **C**=[1 1; 0 −1]; **D**=[1 0; 1 0];

计算分别与 $\boldsymbol{H}(s)$ 两输入相关对应列的 MATLAB 语句为

```
[num1, den1]=ss2tf(A, B, C, D, 1);
[num2, den2]=ss2tf(A, B, C, D, 2);
```

可得

```
num1 = 1    0   -1      den1 = 1  -1  -2     num2 = 0  1  1
       1   -2    0                                   0  0  0
den2 = 1   -1   -2
```

所以系统函数矩阵 $\boldsymbol{H}(s)$ 为

$$\boldsymbol{H}(s) = \frac{1}{s^2 - s - 2} \begin{bmatrix} s^2 - 1 & s+1 \\ s^2 - 2s & 0 \end{bmatrix} = \begin{bmatrix} \dfrac{s+1}{s-2} & \dfrac{1}{s-2} \\ \dfrac{s}{s+1} & 0 \end{bmatrix}$$

9.7.3　用 MATLAB 求解连续时间系统的状态空间方程

连续时间系统的状态空间方程的一般形式为

$$\dot{\boldsymbol{x}}(t) = \boldsymbol{A}\boldsymbol{x}(t) + \boldsymbol{B}\boldsymbol{f}(t)$$
$$\boldsymbol{y}(t) = \boldsymbol{C}\boldsymbol{x}(t) + \boldsymbol{D}\boldsymbol{f}(t)$$

用 sys=ss(**A**, **B**, **C**, **D**)表示状态空间方程的计算机模型，然后由 lsim 函数获得状态空间方程的数值解。lsim 函数的调用形式为

```
[y, to, x]=lsim(sys, f, t, x0)
```

式中：sys 表示由函数 ss 构造的状态空间方程模型；t 表示需计算的输出样本点，t=0: dt: Tfinal；f(:, k)表示系统第 k 个输入在 t 上的抽样值；x0 表示系统的初始状态(可缺省)；y(:, k)表示系统的第 k 个输出；to 表示实际计算时所用的样本点；x 表示系统的状态。

例 9.7-3　对于例 9.7-2 中给定的连续系统状态空间方程，若已知系统的初始状态和输入分别为

$$\begin{bmatrix} x_1(0^-) \\ x_2(0^-) \end{bmatrix} = \begin{bmatrix} 2 \\ -1 \end{bmatrix},\quad \begin{bmatrix} f_1(t) \\ f_2(t) \end{bmatrix} = \begin{bmatrix} \varepsilon(t) \\ e^{-3t}\varepsilon(t) \end{bmatrix}$$

试用 MATLAB 计算其数值解。

解

```
%program9.7-3
A=[2 3; 0 -1]; B=[0 1; 1 0];
C=[1 1; 0 -1]; D=[1 0; 1 0];
x0=[2 -1];
dt=0.01;
t=0: dt: 2;
f(:, 1)=ones(length(t), 1);
```

```
f(:, 2)=exp(-3*t)';
sys=ss(A, B, C, D);
y=lsim(sys, f, t, x0);
subplot(2, 1, 1);
plot(t, y(:, 1), 'r');
ylabel('y1(t) ');
xlabel('t');
subplot(2, 1, 2);
plot(t, y(:, 2));
ylabel('y2(t) ');
xlabel('t');
```

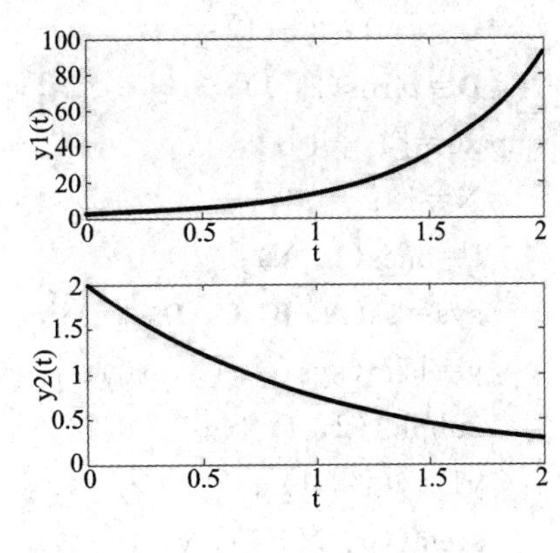

图 9.7－1　例 9.7－3 运行结果

运算结果如图 9.7－1 所示。

9.7.4　用 MATLAB 求解离散时间系统的状态空间方程

离散时间系统的状态空间方程的一般形式为

$$\boldsymbol{x}[k+1]=\boldsymbol{A}\boldsymbol{x}[k]+\boldsymbol{B}\boldsymbol{f}[k]$$

$$\boldsymbol{y}[k]=\boldsymbol{C}\boldsymbol{x}[k]+\boldsymbol{D}\boldsymbol{f}[k]$$

由 sys=ss(**A**, **B**, **C**, **D**, [])获得离散系统状态空间方程的计算机表示模型，然后由 lsim 函数获得其状态空间方程的数值解。lsim 函数的调用形式为

```
[y, n, x]=lsim(sys, f, [], x0)
```

式中：sys 表示由函数 ss 构造的状态空间方程模型；t 表示需计算的输出样本点，t=0: dt: Tfinal；f(:, k)表示系统第 k 个输入序列；x0 表示系统的初始状态(可缺省)；y(:, k)表示系统的第 k 个输出；n 表示序列的下标；x 表示系统的状态。

例 9.7－4　已知离散时间系统的状态方程和输出方程为

$$\begin{bmatrix} x_1[k+1] \\ x_2[k+1] \end{bmatrix}=\begin{bmatrix} 0 & 1 \\ -2 & 3 \end{bmatrix}\begin{bmatrix} x_1[k] \\ x_2[k] \end{bmatrix}+\begin{bmatrix} 0 \\ 1 \end{bmatrix}f[k]$$

和

$$\begin{bmatrix} y_1[k] \\ y_2[k] \end{bmatrix}=\begin{bmatrix} 1 & 1 \\ 2 & -1 \end{bmatrix}\begin{bmatrix} x_1[k] \\ x_2[k] \end{bmatrix}$$

初始状态及输入为

$$\begin{bmatrix} x_1[0] \\ x_2[0] \end{bmatrix}=\begin{bmatrix} 1 \\ -1 \end{bmatrix}$$

$$f[k]=\varepsilon[k]$$

试用 MATLAB 计算该系统的数值解。

解　程序如下：

```
%program9.7-4
A=[0 1; -2 3];
B=[0; 1];
```

```
C=[1 1; 2 -1];
D=zeros(2, 1);
x0=[1 -1];
N=10;
f=ones(1, N);
sys=ss(A, B, C, D, []);
y=lsim(sys, f, [], x0);
subplot(2, 1, 1);
y1=y(:, 1)';
stem((0: N-1), y1 , '.');
xlabel('k');
ylabel('y1 ');
subplot(2, 1, 2);
y2=y(:, 2)';
stem((0: N-1), y2 , '.');
xlabel('k');
ylabel('y2 ');
```

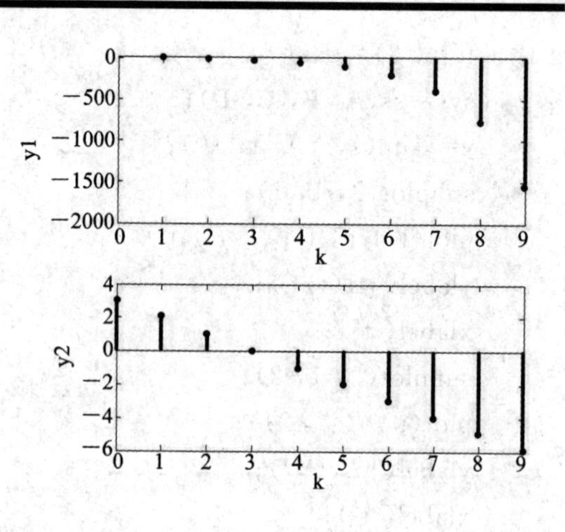

图 9.7-2 例 9.7-4 运行结果

其数值解如图 9.7-2 所示。

9.8 小 结

MATLAB 语言功能强大、编程容易、界面友好，以数值或图形方式输出结果，是当前国际流行的科学计算软件。

本章应用 MATLAB 语言解决“信号与系统”课程中一些常用的分析计算问题，主要涉及信号分析计算(翻转/平移/尺度变换、微分/积分、差分/迭分、卷积/卷积和、傅里叶变换/拉氏变换/Z 变换等)，系统函数 $H(s)/H(z)$ 的零、极点计算与系统特性分析，系统零状态响应的时域法求解及系统状态空间方程的求解等内容。

本章属课程选学内容，一般可由学生通过自学完成。

习 题 九

9.1 利用 MATLAB 实现下列连续时间信号：

(1) $f(t)=\varepsilon(t)$，取 $t=0\sim10$；

(2) $f(t)=10\mathrm{e}^{-t}-5\mathrm{e}^{-2t}$，取 $t=0\sim8$；

(3) $f(t)=4\mathrm{e}^{-0.5t}\cos(\pi t)$，取 $t=0\sim10$。

9.2 用 tripuls 函数画出题图 9.1 所示的信号波形。

9.3 利用 MATLAB 实现下列离散时间信号：

(1) $f[k]=2\delta[k-1]$；

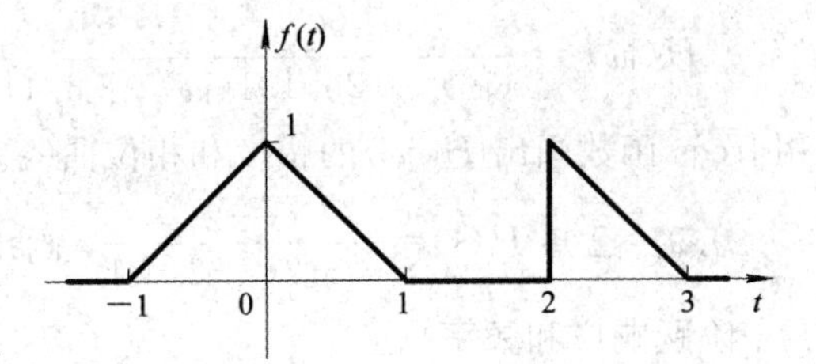

题图 9.1

(2) $f[k]=\varepsilon[k+2]-\varepsilon[k-5]$；

(3) $f[k]=7(0.6)^k\cos(0.9\pi k)$。

9.4　某系统满足的微分方程为

$$y''(t)+5y'(t)+6y(t)=\varepsilon(t)-\varepsilon(t-1)$$

(1) 求出该系统的零状态响应 $y_{zs}(t)$。

(2) 用 lsim 求出该系统的零状态响应的数值解。利用(1)求得的结果，比较不同的抽样间隔对数值解精度的影响。

9.5　在题图 9.2 所示电路中，$L=1$ H，$C=1$ F，$R_1=1\ \Omega$，$R_2=2\ \Omega$，$f(t)$是输入信号，$y(t)$是输出响应。

(1) 建立描述该系统的微分方程；

(2) 用 impulse 函数求系统的单位冲激响应；

(3) 用 step 函数求系统的单位阶跃响应。

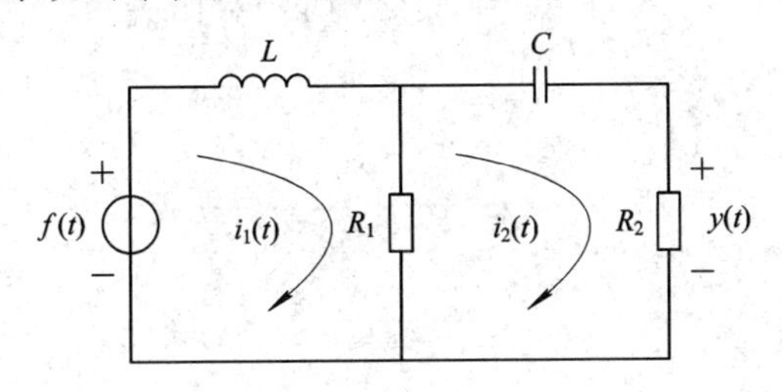

题图 9.2

9.6　利用 impz 函数，计算系统：

$$y[k]+0.7y[k-1]-0.45y[k-2]-0.6y[k-3]$$
$$=0.8f[k]-0.44f[k-1]+0.36f[k-2]+0.02f[k-3]$$

的单位脉冲响应，并画出前 30 点的图。

9.7　已知某连续时间系统的微分方程为

$$y''(t)+4y'(t)+3y(t)=2f'(t)+f(t)$$

$f(t)=\varepsilon(t)$，$y(0^-)=1$，$y'(0^-)=2$，试求系统的零输入响应、零状态响应和全响应，并画出相应的波形。

9.8　信号 $f_1(t)$和 $f_2(t)$如题图 9.3 所示。

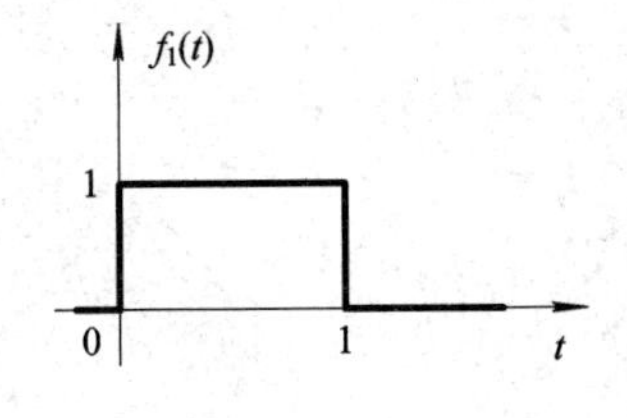

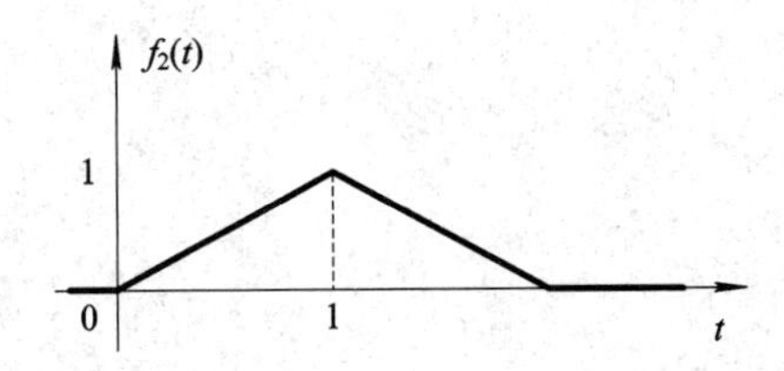

题图 9.3

(1) 取 $t=0:0.005:2.5$，计算信号 $f(t)=f_1(t)+f_2(t)\cos(50t)$的值并画出波形；

(2) 一个可实现的实际系统的 $H(\mathrm{j}\omega)$为

$$H(j\omega)=\frac{10^4}{(j\omega)^4+26.131(j\omega)^3+3.4142\times10^2(j\omega)^2+2.6131\times10^3(j\omega)+10^4}$$

用 freqs 函数画出 $H(j\omega)$ 的幅度和相位曲线。

9.9 已知 $H(s)=\dfrac{s+2}{s^3+2s^2+2s+1}$，画出该系统的零极点分布图，求出系统的冲激响应、阶跃响应和频率响应。

9.10 已知离散时间系统的差分方程为

$$2y[k]=y[k-1]-3y[k-2]=2f[k]-f[k-1]$$

$$f[k]=0.5^k\varepsilon[k],\ y[-1]=1,\ y[-2]=3$$

试用 filter 函数求系统的零输入响应、零状态响应和全响应。

9.11 用 MATLAB 的 zplane(num，den)函数，画出系统函数 $H(z)$ 的零极点分布图，并判断系统的稳定性：

$$H(z)=\frac{2z^4+16z^3+44z^2+56z+32}{3z^4+3z^3-15z^2+18z-12}$$

附　　录

附录 A　部分分式展开

在信号与系统分析中，常常需要处理由微分算子 p、差分算子 E、虚频率 $\mathrm{j}\omega$、复频率 s、复变量 z 等组成的有理分式。如果用 x 表示这些不同性质的量，那么在形式上可将这类有理分式统一表示为

$$F(x)=\frac{B(x)}{A(x)}=\frac{b_m x^m+b_{m-1}x^{m-1}+\cdots+b_1 x+b_0}{x^n+a_{n-1}x^{n-1}+\cdots+a_1 x+a_0} \tag{A-1}$$

式中，$A(x)$为 x 的 n 次多项式，$B(x)$为 x 的 m 次多项式。各系数 $a_i(i=0,1,\cdots,n-1)$和 $b_j(j=0,1,\cdots,m)$都是实数。当 $n\leqslant m$ 时，$F(x)$为假分式，$n>m$ 时为真分式。如果 $F(x)$是假分式，利用长除法，总可将它表示为一个 x 的多项式与另一个真分式之和。例如：

$$F(x)=\frac{2x^4+3x^3+4x^2+3x-3}{x^2+x+2}=\underbrace{(2x^2+x-1)}_{x\text{的二次多项式}}+\underbrace{\frac{2x-1}{x^2+x+2}}_{x\text{的真分式}}$$

部分分式展开就是将给定的有理分式展开成若干个简单分式之和。下面具体讨论式(A－1)为真分式时的部分分式展开方法。

A.1　$F(x)$仅含一阶极点

式(A－1)中，分母多项式方程 $A(x)=0$ 的单根 λ，也称为分式 $F(x)$的一阶极点。

设分式 $F(x)$仅含有 n 个一阶极点 $\lambda_i(i=1,\cdots,n)$，λ_i 取值可以是实数或复数。根据代数理论，$F(x)$可以展开为如下的部分分式：

$$\begin{aligned}F(x)&=\frac{B(x)}{A(x)}=\frac{B(x)}{(x-\lambda_1)(x-\lambda_2)\cdots(x-\lambda_n)}\\&=\frac{K_1}{x-\lambda_1}+\frac{K_2}{x-\lambda_2}+\cdots+\frac{K_n}{x-\lambda_n}=\sum_{j=1}^{n}\frac{K_j}{x-\lambda_j}\end{aligned} \tag{A-2}$$

式中，$K_j(j=1,2,\cdots,n)$为第 j 项部分分式的系数。

为了确定系数 K_j，在式(A－2)两边同乘以 $x-\lambda_j$，得到

$$\begin{aligned}(x-\lambda_j)F(x)=&\frac{K_1(x-\lambda_j)}{x-\lambda_1}+\cdots+\frac{K_{j-1}(x-\lambda_j)}{x-\lambda_{j-1}}+K_j\\&+\frac{K_{j+1}(x-\lambda_j)}{x-\lambda_{j+1}}+\cdots+\frac{K_n(x-\lambda_j)}{x-\lambda_n}\end{aligned} \tag{A-3}$$

由于各单根值互不相等，故在令 $x=\lambda_j$ 时，式(A－3)等号右端除 K_j 项外均为零，于是有

$$K_j = (x-\lambda_j)F(x)\big|_{x=\lambda_j} \qquad j=1, 2, \cdots, n \tag{A-4}$$

例 A-1 求 $F(x)=\dfrac{5x+6}{x^3+5x^2+6x}$的部分分式展开式。

解 $F(x)$的分母多项式

$$A(x) = x^3 + 5x^2 + 6x = x(x+2)(x+3)$$

方程 $A(x)=0$ 有三个实数单根：$\lambda_1=0$，$\lambda_2=-2$，$\lambda_3=-3$。由式(A-2)，可将 $F(x)$展开为

$$F(x) = \frac{K_1}{x} + \frac{K_2}{x+2} + \frac{K_3}{x+3}$$

式中，各部分分式系数由式(A-4)确定，即

$$K_1 = x \cdot \frac{5x+6}{x(x+2)(x+3)}\bigg|_{x=0} = 1$$

$$K_2 = (x+2) \cdot \frac{5x+6}{x(x+2)(x+3)}\bigg|_{x=-2} = 2$$

$$K_3 = (x+3) \cdot \frac{5x+6}{x(x+2)(x+3)}\bigg|_{x=-3} = -3$$

所以

$$F(x) = \frac{5x+6}{x^3+5x^2+6x} = \frac{1}{x} + \frac{2}{x+2} - \frac{3}{x+3}$$

鉴于 $A(x)$多项式的系数均为实数，因此，如果方程 $A(x)=0$ 有复根，则必然以共轭成对的形式出现，且在 $F(x)$的部分分式展开式中，与这对复极点对应的部分分式的系数也是一对共轭复数。为说明后面这一结论，我们不妨令

$$F(x) = \frac{B(x)}{A(x)} = \frac{B(x)}{A_1(x)(x-\lambda)(x-\lambda^*)}$$

式中，λ、λ^* 是方程 $A(x)=0$ 的一对共轭复根，$B(x)$和 $A_1(x)$是 x 的实系数多项式。将 $F(x)$表示为

$$F(x) = \frac{K_1}{x-\lambda} + \frac{K_2}{x-\lambda^*} + \frac{B_1(x)}{A_1(x)} = F_1(x) + \frac{B_1(x)}{A_1(x)} \tag{A-5}$$

式中，$F_1(x)=\dfrac{K_1}{x-\lambda}+\dfrac{K_2}{x-\lambda^*}$，其中系数 K_1 和 K_2 由式(A-4)确定，即有

$$K_1 = \frac{B(x)}{A_1(x)(x-\lambda^*)}\bigg|_{x=\lambda} = \frac{B(\lambda)}{A_1(\lambda)(\lambda-\lambda^*)}$$

$$K_2 = \frac{B(x)}{A_1(x)(x-\lambda)}\bigg|_{x=\lambda^*} = \frac{B(\lambda^*)}{A_1(\lambda^*)(\lambda^*-\lambda)}$$

由于 $A_1(x)$和 $B(x)$都是 x 的实系数多项式，故 $A_1(\lambda^*)=A_1^*(\lambda)$，$B(\lambda^*)=B^*(\lambda)$，考虑到对任一复数 λ 均有$(\lambda^*-\lambda)^*=\lambda-\lambda^*$，因此上述系数 K_1 与 K_2 互为共轭复数，即$K_2=K_1^*$。令

$$K_1 = |K_1| e^{j\varphi}$$

则式(A-5)中的 $F_1(x)$可表示为

$$F_1(x) = \frac{K_1}{x-\lambda} + \frac{K_1^*}{x-\lambda^*} = \frac{|K_1| e^{j\varphi}}{x-\lambda} + \frac{|K_1| e^{-j\varphi}}{x-\lambda^*} \tag{A-6}$$

这样，只需求得一个系数 K_1，即可写出 $F_1(x)$的部分分式展开式。

例 A-2　求 $F(x)=\dfrac{2x+3}{(x+1)(x^2+4x+5)}$的部分分式展开式。

解　本例中 $A(x)=0$ 有三个单根：$\lambda_1=-1$，$\lambda_{2,3}=-2\pm \mathrm{j}$，其中 λ_2、λ_3 互为共轭复根，故 $F(x)$的展开式为

$$F(x)=\frac{K_1}{x+1}+\frac{K_2}{x+2-\mathrm{j}}+\frac{K_3}{x+2+\mathrm{j}}$$

由式(A-4)、式(A-6)求得各系数为

$$K_1=(x+1)F(x)\big|_{x=-1}=\frac{1}{2}$$

$$K_2=(x+2-\mathrm{j})F(x)\big|_{x=-2+\mathrm{j}}=-\frac{1}{4}(1+\mathrm{j}3)=0.79\mathrm{e}^{-\mathrm{j}108.4^\circ}$$

$$K_3=K_2^*=-\frac{1}{4}(1-\mathrm{j}3)=0.79\mathrm{e}^{\mathrm{j}108.4^\circ}$$

所以

$$F(x)=\frac{1}{2(x+1)}+\frac{0.79}{x+2-\mathrm{j}}\mathrm{e}^{-\mathrm{j}108.4^\circ}+\frac{0.79}{x+2+\mathrm{j}}\mathrm{e}^{\mathrm{j}108.4^\circ}$$

A.2　$F(x)$含有 r 阶极点

式(A-1)中，分母多项式方程 $A(x)=0$ 的 r 重根 λ，也称为分式 $F(x)$的 r 阶极点。

若分式 $F(x)$在 $x=\lambda_1$ 处有 r 阶极点，其余 $n-r$ 个根为一阶极点 $\lambda_j(j=r+1,\cdots,n)$，则式(A-1)可表示为

$$F(x)=\frac{B(x)}{A(x)}=\frac{B(x)}{(x-\lambda_1)^r(x-\lambda_{r+1})\cdots(x-\lambda_n)}$$

这时，$F(x)$的部分分式具有如下形式：

$$\begin{aligned}F(x)&=\frac{B(x)}{A(x)}=\frac{K_{11}}{(x-\lambda_1)^r}+\frac{K_{12}}{(x-\lambda_1)^{r-1}}+\cdots+\frac{K_{1r}}{x-\lambda_1}+\sum_{j=r+1}^{n}\frac{K_j}{x-\lambda_j}\\&=\sum_{i=1}^{r}\frac{K_{1i}}{(x-\lambda_1)^{r-i+1}}+\sum_{j=r+1}^{n}\frac{K_j}{x-\lambda_j}\end{aligned}\tag{A-7}$$

式中 K_{1i}、K_j 为相应部分分式的系数。

为了确定系数 K_{1i}，将式(A-7)两边同乘$(x-\lambda_1)^r$，得

$$(x-\lambda_1)^rF(x)=K_{11}+K_{12}(x-\lambda_1)+\cdots+K_{1r}(x-\lambda_1)^{r-1}+\sum_{j=r+1}^{n}K_j\frac{(x-\lambda_1)^r}{x-\lambda_j}\tag{A-8}$$

令 $x=\lambda_1$，则上式右边除 K_{11}项外，其余各项均为零，于是得

$$K_{11}=[(x-\lambda_1)^rF(x)]\big|_{x=\lambda_1}\tag{A-9}$$

再依次对式(A-8)求 x 的 1、2……$r-1$ 次导数，并令 $x=\lambda_1$，求得系数

$$K_{1i}=\frac{1}{(i-1)!}\frac{\mathrm{d}^{i-1}}{\mathrm{d}x^{i-1}}[(x-\lambda_1)^rF(x)]\big|_{x=\lambda_1}\qquad i=2,3,\cdots,r\tag{A-10}$$

最后，将式(A-9)、式(A-10)合并，得到系数 K_{1i}的计算公式为

$$K_{1i}=\frac{1}{(i-1)!}\frac{\mathrm{d}^{i-1}}{\mathrm{d}x^{i-1}}[(x-\lambda_1)^rF(x)]\big|_{x=\lambda_1},\quad i=1,2,\cdots,r\tag{A-11}$$

式(A-7)中的系数 $K_j(j=r+1, \cdots, n)$ 仍按式(A-4)计算确定。

例 A-3 试求 $F(x)=\dfrac{4x^3+16x^2+23x+13}{(x+1)^3(x+2)}$ 的部分分式展开式。

解 方程 $A(x)=0$ 在 $x=-1$ 处有三重根，此外还有一个单根 $x=-2$，故 $F(x)$ 的展开式为

$$F(x)=\frac{K_{11}}{(x+1)^3}+\frac{K_{12}}{(x+1)^2}+\frac{K_{13}}{x+1}+\frac{K_4}{x+2} \tag{A-12}$$

分别按式(A-10)和(A-4)求得系数为

$$K_{11}=(x+1)^3F(x)\big|_{x=-1}=\left.\frac{4x^3+16x^2+23x+13}{x+2}\right|_{x=-1}=2$$

$$K_{12}=\frac{\mathrm{d}}{\mathrm{d}x}\left[\frac{4x^3+16x^2+23x+13}{x+2}\right]\bigg|_{x=-1}=1$$

$$K_{13}=\frac{1}{2}\cdot\frac{\mathrm{d}^2}{\mathrm{d}x^2}\left[\frac{4x^3+16x^2+23x+13}{x+2}\right]\bigg|_{x=-1}=3$$

$$K_4=(x+2)F(x)\big|_{x=-2}=\left.\frac{4x^3+16x^2+23x+13}{(x+1)^3}\right|_{x=-2}=1$$

因此有

$$F(x)=\frac{2}{(x+1)^3}+\frac{1}{(x+1)^2}+\frac{3}{x+1}+\frac{1}{x+2} \tag{A-13}$$

应该指出，上面讨论的 $F(x)$ 的 r 阶极点可以是实极点或者复极点。如果 r 阶极点是复极点，那么其展开式也呈现与复一阶极点类似的特点。若设 $A(x)=0$ 在 $x=\lambda$(复数)处有二重根，则在 $x=\lambda^*$ 处亦有二重根，$F(x)$ 可展开为

$$F(x)=\frac{K_{11}}{(x-\lambda)^2}+\frac{K_{12}}{x-\lambda}+\frac{K_{21}}{(x-\lambda^*)^2}+\frac{K_{22}}{(x-\lambda^*)}+\frac{B_2(x)}{A_2(x)}$$

式中，$K_{21}=K_{11}^*$，$K_{22}=K_{12}^*$。系数 K_{11} 和 K_{12} 由式(A-11)确定。

例 A-4 求 $F(x)=\dfrac{-2(x^2+2x+9)}{[(x-1)^2+4]^2}$ 的部分分式展开式。

解 $A(x)=0$ 有二重根 $x_{1,2}=1\pm\mathrm{j}2$，故 $F(x)$ 可展开为

$$F(x)=\frac{K_{11}}{(x-1-\mathrm{j}2)^2}+\frac{K_{12}}{(x-1-\mathrm{j}2)}+\frac{K_{11}^*}{(x-1+\mathrm{j}2)^2}+\frac{K_{12}^*}{(x-1+\mathrm{j}2)}$$

按式(A-11)可求得

$$K_{11}=(x-1-\mathrm{j}2)^2F(x)\big|_{x=1+\mathrm{j}2}=1+\mathrm{j}$$

$$K_{12}=\frac{\mathrm{d}}{\mathrm{d}x}[(x-1-\mathrm{j}2)^2F(x)]\big|_{x=1+\mathrm{j}2}=\mathrm{j}$$

所以

$$F(x)=\frac{1+\mathrm{j}}{(x-1-\mathrm{j}2)^2}+\frac{\mathrm{j}}{x-1-\mathrm{j}2}+\frac{1-\mathrm{j}}{(x-1+\mathrm{j}2)^2}-\frac{\mathrm{j}}{x-1+\mathrm{j}2}$$

综上所述，关于有理分式 $F(x)$ 部分分式展开的基本结论归纳总结于附表 A.1 中，以供读者查阅参考。

附表 A.1　$F(x)$ 的部分分式展开

序号	极点类型	部分分式展开式	部分分式系数	备注
1	1 阶 实极点	$F(x)=\dfrac{B(x)}{(x-\lambda_1)(x-\lambda_2)\cdots(x-\lambda_n)}$ $=\dfrac{K_1}{x-\lambda_1}+\dfrac{K_2}{x-\lambda_2}+\cdots+\dfrac{K_n}{x-\lambda_n}$ $=\sum\limits_{i=1}^{n}\dfrac{K_i}{x-\lambda_i}$	$K_i=(x-\lambda_i)F(x)\mid_{x=\lambda_i}$ $i=1, 2, \cdots, n$	λ_i 为 实数
2	r 阶 实极点	$F(x)=\dfrac{B(x)}{(x-\lambda_1)^r(x-\lambda_{r+1})\cdots(x-\lambda_n)}$ $=\dfrac{K_{11}}{(x-\lambda_1)^r}+\dfrac{K_{12}}{(x-\lambda_1)^{r-1}}+\cdots+\dfrac{K_{1r}}{x-\lambda_1}+\sum\limits_{j=r+1}^{n}\dfrac{K_j}{x-\lambda_j}$	$K_{1j}=\dfrac{1}{(j-1)!}\dfrac{\mathrm{d}^{j-1}}{\mathrm{d}x^{j-1}}[(x-\lambda_1)^rF(x)]\mid_{x=\lambda_1}$ $j=1, 2, \cdots, r$	λ_1 为 实数
3	1 阶 共轭 复极点	$F(x)=\dfrac{B(x)}{(x-\lambda)(x-\lambda^*)}=\dfrac{K_1}{x-\lambda}+\dfrac{K_1^*}{x-\lambda^*}$ $=\dfrac{\mid K_1\mid \mathrm{e}^{\mathrm{j}\varphi}}{x-(-\alpha+\mathrm{j}\beta)}+\dfrac{\mid K_1\mid \mathrm{e}^{-\mathrm{j}\varphi}}{x-(-\alpha-\mathrm{j}\beta)}$ $=\dfrac{\mid K_1\mid \mathrm{e}^{\mathrm{j}\varphi}}{x+\alpha-\mathrm{j}\beta}+\dfrac{\mid K_1\mid \mathrm{e}^{-\mathrm{j}\varphi}}{x+\alpha+\mathrm{j}\beta}$	$K_1=(x-\lambda)F(x)\mid_{x=\lambda}$ $\lambda=-\alpha+\mathrm{j}\beta$	λ 为 复数
4	r 阶 共轭 复极点	$F(x)=\dfrac{B(x)}{(x-\lambda)^r(x-\lambda^*)^r}$ $=\dfrac{K_{11}}{(x-\lambda)^r}+\dfrac{K_{12}}{(x-\lambda)^{r-1}}+\cdots+\dfrac{K_{1r}}{x-\lambda}$ $+\dfrac{K_{11}^*}{(x-\lambda^*)^r}+\dfrac{K_{12}^*}{(x-\lambda^*)^{r-1}}+\cdots+\dfrac{K_{1r}^*}{x-\lambda^*}$ $=\dfrac{\mid K_{11}\mid \mathrm{e}^{\mathrm{j}\varphi_{11}}}{(x+\alpha-\mathrm{j}\beta)^r}+\dfrac{\mid K_{12}\mid \mathrm{e}^{\mathrm{j}\varphi_{12}}}{(x+\alpha-\mathrm{j}\beta)^{r-1}}+\cdots+\dfrac{\mid K_{1r}\mid \mathrm{e}^{\mathrm{j}\varphi_{1r}}}{x+\alpha-\mathrm{j}\beta}$ $+\dfrac{\mid K_{11}\mid \mathrm{e}^{-\mathrm{j}\varphi_{11}}}{(x+\alpha+\mathrm{j}\beta)^r}+\dfrac{\mid K_{12}\mid \mathrm{e}^{-\mathrm{j}\varphi_{12}}}{(x+\alpha+\mathrm{j}\beta)^{r-1}}+\cdots+\dfrac{\mid K_{1r}\mid \mathrm{e}^{-\mathrm{j}\varphi_{1r}}}{x+\alpha+\mathrm{j}\beta}$	$K_{1j}=\dfrac{1}{(j-1)!}\dfrac{\mathrm{d}^{j-1}}{\mathrm{d}x^{j-1}}[(x-\lambda)^rF(x)]\mid_{x=\lambda}$ $\lambda=-\alpha+\mathrm{j}\beta$ $j=1, 2, \cdots, r$	λ 为 复数

附录B　矩阵函数

B.1　矩阵的特征多项式和特征值

定义 B-1　设 $\boldsymbol{A}$ 是一个 $n\times n$ 阶矩阵

$$\boldsymbol{A}=\begin{bmatrix} a_{11} & a_{12} & \cdots & a_{1n} \\ a_{21} & a_{22} & \cdots & a_{2n} \\ \vdots & \vdots & & \vdots \\ a_{n1} & a_{n2} & \cdots & a_{nn} \end{bmatrix}$$

若存在一个非零的 n 维列矢量 $\boldsymbol{\xi}$

$$\boldsymbol{\xi}=\begin{bmatrix} \xi_1 \\ \xi_2 \\ \vdots \\ \xi_n \end{bmatrix}$$

和一个标量 λ，使得

$$\boldsymbol{A\xi}=\lambda\boldsymbol{\xi} \tag{B-1}$$

则称 $\boldsymbol{\xi}$ 为 $\boldsymbol{A}$ 的**特征矢量**或**本征矢量**，λ 称为 $\boldsymbol{A}$ 对应于特征矢量 $\boldsymbol{\xi}$ 的**特征值**或**本征值**，通常简称为 $\boldsymbol{A}$ 的特征值。

从几何意义上理解，矩阵 $\boldsymbol{A}$ 的特征矢量 $\boldsymbol{\xi}$ 是这样一个矢量：用 $\boldsymbol{A}$ 左乘 $\boldsymbol{\xi}$ 后得到的矢量 $\boldsymbol{A\xi}$ 将与矢量 $\boldsymbol{\xi}$ 共线，即 $\boldsymbol{A\xi}$ 或者与 $\boldsymbol{\xi}$ 同向，或者与 $\boldsymbol{\xi}$ 反向。两者在大小上相差的倍数 λ 就是矩阵 $\boldsymbol{A}$ 对应于该特征矢量 $\boldsymbol{\xi}$ 的特征值。

如果在式(B-1)两边同乘一非零标量 α，可得

$$\alpha\boldsymbol{A\xi}=\alpha\lambda\boldsymbol{\xi}$$

即

$$\boldsymbol{A}(\alpha\boldsymbol{\xi})=\lambda(\alpha\boldsymbol{\xi})$$

根据定义 B-1，$\alpha\boldsymbol{\xi}$ 也是 $\boldsymbol{A}$ 的一个特征矢量。因此，一般来说，矩阵 $\boldsymbol{A}$ 具有多个特征矢量。

根据单位矩阵性质，式(B-1)可写为

$$\boldsymbol{A\xi}=\lambda\boldsymbol{I\xi}$$

式中，$\boldsymbol{I}$ 为 $n\times n$ 阶单位矩阵。将上式移项、整理得

$$(\lambda\boldsymbol{I}-\boldsymbol{A})\boldsymbol{\xi}=\boldsymbol{0} \tag{B-2}$$

这是一个矩阵方程。由于 $\boldsymbol{\xi}\neq\boldsymbol{0}$，故式中矩阵 $\lambda\boldsymbol{I}-\boldsymbol{A}$ 必为奇异矩阵，或者说该矩阵的行列式为零，即

$$\det(\lambda\boldsymbol{I}-\boldsymbol{A})=0 \tag{B-3}$$

若令

$$q(\lambda)=\det(\lambda \boldsymbol{I}-\boldsymbol{A}) \tag{B-4}$$

则式(B-3)可写成

$$q(\lambda)=0 \tag{B-5}$$

可见，如果 λ 是 $\boldsymbol{A}$ 的一个特征值，那么它必定是方程(B-3)或(B-5)的一个根，反之亦然。这给我们提供了一种计算矩阵 $\boldsymbol{A}$ 特征值的方法。

若 $\boldsymbol{A}$ 是 $n\times n$ 阶矩阵，则 $\lambda\boldsymbol{I}-\boldsymbol{A}$ 也是 $n\times n$ 阶矩阵。$q(\lambda)$ 是 λ 的 n 次多项式，称为 $\boldsymbol{A}$ 的**特征多项式**，可表示为

$$q(\lambda)=\alpha_0+\alpha_1\lambda+\cdots+\alpha_n\lambda^n=\sum_{i=0}^{n}\alpha_i\lambda^i \tag{B-6}$$

如果 $\boldsymbol{A}$ 是实数矩阵，则特征多项式的系数也是实数。

方程(B-3)或(B-5)称为 $\boldsymbol{A}$ 的**特征方程**，它的根称为 $\boldsymbol{A}$ 的**特征根**，其特征根值就是 $\boldsymbol{A}$ 的特征值。对 $n\times n$ 阶矩阵，$\boldsymbol{A}$ 具有 n 个特征根(或特征值)。这些特征根可能是单根或重根。其值可以是实数，也可以是复数。

例 B-1　求 3×3 阶矩阵

$$\boldsymbol{A}=\begin{bmatrix}1 & 0 & 1\\ 1 & 2 & 0\\ 0 & 0 & -1\end{bmatrix}$$

的特征值和特征矢量。

解　$\boldsymbol{A}$ 的特征多项式为

$$\begin{aligned}q(\lambda)&=\det(\lambda\boldsymbol{I}-\boldsymbol{A})=\det\left\{\begin{bmatrix}\lambda & 0 & 0\\ 0 & \lambda & 0\\ 0 & 0 & \lambda\end{bmatrix}-\begin{bmatrix}1 & 0 & 1\\ 1 & 2 & 0\\ 0 & 0 & -1\end{bmatrix}\right\}\\&=\det\begin{bmatrix}\lambda-1 & 0 & -1\\ -1 & \lambda-2 & 0\\ 0 & 0 & \lambda+1\end{bmatrix}\\&=(\lambda-1)(\lambda-2)(\lambda+1)\end{aligned}$$

于是，$\boldsymbol{A}$ 的特征方程为

$$q(\lambda)=(\lambda-1)(\lambda-2)(\lambda+1)=0$$

得到 $\boldsymbol{A}$ 的特征值

$$\lambda_1=1,\quad \lambda_2=2,\quad \lambda_3=-1$$

若设与 λ_1 相应的特征矢量为 $\boldsymbol{\xi}$，则由定义 B-1 可得

$$\boldsymbol{A\xi}=\lambda_1\boldsymbol{\xi}$$

即

$$\begin{bmatrix}1 & 0 & 1\\ 1 & 2 & 0\\ 0 & 0 & -1\end{bmatrix}\begin{bmatrix}\xi_1\\ \xi_2\\ \xi_3\end{bmatrix}=1\begin{bmatrix}\xi_1\\ \xi_2\\ \xi_3\end{bmatrix}$$

由此得到

$$\xi_1+\xi_3=\xi_1$$
$$\xi_1+2\xi_2=\xi_2$$

$$-\xi_3 = \xi_3$$

因此

$$\xi_3 = 0$$

若选择 $\xi_1=1$，则 $\xi_2=-1$。故有

$$\boldsymbol{\xi} = \begin{bmatrix} 1 \\ -1 \\ 0 \end{bmatrix}$$

这就是矩阵 $\boldsymbol{A}$ 的一个特征矢量。容易验证，将 $\boldsymbol{\xi}$ 乘以任一常数 α，即

$$\alpha\boldsymbol{\xi} = \alpha\begin{bmatrix} 1 \\ -1 \\ 0 \end{bmatrix} = \begin{bmatrix} \alpha \\ -\alpha \\ 0 \end{bmatrix}$$

也是 $\boldsymbol{A}$ 的特征矢量。因此，对于同一个特征值，可以相应有许多个特征矢量。

同理，可以得到特征值 λ_2、λ_3 的特征矢量。

下面定理表明了矩阵 $\boldsymbol{A}$ 和它的特征多项式 $q(\lambda)$ 间的关系。

定理 B-1 （凯莱-哈密顿定理）任何 $n\times n$ 阶矩阵 $\boldsymbol{A}$ 恒满足它本身的特征方程，即

$$q(\boldsymbol{A}) = 0 \tag{B-7}$$

证明 根据逆矩阵的定义，可以写出

$$(\lambda\boldsymbol{I}-\boldsymbol{A})^{-1} = \frac{\mathrm{adj}(\lambda\boldsymbol{I}-\boldsymbol{A})}{\det(\lambda\boldsymbol{I}-\boldsymbol{A})}$$

由式(B-4)得

$$q(\lambda)(\lambda\boldsymbol{I}-\boldsymbol{A})^{-1} = \mathrm{adj}(\lambda\boldsymbol{I}-\boldsymbol{A})$$

或者写成

$$q(\lambda)\boldsymbol{I} = (\lambda\boldsymbol{I}-\boldsymbol{A})\mathrm{adj}(\lambda\boldsymbol{I}-\boldsymbol{A}) \tag{B-8}$$

由于矩阵 $\lambda\boldsymbol{I}-\boldsymbol{A}$ 是 $n\times n$ 阶矩阵，其 $(n-1)\times(n-1)$ 阶子矩阵的行列式均是最高次数为 $n-1$ 的 λ 的多项式。因此，可以把 $\mathrm{adj}(\lambda\boldsymbol{I}-\boldsymbol{A})$ 改写为以矩阵为系数的 λ 的 $n-1$ 次多项式，即

$$\mathrm{adj}(\lambda\boldsymbol{I}-\boldsymbol{A}) = \boldsymbol{B}_0 + \boldsymbol{B}_1\lambda + \boldsymbol{B}_2\lambda^2 + \cdots + \boldsymbol{B}_{n-1}\lambda^{n-1} \tag{B-9}$$

式中，$\boldsymbol{B}_i(i=0, 1, \cdots, n-1)$ 是 $n\times n$ 阶常数矩阵。将式(B-9)和式(B-6)代入式(B-8)，整理得

$$\sum_{i=0}^{n} \alpha_i\lambda^i\boldsymbol{I} = -\boldsymbol{A}\boldsymbol{B}_0 + (\boldsymbol{B}_0-\boldsymbol{A}\boldsymbol{B}_1)\lambda + (\boldsymbol{B}_1-\boldsymbol{A}\boldsymbol{B}_2)\lambda^2 + \cdots + (\boldsymbol{B}_{n-2}-\boldsymbol{A}\boldsymbol{B}_{n-1})\lambda^{n-1} + \boldsymbol{B}_{n-1}\lambda^n$$

该式 λ 取非零值。令方程两边 λ 同次幂的系数相等，得到

$$\begin{aligned}
\alpha_0\boldsymbol{I} &= -\boldsymbol{A}\boldsymbol{B}_0 \\
\alpha_1\boldsymbol{I} &= \boldsymbol{B}_0 - \boldsymbol{A}\boldsymbol{B}_1 \\
\alpha_2\boldsymbol{I} &= \boldsymbol{B}_1 - \boldsymbol{A}\boldsymbol{B}_2 \\
&\cdots \\
\alpha_{n-1}\boldsymbol{I} &= \boldsymbol{B}_{n-2} - \boldsymbol{A}\boldsymbol{B}_{n-1} \\
\alpha_n\boldsymbol{I} &= \boldsymbol{B}_{n-1}
\end{aligned}$$

若用 $\boldsymbol{A}$ 左乘上述方程中的第二个方程，用 $\boldsymbol{A}^2$ 左乘第三个方程，依次类推，直至用 $\boldsymbol{A}^n$ 左乘

最后一个方程。然后将这些方程的两边分别相加(注意，相加后方程右边为零矩阵)，得到

$$\alpha_0 \boldsymbol{I} + \alpha_1 \boldsymbol{A} + \alpha_2 \boldsymbol{A}^2 + \cdots + \alpha_{n-1} \boldsymbol{A}^{n-1} + \alpha_n \boldsymbol{A}^n = \boldsymbol{0} \tag{B-10}$$

于是有

$$q(\boldsymbol{A}) = 0$$

故定理(B-1)得证。

例 B-2 用矩阵

$$\boldsymbol{A} = \begin{bmatrix} 1 & 4 \\ 3 & 2 \end{bmatrix}$$

验证凯莱-哈密顿定理。

解 A 的特征方程为

$$\begin{aligned} q(\lambda) = \det(\lambda \boldsymbol{I} - \boldsymbol{A}) &= \det\begin{bmatrix} \lambda - 1 & -4 \\ -3 & \lambda - 2 \end{bmatrix} \\ &= \lambda^2 - 3\lambda - 10 \\ &= 0 \end{aligned}$$

而

$$\begin{aligned} q(\boldsymbol{A}) = \boldsymbol{A}^2 - 3\boldsymbol{A} - 10\boldsymbol{I} &= \begin{bmatrix} 1 & 4 \\ 3 & 2 \end{bmatrix}^2 - 3\begin{bmatrix} 1 & 4 \\ 3 & 2 \end{bmatrix} - 10\begin{bmatrix} 1 & 0 \\ 0 & 1 \end{bmatrix} \\ &= \begin{bmatrix} 13 & 12 \\ 9 & 16 \end{bmatrix} - \begin{bmatrix} 3 & 12 \\ 9 & 6 \end{bmatrix} - \begin{bmatrix} 10 & 0 \\ 0 & 10 \end{bmatrix} \\ &= \begin{bmatrix} 0 & 0 \\ 0 & 0 \end{bmatrix} \end{aligned}$$

即有

$$q(\boldsymbol{A}) = \boldsymbol{A}^2 - 3\boldsymbol{A} - 10\boldsymbol{I} = \boldsymbol{0}$$

可见，凯莱-哈密顿定理成立。

凯莱-哈密顿定理有许多重要应用。例如，对式(B-10)移项后可得

$$\boldsymbol{A}^n = -\frac{1}{\alpha_n}(\alpha_{n-1}\boldsymbol{A}^{n-1} + \alpha_{n-2}\boldsymbol{A}^{n-2} + \cdots + \alpha_1 \boldsymbol{A} + \alpha_0 \boldsymbol{I}) \tag{B-11}$$

用 $\boldsymbol{A}$ 左乘上式两边各项，得

$$\boldsymbol{A}^{n+1} = -\frac{1}{\alpha_n}(\alpha_{n-1}\boldsymbol{A}^n + \alpha_{n-2}\boldsymbol{A}^{n-1} + \cdots + \alpha_1 \boldsymbol{A}^2 + \alpha_0 \boldsymbol{A})$$

将式(B-11)代入上式，整理后有

$$\boldsymbol{A}^{n+1} = -\frac{1}{\alpha_n^2}[(\alpha_n\alpha_{n-2} - \alpha_{n-1}\alpha_{n-1})\boldsymbol{A}^{n-1} + (\alpha_n\alpha_{n-3} - \alpha_{n-1}\alpha_{n-2})\boldsymbol{A}^{n-2} + \cdots + (\alpha_n\alpha_0 - \alpha_{n-1}\alpha_1)\boldsymbol{A} - \alpha_{n-1}\alpha_0\boldsymbol{I}]$$

可见，$\boldsymbol{A}$ 的 $n+1$ 次幂可以用 $\boldsymbol{A}^0$ 到 $\boldsymbol{A}^{n-1}$ 的加权和来表示。容易看出，继续上述过程，就能得到如下结论：$\boldsymbol{A}$ 的任意次幂均可用低于 n 的各次幂的加权和来表示，即

$$\boldsymbol{A}^{n+k} = \beta_0 \boldsymbol{I} + \beta_1 \boldsymbol{A} + \cdots + \beta_{n-1}\boldsymbol{A}^{n-1} \qquad k > 0$$

只要确定其系数 β_0，β_1，…，β_{n-1}，就可以用若干低次幂运算来代替 $\boldsymbol{A}$ 的高次幂运算。下面的讨论告诉我们，推广这个结论，可给矩阵函数计算提供一种简便的方法。

B.2 矩阵函数及其计算

定义 B-2 设标量函数 $f(x)$可以展开成一收敛的幂级数

$$f(x)=\alpha_0+\alpha_1 x+\alpha_2 x^2+\cdots=\sum_{i=0}^{\infty}\alpha_i x^i \tag{B-12}$$

则 $f(\boldsymbol{A})$称为矩阵 $\boldsymbol{A}$ 的函数，并记为

$$f(\boldsymbol{A})=\alpha_0\boldsymbol{I}+\alpha_1\boldsymbol{A}+\alpha_2\boldsymbol{A}^2+\cdots=\sum_{i=0}^{\infty}\alpha_i\boldsymbol{A}^i \tag{B-13}$$

式中，$\boldsymbol{A}^0=\boldsymbol{A}^i|_{i=0}$是**单位矩阵**。

可见，矩阵函数是以矩阵 $\boldsymbol{A}$ 为自变量，并用 $\boldsymbol{A}$ 的幂级数来定义的一类函数，其闭式可以用相应标量的收敛幂级数来表示。

作为一个例子，设有一 $n\times n$ 阶常数矩阵 $\boldsymbol{A}$ 及指数函数 e^x。因为 e^x 可以展开为下列收敛幂级数：

$$\mathrm{e}^x=1+x+\frac{1}{2!}x^2+\cdots=\sum_{i=0}^{\infty}\frac{1}{i!}x^i$$

所以，我们定义矩阵指数函数 $\mathrm{e}^{\boldsymbol{A}}$ 为

$$\mathrm{e}^{\boldsymbol{A}}=\boldsymbol{I}+\boldsymbol{A}+\frac{1}{2!}\boldsymbol{A}^2+\cdots=\sum_{i=0}^{\infty}\frac{1}{i!}\boldsymbol{A}^i \tag{B-14}$$

同样地

$$\mathrm{e}^{\boldsymbol{A}t}=\boldsymbol{I}+t\boldsymbol{A}+\frac{t^2}{2!}\boldsymbol{A}^2+\cdots=\sum_{i=0}^{\infty}\frac{t^i}{i!}\boldsymbol{A}^i \tag{B-15}$$

又如，正弦函数 $\sin x$ 的收敛幂级数为

$$\sin x=x-\frac{x^3}{3!}+\frac{x^5}{5!}-\frac{x^7}{7!}+\cdots$$

则矩阵正弦函数的定义为

$$\sin\boldsymbol{A}=\boldsymbol{A}-\frac{\boldsymbol{A}^3}{3!}+\frac{\boldsymbol{A}^5}{5!}-\frac{\boldsymbol{A}^7}{7!}+\cdots$$

由矩阵函数的定义可知，它一般是一个无穷矩阵幂级数。如果按照定义式进行矩阵函数计算，不仅烦琐费时，而且得不到精确结果。下面给出的定理，允许我们将矩阵函数简化为矩阵的有限次多项式来计算。

定理 B-2 设 $\boldsymbol{A}$ 是一 $n\times n$ 阶矩阵，则矩阵函数 $f(\boldsymbol{A})$可以表示为

$$f(\boldsymbol{A})=\beta_0\boldsymbol{I}+\beta_1\boldsymbol{A}+\beta_2\boldsymbol{A}^2+\cdots+\beta_{n-1}\boldsymbol{A}^{n-1}=\sum_{i=0}^{n-1}\beta_i\boldsymbol{A}^i \tag{B-16}$$

式中，$\beta_i(i=0, 1, \cdots, n-1)$是标量。

证明 设标量函数 $f(x)$可以展开成收敛的幂级数

$$f(x)=\sum_{i=0}^{\infty}\alpha_i x^i$$

若令 $f_k(x)$是 $f(x)$中截去 x^k 以后诸项得到的有限级数，且 $k>n$，则 $f_k(x)$可写成

$$f_k(x)=\sum_{i=0}^{k}\alpha_i x^i \qquad k>n$$

设 $n\times n$ 阶矩阵 $\boldsymbol{A}$ 的特征多项式为

$$q(x)=\det(x\boldsymbol{I}-\boldsymbol{A})$$

由于 $f_k(x)$ 和 $q(x)$ 分别是 x 的 k 次和 n 次多项式，且 $k>n$，因此根据多项式的带余除法，$f_k(x)$ 可表示为

$$f_k(x)=g_k(x)q(x)+r_k(x)$$

式中，商式 $g_k(x)$ 是 x 的 $k-n$ 次多项式，余式 $r_k(x)$ 是 x 的 $n-1$ 次多项式。据此，上式可写成

$$f_k(x)=g_k(x)q(x)+\sum_{i=0}^{n-1}\alpha_{ki}x^i$$

因为 $f(x)$ 是收敛级数，我们可以对上式两边求 $k\to\infty$ 时的极限

$$\lim_{k\to\infty}f_k(x)=\left[\lim_{k\to\infty}g_k(x)\right]q(x)+\sum_{i=0}^{n-1}(\lim_{k\to\infty}\alpha_{ki})x^i \tag{B-17}$$

令

$$g(x)=\lim_{k\to\infty}g_k(x)$$

$$\beta_i=\lim_{k\to\infty}\alpha_{ik}\qquad i=0,1,\cdots,n-1$$

则式(B-17)可以写成

$$f(x)=g(x)q(x)+\sum_{i=0}^{n-1}\beta_i x^i \tag{B-18}$$

根据矩阵函数定义，则有

$$f(\boldsymbol{A})=g(\boldsymbol{A})q(\boldsymbol{A})+\sum_{i=0}^{n-1}\beta_i\boldsymbol{A}^i \tag{B-19}$$

由于 $q(x)$ 是矩阵 $\boldsymbol{A}$ 的特征多项式，根据凯莱-哈密顿定理，有

$$q(\boldsymbol{A})=0$$

因而式(B-19)成为

$$f(\boldsymbol{A})=\sum_{i=0}^{n-1}\beta_i\boldsymbol{A}^i=\beta_0\boldsymbol{I}+\beta_1\boldsymbol{A}+\beta_2\boldsymbol{A}^2+\cdots+\beta_{n-1}\boldsymbol{A}^{n-1}$$

故此定理得证。

式(B-16)表明，对于给定的 $n\times n$ 阶矩阵 $\boldsymbol{A}$，只要设法求出其中的 n 个系数 β_0，β_1，…，β_{n-1}，就可将 $f(\boldsymbol{A})$ 表示成 $\boldsymbol{A}$ 的 $n-1$ 次多项式，从而简化了矩阵函数的计算。为了确定这些系数，下面分两种情况讨论。

1. A 具有相异特征根

首先说明一点，由定理 B-2 的证明过程可知，式(B-16)中 $\boldsymbol{A}$ 的各次幂系数就是式(B-18)余式项中 x 的相应次幂系数。现在，我们根据式(B-18)导出系数的确定方法。

设 $n\times n$ 阶矩阵 $\boldsymbol{A}$ 的 n 个相异特征根为 λ_1，λ_2，…，λ_n，则 $\boldsymbol{A}$ 的特征多项式可表示为

$$q(x)=(x-\lambda_1)(x-\lambda_2)\cdots(x-\lambda_n)$$

代入式(B-18)，得

$$f(x)=g(x)(x-\lambda_1)(x-\lambda_2)\cdots(x-\lambda_n)+\sum_{i=0}^{n-1}\beta_i x^i \tag{B-20}$$

分别令 $x=\lambda_1$，λ_2，…，λ_n，可以得到 n 个方程：

$$\begin{cases} \beta_0+\beta_1\lambda_1+\beta_2\lambda_1^2+\cdots+\beta_{n-1}\lambda_1^{n-1}=f(\lambda_1) \\ \beta_0+\beta_1\lambda_2+\beta_2\lambda_2^2+\cdots+\beta_{n-1}\lambda_2^{n-1}=f(\lambda_2) \\ \cdots \\ \beta_0+\beta_1\lambda_n+\beta_2\lambda_n^2+\cdots+\beta_{n-1}\lambda_n^{n-1}=f(\lambda_n) \end{cases} \tag{B-21}$$

求解式(B-21)，即可得到系数 β_0，β_1，…，β_{n-1}。

2. A 具有多重特征根

设 λ_1 为 $\boldsymbol{A}$ 的 m 重特征根，而其余 $n-m$ 个相异特征根是单根。此时，式(B-20)可写为

$$f(x)=g(x)(x-\lambda_1)^m(x-\lambda_{m+1})\cdots(x-\lambda_n)+\sum_{i=0}^{n-1}\beta_i x^i \tag{B-22}$$

若分别用 λ_1，λ_{m+1}，λ_{m+2}，…，λ_n 代入式(B-22)中的 x，则得到以 β_0，β_1，…，β_{n-1} 为未知量的 $n-m+1$ 个方程，即

$$\begin{cases} \beta_0+\beta_1\lambda_1+\beta_2\lambda_1^2+\cdots+\beta_{n-1}\lambda_1^{n-1}=f(\lambda_1) \\ \beta_0+\beta_1\lambda_{m+1}+\beta_2\lambda_{m+1}^2+\cdots+\beta_{n-1}\lambda_{m+1}^{n-1}=f(\lambda_{m+1}) \\ \beta_0+\beta_1\lambda_{m+2}+\beta_2\lambda_{m+2}^2+\cdots+\beta_{n-1}\lambda_{m+2}^{n-1}=f(\lambda_{m+2}) \\ \cdots \\ \beta_0+\beta_1\lambda_n+\beta_2\lambda_n^2+\cdots+\beta_{n-1}\lambda_n^{n-1}=f(\lambda_n) \end{cases} \tag{B-23}$$

然后对式(B-22)分别求 x 的 1，2，…，$m-1$ 阶导数，并令 $x=x_1$，得到以下 $m-1$ 个方程：

$$\begin{cases} \dfrac{\mathrm{d}}{\mathrm{d}\lambda_1}[\beta_0+\beta_1\lambda_1+\beta_2\lambda_1^2+\cdots+\beta_{n-1}\lambda_1^{n-1}]=\dfrac{\mathrm{d}}{\mathrm{d}\lambda_1}f(\lambda_1) \\ \dfrac{\mathrm{d}^2}{\mathrm{d}\lambda_1^2}[\beta_0+\beta_1\lambda_1+\beta_2\lambda_1^2+\cdots+\beta_{n-1}\lambda_1^{n-1}]=\dfrac{\mathrm{d}^2}{\mathrm{d}\lambda_1^2}f(\lambda_1) \\ \cdots \\ \dfrac{\mathrm{d}^{m-1}}{\mathrm{d}\lambda_1^{m-1}}[\beta_0+\beta_1\lambda_1+\beta_2\lambda_1^2+\cdots+\beta_{n-1}\lambda_1^{n-1}]=\dfrac{\mathrm{d}^{m-1}}{\mathrm{d}\lambda_1^{m-1}}f(\lambda_1) \end{cases} \tag{B-24}$$

上面两式共有 n 个方程，且线性无关，联立求解后就能得到系数 β_0，β_1，…，β_{n-1}。

例 B-3 已知矩阵：

$$\boldsymbol{A}=\begin{bmatrix}0 & 3\\1 & -4\end{bmatrix}$$

求矩阵函数 $\boldsymbol{A}^k$。

解 因为 $\boldsymbol{A}$ 是 2×2 阶矩阵，根据定理 B-2，矩阵函数 $\boldsymbol{A}^k$ 可表示为 $\boldsymbol{A}$ 的一次多项式，即

$$f(\boldsymbol{A})=\boldsymbol{A}^k=\beta_0\boldsymbol{I}+\beta_1\boldsymbol{A} \tag{B-25}$$

$\boldsymbol{A}$ 的特征方程为

$$q(\lambda)=\det(\lambda\boldsymbol{I}-\boldsymbol{A})=\det\begin{bmatrix}\lambda & -3\\-1 & \lambda+4\end{bmatrix}=\lambda^2+4\lambda+3=0$$

其特征根为 $\lambda_1=-1$，$\lambda_2=-3$。由于特征根都是单根，根据式(B-21)有

$$\begin{cases}\beta_0+\beta_1\lambda_1=\lambda_1^k\\ \beta_0+\beta_1\lambda_2=\lambda_2^k\end{cases}\quad 即 \quad \begin{cases}\beta_0-\beta_1=(-1)^k\\ \beta_0-3\beta_1=(-3)^k\end{cases} \tag{B-26}$$

解得

$$\beta_0=\frac{3}{2}(-1)^k-\frac{1}{2}(-3)^k$$

$$\beta_1=\frac{1}{2}(-1)^k-\frac{1}{2}(-3)^k$$

将 β_0、β_1 代入式(B-25)，得

$$\begin{aligned}\boldsymbol{A}^k&=\beta_0\boldsymbol{I}+\beta_1\boldsymbol{A}\\&=\left(\frac{3}{2}(-1)^k-\frac{1}{2}(-3)^k\right)\begin{bmatrix}1&0\\0&1\end{bmatrix}+\left(\frac{1}{2}(-1)^k-\frac{1}{2}(-3)^k\right)\begin{bmatrix}0&3\\1&-4\end{bmatrix}\\&=\begin{bmatrix}\frac{3}{2}(-1)^k-\frac{1}{2}(-3)^k&\frac{3}{2}(-1)^k-\frac{3}{2}(-3)^k\\ \frac{1}{2}(-1)^k-\frac{1}{2}(-3)^k&-\frac{1}{2}(-1)^k+\frac{3}{2}(-3)^k\end{bmatrix}\end{aligned}$$

例 B-4 给定矩阵：

$$\boldsymbol{A}=\begin{bmatrix}1&2\\0&-3\end{bmatrix}$$

求矩阵函数 $e^{\boldsymbol{A}t}$。

解 根据定理 B-2，矩阵函数 $e^{\boldsymbol{A}t}$ 可表示为

$$f(\boldsymbol{A})=e^{\boldsymbol{A}t}=\beta_0\boldsymbol{I}+\beta_1\boldsymbol{A} \tag{B-27}$$

A 的特征方程为

$$q(\lambda)=\det(\lambda\boldsymbol{I}-\boldsymbol{A})=\det\begin{bmatrix}\lambda-1&-2\\0&\lambda+3\end{bmatrix}=(\lambda-1)(\lambda+3)=0$$

其特征根为 $\lambda_1=1$，$\lambda_2=-3$。根据式(B-21)可得

$$\begin{cases}\beta_0+\beta_1\lambda_1=e^{\lambda_1 t}\\ \beta_0+\beta_1\lambda_2=e^{\lambda_2 t}\end{cases}\quad 即 \quad \begin{cases}\beta_0+\beta_1=e^t\\ \beta_0-3\beta_1=e^{-3t}\end{cases}$$

解得

$$\beta_0=\frac{3}{4}e^t+\frac{1}{4}e^{-3t}$$

$$\beta_1=\frac{1}{4}e^t-\frac{1}{4}e^{-3t}$$

将 β_0、β_1 代入式(B-27)，得

$$\begin{aligned}e^{\boldsymbol{A}t}&=\beta_0\boldsymbol{I}+\beta_1\boldsymbol{A}\\&=\left(\frac{3}{4}e^t+\frac{1}{4}e^{-3t}\right)\begin{bmatrix}1&0\\0&1\end{bmatrix}+\left(\frac{1}{4}e^t-\frac{1}{4}e^{-3t}\right)\begin{bmatrix}1&2\\0&-3\end{bmatrix}\\&=\begin{bmatrix}e^t&\frac{1}{2}(e^t-e^{-3t})\\0&e^{-3t}\end{bmatrix}\end{aligned}$$

例 B-5 给定矩阵：

$$
\boldsymbol{A}=\begin{bmatrix}-1 & 0 & 1\\ 0 & -2 & 0\\ 0 & 0 & -2\end{bmatrix}
$$

求矩阵函数 e^{At}。

解　本例中，$\boldsymbol{A}$ 是 3×3 阶矩阵，根据定理 B－2，e^{At} 可表示为

$$
f(\boldsymbol{A})=e^{At}=\beta_0\boldsymbol{I}+\beta_1\boldsymbol{A}+\beta_2\boldsymbol{A}^2 \tag{B-28}
$$

$\boldsymbol{A}$ 的特征方程为

$$
q(\lambda)=\det(\lambda\boldsymbol{I}-\boldsymbol{A})=\det\begin{bmatrix}\lambda+1 & 0 & -1\\ 0 & \lambda+2 & 0\\ 0 & 0 & \lambda+2\end{bmatrix}=(\lambda+1)(\lambda+2)^2=0
$$

其特征根有

$$
\lambda_1=-1(\text{单根})\qquad \lambda_2=-2(\text{二重根})
$$

根据式(B－23)、(B－24)可得

$$
\begin{cases}\beta_0+\beta_1\lambda_1+\beta_2\lambda_1^2=e^{\lambda_1 t}\\ \beta_0+\beta_1\lambda_2+\beta_2\lambda_2^2=e^{\lambda_2 t}\\ \dfrac{d}{d\lambda_2}[\beta_0+\beta_1\lambda_2+\beta_2\lambda_2^2]=\dfrac{d}{d\lambda_2}e^{\lambda_2 t}\end{cases}
$$

即

$$
\begin{cases}\beta_0+\beta_1\lambda_1+\beta_2\lambda_1^2=e^{\lambda_1 t}\\ \beta_0+\beta_1\lambda_2+\beta_2\lambda_2^2=e^{\lambda_2 t}\\ \beta_1+2\beta_2\lambda_2=te^{\lambda_2 t}\end{cases}
$$

将特征根 λ_1、λ_2 值代入上式，得

$$
\begin{cases}\beta_0-\beta_1+\beta_2=e^{-t}\\ \beta_0-2\beta_1+4\beta_2=e^{-2t}\\ \beta_1-4\beta_2=te^{-2t}\end{cases}
$$

求解后得

$$
\begin{aligned}\beta_0&=4e^{-t}-(2t+3)e^{-2t}\\ \beta_1&=4e^{-t}-(3t+4)e^{-2t}\\ \beta_2&=e^{-t}-(t+1)e^{-2t}\end{aligned}
$$

将 β_0、β_1、β_2 代入式(B－28)，得到矩阵函数 e^{At} 为

$$
\begin{aligned}e^{At}&=\beta_0\boldsymbol{I}+\beta_1\boldsymbol{A}+\beta_2\boldsymbol{A}^2\\ &=[4e^{-t}-(2t+3)e^{-2t}]\begin{bmatrix}1&0&0\\0&1&0\\0&0&1\end{bmatrix}+[4e^{-t}-(3t+4)e^{-2t}]\begin{bmatrix}-1&0&1\\0&-2&0\\0&0&-2\end{bmatrix}\\ &\quad+[e^{-t}+(t+1)e^{-2t}]\begin{bmatrix}1&0&-3\\0&4&0\\0&0&4\end{bmatrix}\end{aligned}
$$

$$=\begin{bmatrix} e^{-t} & 0 & e^{-t}-e^{-2t} \\ 0 & e^{-2t} & 0 \\ 0 & 0 & e^{-2t} \end{bmatrix} \tag{B-29}$$

B.3 矩阵指数函数的性质

矩阵指数函数是一种常用的矩阵函数，它在系统的状态空间分析中有着重要的应用。根据定义 B-1，矩阵指数函数定义为

$$e^{\boldsymbol{A}t}=\boldsymbol{I}+\boldsymbol{A}t+\frac{\boldsymbol{A}^2}{2!}t^2+\cdots=\sum_{i=0}^{\infty}\frac{\boldsymbol{A}^i}{i!}t^i \tag{B-30}$$

它具有以下主要性质。

性质 1 由式(B-30)直接可得

$$e^{\boldsymbol{0}}=\boldsymbol{I} \tag{B-31}$$

性质 2 若 t、τ 为标量，$\boldsymbol{A}$ 和 $\boldsymbol{B}$ 均为 $n\times n$ 阶矩阵，且可交换，即 $\boldsymbol{AB}=\boldsymbol{BA}$，则有

$$e^{\boldsymbol{A}t}\cdot e^{\boldsymbol{B}\tau}=e^{\boldsymbol{B}\tau}\cdot e^{\boldsymbol{A}t}=e^{(\boldsymbol{A}t+\boldsymbol{B}\tau)} \tag{B-32a}$$

$$e^{\boldsymbol{A}t}\cdot e^{\boldsymbol{B}t}=e^{\boldsymbol{B}t}\cdot e^{\boldsymbol{A}t}=e^{(\boldsymbol{A}+\boldsymbol{B})t} \tag{B-32b}$$

证 由定义式(B-30)可得

$$\begin{aligned} e^{\boldsymbol{A}t}\cdot e^{\boldsymbol{B}\tau} &= \left[\boldsymbol{I}+\boldsymbol{A}t+\frac{1}{2!}(\boldsymbol{A}t)^2+\frac{1}{3!}(\boldsymbol{A}t)^3+\cdots\right]\cdot\left[\boldsymbol{I}+\boldsymbol{B}\tau+\frac{1}{2!}(\boldsymbol{B}\tau)^2+\frac{1}{3!}(\boldsymbol{B}\tau)^3+\cdots\right] \\ &= \boldsymbol{I}+(\boldsymbol{A}t+\boldsymbol{B}\tau)+\frac{1}{2!}[(\boldsymbol{A}t)^2+2\boldsymbol{A}t\cdot\boldsymbol{B}\tau+(\boldsymbol{B}\tau)^2] \\ &\quad +\frac{1}{3!}[(\boldsymbol{A}t)^3+3(\boldsymbol{A}t)(\boldsymbol{B}\tau)^2+3(\boldsymbol{A}t)^2(\boldsymbol{B}\tau)+(\boldsymbol{B}\tau)^3]+\cdots \end{aligned} \tag{B-33}$$

$$e^{(\boldsymbol{A}t+\boldsymbol{B}\tau)}=\boldsymbol{I}+(\boldsymbol{A}t+\boldsymbol{B}\tau)+\frac{1}{2!}(\boldsymbol{A}t+\boldsymbol{B}\tau)^2+\frac{1}{3!}(\boldsymbol{A}t+\boldsymbol{B}\tau)^3+\cdots \tag{B-34}$$

根据矩阵运算规则，上式中

$$\begin{aligned} (\boldsymbol{A}t+\boldsymbol{B}\tau)^2 &= (\boldsymbol{A}t)^2+(\boldsymbol{A}t)(\boldsymbol{B}\tau)+(\boldsymbol{B}\tau)(\boldsymbol{A}t)+(\boldsymbol{B}\tau)^2 \\ (\boldsymbol{A}t+\boldsymbol{B}\tau)^3 &= (\boldsymbol{A}t)^3+(\boldsymbol{A}t)^2(\boldsymbol{B}\tau)+(\boldsymbol{A}t)(\boldsymbol{B}\tau)(\boldsymbol{A}t)+(\boldsymbol{A}t)(\boldsymbol{B}\tau)^2+(\boldsymbol{B}\tau)(\boldsymbol{A}t)^2 \\ &\quad +(\boldsymbol{B}\tau)(\boldsymbol{A}t)(\boldsymbol{B}\tau)+(\boldsymbol{B}\tau)^2(\boldsymbol{A}t)+(\boldsymbol{B}\tau)^3 \\ &\cdots \end{aligned}$$

比较式(B-33)和(B-34)的系数可见，仅当 $(\boldsymbol{A}t)(\boldsymbol{B}\tau)=(\boldsymbol{B}\tau)(\boldsymbol{A}t)$，即 $\boldsymbol{AB}=\boldsymbol{BA}$ 时，二者系数相等，于是有

$$e^{\boldsymbol{A}t}\cdot e^{\boldsymbol{B}\tau}=e^{(\boldsymbol{A}t+\boldsymbol{B}\tau)}$$

同理，仅当 $\boldsymbol{AB}=\boldsymbol{BA}$ 时，有

$$e^{\boldsymbol{B}\tau}\cdot e^{\boldsymbol{A}t}=e^{(\boldsymbol{A}t+\boldsymbol{B}\tau)}$$

故性质 2 中式(B-32a)成立。

如果在式(B-32a)中，令 $\tau=t$，即可得式(B-32b)结论。

性质 3 对任一 $n\times n$ 阶矩阵 $\boldsymbol{A}$，有

$$e^{\boldsymbol{A}t}\cdot e^{\boldsymbol{A}\tau}=e^{\boldsymbol{A}(t+\tau)} \tag{B-35}$$

在式(B-32a)中，令 $\boldsymbol{B}=\boldsymbol{A}$，即可证明该性质成立。

性质 4 作为性质 3 的推论，在式(B-35)中，令 $\tau=-t$，有

$$e^{\boldsymbol{A}t}\cdot e^{-\boldsymbol{A}t}=\boldsymbol{I} \tag{B-36}$$

该式意味着 $e^{\boldsymbol{A}t}$ 的逆为

$$(e^{\boldsymbol{A}t})^{-1}=e^{-\boldsymbol{A}t} \tag{B-37}$$

性质 5　对于 $n\times n$ 阶矩阵 $\boldsymbol{A}$，若 $\boldsymbol{P}$ 为非奇异矩阵，则

$$e^{\boldsymbol{P}^{-1}\boldsymbol{AP}t}=\boldsymbol{P}^{-1}e^{\boldsymbol{A}t}\boldsymbol{P} \tag{B-38}$$

证　因 $\boldsymbol{P}$ 为非奇异矩阵，其逆矩阵 $\boldsymbol{P}^{-1}$ 存在。由于

$$e^{\boldsymbol{P}^{-1}\boldsymbol{AP}t}=\boldsymbol{I}+(\boldsymbol{P}^{-1}\boldsymbol{AP})t+\frac{1}{2!}(\boldsymbol{P}^{-1}\boldsymbol{AP})^2t^2+\cdots+\frac{1}{i!}(\boldsymbol{P}^{-1}\boldsymbol{AP})^it^i+\cdots \tag{B-39}$$

且

$$\begin{aligned}(\boldsymbol{P}^{-1}\boldsymbol{AP})^i&=\underbrace{(\boldsymbol{P}^{-1}\boldsymbol{AP})(\boldsymbol{P}^{-1}\boldsymbol{AP})\cdots(\boldsymbol{P}^{-1}\boldsymbol{AP})}_{\text{共有 } i \text{ 项相乘}}\\&=\boldsymbol{P}^{-1}\boldsymbol{APP}^{-1}\boldsymbol{AP}\cdots\boldsymbol{P}^{-1}\boldsymbol{AP}=\boldsymbol{P}^{-1}\boldsymbol{A}^i\boldsymbol{P}\end{aligned} \tag{B-40}$$

将该式代入式(B-39)，即有

$$e^{\boldsymbol{P}^{-1}\boldsymbol{AP}t}=\boldsymbol{P}^{-1}\left[\boldsymbol{I}+\boldsymbol{A}t+\frac{\boldsymbol{A}^2}{2!}t^2+\cdots+\frac{\boldsymbol{A}^i}{i!}t^i+\cdots\right]\boldsymbol{P}=\boldsymbol{P}^{-1}e^{\boldsymbol{A}t}\boldsymbol{P}$$

性质 6　对任一 $n\times n$ 阶矩阵 $\boldsymbol{A}$，有

$$\frac{d}{dt}e^{\boldsymbol{A}t}=\boldsymbol{A}e^{\boldsymbol{A}t}=e^{\boldsymbol{A}t}\boldsymbol{A} \tag{B-41}$$

证　由于

$$e^{\boldsymbol{A}t}=\boldsymbol{I}+\boldsymbol{A}t+\frac{\boldsymbol{A}^2}{2!}t^2+\frac{\boldsymbol{A}^3}{3!}t^3+\cdots$$

$$\begin{aligned}\frac{d}{dt}e^{\boldsymbol{A}t}&=\boldsymbol{A}+\boldsymbol{A}^2t+\frac{\boldsymbol{A}^3}{2!}t^2+\cdots=\boldsymbol{A}\left(\boldsymbol{I}+\boldsymbol{A}t+\frac{\boldsymbol{A}^2}{2!}t^2+\cdots\right)\\&=\left(\boldsymbol{I}+\boldsymbol{A}t+\frac{\boldsymbol{A}^2}{2!}t^2+\cdots\right)\boldsymbol{A}\end{aligned}$$

因此式(B-41)成立。

性质 7　如果 $\boldsymbol{A}$ 是 $n\times n$ 阶非奇异矩阵，则

$$\int_{t_0}^{t}e^{\boldsymbol{A}\tau}\,d\tau=\boldsymbol{A}^{-1}(e^{\boldsymbol{A}t}-e^{\boldsymbol{A}t_0}) \tag{B-42}$$

证　根据矩阵积分运算规则，可得

$$\int_{t_0}^{t}e^{\boldsymbol{A}\tau}\,d\tau=\boldsymbol{A}^{-1}\int_{t_0}^{t}e^{\boldsymbol{A}\tau}\,d\boldsymbol{A}\tau=\boldsymbol{A}^{-1}\left[e^{\boldsymbol{A}\tau}\right]_{\tau=t_0}^{\tau=t}=\boldsymbol{A}^{-1}(e^{\boldsymbol{A}t}-e^{\boldsymbol{A}t_0})$$

故式(B-42)成立。由于 $\boldsymbol{A}$ 为非奇异矩阵，式中 $\boldsymbol{A}^{-1}$ 存在。

附录 C　周期信号的傅里叶级数表

信号名称	信号波形	傅里叶级数系数
矩形脉冲	$f(t)$, 1, $-T$, $-\frac{\tau}{2}$, o, $\frac{\tau}{2}$, T, t	$\frac{a_0}{2}=\frac{\tau}{T}$ $a_n=\frac{2\sin\left(\frac{n\Omega\tau}{2}\right)}{n\pi}$ $b_n=0$
方波	$f(t)$, 1, $-T$, $-\frac{T}{4}$, o, $\frac{T}{4}$, T, -1, t	$a_0=0$ $a_n=\frac{2}{n\pi}\sin\left(\frac{n\pi}{2}\right)$ $b_n=0$
	$f(t)$, 1, $-T$, o, $\frac{T}{2}$, T, -1, t	$a_0=0$ $a_n=0$ $b_n=\frac{4}{n\pi}\sin^2\left(\frac{n\pi}{2}\right)$
锯齿信号	$f(t)$, 1, $-T$, $-\frac{T}{2}$, o, $\frac{T}{2}$, T, -1, t	$a_0=0$ $a_n=0$ $b_n=(-1)^{-n+1}\frac{2}{n\pi}$
	$f(t)$, 1, $-T$, o, T, t	$\frac{a_0}{2}=\frac{1}{2}$ $a_n=0$ $b_n=\frac{1}{n\pi}$

续表

信号名称	信号波形	傅里叶级数系数
三角信号	f(t); 1; −T; o; $\frac{T}{2}$; T; t	$\frac{a_0}{2}=\frac{1}{2}$ $a_n=\frac{4}{(n\pi)^2}\sin^2\left(\frac{n\pi}{2}\right)$ $b_n=0$
	f(t); 1; −1; −T; o; $\frac{T}{2}$; T; t	$a_0=0$ $a_n=0$ $b_n=\frac{8}{(n\pi)^2}\sin\left(\frac{n\pi}{2}\right)$
半波余弦信号	f(t); 1; −T; $-\frac{T}{4}$; o; $\frac{T}{4}$; T; t	$\frac{a_0}{2}=\frac{1}{\pi}$ $a_n=\frac{2}{(1-n^2)\pi}\cos\left(\frac{n\pi}{2}\right)$ $b_n=0$
全波余弦信号	f(t); 1; o; $\frac{T}{2}$; T; t	$\frac{a_0}{2}=\frac{2}{\pi}$ $a_n=(-1)^{n+1}\cdot\frac{4}{(n^2-1)\pi}$ $b_n=0$

附录 D　傅里叶变换表

表 1

序号	信号名称	时间函数 $f(t)$	波形图	频谱函数 $F(j\omega)$	频谱图
1	矩形脉冲	$\begin{cases}E, & \lvert t\rvert<\frac{\tau}{2}\\0, & \lvert t\rvert>\frac{\tau}{2}\end{cases}$	f(t); E; $-\frac{\tau}{2}$; o; $\frac{\tau}{2}$; t	$E\tau\,\mathrm{Sa}\left(\frac{\omega\tau}{2}\right)$	F(jω); Eτ; $\frac{2\pi}{\tau}$; o; ω
2	单边指数脉冲	$Ee^{-\alpha t}\varepsilon(t)$ $(\alpha>0)$	f(t); E; o; t	$\frac{E}{\alpha+j\omega}$	|F(jω)|; $\frac{E}{\alpha}$; $\frac{E}{2\alpha}$; o; $\sqrt{3}\alpha$; ω

续表

序号	信号名称	时间函数 $f(t)$	波形图	频谱函数 $F(j\omega)$	频谱图
3	偶双边指数脉冲	$Ee^{-\alpha\lvert t\rvert}$ $(\alpha>0)$		$\frac{2\alpha E}{\alpha^2+\omega^2}$	
4	奇双边指数脉冲	$\begin{cases} Ee^{-\alpha t}, t>0 \\ -Ee^{\alpha t}, t<0 \end{cases}$ $(\alpha>0)$		$-j\frac{2E\omega}{\alpha^2+\omega^2}$	
5	三角脉冲	$\begin{cases} E\left(1-\frac{2\lvert t\rvert}{\tau}\right), \lvert t\rvert<\frac{\tau}{2} \\ 0, \quad \lvert t\rvert>\frac{\tau}{2} \end{cases}$		$\frac{E\tau}{2}\mathrm{Sa}^2\left(\frac{\omega\tau}{4}\right)$	
6	抽样脉冲	$\mathrm{Sa}(\omega_0 t)=\frac{\sin\omega_0 t}{\omega_0 t}$		$\begin{cases} \frac{\pi}{\omega_0}, \lvert\omega\rvert<\omega_0 \\ 0, \lvert\omega\rvert>\omega_0 \end{cases}$	
7	钟形脉冲	$Ee^{-\left(\frac{t}{\tau}\right)^2}$		$\sqrt{\pi}E\tau e^{-\left(\frac{\omega\tau}{2}\right)^2}$	
8	余弦脉冲	$\begin{cases} E\cos\frac{\pi t}{\tau}, \lvert t\rvert<\frac{\tau}{2} \\ 0, \quad \lvert t\rvert>\frac{\tau}{2} \end{cases}$		$\frac{2E\tau}{\pi}\cdot\frac{\cos\frac{\omega\tau}{2}}{1-\left(\frac{\omega\tau}{\pi}\right)^2}$	
9	指数脉冲	$te^{-\alpha t}\varepsilon(t)(\alpha>0)$		$\frac{1}{(\alpha+j\omega)^2}$	
10	减幅正弦	$e^{-\alpha t}\sin\omega_0 t\varepsilon(t)$ $(\alpha>0)$		$\frac{\omega_0}{(\alpha+j\omega)^2+\omega_0^2}$	

表 2

序号	时间函数 $f(t)$	傅里叶变换 $F(\mathrm{j}\omega)$
1	$\varepsilon(t)$	$\pi\delta(\omega)+\frac{1}{\mathrm{j}\omega}$
2	1	$2\pi\delta(\omega)$
3	$\mathrm{sgn}(t)$	$\frac{2}{\mathrm{j}\omega}$
4	$\delta(t)$	1
5	$\delta'(t)$	$\mathrm{j}\omega$
6	$\delta^{(n)}(t)$	$(\mathrm{j}\omega)^n$
7	t	$\mathrm{j}2\pi\delta'(\omega)$
8	$t\varepsilon(t)$	$\mathrm{j}\pi\delta'(\omega)-\frac{1}{\omega^2}$
9	t^n	$2\pi(\mathrm{j})^n\delta^{(n)}(\omega)$
10	$\|t\|$	$-\frac{2}{\omega^2}$
11	$\frac{1}{t}$	$-\mathrm{j}\pi\,\mathrm{Sgn}(\omega)$
12	$\mathrm{e}^{\mathrm{j}\omega_0 t}$	$2\pi\delta(\omega-\omega_0)$
13	$\cos\omega_0 t$	$\pi[\delta(\omega-\omega_0)+\delta(\omega+\omega_0)]$
14	$\cos\omega_0 t\cdot\varepsilon(t)$	$\frac{\pi}{2}[\delta(\omega-\omega_0)+\delta(\omega+\omega_0)]+\frac{\mathrm{j}\omega}{\omega_0^2-\omega^2}$
15	$\sin\omega_0 t$	$\frac{\pi}{\mathrm{j}}[\delta(\omega-\omega_0)-\delta(\omega+\omega_0)]$
16	$\sin\omega_0 t\cdot\varepsilon(t)$	$\frac{\pi}{2\mathrm{j}}[\delta(\omega-\omega_0)-\delta(\omega+\omega_0)]+\frac{\omega_0}{\omega_0^2-\omega^2}$
17	$\delta_T(t)$	$\Omega\delta_\Omega(\omega)\quad\left(\Omega=\frac{2\pi}{T}\right)$
18	$\sum_{n=-\infty}^{\infty}F_n\mathrm{e}^{\mathrm{j}n\Omega t}$	$2\pi\sum_{n=-\infty}^{\infty}F_n\delta(\omega-n\Omega)\quad\left(\Omega=\frac{2\pi}{T}\right)$

附录E　序列的离散时间傅里叶变换表

序　列	离散时间傅里叶变换	离散时间傅里叶级数
$\sum\limits_{n=\langle N\rangle} F_n e^{j\frac{2\pi}{N}kn}$	$2\pi\sum\limits_{n=-\infty}^{\infty} F_n\delta\left(\omega-\frac{2\pi}{N}n\right)$	F_n
$e^{j\omega_0 k}$	$2\pi\sum\limits_{n=-\infty}^{\infty}\delta(\omega-\omega_0-2\pi n)$	当 $\omega_0=\frac{2\pi}{N}m$ 时 $F_n=\begin{cases}1, & n=m, m\pm N, N\pm 2N, \cdots\\ 0, & 其余\end{cases}$
$\cos\omega_0 k$	$\pi\sum\limits_{n=-\infty}^{\infty}[\delta(\omega-\omega_0-2\pi n)+\delta(\omega+\omega_0-2\pi n)]$	当 $\omega_0=\frac{2\pi}{N}m$ 时 $F_n=\begin{cases}\frac{1}{2}, & n=\pm m+rN(r 为整数)\\ 0, & 其余\end{cases}$
$\sin\omega_0 k$	$\frac{\pi}{j}\sum\limits_{n=-\infty}^{\infty}[\delta(\omega-\omega_0-2\pi n)-\delta(\omega+\omega_0-2\pi n)]$	当 $\omega_0=\frac{2\pi}{N}m$ 时 $F_n=\begin{cases}\frac{1}{2j}, & n=m+rN\\ -\frac{1}{2j}, & n=-m+rN\\ 0, & 其余\end{cases}$ (r 为整数)
$f(k)=1$	$2\pi\sum\limits_{n=-\infty}^{\infty}\delta(\omega-2\pi n)$	$F_n=\begin{cases}1, & n=rN(r 为整数)\\ 0, & 其余\end{cases}$
周期性方波 $f(k)=\begin{cases}1, & \mid k\mid\leqslant N_1\\ 0, & N_1<\mid k\mid\leqslant\frac{N}{2}\end{cases}$ $f(k+N)=f(k)$	$2\pi\sum\limits_{n=-\infty}^{\infty} F_n\delta\left(\omega-\frac{2\pi}{N}n\right)$	$F_n=\dfrac{\sin\left[\frac{2\pi n}{N}\left(N_1+\frac{1}{2}\right)\right]}{N\sin\frac{\pi n}{N}}, n\neq rN$ $F_n=\frac{2N_1+1}{N}, n=rN(r 为整数)$
$\sum\limits_{n=-\infty}^{\infty}\delta(k-nN)$	$\frac{2\pi}{N}\sum\limits_{n=-\infty}^{\infty}\delta\left(\omega-\frac{2\pi}{N}n\right)$	$F_n=\frac{1}{N}$
$a^k\varepsilon(k), \mid a\mid<1$	$\dfrac{1}{1-ae^{-j\omega}}$	
$a^{\mid k\mid}, \mid a\mid<1$	$\dfrac{1-a^2}{1-2a\cos\omega+a^2}$	
$f(k)=\begin{cases}1, & \mid k\mid\leqslant N_1\\ 0, & \mid k\mid>N_1\end{cases}$	$\dfrac{\sin\left(N_1+\frac{1}{2}\right)\omega}{\sin\frac{\omega}{2}}$	

续表

序　　列	离散时间傅里叶变换	离散时间傅里叶级数
$f(k)=\delta(k)$	1	
$\dfrac{\sin Wk}{\pi k}$，$0<W<\pi$	$F(e^{j\omega})=\begin{cases}1, & 0\leqslant\|\omega\|\leqslant W\\0, & W<\|\omega\|\leqslant\pi\end{cases}$	
$\varepsilon(k)$	$\dfrac{1}{1-e^{-j\omega}}+\pi\sum_{n=-\infty}^{\infty}\delta(\omega-2\pi n)$	
$\mathrm{Sgn}(k)$	$\dfrac{1-j\sin\omega}{1-\cos\omega}$	
$\delta(k-k_0)$	$e^{-j\omega k_0}$	
$(k+1)a^k\varepsilon(k)$，$\|a\|<1$	$\dfrac{1}{(1-ae^{-j\omega})^2}$	
$\dfrac{k+(r-1)!}{k!(r-1)!}a^k\varepsilon(k)$，$\|a\|<1$	$\dfrac{1}{(1-ae^{-j\omega})^r}$	

附录F　单边拉普拉斯变换表

序号	$f(t)$，$t\geqslant0$	$F(s)$
1	$\delta(t)$	1
2	$\delta^{(n)}(t)$	s^n
3	$\varepsilon(t)$	$\dfrac{1}{s}$
4	$b_0e^{-\alpha t}$	$\dfrac{b_0}{s+\alpha}$
5	$\sin(\beta t)$	$\dfrac{\beta}{s^2+\beta^2}$
6	$\cos(\beta t)$	$\dfrac{s}{s^2+\beta^2}$
7	$\sinh(\beta t)$	$\dfrac{\beta}{s^2-\beta^2}$

续表

序号	$f(t)$，$t\geqslant 0$	$F(s)$
8	$\cosh(\beta t)$	$\frac{s}{s^2-\beta^2}$
9	$e^{-\alpha t}\sin(\beta t)$	$\frac{\beta}{(s+\alpha)^2+\beta^2}$
10	$e^{-\alpha t}\cos(\beta t)$	$\frac{s+\alpha}{(s+\alpha)^2+\beta^2}$
11	$e^{-\alpha t}\sinh(\beta t)$	$\frac{\beta}{(s+\alpha)^2-\beta^2}$
12	$e^{-\alpha t}\cosh(\beta t)$	$\frac{s+\alpha}{(s+\alpha)^2-\beta^2}$
13	$\frac{1}{(n-1)!}t^{n-1}$	$\frac{1}{s^n}$
14	$[(b_0-b_1\alpha)t+b_1]e^{-\alpha t}$	$\frac{b_1 s+b_0}{(s+\alpha)^2}$
15	$\frac{1}{(n-1)!}t^{n-1}e^{-\alpha t}$	$\frac{1}{(s+\alpha)^n}$
16	$\frac{1}{2\beta}t\sin(\beta t)$	$\frac{s}{(s^2+\beta^2)^2}$
17	$t\cos(\beta t)$	$\frac{s^2-\beta^2}{(s^2+\beta^2)^2}$
18	$\sum_{n=0}^{\infty}\delta(t-nT)$	$\frac{1}{1-e^{-sT}}$

附录G Z变换表

序号	$f(k)$，$k\geqslant 0$	$F(z)$	收敛域
1	$\delta(k)$	1	$\|z\|>0$
2	$\delta(k-m)$，$m\geqslant 0$	z^{-m}	$\|z\|>0$
3	$\varepsilon(k)$	$\frac{z}{z-1}$	$\|z\|>1$
4	k	$\frac{z}{(z-1)^2}$	$\|z\|>1$
5	k^2	$\frac{z^2+z}{(z-1)^3}$	$\|z\|>1$
6	k^3	$\frac{z^3+4z^2+z}{(z-1)^4}$	$\|z\|>1$

续表

序号	$f(k)$，$k\geqslant 0$	$F(z)$	收敛域
7	a^k	$\dfrac{z}{z-a}$	$\lvert z\rvert>\lvert a\rvert$
8	ka^k	$\dfrac{az}{(z-a)^2}$	$\lvert z\rvert>\lvert a\rvert$
9	k^2a^k	$\dfrac{az^2+a^2z}{(z-a)^3}$	$\lvert z\rvert>\lvert a\rvert$
10	k^3a^k	$\dfrac{az^3+4a^2z^2+a^3z}{(z-a)^4}$	$\lvert z\rvert>\lvert a\rvert$
11	$\dfrac{k(k-1)\cdots(k-m+1)}{m!}$	$\dfrac{z}{(z-1)^{m+1}}$	$\lvert z\rvert>1$
12	$\dfrac{k(k-1)\cdots(k-m+1)a^{k-m}}{m!}$	$\dfrac{z}{(z-a)^{m+1}}$	$\lvert z\rvert>\lvert a\rvert$
13	$\dfrac{(k+1)(k+2)\cdots(k+m)a^k}{m!}\varepsilon(k-1)$	$\dfrac{z^{m+1}}{(z-a)^{m+1}}$	$\lvert z\rvert>\lvert a\rvert$
14	$\cos(\beta k+\theta)$	$\dfrac{z^2\cos\theta-z\cos(\beta-\theta)}{z^2-2z\cos\beta+1}$	$\lvert z\rvert>1$
15	$\sin(\beta k+\theta)$	$\dfrac{z^2\sin\theta+z\sin(\beta-\theta)}{z^2-2z\cos\beta+1}$	$\lvert z\rvert>1$
16	$a^k\cos(\beta k)$	$\dfrac{z^2-az\cos\beta}{z^2-2az\cos\beta+a^2}$	$\lvert z\rvert>\lvert a\rvert$
17	$a^k\sin(\beta k)$	$\dfrac{az\sin\beta}{z^2-2az\cos\beta+a^2}$	$\lvert z\rvert>\lvert a\rvert$
18	$ka^k\cos(\beta k)$	$\dfrac{az(z^2+a^2)\cos\beta-2a^2z^2}{(z^2-2az\cos\beta+a^2)^2}$	$\lvert z\rvert>\lvert a\rvert$
19	$ka^k\sin(\beta k)$	$\dfrac{az(z^2-a^2)\sin\beta}{(z^2-2az\cos\beta+a^2)^2}$	$\lvert z\rvert>\lvert a\rvert$
20	$\dfrac{a^k}{k}$，$k>0$	$\ln\left(\dfrac{z}{z-a}\right)$	$\lvert z\rvert>\lvert a\rvert$

各章习题参考答案

习题一参考答案

1.11 (1) $\delta'(t)$；(2) $\delta(t)-e^{-t}\varepsilon(t)$；(3) $1-e^{-j\omega t_0}$；(4) $\delta(t)+2\varepsilon(t)$；(5) 16；(6) 0；(7) 2；(8) $2\varepsilon(t)$

1.12 $2i''(t)+7i'(t)+5i(t)=2i_s''(t)+i_s'(t)+2i_s(t)$

$2u''(t)+7u'(t)+5u(t)=6i_s(t)$

1.13 $2u^{(3)}(t)+5u^{(2)}(t)+5u^{(1)}(t)+3u(t)=2u_s^{(1)}(t)$

1.14 $y(k)-(1+\alpha-\beta)y(k-1)=f(k)$

1.16 $\dot{i}_L=-\dfrac{R_2}{L}i_L+\dfrac{1}{L}u_C$；$\dot{u}_C=-\dfrac{1}{C}i_L-\dfrac{1}{R_1C}u_C+\dfrac{1}{R_1C}f$

$i=-\dfrac{1}{R_1}u_C+\dfrac{1}{R_1}f$；$u=u_C-R_2i_L$

1.17 (a) $y'(t)+3y(t)=f'(t)+2f(t)$

(b) $y''(t)+3y'(t)+2y(t)=f(t)$

(c) $y(k)+ay(k-1)=f(k)+bf(k-1)$

(d) $y(k)-2y(k-1)+3y(k-2)=4f(k)-5f(k-1)+6f(k-2)$

1.18 (1) 否；(2) 否；(3) 否；(4) 是

1.19 (1) 线性、时不变、因果、稳定

(2) 非线性、时不变、因果、不稳定

(3) 非线性、时不变、因果、稳定

(4) 线性、时变、非因果、稳定

(5) 非线性、时不变、因果、稳定

(6) 线性、时变、非因果、不稳定

1.21 $y(t)=22e^{-t}+9e^{-3t}$

1.22 $y(t)=6+27e^{-t}+2e^{-3t}$

1.23 (a) $y_{zi}(t)=5e^{-2t}-4e^{-3t}$

(b) $y_{zs}(t)=2(e^{-2t}-e^{-3t})$

1.24 (1) $(t+1)e^{-t}$；(2) te^{-t}；(3) $-te^{-t}$；(4) $2e^{-t}$

1.25 (1) 否；(2) ～ (6) 均为动态系统

1.26 $y_{zs}(t)$ 的波形如附图 1.1(a) 和(b) 所示

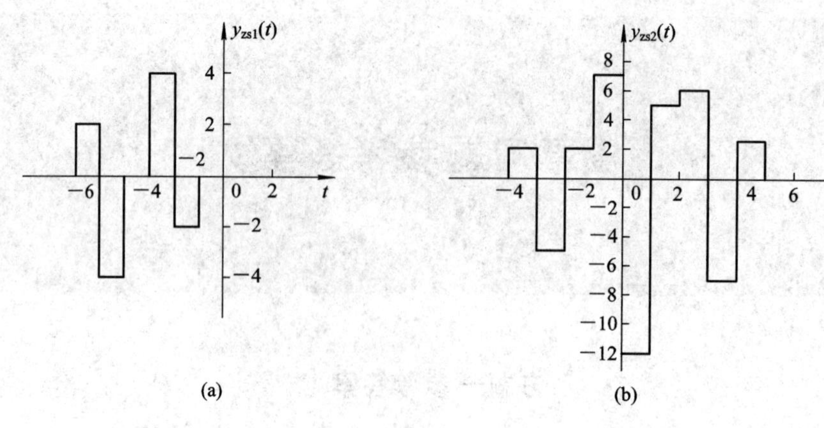

附图 1.1

习题二参考答案

2.1 (1) $\frac{1}{\pi\tau}$ (2) $\frac{1}{2\tau}$

2.4 (1) $t\varepsilon(t)$ (2) $(1-e^{-t})\varepsilon(t)$

(3) $(e^{-t}-e^{-2t})\varepsilon(t)$ (4) $\frac{1}{2}t^2\varepsilon(t)$

(5) $(e^{-t}+t-1)\varepsilon(t)$ (6) e^{-t}

(7) $\frac{1}{2}(e^{-t}+\sin t-\cos t)\varepsilon(t)$ (8) $f_1(t)*f_2(t)=\begin{cases}e^{t-1} & t<3\\ e^2 & t\geqslant 3\end{cases}$

(9) $(e^{3-2t}-e^{1-3t})\varepsilon(t+2)$ (10) $\frac{1}{2}t^2\varepsilon(t)-\frac{1}{2}(t-2)^2\varepsilon(t-2)$

2.5 $f_1(t)=[f(t)\cdot\delta_T(t)]*g_\tau(t)$；$f_2(t)=[g_\tau(t)*\delta_T(t)]\cdot f(t)$

2.6 $f_1(t)*f_2(t)=\begin{cases}0 & t<-1\text{ 或 }t>3\\ t+1 & -1\leqslant t<1\\ 5-3t & 1\leqslant t<2\\ t-3 & 2\leqslant t\leqslant 3\end{cases}$

2.7 (1) -3 (2) $\frac{t^{n+1}}{n+1}\varepsilon(t)$ (3) $e^{-t}\varepsilon(t)$ (4) $e^{-2t}\varepsilon(t)$

2.8 -2，-3，-2

2.9 $f_1(t)*f_2(t)=\begin{cases}0 & t<1\\ 1-e^{1-t} & 1\leqslant t<2\\ e^{2-t}-e^{1-t} & t\geqslant 2\end{cases}$

2.10 (1) $y'(t)+2y(t)=f'(t)$

(2) $y'(t)+y(t)=f'(t)+f(t)$

(3) $2y'(t)+3y(t)=f'(t)+f(t)$

(4) $y''(t)+3y'(t)+2y(t)=f''(t)+3f'(t)$

2.11 (1) $x_1''(t)+3x_1'(t)+4x_1(t)=f'(t)+2f(t)$

$x_2''(t)+3x_2'(t)+4x_2(t)=f'(t)$

(2) $x_1''(t)+3x_1'(t)+x_1(t)=f'(t)+f(t)$

$x_2''(t)+3x_2'(t)+x_2(t)=f'(t)+2f(t)$

(3) $x_1''(t)-9x_1(t)=f''(t)-2f'(t)-3f(t)$

$x_2''(t)-9x_2(t)=f''(t)+f'(t)$

(4) $x_1''(t)+2x_1'(t)+x_1(t)=-3f'(t)-f(t)$

$x_2''(t)+2x_2'(t)+x_2(t)=f'(t)$

2.12 $H(p)=\dfrac{R}{pRC+1}$

2.13 $H_1(p)=\dfrac{p^2+2p+1}{p^3+2p^2+2p+3}$

$H_2(p)=\dfrac{2p^2+3p+3}{p^3+2p^2+2p+3}$

$H_3(p)=\dfrac{p(p+3)}{p^3+2p^2+2p+3}$

2.14 $H(p)=\dfrac{p^2+3p+2}{2p^2+3p+2}$

2.15 $y_{zi}(t)=6e^{-t}-4e^{-3t}-5te^{-3t} \quad t\geqslant 0$

2.16 $i(t)=\cos(t+90°)$

2.17 (1) $y_{zi}(t)=4e^{-2t}-3e^{-3t} \quad t\geqslant 0$

(2) $y_{zi}(t)=(1+3t)e^{-2t} \quad t\geqslant 0$

2.18 (1) $y_{zi}(t)=1.5-2e^{-t}+0.5e^{-2t} \quad t\geqslant 0$

(2) $y_{zi}(t)=\dfrac{1}{2}(1-e^{-2t}\cos 2t) \quad t\geqslant 0$

(3) $y_{zi}(t)=1-(1+2t)e^{-2t} \quad t\geqslant 0$

2.19 (1) $h(t)=\delta'(t)-2\delta(t)+e^{-2t}\varepsilon(t)+2e^{-3t}\varepsilon(t)$

(2) $h(t)=(2+e^{-2t}\cos 3t)\varepsilon(t)$

2.20 $h(t)=[2e^{-t}+2e^{-2t}+te^{-2t}+2\sqrt{5}e^{-t}\cos(t-153.4°)]\varepsilon(t)$

2.21 $h(t)=\varepsilon(t)-\varepsilon(t-1)$

2.22 $h(t)=e^{(4-2t)}\varepsilon(3-t)$

2.23 输入为$\varepsilon(t)$时的全响应：$1.5+2e^{-t}-2.5e^{-2t} \quad t\geqslant 0$

输入为$e^{-3t}\varepsilon(t)$时的全响应：$5e^{-t}-4e^{-2t} \quad t\geqslant 0$

2.24 $y_{zs}(t)=\begin{cases}0 & t<0 \text{ 或 } t>4\\ \dfrac{1}{4}t^2 & 0\leqslant t\leqslant 2\\ t-\dfrac{1}{4}t^2 & 2<t\leqslant 4\end{cases}$

2.25 (a) $y_{zs}(t)=(2-3t)e^{-t}\varepsilon(t)$； (b) $y_{zs}(t)=(e^{-t}-e^{-2t})\varepsilon(t)$

2.26 $i_{zi}(t)=e^{-t}\varepsilon(t)$； $i_{zs}(t)=(1-11e^{-t})\varepsilon(t)$

$i(t)=(1-10e^{-t})\varepsilon(t)$

2.27 (1) $g(t)=\dfrac{1}{2}(6e^{-t}-e^{-2t}+4t-5)\varepsilon(t)$

(2) $g(t)=(t+1)\varepsilon(t)-(1+2t)e^{-t}\varepsilon(t)$

2.28 (1) $y(t)=(1+1.5e^{-t}-0.5e^{-3t})\varepsilon(t)$

$y_{zi}(t)=2e^{-t}\varepsilon(t)$；　$y_{zs}(t)=(1-0.5e^{-t}-0.5e^{-3t})\varepsilon(t)$

自由响应：$1.5e^{-t}\varepsilon(t)$；　强迫响应：$(1-0.5e^{-3t})\varepsilon(t)$

暂态响应：$(1.5e^{-t}-0.5e^{-3t})\varepsilon(t)$；　稳态响应：$\varepsilon(t)$

(2) $y(t)=(2+3t)e^{-t}\varepsilon(t)-e^{-2t}\varepsilon(t)$

$y_{zi}(t)=(1+3t)e^{-t}\varepsilon(t)$；　$y_{zs}(t)=(e^{-t}-e^{-2t})\varepsilon(t)$

自由响应：$(2+3t)e^{-t}\varepsilon(t)$；　强迫响应：$-e^{-2t}\varepsilon(t)$

暂态响应＝全响应，稳态响应为零

2.29 $u_{zi}(t)=(e^{-\frac{1}{2}t}+e^{-2t})\varepsilon(t)$；　$u_{zs}(t)=2(1-e^{-\frac{1}{2}t}-e^{-2t})\varepsilon(t)$

$u(t)=(2-e^{-\frac{1}{2}t}-e^{-2t})\varepsilon(t)$

习题三参考答案

3.3 是归一化正交函数组，非完备正交函数组，且有

$$f(t)=\xi_1(t)+0.5\xi_2(t)+1.5\xi_3(t)+2\xi_4(t)$$

3.5 (a) $f(t)=\frac{1}{2}A-\sum_{n=1}^{\infty}\frac{2A}{n\pi}\sin n\Omega t$　n 为奇数

(b) $f(t)=\frac{1}{2}A+\sum_{n=1}^{\infty}\frac{2A}{n\pi}\sin\left(\frac{n\pi}{2}\right)\cos n\Omega t$

3.6 (a) $F_n=\begin{cases}\dfrac{A}{\pi(1-n^2)} & n=0,\ \pm2,\ \pm4,\ \cdots \\ 0 & n\text{ 为奇数，且 }|n|\neq1 \\ -\dfrac{1}{4}jnA & n=\pm1\end{cases}$

(b) $F_n=\begin{cases}\dfrac{2A}{\pi(1-n^2)} & n\text{ 为偶数} \\ 0 & n\text{ 为奇数}\end{cases}$

(c) $F_n=\frac{A\tau}{T}\mathrm{Sa}(n\pi f_0\tau)e^{-j2n\pi f_0t_0}$　$f_0=\frac{1}{T}$

(d) $F_n=\begin{cases}\dfrac{4}{\pi^2n^2} & n\text{ 为奇数} \\ 0 & n\text{ 为偶数}\end{cases}$

3.10 $f(t)=1+\frac{1}{2}\cos2\pi t+\cos4\pi t+\frac{2}{3}\cos6\pi t$

3.11 $F(j\omega)=\frac{j}{\omega}(e^{-j\omega2}+e^{-j\omega}-2)$

3.12 (a) $j\frac{2A}{\omega}\left[\cos\frac{\omega T}{2}-\mathrm{Sa}\left(\frac{\omega T}{2}\right)\right]$　$F(0)=0$

(b) $\frac{A}{\omega^2T}(1-j\omega T-e^{-j\omega T})$

(c) $\dfrac{A\omega_0}{\omega_0^2-\omega^2}(1-e^{-j\omega T})$ $\left(\omega_0=\dfrac{2\pi}{T}\right)$, $F(j\omega_0)=\dfrac{AT}{2j}$

(d) $j\dfrac{2A\omega_0\sin\dfrac{\omega T}{2}}{\omega^2-\omega_0^2}$ $\left(\omega_0=\dfrac{2\pi}{T}\right)$, $F(j\omega_0)=\dfrac{AT}{2j}$

3.13 (1) $\dfrac{j}{4}F'(j\omega)$ (2) $jF'(j\omega)-2F(j\omega)$

(3) $-\dfrac{j}{4}\dfrac{dF(j\omega)}{d\omega}-F\left(-j\dfrac{\omega}{2}\right)$

(5) $-je^{-j\omega}\cdot\dfrac{dF(-j\omega)}{d\omega}$

3.16 $F_2(j\omega)=8[R(2(\omega-10\pi))\cos2(\omega-10\pi)+R(2(\omega+10\pi))\cos2(\omega+10\pi)]$

3.17 (a) $\dfrac{\tau}{2}\,\mathrm{Sa}^2\left(\dfrac{\omega\tau}{4}\right)$ (b) $\dfrac{\tau}{2}\,\mathrm{Sa}\left(\dfrac{\omega\tau}{4}\right)+\tau\,\mathrm{Sa}\left(\dfrac{\omega\tau}{2}\right)$

3.18 (a) $\dfrac{A\omega_0}{\pi}\,\mathrm{Sa}(\omega_0(t-t_0))$ (b) $\dfrac{2A}{\pi t}\sin^2\left(\dfrac{\omega_0}{2}t\right)$

3.19 (1) $F(j\omega)=\begin{cases}0 & |\omega|>3\\ \dfrac{\pi}{2}(\omega+3) & -3\leqslant\omega<-1\\ \pi & -1\leqslant\omega<1\\ \dfrac{\pi}{2}(3-\omega) & 1\leqslant\omega\leqslant3\end{cases}$

(2) $\pi[\mathrm{Sa}(\pi(\omega+5))+\mathrm{Sa}(\pi(\omega-5))]$

(3) e^{-2}

(4) $\dfrac{4}{j\omega}\sin^2\left(\dfrac{\omega}{2}\right)$

3.20 (1) $te^{-2t}\varepsilon(t)$; (2) $t\,\mathrm{Sgn}(t)$; (3) $\dfrac{1}{2\pi}e^{j\omega_0 t}$; (4) $\dfrac{|\omega_0|}{\pi}\,\mathrm{Sa}(\omega_0 t)$

3.21 $f(t)=\pm e^{-t}\varepsilon(t)$

3.23 $f(t)$

3.26 (1) $\dfrac{\pi}{100}$ s, $\dfrac{100}{\pi}$ Hz; (2) $\dfrac{\pi}{200}$ s, $\dfrac{200}{\pi}$ Hz; (3) $\dfrac{\pi}{100}$ s, $\dfrac{100}{\pi}$ Hz;

(4) $\dfrac{\pi}{120}$ s, $\dfrac{120}{\pi}$ Hz

3.27 $H(j\omega)=\dfrac{(j\omega)+2}{(j\omega)^2+4(j\omega)+3}$; $h(t)=\dfrac{1}{2}e^{-t}\varepsilon(t)+\dfrac{1}{2}e^{-3t}\varepsilon(t)$

3.28 $2\cos999t\cdot\dfrac{\sin3t}{\pi t}$

3.29 $h(t)=\dfrac{\sin2t}{\pi t}+2\pi\cdot\dfrac{\sin\dfrac{t}{2}}{\pi t}\cdot\dfrac{\sin\dfrac{3t}{2}}{\pi t}$

3.30 $y(t)=A\,\mathrm{Sa}[\omega_c(t-t_0)]\cdot\cos\omega_0 t$

3.31 $y(t)=4\cos100t$

3.32　$y_{zs}(t)=2\varepsilon(t-2)+\cos(t-2)\varepsilon(t-2)$

3.34　(1) $y(t)=-2\mathrm{j}\mathrm{e}^{\mathrm{j}t}$　　(2) $y_{ss}(t)=2\omega_0\sin\left(\omega_0 t-\frac{\pi}{2}\right)$

(3) $y(t)=-2\mathrm{e}^{-6t}\varepsilon(t)$　　(4) $y(t)=4\mathrm{e}^{-2t}\varepsilon(t)-2\delta(t)$

3.36　$R_1=R_2=1\ \Omega$

3.37　$y(t)=1+2\cos\left(t-\frac{\pi}{3}\right)$

3.38　$a=\frac{1}{401}$

习题四参考答案

4.1　(1) $\frac{-2}{s(s+2)}$，$\mathrm{Re}[s]<-2$　　(2) $\frac{-3}{(s+1)(s-2)}$，$-1<\mathrm{Re}[s]<2$

(3) $\frac{\mathrm{e}^{s}-\mathrm{e}^{-s}}{s}$，$\mathrm{Re}[s]>0$　　(4) $\frac{2}{1-s^2}$，$-1<\mathrm{Re}[s]<1$

4.2　(1) $-\frac{1}{2}[\mathrm{e}^{-t}\varepsilon(-t)-\mathrm{e}^{-3t}\varepsilon(t)]$　　(2) $-\mathrm{e}^{3t}\varepsilon(-t)-\mathrm{e}^{2t}\varepsilon(t)$

(3) $\frac{1}{5}[2\mathrm{e}^{-3t}+3\mathrm{e}^{2t}]\varepsilon(t)$

4.3　(1) $\frac{1}{s}$，$\mathrm{Re}[s]>0$　　(2) $\frac{2s}{(s-2)(s+2)}$，$\mathrm{Re}[s]>2$

(3) $\frac{1-s}{s^2}$，$\mathrm{Re}[s]>0$　　(4) $\frac{s^2+3s+1}{s(s+1)^2}$，$\mathrm{Re}[s]>0$

4.4　(a) $\frac{1-\mathrm{e}^{-sT}}{s}$；(b) $\frac{1-(1+\tau s)\mathrm{e}^{-\tau s}}{\tau s^2}$；(c) $\frac{2-4\mathrm{e}^{-\frac{T}{2}s}+2\mathrm{e}^{-sT}}{Ts^2}$；(d) $\frac{\pi(1-\mathrm{e}^{-2s})}{s^2+\pi^2}$

4.5　(1) $\frac{1-\mathrm{e}^{-3s}}{s}$　　(2) $1-2\mathrm{e}^{-2s}+s\mathrm{e}^{-3s}$

(3) $\frac{1-\mathrm{e}^{-(s+2)}}{s+2}$　　(4) $\frac{\mathrm{e}^{2}-\mathrm{e}^{-2s}}{s+1}$

(5) $\frac{\mathrm{e}^{-s}}{s}$　　(6) $\frac{\sqrt{2}}{2}\left(\frac{s+2}{s^2+4}\right)$

(7) $\frac{2\mathrm{e}^{-\frac{1}{2}s}}{s^2+4}$　　(8) $\frac{s+1}{(s+1)^2+1}\cdot\mathrm{e}^{-2(s+1)}$

(9) $\left(\frac{\pi}{s^2+\pi^2}+\frac{1}{s}\right)(1-\mathrm{e}^{-2s})$　　(10) $\frac{2s}{s^2+4}$

(11) $\frac{-\omega_0^2 s}{s^2+\omega_0^2}$　　(12) $2\mathrm{e}^{-2s}$

(13) $\frac{\pi}{s(s^2+\pi^2)}$　　(14) $\frac{s^2+2s+2}{(s+2)^3}$

(15) $\frac{-\omega_0^2+(s+3)^2}{[(s+3)^2+\omega_0^2]^2}$

4.6　(1) $\frac{1}{2}F\left(\frac{s+2}{2}\right)$　　(2) $2\left[\frac{\mathrm{d}^2}{\mathrm{d}s^2}F(2s)\right]\mathrm{e}^{-2s}$

(3) $-\frac{1}{3}\frac{\mathrm{d}}{\mathrm{d}s}F\left(\frac{s+1}{3}\right)$ (4) $\frac{1}{a}F\left(\frac{s}{a}\right)\mathrm{e}^{-\frac{b}{a}s}$

4.7 (a) $\frac{1}{s(1+\mathrm{e}^{-\frac{T}{2}s})}$ (b) $\frac{s-\frac{2}{T}\left(1-\mathrm{e}^{-\frac{T}{2}s}\right)}{s^2\left(1+\mathrm{e}^{-\frac{T}{2}s}\right)}$

(c) $\frac{1}{1+\mathrm{e}^{-s}}$ (d) $\frac{2\pi}{(4s^2+\pi^2)(1-\mathrm{e}^{-2s})}$

4.8 (1) $f(0^+)=1$，$f(\infty)=0$ (2) $f(0^+)=0$，$f(\infty)=\frac{1}{2}$

4.9 (1) $\delta(t)+(5\mathrm{e}^{-2t}-10\mathrm{e}^{-3t})\varepsilon(t)$ (2) $(3\mathrm{e}^{-2t}-2\mathrm{e}^{-t})\varepsilon(t)$

(3) $\frac{1}{2}(1-\cos 2t)\varepsilon(t)$ (4) $(4\mathrm{e}^{-t}-2t\mathrm{e}^{-t}-4\mathrm{e}^{-2t})\varepsilon(t)$

(5) $(1-\mathrm{e}^{-t}\cos 2t)\varepsilon(t)$ (6) $\frac{1}{6}(1-15\mathrm{e}^{-2t}+20\mathrm{e}^{-3t})\varepsilon(t)$

(7) $\frac{1}{8}(\mathrm{e}^{2t}+4t\mathrm{e}^{-2t}-\mathrm{e}^{-2t})\varepsilon(t)$ (8) $(2\mathrm{e}^{-t}+2t-2)\varepsilon(t)$

(9) $\frac{1}{2}(\sin t-t\cos t)\varepsilon(t)$ (10) $\frac{1}{2}t^2\mathrm{e}^{-3t}\varepsilon(t)$

(11) $\sum_{n=0}^{\infty}[\varepsilon(t-2n)-\varepsilon(t-1-2n)]$

(12) $\sum_{n=0}^{\infty}[\sin\pi(t-2n)\varepsilon(t-2n)+\sin\pi(t-2n-1)\varepsilon(t-2n-1)]$

4.10 (1) $\left[t-\frac{1}{2}(1-\mathrm{e}^{-2t})\right]\varepsilon(t)-\left[(t-2)-\frac{1}{2}(1-\mathrm{e}^{-2(t-2)})\right]\varepsilon(t-2)$

(2) $(1+2t)\varepsilon(t)$

4.11 $g(t)=(1-\mathrm{e}^{-2t}+2\mathrm{e}^{-3t})\varepsilon(t)$

4.12 (1) $y_{zi}(t)=4\mathrm{e}^{-t}-3\mathrm{e}^{-2t}$，$t\geqslant 0$

(2) $y_{zi}(t)=2\mathrm{e}^{-2t}-\mathrm{e}^{-3t}$，$t\geqslant 0$

(3) $y_{zi}(t)=\frac{1}{2}\sin 2t$，$t\geqslant 0$

4.13 (1) $y_{zs}(t)=[1-\mathrm{e}^{-2(t-2)}]\varepsilon(t-2)$

(2) $y_{zs}(t)=2(\mathrm{e}^{-t}-\mathrm{e}^{-2t})\varepsilon(t)$

(3) $y_{zs}(t)=\left[t-\frac{1}{2}(1-\mathrm{e}^{-2t})\right]\varepsilon(t)$

4.14 (1) $y_{zi}(t)=\mathrm{e}^{-t}+3t\mathrm{e}^{-t}$，$t\geqslant 0$； $y_{zs}(t)=(2-2\mathrm{e}^{-t}+6t\mathrm{e}^{-t})\varepsilon(t)$

(2) $y_{zi}(t)=t\mathrm{e}^{-t}$，$t\geqslant 0$； $y_{zs}(t)=(14\mathrm{e}^{-t}-6t\mathrm{e}^{-t}-14\mathrm{e}^{-2t})\varepsilon(t)$

(3) $y_{zi}(t)=\mathrm{e}^{-t}$，$t\geqslant 0$； $y_{zs}(t)=[2+(6t-8)\mathrm{e}^{-(t-1)}]\varepsilon(t-1)$

4.15 (1) $y(t)=(1+4t)\mathrm{e}^{-2t}$，$t\geqslant 0$

(2) $y(t)=\frac{1}{2}+\frac{1}{2}\sin(2t)+\frac{\sqrt{2}}{2}\cos(2t-135^\circ)$，$t\geqslant 0$

4.16 (1) $y_{zi}(t)=2\mathrm{e}^{-t}$，$t\geqslant 0$， $y_3(t)=2\mathrm{e}^{-2t}+\mathrm{e}^{-t}$，$t\geqslant 0$

(2) $y_4(t)=\varepsilon(t-1)+2e^{-t}$, $t\geqslant 0$

4.17 $y_{zi1}(t)=\frac{1}{2}(3e^{-t}+e^{-3t})$, $t\geqslant 0$; $y_{zs1}(t)=\frac{1}{6}(4-3e^{-t}-e^{-3t})\varepsilon(t)$

$y_{zi2}(t)=\frac{1}{2}(3e^{-t}-e^{-3t})$, $t\geqslant 0$; $y_{zs2}(t)=\frac{1}{6}(2-3e^{-t}+e^{-3t})\varepsilon(t)$

4.18 $i(t)=80e^{-4t}-30e^{-3t}$, $t\geqslant 0$

4.19 $h(t)=\frac{2}{\sqrt{3}}e^{-t}[\sqrt{3}\cos(\sqrt{3}t)-\sin(\sqrt{3}t)]\varepsilon(t)$

$g(t)=\frac{2}{\sqrt{3}}e^{-t}\sin(\sqrt{3}t)\varepsilon(t)$

4.20 $u_{zi}(t)=(8t+6)e^{-2t}(\mathrm{V})$, $t\geqslant 0$

$u_{zs}(t)=[3-(6t+3)e^{-2t}]\varepsilon(t)\ (\mathrm{V})$

4.21 (1) $h(t)=(1+e^{-t}-e^{-2t})\varepsilon(t)$ (2) $y_{zs}(t)=\left(\frac{1}{2}+t-e^{-t}+\frac{1}{2}e^{-2t}\right)\varepsilon(t)$

4.22 (1) $h(t)=\varepsilon(t)-\varepsilon(t-2)$ (2) $y_{zs}(t)=\frac{1}{2}t^2\varepsilon(t)-\frac{1}{2}(t-2)^2\varepsilon(t-2)$

4.23 (1) (a) $y''(t)+5y'(t)+6y(t)=f'(t)+f(t)$

(b) $y''(t)+3y'(t)-2y(t)=f''(t)+2f'(t)+3f(t)$

4.24 (a) $H(s)=\dfrac{H_1H_2H_5H_7}{1-(H_2H_3H_4+H_2H_3H_5H_6)}$

(b) $H(s)=\dfrac{G_4(1-G_2H_1)+G_1G_2G_3}{1-(G_2H_1+G_1G_2G_3H_2+G_4H_2)+(G_2H_1G_4H_2)}$

4.27 (1) $H(j\omega)=\dfrac{\omega}{\sqrt{(\omega^2-2)^2+4\omega^2}}\angle\arctan\dfrac{2-\omega^2}{2\omega}$

(2) $H(j\omega)=\dfrac{\omega}{\sqrt{\omega^2+4}}\angle\arctan\dfrac{2}{\omega}$

4.28 (1) $H(s)=\frac{s-2}{s+2}$; (2) $\frac{s-1}{(s+1)(s+2)}$

4.29 (1) 稳定; (2) 不稳定; (3) 稳定; (4) 不稳定

4.30 $0<a<\infty$; $0<b<\infty$

4.31 (a) $2<k<\infty$; (b) $-8.16<k<0$

习题五参考答案

5.6 (1) $\frac{1}{\beta-\alpha}(\beta^{k+1}-\alpha^{k+1})\varepsilon(k)$ (2) $[2-(0.5)^k]\varepsilon(k)$

(3) $2\varepsilon(1-k)+(0.5)^{k-2}\varepsilon(k-2)$ (4) $2\varepsilon(k)+2^{k+1}\varepsilon(-k-1)$

5.9 $f_1(k)*f_2(k)=\{0, \underset{\uparrow k=0}{1}, 3, 6, 5, 3, 0\}$

5.10 $g(k)=\begin{cases}0 & k<0 \text{ 或 } k>10\\ 2^{k+1}-1 & 0\leqslant k\leqslant 4\\ 2^{k+1}-2^{k-4} & 4<k\leqslant 6\\ 2^7-2^{k-4} & 6<k\leqslant 10\end{cases}$

$=\{1, 3, 7, 15, 31, 62, 124, 120, 112, 96, 64\}$
$\uparrow$
$k=0$

5.11 (1) $H(E)=\dfrac{cE+d}{E^2-aE-b}$ (2) $H(E)=\dfrac{1+E^{-1}}{1-2E^{-2}}$

(3) $H(E)=\dfrac{1-2E^{-1}}{E+5+6E^{-1}}$ (4) $H(E)=\dfrac{E^{-1}+3E^{-2}}{1+4E^{-1}+5E^{-3}}$

5.13 (a) $y(k)+3y(k-1)+5y(k-2)=f(k)$

(b) $y(k)+3y(k-1)+5y(k-2)=f(k-2)$

(c) $y(k)-4y(k-1)-5y(k-2)=3f(k)+2f(k-1)$

(d) $y(k)+8y(k-1)+17y(k-2)+10y(k-3)$
$=6f(k-1)+17f(k-2)+19f(k-3)$

5.14 (2) $y_{zi}(k)=(2^k-1)\varepsilon(k)$

(3) $y_{zi}(k)=[(-1)^k-(-2)^k]\varepsilon(k)$

(4) $y_{zi}(k)=\left[\dfrac{5}{3}(0.2)^k-\dfrac{2}{3}(-1)^k\right]\varepsilon(k)$

(5) $y_{zi}(k)=2^k\left[\cos\left(\dfrac{2\pi}{3}k\right)+\sqrt{3}\sin\left(\dfrac{2\pi}{3}k\right)\right]\varepsilon(k)$

(6) $y_{zi}(k)=(2k-1)(-1)^k\varepsilon(k)$

5.15 (1) $y_{zi}(k)=2(\sqrt{2})^k\sin\dfrac{3\pi}{4}k \quad k\geqslant 0$

(2) $y_{zi}(k)=(1-2k)(-2)^k\varepsilon(k)$

5.16 (1) $h(k)=\dfrac{1}{6}[\delta(k)-3(2)^k+2(3)^k]\varepsilon(k)$

(2) $h(k)=-\dfrac{1}{6}+\dfrac{1}{15}(-2)^{k+2}+\dfrac{1}{10}(3)^{k+2} \quad k\geqslant 0$

(3) $h(k)=4\delta(k)+4(k-1)(0.5)^k\varepsilon(k)$

(4) $h(k)=\begin{cases}-1 & k=0\\ -0.5 & k=1\\ 106\left(\dfrac{1}{3}\right)^k-431\left(\dfrac{1}{6}\right)^k & k\geqslant 2\\ 0 & \text{其余 } k \text{ 值}\end{cases}$

(5) $h(k)=\begin{cases}0 & k<0\\ \left(\dfrac{\sqrt{2}}{2}\right)^k\cos\left(\dfrac{\pi k}{2}\right) & k\geqslant 0\end{cases}$

5.17 (1) $h(k)=\dfrac{1}{2}[1+(-1)^k]\varepsilon(k)$ (2) $h(k)=(1+k)\left(-\dfrac{1}{2}\right)^k\varepsilon(k)$

(3) $h(k)=2\delta(k)-(0.5)^k\varepsilon(k)$ (4) $h(k)=\delta(k-1)+\delta(k)-(-1)^k\varepsilon(k)$

5.18 $h(k)=[1+(-1)^{k-1}]\varepsilon(k-1)-\delta(k-1)=[1-(-1)^k]\varepsilon(k)-\delta(k-1)$

$g(k)=\delta(k)+\left[k-\dfrac{1}{2}-\dfrac{1}{2}(-1)^k\right]\varepsilon(k)$

5.20 (1) $h(k)=[25(0.5)^{k-1}-14(-0.6)^{k-1}]\varepsilon(k-1)$

(2) $y_{zs}(k)=[41.25-50(0.5)^k+8.75(-0.6)^k]\varepsilon(k-1)$
$-[41.25-50(0.5)^{k-8}+8.75(-0.6)^{k-8}]\varepsilon(k-9)$

5.21 (1) $y_{zs}(k)=\frac{1}{2}\left[k+\frac{1+(-1)^{k-1}}{2}\right]\varepsilon(k-1)-\frac{1}{2}\left[(k-3)+\frac{1+(-1)^{k-4}}{2}\right]\varepsilon(k-4)$

(2) $H(E)=\frac{E^2+E+1}{E^3}$

5.22 $y_{zi}(k)=[2(-1)^k-3(-2)^k]\varepsilon(k)$

$y_{zs}(k)=(1+k)(-2)^k\varepsilon(k)=(-2)^k\varepsilon(k)+k(-2)^k\varepsilon(k-1)$

5.23 (1) $y_{zi}(k)=0$

$y_{zs}(k)=\frac{e}{2e+1}[e^{-k}-(-2)^k]\varepsilon(k-1)$

(2) $y_{zi}(k)=[(-1)^k-4(-2)^k]\varepsilon(k)$

$y_{zs}(k)=\left[-\frac{1}{2}(-1)^k+\frac{4}{3}(-2)^k+\frac{1}{6}\right]\varepsilon(k)$

(3) $y_{zi}(k)=7[(-2)^k-(-3)^k]\varepsilon(k)$

$y_{zs}(k)=[-2(-2)^k+3(-3)^k]\varepsilon(k)$

5.24 $y(k)=[1.5+k+(-2)^k+2(-3)^k]\varepsilon(k)$

5.25 自由响应：$\left[\frac{2}{3}(-1)^k-(-2)^k\right]\varepsilon(k)$； 强迫响应：$\frac{1}{3}(2)^k\varepsilon(k)$

5.26 $y_{zi}(k)=[6(0.5)^k+(0.2)^k]\varepsilon(k)$

$y_{zs}(k)=12.5-[5(0.5)^k+0.5(0.2)^k]\varepsilon(k)$

自由响应(暂态响应)：$[(0.5)^k+0.5(0.2)^k]\varepsilon(k)$

强迫响应(稳态响应)：12.5

习题六参考答案

6.7 (2) $\frac{1}{1-e^{-a}e^{-j\omega}}$ (4) $\frac{1-e^{-a}\cos\omega_0\, e^{-j\omega}}{1-2e^{-j\omega}e^{-a}\cos\omega_0+e^{-2a}e^{-j2\omega}}$

6.9 $F_n=\frac{1}{4}(1+e^{-j\frac{n\pi}{2}})$； $F(e^{j\omega})=1+e^{-j\omega}$

6.12 (2) $\frac{1-a^N}{1-ae^{-j\frac{2n\pi}{N}}}$

(4) $\frac{1}{2j}\left[\frac{1-2a\cos\left(\frac{2\pi}{N}(n-n_0)\right)}{1+a^2-2\cos\left(\frac{2\pi}{N}(n-n_0)\right)}-\frac{1-2a\cos\left(\frac{2\pi}{N}(n-n_0)\right)}{1+a^2-2\cos\left(\frac{2\pi}{N}(n+n_0)\right)}\right]$

(6) $\frac{e^{j2n\pi}}{(1-e^{-j\frac{2n\pi}{N}})^2}\{-N+(N+1)e^{-j\frac{2n\pi}{N}}+[-(N+2)+(N+1)e^{-j\frac{2n\pi}{N}}]e^{-j\frac{2n\pi}{N}(2N+2)}\}$

(8) $\frac{1}{2}e^{j\left(\frac{2\pi}{N}k-\frac{\pi}{3}\right)}\left[\frac{1-e^{-j5\left(\frac{2\pi}{N}k-\frac{\pi}{3}\right)}}{1+e^{-j\left(\frac{2\pi}{N}k-\frac{\pi}{3}\right)}}\right]+\frac{1}{2}e^{j\left(\frac{2\pi}{N}n+\frac{\pi}{3}\right)}\left[\frac{1-e^{j5\left(\frac{2\pi}{N}n+\frac{\pi}{3}\right)}}{1+e^{j\left(\frac{2\pi}{N}n+\frac{\pi}{3}\right)}}\right]$

6.13 (2) $\delta(k)-2\delta(k-3)+4\delta(k+2)+3\delta(k-6)$

(4) $\frac{1}{2}\delta(k)+\frac{1}{4}\delta(k+2)+\frac{1}{4}\delta(k-2)$

(6) $\frac{6}{5}\left[\left(\frac{1}{3}\right)^k-\left(\frac{1}{2}\right)^k\right]\varepsilon(k)$

6.14 (1) $\cos\left(\theta+\frac{2\pi}{N}mk\right)$ (2) $-\mathrm{j}\sin\left(\theta+\frac{2\pi}{N}mk\right)$

6.16 $\{9, 3, 8, 10, 7, 4, 3, 7\}$

↑

$k=0$

6.18 (2) $Y(n)=5+4W_4^n+5W_4^{2n}+2W_4^{3n}$

$y(k)=5\delta(k)+4\delta(k-1)+5\delta(k-2)+2\delta(k-3)$

(3) $Z(k)=2\delta(k)+5\delta(k-1)+4\delta(k-2)+5\delta(k-3)$

6.23 (1) $h(k)=\left(\frac{1}{2}\right)^{k-1}\varepsilon(k-1)+\delta(k)$

(2) $y(k)=\mathrm{e}^{\mathrm{j}\omega k}\varepsilon(k)+\dfrac{\mathrm{e}^{\mathrm{j}\omega k}-\left(\frac{1}{2}\right)^k}{\mathrm{e}^{\mathrm{j}\omega}-\frac{1}{2}}\varepsilon(k-1)$

习题七参考答案

7.1 (1) $1-z^{-2}$ $|z|>0$ (2) $\frac{1}{2z(2z-1)}$ $|z|>\frac{1}{2}$

(3) $\frac{8}{z^2(2-z)}$ $0<|z|<2$ (4) $\frac{1}{z+1}$ $|z|<1$

(5) $\frac{3z}{(2-z)(2z-1)}$ $\frac{1}{2}<|z|<2$

7.2 (1) $\frac{3z}{(2z-1)(2-z)}$ $\frac{1}{2}<|z|<2$ (2) $\frac{z(4z-7)}{(2z-1)(z-3)}$ $|z|>3$

(3) $\frac{z^4}{a^3(z-a)}$ $|a|<|z|<\infty$ (4) $\frac{z}{3(3z-1)}$ $|z|>\frac{1}{3}$

(5) $\frac{10z^3-35z^2}{3(2z-1)(z-3)}$ $3<|z|<\infty$ (6) $\frac{a^2}{z(z+a)}$ $|z|>|a|$

(7) $\frac{-z^2}{z+1}$ $|z|>1$ (8) $\frac{2z^2-8z+2}{(2z-1)(z-2)}$ $\frac{1}{2}<|z|<2$

(9) $\frac{2z}{(1-z)^3}$ $|z|<1$

7.3 (1) $F^*(z^*)$ $\alpha<|z|<\beta$

(2) $\frac{z}{z-1}F\left(\frac{z}{a}\right)$ $\max(1, \alpha|a|)<|z|<|a|\beta$

(3) $\frac{z}{z-a}F\left(\frac{z}{a}\right)$ $|a|\max(\alpha, 1)<|z|<|a|\beta$

(4) $\dfrac{zF(z)-z(z-1)\frac{\mathrm{d}F(z)}{\mathrm{d}z}}{(z-1)^2}$ $\max(\alpha,1)<|z|<\beta$

7.4 (1) $\delta(k+2)+\delta(k-1)+2\delta(k)$ (2) $(-1)^{k+1}a^k\varepsilon(-k-1)$

(3) $[(-1)^k+(-2)^{k+1}]\varepsilon(-k-1)$ (4) $\left[3\left(\frac{1}{2}\right)^k-2\left(\frac{1}{3}\right)^k\right]\varepsilon(k)$

(5) $\left(\frac{4}{9}-\frac{2}{3}k\right)\varepsilon(-k-1)+\frac{4}{9}\left(-\frac{1}{2}\right)^k\varepsilon(k)$ (6) $-\frac{1}{2}k(k+1)3^{k-1}\varepsilon(-k-1)$

7.5 (1) $\frac{1}{2}[2^k-2(3)^k+4^k]\varepsilon(k)$ (2) $\frac{1}{2}[-2^k+2(3)^k-4^k]\varepsilon(-k-1)$

(3) $\frac{1}{2}(2^k-2(3)^k)\varepsilon(k)-\frac{1}{2}4^k\varepsilon(-k-1)$

7.6 (1) $z^{-1}+2z^{-3}$ (2) z^{-1}

(3) $\frac{z(2z-5)}{(z-2)(z-3)}$ (4) $\frac{1}{z^2-1}$

(5) $\frac{z^2+a^4}{a^2z(z-a)}$ (6) z^{-1}

(7) $\frac{2z}{(z-1)^3}$ (8) $\frac{z(4z-1)}{2(2z^2-z)^2}$

(9) $\frac{\sqrt{2}(2z^2-z)}{4z^2+1}$ (10) $\frac{z}{a}\ln\frac{z}{z-a}$

(11) $\ln\frac{z-b}{z-a}$ (12) $\frac{z^2}{(z-1)(z-2)}$

7.8 (1) $a^{k-1}\varepsilon(k-1)$； (2) $2^k\varepsilon(k)$； (3) $2\left[(k-1)+\left(\frac{1}{2}\right)^k\right]\varepsilon(k)$

7.9 (1) $\frac{1}{2}(1-2^{k+1}+3^k)\varepsilon(k)$ (2) $\frac{4}{9}\left[\left(-\frac{1}{2}\right)^k+\frac{3}{2}k-1\right]\varepsilon(k)$

(3) $\frac{1}{54}[(11k^2+3k+4)(3)^k-4\delta(k)]\varepsilon(k)$ (4) $\sin\left(\frac{\pi}{2}k\right)\varepsilon(k)$

(5) $\frac{1}{4}[1+(2k-1)(-1)^k]\varepsilon(k)$ (6) $\frac{1}{8}[4\delta(k-2)+2^k]\varepsilon(k-2)$

(7) $\sum_{n=0}^{\infty}[\delta(k-4n)-\delta(k-1-4n)]$

7.10 (1) $(2^k-1)\varepsilon(k)$ (2) $0.5[1+(-1)^k]\varepsilon(k)$

7.11 $y(k)=kf(k-1)\varepsilon(k-1)$

7.12 (1) $f(0)=1$，$f(1)=2.5$，$f(\infty)=6$

(2) $f(0)=0$，$f(1)=0$，$f(\infty)=0$

(3) $f(0)=1$，$f(1)=1.5$，$f(\infty)=\frac{4}{3}$

7.13 (1) $(2^{k-1}-1)\varepsilon(k-1)$ (2) $3(-1)^k\varepsilon(k)-\delta(k)$

7.14 $\frac{1}{2}(k-1)\varepsilon(k-1)$

7.15 (1) $(-1)^k-(-2)^{k+2}$， $k\geqslant 0$

(2) 2^{k+2}， $k\geqslant 0$

(3) $(-k-1)(-2)^{k+2}$， $k\geqslant 0$

7.16 (1) $h(k)=[2(3)^{k+1}-2^{k+2}]\varepsilon(k)$； $y_{zs}(k)=[1-(2)^{k+3}+(3)^{k+2}]\varepsilon(k)$

(2) $h(k)=\frac{2}{3}\left[\left(\frac{1}{2}\right)^k-(-1)^k\right]\varepsilon(k)$；

$y_{zs}(k)=\left[\left(\frac{4}{9}+\frac{2}{3}k\right)\left(\frac{1}{2}\right)^k-\frac{4}{9}(-1)^k\right]\varepsilon(k)$

7.17 (1) $2-\frac{1}{2}k(k-1)$， $k\geqslant 0$

(2) $2(-1)^k+\sqrt{5}(\sqrt{2})^k\cos\left(\frac{3\pi}{4}k-153.4^\circ\right)$， $k\geqslant 0$

7.18 (1) $y(k)-3y(k-1)+2y(k-2)=f(k-1)$

(2) $6(2)^k-k-3$ $k\geqslant 0$

7.19 $y_{3f}(k)=(k+1)\left(\frac{1}{2}\right)^k\varepsilon(k)$

7.20 (1) $H(e^{j\Omega})=\dfrac{10}{5-j3\cot\left(\frac{\Omega}{2}\right)}$

(2) $H(e^{j\Omega})=\dfrac{4}{2+j4\tan\left(\frac{\Omega}{2}\right)}$

7.21 $h(k)=\varepsilon(k-1)-\varepsilon(k-4)$； $g(k)=k\varepsilon(k)-(k-3)\varepsilon(k-3)$

7.22 (1) $y(k)+y(k-1)-y(k-2)-y(k-3)=f(k-2)+2f(k-3)$

(2) $\frac{1}{4}[3+5(-1)^k+2k(-1)^{k-1}]\varepsilon(k)-2\delta(k)$

7.23 $a=4$，$b=-16$，$c=8$

7.24 (1) $-\left(\frac{1}{2}\right)^k\varepsilon(k)$ (2) $2\left[\left(\frac{1}{2}\right)^k-1\right]\varepsilon(k)$

(3) $\frac{1}{\sqrt{3}}\left[\left(\frac{1}{2}\right)^k-2\cos\left(\frac{\pi}{3}k-\frac{\pi}{3}\right)\right]\varepsilon(k)$

7.25 (1) $y(k)-y(k-1)=f(k)+f(k-1)$

(2) $y(k)+2y(k-1)+2y(k-2)=f(k-1)+2f(k-2)$

(3) $y(k)+3y(k-1)+3y(k-2)+3y(k-3)=f(k-2)+f(k-3)$

7.26 (2) (a) $H(z)=\dfrac{1+2z^{-2}}{1+5z^{-1}+6z^{-2}}$； (b) $H(z)=\dfrac{1+3z^{-1}+3z^{-2}}{1+3z^{-1}+2z^{-2}}$

(c) $H(z)=\dfrac{1+2z^{-1}+z^{-2}}{1+z^{-1}-4z^{-2}-4z^{-3}}$

7.29 (1) (a) $H(z)=\dfrac{2(2z+1)}{2z-1}$；(b) $H(z)=\dfrac{2(z-1)}{2z+1}$

(2) (a) $H(e^{j\Omega})=\dfrac{2\left[3\cos\left(\frac{\Omega}{2}\right)+j\sin\left(\frac{\Omega}{2}\right)\right]}{\cos\left(\frac{\Omega}{2}\right)+j3\sin\left(\frac{\Omega}{2}\right)}$

(b) $H(e^{j\Omega})=\dfrac{j4\sin\left(\frac{\Omega}{2}\right)}{3\cos\left(\frac{\Omega}{2}\right)+j\sin\left(\frac{\Omega}{2}\right)}$

7.30　(1) $H(z)=\dfrac{2z+4}{2z+1}$　　(3) $y_{ss}(k)=10\cos\left(\dfrac{\pi}{2}k-36.9^\circ\right)+10$

7.31　(1) (a) $y(k)-\dfrac{1}{2}y(k-2)=f(k)$

(b) $y(k)+\dfrac{1}{4}y(k-1)-\dfrac{1}{8}y(k-2)=f(k)+2f(k-1)$

(2) (a) $H(z)=\dfrac{z^2}{z^2-\dfrac{1}{2}}$

(b) $H(z)=\dfrac{z(z+2)}{\left(z+\dfrac{1}{2}\right)\left(z-\dfrac{1}{4}\right)}$

(3) (a) $y_{ss}(k)=4+\dfrac{4}{\sqrt{3}}\sin\left(\dfrac{\pi}{6}k-30^\circ\right)$

(b) $y_{ss}(k)=5.3+5.04\sin\left(\dfrac{\pi}{6}k-19.3^\circ\right)$

7.32　(1) 不稳定；(2) 不稳定；(3) 稳定；(4) 稳定

7.33　(1) $0<k<1$　　(2) $-4<k<2$

习题八参考答案

8.7　(a) $\begin{bmatrix}\dot{i}_L\\ \dot{u}_C\end{bmatrix}=\begin{bmatrix}-\dfrac{5}{2} & \dfrac{1}{2}\\ -\dfrac{3}{2} & -\dfrac{1}{2}\end{bmatrix}\begin{bmatrix}i_L\\ u_C\end{bmatrix}+\begin{bmatrix}0\\ \dfrac{1}{2}\end{bmatrix}u_s$

(b) $\begin{bmatrix}\dot{i}_L\\ \dot{u}_C\end{bmatrix}=\begin{bmatrix}-1.5 & 0.5\\ -1 & 0\end{bmatrix}\begin{bmatrix}i_L\\ u_C\end{bmatrix}+\begin{bmatrix}1\\ 1\end{bmatrix}i_s$

8.8　(a) $\begin{bmatrix}\dot{i}_{L1}\\ \dot{i}_{L2}\\ \dot{u}_C\end{bmatrix}=\begin{bmatrix}-2 & 0 & -1\\ 0 & -3 & 3\\ 2 & -2 & 0\end{bmatrix}\begin{bmatrix}i_{L1}\\ i_{L2}\\ u_C\end{bmatrix}+\begin{bmatrix}1 & 0\\ 0 & -3\\ 0 & 0\end{bmatrix}\begin{bmatrix}f_1\\ f_2\end{bmatrix}$

(b) $\begin{bmatrix}\dot{i}_L\\ \dot{u}_C\end{bmatrix}=\begin{bmatrix}-2 & 1\\ -1 & -2\end{bmatrix}\begin{bmatrix}i_L\\ u_C\end{bmatrix}+\begin{bmatrix}2 & 0\\ 1 & 1\end{bmatrix}\begin{bmatrix}u_{s1}\\ u_{s2}\end{bmatrix}$

8.9　$\begin{bmatrix}\dot{i}_L\\ \dot{u}_C\end{bmatrix}=\begin{bmatrix}1 & -1\\ 1 & 0\end{bmatrix}\begin{bmatrix}i_L\\ u_C\end{bmatrix}+\begin{bmatrix}-1\\ -1\end{bmatrix}i_s$

8.10　(a) 状态方程为

$\dot{u}_C=i_{L1}+i_{L2}$

$\dot{i}_{L1}=-u_C-i_{L1}-i_{L2}+u_s$

$\dot{i}_{L2}=\dfrac{1}{2}(-u_C-i_{L1}-3i_{L2}+u_s-2i_s)$

输出方程为

$$u_2=2(i_{L2}+i_s)$$

(b) 状态方程为

$$\dot{i}_L=\frac{1}{4}(-3i_L-3u_{C1}+u_{C2}+3i_s)$$

$$\dot{u}_{C1}=\frac{1}{4}(3i_L-3u_{C1}-3u_{C2}+i_s)$$

$$\dot{u}_{C2}=\frac{1}{8}(-i_L-3u_{C1}-3u_{C2}+i_s)$$

输出方程为

$$i_2=\frac{1}{2}(u_{C1}+u_{C2})$$

$$u_3=-\frac{3}{4}(i_L+u_{C1}+u_{C2}-i_s)$$

8.11 (a) $$\begin{bmatrix}\dot{i}_L\\ \dot{u}_C\end{bmatrix}=\begin{bmatrix}0 & -\frac{1}{3}\\ \frac{1}{3} & -\frac{1}{6}\end{bmatrix}\begin{bmatrix}i_L\\ u_C\end{bmatrix}+\begin{bmatrix}0\\ -\frac{1}{6}\end{bmatrix}i_s+\begin{bmatrix}\frac{2}{3}\\ 0\end{bmatrix}\frac{\mathrm{d}i_s(t)}{\mathrm{d}t}$$

$$\begin{bmatrix}i_0\\ u_0\end{bmatrix}=\begin{bmatrix}-1 & 0\\ 0 & \frac{1}{2}\end{bmatrix}\begin{bmatrix}i_L\\ u_C\end{bmatrix}+\begin{bmatrix}1\\ \frac{1}{2}\end{bmatrix}i_s$$

(b) $$\begin{bmatrix}\dot{i}_L\\ \dot{u}_C\end{bmatrix}=\begin{bmatrix}0 & \frac{1}{3}\\ -\frac{1}{3} & -\frac{1}{3}\end{bmatrix}\begin{bmatrix}i_L\\ u_C\end{bmatrix}+\begin{bmatrix}0\\ \frac{1}{3}\end{bmatrix}u_s+\begin{bmatrix}0\\ \frac{2}{3}\end{bmatrix}\frac{\mathrm{d}u_s(t)}{\mathrm{d}t}$$

$$\begin{bmatrix}u_0\\ i_0\end{bmatrix}=\begin{bmatrix}0 & -1\\ -1 & -1\end{bmatrix}\begin{bmatrix}i_L\\ u_C\end{bmatrix}+\begin{bmatrix}1\\ 1\end{bmatrix}u_s$$

8.12 (1) $$\begin{bmatrix}\dot{x}_1\\ \dot{x}_2\end{bmatrix}=\begin{bmatrix}0 & 1\\ -4 & -3\end{bmatrix}\begin{bmatrix}x_1\\ x_2\end{bmatrix}+\begin{bmatrix}0\\ 1\end{bmatrix}f;\quad y=[1\quad 0]\begin{bmatrix}x_1\\ x_2\end{bmatrix}$$

(2) $$\begin{bmatrix}\dot{x}_1\\ \dot{x}_2\end{bmatrix}=\begin{bmatrix}0 & 1\\ -4 & -3\end{bmatrix}\begin{bmatrix}x_1\\ x_2\end{bmatrix}+\begin{bmatrix}0\\ 5\end{bmatrix}f;\quad y=[1\quad 0]\begin{bmatrix}x_1\\ x_2\end{bmatrix}$$

(3) $$\begin{bmatrix}\dot{x}_1\\ \dot{x}_2\\ \dot{x}_3\end{bmatrix}=\begin{bmatrix}0 & 1 & 0\\ 0 & 0 & 1\\ -1 & -2 & -5\end{bmatrix}\begin{bmatrix}x_1\\ x_2\\ x_3\end{bmatrix}+\begin{bmatrix}0\\ 0\\ 1\end{bmatrix}f;\quad y=[2\quad 1\quad 0]\begin{bmatrix}x_1\\ x_2\\ x_3\end{bmatrix}$$

(4) $$\begin{bmatrix}\dot{x}_1\\ \dot{x}_2\\ \dot{x}_3\end{bmatrix}=\begin{bmatrix}0 & 1 & 0\\ 0 & 0 & 1\\ -3 & -1 & -4\end{bmatrix}\begin{bmatrix}x_1\\ x_2\\ x_3\end{bmatrix}+\begin{bmatrix}0\\ 0\\ 1\end{bmatrix}f;\quad y=[5\quad 2\quad 1]\begin{bmatrix}x_1\\ x_2\\ x_3\end{bmatrix}$$

8.13 $$\begin{bmatrix}\dot{x}_1\\ \dot{x}_2\\ \dot{x}_3\\ \dot{x}_4\end{bmatrix}=\begin{bmatrix}0 & 1 & 0 & 0\\ -3 & -2 & 0 & 0\\ 0 & 0 & 0 & 1\\ 0 & 0 & -5 & -4\end{bmatrix}\begin{bmatrix}x_1\\ x_2\\ x_3\\ x_4\end{bmatrix}+\begin{bmatrix}0 & 0\\ 1 & 2\\ 0 & 0\\ 3 & 1\end{bmatrix}\begin{bmatrix}f_1\\ f_2\end{bmatrix}$$

$$\begin{bmatrix} y_1 \\ y_2 \end{bmatrix} = \begin{bmatrix} 1 & 0 & 0 & 0 \\ 0 & 0 & -1 & 0 \end{bmatrix} \begin{bmatrix} x_1 \\ x_2 \\ x_3 \\ x_4 \end{bmatrix}$$

8.15 (1) $e^{At} = \begin{bmatrix} 3e^{t} - 2e^{2t} & 2e^{2t} - 2e^{t} \\ -3e^{2t} + 3e^{t} & 3e^{2t} - 2e^{t} \end{bmatrix}$

(2) $e^{At} = \begin{bmatrix} e^{-t}(\cos t + \sin t) & -2e^{-t}\sin t \\ e^{-t}\sin t & e^{-t}(\cos t - \sin t) \end{bmatrix}$

(3) $e^{At} = \begin{bmatrix} e^{t} & 0 \\ te^{t} & e^{t} \end{bmatrix}$

(4) $e^{At} = \begin{bmatrix} e^{3t} & 0 & 0 \\ 0 & e^{2t} & 0 \\ 0 & 0 & e^{4t} \end{bmatrix}$

(5) $e^{At} = \begin{bmatrix} e^{5t} & -e^{t} + e^{5t} & 0 \\ 0 & e^{t} & 0 \\ e^{t} - e^{5t} & (1+8t)e^{t} - e^{5t} & e^{t} \end{bmatrix}$

8.16 $\boldsymbol{A}^{123} = \begin{bmatrix} 3 - 2^{124} & 2^{124} - 2 \\ 3(1 - 2^{123}) & 3 \cdot 2^{123} - 2 \end{bmatrix}$; $\boldsymbol{B}^{99} = \begin{bmatrix} 1 & 0 \\ 99 & 1 \end{bmatrix}$

8.17 (1) $\begin{bmatrix} x_1 \\ x_2 \end{bmatrix} = \begin{bmatrix} -3e^{-t} + 3e^{-2t} \\ 6e^{-t} - 3e^{-2t} + 2 \end{bmatrix} \quad t \geqslant 0$

(2) $\begin{bmatrix} x_1 \\ x_2 \end{bmatrix} = \begin{bmatrix} 4e^{-t} - 3e^{-2t} + 1 \\ 3e^{-2t} \end{bmatrix} \quad t \geqslant 0$

8.18 (4) $\begin{bmatrix} y_1 \\ y_2 \end{bmatrix} = \begin{bmatrix} 2e^{-t} - \frac{3}{2}e^{-2t} \\ \frac{3}{2}e^{-2t} \end{bmatrix} \quad t \geqslant 0$

8.19 $\begin{bmatrix} x_1 \\ x_2 \end{bmatrix} = \begin{bmatrix} 3 + 2t - 2e^{-t} \\ 1 + e^{-t} \end{bmatrix} \quad t \geqslant 0$

$y = 5 + 2t - e^{-t} \quad t \geqslant 0$

8.20 (1) $\begin{bmatrix} \dot{x}_1 \\ \dot{x}_2 \end{bmatrix} = \begin{bmatrix} -4 & 1 \\ -3 & 0 \end{bmatrix} \begin{bmatrix} x_1 \\ x_2 \end{bmatrix} + \begin{bmatrix} 1 \\ 1 \end{bmatrix} f$

$y = \begin{bmatrix} 1 & 0 \end{bmatrix} \begin{bmatrix} x_1 \\ x_2 \end{bmatrix}$

(2) $g(t) = \frac{1}{3}(1 - e^{-3t})$, $t \geqslant 0$

8.21 $\begin{bmatrix} y_1 \\ y_2 \end{bmatrix} = \begin{bmatrix} 2e^{t} \\ 2e^{-t} \end{bmatrix}$, $t \geqslant 0$

8.22 $\boldsymbol{x}(0^-)=\begin{bmatrix}1\\-1\end{bmatrix}$

8.23 (1) $\boldsymbol{A}=\begin{bmatrix}1 & 2\\0 & -2\end{bmatrix}$ (2) $\boldsymbol{A}=\begin{bmatrix}0 & \omega\\-\omega & 0\end{bmatrix}$

8.30 (1) $\boldsymbol{A}^k=\begin{bmatrix}3(2)^k-2(3)^k & 3^k-2^k\\6(2^k-3^k) & 3^{k+1}-2^{k+1}\end{bmatrix}$

(2) $\boldsymbol{A}^k=\begin{bmatrix}\left(\frac{1}{2}\right)^k & 0\\\left(\frac{1}{2}\right)^k-\left(\frac{1}{4}\right)^k & \left(\frac{1}{4}\right)^k\end{bmatrix}$

8.31 状态空间方程：

$$\boldsymbol{x}(k+1)=\begin{bmatrix}0 & 1\\-\frac{1}{8} & \frac{3}{4}\end{bmatrix}\boldsymbol{x}(k)+\begin{bmatrix}0\\1\end{bmatrix}f(k)$$

$$\boldsymbol{y}(k)=\begin{bmatrix}-\frac{1}{8} & \frac{3}{4}\end{bmatrix}\boldsymbol{x}(k)+[1]f(k)$$

状态转移矩阵：

$$\boldsymbol{A}^k=\left(\frac{1}{2}\right)^k\begin{bmatrix}-1 & 4\\-\frac{1}{2} & 2\end{bmatrix}+\left(\frac{1}{4}\right)^k\begin{bmatrix}2 & -4\\\frac{1}{2} & -1\end{bmatrix}$$

零状态响应：

$$y_{zs}(k)=\left[2k\left(\frac{1}{2}\right)^k+\left(\frac{1}{4}\right)^k\right]\varepsilon(k)$$

8.32 $\boldsymbol{\varphi}(k)=\begin{bmatrix}3(2)^k-2(3)^k & (3)^k-(2)^k\\3(2)^{k+1}-2(3)^{k+1} & (3)^{k+1}-(2)^{k+1}\end{bmatrix}$

$\boldsymbol{h}(k)=\begin{bmatrix}4(3)^{k-1}-3(2)^{k-1}\\-(3)^{k-1}\end{bmatrix}\varepsilon(k-1)$

8.37 当 $0<k<4$ 时，系统稳定。

习题九参考答案(略)

参 考 文 献

[1] OPPENHEIM A V, WILLSKY A S, NAWAB S H. Signals and Systems[M]. Second Edition. Prentice-Hall, Inc., 1997
[2] LATHI B P. Signals, Systems and Controls[M]. Intext Inc., 1974
[3] PAPOULIS A. Signal Analysis[M]. McGraw-Hill Book Company, 1977
[4] [加] HAYKIN S，等. 信号与系统[M]. 2 版. 林秩盛，等译. 北京：电子工业出版社，2004
[5] [美] CARLSON G E. 信号与线性系统分析[M]. 2 版. 曾朝阳，等译. 北京：机械工业出版社，2004
[6] 郑君里，杨为理，应启珩. 信号与系统[M]. 2 版. 北京：高等教育出版社，2000
[7] 吴湘淇. 信号、系统与信号处理(上)[M]. 北京：电子工业出版社，1996
[8] 管致中，夏恭恪，孟桥. 信号与线性系统[M]. 5 版. 北京：高等教育出版社，2011
[9] 徐守时. 信号与系统[M]. 2 版. 北京：清华大学出版社，2016
[10] 贾永兴，朱莹等. 信号与系统[M]. 北京：清华大学出版社，2021
[11] 吴大正，杨林耀，张永瑞. 信号与线性系统分析[M]. 北京：高等教育出版社，1998
[12] 潘双来，邢丽东. 信号与线性系统[M]. 北京：清华大学出版社，2006
[13] [美]HSU H P. 信号与系统[M]. 骆丽，等译. 北京：科学出版社，2002
[14] [美]GLISSON T H. 系统分析导论[M]. 丁钟琦，朱寅生，等译. 长沙：湖南大学出版社，1987
[15] [美] C. D. 麦基列姆，G. R. 库伯. 连续信号、离散信号与系统分析[M]. 贾毓聪，张宝俊，译. 北京：人民教育出版社，1981
[16] 王里生，罗永光. 信号与系统分析[M]. 长沙：国防科技大学出版社，1989
[17] [美] M. 阿坦斯，等. 系统、网络与计算：多变量法[M]. 宗孔德，等译. 北京：人民教育出版社，1979
[18] [英] R. D. A. 莫里斯，等. 通信工程师用卷积与傅里叶变换[M]. 高志伟，译. 北京：科学出版社，1981
[19] 周建华，游佰强. 信号与系统[M]. 北京：清华大学出版社，2009
[20] [西德] H. 马可. 系统理论方法：频谱变换及其应用[M]. 冯锡钰，译. 北京：人民教育出版社，1981
[21] 陈生潭，李小平，张妮. 信号与系统学习指导[M]. 西安：西安电子科技大学出版社，2004
[22] 楼顺天，陈生潭，雷虎民. MATLAB 5.x 程序设计语言[M]. 西安：西安电子科技大学出版社，2000
[23] 陈生谭，张晓惠，黄同.《信号与系统(第四版)》习题详解. 西安：西安电子科技大学出版社，2014